科学出版社“十四五”普通高等教育 …… 教材

环境与健康

主　编　陈仁杰　阚海东

副主编　张蕴晖　邓芙蓉　董光辉　洪　峰

编　者（按姓氏拼音排序）

陈光弟	浙江大学	孟　夏	复旦大学
陈仁杰	复旦大学	申河清	厦门大学
邓芙蓉	北京大学	唐玄乐	哈尔滨医科大学
董光辉	中山大学	王　霞	复旦大学
段小丽	北京科技大学	魏永杰	中国环境科学研究院
高　旭	北京大学	吴少伟	西安交通大学
高　宇	上海交通大学	杨博逸	中山大学
洪　峰	贵州医科大学	于　佳	哈尔滨医科大学
黄少丹	北京大学	曾晓雯	中山大学
阚海东	复旦大学	张　伟	中国疾病预防控制中心
李湉湉	中国疾病预防控制中心	张蕴晖	复旦大学
李媛媛	华中科技大学	张志红	山西医科大学
刘　涛	暨南大学	郑唯韡	复旦大学
刘翠清	浙江中医药大学		

秘　书　牛　越　复旦大学　　杜喜浩　复旦大学

科学出版社

北　京

内 容 简 介

依据科学出版社“十四五”普通高等教育医学类研究生规划教材的编写要求，本教材立足于科学性、先进性、前沿性、研究性、实用性，反映了国内外环境与健康学科发展的新进展，致力于促进我国环境与健康相关专业的人才培养。本教材包括四篇共21章，其中第一篇为“环境与健康基本理论”，第二篇为“环境介质与健康”，第三篇为“环境要素与健康”，第四篇为“环境与健康研究实用方法与技术”。本教材在编写过程中参考了全国本科生统编教材、相关专著的部分内容，并充分吸收了近年来国内外的高水平研究成果，编写风格严谨、求实。

本书适用于高校和科研院所环境与健康相关专业的研究生，以及各企事业单位的环境与健康相关研究人员或从业人员。

图书在版编目（CIP）数据

环境与健康 / 陈仁杰，阚海东主编 . -- 北京：科学出版社，2024.12
科学出版社“十四五”普通高等教育研究生规划教材

ISBN 978-7-03-074577-4

Ⅰ. ①环… Ⅱ. ①陈… ②阚… Ⅲ. ①环境影响 – 健康 – 高等学校 – 教材
Ⅳ. ① X503.1

中国国家版本馆 CIP 数据核字（2023）第 006642 号

责任编辑：朱 华 李思佳 / 责任校对：宁辉彩
责任印制：赵 博 / 封面设计：陈 敬

科学出版社 出版
北京东黄城根北街16号
邮政编码：100717
http://www.sciencep.com

保定市中画美凯印刷有限公司印刷

科学出版社发行 各地新华书店经销

*

2024年12月第 一 版 开本：787×1092 1/16
2025年 2 月第二次印刷 印张：35 3/4
字数：1 042 000

定价：258.00元

（如有印装质量问题，我社负责调换）

前　言

为贯彻落实《国务院办公厅关于加快医学教育创新发展的指导意见》（国办发〔2020〕34 号）、《普通高等学校教材管理办法》（教材〔2019〕3 号）、《教育部关于印发〈国家教材建设重点研究基地管理办法〉的通知》（教材〔2020〕1 号）、《教育部　国家发展改革委　财政部关于加快新时代研究生教育改革发展的意见》（教研〔2020〕9 号）、《普通高等学校本科专业类教学质量国家标准》等文件的精神，全面深化普通高等学校教育改革、提升教育水平和培养质量、推进新医科建设，科学出版社于 2021 年 4 月发布了《"十四五"普通高等教育规划教材医学类专业本科和研究生核心课程教材编写和数字化项目申报》的通知。经前期申报和遴选，科学出版社于 2021 年 11 月确定了研究生教材《环境与健康》的主编、副主编和编委名单，并签订了图书出版合同。2022 年 1 月召开了第一次编委会会议（线上），会上讨论并确定了编写大纲与任务分工，传达了本教材的相关编写要求。2022 年 6 月，各章节完成了第一版书稿撰写。其后，历经多轮编委互审、校对和修改，于 2022 年 11 月完成全书统稿工作。

环境与健康是我国公共卫生与预防医学学科的重要组成部分，也是基础医学、临床医学、环境科学、地理科学等相关学科的新兴研究领域。国内目前尚缺乏环境与健康相关学科的研究生统编教材。本教材立足于科学性、先进性、前沿性、研究性、实用性，反映了国内外环境与健康学科发展的新进展，体现了与时俱进的精神，致力于促进我国环境与健康相关专业研究生的培养。本教材包括四篇共 21 章，其中第一篇为"环境与健康基本理论"，第二篇为"环境介质与健康"，第三篇为"环境要素与健康"，第四篇为"环境与健康研究实用方法与技术"。本教材依据科学出版社"十四五"普通高等教育医学类研究生规划教材编写须知安排撰写工作，参考了全国本科生统编教材《环境卫生学》（人民卫生出版社，第 8 版）等相关专著的部分内容，并充分吸收了近年来国内外的高水平研究成果。

基于以上考虑，本教材的特色主要体现在：①相比于本科生统编教材，本教材减少了基本常识类的介绍篇幅，着力体现了近年来的前沿性研究进展或新共识，并酌情引用了部分高水平和有代表性的研究成果；②基于研究生教学和研究工作的需要，新增了"环境与健康研究实用方法与技术"篇（含 8 章），基本覆盖了研究生所涉及的环境与健康学科常见研究方法与技术；③每章末均新增了"展望"环节，以介绍目前该细分领域尚未解决的问题、不足、学科发展趋势、未来的研究方向和前景，以培育学生科研思路，启迪创新性思维；④各章酌情安排了"案例""知识拓展""推荐阅读""思考题"等环节，以开阔学生视野、启发思考；⑤依据教育部《高等学校课程思政建设指导纲要》的要求，全书各章均新增了课程思政内容，从"政治认同、家国情怀、科学精神、文化自信、法治意识、公民品格、生态文明、全球视野"的维度出发，教育引导学生始终把人民群众生命安全和身体健康放在首位，提升综合素养和人文修养，提升依法应对重大突发公共卫生事件能力。

全书编写风格严谨、求实，对科学争议秉持了客观、中立的原则。本书适用于全国高等院校和科研院所的环境与健康相关专业的研究生教学工作，也可作为各企事业单位环境与健康相关从业人员的参考书。

全体编者为本教材的编撰工作付出了艰辛劳动。秘书牛越研究员和杜喜浩博士为本文的内容、文字和形式审校工作付出了大量精力和汗水。复旦大学公共卫生学院研究生雷剑、姜宜萱、诸心蕾、肖雅岚、黄雨馨、邱兴怡、薛晓薇、朱毅翔、周璐、李文舒、何青霖、许畅、李安妮、郭益臣、刘江东、余可欣、苏晓桢、刘一辰等同学也参与了本书的文字整理、校对和统稿工作。在此一并致以衷心的感谢。

限于编写人员的水平，本书的疏漏、不足难以避免，恳请各高校和相关科研院所的同道、同学以及广大读者们提出宝贵意见，以便再版时予以修订。

陈仁杰　阚海东

2022 年 11 月

目　　录

第三篇　环境要素与健康

第四篇 环境与健康研究实用方法与技术

绪　论

一、环境与健康的研究对象

（一）环境介质

环境介质（environmental medium）是人类赖以生存的物质环境条件，包括组成自然环境中各个独立部分的所有物质。具体而言，环境介质是指大气、水、土壤（岩石），它们通常以气态、液态和固态的形态存在，能够容纳和运载各种环境因素。环境介质的三种物质形态（气态、液态和固态）在地表环境中，通常不会以完全单一介质的形式存在。大气中含有水分和固态颗粒物，水中可含有空气和固态悬浮物，土壤中含有空气和水分等。此外，在一定的条件下，环境介质的三种物质形态可以相互转化，承载的物质也可以相互转移。例如，水中的酚、氯可挥发进入到大气中，土壤中的重金属、氰化物可渗漏进入地下水，土壤中含有的挥发性污染物也可进入大气。环境介质的运动和迁移可携带污染物向远方扩散。例如，土壤和水体中的持久性有机污染物（persistent organic pollutant，POP）可挥发到大气中，随大气流动迁移到其他的地区。

环境介质具有自身稳定性，即使遇到地震、火山爆发等自然突发事件和（或）人类活动的干扰，环境介质的整体结构和基本组成仍能保持相对稳定。这表明环境介质能够在一定程度上抵抗外来的干扰因素，具有一定的缓冲韧性和自我修复能力。当外来的干扰因素超过了环境因素本身所具有的缓冲和修复能力时，如大规模排放的工业废水、废气、废渣，则会对环境介质的结构、组成甚至功能造成不可逆的破坏，产生巨大的生态损害，甚至威胁人类自身的健康和生存。

（二）环境因素

环境因素指的是环境介质中各种无机和有机的组成部分及被其所容纳和运载的各种成分。环境因素可通过环境介质的载体作用或参与环境介质的组成，直接或者间接地对人体健康产生作用。由此可见，人体暴露于环境污染物，是多种环境介质共同作用的结果。各种环境因素中，既存在对人体健康有益的因素，如干洁空气、适宜气候（温度、湿度）、生态绿地等；也存在对人体健康有害的因素，如可入肺颗粒物（particulate matter 1，PM_1）、细颗粒物（particulate matter 2.5，$PM_{2.5}$）、可吸入颗粒物（particulate matter 10，PM_{10}）、超细颗粒物（ultrafine particles，UFP）、二氧化氮（nitrogen dioxide，NO_2）、二氧化硫（sulfur dioxide，SO_2）、一氧化碳（carbon monoxide，CO）、臭氧（ozone，O_3）、电离辐射、噪声污染、光污染等。为了促进人群健康，应该增加有益环境因素的接触，减少有害环境因素的暴露。根据2019年全球疾病负担（global burden of disease，GBD）研究的统计结果，导致人群过早死亡排名前列的环境危险因素分别为空气污染、水、环境卫生和个人卫生、职业危害因素、非适宜环境温度（低温、高温）和其他环境因素。值得关注的是，这是该报告首次将非适宜温度（non-optimum temperature）列为独立环境危险因素。在全球气候变化的背景下，非适宜温度的发生频率和强度可能会进一步提高。因此，评估其相关健康危害对于降低非适宜温度相关疾病负担具有十分重要的意义。

（三）原生环境与次生环境

根据自然环境受人类活动影响的情况，可将其分为原生环境和次生环境。原生环境是指天然形成的未受或少受人为因素影响的自然环境，如原始森林、高山湖泊、雪山冰川等。在原生环境中，存在着大量对人体健康有益的因素，如含有正常化学成分的清洁大气、水、土壤、充足的阳光、适宜的气候条件、秀丽的风光等。与此同时，原生环境中也存在一些对人体健康不利的因素。例如，地壳中化学元素地理分布不均，可导致某些地区的水和（或）土壤中某些元素的含量过多或过少。当地的居民通过饮水、饮食等途径摄入这些元素过多或过少时，可引起如地方性碘缺乏病、克山病、大骨节病、氟骨病等特异性疾病，这些疾病被称为生物地球化学性疾病。

次生环境是指受人为活动影响形成的环境。人类为了给自身的生存和发展提供良好物质生活条件，在改造自然环境、开发利用自然资源的过程中形成了次生环境，如农田、水利工程、矿洞等。位于我国四川省的著名水利工程都江堰，成就了沃野千里的鱼米之乡——成都平原，至今仍发挥着重要的作用，是两千多年前劳动人民改造自然环境、为人类造福的杰出例证。由我国设计修建的世界上最大的水利工程——三峡工程，已经成为我国最大的淡水资源储备库和长江大保护的重要生态屏障，有效保障了长江中下游干流的防洪安全。近年来，我国自主设计建造的白鹤滩水电站、溪洛渡水电站等一系列杰出水利工程，也不断刷新着人类改造自然、开发利用清洁能源的高度。

随着科学技术的不断发展，人类开发和利用自然资源的能力持续提高。石油燃料消耗急剧增加，地下矿产被大量开采，化学工业高度发达，促进了工业和农业的发展，为人类带来了巨大的财富。与此同时，人类在改造和利用自然资源的同时，也对原生环境造成了一定的负面影响。不可再生石油矿产资源的过度开采、工业的粗放式发展和无序扩张、农业生产过程中大量农药和化肥的不规范使用等产生了大量工业生产废弃物（废水、废气、废渣）及生活性废弃物。这些废弃物可通过水循环、大气循环、生物富集等作用不断进入环境，对自然生态环境造成了极大的破坏。同时，也对人类的居住环境产生了极大的威胁，危害人类的生命健康。近百年来，全世界已发生数十起由严重环境污染造成的公害事件。例如，美国的洛杉矶光化学烟雾事件、英国伦敦的煤烟型烟雾事件、日本的水俣病（minamata disease）和痛痛病、印度的博帕尔毒气泄漏事件、苏联的切尔诺贝利核事故等。此类环境污染事件严重危害公众健康，因而由环境污染直接引发的疾病称为环境污染性疾病。

（四）常见环境健康问题

随着人类活动区域的不断扩张和工业生产的持续发展，由此产生的区域性乃至全球性的环境问题日益突出，对人类健康的影响也愈发严重，亟待各个国家政府和公众的持续关注与有力解决。目前，全球性的环境问题主要有：

1. 全球气候变化 自工业革命以来，随着化石燃料的开采和工业的不断发展，因人类活动和工业生产所排放的大量温室效应气体如二氧化碳（carbon dioxide，CO_2）、甲烷等持续增多，大大加速了全球气候变暖的进程。联合国政府间气候变化专门委员会（Intergovernmental Panel on Climate Change，IPCC）第六次评估报告指出，地球气候系统正在经历以变暖为主要特征的显著变化，近50年全球变暖的速度前所未有。与此同时，极端天气事件的频率和强度明显增加，造成冰川融化、海平面升高等环境破坏，还改变了动物的栖息地，使啮齿类动物、虫媒生物的活动范围扩大、繁殖力增强，导致登革热、疟疾、流行性乙型脑炎、流行性出血热等虫媒疾病的发生率增高。

2019年，全球65岁以上的人群累积暴露热浪次数为创纪录的4.75亿人次，相比于1980年增加了2.90亿人次。值得注意的是，全球气候变化不仅表现为全球气候变暖，还可造成极端高温天数增加、温度变异性升高、野火、寒潮、热浪等极端天气的发生频率升高。2022年4月，印度西北部和中部遭遇了近122年来同期最热天气，严重威胁当地居民的生活和粮食生产。根据我国生态环境部最新发布的《2021中国生态环境状况公报》，2021年我国全国平均气温10.53℃，较常年偏高1.0℃，为1951年以来历史最高，各月气温均偏高或接近常年同期，其中2月和9月气温均为历史同期最高。此外，2021年，全国平均降水量672.1mm，较常年偏多6.7%。2021年，我国气象干旱总体偏轻，但区域性、阶段性干旱明显，华南、云南等地干旱影响较大；北方地区降水量为1961年以来第二多，汛期暴雨过程强度大、极端性显著。2022年夏季，我国中东部地区、长江中下游及川渝地区经历了大范围持续高温天气事件。据国家气候中心统计，2022年夏季全国平均气温 22.3℃，较常年同期偏高 1.1℃，为 1961 年有完整气象观测记录以来历史同期最高。全国平均高温日数 14.3 天，较常年同期偏多 6.3 天，为 1961 年以来历史同期最多。全国超四成气象站出现极端高温，高温的极端性强，给我国工农业生产和居民健康带来了巨大的影响。

气候变化是全人类面临的严峻挑战，需要世界各国携手努力、同舟共济、共同应对。我国一直强调，全球各个国家都应该行动起来，共同肩负起责任，共同实现公平合理、合作共赢的全球气候治理。

2. 大气污染　随着工业生产活动的不断增强和化石燃料使用率居高不下，由人类活动所引起的大气污染问题依然非常严峻。尤其在燃料燃烧、工业排放、交通排放的过程中，产生了大量影响大气组成的温室气体、有害气体和颗粒物等大气污染物，如 NO_2、SO_2、$PM_{2.5}$、PM_{10}、O_3、挥发性有机物（volatile organic compound，VOC）等。此外，氯氟烃（chlorofluorocarbon）的大量使用造成了地球臭氧层的破坏，导致臭氧层阻挡紫外线的能力减弱，而过量的紫外线照射可使人类皮肤癌、白内障的发生率增加。此外，由于大气中成酸物质如硫氧化物（sulfur oxides，SO_x）、氮氧化物（nitrogen oxides，NO_x）增多，导致酸雨的发生，对水生和陆生生态系统产生严重危害，也可对人体健康造成直接危害。2021 年，我国出现酸雨的城市比例为 30.8%，比 2020 年下降 3.2%。自 2013 年《大气污染防治行动计划》实施以来，我国大气污染防治取得显著成效，$PM_{2.5}$、PM_{10}、SO_2 等与燃煤相关的大气污染明显改善，主要大气污染物排放量明显下降。

2021 年 9 月，世界卫生组织（World Health Organization，WHO）发布了最新的《全球空气质量指南》，进一步收紧了颗粒物的控制基准，对大气污染的治理工作提出了更高的要求。目前，我国 $PM_{2.5}$ 浓度与发达国家水平和空气质量指南（air quality guideline，AQG）指导值差距依然明显，此外，O_3 表现出持续上升态势，区域性大气污染问题依然突出。京津冀及其周边地区、汾渭平原、长三角地区的 $PM_{2.5}$ 浓度仍分别超标为 62.6%、57.1%、17.1%。另外，我国秋冬季重污染依然频发，重点区域秋冬季 $PM_{2.5}$ 浓度是春夏季的 1.6～2.1 倍，重污染天数占全年 90% 以上。在"十三五"规划期间，我国主要大气污染物浓度显著降低，大气污染防治取得显著成效，但区域性大气污染改善幅度有限、O_3 浓度上升态势显著、新型大气污染物的出现，也给未来大气污染防治工作带来巨大的挑战，亟待进一步攻坚克难。

3. 生物多样性锐减（reduction of biodiversity）　生物多样性是指生物及其环境形成的整体的多样性，包括地球上所有的生物如动物、植物和微生物等及相关生态环境。多样性由生物的遗传多样性、物种多样性和生态系统多样性三部分组成。随着人类活动范围日益扩大，工业生产活动的不断加强，对生物多样性的影响也逐渐加剧，特别是乱砍滥伐、掠夺性开采、过度捕捞狩猎等人类生产活动使物种灭绝的速度不断加快，加速了大量遗传基因的丢失，导致不同类型的生态系统面积锐减。虽然弱势物种在自然选择的作用下会逐渐灭绝，但根据测算，人类活动引起的人为灭绝是自然灭绝速度的 100～1000 倍。2021 年，在法国马赛举行的第七届世界自然保护大会上，世界自然保护联盟更新了濒危物种红色名录，评估了全球 138 374 个物种受到威胁的风险，其中 38 543 个物种面临灭绝威胁。我国是世界上生物多样性较丰富的国家之一，同时也是生物多样性受威胁较严重的国家之一。2021 年 10 月，联合国《生物多样性公约》缔约方大会第十五次会议在我国云南昆明举行，会议提出了 20 余项 2030 年行动目标和 4 项 2050 年长期目标，缔约方将据此更新国家生物多样性战略和行动计划，共同维护全球生物多样性。

综上所述，尽管人类在科学技术、社会发展、经济建设等诸多方面取得了巨大成就，但同时也引发了全球性的环境污染问题。《柳叶刀污染与健康重大报告》显示，2019 年有 900 万人死于污染，因空气污染导致的死亡占到了近 75%；2019 年空气污染共造成 667 万人死亡，包括 231 万的死亡归因于家庭空气污染，414 万的死亡归因于环境颗粒物污染，37 万人死于 O_3 污染；水污染导致 136 万人过早死亡，铅（plumbum，Pb）污染导致 90 万人过早死亡，职业危害造成 87 万人过早死亡；死于有毒化学品污染的人数比 2000 年增加了 66%。

综上所述，全球气候变化、环境污染、生物多样性锐减是全球共同面临的三大环境问题。人类活动所致CO_2等温室气体排放量不断增加是造成全球变暖的重要原因。在气候变化的大背景下，全球气候变化、环境污染和生物多样性锐减之间存在着复杂的联系，使人类健康面临着巨大挑战。面对这些风险和挑战，全球各个国家是休戚与共的人类命运共同体，而全球环境问题的治理，需要各个国家共同行动和努力，实现人与自然和谐发展。

二、环境与健康的研究内容

（一）环境与健康的基础理论研究

环境与健康关系的基础理论研究是解决环境与健康问题的基石，同时也是环境卫生学的前沿领域。研究认为，人类的健康、生长发育和疾病状态（除意外创伤和少数单基因遗传病外）都是机体与环境相互作用的结果，而相互作用的关键位点在基因和蛋白质水平。人类基因组计划（Human Genome Project，HGP）完成了人类23对染色体约60亿个核苷酸排列顺序的测定，在人类基因组所包含的约3万个基因中不断发现与人类重要生命功能和重要疾病相关的基因。在人类基因组中，能够对外界环境因素的作用产生特定反应的基因称为环境应答基因（environmental response gene），而环境基因组是指基因组中环境应答基因的总和。环境基因组计划（environmental genome project）的主要目标是推进有重要功能的环境应答基因多态性研究，确定引起环境暴露致病危险性差异的遗传因素，并以开展和推动环境-基因相互作用对疾病发生影响的人群流行病学研究为最终目的。

近年来开展的国际人类基因组单体型图计划（International HapMap Project）是继HGP之后又一项重大研究计划，其主要目的是构建不同人群的高密度单核苷酸多态性（single nucleotide polymorphism，SNP）图谱，确立单体型及其中SNP的连锁性质和标签SNP。人们可根据遗传图谱和所揭示的群体分子遗传机制，为发现复杂性疾病的易感基因确定研究方案和选择标签SNP。HapMap的重要价值在于揭示复杂疾病如高血压、肿瘤、糖尿病等的遗传因素，这些复杂疾病的发生通常是遗传与环境因素共同作用的结果。此类研究所取得的任何进展和突破，都会对揭示环境因素与机体相互作用的奥秘提供重要的理论基础。

为弥补“基因组学”在解释疾病病因方面的不足，研究人员提出了“暴露组学”的概念。暴露组学的核心思想是综合考虑人类从胚胎、婴幼儿、儿童、青少年、成年和中老年整个生命周期中所有的暴露因素，通过暴露组关联分析，揭示影响人类健康的关键环境因素。此外，国内外学者采用先进的细胞生物学和分子生物学技术，深入研究环境污染物在细胞水平（如细胞行为和功能、细胞信息传递和调控等）、蛋白质水平（如应激蛋白的形成、蛋白质的功能、代谢酶的多态性等）及基因水平（如基因的应答、损伤、修复与调控、多态性等）上的相互作用，已筛查出600多个候选环境应答基因。这些成就有助于揭示某些环境相关疾病的发病原因和多种环境因素的致病机制及人群易感性或耐受性的差异，极大地丰富了环境与健康领域的基础理论知识，将会对环境与健康领域的发展起到不可估量的推动作用。而基因组学、表观基因组学、转录组学、蛋白质组学、代谢组学等多组学技术的应用和单细胞测序技术的蓬勃发展，也推动了环境与健康理论研究领域取得新的进展。

（二）环境因素与健康关系的确认性研究

在人类的生存环境中，环境因素的种类繁多，作用复杂，其对人体健康影响的模式也各不相同。有些环境因素由于对机体作用的强度和频率不同而呈现出其生物学效应的双重性，在浓度适宜时对健康有益，浓度过高或过低则对健康有害。由于环境污染物对人体健康影响最显著的特点是长期、低剂量、反复作用，应高度关注低剂量环境污染物的生物学效应问题。有人提出了“Hormesis”的概念，即某些物质在低剂量时对生物系统有刺激作用，而在高剂量时具有抑制作用，典型的环境污染物如镉、铅、汞、二噁英等都具有类似的生物学效应模式。由于环境中的污染物种类繁多，对人体健康的影响极其复杂，且涉及面广，其与人体健康之间的关系远未阐明。在研究污染物对人体健康的影响时，既要重视污染物的急性作用，又要重视其慢性影响；既要揭示污染物的早期效应，又要揭示其远期效应；既要考虑单一环境因素的作用，也要考虑多因素的联合作用。

美国学者 Harvey Black 指出，对病原体与有毒物质之间的相互作用也应给予足够的重视。例如，乙型肝炎病毒和黄曲霉毒素均可增加肝癌的风险，但同时接触这两种因素所增加的风险远远超过两个独立危险因素的预期影响。再如，人乳头状瘤病毒感染是子宫颈癌发生的必要条件，而吸烟作为协同因素，可增加病毒感染者发生癌症的风险。研究发现，胚胎发育窗口期暴露于环境有害因素与成年期某些疾病的发生发展有密切关系，从而提出胚胎源性成人病的概念。出生前暴露于某些环境内分泌干扰物可引起男性睾丸发育异常和成年后的生殖障碍并增加女性发生子宫内膜癌的风险。在确证环境因素与健康的关系时，还应及时发现反映机体接触污染物的暴露生物标志物（biomarker of exposure）、反映污染物对机体影响的效应生物标志物（biomarker of effect）和反映机体对污染物反应差异的易感性生物标志物（biomarker of susceptibility）。这些生物标志对于早期发现和预防污染物的健康危害、保护敏感人群具有重要价值。因此，努力探索和及时确认极其复杂的环境因素对机体健康的影响、作用模式、相互关系和影响因素等，对于阐明环境因素与健康的关系具有十分重要的意义。

（三）开发和引入适合于环境健康研究的新技术和新方法

随着生命科学和环境科学的发展及环境与健康关系研究的深入，环境与健康领域内有待创建和引进诸多新的研究方法。分子生物学中的组学技术以高分辨率、高敏感性和高通量的优势，使人们摆脱了以往逐一研究单个基因、蛋白质、代谢产物的状态，从而向系统化、整合化方向发展。人们可从整体角度考虑研究人类组织细胞结构、基因、蛋白质及其分子间相互作用与机体健康的关系，通过整体分析人体组织器官功能和代谢状态，探索环境因素对人类健康和疾病影响的机制。组学技术主要包括基因组学、表观基因组学、转录组学、蛋白质组学、多肽组学、代谢组学等的研究技术和方法，研究环境因素暴露对机体的基因和蛋白质、多肽成分、功能、变化规律等的影响及对细胞结构和功能的影响。鉴于环境与健康主要研究环境、个体易感性及机体反应之间的交互作用，而暴露组学对应环境、基因组学和表观遗传学对应个体易感性、蛋白质组学和代谢组学对应机体反应，且组学技术可使三者交叉融合，提示组学技术在环境与健康研究中具有广阔的前景。

流行病学研究方法也为阐明环境与健康的相互关系提供了至关重要的宏观指导。随机对照试验（randomized controlled trial，RCT）研究、类实验研究（quasi-experiment study）等经典的流行病学试验设计在因果推断中提供理论支持。在政策研究方面，问责性研究（accountability study）对于政策实施效果后评估十分关键。我国学者评估了大气污染防治行动计划实施后，京津冀地区 $PM_{2.5}$ 短期暴露的死亡、住院、门诊效应的变化及其主导因素，用流行病学方法评估了我国“气十条”政策的健康收益，为未来基于健康保护的空气质量提高政策的制定提供了科学支撑。在环境流行病学（environmental epidemiology）领域的回归模型的变量选取过程中，有向无环图（directed acyclic graph，DAG）也是一个关键的方法。DAG 基于理论的因果关系，构建因果关系网络，进而找到合适进入模型的自变量，是一种理论驱动的自变量筛选方法。暴露评价技术的进步也极大地促进了环境与健康领域的发展。近年来，各种实时在线的仪器平台、基于传感器、物联网、$5G^+$ 的环境暴露监测设备层出不穷，可实现精细化、个体化、实时在线的环境暴露监测，为大数据分析、环境暴露评估等环境与健康领域的发展提供了坚实的基础。借助以现代分子生物学技术为基础建立起来的分子流行病学研究方法，对于揭示环境暴露致健康危害的内在本质具有重要价值，可大大提高人们对环境因素与健康关系的认识水平，更能有效地预防和控制环境污染对人类的健康危害。

（四）研究环境健康相关标准和法律法规的理论依据

2015 年 1 月 1 日起实施的新修订版《中华人民共和国环境保护法》总则中提出了“保障公众健康”，并新增加了环境与健康监测、调查等内容的条款。新修订的《中华人民共和国环境保护法》

对环境与健康工作提出了明确要求，第一次在法律层面上明确环境与健康关系研究工作，为今后环境与健康工作的全面展开、促进环保工作更加注重保障公众健康提供了充分的法律依据。

我国目前的环境健康相关标准，是由生态环境部根据国家环境质量标准和国家经济、技术条件来制定的，如《环境空气质量标准》（GB 3095—2012）、《地表水环境质量标准》（GB 3838—2002）、《土壤环境质量建设用地土壤污染风险管控标准（试行）》（GB 36600—2018）、《声环境质量标准》（GB 3096—2008）等。以制定国家污染物排放标准为例，在实际制定过程中，需要结合国家环境形势和产业政策的要求，针对行业的技术发展水平、行业清洁生产水平、产排污情况、治理技术发展水平及全行业达到污染物排放标准所要付出的成本（包括管理成本）等进行综合分析。与此同时，标准的制定也要考虑到地区差异性和标准适应性。以大气颗粒物的控制来说，各个国家在制定标准时，既要考虑WHO发布的基准值和国内外研究成果，也需考虑国家发展的实际情况，让标准既能够发挥保护公众健康和生态环境的作用，确保环境风险可控，又能够兼顾国家发展和行业进步，实现环境效益的最大化。在标准的实施过程中，还应开展标准实施评估工作，根据标准实施评估的结果适时修订标准。

环境卫生监督属于公共卫生行政执法的范畴，由依法委托授权单位的执法人员按照国家的法律、法规、条例、规定、办法、标准等，对辖区内的企业和事业单位、生产经营单位或个人及服务行业等执行国家环境卫生有关法规、条例、办法、标准等情况进行监督和管理，对违反环境卫生法规、危害民众健康的行为依法进行监督管理或行政处罚。环境卫生监督属于行政管理和执法工作，要求监督执法人员对环境与健康相关知识有一定掌握，环境与健康学科能够为其提供科学的理论依据。环境与健康法规、环境卫生标准的制定和实施都需要运用环境与健康的理论和知识，具体的卫生要求和环境卫生基准作为监督工作中技术规范的依据，使得环境卫生监督工作人员真正做到执法有据、判断准确。

三、环境健康工作的历史成绩和新任务

（一）我国环境健康工作的主要成就

中华人民共和国成立70多年来，我国始终坚持贯彻“预防为主”的卫生工作方针，全国城乡面貌发生了巨大变化。目前，我国已具备了一支素质较高的环境与健康工作队伍，建立了较为完善的环境卫生监督、监测体系，使环境卫生工作更加全面深入，取得不少世人瞩目的成就。根据我国生态环境部最新发布的《2021中国生态环境状况公报》，2021年，全国339个地级及以上城市，有218个城市的环境空气质量达标，占全部城市数的64.3%，比2020年上升3.5个百分点。$PM_{2.5}$、PM_{10}、O_3、SO_2、NO_2、CO的浓度均下降。全国地表水监测的3632个国家地表水考核断面均达到2021年水质目标要求。在监测的876个地级及以上城市的集中式生活饮用水水源断面（点位）中，有825个全年均达标，达标率为94.2%；10 345个农村千吨万人集中式生活饮用水水源断面（点位）中，有8072个全年均达标，占78.0%。2021年，全国土壤环境风险得到基本管控，土壤污染加重趋势得到初步遏制。整体而言，我国生态环境状况不断改善，呈现持续向好态势。70多年来我国在环境与健康领域取得的重要成就简要归纳如下：

1. 城乡环境卫生面貌显著改善 通过大力开展爱国卫生运动、创建国家卫生城市和农村改水、改厕、改灶等活动，我国城乡环境卫生面貌得到显著改善。迄今，我国数百个城市和县级城镇、市区被命名为国家卫生城市（镇、区）。水利部统计显示，截至2021年底，全国共建成农村供水工程827万处，服务9.4亿农村人口，农村自来水普及率达到84%，规模化供水工程覆盖农村人口的比例达到52%，城市全部实现集中式供水，生活饮用水四项指标（浑浊度、细菌总数、大肠菌群、余氯）合格率达95%以上。全国城乡居民的生活环境条件、室内卫生设施和卫生状况有了很大改善，特别是在煤烟污染型地方性氟中毒和砷中毒的流行区，家庭炉灶的改建显著降低了室内空气污染的程度。

2. 环境与健康研究取得丰硕成果 近几十年来，我国环境与健康工作者对环境污染的健康效应问题进行了大量调查研究。我国曾对全国50万以上人口的26个城市进行了大气污染与人群健康关系的大规模调查研究，发现大气污染与城市居民肺癌和慢性阻塞性肺疾病（chronic obstructive pulmonary disease，COPD）具有一定的相关性。此外，肺癌在我国恶性肿瘤死亡原因中居首位，我国居民肺癌死亡率呈明显的上升态势，且城市的发病率和死亡率明显高于农村。饮水中碘含量与甲状腺肿发病关系的"U"形曲线也是我国研究人员最早提出的，经过环境与健康工作者的不懈努力，我国已基本达到消除碘缺乏病的目标。

"十三五"规划期间，我国环境与健康领域研究也取得了丰富的科研成果。在水环境领域，形成重点行业水污染全过程控制系统与应用等八大标志性成果，建成流域水污染治理、流域水环境管理和饮用水安全保障三大技术体系，有效支撑了太湖、京津冀、三峡库区、淮河、辽河流域的水环境质量提高，助力南水北调等重大工程建设和世园会、冬奥会高标准水质的目标实现。在土壤环境领域，开展了铬、砷重金属污染地块修复工程示范，为土壤生态环境、人居环境、农产品质量安全有效提升等多重目标提供了强有力的科技支撑。在生态保护领域，形成生态保护红线划定技术方法体系，支撑了以国家公园为主体的自然保护地管理体制建立。在固废领域，大宗工业固废建材化利用、生活垃圾焚烧发电、重金属安全处置等方面取得了一批关键技术突破，支撑了无废城市建设。在环境基准领域，首次发布了我国保护水生生物镉和氨氮水质基准，实现了我国在该领域零的突破。"十三五"规划（2016—2020）以来，国家投入大量基金，用于支持"大气与健康"相关研究，如国家重点研发计划"大气污染成因与控制技术研究"重点专项之"大气污染对人群健康的影响"方向、国家自然科学基金"大气 $PM_{2.5}$ 的毒理与健康效应"重大研究计划及其他科技项目等。在这些基金和技术进步的助力下，我国大气污染健康影响研究正在蓬勃开展，积累了大量科学证据。2019年，我国环境卫生研究团队发表于医学顶级期刊《新英格兰医学杂志》的全球多中心的研究发现，PM_{10} 和 $PM_{2.5}$ 短期暴露可显著增加居民的死亡风险，且不存在明显的阈值。该研究为WHO进一步收紧AQG中颗粒物基准值提供了重要科学依据。这些研究成果既丰富了环境与健康领域的理论知识，也为相关疾病防治策略的制订提供了理论依据。我国在环境监测与环境化学、暴露评价、人群健康数据收集及环境流行病学和统计学方法上取得了显著进步，为落实环境与健康科学研究提供了数据和技术支持。

3. 环境监测工作卓有成效 20世纪50年代后期，我国一些大城市如北京、上海、天津、沈阳等率先开展了大气污染调查监测。20世纪60年代以来，各地卫生防疫机构与有关部门合作，对全国200多条河流、湖泊、水库进行了监测，并对长江、黄河、珠江、松花江等水系和渤海、黄海、南海等海域及主要湖泊、水库的污染状况进行了连续调查监测。自1979年起，我国还参加了联合国环境规划署（United Nations Environment Programme，UNEP）和WHO主办的全球监测系统的大气监测和水质监测。这些监测结果为掌握我国环境污染状况积累了丰富的资料。目前，全国已初步形成了生态环境监测网络，对全国74个重点城市的空气质量进行实时监测报告，将饮用水卫生状况及重要水体的水质状况等作为常规工作进行全面监测，定期发布环境监测数据和环境质量报告。

在大气监测方面，"十二五"规划以来，我国初步形成了满足大气环境常规监测需求的技术体系，发展了 $PM_{2.5}$、O_3 和VOC等在线监测技术。目前我国已经设置了国家、省、市、县四个层级的5000余个监测站点，环境空气质量监测网已经建成。1436个国控监测站都建立了远程质控系统，具备变化留痕、异常报警等功能。将固定监测站、大气超级监测站、移动监测站相结合，并辅以卫星遥感监测，实现了"地空天"一体化立体监测网络，可实现空气质量多因子监测、空气质量预报预警、灰霾天气成因分析、空气污染传输分析、突发事故应急监测、环境空气监测技术研究等功能。

近年来，我国的水质自动监测站的建设也取得了较大的进展，我国已在重要河流的干支流、重要支流汇入口及河流入海口、重要湖库湖体及环湖河流、国界河流及出入境河流、重大水利工程项目等断面上建设了100个水质自动监测站，监控包括七大水系在内的63条河流，13座湖库的水质状况。目前还有36个水质自动监测站正在建设中，水站仪器设备更新项目也在实施中。及时、准确、有效是水质自动监测的技术特点，实施地表水水质的自动监测，可以实现水质的实时连续监测和远程监控，及时掌握主要流域重点断面水体的水质状况，预警预报重大或流域性水质污染事故，解决跨行政区域的水污染事故纠纷，监督总量控制制度落实情况。2014年底，我国开展国家土壤环境监测网络建设，由中国环境监测总站负责实施。到2018年，我国土壤环境监测网已初步建成，目前土壤环境监测国控点位有近8万个，包括生态环境部建成的38 880个点位及国土、农业部门所建的近4万个点位。未来土壤环境监测点位的数量将会更多、密度更高、监测功能也会不断拓展，从而发挥更好的基础支撑作用，客观准确地反映全国土壤环境质量整体状况、变化趋势和潜在风险。卫星遥感监测、无人机、人工智能等新技术的发展也促进了大气、水、土壤等环境监测领域的技术革新和进步，将实现大气、水、土壤质量数据共享、统计预报、信息发布等功能，可为环境污染防治提供决策支持，也为执法和监督工作提供依据。

4. 环境与健康法律法规标准体系逐步建立和完善 在2007年，我国卫生部、环保总局等18个部门联合印发《国家环境与健康行动计划（2007—2015）》。这是我国环境与健康领域的首个纲领性文件，其目标是控制有害环境因素及其健康影响，减少环境相关性疾病发生，维护公众健康。其中明确了由卫生、环保部门牵头，水利、住房城乡建设等部门在各自职责范围内承担环境与健康相关工作。行动计划在我国环境与健康工作领域发挥了重要作用，主要体现在：加强了组织领导与部门协作，初步建立了环境与健康法律法规标准体系；推进了环境与健康监测网络建设，进一步加强了环境与健康风险预警和突发事件应急处置能力；初步建立了国家环境与健康信息共享与服务系统；环境与健康宣传交流进一步加强，公民健康素养明显提升。我国先后出台了《国家环境与健康行动计划》《卫生部国家环保总局环境与健康工作协作机制》等7个环境与健康相关政策性文件。2022年5月，国务院印发了《新污染物治理行动方案》，对新污染物治理工作进行全面部署。目前，国内外广泛关注的新污染物主要包括国际公约管控的POP、内分泌干扰物、抗生素等。该行动方案将加强新污染物治理，切实保障生态环境安全和人民健康。《“健康中国2030”规划纲要》将建设健康环境作为建设健康中国的重点内容，提出实施最严格的生态环境保护制度，加强影响健康的环境问题治理，建立健全环境与健康监测、调查和风险评估制度等一系列规划措施。

我国2014年新修订的《中华人民共和国环境保护法》中增添了保障公众健康的相关内容，更加关注环境质量对公众健康的影响，在强调保护环境的同时更加重视预防和控制与环境污染相关疾病的发生。这些法规和政策文件为我国今后的环境与健康工作提供了重要的法律保障。此外，我国环境与健康标准体系也日臻完善，主要包括：①环境质量标准体系：是以保护人的健康和生存环境、防止生态环境遭受破坏、保证环境资源多方面利用为目的，对污染物或有害因素容许含量或要求而制定的一系列具有法律约束力的技术标准。②环境卫生标准体系：是以保护人群身体健康为直接目的，运用环境毒理学（environmental toxicology）和环境流行病学的手段，以法律形式规定环境中与人群健康有关的有害因素限量要求，并提出为实现这些要求而采取的相应技术措施。此外，国家质检总局针对室内环境污染对人体健康的危害，制定了《民用建筑工程室内环境污染控制规范》及《装饰装修材料中有害物质的限量要求》等。为保障供水质量和安全，还制定了《管道直饮水技术规程》《二次供水技术规程》等。我国环境与健康标准体系的建立和完善，为改善人民的生活环境，保证对相关卫生产品的执法监督提供了科学和法律的技术依据。环境与健康法律法规标准体系逐步建立和完善，能够有效保护和改善环境，防治污染和其他公害，保障公众健康，推进生态文明建设，促进经济社会可持续发展。

（二）未来环境健康工作的新任务

环境与健康是研究环境与人群健康关系，以保护和增进人体健康为目的的科学。环境卫生工作是环境与健康理论知识体系指导下的实践工作，其目的是防止环境污染、预防疾病、提高人群的健康水平，其内容随社会发展和卫生服务需求而有所变化。我国新时代的卫生与健康工作总方针特别强调，要将健康融入所有政策，因此研究环境与健康的关联具有重要的社会意义。

通过全国人民的不懈努力，我国环境与健康事业取得令人瞩目的成就。尽管如此，我国环境污染形势依然严峻，环境与健康领域仍面临巨大挑战。环境污染引发人群疾病的威胁日益严重，传统环境污染危害尚未完全消除，新的环境污染问题已经显现，环境相关疾病已成为危害人群健康的重要问题。为此，近年来国家又先后发布了大气、水、土壤污染防治行动计划及《"健康中国2030"规划纲要》，提出加强城乡环境卫生综合整治，深入开展以大气、水、土壤等污染防治等为主要内容的健康环境建设。为开展环境污染防治、保护民众健康指明了研究方向，给我国环境与健康事业的发展增添了新的活力，也给环境与健康领域提出了新的任务和希望。主要包括：

1. 加强环境因素健康效应的研究 当今，我国正面临着传统环境危害与现代环境危害的双重压力，环境污染的严峻态势尚未有根本改善。PM_{10}和$PM_{2.5}$的污染状况有所缓解，但以O_3为代表的气态污染浓度有所上升。此外，UFP、全氟和多氟烷基物质、POP、微塑料等新型污染物的健康效应仍不明确，对人体健康的影响和危害机制仍有待深入研究。因此，在全面开展生态环境污染状况监测的同时，应着力研究环境有害因素对机体健康的影响，将传统的研究方法与现代分子生物学技术相结合，揭示环境有害因素对人体健康影响及其分子机制。由于环境化学污染物种类繁多、成分复杂、数量巨大、污染范围广，其对人类健康的危害也最大。因此，化学性污染对健康的危害仍是今后研究的重点领域。与此同时，全球气候变化对健康的影响也不容忽视。

由于生命早期（包括孕期）是环境有害因素对机体产生终身不良后果的高敏感期，生命早期及出生后不同发育阶段的环境暴露（综合暴露）会对成年后的健康和疾病产生显著影响。暴露组学应运而生，重点关注从妊娠（受精卵）开始贯穿于人一生整个生命周期的环境暴露全过程，采用全暴露组关联研究（exposome-wide association study，ExWAS）方法，检测所有可能的暴露标志。通过分析病例组和对照组差异最显著的暴露标志，再重复验证，确定有效的生物标志，进而利用此等生物标志来阐明暴露-效应关系、作用机制等。暴露组学关注人类整个生命周期中所有的暴露因素与疾病之间的联系，它依赖于基因组学、蛋白质组学、脂质组学、糖组学、转录组学、代谢组学、加合物组学等的发展，以全面揭示暴露与疾病之间的关系。此外，应加强环境有害因素联合作用研究，特别要重视多因素、低水平暴露下的健康效应问题，以及生物因素与化学因素的联合作用等。由于不同污染物的存在形式、人体暴露途径、暴露量、个体敏感性的不同及多种因素的联合作用等，其对机体的作用模式和效应会有所不同，这就更增加了环境因素健康效应研究的复杂性。因此，利用多种组学技术研究环境-机体的相互作用及其机制，有助于揭示环境污染物对健康危害的生物学本质，并开展污染物的剂量-反应关系评价，进一步寻找特异、敏感、简便易行的生物标志，构建环境污染危害的预警体系，保护人群健康。

2. 新技术、新方法在环境与健康领域中的应用 环境与健康是一门应用性很强的交叉学科。在工作和科研实践中，要善于借鉴相关学科的理论知识，创建和引进新的研究技术和方法，对于提高环境与健康工作质量和研究水平具有极为重要的意义。此外，采用多学科交叉的研究方法，引入气象学、环境工程学、大气科学、细胞生物学、生物化学、分子生物学、分子流行病学等学科理论和研究方法，对于深刻揭示环境与健康关系的内在本质至关重要，有望解决环境与健康的关键科学问题。

全基因组关联分析（genome wide association study，GWAS）可发现诸多与疾病有关的基因多态性变异；观察环境化学物暴露对DNA甲基化、组蛋白修饰或微小RNA的干扰作用，可为环境化学物暴露与表观遗传学修饰的关联提供证据；应用代谢组学技术有望解决化学物长期低剂量混合暴露机制不明的问题。此外，利用组学技术可高通量筛选毒物，并可预测未知化学物的毒性，从而推动更加快速、廉价、准确的新一代健康风险评估方法体系的建立与发展。可见，充分利用组学技术等的研究策略和方法，可快速、准确地收集和分析海量数据中的相关信息，为揭示环境污染物的毒性作用机制及环境相关疾病的发生机制提供强有力的技术手段。引进分析化学、仪器分析技术有利于快速检测有害物质，可提高对新化学污染物的识别能力，增强处理环境污染突发事件的应急能力；应用新的微生物检测技术可快速检测环境中的致病微生物等。

3. 认真落实环境与健康法律法规要求，保护民众健康 环境与健康的相关法律、法规、标准是从保护人群健康和提高人类生活质量出发，对与人群健康有关的环境因素水平及其管理做出的具有法律效力的规定，是政府实施环境与健康执法监督和环境相关疾病控制、企业自律、民众维护自身权益的法定依据。与发达国家相比，我国在管理体制、法律法规、标准体系、技术支撑等方面仍有不小差距，其中更是缺乏环境健康损害案件的受理、裁决、赔偿等方面的法律法规。在环境与健康管理方面，环保部门主要侧重对污染物的监测，而对污染物监测数据与人群健康影响的联系重视不够。而卫生部门更多侧重于人群健康损害的环境污染因素识别，未能将环境与健康作为一个有机整体进行管理，缺乏跨学科、跨部门的交流与协作。在此背景下，产生了为改善人类、动物和环境健康的一个跨学科协作和交流的全球拓展战略——同一健康（one health）。该战略旨在通过人类、动物和环境三方的知识交叉和整合，促进人类、动物和环境与健康领域的专业人员之间跨学科交流和合作，最终实现人、动物和环境的最佳健康。

为有效遏制环境污染日趋严峻的态势，保护民众免受环境污染的健康危害，促使环境与健康工作逐步驶入法治化的轨道，我国采取了一系列措施：国家于2013年9月、2015年4月、2016年5月和10月先后发布了《大气污染防治行动计划》（大气十条）、《水污染防治行动计划》（水十条）、《土壤污染防治行动计划》（土十条）及《“健康中国2030”规划纲要》。这些文件都是以保护民众健康为出发点，大力推进生态文明建设，改善生态环境条件，促进社会经济健康发展。此等污染防治行动计划和规划纲要是继《国家环境与健康行动计划》实施之后，又明确提出的开展环境污染防治、保护人民群众健康的又一重大举措，为深入开展环境与健康调查、监测、健康风险评估及环境相关疾病的深入研究提供了重要的法律支撑。同时，要以环境与健康的理论知识及相关科学研究所得数据为基础，加快与环境相关法律法规相配套的环境健康标准体系建设，切实保障各项环境健康的法律法规得到贯彻执行。

4. 加强农村环境卫生工作 近30多年来，我国农村环境卫生面貌发生了巨大变化，环境卫生状况明显改善。但大量乡镇企业的兴起、城市污染企业的转移、滥施农药化肥等产生的污染，给农村环境卫生工作带来诸多新的问题。2015年全国爱国卫生委员会印发的《全国城乡环境卫生整洁行动方案（2015—2020年）》指出，保障饮水安全、普及农村无害化卫生厕所、加强生活垃圾和污水处理设施建设等是该行动方案的重点工作内容。可见，加强农村环境卫生工作仍然是我国环境卫生事业的重要任务之一。

截至2020年底，全国农村卫生厕所普及率超过68%，农村生活垃圾进行收运处理的自然村比例稳定保持在90%以上，农村生活污水治理率达到25.5%。农村脏乱差局面得到扭转，农民生活质量普遍提高。而家庭规模化畜禽养殖造成的环境污染也逐渐成为农村环境卫生的突出问题。因此，需要大力开展宣传教育，提高广大农民的卫生意识，普及卫生知识，对粪便垃圾的收集和无害化处理进行现场指导，及时清理畜禽圈舍，全面推广卫生厕所和沼气池的建造。改变农村环境卫生面貌，是农村环境卫生工作的重要任务。近年来，随着我国农村自来水普及率的提升和规模化供水工程的不断建设，农村居民饮水安全得到有效保证。但由于我国地域广阔，各地经济发展不平衡，有些地区饮用水水质尚未达到安全饮用水的要求，其主要问题以生物学指标不合格最为常见。生活在边远、贫困地区的农民的生活条件和饮水安全问题堪忧，有些地区农民的饮用水仍遭受地球化学性和环境化学性污染的威胁。因此，加强对农村饮用水水源的卫生防护和饮水消毒工作，防止肠道介水传染病的暴发流行仍是当前农村环境卫生工作的重要任务之一。应切实加强农村饮水水质监测，使水质监测制度化、经常化、网络化，并因地制宜地采取相应措施以改善村民的供水条件和水质状况，确保广大村民饮水安全。此外，还应当加大宣传力度，提高公众对环境污染导致的健康危害问题的认识，制定农村环境卫生管理法规，加大环境卫生监督管理力度，推动建设健康农村生态环境。

思 考 题

1. 我国目前主要的环境污染物在地区分布上有何特点？还有哪些新型环境污染物值得进一步关注？

2. 目前我国城市和农村面临的主要环境问题各有哪些？如何针对性地降低这些环境问题因素对人群健康的影响？

3. 为了减缓全球气候变化，在个人和社会层面可采取哪些实际行动和措施？

（陈仁杰）

第一篇　环境与健康基本理论

第一章　环境与健康的关系

环境是人类生存的条件，也是人类发展的根基。人生活在环境之中，一切人类活动无时无刻不受到环境的影响，也在不断影响着环境。随着自然环境和人类社会的发展演变，环境对人的影响越来越深刻与复杂。当人们还陶醉于工业化的巨大进步时，生态环境破坏和污染问题已经不期而至，并随着工业化的不断深入而加剧，形成了大范围甚至全球性的公害。近年来，随着环境污染的加剧，人们越来越关注环境对人群健康的影响，并越来越重视环境与健康相互关系的研究。

环境与健康关系的研究涉及问题十分广泛，既有原生环境问题，又有次生环境问题；既包括环境因素对健康的有益作用，也包括环境因素对健康的不良影响；既涉及环境与健康关系的宏观规律，又涉及其作用的微观机制，还有不同环境因素之间的联合作用。鉴于此，深入开展环境与健康关系的研究，揭示环境因素对人体健康影响的生物学本质及其作用规律等具有十分重要的意义。这是环境与健康研究的核心内容和长期的根本任务。

第一节　人类的环境、组成及其变化趋势

一、环境的概念和类型

环境是指以人为主体的外部世界，是地球表面的物质和现象与人类发生相互作用的各种自然及社会要素构成的统一体，是人类生存发展的物质基础，也是与人类健康密切相关的重要条件。人类的环境是指环绕于地球上的人类空间及其中可以直接、间接影响人类生存和发展的各种物质因素及社会因素的总体。

环境是一个复杂的体系，一般可按照环境的主体、环境要素的属性及特征、环境空间范围等进行分类。按环境要素的属性及特征，可将人类的环境分为自然环境、人为环境和社会环境。自然环境包括自然界存在的各种事物和现象，它们是天然形成的，在人类出现之前已经存在，如阳光、大气、陆地、海洋、河流、各种动植物等。人为环境是经过人类加工改造，改变了其原有面貌、结构特征的物质环境，如城市、村镇、园林、农田、矿山、机场、车站、铁路、公路等。社会环境是通过人类长期有意识的社会劳动所创造的物质生产体系、积累的文化等形成的环境。社会环境由社会的政治、经济、文化、教育、人口、风俗习惯等社会因素构成。这三类环境还可以依其构成要素的属性或特征作进一步分类，如自然环境按构成要素可分为大气环境、水环境、土壤环境等；按生态特征可分为陆生环境、水生环境等。此外，还可按人类对环境的影响程度，分为原生环境和次生环境。

人类的生活环境是一个由自然环境、人为环境和社会环境组成的综合系统。由小到大、由近及远，可将人类的环境分为各级大小不同的结构单元，包括特定空间的小环境（如航空、航天或水下航行的密封舱）、生活环境（如居室、院落、公共场所）、车间环境、区域环境、全球环境。人类的生活环境大多属于次生环境，生活环境是人群聚集、人际交往频繁的地方。生活环境与人的关系最密切，对人类健康的影响也最为直接。开放的生活环境又处在大的自然环境的拥抱之中。

二、人类自然环境的构成

在地球形成演化的过程中，重力把不同密度的物质分开，密度较小的物质逐渐上浮，聚集于地表；而密度较大的物质，逐渐下沉，向地心聚集，使空气、液态水和岩石以同心的层状排列，构成了大气圈、水圈和土壤岩石圈三个基本圈带。随后，在大气和海洋，以及大气和固体陆地表面之间的交接面上产生了生物，生物的长期繁衍形成了生物圈。大气圈、水圈、土壤岩石圈和生物圈共同组成了人类的自然环境。

（一）大气圈

大气圈（atmospheric sphere）主要指围绕地球周围的空气层，可划分为对流层、平流层、中间层、热成层和逸散层（外大气层）。随着海拔高度升高，大气呈不均匀分布，距地面越远密度越低。在50km以上，大气质量不足总质量的0.1%。对流层的平均厚度仅约12km，约占整个大气层厚度的1%，但却集中了整个大气圈质量的75%。人类活动和排放的污染物多集中于对流层，其与人类关系最为密切。大气主要由氮气（78%）、氧气（21%）、CO_2（0.03%）等混合气体及水气和气溶胶组成，对保障人类的健康和维持其他生物的生存具有重要意义。大气中的CO_2和水气能吸收红外线辐射，储存热量，对地球起到保温的作用。大气平流层中的O_3能够吸收太阳辐射中对生物具有强烈杀伤力的B段（280～320nm）和C段（200～280nm）紫外线和宇宙射线，从而保护地球表面的生物得以生存。

（二）水圈

地球上的水以气态、液态和固态三种形式存在于空气、地表与地下，成为大气水、海水、陆地水（包括河流、湖泊、地下水和冰雪水），它们共同构成了水圈（hydrosphere）。水圈中各类水的总量估计为$1.38\times10^{10}km^3$，其中海水占96.53%，覆盖了地球表面积的71%。淡水资源约占3%，不过便于取用的河水、湖水及浅层地下水等淡水仅占水圈总量的0.2%左右，其中一部分已遭到较严重的污染而不能供人饮用，饮水短缺已成为某些地区的严重危机。

（三）土壤岩石圈

地壳主要由岩浆岩、沉积岩和变质岩三类岩石构成。地壳岩石经长期风化作用形成母质，母质经微生物和植物的作用形成了土壤。土壤是覆盖于地表、具有肥力的疏松层，含有矿物质、有机质、微生物、水和空气等成分，它能为生物的生存和发展提供重要的物质基础。土壤是联系有机界和无机界的重要环节。当土壤受到污染时，可能通过生物富集、水分蒸发和渗透等途径使污染物向动植物、大气及水体转移。不同地史时期形成的岩石即使岩石类型相同，其岩石组成及微量元素的含量也不尽相同，这种差异对不同地区的成土母质、生物生长和水圈水质（特别是地下水）影响很大。

（四）生物圈

生物圈（biosphere）指从海平面以下深约12km至海平面以上高约10km的范围，包括了一部分大气圈、水圈及土壤岩石圈，是地球上所有生命物质及其生存环境的整体。地球生物是生物圈内的主体，其种类多，数量庞大，结构多样。绝大多数生物通常生存于海平面之下和地平面之上100m的范围内。生物多样性是生物圈最重要的特征。

生物圈的形成是生物界与大气圈、水圈和土壤岩石圈长期相互作用的结果。不同的环境对生物的繁衍与发展产生不同影响，形成不同的生物群落。同时，生物活动又以各种方式对所生存的环境产生重要影响。

三、人类自然环境的变化趋势

自然环境是人类生存的必要条件，与人类的健康密切相关。自然环境不断赐予人类维持生命的必需物质，同时为人类提供保持健康的诸多自然条件。如适量的日照、清洁的空气、宜人的气候、洁净的水源、有益的微量元素和天然有机生物活性物质等自然条件与因素，对控制人体生物节律、保持正常代谢、调节体温、增强免疫功能、促进生长发育等具有十分重要的作用。此外，青山绿水、鸟语花香、奇花异草、怪石险峰、浩瀚海洋、茫茫原野等美景奇观，能使人轻松愉快，得到舒适、满足和美的享受，对人的心理和精神健康具有重要意义。人类随着生活水平的提高，对健康有着新的理解和更高的要求，充分利用有利的自然环境因素，增进人类健康已变得更加重要和迫切。然而，随着人类发展进程的推进，人类获得并增进了改变环境的能力，主要包括以下情况：

（一）人类活动导致的全球环境改变

地球面临资源枯竭、能源短缺、环境污染、粮食不足和人口爆炸五大挑战，其核心是人口问题。人口猛增必然造成生物圈负荷的加重，引发生态危机。地球承载人口必有一个最佳限度，而且人的个体消费指数越高，人口总量的极限数值就会越小，但该变化在时间因素链上具有滞后性，往往是前代人的行为影响了后代人的地球资源。此外，人口的过快增长，人对自然资源的需要量增大，超过了生态系统的负载能力，打破了系统的稳定性、有序性，生态系统就丧失了和环境交换物质、能量的能力，必然产生全球性负向变化，导致全球自然灾害增多。同时，人口的过快增长增大了对生态系统的冲击和压力，使人类生存空间显得越来越拥挤。

（二）臭氧层空洞

位于大气圈中平流层里的臭氧层，能吸收太阳辐射中对生命机体有害的紫外线，从而保护地球上生物的生存与发展。然而，近几十年来，在平流层中飞行的超音速喷气式巨型飞机数量大增，它们排出的硝酸盐和硫酸盐同 O_3 化合，消耗了平流层中含量不多的 O_3；此外，还有各类化合物产生的氟氯甲烷、四氯化碳等释放物被紫外线照射变为破坏 O_3 的催化剂，促使完整的臭氧层遭到了破坏，产生空洞。据科学家估计，人类释放的上述物质已使 O_3 减少了 3%。如果任其发展下去，预计到 2050 年，平流层的 O_3 可能会减少 10%，将产生危及人类和生物界的重大问题。

（三）大面积酸雨沉降

SO_2 是重要的大气污染物之一，在阳光、水气、微尘作用下生成硫酸或硫酸盐微粒，飘荡在空中，遇到降雨或降雪，就被冲洗下来，形成酸雨或酸雪。加之，氮氧化合物在阳光、水气、微尘的作用下所产生的硝酸和硫酸盐，同样会使雨雪变酸。SO_2 和 NO_x 的生成都与燃烧石油、煤炭矿物等燃料有关，是当前的一种严重污染，已几乎危害整个地球。

（四）生态系统失调

全球性物质循环和能量流动对生物圈产生很大影响。例如，自从有机氯类杀虫剂使用以来，这种不易分解的农药可能通过食物链的传递，在生物体内积累，使人和其他一些生物受害，长此以往，生态系统将遭到严重破坏。另外，地球上辐射能量的增加，也会对生物界造成巨大的危害，可导致人类遗传功能受到无法恢复的损伤、生物遗传发生突变等全球性重大问题。

（五）全球性气候变暖

气候变化是人类在 21 世纪面临的最大威胁，其中最主要的是全球气候变暖。对流层中所含的 CO_2 气体，对大气起到保温作用，大气周围的 CO_2 含量会介入影响大气圈的能量平衡过程。世界各国在工业化过程中燃烧矿物燃料的数量急剧增加，进入大气圈中的 CO_2 气体也随之剧增，这势必引起全球性的气候异常变化。大气圈的能量平衡比较脆弱，气温的些许改变，会导致冰川融化、海平面上升，尤其是位于沿海城市的损失更加惨重。此外，已有大量研究表明，由气候变化导致的气温改变、极端天气事件增多，与人群死亡和发病存在着密切关联。

总而言之，环境与资源问题由来已久，人类既是环境的产物，又是环境的改造者，人与自然只有和谐共生，才可以长久可持续发展。为此，党和国家也致力于治理环境污染、改善环境健康，践行“绿水青山就是金山银山”的理念，提升人民福祉。

第二节 人与环境的辩证统一关系

人与环境的关系是生物发展史上长期形成的一种既相互对立、相互制约又相互依存、相互转化的辩证统一关系。人类自诞生的那天起，就与周围的环境发生着密切的关系。人与自然界息息相通，密不可分，自然界的变化可以直接或间接影响人类。人类既是环境的产物，也是环境的塑造者。人类的生产和生活活动需要不断地向周围环境获取物质和能量，以求自身的生存和发展，同时又将废弃物排放于环境。人类的活动不可能无止境地向环境索取，也不可能永远不加限制地向环境排放废弃物。在生物进化过程中，生物与环境既相互适应又相互矛盾，在这种对立统一的法则下，生命不断发展，从低级到高级，从简单到复杂，从单一性到多样性，以至发展到当今多达数百万种生物和谐共存于同一地球环境中。

一、人与环境的统一性

人类生存环境中的各种物质都是由化学元素组成的。人体通过新陈代谢与外界环境不断地进行着物质交换和能量流动，使得机体的结构组分与环境的物质成分保持着动态平衡，并形成人与环境之间相互依存、相互联系的复杂的统一整体。有学者研究了人体血液中60多种元素与海水、地壳岩石中这些元素含量之间的关系，发现两者之间存在着明显的丰度相关。此外，由于地壳元素的地区分布差异，导致长期生活在该地区的人群缺乏或过多摄入某些微量元素，引起生物地球化学性疾病，如碘缺乏病、地方性氟中毒、地方性砷中毒等，这些都表明机体与环境之间存在物质上的统一性和趋向性。随着现代检测技术的不断发展，可以通过构建特定地区人体和环境的元素指纹谱，进一步证实人体和环境在物质上的统一性。

二、人类对环境的适应性

人类在长期进化发展的过程中，由于各种环境条件是经常变动的，人体已形成一定的调节功能以适应环境状态的变动。机体的适应性是人类在长期发展的进程中与环境相互作用所形成的遗传特征。长期生活在不同地区的人群，对各种异常的外环境有着不同的适应性。例如，在高原环境下，由于大气中氧含量稀少，人体通过增加吸气量、加快血液循环、增加红细胞数量或血红蛋白含量以提高机体的携氧能力，适应缺氧环境，维持机体正常的生理活动。当然，人体对环境变化的这种适应能力是有一定限度的，如果环境条件发生剧烈的异常变化（如气象条件的剧变、突发性的自然灾害或人为的严重污染等），超越了人类正常的生理调节范围，就会引起人体某些功能、结构发生异常，使人体产生疾病甚至死亡。

研究发现，许多环境因素对机体健康的影响具有有利和有害两方面的特性。例如，适宜的气温对人类生存是必不可少的，但非适宜温度会导致人群死亡率显著升高。有研究发现，热浪可使居民死亡率显著增加，寒潮可导致心血管疾病（cardiovascular disease，CVD）（如冠心病）事件增加。适度的光照是人类的生产、生活活动所必需的，但过度光刺激可使人出现闪光盲的症状，对眼睛产生不良影响。近来有研究表明，夜晚光照强度与城市发展水平呈正相关，但夜光暴露与人体视力、睡眠质量等息息相关，也可长期影响人群肥胖率和癌症患病率。紫外线具有杀菌、抗佝偻病和增强机体免疫力等作用，但过量的紫外线照射则具有致红斑作用、使皮肤色素沉着甚至产生致癌效应，并可增加人群白内障的发病风险。微量元素对人体健康影响的双重性已达成共识，过高或过低对人体的健康都是不利的，可引起微量元素中毒或缺乏症。

近些年的研究发现，即使在传统意义上认为是有毒的物质，在极低剂量下也会表现出对机体的有益效应，一般称为毒物兴奋效应（hormesis）（也称兴奋效应），即某些物质在低剂量时对生物系统具有刺激作用，而在高剂量时对生物系统具有抑制作用，其剂量-效应关系以双相曲线为特征。例如，低剂量的三氧化二砷在临床上已被广泛使用，可有效治疗白血病，而稍高剂量则可产生健康危害甚至导致死亡。到目前为止，在很多种生物（包括动物、植物、微生物）、毒物（包括致癌物、非致癌物，致癌物又包括遗传毒性致癌物与非遗传毒性致癌物）和生命现象（包括肿瘤形成、生殖、生长、寿命及代谢等）中，都曾发现过毒物兴奋效应。关于作用机制，Calabrese 认为，毒物刺激作用显示了一种过度补偿效应，低剂量有害物质刺激机体的有益反应，正常功能得以加强，使机体更好地抵御以后的刺激。也就是说，生物体受到刺激，最初的抑制反应之后会出现一个补偿过程，使有益反应轻微地过度表达，而表现出对机体的某种（某些）有益作用。因此，对客观事物的认识，包括判断环境因素对机体的影响，都不能绝对化，要用辩证统一的思维方法去理解、分析和判别。

三、人与环境的相互作用

环境中存在各种有益和有害因素，这些因素时刻作用于人体，通过复杂的生物学途径直接或间接影响着人类健康、生存和发展。同样，在长期的发展过程中，机体也通过复杂的生物学机制不断进行调整，使之更加适应环境，以维持自身的健康。环境与机体之间相互作用，在健康的维系和疾病的发生、发展过程中发挥着重要的作用，是环境与健康研究的核心问题。

HGP 的实施，为解释人与环境的相互作用提供了遗传学基础。该项目历时 13 年，顺利完成了人类约 3 万基因的 30 亿个碱基对的测序；随后，与人的重要生命功能和重要疾病相关的基因不断被发现，多种人类单基因遗传病和一些严重危害人类健康的多基因病有可能因此得到诊断、治疗和预防。近些年，功能基因组学或后基因组学（包括蛋白质组学、转录组学、表观遗传组学、代谢组学等）的研究工作进展迅速，对于认识疾病的发生、发展规律具有重要意义。

近年来，人们已认识到许多疾病的发生都与机体的基因多态性（gene polymorphism）有关。由于个体携带的基因型不同而呈现出多态性，这将影响有害因素的作用方式和作用环节。对化学物而言，基因多态性将影响化学物吸收、转运、分布、代谢、转化和排泄等过程的功能状态，因而出现不同的表型。例如，细胞色素 P450（cytochrome P450，CYP450）酶系统的亚型 CYP1A1 活性较高的个体在相同条件下更易患肺癌；*N*-乙酰基转移酶基因（*NAT2*）多态性与芳香胺暴露所致膀胱癌有密切关系。鉴于此，人们应更加关注环境因素与机体的交互作用在毒性反应和人类环境暴露相关疾病中的重要性。著名毒理学家 Judith Stern 将机体环境暴露与健康的关系形象地比喻为“环境扣扳机”（environment pulls the trigger）效应，即机体本身可能存在特定疾病的发生风险，而暴露于环境因素后加速了这个过程的出现。现在人们已经认识到，在动物实验和人群调查中经常见到的敏感个体，其生物学本质往往是由机体内在的遗传特征基因决定的。可以说，人类发展到今天高度文明的阶段也是环境与机体相互作用的结果。

机体与环境之间的相互作用对健康的影响是不言而喻的。全面认识环境因素和机体的遗传易感性，有助于准确地对引起疾病的环境因素进行识别和评价，并采取积极措施避免有害因素的危害。同时，研究环境与机体遗传易感性，也可以帮助敏感个体感知周围环境暴露导致的健康风险，从而更好地保护易感人群。科学家提出的环境基因组计划就是要着重研究环境暴露与遗传的相互作用对疾病的影响，其主要目标是要鉴定出环境应答基因中具有重要功能基因的多态性并确定其在环境暴露致病风险上的差异。随着分子生物学理论和技术的发展，对人类疾病发生与基因多态性（易感基因）关系的研究正成为当代环境与健康关系研究的热点之一。此外，就环境与遗传交互作用的研究而言，传统的分层分析或析因设计无法满足多种环境因素与多种基因之间的交互作用研究。近年出现的 GWAS 和 ExWAS，正在为解析环境与机体的交互作用提供研究思路和技术支撑。上述方法通过生物信息学和高端统计分析并结合功能研究，有利于发现影响人类健康和疾病的环境和遗传因素，有望阐明环境因素与机体相互作用的本质，为环境相关疾病的诊断、治疗和预防提供理论基础和技术支撑。

第三节　环境改变与机体反应的特征

环境因素的改变作用于机体，机体会对其作用产生相应的反应。产生反应的质和量，既取决于变化的环境因素，也取决于机体状态。在环境与健康的研究中，环境因素、对象人群、两者的相互作用及反应，均有许多自身的特征。

一、环境介质与环境因素的暴露特征

环境因素，特别是环境化学物质的暴露，一般都是通过接触含有这些物质的环境介质而发生的。然而，无论是人为排放的还是天然的环境化学物质，在进入环境后会在空间位置、形态特征或化学性质等方面发生一系列复杂的变化。这些变化可归结为两种：一种是通过环境自净作用，逐渐恢复到污染前的状态；另一种是增加人群暴露的机会，增强环境因素对人体的有害性。环境研究应特别关注后一种变化，研究环境化学物质在环境中迁移和转化的过程和规律，以及对环境化学物质作用途径、浓度、方式等暴露特征的影响。

（一）环境化学物质在环境介质中的迁移

环境化学物质的迁移是指化学物质在环境中发生的空间位移过程。化学物质一旦进入环境介质，首先是在接纳该物质的单一介质（空气、水或土壤）内迁移，然后是不同介质之间的迁移，最后是生物性迁移。

1. 单一介质内的迁移　在空气中，化学物质的迁移主要是靠扩散和对流两种方式，因为空气的黏度较低，在空气中物质扩散较快，对于同一种物质，约比其在水中扩散快100倍；在水体中，化学物质的迁移主要是通过扩散、弥散和水流（湍流和平流）实现的；在土壤中，化学物质的迁移是靠在其液体内的扩散或水通过土壤颗粒间空隙的运动实现的。扩散的方向总是从浓度高的区域向浓度低的区域。

2. 不同介质间的迁移　环境化学物质一经排放，可进入多种环境介质，并可在不同介质间迁移。例如，进入水中的污染物可通过蒸发进入空气，也可经灌溉吸附于土壤或沉积于水体底泥；人体可通过呼吸、饮水、摄食等途径从不同介质中接触污染物；土壤中污染物的转移和自净，也依赖污染物在不同介质间的迁移。

3. 生物性迁移　生物界的物质流是通过食物链和食物网进行的。环境化学物质进入生物体内后，可通过食物链和食物网在生物间迁移。在迁移的过程中，化学物质可在生物体内储存和蓄积，使生物体内的含量增加，高位营养级的生物体内，化学物质含量增加尤其明显。在经食物链和食物网迁移的过程中，生物体内化学物质的浓度随着营养级的提高而逐步增大的现象称为生物放大作用（biomagnification）。

（二）环境化学物质在环境介质中的转化

化学物质（或污染物）在环境中主要通过化学或生物学作用转变成另一物质的过程叫作化学物质的转化。通常把在环境中通过转化作用形成的与原来的理化性状不同的新污染物称为二次污染物（secondary pollutant），而由污染源直接排入环境的污染物称为一次污染物（primary pollutant）。

1. 化学转化　是指环境化学物质通过各种化学反应过程发生的转化。在大气中，环境化学物质的转化以光化学氧化和催化氧化为主。大气中的VOC、NO_x等污染物通过光化学氧化作用生成O_3、过氧乙酰硝酸酯及其他类似的氧化性物质，统称为光化学氧化剂。美国洛杉矶光化学烟雾事件就是一起典型的由光化学反应引起的大气污染公害事件。

2. 生物转化　是指环境化学物质通过生物相应酶系统的催化作用而发生的变化过程。化学物

质在有关酶系统的催化作用下，经各种生物化学反应改变其化学结构和化学性质。生物转化的结果，一方面可使大部分物质的毒性降低，另一方面也可以使一部分物质的毒性增强，或形成更难降解的分子结构或更容易被生物吸收和蓄积的物质。如河流底质内的无机汞在微生物的参与下能转化成剧毒的甲基汞。

（三）环境化学物质的迁移和转化对环境因素暴露的影响

化学物质在环境中的迁移和转化，往往是相互影响和伴随进行的、连续的复杂过程。迁移为转化提供了环境条件，而转化赋予的新的理化特征又为新的迁移途径提供了基础。因此，迁移和转化的关系十分密切。环境化学物质（或污染物）通过在环境介质中的迁移和转化，改变人群暴露的范围、途径、性质、剂量和产生的危害。

1. 扩大暴露范围 环境中各种化学物质或颗粒物可通过环境介质的迁移作用而到达很远的地方。环境毒物的迁移会导致暴露人群范围的扩大而造成更加严重的后果。如发生在苏联切尔诺贝利核事故，核反应堆爆炸时放射性尘埃直升高空，进入大气，使周围 30km 范围成为“死亡区”。随之进一步扩散，导致很多欧洲国家大气中放射性物质超标。可见，当今所面临的环境污染和环境问题已经没有国界。

2. 增加暴露途径 环境有害物质可通过多种方式在环境介质之间迁移。因此，一个污染源不仅会造成接纳污染物的单一环境介质的污染，还可进入其他环境介质。通过这些介质，人体可经呼吸道、消化道、皮肤等途径暴露。例如，金属汞在其排放地可污染土壤；汞的升华污染大气；随着水循环，土壤和大气中的汞可进入水体；水中的无机汞在微生物的参与下能转化成甲基汞，甲基汞被水生生物吸收，经食物链生物放大。这样，一个污染源的汞最终可在土壤、空气、水和生物体（鱼）出现。人体可经呼吸道、消化道（饮水或吃鱼）、皮肤三种途径暴露于污染物汞。事实上，许多环境物质和有害化合物都是通过多种途径暴露的，很少是通过单一途径暴露的。

3. 改变污染物性质和毒性 在环境因素与环境介质的相互作用中，化学的和生物的转化作用都可能改变环境化学物质的性质，使其毒性增强。如污染物 SO_2 在大气中经氧化转化为三氧化硫，再溶于大气中的水形成硫酸雾，硫酸雾的刺激作用比 SO_2 大 10 倍。再如，溶解度很小的硫化砷，如雄黄（As_4S_4）和雌黄（As_2S_3）的毒性很低，它们在土壤微生物的参与下能转化成有机砷，有机砷的溶解性和生物的吸收率大大提高，其危害性也会增加。

4. 影响暴露剂量 环境化学物质在环境介质中的迁移过程往往是稀释过程，使其在环境介质中的浓度降低。故人群的环境暴露一般为低剂量长期暴露。但是，在生物性迁移过程中，可能产生生物放大作用，使体内污染物浓度比环境介质中的污染物浓度高千倍、万倍甚至几十万倍。例如，有研究者对北京清河水中多种抗生素进行检测，其中恩氟杀星经过水生生物食物链，在泥鳅体内的含量比水体中浓度增大了 87.6 万倍。这些环境中含量较低的物质可通过食物链使其含量增加到危害健康的程度。

二、环境暴露特征与机体反应

环境暴露是环境因素产生健康有害效应的决定因素，没有环境的暴露，也就没有相应的效应。暴露的途径、强度和时间与其效应的产生密切相关。

（一）暴露途径

同一种有害化学物，可能有不同的污染来源。即便是同一污染来源，由于物质在环境介质之间的迁移作用，许多环境有害化学物进入环境后都会在多种介质中存在。通过这些介质，环境有害化学物经呼吸道、消化道、皮肤暴露途径进入人体。暴露途径与效应产生的关系密切，往往通过下列方式影响有害效应的产生。

1. 影响总暴露量 暴露的途径越多，总暴露量可能越大，产生的效应也越明显。许多环境有害物质是通过多种途径暴露的，如铅及其化合物可以通过饮水、食物经口摄入，呼吸室内外空气经呼吸道吸入，暴露尘土或涂料经皮肤吸收。在进行环境与健康研究中的暴露评价时，必须考虑多种暴露途径，以反映总的暴露水平。

2. 影响吸收率 不同暴露途径吸收率不同，当吸收率高、吸收量大时，产生的效应就强、危害也大。如金属汞，经口摄入时，由于经消化道吸收的量甚微，其危害小；但若以汞蒸气的形式经呼吸道吸入，其在肺内的吸收快，毒性也大。

3. 改变作用靶 进入体内的途径不同，首先到达的器官和组织不同，作用的机制也不同。如硝酸盐经口摄入在肠道菌的作用下，还原成亚硝酸盐，引起高铁血红蛋白血症；经肝脏解毒的物质，经口摄入毒性较低。

（二）剂量-反应关系

1. 剂量与反应 剂量通常指进入机体的有害物质的量。与机体出现各种有害效应关系最为密切的是有害物质到达机体靶器官或靶组织的量。但是，靶器官和靶组织中的剂量在测定上较困难。因而在环境学科工作实践中常用环境外暴露量来反映人体的接触剂量。环境有害因素作用于机体，可引起生化代谢改变、生理功能障碍、死亡等多种生物学效应。随着暴露剂量变化，产生反应的大小随之改变的相关关系称为剂量-反应关系（dose-response relationship）。

2. 剂量-反应关系曲线的类型 产生某一反应的临界剂量值称为该反应的阈值。一般认为，化学物的一般毒性（器官毒性）和致畸作用的剂量-反应关系是有阈值的（非零阈值），而遗传毒性致癌物和性细胞致突变物的剂量-反应关系是否存在阈值仍有争论，通常认为是无阈值（零阈值）。据此，剂量-反应曲线分为无阈值和有阈值两种类型。其环境毒理学特征不同。

（1）无阈值化合物：无阈值化合物是指在大于零的剂量暴露下，均可能发生有害效应的化合物，其剂量-反应曲线的延长线通过坐标的原点，认为这类化合物无安全剂量。在健康危险度评价实践中，遗传毒性致癌物均被视为无阈值化合物。

（2）有阈值化合物：除了遗传毒性致癌物，一般化合物都存在阈值，有些化合物还有两个阈值。仅在达到或大于某剂量（阈剂量）才产生其效应，低于阈剂量则不产生其效应的物质属于单阈值化合物，其剂量-反应曲线多呈S形或抛物线形（图1-1的曲线A-C）。有两个阈值的化合物主要有必需微量元素或必需营养素。必需微量元素的剂量-反应曲线的形状，在整个剂量范围内呈“U”形（图1-1的曲线B-C）。

（三）暴露时间

作用的剂量不仅与环境介质中物质浓度有关，而且与暴露的时间有关。有害因素的暴露可以是一次短时间的，也可以是多次长期的或者无限期持续性的。对于环境污染物的暴露，往往是在较低的剂量下长期重复暴露。重复暴露的时间包括暴露频度和暴露持续期两个要素。对不同生物半减期（biological half-life，$t_{1/2}$，化合物在体内含量减少一半所需的时间）的化合物，暴露频度和暴露持续期与靶部位浓度之间的关系如图1-2所示。

由图1-2可见，体内靶部位化合物浓度处于动态变化中。在第1次暴露后，靶部位的浓度随之升高，随后因机体的排泄等作用浓度逐渐下降。在浓度下降至零以前，有第2次暴露，则靶部位的浓度在原残留的基础上会有更大的提高。经过如此多次暴露，靶部位的浓度可蓄积到有害水平。暴露频度越高（即间隔期短），靶部位的浓度蓄积到有害水平的时间越短。相反，暴露间隔期越长，靶部位浓度蓄积到有害水平的时间越长。

除了作用时间以外，影响体内或靶部位蓄积量的重要因素还有化合物的生物半减期和摄入量。在图1-2中，生物半减期长的化合物A在较短的时间内蓄积量就达到有害作用水平，而生物半减期短的化合物C，在一定的剂量下长期暴露也不会造成危害。从理论上讲，化学污染物进入机体经历六个生物半减期后，在体内最大可能蓄积量趋于稳定，此后，摄入量与排出量趋于平衡。摄入量愈大，达到平衡后其最大蓄积量也愈大；摄入量少，则体内最大蓄积量也少。如果摄入量减少导致体内最大蓄积量低于产生有害效应的水平，长期作用也观察不到对机体的有害效应。

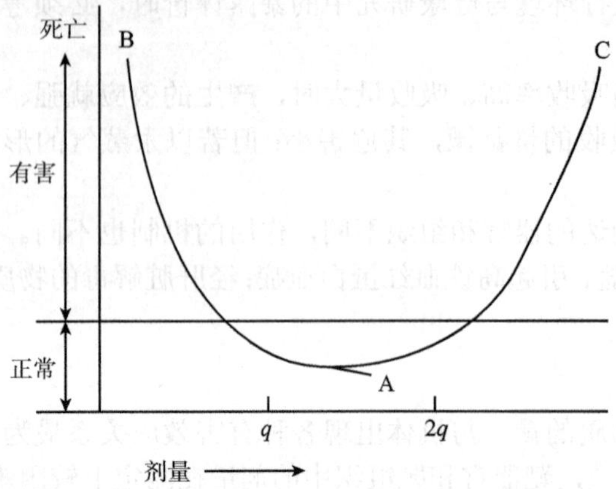

图 1-1　有阈值化合物的剂量-反应关系曲线

曲线 A-C：单阈值化合物；曲线 B-C：双阈值化合物

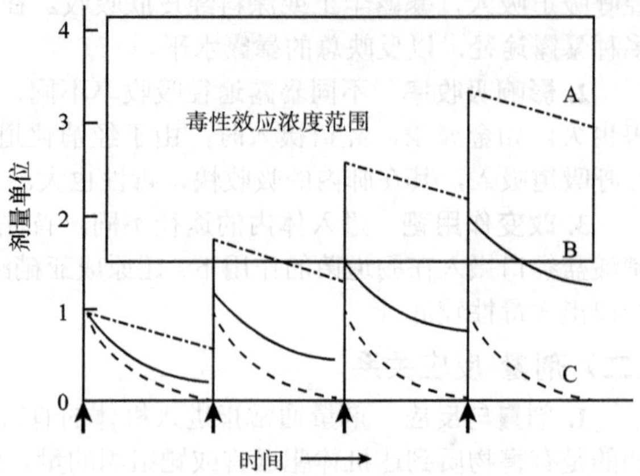

图 1-2　不同生物半减期化合物暴露频度和暴露持续期与靶部位浓度

↑一次暴露时间点；

A. $t_{1/2}$ 较长（如 1 年）；B. $t_{1/2}$ 中等（如 1～3 天）；C. $t_{1/2}$ 较短（如 5 小时）

三、多因素暴露及其交互作用

（一）环境因素的多样性

环境有害因素是多样的，包括物理性、化学性和生物性因素。每一大类又包含许多亚类和具体的因素。以化学物质为例，根据美国化学会的不完全统计，目前世界上已登记的化学物质已经超过了 40 万种，致癌物和致畸物（teratogen）有数千种，这些物质存在于人类暴露的各种环境介质中。因此，人体暴露的污染物并非单一的，而是多种物质同时存在，在体内呈现十分复杂的交互作用，彼此影响生物转运、转化、蛋白结合或排泄过程，使机体的毒性效应发生改变。凡两种或两种以上的化学物同时或短期内先后作用于机体所产生的综合毒性作用，称为化学物的联合毒性作用（joint toxic effect）。随着外环境污染日益增多，联合作用的危害已引起高度关注。

（二）联合作用的类型

根据多种化学物质同时作用于机体时所产生的毒性反应性质，可将化学物质的联合作用分为下列几类。

1. 相加作用（additive effect）　两种或两种以上的化学物质如果在化学结构上为同系物或其毒性作用的靶器官、靶组织相同，则其对机体产生的总效应等于各个化学物质单独效应的总和，这种现象即是化学物质的相加作用。已知有些化合物的联合作用呈相加作用，如大部分刺激性气体的刺激作用一般呈相加作用；两种有机磷农药同时进入机体时，其抑制胆碱酯酶的作用常是相加作用。

2. 独立作用（independent effect）　两种或两种以上的化学物质作用于机体，由于其各自作用的受体、部位、靶细胞或靶器官等不同，所引发的生物学效应互不干扰，从而其联合作用表现为化学物质各自的毒性效应，称为独立作用。例如，乙醇与氯乙烯的联合作用，当大鼠接触上述两种化合物之后的一定时间，肝匀浆脂质过氧化水平增加，且呈明确的相加作用。但在亚细胞水平的研究显示，乙醇引起的是线粒体脂质过氧化，而氯乙烯引起的是微粒体脂质过氧化，两化合物在一定剂量下，无明显的交互作用，表现为独立作用。

3. 协同作用（synergistic effect）　两种或两种以上的化学物质交互作用结果引起毒性增强，即其联合作用所发生的总效应大于各个化学物质单独效应的总和，这种现象即为化学物质的协同作用。多个化学物质之间发生协同作用的机制复杂而多样，可能与化学物质彼此之间影响吸收速率，促使吸收加快、排出延缓，干扰体内降解过程和在体内的代谢动力学过程等有关。如马拉硫磷与苯硫磷的联合作用为协同作用，其机制是苯硫磷可以抑制肝脏降解马拉硫磷的酯酶，进而提升马拉硫磷的毒性效应。

4. 增强作用（potentiation） 一种化学物质对某器官或系统并无毒性，但与另一种化学物质同时或先后暴露时，可使其毒性效应增强，称为化学物质的增强作用。例如，异丙醇对肝脏无毒，但当其与四氯化碳同时进入机体时，则可使四氯化碳的毒性大大高于其单独作用。

5. 拮抗作用（antagonism） 两种或两种以上的化学物质在体内联合作用的总效应低于各化学物质单独效应的总和，这一现象称为化学物质的拮抗作用。化学物质在体内产生拮抗作用可能有几种形式：一种是化合物之间的竞争作用，如肟类化合物和有机磷化合物竞争与胆碱酯酶结合，致使有机磷化合物毒性效应减弱；一种是化合物间引起体内代谢过程的变化，如1, 2, 4-三氟苯、1, 2, 4-三氯苯等卤代苯类化合物能引起某些有机磷化合物的代谢诱导，使其毒性减弱；一种是功能性或效应性拮抗，如一些中毒治疗药物，如阿托品对抗有机磷化合物引起的毒蕈碱症状等。

四、环境健康效应谱

环境有害因素可引起不同程度的健康效应，效应从弱到强可分为5级：①污染物在体内负荷增加，但不引起生理功能和生化代谢的变化；②体内负荷进一步增加，出现某些生理功能和生化代谢变化，但这种变化多为生理代偿性的，非病理学改变；③引起某些生化代谢或生理功能的异常改变，这些改变已具有病理学意义。不过，机体处于病理性的代偿和调节状态，无明显临床症状，可视为准病态（亚临床状态）；④机体功能失调，出现临床症状，成为临床性疾病；⑤导致严重中毒，出现死亡。在环境有害因素作用的人群中，由于个体暴露剂量水平、暴露时间存在着差异，在年龄、性别、生理状态以及对该有害因素的遗传易感性不同，会出现不同级别的效应。而每一种级别的效应在人群中出现的比例不同。最严重的效应是死亡，所占比例很少；而最弱的效应所占比例最大。不同级别的效应在人群中的分布类似于金字塔形，如图1-3所示。

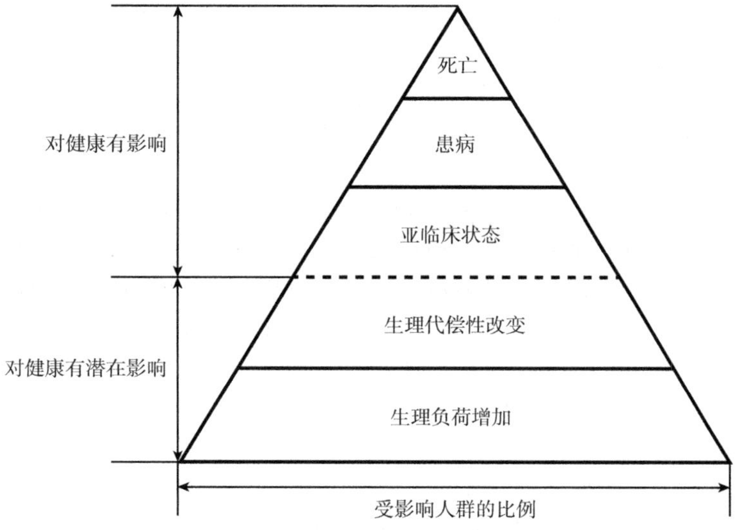

图1-3 人群应对环境危险因素的健康效应谱

不同级别的效应在人群中的分布称之为健康效应谱（spectrum of health effect）。这种效应谱有“冰山现象”之称。临床所见的疾病患者和死者只是“冰山之巅”，而不是“冰山”之全貌。只有了解人群反应的全貌，对其危害作出全面的定量评估，才可为制定预防措施和卫生决策提供可靠依据。

五、环境健康易感人群及其生物学基础

（一）易感人群

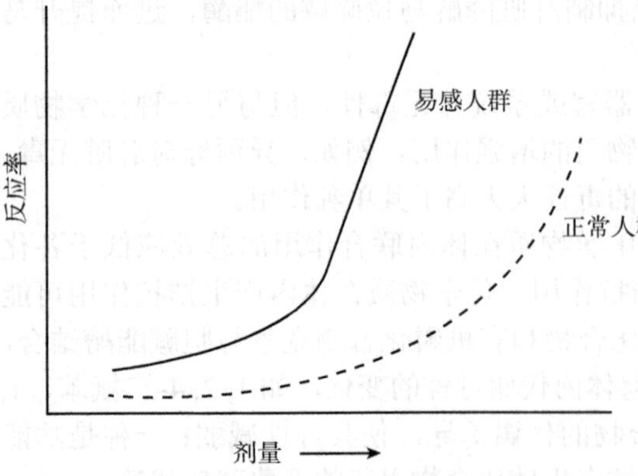

图 1-4　不同人群对环境因素变化的剂量-反应关系

从人群健康效应谱可以看出，人群对环境有害因素的反应存在着差异。尽管大多数人在环境有害因素作用下仅有生理负荷增加或出现生理性变化，但仍有少数人产生机体功能严重失调、中毒，甚至死亡。通常把这类对环境有害因素反应更为敏感和强烈的人群称为易感人群（susceptible group）。与普通人群相比，易感人群会在更低的暴露剂量下出现有害效应；或者在相同环境因素变化条件下，易感人群中出现某种不良效应的反应率明显增高（图 1-4）。

（二）影响人群易感性的因素

影响人群对环境有害因素易感性的因素很多，包括与遗传特征无关的非遗传因素和与遗传特征有关的遗传因素两大类。

1. 非遗传因素　影响易感性的非遗传因素主要包括：年龄、健康状况、营养状态、生活习惯、暴露史、心理状态、保护性措施等。不同年龄段的人群易感性差异较大。婴幼儿解毒酶系统尚未成熟，血清免疫球蛋白水平低；老年人生理、生化、免疫等功能降低，DNA 损伤的修复能力降低。因此，婴幼儿和老人对环境有害因素的作用往往有更高的易感性。在多起急性环境污染事件中，老、幼、患者出现病理性改变、症状加重，甚至死亡的人数比普通人群多。如 1952 年伦敦烟雾事件期间，年龄在 45 岁以上的居民死亡人数为平时的 3 倍，1 岁以下婴儿死亡数比平时也增加了 1 倍；在 4000 名死者中，80% 以上患有心脏或呼吸系统疾病。人们将此等身体健康状况较差或抗病能力较弱的人群称为脆弱人群（vulnerable group）。影响易感性的因素，对个体来说不是一成不变的。尤其是由于不良生活习惯导致的易感性增高，在纠正不良生活习惯以后则可能恢复到正常人群水平，从而减少暴露产生的危害。

2. 遗传因素　在年龄、健康状况、营养状态和行为习惯相近的普通人群中，对环境有害因素作用的易感性仍有明显的个体差异，这往往与遗传因素如性别、种族、遗传缺陷和环境应答基因的基因多态性等有关。

人们早就注意到，遗传缺陷是某些个体对特定的作用因素易感的原因。如着色性干皮病和先天性全血细胞减少症患者，因其 DNA 损伤修复缺陷，对紫外线、烷化剂和某些致癌物的敏感性增高；红细胞 6-磷酸葡萄糖脱氢酶缺陷者，对硝基苯类化合物及多种氧化物的损害异常敏感；高铁血红蛋白还原酶缺乏者，对亚硝酸盐、芳香胺和硝基化合物、O_3 和磺胺类药物等高铁血红蛋白形成剂特别敏感。在接触有害物质时，由于个体生物学因素，使其毒性反应的出现较普通人群更早、反应更强的人群，称为敏感人群（sensitive group）。

现代分子生物学技术的发展和 HGP 的实施，正从基因和分子水平上不断揭示遗传改变和其表型变化的关系，从本质上认识遗传因素对易感性的影响。对环境因素的作用产生应答反应的基因称为环境应答基因，环境应答基因的多态性是造成人群易感性差异的重要原因。人体许多功能基因都可能是环境因素作用的靶，所以环境应答基因十分广泛。这些基因结构上的多态性，导致相应蛋白功能或酶活性的变化，最终表现应答反应的多样性，从而产生易感性的差异。

体内的主要代谢酶催化外源性化学物生物转化，往往决定着外源性化学物的作用性质、强度和持续时间，对有害效应起关键作用。人体内Ⅰ相代谢酶中，CYP 超家族至少含有 14 个家族，每一个家族又分若干亚家族，CYP 基因呈现高度多态性。细胞色素 P450 氧化酶，即 P450

酶可使亲脂化合物带上某些极性基团，使之更适合于Ⅱ相反应，完成解毒过程；P450 酶也可对前致癌物和前毒物起到活化作用，如 *CYP1A1* 能活化苯并芘及其他多环芳烃（polycyclic aromatic hydrocarbons，PAHs）化合物为终致癌物；*CYP1A2* 能活化 2-乙酰氨基芴、2-萘胺等前致癌物；*CYP2E1* 能活化对乙酰氨基酚、二氯乙烯、苯等化合物；*CYP3A4* 能活化 1-硝基芘、黄曲霉素 B_1 和 G_1 杂色曲霉素等。属于Ⅱ相的代谢酶的基因多态性通过影响解毒能力而改变机体对某些环境化学物暴露的易感性。

涉及环境因素易感性的基因非常多，一种疾病的易感性往往与多种基因的多态性有关，而目前只对与少数疾病有关的部分基因进行了研究。因此，更系统、更深入的研究是必要的。1997 年美国提出的环境基因组计划，拟在美国人群中系统地研究与癌症、呼吸系统疾病等七大类疾病有关的十类候选基因的基因多态性。这十类候选基因包括：DNA 修复基因、毒物代谢酶基因、激素代谢酶基因、受体基因、细胞周期基因、信号转导基因、介导免疫和感染反应基因、介导营养因素基因、参与氧化过程的基因和细胞内药物敏感基因。环境基因组计划引起了世界各国科学家的极大关注，该项目将全面提高对环境相关疾病易感性的认识。

人群易感性的研究对深入认识环境暴露与健康危害的关系，开展高危人群的筛查、更经济有效地开展预防工作具有十分重要的意义，是环境与健康研究中极其重要的领域之一。

第四节　环境污染与健康效应

由于自然的或人为的原因，进入环境的污染物数量超过环境的自净能力，造成环境质量下降和恶化，直接或间接影响人体健康，称为环境污染（environmental pollution）。环境污染物（环境因素）种类繁多，按其属性通常分为化学性、物理性和生物性三类。由于环境有害因素的多样性及其有害作用机制的复杂性，对机体可造成多种危害，这些有害效应的靶部位可以是人类任何器官系统。本节重点介绍环境污染物引起的急性、慢性效应及致癌、致畸等远期危害。

一、急性与慢性效应

（一）急性效应（acute effect）

传统污染物的急性效应是指环境污染物在短时间内大量进入环境，使暴露人群在较短时间内出现不良反应、急性中毒甚至死亡。随着研究的深入，污染物的急性效应范畴逐渐扩大，如短期暴露于空气污染引起人群疾病测量指标或早期效应指标的变化，饮用不洁水源引起细菌性肠道传染病如伤寒、痢疾等。急性效应主要包括以下类型：

1. 环境污染物短期暴露的急性效应　20 世纪，由于工业生产的快速发展，大气污染烟雾事件的发生频率增高，如英国伦敦煤烟型烟雾事件，美国洛杉矶、纽约和日本大阪、东京发生的光化学型烟雾事件等。近年大量流行病学研究表明，短期暴露于空气污染物，如 $PM_{2.5}$、PM_{10} 和 NO_2 等，可显著升高全球居民的死亡率和心肺系统疾病发病率。饮用不洁水源，可发生以水为媒介的急性传染病，如人畜粪便等生物性污染物污染水体，可能引起细菌性肠道传染病如伤寒、痢疾、肠炎、霍乱等；某些寄生虫病如阿米巴痢疾、血吸虫病、贾第虫病等，以及由钩端螺旋体引起的钩端螺旋体病等，也可通过水传播。

2. 环境污染事故导致的急性中毒　由于工业设计不合理、生产负荷过重、管理疏漏或任何意外原因，使有害工业废气、废水或事故性泄漏的有毒有害物质大量进入环境，这些污染物可在环境介质中，特别是在大气和河流中迅速扩散和迁移，导致排放源附近及整个污染区的居民发生急性中毒，如废气废水排放、事故引发的污染事件（1984 年印度博帕尔农药厂异氰酸甲酯泄漏事件）及核泄漏事故（1986 年苏联切尔诺贝利核泄漏事故、2011 年日本福岛核泄漏事故）等。

3. 生物性污染引起的急性传染病　空气受到病原微生物污染时，会使接触者发生急性传染性疾病。近 20 年来出现的大范围人群传播包括有 2003 年的传染性非典型肺炎 / 严重急性呼吸综合征（severe acute respiratory syndrome，SARS），2009 年甲型 H1N1 流感，以及 2019 年影响全球至今的新型冠状病毒感染。

（二）慢性效应（chronic effect）

环境中有害因素低浓度、长时间反复作用于机体所产生的危害，称为慢性效应。环境化学污染物或有害的物理因素长期暴露均可造成慢性危害。慢性危害的产生与污染物的暴露剂量、暴露时间，化学污染物的生物半减期和化学特性、机体的反应特性等有关。低浓度的环境污染物在机体内的物质或功能蓄积是产生慢性危害的根本原因。环境污染物的慢性效应主要有如下类型：

1. 非特异性效应 环境污染物所致的慢性效应，往往不是以某种典型的临床表现方式出现。在环境污染物长时间作用下，机体生理功能、免疫功能、对环境有害因素作用的抵抗力可明显减弱，对感染的敏感性增加，健康状况逐步下降，表现为人群患病率、死亡率增加，儿童生长发育受到影响等。

2. 慢性病 低剂量环境污染物长期作用可直接造成机体某种慢性病，如 COPD，它是一组与大气污染物长期作用和气象因素变化有关的肺部疾病。随着大气污染的加重，居民 COPD 相关的死亡在疾病总死亡中的比重增加。又如，无机氟的长期暴露可造成骨骼系统和牙釉质的损害；甲基汞的长期暴露可损害中枢神经系统。

3. 持续性蓄积效应 环境中有些污染物进入人体后能较长时间储存在组织和器官中。尽管这些物质在环境中浓度较低，但长期暴露会在人体内持续性蓄积，使受污染的人群体内浓度明显增加。长期储存于组织和器官中的毒物，在机体出现某种异常如疾病、妊娠等情况下，由于生理或病理变化的影响，可能从蓄积的器官或组织中动员出来而造成对机体的损害。同时，机体内有毒物质还可通过胎盘屏障或哺乳传递给胚胎或婴儿，对下一代的健康产生危害。

环境污染所致的慢性危害往往是非特异性的弱效应，发展呈渐进性。因此，出现的有害效应不易被察觉或得不到应有的重视，一旦出现了较为明显的症状，往往已发展为不可逆损伤，造成严重的健康后果。如何评价环境污染对人群的早期慢性健康危害并及时采取干预措施加以预防是环境与健康研究面临的巨大挑战。

二、“三致”效应

（一）致癌效应

恶性肿瘤已经成为人类死亡构成中的重要病因，致死率居前三位的癌症则是肺癌、肝癌、胃癌。2020 年 WHO 报告估计每年全球大约有 1900 万人确诊癌症、1000 万人死于癌症。大量的研究表明，肿瘤的发生除与遗传因素有关外，也与环境因素有密切关系，综合现有研究结果，由遗传因素导致的肿瘤病例只占 30%，由环境因素造成的占 70%。

1. 致癌物的分类及环境化学致癌物 国际癌症研究机构（International Agency for Research on Cancer，IARC）在 2016 年对已有资料报告的 989 种化学物，根据其对人的致癌危险分成 4 类。

Ⅰ类：对人致癌（carcinogenic to humans），118 种。确证人类致癌物的要求：①有设计严格、方法可靠、能排除混杂因素的流行病学调查；②有剂量-反应关系；③另有调查资料验证或动物实验支持。

ⅡA 类：对人很可能致癌（probably carcinogenic to humans），79 种。这类物质或混合物对人体致癌的可能性较高，在动物实验中发现充分的致癌性证据。对人体虽有理论上的致癌性，而实验性的证据有限。

ⅡB 类：对人可能致癌（possibly carcinogenic to humans），290 种。此类致癌物对人类致癌性的证据有限，对实验动物致癌性的证据并不充分；或对人类致癌性的证据不足，对实验动物致癌性的证据充分。

Ⅲ类：对人的致癌性尚无法分类（unclassifiable as to carcinogenicity to humans），即可疑对人致癌，501 种。

Ⅳ类：对人很可能不致癌（probably not carcinogenic to humans），仅 1 种。

根据致癌物的化学结构或来源，常见环境致癌物的类型如表 1-1 所示。

表 1-1　常见的环境致癌物

类别	化学物举例	类别	化学物举例
Ⅰ类致癌物	空气污染、吸烟、亚硝胺、黄曲霉素、苯并芘	Ⅲ类致癌物	阿昔洛韦、丙烯酸、蒽、咖啡因、三溴甲烷
Ⅱ A 类致癌物	丙烯酰胺、水合氯醛、油炸食物、生物质燃料、氯霉素	Ⅳ类致癌物	己内酰胺
Ⅱ B 类致癌物	乙醛、芦荟全叶提取物、敌敌畏、四氯化碳、氯仿		

2. 空气污染与肿瘤　肺癌在我国居民恶性肿瘤患者的死亡原因中居首位。2020 年全球约新增 1930 万肺癌患者并导致 1000 万人死亡，此类病例我国居民占 30% 以上。

（1）大气污染与肺癌：据 WHO 估计，在 2019 年，全球约 440 万人的过早死亡可归因于大气污染，其中癌症相关死亡有 110 万人。人群队列研究表明，人群肺癌死亡率上升与长期暴露于颗粒物显著相关，如美国癌症协会针对 50 万人的队列研究发现，$PM_{2.5}$ 年均浓度每升高 $10\mu g/m^3$，人群肺癌死亡率将上升 8%（风险比 =1.08）；欧洲大气污染效应队列研究表明，PM_{10} 和 $PM_{2.5}$ 浓度的升高会显著增加肺癌发病，风险比分别为 1.22 和 1.18。

（2）室内空气污染与肺癌：我国云南省宣威市开展了一项有关室内燃煤空气污染与肺癌发生关系的病例对照研究，发现长期使用烟煤的人群患肺癌的风险约是未长期使用烟煤人群的 6 倍 [比值比（odds ratio，OR）=6.05]。另一项回顾性队列研究结果证明，烧烟煤人群肺癌死亡率是非烧烟煤人群肺癌死亡率的 25.6 倍（相对危险度 =25.6），烟煤燃烧产物中的 PAHs 类化合物污染室内空气是宣威市肺癌发病的主要原因。

3. 水污染与肿瘤　水污染与人群肝癌、膀胱癌等发生的关系，多年来一直受到人们的关注。全世界在水中检测出的有机化学污染物共约 2221 种，美国环境保护局（Environmental Protection Agency，EPA）2012 年的一项报告指出，从自来水中检出约 765 种有机物，其中 20 种为确证致癌物，36 种为可疑致癌物，18 种为促癌物和辅癌物，48 种为细菌回复突变（Ames）试验致突变物。

目前认为，饮水中三卤代甲烷类物质可能与膀胱癌、结肠癌和直肠癌的危险度增加有关。有学者认为饮水暴露可能主要与消化道肿瘤的危险度增加有联系。广东韶关地区对死亡病例的回顾性研究认为，消化道肿瘤（食管癌、胃癌、肝癌、肠癌）与饮用水体中铜、锌等重金属严重超标密切相关。

食管癌是世界上六大恶性肿瘤之一，我国的食管癌发病率和死亡率最高，每年致死 20 万人。食管癌分布具有明显的地区性，提示食管癌发病与地理环境密切相关。国内外不少学者认为饮用水污染是食管癌发病的主导因素。河南林州是食管癌高发区，该地人群队列的改水研究发现，改饮清洁水的人群食管癌发病率降低 28.00%，死亡率降低 38.20%。

（二）致畸效应

先天畸形（congenital malformation）一般指先天性的形态结构异常，仅是出生缺陷中的一部分疾病。能引发先天畸形发生的因素包括化学性、物理性或生物性等致畸因子。虽然遗传因素对人类出生缺陷的发生有重要影响，但环境因素对生殖细胞遗传物质的损伤、对胚胎发育过程的干扰、对胚胎的直接损害也在出生缺陷发生中具有重要作用。

伴随着人类社会的发展，污染物的致畸效应逐渐凸显。1945 年日本广岛和长崎市遭原子弹爆炸后，放射性污染导致的出生胎儿小头畸形和智力低下发生率增加。在 20 世纪 60 年代，“反应停”（thalidomide）作为镇静药在欧洲广为销售，因孕妇服用该药引发“反应停”事件，主要表现为新生儿短肢畸形或海豹畸形数量明显增加。

美国学者 Wilson 认为，导致出生缺陷发生率增加的因素中，遗传因素（染色体异常及基因遗传病等）占 25%，环境因素（药物、环境化学物、物理因素等）占 10%，遗传与环境因素相互作用及原因不明者占 65%。Shepard 编纂的致畸物分类目录中，动物致畸化学物在 900 种以上，而能确证对人类有致畸作用的致畸物见表 1-2。

表 1-2 部分人类致畸物

类型	致畸因素
辐射	核武器、放射性碘、放射线
感染	弓形虫、巨细胞病毒、疱疹病毒 1 和 2 型、微细病毒 B19、风疹病毒、梅毒螺旋体、水痘病毒
母体损伤和代谢失衡	酒精中毒、高血压、糖尿病、叶酸缺乏、高温、苯丙酮尿症、干燥综合征、风湿病和心传导阻滞
药物和环境化学物	可卡因、汞、氡、甲氨蝶呤、卡托普利、氯联苯、香豆素抗凝剂、环磷酰胺、己烯雌酚、二噁英、部分农药、氯乙烯

由于环境有害因素的复杂性，开展环境污染与致畸性关系的流行病学调查难以确定因果关联。同时由于自然流产、获取资料的偏倚等原因，大部分研究观察到的畸形或出生缺陷发生率偏低，这些研究也多为描述性流行病学研究结果。

1. 空气污染与致畸 英国学者认为工业区婴儿中枢神经系统畸形发生率高于非工业区，可能与居住密度、日照、湿度及大气污染有关。我国山西省的一项研究对全省 11 个地区出生婴儿随机抽取 48 381 例进行了调查，发现先天畸形发生率为 27.52%，而环境污染是先天畸形发生率升高的重要因素；在太原、大同、长治等工业较集中的城市，工业区和受污染的郊区畸形发生率明显高于城市居民区及邻近县。此外，近年来也有研究发现，与颗粒物暴露和婴儿先天畸形相关的早产发生率升高有关。然而，由于空气污染暴露的浓度、特征和持久性存在差异，空气污染的致畸效应还有待进一步研究。

2. 水污染与致畸 先天性水俣病是世界上首次发现的因水体污染导致的出生缺陷。至 1982 年 4 月，日本水俣湾地区已发现 158 例先天性水俣病。先天性水俣病是母亲妊娠期摄入的甲基汞通过胎盘引起胎儿中枢神经系统发育障碍所致。通常在出生后 3 个月出现症状。长期摄入低浓度甲基汞可使儿童精神反应迟钝、感觉障碍、说话及动作笨拙等症状的发生率明显增加。随着社会的发展和进步，城市健康饮用水的普及，水污染致畸案例正在逐年减少。

（三）致突变作用

生物细胞内的遗传物质主要是染色体，它是一种复杂的核蛋白结构，主要由 DNA 和蛋白质组成。染色体上排列着无数基因，即在染色体上占有一定位置的遗传单位，携带着一定的遗传信息，对生物的形态结构、生理功能等遗传性状起着决定性作用。

环境污染物或其他环境因素引起生物细胞的遗传物质发生突然改变的一种作用，称为环境致突变作用。这种变化的遗传物质，在细胞分裂繁殖过程中可传递给子代细胞，使其具有新的遗传特性。具有此种致突变作用的物质，称为致突变物（mutagen）。有些物质本身不能引起突变，必须在体内经过代谢活化，才具有致突变作用，则称为前致突变物（pre-mutagen）。致突变物主要为化学物质，但某些物理因素和生物因素亦可具有致突变作用。突变可分为基因突变和染色体畸变两大类。这两种突变类型仅有程度之分，而无本质差别。

1. 基因突变 只涉及染色体的某一部分，并未涉及整个染色体，是属于分子水平的变化，因此不能用普通光学显微镜直接观察，只能借助其他方法加以测定。基因突变的机制是在致突变物的作用下，DNA 中碱基对的排列顺序发生变化，造成基因控制下蛋白质合成错误，可表现为酶功能或结构功能的破坏和丧失，导致细胞的遗传性状发生变化。在基因突变过程中，组成染色体的一个或几个基因发生变化，亦称点突变（point mutation）。基因突变主要有两种类型，一种是碱基置换，即致突变物使DNA的核苷酸链上一个或几个碱基的构型发生变化，使其不能按正常规律与其相应的碱基结合配对，而被另一碱基所代替，因而引起DNA碱基配对的异常。例如，羟胺、亚硫酸氢盐、次氯酸盐、亚硝酸、烷化剂等可以通过碱基置换而引起基因突变。另一种是移码突变，是DNA分子某位点碱基的缺失或插入而引起的。因为增加或减少一个或几个碱基，整个遗传密码的顺序将向后顺延或向前移，细胞即可出现突变。例如，PAHs、黄曲霉毒素等，都可引起移码突变。

2. 染色体畸变 是一个或几个染色体的结构或数目发生变化，这种变化可用光学显微镜进行直接观察。染色体畸变包括染色体数目和结构的变化。各种生物的染色体都有一定的数目，正常情况下人类染色体是二倍体，即有23对。染色体数目的变化可能是整组变化，如形成多倍体；也可能是非整组地增加或减少，即形成非整倍体。染色体结构的变化是由于在致突变物作用下，DNA分子结构完整性受到严重破坏，如有时可从DNA纵轴上断下一片段，称为断裂；由于断裂的错误修复，可导致缺失、重复或移位等异常结构。染色体的畸变，将影响机体的形态结构和功能，可产生某些遗传性疾病。

致突变物是否产生致突变的不良后果，要根据具体情况而定，这包括机体对致突变物的同化方式(即吸收途径、组织屏障及代谢部位等)、对致突变物的接触程度(即总剂量和单位时间的剂量)、良性物质经代谢变成具有致突变性中间物的可能性以及物质之间的协同作用等。大多数学者认为对于致突变物只有在其给人们带来的益处大于损害，且能适当地控制其危害的情况下才可以使用；如果有较好的代用物，则应停止使用，且不应再排放到环境中去。环境中致突变物的增加，将影响人类的基因库。例如，随着突变增加，人类基因库势将退化，这将对人类后代产生严重的后果。因此，进一步研究环境致突变作用，将是环境健康工作者的一项重要任务。

三、环境内分泌干扰物的效应

内分泌干扰物（endocrine disrupting chemicals，EDC）是对维持机体内环境稳态和调节发育过程的体内天然激素的生成、释放、转运、代谢、结合、效应造成严重影响的一类外源性物质。EDC来源于环境中天然或人工合成的化合物。已被证实或疑似具有内分泌干扰作用的环境化学物质有数百种，包括邻苯二甲酸酯类、多氯联苯类、有机氯杀虫剂、烷基酚类、双酚化合物类、植物和真菌激素、重金属类等。目前，大部分EDC仍被广泛地生产和使用，总量持续增加。通常根据受干扰的内分泌器官和组织对EDC进行分类，如雌激素干扰物、雄激素干扰物、甲状腺素干扰物、糖皮质激素干扰物、生长激素干扰物等。

目前认为EDC与生殖障碍、出生缺陷、发育异常、代谢紊乱及某些癌症（如乳腺癌、睾丸癌、卵巢癌等）的发生发展有关。EDC对人体的可能影响主要有：出生缺陷儿童增多、儿童精神性和行为性异常增加、女童更早进入青春期、妇女乳腺癌发生率增加、精子数量和质量下降、男性生殖道缺陷发病率增加、不孕症患者显著增加、哮喘患者显著增加、患免疫系统和甲状腺功能缺损的可能性增加等。目前，国内外正对此开展广泛研究。具体参见第十章“环境化学物与健康”。

四、环境相关疾病

环境相关疾病（environmentally associated disease）是指其发病原因与环境因素有着密切联系的疾病。环境和遗传因素对人类的生长、发育和进化都起着重要的作用。环境基因组计划要研究的环境相关疾病有很多，主要包括肺癌、呼吸系统疾病和神经系统疾病。

（一）环境与肺癌

环境因素与肺癌的关联已被诸多研究所报道，空气污染、烟草暴露等都与肺癌的死亡风险密切相关。据IARC研究报道，2020年全球癌症死亡总数为1000万，其中肺癌死亡人数约占

11.4%。挪威的一项对 16 209 名男性所做的肺癌和大气污染的 27 年队列追踪研究表明，采用 Cox 风险比例回归模型，根据 1972～1998 年的追踪调查，在控制了年龄、吸烟习惯及受教育时间等因素后，1974 年和 1978 年的 NO_x 暴露每增加 10μg/m^3，肺癌的调整相对危险度为 1.08（95% CI：1.02～1.15）。美国癌症协会的癌症预防研究-Ⅱ招募了 188 699 名非吸烟者，并从 1982 年随访到 2008 年，在 26 年的随访过程中共出现了 1100 例肺癌死亡，$PM_{2.5}$ 长期暴露水平每升高 10μg/m^3，肺癌死亡率上升 21%（95% CI：15%～27%）。

（二）环境与其他呼吸系统疾病

我国 2020 年全国部分城市及农村前十位主要疾病死亡原因的统计数据显示，呼吸系统疾病（不包括肺癌）在城市的死亡病因中占第四位（13.1%），在农村的死亡病因中占第三位（约 16.4%）。由于环境污染、吸烟等所导致的理化因子、生物因子及人口老龄化等因素，近年来呼吸系统疾病的发病率出现了明显增高的趋势，如支气管哮喘、COPD 等呼吸系统疾病（40 岁以上人群发病率超过 11%）；肺结核发病在前些年虽有所控制，但近年又有增高趋势。从 2002 年底以来，在中国及世界范围内暴发的 SARS 疫情，多发生于中青年，传染性强，病死率高，又缺乏针对性的药物，因而引起了群众的恐慌，同时给国民经济造成巨大损失；2019 年的新型冠状病毒感染，不仅造成了上亿人的感染和千万级人群死亡，也在根本上改变了世界经济的运行，这正说明呼吸系统疾病对中国人民乃至全球的健康危害仍是很大的，其防治任务艰巨。

有研究报道呼吸系统疾病的发病与污染物之间存在明显的相关性，即呼吸系统疾病出现的高峰一般在污染物浓度高峰之后 24 小时以内，呼吸系统疾病的分布也呈现从严重污染区到轻度污染区逐渐减少的趋势。当大气污染严重时，人们能明显出现呼吸困难、喉咙发痒等呼吸系统疾病的先兆症状，后续可能导致呼吸系统疾病的发生和加重；支气管炎、气管炎的发病同样与大气污染存在着密切的关系。空气污染特别是颗粒物污染对居民的呼吸疾病和肺功能有不利影响。据美国一些调查发现，空气中 $PM_{2.5}$ 污染或更复杂的混合物污染会造成肺源性心脏病和肺部疾病死亡率的升高，正处于生长和肺功能发育阶段的儿童是对空气污染最敏感的人群。

（三）环境与神经系统疾病

在神经系统疾病中，与环境因素密切相关的疾病有两类。一类是由环境污染物直接暴露引起的中毒性神经系统疾病，如铅、有机汞和有机磷农药中毒等，环境因素在此类中毒性神经系统疾病的发生上起了关键的作用。致病的环境毒物因其选择性地损伤神经系统，并以神经系统为靶器官，故称这类毒物为神经毒物（neurotoxicant）。神经毒物对神经系统产生的损害性生物学效应，包括对神经组织结构与功能的改变。结构改变的部位则视其毒物种类不同而异，有的主要引起中枢神经系统的改变，有的则主要作用于周围神经系统，有的则两者兼而有之；功能的损害则可使生物体在整体水平上出现意识、认知、行为、运动、感觉及反射等障碍。此外，在同等暴露条件下，某种污染物引起的个体毒性效应有着显著性差别，很可能是由于遗传因素的影响，但迄今报道环境-基因交互作用的研究还较少。另一类是至今病因还不十分清楚，但有证据表明其病因是与环境因素有关的神经系统疾病，这类疾病也是美国环境基因组计划中重点关注的退行性神经系统疾病，主要包括阿尔茨海默病（Alzheimer disease，AD）与帕金森病（Parkinson disease，PD）。这两种疾病的确切病因与发病机制至今都不十分清楚，反映出这类疾病的复杂性及揭示其病因与发病机制的迫切性。这一类疾病可能正是遗传因素和环境毒物暴露因素共同作用的结果。

第五节　环境与健康关系的研究方法

环境与健康关系是环境卫生学研究的核心问题。在进行环境与健康关系研究时，需要进行宏观和微观的研究工作，研究所采用的主要手段是环境流行病学和环境毒理学的方法。

一、环境流行病学研究方法

环境流行病学是应用传统流行病学的方法，结合环境与人群健康关系的特点，主要在宏观水平上研究外环境因素与人群健康关系的科学。

（一）环境流行病学研究的基本内容和方法

环境流行病学研究方法与传统流行病学所使用的方法相同，包括：

1. 描述性研究　如生态学研究、时间序列研究、横断面研究（现况调查）、空间流行病学研究等。其中，横断面研究是通过对特定时点和特定范围内人群中的疾病或健康状况和有关因素分布状况的资料进行收集、描述，从而为进一步的研究提供病因线索，它是描述流行病学中应用最为广泛的方法。

2. 分析性研究　如病例对照研究、病例交叉研究、队列研究、定组研究等。其中定组研究是在较短时间内，对暴露水平和健康结局进行重复测量，进而分析暴露因素的健康效应，获得暴露-反应关系（exposure-response relationship），其优势在于研究对象作为自身对照，可排除个体混杂因素的干扰，因此被广泛应用于大气污染物与心、肺系统健康危害的机制学研究中。

3. 实验性研究　如控制人体暴露研究、干预性研究、类实验研究等。其中，类实验研究是环境流行病学中的特例，是指由于某项政策干预或者环境条件的阶段性改变，造成特定时间节点前后干预因素出现明显改变，而人群本身的其他混杂因素处于相对可比（或称为自身对照）的情况，以此来判断该因素对健康结局的关联。

（二）环境暴露与健康效应的测量

在进行环境流行病学研究时，环境暴露测量和人群健康效应测量是最基本、也是最重要的研究内容。

1. 暴露测量　人体接触某一有害环境因素的过程称为暴露。环境暴露水平是指人群接触某一有害环境因素的浓度或剂量。在暴露测量中，被检测的剂量有三种：外暴露剂量、内暴露剂量和生物有效剂量。

（1）外暴露剂量（external dose）测量：即环境暴露测量。外暴露剂量测量通常是测定人群接触的环境介质中的某种环境因素的浓度或含量（如空气污染物的浓度），然后根据人体接触的特征（如接触的时间、途径等）估计个体的外暴露水平。随着计算机技术和卫星遥感技术的发展，现代的暴露评价手段多采用统计学和机器学习建模方法，基于地面实测数据构建高时空分辨率的暴露评价模型来实现精确的环境外暴露水平估计。

（2）内暴露剂量测量：内暴露剂量（internal dose）是指在过去一段时间内已吸收至人体内的污染物量，通过测定生物样本（血液、尿液等）中污染物或其代谢产物的含量来确定。内暴露剂量与其产生的效应间的关系更密切。

（3）生物有效剂量测量：生物有效剂量（biologically effective dose）指经吸收、代谢活化、转运，最终到达器官、组织、细胞、亚细胞或分子等靶部位或替代性靶部位的污染物量。如致癌物或其活化的产物与DNA或血红蛋白形成的加合物的含量。生物有效剂量与产生的有害效应直接相关，不过在检测方法和样品采集上更加困难。

2. 健康效应测量　环境流行病学调查应根据研究的目的和需要，选取适当的调查对象和健康效应指标进行测量和评价。健康效应测量的内容主要包括疾病频率测量及生理和生化功能测量。①疾病频率测量：常用的指标有发病率、患病率、死亡率，各种疾病的专率，各种症状或功能异常的发生率，以及不同性别、年龄人群的某病专率等。②生理和生化功能测量：反映各种功能的检测指标和方法有很多，按类型可分为生理学、生物化学、影像学、遗传学、分子生物学等的检测指标和方法；按人体器官系统分为呼吸系统（如肺功能）、消化系统（如腹部CT）、神经系统（如脑磁共振成像）等的功能检测。总之，应该不断吸收和利用环境毒理学、基础和临床学科的研究成果，解决其健康效应的测量问题，丰富和发展环境流行病学。

3. 暴露与健康效应关系评价 暴露测量与健康效应测量的结果，应采用正确的流行病学和卫生统计学方法进行分析，根据分析数据和科学原则作出正确评价。其中特别值得注意的是混杂因素控制和因果关系判断。

（1）混杂因素控制：当研究暴露于某一因素与疾病的关系时，由于受到一个或多个既与疾病有制约关系，又与暴露因素密切相关的外来因素的影响，所研究的暴露因素与疾病的联系可能会被掩盖或夸大，这些外来影响因素被称为混杂因素（confounder）。在研究的设计、资料收集和资料分析阶段均应注意控制混杂因素。在资料分析阶段，可以按照可能的混杂因素的不同水平进行分层分析，以控制混杂因素。此外，DAG是近年发展的有效识别和厘清混杂因素的手段之一。

（2）因果关系判断：目前探索引起健康异常的环境有害因素的研究，其证据强度大部分停留在关联研究，确定因果关系时必须十分慎重，通常应当参照：①关联的强度；②关联的稳定性和可重复性，在多个独立研究中得出类似的阳性结果或者大量循证医学证据的一致性结论；③关联的时序性，暴露在前、反应在后；④分布的符合性，污染因子与发病在时间、空间、人群中的分布是否符合；⑤医学及生物学的合理性，存在合理的生物学机制；⑥剂量-反应关系，存在剂量-反应关系的规律。近年来发展的判断因果关系的分析方法和工具包括随机对照研究（RCT）、双重差分法（difference-in-differences，DID）、工具变量、断点回归等。

（三）生物标志与环境流行病学

现代分子生物学及生命科学飞速发展，使得从细胞和分子水平上认识疾病的发生和发展成为可能。它们能够揭示疾病发生和发展过程中一系列与发病机制有关联的关键事件，从而解读从暴露到疾病的未知过程，从根本上推进了传统环境流行病学的发展。

生物标志物（biomarker）是生物体内发生的与发病机制有关联的关键事件的指示物，是机体由于接触各种环境因素所引起机体器官、细胞、亚细胞的生化、生理、免疫和遗传等任何可测定的改变。

1. 生物标志的种类 生物标志可分为暴露生物标志、效应生物标志和易感生物标志三大类。暴露生物标志包括内剂量和生物有效剂量生物标志，生物有效剂量标志比内剂量标志更具有生物学效应意义。效应生物标志指机体内可测定的生理、生化或其他方面的改变。易感生物标志是能够指示机体接触某种特定环境因子时的反应能力的一类生物标志。依照上述分类，从暴露到疾病前各阶段的主要生物标志详见表1-3。

表1-3 从暴露到疾病前各阶段的主要生物标志

生物标志	暴露	生物介质
内剂量（毒物及代谢物）	—	—
可替宁	香烟	体液
苯乙烯、铅、镉、砷	苯乙烯、铅、镉、砷	血液
多氯联苯、DDT[a]、DDE[b]	多氯联苯、DDT、DDE	脂肪组织
致突变性	化学致突变物	体液
生物有效剂量标志	—	—
DNA加合物	各种烷化剂、PAHs、芳香胺、黄曲霉毒素等	淋巴细胞、白细胞、红细胞
蛋白质加合物（Hb）	PAHs、芳香胺等	血清
蛋白质加合物（白蛋白）	黄曲霉毒素	血清
DNA蛋白质交联物	紫外线、电离辐射、烷化剂	血清
早期生物学效应分子标志	—	—
DNA链断裂、链内和链间交联等	各种诱变剂	细胞

续表

生物标志	暴露	生物介质
癌基因激活与抑癌基因失活	化学致癌物	细胞
染色体畸变、SCE[c]	致突变物	淋巴细胞
细胞结构/功能改变标志	—	—
生化酶活性改变	铅、有机磷、肝损害等	血清
细胞骨架、EGF[d]	—	—
易感标志	—	—
药物/毒物代谢酶多态：P450 酶、GST[e] 基因多态性、乙酰化酶等	致突变、致癌化学物及其他毒物	体细胞

注：a. DDT：双对氯苯基三氯乙烷（dichlorodiphenyltrichloroethane），又名滴滴涕；b. DDE，双对氯苯基二氯乙烯；c. SCE，姐妹染色单体交换（sister-chromatid exchange）；d. EGF，表皮生长因子；e. GST，谷胱甘肽-S-转移酶（glutathione-S-transferase）

2. 生物标志在环境流行病学中的应用　生物标志在环境流行病学研究中的应用前景广阔，其应用的范围与价值大致有下列几方面：

（1）精确测量暴露水平：在生物样本中检测外源性化学物质或其代谢产物的含量，比通过询问所得的暴露情况或环境监测到的暴露水平精确得多。例如，致癌物（或代谢活化产物）与其靶分子 DNA 结合形成加合物，属于暴露标志物，可提供其直接作用到靶分子的准确测量，这被称为特定暴露的“指纹”（fingerprinting）。此外，某些环境因素的暴露与特定的基因表达有关，基因芯片可高效、大规模地检测基因表达，有望为环境化学暴露提供广泛的生物有效剂量标志。近年发展的多组学（multiomics）研究，可通过色谱、质谱、色谱-质谱联用等高通量检测手段，实现代谢组学、蛋白质组学、基因组学检测，获得海量的生物标志数据。

（2）揭示早期生物学效应：对于环境流行病学，更重要的是揭示早期效应，这不仅因为早期效应相距产生此效应的暴露时间间隔短，容易建立暴露-反应关系，而且为采取预防干预措施赢得了宝贵时间，如苯所致血液毒性的代谢物苯二酚、环氧化苯等易感性标志。

（3）判定宿主易感性：从暴露到发病的每一个阶段，易感性均起到重要作用，是决定疾病发生与否的主要因素之一，这类生物标志是在暴露之前就已存在的遗传性或获得性的可测量指标。遗传易感性的差异是通过可编码特异性蛋白的 DNA 的变异，以增加疾病发生的频率，遗传易感个体可能产生结构上不同的蛋白质，或产生蛋白质的数量高表达或低表达。遗传决定的易感性因素大部分是稳定的，而获得性易感因素如年龄、生理变化、膳食、生活方式等则随环境与时间的变化导致易感程度的变化，均可认为是易感性标志物。

二、环境毒理学研究方法

（一）环境毒理学研究的基本内容和任务

在环境因素对健康影响的研究中，环境毒理学的研究内容和任务主要是：①对未知毒性效应的环境有害因素，研究其毒性作用大小、蓄积性、作用的靶器官和组织等基本毒理学特征，以及对其致畸、致癌、致突变等特殊毒性作出评价；②对特定的环境有害因素，研究其剂量-反应关系，为制订卫生基准和环境危险度评价提供依据；③毒性作用机制研究，探索环境有害因素在机体反应中出现的特异、敏感的测试指标，即生物标志，为环境流行病学调查提供新的手段；④对已造成健康危害并通过环境流行病学调查提出的可疑致病因素，建立动物模型予以证实，确定病因；⑤应用于环境生物监测。

（二）一般毒性的研究方法

一般毒性的研究内容和方法，如图 1-5 所示。研究内容主要包括污染物理化特性、毒性大小和特征、污染物在体内的蓄积和耐受特性、污染物对机体的毒性作用靶点和指标、阈值和阈剂量等，研究方法主要包括急性毒性试验、蓄积毒性试验、亚急性毒性试验、亚慢性毒性试验和慢性毒性试验等。

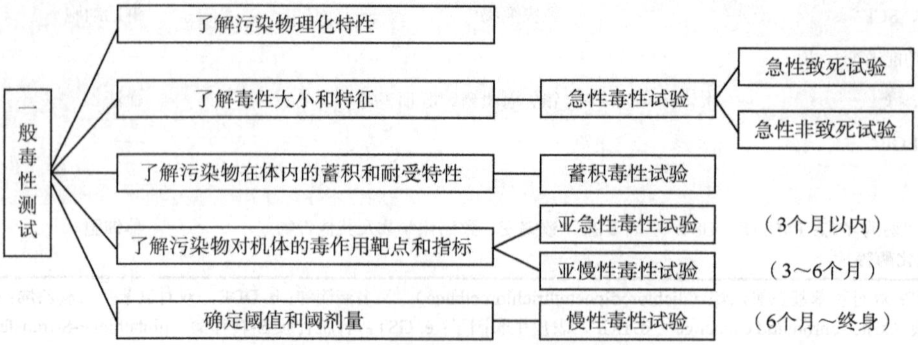

图 1-5　一般毒性的研究内容和方法

图 1-5 所示的试验中，慢性毒性试验是研究在较长时期内以小剂量反复染毒后所引起的毒性作用。其目的是评价化学污染物在长期小剂量作用下对机体产生的损害及特点，获得剂量-反应关系资料。并根据剂量-反应关系确定最大无作用剂量（maximal no-effect level）和最小作用剂量（minimal effect level），分别相当于无可见有害作用水平（no observed adverse effect level，NOAEL）和最小可见损害作用水平（lowest observed adverse effect level，LOAEL）。以最大无作用剂量作为外推到人体暴露安全剂量的基础，根据受试物毒性作用性质和特点，选择适宜的方法外推到人，再换算为不同环境介质中的限制浓度，作为环境有害物质的基准值，为制订该物质的环境卫生标准提供依据。

（三）遗传毒性的研究方法

目前已有遗传毒理学试验 200 多种，可按其检测的终点分成 4 类：反映原始 DNA 损伤的试验、反映基因突变的试验、反映染色体结构改变的试验和反映非整倍体性试验。遗传毒性检测的主要用途之一是致癌性筛选。被列入常规筛选试验组的方法主要有：Ames 试验、微核试验、染色体畸变分析、SCE 试验、显性致死试验等。

近代分子生物学、生物化学、免疫学技术应用于毒理学研究，形成了一些更加精确、灵敏的环境遗传毒性研究的新技术，如聚合酶链反应（polymerase chain reaction，PCR）技术、单细胞凝胶电泳（single cell gel electrophoresis）试验、荧光原位杂交（fluorescence in situ hybridization）技术、转基因小鼠（transgenic mouse）突变试验、基因芯片技术等。

（四）致癌性和致畸性的研究方法

1. 致癌试验　通过一组短期遗传毒理学试验，可对化学污染物进行致癌性的初筛，若在初筛试验中得到阳性结果，需要对其进行致癌性确认，即进行动物致癌试验。动物致癌试验包括短期诱癌试验和长期动物致癌试验，而长期动物致癌试验是目前鉴定致癌物最可靠、使用最广泛的一种经典方法，因为这种方法能够满足癌症发生有较长潜伏期的要求，易于控制各种干扰因素，以及易于模拟人群暴露水平。

2. 致畸试验　致畸性测试方法是指用动物检测某种环境污染物（受试物）对人类是否会引起畸变的一种实验方法，主要是实验动物“三段试验”及体外致畸试验。一般要求实验动物对受试物的代谢方式和胎盘解剖学结构与人类相近，而且一胎多仔、妊娠期较短、便于饲养和费用较低，最常用的是大鼠试验法。通过在致畸敏感期（器官形成期）对妊娠动物染毒，在妊娠末期观察胎仔有无发育障碍与畸形来评价受试物，在我国大多测试环境因素所致结构畸形的研究中，通常只进行第Ⅱ段试验。

（五）环境生物监测方法

传统的环境监测主要采用化学或物理学方法测定介质中污染物的含量，能够为该污染物对人群健康影响的可能性做出间接判断。而生物监测则能够迅速反映污染物是否能对生物体，特别是体内的遗传物质产生影响。因此，环境理化监测结合生物监测，是今后环境监测的趋势。同时，环境污染物种类多，往往以综合作用影响机体，单一的化学检测难以反映总体污染水平和可能产生的危害。环境生物监测则有可能解决这一问题。由于环境污染物与生物体之间的相互作用都始于生物分子，而且生物体之间的共性往往在分子水平上最大，因此分子生物监测具有更重要的意义。

三、环境流行病学研究与毒理学研究的联系

（一）环境流行病学和环境毒理学方法的互补性

以现代环境卫生学的观点，在研究环境因素特别是环境污染物的健康效应时，应采用宏观与微观相结合的研究方法。由于环境因素的多样性、作用方式和作用机制的复杂性，环境与健康研究出现许多新问题，将面临诸多困难和挑战，因此需要同时应用环境流行病学和环境毒理学的研究方法及其相关的新理论和新技术去解决。通过微观的方法阐明多种环境因素对机体的影响，揭示污染物在体内的动态变化、代谢途径及对机体的作用特点和机制等，这种微观方法在研究新化学物质的健康效应上具有重要作用。但是采用细胞、动物等人体以外的实验材料来开展的微观研究，所得结果如直接推论到人群，会存在较大的不确定性。采用宏观与微观相结合的研究方法能更全面地揭示环境因素对整体人群健康影响的真实情况；宏观研究可以为微观研究指明方向，而微观研究又可以为宏观研究阐明内在本质，宏观与微观研究相结合可以发挥相辅相成的作用。

环境卫生学要研究的主要问题是环境因素对人群健康的影响，问题往往首先是从受影响的人群中提出来的。所以，必须首先使用环境流行病学方法，从宏观上探讨相关环境有害因素对人群健康危害在地区分布、时间分布和人群分布上的规律，确定环境因素与健康效应的相关性等。环境与健康研究的最终目标是保护人类健康；为了防止健康危害而采用干预措施，对干预效果的评定也需要应用环境流行病学的方法。可见，从问题的提出到问题的解决都离不开环境流行病学的方法。可靠的环境流行病学研究资料，比通过其他研究手段得到的资料更为珍贵，使用价值也更高。同时，某些效应如对人群智力、心理、感觉等的影响，很难或无法通过动物或细胞实验获得。因此，环境流行病学在环境与健康研究中具有十分重要的作用。然而，环境流行病学研究存在许多局限性：①环境暴露因素往往不明确；②暴露水平（剂量）定量困难；③混杂因素较多；④弱效应难以评价；⑤某些危害（如致癌）间隔期太长，暴露-反应的关系难以建立；⑥获取资料或样本受道德、法律和隐私的限制；等等。这些局限性常常限制着环境流行病学研究的进行。

环境毒理学的研究方法具有多种可弥补环境流行病学方法局限性的优点：①可根据研究目的和要求，人为地控制暴露水平和强度，并能使研究因素单一、准确，避免了人群调查研究中的诸多干扰因素；②效应观察指标不受限制，能利用实验动物的任何组织和器官，从分子到动物整体水平来观察各种效应，以便了解体内作用的靶部位及作用机制；③可应用特殊基因型的细胞、转基因动物等材料，引入相关学科的新技术，更有利于研究的深入。许多环境卫生标准和环境危险度评价的剂量-反应关系的资料及作用机制的解释都是毒理学研究提供的。不过，环境毒理学方法也有其缺点，主要是实验动物和人体在代谢和反应性上的差异性，应高度重视。如“反应停”和无机砷对常用实验动物的致畸性和致癌性为阴性结果，不能认为对人无致畸性和致癌性。鉴于环境流行病学和环境毒理学研究方法的互补性，在开展环境与健康研究时必须将两者结合起来，相互补充，相得益彰。

（二）环境流行病学方法和环境毒理学方法的应用实践

在开展人群健康危害的病因研究、环境健康危险度评价时，必须采用环境流行病学和环境毒

理学方法相结合的策略。

1. 人群健康危害的病因学研究 在环境致病因素的流行病学研究中，环境毒理学可用于环境可疑致病因素的鉴定、复制人体有害效应或疾病的模型。水俣病的病因学研究就是成功的范例。此外，在痛痛病、我国宣威肺癌等的病因学及发病机制研究中，都采用了环境流行病学和环境毒理学相结合的研究策略。近年所开展的研究，极大程度结合了人群流行病学研究证据和毒理学动物实验、细胞实验。例如，德国的一项研究发现精神压力在很大程度上影响了人群的CVD发生，并通过动物实验证实了急性精神压力驱动血管炎症，从而促进了小鼠动脉粥样硬化和心血管事件的发生，为解释环境对人群健康危害的病因学提供了全链条证据。

2. 环境健康危险度评价 在进行环境有害因素的健康危险度评价时，单凭环境流行病学的方法或环境毒理学方法往往难以提供完整的研究资料，须将两者结合起来才能满足要求。如致癌危险度评价，由于人群中肿瘤的发生属于少发事件、致癌因素的暴露距肿瘤发生的间隔期长、混杂因素多，通过人群的流行病学调查很难得到剂量-反应的关系，其剂量-反应关系常通过动物致癌试验建立。然而由于实验动物和人体在代谢和反应性上的差异，从动物实验得到的致癌性，必须在人群流行病学研究中得到证实，才能被定义为人类致癌物。

展 望

人与环境密不可分，环境的变化可以直接或间接影响人类，人类的行为也可以改变自然。当前环境与健康的研究核心是明确环境对人体健康的影响，并探索可能的应对措施。然而，目前的环境健康研究主要还存在高质量健康数据可及性较低、暴露测量误差较大、机制尚不明确、研究成果难以实现政策转化等问题。为解决上述难题，提出未来展望如下：①在环境健康风险评估方面，应通过多学科合作，扩大研究范围，深入开展关联背后的机制研究，加强复合暴露健康风险评估的模型研究，完善风险评估所需的暴露参数数据库和毒理学数据库，为更加系统的风险评估提供依据。②在环境监测方面，应研究构建基于大数据的高时间分辨率与高空间分辨率的环境因素暴露评价模型，为地区和国家的环境健康科研、风险管理与疾病控制提供坚实的数据基础。③在环境健康风险交流方面，应开展多中心环境健康风险感知及其影响因素研究，并构建环境健康风险交流体系，逐渐提高环境健康风险管理水平与健康干预有效性。

思 考 题

1. 如何理解人与自然的辩证统一关系？
2. 环境危险因素的易感人群或易感因素有哪些？请举例。
3. 为应对空气污染对人群健康造成的急慢性损害，可采取何种个体防护措施？
4. 如何应用多学科交叉研究方法开展环境与健康研究？请举例。

（阚海东 刘 聪）

第二章　环境疾病负担与健康风险评估

随着社会、经济的高速发展和人类健康意识的不断增强，环境污染、气候变化等环境危险因素所致的健康问题越来越受到关注。以2013年1月的全国大面积雾霾事件为例的环境污染问题、以热浪频发为例的气候变化问题，对人民健康造成了较为严重的直接与间接影响。环境健康问题引起公众关注的同时，也受到了我国政府的高度重视，《中华人民共和国环境保护法》等法律和重要文件均强调要建立、健全环境与健康监测、调查和风险评估制度。环境疾病负担评估与环境健康风险评估是目前国际上备受认可的评估人群暴露于环境危险因素所致健康风险的两大类研究方法。两类方法均综合考虑环境危险因素的暴露信息和暴露-反应关系两方面信息，定量计算环境危险因素所致的健康风险，并基于风险评估结果提出环境污染控制政策和人群健康防护政策以降低人群暴露于该环境危险因素的健康风险，但是两类方法的侧重点略有不同。本章将针对环境疾病负担评估和环境健康风险评估两类方法进行详细讲解。

第一节　环境疾病负担评估

一、环境疾病负担评估简介

（一）环境疾病负担概念与研究内容

随着工业化的快速发展，人类赖以生存的环境遭到严重破坏。空气和水体污染等环境污染问题日益突出，气候变化下热浪、寒潮等极端天气事件发生频率增加，对人类的健康和福祉造成严重的威胁。环境危险因素与人群健康的关系一直备受关注。大量的研究表明，环境危险因素直接或间接增加疾病的发病率和死亡率，造成严重的疾病负担和经济损失。根据2019年GBD报告，全球约有17.88%的过早死亡（约1020.8万人）和13.04%的伤残调整生命年（约3.31亿年）可归因于环境危险因素。其中，空气污染（包括环境空气$PM_{2.5}$污染、室内颗粒物污染、环境空气O_3污染）造成了667万的过早死亡，非适宜气温造成了196万过早死亡，不安全水相关因素（包括不安全饮用水源和缺乏卫生间、洗手设施等因素）造成了165.69万过早死亡。环境疾病负担在全球范围内存在明显的空间差异，高负担地区主要集中在中国、印度、非洲、东南亚等发展中国家或地区。中国作为一个人口众多的发展中国家，由于工业化和城市化的快速发展，同样面临着各种环境问题的严峻挑战，亟须通过改善环境和提高卫生健康水平来降低环境疾病负担。伴随着经济社会发展、人口规模的增大和人口老龄化的发展，未来环境危险因素造成的疾病负担可能持续增加。因此，量化归因于环境危险因素的疾病负担，可为环境污染的治理和公众健康的防护提供建议，为决策者制定相关的环境健康的防治政策提供科学依据，对促进可持续发展和美丽中国、健康中国建设具有深远意义。

疾病负担是指疾病、伤残和过早死亡对整个社会经济及健康的压力。而环境疾病负担是指归因于环境危险因素的人群患病、伤残和过早死亡对整个社会经济及健康的压力。环境疾病负担评估主要基于环境危险因素的暴露水平、暴露量与人群健康的暴露-反应关系、人群的人口学特征及基础健康状况等信息，对环境危险因素造成的疾病负担进行评估。环境疾病负担的主要研究内容包括人群暴露的评估研究、对不同环境危险因素与特定健康结局发生率的暴露-反应关系的研究，以及基于上述研究数据与评估单位的人口学特征和基础健康水平（如某疾病的发病率、患病率、死亡率等），计算归因于某类环境危险因素的疾病负担，包括流行病学负担（如超额死亡、伤残调整生命年等）和相关的疾病经济负担等。

在过去，环境疾病负担的评估研究主要在发达国家开展，其研究结果差异很大。为了能更科学地制定公共卫生战略规划和采取最优措施，20 世纪 90 年代，WHO 联合美国哈佛大学公共卫生学院、美国卫生指标和评估研究所、世界银行各地多个组织和全球数十个国家的研究所合作开展 GBD 研究，综合全球多个国家和地区的证据，对全球多个国家的环境疾病负担进行评估，同时提出了基于比较风险评估（comparative risk analysis）的疾病负担方法体系（也称 WHO 的环境危险因素评估方法体系）。第一项 GBD 研究评估的是 1990 年的数据，首先作为 1993 年《世界发展报告》的一部分对外公开发表。随后，GBD 研究围绕疾病负担的指标和测算方法，以及相关危险因素出版了一系列论著，介绍人群健康综合指标的概念、伦理、测量与应用，健康风险的量化比较，GBD 与危险因素等。GBD 2010 基于全球多来源数据，利用统一、可比较的方法全面分析和估计了 1990～2010 年全球 21 个地区 187 个国家分年龄、性别的 235 种死因别死亡数（率）；291 种疾病和伤害的 1160 种疾病结局患病数（率）及其伤残调整生命年。同时，对 67 种危险因素的归因疾病负担进行了可比较估计和评价。基于比较风险评估理论，采用反事实归因法，假设其他独立危险因素暴露水平不变，比较特定人群某种危险因素的暴露分布与理论最小风险暴露分布（theoretical minimum risk exposure distribution）或反事实暴露分布（counterfactual exposure distribution），估计该特定人群疾病负担（死亡数、伤残调整生命年）中有多少比例是因为该危险因素导致的。随后每一轮的 GBD 研究，都基于可获取的全球各地最新的研究证据，针对环境危险因素归因分值进行算法更新和改进，从而优化 GBD 评估。例如，从 GBD 2015 开始，采用了综合暴露-反应（integrated exposure-response，IER）模型来估算 $PM_{2.5}$ 和死亡 / 发病的暴露-反应关系；GBD 2019 进一步纳入更多全球或地区的研究成果，采用贝叶斯正则化修剪元回归（meta-regression-Bayesian，regularised，trimmed）方法来估算包括 $PM_{2.5}$、非适宜气温等在内的环境危险因素与各类健康结局的暴露-反应关系。GBD 一般在全球范围国家尺度来估算各类危险因素的疾病负担。近些年在 GBD 的技术框架下，一些国家也基于本土数据开展了全国或区域范围的更精细化尺度的环境危险因素疾病负担研究，为国家和区域的环境健康管理和政策制定提供了依据。

（二）主要的环境疾病负担指标

环境疾病负担主要包括由于空气污染、水污染、非适宜温度等环境危险因素造成的机体的患病、疼痛、伤残、劳动力的损失甚至寿命年损失的流行病学负担，以及预防和治疗疾病所支付的费用和因病休工或劳动力降低引起的工资性收入（本人以及陪护人员）降低的经济负担。

1. 流行病学负担指标 环境危险因素造成的流行病学负担的指标包括过早死亡（premature mortality）、伤残调整生命年（disability-adjusted life years，DALY）、质量调整生命年（quality-adjusted life years）、伤残调整预期寿命（disability-adjusted life expectancy）、健康期望寿命（health life expectancy）。各项指标均有一定的适用范围，为环境疾病负担提供不同的关键信息。

过早死亡又称超额死亡，即在特定时间段内观察到的死亡人数与过去同一时期历史平均死亡人数相比，由于环境危险因素而导致的超出预期的死亡人数。DALY 是指从发病到死亡所损失的全部健康寿命年，包括因早死所致的寿命损失年（years of life lost due to premature mortality，YLL）和因伤残所致的健康寿命损失年（years lived with disability，YLD）两部分。DALY 为疾病负担的复合型指标，综合反映环境危险因素所致疾病对人群寿命损失的影响。YLL 综合年龄因素反映环境危险因素导致过早死亡的严重性，YLD 表征环境危险因素致伤残或患病失能的影响。质量调整生命年，是一种以健康相关寿命质量为基础且同时考虑生存时间和生存质量的评价人群健康水平（寿命质量）的综合性指标。该指标可用来估算归因于健康干预措施的生存年数和生存质量，进行临床干预和社会福利改善的成本 - 效益分析。伤残调整预期寿命年是一种结合死亡率和发病率来汇总衡量人口健康状况或预期寿命的指标，表示在低于最佳健康状况下预期生活的年数。WHO 将其用于各成员国卫生系统的绩效评价。健康期望寿命是指在健康条件下的期望寿命，估算的是人在完全健康状态下生存的平均年数，这一数值应基于现状的人口死亡率和普遍的健康状况估算得到。

2. 经济负担指标　环境危险因素造成的疾病经济负担是指环境危险因素导致的疾病、伤残和过早死亡对个人、家庭和社会所造成的经济损失以及社会为了防治疾病而消耗的经济资源。疾病经济负担主要包括直接经济负担、间接经济负担和无形经济负担。

直接经济负担是指社会为防治疾病而直接消耗的经济资源以及患者或服务对象为了接受卫生保健服务而消耗的经济资源，主要包括过早死亡相关经济负担和医疗经济负担两个指标。间接经济负担是指疾病给社会带来的间接经济损失，即由于劳动力有效工作时间的减少和工作能力的降低造成的间接经济损失。无形经济负担是指患者及其亲属因疾病所遭受的痛苦、忧虑、悲伤等生命质量降低，所带来的经济负担难以用货币进行衡量。如世界银行组织采用支付意愿法估算出2019年中国归因于室外环境颗粒物和O_3污染的过早死亡带来的直接经济损失约为2.615万亿美元。目前全球面临众多复杂的环境问题，环境危险因素造成的健康问题不容忽视。随着经济社会的发展和人们日益增加的卫生健康改善需求，亟须通过评估环境危险因素引起的疾病经济负担，分析解决环境问题的成本效益，从而确定优先治理的环境问题，进而合理分配有限的资源。

（三）主要环境疾病负担危险因素

根据2019年GBD报告，在全球，有20.04%的死亡和15.64%的DALY可归因于环境危险因素；在中国，约有22.22%的死亡和13.54%的DALY可归因于环境危险因素。WHO将不安全水、空气污染、非适宜温度以及铅暴露和室内氡污染等危险因素归类为环境危险因素。不同环境危险因素对人群健康造成的危害程度不同。空气污染是环境疾病负担中排名第一的危险因素，包括室外环境颗粒物、室外环境O_3以及固体燃料引起的室内颗粒物污染。在我国，空气污染造成的过早死亡数占环境危险因素造成的过早死亡数的65.3%。非适宜温度包括高温和低温，是环境疾病负担中排名第二的危险因素。在我国，非适宜温度造成的过早死亡数占环境危险因素造成的过早死亡数的19.1%。不安全水，包括不安全水源、卫生排水设施和洗手设施缺乏等，在我国造成的过早死亡数占环境危险因素造成的过早死亡数的16.2%。

不同环境危险因素对人类健康影响类型也不一样，如空气污染对心脑血管系统疾病、呼吸系统疾病发病和死亡有一定的影响；水体、土壤重金属污染可能存在致癌风险等。这些健康危害的程度和类型随着环境危险因素的种类、暴露水平、暴露时长、暴露人群、健康结局等的不同而不同。因此，定量评估各类环境危险因素的疾病负担，并探索不同环境疾病负担的时空分布特征，可为国家和地方制定相关环境保护和健康防护相关政策提供数据支持和科学依据，为医疗卫生资源的合理配置等提供关键科学信息。

二、环境疾病负担评估方法

目前环境疾病负担研究多以WHO的环境危险因素评估体系（以GBD为代表）为基本方法，考虑不同的健康结局，基于人群的环境危险因素暴露评估、流行病学研究获得的暴露-反应关系、人口结构等数据，评估归因于环境危险因素的过早死亡、患病例数、DALY、经济损失等。这一疾病负担评估体系中的环境因素涉及个人以外的所有物理、化学和生物因素，以及影响行为的一切相关因素，其适用的环境因素范围较EPA的基于“四步法”的化学物质健康风险评估更为广泛。

环境疾病负担评估主要流程如图2-1所示。首先，收集评估所需的基础数据，包括环境危险因素暴露数据、人口数据、疾病基础死亡率、患病率、发病率等。其次，确定环境危险因素暴露与特定健康结局的暴露-反应关系，最后基于上述数据，定量估算环境疾病负担，如超额死亡、超额发病（或超额患病）、YLL、YLD、DALY等流行病学负担指标，进而估算环境危险因素带来的疾病经济负担或健康经济损失。

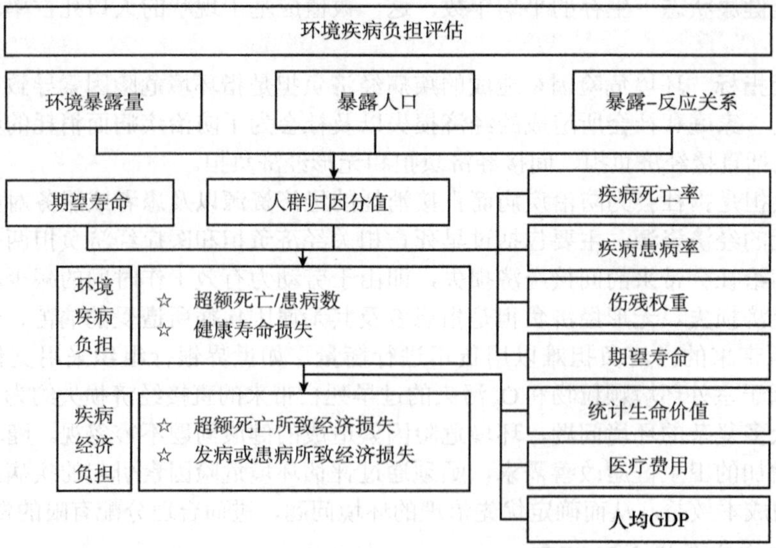

图 2-1 环境疾病负担评估流程图

（一）环境危险因素暴露评估及数据来源

环境危险因素造成的健康影响和人群疾病负担一方面取决于环境危险程度的大小，如污染物的毒性及其浓度；另一方面取决于人体接触的暴露量和暴露时间的长短。暴露量的评估是进行环境危险因素健康风险或疾病负担评估的第一步，也是人群健康防护的基础。暴露评估是测量或估计人类暴露于环境中某种危险因素的程度、频率和持续时间，或估计未来暴露量的过程。从时间维度来看，环境危险因素暴露可分为长期暴露和短期暴露，长期暴露一般用年均值（浓度）或多年平均值（浓度）来评估；短期暴露一般用日均值（浓度）或小时值（浓度）等来评估。环境疾病负担的暴露数据主要来自国家或者当地的监测站监测数据（如空气质量监测、气象监测等）、基于卫星遥感反演的再分析数据或统计模型模拟的数据等。

以环境温度为例，温度暴露形式为非适宜气温（热、冷暴露）、极端气温（热浪、寒潮）、气温变异性等。历史区域尺度的温度数据来源于气象监测站和一些再分析或模型模拟的气象数据产品，如欧洲中期天气预报中心。基于再分析或模型模拟的气象数据产品、全球系统气候模型（global climate model）和排放情景可预估未来温度。温度的时间尺度更多精确到日。现有研究中非适宜气温和极端气温测量指标多为日均温，而气温变异性则包括日夜温差、24 小时变温等指标。

对于空气污染物，暴露评估有多种方法，包括基于空气质量监测站点数据的评估、个体暴露监测、微环境监测、基于时空统计模型的区域浓度模拟、基于集成模型的区域浓度模拟等方法。空气质量监测站点数据具有数据准确性高和数据易获取的优势，适用于大规模空气污染研究，是常用的暴露估计方法，但直接利用环境监测站点的数据可能不能反映真实的个体暴露水平，从而产生暴露偏差。个体暴露监测是使用个体采样器采集人体呼吸区域内的污染物，计算个体暴露浓度。个体采样器具有轻便易携带的特点，可用来连续监测个体在不同活动范围和活动时间的暴露水平，是目前较准确地估计个体真实暴露水平的方法。空气污染个体暴露监测能直接测量污染物的个体暴露水平，精度高；不需要收集气象、地形及污染源数据；可以用于评估老人、儿童、孕妇等高危险人群及司机、交警等的真实暴露水平。但是该方法成本高，难以大范围开展。近些年，随着时空大数据的积累和遥感、地理信息技术等的发展，空气污染暴露时空模拟方法逐渐成为热点。为了准确地模拟并分析空气污染物浓度的时空分布，众多研究人员在传统的空间插值、多元线性回归的基础上根据不同模型的优势发展了地理加权回归模型 / 土地统计模型、土地利用回归模型、混合效应模型、化学传输模型或者多模型集成等方法，利用遥感数据、气象数据、人口分布、地理地形数据和土地利用等数据来模拟空气污染物浓度的时空分布，弥补了监测站在时间和空间上观测数据不足的缺点。随着机器学习技术的发展，各类集成模型以及深度学习模型开始应用于精细化的空气污染物浓度模拟。如随机森林（random forest，RF）、提升决策树（gradient boosting machine）以及基于深度学习模型的人工神经网络（artificial neural network）等均采用非线性方式，在空气污染物浓度时空分布模拟中表现出良好的模拟性能，模拟的时空精度也日益提升，已逐渐成为目前的热点方向。

（二）暴露-反应关系确定

暴露-反应关系，即环境危险因素暴露与健康结局的定量反应关系，是环境疾病负担评估的重要参数之一。暴露-反应关系通过流行病学队列研究、时间序列研究、病例交叉研究等研究方法，或者集成已有研究证据，通过荟萃分析等方法进行整合，获得不同暴露浓度对于不同疾病死亡的相对危险度（relative risk，RR）或风险比（hazard ratio，HR）。例如，评估长期暴露于 $PM_{2.5}$ 对不同健康结局风险的影响，可在收集研究人群相关信息，控制个人因素、健康状况、职业暴露、吸烟饮酒状况、饮食等协变量的基础上，采用 Cox 比例风险模型评估长期暴露于 $PM_{2.5}$ 对不同健康结局发生风险的影响，暴露-反应关系结果以 $PM_{2.5}$ 每增加 10μg/m^3，各类健康结局（疾病的发病或死亡）风险提升的量（HR 及 95% 置信区间）来表示。

针对同一类环境危险因素，由于研究人群和区域的不同，不同流行病学研究得到的暴露-反应关系结果可能会存在一定差异，导致基于不同暴露-反应关系评估的环境归因疾病负担也不一致或存在不确定性。为了整合已有研究证据，得出环境危险因素对健康结局的定量暴露-反应关系，进而科学评估环境疾病负担，可通过荟萃分析等方法进行整合。例如，针对环境空气 $PM_{2.5}$ 与死亡之间暴露-反应关系，GBD 评估研究组整合了全球各地区相关流行病学证据，建立了适用于全球范围的 $PM_{2.5}$ 与人群死亡的 RR 函数，综合了全球各地包括环境空气污染、二手烟草烟雾、家用固体烹饪用燃料和主动吸烟等暴露的研究证据，通过基于荟萃分析的方法，发展了非线性的 IER 模型来计算 $PM_{2.5}$ 与死亡的暴露-反应关系，进而计算各浓度下的 RR。主要健康结局包括缺血性心脏病（ischemic heart disease，IHD）、脑血管疾病（脑卒中，stroke）、慢性阻塞性肺疾病（COPD）和肺癌（lung cancer）、下呼吸道感染（lower respiratory infection，LRI）五种。由于 IER 模型纳入了多种 $PM_{2.5}$ 暴露来源，包括室外污染及固体燃料、二手烟和主动吸烟等造成的室内污染，该模型的前提是假定非室外来源的 $PM_{2.5}$ 在单位剂量具有相同的毒性。为降低上述假设的争议性，Burnett 等利用来自全球 16 个国家的 41 个室外空气污染研究队列拟合全球暴露死亡模型（global exposure mortality model），估计了 $PM_{2.5}$ 与 IHD、脑卒中、COPD、肺癌和 LRI 共五种疾病的关联。该模型仅依赖室外空气污染队列研究结果，并不考虑主动吸烟、二手烟、家庭取暖和烹饪等信息；同时，除国外模型以外，该模型同时纳入了中国队列研究结果，为 $PM_{2.5}$ 低浓度和高浓度地区的暴露-反应关系提供了直接证据。随后，GBD 2019 的评估在 IER 模型的基础上整合了更多的来自高浓度地区的数据，采用贝叶斯正则化修剪元回归的方法拟合空气污染暴露浓度与各敏感性疾病的暴露-反应关系；在往年的 5 个与 $PM_{2.5}$ 相关的主要健康结局的基础上，增加了 2 型糖尿病（diabetes mellitus type 2）和不良出生结局。

$$RR_{IER}(z)=\begin{cases}1, & z<z_{cf}\\ 1+\alpha\{1-\exp[-\gamma(z-z_{cf})]^{\delta}\}, & z>z_{cf}\end{cases} \tag{2-1}$$

式中，RR_{IER}（z）表示 $PM_{2.5}$ 暴露浓度为 z（μg/m^3）时的 RR；z_{cf} 是反事实暴露浓度（counter-factual exposure），假设在此浓度下 $PM_{2.5}$ 对人群健康不会带来风险。对于非常大的 z，RR_{IER} 近似为 $1+\alpha$。这里包括 $PM_{2.5}$ 的幂 δ，以预测在较高浓度范围内的健康风险。

（三）环境疾病负担的定量估算

1. 环境危险因素人群归因分值计算　在得到了环境危险因素与不同健康结局的暴露-反应关

系，继而获得了不同暴露浓度的RR之后，可计算环境疾病负担归因比例或称环境危险因素人群归因分值（population attributable fraction，PAF）。PAF的计算公式如下：

$$PAF_j=\frac{\sum_1^n RR_{ij}P_i-\sum_1^n RR_0 P_i}{\sum_1^n RR_{ij}P_i} \tag{2-2}$$

式中，PAF_j为所评估的环境危险因素所致疾病j死亡或患病的PAF，RR_{ij}代表浓度水平i疾病j的RR，RR_0为反事实暴露浓度或参考浓度下的RR，一般为1，P_i为暴露于浓度i的人口数量，n为评估的单元数量（如格网数）。

2. 归因于环境危险因素的过早死亡或超额发病评估 过早死亡例数或过早死亡率，作为WHO的环境危险因素评估体系中最主要的评估指标，是综合环境危险因素的暴露浓度（如大气$PM_{2.5}$浓度、O_3浓度）、评估区域的人口信息（人口总数、各年龄段和不同性别的人口数等）、基础死亡率（总死亡率、不同疾病类别的死亡率）等信息估算所得。人口数据和基础死亡率数据一般来源于国家或地区的人口普查数据、当地人口与社会经济年鉴数据或卫生统计年鉴数据等，也可以来自死因监测数据的统计分析等。基于经典的WHO环境疾病负担评估公式计算环境危险因素归因过早死亡数。对于环境危险因素暴露（如逐日空气污染暴露、非适宜气温暴露，或空气污染物年均暴露浓度）的过早死亡数计算，在获得了暴露-反应关系系数（β）的前提下，一般采用如下公式进行：

$$\Delta cases=POP\times I\times(\exp(\beta\times(c-c_0)-1) \tag{2-3}$$

式中，Δcases为评估区域在评估时期归因于所评估的环境污染因素的过早死亡人数（人）；POP为评估区域的人口总数（人）；I为评估地区人口基线死亡率；β为暴露-反应关系系数；c为评估地区污染物浓度值；c_0为参考浓度，一般为反事实暴露浓度，即在该浓度下，未观察到人群健康效应的暴露水平。在没有该反事实暴露浓度数据的情况下，也可选择一个阈值浓度作为参考浓度。

在获得了不同浓度的RR或PAF的前提下，可采用如下公式计算归因于某环境危险因素的过早死亡数：

$$M_{ij}=P_i\times I_{ij}\times\frac{RR_{ij}-1}{RR_{ij}} \tag{2-4}$$

$$M_{ij}=P_i\times I_{ij}\times PAF_{ij} \tag{2-5}$$

式中，M_{ij}为人群组i中归因于环境危险因素的疾病j的过早死亡（过早死亡）人数，P_i是人群组i的人口数，I_{ij}是人群组i中疾病j的基线死亡率，RR_{ij}表示人群组i中疾病j在每个评估单元暴露浓度下的RR。PAF_{ij}代表人群组i疾病j归因于环境危险因素的归因分值。

3. 归因于环境危险因素的DALY评估 DALY是WHO的环境危险因素评估体系的重要评估指标之一，主要包括两部分：①基于环境危险因素归因的过早死亡数和各年龄段的预期寿命、伤残权重等参数估算因早死所致的YLL；②基于各疾病的超额发病或患病率、伤残权重等参数估算疾病所致伤残引起的YLD。主要计算公式如下：

$$DALY_j=YLL+YLD \tag{2-6}$$

$$YLL=\sum YLL_{ij} \tag{2-7}$$

$$YLL_{ij}=M_{ij}\times L_i \tag{2-8}$$

$$YLD_j=Pre_j\times pop\times DW_j \tag{2-9}$$

$$YLD=\sum PAF_j\times YLD_j \tag{2-10}$$

式中，YLL_{ij}为人群组i的归因于环境危险因素的疾病j死亡所致YLL；M_{ij}为人群组i的环境危险因素所致疾病j的过早死亡数；L_i为人群组i人群剩余预期寿命。通过将所有人群组和所有疾病终点的YLL_{ij}相加，得到总YLL。YLD_j为因疾病j导致的残疾所致的寿命年损失；Pre_j为疾病j的患病率；pop 代表人口数，DW_j 代表疾病 j 的伤残权重。YLD_j 为疾病 j 的人群归因环境危险因素的残疾所致的寿命年损失。

基于上述公式，计算环境因素所致过早死亡人数和 DALY，同时考虑到不同区域、不同时期的人口特征差异，为去除人口基数不同对过早死亡人数和 DALY 的影响，对计算结果进行标化，并统一为每 10 万人对应过早死亡人数和 DALY，以方便进行不同尺度的比较分析。进而基于计算结果，进行不同维度的统计分析和时空分析，得出环境疾病负担的基本特征、时空变化趋势等。

4. 归因于环境危险因素的疾病经济负担评估　疾病经济负担评估是基于疾病负担评估结果的进一步评估，是决策者进行风险管理的重要依据。目前主要的评估方法有支付意愿法（willing to pay，WTP）、修正人力资本法（amended human capital，AHC）以及疾病成本法（cost of ill，COI）。

（1）WTP：是指通过支付意愿调查获得人们为降低特定数量的死亡风险而愿意支付的货币金额。通过支付意愿调查可获得避免死亡风险的支付意愿的重要参数——统计生命价值（value of a statistical life，VSL），其用于评价死亡风险价值。基于 VSL 和过早死亡数，可计算归因于某一环境危险因素的过早死亡导致的经济损失。例如，在获得了某城市在某年（基准年）的 VSL 参数后，如想计算另一城市 i 在 y 年的统计生命价值 VSL_{iy}，可参见下面的公式；进而计算城市 i 在 y 年的归因于某一环境危险因素的过早死亡 / 过早死亡导致的经济损失 EB_{iy}。

$$VSL_{iy}=VSL_{b0}\times\left(\frac{G_{i0}}{G_{b0}}\right)^{\beta}\times（1+\%\Delta P_{iy}+\%\Delta G_{iy}）^{\beta} \quad (2\text{-}11)$$

$$EB_{iy}=VSL_{iy}\times M_{iy} \quad (2\text{-}12)$$

式中，VSL_{b0} 为参考城市（具有 VSL 数据的城市）在基准年的 VSL；G_{i0} 为城市 i 在基准年的人均国内生产总值（gross domestic product，GDP）；G_{b0} 为参考城市 b 在基准年的人均 GDP，β 为收入弹性，此处取经济合作与发展组织（Organization for Economic Cooperation and Development，OECD）推荐的值 0.8；$\%\Delta P_{iy}$ 为城市 i 从基准年到 y 年的消费者价格指数变化的百分比，$\%\Delta G_{iy}$ 为城市 i 从基准年到 y 年的人均 GDP 变化的百分比。M_{iy} 为城市 i 在 y 年的归因于某环境危险因素的超额死亡人数。

（2）AHC：人力资本法（human capital approach，HCA）：是主要通过人力资本（human capital）和过早死亡数评估可归因于某环境危险因素的超额死亡导致的经济损失。HCA 主要是通过期望寿命、人均 GDP 增长率等参数估计所得。主要步骤如下：

1）计算个体与期望寿命相比提前死亡的年数 t：

$$t=L-k \quad (2\text{-}13)$$

式中，t 表示提前死亡的年数；k 为死亡时的年龄；在人力资本法里，L 为预期退休时的年龄，在 AHC 里，L 为期望寿命。

2）将个体由于提前死亡所造成未来收入损失进行贴现，贴现至 i 年的未来各年的损失求和 C_0：

$$C_0=\sum_{i=1}^{t}\frac{\text{GDP}（1+\alpha）i}{（1+\gamma）i} \quad (2\text{-}14)$$

式中，GDP 为基准年的人均 GDP，α 为人均年 GDP 增长率；γ 为贴现率；C_0 为贴现至未来 i 年的个体提前死亡所产生的经济损失。

3）计算污染导致提前死亡的所有个体所产生的经济损失之和 C：

$$C=\sum_{u=1}^{h}\sum_{n=1}^{y}M_{un}C_0 \quad (2\text{-}15)$$

式中，M_{un} 为第 u 类疾病在第 n 年龄段时的死亡人数；C 为环境危险因素导致过早死亡的所有个体产生的经济损失之和；u 为环境危险因素导致过早死亡的病因，n 为环境危险因素所致过早死亡的个体所处的年龄段。

相对于 WTP，人力资本法主要评估归因于环境因素的过早死亡造成的劳动力损失，但该方法的计算需要更多关键信息如各年龄段的归因死亡人数、贴现率等，因此目前更多研究采用 WTP 计算过早死亡造成的经济损失。

（3）COI：主要是通过医疗费用、住院时间、住院率等参数计算归因于环境因素的疾病发病住院导致的经济损失。例如，在获取了某个环境危险因素与某个疾病的住院率的暴露-反应关系的前提下，归因的住院经济损失可由如下公式计算：

$$\Delta HL=POP\times Hfee\times Hday\times Hrate\times \exp[\beta\times (C-C_0)-1] \tag{2-16}$$

式中，ΔHL 为评估地区归因于某环境危险因素的某疾病住院所致经济损失，POP 为评估地区的人口数，Hfee 为每人每天住院费用，Hday 为平均住院天数，Hrate 为该地区该疾病的住院率，β 为该环境危险因素与该类疾病住院的暴露-反应关系系数；C 为评估地区污染物浓度值；C_0 为参考浓度。

第二节 环境健康风险评估

一、环境健康风险评估简介

（一）环境健康风险评估概念与研究现状

世界范围内由于工业化进程的不断发展，各类环境污染问题层出不穷，对人群造成的健康影响也日益突显。美国及欧洲发达国家近 50 年来在环境健康风险评估及管理方面的经验显示，应用环境健康风险评估的方法可有效地促进政策的制定及实施等工作，降低环境污染所致的健康风险，保护人群生命健康。我国近年来也在积极推进环境健康风险评估工作并初显成效。

环境健康风险（environmental health risk）是指人群暴露于环境危险因素可能产生不良健康效应的性质和可能性。环境健康风险评估（environmental health risk assessment）是指评估人群暴露于环境危险因素可能产生不良健康效应的性质和可能性的过程。环境健康风险评估基于已有的暴露-反应关系和相关的暴露数据，将环境危险因素的人群健康风险定量化。空气污染、水污染、土壤污染、气候变化等环境因素导致的人群健康风险均属于环境健康风险评估的研究范畴。

环境健康风险评估技术起源于 20 世纪 40 年代开始使用的环境辐射标准制定方法。1983 年美国国家科学院颁布了题为《联邦政府的风险评估管理》的报告，提出了人群健康风险评估的经典“四步法”（危害识别、剂量-反应评估、暴露评估和风险表征）。EPA 为了推广环境健康风险评估的技术与方法，基于环境健康风险评估“四步法”颁布了一系列的指南、规范等技术性文件。到目前为止，环境健康风险评估“四步法”仍然是国际上被广泛采用的环境健康风险评估方法之一。该方法主要评估环境化学物质的健康风险，以致癌风险（carcinogenic risk，CR）和累积致癌风险（cumulative carcinogenic risk，CCR）表征致癌效应，以危害商（hazard quotient，HQ）和危害指数（hazard index，HI）表征非致癌效应。

初期的环境健康风险评估多以单一化学物质、单一环境介质、单一暴露途径的健康风险为主，由于不涉及不同物质、不同暴露途径之间的相互影响，单一暴露情景下的评估结果相对较为准确，在环境健康风险评估与防控中也切实起到了非常重要的作用。其中，比较经典的案例是基于环境健康风险评估结果制定了美国国家饮用水标准中铅的标准限值。然而实际暴露情景往往是多种环境介质中多种化学物质、多暴露途径的复合暴露。有研究评估了铅经大气、饮用水及土壤等多种环境介质、多暴露途径的健康风险，相对于单一暴露情景，这种评估结果能够更加全面地展现环境健康风险现状。

近年来，随着互联网技术的蓬勃发展，环境健康研究领域逐渐步入大数据时代，环境健康风险评估获得了更多的数据支撑，逐渐从孤岛式的评估方式转变为实时的、连续的评估方式。在此基础上可以实现更精细化的环境健康风险评估，同时也可以模拟历史环境健康风险、预测未来健康风险，基于丰富的环境健康风险评估结果可为环境健康风险的精准防控提供更加有力的保障。

（二）主要的环境健康风险评估指标

本章涉及的环境健康风险评估起源于 EPA 的健康风险评估“四步法”，该方法适用于评估环境介质中化学物质的健康风险。环境介质中化学物质暴露的健康风险包括致癌风险和非致癌风险两大类。

1. 致癌风险指标 化学物质暴露的致癌风险是指终身暴露于某化学物质而罹患某种癌症的概率。致癌风险通常使用 CR 表征，亦有研究使用风险表征，为同一意义。CR 为 1×10^{-6}，表示每 100 万人中有 1 人有罹患癌症的可能。

多介质、多暴露途径的化学物质暴露的累积致癌风险通常使用 CCR 表征。当化学物质各暴露途径的致癌风险满足直接加和的情况下，CCR 为各暴露途径 CR 的加和。

2. 非致癌风险指标 化学物质暴露的非致癌风险通常包括慢性非致癌风险、亚慢性非致癌风险和急性非致癌风险。慢性非致癌风险为环境危险因素长期反复暴露后，以可接受终点来衡量的机体发生不良反应的可能性，通常暴露周期为 1 年以上。亚慢性非致癌风险为环境危险因素较长期重复或连续暴露后，以可接受终点来衡量的机体发生不良反应的可能性，通常其暴露时间为 15～364 天。急性非致癌风险为短期暴露于环境危险因素，机体迅速发展的不良反应的可能性，通常其暴露时间为 1～14 天。

化学物质暴露的非致癌风险通常使用 HQ 表征。HQ 为在一定暴露时间内，某化学物质的暴露量与该化学物质对应健康效应的参考剂量之比。HQ＞1，表示暴露量超过阈值（参考剂量 / 参考浓度）。

多介质、多暴露途径的化学物质暴露的累积非致癌风险通常使用 HI 表征。当化学物质各暴露途径的非致癌风险满足直接加和的情况下，HI 为各暴露途径 HQ 的加和。

二、环境健康风险评估方法

EPA 的健康风险评估“四步法”是目前国际上备受认可、也是应用最多的环境健康风险评估方法之一，我国国家卫生健康委员会于 2021 年发布的《化学物质环境健康风险评估技术指南》（WS/T 777—2021）进一步发展了该方法，该方法适用于化学物质暴露的健康风险评估。健康风险评估“四步法”的四个步骤分别指危害识别、剂量-反应评估、暴露评估和风险表征，评估流程见图 2-2。

（一）危害识别

根据美国化学会的不完全统计，目前世界上已登记的化学物质已经超过了 40 万种，由于人力、物力、时间、资源等各方面的限制，对所有的化学物质进行健康风险的定量评估并不现实，因此，需要通过初步筛查，仅对存在潜在健康风险的化学物质进行更进一步的健康风险定量计算。危害识别作为健康风险评估“四步法”的首要步骤，通过初步的健康风险评估筛查，确定哪些化学物质具有潜在健康风险，需要进行下一步的健康风险定量评估；哪些化学物质可能具有较高的潜在健康风险，需要优先进行健康风险定量评估。在某种程度上，危害识别被认为是定性的健康风险评估。危害识别需综合考虑化学物质的毒性和暴露两方面信息，对化学物质潜在风险进行判断。

1. 化学物质毒性的估计 在化学物质毒性方面，主要以定性的毒性识别为主，侧重于识别化学物质是否具有毒性及有毒化学物质是否具有高毒性。推荐基于各权威机构发布的有毒有害化学物质清单进行毒性识别，基于已有的权威毒性数据库获取毒性信息进行毒性识别，在没有权威毒性数据库数据的情况下，也可以基于文献报道的毒性信息进行毒性识别。

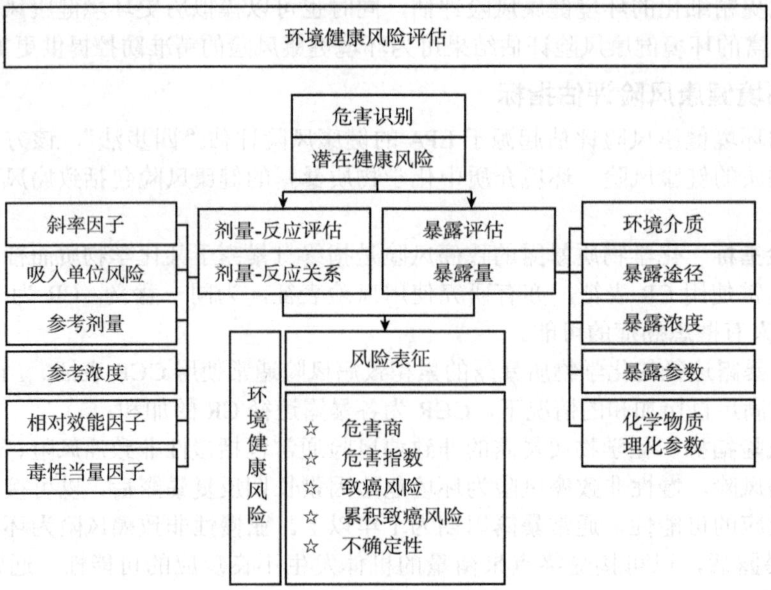

图 2-2 环境健康风险评估流程图

我国现行的有毒有害化学物质清单主要包括：①中华人民共和国生态环境部发布的“中国禁止或严格限制的有毒化学品名录（第一批）”；②中华人民共和国生态环境部联合中华人民共和国海关总署发布的“中国禁止或严格限制的有毒化学品名录（第二批）”；③中华人民共和国生态环境部联合中华人民共和国工业和信息化部、中华人民共和国国家卫生健康委员会发布的“优先控制化学品名录（第一批）”；④中华人民共和国生态环境部联合中华人民共和国商务部、中华人民共和国海关总署发布的“中国严格限制的有毒化学品名录（2018 年）”；⑤中华人民共和国生态环境部联合中华人民共和国商务部、中华人民共和国海关总署发布的“中国严格限制的有毒化学品名录（2020 年）”；⑥中华人民共和国生态环境部联合中华人民共和国国家卫生健康委员会发布的“有毒有害大气污染物名录（2018 年）”；⑦中华人民共和国生态环境部联合中华人民共和国国家卫生健康委员会发布的“有毒有害水污染物名录（第一批）”等。

国际权威机构发布的毒性数据库主要包括：① IARC 的 List of Classifications-IARC Monographs on the Identification of Carcinogenic Hazards to Humans；② EPA 的 Integrated Risk Information System，IRIS；③ EPA 的 Health Effects Assessment Summary Table，HEAST；④欧洲化学品管理局的 Information on Chemicals；⑤欧洲食品安全局的 OpenFoodTox chemical hazards database of European Food Safety Authority；⑥美国有毒物质和疾病登记局的 Minimal Risk Levels（MRLs）for Hazardous Substances 等。

权威机构发布的相关毒性信息涵盖的化学物质种类非常有限，当在权威的有毒有害化学物质名录及权威毒性数据库中找不到拟评估风险的化学物质的毒性信息时，也可以基于文献报道或自己研究获得的流行病学研究、临床试验研究、动物实验等研究证据进行毒性识别。

2. 化学物质暴露的估计 在化学物质暴露方面，主要以定性的暴露为主，侧重于评估化学物质是否存在暴露及暴露水平是否较高的可能性。需要了解化学物质的释放过程和传输路径，判断化学物质的主要来源、路径和波及范围等信息，定性描绘人群暴露途径。推荐使用现场调查法、现场监测法和文献法进行化学物质的初步暴露评价，亦可三种方法联合使用。

现场调查法是指通过调查收集信息，判定可能存在的化学物质及其衍生物，判定可能的环境介质和暴露途径，对可能存在暴露的化学物质及其衍生物等进行识别并列出清单，并对暴露水平可能较高的化学物质进行标记。现场监测法是指基于既往监测结果，筛选可能存在的化学物质，并判定可能的环境介质和暴露途径，对可能存在暴露的化学物质进行识别并列出清单，对暴露水平可能较高的化学物质进行标记。文献法是参考相关研究报道，筛选可能存在的化学物质，并判定可能的环境介质和暴露途径，对可能存在暴露的化学物质进行识别并列出清单，对暴露水平可能较高的化学物质进行标记。

3. 健康风险定量评估的判定　最后，应综合考虑化学物质的毒性及暴露信息，对是否需要启动健康风险定量评估做出最后判定。对于同时具有毒性和暴露可能的化学物质应判定为需要进行下一步定量健康风险评估，其中具有高毒性或者具有高暴露水平可能的化学物质应优先进行下一步定量健康风险评估。

（二）剂量-反应评估

剂量-反应评估主要是明确化学物质的毒性类型，并在此基础上确定每种毒性类型的化学物质的定量毒性数据——剂量-反应关系。确定化学物质的剂量-反应关系应遵循以下原则：首先，需要对致癌效应和非致癌效应进行区分；其次，非致癌效应需要对不同暴露时间的效应进行区分，慢性、亚慢性及急性非致癌效应的毒性数据可能存在差异；再次，需要对不同暴露途径的毒性效应进行区分，经口摄入、吸入和皮肤接触为三大类暴露途径。

1. 毒性数据的表征　不同健康效应、不同暴露途径、不同暴露时间的剂量-反应关系见表 2-1。对于致癌效应，经口摄入途径和皮肤接触途径的剂量-反应关系均使用斜率因子（slope factor，SF）进行表征，吸入途径的剂量-反应关系使用吸入单位风险（inhalation unit risk，IUR）进行表征。不同暴露途径的致癌剂量-反应关系的数值和单位不尽相同，如砷经不同暴露途径暴露的致癌剂量-反应关系为：经口摄入途径的 SF 为 1.5（kg · d/mg）、皮肤接触途径的 SF 为 1.5[mg/（kg · d）]、吸入途径的 IUR 为 0.0043（$m^3/\mu g$）。对于非致癌效应，经口摄入途径和皮肤接触途径的剂量-反应关系均使用参考剂量（reference dose，RfD）进行表征，吸入途径的剂量-反应关系使用参考浓度（reference concentration，RfC）进行表征。需要注意的是：虽然同一暴露途径的慢性、亚慢性和急性非致癌效应使用的剂量-反应关系表征形式是相同的，但其数值却并不一定相同，如铬（Ⅵ）经口摄入途径暴露的慢性非致癌剂量-反应关系 RfD 为 3×10^{-3}mg/（kg · d）、亚慢性非致癌效应的 RfD 为 5×10^{-3}mg/（kg · d）。因此，在获取剂量-反应关系的时候一定要做好不同健康效应的区分。

表 2-1　不同暴露途径的毒性数据表征

暴露途径	致癌效应	非致癌效应		
		慢性	亚慢性	急性
经口摄入	SF	RfD	RfD	RfD
吸入	IUR	RfC	RfC	RfC
皮肤接触	SF	RfD	RfD	RfD

2. 相对毒性的表征　毒性作用机制相同的多种化学物质的累积健康风险可使用相对效能因子法进行评估，该方法的核心是基于化学物质与指示化学物质（index chemical）的相对毒性，将化学物质的暴露折合为指示化学物质的暴露，加和获得各化学物质总暴露之后再进行累积健康风险计算。相对毒性是相对效能因子法的关键参数，相对效能因子（relative potency factor，RPF）、毒性当量因子（toxicity equivalency factor，TEF）、效能当量因子（potency equivalency factor）均属于相对毒性。

（1）相对毒性的使用条件：由于化学物质的毒性作用机制非常复杂，不同毒性作用机制的化学物质的健康风险无法简单通过数学计算直接获得，因此，并不是所有物质都可以使用相对效能因子法评估其累积健康风险。只有毒性作用机制相同的化学物质，才能使用该方法评估其累积健康风险。这样的化学物质往往具有相似的化学性质，因为这些化学物质化学性质相同，因此在实际环境中非常容易伴生出现，最常见的就是二噁英类物质、多氯联苯类物质、PAHs 类物质等，通常会有几种、几十种甚至几百种单体伴生出现，这些化学物质毒性作用机制相同，但是其毒性效能存在差异。对于毒性作用机制不同的化学物质需要分组进行健康风险评估。例如，在进行饮用水三卤甲烷类消毒副产物和氯乙酸类消毒副产物健康风险评估时，一氯二溴甲烷、二氯一溴甲烷、三溴甲烷具有遗传毒性，因此应归属为遗传毒性物质亚组；三氯甲烷、二氯乙酸和三氯乙酸均属于非遗传毒性物质亚组。两个亚组需独立选择指示化学物质并基于相对毒性进行暴露折算，其中，遗传毒性亚组的指示化学物质为二氯一溴甲烷，而非遗传毒性亚组的指示化学物质为二氯乙酸。

（2）指示化学物质的选取原则：基于化学物质的关键效能剂量与指示化学物质的关键效能剂量的相对毒性将各个化学物质的暴露折合为指示化学物质的暴露时，不能随意选取指示化学物质，需要基于一定的原则，科学选取指示化学物质。首先应使用毒理学数据库给定的指示化学物质，也可使用文献中较受认可、应用较为广泛的指示化学物质。指示化学物质的 RPF 赋值为 1，在同组化学物质之间指示化学物质的毒性往往较高，因此大多同组其他化学物质的 RPF＜1。然而指示化学物质在同组的化学物质之中未必是毒性最高的，也有的化学物质毒性会高于指示化学物质，因此 RPF 也可能存在＞1 的情况。

（3）相对毒性数据的计算原则：RPF、TEF、效能当量因子均可表征化学物质的相对毒性，不能简单通过效能剂量作比来计算任意化学物质的相对毒性数据。为了更加科学地评估化学物质的相对毒性，WHO 于 1990 年、1997 年和 2005 年分别组织专家针对二噁英类物质的 TEF 数据进行多轮的讨论，形成了 TEF 的评估原则。RPF 的计算需要符合以下原则：①需要获得化学物质与索引化学物质的全暴露-反应关系曲线；②需要选择相同物种、相同年龄的实验动物，并在相同喂养条件、相同暴露途径等情况下进行动物实验；③理想情况下，化学物质的暴露-反应关系曲线应与指示化学物质的暴露-反应关系曲线类似；④当不能获得暴露-反应关系曲线时，可以用化学物质的半数有效量（median effective dose，ED_{50}）/ 指示化学物质的 ED_{50} 来评估 TEF；⑤也可用化学物质的 LOAEL/ 索引化学物质的 LOAEL 评估 TEF。在实际研究过程中，较少使用效能剂量作比获取相对毒性数据，一般直接引用权威数据库中或已有文献中报道的相对毒性数据并标注相对毒性数据的来源。

3. 毒性数据的获取　剂量-反应关系的获取需基于流行病学研究、临床试验、动物实验等研究证据。然而，由于实际暴露情景的复杂性，往往需要同时对多种化学物质进行健康风险评估。对于每一种物质都开展流行病学研究、临床试验或动物实验并不现实，因此，在风险评估过程中，多通过检索权威毒性数据库获取剂量-反应关系。然而，已有的权威数据中涵盖的化学物质种类非常有限。

当在权威毒性数据库中不能检索到待评估的化学物质的剂量-反应关系时，也可以使用文献报道的剂量-反应关系，但是需要对文献报道的剂量-反应关系进行考察。首先，基于流行病学研究证据获得的剂量-反应关系效力最高，流行病学研究证据较强的研究结果，可以直接用于健康风险评估。其次，基于临床试验研究证据获得的剂量-反应关系效力次之，一般多用于剂量-反应关系的辅助验证。再次，基于动物实验获得的数据应用于评估人群健康风险需要进行种属外推，在此过程中会引入一定的不确定性，因此，基于动物实验证据获得的剂量-反应关系效力相较于前两者较低。然而，动物实验最大的优点是实验条件可控，受伦理学限制较少，一些在以人类为研究对象的研究中不能实现的研究内容可以通过动物实验完成，因此，目前动物实验的研究证据是剂量-反应关系的重要来源之一。由于参考个别文献，可能会由于研究的偏倚引入不确定性，为了尽可能少地引入不确定性，建议考察多个相关研究，选取多项研究中水平相当的剂量-反应关系数据。此外，考虑到研究方法的不断发展和进步，建议优先选取发表年代较新的文献中的剂量-反应关系数据。

在不能通过上述途径获取所需的剂量-反应关系但是可以获得基于动物实验毒性值的情况下，也可以通过毒性值来计算剂量-反应关系。如可以通过 LOAEL 或 NOAEL 来推算 RfD，可以通过动物实验的 SF 推算人类的 SF。建议检索相关的毒理学资料，根据相关原则和要求推算所需的剂量-反应关系。

（三）暴露评估

暴露评估分为内暴露评估和外暴露评估。内暴露评估主要基于检测研究对象生物样本的化学物质、代谢物产物或相关生物标志物的方法估算化学物质的暴露水平。由于内暴露评估无法区分不同暴露途径的化学物质暴露，不利于针对具体的环境介质和暴露途径提出化学物质健康风险的防控建议，且在评估长期暴露的健康风险时受化学物质半衰期及体内代谢等的影响存在一定的不确定性，因此在环境健康风险评估过程中较多采用外暴露评估。如无特殊说明，本章涉及的暴露评估均指外暴露评估。

暴露评估主要是通过测量或估计接触环境介质中化学物质的浓度水平、频率、持续时间、暴露人群及人群特征，获取化学物质经不同暴露途径暴露的暴露量。暴露评估的经典方法主要有点接触暴露测量和场景评价法。点接触暴露测量是通过测量人和环境分界面上的化学物质浓度，通过时间的积分得到该时间段的累积暴露量。在开展空气污染暴露评估时，为研究对象佩戴便携式的 $PM_{2.5}$ 个体暴露监测仪来测定研究对象的 $PM_{2.5}$ 暴露量就是典型的点接触暴露测量。个体暴露监测被认为是最接近外暴露真实值的评价方法，但是由于成本较高、对研究对象依从性要求较高等缺点无法实现大规模人群的暴露评估。场景评价法通常是分别描述不同暴露场景下的暴露浓度、暴露时间、摄入率等参数，并分别计算不同暴露场景的暴露量，再将这些暴露场景下的一系列事件进行合并，最终获得整体的暴露量。在开展居民空气污染暴露评估时，通常会考虑室外、家庭、办公场所及交通等场景下的暴露情况，分别对这些暴露场景下的暴露浓度、暴露时间、相关参数等进行调查并计算暴露量，再根据暴露时间加权计算获得总暴露量，这种方法就是经典的场景评价法。与点接触测量法相比，场景评价法的准确度较差，但是具有成本较低、易于实现大规模人群暴露评估的特点。近年来随着模型模拟技术的发展，利用精准的个体暴露监测数据、匹配的室外空气污染监测数据及暴露影响因素调查数据构建个体暴露评估模型，可以基于高时空分辨率的室外空气污染监测数据和大规模人群的暴露影响因素调查数据模拟获得大规模人群的个体水平暴露量。

实际暴露情景下，化学物质往往会经多种暴露途径进入人体，其中不一定所有暴露途径都有较高的健康风险，为了能够更加快速、有效地评估健康风险，建议根据经验或参考已有的研究结果选取化学物质的主要暴露途径开展暴露评估。建议一般情况下，对于空气介质中的化学物质，主要考虑其吸入途径和皮肤接触途径的暴露；对于水介质中的化学物质，主要考虑其经口摄入途径和皮肤接触途径的暴露；对于土壤介质中的化学物质，主要考虑其经口摄入途径、吸入途径和皮肤接触途径的暴露；对于食品介质中的化学物质，主要考虑经口摄入途径的暴露。

1. 暴露量的计算　不同环境介质中化学物质主要暴露途径的暴露量计算的相关参数（表 2-2）和公式（表 2-3）可参考《化学物质环境健康风险评估技术指南》（WS/T 777—2021）。

表 2-2　暴露评估相关参数

参数	英文全称	简称	不同暴露途径和环境介质的单位
日均暴露量	average daily doses	ADD	经口摄入 / 皮肤接触：mg/（kg · d） 吸入：mg/m^3
浓度	concentration	C	水：mg/L 食品 / 土壤：mg/kg 空气：mg/m^3
摄入率	intake rate	IR	水：L/d 食品：mg/kg 土壤：mg/d
暴露频率	exposure frequency	EF	经口摄入 / 吸入水：d/a* 土壤经皮肤：event/a*

续表

参数	英文全称	简称	不同暴露途径和环境介质的单位
暴露周期	exposure duration	ED	a*
平均时间	average time	AT	经口摄入 / 皮肤接触，d 吸入：h
体重	body weight	BW	kg
转换因子	conversion factor	CF	土壤：1×10^{-6}kg/mg 水经皮肤：1×10^{-3}L/cm^3
暴露时间	exposure time	ET	h/d
皮肤接触面积	skin contact area	SA	水：cm^2 土壤：cm^2
皮肤渗透系数	skin permeability constant	PC	cm/h
皮肤吸收系数	skin absorption coefficient	ABS	—
皮肤黏附因子	skin adhesion factor	AF	mg/cm^2

*a 表示年

表 2-3 不同环境介质不同暴露途径的 ADD 计算公式

暴露途径	经口摄入	吸入	皮肤接触
饮用水	$ADD=\frac{C\times EF\times ED\times IR}{AT\times BW}$	—	$ADD=\frac{C\times CF\times SA\times PC\times EF\times ED\times ET}{BW\times AT}$
食品	$ADD=\frac{C\times EF\times ED\times IR}{AT\times BW}$	—	—
空气	—	$ADD=\frac{C\times EF\times ED\times ET}{AT}$	—
土壤	$ADD=\frac{C\times CF\times IR\times EF\times ED}{BW\times AT}$	—	$ADD=\frac{C\times CF\times AF\times SA\times ABS\times EF\times ED}{BW\times AT}$

在进行暴露量计算时需要注意以下几点：

（1）暴露相关参数选取及暴露量评估公式应该与暴露途径对应，吸入途径、经口摄入途径和皮肤接触途径涉及的暴露参数及参数数值往往是不同的。

（2）暴露相关参数选取及暴露量评估公式应该与环境介质对应，不同环境介质中的化学物质暴露评估涉及的暴露参数往往存在差异。

（3）暴露相关参数选取及暴露量评估公式应该与人群对应，男性和女性、成人和儿童的暴露参数往往会存在差异。

（4）空气介质经吸入途径暴露的暴露量计算公式仅适用于成年人群的暴露量计算，涉及儿童的吸入途径的暴露量计算时需要基于体重和呼吸速率进行调整计算。

例如，评估某地区环境空气中 As 吸入途径暴露的健康风险，首先通过监测获得该地区环境空气中 As 的年均浓度为 3.08ng/m^3；EF 取值为 365d/a；慢性非致癌效应 ED 取值为 30a，致癌效应 ED 取值为 70a；ET 取值为 24h/d；慢性非致癌效应 AT 取值为 30a×365d/a×24h/d，致癌效应 AT 取值为 70a×365d/a×24h/d。根据上述公式计算该地区居民经吸入途径暴露于环境空气 As 的慢性非致癌风险的 ADD 和致癌风险的 ADD 均为 1.98×10^{-6}mg/m^3。

2. 等效剂量的计算 使用相对效能因子法评估毒性作用机制相同的多种化学物质的累积健康风险时，需计算化学物质相对于指示化学物质的等效剂量。等效剂量计算的第一步是选取对应暴露途径的暴露量计算公式分别计算各种化学物质对应暴露途径的 ADD。等效剂量计算的第二步是基于 RPF、TEF、效能当量因子来计算各化学物质相对于指示化学物质的等效剂量，需注意对于不同毒性作用机制的物质应分组进行等效剂量的计算。将每个亚组化学物质的 ADD 分别与对应的 RPF 相乘得到该化学物质的等效暴露剂量，然后将同一亚组不同化学物质的等效暴露剂量加和，计算得出该亚组的等效暴露剂量，具体等效剂量的计算公式如下：

$$\text{Subclass ICED} = \sum \text{Component ICED} = \sum \text{ADD}_{\text{component}} \times \text{RPF} \qquad (2\text{-}17)$$

式中，Subclass ICED 为该亚组的等效暴露剂量；Component ICED 为该化学物质的等效暴露剂量；$\text{ADD}_{\text{component}}$ 为该化学物质的日均暴露量；RPF 为该化学物质相对于指示化学物质的效能因子，即相对效能因子。

例：计算饮用水中常见的 6 种消毒副产物（一氯二溴甲烷、二氯一溴甲烷、三溴甲烷、三氯甲烷、二氯乙酸和三氯乙酸）的等效剂量，一氯二溴甲烷、二氯一溴甲烷、三溴甲烷为遗传毒性物质亚组，指示化学物质为二氯一溴甲烷；三氯甲烷、二氯乙酸和三氯乙酸均属于非遗传毒性物质亚组，指示化学物质为二氯乙酸。其等效剂量的计算见表 2-4。

表 2-4　饮用水消毒副产物的毒理学系数

消毒副产物	SF 95% 上限（MLE）（kg · d/mg）	RPF	成分 ICED [mg/（kg · d）]	亚组 ICED [mg/（kg · d）]
遗传毒性物质				1.76×10^{-1}
二氯一溴甲烷	6.20×10^{-2}（5.70×10^{-3}）	1.00	6.20×10^{-2}	
一氯二溴甲烷	8.40×10^{-2}	1.35	1.13×10^{-1}	
三氯甲烷	7.90×10^{-3}	0.13	1.03×10^{-3}	
非遗传毒性物质				9.38×10^{-1}
二氯乙酸	4.80×10^{-2}（1.50×10^{-2}）	1.00	4.80×10^{-2}	
三氯乙酸	8.40×10^{-2}	1.75	8.40×10^{-1}	
三氯甲烷	3.1×10^{-2}	0.65	2.02×10^{-2}	

注：SF 为斜率因子；MLE 为最大似然估计；RPF 为相对效能因子；ICED 为等效暴露剂量

3. 暴露量计算所用数据及获取途径　暴露量计算公式中涉及的数据主要有化学物质的浓度数据、化学物质的理化参数和暴露参数三类数据。对于化学物质的浓度数据，可以通过布点或抽样监测、模型模拟及文献查阅的方法获得。化学物质的理化参数，多通过权威数据库或文献的检索获得。暴露参数，可以通过问卷调查及日志法、测量与观察法、权威资料的检索获得。推荐优先使用我国的《暴露参数成人卷》《暴露参数儿童卷（6～17 岁）》《暴露参数儿童卷（0～5 岁）》中的暴露参数。

（四）风险表征

风险表征是综合危害识别、剂量-反应评估、暴露评估的结果，定性、定量描述健康风险。风险表征需要做好四个区分：①要区分致癌风险和非致癌风险；②对于非致癌风险，要区分慢性、亚慢性和急性非致癌风险；③要区分不同暴露途径；④要区分不同暴露途径的健康风险是否可以进行加和。

1. 风险计算　环境介质中化学物质主要暴露途径风险计算的相关参数（表 2-5）和公式（表 2-6）可参考《化学物质环境健康风险评估技术指南》（WS/T 777—2021）。

表 2-5　风险表征相关参数

参数	英文全称	简称	单位
危害商	hazard quotient	HQ	—
日均暴露量	average daily doses	ADD	经口摄入和皮肤接触途径：mg/（kg · d）； 吸入途径：mg/m^3

续表

参数	英文全称	简称	单位
参考剂量	reference dose	RfD	mg/（kg · d）
参考浓度	reference concentration	RfC	mg/m^3
致癌风险	carcinogenic risk	CR	—
斜率因子	slope factor	SF	kg · d/mg
吸入单位风险	inhalation unit risk	IUR	$m^3/\mu g$
转换因子	conversion factor	CF	μg/mg

表 2-6　不同暴露途径的风险评估公式

	经口摄入	吸入	皮肤接触
非致癌风险	$HQ=\frac{ADD}{RfD}$	$HQ=\frac{ADD}{RfD}$	$HQ=\frac{ADD}{RfD}$
致癌风险	$CR=ADD\times SF$ $CR=1-e^{-(ADD\times SF)}$ （CR＞0.01 时）	$CR=ADD\times IUR\times CF$	$CR=ADD\times SF$ $CR=1-e^{-(ADD\times SF)}$ （CR＞0.01 时）

例：某地区居民经吸入途径暴露环境空气 As 的致癌效应和非致癌效应的 ADD 均为 $1.98\times10^{-6}mg/m^3$。吸入途径接触 As 的慢性非致癌效应 RfC 为 $0.000\,015mg/m^3$，致癌效应 IUR 为 $0.0043m^3/\mu g$。根据上述吸入途径的风险特征公式计算的该地区居民经吸入途径暴露于环境空气中 As 的慢性非致癌风险 HQ 为 1.32×10^{-1}，致癌风险 CR 为 8.51×10^{-6}。

2. 风险整合　同一化学物质经不同暴露途径，除不同的暴露途径影响的目标人群不同或不同暴露途径的风险不相互影响之外，一般情况下致癌风险和非致癌风险可分别通过直接加和进行风险整合。由于致癌效应的毒性作用机制和非致癌效应不同，因此致癌风险和非致癌风险不能进行加和。

使用相对效能因子法评估毒性作用机制相同的多种化学物质的累积健康风险时，将不同亚组的等效暴露剂量分别乘以该组毒理学系数模型的最大似然比，然后加和，计算得出总的致癌风险 CR。

$$CR=\sum \text{Subclass ICED}\times MLE \tag{2-18}$$

式中，CR 为该组化学物质的致癌风险；MLE 为该组毒理学系数模型的最大似然比。

3. 风险判定　目前国际上对于风险判定尚未达成共识，不同机构对于风险判定的标准存在差异，同一机构针对不同情境的风险判定标准也存在差异，如一般人群的可接受风险值通常会比职业人群可接受风险值低。目前国际上针对一般人群采用较多的可接受风险值：①非致癌风险 HQ＞1 或 HI＞1，表示化学物质的暴露量或累积暴露量超过阈值（RfD/RfC），非致癌风险较高；HQ≤1，表示化学物质暴露量未超过不良反应阈值，非致癌风险较低。②致癌风险 CR 或 CCR 为 1×10^{-6}，表示化学物质暴露或累积暴露导致每 100 万人中有 1 人有罹患癌症的可能。目前，各机构给出的最大可接受风险水平略有不同，瑞典环保局、荷兰建设和环境保护部以及英国皇家协会推荐的年最大可接受风险水平均为 1×10^{-6}；国际辐射防护委员会推荐为 5×10^{-5}。荷兰建设和环境保护部以及英国皇家协会还提出了可忽略的风险水平，分别为 1×10^{-8} 和 1×10^{-7}。当前我国普遍采用 USEPA 推荐的可接受风险度，即：$CR<1\times10^{-6}$ 或 $CCR<1\times10^{-6}$，致癌风险较低；$1\times10^{-6}\leq CR\leq1\times10^{-4}$ 或 $1\times10^{-6}\leq CCR\leq1\times10^{-4}$，具有一定致癌风险；$CR>1\times10^{-4}$ 或 $CCR>1\times10^{-4}$，致癌风险较高。

4. 不确定性分析　无论采用哪种风险评估方法，都会引入一定的不确定性，包括毒性信息的不确定性、暴露环境的不确定性、统计模型的不确定性及参数的不确定性。报道风险评估结果的同时还应对评估过程中的不确定性进行定量、半定量及定性描述。针对暴露模型简单且主要输入参数已知的情况，可以描述关键参数的概率分布，然后利用一阶泰勒级数近似分析或蒙特卡罗模拟等统计方法对不确定性进行定量分析；针对参数值假定范围已知的情况，可根据敏感性分析产生的范围对不确定性进行半定量分析；还可以通过描述参数模型以及与参数相关定义对最终结果的影响来定性表征参数的不确定性。

展　望

近些年，我国的环境疾病负担研究和环境健康风险评估取得了较大进展，但仍存在技术方法不完善、数据共享融合不足、缺乏基于本土人群研究的定量暴露-反应关系等问题。同时，现有的疾病负担研究和环境健康风险评估，大都是基于GBD的框架和经典的“四步法”评估框架开展，主要集中在空气污染和非适宜气温等疾病负担评估研究，以及环境化学物质单一暴露或单一环境危险因素暴露的人群健康风险评估，针对新型污染物和各类环境因素复合暴露的疾病负担和健康风险研究则很少开展。未来应更好地融合多学科领域的大数据和机器学习、人工智能和数据挖掘等技术，促进环境与健康综合大数据实时有效融合与信息挖掘，并在迅速积累的本土环境与健康监测及相关人群队列等数据分析基础上，不断提升环境疾病负担和健康风险评估的准确性；同时，拓展研究范围，从环境危险因素的单一暴露到复合暴露，从传统污染物到新型污染物，从单一健康结局到多健康结局的风险或疾病负担的评估研究，从聚焦历史到预测未来，并提升疾病负担和风险评估结果对国家和地区环境保护与健康促进决策的支撑。

案例一

一项研究基于中国的$PM_{2.5}$和O_3浓度数据、人口数据、各类敏感性疾病基础死亡率等数据，利用GBD的环境归因疾病负担评估方法，评估了2005～2017年的中国全国区县尺度的$PM_{2.5}$和O_3相关的超额死亡和DALY，并描述其时空变化趋势。其中，$PM_{2.5}$和O_3浓度是基于空气质量监测数据、卫星遥感数据、气象参数、地理变量和土地利用参数等多个数据源，使用RF模型模拟获得；选择$PM_{2.5}$浓度的年均值和O_3浓度的最高季节（4～9月）的均值作为测量两种空气污染物的暴露水平的指标。该研究估算了$PM_{2.5}$所致IHD、COPD、肺癌（LNC）、脑卒中和LRI的超额死亡数和DALY，以及O_3相关的COPD所致DALY。结果显示，2017年我国室外环境$PM_{2.5}$和O_3共导致89.4万超额死亡和2277万DALY，其中92.75%为$PM_{2.5}$所致。2013年以后，随着$PM_{2.5}$浓度的降低和O_3浓度的上升，$PM_{2.5}$导致的DALY呈显著降低趋势，但仍处于较高水平，且降幅小于$PM_{2.5}$浓度的降幅；O_3导致的DALY虽然远低于$PM_{2.5}$，但呈现增加的趋势。东南部地区$PM_{2.5}$所致DALY减少趋势更为明显，北部地区O_3所致DALY增加趋势更为明显。归因于$PM_{2.5}$和O_3的总DALY有95%以上分布在中国东南地区（即胡焕庸线东南侧）。这一研究表明，中国应采取协同控制策略，并结合$PM_{2.5}$和O_3污染浓度及疾病负担的时空变化趋势，采取有针对性和区域差异性的污染减排和健康防护对策，以最大程度地减少$PM_{2.5}$和O_3污染所致疾病负担。

案例二

一项空气污染健康风险研究覆盖我国49个区县，于2013～2019年，在珠三角城市群、北部湾城市群、成渝城市群、长三角城市群、中原城市群、山东半岛城市群、京津冀城市群、哈长城市群等空气污染典型地区选取65个采样点，采集空气中$PM_{2.5}$样品并分析其成分，基于风险评估“四步法”并结合相对效能因子法评估$PM_{2.5}$成分的健康风险。$PM_{2.5}$的平均浓度为（68±59）μg/m³。采用电感耦合等离子体质谱法（inductively coupled plasmamass spectrometry）测定$PM_{2.5}$中Sb、Al、As、Be、Cd、Hg、Mn、Ni、Se等9种元素的均值浓度分别为3.85ng/m³、151.69ng/m³、

9.61ng/m^3、0.41ng/m^3、2.45ng/m^3、0.52ng/m^3、30.63ng/m^3、3.9ng/m^3、5.03ng/m^3；采用高效液相色谱法（high performance liquid chromatography，HPLC）测定$PM_{2.5}$中萘、苊烯、芴、苊、菲、蒽、荧蒽、芘、䓛、苯并a蒽、苯并[b]荧蒽、苯并[k]荧蒽、苯并[a]芘（benzo[a]pyrene，BaP）、二苯并[a，h]蒽、苯并[g，h，i]苝、茚苯[1，2，3-cd]芘等16种PAHs的均值浓度分别为0.67ng/m^3、0.85ng/m^3、0.86ng/m^3、1.57ng/m^3、2.53ng/m^3、0.74ng/m^3、3.75ng/m^3、4.15ng/m^3、2.71ng/m^3、2.72ng/m^3、3.60ng/m^3、1.65ng/m^3、2.38ng/m^3、1.77ng/m^3、6.56ng/m^3、3.05ng/m^3。这些成分的浓度及其健康风险整体呈逐年下降趋势。$PM_{2.5}$中9种元素可评估的慢性非致癌风险HQ和急性非致癌风险HQ均<1，非致癌风险较低；PAHs慢性非致癌风险HQ>1，慢性病非致癌风险较高。As、Cd、Ni和PAHs的致癌风险均高于风险可接受水平1×10^{-6}。这一研究表明空气污染对健康的影响主要是长期影响，应重视PAHs、As、Cd、Ni的健康风险防控。

思 考 题

1. 环境危险因素所致疾病负担可以用哪些指标来衡量？
2. 开展环境危险因素的疾病负担评估有哪些步骤？需要收集哪些基础数据？请举例说明。
3. 环境健康风险评估的四步骤是指哪四个步骤？各个步骤的重要任务是什么？
4. 剂量-反应评估应注意什么？相关的毒理学数据应如何获取？
5. 暴露评估应注意什么？暴露浓度、暴露参数应如何获得？
6. 环境健康风险应如何计算？风险判定的原则是什么？
7. 请设计研究方案，评估我国近5年来的空气污染中某成分的健康风险，并解析风险特征。

（李湉湉　王　情　杜艳君）

第三章　环境标准与基准

环境标准是各国为保护人民健康、促进生态良性循环、实现社会经济发展目标，根据国家环境政策和法规，在综合考虑本国自然环境特征、社会经济条件和科学技术水平基础上，以管控环境污染物为目标而制定的规范文件。环境标准通常随着环境问题的产生而出现，随着科技进步和科学发展而发展，其种类和数量也越来越多。我国的环境标准多种多样，可按照适用范围分类，也可根据其内容和性质等方式进行分类。

环境基准是制定环境质量标准的基础和依据，属于自然科学范畴，是环境质量的量化指标，是衡量环境是否受到污染的标尺，也是管理部门确定环境保护工作目标的基本依据。环境基准的研究方法和结果应具有普适性和可比性。但在实际工作中，尤其是在考察环境对人体健康的影响时，即使对于相同的污染物，也很难获得唯一值。环境基准研究结果具有较大的不确定性，同时还会随着科学技术的不断发展、检测手段的不断丰富、分析能力的不断提高而有所调整和变化。目前世界各国的环境基准主要是按照环境介质分类，也可根据保护对象、制定原理等的不同进行分类，不同类型的基准采用的研究方法也各不相同。

第一节　环境基准

一、环境基准的定义

环境基准在生态环境领域是一个比较新的名词和科研方向，近年来才出现在我国环境保护工作和研究领域中。主要研究特定对象在环境中暴露于污染物的浓度水平以及剂量-反应（或暴露-反应）关系。通过科学评估和判断，反映环境化学、环境生态学、生物学、毒理学、流行病学、暴露学及风险评估等学科领域的最新研究成果。它是一个客观、科学的概念，是基于科学实验和科学推论所获得的结果，是制定环境质量标准、评价、预测和控制环境污染的科学依据。它不仅可以提供保护人体健康和生态环境的暴露水平指导限值，还可用于风险评估、鉴别新的和潜在的污染物，提出污染物暴露和健康效应科学认知的不足等。环境基准的制定不需要考虑社会、经济、技术等人为因素，且不具有法律效力。

（一）定义

1. 我国的环境基准定义　2017 年生态环境部发布《国家环境基准管理办法（试行）》，定义“环境基准是环境因子（污染物质或有害要素）对人体健康与生态系统不产生有害效应的剂量或水平。环境因子包括化学（污染物、营养物等）、物理（噪声、振动、辐射等）和生物（微生物、病原体等）因子等”；并指明“环境基准管理工作应以保护人体健康与生态系统为出发点，符合我国基本国情和环境特征，体现最新的科学技术成果”。此概念将基准描述为一个绝对的剂量或水平值，但在实际生态环境中，尤其是当研究对象是人时，该值会因个体差异而有较大不同。同时，生态环境部对工作程序进行了规定，即“由环境保护部对环境基准工作进行统一监督管理，制定相关工作规则，组织制定并发布环境基准”。虽然基准是纯科学概念，但其具有较强的权威性，是制定环境质量标准的基础，因此也具有一定的行政管理色彩。

2. 国际的环境基准定义　19 世纪末，俄国卫生学家尼基京斯基在研究石油制品对鱼类的影响时，最早使用了环境质量基准的概念。国际上尚无统一的环境基准定义，“基准”一词的英文为 Criteria。主流和公认的释义来自 EPA 和 WHO，但是对于不同的污染介质，也有不同表述。

水环境基准方面，美国于1968年发布的水质基准中对基准的定义为：一种科学要求，可据此做出决定或判断水质是否适合于支持某种指定用途。将此基准分为两类，允许基准和理想基准。允许基准指的是未处理的地表水中物质的特性和浓度，这些特征和浓度将允许生产安全、清澈、可饮用、美观且可接受的公共供水，并在处理后满足饮用水标准的限制。理想基准指的是原地表水中物质的特征和浓度，代表作为公共供水的各方面的高质量的水。符合这些标准的水可在规定工厂中以更大的安全系数或更低的成本来处理成符合允许基准的水。1972年水质基准中定义基准为：假定支持或保护水体的指定用途的条件陈述，基准可以是叙述性的或数字的。2022年最新修订的《联邦法案》第40章水质标准中，定义基准为州水质标准的组成部分，以组分浓度、水平或叙述性陈述表示，代表支持特定用途的水的质量。

空气环境基准方面，在1969年EPA发布的《颗粒物的大气质量基准》和《二氧化硫的大气质量基准》中有明确的术语解释："大气质量基准是关于空气中各种浓度的污染物与其不利影响之间关系的科学知识汇编"。之后，在1991年出版的CO的大气质量基准中再次给出名词解释："基准，是EPA在制定各种污染物的标准时考虑的描述性因素。这些因素用于确定允许浓度水平的限值并限制每年的违规次数。当由EPA发布时，该基准为各州如何制定其标准提供指导"。WHO在1980年出版的《大气污染术语手册》中的基准定义为，基准（或暴露-反应关系）是指在定义了环境变量和目标变量的特定情况下，污染物暴露与不良影响的风险或程度之间的定量关系。

土壤基准方面，土壤基准的表述方式略有不同。欧美国家在制定土壤基准时，采用的术语为污染物的土壤筛选值等。如美国和英国叫作"土壤筛选值"、荷兰为"土壤环境风险限值"、加拿大为"土壤环境质量指导值"，每种基准值可再分为生态安全和人体健康两类。

因此，从世界范围看，基准并没有一个普适的定义，不同环境介质根据其特征，有相应的定义。总体上，可将基准界定为：应准确反映最新科学知识，以表明不同数量污染物可能对公众健康或福利产生的所有可识别影响的种类和程度。

（二）与基准相近的概念

由于基准体系和基准研究在我国尚处于起步阶段，很多问题尚无定论，因此，定义准确和范围明晰尤为重要。在实际应用中，与基准语义相近的概念有：

1. 环境标准 是由环保管理部门所制定的强制性的环境保护技术法规，是环境保护立法的一部分，也是环境保护政策的决策结果。环境标准具有法律强制属性，而基准不具有法律效力。

2. NOAEL和LOAEL NOAEL是指在规定的暴露条件下，外源有害物质不引起生物体（人或动物等）可检测到的有害作用的最高剂量或浓度。此种暴露剂量下可能检测到生物体在形态、功能、生长、发育或寿命等方面的改变，但应属于非损害作用。

LOAEL，是指在规定的暴露条件下，外源有害物质引起生物体（人或动物等）某种有害作用的最低剂量或浓度。此种有害改变与同一物种、品系的正常（对照）生物体是可以区别的，应具有统计学意义和生物学意义。

这两个概念在环境毒理学中非常常用。在实际应用中，不大可能获得NOAEL，而LOAEL更接近基准的概念。

3. 阈浓度（阈剂量） 是指外源有害物质引起生物体某种非致死性有害作用的最小浓度或剂量。阈浓度概念的使用在过去较为广泛和普遍，理论上可获得，而在实际工作中，由于有限的实验分组、检测水平及实验方法的局限性等，几乎不可能得到阈浓度（阈剂量），实际获得的应属于LOAEL。

4. 基准浓度（剂量） 是指外源有害物质导致少量个体（如5%）出现特定损害作用浓度的95%可信区间下限值。该词语常出现在水质基准的推导过程中。

5. 指导值、指南 是WHO常用词汇。WHO将其解释为：一系列出版物，通过消除或减少有害污染物的暴露，以及指导国家和地方政府的风险管理决策，为保护公众健康免受污染物的不利影响提供有据可依、不具约束力的建议。指导值和指南，都是根据基准研究的结果，基于某个健康或生态风险下推荐的环境质量的值。

二、环境基准的分类

环境基准体系是一个复杂的系统。按照环境作用对象（或保护对象）分类，可分为健康基准、生态基准、物理基准和感官基准等；根据基准制定的方法学原理不同，又可分为毒理学基准和生态学基准，如图 3-1 所示。在实际工作中，为了界限清晰和管理方便，以环境介质分类为主，分为水环境基准、土壤环境基准和大气环境基准等。各基准之下又有细分，如水环境基准又可进一步分为地表水质量基准、饮用水质量基准、海水水质基准；大气基准又可分成颗粒物基准、O_3 基准等。这里，我们主要介绍以环境作用对象和介质分类的基准。

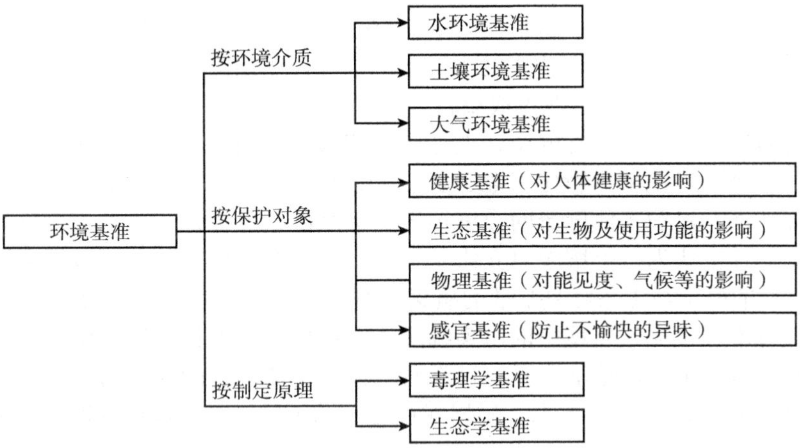

图 3-1 环境基准的分类

（一）按环境作用对象分类

1. 环境健康基准 是以人群健康为保护目标所制定的基准，它是在系统比较和综合分析环境化学物质、物理和生物因素对人类健康影响的定性和定量关系研究成果的基础上，科学总结环境污染物暴露和健康效应的定量关系，提出的保护人体健康的污染物暴露限值。

环境健康基准的主要内容：评估有关暴露环境污染物（或其他物理和化学因素）与人的健康之间关系的现有资料，并为设定与健康保护相一致的暴露限值提供指导；通过对各种物质的健康影响进行初步审查，确定新的或潜在的污染物；确定已明确的或潜在的污染物或其他环境因素对健康影响科学认知的不足，鼓励、推动相关研究；促进毒理学和流行病学方法的协调发展，以获得具有国际可比性的研究结果。环境健康基准不但可用于评估环境有害因素暴露导致的公众健康风险，还可为从事公共卫生、环境保护的科学研究人员和政策制定者提供科学依据和方法学支撑。

2. 环境生态基准 与环境健康基准不同，环境生态基准是以生态环境为保护目标、以保护生态受体或生态功能不受损害所制定的基准。生态环境范围较大，包括水、土壤、生物及气候等，其数量与质量的变化都属于生态基准研究范畴。对于环境生态基准，可以分为质量基准和修复基准。环境质量基准遵循环境质量长期自身演变的规律，反映有害物质长期胁迫和慢性影响或作用，一般是指当环境中某一有害物质含量在某一阈值范围时对长期生活在其中的人或生物不会造成不良或有害影响；而对于修复基准而言，是指环境系统受到严重污染或发生突发事件后在其自然生态功能恢复的过程中，污染物产生的急性、亚急性毒性的危害与作用。一般是指当污染物超过一定阈值范围导致人或生物产生不良或有害的反应。因此，环境质量基准的赋值应该建立在大量环境背景值调查，系统的敏感生物致毒浓度和低水平、长期或慢性暴露生物学效应或生态效应的基础上；修复基准的赋值则应建立在系统的急性、亚急性毒性试验以及大量优势种群致毒浓度研究的基础上。

（二）按环境介质分类

1. 水环境基准 是水环境中的污染物或有害因素对人群健康或水生态系统不产生有害影响的最大浓度或水平。水环境基准一般包括水生生物基准、人体健康基准、营养物基准、沉积物质量基准、生物学基准、细菌基准、野生生物基准和物理基准等，但即使美国水环境基准体系比较健全，也尚未完成野生生物基准和物理基准。我国目前在前三种基准方面工作较为充分。

根据现有研究基础和紧迫程度，我国逐步发布了各类水环境基准。2022 年最新发布的《淡水生物水质基准推导技术指南》（HJ 831—2022），初步建立了具有中国特色的水环境基准技术方法体系框架。自 2020 年以来，我国也陆续发布了 4 项淡水水生生物基准，包括《湖泊营养物基准-中东部湖区（总磷、总氮、叶绿素 a）》、《淡水水生生物水质基准—镉》（2020 年版）（生态环境部公告 2020 年第 11 号）、《淡水水生生物水质基准—氨氮》（2020 年版）（生态环境部公告 2020 年第 24 号）、《淡水水生生物水质基准—苯酚》（2020 年版）（生态环境部公告 2020 年第 70 号）。2021 年，生态环境部还公开征求《海洋生物水质基准推导技术指南（试行）（征求意见稿）》。总体上，我国在水环境基准方面进展较快，取得成果较为丰厚。

2. 土壤环境基准 是保障生态安全、人体健康和农产品质量安全的土壤环境中污染物最大允许含量。土壤环境基准可以根据特定对象分类分为：保护农产品安全的土壤环境基准、保护生态受体的土壤环境基准、保护人体健康的土壤环境质量基准、保护地下水的土壤环境质量基准。还有一个相对小众的理论认为，土壤应建立修复基准，即土壤的环境基准应包括土壤质量基准和修复基准。修复基准的概念与生态修复基准的概念一致，仅仅是将目标聚焦为土壤。

3. 大气环境基准 是大气环境中的污染物质或有害要素对人体健康与生态系统不产生有害效应或影响很小的剂量或水平，是基于系统科学研究证据评估确定的大气污染物暴露与不良影响的风险或程度之间的定量暴露-反应关系。根据保护对象的不同，大气环境基准可分为大气环境健康基准和大气环境生态基准。

目前我国在大气基准方面还没有正式的文件发布，但国内的科研工作者在与大气环境基准相关的大气污染物人群前瞻性队列研究、毒理学研究、环境风险评估方面均做了充分准备，也对欧美现有环境基准相关法律法规、研究方法、制定程序及思维理念等进行了系统分析和借鉴，在“十四五”规划期间，有望取得显著进展。

三、环境基准的法律地位

环境基准虽然是不具备法律效力的科学研究成果，但因其是制定环境标准的依据，因此也相应地有了一定的法律地位。美国《联邦法案》第 40 章和《联邦水污染控制法》304（a）规定，国家水质基准的作用是指导各州制定州水质基准，各州每 3 年需修订一次水质标准。州水质基准是各州制 / 修订水质标准的依据之一。EPA《清洁空气法》要求，环保署长应在某一空气污染物列入制定标准的清单后的 12 个月内发布该空气污染物的质量基准。国家在发布环境空气质量标准之前首先要发布相关污染物的大气环境质量基准文件。可见，美国的环境基准是作为环境标准的必要前提存在的，也可视为标准的一部分。

21 世纪以来，随着环境管理逐渐从总量控制向质量控制战略转型、并向风险防控发展，基准工作在我国也逐步受到重视。2005 年国务院《关于落实科学发展观加强环境保护的决定》提出“完善环境技术规范和标准体系，科学确定环境基准，努力使环境标准与环保目标相衔接”；2014 年修订后的《中华人民共和国环境保护法》第十五条明确提出“国家鼓励开展环境基准研究”；2019 年，生态环境部正式成立“国家环境基准专家委员会”；2020 年颁布的《生态环境标准管理办法》中则明确规定，“制定生态环境质量标准，应当反映生态环境质量特征，以生态环境基准研究成果为依据”；《“十四五”生态环境保护规划》提出“构建国家生态环境基准体系，制定发布一批国家生态环境基准，建立国家生态环境基准数据库”。环境基准是环境标准制度修订的科学依据，同时也是环境质量评价、环境风险控制及整个环境管理体系的科学基础，是国家环境保护和环境管理的基石与根本。环境基准的制定对于完善环境标准、促进环境标准体系建设及推动环境风险管理具有重要的支撑和引领作用。

四、国内外基准研究的进展

（一）水质基准的主要研究进展

1. 国内水质基准的主要研究进展　20世纪80年代，我国开始了对水质基准的研究。研究初期，我国以翻译理解国外基准研究成果为主。“十一五”规划以来，我国设立了多个项目及课题以推动环境基准的研究，使得环境基准研究迅速发展。2017年，生态环境部发布了《淡水水生生物水质基准制定技术指南》（HJ 831—2017）、《人体健康水质基准制定技术指南》（HJ 837—2017）、《湖泊营养物基准制定技术指南》（HJ 838—2017）等3项水质基准制定技术指南，初步建立了具有中国特色的水环境基准技术方法体系框架，为我国发布水质基准奠定了基础。2020年，生态环境部发布了我国首个国家环境基准《淡水水生生物水质基准—镉》（2020年版）（生态环境部公告2020年第11号），标志着我国环境基准从无到有的突破性进展。后陆续发布了3项水质基准，初步形成了顶层设计、技术规范、基准值有序衔接的环境水质基准管理链条。

2. 国外水质基准的主要研究进展　20世纪中期，国际上开始进行水质基准基础研究和应用研究。美国是其中较早开展水质基准研究和制定工作的国家之一。1968年，美国国家技术顾问委员会（EPA此时尚未成立）发布了美国第一个水质基准，此后EPA按照《清洁水法》中关于基准的要求，陆续修订并公布了国家推荐水质基准。该基准以汇总表的形式呈现，共包括针对大约150种污染物的地表水中保护水生生物和人体健康的推荐水质基准。1980年，EPA初步确定了水质基准制定技术指南，1983年和1985年又陆续进行了修订，并鼓励各州开展地区范围的基准研究工作，以反映地区差异的影响。1985年，EPA颁布了《推导保护水生生物及其用途的水质基准技术指南》，2000年颁布了《推导人体健康的水质基准技术指南》。

至今，美国形成了以保护水生生物和人体健康的水质基准为主，营养物基准、沉积物基准为辅的较为完整的水环境基准体系，其中包括娱乐用水基准、细菌基准、生物学基准、水文流域基准、野生生物基准、湿地基准、温度水质基准、优先污染物水质基准、农业和工业制定用途水质基准等。这些基准一般以数值或描述方式来表达，为美国制定水质标准提供了科学依据。

与我们一般理解的，国家基准指导国家标准制定不太一样，美国国家水质基准的作用是指导各州制定州水质基准。州水质基准有四种形式：一是直接引用国家水质基准；二是根据本州环境特点对国家水质基准进行调整；三是用其他方法推导州基准；四是因无法建立数值型基准而建立的描述性基准。美国无国家水质标准，各州制定水质标准需要考虑标准制 / 修订方法学、州基准保护功能、反降级政策措施和其他能够证明标准科学性的材料

（二）土壤基准的主要研究进展

1. 国内土壤基准的主要研究进展　2005年，国务院明确提出“科学确定基准”的目标与要求，且我国在环境基准领域中已开展了一些基础性调研工作，但由于土壤污染的间接性、潜在性、隐蔽性和滞后性，土壤污染对生态环境和人体健康的影响并没有在我国得到明显重视，我国对土壤环境基准研究进程远落后于水质基准研究。2016年国务院印发的《土壤污染防治行动计划》中强调，需开展土壤环境基准研究。《中华人民共和国土壤污染防治法》中也明确指出，国家支持对土壤环境背景值和环境基准的研究。在国家政策引导下，我国各科研单位陆续开展了基于不同保护对象的土壤环境基准研究工作。

尽管我国暂未公布土壤环境基准的规范性文件，但2018年，我国发布了以保护人体健康为目标的《人体健康土壤环境基准制定技术指南（征求意见稿）》、以保护生态安全为目标的《生态安全土壤环境基准制定技术指南（征求意见稿）》和以保护农产品安全为目标的《农

产品安全土壤环境基准制定技术指南（征求意见稿）》，体现了我国在土壤环境基准方向上的一大进步。

2. 国外土壤基准的主要研究进展 20世纪50～60年代期间，欧美国家广泛开展土壤环境基准研究工作。欧美国家在制定土壤环境基准时，按照保护对象，将基准分为人体健康土壤环境基准、生态系统土壤环境基准、地下水土壤环境基准和地表水土壤环境基准。其中人体健康土壤环境基准是欧美国家首要或主要考虑并制定的基准。

以美国为例，EPA于1996年发布了《土壤筛选导则用户指南》，计算具体场地基于风险的污染物土壤筛选值，以识别需要进一步调查的区域或在具体场地信息不全的情况下为计算通用土壤筛选值提供更为具体的模型方法。2002年发布了《超级基金场地土壤筛选值制定补充导则》，更新了居住用地的模型和参数，并建立了非居住用地及建筑用地方式下土壤筛选值的计算方法。2003年又以生态系统作为保护对象发布了《土壤生态筛选值制定指南》用于指导生态系统土壤筛选值的制定，2005年和2007年陆续修订了该指南中关于推导野生动物生态安全土壤筛选值（ecological soil screening level，Eco-SSL）的部分。2003～2008年，EPA针对优先控制污染物先后发布了保护生态受体的Eco-SSL。自2008年以后，美国有关制定Eco-SSL的相关参数仍在不断修正。EPA指出，随着技术手段的改进和研究的深入，有必要及时更新相关模型参数，以确保Eco-SSL更加精准。

（三）大气基准的主要研究进展

1. 国内大气基准的主要研究进展 我国大气环境基准尚处于起步阶段，暂无相关规范性文件发布。2005年国务院《关于落实科学发展观加强环境保护的决定》提出“完善环境技术规范和标准体系，科学确定环境基准，努力使环境标准与环保目标相衔接”。2010年开展的“我国环境基准框架体系与典型案例研究”国家环保公益重大项目，尝试推进国家环境质量基准体系的构建，在所编制的《国家环境基准体系中长期发展路线图》中，第一次系统地纳入了空气质量基准的内容。2014年修订后的《中华人民共和国环境保护法》第十五条明确提出“国家鼓励开展环境基准研究”;《“十四五”生态环境保护规划》提出“构建国家生态环境基准体系，制定发布一批国家生态环境基准，建立国家生态环境基准数据库”，这些法律和规划要求均体现了我国对制定符合我国国情的大气环境基准的重大需求。另外，尽管我国科研人员针对空气污染物与健康效应之间的关联进行了较多的流行病学研究，但由于我国空气污染物浓度普遍高于欧美等国家，属于高污染物水平区域，无法得出我国人群或生态环境暴露在较低污染物水平中的健康效应即无法有效找出我国人群和生态环境暴露于空气污染物中的最低危害效应或不受影响的污染物水平，从而无法利用我国现有数据准确制定符合我国国情的大气环境基准，这可能是我国大气基准进展缓慢的原因之一。

2. 国外大气基准的主要研究进展 美国1967年发布的《清洁空气法》中提出了制定环境空气基准的需求，1970年，《清洁空气法》修正案中规定，由EPA依据空气质量基准制定标准，且应在空气污染物列入拟制定标准清单后的12个月内发布该物质的空气质量基准；再次修订的《清洁空气法案》中规定，原则上1980年12月31日之前审查已经发布的标准，之后审查工作每5年一次，依据最新空气质量基准和审查结果决定是否修订标准。由此，奠定了环境空气质量基准的法律基础。EPA从1963年颁布《清洁空气法》以来，于1969年发布了世界上首个大气基准《颗粒物空气质量基准》和《二氧化硫空气质量基准》，之后陆续发布《氮氧化物空气质量基准》（1971年）、《铅空气质量基准》（1977年）、《臭氧和相关光化学氧化剂空气质量基准》（1978年）和《一氧化碳空气质量基准》（1979年）等。2008年，根据2005/2006年同行评审建议，EPA从发布完整的空气质量基准文件转向发布综合科学评估（integrated science assessment，ISA），完成对“空气污染对人类健康和社会福利影响的科学研究”的定期梳理和分析，以此作为空气质量标准制定的科学基础。目前，美国已完成发布包括颗粒物、O_3、NO_x、SO_2、CO和Pb在内的六项基准污染物的健康和生态 ISA，最新文件更新至 2022 年。

WHO 于 1964 年第一次提出基准的概念，1972 年制定了城市空气污染物的空气质量基准和指南报告，并指出基准是标准的制定依据，可用于制定标准。1979 年，WHO 制定并发布了光化学氧化物环境基准、硫氧化物和悬浮颗粒物的环境基准。1987 年，WHO 发布了欧洲 AQG，包括黑烟和 PM_{10}。该指南是全球第一个空气质量指南，其旨在“保护公众健康免受空气污染物的不利影响，以及消除那些已知或可能危害人类健康和复制的空气污染物，或将其减少到最低限度”提供依据。WHO 于 2000 年发布第二版 AQG，包括 $PM_{2.5}$ 和 PM_{10}。2005 年发布了全球更新版 AQG。2021 年颁布的 AQG 是目前的最新版本。其中，2005 版和 2021 版均给出了基准指导值和具体的分阶段实施目标。分段实施目标是在基准值指导下，根据污染现状和经济状况等因素考虑的、由基准向标准转化的建议目标。图 3-2 为美国及欧盟大气环境基准发展历程。

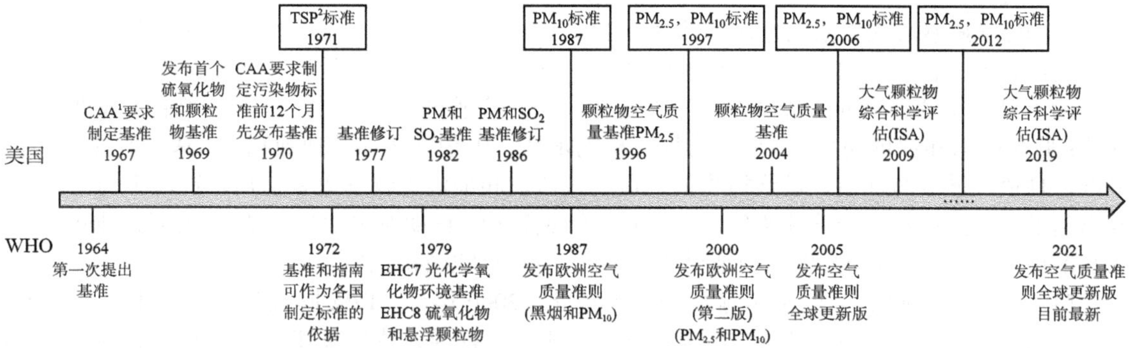

图 3-2 美国及欧盟大气环境基准发展历程

1 清洁空气法（clean air act, CAA）2 总悬浮颗粒物（total suspended particulate, TSP）

五、基准的主要研究方法和技术

（一）水质基准的主要研究方法和技术

1. 国内水质基准主要研究方法和技术 我国淡水生物水质基准是淡水环境中的污染物或有害因素对淡水生物及其生态功能不产生有害影响的最大浓度或水平，《淡水生物水质基准推导技术指南》（HJ 831—2022）中指出淡水水生生物水质基准值的推导技术主要包括 5 个步骤：①方案制订：明确工作要求、熟悉背景资料、确定数据来源、明确技术要点、了解编制要求，完成方案的制订；②数据获取：收集并筛选污染物的基本信息、理化性质、水环境暴露数据、毒性数据，受试生物信息及相关水质参数数据；③基准推导：采用物种敏感度分布法推导，利用适宜的模型对物种敏感度的分布进行拟合后，计算能保护 95% 生物的污染物浓度，经评估因子外推后获得基准；④不确定性分析：不确定性的产生涉及数据获取、模型选择、基准推导等相关步骤，需对这些过程中的不确定性进行定性分析；⑤报告编制：确定最终基准值，按照要求完成报告编制。

我国人体健康水质基准是对于地表水和可提供水产品的淡水水域中污染物对人体的长期慢性健康效应的估算。《人体健康水质基准制定技术指南》（HJ 837—2017）中指出人体健康水质基准值的确定主要包括 4 个步骤。①数据收集和评价：通过中国 / 地方实测和调查数据、国内外相关数据库、公开发表的文献或报告等途径，收集并筛选剂量-效应数据、暴露参数数据、生物累积数据、水生态环境数据、污染物质理化性质数据和环境污染数据等。②本土参数的确定：对应收集的数据，结合本地情况，选择或估算参数。③基准推导：根据不同的健康效应，对非致癌和致癌两类分别采用不同基准推导方法。当主导效应不明确或效应不清楚时，应使用非致癌效应和致癌效应两种基准推导方法进行确定，选择较小值作为基准值。④基准的审核：仔细审核基准推导所用数据及推导步骤，以确保基准值合理可靠。

我国针对湖泊制定了《湖泊营养物基准制定技术指南》（HJ 838—2017），水库和单个湖泊营养物基准可参照该指南完成制定。基准制定也可分为4个步骤。①数据收集：按照数据完整性原则及数据最少原则，收集环境监测机构、科研院所等机构以标准方法采集的数据，若有其他来源数据，应检查其支持文件以保证采样、测量和分析方法一致。②指标筛选：采用相关性分析、主成分分析、降维对应分析、典型对应分析等方法，在营养物指标、生物学指标和辅助指标中筛选与藻类生长有明确相关关系的响应指标。③基准推导方法确定及推导：区域内受人为活动扰动较小的湖泊营养物基准制定采用统计分析法（参照湖泊法、湖泊群体分布法及三分法），受扰动较大的基准制定采用压力-响应模型法。再根据是否满足产生的生态效应不危及其水体功能或用途这一条件，确定拟定的营养物基准值。④基准值验证与审核：采用历史数据分析法和古湖沼学法进行验证，再通过技术自审核或邀请专家完成审核。

2. 国外水质基准主要研究方法和技术 EPA于1985年颁布了《推导保护水生生物及其用途的水质基准技术指南》，2013年对其中程序进行了修订。该指南对因长期和短期暴露于淡水或海水产生的不可接受的影响的水质基准的推导提出了较为完善的技术路线。主要步骤：①数据收集和评价：收集筛选和评价动物急/慢性毒性、植物毒性、生物富集和其他数据；②基准值推导：计算最终急性值、最终慢性值、最终植物值、最终残留值和最低生物学重要值后，针对不同化合物推导出基准最大浓度和基准连续浓度，分别代表污染物短/长期对水生生物造成的急性/慢性效应；③基准审查：审查数据的完整性和结果的合理性，完成基准的制定。

EPA或各州需制定保护人体健康的水质基准。2000年起，EPA陆续颁布了《推导保护人体健康的水质基准技术指南》及其技术支持文件，规定了推导人体健康基准的4个步骤：暴露分析、污染物动态分析、毒性效应分析和基准推导方法。对可疑的或者已证实的致癌物质，需估算各种浓度下人群致癌风险概率的增量，对于非致癌物质，需估算不对人体健康产生有害影响的水环境浓度。

（二）土壤基准的主要研究方法和技术

1. 国内土壤基准主要研究方法和技术 尽管我国尚未发布正式的土壤环境基准相关技术文件，但2018年发布了《人体健康土壤环境基准制定技术指南（征求意见稿）》及其编制说明，其中指出基准的编制过程需遵循以下原则和思路：充分借鉴国际上发达国家人体健康风险评估方法，结合我国实际环境特征和保护目标需求进行集成创新，保证技术标准具有科学性、合理性和可操作性；基准制定过程考虑与相关环境保护政策法规、技术标准及管理规范体系的协调性，强化人体健康土壤环境基准制定技术指南的指导性；以我国土壤环境保护及管理的实际需求为导向，充分吸收国内外土壤环境基准最新研究成果，尤其是973计划和环保公益项目等有关土壤环境基准的系列研究成果，因地制宜地建立人体健康土壤环境基准制定技术指南。

基准值的确定主要包括4个流程，即数据收集和筛选、暴露评估、基准推导、基准值审核。①数据收集和筛选：通过检索国内外常用暴露参数手册、毒性数据库及公开发布的文献数据库等获得所需数据；②暴露评估：通过在不同暴露途径下，分析污染物迁移和进入人体的可能性，定量评价污染物的暴露量，量化暴露风险；③基准推导：以污染物的可接受致癌风险及可接受非致癌风险为评估标准，找出所有暴露途径下的最小临界含量值；④基准值审核：编制组或邀请专家，对基准制定各步骤和技术方法的科学性、合理性及适配性进行审核。

2. 国外土壤基准主要研究方法和技术 美国和荷兰政府在土壤基准研究过程中使用的方法学已被其他国家广泛借鉴和引用。有些国家的筛选值或指导值是直接以土壤环境基准的研究结果来定值的。如美国的土壤筛选值、加拿大的土壤质量指导值、英国的指导值等，均不具有法律的强制性，等同于土壤基准值。但荷兰的干涉值，是结合基准值和社会经济等因素且便于管理而制定的。按照保护对象，土壤基准可分为保护人体健康、生态安全和水体安全三类。

以人体健康为保护目标的土壤环境基准是将人体健康作为考虑核心，通过研究污染物迁移转化规律、污染物的人体暴露模式等来确定的，欧美等国家的土壤基准值制定方法主要采用人体健康风险评估。美国根据可接受的风险水平，如非致癌风险水平采用可接受风险商小于或等于 1，致癌风险水平采用致癌风险小于 10^{-6} 或 10^{-5} 或 10^{-4}，并结合暴露评估模型和风险评价模型来反推土壤中污染物的临界含量。美国针对住宅用地、工商业土地、建筑工地等不同用途类型土地，制定单一暴露途径（直接暴露）下的土壤筛选值，非单一暴露途径下，筛选值应选择所有暴露途径下的最小值。加拿大环境部长理事会根据人体健康风险评估法确定人体健康土壤质量指导值，根据生态风险评估法确定生态土壤质量指导值，并取两者中的最小值作为土壤质量指导值（环境标准）发布。与美国相比，加拿大制定的土壤环境基准增加了农用地的土地利用类型。

以保护生态系统安全为目标的土壤环境基准的制定更加关注土壤污染物对生态系统不同组分的影响。国际上在生态风险评估技术发展方面参差不齐，美国目前已具备较为完善的生态筛选值制定技术指南，且制定并发布了本国具有指导意义但不具备法律效力的生态筛选值。美国土壤生态筛选值制定的关键技术有：为严格获取有效数据，采用数据打分制筛选；保护对象考虑了植物、土壤无脊椎动物和野生动物（鸟类和哺乳类），未考虑土壤微生物过程；制定的生态筛选值不作为修复目标值，仅用于判断污染场地的生态环境风险。在选择保护对象时，加拿大将微生物过程作为考虑因素之一。各国在方法学上基本类似，主要包括文献收集与评价、数据选择、保护生态安全的土壤环境基准的计算和基准值的验证审核等。

以保护水体（地下水、地表水）为目标的土壤环境基准制定方法：此类基准的研究稍晚于其他两类基准。总体而言，欧美国家大多是将地下水作为特定条件下的暴露途径，美国在针对地下水制定环境基准过程中，以保守性假设为主，①地下水不包括未污染的不饱和带；②受体位于污染区域边缘；③污染物衰减因素仅考虑饱和带地下水的稀释作用，不考虑包气带和饱和带中的吸附和降解。

（三）大气基准的主要研究方法和技术

1. 国内大气环境基准主要研究方法和技术 我国尚未发布大气环境基准及相关技术文件，但结合我国大气环境管理及大气环境污染现状，大气基准的制定方法主要参考 WHO 的 AQG 或美国的 ISA 文件中的规定步骤制定。

2. 国外大气环境基准主要研究方法和技术 美国 ISA 文件的发布为国家环境空气质量标准的制/修订提供了科学依据，该文件是基于最新科学研究的成果汇编，同时明确了大气环境基准的制定方法与步骤。ISA 传达了对六项空气污染物（NO_x、SO_x、$PM_{2.5}$、CO、O_3 和 Pb）的健康和福利基准的关键科学判断，并作为审查污染物的一级（基于健康）和二级（基于福利）国家环境空气质量标准的科学基础。其制定和更新主要包括 5 个步骤，①文献检索：检索空气污染物与人群、生命阶段或生态系统受到不利影响的关联研究、二者间的暴露-反应关系或污染物的作用方式等研究，以及关于大气化学、空气质量和排放、环境转归和运输、剂量学、毒物动力学、暴露的研究和数据分析等；②研究的选择：纳入描述或提供污染物与效应之间关系的基础研究，重点关注研究人群和生态系统暴露的污染物浓度与暴露条件有关的影响；③评价各个研究的质量：判断纳入的研究是否提供了有用或高质量的定性或定量信息；④证据的评估、综合和整合：利用所有具有较高质量的研究结果，对来自各科学学科的相关和类似的健康或福利影响的证据进行评估、综合和整合，证据的一致性可以增加对关联的因果解释的支持，证据还需具有连贯性、生物学上的合理性、明确的具有实践性的暴露-反应关系等，以形成确定的结论和因果关系；⑤制定科学结论和因果关系的确定：在评估和整合关于标准污染物对健康或福利影响的科学证据时，EPA 确定支持因果关系的证据权重，并描述任何由此产生的因果关系分类的强度。EPA 同时对定量证据进行评估，并在可能的范围内就浓度-响应关系或暴露-反应关系，对生态系统的负荷、暴露、剂量或浓度、暴露时间和观察到效应的暴露模式得出科学结论。

WHO 为保护人体健康针对六项空气污染物（$PM_{2.5}$、PM_{10}、O_3、NO_2、SO_2 和 CO）制定了基准值，对没有足够证据的污染物制定了“良好实践声明”（good practice statements）。为保证基准值的科学性和可靠性，WHO 组建了各个小组，参与启动、构建和指南制定过程。基准制定步骤：①确定指南的范围和关键问题：由专家小组及相关利益者等写上确定指南范围，使用“人群、暴露、对照、结局、研究设计”（population，exposure，control，outcome，study design，PECOS）原则制定关键问题；②对相关证据进行系统评价：围绕关键问题检索以流行病学研究结果为主的相关文献，经筛选、偏倚评估等方式确定最终纳入文献，提取数据后采用荟萃分析进行定量分析；③对系统评价所产生的证据体系的确定性水平进行评估：针对荟萃分析结果，采用推荐的分级、评估、制定与评价（grading of recommendations，assessment，development and evaluation，GRADE）方法评估证据等级，判断不确定性，制定推荐意见；④制定 AQG 水平：基于流行病学证据与 GRADE 判定结果，确定 AQG 水平；⑤制定其他支持性指导意见：对于没有足够定量证据而无法制定 AQG 水平的污染物，制定良好做法声明，尽可能地减少污染物可能造成的不良影响。专家小组主要包括：① WHO 指导小组主要参与启动、构建和执行指南制定过程；②由主要专家和利益相关者组成的指南制定小组主要负责确定指南的范围，制定 AQG 级别和其他指导意见；③系统评审小组进行证据的系统评审；④外部评审小组根据需要提供意见和同行评审；⑤ WHO 指南审查委员会在出版前审查并批准该指南文件。

六、我国环境基准的现状及未来发展趋势

近年来，我国高度重视环境基准研究，于 2017 年颁布《国家环境基准管理办法（试行）》，2019 年成立“国家生态环境基准专家委员会”，并发布《首届国家生态环境基准专家委员会委员名单》和《国家生态环境基准专家委员会章程（试行）》。

《国家中长期科学和技术发展规划纲要（2006—2020 年）》明确要求大幅度提高国家环境保护科技创新能力，同时要求加强国家标准及相关领域科技基础条件平台建设。《国务院关于落实科学发展观加强环境保护的决定》明确提出了“科学确定环境基准”的国家目标。《国家环境保护“十三五”科技发展规划》也将环境基准列入环境保护应用基础的三大科技工程之一。

我国环境基准的未来发展趋势及目标：①明确环境基准的法律地位，明晰环境基准与环境标准的关联，推动环境基准与标准的制 / 修订及相关工作；②区分环境介质和目标受体，结合我国国情，根据不同要求制定各环境介质或目标受体的环境基准；③确定环境基准体系主体思路，建立健全环境基准体系框架；④提升环境基准研究的科学技术，构建技术支撑平台，奠定环境基准研究的根本。

第二节　生态环境标准

一、生态环境标准的定义及体系构成

（一）生态环境标准的定义

环境标准在国际尚无统一定义，部分国家仅对环境标准的组成部分（如质量标准、排放标准等）做出定义，部分国家将环境标准中的质量标准称为环境标准，又或以指令、许可排放证等法律规章的方式对环境中的有害因素进行限定，达到与执行环境标准相同的效果。我国在 2021 年发布的《生态环境标准管理办法》（生态环境部令第 17 号）中对“生态环境标准”做出了明确的定义：由国务院生态环境主管部门和省级人民政府依法制定的生态环境保护工作中需要统一的各项技术要求。该定义是我们通常理解和应用的生态环境标准的概念。

生态环境标准是为了达到保护生态环境各组成要素和人群健康的目的和要求，基于国家的社会、经济、技术等条件，以科学技术成果为依据，经过综合评定，对环境中污染物的允许含量和污染源排放污染物的数量、浓度、时间和速度进行规定的规范性文件以及监测方法和其他有关技术规范，一般具有法律的强制性和约束力。它会随着国家的政治、社会、经济、技术和行业要求等条件的变化及保护生态环境与人群健康的需求变化不断制 / 修订。

根据《中华人民共和国环境保护法》及《中华人民共和国标准化法》的要求，严格制定生态环境标准，并制定相应管理办法，以此完善标准的制定和管理。1983 年 10 月 11 日，原城乡建设环境保护部发布实施的《中华人民共和国环境保护标准管理办法》是对环境保护标准管理做出全面系统规定的部门规章，并指出环境保护标准是保护人群健康、社会物质财富和维持生态平衡，对大气、水、土壤等环境质量，对污染源、监测方法以及其他需要所制定的标准。1999 年 4 月 1 日，国家环境保护总局发布实施《环境标准管理办法》（国家环境保护总局令 第 3 号），用于环境标准的制定、实施以及对实施环境标准的监督。同时，第二十八条明确规定，《中华人民共和国环境保护标准管理办法》废止。2020 年 12 月 15 日，生态环境部公布自 2021 年 2 月 1 日施行《生态环境标准管理办法》，将“环境标准”更改为“生态环境标准”，加入生态的概念，并重新定义，该办法用于生态环境标准的制定、实施、备案和评估。第五十四条指出《环境标准管理办法》和《地方环境质量标准和污染物排放标准备案管理办法》（环境保护部令第 9 号）同时废止。

（二）生态环境标准的属性

1. 科学性和先进性　生态环境标准是以现有科学技术成果为依据制定的，具有技术上的科学性和先进性。生态环境标准的制定应低于环境容量最大值，不打破环境自身的循环规律，也不危害人类和其他生物的生存。随着科学技术的发展和进步以及管理政策的逐渐严格，标准的制定需不断创新，以保证其科学性和先进性。

2. 规划性和方向性　生态环境标准需满足环境质量提高、环境风险防控等新时期生态环境管理需求，有效指导国家和地方生态环境保护规范文件制定和管理工作，完成环境保护计划和环境规划目标，体现规划性和方向性，发挥重要指引和领导作用。生态环境标准包含生态环境质量标准、生态环境风险管控标准、污染物排放标准和法律法规规定强制执行的其他生态环境标准。这些标准从环境质量、风险筛查与分类管理、污染物排放控制、达标评定、管理技术规范等方面，对全国和地方范围内的生态环境有计划、有方向的系统性管控。

3. 适用性和可操作性　生态环境标准是基于社会、经济、技术等条件，综合分析制定完成的，且以保护生态环境和公众健康为目标，针对不同环境介质、污染物或有害因素等，以最经济有效的方式完成期望目标，在实施过程中需具备适用性和可操作性。

4. 程序性和更新性　生态环境标准不是随意制定和颁布的，必须由有权单位按照法定的程序制定和颁布，具有程序性。制定国家生态环境标准，应根据生态环境保护需求编制标准项目计划，组织相关事业单位、行业协会、科研机构或高等院校等开展标准起草工作，广泛征求意见，并组织专家进行审查论证。同时，不得增加法律法规之外的行政权力事项或减少法定责任等行为。

标准按照规定流程完成制定和发布后，随着社会条件、科学技术和人民健康生活需求的不断提高和变化，政府部门会根据生态环境和经济社会发展形势，结合相关科学技术进展和实际工作需要，组织评估生态环境标准实施情况，基于评估结果对标准适时进行修订，不断创新，以此保证标准的科学性和先进性。

5. 规范性和法律性　生态环境标准是不以人的意志为转移的规范性行为规则，它通过一些定量的数据、指标、技术规范等形式来表示行为规则的界限、调整公众行为，具有规范性。生态环境标准是完成环境保护相关法律法规顺利实行的基本保障，是加强环境监管的关键。

生态环境标准是立法、执法的尺度，被相关法律法规赋予法律约束力，以保证保护目标的顺利达成。

（三）生态环境标准的体系

生态环境标准体系是根据环境监督管理的需要，将各种不同的生态环境标准，依其性质、功能及相互间的内在联系，有机组织、合理构成的系统整体，是各类生态环境标准的集合。生态环境标准体系是生态环境标准按其内在联系形成的科学有机整体，它清晰地描绘了生态环境标准的框架蓝图，是环境监督管理的依据和有效手段，为控制污染、提高环境质量而服务。

1. 我国生态环境标准体系 体系框架如图 3-3 所示，包括生态环境质量标准、生态环境风险管控标准、污染物排放标准、生态环境监测标准、生态环境基础标准、生态环境管理技术规范等六类标准。为保护生态环境、保证公众健康、增进民生福祉、促进经济社会可持续发展，限制环境中有害物质和因素、控制排入环境中的污染物或因素，制定生态环境质量标准、污染物排放标准和风险管控标准。为补充其他因截至目前没有上位法授权而产生的环境管理问题（如应对气候变化领域标准等），将暂未列入排放标准的此类问题纳入生态环境管理技术规范范畴，制定推荐性标准，在相关领域环境管理中实施。生态环境监测标准是环境质量标准、污染物排放标准、风险管控标准的配套技术规范，提供有效的技术支持，能更好地监测生态环境质量和污染物排放情况、开展达标评定和风险筛查与管控。生态环境基础标准则能统一规范生态环境标准的制定技术和生态环境管理工作中具有通用指导意义的技术要求，保障环境保护工作中的准确性、科学性和可比性。

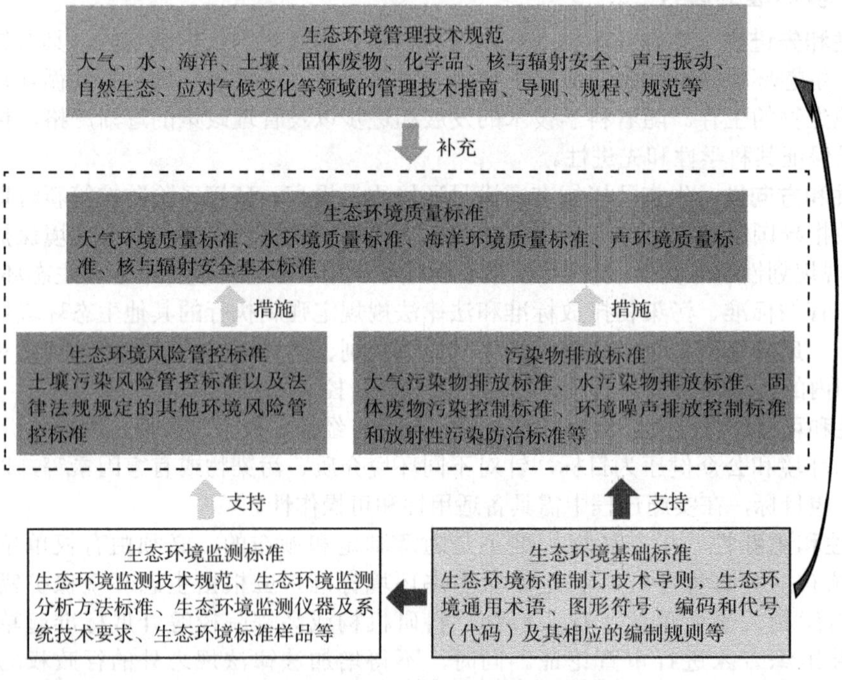

图 3-3 生态环境标准体系框架图

按照适用范围，又可分为国家生态环境标准和地方生态环境标准。国务院生态环境主管部门依法制定并组织实施国家生态环境标准，评估国家生态环境标准实施情况，开展地方生态环境标准备案，指导地方生态环境标准管理工作。地方各级生态环境主管部门在各自职责范围内组织实施生态环境标准。地方生态环境标准是对国家相应生态环境标准中未规定的项目做出的补充规定，也可以对国家相应标准中已规定的项目做出更严格的规定。地方标准的制定，应根据该行政区域内生态环境质量改善需求和经济、技术条件，进行全面评估论证，充分听取各方意见。若新发布实施的国家标准规定的控制要求严于现行的地方标准，该地方标准应依法修订或废止。

按照法律效力，可分为强制性标准和推荐性标准。法律法规规定强制执行的标准为强制性标准，未规定强制性执行的标准为推荐性标准。强制性标准必须执行，推荐性标准若被强制性标准引用并赋予其强制执行效力的，被引用的内容必须执行，推荐性生态环境标准本身的法律效力不变。

2. 国外生态环境标准体系　美国环境标准体系是以保障公众健康为核心的环境标准管理制度，它由相关法律和行政规则共同构成，标准的制定与执行机构是由法律授权的 EPA。标准由相关科学共识转化，需与国家经济发展水平保持一致。它依靠最佳适用技术可以使环境标准与技术相适应，使经济发展水平、环境保护法规、环境标准、科学技术形成协调统一的有机整体。美国环境标准的制定体现了技术强制原则，强迫污染者采用先进工艺和污染控制技术来达标；制定过程中，必须依法征求公众意见，若各方意见无法达成一致可进行诉讼，由法院裁决；标准的实施与排污交易、许可排放证制度紧密结合，通过法律制度和市场手段构成完整的制定和实施体系。

欧盟环境标准体系包括水环境标准体系（水环境质量标准、水污染物排放标准和监测方法标准）、大气环境标准体系（环境空气质量标准和大气污染物排放标准）、环境噪声标准体系（噪声质量标准和噪声排放标准）、固体废物标准体系、化学品管理及转基因制品体系、核安全与放射性废物管理标准体系、野生动植物保护标准体系及基础标准体系。除水、气、噪声的环境标准包括质量标准和排放标准外，其他标准基本只涉及环境基本政策方面的内容。欧盟作为各成员国的经济、政治联合体，它所制定的环境标准对其成员国均具有一定的约束力，主要表现在它的直接适用效力和优先于成员国法的效力。

二、我国生态环境标准的分类

（一）生态环境质量标准

《中华人民共和国环境保护法》第二章第十五条表示，国务院环境保护主管部门制定国家环境质量标准。生态环境质量标准是为了保障人体健康、维护生态环境、保证资源充分利用，并考虑社会、经济、技术等因素而对环境中有害物质和因素做出的限制性规定。制定生态环境质量标准，应当反映生态环境质量特征，以环境基准研究成果为依据，与经济社会发展和公众生态环境质量需求相适应，科学合理地确定生态环境保护目标。

按照环境要素，生态环境质量标准可分为大气环境质量标准、水环境质量标准、海洋环境质量标准、声环境质量标准、核与辐射安全基本标准。

《环境空气质量标准》（GB 3095—2012）属于大气环境质量标准，具有强制执行效力，自 2016 年 1 月 1 日起施行。该标准规定了环境空气功能区分类、标准分级、污染物项目、平均时间及浓度限值、监测方法、数据统计的有效性规定及实施与监督等内容，适用于人群、植物、动物和建筑物所暴露的室外空气，并指出各省（自治区、直辖市）人民政府对该标准中未作规定的污染物项目，可制定地方环境空气质量标准。标准按照环境空气功能分区不同制定了一级和二级浓度限值。污染物项目又分为基本项目（SO_2、NO_2、CO、O_3、PM_{10}、$PM_{2.5}$）和其他项目。后者包括总悬浮颗粒物（total suspended particulate，TSP）、NO_x、Pb、BaP。

《地表水环境质量标准》（GB 3838—2002）属于水环境质量标准，具有强制执行效力，自 2002 年 6 月 1 日起施行。该标准按照地表水环境功能分类和保护目标，规定了水环境质量应控制的项目及限值，以及水质评价、水质项目的分析方法和标准的实施与监督。适用于中华人民共和国领域内江河、湖泊、运河、渠道、水库等具有使用功能的地表水水域。未作规定的项目，可制定地方补充标准。标准根据环境功能和保护目标划分为五类水域，分别制定限值。不同功能类别分别执行相应类别标准值，水域功能类别高的标准值严于水域功能类别低的标准值。同一水域兼有多类使用功能的，执行最高功能类别对应的标准值。

《海水水质标准》（GB 3097—1997）属于海洋环境质量标准，具有强制执行效力，自1998年7月1日起施行。该标准规定了海域各类使用功能的水质要求。按照海域的不同使用功能和保护目标，将海水水质分为四类，分别制定限值。

《声环境质量标准》（GB 3096—2008）属于声环境质量标准，具有强制执行效力，自2008年10月1日起施行。该标准规定了五类声环境功能区的环境噪声限值及测量方法，不同声环境功能区按照昼夜不同分别制定环境噪声限值。该标准适用于声环境质量评价与管理，机场周围区域受飞机通过（起飞、降落、低空飞越）噪声的影响不适用。各类环境功能区夜间突发噪声，其最大声级超过环境噪声限制的幅度不得高于15dB（A）。

《电磁环境控制限值》（GB 8702—2014）《低、中水平放射性固体废物包安全标准》（GB 12711—2018）、《低、中水平放射性废物高完整性容器——球墨铸铁容器》（GB 36900.1—2018）、《低、中水平放射性废物高完整性容器——混凝土容器》（GB 36900.2—2018）、《低、中水平放射性废物高完整性容器——交联高密度聚乙烯容器》（GB 36900.3—2018）、《放射性物品安全运输规程》（GB 11806—2019）等强制性标准属于核与辐射安全基本标准。

（二）污染物排放标准

《中华人民共和国环境保护法》第二章第十六条表示，国务院环境保护主管部门根据国家环境质量标准和国家经济、技术条件，制定国家污染物排放标准；省（自治区、直辖市）人民政府对国家污染物排放标准中未作规定或已作规定的项目，可以制定严于国家标准的地方污染物排放标准。

污染物排放标准是指国家对人为污染源排入环境的污染物或其他有害因素的浓度或总量所做的限量规定。其目的是通过控制污染源排污量的途径来实现环境质量标准或环境目标，它是实现环境质量类标准的措施之一，但不是唯一措施。污染物排放标准是基于各类排放源对排放污染物的可行控制水平，考虑社会经济及现有管理水平等其他因素而推导出来的标准，依据行业清洁生产、污染治理方面的经济技术水平制定，是排污单位守法的底线，也是具有生态环境监管职责的各部门开展相应行业、领域事前、事中、事后监管工作的基本依据。

按照污染物形态及特征，污染物排放标准分为大气污染物排放标准、水污染物排放标准、固体废物污染控制标准、环境噪声排放控制标准和放射性污染防治标准等。此外，水和大气污染物排放标准，可根据适用对象分为行业型、综合型、通用型、流域（海域）或者区域型污染物排放标准。行业型或者综合型污染物排放标准以行业污染防治可行技术和可接受生态环境风险为主要依据，科学合理确定污染物排放控制要求。行业型污染物排放标准适用于特定行业或者产品污染源的排放控制；综合型污染物排放标准适用于行业型污染物排放标准适用范围以外的其他行业污染源的排放控制；通用型污染物排放标准以污染防治可行技术、可接受生态环境风险、感官阈值等为主要依据，适用于跨行业通用生产工艺、设备、操作过程或者特定污染物、特定排放方式的排放控制；流域（海域）或者区域型污染物排放标准适用于特定流域（海域）或者区域范围内的污染源排放控制。

污染物排放标准也可按照适用范围分为国家污染物排放标准和地方污染物排放标准。国家污染物排放标准是对全国范围内污染物排放控制的基本要求；地方污染物排放标准是地方为进一步改善生态环境质量和优化经济社会发展，对该行政区域提出的国家污染物排放标准补充规定或者更加严格的规定。地方标准优先于国家标准执行，地方标准中未规定的项目，需执行国家标准的相关规定。

（三）生态环境风险管控标准

生态环境风险管控标准包括土壤污染风险管控标准以及法律法规规定的其他环境风险管控标准，以推进生态环境风险筛查与分类管理，维护生态环境安全，控制生态环境中的有害物质和因素。其中，《中华人民共和国土壤污染防治法》明确指出国务院生态环境主管部门根据土壤污染状况、公众健康风险、生态风险和科学技术水平，并按照土地用途，制定国家土壤污染风险管控标准，加强土壤污染防治标准体系建设。土壤污染风险管控标准是强制性标准。

《土壤环境质量农用地土壤污染风险管控标准（试行）》（GB 15618—2018，以下简称农用土地标准）、《土壤环境质量建设用地土壤污染风险管控标准（试行）》（GB 36600—2018，以下简称建设用地标准）属于土壤污染风险管控标准，均自 2018 年 8 月 1 日起施行。两项标准分别规定了农用地和建设用地土壤污染风险筛选值和管制值，以及监测实施和监督要求。农用土地标准适用于耕地土壤污染风险筛查和分类，园地和牧草地可参照执行；建设用地标准适用于建设用地土壤污染风险筛查和风险管制。农用地土壤污染风险筛选值指农用地土壤中污染物含量等于或低于该值的，对农产品质量安全、农作物生长和土壤生态环境的风险低，一般情况下可以忽略；超过该值的，可能对农产品质量安全、农作物生长或土壤生态环境存在风险，应当加强土壤环境监测和农产品协同监测，原则上应当采取安全利用措施。其对应管制值则是指农用地土壤中污染物含量超过该值的，食用农产品不符合质量安全标准等农用地土壤污染风险高，原则上应当采取严格管控措施。建设用地土壤风险筛选值，是指在特定土地利用方式下，建设用地土壤中污染物含量等于或者低于该值的，对人体健康风险可以忽略；超过该值的，对人体健康可能存在风险，应当开展进一步的详细调查和风险评估，确定具体污染范围和风险水平。其对应管制值，则是指在特定土地利用方式下，建设用地土壤中污染物含量超过该值的，对人体健康通常存在不可接受的风险，应当采取风险管控或修复措施。

（四）生态环境管理技术规范

生态环境管理技术规范是为规范各类生态环境保护管理工作的技术要求而制定的，包括大气、水、海洋、土壤、固体废物、化学品、核与辐射安全、声与振动、自然生态、应对气候变化等领域的管理技术指南、导则、规程、规范等。它是质量标准、风险管控标准、排放标准的补充，如应对气候变化领域标准，由于截至目前尚无上位法授权，未被列入排放标准，因此将其归为生态环境管理技术规范范畴。生态环境管理技术规范是推荐性标准，应当有明确的生态环境管理需求，针对性和可操作性强，内容科学合理。

（五）生态环境监测标准

生态环境监测标准是为了监测生态环境质量和污染物排放情况，开展达标评定、风险筛查和管控，规范布点采样、分析测试、监测仪器、卫星遥感影像质量、量值传递、质量控制、数据处理等监测技术要求而制定的技术标准。监测标准包括生态环境监测技术规范、生态环境监测分析方法标准、生态环境监测仪器及系统技术要求、生态环境标准样品等。

生态环境监测标准应采用稳定可靠且经过验证的方法，在保证标准的科学性、合理性、普适性的前提下提高便捷性，易于推广。制定监测标准应配套支持生态环境质量标准、污染物排放标准和风险管控标准的制定和实施；制定质量标准、污染物排放标准、风险管控标准时，也应采用国务院主管部门制定的生态环境监测分析方法标准，若尚未制定，则可采用其他部门制定的监测分析方法。

（六）生态环境基础标准

生态环境基础标准是为了统一规范生态环境标准的制定技术工作和生态环境管理工作中具有通用指导意义的技术要求而制定的，它包括生态环境标准制定技术导则，生态环境通用术语、图形符号、编码和代号（代码）及其相应的编制规则等。在生态环境保护工作中使用的专业用语和名词术语，设置图形标志，对档案信息进行分类、编码等，均应采用相应的术语、图形、编码技术标准。

三、我国生态环境标准的发展历程

（一）水生态环境标准的主要发展历程

1972 年北京市官厅水库环境污染综合治理行动是我国在国家层面实施最早的流域水污染防治的标志性事件，也标志着我国开始探索有中国特色的水环境保护道路。1973 年，《工业“三废”排放试行标准》（GB J4—1973），我国第一项环境保护标准发布，其中规定了工业污染源废水的排放（控制）要求，为我国刚起步的环保事业提供了管理和执法依据，奠定了我国环境保护工作的基础。

1995 年以前，我国处于环境标准初步形成阶段，初步建立了以生态环境质量标准和污染物排放标准为主体，其他标准相配套的环境标准体系。20 世纪 80～90 年代，我国出台了有关水的环境保护法律法规、标准和政策制度等文件。1983～1985 年，根据国家水环境质量标准和国家经济、技术条件，国环办组织轻工部、石油部、冶金部、化工部等十三个工业部的科研院所人员，先后制定发布了 30 项行业型水污染物排放标准。这些行业标准根据行业特点筛选增加了特征污染物，综合采用了浓度指标、绩效指标等控制指标，且不同行业的污染物排放控制水平宽严不一。1988 年发布的《污水综合排放标准》的制定借鉴了行业排放标准制定经验，替代了《工业“三废”排放试行标准》中的废水部分，和行业标准共同形成系统的水环境标准体系，同时经修订、简化、统一和协调，又反过来促进了之前发布的行业标准的调整。

20 世纪 90 年代至今，水生态环境标准不断改进和完善，逐步优化了水生态环境标准体系。其间，《地面水环境质量标准》《农田灌溉水质标准》《海水水质标准》等水环境质量标准不断修订。对于水污染排放标准，我国针对综合排放标准及行业排放标准的关系、排放标准的时限问题以及重点污染源控制问题，开始了新阶段行业排放标准和综合排放标准的制 / 修订工作，形成了综合型标准和行业型标准并行的结构体系，明确了综合排放标准与行业排放标准不交叉执行原则，优先执行行业排放标准。至此，我国基本建成了反映我国此时水污染特点、符合国家社会经济发展和管理热点、适用于全国范围内统一评价管理的标准体系。

（二）大气生态标准的主要发展历程

我国大气污染防治可分为四个阶段，1973 年至今，我国大气污染控制模式从以污染物排放浓度控制为核心、以污染物排放总量控制为核心逐渐走向以大气环境质量改善为核心。大气生态环境标准的制 / 修订也随之不断创新和充实。

20 世纪 70 ～ 90 年代（1973～1990 年），我国城市煤烟型污染随着经济快速发展和能源消耗急速增加愈加严重，大气污染防治工作开始起步，标准体系框架初步构建，此阶段主要大气环境问题是烟粉尘污染。1973 年，《工业“三废”排放试行标准》（GB J4—1973）中对我国工业污染源排放出的 SO_2、二硫化碳、Pb 等 13 种大气污染物的排放速率或浓度做出规定。1981 年开始，我国开始组织制定钢铁、化工等分行业的排放标准，主要控制烟粉尘排放。1982 年，考虑当时大气污染状况、污染源排放状况及监测技术水平等因素，我国发布了首个《大气环境质量标准》（GB 3095—1982）。

20 世纪 90 年代至 21 世纪初（1991～2000 年），SO_2、NO_x 和 TSP 浓度居高不下，我国仍以污染物排放浓度控制为核心进行管控，大气生态环境标准体系也处于建设与整合阶段。1991 年，我国发布了第一个《燃煤电厂大气污染物排放标准》（GB 13223—1991）；1996 年，我国又发布了《大气污染物综合排放标准》（GB 16297—1996），并以其为代表，形成了“以综合型排放标准为主体，行业型排放标准为补充，两者不交叉执行，行业型排放标准优先”的排放标准格局。但除火电、水泥、炼焦等行业有专门适用的大气污染物排放标准外，一些本属于重污染行业的污染源又都纳入了《中华人民共和国大气污染物综合排放标准》，由此导致了限值不尽合理、对行业要求缺乏系统性、操作性不强等问题。同年，我国对《大气环境质量标准》进行了第一次修订，将 PM_{10} 纳入常规污染物，形成了 TSP 和 PM_{10} 的双颗粒物指标共存状态。2000 年，再次对其进行了部分修改。

21 世纪初（2001 ～ 2010 年），我国逐渐从污染物排放浓度控制走向以污染物排放总量控制为核心的控制模式，行业类管控标准快速发展。2000 年 4 月 29 日第九届全国人民代表大会常务委员会第十五次会议《中华人民共和国大气污染防治法》第一次修订中提出“超标违法”的新制度，赋予了标准极高的法律地位。行业型排放标准制定工作已成为本阶段环境标准与法治建设的重中之重。

2011 年至今，我国大气污染防治政策由排放总量控制转变为以大气环境质量改善为核心，优化完善环境标准体系。环境空气质量标准分别于 2012 年、2016 年和 2018 年进行修订。至此，我国环境空气质量标准所涉及污染物项目达 15 项，包括 6 项全国实施的基本项目、4 项国家指定区域实施的其他项目和 5 项参考项目。在此阶段，大气污染物排放标准不断更新完善，生态环境监测技术规范等配套措施及其他相关标准也相应补充完善。

（三）土壤生态标准的主要发展历程

20 世纪 80 年代至 1995 年，我国开始关注矿区土壤、灌溉和农药大量使用造成的耕地污染等问题，将土壤污染防治纳入环境保护重点工作，逐步建立了土壤污染风险管控体系。其间我国发布了《农用污泥中污染物控制标准》（GB 4284—1984）、《城镇垃圾农用控制标准》（GB 8172—1987）、《农用粉煤灰中污染物控制标准》（GB 8173—1987）等农用地土壤污染源防控技术标准。1995 年，我国制定并发布了《土壤环境质量标准》（GB 15618—1995），填补了我国土壤环境质量标准的空白。

1996～2006 年，我国以表征土壤环境质量为主，开展了土壤污染防治与修复相关标准研究，发布实施《工业企业土壤环境质量风险评价基准》（HJ/T 25—1999），制定了一批土壤环境监测分析方法，有效提升了中国土壤环境管理水平。根据研究结果，相关部门考虑污染物作物生态效应、土壤微生物和土壤理化形状，兼顾土壤区域差异性，针对不同土壤利用方式，制定了《土壤环境质量标准》（GB 15618—1995）、《农产品安全质量无公害蔬菜产地环境要求》（GB/T 18407.1—2001）、《农产品安全质量无公害水果产地环境要求》（GB/T 18407.3—2001）、《温室蔬菜产地环境质量评价标准》（HJ 333—2006）和《食用农产品产地环境质量评价标准》（HJ 332—2006）等。

2007 年至今，我国以实施土壤环境风险管理为主。2008 年，我国处于土壤污染防治的尝试和探索阶段，推出了《加强土壤环境防治工作意见》，制定了《污染场地土壤环境管理暂行办法》。2016 年至今，中国建立了以风险管控为核心的土壤污染防治体系，出台了《中华人民共和国土壤污染防治法》，填补了中国土壤污染防治领域法律空白；出台了污染地块、农用地、工矿用地土壤环境管理办法等部门规章，土壤污染责任人认定办法，农用地、建设用地土壤污染风险管控标准，以及建设用地风险管控等系列技术导则，建立了“一法两标三部令”土壤污染防治法规标准体系；完成农用地土壤污染状况详查和重点行业企业用地土壤状况调查，基本掌握全国土壤污染底数；建成覆盖不同地区、不同类型的土壤环境监测网络，基本摸清了耕地污染的现状和空间分布。

（四）固体废物生态环境标准主要发展历程

20 世纪 80 年代前，我国固体废物长期采用直接堆放和简易处理方式，很多沿海、山谷沟壑、城郊村镇道路两旁等就近堆填，基本未进行无害化处理。这一时期的固体废物管理法规体系尚不健全，管理水平较低，资金投入不足、缺乏处理处置设施、基础非常薄弱、处理处置技术远不能满足需要。

20 世纪 90 年代中期，国内废物和进口废物问题突出，我国开始重点关注固体废物的处理，也意味着我国固体废物污染控制标准模式的开启。1996 年 4 月 1 日，国务院、国家环保局和建设部颁布实施了我国第一部针对固体废物污染环境防治的法律——《中华人民共和国固体废物污染环境防治法》，同时指出建设工业固体废物储存、处置的设施、场所，必须符合国务院环境保护行政主管部门规定的环境保护标准；规定统一的危险废物鉴别标准、鉴别方法和识别标志等。其间国务院及其有关部门陆续制定了《一般工业固体废物贮存、处置场污染控制标准》（GB 18599—2001）、《危险废物贮存污染控制标准》（GB 18597—2001）、《危险废物填埋污染控制标准》（GB 18598—2001）、《危险废物焚烧污染控制标准》（GB 18484—2001）等 30 余项配套法规和标准。

21 世纪初期至 2015 年，随着我国对固体废物认识的逐步提升，我国正式进入固体废物管控阶段。其间多次修订《中华人民共和国固体废物污染环境防治法》，为我国固体废物环境管理工作发挥了积极作用。2005～2007 年，我国颁布了部分危险废物处置工程、检测技术规范，对固体废物进行规范管理。2011～2015 年我国颁布了大量危险废物管理、固体废物管理、固体废物处置、固体废物测定方法、固体废物相关标准、生活垃圾及污泥管理、生活垃圾及污泥等方面的政策法规，加大了固体废物管控力度，初步形成固体废物管理体系。

2016 年至今，我国处于固体废物治理阶段，对危险废物的经营、固体废物的进口标准、固体废物的处理处置和生活垃圾及污泥的管理都颁布了相应政策法规，建立健全固体废物管理体系。2018 年起，我国陆续更新和修订了进口可用作原料的固体废物环境保护控制标准等系列标准、危险废物系列控制标准等。

四、生态环境标准的制定技术

（一）水生态环境标准的主要制定技术

1. 国内水生态环境标准的主要制定技术

（1）水生态环境质量标准：是基于水环境质量基准，结合社会经济水平、技术能力等现状，以保护水环境质量和人体健康为目标，通过风险评估、科学决策给出的水环境中有害物质或因素的浓度限值或水平，是水生态环境保护工作的目标和依据。

（2）水污染物排放标准：是为改善环境质量，结合技术、经济条件和环境特点，对污染源直接或间接排入环境水体中的水污染物种类、浓度和数量等限值以及对环境造成危害的其他因素、监控方式与监测方法等所做出的限制性规定。

2018 年，我国发布了《国家水污染物排放标准制订技术导则》（HJ 945.2—2018），明确规定了制定行业型国家水污染物排放标准的基本原则和技术路线、主要技术内容的确定、标准实施的成本 - 效益分析、标准文本结构和标准编制说明主要内容等要求。行业型排放标准的制定需遵循六项基本原则，分别为：合法与支撑、绿色与引领、风险防控性、客观公正性、体系协调性和合理可行性。主要技术工作内容包括环境管理需求分析与现行标准实施情况评估、数据资料收集与分析、现场调研与实测、污染防治技术的分类分级、标准技术内容确定及标准相关材料编写等，技术路线见图 3-4。

2020 年，我国发布了《流域水污染物排放标准制订技术导则》（HJ 945.3—2020），该导则理顺了我国水污染物排放标准体系框架和不同类型排放标准的实施规则。此类标准的制定需要遵循生态安全优先性、技术经济可行性、分区分类差别化、限值推导科学性和综合施策系统性原则。主要技术工作内容包括流域调查、区域分析与环境特征污染物识别、污染源调查与排放特征污染物识别、基于水环境质量改善目标的排放限值分析、排放限值的技术经济论证与实施方案设计、标准实施的环境效益与减排增容需求分析、标准文本和编制说明编写等，技术路线见图 3-5。

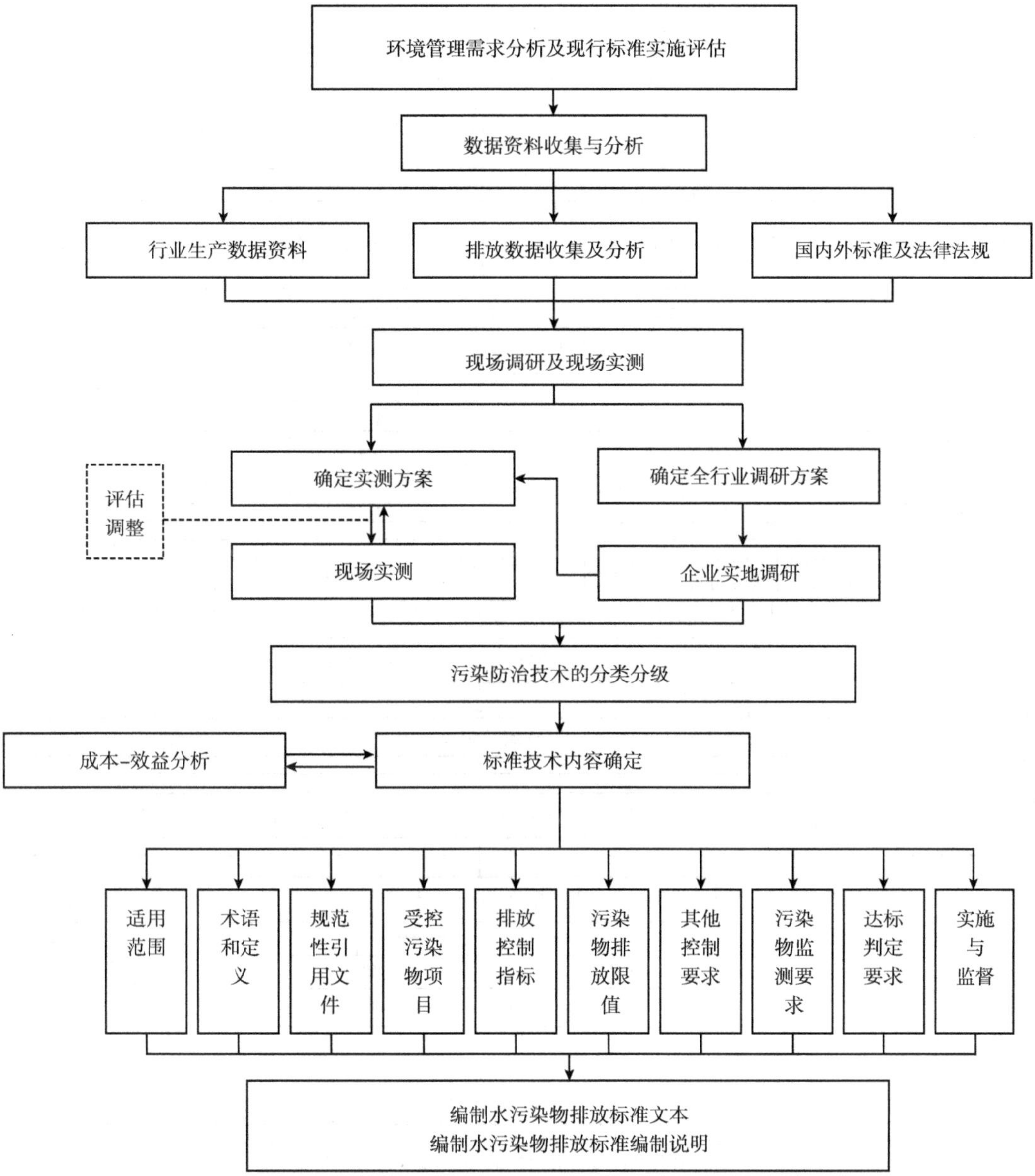

图 3-4 国家水污染物排放标准制订技术路线

1983 年，我国发布了《制订地方水污染物排放标准的技术原则与方法》(GB 3839—1983)，明确和统一了全国制定地方水污染物排放标准的指导思想、技术规定、基本程序和方法。该标准适用于制定排入江、河、湖、水库等地面水的污染排放标准。各地制订地方水污染物排放标准，除应执行本标准的规定外，尚需执行国家有关环境保护的方针、政策和规定等。地方水污染物排放标准基本程序包括：①进行污染源和受纳水体水环境质量现状评价，确定污染物项目；②确定水域用途、划分水源区，确定水质标准；③建立排污量和水质的定量关系，计算各类污染物的允许负荷量；④根据允许负荷量和实际排污量，计算允许排污总量；⑤进行技术和经济可行性分析，根据“治理费用最小，环境效益最大”等原则，优选排放方案，制定排放标准。

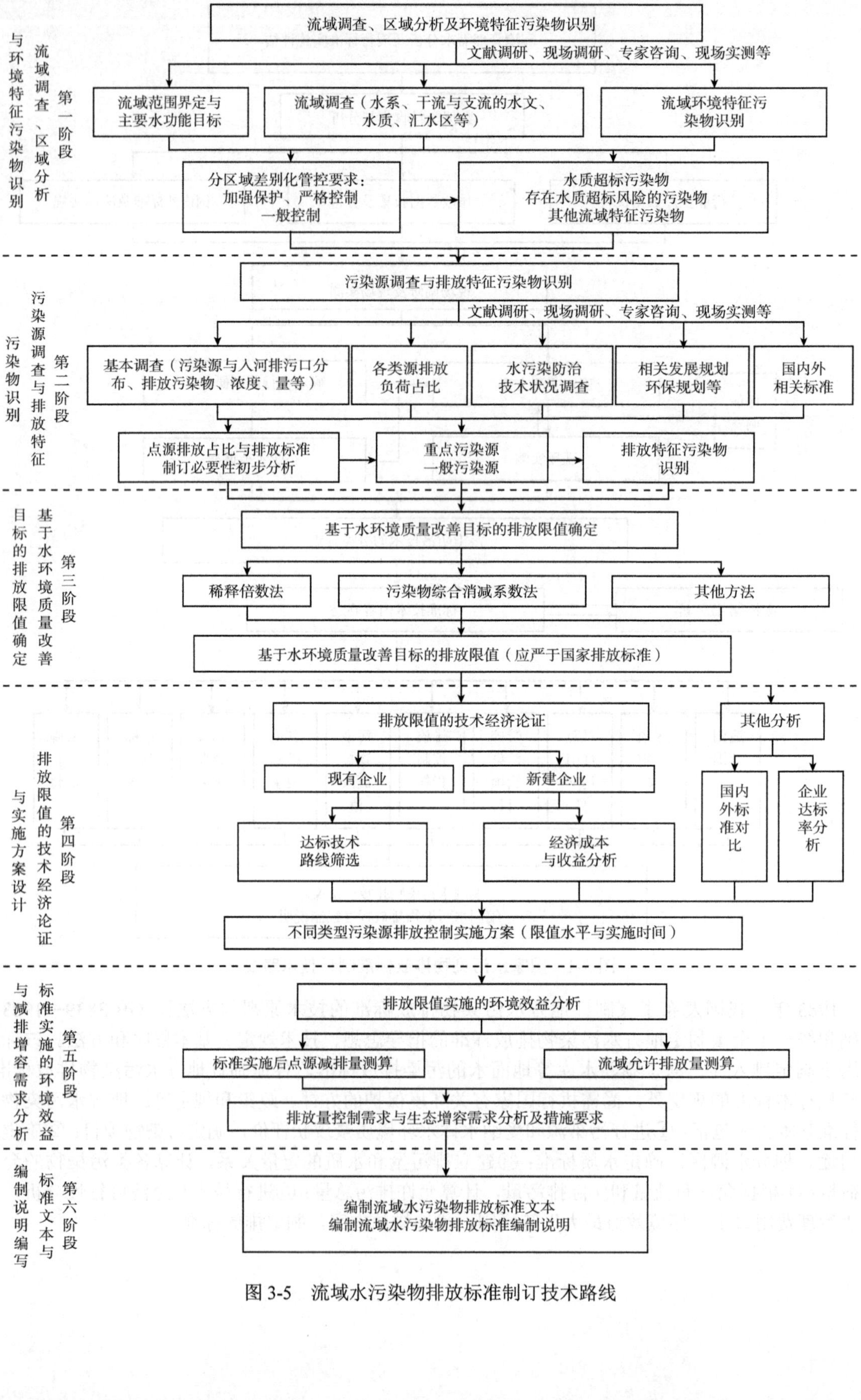

图 3-5　流域水污染物排放标准制订技术路线

2. 国外水生态环境标准的主要制定技术

（1）水生态环境质量标准：美国和欧盟建立了水环境质量标准体系，规定了化学指标限值和生态保护要求等。美国未制定国家层面统一的水质量标准，而是基于科学研究，针对优先控制污染物制定保护人体健康和水生生物急 / 慢性水环境基准，地方各州则可根据当地实际情况提出地方水环境基准。以国家或地方水环境基准为依据，以辖区内不同水体功能为基础，制定相应的水环境标准。欧盟《水框架指令》规定，在 2015 年以前所有水域达到良好状态，水环境质量必须保持或改善。并要求欧盟委员会针对具有显著水生环境风险的物质制定优先污染物和优先有害物质清单，提交关于逐渐消除释放和排放的控制建议及时间表，采取特别的污染防控措施。

（2）水污染物排放标准：美国、欧盟主要基于行业污染防治的技术经济评估制定排放标准。经行业调研，确定污染物产生原因和污染防治技术以及排放水平，根据经济可行性确定最终的排放限值。

美国《清洁水法》要求按照不同污染物类型行业及技术制定水污染物排放标准。其排放标准分别依据最佳现有实用技术、最佳经济可行技术（best available technology economically achievable，BAT）以及最佳常规污染物控制技术对现有直接排放源制定水污染物排放限值。美国水污染物排放标准限值一般由两部分确定，一是长期平均值反映工厂污水处理系统所达到的对污染物的平均控制水平；二是变异系数，反映由于处理系统波动，可能出现的污染物排放最大值与期望值的比值。

《欧盟水框架指令》同时提出一种将环境质量管理和排放管理相结合的方式来进行污染预防和控制。欧盟执委会发布的污染综合防治指令中表明，排放标准可以 BAT 为依据，保证其在技术上的先进性和在经济上的可行性。若达到 BAT 结论的排放水平会导致成本过高，允许企业采取灵活性措施。

（二）大气生态环境标准的主要制定技术

1. 国内大气生态标准的主要制定技术

（1）环境空气质量标准：为改善环境空气质量，防止生态破坏，创造清洁适宜的环境，保护人体健康，特制定环境空气质量标准。标准规定了环境空气功能区分类、标准分级、污染物项目、平均时间及浓度限值、监测方法、数据统计的有效性规定及实施与监督等内容。各省（自治区、直辖市）人民政府对本标准中未作规定的污染物项目，可以制定地方环境空气质量标准。

我国环境空气质量标准以借鉴国外环境空气质量标准和基准的制定技术及毒理学结果为基础，结合我国污染物背景浓度水平等情况，综合考虑我国社会发展、经济条件及科学技术等实际条件制定完成，以达到保护人体健康和生态环境的目的。

（2）大气污染物排放标准：国家固定源大气污染物排放标准是为改善环境质量，结合技术、经济条件和环境特点，对各类行业企业、场所、生产设施、固定设备等固定源排入环境中的大气污染物种类、浓度和数量等限值以及对环境造成危害的其他因素、监控方式与监测方法等所做出的限制性规定。2018 年发布的《国家大气污染物排放标准制订技术导则》（HJ 945.1—2018）明确了我国固定源大气污染物排放标准的制定技术，固定源排放标准的制定依然遵循六项基本原则，主要技术内容也与水污染物排放标准相同。

国家移动源大气污染物排放标准是针对汽车、摩托车、三轮汽车及非道路移动机械、船舶、铁路内燃机车和飞机等以燃料为动力的可移动污染源（简称移动源）排入环境的污染物做出的限制性规定。2021 年发布的《国家移动源大气污染物排放标准制订技术导则》（HJ 1228—2021）中指出，除需遵循基本的六项原则外，还需遵循持续减排原则、管理支撑原则和分类控制原则。制定移动源排放标准的主要技术工作内容包括：①通过环境管理需求分析明确国家对大气污染控制和温室气体控制的总体要求；②结合环境管理需求分析结果，评估现行标准的实施情况，确定制订标准的重点；③进行行业国内外相关情况研究，结合管理需求，确定标准将要发挥的作用和编制标准的技术路线；④研究确定标准的适用范围、排放控制要求、测试方法、实施与监督等主要技术内容；⑤对标准的主要技术内容实施可行性和效益分析，编写标准文本和编制说明等技术文件。

2. 国外大气生态标准的主要制定技术

（1）环境空气质量标准：美国国家环境空气质量标准制定的首要目的是保护公众健康，尤其是敏感性人群，其次是保护自然生态及公众福利，包括防止能见度下降和对公物、作物、植被和建筑物的破坏，因此制定两级标准，基本标准保护公众健康，次级标准保护生态和公众福利。《清洁空气法》规定，各州必须在国家环境空气质量标准颁布后，制订周实施计划，根据空气质量是否达标区分管控，并递交 EPA 批准。

欧盟制定了《环境空气质量和清洁空气指令》（2008/50/EC），综合了环境空气质量标准与评价、空气质量管理、空气质量改善计划等环境保护计划与目标。为保护人体健康，设立 SO_2、NO_2、苯、CO、Pb、PM_{10} 等污染物的“限制值”和“警戒值”；为保护植物生长，设立 SO_2 和 NO_x 的“临界水平”；对 $PM_{2.5}$，设立保护人体健康的“目标值”和“限制值”；对 O_3，从宽到严分别设立“警戒值”“公众通报值”“阶段目标值”和“长期目标值”。

（2）大气污染物排放标准：美国的大气污染物排放标准分为常规污染物排放标准和有毒有害大气污染物排放标准。①常规污染物及其前体物的排放标准，按照排放源不同又分为新污染源（简称新源）排放标准和现有污染源（简称现源）排放标准。新源的主要污染源采用最佳示范技术；小源（单一污染物排放量小于 10 吨 / 年，污染物总排放量小于 25 吨 / 年）的排放标准则以采用合理有效的控制技术（reasonable available control technology）为基础制定完成。现源标准相对宽松，一般采用合理有效的控制技术，也可采用各种混合型控制技术，对于指定污染物的现源，根据 EPA 的指导文件完成标准制定。②针对有毒有害大气污染物的排放，美国为不同排放源分别制定了排放标准。重点污染源的标准制定共分为两阶段，第一阶段为建立最大可达控制技术标准；第二阶段为经风险与技术审查后建立的能保护人体健康及生态环境的标准。此外，面源采用通用控制技术和工作实践标准制定标准。

欧盟工业生产过程产生污染所占比重大，因此欧盟制定了《工业排放指令》（2010/75/EC），应用 BAT 最大限度减少各类工业源污染，各成员国结合本国的法律传统以及工业污染控制实践，将 BAT 的评估结论和建议转化为本国标准，实现对人体健康及生态环境的高度保护。由于污染物种类繁多，行业排放情况复杂，全部基于污染控制技术可行性评估制订排放限值，或从环境质量标准反推排放控制要求，是不可能完成的任务。因此欧洲一些国家，如德国、英国、荷兰等，创新性地建立了污染物排放分级控制标准，即按污染物的健康毒性（如致癌性、感官刺激性）或其他环境危害（O_3 生成潜势、温室效应）大小，实施分类分级控制，这样既提高了污染物排放标准的制订和实施效率，保证了监控体系的严密，又极大地适应了环境管理需求的不断变化。

（三）土壤生态环境标准的主要制定技术

1. 国内土壤生态环境标准的主要制定技术 土壤环境管理基于风险管控的思路，进行风险筛查和分类，按照筛选值和管制值两条线管控，更能科学合理指导加强土壤的安全利用，使土壤污染对人体健康造成的风险处于可接受范围。风险管控标准制 / 修订的基本原则为立足国情、问题导向、创新思路、科学合理。

农用地风险管控标准以保护农产品质量安全为主要目标，兼顾保护农作物生长和土壤生态的需要，分别制定农用地土壤污染风险筛选值和管制值。以保护农产品质量安全为主要目标，兼顾保护农作物的正常生长和土壤生态的良性循环，分别采用基于土壤与作物的剂量-效应关系回归模型、基于盆栽或田间小区试验的物种敏感性分布法模型、基于大田调查数据的物种敏感性分布法模型等方法推导保护农产品质量安全的土壤阈值（或临界含量），采用基于盆栽或田间小区试验法推导农作物生长和土壤微生物的土壤污染物阈值（或临界含量），作为土壤筛选值的确定依据。同时，结合土壤环境管理目标、技术经济可行性等情况，综合确定土壤风险管制值。

建设用地风险管控标准制定，须以《建设用地土壤污染风险评估技术导则》（HJ 25.3—2019）规定的污染场地（人体健康）风险评估方法计算的值作为确定土壤污染风险筛选值和管制值的重要依据，同时参考发达国家具有可比性的土壤标准，结合我国国情，适当优化调整。其中，建设用地共分为两类，包括儿童和成人均存在长期暴露风险的，以及成人存在长期暴露风险的；暴露途径包括经口摄入、皮肤接触、经鼻吸入（土壤颗粒物、来自室外表层土壤的气态污染物、来自室内外下层土壤的气态污染物）等方式。土壤风险筛选值和管制值计算步骤为：①确定暴露情景：假设暴露情景后，确定暴露途径及模型，按照住宅类用地和工业类用地分别计算暴露量；②确定暴露评估模型参数：确定场地和土壤相关参数、建筑物相关参数、暴露人群相关参数、暴露途径相关参数；③确定污染物性质参数：确定致癌效应毒性参数、非致癌效应毒性参数、污染物的理化性质参数及其他相关参数；④计算筛选值和管制值：确定致癌效应的可接受风险水平，计算基于致癌效应的筛选值和管制值，根据公式计算非致癌效应的土壤污染风险控制值、筛选值和管制值。

由此，我国另外制定了建设用地 / 农用土地土壤调查、管控、监测等系列导则标准，以规范土壤污染状况调查、监测、风险评估、风险管控、修复及效果评估等活动。

2. 国外土壤生态环境标准的主要制定技术 针对土壤环境标准，许多发达国家普遍采用土壤污染风险管理思路，基于“污染源—暴露途径—危害受体”路径，从土壤污染物含量、增量到不同土壤类型中污染物活性、不同用地方式中的污染暴露途径、不同受体可能面临的实际危害，综合评定特定用地类型的土壤污染风险，提出针对性风险防控措施。筛选值和修复值是其中两种关键限值，但多数国家在国家层面只制定筛选值而不制定修复目标值。需要注意的是，不同国家和地区对可接受风险控制水平的规定不同，致癌风险可接受范围一般在 10^{-6}～10^{-4}，非致癌风险需小于 1。

欧盟没有约束性的总体框架来定义土壤保护或适用于土壤污染的规则，对土壤的治理规则主要由成员国制定，需详细说明负责人员、调查（视情况而定是否修复）土壤污染的适用阈值等。

（四）固体废物环境标准的主要制定技术

1. 国内固体废物环境标准的主要制定技术 固体废物环境标准包含固体废物污染控制标准、固体废物 / 危险废物鉴别方法标准及其他相关标准等。固体废物污染控制标准规定了一般工业固体废物储存场、填埋场、焚烧厂、水泥窑产生的各类固体废物，医疗废物、危险废物、进口可用作原料的固体废物、含多氯联苯废物、锰渣等固体废物的处理处置及相关过程等。《锰渣污染控制技术规范》《报废机动车拆解污染控制技术规范》等污染控制技术规范制定时，需广泛收集、分析国内外相关领域技术资料，充分调研听取相关行业协会、企业意见，同时结合我国实际经济情况和技术发展水平，确保标准具有科学性、先进性、经济性和适用性。国家危险废物鉴别标准规定了固体废物危险特性技术指标，危险特性符合标准规定的技术指标的固体废物属于危险废物，须依法按危险废物进行管理。

为防范化学物质环境风险、规范和指导优先评估化学物质筛选工作，我国制定了《优先评估化学物质筛选技术导则》（HJ 1229—2021），能进一步推进化学物质环境风险评估工作，制定优先控制化学品名录等。导则编制遵循：①立足化学物质环境管理的目标与需求；②突出管理重点；③科学性与可操作性相结合；④定量与定性相结合的原则，在充分调研国内外优先评估化学物质筛选技术方法的基础上，开展我国化学物质环境管理需求分析，充分考虑现阶段我国化学物质环境管理基础与技术能力，建立适合我国国情的优先评估化学物质筛选方法。

2. 国外固体废物环境标准体系 美国固体废物管理的基础性法律是《资源保护和回收法案》，除国会立法外，EPA 还制定了关于固体废物与危险废物收集、储存、运输和处置等系列规定，形成了较为完善的固体废物管理的法律体系和管理制度，如分类分级管理等。

尽管欧盟没有明确的环境标准，但其以立法（指令）的方式对固体废物的管控进行了规定，指令中的指标和限值都非常明确。一是框架性法律，如废物指令和有害废物指令；二是针对性指令，主要涉及废油、污泥农用、含危险废物的电池和蓄电池、包装及包装废物、多氯联二苯和多氯联三苯的处理、废弃车辆及电子和电气设备上限制用某些有害物质等；三是制定废物管理作业的法律，主要涉及废物填埋、废物焚烧、传播产生的废物及货物残余物的港口接收装置等；四是关于报告和调查方面的法律。

第三节 环境基准与标准的关系

一、环境与健康在环境基准和标准中的重要性

根据环境基准和标准的定义，保护生态环境及人体健康是制定基准和标准的目的，由此可见，环境与健康两个因素在环境基准和标准中至关重要。

（一）环境在基准和标准里的重要性

良好的生态环境是人类健康生存和发展的基础，环境基准和标准的制定，必须考虑生态环境这一重要因素。我国2017年发布的《国家环境基准管理办法（试行）》中给出的环境基准的定义表明，生态环境不仅是基准研究的特定对象、控制因素，还是研究的保护目标，其重要性不言而喻。如我国发布的《淡水生物水质基准推导技术指南》（HJ 831—2022），该技术指南是指导和规范淡水水生生物水质基准的标准，用以确定淡水环境中的污染物或有害因素对淡水生物及其生态功能不产生有害影响的最大浓度或水平。

（二）健康在基准和标准里的重要性

保护公众健康是环境基准和标准的重要目标之一，与生态环境相辅相成，公众健康在不同程度上影响着污染治理和管控标准的制定。以大气环境基准为例，WHO和美国均建立了完整的大气环境基准体系，其大气环境基准的建立以保护人体健康为主要目的，同时考虑对生态环境的影响。一般情况下，大气污染物对人体健康产生不良影响的浓度要低于对生态环境的影响，在满足大气环境健康基准的同时，即可保护生态环境。因此，大气环境基准以人群流行病学研究结果为主要参考和衡量依据。若有研究报道大气污染物对生态环境的影响浓度低于损害人类健康浓度时，将予以特别关注，并开展针对性研究。大气环境基准常需基于毒理学、流行病学和暴露学研究结果为主要依据来制定，因此，公众是研究的特定对象，保护健康是终极目标。

二、环境基准与标准的关联

环境基准与标准是生态环境管理与治理的重要组成部分，推动着环境管控的发展，又反过来被环境管控效果推动（图3-6）。在科学理论层面，通过科学实验和理论模型制定环境基准，保证限值的浓度或水平不对生态环境和公众健康产生有害效应。然后以此为基础，充分考虑社会经济技术等条件，在技术法律层面完成标准的制定，以此作为管理依据，通过控制、政策管理等方式治理环境污染问题。又以环境问题为导向，反过来推动标准和基准的制/修订。

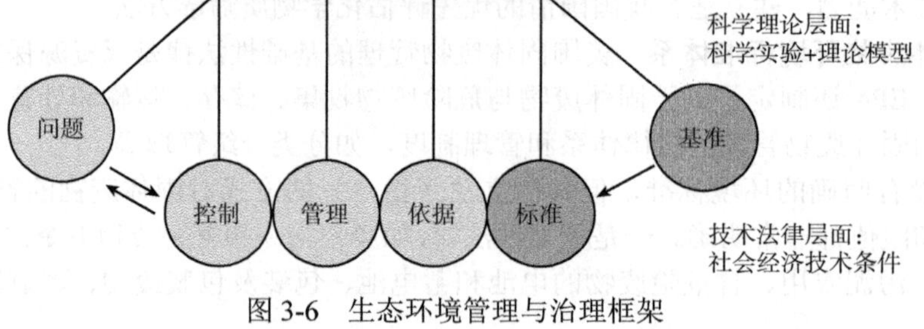

图3-6 生态环境管理与治理框架

（一）环境基准是环境标准的制定依据

环境标准的制定需要以环境基准为依据，环境基准是标准的核心，基准的数值决定了标准的基本水平。若环境基准改变，相应的环境质量标准也需考虑是否调整。尽管环境基准是制定环境标准不可或缺的重要依据，但不是唯一依据，两者不能等同。

（二）环境标准限值应不低于环境基准限值

环境基准值是环境有害物质或因素对特定对象（生态环境或人等）不产生不良或有害影响的最大剂量或浓度，是依据科学研究获得的剂量-反应（效应）关系并考虑一定的安全系数而确定。它不需要考虑社会经济、科学技术等其他因素。而环境标准是结合多种因素，基于环境基准，以保护生态环境和人群健康为目标制定的，当前社会及技术条件所能达到的最低浓度或水平。理论上，环境基准值不会高于标准值。但在某些特殊情况下，标准值也可严于基准值。

（三）环境标准具有法律效力

环境标准是国家环境保护立法的组成部分，由国家有关部门颁布，具有法律效力，有强制性。它体现了环境保护政策和要求，是环境管理体系的重要组成部分。而环境基准的制定完全依靠科学技术，不考虑社会、经济、技术等人为因素，不需要通过立法来认定，因此不具有法律效力，是环境标准的最高目标。

（四）环境基准和标准不断更新

环境基准是通过大量科学实验和调查研究而确定的，会随着科学技术的发展和人类认识水平的提高而改变。环境标准会随着环境基准值的变化而变化，也会随着社会、经济、技术等条件以及生态环境保护和人体健康需求的变化而变化。尽管环境基准与标准并不相同，但两者之间紧密联系，且都不是一成不变的。

三、环境基准向标准转化的路径、方法和问题

2015 年，我国颁布实施了《中华人民共和国环境保护法》，其中明确指出“国家鼓励开展环境基准研究”，这为环境基准向环境标准转化提供了法律依据。《生态环境标准管理办法》中明确表示，生态环境质量标准和风险管控标准均应基于环境基准研究成果等因素完成制定。基于此，我国于 2019 年 10 月 29 日成立了国家环境基准专家委员会，旨在开展环境基准支撑生态环境管理的重大问题研究，为管理部门制 / 修订环境标准、管控生态环境风险提供支持等。

发达国家在环境基准向环境标准转化问题上已有较为完整的框架体系。美国、加拿大、澳大利亚等发达国家的环境基准研究工作开展较早，环境基准向环境标准转化的机制和程序也较为成熟，且大多以水质环境为优先研究对象。我国应借鉴发达国家经验，结合我国国情和现状，构建属于我国的环境基准向环境标准转化机制路径。

（一）转化路径及方法

1. 美国　美国的环境基准研究起步较早，尤其是水环境质量基准研究。其水质基准向水质标准转化的机制相对其他介质基准和标准而言也更加完善和系统。1972 年美国颁布的《水质基准》中明确提出基准与标准的区别是重要的，标准需依据基准制定，其转换需遵循特定的程序步骤（图 3-7）。

EPA 是环境基准和标准制定的主导部门，负责组织制定并发布环境基准，州 / 地区的政府环保部门可结合当地条件适当修订或补充国家环境基准，并以此为依据制定环境标准。公众和地方组织通过听证参与此过程，同时，环境标准必须提交 EPA 进行审核，得到批准后方可实施。其转化机制特点可总结为：①通过立法途径确认环境基准向环境标准转化方式；②以环境标准期望达到的保护目标为目的，开展环境基准的研究；③环境标准的审核、制 / 修订等过程需定期进行，当环境基准更新后，也应及时判断是否需要更新。

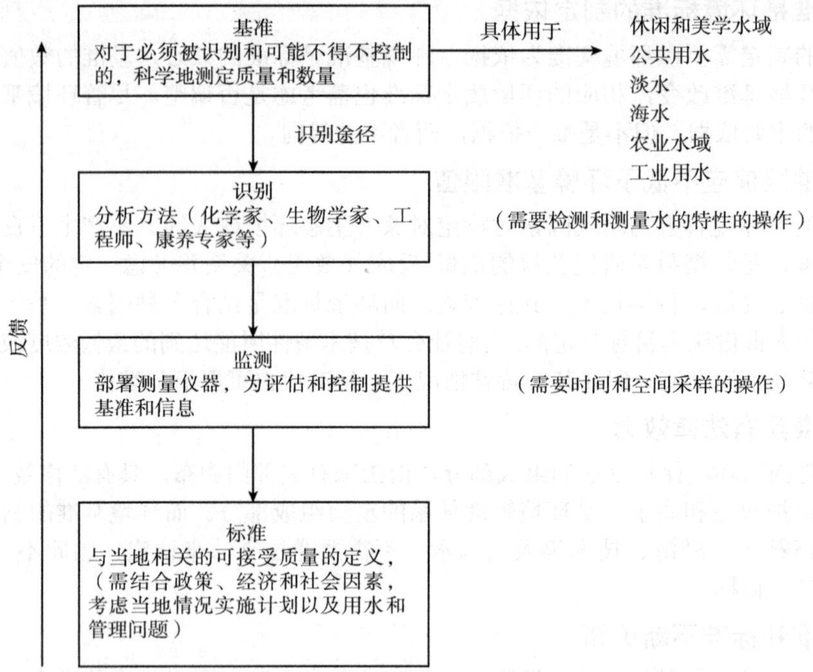

图 3-7　美国水质标准与基准的转化步骤

2. 加拿大　加拿大的环境基准向环境标准的转化机制可分为 3 个步骤。①设定目标：理论上，在制定环境标准过程中，需要对政权者希望达到的目标有一个清晰的界定，也要尽可能准确地表达民意。在加拿大，管理机构设置了公众参与程序以收集民意；②确定环境基准：收集汇编科学研究数据以决定环境的质量是否适合所设定的目标，基准制定过程需保证其科学性；③建立环境质量标准：环境质量标准是以环境基准为依据制定的，建立的首要目的是对有益利用的保护最大化，其次，是实现标准费用的最小化。环境质量标准设定机构的任务就是平衡这些互相冲突的目标。

3. 澳大利亚　澳大利亚的水环境管理框架体系是各介质中最系统、最完善的，其环境基准向环境标准转化机制主要为：①定义初级管理目标，包括环境价值、管理目标和保护程度；②设定适当的水质基准（结合当地环境条件）；③定义水质目标，在必要的情况下考虑社会、文化、政治、经济等因素；④建立基于水质目标的监测和分析程序；⑤适当分配管理责任。

为保证这一管理程序的顺利实施，澳大利亚在国家、州、地方等层面分别设立了水质管理体系。澳大利亚的水质基准由国家环境保护部门负责组织制定和颁布，州等环境保护部门负责结合当地条件确定水质管理目标，相关利益者参与水环境管理的各个阶段。

（二）存在问题

1. 缺少环境基准向环境标准转化的顶层设计　我国环境基准体系框架逐步完善，环境标准体系也逐渐充实，但如何将环境基准转化成环境标准即如何在环境标准制定过程中有效利用环境基准，尚无明确的转化体系框架、缺少对此做出明确指示的法律法规或规章制度。

2. 环境基准所覆盖的污染物和有害因素有限　理论上，各类环境介质中的每种污染物或有害因素都应建立相应的环境基准。环境基准又可以按照环境介质、保护对象、制定原理等进行分类。近十几年来，国家提出环境基准战略研究，国内多家研究机构也相继开展了环境基准研究工作，但我国现阶段仅发布了三项淡水水生生物水质基准、一项湖泊营养物基准、一项淡水生物水质基准推导技术指南及物种敏感度分布法的基准计算软件，尚无其他基准发布。

3. 环境基准尚未有效纳入环境标准体系　尽管已有环境基准是环境标准制定的法律依据，但由于现阶段我国环境基准并不完善等，该指令并没有有效实施。我国环境标准的制定仍采用以借鉴国外环境基准研究结果、环境标准浓度限值，结合我国国情为主的制定方式。

展 望

“十四五”规划时期，我国生态文明建设进入了以降碳为重点战略方向、推动减污降碳协同增效、促进经济社会发展全面绿色转型、实现生态环境质量改善由量变到质变的关键时期，我们的进一步发展正面临着新的机遇和挑战。为建设美丽中国，我国正以建立健全环境管理体系为目标，并以此推动绿色发展、促进人与自然和谐共生，推进精准治污、科学治污、依法治污、系统治污。截至目前，我国环境标准体系已相对完善且具有较强的法律效力，能有效引领环境质量管控和污染防治工作的进行；环境基准的概念和工作逐步被管理层接受并纳入行动规划，其体系构建也在稳步推进。但现阶段我国：①环境标准的制定仍以借鉴国外标准为主；②已发布的环境基准文件较少，覆盖面较窄，仅部分水质基准发布，大气、土壤等环境基准尚无官方文件；③环境基准的法律定位尚不清晰；④环境基准向标准的转化尚无规范性指导文件。由此，明确环境标准与环境基准的理念与定位、明晰并更新符合我国国情的环境标准及基准的制定原则和技术指南、厘清环境标准及基准建立的必要条件、建立环境标准及基准制定所需的基础信息数据库、辨析并确定环境标准与基准相互转化的有效途径等，是我国环境管理领域未来值得重点关注和研究的方向。展望未来，我国将广泛形成绿色生产生活方式，碳排放达峰后稳中有降，生态环境明显好转，美丽中国建设目标基本实现，人民生活更加美好，人的全面发展、全体人民共同富裕将取得更为明显的实质性进展。

推荐阅读

吴丰昌，2020. 中国环境基准体系中长期路线图 [M]. 2 版 . 北京：科学出版社 .

徐芳，郭小勇，马永鹏，2014. 现代环境标准及其应用进展 [M]. 上海：上海交通大学出版社 .

张晏，2021. 风险规制中的环境标准制定 [M]. 北京：中国法律图书有限公司 .

WHO, 2014. WHO handbook for guideline development[R]. 2nd ed. Geneva: World Health Organization.

思 考 题

1. 关于环境基准最关键的研究内容是什么？
2. 环境质量标准和排放标准有什么关系？
3. 简述基准向标准转化应考虑的问题和必要的方法。

（魏永杰　朱晓晶）

第四章 环境与健康应急管理

近年来，自然生态环境破坏造成自然灾害、重特大污染事故频发，全球范围内新发/突发传染病不断发生。为应对各类重特大突发性公共卫生事件的发生，及时、合理地处置环境健康事件尤为重要。本章通过介绍环境与健康应急工作发展历程、相关基本概念，探索了环境与健康应急准备、日常监测与风险评估、预警和报告、应急响应等工作流程，对存在的主要问题提出应对策略，在了解掌握环境与健康应急工作要点的同时，对工作难点以及未来发展进行探讨，以促进环境与健康应急工作水平和能力的整体提升。

第一节 概 述

环境与健康应急工作是公共卫生应急的重要内容之一，其背景主要包括：一是我国每年均有规模不等的自然灾害发生，造成程度不同的损失。二是随着我国经济的快速发展，各种有毒有害的污染源不断增多，对生态环境质量构成很大的威胁，突发性环境污染事故发生的可能性大大增加。一旦污染事故发生，将破坏生态环境，危害人民群众健康，影响社会稳定，使经济、社会的正常活动遭到严重破坏。三是全球范围内传染病防控形势依然十分严峻，新发和再发传染病对公众健康仍具有较大威胁。航空、高铁等快速交通方式的实现，使疫情传播的范围和速率超过以往任何时期。以上背景使环境与健康应急工作面临新的挑战。

《中共中央关于制定国民经济和社会发展第十四个五年规划和二〇三五年远景目标的建议》（2020 年 10 月 29 日中国共产党第十九届中央委员会第五次全体会议通过）提出“提高应对突发公共卫生事件能力”的重大任务。这是我国深刻总结新型冠状病毒感染疫情防控经验教训，立足国情、放眼长远做出的重大决策，是对中国特色卫生健康发展道路的坚持与发展，也是对国家安全体系的巩固完善。

环境与健康应急的管理水平、处置能力、运行效率直接体现在对公众健康的保护效果上，应加大投入、加强准备，在人员队伍、物资储备、技术规范等方面不断进行完善，同时也应加强科研能力建设，推进新技术、新方法的研究与应用。

一、环境与健康应急管理发展历程

（一）新中国成立初期

新中国成立之初，环境卫生状况整体上较差，人民群众的健康面临着多种传染病乃至瘟疫的严重威胁。国家高度重视卫生体系建设，成立了各级卫生行政部门，建立了省、市、县三级卫生防疫站，开展卫生防疫检测、监督、科研和培训工作。

在政府的领导下，全国人民开展了大规模的江河治理以及抗洪、抗旱、抗震等工作，极大地减少了人民生命财产损失。但由于国家经济基础薄弱、技术水平落后，自然灾害应对能力仍处于较低水平。在此时期，环境与健康应急主要是开展饮水卫生检测、环境卫生整治等工作。

（二）SARS 暴发之前的卫生应急工作

在 2003 年 SARS 暴发之前，我国的公共卫生机构和体系得到了一定程度的发展，但由于优先发展经济等因素，各地对公共卫生工作的重视和投入不足，基层公共卫生力量弱化，导致突发公共卫生事件应急处置能力和水平不足。我国各级卫生行政机构和专业技术单位没有设置专门的卫生应急部门。从中央到地方的各级爱国卫生委员会，发挥着“政府主导＋群众运动”的公共卫生事件应对作用，处置了一系列突发公共卫生事件。在此期间，还没有形成系统性的卫生应急管理部门和技术机构，缺乏针对卫生应急事件应对的法律法规、预案方案等；环境与健康应急主要是开展饮水安全保障、厕所卫生以及灾害现场处置等工作。

（三）卫生应急工作体系形成期

在 2003 年 SARS 疫情之后，卫生应急管理体系、运行机制、专业队伍、后勤保障等得以建设和发展，应对自然灾害、突发环境污染事件、突发公共卫生事件的各项能力得到全面提升。各种应急处置技术得到发展，方案、指南相继出台，逐渐突显出规范化在环境卫生应急工作中的重要性。

围绕应急管理“一案三制”（预案、法制、体制、机制），卫生应急的法律体系、预案体系、管理体制和运行机制得以全面建设。《突发公共卫生事件应急条例》（中华人民共和国国务院令第 376 号）的颁布实施为突发公共卫生事件的处置提供了法律保障；《国家突发公共卫生事件应急预案》为突发公共卫生事件的处置提供了工作规范。此时，卫生应急以应急制度和体制为基础，以程序化、规范化管理为特征，形成了多部门协调、联防联控、社会动员机制；监测预警、应急准备、应急评估机制；风险评估、决策指挥、风险沟通机制。

在此期间，环境与健康应急管理建设主要涉及加强技术储备，编制卫生应急技术指南；搭建全国环境与健康应急工作交流平台，举办环境与健康应急国家级继续医学教育项目培训等工作。并且，各级专业队伍通过参与自然灾害事件、环境污染突发事件和突发传染病疫情处置，增加了实战经验。目前我国环境与健康应急处置已逐步参与到国际救援工作中。开展国际救援不但彰显了我国人民的国际人道主义精神，也为环境与健康应急管理建设获取了第一手资料和对外合作应急处置经验。

二、环境与健康应急工作种类

（一）环境事件及突发环境事件定义

环境事件是指因不可抗拒的自然灾害的影响，或人类违反环境保护法律法规的经济、社会活动的影响，或其他意外因素的影响，造成环境污染、人体健康危害、社会经济与人民群众财产损失或不良社会影响的事件。

突发环境事件是指因自然灾害、污染物排放或安全生产事故等，导致有毒有害物质进入大气、水体、土壤等环境介质，突然造成或即将造成环境质量下降，危害公众身体健康和财产安全，形成重大社会影响，需要采取紧急措施予以应对的事件。

（二）应急工作种类

1. 自然灾害　我国地域辽阔，人口众多。特有的地质构造条件和自然地理环境导致自然灾害频发。洪涝、干旱、台风、沙尘暴、地震等自然灾害类型在我国均有发生。其中，洪涝和地震是最严重的自然灾害类型，1976 年的唐山大地震，1998 年的长江、嫩江、松花江流域特大洪涝灾害，2008 年的汶川大地震均造成了人民群众生命和财产的重大损失。

自然灾害发生后，受灾群众的正常居住环境往往会受到破坏，灾区的医疗卫生设施损毁严重，发生传染病疫情和食物中毒等公共卫生事件的风险也随之加大，环境与健康应急处置是救灾防病工作的重点之一。

2. 突发环境污染事件　有别于一般意义上的环境污染，其发生突然、发展迅速、防备缺乏，常造成现场人员和周边群众的重大伤亡。近年来，环境污染事件总体呈上升趋势。突发环境污染事件对人群健康的危害包括急性、慢性及潜在性危害。此类事件不仅能引起事件发生地居民中毒、残障、死亡等，同时也可对周边地区居民心理状态和实际居住环境造成不同程度的影响。

一旦发生有毒有害物质扩散，其污染空间迅速向下风侧（或河流下游）扩散，使人群伤亡和生态环境破坏范围迅速扩大。例如，2003 年的重庆市开县发生特大井喷事故。混有剧毒硫化氢的天然气猛烈向上喷射 30 多米，迅速向四周村庄蔓延，造成两百余人死亡。

3. 传染病疫情 近 50 年来，由于生活方式的改变、旅游业的发展、全球气候变暖、生态环境破坏和病原微生物变异，一些传统的传染病重新流行，一些新发传染病也在世界各地不断出现。

在传染病暴发和流行中，环境卫生与消毒作为切断传播途径的重要手段，与隔离防护、杀虫、灭鼠等措施密切结合，发挥了重要作用。卫生健康部门组织制订公共场所卫生防护技术指南和消毒技术指南，对疫源地环境卫生防护与现场消毒提供指导，有效地阻止了病原体的快速传播。尤其在霍乱、SARS、H1N1 流感、手足口病、埃博拉出血热、中东呼吸综合征、新型冠状病毒感染疫情防控中，环境卫生与消毒发挥了重要作用。

新型冠状病毒感染是新中国成立以来传播速度最快、感染范围最广、防控难度最大的重大突发公共卫生事件。环境卫生和消毒在此次疫情防控中形成一批值得广泛推广的政策和措施，促进了公众培养良好环境卫生行为习惯和防护的技能。在疫情应对中，卫生健康部门要继续发挥好环境卫生和消毒的关键性作用，完善应急和常态结合机制，做好重点场所、重点单位和重点人群防控，防止聚集性疫情发生，在科学精准防控的同时积极有序恢复正常生产生活秩序。

三、环境与健康应急应对工作原则

环境与健康应急工作要坚持预防为主、常备不懈，统一领导、分级负责，依法依规、有序作为，依靠科学、加强合作的原则。

（一）预防为主，常备不懈

提高全社会对突发环境事件的防范意识，落实各项防范措施，做好人员、技术、物资和设备的应急储备工作。对各类可能引发突发环境事件的情况要及时进行分析、预警，做到早发现、早报告、早处置。

（二）统一领导，分级负责

根据突发环境事件的范围、性质和危害程度，对突发环境事件实行分级管理。各级人民政府负责突发环境事件应急处理的统一领导和指挥，各有关部门按照预案规定，在各自的职责范围内做好突发环境事件应急处理的有关工作。

（三）依法依规，有序作为

地方各级人民政府和卫生行政部门要按照相关法律、法规和规章的规定，完善突发环境事件应急体系，建立健全系统、规范的突发环境事件应急处理工作制度，对突发环境事件和可能发生的环境事件做出快速反应，及时、有效开展监测、报告和处理工作。

（四）依靠科学，加强合作

突发环境事件应急工作要充分尊重和依靠科学，要重视开展防范和处理突发环境事件的科研和培训，为突发环境事件应急处理提供科技保障。各有关部门和单位要通力合作、信息共享，有效应对突发环境事件。要广泛组织、动员公众参与突发环境事件的应急处理。

四、突发环境事件分级标准

根据《国家突发公共卫生事件应急预案》及《国家突发环境事件应急预案》分类原则，按照突发环境事件严重性和紧急程度，突发环境事件可分为特别重大（Ⅰ级）、重大（Ⅱ级）、较大（Ⅲ

级）和一般（Ⅳ级）环境突发事件四级。

（一）特别重大突发环境事件

凡符合下列情形之一的，为特别重大突发环境事件：①因环境污染直接导致 30 人以上死亡或 100 人以上中毒或重伤的。②因环境污染疏散、转移人员 5 万人以上的。③因环境污染造成直接经济损失 1 亿元以上的。④因环境污染造成区域生态功能丧失或该区域国家重点保护物种灭绝的。⑤因环境污染造成设区的市级以上城市集中式饮用水水源地取水中断的。⑥Ⅰ、Ⅱ类放射源丢失、被盗、失控并造成大范围严重辐射污染后果的；放射性同位素和射线装置失控导致 3 人以上急性死亡的；放射性物质泄漏，造成大范围辐射污染后果的。⑦造成重大跨国境影响的境内突发环境事件。

（二）重大突发环境事件

凡符合下列情形之一的，为重大突发环境事件：①因环境污染直接导致 10 人以上 30 人以下死亡或 50 人以上 100 人以下中毒或重伤的。②因环境污染疏散、转移人员 1 万人以上 5 万人以下的。③因环境污染造成直接经济损失 2000 万元以上 1 亿元以下的。④因环境污染造成区域生态功能部分丧失或该区域国家重点保护野生动植物种群大批死亡的。⑤因环境污染造成县级城市集中式饮用水水源地取水中断的。⑥Ⅰ、Ⅱ类放射源丢失、被盗的；放射性同位素和射线装置失控导致 3 人以下急性死亡或者 10 人以上急性重度放射病、局部器官残疾的；放射性物质泄漏，造成较大范围辐射污染后果的。⑦造成跨省级行政区域影响的突发环境事件。

（三）较大突发环境事件

凡符合下列情形之一的，为较大突发环境事件：①因环境污染直接导致 3 人以上 10 人以下死亡或 10 人以上 50 人以下中毒或重伤的。②因环境污染疏散、转移人员 5000 人以上 1 万人以下的。③因环境污染造成直接经济损失 500 万元以上 2000 万元以下的。④因环境污染造成国家重点保护的动植物物种受到破坏的。⑤因环境污染造成乡镇集中式饮用水水源地取水中断的。⑥Ⅲ类放射源丢失、被盗的；放射性同位素和射线装置失控导致 10 人以下急性重度放射病、局部器官残疾的；放射性物质泄漏，造成小范围辐射污染后果的。⑦造成跨设区的市级行政区域影响的突发环境事件。

（四）一般突发环境事件

凡符合下列情形之一的，为一般突发环境事件：①因环境污染直接导致 3 人以下死亡或 10 人以下中毒或重伤的。②因环境污染疏散、转移人员 5000 人以下的。③因环境污染造成直接经济损失 500 万元以下的。④因环境污染造成跨县级行政区域纠纷，引起一般性群体影响的。⑤Ⅳ、Ⅴ类放射源丢失、被盗的；放射性同位素和射线装置失控导致人员受到超过年剂量限值照射的；放射性物质泄漏，造成厂区内或设施内局部辐射污染后果的；铀矿冶、伴生矿超标排放，造成环境辐射污染后果的。⑥对环境造成一定影响，尚未达到较大突发环境事件级别的。

上述分级标准有关数量的表述中，“以上”含本数，“以下”不含本数。

第二节　应急准备

一、应急组织体系及职责

（一）应急指挥机构

在国务院统一领导下，应急管理部、生态环境部、卫生健康委（国家疾病预防控制局）等部委负责组织、协调不同类型的全国突发环境与健康应急处理工作，并根据应急处理工作的实际需要，提出成立国家突发环境事件应急指挥部。

应急管理部承担国家应对特别重大灾害指挥部工作，负责建立灾情报告系统并统一发布灾情，统筹应急力量建设和物资储备并在救灾时统一调度，组织灾害救助体系建设，指导安全生产类、自然灾害类应急救援。

生态环境部负责重特大突发环境事件应对的指导协调和环境应急的日常监督管理工作。根据突发环境事件的发展态势及影响，生态环境部或省级人民政府可报请国务院批准，或根据国务院领导同志指示，成立国务院工作组，负责指导、协调、督促有关地区和部门开展突发环境事件应对工作。必要时，成立国家环境应急指挥部，由国务院领导同志担任总指挥，统一领导、组织和指挥应急处置工作；国务院办公厅履行信息汇总和综合协调职责，发挥运转枢纽作用。

国家卫生健康委负责卫生应急，组织指导突发公共卫生事件的预防控制和各类突发公共事件的医疗卫生救援。组织编制专项预案，承担预案演练的组织实施和指导监督工作。指导卫生应急体系和能力建设。发布突发公共卫生事件应急处置信息。

为更好地贯彻和落实党中央关于疾病预防控制工作的方针政策和决策部署，国家疾病预防控制局于 2021 年 5 月正式成立。传染病防控和应急处置也将作为其核心职能之一，在监测预警、风险评估、流行病学调查、检验检测、应急处置和监督监管等方面进一步强化，以更有效地应对重大传染病及突发公共卫生事件，服务支撑“健康中国”建设。

各地行政部门依照职责和预案的规定，在本级人民政府统一领导下，负责组织、协调本行政区域内突发环境与健康应急处理工作，并根据应急处理工作的实际需要，向本级人民政府提出成立地方突发环境事件应急指挥部的建议。各级人民政府根据本级行政部门的建议和实际工作需要，决定是否成立地方应急指挥部。地方各级人民政府及有关部门和单位要按照属地管理的原则，切实做好本行政区域内突发环境与健康应急处理工作。

（二）日常管理机构

国务院卫生行政部门设立卫生应急办公室，负责全国突发环境与健康应急处理的日常管理工作。各省（自治区、直辖市）人民政府卫生行政部门及军队、武警系统要参照国务院卫生行政部门突发环境与健康卫生事件日常管理机构的设置及职责，结合各自实际情况，指定突发环境事件的日常管理机构，负责本行政区域或本系统内突发环境与健康应急的协调、管理工作。各市（地）级、县级卫生行政部门要指定机构负责本行政区域内突发环境与健康应急的日常管理工作。

（三）专家咨询委员会

国务院卫生行政部门和省级卫生行政部门负责组建突发环境与健康应急专家咨询委员会。市（地）级和县级卫生行政部门可根据本行政区域内突发环境事件应急工作需要，组建突发环境与健康应急处理专家咨询委员会。

（四）应急处理专业技术机构

医疗机构、疾病预防控制机构、卫生监督机构、出入境检验检疫机构是突发环境与健康应急处理的专业技术机构。应急处理专业技术机构要结合本单位职责开展专业技术人员环境与健康应急处理能力培训，提高快速应对能力和技术水平，在发生突发环境事件时，要服从卫生行政部门的统一指挥和安排，开展应急处理工作。

（五）应急组织体系框架（图 4-1）

应急组织体系框架图见图 4-1。

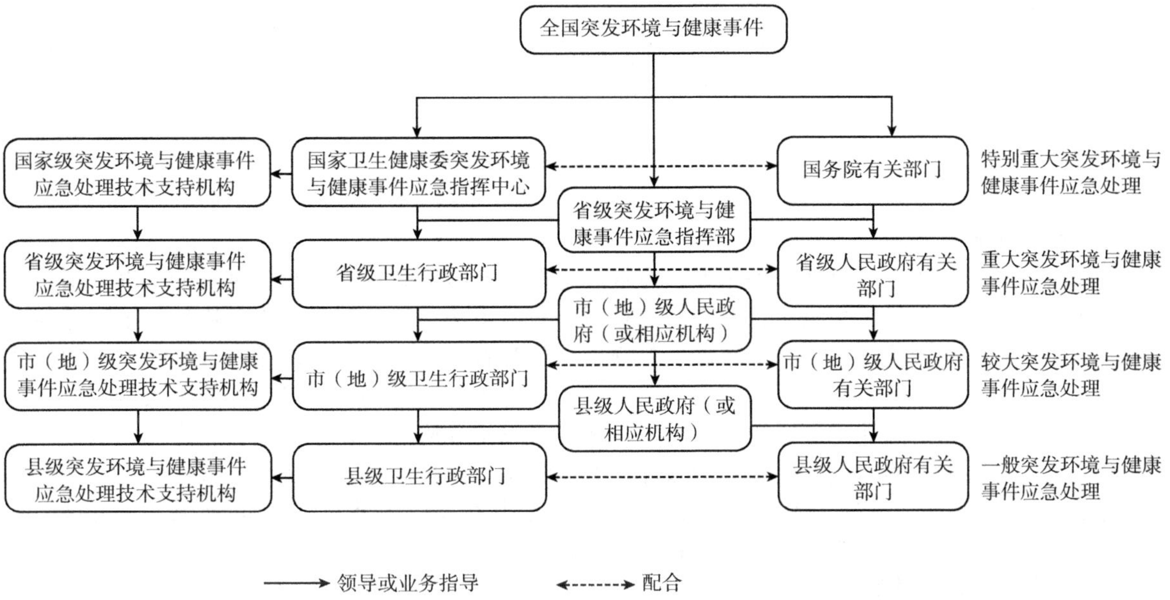

图 4-1 应急组织体系框架图

二、应急管理制度

为做好环境与健康应急日常管理和应急响应工作，应事先建立各项卫生应急管理制度，确保各项工作顺利开展，包括建立和完善预案管理、应急值守、信息报送、风险评估、队伍管理、物资管理、培训演练、现场处置工作、风险沟通、总结与评估等各类应急管理制度。

（一）预案管理制度

明确预案编写要求，编制相应预案和工作方案，规定预案和工作方案评估及更新制度。

（二）应急值守制度

明确值守人员职责、工作内容和要求。

（三）信息报送制度

明确突发环境卫生事件监测预警内容，规定环境与健康应急相关信息审核报送要求和流程。

（四）风险评估制度

规定风险评估工作内容、要求，明确各有关部门在风险评估工作中的职责以及相关工作机制。

（五）队伍管理制度

规定应急队员遴选标准、工作职责、激励措施、更新机制等，做好队伍组建和日常管理工作。

（六）培训演练制度

规定培训演练内容、频次、形式和要求，演练后评估与改进工作机制，组织开展培训演练工作。

（七）物资管理制度

建立应急储备物资的采购、储备、调运、补充等各项管理制度，组织做好应急物资管理。

（八）风险沟通制度

制定相关信息审核与发布工作机制，组织做好风险沟通工作。

（九）总结与评估

建立突发环境卫生应急工作总结与评估制度，建立针对不同类别现场应急工作人员的保险、津贴和补助制度，对工作突出的人员给予奖励。

三、应急预案和技术方案

（一）应急预案

针对可能发生的突发事件，为迅速、有效、有序地开展应急行动而预先制订的方案，用于规范事前事故预防、事发应急响应、事中应急处置、抢险救援、应急保障及事后恢复与重建等各个流程的应对程序和策略，明确“谁来做、怎样做、何时做”以及合理利用相应资源等方面的行动指南。应急预案是应急救援系统的重要组成部分，制定应急预案不仅可以指导应急人员的日常培训，保证各种应急资源处于良好的备战状态，而且可以指导应急行动按计划有序进行，保障在发生事故时，能以最快的速度发挥最大的效能，有序地实施救援，达到尽快控制事态发展、降低事件造成的危害、减少事件损失的目的。应急预案是应急救援系统的重要组成部分，其管理遵循“统一规划、分类指导、归口管理、分级实施、逐级监督”的原则。

1. 应急预案的基本特征

（1）科学性：应急救援是一项科学性很强的工作，制定预案也必须以科学的态度，在全面调查研究的基础上，开展科学分析论证，制订出严密、统一、完整的应急反应方案，使预案真正具有科学性。

（2）实用性：应急预案应符合各种事件发生现场的客观情况，具有适用性和实用性，便于操作。

（3）权威性：应急工作是一项紧急状态下的工作，所制定的预案应明确应急工作的管理体系、应急行动的组织权限和各级应急组织的职责和任务等一系列的行政管理规定，保证救援工作的统一指挥。应急预案还应经上级部门批准后才能实施，保证预案具有一定的权威性和法律保障。

2. 应急预案的编制要求

（1）符合国家相关法律、法规、规章、标准及方针政策规定，满足应急管理工作要求。

（2）保持与上级和同级应急预案的紧密衔接，保持与相邻行政区域相关应急预案的衔接。

（3）充分考虑管理机制、风险状况和应急能力。

（4）分工明确，措施具体，责任落实。

（5）内容完整，简洁规范，通俗易懂。

（6）具有时效性、科学性、可操作性。

（二）技术方案

技术方案是实施应急预案或应急工作过程所需的技术支持文件，可以是独立的文件，也可是应急预案的附属文件，技术方案要满足以下要求。

1. 时效性　制定或收集汇总的技术方案应能满足现有预案体系运转的需求，并根据相关技术规范的变化而及时更新；当现有技术方案不能支持应急预案有效实施时，应及时制定新的技术方案；应急状态下如原有技术方案无法实施，可根据现场情况组织人员对技术方案临时进行必要的调整，待事件结束后再制定或更新完善原有的技术方案。

2. 范围　与预案相对应的技术方案应涵括应急响应的各个环节，可将这些工作环节涉及的相关资料汇总后，作为技术方案的附件供参考。

3. 管理制度　建立技术方案管理制度，作为应急预案管理制度的补充，明确技术方案管理的部门和职责，以及技术方案编制或收集汇总以及修订更新的流程等。

4. 培训　将技术方案纳入相关专业人员（尤其是应急队伍成员）培训和演练内容。

四、应急队伍

突发环境卫生事件具有形式多样性、发生突然性、危害严重性和处理处置的艰巨性等特点，对国家安全、社会稳定和人民群众身体健康具有极大的威胁，应急管理和处置工作面临巨大的挑战。因此对卫生突发事件的处理就需要一支强有力的卫生应急队伍。

（一）组建原则

各级人民政府卫生行政部门按照“平战结合、因地制宜，分类管理、分级负责，统一管理、协调运转”的原则建立突发环境与健康应急救治队伍。

国务院卫生行政部门和省级卫生行政部门根据突发环境与健康应急的需要分别组建国家级和省级应急卫生救治队伍。应急卫生救治队伍根据其应对事件类型，在全国和本省疾病预防控制机构、医疗机构、卫生监督机构、医学高等院校以及军队有关单位，由年富力强，具有实际工作能力和发展潜力的现场流行病学、实验室检测、微生物学、临床救治、信息网络等专业的人员组成。必要时建立一定数量的后备人员库。

（二）应急队伍管理

明确环境与健康应急队伍组建、日常管理和派出后管理等相关管理规定，确定环境与健康应急队伍的职责及分工；制定环境与健康应急队伍管理办法，确定队员遴选和退出标准、队伍调用程序和现场管理要求（组织管理、工作要求、安全保障、撤离机制、后方支持机制等），确定应急队员权利和义务、奖惩措施等；做好队伍的后勤和安全保障，建立应急队员基本资料档案和健康档案（有条件的实施电子化、动态化管理），定期体检和进行必要的预防接种。

（三）队伍装备建设

参考国家卫生计生委印发的《卫生应急队伍装备参考目录（试行）》（卫办应急发〔2008〕207号），结合队伍现场应急工作实际需求，确定队伍装备内容并制订编制配置计划。其中通用性保障装备和物品主要包括个人生活用品（携行）、后勤保障装备、现场指挥和通信装备、办公装备、徽章标志和交通运输装备等；专业类工作装备根据不同事件类别配备，主要包括防护装备（包括防护服、防护眼镜、防护手套、防护口罩等）、标本采集运输装备（标本采集、保存、运送类装备）、现场快速检测设备与试剂、现场调查和处置类装备（数据采集、存储和现场消杀装备），以及相应的办公器材等。

五、应急检测能力

（一）工作内容

根据相关预案要求，从任务接收、标本及相关信息采集、检测操作程序、检测报告签发各环节，建立完善的应急检测工作制度；根据各辖区地域交通情况，评估应急检测能力需求，建立应急工作需要的标本采集运输条件和（或）现场检测条件；根据辖区内突发事件的需求，做好检测技术储备，确定应急检测试剂和标准品储备目录，并根据需要进行一定的实物储备；建立应急状态下的人员调用机制，组建由技术骨干组成的应急检测组，进行技术能力强化培训，确保在应急状态各实验室检测环节中发挥主导作用。

（二）工作要求

1. 制度 应急检测工作制度需针对检测工作各环节落实责任人，建立相应的应急值守制度，保证衔接顺畅；在保证检测工作科学、结果可靠的前提下，根据不同应急任务确定最短完成时间；建立符合应急状态需求的平行检测机制、结果复核程序和结论判定标准。

2. 硬件要求 标本采集、运输、现场检测、标本保存的硬件条件需符合国家规范的相关要求，并确保标本的可检测性和结果可靠性。

3. 各级疾控机构应具备的应急检测能力 国家级疾控机构针对国内外新发再发、罕见病原、不明原因疾病、少见理化危险因素等，开展检测方法研究、试剂评价以及分析技术的建立和储备；关注国内外突发事件处置新需求，研究、制定新标准和检测方法，对已成熟的标准和技术开展培训推广。省级疾控机构对国内新发以及辖区内可能出现的病原微生物和理化危险因素拓展检测能力，承担辖区内突发事件的实验室检测技术指导和支持。地市级和县级疾控机构需具备辖区内常见病原微生物和理化危险因素的检测能力。

4. 检测物资储备 根据突发事件风险评估结果，国家级和省级疾控机构对罕见病原和理化危险因素的检测试剂标准品、采购困难的检测物资进行储备；地市级和县级疾控机构根据应急任务需要对检测试剂和标准品进行储备。

5. 实验室运行方式 各级疾控机构实验室采用平战结合方式，平时开展传染病监测等日常工作，保持检测水平和应急能力；突发事件发生时，可立即调动资源开展检测。定期进行突发事件应急检测演练，定期开展实验室质量考核评估。

六、物资储备和经费保障

（一）物资储备

国务院卫生行政部门根据突发环境与健康应急工作要求，按照“预防为主、有备无患”的工作原则，制定相应的预防技术标准，提出环境与健康应急物资储备目录。各级人民政府的卫生、发展改革和财政部门要加强沟通、协调配合，建立突发环境与健康应急工作所需的物资和生产能力储备。卫生行政部门提出卫生应急物资储备计划，发展改革部门负责组织、落实物资储备，财政部门负责保障物资储备经费。物资储备种类包括药品、疫苗、医疗卫生设备和器材、快速检验检测技术和试剂、传染源隔离及卫生防护的用品和应急设施。

制订应急物资的采购、验收、保管、领用、补充、更新、安全等管理制度。落实管理人员岗位责任制，确保应急物资的规范管理；根据应急物资的生产、市场供应、储备条件和应急需求，决定实物、资金、计划和信息四种储备形式的比例；按照填平补齐的原则，做好储备物资的更新和轮储，保证储备物资的动态平衡；做好储备物资入库、调拨、状态和调整的信息管理；定期对储备仓库负责人、安全管理人员进行规范的安全知识培训，确保储备仓库和物资的安全；发生突发公共卫生事件时，卫生行政部门应根据应急处理工作需要调用储备物资，卫生应急储备物资使用后要及时补充。物资储备工作流程见图 4-2。

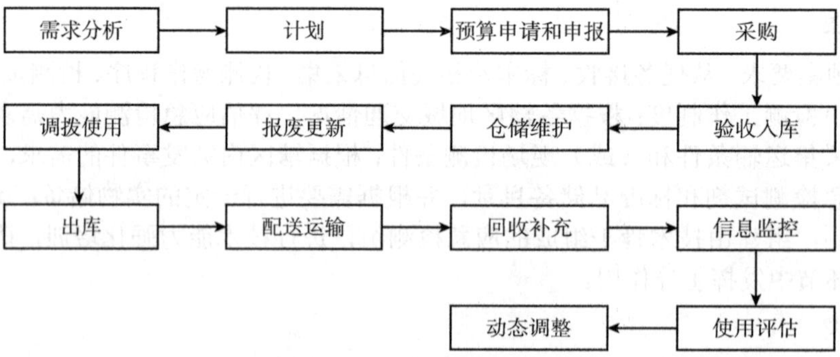

图 4-2 物资储备工作流程

（来源：全国疾病预防控制机构卫生应急工作规范（试行））

（二）经费保障

各级财政部门按规定落实对突发环境与健康应急处理专业技术机构的财政补助政策和突发环境与健康应急处理经费。所需资金已在部门预算核定的应按照有关快速拨款程序及时拨付；未在部门预算核定的，要通过调整部门预算内部支出结构和追加部门预算等方式，及时安排和拨付。上级财政根据需要对边远贫困地区突发环境与健康应急工作给予经费支持。国务院有关部门和地方各级人民政府应积极通过国际、国内等多渠道筹集资金，用于突发环境与健康应急处理工作。

七、培训和演练

卫生应急培训和演练是卫生应急准备工作的重要环节，是提高卫生应急人员个体应急管理能力、专业技术能力、人机结合能力、团队协作能力等的重要手段，是应急管理系统有效运转和应对工作有序开展的重要保障。

（一）卫生应急培训

制订年度培训工作计划，组织对业务人员（含应急队伍）进行培训，同时配合卫生行政部门做好医疗机构和其他相关单位应急人员的培训工作。开展培训效果考核和培训工作评估。

培训工作包括日常按计划开展的专业技术、技能的培训和突发事件发生后紧急开展的培训。

1. 培训计划　对突发事件应对工作需求进行科学和系统的评估，根据不同培训对象和专业特点确定卫生应急培训需求，在此基础上明确卫生应急培训内容和时间安排等，编制卫生应急年度培训工作计划。

2. 培训形式　做到全员培训和重点提高相结合，集中培训与岗位培训相结合，现场技能培训与专业理论培训相结合。

3. 培训内容　应包括卫生应急相关法律法规、预案、标准、技术规范；卫生应急概述与基础理论；突发事件报告标准；风险评估方法；公众宣传和媒体沟通技巧；突发事件应急处置技术程序、流程和标准操作要求等。培训内容也应包括重点急性传染病、新发传染病、不明原因疾病、中毒、核辐射损伤、各类突发事故和自然灾害等突发公共事件卫生应急工作的基本知识和基本理论；现场流行病学调查处理方法和安全防护技能；标本采集、实验室检测、实验室生物安全和现场快速检测技术等内容。

4. 效果考核　每次培训后应及时开展培训效果的评估工作。评估主要对培训前后相关知识的知晓情况、培训满意度，采用问卷、调查表的方式，了解学员培训后体会、培训知识的有用性、教学方式的可接受性、需改进和提高等满意度情况。采用笔试、面谈、技术操作等方法确定学员对培训内容的理解和掌握程度。培训合格率式（4-1）应≥90%。

$$\text{培训合格率}=\frac{\text{本年度培训合格人数}}{\text{本年度参加培训总人数}}\times 100\% \tag{4-1}$$

（二）卫生应急演练

卫生应急演练是指将环境与健康应急人员置身于模拟的突发事件场景之中，要求他们依据各自职责，按照真实事件发生时应履行职能而采取行动的一种实践性活动。

1. 演练目的　开展环境与健康应急演练的主要目的是培训应急队伍和人员，同时检验应急预案、实施方案和操作规程，进而提升整个应急管理系统。因此，环境与健康应急演练虽可以实现诸多具体目的，但总体可概括为以下两个层面：

（1）培训人员：参与演练的人员能够练习各自的应急职能和角色，从而获得更多技能和经验。因此，可将演练看作一种特殊方式的培训。国际上也常将培训和演练同时列入工作计划并实施。

（2）完善和提升系统：在培训应急人员的基础上，通过演练可以完善环境与健康应急方案，进一步促进环境与健康应急管理系统的整体提升。上述演练目的的实现不仅仅通过演练实施过程，更有赖于演练后的评估以及依据评估建议所采取的改进措施的落实。因此，只有当某次演练真正促进了人员能力的提高和应急方案的完善，才能完全发挥作用。

2. 演练目标 应急演练力求在突发事件真正发生之前，找到并解决现有应急预案、实施方案和操作规程等卫生应急相关工作方案、应急人员培训乃至整个应急管理系统中存在的问题。因此，演练的目标包括以下几点。

（1）检验和评价现有的环境与健康应急预案、实施方案和操作规程。

（2）揭示现有环境与健康应急预案、实施方案和操作规程存在的不足。

（3）明确各部门、机构和组织的角色和职责。

（4）加强各部门、机构和组织间的协调和沟通。

（5）提高应急人员个体能力和水平。

（6）培训特定应急职能和角色的人员。

（7）增强演练规划的认可度和支持度。

3. 演练内容 卫生应急演练主要用于评价医疗卫生机构履行应急预案或实施方案中所赋予的一个或多个职能的能力。因此就其内容而言，卫生应急演练应专注于卫生部门所肩负的应急相关职能，即在突发事件应急响应阶段或恢复阶段应该采取的行动。

各级各类医疗卫生机构的性质及功能不尽相同，担负的具体应急职责也各有不同。因此，各类演练规划的重点应是根据职责需求，着眼于测试履行具体职能的能力，不应过于关注模拟突发事件的类型。相关卫生部门的应急职责如下：

（1）卫生行政部门：应急值守、信息汇总与上报、应急指挥中心启动、应急指挥、部门协调、现场指挥部建立、信息发布、风险沟通与媒体应对、预案的启动与终止、资源调配、防控措施决策与部署等。

（2）疾控机构：应急值守、监测预警、风险评估、信息报告、人员的紧急派出、应急物资与装备的调用、个人防护、现场流行病学调查、标本采集及保存与转运、现场快速检测、实验室检测与鉴定、现场防控措施制订、实施与评估、健康教育、风险沟通与媒体应对等。

（3）医疗机构

1）院前急救：紧急调度、急救人员与装备配置、紧急出动、检伤分类、个人防护、现场急救、终末洗消、信息报告等。

2）临床救治：预检分诊、隔离处置（传染病）、事件（疫情）报告、规范诊治、院内专家会诊、治疗方案制订和实施、院内感染控制、配合流调和采样、医院内部的协调配合等。

综上，每次演练应根据应急工作需求和演练目的，有针对性地选择相关应急职能为内容开展演练活动。

4. 演练分类 应急演练作为一种旨在促进应急准备工作和提升应急能力的实践性活动，在世界各国及各种行业领域广泛开展，有较多的分类方式。2009 年，我国国务院应急办印发了《突发事件应急演练指南》（国务院应急管理办公室应急办函〔2009〕62 号），对应急演练进行了分类：

（1）按组织形式划分，可分为桌面演练和实战演练。

（2）按内容划分，可分为单项演练和综合演练。

（3）按目的与作用划分，可分为检验性演练、示范性演练和研究性演练。

不同类型的演练相互组合，可以形成单项桌面演练、综合桌面演练、单项实战演练、综合实战演练、示范性单项演练、示范性综合演练等。

参照 WHO 的 *Emergency Exercise Development*（2009）、美国联邦应急管理署与哥伦比亚大学联合开发的《突发公共卫生事件演练手册》等技术文件，中国疾病预防控制中心制订的《卫生应急演练技术指南（2013 版）》所指的卫生应急演练根据组织形式和演练规模可分为讨论型演练和实战型演练两大类，其中讨论型演练包括主题研讨和桌面演练两种类型；实战型演练包括操练、功能性演练和全方位演练三种类型。五种演练活动的主要特征比较见表 4-1，如何根据需要选择演练类型见图 4-3。

表 4-1 五种演练活动的主要特征比较

主要特征		演练类型				
		主题研讨	操练	桌面演练	功能性演练	全方位演练
演练形式		在可聚集的地点进行讨论，多种展示方式	模拟现场，模拟响应、实战装备	以叙述的方式代入场景，开展提问、集体讨论	模拟现场，互动讨论，不使用实战装备	模拟事件发生，人员到达指定位置，使用实战装备，全流程操练
时间压力（时限性）		—	—	—	+	++
模拟难度		—	+	++	+++	+++++
控制人员		一位，主持人	一位，指挥人员	一位，主持人	一位，指挥人员	一位或数位，指挥人员
受练人员	管理和决策人员	√	—	√	√	√
	辅助决策人员	√	—	√	√	√
	协调人员	√	√	—	√	√
	实施人员	√	√	—	√	√
	现场人员	√	√	—	—	√
其他参演人员		—	—	评估人员	评估人员 模拟人员	评估人员 模拟人员 安全人员
演练场所		会议室	任何应急岗位	会议室	应急作业中心	应急作业中心＋事件现场
演练时长		1～2 小时	0.5～2 小时	1～4 小时或更长	3～8 小时或更长	2 小时至 1 天或数天
准备工作		2 周时间，简单准备	1 个月时间，策划人员需要预先进行主题研讨	1 个月时间，策划人员需要预先进行主题研讨和 1 次或多次操练	复杂，常需大于 6 个月时间准备，正式开展之前进行较简单的演练	非常复杂，常需大于 6 个月时间准备，之前开展操练、功能性演练作为准备

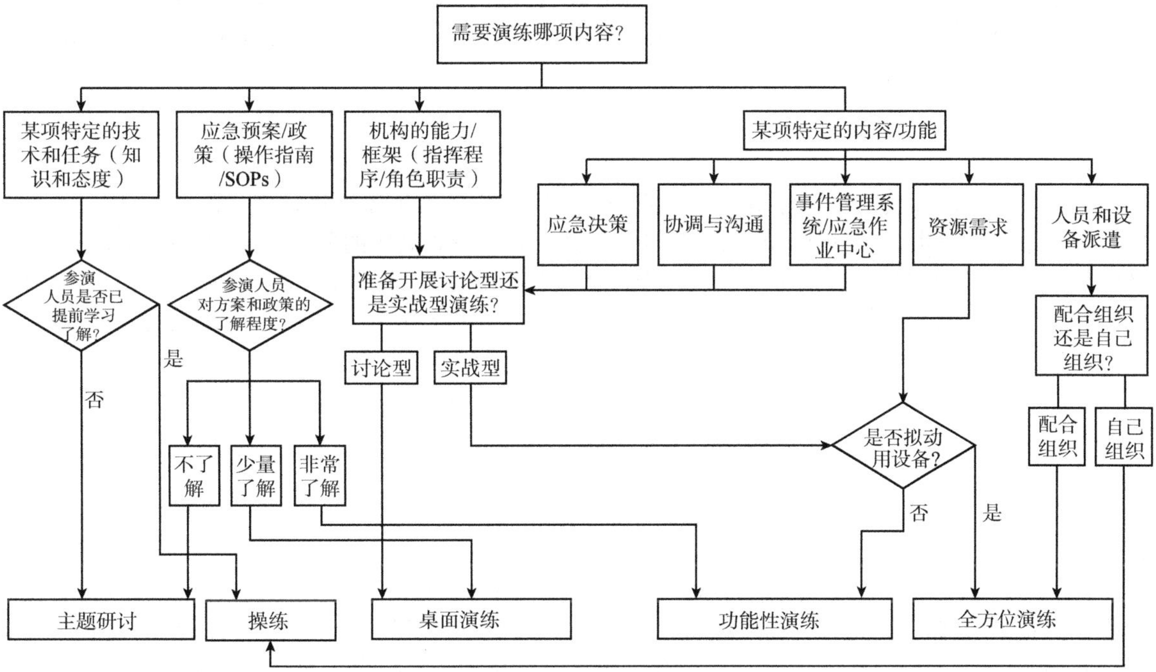

图 4-3 如何根据需要选择演练类型

第三节 日常监测及风险评估、预警和报告

一、日常监测及风险评估

（一）日常监测和资料收集

1. 日常监测 在对突发环境污染事件的预防工作中，监测占有重要地位。监测是指连续地、系统地收集和分析事件发生的相关影响因素，并用于指导应对行动的过程。为了做好监测，环境监督执法部门应对辖区内涉及有毒有害危险品、辐射性物品的有关生产运输、储存、使用、处置等企事业单位加强监督，从源头预防突发环境污染事件的发生。对违规操作、存在事故隐患的单位应责令其限期整改；对污染严重且治理难度较大的企业，坚持“关停并转”，绝不能“以罚代管”；对位于环境敏感区和居民区内的污染企业，严格按照安全生产、消防、防爆等条例规章进行监督管理，对于存在事故隐患单位应责令其搬迁。

2. 资料收集 监测有赖于系统的、连续的、长期的基础资料的收集和整理，各相关部门应对辖区内所有企事业单位进行有毒有害危险品、辐射性物品普查、登记，将其名称、理化性状、毒性、中毒表现及处理、处置手段等资料进行汇总，建立数据库，以备紧急情况下查询。同时，利用现代信息技术，将辖区内厂矿企事业单位的具体位置、交通路径、联系方式等信息绘制成地理信息图，可在最短时间判断事故地点，初步判断突发环境污染事件的物质和原因，选择最佳避险路线等。高效完善的数据系统可实现信息快速传递，辅助应急指挥部门在最短时间内形成决策和协调指挥。

（二）风险评估

1. 日常风险评估 对常规收集的各类突发公共卫生事件相关信息进行分析，进行初步、快速的风险分析和评价，并提出风险管理建议。

2. 专题风险评估 对国内外重要突发公共卫生事件、大型活动、自然灾害和事故灾难等开展的全面、深入的专项公共卫生风险评估。具体情形：日常风险评估中发现的可能导致重大突发公共卫生事件的风险；国内发生的可能对本辖区造成危害的突发公共卫生事件；国外发生的可能对我国造成公共卫生风险和危害的突发事件；可能引发公共卫生危害的其他突发事件；大型活动等其他需要进行专题评估的情形。

二、预 警

各级卫生行政部门根据医疗机构、疾病预防控制机构、卫生监督机构提供的监测信息，按照公共卫生事件的发生、发展规律和特点，及时分析其对公众身心健康的危害程度和可能的发展趋势，及时做出相应级别的预警，依次用红色、橙色、黄色和蓝色表示特别严重、严重、较重和一般四个预警级别。根据事态的发展情况和采取措施的效果，预警级别可以升级、降级或解除，收集到的有关信息证明突发环境事件即将发生或者发生的可能性增大时，按照相关应急预案执行。

各级政府及卫生行政主管部门应根据不同预警级别启动相应级别的应急预案，并切实落实人员疏散、食品药品供应、交通及通储工具、现场洗消人员（清洗消毒和消除沾染）和设备、恐慌安抚及医疗救助等各环节工作。

在日常监督和监测工作中，环境卫生工作人员应当保持高度警惕，对异常的环境事件应当加以足够的认识。

环境事件预警来源主要包括下列几个方面：①排污者向行政管理部门报告泄漏或排污情况；②媒体报道大型排污事件：如爆炸或油箱泄漏等；③公众举报环境异常，如出现异味、颜色变化、眼部刺激等现象；④卫生事件监测、主要症状和重点疾病的医院哨点监测报告出现异常事件；⑤现场抽检到某种环境污染物的增加；⑥日常环境监测数据表明某种环境污染物浓度增高；⑦医疗系统

的反馈：如中毒人数突增或出现不同寻常的人群健康问题；⑧居民健康、疾病及死亡监测与历年平均水平出现较大差异等。

三、报　　告

任何单位和个人都有权向国务院卫生行政部门和地方各级人民政府及其他有关部门报告突发环境卫生事件及其隐患，也有权向上级政府部门举报不履行或者不按照规定履行突发公共卫生事件应急处理职责的部门、单位及个人。

（一）责任报告单位和责任报告人

1. 责任报告单位

（1）县级以上各级卫生行政部门指定的突发环境卫生事件监测机构。

（2）各级各类医疗卫生机构。

（3）卫生行政部门。

（4）县级以上地方人民政府。

（5）有关单位，主要包括突发环境卫生事件发生单位、与群众健康和卫生保健工作有密切关系的机构，如检验检疫机构、食品药品监督管理机构、环境保护监测机构、教育机构等。

2. 责任报告人　执行职务的各级各类医疗卫生机构的医疗卫生人员、个体开业医生、环境保护监测人员、事故肇事人员。

（二）报告时限和程序

突发环境污染事件的责任单位、责任人以及负有监管责任的上级主管单位，在突发环境事件发生后 1 小时内，应向所在地县级以上人民政府报告，同时向上一级相关专业主管部门报告，并立即组织进行现场调查。紧急情况下，可以越级上报。

负责确认环境事件的单位，在确认重大（Ⅱ级）环境事件后，应在 1 小时内向“省级相关专业主管部门”报告，特别重大（Ⅰ级）环境事件立即向“国务院相关专业主管部门”报告，并通报其他相关部门。

地方各级人民政府应当在接到报告后 1 小时内，向上一级人民政府报告；省级人民政府在接到报告后 1 小时内，向国务院及国务院有关部门报告。

国务院有关部门在接到重大（Ⅱ级）、特别重大（Ⅰ级）突发环境污染事件报告后，应立即向国务院办公厅或主要领导报告。

（三）报告内容

突发环境卫生事件报告分为首次报告、进程报告和结案报告，要根据事件的严重程度、事态发展和控制情况及时报告事件进程。

1. 首次报告　未经调查确认的突发环境卫生事件或存在隐患的相关信息，应说明信息来源、危害范围、事件性质的初步判定和拟采取的措施。

经调查确认的突发环境卫生事件报告应包括事件性质、波及范围、危害程度、流行病学分布、势态评估、控制措施等内容。首次报告要体现“快”。

2. 进程报告　报告事件的发展与变化、处置进程、事件的诊断和原因或可能因素，势态评估、控制措施等内容。同时，对首次报告的相关内容进行补充和修正。重大及特别重大突发公共卫生事件至少按日进行进程报告。进程报告要体现“新”。

3. 结案报告　事件结束后，应进行结案信息报告。达到《国家突发公共卫生事件应急预案》分级标准的突发公共卫生事件在相应级别卫生行政部门组织评估确认事件终止后 2 周内，对事件的发生和处理情况进行总结，分析其原因和影响因素，并提出今后对类似事件的防范建议。结案报告要体现“完整和准确”。

（四）突发公共卫生事件网络直报

县级以上各级疾病预防控制机构获得突发事件相关信息后应立即初步核实确认，并于确认后2小时内通过传染病疫情和突发公共卫生事件网络直报系统进行网络直报，同时以电话或传真等方式向属地卫生行政部门和上级疾控机构报告。

第四节 应急响应

一、应急响应原则和工作内容

（一）应急响应原则

突发事件应急工作应遵循预防为主、常备不懈的方针。这是减少各类突发公共卫生事件的保证，是有效应对突发事件的前提。坚持预防为主，既是突发公共卫生事件应急处理的方针，也是卫生工作的基本指导方针。做好突发事件应急工作，要贯彻统一领导、分级负责、反应及时、措施果断、依靠科学、加强合作的原则。

1. 统一领导 在突发事件应急处理的各项工作中，必须坚持由各级人民政府统一领导，成立应急指挥部，对处理工作实行统一指挥。各有关部门都要在应急指挥部的领导下，依照条例的规定，开展各项应急处理工作。

2. 分级负责 全国性的突发事件或跨省（自治区、直辖市）的突发事件，由国务院设立全国突发事件应急处理指挥部，负责统一领导和指挥全国的应急处理工作；地方性突发事件，由省级人民政府设立突发事件应急处理指挥部，负责统一领导和指挥本行政区域内的应急处理工作。

3. 反应及时、措施果断 突发事件发生后，有关人民政府要成立应急处理指挥部，决定是否启动应急处理预案等。有关部门应当及时做出反应，搜集、报告有关情况，立即组织调查，组织医疗队伍，积极开展救治，并向政府提出处理建议，采取果断措施，有效控制突发事件事态发展。

4. 依靠科学、加强合作 突发事件应急工作要尊重科学、依靠科学，各有关部门、学校、科研单位要通力合作，实现资源共享。

发生突发公共卫生事件时，事发地的县级、市（地）级、省级人民政府及其有关部门按照分级响应的原则，做出相应级别应急响应。同时，要遵循突发公共卫生事件发生发展的客观规律，结合实际情况和预防控制工作的需要，及时调整预警和反应级别，以有效控制事件，减少危害和影响。要根据不同类别卫生事件的性质和特点，注重分析事件的发展趋势，对势态和影响不断扩大的事件，应及时升级预警和反应级别；对范围局限、不会进一步扩散的事件，应相应降低反应级别，及时撤销预警。

国务院有关部门和地方各级人民政府及有关部门对在学校内部或周边、区域性或全国性重要活动期间等发生的突发公共卫生事件，要高度重视，可相应提高报告和反应级别，确保突发公共卫生事件有效控制，维护社会稳定。

突发环境与健康事件应急处理要采取边调查、边处理、边抢救、边核实的方式，以有效措施控制事态发展。

未发生突发环境与健康事件的地方各级卫生行政部门接到突发环境与健康事件情况通报后，要及时通知相应的医疗卫生机构，组织做好应急处理所需的人员与物资准备，采取必要的预防控制措施，防止突发环境与健康事件在本行政区域内发生，并服从上一级人民政府卫生行政部门的统一指挥和调度，支援突发环境与健康事件发生地区的应急处理工作。

（二）应急响应的工作内容

在大多数情况下环境卫生部门在应急响应工作中不处于主导地位，应注意与本地区的应急响应管理部门沟通协调，保持工作一致。应急响应过程中环境卫生部门的工作包括以下步骤。

1. 状况评估，包括卫生资源、人力资源、公众健康影响程度及是否需要外部援助等。
2. 启动应急预案，确定应急响应目标。
3. 现场污染物的调查、采集、封存、送检、分析等。
4. 流行病学调查，包括事件的原因、可能涉及的范围及受影响的人群数量等。
5. 依据工作进展编发工作简报。
6. 与本辖区及邻近地区的医疗救助机构保持密切联系。
7. 收集、整理现场及实验室检验数据。
8. 组织撰写应急响应工作报告。
9. 结束应急响应。

二、各部门职责

（一）各级人民政府

1. 组织协调　组织协调有关部门参与突发环境与健康事件的处理。根据突发环境与健康事件处理需要，调集本行政区域内各类人员、物资、交通工具和相关设施、设备参加应急处理工作。涉及危险化学品管理和运输安全的，有关部门要严格执行相关规定，防止事故发生。

2. 划定控制区域　根据环境污染源、污染物性质及危害因素波及的范围，划定控制区域。

3. 信息发布　突发事件发生后，有关部门要按照有关规定做好信息发布工作，信息发布要及时、准确、实事求是，正确引导舆论，注重社会效果。

4. 开展群防群治　街道、乡（镇）以及居委会、村委会协助卫生行政部门和其他部门、医疗机构，做好疫情信息的收集、报告，人员分散隔离，以及公共卫生措施的实施工作。

5. 维护社会稳定　组织有关部门保障商品供应，平抑物价，防止哄抢；严厉打击造谣传谣、哄抬物价、囤积居奇、制假售假等违法犯罪和扰乱社会治安的行为。

（二）卫生行政部门

1. 组织协调　组织医疗机构、疾病预防控制机构和卫生监督机构开展突发公共卫生事件的调查与处理；组织突发环境与健康事件专家组对突发公共卫生事件进行评估，并通过突发公共卫生事件专家咨询委员会提出启动突发环境与健康事件应急处理的级别。

2. 应急控制措施　根据需要组织开展人员疏散、预防服药等控制措施。

3. 督导检查　国务院卫生行政部门组织对全国或重点地区的突发环境与健康事件应急处理工作进行督导和检查。省、市（地）级以及县级卫生行政部门负责对本行政区域内的应急处理工作进行督查和指导。

4. 发布信息与通报　国务院卫生行政部门或经授权的省（自治区、直辖市）人民政府卫生行政部门及时向社会发布突发公共卫生事件的信息或公告。国务院卫生行政部门及时向国务院各有关部门和各省（自治区、直辖市）卫生行政部门以及军队有关部门通报突发公共卫生事件情况。对涉及跨境的疫情线索，由国务院卫生行政部门向有关国家和地区通报情况。

5. 制订技术标准和规范　国务院卫生行政部门对容易引起重大突发环境与健康事件的潜在污染源组织力量制定“突发环境与健康事件预防技术标准”，对易发或易造成严重危害的突发环境与健康事件处置过程组织力量制定“突发环境与健康事件应急现场处理规范”，并及时组织全国培训。地方各级卫生行政部门开展相应的培训工作。

6. 普及卫生知识　针对事件性质，有针对性地开展卫生知识宣教，提高公众健康意识和自我防护能力，消除公众心理障碍，开展心理危机干预工作。

7. 事件评估　组织专家对突发环境与健康事件的处理情况进行综合评估，包括事件概况、现场调查处理概况、患者救治情况、所采取的措施、效果评价等。

8. 编写年度报告 组织专家对本年度的突发环境与健康应急事件进行总结，提出预防与控制措施等。

（三）医疗机构

医疗机构的主要职责为开展患者接诊、收治和转运工作，实行重症和普通患者分别管理，对疑似患者及时排除或确诊；协助疾控机构人员开展标本的采集、流行病学调查工作；做好医院内现场控制、消毒隔离、个人防护、医疗垃圾和污水处理工作，防止院内交叉感染和污染；做好传染病和中毒患者的报告，对因突发环境与健康事件而引起身体伤害的患者，任何医疗机构不得拒绝接诊；对群体性不明原因疾病和重大中毒事件，按照现场救援、患者转运、后续治疗相结合的原则进行；开展科研与国际交流，开展与突发事件相关的诊断试剂、药品、防护用品等方面的研究。开展国际合作，加快病源查寻和病因诊断。

（四）疾病预防控制机构

1. 突发公共卫生事件信息报告 国家、省、市（地）、县级疾控机构做好突发公共卫生事件的信息收集、报告与分析工作。

2. 开展流行病学调查 疾控机构人员到达现场后，尽快制订流行病学调查计划和方案，地方专业技术人员按照计划和方案，对突发事件累及人群的发病情况、分布特点进行调查分析，提出并实施有针对性的预防控制措施。

3. 实验室检测 中国疾病预防控制中心和省级疾病预防控制机构指定的专业技术机构在地方专业机构的配合下，按有关技术规范采集足量、足够的标本，分送地方、省级和国家应急处理功能网络实验室检测，查找致病原因。

4. 开展科研与国际交流 开展与突发事件相关的诊断试剂、疫苗、消毒方法、医疗卫生防护用品等方面的研究。开展国际合作，加快病源查寻和病因诊断。

5. 制订技术标准和规范 协助卫生行政部门制订全国新发 / 突发传染病、群体性不明原因疾病、重大中毒事故的环境相关技术标准和规范。

6. 开展技术培训 各级疾病预防控制中心要对专业技术人员开展突发公共卫生事件应急处理培训。上级疾病预防控制中心负责辖区内下级疾病预防控制机构专业技术人员的培训工作。

（五）卫生监督机构

卫生监督机构的主要职责为在卫生行政部门的领导下，开展对医疗机构、疾病预防控制机构突发公共卫生事件应急处理各项措施落实情况的督导、检查；围绕突发公共卫生事件应急处理工作，开展食品卫生、环境卫生、职业卫生等的卫生监督和执法稽查；协助卫生行政部门依据《突发公共卫生事件应急条例》和有关法律法规，调查处理突发公共卫生事件应急工作中的违法行为。

（六）出入境检验检疫机构

出入境检验检疫机构的主要职责为突发公共卫生事件发生时，调动出入境检验检疫机构技术力量，配合当地卫生行政部门做好口岸的应急处理工作；及时上报口岸突发公共卫生事件信息和情况变化。

（七）未发生突发事件地区的应急响应措施

未发生突发公共卫生事件的地区应根据其他地区发生事件的性质、特点、发生区域和发展趋势，分析本地区受波及的可能性和程度，重点做好以下工作：

密切保持与事件发生地区的联系，及时获取相关信息；组织做好本行政区域应急处理所需的人员与物资准备；加强相关疾病与健康监测和报告工作，必要时，建立专门报告制度；开展重点人群、重点场所和重点环节的监测和预防控制工作，防止事件发生、传入和扩散；开展防治知识宣传和健康教育，提高公众自我保护能力和意识；根据上级人民政府及其有关部门的决定，开展交通卫生检疫等。

三、突发公共卫生事件的分级响应

（一）特别重大（Ⅰ级）突发环境与健康事件的应急响应

1. 国务院应急反应　国务院负责特别重大突发环境与健康事件应急处理的统一领导和指挥，协调有关部门共同做好突发环境与健康事件的应急处理，并根据突发环境与健康事件的性质、类别和处理需要，成立全国突发环境与健康事件应急指挥部，设立由国务院有关部门组成的工作组，分别开展突发环境与健康事件的医疗卫生应急、信息发布（包括必要时向社会发布旅行建议）、宣传教育、科研攻关、国际交流与合作、应急物资与设备的调集、后勤保障以及督导检查等工作。

2. 国务院卫生行政部门应急反应　接到特别重大突发环境与健康事件报告后，应立即组织专家调查确认，并对事件进行综合评估，必要时向国务院提出成立全国突发环境与健康事件应急指挥部的建议。同时，负责组织和协调专业技术机构开展现场调查和处理；指导和协调落实医疗救治和预防控制等措施；对不明原因的突发环境与健康事件组织开展病因调查和治疗诊断的研究；依法接受和管理社会捐赠的资金、物资；及时向国务院有关部门和各省（自治区、直辖市）卫生行政部门以及军队有关部门通报突发环境与健康事件的情况，并负责向WHO和我国港、澳、台地区通报有关情况；向社会及时、准确、全面发布突发环境与健康事件的信息。

3. 地方人民政府应急反应　各省（自治区、直辖市）人民政府在全国突发环境与健康事件应急指挥部的统一领导和指挥下，结合本地区实际情况，组织协调市（地）、县（市）人民政府开展突发环境与健康事件的应急处理工作。

（二）重大（Ⅱ级）突发环境与健康事件的应急响应

1. 省（自治区、直辖市）人民政府应急反应　各省（自治区、直辖市）人民政府根据省级人民政府卫生行政部门的建议和突发环境与健康事件应急处理的需要，成立突发环境与健康事件应急指挥部，负责本行政区域内突发环境与健康事件应急处理的统一领导和指挥；紧急调集和征集有关人员、物资、交通工具以及相关设施、设备；进行现场隔离、疫区的确定与封锁；保证应急处理所需的物资、经费；组织相关部门协助卫生行政部门进行患者及密切接触者的隔离、伤员救治和人员疏散；及时做好舆论宣传与引导工作。必要时，请求国家予以支持，保证突发环境与健康事件应急处理工作的顺利进行。

2. 省级人民政府卫生行政部门应急反应　接到重大突发环境与健康事件报告后，应立即组织专家调查确认，并对事件进行综合评估，必要时，向省级人民政府提出成立应急指挥部的建议；迅速组织应急卫生救治队伍和有关人员到达突发环境与健康事件现场，进行采样与检测、流行病学调查与分析，组织开展医疗救治、患者隔离、人员疏散等疫情控制措施；分析突发环境与健康事件的发展趋势，提出应急处理工作建议，按照规定报告有关情况；及时向其他有关部门、毗邻和可能波及的省（自治区、直辖市）人民政府卫生行政部门通报有关情况；向社会发布本行政区域内突发环境与健康事件的信息。

3. 省级以下地方人民政府应急反应　突发环境与健康事件发生地的人民政府及有关部门在省级人民政府或省级突发环境与健康事件应急指挥部的统一指挥下，按照要求认真履行职责，落实有关控制措施。

4. 国务院卫生行政部门应急反应　加强对省级人民政府卫生行政部门突发环境与健康事件应急处理工作的督导，并根据需要组织国家应急卫生救治队伍和有关专家迅速赶赴现场，协助疫情控制并开展救治工作；及时向有关省份通报情况。

根据事态发展，提请国务院组织有关部门协助或参与地方突发环境与健康事件的处理。必要时建议国务院协调有关部门对突发环境与健康事件发生地给予必要的技术和物资、经费支持。

（三）较大（Ⅲ级）突发环境与健康事件的应急响应

1. 省级以下地方人民政府应急反应　市（地）级人民政府负责组织有关部门协助卫生行政部

门做好事件信息收集，组织人员的疏散安置，依法进行疫区的确定与封锁、隔离和舆论宣传工作；保证突发公共卫生事件应急处理所需的医疗救治和预防用防护设备、药品、医疗器械等物资的供应。

2. 省级以下地方人民政府卫生行政部门应急反应 立即组织专家调查确认，并对事件进行综合评估。同时，迅速组织开展现场流行病学调查、致病致残人员的隔离救治、密切接触者的隔离、环境生物样品采集和消毒处理等紧急控制措施，并按照规定向当地人民政府、省级人民政府卫生行政部门和国务院卫生行政部门报告调查处理情况。

3. 省级人民政府卫生行政部门应急反应 省级人民政府卫生行政部门接到较大突发环境与健康事件报告后，要加强对事件发生地区突发环境与健康事件应急处理的督导，及时组织专家对地方卫生行政部门突发环境与健康事件应急处理工作提供技术指导和支持，并适时向本省有关地区发出通报，及时采取预防控制措施，防止事件进一步发展。

4. 国务院卫生行政部门应急反应 国务院卫生行政部门根据工作需要及时提供技术支持和指导。

（四）一般（Ⅳ级）突发环境与健康事件的应急响应

一般突发环境与健康事件发生后，县级地方人民政府负责组织有关部门开展突发环境与健康事件的应急处置工作。

县级卫生行政部门应立即组织专家进行调查确认，并对事件进行综合评估。同时，迅速组织医疗、疾病预防控制和卫生监督机构开展突发环境与健康事件的现场处理工作，并按照规定向当地人民政府和上一级卫生行政部门报告。

市（地）级卫生行政部门应当快速组织专家对突发环境与健康事件应急处理进行技术指导。

省级人民政府卫生行政部门应根据工作需要提供技术支持。

四、调查与处置

（一）流行病学调查

1. 流行病学调查在突发环境与健康事件中的作用和地位 流行病学调查在突发环境与健康事件中起着十分关键的作用，是突发事件的性质鉴定及相应预案的启动基础，是突发事件应急管理部门决策的重要依据。当突发环境与健康事件发生时流行病学调查人员应当立即赶赴现场搜集关于突发事件的原因、污染物的种类 / 性质和污染程度、事件规模及事件波及的范围、暴露人群身心健康影响程度及现场公共卫生条件等相关信息。

流行病学调查资料的准确与否关系到应急响应管理部门能否为专家评估团提供可靠的第一手资料，关系到是否需要外援、紧急疏散及区域戒严等一系列相关政策的制订，是评估突发事件的核心资料。

2. 流行病学调查内容 环境与健康事件突发时，流行病学调查人员应当立即赶赴现场进行调查，调查主要内容应包括如下几点。

（1）突发事件的时间、地点。

（2）突发事件的起因及事件经过。

（3）污染物的种类和性质：现场已经存在的污染物及可能发生的二次污染物的理化性质及减毒方法等信息。

（4）突发事件的规模及可能的发展趋势：调查人员应当利用环境卫生部门的突发事件报告系统及突发事件现场附近医院的急诊资料快速判断突发事件的规模，并依据现场环境污染物的性质及其排放特点、突发事件爆发的速度判断突发事件可能波及的区域，依据现场的公共卫生状况及混乱程度判断发生疫情的可能性及人员疏散的必要性，判断污染物现场控制的可能手段等。

（5）突发事件的报告人（单位）及其联系方式。

（6）暴露人群特征，共同的暴露经历等。

（7）病例集中出现的潜伏期及其临床特征。

（8）人员伤亡情况、环境卫生设施的破坏情况：暴露人数、发病人数、发病严重程度、死亡人数及紧急疏散人数等；现有可利用的环境卫生设施及环境卫生设施的破坏情况等。

（9）受伤人员是否已接受医疗救护、受救护比例及救护医疗记录。

（10）环境样本及生物样本的采集情况、现场及实验室检测结果报告时间等。

（11）受影响人群的安置地点及其环境卫生问题。

（12）受影响人群接受的干预措施，如驱毒措施、治疗措施及其效果等。

（13）现有的关于事件起因的基本信息。

（14）应急服务：现场必需的应急服务及是否需要外援。

（15）事件类型：应当对事件的性质进行初步判定，突发事件属于化学性污染、微生物污染或放射性污染事件，如果属于突发放射性污染事件，应当立即撤出现场并向应急管理部门建议由放射专家对事件现场进行应急处理。

（16）现场干预措施及效果：现场所采取的环境卫生干预措施及其效果。

（17）可行的现场干预措施：污染物现场清理措施及现场消毒措施等。

（二）环境污染物现场处理

1. 现场处理原则

（1）突发环境与健康事件应急处理要采取边调查、边处理、边抢救、边核实的方式，以有效措施控制事态发展。

（2）根据专家咨询组所提供的突发环境与健康事件处理建议及事件级别，组织相关专业人员开展现场采样、实验室检验、现场消毒处理，并及时配备个人防护、交通工具等相关设施和设备用于应急处理工作。

（3）划定控制区域与人群疏散：根据环境污染源、污染物性质及危害因素波及的范围划定控制区域；根据事件的大小、强度、爆发速度、持续时间及其后果严重程度，提出人群、动物、物资等的撤离及预防性服药的建议。

（4）根据流行病学调查结果查清事件的性质、健康危害程度并提出必要的干预措施。

2. 现场驱毒　首先应当确定现场无放射性污染，如果存在放射性污染应当提请放射部门指导驱毒工作。

所有的患者、暴露人员及现场工作人员在转移到清洁区之前必须接受驱毒处理，现场工作人员及伤员的驱毒工作应该设置在污染降解区。驱毒程序一般包括脱去污染的衣物，然后用温的肥皂水进行沐浴，衣服的脱除及淋浴均应当遵守从头到脚的顺序，应当特别防止任何由衣服到裸露皮肤的污染，并尽可能防止污染物经消化道污染，驱毒过程一般应不超过 15 分钟。驱毒后污染的衣服应当进行适当的封存和处理。

死亡人员应当装入有标签的塑料袋并妥善放置以进行证据复原，可对尸体进行污染清理。在驱毒过程中救护人员应当穿戴防护服并在专业人员的指导下为自身及不能下地行走的伤员驱毒，大批没有受伤的暴露人员的驱毒工作应由消防部门完成。

3. 环境消杀　病例或无症状感染者转运期间，应对其可能污染的环境和物品进行随时消毒；转移后，应对其居住地、活动地及其他可能被污染场所进行终末消毒；治愈出院（舱）时，应对其个人物品消毒后方可带出院（舱）。

中高风险区等实施封锁管控，重点对小区楼栋、防疫物资保障场所（点）、垃圾储存点、快递集散点等区域环境开展预防性消毒。农村地区和城中村消毒前，应针对当地环境和居住条件等实际情况，制订消毒方案。

疫源地终末消毒应开展现场消毒过程评价，确保消毒过程有效；消毒效果评价可结合现场需求按比例抽查。方舱医院关舱、隔离点结束时的最后一次消毒，需要开展消毒效果评价。

（三）现场采样和实验室检查

1. 环境污染物现场采样 突发环境与健康事件的环境采样十分重要，科学的采样有助于对突发事件的正确评估。但是突发事件环境采样必须由穿戴全部护具的消防人员或环境卫生工作人员进入污染现场采样，上述采样人员必须事先经过专业培训，以便能够有效地完成任务并避免自身伤害。

根据污染物的特点采集环境及生物样本（包括血、尿、吐泻物等），样品的采集应遵守以下原则：

（1）特别重大及重大突发事件时环境卫生工作人员应当穿戴A级防护服或请求消防部门辅助采集环境样本。

（2）样本的采集必须兼顾环境样本的及时性及代表性，应当尽可能早地采集突发公共卫生事件样本。

（3）突发事件中环境样本应采集三份同样的样本以满足现场检测、实验室检测及样本封存的要求。

（4）每份样本的采集容器上应贴上标签，说明样品的名称、采集时间、采样地点、送检目的、保存条件及采样人的名字等基本信息。

（5）无论是环境样本还是生物样本在送检时应同时送检与盛放样本同一批号的同种容器以扣除背景值的干扰。

2. 实验室检测 环境样本的检测应当根据污染物的理化性质及其在环境中的转归特征确定不同时间段环境样品的检测项目；生物样本的检测一方面应当检测生物材料中污染物的含量，另一方面还应当根据污染物的毒理学特征检测其在体内的代谢物浓度。

对于污染源的监测应当一直持续到泄漏“得到控制”后相当一段时间，并确保污染物的泄漏确实得到控制。对污染的环境介质应当进行定期监测或常规监测，并应当对污染地区的受影响人群进行个体监测，依据不同人员日常活动特点确定人群实际暴露水平。

（四）个人防护

1. 个体防护原则 公众的安危在突发事件中是极为敏感的社会影响因素，但是在极力保证患者安全的同时必须考虑所有参与处理非常见病工作人员的安全。个人防护设备的配备和适当的专业培训，对于保护工作人员，防止在化学性、生物性或放射性突发事件，或恶意排放事件（或可能是泄漏）中发生人员伤亡和财产损失是非常重要的。

一般影响范围大、健康危害严重的突发事件现场应当划分危险区、相对危险区和警戒区。

（1）危险区：是指该突发事件的核心污染区域，卫生保健人员不得进入危险区，该区域的现场处理工作应当由经过一定培训并配备防护设备的消防部门执行。

（2）相对危险区：是指污染相对较轻的区域，卫生保健人员可以在相对危险区清理污染并治疗伤员。在相对危险区可能存在低水平的生物性或放射性污染，工作人员还可能会暴露于泄漏的液体或有毒气体中。因而卫生保健人员在相对危险区应当使用个人防护设备进行个人防护。在相对危险区应当划分污染区和清洁区，并明确区分需要等待驱毒处理和已经完成驱毒处理的人员，已经完成驱毒处理的人员应进入清洁区，而待驱毒处理的人员则应在污染区由穿戴个人防护设备的卫生工作人员辅助驱毒。

（3）警戒区：是指为了控制无关人员进入而引起混乱等设立的警戒控制区，该区域基本无污染。

2. 个体防护注意事项 首先应当根据环境污染物的性质及环境类型选择适当的个人防护设备，使用个体防护设备的工作人员应当密切留意个体防护设备的适用范围、现场持续有效时间、密封性和有效期等相关技术参数，并应确定环境中无放射性污染，应当特别注意如果存在放射物污染物，应当提议由放射防护部门进行相关防护处理。

一般防护服分为四个级别（A、B、C、D），在污染区一般需要穿戴A级防护服。A级防护服为全密闭防护服，配有密封的正压全面罩自给呼吸器、全密闭化学防护服、化学防护手套和化学防护靴，接口密封。在污染降解区一般需要穿戴A级、B级或C级防护服。B级防护服为化学防护服，配有正压全面罩自给呼吸器（非密封的）、化学防护手套及化学防护靴。C级防护服为全面罩或送风头罩，配有化学防护手套及化学防护靴。C级防护服提供眼、皮肤及黏膜的防护，同时通过选择合适的滤膜也可对低浓度的有毒气体或蒸气进行防护。D级防护服一般为普通的防护眼镜或防护面罩，没有特殊的防化作用，可根据现场污染的程度选择使用。

五、风险沟通

（一）风险沟通的目的

争取支持和合作，减少和规避风险，控制和消除突发环境与健康事件的危害，平息事件可能造成的不良影响。营造必要的舆论环境，维护和塑造政府及有关部门的良好形象。

（二）风险沟通基本原则

为有效处置突发环境与健康事件，应急风险沟通需要坚持以下六个基本原则，并且贯穿于风险沟通工作的方方面面。

1. 提早准备　在突发事件处置过程中，有效的风险沟通是任何医疗卫生机构都要面对的挑战。因此，需要提前建立并不断完善风险沟通方案，以便更好地开展风险沟通工作。

2. 及时主动　当今，多媒体、自媒体等信息传播平台备受公众关注，信息传播迅速，事件相关信息会很快引起新闻媒体和公众的聚焦。因此，卫生应急工作者应快速做出反应，提出处置对策和信息沟通要点，尽快主动地让公众了解突发事件的真相，掌握舆论主动权。

3. 信息真实　开展风险沟通要以准确为前提。一些尚未弄清的情况、较为复杂的突发事件，或者是发布时机选择的需要，可先发简短消息，再作后续报道。应避免发布不实消息，否则将会对整个卫生应急处置工作造成被动。

4. 口径一致　事件发生后，早期信息缺乏，事中信息大量涌现，事件的发展存在着不确定性。因此，此时对外公布的口径应保持高度统一，无论是事件处理者还是新闻发布者，无论是行政领导，还是与事件有关并可能接触媒体的人员，都要做到口径一致，不能提供互相矛盾的信息。口径不一就可能会导致舆论危机，增加突发环境与健康事件的处置难度和复杂性。

5. 有利应对　通常情况下，任何突发事件的发生都会使公众产生种种猜测和怀疑。因此，要想取得公众和新闻媒体的信任，必须采取真诚坦率和公开透明的态度，围绕事实，放大有利的一面，但绝不能掩盖事实，隐瞒会引起更大怀疑。

6. 维护信誉　政府的信誉是卫生应急风险沟通的出发点和归宿，在卫生应急风险沟通的全过程中，卫生应急机构要努力减少突发环境与健康事件对政府信誉带来的损失，争取公众的理解和信任。

（三）风险沟通基本程序

风险沟通工作贯穿于突发环境与健康事件卫生应急的全过程，直接关系到事件处置效果。从组织层面讲，开展风险沟通工作有一定的程序，包括六个步骤。

1. 风险沟通准备　包括组织、技术、联络、信息、物资等方面的准备。

2. 风险识别与评估　明确信息来源，判定事件真实性，对危险性、关注度、应对措施进行风险评估。

3. 确定沟通对象、内容和方式　根据风险判定结果，确定沟通对象、内容和方式。

4. 制订风险沟通实施方案　根据确定的沟通对象、内容和方式，制订沟通方案。

5. 风险沟通实施　确定沟通核心信息，实施与政府及部门、公众、媒体，以及部门内部的沟通。

突发环境与健康事件发生后，必须尽快公开进行沟通。公众希望获得他们需要知道的信息（且这些信息未必是你认为应该让他们知道的信息）。此时，也正是获得公众信任的机会。相反，如果没有做出快速、明确的沟通，则有可能被认为是隐瞒事实，失去公众的信任。

（1）事件初始阶段

1）此阶段的沟通挑战：①由于事件的不确定性，过早发布消息可能带来巨大的压力；②媒体和公众需要及时和准确的信息；③不准确和不一致的信息可能引起混淆、误解和恐慌。

2）克服所面对的挑战：①可阐述已知信息和正在采取的行动；②没有确切信息提供时，可以告知公众正在开展调查，并告知获得进一步信息的时间；③及时跟进发布信息。

（2）事件维持阶段：随着突发事件的发展，媒体和公众会持续关注。一方面，需要依靠组织能力有力处置突发事件，另一方面可能需要澄清事实，消除误解。因此，此阶段还需要与媒体保持联系，通过媒体向公众定期发布信息简报。

（3）事件结束阶段：突发事件结束时，沟通需求减少。此阶段是回顾、分析机构与媒体合作的一个好机会。同时，也是加强健康信息传播和开展健康教育的好时机。通常情况下，事件发生后期是公众最热心于学习公共卫生知识和技能的时期。

此阶段也是评估总体风险沟通响应的时期，以借机评估风险沟通计划的执行情况，从中总结经验与教训，然后确定需要改善的具体行动。

在突发公共卫生事件应急处置过程中，风险沟通发挥着巨大的作用。如果没有有效的沟通计划，应急风险沟通的效果也是微乎其微的。因此，可以利用此时机，建议领导者通过合理规划和协调沟通机制来提高总体的应对效果。

6. 风险沟通效果评估 对风险沟通的过程和效果进行评估，改进风险沟通方案，完善沟通机制。需要说明的是，风险沟通是一个需要不断进行风险评估、调整沟通对象、完善沟通方案、实施有效沟通的连续过程。风险沟通方案、对象及策略都不是一成不变的，应及时根据事件的发展变化和风险评估结果进行调整，以服务于突发事件的有效处置。事件结束后，还需要进行全面的评估和总结，以进一步完善沟通准备。

六、应急响应终止

组织专家对突发环境与健康事件的应急响应终止进行分析论证，向应急管理部门提供响应终止建议。

（1）凡符合下列条件之一时，便可确认达到突发环境与健康事件应急终止的条件。

1）事件现场得到控制，事故条件已经消除。

2）污染源的泄漏或释放已降至规定限量值以内。

3）事件造成的危害被彻底清除，无继发可能。

4）事件现场的各种专业应急处置行动已无继续的必要。

5）采取了必要的防护措施以保护公众免受再次危害。

6）事件可能引起的中长期影响趋于合理，且处于最低水平。

（2）特别重大突发环境与健康事件由国务院卫生行政部门组织有关专家进行分析论证，提出终止应急响应的建议，报国务院或全国突发公共卫生事件应急指挥部批准后实施。

（3）重大突发环境与健康事件由省级卫生行政部门组织专家进行分析论证，提出终止应急响应的建议，报省级人民政府或省级突发公共卫生事件应急指挥部批准后实施，并向国务院卫生行政部门报告。

（4）较大突发环境与健康事件由市（地）级卫生行政部门组织专家进行分析论证，提出终止应急响应的建议，报市（地）级人民政府或市（地）级突发公共卫生事件应急指挥部批准后实施，并向上一级卫生行政部门报告。

（5）一般突发环境与健康事件，由县级卫生行政部门组织专家进行分析论证，提出终止应急响应的建议，报请县级人民政府或县级突发公共卫生事件应急指挥部批准后实施，并向上一级卫生行政部门报告。

上一级卫生行政部门要根据下级卫生行政部门的请求，及时组织专家对突发环境与健康事件应急响应终止的分析论证提供技术指导和支持。

七、事后评估

突发环境与健康事件结束后，各级卫生行政部门应在本级人民政府的领导下，组织有关人员对突发环境与健康事件的处理情况进行评估。评估内容主要包括事件概况、现场调查处理概况、患者救治情况、所采取措施的效果评价、应急处理过程中存在的问题和取得的经验及改进建议。评估报告上报本级人民政府和上一级卫生行政部门。事后评估工作流程图见图 4-4。

地方各级疾病预防控制机构应组织检查并落实网络报告。

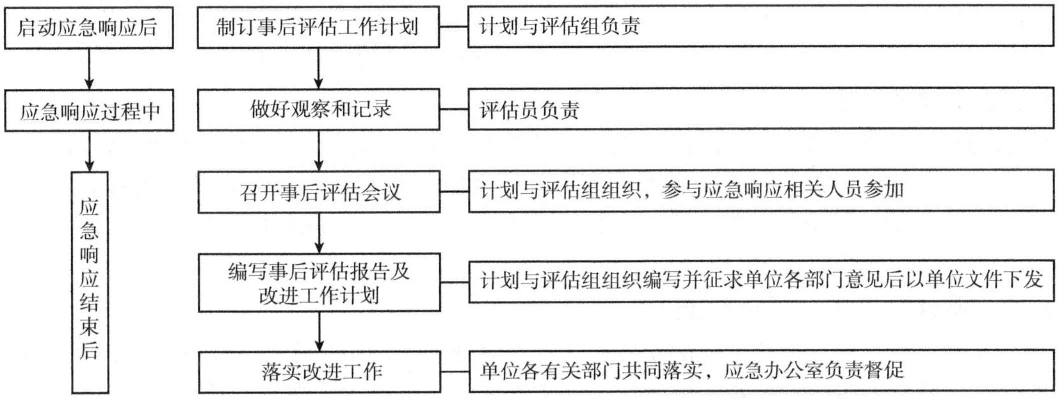

图 4-4　事后评估工作流程图

来源：《全国疾病预防控制机构卫生应急工作规范（试行）》

八、相关处理事项

（一）奖励

县级以上人事部门和卫生行政部门对参加突发环境与健康事件应急处理做出贡献的先进集体和个人进行联合表彰；对在突发环境与健康事件应急处理工作中表现突出而英勇献身的人员，按有关规定追认为烈士。

（二）责任

对在突发环境与健康事件的预防、报告、调查、控制和处理过程中，有玩忽职守、失职、渎职等行为的，依据《突发公共卫生事件应急条例》及有关法律法规追究当事人的责任。

（三）抚恤和补助

各级人民政府要组织有关部门对因参与应急处理工作致病、致残、死亡的人员，按照国家有关规定，给予相应的补助和抚恤；对参加应急处理一线工作的专业技术人员应根据工作需要制订合理的补助标准，给予补助。

（四）征用物资、劳务的补偿

突发公共卫生事件应急工作结束后，地方各级人民政府应组织有关部门对应急处理期间紧急调集、征用有关单位、企业的物资和劳务进行合理评估，给予补偿。

第五节 现状及展望

一、环境与健康应急管理现状

（一）应对突发环境与健康事件机制尚不健全

在应对环境与健康突发事件的时候，各应急管理部门协同联动的机制尚不健全。各部门认真履职，但部门之间协作能力有待提高。对风险的识别、监测、预警、资源规划、保障危机应对和处置、评估、资源协调调度等的部门界定不十分清楚，缺乏明确的说明。分级响应的内涵缺乏精准定义，不同地区、不同发展时期的分级标准也不同。

目前，应急管理的相关法律法规尚缺乏完善的管理人员责任清单，不利于管理人员在环境与健康应急事件发生后的第一时间充分利用应急管理机构的人力、物力资源开展应急处置。在环境与健康突发事件发生后，由于瞒报、迟报、应对不及时，对有关责任人的追责缺乏明确制度依据。

（二）信息共享不完善

“大数据”的收集、分析和利用是应急体系中信息化建设的重点。环境与健康突发事件的风险报告的标准、程序、时限和责任尚无明确规定，各个应急管理系统之间缺乏相互的交流与沟通，未建成统一高效的公共卫生信息平台，导致大量有效数据无法有效利用，综合性的分析、评估、预测报警不能有效开展。

（三）突发事件缺乏现场评估标准

由于某些突发环境与健康事件的缓发性（指在复杂的环境中健康危害因素的逐渐累积）和不可确定性，一些突发事件的现场评估无法依照事件分级标准进行评估，有些要等到事件处理结束后才能评价事件等级，这样就给统计分析工作带来一定的困难。

（四）环境与健康应急工作的日常管理和监督管理机制尚不完善

人员队伍、物资储备尚有不足，管理体制有待进一步规范。缺乏统一发展规划，缺乏规范化的现场筛查方法，技术装备水平也不能完全适应现场工作要求。

环境与健康应急管理过程中缺乏监督管理机制，不能及时纠正出现的失误并总结经验，为以后的应急管理工作带来指导效果。

二、研究热点

基于环境与健康应急管理现状，应急管理基础理论、应急管理体系建设、应急管理能力建设与评估、突发事件网络舆情及其治理、风险管理与公共安全治理、国外应急管理经验的借鉴等是环境与健康应急管理研究的热点议题。

基于环境与健康应急处置实践，应急处置的新技术、新装备，如信息化技术、人工智能、分子水平检测等也将获得关注。

展 望

未来应从下述方面优化环境与健康应急管理工作。第一，全面加强和完善落实环境卫生应急处置相关法律法规，充分提高应急管理的法治化、规范化水平，及时启动各级应急程序，快速遏制不良事态的升级。第二，建立、完善各部门统一的环境与健康应急指挥、协调机制；做好源头治理，健全风险防范化解机制；建立环境与健康突发事件重大风险研判、评估、决策、防控协同机制；建立健全从常态管理到非常态指挥应对的快速转化机制。第三，健全应急管理的责任体系，遵循“统一规划、分类指导、归口管理、分级实施、逐级监督”的原则，落实各环节责任和措施，提高环境与健康突发事件快速应对能力。第四，选拔专业技术人员，建立环境与健康应急队伍，注意加强队伍建设，对应急队员开展体能和业务训练，适时与其他单位开展联合演练，及时检验工作预案，磨合队伍，发现不足。第五，做好充分的技术储备，应注意加强对环境与健康应急技术的整理和储备，收集相关的工作规范、技术指南和专业技术资料，及时总结梳理应急处置案例，并做好经验分享和交流，以全面了解应急处置所需要的关键技术。第六，做好充足的物资储备，同时开展现场应用仪器的小型化、车载化研究，加强机动能力建设，并提前储备或及时采购到相关的检测试剂及耗材，有效提升应急工作效率。第七，建立和完善突发环境与健康事件应急处置信息系统，建立和完善突发环境与健康事件应急管理体系和大数据平台。第八，完善对突发环境与健康事件应急工作的监督管理，制定专门的监督管理机制。第九，加强应急管理的国际化合作研究，创新国际性重大风险全球协同治理合作机制，为环境与健康应急管理国际合作实践提供理论支撑。

案例：A 省龙江镉污染事件概述

2012 年 1 月 15 日，由于 B 市数家企业污水泄漏和违法排放含镉废水，按污染当量计算，龙江水中镉的含量大约为 20 吨，造成 B 市内龙江河以及 C 市境内水域龙江河、柳江段（从糯米滩至新圩河段）水质严重镉污染，给 C 市市区 100 万以及沿江两岸 2 万居民的生产生活造成极大影响。地方政府采取了下述应急处置方案：

（1）卫生应急管理：在 A 省、C 市处置龙江河突发环境应急指挥部的领导下，C 市疾病预防控制中心第一时间启动应急预案，紧急成立了“龙江河镉污染事件”应急处理领导小组，下设现场调查处理、传染病监测、宣传报道、检验检测、消毒指导、后勤保障等 6 个工作组。

（2）卫生现场处置：先后参与制定“应对龙江河突发环境事件卫生应急、生活饮用水卫生监督监测、备用水源水质卫生应急监测、启用备用水源供水应急消毒、备用水源供水风险评估、健康教育”等 6 个技术工作方案。

（3）实施成效：通过采取降镉除镉、调水稀释等综合应对有效措施，镉污染事件态势得到完全控制，柳江保卫战取得胜利。C 市饮用水未受到镉污染，确保了 C 市供水安全，使 C 市市民的情绪、生活处于稳定状态。2 月 25 日龙江河、柳江河水质已达到国家地表水标准，解除了突发环境事件应急响应。

推荐阅读

陈贤义, 2011. 突发公共卫生事件应急风险沟通手册 [EB].

陈学敏, 杨克敌, 2008. 现代环境卫生学 [M]. 2 版. 北京: 人民卫生出版社.

第十届全国人民代表大会常务委员会, 2007. 中华人民共和国突发事件应对法 [EB].

国家卫生计生委应急办, 2015. 全国疾病预防控制机构卫生应急工作规范 (试行)[EB].

国务院办公厅, 2014. 国家突发环境事件应急预案 [EB].

卫生部, 2006. 国家突发公共卫生事件应急预案 [EB].

杨克敌, 2017. 环境卫生学 [M]. 8 版. 北京: 人民卫生出版社.

思 考 题

1. 如何更好地开展环境与健康应急工作？
2. 新技术、新装备如何在环境与健康应急中发挥作用？
3. 突发环境事件应急管理工作的研究热点会有哪些？

（张 伟）

第二篇 环境介质与健康

第五章 大气污染与健康

本章主要介绍当前我国大气污染的现状及其健康影响概况，阐述大气主要污染物对人体健康的危害及其可能的内在机制；并进一步根据空气污染健康影响的群体和个体干预性研究成果，归纳总结并提出当前我国大气污染治理策略和措施。

第一节 我国大气污染及其健康影响概况

空气是地球上生命赖以生存的重要物质条件之一，人体通过呼吸作用，吸入氧气，排出 CO_2，与外界之间进行气体交换，以维持正常的生命活动。正因如此，空气的洁净程度、理化特性等与人体健康息息相关。

一、我国大气污染的特征与变化

根据国际标准化组织（International Organization of Standard）的定义，空气污染是指由于人类活动或自然过程引起某些物质进入大气中，呈现出足够的浓度，达到足够的时间，并因此危害了人类的舒适、健康、福利和环境的现象。随着社会经济的飞速发展，空气污染造成的健康危害已成为全球各国政府所面对的重大公共卫生问题之一，基于 2019 年 GBD 研究报道，大气污染成为全球居民疾病负担的第四位危险因素。如何做到既要保证社会经济的可持续发展，又要实现人群健康利益维护的最大化，也是我国政府在环境治理方面所面对的新考验。我国空气污染的治理演变，主要以 1972 年为分界线；1972 年以前，我国空气污染逐渐加重，但正式的污染防治工作暂时滞后；1972 年后，空气污染防治被正式提上国家议程，大气环境状况处于“污染”和“治理”同步进行的阶段，呈现出更加复杂的变化特征。

（一）1972 年以前的空气污染

从新中国成立到 20 世纪 60 年代末期这段时间内，百废待兴，还没有制定明确的环境保护政策和目标。随着经济建设的推进，环境污染问题开始突显，空气质量开始恶化，部分遭遇严重大气污染地区的人民生活与生产受到了极大的影响。整体而言，这一时期的城市空气污染主要是工业烟尘和废气排放增加造成的，以煤烟型污染为主；影响范围通常较小，属于局部性污染。

这一时期，尽管国家采取措施减少了工业废气、烟尘排放对生态环境和人民生活带来的危害，但由于缺乏对空气污染系统的认知及行之有效的污染控制手段，无法从根本上解决问题，许多地区空气质量急转直下。

（二）1972 年之后的空气污染

1972 年 6 月 5 日至 16 日联合国在斯德哥尔摩召开了人类环境会议，中国政府派遣代表出席此次会议，是我国环境保护事业的转折点，标志着我国正式将环境保护事业提上议程，空气污染防治从此拉开序幕。

20 世纪 90 年代以后，我国进入快速工业化道路，第一代煤烟型污染尚未得到有效控制，以硫酸盐与 SO_2 为主的第二代污染紧随而至。我国空气污染的类型逐渐从煤烟型污染转变为煤烟型污染和机动车尾气交通型污染叠加的复合型污染，其主要表现为近些年来频繁发生的雾霾天气，即“大量极细微的干尘粒等均匀地浮游在空中，使水平能见度小于10.0km的空气普遍浑浊现象”。有基于地面气象站资料的研究表明，自20世纪80年代起，我国雾霾现象明显增加，到21世纪初，东部大部分经济发达地区霾日几乎都超过100天，其中大城市区域甚至超过150天。随着我国经济社会的迅速发展，工业化、城市化水平的日益提升，以煤炭为主的能源消耗大幅攀升，2021年我国能源消费总量上升至52.4亿吨标准煤，同比增长5.2%；同时机动车保有量也急剧增加，截至2022年3月，全国机动车保有量达4.02亿辆。表明我国面临的污染物减排和大气污染防治的难度大大增加。

除了污染的复杂性之外，大气污染由局部性污染转变为广域性污染的态势越来越明显。空气污染物的流动已经从小范围的局部污染地区逐渐向外不断扩散，其扩散范围越来越大，甚至可以对相邻国家和地区的空气质量产生一定的影响，产生“跨境污染”的现象。近年来，空气污染逐渐呈现为一些区域性的整体威胁，在京津冀、长三角、珠三角、汾渭平原等区域表现得相对突出，这些也是当前我国空气污染治理的重点区域。既往对重点污染物与重点污染控制区的强化管理与排放总量控制，取得了显著的成果。然而在新时期，随着空气污染广域性特征的显现，以及民众对空气质量与健康关系的密切关注，我国空气污染防治政策也开始逐渐转型，呈现出从局限于传统属地的治理向重点区域联防联控机制转变的态势。

（三）空气污染防治政策的变革及成效

1972年，第一次全国环境保护会议在北京召开。此次会议通过了《关于保护和改善环境的若干规定（试行草案）》，这是中华人民共和国颁布的第一个环境保护的法规性文件。同年，中国政府出台了《工业“三废”排放试行标准》。在上述两个政策文件指导下，我国空气污染防治工作正式起步。

1978年《中华人民共和国宪法》的通过使国家环境政策的制定与实施第一次有了宪法作为保障，我国的空气污染防治政策也进入了高速发展时期。1979年，全国人民代表大会常务委员会通过了《中华人民共和国环境保护法（试行）》，1987年，第六届全国人民代表大会常务委员会审议通过了《中华人民共和国大气污染防治法》。1991年，发布了《大气污染防治法实施细则》。1978～1994年，大量相关政策相继出台，反映了国家对环境问题的高度重视。1996年，国务院发布了《关于环境保护若干问题的决定》，提出要实施污染物排放总量控制，以取代之前实行的污染物的排放浓度的控制，而随着上述国家政策的执行，1995～2009年我国的酸雨和SO_2污染控制取得了重要进展。

自2010年来，中国空气污染防治进入了区域联防联控的新时期。国务院在2013年9月出台了《大气污染防治行动计划》（简称《大气十条》），其涉及燃煤、工业、机动车、重污染预警等十条措施，被称为“空气国十条”，主要指治理雾霾的相关举措，提出“区域协作与属地管理相协调”的指导原则。2015年新修订的《中华人民共和国大气污染防治法》正式将国家建立重点区域联防联控机制写入法律条文。

从“国十条”开始，中国大气污染治理的措施力度加大，跨区域的行政管理机制开始建立，联合执法行动强力推进，并取得了一系列的治理成果。2013年，SO_2、NO_x、$PM_{2.5}$和VOC的人为排放量分别为2180万吨、2730万吨、1000万吨和2260万吨。而2017年，SO_2、NO_x、$PM_{2.5}$和VOC的排放量分别比2013年减少了33%、25%、30%和4%。根据2020年《中国生态环境状况公报》，2020年共有202个城市环境空气质量达标，占全部地级及以上城市数的59.9%，同比增加45个；337个城市平均优良天数比例为87.0%，比2019年上升5.0个百分点。$PM_{2.5}$、PM_{10}、O_3、SO_2、NO_2和CO浓度分别为33μg/m^3、56μg/m^3、138μg/m^3、10μg/m^3、24μg/m^{3}和1.3mg/m^3。与2019年相比，六项污染物浓度均下降。在健康收益方面，2013年与$PM_{2.5}$相关的总死亡人数估计为每年138.9万人，2017年估计为110.2万人，出现了明显下降。其中，2014～2017年避免的死亡案例估计分别为7.2万例、14.4万例、21.5万起和28.7万例。2013～2017年，中国大气污染治理所避免的死亡总数约为 71.8 万例，健康收益约为 3.762 万亿元。

2018 年 7 月，国务院印发《打赢蓝天保卫战三年行动计划》，明确了大气污染防治工作的总体思路、基本目标、主要任务和保障措施及计划进程。提出到 2020 年，全国 SO_2、NO_x 排放总量控制在 1580 万吨、1574 万吨以内，分别比 2015 年下降 15% 以上，$PM_{2.5}$ 未达标地级及以上城市浓度比 2015 年下降 18% 以上，地级及以上城市空气质量优良天数比率达到 80%。

2020 年 6 月，生态环境部印发了《2020 年挥发性有机物治理攻坚方案》，把 VOC 治理攻坚作为打赢蓝天保卫战收官的重要任务。实施重点地区、重点行业 VOC 污染减排，排放总量下降 10% 以上。2021 年 4 月，生态环境部印发了《细颗粒物和臭氧污染协同防控“一市一策”驻点跟踪研究工作方案》，强化 O_3 污染成因与治理研究，补齐各地 O_3 污染防治技术、人才和能力短板，提出科学性、针对性、操作性强的 $PM_{2.5}$ 和 O_3 污染协同防控“一市一策”综合解决方案，以科技助力地方深入打好蓝天保卫战。

2022 年 4 月，国家能源局、科学技术部印发了《“十四五”能源领域科技创新规划》（以下简称《规划》），《规划》提出了 2025 年前能源科技创新的总体目标，围绕先进可再生能源、新型电力系统、安全高效核能、绿色高效化石能源开发利用、能源数字化智能化等方面，确定了相关集中攻关、示范试验和应用推广任务，制定了技术路线图。

党中央、国务院高度重视大气污染防治工作，在《中华人民共和国国民经济和社会发展第十四个五年规划和 2035 年远景目标纲要》中提出“深入打好污染防治攻坚战，强化多污染物协同控制和区域协同治理，基本消除重污染天气”。2021 年 11 月，《中共中央　国务院关于深入打好污染防治攻坚战的意见》发布。

二、我国大气污染的控制措施

大气污染与气候变化相伴相随，互相影响，控制大气污染和应对气候变化，在很多政策措施上都是比较一致的，而且解决的问题总体上是同根同源。我国颁布了《中华人民共和国大气污染防治法》，并已经加入联合国《气候变化框架公约》和修正后的《关于消耗臭氧层物质的蒙特利尔议定书》，已在制定履行这些国际公约和议定书的国家行动方案。

治理好大气污染任务重、难度大，必须付出长期艰苦的努力；必须坚持防治大气污染人人有责，在全社会树立“同呼吸、共奋斗”的行为准则；必须坚持在保护中发展、在发展中保护，实现环境效益、经济效益和社会效益多赢。在我国目前的情况下，大气污染的防治措施是技术与管理措施相结合。

（一）规划措施

1. 全面规划，工业合理布局　结合城镇规划，全面考虑工业布局，厂址选择、烟囱设计、城区与工业区规划等要合理。工业建设多设在小城镇和工矿区，较大的工业城市最好不再新建大型工业企业，特别是污染重的冶炼、石油和化工等企业。避免在山谷内建立有废气排放的工厂。考虑当地长期的风向和风速资料，将工业区配置在当地最小风向频率的上风侧。工业企业与居民区之间应设置一定的卫生防护距离。

2. 完善城市绿化系统　城市绿化系统是城市生态系统的重要组成部分。它不仅能美化环境，对于改善城市大气环境质量有重要作用。完善的城市绿化系统可调节水循环和“碳-氧”循环，调节城市的小气候，阻挡、滤除和吸附风沙和灰尘，吸收有害气体。此外，绿化可以使空气增湿和降温，缓解城市热岛效应（urban heat island effect）。在建设城市绿化系统时，应注意各类绿地的合理比例。绿地的种类包括公共绿地、防护绿地、专用绿地、街道绿地、风景游览和自然保护区绿地以及生产绿地等。

3. 加强居住区内局部污染源的管理　卫生部门与有关部门协同配合，对居住区内饭店、废品堆放处及垃圾焚烧站等可能污染室内外空气的污染源加强管理。

（二）工艺和防护措施

1. 改善能源结构

一是节能、提高能源利用效率。推行煤炭洗选加工，降低煤的硫分和灰分，限制高硫分、高灰分煤炭的开采。禁止开采含放射性和砷等有毒有害物质超过规定标准的煤炭。与分散供热相比，集中供热可节约30%～35%的燃煤，同时提高除尘效率和采取脱硫措施、减少烟尘和SO_2的排放量。气态燃料燃烧完全，使用方便，是节约能源和减轻大气污染的较好燃料，在城市大力发展和普及天然气、煤气等气态能源。

二是因地制宜发展可再生能源，它是零碳的能源、是清洁能源，如水电、地热、风能、海洋能以及太阳能等。

三是增加森林碳汇，植树造林，使更多植物吸收污染物，助于降尘，减轻大气污染程度。

2. 控制机动车船污染 我国鼓励生产和消费使用清洁能源的机动车船，规定机动车船向大气排放污染物不得超过规定的排放标准。可采取机内净化、机外净化以及燃料的改进与替代等措施。机内净化是指在机动车的设计和生产过程中，通过改进发动机结构和燃烧方式，使新车的污染物排放达到国家的要求。机外净化一般是通过安装尾气催化净化装置，使机动车尾气达标排放。鼓励和支持生产、使用优质燃料油，采取措施减少燃料油中有害物质对大气环境的污染。

3. 改进生产工艺，减少废气和废物排放 通过工艺分析，进行防污染设备的研制、设计、建造、安装和运行，以无毒或低毒的原料替代毒性大的原料，减少污染物的排出。在生产过程中加强管理，消除跑、冒、滴、漏和无组织排放，杜绝事故性排放。采用消烟除尘、废气净化措施，减少废气的排放。

大气污染防治具有系统性和综合性，涉及环境规划管理、能源利用、污染防治等许多方面，内容非常丰富。从“大气污染防治行动计划”到“打赢蓝天保卫战三年行动计划”，我国大气污染防治工作不断加强，但是，由于我国各城市（或地区）的大气污染特征、条件以及大气污染综合防治的方向和重点不尽相同，难以找到适合一切情况的综合防治措施，因此需要因地制宜地提出相应的对策。

三、大气污染健康效应的概况

随着社会经济的发展，大气污染物与人群健康的关系逐渐成为公共卫生领域的热点问题。目前，大量研究显示大气污染对人群心脑血管和呼吸系统疾病的发生、发展和预后具有重要影响。在世界各国，特别是发展中国家，出于经济发展的需求往往面临重大环境问题。我国当前大气污染形势严峻，随着工业化、城镇化的深入推进，大气污染防治难度增大。相较于发达国家，我国大气污染与人群健康的研究起步较晚。但近年来在国家的大力支持下，我国学者采用与国际接轨的研究方法，如时间序列分析、病例交叉研究、队列研究和干预试验等，深入系统地评估了大气中主要污染物与我国人群不同健康结局之间的关系，并取得了一系列的重要研究成果，初步回答了大气污染物对我国人群健康影响的相关问题。这对促进大气环境保护和居民健康起到了重要推动作用。

（一）大气污染短期暴露的健康效应研究

1. 大气污染短期暴露对患病的影响 从20世纪90年代起，美国等国家学者采用更为细致的时间序列分析方法系统地评估了大气污染与人群患病之间的关联关系；结果显示，即使在较低的空气污染水平下，仍能观察到空气污染物与人群患病情况的显著关联。

近年来，我国学者基于实验室动物模型和人群现场流行病学也开展了大气污染短期暴露与健康损伤的探索性研究；这些研究阐述了大气污染物与人群发病的急性效应，以及与症状、生理指标的相关关系，还探讨了大气污染暴露与急性传染性疾病（流行性感冒、流感样病例、新型冠状病毒感染）、慢性传染性疾病（肺结核）、不良出生结局以及抑郁发生的相关关系。研究范围从单个城市到多个城市，乃至全国层面的报道不断补充更新。如基于全国 218 个城市开展的系列研究初步回答了我国大气污染对发病急性影响的相关问题。

而减少颗粒物的短期暴露对改善 CVD 症状，降低 CVD 相关症状的发生率也呈现正向关联。在一些干预性研究中发现，佩戴口罩来减少个人短期暴露于交通来源的空气污染，有益于心血管健康，可以减轻冠心病患者的症状并改善一系列冠心病导致的心血管症状，如降低血压水平，同时可以降低冠心病患者人群中心血管事件的发生率，并改善患者的总体健康状况。此外，减少空气污染物的短期暴露还具有改善循环系统炎症，促进凝血和血管收缩的功能。

2. 大气污染短期暴露对死亡的影响 大气污染物中颗粒物的短期暴露，与全因 /CVD 以及呼吸系统疾病死亡率增加之间存在正向关联，且进一步研究发现，$PM_{2.5}$ 与人群死亡率之间呈现非线性关系。

在一项对全球 24 个国家或地区 652 个城市的死亡率和空气污染每日数据进行分析的研究中发现，大气 PM_{10} 的 2 天移动平均浓度值每增加 10μg/m^3，每日全因死亡率、每日 CVD 死亡率以及每日呼吸系统疾病死亡率，分别增加了 0.44%、0.36% 和 0.47%。$PM_{2.5}$ 的相同浓度变化导致每日全因、CVD、呼吸系统疾病死亡率分别增加了 0.68%、0.55% 和 0.74%。在分析模型中对气态污染物进行调整后，这些关联仍然显著。

其他研究也表明，除颗粒物外其他大气污染物的短期暴露，如 NO_2、SO_2 等也与 CVD 死亡率、住院率、急诊率和疾病恶化等增加有关。例如，一项在全球 398 个城市开展的研究中发现滞后 1 天的 NO_2 浓度每增加 10μg/m^3，总死亡率、心血管死亡率和呼吸系统死亡率分别增加 0.46%、0.37%、0.47%；而在我国南部地区的一项研究中也发现低浓度 SO_2 短期暴露与非意外死亡风险之间存在显著关联。

3. 大气污染短期暴露对亚临床指标的影响 近年来我国已开展了不少关于大气污染短期暴露对亚临床指标影响的研究。研究内容从血压、气道炎症反应、肺功能、生殖功能等多种亚临床指标到表观医学指标，如 DNA 甲基化、RNA 修饰等；健康指标检测方法从酶联免疫法到代谢组学方法，暴露测量方法从传统的监测站到个体暴露研究，污染物也从单一污染物扩展到颗粒物粒径和组分研究。如在基于我国健康大学生的多项固定群组研究发现，即使是短期暴露于低于或接近检出限值的大气污染物（如 $PM_{2.5}$ 及 O_3），也可显著增加健康人群炎症标志物的分泌水平，且不同组分对应的效应生物标志物存在差异。而在一项针对中国小学生的研究中发现，短期暴露于大气颗粒物与儿童的肺功能下降有关，且这种效应存在粒径差异。在另一项重庆大学男性生殖队列的研究中也发现短期空气污染物的暴露可能会改变生殖激素水平，其中 PM_{10}、$PM_{2.5}$ 浓度与血清雌二醇、孕酮水平呈正相关，但与睾酮与雌二醇的比值呈负相关。这些研究可以更准确地评估大气污染暴露的个体真实水平，更加关注颗粒物不同粒径和不同组分的健康危害，从而更精细地评估大气污染对人体健康的急性危害，为进一步阐明大气污染的致病机制奠定了基础。

（二）大气污染长期暴露的健康效应研究

1. 大气污染长期暴露对患病的影响 多项横断面研究表明，大气污染的长期暴露与罹患 CVD 的风险增加有关。在一项针对我国成年人的横断面研究中发现，在平均空气污染物浓度处于 35.3μg/m^3（NO_2）到 123.1μg/m^3（PM_{10}）时，长期暴露于此浓度的大气污染物可显著增高心脏代谢危险因素患病风险，且在众多的效应结局中，其与高 β 脂蛋白血症的相关性最强；该研究支持了大气污染物可能会通过影响心脏代谢危险因素进而导致 CVD 发生的假设。此外，研究者还发现患有心脏代谢危险因素的个体可能更容易受到大气污染的影响而罹患 CVD。随后在进一步的粒径效应研究中，研究人员也发现 UFP 与血脂异常状态的多个指标存在类似关联，长期暴露于 UFP 后，机体总胆固醇和低密度脂蛋白胆固醇（low-density lipoprotein cholesterol，LDL-C）水平显著升高，总体血脂异常、高胆固醇血症和高 β 脂蛋白血症的发生风险也显著升高。此外，大气污染长期暴露还与心律不齐、心力衰竭、心搏骤停的危险升高有关。

大气中 SO_2、NO_x、颗粒物等污染物不仅能对机体产生急性刺激作用，还可以长期反复刺激机体引起各种炎症反应，造成呼吸道炎症反复发作，最终导致肺功能下降。在我国针对儿童的一项研究中，发现大气污染长期暴露对肺功能存在负面影响，长期 PM_1 和 $PM_{2.5}$ 暴露可导致儿童肺功能下降，对儿童呼吸系统产生危害，且 PM_1 与儿童肺功能损害之间的关联始终强于 $PM_{2.5}$。除了颗粒物，在另一项研究中也发现长期暴露于 O_3 与儿童患过敏性鼻炎及支气管炎症状显著相关。以上这些研究的设计均为横断面研究，无法确定疾病和暴露时间的先后次序，因此在确定因果关系时受到限制。

2. 大气污染长期暴露对死亡的影响　基于美国哈佛六城市队列研究，美国学者首次提出大气污染长期暴露与 CVD 死亡率增加显著相关。近年来我国学者也开展了多项大规模队列研究，系统地探讨了大气污染长期暴露对总死亡、心血管系统和呼吸系统疾病等死亡风险的影响。包括基于我国 31 个城市建立的第一个大气污染队列（1991～2000 年，7.09 万成年居民）、北方 4 个城市大气污染队列（沈阳、天津、太原和日照，1998～2009 年，3.9 万居民）及中英联合展开的中国嘉道理生物库（China kadoorie biobank）和国家心血管病中心牵头的大气污染长期效应研究队列（long-term effect of air pollution in China consortium）等；这些研究发现长期暴露大气污染物，可显著增加居民全因 / 非意外死亡、心血管系统疾病死亡和呼吸系统疾病死亡的风险；如基于中国老年健康影响因素跟踪调查研究（2008～2014 年，13.3 万居民），发现 $PM_{2.5}$ 年平均浓度值每升高 $10\mu g/m^3$，总病因死亡 HR 为 1.08，表明 $PM_{2.5}$ 每增加 10 个单位，居民死亡的风险增加了 8%。这些研究结果为揭示大气污染对我国成人 CVD、呼吸系统疾病和肿瘤等慢性病发病和死亡的影响以及为我国居民慢性病健康风险评级和人群防治提供重要的流行病学证据，也为开展大气污染防控和疾病防治工作提供科学依据。

（董光辉）

第二节　大气主要污染物对人体健康的影响

大气污染物按其属性一般分为物理性（如噪声、电离辐射、电磁辐射等）、化学性和生物性（经空气传播的病原微生物和花粉）三类。其中以化学性污染物分布最多、污染范围最广。根据污染物在大气中存在状态，可将其分为气态和气溶胶。大气气溶胶中分散的各种微粒成为大气颗粒物。常见气态污染物有 O_3、NO_x、CO、SO_2 等。

大气污染物主要通过呼吸道进入人体，小部分污染物可以降落至食物、水体或者土壤，经饮食或饮水由消化道进入人体，儿童可能直接食入尘土而经由消化道摄入污染物。有的污染物可以直接通过皮肤、黏膜进入机体，脂溶性的物质甚至可以直接经过完整皮肤侵入人体。进入机体的大气污染物对人体多个系统均可产生急性或慢性健康效应，主要以呼吸、循环系统为主。不同的污染物毒性效应、作用机制、靶器官等可能不同，需要深入研究。

一、颗　粒　物

颗粒物是大气污染物中主要的种类之一，通常将气溶胶体系中分散的各种固态粒子称为大气颗粒物。不同的大气颗粒物理化性质不同；在气流中，如果所研究的大气颗粒物与一个单位密度的球形颗粒物的空气动力学效应相似，则该球形颗粒物的直径就定义为所研究大气颗粒物的空气动力学等效直径。按空气动力学等效直径可将大气颗粒物分为空气动力学等效直径≤100μm 的 TSP、空气动力学等效直径≤10μm 的 PM_{10}、空气动力学等效直径≤2.5μm 的 $PM_{2.5}$、空气动力学等效直径≤1μm 的颗粒物以及空气动力学等效直径≤0.1μm 的 UFP。不同空气动力学等效直径的颗粒物健康效应不同，一般而言，空气动力学等效直径越小，健康危害越大。

（一）呼吸系统

呼吸系统是大气颗粒物直接接触的靶器官。进入呼吸道的颗粒物可以刺激和侵蚀肺泡壁，使呼吸道防御功能受到破坏，肺功能降低，呼吸系统症状如咳嗽、咳痰、喘息等的发生率增加，导致呼吸系统疾病包括慢性支气管炎、肺气肿、COPD、哮喘等的入院人数增加以及患病率和死亡率增高，甚至引起肺部癌症。

短期暴露于大气颗粒物可诱导呼吸系统急性炎症反应，促使呼吸系统疾病发生发展或原有疾病加重。我国一项多中心研究显示，短期接触大气颗粒物还会增加特定呼吸系统疾病发生或恶化风险。国内学者基于全球 528 个城市 PM_{10} 的数据、488 个城市 $PM_{2.5}$ 的数据评估了颗粒物与呼吸系统死亡率的关联，发现 PM_{10}、$PM_{2.5}$ 浓度每升高 $10\mu g/m^3$，居民因呼吸系统疾病日死亡率分别增加 0.47% 和 0.55%。其他研究也发现，大气颗粒物污染浓度短期升高与 COPD、哮喘的入院率增加有关。

长期吸入大气颗粒物可能会导致呼吸系统炎症反复发作，造成气管狭窄，气道阻力增加，肺功能不同程度地下降，形成慢性气管炎、慢性支气管炎、肺气肿、COPD 等，甚至引起肺部癌症。我国学者基于动物模型，发现长期吸入 $PM_{2.5}$ 会降低巨噬细胞分泌白细胞介素-6（interleukin，IL-6）和干扰素 β（interferon-β，IFN-β）的能力，紊乱肺部防御系统，增加呼吸系统流感感染后死亡风险；其内在的机制可能与 IL-6 和 IFN-β 启动子区域基因甲基化有关。我国东北地区、北京和上海的多项人群流行病学研究发现，大气颗粒物污染可显著降低儿童肺功能指标如儿童最大呼气中段流量（maximal mid-expiratory flow，MMEF）、第 1 秒用力呼气量（forced expiratory volume in first second，FEV_1）等。2013 年 IARC 首次明确大气颗粒物 PM_{10} 和 $PM_{2.5}$ 为环境致癌物质，并基于全球 18 项队列研究量化了大气颗粒物暴露与肺癌发病和死亡的风险，即大气颗粒物 PM_{10} 和 $PM_{2.5}$ 每增加 $10\mu g/m^3$，肺癌发病 / 死亡的风险分别增加了 8%（RR=1.08；95% CI：1.00～1.17）和 9%（RR=1.09；95%CI：1.04～1.14）。我国一项多中心前瞻性队列随访了 189 793 名大于 40 岁的中国男性，研究发现 $PM_{2.5}$ 浓度每升高 $10\mu g/m^3$，肺癌和 COPD 的发生风险均增加 12%。我国北方 4 个城市大气污染队列研究报道，PM_{10} 每增加 $10\mu g/m^3$，居民肺癌死亡的风险增加了 9%（HR=1.09；95% CI：1.04～1.14），接近 IARC 报道的水平。

（二）循环系统

大量研究表明，大气颗粒物是导致循环系统不良健康效应的重要空气污染物之一。大气颗粒物在进入人体后，通过诱导系统性炎症反应和氧化应激，导致血管内皮细胞功能出现紊乱，大量活性氧（reactive oxygen species，ROS）自由基释放入血液，进而促进凝血功能，导致血栓形成、血压升高和动脉粥样硬化斑块形成。大气颗粒物还可通过肺部的自主神经反射弧，刺激交感和副交感神经中枢，在影响血液系统和血管系统的同时，还可影响心脏的自主神经系统，导致心率变异性降低、心率升高和心律失常，诱导多种循环系统疾病的发生发展。

国内外学者深入探讨了短期大气颗粒物暴露与循环系统疾病的关联。我国一项探讨 $PM_{2.5}$ 与循环系统疾病死亡率短期关联的全国性横断面调查发现，短期 $PM_{2.5}$ 浓度每增加 $10\mu g/m^3$，CVD、脑卒中、冠心病、急性心肌梗死的死亡率分别增加 0.12%、0.13%、0.17% 和 0.42%。而一项全球性研究发现 PM_{10} 和 $PM_{2.5}$ 浓度每升高 $10\mu g/m^3$，每日心血管系统死亡率分别升高 0.36% 和 0.55%。

长期大气颗粒物暴露也是心脑血管疾病的危险因素之一。我国一项多中心研究发现，长期暴露于 $PM_{2.5}$ 及其组分（黑碳、硫酸盐、硝酸盐等）均与 CVD 的亚临床结局如血糖升高、血压升高、心律异常具有统计学关联。在我国上海市和广东、湖北、吉林、陕西、山东、云南以及浙江七省实施的一项横断面研究发现 11.75% 的高血压病例可归因于室外 $PM_{2.5}$ 长期暴露，大气 $PM_{2.5}$ 浓度每增加 10μg/m^3，高血压的患病风险将升高 14%（OR=1.14；95%CI：1.07～1.22）。而在中国东北部地区基于 9354 位儿童的调查发现，PM_1 年平均浓度每升高 10μg/m^3，儿童高血压患病风险增加 61%。河南多中心农村队列发现，PM_1、$PM_{2.5}$ 和 PM_{10} 浓度每增加 1μg/m^3，10 年动脉粥样硬化性 CVD 风险分别升高 4.4%、9.1% 和 4.6%。一项覆盖全球 21 个低等收入、中等收入和高等收入国家，包含 157 436 名研究对象的队列研究表明，$PM_{2.5}$ 浓度每增加 10μg/m^3，心肌梗死发病率升高 11%（HR=1.11；95%CI：1.02～1.21）。在我国自然人群中实施的前瞻性队列研究——“中国动脉粥样硬化性心血管疾病风险预测研究”（prediction for ASCVD risk in China）表明，$PM_{2.5}$ 浓度每增加 10μg/m^3，脑卒中、缺血性脑卒中和出血性脑卒中的发病风险分别升高 13%、20% 和 12%。

（三）其他

大气颗粒物对其他系统影响的研究虽然不及心肺系统方面影响的研究广泛和深入，但已有证据揭示了大气颗粒物对神经系统、生殖系统等存在的不利健康影响且近年来备受关注。如一项基于中国 5049 位男性退伍军人的多城市研究指出，长期 PM_1 暴露浓度每升高 1μg/m^3，轻度认知障碍的患病风险增加 18%。而在加拿大的一项纳入了 132 256 位新生儿的大型出生队列研究中，母亲孕期暴露的 $PM_{2.5}$ 浓度每增加一个四分位间距，子代自闭症发病风险增加 0.8%。

大气颗粒物对生殖发育的影响主要表现为不良妊娠结果（早产、流产、死胎、低出生体重等）、导致妊娠期暴露滞后效应（胚胎和胎儿发育迟缓、发育异常等）、影响生育能力（生殖细胞数量减少、功能降低、不孕不育等）以及妊娠并发症。我国目前关于大气颗粒物对生殖发育影响的流行病学研究还较少，主要研究集中于大气颗粒物与不良妊娠结果和生殖功能的关系研究。在我国长三角地区开展的一项回顾性队列研究纳入了 12 665 名第一次接受胚胎移植的女性，研究发现取卵前一年的空气污染物暴露与妊娠结局存在明显的负相关；PM_{10}、$PM_{2.5}$ 的浓度每升高 1μg/m^3，活产的可能性分别下降 0.89% 和 0.82%。在实验室研究方面，我国学者也采用气管滴注法给 SD 雄鼠进行 $PM_{2.5}$ 染毒，发现 $PM_{2.5}$ 暴露可促进雄鼠血清卵泡刺激素和黄体生成素浓度升高，降低血清睾酮分泌水平。

二、臭　　氧

臭氧是无色气体，分子式为 O_3，有特殊臭味，因此得名“臭氧”。高浓度的地面 O_3 是城市光化学烟雾的主要成分之一，影响人类健康。

（一）呼吸系统

O_3 水溶性小，容易进入呼吸道深部，能刺激和氧化呼吸道黏膜和肺细胞，降低细胞膜的通透性，使细胞内酶外漏，引起组织损伤或刺激炎症细胞释放炎性因子，降低呼吸道防御功能，增加呼吸系统疾病发病率，甚至增加呼吸系统疾病死亡率。

在我国东北 7 个城市 59 754 名儿童中开展的横断面调查研究显示，O_3 暴露浓度每升高 10μg/m^3，儿童过敏性鼻炎、持续性咳嗽和持续性痰的患病风险分别增加 13%、10% 和 12%。在我国香港地区开展的大气污染与呼吸系统日死亡率关联性研究报道，滞后 2 天的 O_3 暴露浓度每升高一个四分位数间距，居民呼吸系统死亡风险增加 41%。另一项基于中国肺健康研究计划（China pulmonary health study）在全国范围内开展的横断面研究，对 50 991 名成年居民进行了肺功能检测，系统地评估 O_3 等大气污染物对呼吸系统功能的损害效应，结果显示 O_3 暴露浓度每增加一个标准差（4.9 ppb），居民小气道功能障碍患病风险增加 9.0%（OR=1.09；95%CI：1.06～1.11），肺活量的第 75 百分位的用力呼气流量降低 14.2ml/s（95%CI：8.8～19.6ml/s）、肺活量第 75 百分位和第 95 百分位的平均用力呼气流量降低 29.5ml/s（95%CI：19.6～39.5ml/s）；且与不患有 COPD 的居民组相比，O_3 对呼吸系统的损害效应在 COPD 患者组表现得更加明显。

与国内研究结果相比，国外学者也评估了 O_3 对呼吸系统的危害效应，并得到了相似的研究结果。如法国学者基于巴黎 1063 名儿童队列评估 O_3 的健康危害效应，结果显示 O_3 暴露可显著增加儿童哮喘、呼吸系统感染的发病风险，且 O_3 浓度与肺功能降低密切相关，可显著降低 MMEF 并提高其变异性。来自美国的弗明汉斯队列研究也发现，短期 O_3 浓度与成人肺功能降低有关，O_3 浓度增加 1μg/m³，用力肺活量下降 55.7ml，FEV_1 下降 50.6ml；且进一步研究还发现长期 O_3 暴露可显著增加居民肺气肿的发病风险。来自韩国的一项 249 个行政区的生态学研究报道，长期 O_3 暴露浓度增加一个四分位数间距，居民肺炎死亡率增加 0.6%。

（二）循环系统

大气中的 O_3 不仅可以影响气管和肺部等吸入污染物直接接触的靶器官，而且对呼吸系统以外的循环系统也能产生有害影响。O_3 也可以与生物分子反应形成臭氧化物和自由基，这些氧化物、自由基通过血液进入全身循环系统可导致循环系统疾病危害。

短期效应来看，在我国 88 个区或县开展的调查研究结果显示，短期大气 O_3 浓度每升高 10μg/m³，居民脑卒中的死亡风险增加 0.30%。在我国东北 7 个城市 9354 名儿童中开展的一项横断面研究发现，短期（5 天）O_3 暴露浓度每升高一个四分位数间距（53μg/m³），儿童高血压患病的风险增加 2.77 倍（95%CI：1.94～3.95）。在美国 95 个城市社区开展的流行病学调查研究发现，前 7 天的 O_3 平均浓度每增加 10μg/m³，居民的 CVD 死亡率增加 0.64%。

长期效应来看，中国慢病风险调查计划（China chronic disease and risk factors surveillance project）对 96 955 名 18 岁以上居民进行了 8 年的随访，系统地评估 O_3 暴露对居民健康影响的长期效应；结果显示，在暖季，大气中 O_3 暴露浓度每升高 10μg/m³，归因于总心血管系统的死亡风险增加了 9.3%（HR=1.093；95%CI：1.046～1.142），归因于 IHD 和脑卒中的死亡风险分别增加 18.4%（HR=1.184；95%CI：1.099～1.276）和 6.3%（HR=1.063；95%CI：1.002～1.128）。而国外的一项包含 33 771 非裔美国人的队列研究报道，长期 O_3 暴露浓度每升高一个四分位数间距，高血压的发病风险增加 0.9%。

（三）其他

越来越多的研究表明，大气中的 O_3 对心肺之外的全身系统也能产生有害影响。迄今为止，关于 O_3 对人体其他系统毒性效应的研究较少。实验室研究发现，将人体外精液与设定浓度的 O_3 作用一段时间后，发现精子的活动率会随 O_3 作用时间的延长而明显下降。另一项动物实验发现 4 小时 / 天、持续 5 天的 O_3 暴露会引起老年鼠脑皮质和边缘区出现微胶质反应和 β 淀粉样蛋白。而国外的一项实验观察到低剂量 O_3（0.25mg/L，每日 4 小时）长期暴露可致大鼠海马区发生氧化应激，改变抗氧化系统和细胞周期，诱导神经元重新进入细胞周期和凋亡，产生神经毒性效应。

三、二氧化硫

二氧化硫是大气中最常见的大气污染物。化石燃料的燃烧和释放是大气 SO_2 污染的主要来源，约占大气中 SO_2 的 70%。从 20 世纪 30 年代开始，在世界上发生的多起大气污染灾难事件如英国伦敦烟雾事件等，均与 SO_2 对大气环境的污染有关。

（一）呼吸系统

研究发现，SO_2 对呼吸系统具有刺激作用，引起肺泡壁弹力蛋白和胶原蛋白破坏，从而引发或加重肺气肿等疾病。长期接触 SO_2 可削弱或破坏呼吸系统的免疫功能和防御能力，容易造成呼吸道感染，久之可诱发各种炎症如慢性鼻炎、慢性气管炎、支气管炎、肺炎等，引起多种呼吸系统疾病发生率上升。

一项基于我国 272 个城市的全国性时间序列分析显示，两天平均 SO_2 暴露浓度每增加 10μg/m³，总呼吸系统和 COPD 的死亡率分别增加 0.55% 和 0.69%。另一项来自我国华南地区的生态学研究发现，每日平均 SO_2 暴露浓度增加一个四分位数间距，慢性阻塞性肺疾病的急性恶化住院率升高 9.2%。来自我国山东省的一项纳入 12 384 名研究对象的回顾性队列研究显示，母亲孕

期 SO_2 日均暴露浓度每增加一个四分位数间距，其子代哮喘或喘息的发病风险增加 29.6%。

（二）循环系统

SO_2 暴露引起的呼吸道疾病不仅可以继发性地引起心脏疾病；同时，SO_2 通过呼吸道进入血液循环后，可直接对心血管产生毒性效应，从而引发各种心脑血管疾病。

短期 SO_2 暴露对循环系统可产生急性健康效应。一项汇总了全球既往研究 Meta 分析结果报道，短期内 SO_2 暴露浓度每升高 10μg/m^3，可使居民高血压的发病风险增加 4.6%。另一项来自全国 52 家医院的 4866 名心力衰竭患者的随访研究中发现，SO_2 暴露浓度每升高 1μg/m^3，患者因心力衰竭再入院的风险升高 80.8%。基于我国 272 个城市死亡监测数据的时间序列分析研究表明，短期内（2 天）SO_2 暴露浓度每增加 10μg/m^3，居民总 CVD、高血压、冠心病和脑卒中的死亡风险分别增加了 0.70%、0.64%、0.65% 和 0.58%。

长期暴露 SO_2 也可增加循环系统疾病的风险。在我国东北部地区开展的一项 39 054 名居民的队列研究发现，SO_2 长期暴露浓度每增加 10μg/m^3，居民呼吸系统疾病、COPD 的发病风险分别增加 10.1% 和 15.8%。来自泰国的一项长达 9 年的队列研究报道，SO_2 的暴露浓度每升高一个四分位数间距，居民高血压、胆固醇升高和糖尿病发生的 HR 分别增加了 22%、20%、21%。

（三）其他

关于 SO_2 对其他系统的健康影响已有报道。如在我国武汉开展的一项生殖队列研究发现，SO_2 滞后 0～90 天的暴露浓度每升高一个四分位数间距，男性精子数量、精子浓度和总活动精子计数分别减少 0.14、0.21 和 0.16。在我国台北地区针对 282 名男性不育者的调查发现，SO_2 月平均暴露浓度每升高 1μg/m^3，男性睾丸体积减小 3.101cm^3。SO_2 暴露也是心理健康的危险因素。一项在全国 56 个城市对 2.61 亿城镇居民开展的时间序列分析研究发现，滞后 6 天的 SO_2 暴露浓度每升高 10μg/m^3，焦虑的入院率增加 1.53%。在实验室研究中发现，长期暴露于高于环境标准的 SO_2 浓度会损害大鼠的空间学习与记忆能力，并表现出神经生理学变化如谷氨酸受体表达降低、记忆激酶表达减弱、炎症细胞因子的释放增加。

四、氮氧化物

氮氧化物是指由氮、氧两种元素组成的化合物，主要有一氧化氮（nitric oxide，NO）、NO_2、一氧化二氮（N_2O）、五氧化二氮（N_2O_5）等，其中 NO 和 NO_2 性质较为稳定，是常见的空气污染物，由于 NO 在大气中能被强氧化成 NO_2，因此 NO_2 通常作为检测空气污染物中 NO_x 的指示物。

（一）呼吸系统

NO_x 是有毒气体，与水分接触后形成硝酸和亚硝酸，主要通过 3 种途径损伤肺部：①在远端气道转化为硝酸和亚硝酸，直接损害某些结构和功能的肺细胞；②引发自由基生成，导致蛋白质氧化，脂质过氧化和细胞膜损伤；③通过改变巨噬细胞和免疫功能来降低对感染的抵抗能力。

短期效应来看，在我国华北区域对 4454 名居民开展的一项病例交叉研究发现，滞后 3 天的 NO_2 浓度每升高一个四分位数间距，哮喘的归因死亡率升高 11%。来自我国香港的研究报道，短期（滞后 0～5 天）NO_2 暴露浓度每增加 10μg/m^3，COPD 住院率增加 2.6%。在长期效应方面，基于我国东北 7 个城市的研究报道，长期暴露于 NO_2，可显著增加儿童呼吸系统患病风险，并降低儿童肺功能；NO_2 年平均浓度每增加一个四分位数间距（13.0μg/m^3），儿童 FEV_1 和 MMEF 水平分别降低 76.37ml（SD=37.18ml）和 141.04ml（SD=62.41ml），MMEF 缺损率（MMEF＜75% 预测值）风险增加了 1.36 倍（OR=1.36；95%CI：1.08～1.71）。来自西班牙的一项母婴出生队列研究表明，母亲妊娠中期暴露的 NO_2 每增加一个四分位数间距会导致学龄前儿童肺功能 FEV_1 下降 28.0ml。英国一项纳入了 455 974 健康成人的前瞻性队列研究报道，长期 NO_x 总暴露浓度每增加 10μg/m^3、20μg/m^3 时，肺癌发病风险分别增加 5% 和 13%。

（二）循环系统

国内外多数研究支持 NO_x 是循环系统疾病发生和发展的危险因素，并影响其发病率、患病率、入院率、死亡率等。我国开展的一项全国性时间序列研究发现，短期 NO_2 暴露与 2 型糖尿病死亡率呈现正相关；滞后 3 天的 NO_2 暴露浓度每增加一个四分位间距，2 型糖尿病的每日死亡率增加 58.4%。而另一项基于我国中部地区 10 个国家空气质量监测站开展的大气污染浓度与脑血管死亡率研究指出，短期 NO_2 暴露浓度每升高一个四分位数间距，脑血管疾病的死亡率增加 9%。来自丹麦的一项 49 564 人的队列研究报道，短期 NO_2 暴露浓度每升高 $10\mu g/m^3$，CVD 死亡率增加 11%。

长期 NO_x 暴露也可增加心力衰竭的发病风险。在我国台湾地区对 6 426 802 位非糖尿病患者开展的队列研究中发现，NO_2 的长期暴露浓度每增加一个四分位数间距，糖尿病的发病风险增加 1.1%。英国一项纳入了 432 530 健康成人的前瞻性队列研究报道，长期 NO_x 总暴露浓度每增加 $10\mu g/m^3$ 时，心力衰竭的发病风险分别增加 10% 和 4%。来自美国的一项大型女性队列研究也观察到长期 NO_2 暴露与心房颤动发生的 HR 增加有关。

（三）其他

除了心肺系统，NO_x 可以给机体其他方面带来健康风险。研究显示 NO_x 暴露可以增加男性不育风险。在我国台北 282 名男性不育者开展的研究中发现，NO_x 暴露浓度每升高 $1\mu g/m^3$，精子浓度和精子活力分别下降 2.174% 和 2.321M/ml。其他研究也探究了 NO_x 暴露与神经系统疾病的关联。来自荷兰的一项包含了 32 145 位居民的队列研究中，发现 NO_x 暴露与抑郁症的发病风险增加有关，长期 NO_2 暴露浓度每升高 $10\mu g/m^3$，抑郁症的发病风险增加 34%。韩国一项针对 1 021 208 名参与者的前瞻性队列研究也报道了 NO_2 浓度升高可增加居民 PD 发病风险。

五、一氧化碳

一氧化碳是含碳物质不完全燃烧的产物，无色、无臭、无刺激性。CO 是城市大气中最多的污染物之一，主要来源于汽车燃料的不完全燃烧排放的尾气。在车辆众多、运输繁忙的交通枢纽地带，空气中的 CO 浓度可达到一般中小城市 12～20 倍，对生活在该区域的人群造成健康危害。

（一）呼吸系统

流行病学证据显示 CO 暴露会诱导呼吸系统疾病发生和发展。在我国 25 个城市开展的横断面研究发现，滞后 1 天的 CO 浓度每升高 $10\mu g/m^3$，0～18 岁的儿童青少年呼吸系统疾病住院率升高 1.65%，其中 4～6 岁的儿童最敏感。中国东北儿童健康研究（Chinese Northeast Children Health Study）报道，长期暴露 CO 浓度每增加一个四分位数间距（$1001\mu g/m^3$），儿童喘鸣、持续咳嗽、持续咳痰的风险分别增高了 15%（OR=1.15；95%CI：1.00～1.35），20%（OR=1.20；95%CI：1.06～1.35），24%（OR=1.24；95%CI：1.04～1.48）。我国学者基于全球数据开展的一项 Meta 分析结果显示，CO 浓度每升高 $1mg/m^3$，人群总死亡率、心脑血管疾病死亡率、呼吸系统疾病死亡率分别增加 3.2%、4.0%、3.2%。

（二）循环系统

大量研究揭示 CO 暴露与循环系统疾病存在一定的关联。我国学者采用病例交叉试验设计，对我国 318 个城市的 1 292 880 名急性冠脉综合征患者进行分析，结果显示 CO 日平均暴露浓度每升高一个四分位间距，急性冠脉综合征发病风险增加 1.55%。据我国 52 家医院对 4866 名心力衰竭患者开展的横断面调查研究报道，长期 CO 暴露浓度每升高 $1\mu g/m^3$，心力衰竭患者再次入院的风险升高了 2.60 倍。我国学者基于东北 7 个城市研究评估了 CO 长期暴露对儿童血压的影响效应，结果显示 NO 年平均浓度每增高一个四分位数间距（$563.4\mu g/m^3$），儿童收缩压和舒张压分别增高了 2.07mmHg（95%CI：1.64～2.49）和 2.89mmHg（95%CI：2.53～3.24），男性和女性高血压患病风险分别增加到 1.70 倍（95%CI：1.47～1.97）和 1.58 倍（95%CI：1.36～1.82）。

（三）其他

CO 暴露与生殖系统疾病存在关联。一项对 286 名育龄女工开展的生殖流行病学调查发现，CO 暴露可显著增加女工痛经、妊娠高血压综合征、先兆流产、早产、自然流产、低体重儿等生殖系统疾病的发病风险。在神经系统毒性方面，来自韩国的一项队列研究结果表明，短期（30 天）和长期（360 天）CO 平均暴露浓度每增加 1μg/m^3，居民抑郁的发病风险分别升高 18% 和 25%。我国学者基于不同种类动物开展的毒理研究表明，当 CO 暴露浓度为 30mg/m^3 时，动物会出现工作能力下降、体位变换后调节能力失衡（直立试验）的表现。

（董光辉）

第三节　大气污染的健康影响机制

大气污染可引起呼吸系统、心血管系统、生殖系统、神经系统和内分泌系统等多个系统的损害，其作用机制主要包括氧化应激、炎症反应、免疫应答、表观遗传学、肠道微生物等，多种作用机制协同调控大气污染物的健康损害作用，另外一些新的作用机制还在探讨中。

一、大气污染对呼吸系统的健康影响机制

大气污染物可以通过多种机制对呼吸系统造成不良影响，其中常见的是大气污染物（包括颗粒物及气态污染物）产生的氧化应激反应对气道上皮细胞的损伤。气道的抗氧化反应不能及时中和氧化的自由基，引发后续的连锁反应，激活气道炎症细胞及介质，进一步引发全身炎症反应以及免疫反应。

（一）氧化应激

氧化应激是指机体受到各种有害刺激时，ROS 和活性氮等自由基产生过多，超过机体正常的清除能力，打破氧化系统与抗氧化系统之间的平衡，从而引起组织器官氧化损伤。ROS 包括超氧阴离子、羟自由基和过氧化氢（hydrogen peroxide，H_2O_2）等；活性氮包括 NO、NO_2 和过氧化亚硝酸盐等。机体抗自由基物质的保护系统包括两类：一类是抗氧化酶系统，如超氧化物歧化酶（superoxide dismutase，SOD）、谷胱甘肽过氧化物酶（glutathione peroxidase，GSH-Px）、内源性抗氧化物［尿酸、谷胱甘肽（glutathione，GSH）、α-硫辛酸、辅酶 Q 等］；另一类是非酶促防御系统，维生素 C 和维生素 E 等，它们对自由基清除、保护组织细胞具有重要作用。

作为第一道防线的气道上皮细胞最容易受到大气污染的毒性作用，受损的肺上皮细胞释放 ROS，大气污染物通过氧化应激诱导的上皮细胞自噬而损伤肺组织，进而损害肺功能。过渡金属、PAHs 和碳质物质可以刺激肺上皮细胞释放 ROS；沙尘暴颗粒物作用于大鼠肺可导致抗氧化剂 SOD 活性和 GSH 水平的剂量依赖性下降。$PM_{2.5}$ 作用于肺上皮 A549 细胞，释放乳酸脱氢酶（lactate dehydrogenase，LDH），产生超氧化物、H_2O_2 等，降低细胞内 SOD 和 H_2O_2 酶水平。大气污染物还可以导致人肺上皮细胞 L132 内丙二醛（malondialdehyde，MDA）水平升高，诱导肺上皮细胞凋亡。

大气污染物还可通过氧化应激抑制线粒体的功能，对肺上皮细胞产生毒性作用。研究表明，雄性小鼠暴露于城市污染空气中 4 周，小鼠出现肺上皮细胞线粒体功能的改变、氧化剂生成增加；$PM_{2.5}$ 可以引起肺上皮细胞线粒体膜电位的降低、含半胱氨酸的天冬氨酸蛋白水解酶-9 的激活以及膜完整性、通透性和线粒体结构的改变，进而导致肺上皮细胞损伤。大气污染物还可引起系统性氧化应激，$PM_{2.5}$ 的暴露可引起内源性脂质过氧化物硫代巴比妥酸反应性物质水平升高，引起氧化应激。

金属离子是肺细胞受损的关键因素。研究发现，$PM_{2.5}$上附着的过渡金属与淋巴细胞的DNA氧化损伤显著相关，过渡金属引发一系列催化反应和自由基的形成，导致细胞膜脂质过氧化和炎症反应；附着在大气颗粒物表面的铁可以通过诱导羟基自由基的释放来扰乱氧化还原平衡，进一步破坏DNA并产生氧化应激标志物8-羟基脱氧鸟苷（8-hydroxy-2′-deoxyguanosine，8-OHdG）。

（二）炎症反应

大气污染物首先作用于肺脏，其被吸入后沉积于细支气管和肺泡组织。大气污染物可以直接与肺泡巨噬细胞等免疫细胞相互作用，释放肿瘤坏死因子α（tumor necrosis factor-α，TNF-α）、IL-1、IL-6、IL-8等炎症因子，以及蛋白酶和氧自由基。这些炎症细胞因子增加炎症细胞的浸润和气道黏液的分泌，引起白细胞的聚集，进而导致气道炎症。吸入的$PM_{2.5}$可以降低巨噬细胞表面吞噬相关受体巨噬细胞1抗原的表达，诱导肺纤维化。当$PM_{2.5}$吸附较高浓度的重金属，可能会损害巨噬细胞，抑制巨噬细胞的吞噬功能，导致吞噬作用降低，进而降低气道上皮对抗病毒、细菌等微生物的防御能力。研究表明，颗粒物中高浓度的可溶性锌可以增加小鼠支气管肺泡灌洗液中的中性粒细胞、巨噬细胞以及肺泡间质局灶性纤维化，引发急性或慢性肺部炎症。

$PM_{2.5}$上吸附的金属可通过激活核因子κB（nuclear factor kappa-B，NF-κB），促进人支气管上皮细胞释放促炎细胞因子。过渡金属以及有机化学物附着在$PM_{2.5}$上，可以上调人支气管上皮细胞中生物代谢酶、CYP1A1、CYP1B1的基因表达；$PM_{2.5}$还可诱导细胞黏附分子基因表达升高，导致上皮细胞和炎症细胞黏附。大气污染物可通过诱导炎症反应，进一步引起内皮细胞损伤。大鼠暴露于$PM_{2.5}$后，LDH活性以及白蛋白水平会升高。当香烟烟雾进入呼吸道时，呼吸道的淋巴细胞和B细胞可释放炎症因子，而瞬时受体电位锚蛋白1可在呼吸道初级感觉神经元上表达，从而诱发咳嗽、哮喘等支气管炎症；另外TNF-α等炎性介质也可上调肺成纤维细胞中瞬时受体电位锚蛋白1的表达，进一步加重气道疾病中炎症细胞因子的释放，从而促进气道疾病的发生。

大气污染导致的炎症细胞和相关炎症介质的活化，还可以通过肺组织渗透到体循环，引起全身的炎症反应。吸入颗粒物可刺激骨髓功能，增加白细胞和血小板计数，增加血液黏度，从而促进肺部和心血管组织的炎症反应和损伤。

（三）免疫应答

大气污染可以诱发机体出现超常的免疫反应。大气污染物刺激多种免疫细胞促进炎症免疫反应，增强辅助性T细胞2（helper T cell 2，Th2）和辅助性T细胞17（helper T cell 17，Th17）的适应性免疫反应，如过敏和哮喘，并调节抗病毒免疫反应。研究发现，柴油车颗粒物（diesel exhaust particles，DEP）促进Th2介导的免疫应答；大气污染物可抑制免疫细胞的功能，降低人体抵抗微生物感染的能力。$PM_{2.5}$可能抑制辅助性T细胞1（helper T cell 1，Th1），降低IFN-γ的水平，破坏肺中IFN-γ介导的抗菌和抗病毒免疫。大气污染物激活肺的先天免疫反应，放大炎症反应。而DEP暴露则增加了人肺上皮细胞Toll样受体3（toll-like receptor 3，TLR3）和促炎细胞因子的表达，从而刺激固有免疫。

$PM_{2.5}$可促进脂多糖（lipopolysaccharide，LPS）刺激的促炎细胞因子（IL-1和TNF-α）的产生，减弱吞噬作用，进而减少细菌从肺部的清除；淀粉酶（amylase，AM）和中性粒细胞能够消除单核增生李斯特菌的效应细胞，而DEP降低了AM对单核细胞增生李斯特菌的反应性及其分泌抗微生物氧化剂（如NO）的能力，从而降低气道清洁能力；IL-12在Th1细胞抗单核细胞增多性李斯特菌感染免疫反应中起重要作用，而DEP通过AM分泌的IL-12抑制了单核细胞增生李斯特菌感染的细胞介导的免疫应答。大气污染也可以增加细菌性肺炎的易感性，$PM_{2.5}$的暴露可通过抑制宿主抗微生物免疫而增加细菌感染的严重程度。

大气污染物的暴露可降低肺部对病毒的免疫防御能力，增加呼吸道病毒感染的风险。暴露于UFP的呼吸道合胞病毒（respiratory syncytial virus，RSV）感染小鼠，IFN-γ表达降低，机体对

RSV 的易感性增加；接触 DEP 的小鼠肺组织中 RSV 的基因表达明显高于对照组小鼠，接触高水平 DEP 的 RSV 感染和未感染小鼠支气管肺泡灌洗液中炎症细胞的数量均增加，肺组织病理学检查显示气道上皮重塑，支气管上皮丧失正常外观，黏液细胞化生。表面活性剂蛋白 A 和 Clara 细胞分泌蛋白都是天然免疫防御介质的重要组成部分，而暴露于 DEP 的小鼠气道上皮 Clara 细胞分泌蛋白的生成和表面活性剂蛋白 A 分泌均降低。DEP 的暴露可增加感染 A549 细胞的数量，增强氧化应激，增强流感病毒的黏附和侵袭能力。DEP 还可抑制抗病毒 IFN-γ 的产生，促进流感病毒在肺部复制。

（四）表观遗传学

表观遗传学是指基因序列不变，但基因功能可逆的、可遗传的改变，主要有 DNA 甲基化、组蛋白乙酰化以及非编码 RNA 的改变等。已有研究应用甲基化芯片和生物信息技术筛选 $PM_{2.5}$ 对人支气管上皮细胞的差异甲基化位点，发现 $PM_{2.5}$ 染毒人支气管上皮细胞恶性转化后，会引起 DNA 甲基化水平的明显变化，提示 $PM_{2.5}$ 致癌致突变作用可能与 DNA 甲基化有关。还有研究发现，哮喘患儿暴露于交通相关大气污染与较高水平的呼出气 NO、较低水平的 NO 合酶 3 基因启动子区域的 DNA 甲基化相关。$PM_{2.5}$ 暴露可触发上皮间充质转化，促进肺纤维化，可能通过 miR-494-3p/m6A 修饰阅读蛋白 YTHDF2 识别和 m6A 甲基化酶 METTL3 介导的 m6A 甲基化修饰。此外，研究发现 miR-222、miR-21、miR-126-3p、miR-155 和 miR-425 可作为评估暴露于大气污染的个体肺癌危险的生物标志物；外泌体中的微小 RNA 可能在慢性 $PM_{2.5}$ 暴露诱导肺癌发展中发挥作用；lncRNA LCPAT1 通过染色体浓缩调节蛋白 2 介导吸烟或 $PM_{2.5}$ 诱导的肺癌细胞自噬和上皮-间充质转化。$PM_{2.5}$ 可以通过增加 $CD4^{+}$T 细胞中 IL-4 基因启动子中的组蛋白 H3K9 和 H3K14 乙酰化而加重小鼠哮喘。

（五）微生物群紊乱

呼吸系统微生物群的紊乱可能在肺癌、COPD、哮喘、支气管炎等呼吸系统疾病的发病中发挥作用。作为呼吸系统的“守门人”，呼吸道微生物群可能与气道内稳态功能的维持有关，并随着暴露于大气污染物而改变。一项 O_3 短期暴露研究发现，暴露组的人群气道微生物 α 多样性和 β 多样性明显降低，放线菌门和厚壁菌门丰度下降，莫拉菌科和假单胞菌科丰度富集。动物研究发现，颗粒物暴露加重了细菌感染的肺损伤，并促进了 C57BL/6J 小鼠肺组织中铜绿假单胞菌的感染以及细菌的血液传播。混合污染大气暴露会破坏大鼠上呼吸道的微生态平衡，微生物的数量、性质和位置都发生改变，正常菌群的生物屏障功能也被弱化，一些微生物也会演变为致病菌。细菌定植常见于稳定的 COPD 患者及其他慢性肺病患者的下气道，大气污染物可以增加慢性肺病患者的细菌感染风险。硫和 NO_x 等化合物长期刺激覆盖下呼吸气道的上皮细胞，使其在分泌细胞中发生化生，并使支气管壁浅层杯状细胞增殖，导致黏液分泌过多，并促进细菌感染的发展。$PM_{2.5}$ 携带细菌和细菌衍生的成分，会改变慢性肺病患者远端气道中的微生物群，促进肺炎球菌对人体上皮细胞的黏附，增强肺炎球菌对肺炎的易感性。

香烟烟雾和大气中的有害物质可导致肠道细菌多样性降低、菌群结构变化，表现为梭状芽孢杆菌数量升高、毛螺菌科细菌数量下降，拟杆菌门与厚壁菌门比例改变，进而通过“肠-肺轴”影响呼吸系统健康。健康的肠道微生物群可防止肺炎链球菌或肺炎克雷伯菌引起的呼吸道感染，而肠道菌群缺失的小鼠对这些细菌的清除能力有明显缺陷；相反，部分肠道微生物群（罗伊氏乳杆菌、粪肠球菌、卷曲乳杆菌等）中有效的 Nod 样受体刺激细菌可促进呼吸道防御功能，促进肺部抗感染作用。

（六）细胞死亡

越来越多的研究表明，$PM_{2.5}$ 可以触发不同形式的细胞死亡，如细胞凋亡、自噬、铁死亡和细胞焦亡等。人肺支气管细胞 16HBE 暴露于 200μg/ml $PM_{2.5}$ 24 小时后，细胞存活率下降、细胞内铁死亡相关基因重组人铁蛋白重链、核受体共激活因子4和花生四烯酸-15-脂加氧酶的表达量显著性增加，谷胱甘肽4显著降低，表明$PM_{2.5}$暴露可引起支气管上皮细胞16HBE发生铁死亡。$PM_{2.5}$暴露还可诱导人神经母细胞瘤细胞凋亡和铁死亡，特异性铁死亡抑制剂和去铁胺对$PM_{2.5}$诱导的人神经母细胞瘤细胞铁死亡有抑制作用。$PM_{2.5}$能快速诱导人支气管上皮细胞自噬体的形成，随后导致细胞死亡。细胞焦亡是一种新发现的炎症性程序性细胞死亡方式，研究发现$PM_{2.5}$通过上调ROS-NLRP3介导的RAW264.7细胞焦亡促进了肺损伤。

（七）信号通路

大气污染可以通过NF-κB、Janus家族酪氨酸激酶/信号转导及转录激活因子（Janus kinase/signal transducer and activator of transcription，JAK/STAT）、磷脂酰肌醇-3-激酶（phosphatidylinositol 3 kinase，PI3K）、转化生长因子-β/果蝇抗同源序列蛋白（transforming growth factor-β/drosophila mothers against decapentaplegic protein）、Wnt等信号通路影响呼吸系统的健康。研究表明，高浓度$PM_{2.5}$短期暴露可上调支气管哮喘大鼠NF-κB家族基因表达水平，激活NF-κB信号通路，刺激IL-1β和黏液分泌增加。$PM_{2.5}$对支气管上皮细胞可造成氧化损伤，并通过氧化应激调节支气管上皮细胞JAK/STAT信号通路和相关细胞因子的产生，L4R-JAK3/STAT6-Eotaxin信号通路可能参与调控$PM_{2.5}$引起的呼吸道炎症。Wnt通路分为经典Wnt/β-catenin通路和非经典通路。多种大气污染物，如香烟烟雾、颗粒物、PAHs和O_3等可通过抑制经典Wnt/β-catenin信号通路和激活非经典Wnt通路导致气道上皮损伤，进而影响损伤的修复过程。$PM_{2.5}$暴露可增加PI3K的表达和蛋白激酶B（protein kinase B，AKT）的激活，在非小细胞肺癌进展中起重要作用。$PM_{2.5}$加剧COPD小鼠AM吞噬能力缺陷与PI3K δ-Ras同源基因家族成员A及细胞骨架异常重构有关。$PM_{2.5}$暴露于组蛋白去乙酰化酶3缺失的小鼠后，会进一步促进转化生长因子-β/果蝇抗同源序列蛋白信号通路的激活，导致炎症反应。

二、大气污染对心脑血管系统的健康影响机制

暴露于大气污染物会导致氧化应激、免疫炎症反应、应激激素产生异常及内皮功能障碍等，引起动脉血管收缩、增加动脉粥样斑块不稳定性、凝血功能紊乱和血脂功能紊乱，进而导致各种急慢性心脑血管疾病的发生和发展。目前研究认为大气污染对心脑血管系统的健康影响机制主要有以下几个方面。

（一）氧化应激

大气污染物暴露可破坏正常血管稳态和血管活性介质的平衡。吸入肺部的UFP或可溶性金属能穿过肺泡毛细血管膜易位到血液循环中，刺激血管紧张素Ⅱ亚型1受体和表皮生长因子信号，并与血管内皮相互作用，导致促炎性介质的释放和氧化应激增加，可直接作用于心血管组织。颗粒物上的过渡金属、半醌等化学物质可通过影响生物组织的氧化还原，增加血管组织中的ROS含量，影响血管舒缩功能。研究表明，大气污染物引起肺和全身炎症反应可激活血管氧化应激，通过Toll样受体4（TLR4）、还原型烟酰胺腺嘌呤二核苷酸磷酸（nicotinamide adenine dinucleotide phosphate，NADPH）、氧化酶2刺激细胞因子、超氧化物和ROS，造成血管损伤、静脉血栓形成、血液凝固性增高等病理改变，促进颈动脉壁增厚、颈动脉斑块形成等。研究表明，DEP在糖尿病大鼠心肌细胞模型中诱导NADPH氧化酶依赖的ROS产生，从而加剧心肌收缩功能障碍。

氧化应激不仅是引起特定心脏终点的关键机制，而且还调节CVD患病的风险。研究发现，柴油废气可以产生过量的ROS和氧自由基，诱导氧化应激反应，引起血管内皮细胞损伤，进而引起心血管系统疾病。同时，PM诱导的氧化应激反应和Ca^{2+}浓度升高导致了线粒体渗透性转换孔开放，引起线粒体渗透转变，加速细胞凋亡。短期暴露于$PM_{2.5}$可导致心肺组织氧化应激损伤，促进巨噬细胞的吞噬作用并产生高浓度的ROS，增大血管通透性，使颗粒物进入血液导致血管损

伤，也可能触发内皮细胞的吞噬作用引起自噬，但颗粒物不能被消化，被溶酶体包埋的颗粒物在细胞质中积累，从而导致更强的氧化应激，引起细胞凋亡。NADPH 氧化酶是 ROS 的主要来源，在 $PM_{2.5}$ 处理的小鼠心脏中，NADPH 氧化酶亚基 p22phox 和 p47phox 的表达水平升高。

（二）炎症反应

炎症反应贯穿于多种 CVD 的始终，与 CVD 发生、发展密切相关。高浓度 $PM_{2.5}$ 暴露可触发肺部炎症反应，并且通过影响肾素-血管紧张素系统、内皮素系统和凝血机制，干扰肺组织和全身的血管稳态；暴露于高浓度的颗粒物，会使炎症、凝血功能和氧化应激反应的血清学标志物水平增加，对心血管系统产生负面影响。在高浓度大气污染物环境中锻炼会增加呼吸和全身炎症反应的标志物，可损害血管功能和增加动脉压。接触 DEP 可引起炎性介质的急剧升高，颗粒污染物进入肺部后可引起肺内炎症细胞活化，并且巨噬细胞吞噬颗粒物引起炎性介质产生，引发局部、全身炎症反应，最终作用于血管，引起心血管损害。此外，动物实验发现，UFP 既可直接穿透血脑屏障，也可通过轴突运输或通过生成次级介质进行运输，并调节控制炎症、新陈代谢和血压的传出通路。

大气污染会导致白细胞、血小板和纤维蛋白原增加，继而增加血液黏稠度，导致不良心血管结局。动物实验发现，短期暴露于低浓度的 SO_2 后，小鼠血液中的血小板、中性粒细胞和单核细胞占白细胞总数的比例显著增加。炎症介质如 TNF-α、IL-6、IL-1β 和粒细胞-巨噬细胞集落刺激因子会损害内皮细胞，提高白细胞计数。氧化应激或炎症诱导的 IL-6、IL-1β 等细胞因子进入血液循环，刺激肝细胞产生急性期蛋白，还会引发更多的全身炎症和心血管事件。

（三）免疫调节减弱

免疫细胞的调节特别是 T 细胞免疫及其细胞亚群 Th1、Th2、Th17 和调节性 T（regulatory T cell，Treg）细胞的作用在大气污染促高血压中发挥重要的作用。小鼠 PM_{10} 暴露引起的炎症反应，包括中性粒细胞的募集和诱导 Th1 细胞相关的细胞因子（TNF-α 和 IFN-γ）释放，以及嗜酸性粒细胞的募集和 Th2 细胞相关细胞因子（IL-5 和 IL-13）释放的上调。另外，芳香烃受体在 Th17 和 Treg 细胞中表达最高，其次是 Th1 细胞和 Th2 细胞，并对调节 Th17 与 Treg 细胞之间的平衡至关重要。大气污染物可结合芳香烃受体来调节 Th17 和 Treg 细胞，导致促炎细胞因子的产生，刺激 B 细胞和树突状细胞，产生大量抗体和反应性 T 细胞，共同导致高血压的发生发展。

（四）应激激素异常

自主神经系统包括交感神经和副交感神经系统，调节血管平滑肌和心肌等的活动。研究表明，暴露于 $PM_{2.5}$ 会增加心脏自主神经系统的激活，急性暴露于 O_3 可诱导心脏自主神经功能紊乱。儿茶酚胺作为交感神经产生的神经递质，在调节心率和血压方面起着重要作用。美国一项关于大气污染与儿茶酚胺关系的研究显示，尿肾上腺素、多巴胺水平与长期接触大气污染物浓度水平显著相关；研究表明，颗粒物的暴露增加与血清去甲肾上腺素和肾上腺素以及其他应激激素的水平升高有关。

（五）内皮细胞功能障碍

内皮功能障碍可导致血管阻力增加和内皮依赖性血管舒张功能受损，影响血压水平。大气污染对动物和人类血管内皮功能具有快速和持久双向的影响。在动物研究中，短期和长期单独暴露于大气污染会导致 SOD 增加和血管收缩反应增强，而 ROS 减少可改善内皮功能、硝酸利用率、内皮细胞活化（黏附分子表达）和炎症。$PM_{2.5}$ 和柴油机尾气短期人群暴露会影响内皮依赖性平滑肌的舒缩功能，导致微血管功能障碍。UFP 可在微循环中迅速引起内皮功能障碍，并可通过提高 SOD 含量或 NO 生物利用度得到改善。内皮祖细胞或血管生成细胞的耗竭也可能是持续内皮功能障碍的一个重要机制，并已在人群定组研究中以及高浓度 $PM_{2.5}$ 暴露反应中得到证实。预防肺氧化应激，可通过肺组织细胞外 SOD 的过度表达，改善内皮祖细胞功能和减轻大气污染对全身血管的不利影响。此外，研究表明，内皮素 1 通路参与了颗粒物的血管反应，进而影响血压水平。

（六）肠道菌群改变

越来越多的研究显示肠道菌群与 CVD 密切相关。动物研究显示具有活性的肠道菌群代谢产物如氧化三甲胺可促进巨噬细胞的胆固醇蓄积、泡沫细胞形成，从而促进动脉粥样硬化形成，也确定了其在调节血小板高反应性和血栓形成潜力的作用。一项关于大气污染与肠道微生物的研究发现，自发性高血压大鼠暴露于大气污染 30 天后，改变了肠道菌群的多样性，减少了普氏杆菌肠型的数量，而氧化三甲胺的血浆浓度与普氏杆菌肠型数量相关，提示微生物可以通过三甲胺 / 氧化三甲胺途径影响 CVD。因此，大气污染可通过影响肠道菌群分布影响心血管健康。

（七）表观遗传学

大量研究显示，大气污染可通过表观遗传学改变影响心血管健康。研究表明，与解毒、铁代谢、炎症等相关的基因通过和各种污染物的交互作用与高血压密切相关。表观遗传学变化可通过 DNA 甲基化等介导的转录后沉默而发生。DNA 甲基化变化与炎症、动脉粥样硬化及高血压等密切相关。动脉粥样硬化相关基因的启动子区域观察到 DNA 甲基化过高，冠心病患者基因组 DNA 甲基化明显高于对照组，同时发现，Alu 甲基化和 TLR4 甲基化的降低与血压的升高密切相关。此外，研究还发现，$PM_{2.5}$ 急性和慢性暴露与炎症相关基因诱导型一氧化氮合酶、CD14、TLR4 和 TNF-α 的启动子区域 DNA 甲基化变化有关，从而改变血管炎症生物标志物水平并导致 CVD。在人群中大气污染物浓度与基因组区域的 DNA 甲基化有关，多项研究显示 $PM_{2.5}$ 暴露与长散在重复序列 1（long interspersed repeated sequences-1，LINE-1）的甲基化减少显著相关。最新研究发现，$PM_{2.5}$ 暴露可促进肺损伤后细胞外囊泡相关 miR-421 的释放，通过抑制血管紧张素转化酶 2 促进 $PM_{2.5}$ 诱导的心功能不全。miR-939-5p 通过负调控缺氧诱导因子 HIF-1α 对 $PM_{2.5}$ 触发的内皮细胞损伤具有保护作用。孕期暴露于 $PM_{2.5}$ 的母体可能会导致后代发生一系列心血管事件，组蛋白乙酰化修饰在心脏肥大中起重要作用。

（八）下丘脑-垂体-肾上腺轴和交感-肾上腺-髓质系统调控

代谢组学分析表明，O_3 急性暴露可激活下丘脑-垂体-肾上腺轴（hypothalamic-pituitary-adrenal axis，HPA），导致应激激素和能量代谢的改变。$PM_{2.5}$ 可通过刺激 HPA，从而增加心脏代谢风险，表现为促肾上腺皮质激素释放激素、促肾上腺皮质激素和皮质醇的分泌增加。$PM_{2.5}$ 暴露可能通过胃肠道微生物群途径影响 HPA，导致 CVD 的风险增加。交感-肾上腺-髓质系统的激活可以导致静息心率增加，同时出现副交感神经功能障碍，减少对窦房结自律性的调控。研究表明，儿童暴露于电子垃圾回收区域的大气污染，会导致其心率的增加和血浆去甲肾上腺素的升高，说明暴露于电子垃圾大气污染物会损害儿童的交感-肾上腺-髓质系统。

（九）凝血纤溶系统异常激活

一项随机交叉研究进行了非靶向血清蛋白质组学分析，共鉴定出 56 个差异表达蛋白，发现 O_3 急性暴露可促进凝血和抑制纤溶。一项关于交通相关大气污染的随机交叉试验多组学分析结果显示，凝血功能改变参与其对心血管系统的影响。研究发现 $PM_{2.5}$ 可降低 SD 大鼠的血流速，促进组织因子（tissue factor）等凝血因子和纤溶因子的释放，激活凝血系统和纤溶系统，但并未观察到抗凝系统的激活。

（十）信号通路

大气污染物可以通过 NF-κB、JAK/STAT、丝裂原激活蛋白激酶（mitogen-activated protein kinase，MAPK）、TGF-β、抗透明质酸酶反应、Wnt 等信号通路影响心脑血管系统的健康。研究表明，$PM_{2.5}$ 可以通过 NF-κB 通路促进泡沫细胞形成，增加动脉粥样硬化小鼠各阶段斑块的不稳定性。$PM_{2.5}$ 进入心血管系统后，可以诱导氧化应激的产生并导致线粒体膜电位去极化，激活主动脉 NF-κB 信号通路，引发细胞凋亡。JAK/STAT 信号通路参与炎症反应和心肌细胞增殖，PM 暴露于 C57/B6 小鼠，会导致 *TAK1*、*JAK* 和 *STAT3* 的基因表达水平显著升高，引发 C57/B6 小鼠的心脏毒性；暴露于 PM 的同时，进行核因子 E2 相关因子 2（nuclear factor erythroid2-related factor 2，Nrf2）基因敲除则会降低心肌组织 MAPK 的基因表达，表明 MAPK 信号通路参与了 PM 诱导的心脏毒性。气道滴注 PM 4 周后，诱导 TGF-β 信号通路激活，参与炎症和纤维化，参与了心脏重构。$PM_{2.5}$ 暴露可激活抗透明质酸酶反应信号通路后并抑制 Wnt 通路，二者相互作用，引起 DNA 损伤和干扰细胞增殖，阻碍干细胞向心肌细胞分化。

（十一）其他

仓鼠吸入 DEP 可触发血小板活化和聚集，促进血栓形成。$PM_{2.5}$ 通过抑制组织纤溶酶原激活物的释放和损害内源性纤维蛋白溶解，表现出血栓前效应。$PM_{2.5}$ 通过增加外周动脉压加重心脏负荷，可诱发急性心肌梗死和动脉粥样硬化血栓形成。大气颗粒物中重金属成分的暴露可能通过激活鞘磷脂代谢通路引起心血管相关代谢物紊乱。

三、大气污染对生殖系统的健康影响机制

大气污染物暴露对生殖系统健康产生影响，可影响女性月经周期、卵巢储备、男性精子质量以及早期胚胎发育在内的各个生殖阶段。目前研究认为大气污染影响生殖系统的潜在机制包括氧化应激和炎症反应、激素干扰、表观遗传学和信号通路等。

（一）氧化应激与炎症反应

适量的氧化应激反应和一定的 ROS 对人体自身生殖功能的运行是有好处的，如在受精过程中，男性精子的生理功能需要一定的 ROS；ROS 在女性排卵诱导和卵母细胞减数分裂的第一阶段均发挥重要作用。但是，过量的 ROS 会给生殖系统的功能造成破坏。ROS 增多会对卵泡的生长、卵子的发育、成熟及受精等进程产生不利作用。生精细胞的损伤也与 ROS 密切相关。过氧化会诱导蛋白质分裂多肽链改变精子功能，或者通过改变线粒体膜的完整性与精子膜的流动性，从而改变精子活力和卵母细胞受精。动物实验表明，氧化应激通过增加卵泡池的募集和卵泡发育晚期的细胞凋亡来加速原始卵巢卵泡的消耗，从而导致卵巢储备减少。研究发现，孕妇在怀孕前或怀孕期间暴露于 $PM_{2.5}$ 会显著降低生殖器官的抗氧化能力，产生 ROS，引起氧化应激反应，最终破坏生殖功能。$PM_{2.5}$ 中主要毒性成分多环芳香族羟基有机物和重金属均可产生 ROS，8-OHdG 是 DNA 氧化损伤的敏感标志物。研究发现，经常暴露于机动车尾气的人群尿液中 8-OHdG 含量显著增加。

大气污染物的暴露使人体外周血单个核细胞显著增加，促发机体炎症反应，使体内 IL-6、C 反应蛋白、INF -γ 和 TNF-α 等炎性因子含量增加，促进妊娠期胰岛素抵抗和糖耐量异常，进而引发妊娠糖尿病。炎症反应还可激活诱导型一氧化氮合酶，产生过量 NO，反向抑制过氧化物酶体增殖物激活受体 γ（peroxisome proliferator-activated receptor γ，PPAR γ）的激活并降低胰岛素敏感性；同时，诱导型一氧化氮合酶也能诱导超氧化物的产生，形成强氧化剂过氧亚硝酸盐，降低脂肪细胞和肌细胞中葡萄糖转运蛋白 4 的表达，引起胰岛素抵抗和内皮功能障碍，并减少 β 细胞分泌胰岛素。而胰岛素敏感性降低、分泌减少和抵抗性增强均可促进妊娠糖尿病的发生。此外，在机体代谢方面，$PM_{2.5}$ 可引起胰腺组织中的葡萄糖转运蛋白 2 转录表达减少，导致细胞外葡萄糖积聚，引起机体葡萄糖代谢紊乱及含量比例异常。急性暴露于 O_3 后，大鼠肝脏和脂肪组织中 α_2-巨球蛋白、脂联素和骨桥蛋白含量增加，磷酸化胰岛素受体底物 1 减少，诱导葡萄糖不耐受和影响系统代谢效应，而机体代谢异常是诱发妊娠糖尿病的重要因素。

当大气污染物吸入肺部后，引发局部氧化应激和炎症反应，释放 IL-6 等细胞因子进入母体循环系统，导致胎盘炎症、全身氧化应激和母体螺旋动脉重构失败，致使妊娠早期胎盘异常形成。妊娠中期胎盘异常引起的胎盘灌注减少可导致胎盘缺氧释放抗血管生成因子进入母体循环，随后引发内皮功能障碍。$PM_{2.5}$ 的暴露与血管内皮功能障碍标志物（细胞间黏附分子 1、血管细胞黏附分子 1）的血液水平升高有关。暴露于 CO 可导致胎盘长期并加重缺氧状态，促进妊娠高血压

发病的病理条件改变，进而导致妊娠晚期妊娠高血压疾病发生。此外，妊娠早期接触大气污染物与高密度脂蛋白的增加有关，可加速动脉粥样硬化的进展，成为导致血压升高的另一途径机制。5，10-亚甲基四氢叶酸还原酶基因 *C677T* 多态性中的纯合 C/T 基因型是妊娠高血压疾病的危险基因型，该基因型与大气污染的交互作用提高了妊娠期女性对妊娠高血压疾病的易感性。

（二）激素干扰

卵泡刺激素和黄体生成素是由垂体细胞释放的两种重要促性腺激素，可直接与卵巢相应受体结合。动物实验发现，暴露于大气 $PM_{2.5}$ 会使妊娠期的大鼠雌激素受体表达水平下降，从而导致雌二醇水平降低。$PM_{2.5}$ 的暴露与卵泡刺激素的水平呈正相关，提示 $PM_{2.5}$ 的暴露会导致卵巢功能受损。$PM_{2.5}$ 在体内具有抗雌激素样作用，可能通过胰岛素抵抗导致雄激素过剩，从而促进多囊卵巢综合征的发生。此外，$PM_{2.5}$ 的主要有毒成分重金属镉是环境中重要的 EDC，它可通过直接或间接作用破坏下丘脑-垂体-性腺轴，从而影响机体激素水平的分泌。

PM_{10} 中常常含有 PAHs 和重金属（如铜、铅、锌等）之类的常见 EDC。一些研究在前列腺癌患者的 PC3/AR 细胞和乳腺癌患者的 MCF-7 细胞中发现了 PM_{10}，还有少数研究发现暴露于大气污染后男性性腺轴中激素循环水平的变化，认为精子参数和睾酮水平在暴露于大气污染物后会发生变化；动物实验也表明暴露于汽车尾气下的大鼠体内促性腺激素水平会发生变化，其生殖细胞的形态学变化受到影响，反映出大气污染物与雌激素受体（estrogen receptor）或雄激素受体（androgen receptor）结合后可能激活了芳香烃受体，对生物体内激素水平产生了刺激。对于男性而言，芳香烃受体的形成与升高往往伴随着血液睾酮水平的显著增加，导致精子的日产量降低，形态异常可能性变大；而对于女性，尽管芳香烃受体被认为可以调节卵巢卵泡生长，促进排卵，但是芳香烃受体也扮演着大气污染物毒性的传递者，可能是破坏类固醇激素的介质之一，从而影响生育能力。

苯并芘（benzopyrene）是 PAHs 中最具致癌性的成分，可抑制滤泡生长，导致滤泡窦闭锁。动物实验发现，大鼠染毒 $PM_{2.5}$ 后，其体内闭锁卵泡数增加，窦卵泡数和抗米勒管激素水平减少，抗米勒管激素水平的下降提示卵巢储备功能不足。产前和产后宫内暴露于一定量的 $PM_{2.5}$ 会影响雌性小鼠的生殖潜力，且当暴露的小鼠性成熟后其过早绝经的风险增加。瘦素作为一种胎盘激素在胚胎植入、宫内发育以及胎儿生长等过程中发挥重要作用，瘦素可通过激活 MAPK 和 AKT 等信号通路促进胎盘细胞增殖、保证胎盘发育成熟，而 $PM_{2.5}$ 的暴露会降低胎盘中瘦素的含量，进而对胎儿生长发育产生不利作用。

（三）表观遗传学

表观遗传学修饰是探究大气污染对生殖系统作用的重要机制之一。DNA 甲基化的建立和消除对早期胚胎发育和晚期个体生存至关重要，而暴露于大气污染会导致 DNA 甲基化的改变。$PM_{2.5}$ 暴露可改变基因组中非编码重复元件 DNA 甲基化水平，进而影响基因表达。研究表明，$PM_{2.5}$ 可诱发胎盘内的氧化应激反应，导致胎盘组织的 DNA 甲基化。研究表明，妊娠早期暴露于 $PM_{2.5}$ 会改变胎盘的 DNA 甲基化水平，从而干扰胎盘生长，随后又发现妊娠期间 $PM_{2.5}$ 的暴露导致胎盘线粒体 DNA 甲基化水平下降，特别是在妊娠前 3 个月。除 DNA 甲基化外，组蛋白乙酰化也是表观遗传学的重要组成部分，研究发现大气污染与生命早期脐带血浆组蛋白 H3 修饰有关，表明循环组蛋白是生命后期大气污染相关疾病发展的风险因素。此外，有研究表明 $PM_{2.5}$ 通过 miR-183/96/182 靶向睾丸中的 FOXO1 激活 NALP3 炎性体，从而损害精子质量。

（四）信号通路

大气污染物可以通过 NF-κB、Ras、Wnt、PI3K 等信号通路影响生殖系统的健康。体内动物实验和体外细胞实验研究表明，$PM_{2.5}$ 可提高 NF-κB 的活化水平，NF-κB 参与 $PM_{2.5}$ 导致的生殖损伤。Ras 和 PI3K 信号通过调控下游分子雷帕霉素靶蛋白，在调控生殖细胞生长方面起着关键作用。$PM_{2.5}$ 经气管滴注于雄性 SD 大鼠后，会激活 PI3K/AKT 信号通路引起氧化应激，使精子数量显著下降、精子畸形率显著升高，睾丸组织形态出现异常改变，造成繁殖力降低。$PM_{2.5}$ 暴露可能是通过激活 NF-κB/ 环氧合酶-2/ 前列腺素 2 通路引起雄性大鼠氧化应激损伤，导致睾丸 Sertoli 细胞形态结构及功能损伤，影响生殖功能。母鼠孕期暴露于 $PM_{2.5}$，可降低仔鼠海马组织 Wnt/β-连环蛋白通路中 β-连环蛋白及 p-GSK-3β 的蛋白表达水平，损伤仔鼠海马突触可塑性发育。

四、大气污染对其他系统的健康影响机制

大气污染除了对呼吸系统、心血管系统以及生殖系统健康有影响外，对神经系统、内分泌系统等也有影响。目前研究认为大气污染影响其他系统的机制主要有氧化应激、炎症反应等。

（一）大气污染对神经系统的影响

1. 氧化应激　中枢神经系统具有高代谢需求、高能量消耗、广泛分布的轴突和树突状网络、细胞脂质和蛋白质含量高且缺乏抗氧化防御机制的特点，在一定程度上易受氧化应激作用的损伤。大气污染物能产生 ROS，消耗内源性抗氧化物质，改变线粒体功能，对脂质结构和 DNA 产生氧化损伤。已有研究在 AD 特征性的神经病理改变神经炎性斑及神经原纤维缠结中发现了氧化应激产物增加的证据；急性或慢性暴露于 O_3 可引发氧化应激，导致脑脂质过氧化，进而损害脑神经、引起 AD 的发生；$PM_{2.5}$ 进入生物体内可引发 ROS 的产生，诱导 JNK/ERK 的激活下调 B 淋巴细胞瘤-2（B-cell lymphoma-2，Bcl-2）/Bax 比值和上调 *p15*、*p16*、*p21* 基因的转录水平，参与到细胞周期 G_0/G_1 期的阻滞和细胞凋亡的调节过程中，进而抑制神经干细胞的增殖与分化。

2. 炎症反应　$PM_{2.5}$ 暴露可促进 IL-1β、IL-6、TNF-α 等炎症细胞因子的分泌，这些内源性分子入脑后，可引起神经系统相应的炎性反应，促进神经细胞的过度增殖和分化。自闭症谱系障碍患者大脑解剖结构的异常改变就是由 IL-6 炎症细胞因子过度表达引起的神经干细胞过度增殖导致的；另外，UFP 暴露亦可诱发炎症并破坏血脑屏障，使脑神经发育异常，导致儿童不良神经行为的发生。

小胶质细胞是大脑固有的免疫细胞，是神经免疫炎性反应的主要调节因子，可产生 IL-1、TNF-α、前列腺素 2、IFN-γ 等。小胶质细胞过度激活及慢性活性状态均会产生神经毒性，参与神经元损伤的始动及放大过程。现有尸检研究已证实 AD 患者脑中的小胶质细胞被激活，提示神经免疫炎性反应可能参与了 AD 的发病过程。急性 O_3 吸入可激活交感-肾上腺-髓质轴和 HPA，提示神经内分泌激活导致体内应激激素增加，对 O_3 诱导的炎症起介导作用。

3. 细胞信号调控　$PM_{2.5}$ 中的汞具有神经毒性，一定条件下可以转化为甲基汞。汞的暴露可损害细胞膜上的 Ca^{2+} 通道，引起细胞内钙稳态紊乱导致细胞凋亡，抑制神经干细胞的自然分化；甲基汞可通过抑制微小 RNA 的表达，上调 *p16* 和 *p21* 细胞周期调控基因的表达，改变细胞周期，影响神经干细胞的增殖与分化。$PM_{2.5}$ 中的铅可透过血脑屏障，通过氧化应激、干扰基因表达、细胞内钙稳态紊乱等途径，对神经系统发挥极强的毒性作用。实验发现，相对于其他神经细胞来说，神经干细胞对铅异常敏感，可通过 *p53* 基因调节细胞凋亡途径，抑制神经干细胞向神经元分化，促进其向胶质细胞分化。

4. 其他　香烟烟雾中的烟碱可通过激活或脱敏烟碱乙酰胆碱受体，进而影响多种参与抑郁形成的神经递质，导致抑郁；围产期暴露于污染环境易导致免疫活化，影响胎儿脑神经发育，导致大脑结构在出生后发生异常，增加儿童患自闭症的风险。$PM_{2.5}$ 可穿过鼻黏膜，通过鼻黏膜-嗅神经-嗅球途径入脑。超细颗粒鼻腔灌注实验表明，超细颗粒可转移到嗅球，诱导嗅球产生 TNF-α、巨噬细胞炎症蛋白、IL-1α 和 IL-6 等，并产生神经胶质反应。大脑皮质和海马是学习记忆的重要结构，而嗅球产生的 TNF-α 与海马和大脑皮层的谷氨酸功能密切相关，可能会进一步影响认知功能。$PM_{2.5}$ 还可经口进入消化系统，引起肠道菌群失调，进而通过影响脑-肠轴的信息传递来损害脑功能。

（二）大气污染对内分泌系统的影响

1. 氧化应激　细胞实验研究表明，$PM_{2.5}$ 主要通过线粒体电子传递链生成 ROS，导致机体氧

化应激发生。胰岛β细胞内的H_2O_2酶、GSH-Px等抗氧化酶水平较低，抗氧化能力差，对ROS非常敏感。ROS可直接造成胰岛β细胞损伤，特别是能破坏细胞内的线粒体结构，导致胰岛β细胞功能障碍。ROS也可干扰胰岛素信号转导通路，间接抑制胰岛β细胞的功能，如激活NF-κB信号通路，触发胰岛β细胞炎症反应；抑制胰十二指肠同源盒因子-1的mRNA表达，使胰岛素合成与分泌减少；活化Jun激酶使胰岛素受体底物丝氨酸残基（307位）发生磷酸化，减少胰岛素刺激的酪氨酸磷酸化；活化p38 MAPK途径和激活氨基己糖途径等，这些通路的激活使胰岛素信号转导通路下游信号分子磷脂酰肌醇-3激酶活性下降，降低胰岛素功能，进而发生胰岛素抵抗。

Nrf2是在氧化应激造成组织损伤中起重要作用的氧化还原敏感转录因子，Nrf2通路是当前发现最为重要的内源性抗氧化应激通路。长期$PM_{2.5}$暴露可诱导小鼠体内SOD水平显著增加，并导致棕色脂肪组织储存库中氧化应激标志物3-硝基酪氨酸高表达以及白色脂肪组织和棕色脂肪组织中转录因子Nrf2的表达增加，提示长期$PM_{2.5}$暴露可激活氧化应激信号通路，诱导内脏脂肪组织发生氧化应激，干扰脂肪代谢。暴露于$PM_{2.5}$ 2个月可引起棕色脂肪组织中ROS增加、白色脂肪组织中解偶联蛋白1的表达降低以及棕色脂肪组织和白色脂肪组织中线粒体数量显著下降，引起棕色脂肪组织中抗氧化应激和脂肪组织功能下降，进而发生胰岛素抵抗。

2. 炎症反应 研究表明，机体暴露于大气颗粒物可引起全身炎症反应，使胰岛素敏感性降低，出现外周组织利用葡萄糖受阻，增加2型糖尿病的发病风险。脂肪的内分泌和代谢功能障碍在脂肪和能量稳态失调中起关键作用，暴露于$PM_{2.5}$的小鼠稳态胰岛素评价指数明显升高，血清脂联素和瘦素水平显著下降，白色脂肪组织中F4/80+巨噬细胞浸润增加，肝脏、骨骼肌、白色脂肪组织、棕色脂肪组织中AKT磷酸化水平下降，表明$PM_{2.5}$长期暴露可诱导啮齿类动物葡萄糖耐量受损和胰岛素抵抗、内脏脂肪组织炎症反应，导致内脏脂肪组织和器官能量代谢障碍，进而促进糖尿病的发生。$PM_{2.5}$暴露可诱导内脏脂肪组织巨噬细胞浸润，进一步的研究表明，脂肪组织巨噬细胞被高度激活，使TNF-α、IL-6表达上调，可使巨噬细胞活化标志物半乳糖-*N*-乙酰半乳糖胺-特异性凝集素表达下调，提示$PM_{2.5}$暴露可导致炎症信号通路激活。因此，大气污染暴露能介导全身炎症反应，引起葡萄糖耐量异常，脂肪代谢障碍，胰岛素抵抗指数增加，糖尿病患病风险升高。

3. 内质网应激（endoplasmic reticulum stress，ERS） 是指在多种生理生化或病理状态下直接或间接中断蛋白质折叠过程，导致内质网腔内未折叠或错误折叠蛋白质的积累。内质网在细胞内环境的动态平衡中发挥着重要作用，缺血缺氧、高血糖症、Ca^{2+}浓度异常等均可触发ERS。面对应激，细胞会启动未折叠蛋白反应（unfolded protein response，UPR），UPR一方面能高效清除内质网腔内未折叠或错误折叠的蛋白质，减少蛋白质合成；另一方面可加强内质网生物合成能力，增加伴侣分子的合成，从而重建平衡以达到缓解ERS和保护细胞的目的。但是，如果ERS持续时间过长和（或）强度过大，内质网的动态平衡不能被重建，此时UPR会激活凋亡信号通路，如C/EBP同源蛋白通路和肌醇需求激酶1-Jun激酶通路等。

胰岛细胞的主要功能是分泌胰岛素，内质网很发达，因此对ERS非常敏感。许多证据表明，大气污染介导的机体肝脏和胰腺细胞ERS可能是糖尿病发生发展的重要机制之一。研究表明，小鼠暴露于平均浓度为94.4μg/m^3的$PM_{2.5}$ 10个月，可引起白色脂肪组织发生炎症反应和激活ERS，进一步研究发现，在暴露于$PM_{2.5}$的小鼠白色脂肪组织内，通过肌醇需求激酶-1α介导了两种不同的UPR信号转导。肺是气态污染物进入机体的首要靶器官，肝脏是化学物质和脂质代谢解毒的主要器官，暴露于$PM_{2.5}$可能靶向作用于肺和肝脏，活化巨噬细胞，激活ERS、UPR，刺激脂肪生成、脂质沉积和脂肪细胞分化，进而出现内脏脂肪炎症、胰岛素抵抗、棕色脂肪线粒体脂肪改变和肝脏ERS，最终诱发糖尿病。动物实验和细胞实验表明，大气$PM_{2.5}$可介导ERS和UPR，进一步诱导胰岛β细胞凋亡，引起胰岛素分泌能力受损，导致糖尿病发生。

4. 肠道菌群 肠道菌群与宿主形成了错综复杂的互利共生关系，被认为是能够执行复杂功能、产生多种不同代谢产物的巨大“器官”，在宿主健康中起着关键作用。大量研究表明肠道菌群与肥胖、糖尿病等多种疾病密切相关。当人群暴露于空气颗粒物后，进入呼吸道不同位置，其中支气管上皮黏液层中的颗粒以及巨噬细胞吞噬的颗粒通过黏液纤毛清除运输到口咽，随后被摄取，为空气颗粒物到达胃肠道提供了可能。

研究表明，$PM_{2.5}$ 暴露会影响小鼠肠道菌群丰度和多样性，降低肠道乳酸菌属的相对丰度，升高肠道丹毒丝菌科、杜氏菌属的相对丰度。$PM_{2.5}$ 暴露可通过改变毛螺菌科瘤胃球菌属和多尔氏菌属从而影响孕妇的空腹血糖（fasting blood glucose，FBG）水平；妊娠期暴露于高浓度 $PM_{2.5}$ 会降低胎粪菌群的 α 多样性。一项研究将 C57Bl/6J 小鼠暴露于过滤空气或浓缩 $PM_{2.5}$ 环境中，发现细菌丰富度与葡萄糖和胰岛素耐受性相关，表明长期暴露于 $PM_{2.5}$ 会导致肠道菌群失调，并可能导致葡萄糖代谢异常的发展。另一项研究将大鼠暴露于 $PM_{2.5}$ 后，发现 $PM_{2.5}$ 改变的肠道菌群和尿液代谢物与甲状腺功能指标具有显著的相关性，提供了 $PM_{2.5}$ 诱导甲状腺毒性的新机制。

（张志红）

第四节 空气污染健康影响的群体和个体干预研究

空气污染的群体干预通常指在特定时期内，为了在局部地区或城市实现空气质量的迅速改善，当地政府采取快速有效的控制措施降低室外空气污染水平。而个体干预则通常指通过一定手段减少个体的空气颗粒物暴露或降低空气颗粒暴露对个体产生的健康危害。

鉴于大气颗粒物对人群健康影响的广泛性和严重性，各国政府及相关研究人员在预防和控制大气颗粒物的健康危害方面提出了长期、短期的基于群体及个体水平的多种干预措施。在群体水平干预方面，主要措施为制定大气污染防控及治理方案、划分低排放区、控制燃煤、更换燃料类型等长期或永久干预措施，以及道路限速、重大活动期间综合管控等暂时性干预措施；在个体水平干预方面可通过使用空气净化器、个体呼吸防护用品、强化营养、药物辅助和增强体育锻炼等多种途径，达到预防或降低大气颗粒物所致健康危害的目的。

一、群体干预措施的人群健康影响

我国在特定时期采取大气污染干预措施在群体水平上的健康效益案例较多，如 2008 年北京奥运会、2014 年南京青奥会、2014 年亚太经济合作会议、2015 年大阅兵，以及我国采取的常态化的相关政策措施在群体水平上的健康效应研究，如国务院 2005 年颁布《第十一个五年计划》、2011 年颁布《第十二个五年计划》及 2013 年颁布《大气污染防治行动计划》均表明群体层面上的政府干预带来的短期和长期空气质量改善可以显著提高人群的健康效益。

（一）短期群体干预

1. 2008 年北京奥运会期间的干预措施 2008 年奥运会开幕前，我国政府制定了一系列大气污染防治措施，评估了奥运会前后采取的改善能源结构、治理机动车污染、整治室内污染工业和治理扬尘污染等措施对空气质量的改善作用。以空气污染指数（air pollution index）为评价指标进行对比分析，发现上述的干预措施使北京市空气污染指数下降 37.1%，2008 年空气质量为“优”的天数为 2004 年以来的最高值，说明 2008 年北京市空气质量提升明显，国家采取的干预措施效果显著。

为了评估政府干预措施所产生的环境改善健康收益，国内学者开展了大量的研究，系统地评估了奥运前后大气污染浓度的改变对居民健康影响的效应改变。基于门诊监测信息，国内学者对比分析基线期（未实施空气污染干预措施）、奥运准备期（实施车辆单双号限行）和奥运期（实施车辆单双号限行与污染型工厂企业减排）北京每日哮喘门诊患者数量日空气质量信息（包括 $PM_{2.5}$、SO_2、NO_2、O_3 和 CO）的相关关系，评估大气污染水平变化引起的哮喘门诊 RR 值。研究结果显示，对比基线期，奥运会期间 $PM_{2.5}$ 浓度从 78.8μg/m^3 降至 46.7μg/m^3；成人哮喘就诊风险降低了 46%

(RR=0.54；95%CI：0.39～0.75)。研究学者在北京市区靠近交通干道的小学开展了一项固定群组研究，对38名四年级儿童进行两年5次随访，其中2007年随访3次，2008年随访2次。每次随访测量的儿童呼出气一氧化氮（fractional exhaled nitric oxide，FeNO），作为呼吸道炎症生物标志物。5次随访结果显示，奥运会期间儿童FeNO（10.7mm^3/m^3）水平显著低于奥运会前（14.1mm^3/m^3、12.2mm^3/m^3、16.9mm^3/m^3、15.0mm^3/m^3），而且黑碳和$PM_{2.5}$的浓度降低与FeNO的下降显著相关。由此可见，奥运会期间大气颗粒物水平下降可以明显降低儿童急性呼吸系统炎症反应，改善儿童呼吸系统健康，表明奥运期间的群体干预措施成效显著。

2. 2014年北京APEC峰会期间研究 2014年于北京召开的亚太经济合作组织（Asia-Pacific Economic Cooperation，APEC）峰会，我国政府在会议期间也实施了短期有效的空气污染干预措施。研究结果显示，APEC会议期间在北京以及周边省市实施的空气质量管理措施（车辆限行、暂停工厂生产、暂停建筑装动、整治街道卫生等）可有效降低$PM_{2.5}$浓度，其中11月1日至12日期间北京市大气$PM_{2.5}$、PM_{10}、SO_2、NO_2浓度分别为43μg/m^3、62μg/m^3、8μg/m^3、46μg/m^3，相较于2013年同期分别下降55%、44%、57%和31%，各项污染物浓度均达到近5年同期最低水平。在健康收益方面，APEC会议期间，归因于大气质量改善而减少的全因死亡例数为39～63例，其中CVD死亡减少21～51例，呼吸系统死亡减少6～13例。

3. 2002年韩国釜山亚运会 2002年9月29日～2002年10月14日，第14届亚洲运动会于韩国釜山举办，当地政府通过控制工业废气排放、机动车限行等方式对亚运会期间空气质量进行管控。研究表明，2002年韩国釜山亚运会期间，相较于亚运会前大气PM_{10}、SO_2、NO_2、CO、O_3浓度分别下降0.72%、12.77%、8.56%、9.52%、24.94%，均低于韩国空气质量指导值。2002年亚运会期间，15岁以下儿童哮喘住院风险较亚运会前降低40%，且儿童每日平均哮喘住院人数呈现下降趋势。釜山亚运会结束后，基于2003年同期数据分析，结果显示上述大气污染物浓度相较于2002年升高，同期儿童每日平均哮喘住院人数呈现上升趋势。该研究结果提示，降低大气污染物浓度对改善儿童呼吸系统患病风险具有有益影响。

（二）长期群体干预研究

我国自2013年9月10日开始实施《大气污染防治行动计划》，实现以下目标：第一，到2017年，全国地级及以上城市PM_{10}浓度比2012年下降10%以上，京津冀、长三角、珠三角等区域$PM_{2.5}$浓度分别下降25%、20%、15%左右，其中北京市$PM_{2.5}$年均浓度控制在60μg/m^3左右；第二，力争再用五年或更长时间，逐步消除重污染天气，全国空气质量明显改善。结果显示，2017年京津冀地区SO_2、NO_x、$PM_{2.5}$、非甲烷挥发性有机化合物（non-methane volatile organic compound）、氨气排放量分别比2012年下降36%、31%、30%、12%和10%。2020年京津冀地区SO_2、NO_x、$PM_{2.5}$、非甲烷挥发性有机化合物、氨气排放量分别比2012年下降40%、44%、40%、22%和3%；此外，2017年和2020年的$PM_{2.5}$年浓度分别比2012年降低28.3%和37.8%。表明依照《大气污染防治行动计划》所采取的措施是缓解京津冀地区$PM_{2.5}$污染水平的有效途径。为了评估政府政策干预所产生的健康收益，我国学者对126个城市的26 511个家庭开展了空气污染政策干预前后医疗支出变化的调查研究，评估了$PM_{2.5}$浓度下降与医疗支出之间的联系，结果显示$PM_{2.5}$浓度每下降10μg/m^3，可减少251.6元的人均年医疗支出，且与2013年相比，2017年$PM_{2.5}$浓度每下降10μg/m^3所带来的医疗支出方面经济效益要更高，为552元，即全国每年能节省约7360亿元，约为中国GDP的1%。另外一项研究基于我国74个重点城市2013～2017年的全国空气质量监测和死亡数据进行分析，计算死亡率和YLL的变化，评估空气质量管理在5年内对健康的影响，结果显示2013～2017年，74个重点城市$PM_{2.5}$和PM_{10}年均浓度分别下降33.3%（95%CI：16.3～50.03）和27.8%（95%CI：8.0～47.5）；2017年死亡人数比2013年减少了47 240人（95%CI：25 870～69 990），YLL减少了710 020人年（95%CI：420 230～1 025 460）。

为了改善传统的散烧煤等取暖方式对大气污染的贡献，2019年政府在我国北方地区实施了“煤改气”“煤改电”等清洁采暖（指利用清洁化能源，通过高效用能系统实现低排放、低能耗的取暖方式）措施。2020 年 5 月，国家生态环境部在新闻发布会上指出，“煤改气”“煤改电”等清洁采暖措施对 $PM_{2.5}$ 下降的贡献率达到 1/3 以上，环境效益明显。此外，有研究评估了北方典型地区农村清洁采暖污染物排放的变化，表明不同清洁取暖替代方式均可不同程度地改善空气质量，降低室内外的 $PM_{2.5}$ 暴露浓度，减少健康损失。

2008 年 10 月，我国颁布了机动车尾号限行政策，并开启了此后的常态化实施。城市机动车限行政策的基本逻辑是限制一部分号牌的车辆出行来减少交通流量，进而减少包含固体悬浮微粒（$PM_{2.5}$、PM_{10}）、CO、NO_x 及 SO_x 等导致空气污染的尾气排放及道路扬尘，从污染源控制上防治大气污染。2007 年以来，北京曾六次启动机动车单双号行驶措施，每次的限行政策均在一定程度上改善了污染严重程度。2008 年奥运召开的 17 天内，北京市环保局数据显示，全市空气质量每日均达标，污染物浓度全面下降 50%，创造 10 年来历史最好水平。2014 年 APEC 峰会在京召开，通过全市单双号行驶、渣土车与黄标车禁行等措施，NO_x 减排 44%，颗粒物减排 58%，VOC 减排 49%。

自 1948 年多诺拉烟雾事件和 20 世纪 50 年代洛杉矶光化学烟雾事件后，美国开始制定出台并严格实施一系列法规对大气污染进行治理。在 20 世纪 70 年代末美国的《清洁空气法》要求环境保护部门对全国的大气环境质量监控、规划、研究。在实施以上这些政策的 40 年间，美国生产总值增长了 238%，但全国大气污染中六种主要污染物（悬浮颗粒、Pb、O_3、CO、NO_2 和 SO_2）的大气环境含量平均下降了 69%。具体来说，与 1990 年比，2018 年 CO（8 小时）年均浓度下降 78%，NO_2（24 小时）年均浓度下降 59%，O_3（8 小时）年均浓度下降 25%，PM_{10}（24 小时）年均浓度下降 46%。与 2000 年相比，SO_2（1 小时）年均浓度下降 90%，$PM_{2.5}$（24 小时）年均浓度下降 44%。与 2010 年相比，Pb 3 个月的平均浓度下降 85%。在爱尔兰首都都柏林进行的一项长期群体干预研究观察了大气颗粒物污染对心血管系统的慢性影响。1990 年 9 月，都柏林开始禁止使用煤炭；截至 1996 年大气颗粒物的一项指标——黑烟（black smoke）的浓度下降了 70.0%（35.6μg/m^3），在控制了气候、流行性感冒、死亡自然变化趋势等混杂因素后，发现都柏林居民 CVD 的死亡率由此下降了 10.3%，即每年减少了 243 例 CVD 的死亡。这项研究有力地加强了大气颗粒物污染与 CVD 死亡之间因果关系的推断。

综上所述，群体干预为研究者提供了研究空气颗粒物浓度变化对人群健康影响的关系提供了机会，这些研究的结果都显示群体干预可显著改善空气质量，为人群带来健康收益，主要体现在心血管系统、呼吸系统等发病率和死亡率等方面。为了更加深入地探究群体干预的健康效应，研究者未来可以采用更丰富、更巧妙的研究设计进行调查，从而为将来制定空气颗粒物的群体干预和人群健康保护政策提供更充足、更有力的科学依据。

二、个体干预措施的人群健康影响

国内外研究表明，有效的个体干预措施能够为人体带来健康收益，包括使用空气净化设备、佩戴口罩、服用膳食补充剂和药物等，空气净化设备和口罩的作用在于减少个体的空气颗粒物暴露，而服用膳食补充剂和药物的作用在于阻断或减弱空气颗粒物对人体的作用通路，两种方式均可为人体带来不同程度的健康收益。目前，国内的相关研究相对较少，但已有证据提示了此类干预的积极作用，为将来的研究以及干预措施的推广提供了科学依据。

（一）空气净化设备

我国当前空气污染形势严峻，雾霾频发。空气净化被认为可有效降低污染物的个体暴露总剂量，从而减轻空气污染的健康危害。空气净化器是指能够吸附、分解或转化各种空气污染物（一般包括颗粒物、花粉、异味、甲醛、细菌、过敏原等），有效提高空气清洁度的产品，能改善空气质量、降低大气污染的个体暴露。

近年来，国内外有不少流行病学研究发现，空气净化器可有效改善环境空气质量，从而减轻空气污染的健康危害。一项在美国底特律开展的随机双盲交叉干预研究纳入了 40 名在低收入地区居住的老年人作为研究对象，在无空气净化器、低效空气净化器和高效空气净化器三组环境下分别监测被试者的血压和居住环境的空气颗粒物浓度，研究结果表明，与无空气净化器相比，设置了低效和高效空气净化器的干预组被试的个体 $PM_{2.5}$ 暴露显著降低，收缩压和舒张压也有明显的下降。该研究说明了空气净化器干预可以使环境颗粒物浓度得到明显改善，而且随着空气质量的改善，其健康指标包括呼吸系统疾病症状、微血管功能、肺功能和系统炎症指标都得到相应的改善。

在我国大气污染较严重的背景下，我国学者也评价了空气净化器对颗粒物相关健康效应的改善作用。在上海地区，研究学者开展了一项随机双盲交叉对照干预研究，选取了 55 名健康大学生，分别给予真空气净化器和假空气净化器进行两次干预，每次干预时间为 9 天，两次干预阶段间隔 12 天的洗脱期；结果显示使用空气净化器使环境 $PM_{2.5}$ 浓度显著降低了 57%。在干预 48 小时后，气道炎症、肺功能指标有改善，血压和循环系统炎症、凝血和血管收缩指标的水平均有所降低，提示干预措施可产生明显的短期心肺健康效益和应激激素的减少。在干预 9 天后，血清代谢物和尿液氧化损伤指标的水平有所改善。同样在上海地区开展的另一项双盲交叉研究则选取了 5～13 岁的儿童作为被试对象，在其卧室中随机使用真过滤装置和假过滤装置，以评估过滤装置的空气净化效果和对儿童哮喘的保护作用，研究结果表明，通过过滤空气中的 $PM_{2.5}$，能够改善儿童气道功能以及减少炎症来改善哮喘儿童肺中的空气流动。

一项台北的随机交叉干预研究招募了 200 名家庭妇女，各随机分配了 100 名进入空气过滤干预组和对照组，并收集了血液样本并分析心血管健康相关的生物标志物，结果显示，$PM_{2.5}$ 和 VOC 升高与血压升高之间存在联系，而使用空气过滤装置则通过降低 $PM_{2.5}$ 的暴露，从而可以显著保护成年人的心血管健康。

我国学者在湖南长沙开展了系列研究，比较了一款净化器移除高效颗粒物滤网（high efficiency particulate air filter，HEPA 滤网）和静电除尘器的不同健康效应。研究结果显示，移除 HEPA 滤网与研究对象生物标志物的变化没有显著关系，而移除静电除尘器与血浆可溶性 P-选择素下降和收缩压下降存在显著关系。但是静电除尘器工作时，环境 24 小时 O_3 暴露浓度会提高 2.2（95%CI：2.0～2.5）ppb，可能对人体健康带来负面影响，进而掩盖颗粒物污染暴露降低带来的健康改善作用。而在同一现场进行的另一项研究则发现，迷你袋式过滤器和 HEPA 滤网联合使用时，对 O_3 的过滤效率为 20%。在长沙进行的系列研究表明，不同原理的净化装置对人体的健康效应存在差异，需要更加深入地研究探讨对人体健康最有利的空气净化方式。

（二）口罩

口罩对进入肺部的空气颗粒物有一定的过滤作用。在呼吸道传染病流行时，或在粉尘等高污染的环境中作业时，戴口罩具有非常好的防护作用。在我国当前持续发生雾霾的背景下，除空气净化器之外，口罩是另一种防护雾霾健康危害的常用手段。

流行病学研究表明，短时间暴露于空气污染环境下会加重已有心肺功能疾病，进而导致入院率和死亡率的提高，而佩戴口罩则能够过滤部分雾霾，从而保护心血管系统。一项在上海进行的随机对照交叉研究纳入了 24 名健康青年，并分成佩戴微粒过滤口罩组和对照组，监测参与者的血压和心率变异性。研究结果表明，在空气质量、温度和相对湿度在监测时段内无较大差异的情况下，佩戴微粒过滤口罩组的参与者收缩压降低，24 小时的心率变异性相关指标增加，提示心血管功能有一定改善。

中国医学科学院阜外医院开展了两项随机交叉试验，研究口罩干预的效果。第一项是针对健康志愿者，要求 19 名研究对象佩戴 / 不佩戴某品牌防尘口罩 48 小时，并在第二天于北京市内设定好的路线步行两小时，同时记录血压、心率、24 小时动态心电图等指标，结果表明，在 2 小时步行期间佩戴防尘口罩的干预组比对照组收缩压低 7mmHg，心率相似；在佩戴口罩一天后，第二天佩戴期间研究对象的心率变异性得到显著改善。另一项研究对象是 98 名冠心病患者，与第一项研究采用相同的干预方式，统计学分析采用配对 t 检验、Wilcoxon 符号秩和检验以及卡方检验等，结果发现，佩戴了防尘口罩的干预组可以减轻个体对大气 $PM_{2.5}$ 等污染物的暴露水平，从而减少冠状动脉粥样硬化性心脏病患者的临床症状，减慢疾病进程，具体表现为患者自报心血管症状减少、心电图 ST 段压低（缺血表现）减少、平均动脉压降低以及心率变异性升高等。

相似的是，在国外开展的一项随机双盲对照临床试验招募了 26 例心力衰竭（心衰）患者和 15 名对照志愿者，受试者被分为暴露于清洁空气组、柴油机废气暴露组和口罩过滤柴油废气暴露组。观察终点是内皮功能评估、反应性充血指数、动脉僵硬度、血清生物标志物、6 分钟步行距离和心率变异性。研究结果显示，在心衰患者中，柴油机废气暴露与反应性充血指数下降和 B 型利尿钠肽升高呈显著相关。口罩过滤显著降低了柴油废气中的颗粒物浓度。在心衰患者中，口罩过滤组反应性充血指数得到显著提高，且 B 型利尿钠肽降低。这项试验证明佩戴口罩存在一定健康收益，当患者暴露于交通来源的空气污染时，可广泛使用口罩，有利于患者健康，减轻心衰疾病负担。

综上，国内外的研究表明，戴口罩可以有效减少 $PM_{2.5}$ 的个人暴露，对心血管系统产生明显的保护作用。当短期内无法将空气污染降低到健康水平时，人们可以通过在户外活动时佩戴口罩，降低急性心血管事件的发病率，并改善患者的整体健康状况。

（三）膳食或营养补充剂

除了使用空气净化器和佩戴口罩，国外已有研究发现可以通过补充维生素和鱼肝油等营养补充剂的方式来抵御 $PM_{2.5}$ 对健康的危害。国内学者也发现维生素和 Omega-3 对 $PM_{2.5}$ 健康危害的防护作用主要体现在抗氧化损伤、抑制 DNA 甲基化和改善心率变异性等方面。

在上海地区进行的一项随机双盲对照试验纳入了 65 名健康大学生，评估鱼油能否保护心血管系统免受 $PM_{2.5}$ 暴露危害，实验将受试者随机分为安慰剂组和干预组，干预组每日补充鱼油，并在试验的最后检查了 18 个代表心血管功能的生物标志物。研究结果表明，补充 Ω-3 脂肪酸与 $PM_{2.5}$ 暴露的短期亚临床心血管系统改善相关，对干预组受试者的部分心血管功能存在有益影响。

一项研究纳入了 7183 名年龄在 65～85 岁之间的女性，通过食物频率问卷估计参与者从食物和营养补充剂中摄入的维生素 B，并使用时空模型估算了 $PM_{2.5}$ 的年平均暴露量，分析维生素 B 的摄入在空气污染物和全因痴呆发病率之间发挥的修正作用。研究结果表明，在暴露 $PM_{2.5}$ 浓度较高的地区，维生素 B 摄入较少的参与者患有全因痴呆的风险更高。另外，对于老年人来说，补充 Ω-3-多不饱和脂肪酸能有效减轻暴露 $PM_{2.5}$ 引起的不良反应，调节机体暴露于颗粒物的氧化反应，特别是鱼油组其效果更为显著。我国学者在台湾地区对 184 名哮喘儿童开展了维生素膳食干预研究，评估其对大气污染的修正效应。结果显示，对于住在 PM_{10} 浓度水平较低（日平均浓度为 40～46μg/m^3）区域的哮喘儿童，如果摄取足够的维生素 C 和维生素 E，可减少最大呼气流速降低的幅度。

在北京开展的一项随机双盲对照试验招募了 118 名成年人，并随机分配到安慰剂组或干预组，其中干预组每日补充 L-精氨酸，两组的配对参与者通过沿着交通干道步行的方式进行空气污染暴露，在暴露之前、期间和之后监测参与者的血压、动态心电图、L-精氨酸代谢物和炎症生物标志物，持续 2 周。结果显示，干预组的参与者血浆 L-精氨酸水平显著升高，在暴露水平相近的情况下，干预组的静息和动态血压显著降低，说明口服 L-精氨酸能改善成年人血压水平。

综上，充足且适量的营养素摄入，如 Ω-3-多不饱和脂肪酸、B 族维生素、L-精氨酸等，可增强抵御外界毒物的免疫防御能力，是降低空气颗粒物有害健康效应的重要途径。

（四）药物

针对空气颗粒物危害人体健康的作用通路，理论上一些用于临床治疗的药物可能具有阻断或减少颗粒物健康危害的功效。目前，这方面的研究很少，仅国外个别研究报道了他汀类药物的干预作用。

（董光辉）

展 望

近年来，我国学者基于中国人群开展了大量的大气污染健康风险评估研究，并提供了可靠的科研数据；但在研究的广度和深度方面仍然面临一些问题和瓶颈。考虑到我国人口规模巨大，与空气污染相关的人群疾病负担也会保持在较高水平，因此未来深入研究空气污染与人类健康的关系具有重要意义。今后应该在综合大气污染物健康效应的国际发展前沿与我国研究现状的基础上，适时提炼关键科学问题。我们应注重多学科合作，尤其是环境化学、环境流行病学、环境毒理学以及基础医学和临床医学等多学科的交叉综合。基于此，我们建议在以下几个方面加大工作力度。

（1）开展大气污染前瞻性队列专项研究，支持我国环境管理工作：基于人群的环境流行病学调查是世界各国和 WHO 制订、修订环境空气质量标准的首要依据。前瞻性队列研究在污染物暴露评价、个体健康资料的收集和质量控制更为严格，在支持防治大气污染健康危害、制 / 修订相关环境标准等方面具独特优势，得到了当今各国的高度关注。

（2）加强大气污染与健康的基础研究，包括：①我国代表性地区大气污染的来源、时空分布、暴露特征、居民个体暴露来源解析；②大气污染所致机体生物学效应、早期健康损害和激发重大心肺疾病发生和死亡的剂量-效应（反应）关系与作用机制；③与政府重大环境干预措施相匹配，开展干预研究，评估其健康收益。

（3）加强对我国大气污染健康风险沟通的研究和能力培养我国各级部门已逐渐基于风险开展环境管理工作，但多侧重于技术层面的风险防范和发生污染后的应急处理，缺少公众的参与和沟通。与发达国家成熟体系相比，我国相关部门在风险沟通的理论和能力培养方面尚有欠缺。未来需加强对大气污染健康风险沟通的基本理论、策略、方法和效果评估的研究，制定相关法规，设置专门沟通机构，从而真正起到维护社会稳定的作用。

案例

雾霾事件近年来引发了社会各界的广泛关注，越来越多的研究报道了颗粒物空气污染的健康危害。然而，由于地区差异、方法学的不统一性以及潜在的报道偏倚等，导致研究间结果可比性较差。针对此，一项全球多国多城市研究，通过来自 24 个国家和地区的顶尖空气污染研究专家倾力合作，在全球范围内 652 个城市开展了颗粒物空气污染与居民死亡关系的流行病学研究。研究结果显示，PM_{10} 浓度每增加 10μg/m^3，每日全因死亡率、CVD 死亡率和呼吸系统疾病死亡率分别增加 0.44%（95%CI：0.39%～0.50%）、0.36%（95%CI：0.30%～0.43%）和 0.47%（95%CI：0.35%～0.58%）。$PM_{2.5}$ 浓度发生相同变化时，每日死亡率的相应增幅分别为 0.68%（95%CI：0.59%～0.77%）、0.55%（95%CI：0.45%～0.66%）和 0.74%（95%CI：0.53%～0.95%）。在模型中调整气态污染物后，颗粒物对日死亡率的影响仍然显著。研究进一步发现，在年平均 PM 浓度较低和年平均温度较高的地区，上述效应较强。全球暴露-反应曲线表明，每日死亡率始终随着 PM 浓度的增加而增加，且 PM 浓度较低时的斜率较大。暴露反应关系曲线不存在明显的阈值，提示应进一步收紧空气污染治理的相关标准和政策。该研究首次在全球范围内系统地评估了颗粒物空气污染对居民死亡的影响，并探索了这种影响的地区、城市和人群分布特征，拟合了具有全球代表性的颗粒物急性暴露反应关系曲线。研究结果已为 WHO 修订环境空气质量标准和风险评估提供重要的流行病学证据，为主要国家和组织未来采取公共卫生措施、降低空气污染的疾病负担提供了科学依据。

思 考 题

1. 影响颗粒物生物学作用的因素有哪些？

2. 如何理解大气颗粒物健康效应的阈值？有何意义？

3. 根据已有的研究可知，除空气污染外，心血管功能仍受许多因素影响，如年龄、性别、运动、饮食习惯等，我们应如何评价空气污染的影响在其中的重要性？

4. PM 可能通过氧化刺激、炎症反应及遗传物质改变等多种机制引起机体各个系统的损伤，这些损伤是否相关？

5. 近年来我国空气污染物的来源及变化情况有哪些？

6. 根据不同空气污染物来源及变化，我国的大气污染政策和措施发生了哪些变化？

（董光辉 张志红）

第六章　水体污染、饮用水与健康

水对于人类的生存和发展至关重要。水不仅是人类赖以生存的自然资源，也是人类生活、生产活动和社会发展不可缺少的物质基础。然而，随着工农业生产和城市化的快速发展以及人口数量的不断增加，大量污染物进入环境，使水体遭受到不同程度的污染，水质恶化，对生态环境和人类健康构成严重威胁。

本章首先概述水的生理学和卫生学意义、水资源和水污染概况，然后重点介绍水体和饮用水中不同性质和来源的污染对健康的影响。为有效控制人类暴露于与水体和饮用水污染有关的健康危险因素，保障人类健康，需要采取一系列干预和防护措施。本章分别针对集中式供水和分散式供水介绍了饮用水供应和处理的相关内容。在水污染防护和卫生监管方面，主要介绍了废水处理、水环境标准、水体和饮用水污染以及涉水产品的卫生监管。

第一节　概　　述

水不仅是生命之源，具有重要的生理学意义，而且对于保持和改善个人与环境卫生、促进健康至关重要，具有重要的卫生学意义。了解水资源和水污染概况对于保护水资源具有重要意义。

一、水的生理学和卫生学意义

（一）水的生理学意义

水是生命之源，与地球上一切生物息息相关。水是生物体的重要组成部分，人体内含水量占体重的百分比随着年龄的变化而变化，正常成人体内约60%由水构成，新生儿含水量较高，可达体重的80%，到了老年，则下降至45%。人若停止水的摄入，存活时间不过数日。水是人体的重要营养素，人体一切生理活动和生化反应的进行离不开水的参与。水对于维持细胞和组织形态、参与新陈代谢、物质运输、调节体温、维持渗透压和酸碱平衡等具有重要作用。此外，饮水还是人体摄取无机盐和微量元素等营养物质的重要来源之一。

人体生理需水量受到年龄、环境温度和劳动强度等因素的影响。通常，健康成人生理需水量为2～3L/d，主要来自饮水和食物中的水；婴幼儿虽然每日水摄入量低于成人，但其单位体重需水量可达成人的数倍；高温环境下从事强体力劳动的个体每日需水量可达8～10L。水摄入不足将影响机体的正常功能，轻者可出现口干舌燥、头晕乏力、新陈代谢紊乱等表现，脱水严重者可危及生命。饮水不足可能与肿瘤、儿童和青少年肥胖、老年人不良健康状况等健康风险有关，慢性轻度脱水可能会带来认知障碍等长期健康影响。

（二）水的卫生学意义

水不仅是一切生命的源泉，而且对于保持和改善个人与环境卫生、促进健康来说至关重要，必须确保所有人获得充足的、安全的水资源和饮用水。

为维持较高的居民生活卫生水平，水的供应量必须满足多项用途的需要。个人和家庭用途的生活饮用水主要用于饮用、烹饪、个人卫生等，要求供水量充足并且能够连续供给。WHO指出，为确保满足居民的最基本需求，使健康问题极少出现，每人每天需要50～100L水。人均用水量是国际上衡量一个国家城市和居民生活水平的重要标志之一，它随着城市经济文化生活水平的提高而增加。发展中国家城市居民人均每天用水量可达200L，而在发达国家可达500L以上。

洁净安全的水是重要的公共健康决定因素。目前全球尚有约14亿人生活在缺少洁净饮水的地区，每年约700万人因饮用受污染的水或缺水而死亡。与水有关的疾病是全球五岁以下儿童的主要死因，这在发展中国家的农村地区尤其明显。水污染相关疾病已成为主要的人类健康负担。粪便污染引起的饮用水微生物污染仍然是威胁饮用水安全的主要风险之一。获取安全和充足的水能促进卫生实践，不仅是预防腹泻病等消化道传染病，而且是预防急性呼吸道感染和一些热带病的关键措施。

水的化学风险主要来自包括砷、氟化物、硝酸盐等无机污染物以及众多由人类生产生活活动产生排放的有机污染物。此外，水消毒处理在杜绝介水传染病的发生方面发挥了重要作用，然而消毒时会形成对健康具有潜在风险的消毒副产物。需要注意的是，氮、磷等营养盐大量进入水体又可导致藻类过度繁殖，一些藻类可以生成危害人体健康的藻类毒素。水中的这些有害物质除了主要通过饮水饮食途径经口摄入，一部分还可以在沐浴、洗涤、娱乐活动等过程中经由皮肤接触或呼吸道吸入危害健康。

居民生活饮用水必须是安全的。WHO指出，安全饮用水是指终生饮用不会对人体健康产生明显危害的饮用水，包括在生命不同阶段人体敏感性发生改变时。各国制定了相关国家标准以衡量饮用水的质量和安全性。WHO关于饮用水质量的指导性意见为各国国家标准的发展提供了基础，该标准的正确实施，将有利于确保饮用水安全。联合国在2000年发布的千年发展目标和2015年发布的《2030年可持续发展议程》中，均将水卫生和饮用水安全作为发展目标之一。

水资源和饮用水的水量和水质，关系着人民的健康和生活质量。因此，采取行动以保证充足的水量供应和提高水质，对于保障人类健康有着极其重要的意义。

二、水资源概况

（一）水循环

水圈是一个连续但不规则的圈层，水圈中的水不是静止的，而是在不断地运动进行着水循环。水循环是指地球上的水不断变换地理位置和物理形态的运动过程，包括海陆表面水分的蒸发、水气的输送、凝结降水、下渗、径流等环节。在全球水循环中，水的总量是平衡的，只是水的存在形式和水的分布在不断变化。水循环的意义在于使地表水、地下水这些陆地水体得到源源不断的补充。如果没有海洋的持续蒸发、陆地降水和径流返回海洋，就无法进行地表水或地下水补给，最终将耗尽可用的淡水供应。水循环的各部分直接或间接相连，一个部分受到扰动可能会影响所有其他部分，从而影响人类和生态健康。

（二）水资源种类和卫生学特征

1. 降水 降水主要包括雨、雪和冰雹等形式。降水通常水质较好、矿物质含量比较低、水质较软，但存在降水量在时间和空间上分布不均衡的问题。降水水质受到当地大气环境质量和水源地环境等因素的影响，如大气中的二氧化硫、氮氧化物溶解在降水中，导致其pH下降，严重者可形成酸雨，受海洋影响沿海地区的降水中往往含有更多的碘和盐分，这与沿海地区碘缺乏性疾病发生较少有关。降水量则受到地理环境、所处纬度和季节等因素影响。不同地区以及同一地区不同季节和不同年份间降水量分布差异较大。降水是地表水和地下水的主要补给来源。

2. 地表水 主要是由雨、雪、雹等降水的地表径流和汇集后形成的水体，包括湖泊水、水库水和江河水等。地表水主要来自降水，同时与地下水之间互相补充，此外冰川融水也可以更新一部分地表水。地表水的水量和水质较大程度上受到所流经地区自然地质状况、气候和人类活动等因素的影响。地表水与地下水相比硬度较低、污染物含量较高。由于地表水水量充足、取水方便、水处理后水质可以达到饮用要求，故常用作生活饮用水水源。地表水水量通常存在明显的季节性变化，丰水期与枯水期相比降水充沛、水量大增，大量地表径流的汇入使地表水的浑浊度和微生物含量上升。

地表水根据其特点分为开放型水体和封闭型水体。江河水属于开放型水体，流动性强、水流速度快，有利于污染物的稀释扩散和有氧分解。湖泊水和水库水属于封闭型水体，四周封闭、流动性差、沉降作用较强，自净能力弱，污染物不易被混合稀释和运出而更易沉积于底质中，而且水体复氧能力较差，不利于有机物的有氧分解。当水体接受了过多的营养负荷，特别是磷和氮，往往导致藻类等浮游生物的过度生长形成水体富营养化，湖泊水、水库水等封闭型水体更易于发生水体富营养化。由于优势藻属的颜色不同，水面呈现不同颜色，这种情况发生在淡水中时称水华，出现在海湾时称赤潮。随着藻类的死亡和分解，水中的溶解氧被耗尽，水中缺氧导致鱼虾等水生动物死亡，厌氧分解产生恶臭类物质，影响水的感官性状。水体富营养化是我国淡水湖泊水库的重要污染类型。控制氮、磷等污染排放和水体富营养化，是防止藻类暴发的重要手段。

3. 地下水 地下水储藏于地表以下，由降水和地表水沿着土壤和岩石空隙渗入地下形成。地下水资源丰富，水量稳定，不受气候影响，污染程度相对较小，水质较好，是农业灌溉、工业生产和生活饮用水的重要水源。目前全球一半居民利用地下水作为生活用水水源，地下水提供了约25% 的农业灌溉用水，浇灌了 38% 的灌溉用地。地下水主要由降水和河流湖泊等地表水补给。地下水的补给更新速度通常比较缓慢。

地下水类型与其所处地层有关，位于地表以下第一个不透水层之上的地下水为浅层地下水，而位于第一个不透水层之下的为深层地下水。浅层地下水和深层地下水均可通过地表缝隙或地层塌陷涌出地面，形成泉水。浅层地下水与地表水相比，通常物理性状较好，细菌含量少，矿物盐类含量和硬度增加，溶解氧含量下降。我国广大农村地区常使用浅层地下水作为生活和生产的水源，水井是其主要被利用形式。深层地下水水量和水温较为稳定，水质不易受污染，细菌数量少，矿物质含量和硬度较高，水质易受到所在地域地质环境影响。深层地下水常作为地下水集中式供水的水源。

地下水水质受地表水质量和地质环境的影响较大。由于工农业生产、居民生活污水污物的过度排放，地下水正遭受不同程度的污染。虽然与地表水相比，地下水由于覆盖层土壤和岩石颗粒对水流的层层过滤作用，通常能更好地防止污染，但因为地下水流动慢，水质参数变化小，一旦发生污染，就更加难以补救。浅层地下水比深层地下水更容易受到污染。此外，地下水还面临过度开采及其带来的地层下陷、地下水盐碱化等问题。全球地下水开采率在过去 50 年，增长了约 3 倍，并且正在以每年 1%～2% 的速度增加。我国是全球地下水抽取量最高的国家之一。

（三）水资源分布

1. 全球水资源分布 地球表面 70% 以上的面积为水覆盖，总水量为 $1.38\times10^{10}km^3$，其中 97.5% 的水量为海水，可供人类和动植物使用的淡水量却相当有限，仅占全球总储水量的 2.5%。地球上大部分淡水储存于冰川和深层地下水，人类基本上难以获取利用。真正能够被人类利用的江河湖泊和浅层地下水约为 $1.05\times10^{6}km^3$，仅占总淡水量的 0.34%，不到全球总水量的万分之一。通常水资源是指全球水量中人类可使用的、可逐年恢复更新的这部分淡水资源，主要包括地表淡水和浅层地下水。

全球水资源分布在空间和时间上均极其不均衡，约 65% 的水资源分布于 10 个国家，占世界人口总数 40% 的约 80 个国家和地区却面临严重缺水。热带和北半球的中纬度地区与世界其他地区相比拥有更多淡水资源。根据联合国水机制的数据，72% 的全球取水量用于农业，16% 用于家庭和服务，12% 用于工业生产。随着社会经济的持续发展，人类对水资源的需求量剧增，而地球淡水资源日益稀缺，全球超过 20 亿人在缺水国家生活，其中 7.33 亿人在严重缺水的国家生活。据评估，到 2030 年，全球 40% 的人类将面临缺水问题。水获取机会较少的地区在卫生和水质方面往往存在更大的问题。缺水还将因气候变化和人口增长等全球挑战而更加恶化。例如，气候变化将会导致水温的改变和降水模式的转变，加剧旱涝灾害的发生、使水质遭到破坏或引起水缺乏。全球水资源短缺的现状提示加强水资源管理的必要性和迫切性。

2. 我国水资源分布　我国是一个缺水的国家，水资源总量约为 2.84 万亿 m^3，占世界水资源总量的 6%，位居世界第六位，但我国水资源人均占有量低，约为 2200m^3/人，相当于世界平均水平的 1/4，位居第 128 位，是人均水资源最为贫乏的国家之一。同时我国又是全球用水量最多的国家，2021 年全国用水总量为 5920.2 亿 m^3，水资源短缺成为全面告急的重大战略资源问题。

我国在水资源总量相对丰富的情况下，存在一些问题导致水资源紧张和短缺。我国水资源地区分布差异明显，在南方地区 54% 的全国人口拥有 81% 的水资源，而约占全国一半人口的北方地区只有不到 20% 的水资源分布，我国广大北方地区存在严重的资源型缺水。与此同时，大量的工农业生产废水和生活污水缺乏有效的收集和净化处理，排放至环境水体导致水污染，有水不能用的矛盾日益突出，由此造成的水质型缺水以南方地区更为严重。鉴于水资源的空间和时间分布不均衡，各地修建了大量水库等水利工程调节水资源供应，然而，由于资金问题导致工程滞后，由此形成的工程型缺水以中西部地区尤为突出。此外，我国水资源的季节分布也极不均衡，旱灾涝灾等自然灾害的发生，影响了水资源的合理利用。

三、水污染概况

水体污染是指当人类活动向水体中排放的污染物数量超过水体本身的自净能力时，水和底质理化特性以及水环境生物学特性、组成等发生改变，水质恶化，危害人体健康和破坏生态环境的现象。

（一）水体污染的主要来源

1. 工业废水　是水污染的主要原因。工业废水水质状况和污染程度与原材料、产品种类、生产工艺、规模和过程有关。工业废水排放量大、影响范围广、污染物种类多、污染特征复杂。

2. 生活污水　主要包括洗涤废水和粪尿污水等，污染状况取决于生活中化学品使用状况和粪尿污水中微生物种类和数量。生活污水中常可检测到致病微生物。医疗污水是一类特殊的生活污水，含有大量病原体以及各种医疗、诊断物质，排放前需特殊净化处理。

3. 农业废水　包括农牧业生产的污水和降水、灌溉用水流经农田或经农田渗漏排出的水。含有大量农药化肥的农田径流和畜牧业生产的固液废物已成为水体污染的主要来源。

4. 其他　工业固体废弃物和城市垃圾经雨水淋洗进入地面径流也是水体污染的重要来源。海上钻井、石油开采、油船泄漏事故和海上航行过程中产生的废弃物等使海洋污染问题日益突出。

根据污染物进入水体的方式不同，将水体污染源分为点源污染和面源污染。点源污染指污染源通过沟渠管道等排放装置集中排放污染物，排放源固定，排放量随着生产生活活动变化呈规律性变化。面源污染主要是污染从广大流域或一个城区汇集而来，排放源不固定，排放量随降雨而变化。

（二）水体自净和污染物的转归

水体自净是指进入水体的污染物在物理、化学和生物学因素作用下，浓度逐渐下降，水质恢复至污染前的清洁状态。水体自净的机制包括稀释、混合、挥发、吸附沉淀等物理作用，氧化还原、化合分解、酸碱中和等化学作用，以及生物代谢分解等生物学作用。不同作用形式同时发生并交互进行、相互影响，通常初期以物理、化学作用为主，后期生物学作用为主，生物学自净机制也是地表水自净最重要、最活跃的净化机制。

水体污染物的转归包括水中污染物的空间位移和形态改变，前者为量的改变，后者为质的变化，二者间相互联系。污染物迁移是指污染物在不同地点间、不同介质间转移的过程。进入水体的污染物可在水流作用下纵向、横向、竖向扩散，并向下游迁移。该过程既有生物富集作用，也有生物放大作用。

生物富集作用是指环境中低浓度污染物被某些生物摄取后，在体内蓄积，最终污染物在生物体内的浓度达到较高水平，甚至可使其他生物（或人）中毒的现象。生物放大作用是指食物链各营养级生物体对污染物富集后，导致高位营养级生物体内污染物浓度远高于低位营养级生物体的现象。对处于最高营养级的人类来说，生物放大作用使污染物健康风险增高。

污染物转化是指水体中污染物发生化学、光化学和生物学作用，污染物的化学结构和性质、毒性和生态学效应等发生改变。水体污染物的化学转化主要通过水解、化合、氧化还原和光化学作用得以实现。光化学作用是指有机污染物在290nm以上波长太阳辐射作用下发生分解反应。生物转化通常是指水中有毒污染物在生物作用下转变为无毒或低毒物质，微生物在生物转化中起决定性作用。

（三）我国水环境污染概况

根据2021年发布的《中国生态环境状况公报》，我国地表水监测断面的监测点数据，Ⅰ～Ⅲ类水质占84.9%、劣Ⅴ类占1.2%。长江流域、西北诸河、西南诸河、浙闽片河流和珠江流域水质优，黄河、辽河流域和淮河流域水质良好，海河流域和松花江流域轻度污染。210个湖泊（水库）的监测结果表明，Ⅰ～Ⅲ类水质湖泊占72.9%，劣Ⅴ类5.2%。总磷、化学需氧量和高锰酸盐指数是湖泊（水库）的主要污染指标。对1900个监测点国家地下水环境质量考核点水质进行监测，结果表明，Ⅰ～Ⅳ类水质位点占79.4%，Ⅴ类占20.6%，主要超标指标为硫酸盐、氯化物和钠。

集中式生活饮用水水源监测结果表明，876个地级以上城市在集中式生活饮用水水源断面中，94.2%全年均达标。地表水水源断面超标指标主要是总磷、高锰酸盐指数和铁；地下水水源断面超标指标主要是锰、铁、氟化物。近岸海域水质基本稳定，无机氮和活性磷酸盐为主要污染指标。

在生活饮用水安全方面，我国的《生活饮用水卫生标准》（GB 5749—2022）历经1985年的首次发布、2006年发布的修订版和2022年发布的最新修订版本，纳入指标和限值考虑了我国实际情况并与国际接轨，在很大程度上保护了城乡集中式供水覆盖范围内的居民健康，而且2006年修订版将标准实施范围扩大到分散式供水。“十三五”规划期间我国在农村饮水安全方面获得全面提升，2.7亿农村人口的供水保障水平得到提高，1710万建档立卡贫困人口的饮水安全问题获得全面解决，1095万人不再饮用高氟水、苦咸水。全国农村集中供水率从82%提高到88%，自来水普及率从76%提高到83%。然而不容忽视的是，我国饮用水安全特别是农村饮用水安全从“源头”到“龙头”仍然存在诸多问题，今后亟须进一步加强环境保护与治理，加强水体卫生防护，控制和减少水源污染，提高和保证饮用水安全。

第二节　水体和饮用水污染与健康

水体和饮用水污染的健康危害可来自生物性、化学性和物理性污染。与物理性污染相比，生物性和化学性污染对人类健康的影响较大。生物性污染，如水中病原微生物可引起介水传染病的发生和流行。富营养化水体中藻类及其毒素的污染不仅会破坏水的生态环境，某些藻类毒素还会引起人畜中毒甚至危及生命。水中容纳了种类繁多的化学性污染物，既有地源性的砷、氟化物等可能会自然产生的污染物，还包括人类活动中产生排放的各种重金属、无机盐和有机物。这些化学性污染物通过饮水或食物链可导致暴露人群出现急慢性中毒，甚至引起公害病和肿瘤的发生。

水污染对人类健康产生影响，一方面源自水体中存在的性质各异的污染物，或者是饮用水水源受到的污染在净化处理过程中未能有效去除；另一方面，源自饮用水消毒处理过程中形成的对健康具有潜在危害的消毒副产物；此外，在水的输送和储存过程中也存在许多健康风险因素，如管网中有毒有害物质的溶出和高层建筑二次供水过程中的污染等。

一、生物性污染与健康

水体和饮用水生物性污染的健康危害主要来自水中的病原微生物和水体富营养化带来的藻类毒素污染。全球气候变暖可能会加速水中病原微生物的增殖和提高其致病力，并使水体富营养化进一步加剧。

（一）介水传染病

介水传染病，即水性传染病，是指因饮用、接触被病原体污染的水，或摄入被这类水污染的食物而导致传播的疾病。介水传染病发生和流行的原因主要有：当病原体污染水源后，未经妥善处理和消毒；或是消毒达标后的饮用水在输送和储存时，因管网渗漏、负压、余氯下降耗尽等原因再次被病原体污染。引起介水传染病的病原体主要来源于人畜粪便、生活污水、医疗污水以及皮革和食品加工业废水等，常见病原体类型主要包括细菌（伤寒 / 副伤寒杆菌、痢疾杆菌、霍乱弧菌等）、病毒（甲肝 / 戊肝病毒、脊髓灰质炎病毒、腺病毒、诺如病毒等）、寄生虫（贾第鞭毛虫、隐孢子虫、溶组织阿米巴原虫、血吸虫等）以及其他（沙眼衣原体、钩端螺旋体等）。介水传染病对人群健康的潜在危害较大，在世界各国仍是备受重视的公共卫生问题，特别是在一些发展中国家这一问题更为突出。

介水传染病主要有以下流行病学特点：水源污染后，如未经妥善处理，居民可通过各种途径暴露于遭受污染的水，导致介水传染病的暴发流行，短期内大量病例集中出现，多发生于同一潜伏期；若水源经常性被污染，病例常呈散发流行，往往终年不断。病例分布区域与供水范围一致，患者曾有同一水源的饮用水接触史或饮用史。对污染水源妥善消毒处理后，介水传染病的发病率迅速下降。

常见的介水传染病主要包括霍乱、痢疾、伤寒、副伤寒、甲型肝炎、脊髓灰质炎、血吸虫病、阿米巴痢疾、钩端螺旋体病等。除军团菌病是因吸入被军团杆菌污染的水气溶胶而患病外，介水传染病以肠道传染病多见。

1991 年 1 月，霍乱以 El Tor 生物型在拉丁美洲从秘鲁开始传播流行，截至 1995 年拉丁美洲报告的病例超过 130 万，死亡人数高达 11 000 人。1988 年，上海居民因食用了甲型肝炎病毒污染的毛蚶等贝类水产品，造成上海市甲型肝炎暴发流行；在短短 5 个月内，上海市 30 多万人发病，47 人死亡，成为医学史上最大的一次甲型肝炎暴发流行事件。1993 年，美国密尔沃基市暴发了大规模隐孢子虫水污染事件，涉及 160 万人，其中 40.3 万人受到不同程度的感染，出现严重的腹泻、恶心、呕吐、低热、头痛、食欲下降等症状，4400 人因此住院治疗，103 人死亡，成为美国 1920 年有记录以来影响范围最广、危害最严重的一次介水传染病大流行，引起世界范围内的高度警觉和关注，并由此促使美国将隐孢子虫和贾第鞭毛虫纳入饮用水检测指标。

（二）藻类毒素与健康

自一百多年前蓝藻水华事件被首次报道以来，受水环境氮磷等营养盐污染进一步加剧和全球气候变暖的影响，水体富营养化和藻类暴发愈加频繁。蓝藻在自然环境中广泛存在，是淡水水华中的主要藻类。蓝藻水华对公众健康的影响主要来自某些藻属如微囊藻属、浮丝藻属和鱼腥藻属等产生的藻类毒素。人类可以通过饮水或娱乐用水接触藻类毒素，此外还需要重视蓝藻泛滥的水体中鱼、虾、贝类等水生生物的污染，人类可以通过摄入这些被藻毒素污染的水产品而中毒。蓝藻毒素根据毒性作用方式分为肝毒素、神经毒素、皮肤毒素和脂多糖内毒素等，其中肝毒素分布广泛、潜在健康风险大，因此受到更多关注。

微囊藻毒素（microcystin，MC）是一类肝毒素，是在淡水环境中出现最为频繁、毒性最强、危害最大的一类藻毒素。MC 为单环七肽化合物，目前已发现异构体 90 多种，这些异构体以肽链第 2、4 位上的氨基酸命名，以 MC-LR、MC-RR、MC-YR 最常见，其中 L 为亮氨酸、R 为精氨酸、Y 为酪氨酸。MC 能够在肝脏蓄积，其急性毒性的主要靶器官为肝脏，以 MC-LR 的急性毒性作用最强，能够引起肝脏肿胀、出血、坏死、肝细胞功能和结构破坏，严重者出现肝衰竭甚至死亡。MC 慢性暴露能够引起肝脏损伤，具有促癌作用，可能导致肝癌。流行病学研究表明，我国江苏海门、启东等地的原发性肝癌（肝细胞癌）与饮用水中 MC 含量高度相关。除了肝毒性，MC 还可引起肾毒性、肠毒性、神经毒性、生殖毒性、胚胎毒性等，但以肝毒性效应最显著。

MC 毒性作用具有明显的器官选择性，目前认为这与其具有亲水性，不能被动转运，而是通过细胞膜上的载体——有机阴离子转运多肽摄取，而有机阴离子转运多肽在不同器官的分布存在差异有关。MC 异构体间摄取率的差异与这些异构体与有机阴离子转运多肽的亲和力不同有关。MC-LR 能够不可逆地共价结合抑制丝氨酸 / 苏氨酸蛋白磷酸酶-1 和蛋白磷酸酶-2A，导致下游蛋白质过度磷酸化，使体内蛋白磷酸化与去磷酸化失衡、生化过程紊乱。其中蛋白磷酸酶-2A 约占细胞总蛋白的 1%，是哺乳动物细胞中负责丝氨酸 / 苏氨酸磷酸化位点去磷酸化的主要蛋白磷酸酶。MC-LR 对蛋白磷酸酶-2A 的抑制作用被认为是其毒性有害结局路径中的关键事件。MC-LR 通过抑制蛋白磷酸酶-2A/蛋白磷酸酶-1，激活丝裂原激活蛋白激酶通路、Ca^{2+}/钙调蛋白依赖蛋白激酶Ⅱ、P53 蛋白、DNA 依赖性蛋白激酶、肿瘤坏死因子 α 等，引起细胞骨架改变和肌动蛋白丝破坏，导致肝内出血，扰乱细胞凋亡、氧化应激、代谢、增殖和 DNA 修复等过程，导致肝细胞损伤，影响基因组稳定性，产生促癌作用。

自 20 世纪 80 年代以来，我国滇池、太湖、巢湖、鄱阳湖、武汉东湖、上海淀山湖等大型淡水湖泊均出现过严重的蓝藻水华，长江、黄河、松花江等主要河流也都陆续发生了不同程度的藻类污染。2007 年 5 月发生的太湖蓝藻水污染事件，使自来水水源地水质恶化，致使当地数百万居民无法正常使用家中自来水，MC 是此次水华暴发中产生的主要藻类毒素。

MC 热稳定性强，加热煮沸无法将其灭活，常规水质处理也难以将其完全去除。WHO《饮用水水质准则》和我国《生活饮用水卫生标准》均规定，饮用水中 MC-LR 含量不得超过 1μg/L。美国环境保护署将 MC-LR、YR、RR 和 LA 一并列入非受控污染物监测规则中。

二、化学性污染与健康

鉴于水体及饮用水中化学物质种类众多，本节仅以重金属（汞、铅）、酚类化合物、多氯联苯、氰化物、硝酸盐、典型内分泌干扰物为代表介绍水体和饮用水化学性污染物的健康影响。

（一）重金属

汞以元素汞、无机汞或有机汞的形式存在于环境中。水体中的汞污染主要来自汞矿的开采冶炼、氯碱、化工、仪表、电子、颜料等工业企业排出的废水及含汞农药的使用。水环境中的无机汞可在某些细菌的作用下转变为毒性更强的甲基汞。甲基汞能够在水环境中持久存在，在水生生物体内富集浓缩，经水生食物链的生物放大效应在顶端生物体内达到极高的浓度。世界各地曾发生多起甲基汞中毒事件，以 20 世纪 50 年代发生于日本水俣湾附近的水俣病最为严重。水俣病是当地居民长期食用受当地化工厂排出的含甲基汞废水污染的鱼贝类而引起的慢性甲基汞中毒，因本病最早发现于日本水俣市而得名。甲基汞能够通过血脑屏障，作用于中枢神经系统。患者出现手指和脚趾刺痛麻木、共济失调、行走困难、全身无力、听力和视力受损、震颤等症状，最后失去意识导致死亡。患者大脑半球两侧明显萎缩，灰质神经细胞弥漫性变性、坏死，胶质细胞增生，小脑萎缩和发育不全，颗粒细胞层缩小。甲基汞还能够通过胎盘屏障，严重损害胎儿中枢神经系统，引起先天性水俣病，导致发育障碍和脑瘫症状。摄入受污染的水产品是人类在日常生活中暴露于甲基汞的主要途径。无机汞（Hg^{2+}）是饮用水中汞的主要存在形式，其毒性主要表现为对肾脏的损伤作用。

铅主要用于铅酸蓄电池、焊料、合金的生产，有机铅化合物也曾广泛用于汽油防爆剂和润滑剂。由于含铅汽油在全球的使用减少和在一些国家的禁用，环境中的铅浓度和儿童血铅浓度呈下降趋势。饮用水中铅的污染有其特殊性，主要来自输配水管道系统中的含铅水管、配件、焊料或入户连接设施。管道系统铅的溶出量与pH、温度、水的硬度和水在管道中的停留时间有关。软水、酸性水对管道中铅的溶出非常有利。铅具有神经发育毒性，婴幼儿最为敏感，较低的血铅浓度即可导致儿童智商下降。2014年，美国密歇根州弗林特市将市政供水系统的水源由底特律地区的休伦湖改为当地的弗林特河，受污染的河水腐蚀了供水系统的管道，使居民暴露在饮用水铅污染中，数以千计的当地儿童受到铅中毒的影响。

（二）酚类化合物

酚是芳香环上联有一个或多个羟基的化合物。酚类化合物种类繁多，有苯酚、甲酚、氨基酚、硝基酚、萘酚、氯酚等，是重要工业原料。水体酚污染主要来自炼焦、炼油、造纸、用酚作为原料的工业废水的排放，以及酚类杀虫剂、灭螺剂、除莠剂、防腐剂、消毒剂的使用。

酚类物质的嗅阈值和味阈值一般比较低。酚类化合物污染水体会产生异臭和异味，使水的感官性状恶化。酚能与水中游离氯结合产生氯酚臭。酚还能使水中鱼贝类产生异臭异味，并能影响鱼类等水生生物的生存和繁殖。水中高浓度的酚（特别是多元酚）还可抑制微生物增殖，影响水体自净。

水体和饮用水酚类化合物污染对人类健康的影响主要来自事故性突发事件引起的急性中毒。酚类化合物属于细胞原浆毒，具有强烈的皮肤黏膜刺激性和腐蚀性，可经皮肤和消化道进入体内，产生中枢神经系统抑制作用并损害肝肾功能。急性酚中毒患者主要表现为大量出汗、肺水肿、吞咽困难、肝及造血系统损害、黑尿（酚尿）等。慢性中毒临床症状包括记忆力减退、皮疹、瘙痒、头昏、失眠、贫血以及尿酚含量增加。近年，酚类化合物的内分泌干扰效应也受到普遍关注，如五氯酚的甲状腺素干扰效应、壬基酚的拟雌激素效应等。

全国各地曾发生多起酚类化合物泄漏导致的饮用水水源污染事件。2009年2月，江苏盐城某化工企业偷排含酚污水导致自来水水源污染，水厂出厂水出现异味，20万市民生活用水受到不同程度的影响。2011年6月，浙江建德发生苯酚槽罐车泄漏，事发地新安江为杭州市重要饮用水源地上游，不仅新安江水质受到污染，而且沿线多个水厂停水，涉及50余万居民。2020年9月，广东揭阳也曾发生危化品车辆追尾导致的酚类化合物泄漏污染地下水的事件。

（三）多氯联苯

多氯联苯（polychlorinated biphenyls，PCBs）是联苯分子中的氢原子被氯原子取代而形成的一类含氯的联苯类有机化合物，共有209种异构体。PCBs广泛用于变压器的绝缘液体、润滑油、农药、油漆、黏胶剂、封闭剂等的工业生产中，主要通过工业废水和城市污水排入水体。PCBs是2001年《关于持久性有机污染物的斯德哥尔摩公约》公布的12种最值得关注的持久性有机污染物之一。虽然PCBs已经禁止生产和使用多年，但是由于在环境中半减期长，某些生产过程中还会形成PCBs副产物，导致环境中仍然存在PCBs的污染。PCBs可在生物体内的脂肪组织富集，经过水生食物链的生物放大作用，在高营养级生物体内的浓度可达到周围水环境浓度的数千倍至百万倍。摄取被PCBs污染的食物是人类暴露于PCBs污染的主要途径。

对PCBs人类健康危害的最初认识，并非来自水污染，而是来自食品污染事件，即“米糠油中毒事件”，它是PCBs造成人体危害的典型实例。1968年日本发生了居民因食用被PCBs污染的米糠油而中毒的事件。PCBs中毒患者主要表现为皮疹、色素沉着等皮肤改变、眼睑水肿、眼分泌物增多和胃肠道症状等，严重者肝脏受损，表现为黄疸、肝性昏迷甚至死亡。孕妇中毒后，出现胎儿死亡或“胎儿油症”，表现为新生儿体重减轻、皮肤颜色异常、眼分泌物增多等。

某些类型的PCBs可诱导大鼠出现癌前病变和肝癌。PCBs可以通过多种机制致癌，已显示单个异构体和PCBs混合物可发生代谢活化，并诱导遗传毒性、表观遗传学效应、细胞毒性和细胞增殖、炎症反应、芳烃受体（aryl hydrocarbon receptor，AhR）介导的效应、内分泌干扰效应和免疫毒性等。由于异构体PCB126与二噁英类物质2, 3, 7, 8-四氯二苯并二噁英致癌机制高度相似，2017年国际癌症研究机构公布新的致癌物清单，PCB126被列为Ⅰ类致癌物。PCBs的内分泌干扰效应主要表现为环境雌激素样效应，能够拮抗雄激素睾酮的作用，甲状腺也是其重要靶器官。此外，PCBs 还具有发育毒性，出生前接触 PCBs 可导致子代发育异常及出生后行为异常。

我国《地表水环境质量标准》（GB 3838—2002）中规定，集中式生活饮用水地表水源地水中 PCBs 标准限值为 2.0×10^{-5}mg/L。

（四）氰化物

自然界水中的氰化物主要来自工业废水，包括炼焦、电镀、选矿、医药、化工及合成纤维等行业。饮用水中偶尔可以检测到氰化物，但含量一般很低。工业泄漏突发事件可能会导致饮用水水源氰化物浓度急剧升高。氰化物是剧毒化学物，进入人体后，在胃酸作用下形成氰化氢，迅速进入血液，与细胞色素氧化酶中的三价铁离子结合，形成氰化高铁细胞色素氧化酶，并阻碍三价铁离子的还原，阻碍电子传递，导致呼吸链中断，胞内氧化代谢受阻，细胞缺氧窒息。

过量摄入氰化物可导致急慢性中毒，急性中毒主要引起中枢神经系统缺氧症状，分四期：前驱期、呼吸困难期、惊厥期和麻痹期。严重时昏迷死亡；慢性中毒引起神经衰弱综合征、肌肉酸痛和活动障碍等。氰化物在体内酶作用下可转变为硫氰酸盐，后者能够抑制甲状腺对碘的利用，妨碍甲状腺素的合成，导致甲状腺肿大。

1998 年 8 月，山东乳山某金矿发生含氰废水污染自备水源事故，导致 31 名职工氰化物中毒。2004 年 4 月，北京某黄金冶炼公司约 30 吨含氰化氢的有毒液体泄漏外溢，导致 3 人死亡，10 人中毒，并对周围水源构成威胁。2004 年 10 月，福建龙岩市某矿区公路发生氰化钠槽车倾覆山涧的事件，7 吨氰化钠流入小溪，造成 90 多人饮水中毒。

我国《生活饮用水卫生标准》规定，饮用水中氰化物的含量应低于 0.05mg/L。

（五）硝酸盐

硝酸盐作为环境氮循环的一部分在自然界中天然存在，水中硝酸盐除了来自自然界土壤氮和大气硝酸盐沉降，主要来源于农业生产中氮肥的使用、畜牧业动物粪便的排放、生活污水以及工业废水中含氮废物的排放等人为污染。全球范围内水中硝酸盐的平均浓度 20 年间上升了约 36%，非洲等地区甚至增加了一倍以上。来自化学肥料和有机肥料的硝酸盐是全球地下水中最普遍的人为污染物。欧洲许多国家地下水主要用于饮用水，而硝酸盐是影响其化学性状的主要污染物之一。我国一些地区的地下水也存在不同程度的硝酸盐污染。硝酸盐及其还原产物亚硝酸盐可以在污染水源后通过输配水系统进入饮用水中，也可以在管道内滞留时通过硝化细菌对氨的氧化作用形成，或者是在氯胺消毒过程中由于投氨量控制不当而产生。亚硝酸盐在环境中相对不稳定，会被细菌迅速转化为硝酸盐，因此，水中亚硝酸盐的浓度通常要比硝酸盐浓度低很多。气候变化也可能导致地下水硝酸盐浓度的增加。地中海地区的地下水因气候变化（蒸发增强和稀释减少）补给减少，导致浅层含水层中硝酸盐浓度增加。

硝酸盐的健康危害主要来自其还原产物亚硝酸盐。硝酸盐可被环境中或人体胃肠道内的细菌还原为亚硝酸盐，亚硝酸盐能够将血红蛋白中的二价铁离子氧化为三价铁离子，形成高铁血红蛋白，高铁血红蛋白无法结合和输送氧气，从而导致高铁血红蛋白血症，出现细胞、组织缺氧相关症状。例如，呼吸困难、皮肤黏膜发绀、反应迟钝和疲劳等，严重者甚至窒息死亡。3 岁以下的婴幼儿尤其是出生后 6 个月以内的婴儿最容易受到影响，在摄入过量硝酸盐时更易出现高铁血红蛋白血症，由于组织缺氧导致全身皮肤黏膜呈现蓝紫色，故被称为蓝婴综合征。这可能与以下几点有关：婴儿与成人相比胃酸形成量少、具有更高的胃内 pH，导致胃内细菌将硝酸盐更多地还原为亚硝酸盐；婴儿血液中胎儿型血红蛋白比例较高，胎儿型血红蛋白与成人型血红蛋白相比更容易被氧化，其氧化速度是成人型血红蛋白的 2 倍；婴儿暂时缺乏 NADH-细胞色素 b5 还原酶，无法将高铁血红蛋白转化为血红蛋白；按体重计算，婴儿的硝酸盐摄入量较高；婴儿胃肠炎伴有酸中毒和胃肠道感染，会增加亚硝酸盐的产生，从而增加高铁血红蛋白的形成。

亚硝酸盐在酸性胃液环境中可转化形成亚硝胺。动物实验证据表明亚硝胺具有一定致癌性。

亚硝胺暴露可能与人类食管、胃、结肠等消化道肿瘤和膀胱癌的发生有关。硝酸盐和亚硝酸盐已被国际癌症研究机构列为 2A 类可能致癌物。此外，硝酸盐和亚硝酸盐暴露还可导致甲状腺功能紊乱。

（六）典型内分泌干扰物

环境内分泌干扰物（environmental endocrine disruptor，EED）是指环境中存在的对人类和动物体内的激素产生影响，干扰机体正常内分泌物质的合成与代谢、激活或抑制内分泌系统功能的外源性化学物质。EED 干扰内分泌系统的正常功能，并可能导致不利的健康影响。EED 在水体和饮用水中广泛存在，除了前面提到的酚类内分泌干扰物和 PCBs，邻苯二甲酸酯、全氟化合物（perfluorinated compounds）、农药等多种具有内分泌干扰效应的化学物在世界各地水源水和饮用水中均有检出。传统的水处理工艺不能有效去除 EED，使用臭氧、颗粒活性炭和膜吸附等技术进行进一步处理是有效的缓解策略。

邻苯二甲酸酯是一种广泛使用的化工原料，主要用作增塑剂和软化剂，大量用于聚氯乙烯（polyvinyl chloride，PVC）的生产。邻苯二甲酸酯具有雄性生殖毒性，是典型的内分泌干扰物。邻苯二甲酸酯生殖毒性的主要靶器官是睾丸，影响睾丸间质细胞生成睾酮，具有抗雄激素作用。雄性动物在出生前及发育早期暴露于邻苯二甲酸二（2-乙基己基）酯 [di-（2-ethylhexyl）phthalate，DEHP] 可导致睾丸萎缩、附睾发育不全、附睾畸形、精子数量下降、肛殖距缩短、尿道下裂、隐睾症等不良生殖结局。啮齿类动物长期暴露于 DEHP 能够增加肝癌的发生率，DEHP 的代谢产物邻苯二甲酸单（2-乙基己基）酯可引起睾丸间质细胞肿瘤。国际癌症研究机构将 DEHP 列为 2B 类致癌物。我国《地表水环境质量标准》（GB 3838—2002）规定集中式生活饮用水水源中 DEHP 和邻苯二甲酸二丁酯限值分别为 0.008mg/L 和 0.003mg/L。《生活饮用水卫生标准》（GB 5749—2022）将 DEHP 和邻苯二甲酸二丁酯分别列为扩展指标和水质参考指标，沿用了相同的限值，并在水质参考指标中列出邻苯二甲酸二乙酯限值为 0.3mg/L。

全氟化合物具有疏水性、疏油性以及化学和生物稳定性，广泛用于防水防污织物、包装材料、润滑剂、地毯处理剂、油漆、炊具和消防泡沫等的生产。受污染食品的摄入、食品包装和炊具中全氟化合物的迁移是人类接触全氟化合物的主要来源，饮用水也是人类接触全氟化合物的重要来源之一。全氟辛烷磺酸（perfluorooctane sulphonate，PFOS）和全氟辛酸（perfluorooctanoic acid，PFOA）是最受关注的两种全氟 / 多氟烷基化合物，目前已被列为《关于持久性有机污染物的斯德哥尔摩公约》管制的目标化学物。PFOS 和 PFOA 在生物体内富集水平非常高并具有生物放大作用，在人体内和环境中的半减期长。动物实验和人类流行病学研究发现，PFOA 和（或）PFOS 具有肝脏毒性、免疫毒性、心血管毒性、生殖发育毒性、甲状腺毒性等，并与肿瘤发生有关联。研究表明，一些全氟化合物具有拟雌激素作用，如 PFOA 能够引起小鼠子宫重量的增加，PFOS 和 PFOA 能够促进人类乳腺癌细胞的增殖，高暴露于 PFOA 的工人血中雌二醇水平升高、睾酮浓度降低。一些全氟化合物具有甲状腺干扰效应，如 PFOS 能够作用于甲状腺，引起实验动物甲状腺激素（thyroid hormone，TH）水平下降，甲状腺功能低下。此外，全氟化合物还可能具有代谢干扰效应，如低剂量 PFOA 暴露能够诱导小鼠肥胖，提高胰岛素和瘦素水平，影响葡萄糖代谢。我国新颁布的《生活饮用水卫生标准》（GB 5749—2022）首次将 PFOS 和 PFOA 纳入水质参考指标，根据动物实验以子代体重降低为健康效应终点，规定限值分别为 0.04μg/L 和 0.08μg/L。

研究表明，在水体和饮用水中检出的许多农药也具有内分泌干扰效应，如已被禁用的有机氯农药、仍在广泛使用的三嗪类除草剂、有机磷杀虫剂以及相对较新的新烟碱类杀虫剂等。

人类暴露于 EED 的主要方式通常是通过食物摄入，经饮水的暴露量远低于食物。然而关于低浓度 EED 暴露的风险需注意其与受体的作用可能表现为双相反应，也就是说，低浓度 EED 诱导出的效应在较高剂量下被抑制，然后在更高的浓度水平再次出现效应，无法通过高浓度暴露预测低浓度下的效应。这意味着饮用水浓度的 EED 暴露可能确实很重要。

三、物理性污染与健康

水体物理性污染主要包括热污染和放射性污染。工业冷却水等人类活动产生的废热以及天然热能进入水体均可导致热污染。热污染导致水温升高，除了破坏水生生态系统，主要是可能引起某些病原微生物的繁殖滋生和活性增强，危害人类健康。

水体和饮用水中可能含有危害健康的放射性物质，既可在自然界中天然存在也可来自人为污染。水环境中天然存在的放射性核素主要来自岩石层，通常人类通过饮用水摄入的这部分放射性核素在个体总辐射暴露量中的占比很低，其健康风险要比生物性和化学性污染小得多。人为放射性核素污染主要来源于核燃料的开采和加工、核电站泄漏事故以及医院、科研机构放射性“三废”的排放。

在我国及世界其他国家曾发现铀矿开采导致的地表水放射性核素污染。正常运行的核电站几乎不存在放射性污染，然而，当核电站发生泄漏时往往导致周围环境遭受不同程度的放射性核素污染。如日本福岛核电站在 2011 年 3 月因海啸遭到破坏，事发后在福岛和周边地区的饮用水中检测到高浓度的碘-131，使饮用水水质受到影响。乌克兰切尔诺贝利核电站事故导致当地河流和地下水遭到放射性核素的污染，放射性核素锶-90 的浓度多年来一直高于饮用水基准值。

水中的放射性核素经由饮水或受污染的食物进入体内。放射性核素对人体健康的影响，除了来自化学方面，主要是其在衰变时发射出 α、β 或 γ 射线，对 DNA 和细胞产生辐射损伤，可能增加恶性肿瘤的发生率。α 射线与其他类型的电离辐射相比，更容易诱导 DNA 双链断裂，使 DNA 修复难以进行。碘-131 的过量摄入可导致甲状腺功能低下和甲状腺癌的发生率增加。锶-90 主要损伤骨髓和骨组织，引起再生障碍性贫血、白血病等血液系统疾病和骨肿瘤。需要注意的是，放射性核素铀主要引起肾脏损害，这是由于铀的化学毒性所致，而不是铀所释放的 α 粒子的放射性所致。

某些地下水源可能含有较高浓度的放射性核素氡，但其在地表水中含量往往较低。饮用水中的氡很容易释放到空气中，据报道，大约 90% 的饮用水氡辐射剂量源自吸入途径而不是经口摄入。流行病学研究明确指出长期暴露在高氡浓度的室内空气中会增加肺癌的致癌风险。因此，控制吸入途径氡的暴露是减少饮用水氡辐射剂量的最有效方法。

四、饮用水的其他健康问题

（一）饮用水消毒副产物与健康

为有效控制水中病原微生物防止介水传染病发生，需要对饮用水进行消毒处理。然而，饮用水消毒是一把双刃剑，在消毒过程中消毒剂与水中有机物作用，可形成对健康有害的消毒副产物（disinfection byproducts，DBPs）。DBPs 种类繁多，自 1974 年美国学者首次发现 DBPs 以来，已发现的 DBPs 超过 700 种，而且由于检测技术的发展和水质污染状况的日益复杂，不断有新的 DBPs 被发现。DBPs 的种类和数量与原水水质、消毒过程、消毒剂选择和消毒方式等有关。

1. 氯化消毒副产物 是氯化消毒过程中含氯消毒剂与水中有机物反应产生的卤代烃类化合物。氯化消毒副产物根据挥发性分成两类：①挥发性卤代有机物。主要为三卤甲烷，包括氯仿、一溴二氯甲烷、二溴一氯甲烷和溴仿；②非挥发性卤代有机物。主要为卤代乙酸，包括氯乙酸、二氯乙酸、三氯乙酸、溴乙酸、二溴乙酸、三溴乙酸、溴氯乙酸、二溴一氯乙酸、二氯一溴乙酸等；此外还有卤代醛、卤代酚、卤代腈、卤代酮、卤代羟基呋喃酮［如 3-氯-4-二氯甲基-5-羟基-2（5氢）呋喃，简称 MX］等。三卤甲烷和卤代乙酸是饮用水氯化消毒副产物中含量最高的两类，此外，卤代酮类和卤代乙腈类消毒副产物含量也较高。

氯化消毒副产物生成影响因素主要包括有机前体物的含量，加氯量、溴离子浓度和 pH 等因素，此外。水中能够与氯作用形成氯化消毒副产物的有机物称为有机前体物，主要为腐殖酸、富里酸、藻类及其代谢物、蛋白质等天然有机物，水中人为污染物也是消毒副产物前体物的主要来源。在有机前体物含量相同的情况下，三卤甲烷类消毒副产物随着投氯量的增加和接触时间的延长而增加。源水中溴化物含量较高时，往往生成更多的溴代三卤甲烷。三卤甲烷生成量随着水 pH 的升高而增加，卤代乙酸则相反。

毒理学研究证实一些氯化消毒副产物具有遗传毒性、致癌性和生殖发育毒性等。人群流行病学研究显示，饮用水氯化消毒副产物三卤甲烷可增加人群罹患膀胱癌、结肠癌、直肠癌的风险，并可能与其他类型肿瘤的发生有关。孕妇从饮用水中暴露氯化消毒副产物可导致胎儿宫内生长发育迟缓、小于胎龄儿、低出生体重儿、神经毒性及死胎等多种不良生殖结局。因此，从饮用水中长期持续暴露氯化消毒副产物对人群健康的潜在风险不容忽视。

通常生活饮用水中只有几种主要的三卤甲烷和卤代乙酸被纳入水质标准，受到监管。然而一些新型氯化消毒副产物引起越来越多的关注。存在含氮有机物的原水经氯胺消毒后会形成亚硝胺类消毒副产物如 *N*-二甲基亚硝胺（*N*-nitrosodimethylamine，NDMA）。体内外研究表明 NDMA 具有遗传毒性，动物实验结果表明经饮用水摄入 NDMA 会诱发肿瘤。鉴于目前 NDMA 的健康效应和我国的实际污染情况，将 NDMA 纳入《生活饮用水卫生标准》（GB 5749—2022）水质参考指标中。含有碘离子的原水在适当条件下经氯胺消毒可形成碘代消毒副产物碘乙酸。动物实验研究表明，碘乙酸具有致瘤性和内分泌干扰活性，并具有极强的遗传毒性。调查结果显示，我国沿海咸潮和内陆高碘地区是碘乙酸的高暴露地区。综合考虑目前碘乙酸的健康效应和我国的实际污染情况，将碘乙酸纳入《生活饮用水卫生标准》（GB 5749—2022）水质参考指标中。

可通过多项措施减少饮水氯化消毒副产物：①去除 / 降低有机前体物含量；②采取净化措施降低或去除氯化消毒副产物；③改进传统氯化消毒工艺或改为采用二氧化氯、臭氧或氯胺等其他消毒方法。

2. 二氧化氯消毒副产物　饮用水消毒剂二氧化氯几乎不产生三卤甲烷等氯化消毒副产物，但可产生亚氯酸盐和氯酸盐等无机副产物。动物实验研究表明，亚氯酸盐可导致高铁血红蛋白血症。而氯酸盐对动物和人的毒性影响尚无足够的数据。

3. 臭氧消毒副产物　饮用水消毒剂臭氧生成甲醛、溴酸盐等消毒副产物，但并不生成氯化消毒副产物。吸入甲醛对人类致癌，但甲醛经口致癌证据很少。毒理学研究表明，溴酸盐具有明显的遗传毒性，被国际癌症研究机构列为对人可能的致癌物（2B 类）。

（二）高层建筑二次供水污染与健康

随着城镇化速度的不断加快，高层建筑数量日益增加，二次供水在居民供水方式中的占比逐年增加。高层建筑二次供水是指供水单位将集中式供水或自建水源的生活饮用水储存于水箱、储水池中，经机械加压或利用高层建筑的自然压差，经由管道二次输送至用户或水站的供水系统。当高层建筑生活饮用水对水压、水量的要求超过市政直供或自建供水设施管网能力时，二次供水通过储存、加压的方式，满足高层建筑居民的用水需求，二次供水不能影响市政供水管网的正常供水，二次供水水质应符合我国现行《生活饮用水卫生标准》的要求。

高层建筑二次供水主要有二次增压设备和高位水池（箱）联合供水、低位水池（箱）和变频调速水泵联合供水、叠压供水等方式。增压设备和高位水池（箱）联合供水采用的是低位水池和屋顶高位水箱合用，易于发生二次污染，卫生状况不理想，目前我国老旧建筑与小区中多沿用此类二次供水设施。变频调速二次供水即市政来源自来水先进入地下水池，然后经恒压变频设备加压供水，适用条件广泛，水池调蓄作用明显并且可以避免高位水箱二次污染问题，该类二次供水设施在我国建筑与小区二次供水中占有一定比例。叠压供水在市政管网压力的基础上直接增压或变频增压供水，是继变频调速二次供水技术之后发展起来的新技术，具有节约资源、全封闭安全卫生、污染少、维护方便等优点。然而，叠压供水技术也存在一定缺点，如对水压波动和高峰期市政管网供水等影响较大，并有回流污染的风险。

二次供水水箱水和龙头水与市政直供水相比，浑浊度、细菌总数、大肠菌群数、铁、锰、四氯化碳、三氯甲烷和亚硝酸盐等指标数值有所增加，而余氯等消毒剂指标明显下降，甚至产生异味、出现红线虫和藻类生长。这与水箱储水时间过长、消毒效果下降和二次供水储水系统材料腐蚀溶出有关。二次供水系统饮用水污染对健康的影响与污染原因和污染物来源、性质有关。生物性污染引起介水传染病，患者常出现恶心、呕吐、腹泻等消化道症状，严重者甚至死亡。此外，调查显示一些城市二次供水系统还存在侵袭呼吸系统的嗜肺军团菌的污染，应引起警惕。二次供水系统水池、水箱以及管网中铅、镉等重金属和其他有害物质含量过高或过多溶出，则增加了化学污染慢性中毒的风险。例如，北京市部分城区采用南水北调水源后，自来水 pH 下降，管壁腐蚀溶解，龙头末梢水色度和浑浊度上升，同时铅、锌、铁、铜等金属浓度升高。

二次供水水质污染主要包括以下原因：水池（箱）设计缺陷造成局部水流循环不畅，形成死水，导致微生物和藻类等大量繁殖；水池（箱）容积过大，水箱内水的停留时间过长，余氯浓度迅速下降，微生物大量繁殖；水箱及供水管道腐蚀老化、有害物质溶出、内壁防腐涂料脱落等因素均可污染水质；设施设计安装不合理，上下管道配置不合理，上水管易受污水管中污水的影响，水箱无盖和无排水孔等；卫生管理不善，水箱不能按时定期清洗消毒等。因此，应加强对二次供水的防护和卫生监管，护航城镇供水“最后一公里”。

第三节　供水与健康

生活饮用水供水方式分为集中式供水和分散式供水。集中式供水是指由水源集中取水，经统一的净化和消毒处理后，通过输水管网送到用户终端。分散式供水是指居民直接从水源取水，不经任何设施或仅通过简易设施处理的供水方式。其中，集中式供水具有以下优点：对水源的选择、防护有利；易于采取统一的水质改善措施，确保水质良好；用水方便；为卫生监管工作的开展带来便利。但集中式供水的水质一旦被污染，其影响面及危害范围较大。

一、集中式供水与健康

（一）水源选择的原则

水源选择时应综合考虑水量、水质、是否便于防护、技术经济合理性等因素。

水量是水源选择时所需考虑的重要因素。所选的水源水量应充分满足供水区域城镇或居民点总用水量的需求，同时还需满足近期以及远期的发展需要。而以地表水作为水源时，通常要求保证率不低于 95% 的枯水期流量大于总用水量。

在选择水源时，卫生部门应进行卫生学调查，并结合水质理化及微生物检测对水源水质进行卫生学评价。所选作为水源的地表水和地下水应符合国家相应标准，不符合要求的水体，不宜用作供水水源。若条件有限仍需加以利用，经水厂净化处理后，水质超标项目应达到标准的要求。

为避免水源因污染而导致水质恶化，在条件允许时优先选用地下水水源。选用地表水水源时，为避免水源污染，应在城镇、工矿企业等上游设置取水点。

除上述三种考虑因素外，水源地的选择还应结合水源水质和取水、净化消毒、输配水等具体条件，选用基建费用最低的方案。

（二）水质处理

为了使饮用水水质符合生活饮用水卫生标准，需对水源水进行净化处理。生活饮用水的净化处理方法有三种，包括常规净化、深度净化和特殊净化。饮用水常规净化流程为混凝沉淀—过滤—消毒，目的是去除原水中的悬浮物、胶体物质以及细菌等。水质较好的地下水可直接进行消毒处理。可在常规处理的基础上进行深度净化处理以进一步提高饮用水的水质。对于原水中的铁、锰和氟等，可进行特殊处理。

1. 混凝沉淀　饮用水净化处理的第一步是除去水中的悬浮性固体和胶体颗粒，胶体这种细小颗粒难以自然沉降，是引起水质浑浊的根本原因。向原水中投加混凝剂与悬浮物和胶体颗粒形成易于分离的絮凝体，可通过溢流堰和格栅阻隔聚集及后续沉淀去除，这一过程称为混凝沉淀。混凝基本原理主要有压缩双电层作用、电性中和作用和吸附架桥作用等。常使用铝盐和铁盐等金属盐类混凝剂、聚合氯化铝和聚丙烯酰胺等高分子混凝剂。混凝效果主要受水中微小颗粒的性质和含量、水温、水的 pH 及碱度、有机物和溶解盐含量、混凝剂的种类用量以及混凝剂的投放方法、搅拌强度和反应时间等影响。

沉淀是指混凝过程中生成的絮凝体和其他悬浮物依靠重力作用，从水中分离出来的过程。沉淀过程所用沉淀池按照池中水流方向分为平流沉淀池、斜管（板）沉淀池、辐流沉淀池等。其中斜管（板）沉淀池占地少、沉淀效率高，适用于各种规模的水厂，因此应用比较广泛。

2. 过滤　是指通过不同粒径的滤料层截留水中杂质从而使水澄清的过程。除有效降低水的浊度外，过滤还能去除水中大部分病原体，并为后续消毒创造条件。过滤的净水原理有筛除作用和接触凝聚作用两种。筛除作用是指水通过滤料层时，大于滤料孔隙的颗粒首先被阻留，滤料层孔隙逐渐变小，随后较小的颗粒也被截留；接触凝聚作用是指水中杂质颗粒和细小絮凝体随着水流在滤料孔隙内流动，孔隙内呈层流状态的水流使水中杂质和絮凝体不断旋转，当接触滤料时被吸附在滤料表面，称为接触凝聚作用。滤料在吸附絮凝体后，其接触凝聚作用随之增强。

滤池分为慢滤池和快滤池两种类型。滤池工作周期分为三期。①成熟期：该时期滤料十分清洁，过滤效果不理想，需要采取降低滤速或初滤排水等措施。②过滤期：该时期滤料表面已吸附一层絮凝体或已形成生物膜，净水效果好。③清洗期：随过滤时间增加，滤层孔隙不断减小，水流阻力增大，滤速减小或出水水质降低，此时应该停止过滤，对滤料进行反冲洗。过滤效果主要受滤层厚度和粒径、滤速、进水水质和滤池类型等因素影响。

3. 消毒　饮用水消毒采用化学方法或物理方法杀灭水中病原微生物，从而切断传染病的传播途径，预防介水传染病的发生和流行。生活饮用水集中式给水原水须经过消毒处理。氯化消毒、二氧化氯消毒、臭氧消毒、紫外线消毒以及上述方法的组合消毒等是我国目前饮用水消毒的主要方法，其中氯化消毒是我国集中式给水最主要的消毒方式。

（1）氯化消毒：饮用水氯化消毒被誉为 20 世纪最伟大的公共卫生成就。1908 年在美国新泽西首次对饮用水进行加氯消毒。一百多年来，尽管饮用水处理工艺不断革新，但氯化消毒仍是大规模集中式给水的主要消毒方式。氯消毒效果较好，具有成本低、稳定性好的优点。液氯、次氯酸钠、漂白粉 [Ca(OCl)Cl]、漂白粉精 [$Ca(OCl)_2$] 和有机氯制剂等是饮用水消毒常用的氯制剂。有效氯是指含氯化合物分子团中氯的化合价大于–1 者，是含氯化合物中具有杀菌能力的有效成分。

一般认为，氯化消毒过程中主要通过有效成分次氯酸（HClO）起消毒性作用。次氯酸是体积小的中性分子，可穿过细胞壁进入细菌内部，氧化破坏细菌体内的酶系统，导致细菌死亡。而次氯酸根离子（ClO^-）因静电斥力难以接近自身带负电的细菌，因而在消毒过程中作用有限。由于氯能够损害病毒的核酸使病毒灭活，但某些病毒对氯并不敏感，与细菌相比病毒对含氯消毒剂的抵抗力较强。此外，氯还可破坏蛋白质中—SH 键从而杀灭病原微生物。

许多受污染的水源中含有一定量的氨氮，氯与水中氨氮发生可逆反应，生成一氯胺、二氯胺和三氯胺。一氯胺和二氯胺的杀菌原理仍是次氯酸的作用。氯胺是弱氧化剂，作用较为缓慢，需要较长接触时间和较高接触浓度，一般不单独使用。但是，氯胺能通过减缓氯与水中有机污染物反应来降低水中氯化消毒副产物的产生，同时氯胺还能抑制细菌在输配水管网中的繁殖，因此，氯胺与氯联用更能有效控制消毒副产物的产生。但是，氯胺对原水中贾第鞭毛虫和隐孢子虫卵囊的消毒效果不佳。二氯异氰尿酸钠在水中亦可形成次氯酸，广泛用于游泳池和食品行业的消毒。在紧急情况下，由于可提供易于使用的游离氯也可对饮用水进行消毒。

影响氯化消毒效果的因素主要包括加氯量和接触时间、水的 pH、水温、水的浑浊度、水中微生物的种类和数量、原水水质和特征等因素。

（2）二氧化氯消毒：二氧化氯属于高效饮水消毒剂，消毒能力比氯高数十倍，可以杀灭细菌、病毒和真菌孢子。其灭菌原理是：二氧化氯能够吸附并渗透细胞壁，有效氧化胞内含巯基的酶；还可通过与半胱氨酸、色氨酸以及游离脂肪酸反应来控制蛋白质合成，增加膜渗透性；破坏病毒衣壳，导致病毒死亡。其优点是：比游离氯杀菌力强；消毒副产物多无致癌性；氧化能力强，可杀死孢子；pH 不影响消毒效果；余氯稳定性强，可防止管网污染；可除臭、去色、去味，除去铁、锰；其水溶液可以安全生产和使用。其缺点是：溶于水后极易挥发，敞开存放时易光解，不宜储存，须现配现用；易爆炸；二氧化氯歧化产物可导致实验动物发生溶血性贫血和高铁血红蛋白血症。

（3）臭氧消毒：臭氧在水中形成的新生态氧具有极强的氧化能力，能够氧化细菌胞膜，使其渗透性增加，内容物漏出；还能够破坏病毒的衣壳蛋白，引起病毒死亡。臭氧对病毒的灭活作用很强。臭氧消毒的优点：氧化能力强，消毒效果优于二氧化氯和氯，其杀菌能力约为氯消毒的数百倍；作用快；能去除水中的臭、色、味、铁、锰、酚等；可有效灭活“两虫”；用臭氧预氧化还能促进絮凝和澄清，降低混凝剂用量；可将难以生物降解的大分子有机物氧化为易于生物降解的小分子有机物。缺点：设备复杂，制水成本高；臭氧在水中不稳定，需现场制备；对管道具有腐蚀作用；不产生余氯，需要第二消毒剂。

（4）紫外线消毒：波长为 200～280nm 的紫外线均具有杀菌作用，其中 254nm 波长的紫外线杀菌作用最强。紫外线作用于微生物体内的核酸、原浆蛋白与酶，破坏遗传物质，阻止蛋白质合成，导致病原体死亡，从而达到消毒效果。紫外线消毒的优点是杀菌效率高；对病毒和隐孢子虫亦有特殊杀灭效果；是一种物理消毒方法，不产生消毒副产物；操作方便，自动化程度高，便于管理。缺点是缺乏持续消毒能力，易造成输水管网中二次污染。近年来，紫外消毒与其他消毒方法组合使用，可有效保障消毒效果。

4. 水质的特殊处理

（1）饮用水的深度处理：饮用水深度处理是指在常规饮用水处理工艺基础上，对水质再进行净化处理，目的是去除常规处理工艺残留的污染物或消毒副产物的前体物，以获得优质饮用水。饮用水深度处理目前常用方法有以下几种：

物理吸附分离技术包括活性炭吸附和膜过滤法，活性炭吸附法是目前去除有机微污染的首选方法，可有效去除色、臭、味、腐殖质、溶解性有机物、微污染物质、总有机碳、总有机卤化物和总三卤甲烷等；常用的膜过滤法包括微滤、超滤、纳滤、反渗透、电渗析等，其中微滤和超滤应用最广。

化学氧化技术包括预氧化技术、二氧化钛光催化技术等。化学预氧化技术是在水处理工艺前端向水中投加氧化剂强化处理效果的一种预处理技术，对水中浮游生物、藻类、色、臭和味、有机物、铁、锰等具有比较显著的去除效果，同时可破坏氯化消毒副产物前体物。常用的有氯气、高锰酸钾、臭氧、二氧化氯等预氧化剂，其中臭氧预氧化应用较为广泛。二氧化钛光催化技术是利用强氧化剂的活性自由基（主要是羟基自由基）参与反应，利用其强氧化性能够将多数有机物氧化分解并最终成为水和二氧化碳等小分子。

生物预处理技术包括生物滤塔、生物转盘、生物滤池等。生物滤塔也称为塔式生物滤池，微生物在滤料表面形成生物膜，继而氧化分解原水中有机物，该技术具备自然曝气充氧和生物氧化的双重作用。

（2）除氟：原水中氟含量超过 1.0mg/L 时应进行除氟处理以达到我国饮用水标准中对氟含量的要求（不超过 1.0mg/L）。我国应用最广泛的除氟方法是吸附法，其原理是利用吸附剂滤料的吸附和离子交换作用去除氟离子，活性氧化铝、沸石和骨炭是常用的吸附剂。此外，还可采用电渗析法、混凝法除氟。电渗析法是利用直流电场使原水中可溶离子迁移并通过离子交换膜达到分离效果，此法可同时除盐，适合去除高盐高氟水中的氟。混凝法则主要是利用铝盐的混凝作用除氟，但易造成饮用水中铝含量过高。

（3）除铁和除锰：水中铁、锰过量易产生异味，铁在输水管网中易造成细菌增殖，引起“黄水”，而锰的沉积易引起“黑水”，同时亦可造成管道腐蚀，因此需进行除铁除锰处理。可采用曝气过滤法去除水中铁，将溶解性二价铁氧化为三价铁，使之形成不可溶的氢氧化铁，经沉淀、过滤后去除。除锰也可采用曝气氧化法，将二价锰氧化成四价锰，因铁的氧化还原电位低于锰，在相同pH条件下，铁更易被氧化，应先除铁再除锰以避免影响除锰效果。

（4）除藻和除臭除味：藻类及其分泌物易产生异臭异味，因而除藻的同时也可去除异臭异味。常用除藻方法主要包括：①物理方法，如气浮技术。②化学方法：硫酸铜对含藻量少、处理量小的场所较为适用，向水中投加氯、臭氧、高锰酸钾等预氧化剂的方法也可除藻，但易引入更多消毒副产物。③生物方法：通过在反应池中垂直放置蜂窝管，形成生物膜，对藻类起到絮凝和吸附作用，同时还可去除一部分有机物。

此外，常用化学氧化剂如臭氧、二氧化氯等去除有机物产生的臭味；曝气法可去除挥发性物质如 H_2S 等产生的臭味；原因不明或用上述方法处理效果不佳的臭味，可用活性炭吸附去除。

（5）海水与苦咸水淡化：是解决淡水缺乏问题的重要方法之一。含有大量盐分的海水与苦咸水并不适合饮用，其中氯离子和硫酸根离子分别是造成水呈咸味和苦味的主要成分。蒸馏法是最古老的淡化方法，而反渗透法是应用最为广泛的淡化方法，此外还有包括电渗析法和离子交换法等。

（6）地下水硝酸盐的去除：地下水是我国主要的饮用水水源之一。由于地表污水排放、农耕面源污染等原因，造成地下水硝酸盐污染。地下水硝酸盐的主要去除方法包括：物理化学方法，如离子交换法、反渗透和电渗析法；生物脱氮反硝化法，具有高效低耗的优点，其过程包括异养反硝化和自养反硝化；化学反硝化法，利用还原剂还原水中的硝酸盐以达到去除硝酸盐的目的，与生物反硝化法相比具有速度快、工艺简单、对运营管理要求低的优点。

（三）配水管网的卫生要求

输配水管网中，将水输送至用户的干管和支管被称为配水管，呈网状结构纵横交错分布于城镇给水区域的配水管称为配水管网，包括树枝状管网和环状管网两类。树枝状管网投入少，但末梢水流动性差，管内易积聚沉淀物，细菌可再次繁殖，水质易发生恶化；管网中某一部分检修时会导致该处以下供水地区停水。环状管网将管线连成环状，管网水流动性好，水质较好；管网中某一段管道进行检修，其他部分可正常用水，但成本较高。

铸铁、球墨铸铁、镀锌钢管、钢筋混凝土管和塑料管等是配水管的主要管材。在选择管材时应综合考虑经济合理性和技术可靠性因素。为防止发生爆裂，管材应有足够的强度；化学性能稳定，耐腐蚀，延长使用寿命；便于运输安装。塑料管材应通过卫生部门的产品安全性鉴定。

埋设配水管道时应避开垃圾和有毒物质污染区，否则应采取防护措施。给水管应埋设在当地冻结线以下以防止冻结。应定期冲洗管道；对于管线过长情况，应中途加氯；检修管道后也应冲洗消毒。为防止管道腐蚀，金属管道必须进行防腐处理。为防止污染，水塔、水箱和水池应位于远离污染源的地方；内壁应光滑，顶部设盖，同时设有换气孔，上装纱网；为防止闲人靠近，其周围应设置防护措施。

（四）供管水人员的卫生要求

供管水人员包括供水单位直接从事供水、管水工作的人员，如从事净水、取样、检验、二次供水卫生管理及水池、水箱清洗消毒人员。要求供管水人员每年必须进行一次健康检查，取得预防性健康体检合格证后方可上岗工作，患有痢疾、伤寒、甲型和戊型病毒性肝炎、活动性肺结核、化脓性或渗出性皮肤病及其他有碍生活饮用水卫生的疾病或病原携带者不得直接从事供管水工作。在工作期间，经健康检查确诊的传染病患者和病原体携带者由卫生监督机构向患者所在单位发出“职业禁忌人员调离通知书”，患者应被立即调离直接供管水的工作岗位。

二、分散式供水与健康

分散式供水因不具备集中式供水工程建设能力，通常采用水井、引泉供水、地表水或雨雪水集蓄等单户或联户分散式供水方式进行供水。此外，还将在这一部分介绍包装饮用水卫生和直饮水的相关内容。

（一）井水卫生

水井包括普通水井、陶管小口井、手压井、机井等。以普通水井为例，作为水源的水井井址选择应满足水量充足、水质良好、使用防护方便等要求。为防止污染，水井应尽可能建设在地下水污染源上游，其地势高，不易积水，且位于厕所、农用粪池等污染源半径 20～30m 以外的地方。我国农村井水实际上很少进行消毒处理，一般可用漂白粉等消毒剂处理。为延长消毒持续时间，可将装有消毒剂的瓶子吊于水中，在水的振荡作用下消毒剂从小孔中缓慢释放漏出，消毒效果通常可持续 10～20 天。

（二）泉水卫生

水量充足、水质良好的泉水可选作农村生活饮用水水源，其水质受当地水文地质条件影响较大。以泉水作为水源时，可修建集水池方便取用，同时防止污染。一般可对泉水进行加氯消毒，以防止细菌、病毒等的污染。

（三）地表水卫生

地表水水源可包括水质良好的河流、水库和池塘等。选择江河为水源时，宜在上游河段设置饮用水取水点，在下游河段设置牲畜饮水点，采用分段用水的方式。面积较大的湖泊采用分区供水，但应避免造成饮水水源污染。池塘多的地区，可采用分塘用水，但污染严重或面积很小的池塘一般不作为饮用水源。

分散式给水中地表水的净化和消毒方式主要有三种：岸边砂滤井、砂滤缸（桶）和缸水混凝沉淀。岸边砂滤井内铺有卵石和砂层，将原水引入砂滤井过滤后引入清水井，再用漂白粉澄清液对清水井中的水进行消毒。砂滤缸（桶）自上而下由卵石、两层棕皮、砂子、两层棕皮和卵石组成，砂层是其主要的过滤层。缸水混凝沉淀的常用混凝剂为明矾，使用装有明矾的竹筒在缸中搅拌，利用吸泥筒除去沉淀污泥后投放漂白粉液进行消毒。

（四）雨雪水的收集

雨水集蓄可选择采用单户集雨方式或公共集雨方式，收集的雨雪水可置于水窖中储集。水窖由集水区和窖身组成，优先选择屋顶作为集水区，尤以水泥被覆的平顶屋顶为佳。水窖以修建在地下或半地下为佳。可按照每人每日需水量（10L）、饮水人数和储存天数来计算窖身容积。为避免周围环境的污染，水窖上应设有严密的盖和通气管。如需储存较长时间，应当采用储水的防腐消毒措施。

（五）包装饮用水卫生

包装饮用水即装在符合食品安全标准等相关规定的密封容器中，可供人直接饮用的水。根据容器类型包装饮用水可分为桶装水和瓶装水，根据水质类型包装饮用水可分为纯水、净水和天然矿泉水。纯水是对自来水采用反渗透、电渗析、蒸馏等工艺处理，去除水中溶解的矿物质及其他有害物质后所制成的饮用水。除水分子外，基本不含其他任何化学成分。净水是自来水经活性炭吸附、中空纤维膜或素烧瓷滤芯过滤等去除水中有害物质后所制成的饮用水。天然矿泉水是将从地下深处自然涌出或人工采集的未受污染且其中至少一种微量元素达到限量值的泉水，经过过滤等工艺而制成的水。

包装饮用水具有以下三条特点：由生产或营销者送至用户，启封即可直接饮用的水；其水质应符合相关水质标准，如《食品安全国家标准包装饮用水》（GB 19298—2014）和《饮用天然矿泉水》

（GB 8537—2018）等；包装饮用水具有一定的保质期限，过期饮用水对人体可能存在健康危害。

桶装水的卫生学问题较多，主要问题是微生物学指标超标。铜绿假单胞菌超标是目前桶装饮用水卫生质量抽检中最严重的问题，此外，包装饮用水中大肠菌群不合格样品也频频出现。此类污染主要涉及以下原因：包装桶及盖清洗消毒不彻底、水处理及杀菌工艺控制不严、管道及设备未定期清洗消毒等导致灌装过程中污染、配套的饮水机系统污染。基于上述卫生现况，2014 年国家卫生计生委批准发布的《食品安全国家标准包装饮用水》（GB 19298—2014）不仅保留了大肠菌群指标，还新增了铜绿假单胞菌指标。

（六）直饮水卫生

直饮水属于分质供水，是将自来水或符合生活饮用水卫生标准的原水进行深度处理后达到直接饮用标准，通过优质管材将水输送至用户。其旨在去除水中残余有机物及其他有害物质的同时，保留对健康有益的微量元素，增加溶解氧，改善口感。以膜处理技术为主的直饮水基本工艺流程如下：自来水→臭氧活性炭→精密过滤→膜过滤→消毒→出水。

直饮水系统源于美国、荷兰等国家，国内于 1997 年首次在上海投运直饮水工程。由建设部发布、自 2017 年 11 月 1 日起实施的《建筑与小区管道直饮水系统技术规程》（CJJ/T 110—2017）替代了原行业标准《管道直饮水系统技术规程》（CJJ/T 110—2006），是目前使用最为广泛的直饮水技术标准，适用于民用建筑及小区管道直饮水系统，并规定出水需满足《饮用净水水质标准》（CJ 94—2005）。此外，中华人民共和国工业和信息化部发布的《直饮机》（QB/T 4133—2010）规定家用和类似用途的直饮机出水应符合现行《生活饮用水卫生标准》（GB 5749—2022）和卫生部《生活饮用水水质处理器卫生安全与功能评价规范——一般水质处理器》（2001）中 6.1～6.6 的要求。但目前尚缺乏强制性国家直饮水技术标准或直饮水水质标准。

第四节　水体和饮用水卫生防护和管理

为有效控制水体污染和饮用水健康危险因素对人类健康的影响，需要采取一系列卫生防护和管理措施。本节主要介绍水体卫生防护、水环境标准、水体和饮用水污染的卫生调查、监测和管理以及涉水产品的卫生监管。

一、水体卫生防护

人类生产生活产生的大量废水在未经处理的情况下被排放到外界，不仅污染了自然环境，也对水资源安全造成了重大影响。为从根本上控制水体污染，实现可持续发展，应推行清洁生产，从源头控制污染，提高工业用水重复利用率，做好工业废水、生活和医院污水的处理。

（一）污染源头控制

污染源头控制是指采取积极有效的措施，防止污染物进入水体造成污染。1989 年联合国环境规划署提出“清洁生产”理念，要求在产品或工艺的整个寿命周期的所有阶段，都必须考虑预防污染，或将产品、工艺过程中对人体健康及环境的短期或长期风险降至最小，以实现以人为本，可持续发展战略。

（二）工业废水处理与利用

1. 工业废水处理　有物理处理、化学处理、生物处理和物理化学处理这四种方式。根据水质污染类型和特征采取适当有效的处理措施，不仅可以提高水的利用率，也可以节约生产成本，减少能耗，实现清洁生产。

物理处理主要用于分离去除废水中的不溶性悬浮污染物，主要处理技术有机械阻留、沉淀和膜过滤等物理措施。物理法也称污水的一级处理。化学处理指的是利用化学反应去除废水中无机或有机的溶解物质或胶体物质。废水的化学处理方法主要有中和法、混凝沉淀法和氧化还原法等。生物处理是指利用微生物的新陈代谢分解废水中有机污染物，从而使废水得到净化的处理方法。根据微生物是否需氧，可分为好氧生物处理和厌氧生物处理两种。物理化学处理通过物理和化学的综合作用使废水得到净化处理，主要是处理废水中的溶解性物质，常用的技术包括吸附法、萃取法、离子交换法和电渗析等。

2. 工业废水利用 对已使用的工业用水采取有效的处理措施进行处理，提高工业用水的重复利用率、节约水资源、降低生产成本、减少环境污染，是清洁生产理念的重要体现。如污染程度较低的工业用水，如果经过适当处理，可作为工业冷却水使用。

（三）城镇生活污水的利用与处理

生活污水是指居民日常生活中排出的废水，如洗涤废水和粪便污水。生活污水须进入城镇污水处理厂处理后方能排入水体。物理处理和生物处理是生活污水处理常用处理方法，其原理和设备与工业废水处理相似。由于生活污水中常含有大量的氮、磷、钾等成分，可在无害化处理后用于农田灌溉，不仅增加土壤肥力和水分，也使污水得到进一步净化。但是，如果城镇生活污水中混有未经处理的工业废水，未经处理时不能用于农田灌溉。

（四）中水回用

水资源短缺已经成为全球性问题，中水回用是缓解这一问题的重要手段。中水回用是指对城市污水进行深度处理，达到一定水质标准，再行使用。污水回用的目的不同，水质标准和深度处理的工艺也不同，按其机制分物理法、化学法、物理化学法及生物化学法。中水主要用于厕所冲洗、道路清洁、冲洗、绿地、树干浇灌、基建施工、喷水池以及可以接受其水质标准的其他用水，是城市公共用水来源的重要方式。

（五）医疗机构污水的处理

医院污水有含菌量高、含有病原微生物等特点，尤其是传染病、结核病医院的污水中含有大量病菌、病毒、寄生虫虫卵等病原体。因此，必须对医院污水和污泥采取严格的消毒处理措施后方可排放。氯化消毒是医院污水消毒最常用的方法，按标准向污水中投放消毒剂并反应充足时间后，可基本实现杀灭病原体的目标。医院污水处理过程中生成的污泥，含有大量病原体，可采用加热消毒如蒸汽、高温堆肥等方法或化学消毒，如投加漂白粉和石灰等方法，进行彻底消毒处理。

二、水环境标准

水环境标准在环境标准体系中占据重要地位，是水资源和饮用水质管理、水污染防治和水质保护的重要基础。水环境标准的法律依据包括《中华人民共和国环境保护法》《中华人民共和国水污染防治法》《中华人民共和国海洋环境保护法》《中华人民共和国水法》等法律法规。

我国水环境标准体系通常概括为“六类三级”，所谓“六类”即水环境质量标准、水污染物排放标准、水环境卫生标准、水环境基础标准、水监测分析方法标准和水环境标准样品标准，所谓“三级”是指标准分为国家标准、地方标准和行业标准三级。其中，水环境质量标准、水污染物排放标准和水环境卫生标准均为强制性标准，是水环境标准体系的主体，而其余三类标准为支持配套标准，服务于强制性标准。

（一）地表水环境质量标准

地表水环境质量标准制定的目的是防治水环境污染，保护地表水水质和人体健康，维护好的生态系统，其基本原则包括防止通过地表水传播疾病，引起急慢性中毒及远期危害，保证地表水感官性状良好和自净过程正常进行。

《地表水环境质量标准》（GB 3838—2002）可适用于我国领域内的江河、湖泊、运河、渠道、水库等具有使用功能的地表水水域，项目共计 109 项，可分为 24 项地表水环境质量标准基本项目，包括pH、溶解氧、汞、镉、粪大肠菌群等指标；5项集中式生活饮用水地表水源地补充项目，包括硫酸盐、硝酸盐、氯化物、铁和锰；80项集中式生活饮用水地表水源地特定项目，以重金属和有机物为主。

地表水根据水域功能和保护目标，按功能从高到低依次划分为Ⅰ～Ⅴ类：Ⅰ类，适用于源头水和国家自然保护区；Ⅱ类，适用于集中式生活饮用水地表水源地一级保护区、珍稀水生生物栖息地、鱼虾类产卵场和仔稚幼鱼的索饵场等；Ⅲ类，主要适用于集中式生活饮用水地表水源地二级保护区、鱼虾类越冬场、洄游通道、水产养殖区等渔业水域及游泳区；Ⅳ类，适用于一般工业用水区及人体非直接接触的娱乐用水区；Ⅴ类，适用于农业用水区及一般景观要求水域。根据水域功能类别，对地表水环境质量标准中的24项基本项目分别设置了标准值，高功能水域严于低功能水域。具有多种功能的水域执行最高功能类别所对应的标准值。

（二）水污染物排放标准

我国的《污水综合排放标准》（GB 8978—1996）是一项水污染物国家排放标准，目的是控制水污染，保护地表水和地下水水质，保障人体健康，维护生态平衡，促进国民经济建设和城乡建设的发展。本标准适用于现有单位水污染物的排放管理，以及建设项目的环境影响评价、环境保护设施设计、竣工验收和投产后的排放管理。在本标准颁布后，新增加国家行业污染物排放标准的行业，按其适用范围执行相应的国家水污染物行业标准，不再执行本标准。

为加强对医疗机构污水、污水处理站废气、污泥排放的控制和管理，预防和控制传染病的发生和流行，保障人体健康，国家环保总局和国家质量监督检验检疫总局于2005年7月联合发布了现行的《医疗机构水污染物排放标准》（GB 18466—2005），并于2006年1月1日起正式实施，作为管理医疗机构水污染物排放的重要依据。

（三）生活饮用水水质标准

生活饮用水水质标准的制定原则，要求确保水质在流行病学上的安全性；所含化学和放射性物质不会危及人体健康；要求水质感官性状良好。指标的选择和标准值的确定要兼顾经济技术可行性和合理性。

为了保障饮用水安全和人民健康，2022年国家发布了新修订的《生活饮用水卫生标准》（GB 5749—2022），将于2023年4月1日正式实施。标准规定的水质检测指标数有97项，分为常规指标（43项）和扩展指标（54项），涵盖了饮用水供水全过程，对水源、制水、输水、储水和末梢水均提出了控制性要求，为饮用水安全提供了更好的保障。

1. 常规指标 《生活饮用水卫生标准》（GB 5749—2022）常规指标共包含16项感官性状及一般化学指标、18项毒理学指标、3项微生物学指标、2项放射性指标、4项消毒剂指标。

（1）感官性状及一般化学指标：饮用水的颜色主要是由腐殖酸、富里酸等天然有机物、铁、锰等金属或高色度的工业废水造成。标准规定饮用水色度不应超过15度，即一般饮用者察觉不到水有颜色。降低浑浊度可有效去除附着于悬浮物的微生物和某些有害物质污染，提高消毒和净化效果，保障饮水安全。标准中浑浊度限值设为1度，小型集中式供水和分散式供水因水源与净水技术限制时，浑浊度按3度执行。硬度高的水饮用后可导致腹胀、腹泻和腹痛等消化道功能暂时性紊乱症状，且硬水易产生水垢，标准规定硬度不超过450mg/L。

（2）毒理学指标：三卤甲烷类消毒副产物由源水加氯消毒与有机前体物反应产生，其中氯仿的含量最高，动物实验中氯仿可引发小鼠肝癌及雄性大鼠肾肿瘤，标准规定饮用水中的氯仿含量不得超过0.06mg/L。此外，新标准进一步将检出率较高的一氯二溴甲烷、二氯一溴甲烷、三溴甲烷、三卤甲烷、二氯乙酸、三氯乙酸6项消毒副产物指标从非常规指标调整到常规指标。鉴于四氯化碳在我国饮用水中超标率较低，仅为局部点状污染或区域性污染，新标准将四氯化碳由常规毒理学指标调整至扩展指标。

（3）微生物学指标：①总大肠菌群是评价饮用水水质的重要指标，标准规定每100ml水样中总大肠菌群不得检出。②大肠埃希菌是饮用水受到粪便污染的指示菌，比耐热大肠菌群具有更强的指示性，标准规定每100ml水样中大肠埃希菌不得检出。③菌落总数是评价饮用水微生物污染状况和净化消毒效果的重要指标。但菌落总数不能识别微生物来源，需结合总大肠菌群指标以判断污染来源及安全程度，标准中要求菌落总数不超过100CFU/ml。

（4）放射性指标：通常生活饮用水中放射性元素浓度极低，我国的生活饮用水标准采用WHO推荐值：总α放射性不超过0.5Bq/L、总β放射性不超过1Bq/L。当超过标准限值时，应组织专家进行分析和评价，判断是否适宜饮用。

（5）消毒剂指标：标准中消毒剂常规指标包括游离氯、总氯、臭氧和二氧化氯。采用液氯、次氯酸钠、次氯酸钙消毒方式时，应测定游离氯。采用氯胺消毒方式时，应测定总氯。采用臭氧消毒方式时，应测定臭氧。采用二氧化氯消毒方式时，应测定二氧化氯；采用二氧化氯与氯混合消毒剂发生器消毒方式时，应测定二氧化氯和游离氯。两项指标均应满足限值要求，至少一项指标应满足余量要求。

标准规定使用游离氯消毒时，至少接触30分钟，出厂水中游离氯浓度不低于0.3mg/L，且不超过2mg/L，末梢水中游离氯浓度不低于0.05mg/L。

2. 扩展指标 除常规指标外，新版生活饮用水卫生标准规定了54项扩展指标，其中包括5项感官性状及一般化学指标、2项微生物学指标和47项毒理学指标。扩展指标是根据地区、时间或者特殊情况需要实施的水质指标，各地在水质检测、监测中应根据当地实际水质情况进行选择性实施。

3. WHO与其他国家饮用水水质标准 WHO《饮用水水质准则》、美国EPA《国家饮用水水质标准》和欧盟《饮用水指令》是目前国际上具有权威性、代表性的三大饮用水水质标准。其他国家和地区的饮用水标准多以此为基础或重要参考。

（1）WHO《饮用水水质准则》（第4版）：最新的《饮用水水质准则》第4版于2011年7月发布，旨在呼吁各国转变思路，以预防为主，加强饮用水质量管理，降低饮用水污染风险。准则主要根据卫生学意义提出水质指标，其中水源性疾病病原体37项（细菌19项、病毒7项、致病原虫和寄生虫11项），化学指标187项（尚未有建立准则值的指标72项、不需要建立准则值25项、确定了准则值的指标90项）。《饮用水水质准则》（第4版）第一次增补版于2017年发布。准则为各国建立本国的水质标准提供了参照，通过消除或降低水中有害成分，确保饮用水的安全。

（2）美国《国家饮用水水质标准》：美国是世界上最早制订饮用水水质标准的国家之一，美国《国家饮用水水质标准》具有法律支撑，并且进行严格的动态修订，2006年版的美国饮用水一级标准（强制性标准）包括检测指标98项，其中微生物学指标中的隐孢子虫、贾第鞭毛虫、军团菌、病毒等指标在其他国家水质标准中并不常见；二级标准（非强制性标准）15项。

（3）欧盟《饮用水指令》：欧共体于1988年更新了1980年首次颁布的《饮用水指令》，这是欧洲各国制定本国水质标准的主要依据。指令明确要求所有欧共体国家对水处理过程使用的材料和化学品建立审批制度，对水质监测指标和频率提出指导意见。该标准涵盖了48项水质指标，包括微生物学2项（瓶装或桶装饮用水为4项）、化学物质26项、指示参数（感官性状参数、细菌学参数、放射学参数）20项。

三、水体污染的调查、监测和管理

（一）水体污染的调查

水体污染的调查工作，其目的是掌握水污染源的废/污水排放情况及其中污染物的特性，弄清水体中污染物的污染状况和时空变化规律，明确威胁水环境和人群健康的潜在有害因素的种类和数量，为制定水污染防控和治理对策提供依据。

1. 污染源调查 污染源的调查应了解水体所在地区工业企业的总体布局及其生产和废水等排

放情况，主要包括：①企业的种类、性质、规模及布局情况；②企业各车间使用的原料、生产的半成品、成品、副产品等；③工业用水源类型、供水方式和使用情况，废水排放量及废水中污染物种类和浓度；④废水排放方式（经常性或间歇性）和排放点的位置；⑤废水的回收处理、综合利用情况，净化设施的类型及效果。

调查工业废水污染情况时，应按照工业废水排放标准，测定车间排出口或工厂的总排出口废水的相关指标。未经处理的城镇生活污水也应进行采样测定相关指标。最后以每个污染源为单位，将调查监测结果逐一建立技术档案。

2. 水体污染调查　水体污染调查按其目的可分为：①基础性调查：调查范围一般较大，用以了解水体污染的基本状况。②监测性调查：根据基础性调查的结果，选取有代表性的水体断面，进行定期调查，以了解水体中污染物的变化情况。③专题性调查：为深入了解某污染问题而进行的专门调查。④应急性调查：在水体发生突发性污染事故时，临时组织的紧急调查。

3. 水体污染对居民健康影响的调查　可采用现况调查、回顾性调查和前瞻性调查等流行病学调查方法。收集水体污染地区水污染资料和居民患病率、死亡率及相关健康损害的资料，分析水体污染与居民健康之间的关系，明确影响居民健康的主要污染物。由于水体污染物以低剂量、长期暴露的形式对人群健康造成危害，且不同个体对污染物的敏感性不同，故在研究时，需要进行深入细致的调查，并充分考虑各种可能的干扰因素。

（二）水体污染监测

通过监测了解水体中污染物的时空分布规律，追溯污染物的来源和污染途径，预测水污染的发展态势，以有效保护水体环境。通过监测可准确判断水污染对环境生态和人群健康可能造成的影响，评价污染防治措施的实际效果，为有关法规和污染物排放标准等的制定提供科学依据。

1. 江河水系的监测

（1）采样断面与采样点：首先应了解沿河城市和工业分布情况及其生产和污水排放情况，可将沿岸大城市或工业区作为一个污染源。调查污染源所在水系的水质状况，至少设置3个采样断面：①设在污染源上游的清洁或对照断面，可知河水未被污染时的水质情况；②设在污染源下游的污染断面，可知水质污染情况；③设距污染断面下游一定距离的自净断面，可知污染范围及水系的自净能力。

各断面采样点数根据河道宽度而定，河道较宽的水体可设5个采样点（分别距两岸边50m、150m及江心处），而较窄的河流可只在河中心点采样。此外对重要的支流入口也应进行采样监测。一般在水下0.2～0.5m采样。

（2）采样时间与采样频率：如果条件许可应进行连续采样；如果条件不允许，则可每周、每月或每季采样，至少应在平水期、枯水期及丰水期各采样一次，每次连续2～3天。采样前数天及采样时应避开雨天，以免水样被稀释。

（3）水质监测项目：取决于水体的用途、水体污染状况及监测的目的等。在基础性调查时，应包括能反映水质天然性状的指标、一般卫生学指标和有毒物质指标。在进行专题调查时，除一般的监测项目外，还应选择特异的监测指标。

（4）水体底质的监测：底质是指江河、湖泊、水库等水体底部的淤泥。除了地球化学元素组成异常的地区外，底质中有害物质（尤其是重金属等）的垂直分布一般能反映该水体受污染的历史情况，且有些污染物在水体底质中比水中更易于检出，对查清某些污染物对水体的污染状况及其对健康可能产生的危害具有重要意义。

（5）水生生物的监测：生物监测有助于判断水污染状况和污染物毒性大小，监测项目一般包括：①对水生生物种群、数量及分布的测定，来了解和评价水体的污染状况。②对生物体内污染物负荷的测定，以进一步了解水体污染及污染物在水体中的迁移、消长规律及可能对人群健康造成的危害。③对水生生物综合作用的检测，有助于了解污染对水生生物的总体效应。④对水中大肠菌群和病原微生物的检测，以查明水体生物性污染情况。

2. 湖泊、水库的监测 监测项目与江河水系大致相似，但考虑其自身特点，可按不同水区设置监测断面，如进水区、出水区、深水区、浅水区、湖心区、污染源废水排入区等设置采样点，同时以远离污染的清洁区作为对照。由于湖（库）水流较慢，水体垂直方向不易混合且沉淀作用较强，故需采集不同深度的水样、水体底质和水生生物进行监测。此外，由于湖泊水库的富营养化，造成了藻类大量繁殖的情况，因而对湖（库）水监测时应增加磷、氮及藻类毒素的测定。

3. 海域的监测 主要是监测沿海大型厂矿企业、城市工业废水和生活污水、船舶排油及海上油井等的污染状况及主要水产海域等受污染的情况，监测重点是河口与港湾，根据具体情况选择监测范围、横断面和纵断面。

4. 地下水的监测 地下水可被受污染的地表水、生活垃圾堆放场渗出液、灌溉农田污水等污染。污水灌溉区、垃圾堆放场等应根据地下水流向，在地下水的下游设立若干监测井的同时，在地下水上游设置本底对照井。此外，还可在污水灌溉区内设置若干个监测井。地下水的采样时间依具体情况而定，水质检测项目与江河水系基本相同。

（三）水体污染监督和管理

我国对水污染实行的是多部门协同管理体制，生态环境部门对水污染实施统一监督管理的机构，主管污水排放、治理及事故处理；水利部门是水资源的综合管理机构；交通部门主管船舶污染事故和渔业污染事故；卫生部门负责生活饮用水水源和娱乐用水的卫生监管，并对医院污水、利用污水灌溉农田或养鱼地区、介水传染病疫情等进行卫生监管。

四、饮用水卫生的调查、监测和管理

为保证饮用水的卫生安全，保障人体健康，卫生主管部门必须对涉及饮用水安全的多个环节开展卫生监督管理工作，包括饮用水水源选择与卫生防护、供水单位调查、水质监测及饮用水卫生监督等。

（一）饮用水水源调查

在选择饮用水水源时，应对可选择的各个水源进行较长时间的水质调查和监测，同时研究确定水源卫生防护的方案。对已投入使用的水源主要调查取水点及水源卫生防护的执行情况，必要时应检测水源水质，如水源水质恶化，应查明原因。如发现污染源，应监督有关单位限期消除。

（二）集中式供水单位调查

对供水单位调查的内容：①供水单位使用的涉及饮用水卫生安全产品是否符合卫生安全和产品质量标准的有关规定。②水处理剂和消毒剂的投加和储存室是否通风良好，有无防腐、防潮、安全防范和事故的应急处理设施以及防止二次污染的措施。③取水、输水、蓄水，净化消毒和配水过程中是否建立了各项管理制度，是否有专人负责，执行情况如何。④集中式供水单位是否建立了水质净化消毒设施和必要的水质检验仪器、设备和人员，能否对水质进行日常性检验，并向当地人民政府卫生主管部门和建设主管部门报送检测资料；城市自来水供水企业和自建设施对外供水的企业，其生产管理制度的建立和执行、人员上岗的资格和水质日常检测工作由城市建设主管部门负责管理。⑤直接从事供、管水人员是否取得健康体检合格证和上岗证，发现带菌者和传染病患者是否及时调离工作。

（三）饮用水水质监测

水质监测采样点的设置需有代表性，集中式供水可分别在水源取水口、出厂水口和居民经常用水点处设点。管网水的采样点数，一般按供水人口每两万人设一个点计算，供水人口在 20 万以下或 100 万以上时可适当增减。每一采样点，每月采样检验应不少于两次，必检项目包括细菌学指标、浑浊度和肉眼可见物，其他指标根据当地水质情况和需要而定。对水源水、出厂水和部分有代表性的管网末梢水至少每半年进行一次常规检验项目的全分析。

（四）水性疾病的监测

水性疾病的监测分为水性传染病和地方病。其中前者的监测主要是收集、汇总、调查核实、分析本年度由饮水引起的暴发性传染病的频次、时间、患病人数等。水性地方病的监测是收集、汇总和分析当地地方病资料（如碘缺乏病、地方性氟病或砷中毒）中的病史、病情、饮用水水质以及改水后的病情变化。

（五）饮用水卫生监督

饮用水卫生安全关系到当地居民健康状况，随着工农业生产发展导致水源污染加重，供水体系日益多样化，涉及饮用水卫生安全的责任主体更加复杂。我国出台了《生活饮用水卫生监督管理办法》（2016 年修订）、《生活饮用水卫生标准》（GB 5749—2022）、《突发公共卫生事件应急条例》《二次供水设施卫生规范》等法规，标志着饮用水卫生监督工作走上法治化轨道。

五、涉水产品的卫生监督和管理

涉及饮用水卫生安全产品，简称涉水产品，是指在饮用水生产和供水过程中与饮用水接触的连接止水材料、塑料及有机合成管材、管件、防护涂料、水处理剂、除垢剂、水质处理器及其他新材料和化学物质。加强对涉水产品的监督监测、评价和管理，对提高水质卫生质量，保障健康具有重要意义。

（一）涉水产品存在的卫生问题

生活饮用水输配水设备是指与生活饮用水接触的输配水管、蓄水容器、供水设备、机械部件，如阀门、水泵、水处理剂加入器等。供水用塑料管材、管件以合成树脂为主要原料，其本身无毒，但所残留的催化剂有一定毒性，一些原料单体具有致癌性。水质处理器的主要组成部分是与饮水接触的成型部件和过滤材料。成型部件如果没有足够的化学稳定性，一些化学成分会逐渐溶解到水中，对人体产生危害。过滤材料主要以活性炭为主，但使用一段时间后，活性炭上易繁殖细菌，导致出水中细菌量增加。为防止容器内壁与饮用水接触受到腐蚀，造成饮用水污染，需在容器内壁涂上涂料。从卫生学角度来看，涂料环氧树脂分子量越大越稳定，越不易溶出迁移到水中。水处理剂的卫生安全性取决于产品的原料、配方和生产工艺。

（二）涉水产品的卫生监管

根据《生活饮用水卫生监督管理办法》，涉及饮用水卫生安全的产品，必须进行卫生安全性评价。目前已经颁布的涉水产品相关国家标准主要有《饮用水化学处理剂卫生安全性评价》（GB/T 17218—1998）和《生活饮用水输配水设备及防护材料的安全性评价标准》（GB/T 17219—1998）。对于未包含在以上标准中的材料采用同类产品的食品卫生标准进行评价。此外，《生活饮用水卫生规范》（卫生部卫法监发〔2001〕161 号）也涉及涉水产品的卫生要求。

对于生活饮用水输配水设备，凡与饮用水接触的必须按安全性评价的有关规定进行浸泡试验，浸泡水的检验结果必须符合浸泡试验基本项目的卫生要求和增测项目的卫生要求。饮用水化学处理剂种类很多，因直接投加到水中，与人体健康关系更加密切。一般来讲，生活饮用水化学处理剂在规定的投加量使用时，处理后的一般感官性状指标应符合现行《生活饮用水卫生标准》（GB 5749—2022）的要求。水质处理器所用材料必须严格按照 2001 年卫生部颁布的《生活饮用水水质处理器卫生安全与功能评价规范——一般水质处理器》的要求进行检验和鉴定，符合要求的产品方可使用。

当生活饮用水输配水设备、水处理材料和防护材料在水中溶出的有害物质未规定最大容许浓度时，或生活饮用水化学处理剂带入饮用水中的有害物质凡在有关卫生标准中未做规定时，为了保证涉水产品在使用中的安全性，除了对其基本项目进行监测和评价外，还应对其进行卫生毒理学评价确定其在饮用水中的限值。

展 望

水对于人类和生态健康至关重要。然而，淡水资源和饮用水水质水量受到工农业生产和生活污染的严重威胁，当前水体污染和饮用水安全形势依然十分复杂和严峻。传统的水污染和饮用水健康问题尚有待解决和消除，新的水体污染和饮用水相关健康问题不断涌现。对于化学性污染来说，首先，随着社会生产的发展和人民生活水平的提高，许多新化学物、新材料被研制生产和大量使用，它们可能进入水环境，影响水生态和饮用水安全；其次，随着化学检测技术的发展，许多自然界水体和饮用水中原本已经存在的低浓度、极低浓度的污染物和消毒副产物得以检测发现；再次，随着人类对化学物健康效应认识的日渐深入，一些传统化学污染物的健康危害和风险需要重新认识和评价，环境化学物低剂量混合暴露的健康效应也引起了前所未有的重视。对于生物性污染来说，全球气候变暖为介水传染病和水体富营养化的预防和控制带来了新的挑战。此外，放射性工业固废和有害废弃物的大量堆积和一些突发性事故增加了人类放射性污染暴露的风险。亟须利用多学科交叉的方法和技术，开展相关研究，揭示水体和饮用水中这些健康危险因素的暴露特征、健康效应和健康风险，并提出有效的干预措施。

思 考 题

1. 从水量和水质的角度看，全球和我国水资源与饮用水面临哪些问题？
2. 水体污染和饮用水中常见的健康危害因素包括哪些？
3. 从水处理方式、供水形式等角度看，集中式供水和分散式供水各自可能存在哪些健康问题？
4. 根据所学知识，谈谈如何更好地开展水体和饮用水卫生防护和卫生监管？

（王 霞）

第七章　土壤与健康

土壤是指陆地表层能够生长植物的疏松多孔物质层及其相关自然地理要素的综合体，是人类赖以生存的物质基础。土壤处于大气圈、水圈、土壤岩石圈和生物圈之间的过渡地带，由矿物质、有机质、水分和空气组成，是联系有机界和无机界的重要环节，是联系环境中其他介质的枢纽，是陆地生态系统的核心和食物链的首端，也是许多有害废弃物处理和容纳的场所。

土壤作为自然体和环境介质，是人类赖以生存的一种极其宝贵的自然资源。它能够承载一定的污染负荷，对污染物有净化作用；但是这种作用也仅限于一定的环境容量。当污染物负荷超过土壤的最大容量，就会引起不同程度的土壤污染，进而影响土壤中生存的动植物；通过生态系统食物链最终危害牲畜和人类健康。

第一节　土壤污染

一、土壤污染概述

覆盖于地球陆地表面的薄层土壤圈是影响、控制人类和陆地生物生存与发展的重要资源和环境。在人类活动未强行干预主要生物群落时，随着气候冷暖干湿、生物群落和下垫面等自然环境因素的变化，土壤环境性质通常会发生缓慢的变化。但近百年来人口的迅速增加、自然植被被破坏、开荒扩耕和其他过度的资源开发使土壤环境发生了快速变化。这种变化主要表现为土壤和土地退化、生产力下降、土壤生态环境日益恶化。2021 年联合国粮食及农业组织（Food and Agriculture Organization of the United Nations）与 UNEP 的《全球土壤污染评估》报告显示，土壤污染不受任何国境线的限制，会威胁到我们摄入的食物、饮用的水以及呼吸的空气。这份联合评估报告发现，不断增长的农业粮食体系和工业体系的需求以及日渐庞大的全球人口导致了严重的土壤污染，由此造成的广泛环境退化现象仍在加剧。因此，保护土壤对未来的农业粮食体系安全、生态系统恢复乃至地球上的所有生命都至关重要。

（一）土壤污染的定义

《中华人民共和国土壤污染防治法》中土壤污染的定义是：“人为因素导致某种物质进入陆地表层土壤，引起土壤化学、物理、生物等方面特性的改变，影响土壤功能和有效利用，危害公众健康或者破坏生态环境的现象。”从法律角度而言，该定义排除了非人为因素造成的土壤污染。例如，某处土壤重金属含量高是在自然背景下形成的，则不属于土壤污染。

从环境与健康的角度，当土壤中有害物质过多，超过土壤的自净能力时，就会引起土壤的组成、结构和功能发生变化，微生物活动受到抑制，有害物质或其分解产物在土壤中逐渐积累，并且通过“土壤→植物→人体”或“土壤→水→人体”路径被人体吸收，达到危害人体健康的程度，即为土壤污染。

（二）土壤污染的相关概念

1. 土壤环境背景值

（1）土壤环境背景值概念：土壤环境背景值是指在不受或很少受人类活动影响和不受或很少受现代工业污染与破坏的情况下，土壤原来固定有的化学组成和结构特征。环境背景值实际上只是一个相对的概念，是相对不受污染情况下，环境要素的基本化学组成。同一环境要素在不同的地理、地质环境中，自然背景值是不同的。土壤环境背景值作为土壤污染识别的依据，在环境管理上具有重要作用。

土壤背景值是一个或一组统计量。土壤具有不均质性，需要对各采样点的土壤污染物含量进行统计分析，为确定土壤背景值提供依据。根据《土壤环境质量建设用地土壤污染风险管控标准（试行）》（GB 36600—2018）的规定，土壤环境背景值指基于土壤环境背景含量的统计值，通常以土壤环境背景含量的某一分位值表示。

（2）研究土壤背景值的实践意义：土壤中各种元素的背景值是评价化学污染物对土壤污染程度的参照值；是确定土壤环境容量，制订土壤中有害化学物质环境标准的重要依据；是评价土壤化学环境对居民健康影响的重要依据；也是土地资源开发利用和地方病防治工作的科学依据。

土壤背景值一般包括两类：一是区域背景值，即具体地块所在区域土壤的背景浓度；二是地块尺度背景值，即具体地块附近未受点源污染，与具体地块土壤理化、地质等特性相同或相似地块中土壤污染物的浓度。在实践中，由于普遍工业化，具体地块附近通常没有可与之进行比较的背景地块；此外，利用已有的区域背景值进行判断，可以节省开展地块尺度背景值调查的费用。在上述情况下，一些国家和地区也允许利用区域背景值进行比较。

土壤环境管理中，通常需要利用土壤背景值判断具体地块是否受到污染。不超背景值的，通常认为未受到污染。根据《中华人民共和国土壤污染防治法》，由背景因素导致而非人为因素所致的土壤污染物超标，不纳入土壤污染管理的范畴。但是基于土壤环境与健康的角度，环境背景值实际上是相对不受直接污染情况下环境要素的基本化学组成。化学元素含量超过了环境背景值和能量分布异常，表明环境可能受到了污染。另外，即使是某种物质没有超过其土壤环境背景值，但含量很高的土壤，也可能存在一定的环境风险，建议对这类土壤建立统一的管理制度，确保土壤安全利用。

2. 土壤环境容量 环境容量是环境的基本属性和特征，指在一定条件下环境对污染物的最大容纳量。土壤具有一定容纳固、液、气相等物质的能力，不同土壤其环境容量是不同的，同一土壤对不同污染物的容量也是不同的，这涉及土壤的净化能力。土壤环境容量又称土壤负载容量，是一定土壤环境单元在一定时限内遵循环境质量标准，既维持土壤生态系统的正常结构与功能，保证农产品的生物学产量与质量，同时又不使环境系统污染的情况下，土壤环境所能容纳污染物的最大负荷量。土壤的环境容量是充分利用土壤环境的纳污能力，实现污染物总量控制，合理制定环境质量标准、卫生标准和防护措施的重要依据。

土壤环境容量的计算方法有多种。可被土壤-植物系统净化的污染物有酚、氰等，不可被土壤-植物系统净化的污染物有重金属等，它们的土壤环境容量计算方法不同。例如，重金属多采用物质平衡模型进行计算，土壤重金属的静态容量计算见式（7-1）：

$$Q_{总}=10^{-6}\times M\times (R-B) \tag{7-1}$$

式中，$Q_{总}$为某污染区域土壤环境总容量（mg/hm^2）；R为某污染物的土壤评价标准（mg/kg），即造成作物生育障碍或作物籽实残毒积累达到食品卫生标准时的土壤某污染物浓度；M为耕层土壤重量（$2.25\times10^6 kg/hm^2$）；B为某污染物土壤背景值（mg/kg）。

土壤环境容量是以土壤生态为基础，对污染物进行总量控制与环境管理的重要指标，它对损害或破坏土壤环境质量的人类活动进行限制，要求人的活动符合自然规律，从而进一步要求污染物排放必须限制在容许限度内，既能发挥土壤的净化功能，又保证该系统处于良性循环状态。在一定区域内，掌握土壤环境容量是判断土壤污染与否的界限，能使对污染的防治与控制具体化，对制订区域性土壤环境标准，合理利用污水资源及发展土地处理系统等方面均有实际意义。

（三）土壤污染的现状

我国经济发展方式总体呈粗放型，产业结构和布局仍不尽合理，污染物排放总量较高；而土壤作为大部分污染物的最终受体，其环境质量受到显著影响。我国政府提出，让良好生态环境成为人民生活质量的增长点，要以改善大气、水、土壤环境为重点，对生态环境领域存在的突出问题彻底整改，走出一条经济发展与环境改善双赢之路。

2005 年 4 月至 2013 年 12 月，我国开展了首次全国土壤污染状况调查。调查范围为中华人民共和国境内（未含香港特别行政区、澳门特别行政区和台湾地区）的陆地国土，调查点位覆盖全部耕地、部分林地、草地、未利用地和建设用地，实际调查面积约 630 万平方千米。

据我国环境保护部和国土资源部发布的《全国土壤污染状况调查公报》（2014 年），全国土壤环境总体状况不容乐观。全国土壤总的点位超标率为 16.1%，部分地区土壤污染较重，耕地土壤环境质量堪忧，工矿业废弃地土壤环境问题突出。污染类型中，以无机型为主，有机型次之，复合型污染比重较小；无机污染物超标点位数占全部超标点位的 82.8%。土壤污染分布表现为南方土壤污染重于北方，且长三角、珠三角等部分区域土壤污染问题较为突出，西南、中南地区土壤重金属超标范围较大。

另外，随着城市化进程的快速推进，施工场地日益增加，使得城市中污染场地的修复需求非常迫切。随着我国“退二进三”策略的进行，部分位于中心区域的污染企业搬离后遗留的污染土地长期闲置，不仅危害周边居民，还造成土地资源的浪费。伴随着“儿童血铅超标”“镉大米”以及“常州市外国语学校有毒校园用地”等一系列土壤污染导致的安全事件的发生，公众对土壤污染的担忧日益增加。总体来看，目前我国土壤污染的治理已经刻不容缓。

2021 年《全球土壤污染评估》报告显示：土壤污染的主要来源是工业和采矿活动、缺乏管理的城市和工业垃圾、化石燃料的开采和加工、不可持续的农业实践以及交通运输。2000～2017 年，杀虫剂的使用量增加了 75%，2018 年，全球人工合成氮肥的使用量高达 1.09 亿吨。塑料在农业中的使用量也大幅增长，2019 年，仅欧盟地区的农业领域就消耗了 70.8 万吨非包装用塑料。目前全球每年产生的废弃物约为 20 亿吨，并在逐年增加；随着人口的增长和城市化进程加快，预计这一数字到 2050 年将增长至 34 亿吨。世界粮农组织与环境署的联合评估预测，除非我们能改变生产和消费模式，拿出更强有力的政治意愿支持可持续管理，并充分尊重大自然，否则土壤和环境污染的状况还将继续恶化。

（四）土壤污染的来源及特点

土壤是一个开放系统，土壤与其他环境要素间进行着物质和能量的交换，因而造成土壤污染的物质来源极为广泛；其中有自然污染源，也有人为污染源。自然污染源是指某些矿床的元素和化合物的富集中心周围，由于矿物的自然分解与分化，往往形成自然扩散带，使附近土壤中某元素的含量超过一般土壤的含量。自然污染源对健康的影响，详见生物地球化学性疾病的有关章节。人为污染源是土壤环境污染研究的主要对象。

1. 土壤污染的主要来源

（1）工业污染源：工矿企业生产经营活动中排放的废气、废水、废渣是造成周边土壤污染的主要原因。我国工业能源以煤、石油类为主，工业生产过程中部分金属元素和类金属元素随工业废气排放，最终沉降到地面并进入农田土壤。目前，通过大气沉降进入农田土壤中的重金属已经成为我国部分区域农田土壤重金属的重要来源之一。尾矿渣、危险废物等各类固体废物堆放等也会导致周边土壤污染。

（2）农业污染源：农业生产活动是造成耕地土壤污染的重要原因，如污水灌溉、化肥、农药、农膜等的不合理使用和畜禽养殖等。国家统计局数据显示我国化肥施用折纯量、农药施用量以及农用塑料膜使用量呈逐年增加趋势，自 2016 年实施化肥农药零增长行动后才下降。我国化肥当季利用率和农药有效利用率较低，加上农膜、畜禽粪便等的大量使用，使得部分农药、肥料、农膜进入并残留在土壤中，造成农田土壤农药、重金属、抗生素、微塑料和酞酸酯等多种污染物污染。

（3）生活污染源：生活垃圾、废旧家用电器、废旧电池、废旧灯管等的随意丢弃，以及日常生活污水的排放，也是造成土壤污染的原因。对贵屿电子垃圾拆解区的重金属污染情况调查结果表明：该区域土壤中铜、锌、铅和镉的含量是汕头市土壤本底值的 2～200 倍。近年来，学者对电子垃圾中的有机污染物研究也从 PCBs 等传统有机污染物扩展至六溴环十二烷、得克隆和酞酸酯污染物等污染程度同样严重，且污染范围较大的新型有机污染物。

（4）自然背景因素导致的异常富集：自然背景值高是一些区域和流域土壤重金属超标的原因。如我国西南地区土壤重金属背景值含量远高于全国土壤环境背景值平均水平。据 2012 年一项调查结果显示，贵州碳酸盐岩发育土壤中镉的平均含量为 1.76mg/kg，石灰土中镉异常富集，土壤镉含量超标率高达 78.3%。除镉外，土壤中锌、铜、镍和铬含量异常也较明显，其超标比率分别为 10.9%、21.7%、47.8% 和 13.0%。

2. 土壤污染的基本特点 土壤环境的多介质、多界面、多组分、非均一性以及复杂多变的特点，决定了土壤环境污染具有区别于大气环境污染和水环境污染的特点。

（1）隐蔽性和滞后性：大气污染和水污染一般都比较直观，通过感官就能察觉。而土壤污染往往要通过土壤样品分析、农作物检测，甚至人畜健康的影响研究才能确定。这是因为各种有害物质在土壤中总是与土壤相结合，有些有害物质被土壤生物分解或吸收，从而改变了其本来性质和特征。当土壤将有害物质输送给农作物，再通过食物链损害人畜健康时，土壤本身可能还会继续保持其生产能力。

（2）累积性：与大气和水体相比，污染物更难在土壤中迁移、扩散和稀释，因此容易在土壤中不断累积。土壤对污染物进行吸附、固定，其中也包括植物吸收。特别是重金属和放射性元素都能与土壤有机质或矿物质相结合，不断积累达到很高的浓度，并长久地保存在土壤中，表现出很强的累积性、地域性特点，成为顽固的环境污染问题。

（3）不均匀性：由于土壤性质差异较大，而且污染物在土壤中迁移慢，导致土壤中污染物分布不均匀，空间变异性较大。土壤污染的这种不均匀性，使调查精度难以满足土壤污染风险管控和治理修复的需要，给土壤污染的监测、监管带来一定的困扰。

（4）不可逆性：由于重金属难以降解，导致重金属对土壤的污染基本上是一个不可逆转的过程。另外，土壤中的许多有机污染物也需要较长时间才能降解。例如，二噁英系列物质在土壤和沉积物中的半衰期约为 17 年到 273 年。农药“六六六”和 DDT 在我国已禁用多年，但仍然能从土壤环境中检出，这主要是因为有机氯很难降解。

（5）治理的艰巨性：虽然被污染的土壤可以通过修复降低其风险或危害，但是土壤污染一旦发生，仅仅依靠切断污染源的方法很难恢复。土壤修复一般包括生物修复、物理修复和化学修复 3 类方法。由于土壤污染的复杂性，有时靠单一方法难以修复，需要采用多种技术。治理土壤污染往往成本高、周期长、难度大。土壤污染难于治理，且土壤污染问题的产生又具有隐蔽性和滞后性等特点，因此土壤污染问题一般都不太容易受到重视。

（五）土壤污染物及其污染类型

土壤污染物是指使土壤遭受污染的物质。其来源极其广泛，主要包括来自工业和城市的废水和固体废弃物、农药和化肥、牲畜排泄物、生物残体以及大气沉降物等；另外，在自然界某些矿床或元素和化合物的高集中心周围，由于矿物的自然分解与风化，往往形成自然扩散带，使附近土壤中某元素的含量超出一般土壤含量。

1. 土壤污染物分类 按照污染物性质可以分为化学污染物、物理污染物、生物污染物和放射性污染物等，其中以化学污染物最为普遍。

（1）化学污染物：土壤的化学污染物包括无机污染物和有机污染物。前者如汞、镉、铅、砷等重金属；后者如过量的氮、磷植物营养元素以及氧化物和硫化物等，包括各种化学农药、农膜、除草剂、洗涤剂、石油及其裂解产物以及酚类等各类有机合成产物。POP 是指能持久存在于环境中，并可借助大气、水、生物体等环境介质进行远距离迁移，通过食物链富集，对环境和人类健康造成严重危害的天然或人工合成的有机污染物质。目前规定的受控 POP 物质已扩大至 30 多种。POP 是土壤主要污染物之一，其对健康的影响详见第十章“环境化学物与健康”。

（2）物理污染物：土壤的物理污染物指来自工厂、矿山的固体废弃物，如尾矿、废石、粉煤灰和工业垃圾等。在某些矿床或元素和化合物的富集中心周围，由于矿物的自然分解与风化，往往形成自然扩散带，使附近土壤某些元素含量超出土壤环境质量限定值，造成污染。

（3）生物污染物：土壤的生物污染物指带有各种病菌的城市垃圾和卫生设施（包括医院）排出的废水、废物以及厩肥等。肆意堆放的畜禽粪便以及污水灌溉中的寄生虫、病原菌和病毒，如肠道细菌、炭疽杆菌、肠寄生虫、结核杆菌等，均可引起土壤污染。

（4）放射性污染物：土壤的放射性污染物主要存在于核原料开采和大气层核爆炸地区，以锶-90和铯-137等在土壤中生存期长的放射性元素为主。

2. 土壤污染的类型 按照土壤污染源和污染物进入土壤的途径将土壤污染的类型分为3类。

（1）气型污染：土壤的气型污染主要是指由大气中污染物沉降至地面而造成的土壤污染。其污染特点是以大气污染源为中心呈环状或带状分布，长轴沿主风向延长，污染物质主要集中在土壤表面。气型污染还包括汽车废气对土壤的污染。气型污染受大气污染源（如点源和面源及排放方式的不同）和气象因素影响，其污染范围和方向各不相同。

（2）水型污染：土壤的水型污染主要是指工业废水和生活污水通过污水灌田而造成的土壤污染。灌区土壤中污染物浓度分布特点是进水口附近土壤中的浓度高于出水口处，多分布于较浅的耕作层。水型污染在渗水性强，地下水位高的地方容易污染地下水。污水灌田的农作物容易受到污染，有的作物能大量吸收富集某些有害物质，甚至引起食用者中毒，如含镉污水灌田而富集到稻米中引起镉中毒。

（3）固体废弃物型污染：土壤的固体废弃物型污染主要是指工业废渣、生活垃圾粪便、农药和化肥等在地表堆放或处置过程中通过扩散、降水淋溶、地表径流等方式直接或间接造成的土壤污染。其特点是污染范围比较局限和固定，也可通过风吹雨淋导致较大范围的土壤和水体污染；有些重金属和放射性废渣污染土壤的持续时间长，不易自净，影响深远。

当前土壤污染的类型并无严格的划分。我国农村土壤污染的类型多样，并有日趋加剧的态势；土壤污染的情况也十分复杂，呈现新老污染物并存、无机有机污染混合的局面，直接影响粮食生产和人们的健康安全。

知识拓展

土壤中微塑料：微塑料一般是指粒径小于5mm的塑料颗粒，具有稳定性高、粒径小、迁移性强等特性，能长期存在于土壤环境中。农膜使用、污泥及有机肥施用、污水灌溉、大气沉降、垃圾填埋场渗滤液渗流等是土壤中微塑料积累的重要途径。较小粒径的微塑料可被土壤中的生物群体吸收，粒径较大的则成为吸附土壤中污染物的媒介，因此土壤中微塑料既可被认为是环境污染物，也可被认为是环境污染物的媒介。土壤微塑料可通过植物富集等方式经食物链逐级传递，还能通过扬尘的方式扩散到空气中，对环境和人体健康造成严重的危害。目前研究关注于生物降解，但对于微塑料降解酶的研究刚刚起步。

二、土壤污染的危害

土壤污染意味着使土壤正常功能遭受破坏的任何干扰，可以表现为土壤的物理破坏、化学破坏、生物学破坏或者土壤质量下降。土壤与污染物之间的接触，即导致土壤污染的成因复杂，可归纳总结为自然背景异常和人类活动影响两大方面。自然背景异常是由该地区的地球化学过程引起的，这种异常反映的是该地区某一种对土壤环境有影响的污染物的天然富集；而人类活动主要是指工农业生产排放、污水灌田等，这些是导致土壤污染的主要原因。

（一）土壤污染发生的基本过程

污染物进入土壤系统，造成土壤污染的发生，可以概括为四个阶段。

1. 接触阶段 如前所述，污染物与土壤直接接触主要包括气型接触、水型接触、固体型接触三种形式。

2. 反应阶段 以不同途径进入土壤环境的污染物经过吸附-解吸、溶解-沉淀、氧化-还原、络合-解离、降解和积累放大等生态化学过程，参与土壤系统功能的表达，影响土壤原始平衡，改变土壤的物理化学性状；同时，污染物自身的形态、浓度、理化特性等也发生变化。

3. 污染中毒阶段 污染物进入土壤发生反应的结果，使土壤及其中生命组分发生急性中毒或慢性中毒。土壤的急性中毒可以通过生长于其中的动植物和微生物的代谢能力、物种的数量和生物数量等不同的指标直接予以反应，使农业产品的生物学质量不断恶化。大多数土壤污染是慢性中毒的生物学过程。

4. 恢复阶段 急性中毒后的土壤很难通过自身的作用恢复其初始的健康功能，因为污染物浓度过高或毒性过大，使土壤生态功能在短时间内受到不可逆的损害。通过土壤本身的自净作用不能降解或稀释这些污染物，使被污染的土壤失去正常生产力和维持环境健康的功能。慢性中毒的土壤，依据污染物不同性质恢复结果也不同。对于一些易降解的污染物，被污染的土壤通过一定时间可以自然恢复其原有的功能。对于一些难降解的污染物，如重金属污染的土壤，则容易造成重金属的积累和放大，危害土壤健康，使土壤产品质量下降。

土壤污染发生过程的核心问题是污染物进入土壤并在土壤中残留积累以及消解的动态特性，土壤污染发生过程涉及的因素有很多，包括物理、化学和生物学的影响因素。

（二）土壤污染的环境效应和生态危害

人类从自然界获取资源和能源过程中产生的各种污染物直接或通过大气、水体和生物向土壤系统排放，而被污染的土壤系统又会向环境输出物质和能量，引起大气、水体和生物的二次污染，从而使环境质量下降，造成环境污染。

1. 土壤污染的环境效应 环境效应是指污染物进入大气、水体、土壤等介质后，对环境介质的结构和功能产生一系列的危害和影响。

（1）大气环境效应：土壤环境受到污染后，含污染物较高的表层土壤容易在风力的作用下以扬尘形式进入到大气环境中，导致大气污染及生态系统退化等其他次生生态环境问题。有研究表明，上海市大气颗粒物中大约有 31% 来自土壤扬尘；北京市的大气扬尘中有一半来源于地表。重金属污染汞则直接以气态汞或其甲基化形式进入大气环境。土壤有机污染物直接挥发或经过土壤生物分解形成有毒气体排放到大气，并进一步通过呼吸作用进入人体，对人体健康有直接影响。

（2）水环境效应：土壤环境受到污染后，污染物含量较高的表层土壤容易在水力的作用下渗入到水环境中，导致地表水和地下水的污染。据报道，昆明滇池从 20 世纪 50 年代至今，由于土壤过量施用氮磷化学肥料，肥料下渗导致水体富营养化十分严重，高等植物种类丧失了 36%，鱼类丧失了 25%，整个湖泊的物种多样性水平显著降低，生态系统的结构趋于单一，水生环境恶化严重。

污水灌溉在一定程度上缓解了水资源紧张的局面，但长期不合理的污水灌溉必然会给地下水环境带来一定的负效应。对河北省栾城污水灌溉的研究显示，长期污水灌溉会使地下水中 Cl^- 及 SO_4^{2-} 组分含量显著增加，从而改变地下水化学类型，对地下水水质产生影响。污水灌溉对地下水溶解性固体总量、电导率、盐度、硬度等指标以及 Cr、Cd 等组分含量都具有显著影响，会造成盐增加及部分重金属污染。

2. 土壤污染的生态危害 土壤生态系统是一个土壤同生物之间相互作用、以物流和能流所贯穿的开放系统。土壤为土壤中的微生物和动植物提供生长发育、新陈代谢所必需的物质。

随着土壤环境中污染物数量不断增加，相应的生物体内的毒物含量也逐渐积累。长期经受污染的生物，从适应和进化角度上讲，此时可能产生两方面的生态效应：①生物不能适应污染，则生物物种减少，种群衰退，物种消亡，生物多样性下降，生态系统的自我调节能力降低，生态系统的结构和功能趋于简单化。②生物适应污染，在强大的污染选择作用下，生物将产生快速分化并形成旨在提高污染适应性的进化取向。据报道，对污染适应的生物，在进入到正常环境中时，它的竞争力降低，还可能伴随有对温度、水分、病虫害的抵抗能力下降，如对镉适应水平较高的曼陀罗对盐害的适应性大大降低。

土壤污染的生态危害可以概括为以下几个方面：①影响农产品的产量和品质。土壤污染会影响作物生长，造成减产；农作物可能会吸收和富集某种污染物，影响农产品质量，给农业生产带来巨大的经济损失；长期食用受污染的农产品可能严重危害身体健康。②危害人居环境安全。住宅、商业、工业等建设用地土壤污染可能通过经口摄入、呼吸吸入和皮肤接触等多种方式危害人体健康。污染场地未经治理直接开发建设，会给有关人群造成长期的危害。③威胁生态环境安全。土壤污染影响植物、土壤动物（如蚯蚓）和微生物（如根瘤菌）的生长和繁衍，危及正常的土壤生态过程和生态服务功能，不利于土壤养分转化和肥力保持，影响土壤的正常功能。

三、土壤健康与土壤卫生

（一）土壤健康

土壤健康即土壤在生态系统边界内行使维持生物生产力、改善环境质量和促进动植物健康功能的能力。土壤不仅是一种惰性、无生命的生长介质，还是一种活泼、充满活力且不断变化的整体环境。进一步拓展土壤健康内涵，土壤健康一词用于描述以下几方面的土壤状态：①维持动植物生产力（以农业为重点）；②增强生物多样性（土壤生物多样性——生态重点）；③维持或改善水和空气质量（以环境 / 气候为重点）；④支持人类健康和居住；⑤固碳。有研究显示，全世界土壤中的碳储量是大气的 3 倍多。法国带头发起了“千分之四全球土壤增碳计划”，即每年让土壤中的碳含量提高 4‰，以平衡人类生产生活所排出的碳。

（二）土壤卫生

关于土壤污染对人群健康影响的研究是从卫生学的观点认识土壤并研究土壤环境与人体健康的关系，也称土壤卫生，是利用土壤学、土壤生物地球化学和土壤生态学等知识，为揭示土壤环境因素的变化对人体健康影响可能产生的后果提供科学依据。

土壤具有独特的发生发展过程、组成特点和形态特征，在卫生研究中应充分考虑这些特点：

（1）土壤主要由固体物质组成，与大气和水相比较，流动性最小。污染物质在土壤介质中转移速度相对缓慢，土壤污染的净化与水体相比困难得多。

（2）土壤中栖居大量微生物，对有机物具有很大的自然还原（自净）能力，能起到缓和与净化污染的作用。但重金属、农药、部分工业合成产品、塑料、放射性同位素等污染，则没法利用土壤净化。

（3）土壤是一个复杂胶体体系，它包括以腐殖质为主的有机胶体和以黏土矿物为主的无机胶体。进入土壤的污染物能否保持活性，取决于它们与土壤胶体结合的状态。污染物质与胶体形成稳定物质时，不易进入土壤溶液，暂时退出生物循环。一旦土壤条件发生变化，这种污染物会被重新释放，为植物所利用。

（4）土壤污染对人体健康影响是间接的。土壤被有毒化学物污染后，对人体的影响大都是间接的，主要是通过农作物、地表水或地下水对人体产生影响。

但也应该考虑直接接触土壤所造成的健康风险，如污染场地的再利用，往往会通过呼吸道、皮肤接触对人体产生直接的健康危害。2004 年 A 市某地铁工程建筑工地的作业地点原是一家农药厂，3 名工人在地下作业时出现急性中毒症状，被送到医院治疗。在多城市的调查显示，最近几年工业企业搬迁遗留的场地中有将近 1/5 存在较严重污染。

土壤对人群健康影响的相关研究应该将土壤与大气、水体视为环境整体加以考虑；把植物性农产品视为联系土壤与人体的主要媒介；把农产品摄入视为人体主要暴露途径。没有健康的土壤，就不可能有清洁的水源、空气和食物。虽然土壤与人体健康关系密切，但是要确立并量化二者之间的因果关系难度很大。这是因为人群和食品的移动性模糊了土壤与居民的直接联系，城市化和物联网的兴起也使得食品来源更加多样化。历史上出现的一些地方病，由于人群和食品的流动而逐渐消失。要确立土壤与人体健康的关系还需要大量的人体健康和流行病学数据，而这些数据往往不易获取。

知识拓展

土壤动物与土壤健康：土壤健康更注重土壤质量随时间和管理而变化的动态特性，需要通过一系列动态指标来评估。土壤动物作为土壤生物多样性的重要组分，其种类丰富且高度多样化，几乎参与了所有重要的土壤生态过程，维持着陆地生态系统功能、植物群落动态乃至人类健康。土壤动物之间、土壤动物与微生物及植物之间存在着复杂的相互作用。由人类活动和环境变化等因素引起的土壤物理、化学或生物学特性的改变，能够直接导致土壤动物群落的变化。因此土壤动物是土壤健康变化的良好指示生物，但由于种类繁多、食性复杂，其在土壤健康评价体系中的应用较慢，目前主要集中在线虫、节肢动物、蚯蚓等类群，评价指标以物种多样性为主，缺乏系统性。

（唐玄乐）

第二节　土壤污染对健康的影响

按照污染物进入土壤的途径，可将土壤污染源划分为工业污染、农业污染、生活污染、交通污染、灾害污染、电子垃圾污染。进入土壤的有害物质通过“土壤→植物→人体”或通过“土壤→水→人体”路径被人体吸收，对人体健康造成危害。土壤对机体健康的危害以慢性和间接性危害为主。

一、重金属污染与健康

我国对 30 万公顷基本农田保护区土壤中有害重金属进行抽样监测的结果显示，其中有 3.6 万公顷的土壤重金属超标，超标率达 12.1%。耕地土壤重金属污染物主要有镉、镍、砷、铜、汞、铅、铬、锌等，砷虽然不属于重金属，但其环境化学行为、来源、危害均与重金属相似，通常也被列为重金属考虑。土壤重金属污染不仅会引起生态环境质量恶化，还会通过食物链传递进入人体，危害人体健康。就重金属向农产品迁移行为而言，重金属可以划分为四类：第一类是在土壤中溶解迁移能力较弱的元素，它们在土壤中生物有效性较低，如银、金、三价铬、汞、锡等；第二类是在植物体内转运能力较弱的元素，如铝、汞、铅等，这些元素往往积累在植物根部，很少向植物地上部、食部转移；第三类是过量时会对植物生长造成明显毒害的元素，如铜、锰、锌等，其对植物的毒害很大程度上会限制这些元素到达人们的餐桌；第四类是有较高向农产品迁移能力的元素，这些元素在对植物产生毒性之前可能就会对人体健康产生影响，如镉、硒、钼等。由于淹水稻田的厌氧条件和水稻对三价砷较强的吸收能力，稻米也会积累较高的砷，因此对于水稻而言，砷也归入第四类。

（一）镉污染与健康

1. 镉（Cd）污染　土壤中镉的来源主要归于自然和人为活动两种来源，前者来源于岩石和土壤的本底值，而后者则来源于工业“三废”和含镉肥料的施用。人为活动的土壤污染物外源镉主要来源于采矿、冶炼、电镀、化工、废物焚化处理等行业排放的废水、废气、废渣，以及含镉化肥、农药和杀虫剂等。其中，6% 来自镉生产工业，57% 来自以镉为原料的工业，37% 来自其他行业。人类活动每年向土壤中排放镉 2.132 万吨。土壤污染状况调查结果显示，全国农用地土壤环境质量的主要污染物是重金属，其中镉为首要污染物。有研究显示，我国约有 $2\times10^5km^2$ 耕地受到镉污染，涉及 11 个省市的 25 个地区。

土壤镉进入人体的途径主要有三种：①食物摄入；②皮肤接触；③吸入大气中含镉颗粒，而土壤镉主要通过食物摄入威胁人体健康。

镉易通过农作物途径进入人体造成健康影响。镉主要经消化道被机体摄取，在人体滞留周期长达 10～30 年。1973 年联合国粮食及农业组织 /WHO 确定了 17 种最优先研究的食品污染物，其中镉被列为第 3 位，仅次于黄曲霉毒素和砷，被美国毒物和疾病登记署（Agency for Toxic Substances and Disease Registry）列为第 6 位危及人体健康的有毒物质。

土壤镉污染对人体健康的危害主要表现为慢性镉中毒。慢性镉中毒是人群长期暴露于被镉污染的环境，主要是水体与土壤镉污染和由此导致的稻米与鱼贝类食物镉含量增高，造成摄入者体内镉蓄积并超过一定阈值所引起的以肾脏和骨骼损伤为主要中毒表现的环境污染性疾病。

日本痛痛病是最为典型的慢性镉中毒案例，也是日本第一号环境公害事件。该病症状有全身骨痛、神经痛现象，患者行动困难，甚至呼吸都会导致疼痛，患病后期，患者骨骼软化、四肢弯曲、脊椎变形、骨质疏松，极容易导致骨折，患者痛不堪言，因此得名痛痛病。该病在当地盛行 20～30 年，确诊患者 410 多例，其中死亡 380 多例。痛痛病发病的主要原因是当地居民长期饮用受镉污染的河水，并食用此水灌溉的含镉稻米，致使镉在体内蓄积造成肾损害，进而导致软化症。

2. 镉的健康危害效应 镉对人体的健康影响分为急性危害和慢性危害，镉的急性危害主要表现为肺损害、胃肠刺激反应、全身疲乏、肌肉酸痛和虚脱等；慢性危害主要表现为对肾脏、骨骼、肝脏、心脑血管、生殖系统、免疫系统、遗传等的系列损伤，并诱发多种癌症。土壤镉污染对人体健康的主要表现为慢性危害。

（1）肾损害：肾脏是镉中毒的重要靶器官。镉损伤肾小管后，会出现蛋白尿、糖尿和氨基酸尿等症状，并使尿钙和尿酸的排出量增加。动物实验病理检验发现肾间质纤维化伴有肾小球纤维化和肾皮质凝固性坏死、肝坏死及严重细胞浸润、脾大、肺气肿、心脏肥大等。痛痛病的主要发病机制可能是镉对肾功能的损害，使肾维生素 D_3 合成受到抑制，从而影响了人体对钙的吸收和成骨作用；同时镉使骨胶原肽链上的羟脯氨酸不能氧化产生醛基，妨碍骨胶原的固化与成熟，导致骨骼软化。

（2）肝损害：低剂量长期接触镉可引起肝组织坏死，镉还能引起实验动物肝脏脂质过氧化和自由基生成增多，肝细胞 DNA 损伤和 DNA 合成下降，肝细胞凋亡、肝细胞原癌基因 *c-myc*、*c-fos* 和 *c-jun* 表达增强，肝细胞端粒酶活性增高和端粒酶逆转录酶基因表达增强。

（3）生殖毒性：动物实验研究表明，镉对生殖系统具有明显的毒害作用。镉可引起卵巢组织病理学改变，影响卵巢内分泌功能，造成卵泡发育障碍。镉还对垂体内分泌功能、雌激素受体、孕酮激素受体及其基因表达产生影响。睾丸是镉毒性的敏感器官，镉可引起睾丸出血、水肿和坏死，抑制睾酮分泌，导致精子畸形、生殖能力下降、性功能障碍乃至癌症。

（4）心血管损害：镉可引起高血压和动脉粥样硬化。镉对血压的影响和镉的剂量有密切的关系，低剂量镉暴露是引起高血压的重要因素。血管内皮细胞功能障碍是 CVD 的始动因素。镉可促使血管内皮细胞死亡，减少内皮细胞对胸腺嘧啶的摄取，抑制蛋白质合成，减弱细胞增殖能力和修复能力，破坏血管内皮细胞的单层排列。当血管内皮细胞功能受损时，可导致血管收缩异常、凝血障碍而形成血栓。镉不仅使内皮细胞和平滑肌细胞的纤溶能力下降，还降低前列腺素 / 血栓素比例，促使血栓形成。

（5）神经系统损害：镉可导致血脑屏障通透性增加。研究发现低剂量的镉诱导神经元细胞凋亡，高剂量镉导致细胞坏死。实验动物染镉后，不仅影响单胺类神经递质和氨基酸神经递质的改变，还影响脑组织乙酰胆碱酯酶、三磷酸腺苷酶、腺苷酸环化酶、单氧化酶等的活力。

（6）致癌作用：1993 年，IARC 已将镉列为第 1 类致癌物。镉的职业暴露可以引起肺癌。镉也可以引起人类前列腺、肾脏、肝脏、造血系统、膀胱、胃和胰腺的癌症。

（7）内分泌干扰作用：镉的类雌激素作用近年来逐渐被发现。流行病学调查发现，乳腺癌患者的尿镉浓度高于健康女性，尿镉的浓度越高患乳腺癌的风险越大。乳腺癌组织中镉浓度高于正常组织。镉的类雌激素作用可能影响男性前列腺肿瘤的发生。镉能提高乳腺癌和前列腺癌的发病风险。镉的类雌激素作用与 ER 有关，但也存在非雌激素介导的途径。近年来开展镉的表观遗传学作用研究揭示镉的类雌激素作用及其机制，具有良好的研究前景。

（二）铬污染与健康

1. 铬（Cr）污染 土壤中铬污染的主要来源是铬盐工厂排放铬渣以及堆积场地中铬渣积累，此外制革业、印染业等行业排放的含铬废水、废气、废渣等也可以导致土壤中的铬污染。2014 年颁布的《全国土壤污染状况调查公报》显示，土壤铬点位超标率达 1.1%，全国范围内受六价铬污染的土壤量高达 1500 万吨。国内外关于铬污染事件常有报道，1975 年，日本东京地区由于铬渣处理不当，频繁暴发六价铬污染公害事件；1993 年，美国加利福尼亚州 Hinkley 镇某电力公司六价铬污染事件造成地下水严重污染。此外，我国上海市、天津市、河南省等铬工业区均发生过土壤铬污染，其影响范围已扩大到粮食作物，土壤中的铬由植物及食品通过食物链进入人体，造成巨大的潜在危害。

铬在土壤中存在价态主要为三价和六价。三价铬是铬最稳定的氧化态，是人体必需的微量元素，三价铬的存在形态与 pH 相关，在酸性条件下三价铬通常以阳离子形态存在，在碱性条件下通常以沉淀或阴离子形态存在，三价铬迁移性较差，毒性较弱；六价铬在土壤中主要以离子形态存在，具有较高的迁移性，不被土壤胶体吸附，从而产生较强毒性。三价铬和六价铬在一定条件下可发生相互转化，六价铬的毒性是三价铬的 100 倍。因此，铬毒性研究主要集中在六价铬化合物。进入人体的铬主要蓄积在肺、肝、肾、脾及内分泌腺中，代谢和被清除的速度较慢，主要经肾脏排泄。

2. 铬的健康危害效应 铬的过量摄入或长期慢性接触可引起严重的健康问题。IARC 将六价铬化合物定为人类确定致癌物。

（1）致癌作用：动物实验研究发现长期饮用含铬饮用水可导致口腔癌和小肠肿瘤，增加胃癌的发病风险。多种铬化合物的动物致癌性研究表明水不溶性铬化学物，特别是铬酸钙，是导致铬相关呼吸道癌症的可疑病因。

（2）其他危害：动物经胃肠道摄入铬导致的主要危害是胃、小肠的刺激、溃疡和贫血。动物实验发现铬具有生殖毒性，可导致精子生成减少、附睾组织病理学改变、生育力降低。铬在 Ames 试验、SCE 试验、骨髓细胞染色体畸变试验、细胞转化试验中呈现阳性结果，表明其具有遗传毒性、致突变性和致癌作用。

二、农药污染与健康

土壤中农药的主要来源：①农业生产中为防治病菌、害虫、杂草直接向土壤施用的农药；②农药生产加工企业排放废气或农业生产采用喷粉、喷雾时粗粒或大粉粒直接降落到土壤；③被污染的植物残体分解或随被污染的灌溉用水进入土壤；④农药生产加工企业的废水废渣向土壤的直接排放以及农药运输过程中的事故泄漏等。

由于多数农药具有高毒性、高生物活性、在土壤环境中残留的持久性等特点，农药污染土壤后即使残留浓度很低，通过生物浓缩作用可使浓度提高数千倍甚至上万倍，其对人体健康的影响以及农药滥用引发的问题已引起人们的高度关注。土壤中的农药可以通过污染的农产品、水果、鱼和禽畜等经食物链对人体健康产生危害。除了偶然的高剂量暴露外，一般人群（除职业人群）低浓度农药暴露途径主要为日常生活环境接触和含有农药残留的果蔬和食品等。根据我国洞庭湖一带居民调查资料，在不同年龄组的119人中，乳汁、血液、脂肪中“六六六”、DDT的含量检测率分别为100%和92.2%。农药种类繁多，主要包括有机氯、有机磷、有机砷、有机汞、氨基甲酸酯、菊酯类化合物等几大类。农药对人体的危害主要表现为急性中毒、慢性危害和远期的致癌、致畸和致突变作用。

（一）急性中毒

土壤污染可能会导致急性中毒事件。例如，2007年在湖北某市赫山施工现场（原属某农药厂），随着深层土壤被挖出，有工人陆续出现头晕和呼吸困难等不良反应，最后，数名中毒工人被送往医院紧急救治。类似这样由土壤污染导致的急性中毒事件在我国频繁发生，这源于我国产业结构升级和城市布局调整，工业企业旧址多被用来建居民住宅、商务楼或其他用途，但部分工业用地尤其是化工厂用地却遗留了未经处理的污染物。大量“棕地”问题随之被暴露，制约着城市土地资源的安全与利用，并威胁着周边居民的身体健康。“棕地”又称为棕色地块，泛指因人类活动而存在已知或潜在污染的场地。不同国家对“棕地”的定义有所不同，如在美国，“棕地”是指因含有或可能含有危害性物质、污染物或致污物而使其开发利用变得复杂的土地。

另外，世界范围内农药急性中毒资料显示，在1951～1990年发生的184起大规模农药急性中毒事件中，经食物引发的有83起。国内外都有进食富含高浓度农药残留的果蔬引起急性中毒案例的报道。我国农药中毒报告数据库资料显示，多数中毒病例中农药品种多为中、低毒农药，可见即使是中、低毒农药，也不能忽视其带来的急性中毒危害。

（二）生殖毒性

大量研究表明，人群暴露于农药会影响人类精子的正常发育与成熟。DDT、“六六六”、拟除虫菊酯等农药暴露可导致精子浓度及活力下降。精子形态变化、精子质量下降也被发现与农药暴露存在相关性。此外，农药暴露还被指出与出生缺陷、胎儿死亡、胎儿生长异常以及其他异常妊娠结局有关。

目前有机氯农药污染主要是指DDT、“六六六”和各种环戊二烯类等种类的污染。有机氯农药通过生物富集和食物链进入人体和动物体，能在肝、肾、心脏等组织中蓄积，由于有机氯的脂溶性大，所以在脂肪中蓄积最多。有机氯农药进入机体后，可干扰机体正常内分泌物质的合成、释放、运转、代谢、结合等过程，激活或抑制内分泌系统功能，从而破坏其维持机体稳定性和起调控作用的物质，属于EED。流行病学研究表明，经食物暴露有机氯农药会使女性患乳腺癌、子宫癌等生殖器官恶性肿瘤和子宫内膜疾病的可能性增加。

（三）神经毒性

流行病学研究显示，农药暴露与有许多神经系统疾病有关。大量研究证据表明，有机磷农药具有神经毒性，特别是女性孕期和儿童早期暴露于有机磷农药对儿童的神经行为发育可产生明显不良影响，并且这种影响具有一定的剂量-效应关系。有机磷农药可通过血脑屏障和胎盘屏障使胎儿暴露。研究显示母亲产前暴露于有机磷农药可对儿童神经行为发育产生影响，主要表现为认知障碍、行为障碍、运动障碍；其子女出现明显的智力发育指数和运动发育指数异常、注意力缺陷及多动症等问题。儿童期暴露有机磷农药也会导致轻度神经功能障碍。儿童高暴露有机磷农药后会影响其粗大运动、精细运动以及适应社会能力。另有研究发现有机磷农药暴露与儿童的短期记忆力和注意力方面可能存在关联性。综上所述，长期低剂量有机磷农药暴露，能够引起中枢神经系统高级认知功能的损伤。

（四）致癌性

流行病学调查发现，非霍奇金淋巴瘤、胰腺癌、白血病、前列腺癌、乳腺癌、胃癌等癌症的发生与农药暴露密切相关。儿童作为特殊群体，由于身体各系统尚未发育完善，若长期接触农药更容易诱发肿瘤。接触农药与儿童癌症关系的流行病学研究多集中在儿童脑肿瘤和白血病，多项研究表明家中杀虫剂和农药的频繁使用可能与儿童白血病等多种癌症的发病相关。动物实验研究提示，在全世界范围内使用的农药产品中至少有 50% 的产品存在潜在致癌风险。

致癌作用是一种多阶段、多基因参与并且长期累积的复杂过程，涉及多种因素相互作用，目前已知农药的可能致癌机制大致如下：①导致 DNA 损伤；②促进细胞增殖；③内分泌干扰效应；④影响免疫系统功能，农药的免疫毒性可归结为六个方面，即对体液免疫的毒性作用、对细胞免疫的毒性作用、对非特异性免疫功能的影响、对机体抵抗力的影响、对免疫器官的毒性作用及引起过敏性疾病和自身免疫病等。

（五）其他

1. 甲状腺功能异常 关于农药类甲状腺干扰物的人群流行病学调查研究主要集中在有机氯和有机磷农药。研究表明孕期和胎儿期有机氯农药暴露，可能会对孕妇和新生儿的 TH 水平产生影响，而母亲血液中的有机氯农药可以通过胎盘屏障影响新生儿的 TH 水平。儿童血清中总三碘甲腺原氨酸、游离四碘甲腺原氨酸水平与血清中有机氯农药残留含量呈正相关。人群流行病学研究发现 DDT 等有机磷农药的使用可使甲状腺疾病发病的危险性升高。目前关于农药对甲状腺干扰机制的研究主要体现在对 TH 合成、转运以及代谢的影响和对促甲状腺激素（thyroid stimulating hormone，TSH）的影响两方面。

2. 糖尿病 流行病学调查研究显示，健康人群暴露农药会增加糖尿病患病率和死亡率；急性有机磷农药中毒患者常表现为短暂的高血糖症且伴有糖尿。资料表明，在发达国家，人们暴露于杀虫剂特别是有机氯农药会增加 2 型糖尿病及其并发症的发生率；农药暴露和糖尿病的发生发展可能存在某种激素途径的联系，农药暴露可能是导致 2 型糖尿病发病的环境危险因素之一。

（1）诱发实验动物高血糖症：其主要的机制有：①抑制中枢和外周胆碱酯酶活性，诱导糖原分解并释放至血，导致机体血糖升高。②以非胆碱能机制，干扰脑、肝脏、骨骼肌和胰岛糖代谢等诱导的氧化应激。③抑制机体对氧磷脂酶的活性，减弱机体对氧自由基的清除能力。④抑制肝脏芳基甲酰胺酶的活性，影响色氨酸的代谢，进而干扰糖代谢。

（2）干扰哺乳动物大脑糖代谢：有研究显示，有机磷农药不仅能增强哺乳动物脑组织中糖原分解途径的关键酶糖原磷酸化酶（glycogen phosphorylase，GP）的活性，还能降低糖酵解途径的关键酶己糖激酶（hexokinase）、磷酸果糖激酶（phosphofructokinase）及 LDH 的活性，进而干扰脑组织的糖代谢稳态，影响大脑正常功能，诱发实验动物的高糖血症。

（3）胰岛糖代谢：哺乳动物体内外实验研究结果表明，农药可以导致胰岛细胞脂质过氧化，产生 ROS 自由基、直接破坏胰岛细胞；还可以通过干扰胰岛细胞胰岛素分泌关键酶的活性，影响胰岛素分泌，导致胰岛素绝对或相对不足，而这是引发糖尿病的最根本原因之一。

（4）干扰哺乳动物肝脏糖代谢：动物实验证实有机磷农药可使大鼠血糖浓度增加，磷酸烯醇丙酮酸羧化激酶（phosphoenolpyruvate carboxykinase）活性和 GP 活性增强，具有干扰肝脏糖原分解与糖异生的作用，可能具有致糖尿病的作用。

（5）干扰哺乳动物骨骼肌糖原代谢：农药暴露能增强哺乳动物骨骼肌己糖激酶、磷酸果糖激酶和 GP 活性，进而干扰骨骼肌糖酵解和糖原分解，诱发实验动物高糖血症；且农药可通过干扰骨骼肌糖代谢，诱发高胰岛素血症和胰岛素抵抗，而胰岛素抵抗是 2 型糖尿病的发病机制之一。

三、生物性污染与健康

土壤生物性污染是指由于病原体和带病的有害生物种群从外界侵入土壤，导致土壤中致病菌、病毒、寄生虫（卵）等病原微生物增多，对人体健康或生态系统产生不良影响的现象。土壤生物性污染主要来源包括用未经处理的人畜粪便施肥，用生活污水、垃圾渗滤液、含有病原体的医院污水和工业废水作农田灌溉或将其底泥施肥以及病畜尸体处理不当等。

虽然在土壤中发现的大多数生物对人类无害，但土壤中也有许多致病性生物。细菌是土壤中种类最丰富的生物，它们在地球上的每片土壤中都能找到。大多数真菌是通过分解死亡的生物体来吸收营养物质的腐生菌，目前发现约有300种土壤真菌物种会引起人类疾病，如土壤真菌引发美国2012年真菌性脑膜炎暴发。蠕虫是一类寄生在人体肠道、淋巴系统或其他组织中的寄生虫，每年全球数十亿人受到蠕虫感染，约导致13万人死亡，这种感染广泛分布在热带和亚热带地区，撒哈拉以南非洲、美洲及东亚受感染人数最多。超过2.67亿学龄前儿童和逾5.68亿学龄儿童生活在蠕虫的高传播区。土壤是土源性蠕虫卵或幼虫生长发育过程中必需的一个环节，蠕虫感染一般通过（口腔）摄入或皮肤渗透，并且在大多数情况下涉及肠道感染。

土壤生物性污染的致病特点主要表现为散发性，但如果污染水源或造成食源性污染，也可能导致大规模疾病的暴发。病原微生物污染土壤危害人体健康的主要途径与方式：①人-土壤-人：人体排出的含有病原体的粪便污染土壤，人直接接触受污染的土壤或生吃在这种土壤中种植的蔬菜瓜果等而引起肠道传染病和寄生虫病。②动物-土壤-人：含有病原体的动物粪便污染土壤后，人与污染土壤接触后，病原体通过皮肤或黏膜进入人体而感染发病，如钩端螺旋体病的传播。③土壤-人：天然土壤中常含有破伤风梭菌和肉毒梭菌，这两种病菌抵抗力很强，在土壤中能长期存活，人接触土壤而引起破伤风和肉毒中毒。

另外，一些抗生素抗性细菌进入土壤后，其携带的抗性基因甚至可通过水平转移传播到土著微生物中，从而对土壤生态系统造成破坏，威胁着人类健康和生态系统的稳定性，已成为公认的环境污染因素之一。探究抗生素抗性菌及抗性基因和病原微生物的复合污染以及两者相互作用等，已成为土壤生物污染研究领域的重点内容。

（唐玄乐）

第三节　土壤卫生防护与监督

为了保护和改善生态环境，防治土壤污染，保障公众健康，推动土壤资源永续利用，我国于2018年8月颁布了《中华人民共和国土壤污染防治法》，自2019年1月1日起施行。该法规定土壤污染防治应当坚持预防为主、保护优先、分类管理、风险管控、污染担责、公众参与的原则，任何组织和个人都有保护土壤、防止土壤污染的义务。

一、土壤卫生防护

（一）土壤卫生防护措施

1. 粪便无害化处理和利用

（1）厕所的卫生要求：1998年，我国首次颁布了《城市公共厕所卫生标准》（GB/T 17217—1998），对城市的环境卫生基础设施建设和卫生管理起到了积极的推动作用，对控制粪便污染所致的肠道传染病发挥了重要作用。党的十八大以来，习近平总书记对“厕所革命”高度重视，并强调要把其作为乡村振兴战略的一项具体工作来推进。为了在改善环境卫生、预防肠道传染病、保障人民身体健康等方面缩小城乡差距，体现人文关怀和社会和谐，2021年10月1日《公共厕所卫生规范》（GB/T 17217—2021）实施，该规范调整了规划布局、设施设计、设施建设与日常管理的卫生要求、部分指标的限值，增加了无害化卫生厕所建造工艺的内容、三格化粪池、沼气净化池、粪尿分集式、双瓮及三瓮式贮粪池处理卫生要求及四级臭味强度检验法、粪大肠菌群仪器快速检测法等规范性附录。

（2）粪便的无害化处理和利用：粪便无害化处理方法很多，依据我国发展需要及《粪便无害化卫生要求》（GB 7959—2012），按好氧、厌氧与兼性厌氧发酵、密闭储存、粪尿分离干式粪便处理和固液分离絮凝-脱水处理方法的类别，分别提出了卫生要求。①城乡采用的粪便处理技术，应遵循卫生安全、资源利用和保护生态环境的原则。②对粪便必须进行无害化处理，严禁未经无害化处理的粪便用于农业施肥和直接排放。③采用固液分离-絮凝脱水法处理粪便时，产生的上清液应进行污水处理，污泥须采用高温堆肥等方法处理，处理后排放的水总氮总磷等物质含量应符合《城镇污水处理厂污染物排放标准》（GB 18918—2002）。④应有效控制蚊蝇滋生，使堆肥堆体、贮粪池、厕所周边无存活的蛆、蛹和新羽化的成蝇。⑤清掏出的粪渣、沼气池的沉渣、各类处理设施的污泥须采用高温堆肥无害化处理合格后方可用于农业施肥。⑥肠道传染病发生时，应对粪便、贮粪池及周边进行消毒。⑦经各种方法处理后的粪便产物应符合《粪便无害化卫生要求》（GB 7959—2012）中的具体要求。

2. 城市垃圾无害化处理和利用 城市生活垃圾（以下简称垃圾），是指在城市日常生活中或者为城市日常生活提供服务的活动中产生的固体废物以及法律、行政法规规定视为城市生活垃圾的固体废物。城市垃圾成分复杂，主要受城市的规模、地理条件、居民生活习惯、生活水平和民用燃料结构等影响，一些发达国家城市垃圾组成和排放有机物含量相对较高。我国城市垃圾中无机物含量高，多为煤渣、土砂等，有机垃圾以厨房垃圾为主，所以我国城市垃圾热值较低，可燃垃圾含水率较高。

《2020 年全国大、中城市固体废物污染环境防治年报》中显示 2019 年 196 个大、中城市生活垃圾产生量 23 560.2 万吨，处理量 23 487.2 万吨，处理率达 99.7%。《2020 中国生态环境状况公报》中显示截至 2020 年底，全国城市生活垃圾无害化处理能力 89.77 万吨 / 日，无害化处理率 99.32%。农村生活垃圾收运处理的行政村比例超过 90%。全国排查出的 2.4 万个非正规垃圾堆放点已整治完成 99.95%。

（1）城市垃圾的处理方法

1）压缩、粉碎和分选：垃圾收集后进行压缩，粉碎后便于堆肥、燃烧或填埋。通过分选将垃圾成分进一步分开，以便分别处理和利用。

2）卫生填埋：是最常用的垃圾处理方法，也是多数发达国家对垃圾处理的一种主要方法。我国不少城市已建起了大型垃圾填埋处理场。此法安全卫生，成本较低，但必须解决渗漏、压实、覆盖、雨水导流、污水处理、环境绿化、沼气引流等一系列问题。所以，垃圾填埋应严格遵守按照《生活垃圾填埋污染控制标准》（GB 16889—2008）等有关标准的规定。其局限性一是消耗大量土地资源，不少城市很难找到新的填埋场；二是产生大量渗滤液，污染地下水及土壤，垃圾堆放产生的臭气严重影响场地周边的空气质量；三是填埋产生的甲烷气体既是火灾及爆炸隐患，排放到大气中又会产生温室效应。基于以上原因，国外从 20 世纪 80 年代卫生填埋设施有逐渐减少的趋势，成为其他处理工艺的辅助方法，用来处理不能再利用的物质。

3）焚烧：焚烧方法是将垃圾置于高温炉内，使其可燃成分充分氧化的一种方法。垃圾经过焚烧后，体积可以减小 80%～90%，是目前世界上一些经济发达国家广泛采用的一种城市生活垃圾处理技术。垃圾焚烧应严格遵守《生活垃圾焚烧污染控制标准》（GB 18485—2014）的有关规定。

《2020 年中国生态环境统计年报》中显示 2020 年全国纳入调查的生活垃圾处理场（厂）共 2277 家（含餐厨垃圾集中处理厂 43 家）。生活垃圾处理量为 2.7 亿吨，其中填埋量 2.2 亿吨，堆肥量 89.0 万吨，焚烧处理量 4507.3 万吨，厌氧发酵处理量 356.9 万吨，生物分解处理量 94.9 万吨，其他方式处理量 509.7 万吨。

（2）城市垃圾的回收利用：城市垃圾是丰富的再生资源源泉，大约 80% 的垃圾是潜在的原料资源，可以回收有用成分并作为再生原料加以利用。世界上许多工业发达国家都大力开展了从垃圾中回收有用成分的研究工作。我国《固体废物污染环境防治法》（2020 年修订）中明确指出国家推行生活垃圾分类制度，生活垃圾分类坚持政府推动、全民参与、城乡统筹、因地制宜、简便易行的原则。

国外的垃圾分类方法主要包括：二类法、三类法、四类法以及五类法。以美国为例：垃圾分类采取大类粗分与部分居民分类相结合的方式。我国住房和城乡建设部发布了《城市生活垃圾分类标志》（GB/T 19095—2019），该标准中将生活垃圾类别调整为可回收物、有害垃圾、厨余垃圾和其他垃圾 4 个大类和 11 个小类。目前，我国 237 个地级及以上城市已启动垃圾分类，46 个垃圾分类重点城市居民小区垃圾分类覆盖率达到 53.9%，其中上海、厦门、宁波、广州等 14 个城市分类覆盖率超过 70%。此外，我国 30 个城市已经出台垃圾分类地方性法规或规章，16 个城市将垃圾分类列入立法计划。各省（自治区、直辖市）均制订垃圾分类实施方案，浙江、福建、广东三省已出台地方性法规，河北等 13 省地方性法规进入立法程序。

3. 工业固体废物、危险废物的处理措施 有害工业废渣种类繁多，危害性质各异。如果处理不当，可污染环境，破坏生态平衡，引起人畜中毒。其处理措施主要有：

（1）安全土地填埋：亦称安全化学土地填埋，是一种改进的卫生填埋方法。对场地的建造技术比卫生填埋更为严格。如衬里的渗透系数要小于 8～10cm/s，渗滤液要加以收集和处理，地表径流要加以控制，产生的气体要加以控制和处理。此法是一种完全的、最终的处理，最为经济，不受工业废渣种类限制，适于处理大量的工业废渣，填埋后的土地可用作绿化地和停车场等，但场址必须远离居民区。

（2）焚烧法：是高温分解和深度氧化的综合过程。通过焚烧使可燃性的工业废渣氧化分解，达到减少容积、去除毒性、回收能量及副产品的目的。此法适合于有机性工业废渣的处理。对于无机和有机混合性的工业废渣，若有机废渣是有毒有害物质，一般最好用焚烧法处理，尚可回收无机物。本法能迅速而大量减少可燃性工业废渣的容积，达到杀灭病原菌或解毒的目的，还能提供热能用于供热和发电。但要防止固体废物产生的大量酸性气体和未完全燃烧的有机组分及炉渣产生的二次污染。

（3）固化法：是将水泥、塑料、水玻璃、沥青等凝固剂同有害工业废渣加以混合进行固化，使所含有害物质封闭在固化体内不被浸出，从而达到稳定化、无害化、减量化的一种方法。我国主要用于处理放射性废物。它能降低废物的渗透性，并将其制成具有高应变能力的最终产品，从而使有害废物变成无害废物。

（4）化学法：是一种利用有害工业废渣的化学性质，通过酸碱中和、氧化还原等方式，将有害工业废渣转化为无害的最终产物的一种方法。

（5）生物法：许多有害工业废渣可以通过生物降解毒性，解除毒性的废物可以被土壤和水体接纳。目前常用的生物法有活性污泥法、气化池法、氧化塘法等。

（6）有毒工业废渣的回收处理与利用：化学工业生产中排出的许多废渣具有毒性，须经过资源化处理加以回收和利用。例如，砷矿一般与铜、铅、锌、锑、钴、钨、金等有色金属矿共生。用含砷矿废渣可以提取三氧化二砷和回收有色金属。氰盐生产中排出的废渣含有剧毒的氰化物，可以采用高温水解-气化法处理，得到 NO_2 气体等有用的资源。《2020 年中国生态环境统计年报》中显示，2020 年全国一般工业固体废物产生量为 36.8 亿吨，综合利用量为 20.4 亿吨，处置量为 9.2 亿吨；工业危险废物产生量为 7281.8 万吨，全国工业危险废物利用处置量为 7630.5 万吨。

4. 污水灌溉的卫生防护措施 利用城市污水灌溉农田，既可利用土壤的自净能力净化污水来解决城市部分污水处理问题，又可为农业生产提供水分和肥料。但是，土壤对有机污染物的自净能力和对毒物的容纳量都是有限的，超过了卫生上容许的限度就会造成健康危害，如肠道传染病和寄生虫病增多、癌症患病率增高等。我国利用城市污水灌溉农田已有悠久的历史，取得了丰富的经验。北京、沈阳、天津、广州、哈尔滨等城市多年的经验表明，卫生防护措施是保证污水灌田成功的关键，必须加强卫生防护措施。

（1）监管污灌水质：随着我国农业农村社会经济发展和《中华人民共和国土壤污染防治法》《中华人民共和国水污染防治法》《土壤污染防治行动计划》的深入实施，对农田灌溉用水水质及其管理等提出了新的要求。以土壤、地下水环境质量和农产品安全为首要考虑因素，农田灌溉用水须达到《农田灌溉水质标准》（GB 5084—2021）的要求后才能灌溉。新标准中明确了禁止向农田灌溉渠道排放工业废水或医疗污水。同时，为推动农村生活污水资源化利用，处理后的农村生活污水也被纳入标准适用范围。城镇污水（工业废水和医疗污水除外）以及未综合利用的畜禽养殖废水、农产品加工废水和农村生活污水进入农田灌溉渠道后，其下游最近的灌溉取水点的水质需按标准进行监督管理。

（2）防止污染水源：针对我国水资源短缺的现状，推动分质用水，合理回收用于农田灌溉，保证灌溉取水点水质达到《农田灌溉水质标准》要求。污水沟渠和灌田土壤应防渗漏，灌田区应距水源地 200m 以上，防止污染水源。在集中式给水的水源地上游 1000m 至下游 100m 的沿岸农田不得用污水灌田。特别是距村庄较近的渠段，更应做好防渗处理，避免污染饮用水源。

（3）防止污染农作物：污水中有害物质通过作物的富集经食物链对人体健康造成危害，因此不是所有作物都能利用污水进行灌溉。调查研究表明，作物株体不同部位对污染物累积程度不一，呈现根、茎、叶、籽粒果实递减的规律。因此，食用根、茎、叶的蔬菜和马铃薯等作物应杜绝污灌，小麦、玉米、谷子、棉花等作物可适量引污灌溉。

（4）设定安全检疫期：污水灌田在末次灌溉之后和收获之前要有一定的安全检疫期，时间的长短视不同地区而定。参照国外标准：贫瘠地区（荒漠、半荒漠）不少于 8 天；亚贫瘠地区（草原、森林草原地带）不少于 10 天；腐殖土地区（森林草甸地带）不少于 14 天。每个具体场合的安全检疫期，依据种植的作物及其用途，由当地卫生监督机构规定。

（5）防止污染大气：灌区在居民区的下风侧，距居民区 500m 以上。防止灌田污水发生厌氧分解和腐败产生恶臭。

（6）防止蚊蝇滋生：灌区要土地平整，无积水、无杂草，防止有机物堆积腐败，以减少蚊蝇滋生。

（7）注意个人防护：必须对污水灌田工作人员进行管理规则、安全技术、个人卫生等知识的培训。直接与污水灌田操作有关的个人，每年进行一次蠕虫病和带菌状况的检查。

（二）污染土壤的修复

20 世纪 70 年代美国“拉夫运河”事件是美国最早也最著名的“棕地”事件。鉴于土壤污染的危害，世界上许多国家特别是发达国家均制定与开展了污染土壤治理与修复的计划。20 世纪 90 年代，美国用于污染土壤修复方面的投资近 1000 亿美元。污染土壤修复的理论与技术已成为当前环境科学与技术研究的前沿。

事实上我国“棕地”问题由来已久，但是一直没有引起人们的足够重视，也缺乏对其危害的正确认识。近年来，大量“棕地”被开发为住宅用地，这些地块因地理位置优越，在城市化进程加速的状况下面临着巨大的开发压力。2004 年，北京宋家庄工人施工中毒事件，被视为中国污染场地修复工作起步的标志性事件。面对这一新污染问题，目前既缺乏相应的处理机制，也缺乏成熟的修复技术，虽然我国修复技术在实验室研究已积累了一定经验，但这些技术推广后能否解决实际问题，还处于探索阶段。

1. 污染土壤修复的技术原理　主要包括：①改变污染物在土壤中的存在形态或与土壤的结合方式；②降低污染物在环境中的可迁移性和生物的可利用性；③降低土壤中有害物质的浓度。

2. 污染土壤修复的技术体系　根据工艺原理划分，污染土壤修复的方法可分为物理、化学和生物三种类型。其中，物理方法主要包括物理分离法、溶液淋洗法、固化稳定法、冻融法以及电动力法；化学方法主要包括溶剂萃取法、氧化法、还原法以及土壤改良剂投加技术等；作为污染土壤修复技术主体的生物修复方法，可分为微生物修复、植物修复与动物修复三种，其中又以微生物与植物修复应用最为广泛。同物理方法与化学方法相比，生物修复具有基本保持土壤的理化特性、污染物降解完全、处理成本低等优点，故目前应用较为广泛。根据环境工程学基本要求按处置地点分类，污染土壤修复技术分为异位修复技术、原位修复技术和监测自然衰减技术等。

目前，某些修复技术已经进入现场应用，并取得了较好的治理效果。如湖北某农药厂地块，检测显示土壤中含有大量的“六六六”和 DDT 等有机氯和有机磷农药的化学成分。该修复项目于 2011 年 5 月正式开工，用时 3 年，斥资 2.8 亿元人民币。对地块内 73% 的污染土壤外运焚烧处理，剩下 27% 污染土壤在现场用生物化学还原技术进行处理。该项目共处理污染土方量 29.68 万立方米，是目前国内最大有机氯农药污染场地修复项目。

二、土壤卫生监督

土壤污染对生态安全和公众健康带来的危害不亚于水污染、大气污染等其他类型的污染。2016 年 5 月国务院颁布了《土壤污染防治行动计划》，以改善土壤环境质量为核心，以保障农产品质量和人居环境安全为出发点，坚持预防为主、保护优先、风险管控，突出重点区域、行业和污染物，实施分类别、分用途、分阶段治理，严控新增污染、逐步减少存量，形成政府主导、企业担责、公众参与、社会监督的土壤污染防治体系。

2018 年《中华人民共和国土壤污染防治法》的颁布实施填补了我国土壤污染防治领域专项法律空白，其针对我国的土壤污染防治提出了建设性和针对性较强的制度方案，为开展土壤污染治理，保护食品安全和居民民众健康提供了可靠的法律保障。

（一）预防性卫生监督

土壤污染的预防要优于治理，应预防和控制新的污染产生，对于未污染土壤要防患于未然。地方各级环境保护部门要加强对建设用地土壤环境状况的调查、风险评估、污染地块治理与修复活动的监管，建立城乡规划、国土资源、环境保护等部门间的信息沟通机制，实行联动监管。

1. 厂址选择的审查 将建设用地土壤环境管理要求纳入城市规划和供地管理，土地开发利用必须符合土壤环境质量要求。主要审查有可能污染土壤的工程项目，如粪便垃圾处理厂、污水处理厂、垃圾填埋场、废渣堆积场、污水灌田以及其他各种污染土壤的项目和设施。在场址选择时必须有卫生部门参加，经过事先审查，结合土壤污染状况详查情况，符合卫生要求后才能实施。

2. 土壤污染的预测 对已造成土壤污染的工业企业，可预测工厂今后排放污染物在土壤中蓄积的趋势，以便提出限制其排放量的需求。下面仅以气型污染为例介绍土壤污染的预测方法。预测须知的条件是该工业企业过去每年向大气排放某污染物对周围土壤污染程度的经验数据和已排放的年限。

（1）土壤中污染物的蓄积计算：某工厂过去 T_1 年中每排放 1 吨污染物，使该采样点土壤中污染物含量增加 Q（mg/kg），见式（7-2）：

$$Q=(C-C_b)/W_1\times T_1 \quad (7\text{-}2)$$

式中，Q 为采样点土壤中污染物含量蓄积量（mg/kg），C 为现采样测定该厂周围某采样点土壤中该污染物含量的实测值（mg/kg），C_b 为当地土壤中该污染物背景值为（mg/kg），W_1 为该工厂每年通过废气或烟尘向大气排放某污染物的量为（吨 / 年），T_1 为该工厂已排放污染物的年限（年）。

（2）土壤中污染物含量达最高容许限值的期限预测见式（7-3）：

$$T_2=(S-C)/W_2Q=W_1/W_2\times(S-C)/(C-C_b)\times T_1 \quad (7\text{-}3)$$

式中，T_2 为该采样点土壤中此污染物含量达到土壤卫生标准的期限（年），S 为土壤中该污染物的最高容许限值（mg/kg），W_2 为该厂今后每年排放该污染物的数量（吨 / 年）。

T_2 年后土壤中该污染物含量将超过卫生标准。卫生部门和环保部门据此可要求工厂采取相应措施，减少污染物的排放量，以控制土壤污染。

应用式（7-2）和式（7-3）推算时，最好在该厂周围不同方向和不同距离多设几个采样点，计算出不同采样点 Q 值。最后计算的土壤中污染物含量到土壤卫生标准的年限适用于当地该工厂。

（二）经常性卫生监督

土壤经常性卫生监督指卫生部门依照国家有关法规，对辖区内废弃物堆放和处理场地及其周围土壤进行经常监督和管理，使之达到卫生标准的要求。

（1）对居民区内或附近土壤的卫生状况以及垃圾站（堆）、废渣堆、公共厕所等的污染情况，进行定期调查与监督管理。

（2）对废弃物的土地处置（包括土地填埋、土地处理、地面贮池和深井灌注等），定期进行监督监测。其经常性卫生监督的重点在于防扬散、防流失、防渗漏，防止污染土壤和地下水，避免散发出的气态污染物（硫化氢、甲烷、吲哚、甲基吲哚、硫醇等）的危害。因此，必须定期对有害成分进行监测分析与监督管理，检查其有效的管理制度和运行记录制度等。

（3）对污水灌田区的土壤、地下水、空气和农作物，定期进行监督监测，了解居民反应，积累有关资料，进行动态分析。开展灌溉水水质监测，防止因污水灌田造成生态环境破坏和人群健康危害。严禁将城镇生活垃圾、污泥、工业废物直接用作肥料，防止畜禽养殖污染土壤。

（4）对重点监管工矿企业周边开展土壤环境监测和辐射环境监测，执行重点污染物排放限值，严防矿产资源开发污染土壤。

按照党中央、国务院有关决策部署，为全面掌握我国土壤资源情况，国务院决定自2022年起至2025年上半年开展第三次全国土壤普查，全面查明查清我国土壤类型及分布规律、土壤资源现状及变化趋势，真实准确掌握土壤质量、性状和利用状况等基础数据，提升土壤资源保护和利用水平，为促进生态文明建设提供有力支撑。

三、土壤污染防治法律框架

（一）土壤污染防治发展历程

20世纪80年代，我国开始关注耕地污染等问题，逐步将土壤污染防治纳入环境保护重点工作，先后经历了土壤环境基础调查（1980～1995年）、农用地土壤污染治理（1995～2005年）、土壤污染状况调查和试点示范（2005～2015年）发展历程后，逐步建立了土壤污染风险管控体系。

2016年，国务院印发《土壤污染防治行动计划》，这是中国土壤环境管理领域的纲领性文件。2018年，党中央印发《关于全面加强生态环境保护 坚决打好污染防治攻坚战的意见》，将净土保卫战纳入污染防治三大保卫战之一。2020年2月，国家发展改革委印发《美丽中国建设评估指标体系及实施方案》，将土壤安全纳入美丽中国建设评估指标。

中国土壤环境管理的目标是保障农产品质量和人居环境安全，基于风险管控的总体思路和要求，现阶段土壤污染防治的三大重点是防控新增污染、管控农用地和建设用地两大地类环境风险，建立“一法两标三部令”土壤污染防治法律框架。

（二）《中华人民共和国土壤污染防治法》

《中华人民共和国土壤污染防治法》与已出台并实施的《中华人民共和国水污染防治法》《中华人民共和国大气污染防治法》一起完善了我国生态环境保护和污染防治的法律制度体系，为我国开展土壤污染防治工作，扎实推进“净土保卫战”提供法治保障。《中华人民共和国土壤污染防治法》对土壤污染防治的基本原则、土壤污染防治基本制度、预防保护、管控和修复、经济措施、监督检查和法律责任等重要内容均做出了明确规定，从立法目的的角度强调了环境与健康工作的重要性，同时将对公众健康可能造成的影响作为土壤污染防治标准确立的依据之一，主要表现为以下几点：

1. 明确“保障公众健康”的立法宗旨 总则中以“保障公众健康”为立法宗旨，取代原草案中的“保障食品安全”。其中第一条和第二条分别从立法目的和土壤污染的定义两个方面规定了保障公众健康的内容，是概括性、原则性的法律规定，强调了公众环境健康理念在土壤污染防治工作中的重要性。

2. 明确规定环境风险及管控制度 《中华人民共和国土壤污染防治法》在中国环境法律中首次明确规定环境风险，并把环境风险分为生态风险和公众健康风险，分别规定了不同的管控制度，这是中国环境立法进入风险控制阶段的标志，也是《中华人民共和国环境保护法》第39条规定的环境与健康保护制度在土壤污染防治中具体落实的体现。第十二、二十、三十七条则将公众环境健康风险作为确立部分土壤污染防治标准的根据之一，是公众环境健康理念在土壤污染防治工作中的具体运用。

3. 关注人居环境安全　根据土壤污染及其防治的特殊性采取分类管理。根据不同类型土地的特点，分设专章规定了农用地和建设用地的土壤污染风险管控和修复，设置了不同的制度和措施。对农用地土壤建立了分类管理制度，分为优先保护类、安全利用类和严格管控类，采取不同的措施；对建设用地土壤建立了土壤污染风险管控和修复名录制度，规定了风险管控和修复措施，规定了修复工程的实施程序和修复中的污染防治要求。

4. 坚持"预防为主"原则　"预防为主"原则主要针对的是环境污染可能造成的生态破坏、人体健康受损的危险。但从诸多由污染造成健康危害事件中可以发现，需要有比预防"危险"更进一步的控制"风险"理念。而《中华人民共和国土壤污染防治法》对预防危险和风险管控都有制度性安排，体现预防为主的制度主要在预防和保护一章，以环境影响评价制度为核心；体现风险预防的制度主要在风险管控和修复一章，规定了环境风险监测、调查、评估制度，体现了土壤污染防治的不同层次要求。从现实情况看，环境影响评价制度主要是对建设项目或规划对周边环境可能产生的不良影响进行评估，并且对已经能够确定甚至是一定会产生的影响事先采取防控措施，以避免不良影响的产生；而环境风险评估制度主要是对还具有较大不确定性的生态风险、公众健康风险进行预测，因此，风险评估必须建立在监测、调查的基础之上，所采取的措施也更有针对性。两者是两个并行不悖的制度，并非相互替代关系。

（三）土壤环境法律法规和标准体系

目前，我国基本建立了土壤污染防治法规标准体系，尤其是《中华人民共和国土壤污染防治法》颁布实施，填补了我国土壤污染防治领域专项法律的空白。我国先后制订污染地块、农用地、工矿用地土壤环境管理办法等部门规章，制 / 修订农用地、建设用地土壤污染风险管控等标准，修订发布《建设用地土壤污染状况调查技术导则》《农用地土壤环境质量类别划分技术指南》等技术规范性文件，印发实施《建设用地土壤污染状况调查、风险评估、风险管控及修复效果评估报告评审指南》和土壤环境影响评价相关技术导则。按照《土壤污染防治行动计划》要求，在较短时间内，土壤环境法规标准体系在我国基本建立，成为各地、各部门实施土壤污染防治的基础依据。

我国的风险管控标准有《土壤环境质量农用地土壤污染风险管控标准（试行）》（GB 15618—2018）、《土壤环境质量建设用地土壤污染风险管控标准（试行）》（GB 36600—2018）；技术规范有《建设用地土壤污染状况调查技术导则》（HJ 25.1—2019）、《建设用地土壤污染风险管控和修复监测技术导则》（HJ 25.2—2019）、《建设用地土壤污染风险评估技术导则》（HJ 25.3—2019）、《建设用地土壤修复技术导则》（HJ 25.4—2019）等 11 项；管理法规有《污染地块土壤环境管理办法（试行）》《农用地土壤环境管理办法（试行）》《工矿用地土壤环境管理办法（试行）》等。

我国土壤环境管理将逐步从管控风险向促进土壤生态系统改善和可持续利用转变，不断推动依法治土、科学治土、系统治土，提高管控措施的针对性和有效性，逐步保障土壤健康。

（于　佳）

第四节　土壤污染的健康调查与评价

土壤环境质量是指在一定的时间和空间范围内，土壤自身性状对其持续利用以及对其他环境要素，特别是对人类或其他生物的生存、繁衍以及社会经济发展的适宜性的评价指标，是判断土壤环境"优劣"的一种概念和量度。作为土壤环境质量规划的重要内容，我国土壤环境质量标准已从传统的基于质量达标的思路，转变为基于风险控制的观念。土壤环境质量现行标准是基于暴露风险评估方法和不同的土地利用方式，依据土壤生态毒理学效应和人体健康暴露风险，制定基于风险管控的保护生态和人体健康的土壤质量指导值。

土壤污染风险评估是在研究土壤环境质量变化规律基础上，按一定的原则、标准和方法对土壤污染程度进行评定，或是对土壤对人类健康的适宜程度进行评定，目的是提高和改善土壤环境质量，并提出控制和减缓土壤环境质量不利变化的对策和措施。土壤污染风险通常可分为生态风险和健康风险两大类，其中健康风险是指人体暴露于污染环境而导致伤害、疾病或死亡的可能性。随着经济快速发展和人类活动加剧，各种人为源释放的污染物进入土壤，并通过水、气、生物等介质传输，引起人体暴露。因此人们对土壤环境污染所带来的健康效应越来越关注。

一、土壤污染的健康调查

土壤污染的健康调查是要查明土壤的卫生状况，阐明其对环境的污染和对居民健康可能产生的影响，为保证生态环境和保障人体健康提出卫生要求和防护措施的依据。

土壤污染的健康调查包括污染源调查、环境暴露调查和人群健康调查，分为预调查和正式调查两个阶段。预调查的目的是确定污染影响范围、污染物种类、初步确定暴露方式、影响人群以及影响人群健康的混杂因素，明确对照区、验证调查技术路线和方法的可行性。预调查是资料收集和初步现场调查，如若明确存在污染和暴露人群，则制订正式调查实施方案。

（一）污染源调查

查清污染来源和特点，调查历史和当前的污染物种类、性质、排放量、生产过程、净化设施、污染物的排放规律以及影响因素等。要随时掌握各污染源的污染方式、污染范围、生产规模和净化设施的变化情况，还要随时掌握新出现的土壤污染来源，以便弄清污染性质、范围和危害，为治理提供线索，指明方向。

（二）环境暴露调查

环境暴露调查是识别土壤污染环境中存在的污染物种类，确定污染物向外迁移的程度和方式，确定污染物暴露的途径和程度，估算人群暴露水平。土壤受到污染后可通过口腔、呼吸道及皮肤等多种途径危害健康。尤其是挥发性污染物可从污染土壤中释放到室内外空气中，进入人体呼吸系统。土壤污染物可在重力和雨水的作用下向下迁移至地下水，造成更大范围的影响。土壤污染还可通过农作物进入食物链从而影响人体健康。鉴于土壤污染涉及多个环境介质，土壤污染的环境暴露调查中，污染物的迁移途径和污染范围的确定是非常重要的研究内容。

1. 样品采集 在预定调查范围内，采集污染区土壤/尘、环境水体、饮用水、环境室内外空气以及污染场地农作物。对照区与污染区的样本量应保持一致。

土壤调查点位按照网格法进行布设，单个网格不大于1000m×1000m，每个网格内可采用对角线法、梅花法、蛇形法或棋盘法等采集混合样。采集表层土（0～20cm），如需了解土壤的污染历史或土壤背景值，可采集深层土或剖面土。样品采集、保存、运输及质量控制按《土壤环境监测技术规范》（HJ/T 166）执行。其他各环境介质采样点位布设、采样频次、采样天数及采样方法等分别按照相应的标准执行。

2. 暴露和迁移途径分析 对环境样品进行分析，确定土壤污染的主要污染物和暴露途径。根据污染物渗入土壤的深度，迁移到地下水等环境水体中的浓度和扩散到空气中的浓度等，估计其对周围环境的污染程度及主要迁移途径。土壤污染物来源和迁移途径的精准识别不仅关系到与人群流行病学调查进行相关性研究，还关系到治理方法和防护措施的有效提出。

3. 体内动力学研究 为确认污染物在体内的动态变化、代谢途径及对机体的作用特点和机制等，可利用环境毒理学研究方法，进行动物实验，确认污染物的生物转化、体内蓄积、靶分布等，完善污染物的体内动力学数据。

（三）人群健康调查

土壤污染对居民健康的影响常常是间接、长期的慢性危害。对个体健康状况的影响往往表现不明显，需要在大规模的人群中进行环境流行病学调查。人群健康调查内容包括问卷调查、膳食调查、体内负荷调查、体格检查，目的是了解污染物对人群的健康影响，包括污染物在人体体内负荷变化，人体生理功能或生化代谢变化、机体功能失调、发病及死亡等。土壤污染对居民健康影响的调查范围应当与土壤污染调查监测的范围相一致，同时要选择对照人群作对比分析。在开展人群健康调查前，应组织开展医学伦理审查并取得知情同意。

1. 调查人群的选择 要充分考虑污染物对人群健康影响的健康指标，确定调查对象开展健康调查。调查可采取普查和抽样调查。其中抽样调查可采用简单随机抽样、分层抽样、系统抽样和整群抽样等方法进行。抽样人群应考虑污染物的污染范围和暴露途径（应包含开展室内空气调查的家庭成员）。

2. 健康问卷调查 以收集暴露行为模式和健康资料为目的，应包括①基本情况：年龄、性别、民族、文化程度等；②环境、职业暴露危险因素：居住环境、职业因素等；③行为特征：吸烟、饮酒等，主要调查与污染物暴露有关的行为生活方式；④既往病史：遗传史、慢性病史、职业病史、近期患病情况等；⑤健康影响指标：根据污染物类型及其导致的健康效应，确定调查人群相关疾病的患病情况，如恶性肿瘤、呼吸系统疾病、神经系统疾病等。

3. 膳食调查 综合调查地区既有膳食营养调查结果，开展家庭居民膳食调查。具体方法按《膳食调查方法》（WS/T 426.2）执行。

4. 体内负荷水平调查 根据污染物种类和污染水平，收集调查人群生物样品。应针对污染物质选择敏感指标。一般选用血液、尿液、毛发、指甲、乳汁、唾液、组织等，测定其中污染物及其代谢物的含量，以判定体内蓄积水平和危险程度。生物样品采集时间、采集方法、样品保存、运输、实验室分析、质量控制、数据处理和报告等按《生物监测质量保证规范》（GB/T 16126）执行。

5. 体格检查 根据污染物引起的健康效应，选择相关指标进行临床检查以及生理、生化和免疫功能等健康状况指标的检测，涉及特征污染物健康影响特征的专项检查和效应指标检测，以便发现居民健康状况的变化与土壤污染的关系。将污染区居民与对照区居民的健康状况进行对比分析，以分析土壤污染与居民健康的关系。

综合污染源调查、环境暴露调查和健康调查的结果，能够明确污染物在时间和空间上的分布特征、主要影响区域以及区域内人群健康状况，排除混杂因素，探讨污染和人群健康之间的相关关系。

环境流行病学在研究特定环境因素对人群健康的影响时，必须遵循环境流行病学研究的一些重要的基本原则：

（1）代表性：由于环境污染物或某种有害因素对人群健康是低浓度、长时间的慢性危害。其健康效应可能仅在易感人群中显现，并且只有较低的出现率。此外，社会条件、职业因素等皆可影响某种效应的出现率。因此，在选择调查对象时，应选取代表性的样本。样本越大，越能反映实际情况，并排除其他因素对出现率的影响。一般采用抽样调查，必要时进行前瞻性或回顾性的定群追踪调查。只有当已确知对某特定环境因素的易感人群存在时（如儿童对空气污染的作用易感），才采用较小样本的特定人群来进行研究。

（2）对比性：流行病学研究要揭示暴露人群与非暴露人群之间在健康效应方面的差异。要求调查研究设计应注意对比法。在无标准可依时，要严格选择非暴露人群作为对照，以便比较。不应在同一区域环境内选择对照点。在同一暴露人群中挑选所谓病例对照同样也是不科学的。暴露-效应关系常隐含在某一特定的环境负荷与相关人群的组合之中，故应该设立若干暴露-效应梯度分组，进行统计分析。

（3）有效性：环境流行病学的根本目的是确立暴露-效应因果关系。但是由于环境的多因素与复合性，要分离出单一因素加以研究不可能实现，这就必须考虑流行病学研究设计的有效性问题。对所要调查的某种特异性或非特异性疾病或病前效应的判断依据，须事先统一，并排除环境污染物和生物检测材料的采样或检测方法中的干扰因素。

（4）多因素：环境因素的健康效应受环境多种因素的影响。在研究某一已知因素的健康效应时，力求排除其他因素的干扰。在研究未知原因的健康异常或疾病时，力求探明主导因素以及辅助因素的影响。在研究设计中对关联因素应加以周密的考虑。

二、土壤环境质量评价

土壤环境质量受多重因素叠加影响，我国土壤污染是在经济社会发展过程中长期累积形成的。我国在2005年4月至2013年12月开展了首次全国土壤污染状况调查，基本掌握了全国土壤环境总体状况。公报中采用点位超标率和土壤污染程度分级来评价污染现状。点位超标率是指土壤超标点位的数量占调查点位总数量的比例。本次调查土壤污染程度分为5级：①污染物含量未超过评价标准的为无污染；②污染物含量在1～2倍（含）评价标准之间的，为轻微污染；③污染物含量在2～3倍（含）评价标准之间的，为轻度污染；④污染物含量在3～5倍（含）评价标准之间的，为中度污染；⑤污染物含量在5倍评价标准以上的，为重度污染。全国土壤总的点位超标率为16.1%，其中轻微、轻度、中度和重度污染点位的比例分别为11.2%、2.3%、1.5%和1.1%。

土壤环境质量评价涉及评价因子、评价标准和评价模式。评价因子数量与项目类型取决于监测的目的和现实的经济和技术条件。评价标准常采用国家土壤环境质量标准、区域土壤背景值或部门（专业）土壤质量标准。

（一）污染指数、超标率（倍数）评价

土壤环境质量评价一般以单项污染指数为主，指数越大污染越重。当区域内土壤环境质量作为一个整体与外区域进行比较或与历史资料进行比较时，除用单项污染指数外，还常用综合污染指数。由于地区背景差异较大，用土壤污染累积指数更能反映土壤的人为污染程度。土壤污染物分担率可评价确定土壤的主要污染项目。污染物主次可按污染物分担率由大到小排序。除此之外，土壤污染超标倍数、样本超标率等统计量也能反映土壤的环境状况。

土壤单项污染指数 = 土壤污染物实测值 / 土壤污染物质量标准

土壤污染累积指数 = 土壤污染物实测值 / 污染物背景值

土壤污染物分担率（%）=（土壤某项污染指数 / 各项污染指数之和）×100%

土壤污染超标倍数 =（土壤污染物实测值 − 土壤污染物质量标准）/ 土壤污染物质量标准

土壤污染样本超标率 =（土壤样本超标总数 / 监测样本总数）×100%

（二）内梅罗污染指数评价

内梅罗污染指数是土壤污染的综合评价指数，计算见式（7-4）。

$$P_{\mathrm{N}}=\sqrt{\left[\left(\mathrm{PI}_{均}^{2}\right)+\left(\mathrm{PI}_{最大}^{2}\right)\right]/2} \tag{7-4}$$

式中，P_{N}为内梅罗污染指数，$\mathrm{PI}_{均}$为土壤中各污染指数的平均值（C_i/S_i），$\mathrm{PI}_{最大}$为土壤中各污染指数中的最大值（C_i/S_i），C_i为土壤中污染物浓度（mg/kg），S_i为评价标准（mg/kg）。

内梅罗污染指数反映了各污染物对土壤的作用，同时突出了高浓度污染物对土壤环境质量的影响，可按内梅罗污染指数划定污染等级（表7-1）。

表7-1 土壤内梅罗污染指数评价标准

等级	内梅罗污染指数	污染等级	等级	内梅罗污染指数	污染等级
Ⅰ	$P_{\mathrm{N}}\leqslant 0.7$	清洁（安全）	Ⅳ	$2.0<P_{\mathrm{N}}\leqslant 3.0$	中度污染
Ⅱ	$0.7<P_{\mathrm{N}}\leqslant 1.0$	尚清洁（警戒线）	Ⅴ	$P_{\mathrm{N}}>3.0$	重度污染
Ⅲ	$1.0<P_{\mathrm{N}}\leqslant 2.0$	轻度污染			

（三）背景值及标准偏差评价

用区域土壤环境背景值（x）95%置信度的范围（$x\pm 2s$）来评价：若土壤某元素监测值$x_i<x-2s$，则该元素缺乏或属于低背景土壤；若土壤某元素监测值在$x\pm 2s$之间，则该元素含量正常；

若土壤某元素监测值 $x_i > x+2s$，则土壤已受该元素污染，或属于高背景土壤。

（四）综合污染指数法

综合污染指数（comprehensive pollution index，CPI）包含了土壤元素背景值、土壤元素标准尺度因素和价态效应综合影响，其计算见式（7-5）。

$$CPI=X\times(1+RPE)+Y\times DDMB/(Z\times DDSB) \tag{7-5}$$

式中，CPI 为综合污染指数；X、Y 分别为测量值超过标准值和背景值的数目；RPE 为相对污染当量；DDMB 为元素测定浓度偏离背景值的程度；DDSB 为土壤标准偏离背景值的程度；Z 为用作标准元素的数目。主要有下列计算过程：

（1）计算相对污染当量（RPE），见式（7-6）：

$$RPE=\left[\sum_{i=1}^{N}\left(C_i/C_{is}\right)^{1/n}\right]/N \tag{7-6}$$

式中，N 是测定元素的数目，C_i 是测定元素 i 的浓度（mg/kg），C_{is} 是测定元素 i 的土壤标准值（mg/kg），n 为测定元素 i 的氧化数。

对于变价元素，应考虑价态与毒性的关系，在不同价态共存并同时用于评价时，应在计算中注意高低毒性价态的相互转换，以体现由价态不同所构成的风险差异性。

（2）计算元素测定浓度偏离背景值的程度（DDMB），见式（7-7）：

$$DDMB=\left[\sum_{i=1}^{N}C_i/C_{iB}\right]^{1/n}/N \tag{7-7}$$

式中，N 是测定元素的数目，C_i 是测定元素 i 的浓度（mg/kg），C_{iB} 是元素 i 的背景值（mg/kg），n 为测定元素 i 的氧化数。

（3）计算土壤标准偏离背景值的程度（DDSB），见式（7-8）：

$$DDSB=\left[\sum_{i=1}^{Z}C_{is}/C_{iB}\right]^{1/n}/Z \tag{7-8}$$

式中，Z 为用于评价元素的个数，C_{is} 是测定元素 i 的土壤标准值（mg/kg），C_{iB} 是元素 i 的背景值（mg/kg），n 为测定元素 i 的氧化数。

（4）评价：可用 CPI 评价土壤环境质量，见表 7-2。

表 7-2　CPI 评价表

X	Y	CPI	评价
0	0	0	背景状态
0	≥1	0＜CPI＜1	未污染状态，数值大小表示偏离背景值相对程度
≥1	≥1	≥1	污染状态，数值越大表示污染程度相对越严重

（5）污染表征

$${}_{N}T^{X}_{CPI}\ (a,\ b,\ c\cdots) \tag{7-9}$$

式中，X 是超过土壤标准的元素数目；a、b、c 等是超标污染元素的名称；N 是测定元素的数目；CPI 为综合污染指数（《土壤环境监测技术规范》HJ/T 166—2004）。

（五）生物性污染的卫生评价

生物性污染状况的评价指标：①大肠菌值：发现大肠菌的最少土壤克数称为大肠菌值。它是代表人畜粪便污染的主要指标，也是代表肠道传染病危险性的主要指标。②产气荚膜杆菌值：也是代表粪便污染的指标。因为产气荚膜杆菌可以芽孢的形态在土壤中存活时间比大肠菌长。所以，研究它和大肠菌在土壤中数量的消长关系就可以判定土壤受粪便污染的时间长短。例如，土壤中产气荚膜杆菌多（或产气荚膜杆菌值小）而大肠菌相对少，则表明土壤的污染是陈旧性的。反之，则表明是新鲜污染，危害性较大。③蛔虫卵数：它对判定土壤污染有重要意义，因为它可以直接说明在流行病学上是否对人体健康有威胁。根据蛔虫卵在土壤中的不同发育阶段以及活卵所占的百分比来判断土壤的自净程度。例如，大部分蛔虫卵是死卵，表明土壤已达到自净，危险性较小。土壤生物性污染的评价指标及其卫生状况分级值见表 7-3。

表 7-3　土壤卫生状况评价指标

卫生状况	大肠菌值	产气荚膜杆菌	蛔虫卵（个/kg）
清洁土壤	＞1.0	＞0.1	0
轻度污染	0.01～1.0	0.001～0.1	＜10
中度污染	0.001～0.01	0.0001～0.001	10～100
重度污染	＜0.001	＜0.0001	＞100

三、土壤健康风险评价模型

1983 年美国国家科学院提出了健康风险评估的定义与框架，以及危害判定、剂量-效应关系评估、暴露评估和风险表征的风险评估四步法，这对健康风险评估具有里程碑意义。随着对区域土壤污染风险预测与预警的要求不断加强，越来越多的数学模型应用于土壤污染与健康研究的相关工作中，但模型估算多数只能得到致癌和非致癌风险，模型本身也具有局限性，无法得到真实的健康结果。

（一）RBCA 模型

基于风险的纠正措施（risk-based corrective action，RBCA）模型是美国材料与试验协会将健康风险评价与土地地下水污染治理相结合发展出的健康风险评价模型，考虑了工业与商贸用地、农业用地和居住用地 3 种土地利用类型，应用比较广泛。RBCA 模型按照 EPA 综合风险咨询系统对化学物质进行分类，将化学物质分为非致癌物质与致癌物质两类分别进行风险计算。化学物质的非致癌风险值的判定标准设定为 1，当非致癌风险值小于 1 时，将不会对暴露人群造成明显不利的非致癌健康影响；对于致癌物质，计算其风险值，并设定 10^{-6} 为可接受致癌风险水平下限，10^{-4} 为可接受致癌风险水平上限。

（二）Csoil 模型

Csoil 模型是荷兰官方推荐使用的环境风险评价模型，由荷兰公共卫生与环境国家研究院开发，考虑了 7 种土地利用类型：含花园的居住用地，儿童玩耍场地，菜地，不含农场的农业用地，自然界，用于运动、娱乐的绿地和公园，其他绿地、建筑物、基础设施和工业用地。Csoil 模型用 ADD 与最大允许 ADD 的比值（Risk）来评价化学物质的危害程度，当 Risk≤1，说明风险是可接受的；当 Risk＞1，说明污染场地存在潜在的健康风险。

（三）CLEA 模型

污染土地接触评估（contaminated land exposure assessment，CLEA）模型是英国环境署和环境、食品与村镇事务部以及苏格兰环境保护局联合开发的，是英国官方推荐用来进行污染场地评价以及获取土壤指导限值（SGV）的模型。CLEA 模型将化学物质对人体或动物的健康效应划分为阈值和非阈值效应，非阈值效应用指示剂量（index dose）表示，阈值效应用可接受土壤摄入量（tolerable daily soil intake）表示，总称为健康标准值（health criteria values，HCV）。依据日均暴露量（average daily doses，ADD）与 HCV 的比值来评价化学物质的危害程度。当 ADD/HCV≤1，说明在可接受的范围内，当 ADD/HCV＞1，说明污染场地具有潜在的健康风险。

（四）HERA 模型

HERA 模型是由中国科学院南京土壤研究所污染场地修复中心的陈梦舫团队研究开发的软件模型，该模型应用于污染场地健康与环境风险的风险评估与修复方面的工作。HERA 基于美国《基于风险的矫正行动标准指导》、英国《CLEA 模型技术背景更新文件》以及我国《污染场地风险评估技术导则》（HJ 25.3—2014）编制而成，内含 20 余种多介质迁移模型，收录 610 种污染物理化与毒性参数，考虑原场与离场的健康与水环境受体，可快速构建多元化污染场地暴露概念模型，计算不同暴露井下污染物暴露量，据此可计算污染物的致癌风险及 HQ，而且可以根据需要计算污染物筛选值及风险控制值。原场是指污染物暴露时受体位置处于污染点的原位位置，污染影响区内有真实暴露点（污染物在垂向迁移）；离场是指污染物侧向迁移而引起的一些暴露途径。

以上模型在概念上是相似的，但也存在一些差异（表 7-4）。模型的选择原则应根据每种模型自身的特点，最大且合理地对健康风险进行量化评估。

表 7-4 不同评价模型的比较

条件	适用范围	RBCA	Csoil	CLEA	HERA
暴露途径	经口摄入土壤（室外）	√	√	√	√
	经口摄入土壤（室内）	√	√	√	√
	吸入土壤灰尘（室外）	√	√	√	√
	吸入土壤灰尘（室内）	×	√	√	√
	皮肤接触（室外）	√	√	√	√
	皮肤接触（室内）	×	√	√	√
	饮水暴露	√	√	×	√
	洗澡过程中皮肤接触、吸入水蒸气	×	√	×	√
	吸入土壤和地下水蒸气（室内外）	√	√	√（只有土壤）	√
	室内外挥发水蒸气（空气侧向扩散）	√	√	×	√
	作物食用	×	√	√	√
	土壤淋溶至地下水	√	×	×	√
	地下水侧向迁移	√	√	×	√
暴露期	暴露年限	30 年	70 年	70 年	70 年
	年龄分段处理	×	√	√	√
污染源		表层土壤、深层土壤和地下水	表层土壤、深层土壤和地下水	表层土壤	表层土壤、深层土壤和地下水

知识拓展

土壤重金属污染健康风险评估新视角——概率风险评估（probabilistic risk assessment，PRA）：土壤重金属污染本身具有污染源多、持久性强、危害面广的特点，且不同生命阶段或不同人群所经历的风险差异巨大，多变性、动态性、随机性贯穿土壤重金属污染健康风险传递的全过程。此外，风险管理时间、精力等成本有限，往往造成健康风险评估存在高度不确定性和潜在复杂性。在此背景下，PRA 应运而生。有别于以单点值为输出的传统确定性风险评估（deterministic risk assessment）方法，PRA 以处理不确定性及变异性对风险评估造成的影响为出发点，提供暴露风险的范围和可能性的估计，避免高估或低估健康风险，可缩小风险决策制定者与分析者的沟通差距，促进风险管理和决策的改进。

（于 佳）

展 望

“十四五”规划和2035年远景目标明确要求以保障国家粮食安全为底线，坚持最严格的耕地保护制度，深入实施“藏粮于地、藏粮于技”战略。第三次土壤普查也将服务促进土壤的自身健康，实现粮食在质和量上的安全。在未来人口增长与全球气候变化双重压力下，土壤与人体健康的关系将变得更为突出。在土壤质量与食物安全方面，国际上以食物安全性作为研究热点，主要表现为控制食品中污染物的含量，降低人体健康风险。国际研究的趋势和理论前沿包括：①土壤污染源解析；②土壤污染过程与机制；③土壤区域污染特征与人体健康风险；④土壤污染生态效应；⑤土壤污染修复机制及应用推广。当前条件下，有可能取得重大突破及解决重大污染、生态和灾害问题的优先领域之一是与医学的交叉。主要原因是土壤重金属污染物及病原菌等通过食物链进入人体，对人体健康造成危害，目前缺乏对人体健康风险的精准评价手段，现阶段使用的评价模型单一，对人体内污染物的吸收、转运、积累的机制缺乏明确认识。因此，与医学的交叉能认识到污染物在人体中传输转化的毒理学规律，同时利用多种模拟预测的数学模型，结合地理信息获取的大数据，厘清污染源-环境介质（大气、水、土壤、作物）-人体传输过程中的耦合作用及交互机制，有望实现污染源对人体健康风险影响的量化评估，为预防和治理土壤污染提供新的重要思路和应对机制，促进区域环境与人体健康可持续发展。

案例：“拉夫运河”（Love Canal）土壤污染事件的健康研究

拉夫运河位于纽约州，修建于19世纪90年代，因为资金问题而中断修建。从20世纪20年代起废弃的运河成为尼亚加拉市的垃圾处理厂。40年代，美军在此倾倒第二次世界大战的军事废弃物，其中包括曼哈顿工程的核废料。1942年美国胡克化学品公司将其买下用作化学废料填埋场，1942～1953年，填埋了至少200种约21 800吨化学废物，将运河填满后用水泥加盖其上，使其变成了一块平整的荒地。于1953年拍卖给尼亚加拉瀑布市教育董事会，并附上了关于有毒物质的警告说明。董事会在明知有毒倾倒场危害性的情况下，截止到1978年，运河地区建成约800套单亲家庭住宅和240套低收入公寓，除了紧邻填埋区中心的99街小学外，附近还有两所学校。

然而从1977年开始，异常化学气味、液体试剂的渗漏等污染以及室外玩耍的儿童皮肤出现灼伤症状等现象不断被发现。1974～1978年，运河小区出生的孩子56%有生理缺陷，小区内妇女与入住前相比，流产率增加了300%。通过户主协会的抗争维权，迫使政府采取行动永久性地迁移居民。

“拉夫运河”事件轰动全美，在1980年推动《综合环境反应补偿与责任法》（也称《超级基金法》）通过，这是美国第一部为解决危险物质泄漏的治理及其费用负担而制定的法律。该法律规定：大型企业必须为历史遗留的环境污染损害和修复承担全责。对于治理费用承担者不明或费用承担者无力，建立危险物质信托基金。

思 考 题

1.“拉夫运河”事件是典型的土壤污染事件，该事件中污染物可通过哪些途径危害健康？
2. 该事件应如何进行土壤污染状况调查？设计调查方案。
3. 请设计毒理学调查方案和流行病调查方案。
4. 何为“棕地”？“棕地”再利用的修复方法是什么？
5. 我国目前在对“棕地”的认识与管理上，与发达国家相比有哪些不足？

（唐玄乐　于　佳）

第八章　室内环境与健康

本章围绕目前有关室内环境与健康的重点和热点问题，全部章节内容不仅包括室内环境因素的种类及其特点、不同室内环境因素的健康影响，还包括室内环境的人群暴露评价和效应生物标志等方法学的阐述，并对该领域研究提出了展望，力求将室内环境与健康领域的基本理论、最新学术思想和近年来的科研成果系统全面地展现出来。

第一节　概　　述

室内环境卫生状况与人体健康有着密切的关系。研究表明，人的一生中有 80% 以上的时间是在室内度过的，婴幼儿、儿童、孕妇、老年人及慢性病患者等在室内停留的时间更长。近几十年来，随着城镇化进程的加快和现代科技的飞速发展，特别是信息科技和互联网的发展，人们在室内停留的时间明显增加。因此，深入探讨室内环境与人群健康的关系及其作用特点具有十分重要的意义。

安静整洁、明亮宽敞、小气候适宜、空气清洁、饮用水安全的室内环境有利于人体健康，可以提高机体各系统的生理功能，增强机体免疫力，达到增强体质、降低人群患病率和死亡率，延长寿命的作用。反之，过度拥挤、空气污浊、寒冷、炎热、潮湿、阴暗、嘈杂以及含有病原体或有毒有害物质的室内环境则非常不利于人体健康，短期或长期处于这样的室内环境中，可对人体生理和心理造成不良影响，包括中枢神经系统功能紊乱、机体各系统的功能和抵抗力降低，生活质量和工作效率下降，甚至导致人群患病率和死亡率增高。

研究表明，不同种类室内环境的特点对人群健康影响及其卫生学要求也有所不同，同一室内环境中也会因环境因素的不同而导致人群健康影响有所差异。人类可通过积极发挥主观能动性，不断改善室内环境质量，从而达到保障人群健康的目的。例如，近十几年来被人们普遍使用的室内新风系统、加湿器、净化器以及各类室内饮用水净化装置等都可以改善室内环境。

室内环境对健康的影响具有长期性和复杂性。在通常情况下，室内单一污染物的浓度并不太高，通常不会引起人体器质性的改变，因而对机体健康的影响往往表现为慢性、潜在和功能上的不良影响。但在实际生活中，室内环境的有害因素种类繁多且各种因素通常同时存在，联合作用于人体，导致其与居民健康间的关系十分复杂。例如“不良建筑物综合征”（sick building syndrome，SBS）就是现代住宅中多种环境因素联合作用对健康产生影响所引起的一种综合征。随着大家对室内环境与健康的重视，近年来有关室内环境较低浓度污染物短期暴露对人体生理和心理健康的不良影响也逐渐得到国内外大量人群流行病学研究的证实。此外，不同种类室内环境因素的混合暴露及其联合效应也越来越受到大家的关注。

（邓芙蓉）

第二节　室内环境因素分类及其特点

根据其属性来分，室内环境因素可分为化学性、物理性和生物性因素三大类。采用节能低碳方式调节各类室内环境因素，以营造健康舒适的室内环境是“健康中国”国家战略的重要内容。

一、室内环境的化学性因素

室内环境化学性因素的重要来源包括：①家用燃料燃烧，可生成包括颗粒物、CO、CO_2、PAHs、SO_2 和 NO_x 等；②建筑装饰装修，可释放甲醛、苯系物等 VOC 以及半挥发性有机物（semi-volatile organic compounds，SVOCs）；③人类活动产生，如人体呼出的 CO_2 及一些消毒设备产生的 O_3 等。下面对室内常见化学性因素分别予以简要介绍。

（一）颗粒物

自我国《大气污染防治行动计划》实施以来，包括大气颗粒物等在内的主要大气污染物水平多呈现明显下降趋势，但室内颗粒物污染问题仍十分突出。在我国 36 个城市中开展的住宅室内 $PM_{2.5}$ 监测研究表明，2013～2017 年我国住宅室内 $PM_{2.5}$ 的下降速率尚不足室外大气 $PM_{2.5}$ 下降速率的一半 [2.3μg/（m^3·年）vs 5.3μg/（m^3·年）]。此外，还有研究表明，与室外来源相比，室内来源的 $PM_{2.5}$ 暴露对易感人群心肺健康的不良影响更为显著。

1. 颗粒物的物理性质 包括形态（颜色、形状和表面特征等）、比表面积、空气动力学等效直径等。颗粒物的形态主要包括颜色、形状和表面特征等，因颗粒物的来源不同而有所差异；颗粒物的比表面积间接反映了颗粒物受到物理化学作用与重力作用的相对大小，颗粒物的粒径越小，其比表面积越大；颗粒物的空气动力学等效直径可直接表征颗粒物在空气中的停留时间、沉降速度、进入呼吸道的可能性及沉积的呼吸道部位等特征。

2. 颗粒物的化学组成 包括有机物和无机物，其中有机物成分占 20%～40%。室内颗粒物不仅来源于室外颗粒物的渗透，还存在室内烹饪、打扫、吸烟等多种室内来源，使得室内颗粒物化学组分与大气颗粒物存在一定差异。颗粒物的无机成分主要包括元素碳（element carbon）、金属元素和二次污染成分等；常见的有机物成分包括 PAHs、苯系物和 POP 等。对于颗粒物，尤其是 $PM_{2.5}$ 中有机物成分的测定已经成为研究的热点，其致癌性和致突变性引起了研究者的高度关注。

3. 颗粒物的生物组分 颗粒物的表面可附着微生物、花粉、孢子和菌丝等活性成分，这些生物成分主要来源于地面尘土、水面小水滴、人或动物体表干燥脱落物、分泌物和排泄物以及植物碎片等。美国一项研究对室内外 TSP 进行了连续 24 小时采样，测定结果显示室内颗粒物生物组成的时间变异性较大，主要与室内温湿度有关。在日本开展的一项研究发现，室内颗粒物中的内毒素含量高于室外，且 $PM_{2.5}$ 的内毒素含量高于粒径较大的颗粒物。目前，我国开展的室内颗粒物生物组分测定研究相对有限。

（二）CO_2

常温常压下，CO_2 是一种无色无味的气体，是常见的温室气体。住宅和公共场所 CO_2 含量升高常与人员密集、温湿度升高、尘粒和细菌增加等情况同时存在。室内 CO_2 的主要来源包括人体呼出气、燃料燃烧、吸烟和动植物新陈代谢等，通风换气不良是导致室内 CO_2 含量升高的主要原因，经常开窗通风是降低室内 CO_2 浓度的有效措施。

（三）CO

通常状况下，CO 是无色无臭无味的有毒气体。住宅和公共场所室内的 CO 水平一般均较低，但若使用煤炉、燃气灶或燃烧型取暖设备时，在燃烧不充分的情况下，其浓度就会急剧升高。此外，吸烟也是室内 CO 的来源之一，若同时存在室内通风不良，其室内浓度会更高。

（四）SO_2

SO_2 是室内常见的污染物之一，为无色、具辛辣及窒息性气味的气体，易溶于水形成 SO_2 水合物。室内 SO_2 主要来源于室外大气和室内燃煤，冬季用煤炉烹饪取暖的居室内 SO_2 最高日平均质量浓度可高达 0.90mg/m^3。

（五）NO_x

室内 NO_x 的来源可分为室外和室内来源。室外来源包括雷电、大气 NO_x、微生物活动等自然来源和工业、交通运输燃料燃烧排放等人为来源 NO_x 的渗透。室内来源主要是烹饪或采暖时燃料的燃烧、吸烟等人类活动。

（六）O_3

O_3 也是近年来受到大家关注的室内空气污染物之一。室内 O_3 主要来源于室外光化学烟雾。此外，室内激光打印机、负离子发生器、紫外线消毒设备等在使用过程中也可带来室内 O_3 污染。近年来的研究发现，即使低于标准限值的室内低浓度 O_3 短期暴露，也可引起易感人群健康危害。

（七）VOC

由于室内 VOC 种类繁多，总挥发性有机物（total volatile organic compound）被广泛用于 VOC 中主要污染物的定性和定量研究。既往研究结果表明，我国部分城市住宅室内总挥发性有机物的平均浓度可达 $3.4mg/m^3$。室内 VOC 的最主要来源是建筑装饰和装修材料，吸烟、燃料燃烧等人类活动也是室内 VOC 的一种重要来源。此外，室外汽车尾气、工业污染物和燃料燃烧产生的 VOC 可渗透进入室内。

室内最具代表性的 VOC 是甲醛、苯及苯系物。

1. 甲醛 建筑装修所使用的建材是室内甲醛的主要来源，此外，室内甲醛来源还包括家庭日用品、室内烟草烟雾、燃气及燃香的使用等。室内空气中甲醛浓度与室内温湿度、空气流通量及污染源的强度有关。在高温、高湿、负压等条件下，室内甲醛污染会加剧。

2. 苯及苯系物 广义上的苯系物包括全部芳香族化合物；狭义上的苯系物特指包括苯、甲苯、乙苯和二甲苯在内的在人类生产生活环境中有一定分布并对人体造成危害的含苯环化合物。对我国现有室内空气污染物相关文献进行文献综述和疾病负担评估发现，苯及苯系物也是主要的室内空气污染物。室内苯暴露方式主要为呼吸道吸入，吸烟者苯暴露主要源于香烟的主流烟雾；使用含苯的涂料和油漆时，液态苯也可以经皮肤吸收。室内苯污染主要来源于建筑装饰材料，其含量通常超过国家标准数百倍。室内环境中的甲苯主要来源于一些溶剂、香水、洗涤剂、墙纸、黏合剂和油漆等，在室内吸烟产生的甲苯量也不容忽视。此外，使用甲苯的工厂、加油站和汽车尾气的室外源渗透也是室内甲苯的主要污染来源。在室内使用以二甲苯为溶剂的油漆和涂料是室内二甲苯污染的主要原因。

（八）SVOCs

SVOCs 指沸点在 240～260℃到 380～400℃之间、饱和蒸气压较低且挥发性较低的一大类有机化合物。SVOCs 的种类众多，在室内广泛存在的种类主要包括邻苯二甲酸酯类、PAHs 类、PCBs 类和多溴联苯醚等。SVOCs 以人造化学品为主要来源，多为室内使用的建筑装饰材料和日常用品挥发出的物质，吸烟和烹饪时燃料的不完全燃烧也可产生 SVOCs。由于其吸附性强、释放速率低和单纯通风短期内稀释效果差等特点，导致其在室内存在时间较长。

二、室内环境的物理性因素

室内环境中的物理性因素主要包括噪声、辐射、光照、色彩和室内小气候（包括气温、气湿、气流和热辐射）等。

（一）噪声

按照其来源，可将生活环境中的噪声分为交通噪声、生产性噪声和生活噪声。室内环境的噪声来源主要包括室外交通噪声、生产性噪声的传入及室内音响设备、电视机、洗衣机等电器产生的噪声。最新的研究表明，夜间噪声暴露会造成比日间暴露更严重的健康危害，提示夜间室内噪声暴露问题值得关注。

（二）辐射

辐射被认为是带能量的粒子或波动在空间传播的一种过程。由于辐射本身能量不同，其与物质相互作用的反应机制也不同，我们常常把辐射划分为电离辐射和非电离辐射两种类型。电离辐射是指携带足以使物质原子或分子中的电子成为自由态，从而使这些原子或分子发生电离现象的能量的辐射。电离辐射包括波长小于 100nm 的电磁辐射（X 射线、γ 射线）及由放射性物质衰变放出的高能粒子（如 α 粒子、β 粒子及中子等）等。非电离辐射指能量较低，不足以使原子中的电子游离而形成带电的离子的电磁辐射，包括工频电磁场、无线电波、红外线、可见光、紫外线等。

1. 电离辐射 室内电离辐射主要来源于氡（radon，Rn）及其衰减产物。氡的主要来源包括建筑物地基（土壤和岩石）、建筑物材料（大理石等）、生活用水、天然气及煤的燃烧等。对于建在地质断裂带上的房屋，氡可通过地质断裂带进入土壤和大气，从而进入室内，建筑低层往往受其影响较严重。不合格的建筑材料中的氡本底放射性超标，也可导致室内氡浓度超标。通常来源于建筑物地基及周围土壤的氡约占室内氡的 60%，来自建筑材料和室外空气的氡分别占 20% 和 18%。影响室内氡含量的因素除了污染源的释放量之外，室内密闭程度、空气交换率、大气压、室内外温差等都是重要的影响因素，如通风不良的地下室等建筑物中可能会有氡的大量蓄积并导致较高的电离辐射水平。

2. 非电离辐射 室内非电离辐射主要来源于：①室外环境的非电离辐射源，包括调频和电视广播（54～806MHz），但不包括短波广播（0.535～1.605MHz）；②室内环境的非电离辐射源，主要为家用电器、各种电子设备等。

（三）光照

随着人工照明技术的多样化和普遍化，光污染已经成为室内常见的环境问题之一，光污染包括可见光、红外线和紫外线等造成的污染。室内环境光污染中最主要的是可见光污染，亦称噪光。日间过亮或过暗的光照以及夜间不合理的人造光暴露对人体的眼睛、睡眠、心血管代谢、神经认知等可能造成不良影响。日间光污染一般来自室内不合理的装修、强光照射到光滑墙壁或玻璃幕墙等造成的白亮污染等；而在夜间，由于商场酒店等的广告灯、霓虹灯、路灯等人造光源形成的人工白昼是室内光污染的主要来源。研究发现，全球约 83% 的人口生活在这种夜间光污染的状况下。通常用来度量光照度的单位为勒克斯（lx），被光均匀照射的物体，在 $1m^2$ 面积上所得的光通量是 1 流明时，它的照度就是 1lx。研究表明，整晚暴露于 1lx 夜间人造光不会降低机体褪黑素水平，但会造成睡眠碎片化，降低睡眠质量，而 5lx 夜间人造光暴露则可显著降低机体褪黑素水平。

（四）色彩

色彩是整个室内视觉环境的首要因素，居室装修和装饰色彩是人类从物质文明向精神文明过渡的重要标志之一，适当的色彩搭配是提升室内生活和办公环境质量的重要手段。调查显示，在完全陌生的室内环境中，大多数人首先产生的是色彩的心理感知，其次才是生理感知。室内环境色彩包括有颜色、亮度和纯度三种属性。过深过亮的色彩会给身处室内环境的个体带来视觉审美疲劳，合理选择搭配室内色彩则会使人产生统一和谐的愉悦感觉。此外，由于室内环境受自然光和人工灯光等因素的影响，室内环境色彩常常与室内光照和小气候一起对室内环境和人体健康产生综合影响。

（五）室内小气候

室内小气候指建筑物室内的气候，由气温、气湿、气流和热辐射 4 个气象因素组成。这些因素同时存在并综合作用，对人体健康产生影响并决定人是否感到舒适。

室内温度主要受太阳辐射、大气温度和生活环境中各种热源的影响。气湿主要影响人体蒸发散热，夏季空调房间的相对湿度通常以 40%～80% 为宜，冬季采暖房间的相对湿度则保持在 30%～60%。室内空气流速主要与局部区域热源及通风设备有关，室内舒适温度的气流在夏季空调和冬季采暖房间分别保持在 0.30m/s 和 0.20m/s。在偏热环境中，通过开窗或使用电风扇，可提高室内气流速度以降低温湿度升高带来的热不舒适感。室内热辐射主要由人体与周围环境物体之间通过辐射形式的热交换造成。

三、室内环境的生物性因素

室内生物性因素种类多样、构成复杂，附着于不同的环境介质，如灰尘、空气、水等，可通过呼吸、摄入、接触等方式进入人体而影响人体健康。室内环境的生物性因素主要有以下特点：

（一）种类多样

室内不同环境介质中生物性因素种类多样，主要包括细菌、真菌、孢子、代谢物、病毒、室内小型动物相关生物性因素（蟑螂、尘螨及其分泌物、排泄物等）和动物（猫、狗等家养宠物）毛发皮屑等。其中，每一种生物性因素又可细分为更多具体的种类，如室内尘螨种类多达 30 余种，目前研究较广泛地与室内居住者健康密切相关的为户尘螨和粉尘螨。此外，室内细菌、真菌和病毒等微生物群落的构成更为复杂。国外有研究从家庭内门门框上沿积尘中识别出的细菌有 7000 余种，真菌有 2000 余种。我国学者在大学宿舍空气降尘中识别出 2958 种细菌，主要类群为变形菌门、厚壁菌门和放线菌门等；在中学教室灰尘中识别出隶属于 2792 种微生物属的 11 070 种微生物，包括 1710 种细菌属、717 种真菌属、133 种古菌属和 232 种病毒属。

（二）来源复杂，影响因素众多

室内环境微生物来源主要有三种：①室内居住者活动产生；②通风或人类活动导致的室外来源；③合适生长条件下自我繁殖。

多数情况下，人类是室内环境微生物的主要排放来源，除了直接的人源性排放，居住者活动导致的降尘再悬浮也会导致室内生物性气溶胶浓度升高，如在教室环境中，人为活动可导致室内空气细菌浓度平均升高 81 倍，真菌浓度平均升高 15 倍。几项在相对开放的建筑环境中的研究表明，室内人群个体数量对细菌气溶胶整体群落结构的影响较小，对浓度的影响较大。

在室外来源方面，自然通风、进出居室等人为活动会将室外空气和土壤等环境介质中的微生物带入室内，成为室内微生物的重要来源之一。由于室外空气源微生物可以通过通风、渗透、迁移等方式进入室内，因此不同的通风策略主要通过影响微生物室外源强度影响室内微生物浓度和组成。气候、季节等因素也主要通过影响室外植被、土壤、水等环境介质中的微生物组成而对室内微生物群落结构发挥一定的塑造作用。

除了室内居住者排放和室外来源，合适条件下微生物的自我繁殖也成为室内环境微生物的重要来源。例如，室内物体表面的水分聚集就为霉菌的生长繁殖提供了良好的条件。温度、特定波长的光照强度、卫生打扫习惯等也会对微生物繁殖造成一定的选择压力，从而影响微生物群落结构的形成。此外，需要注意的是，送风设备如净化器、空调等的滤网长时间使用而不更换，会向室内环境释放大量细菌碎片、内毒素等微生物成分，成为重要的潜在室内污染源。

（三）时间变异性大

除了室内来源单一并且环境因素稳定这种情况，一般而言，室内微生物浓度和群落结构具有较大的时间变异性，时间跨度可为日、周、月、季节，并且变异大小程度为：日变异＜周变异＜月变异＜季节变异。即使在同一季节内，相邻几周的室内空气细菌群落结构也存在较大的变异。对于真菌而言，由于大多数室内真菌来源于室外环境，因此室内真菌群落结构具有较大的季节变异性。

（邓芙蓉）

第三节　室内不同环境因素的健康影响

室内环境因素众多，对健康的影响较为复杂。本节分别介绍三类不同性质的室内环境因素（化学性因素、物理性因素以及生物性因素）与人体健康之间的关系。

一、室内化学性因素与健康

（一）室内颗粒物与健康

颗粒物对人体健康危害程度的影响因素主要有 4 个：颗粒物的成分、浓度、粒径以及人员的暴露时间。颗粒物的粒径越小，比表面积越大，吸附容量就越大，有毒成分就更容易与之结合。如室内 $PM_{2.5}$ 中微量金属元素和致癌 PAHs 的比例约为 PM_{10} 的 2 倍。不同粒径的颗粒物进入人体部位的深度也不同：粒径为 1.0～2.5μm 的颗粒物主要沉积在支气管和肺泡内，部分颗粒可长时间滞留于肺组织，形成肺间质病变；UFP 可以侵入并停留于肺泡，通过呼吸系统迅速进入血液循环系统，进而影响呼吸系统以外的其他器官（如心脏等）。最近研究表明，与室内 $PM_{2.5}$ 相比，室内 UFP 对学龄儿童心肺功能的危害更大，在 $PM_{2.5}$ 浓度控制在较低水平后，UFP 的这种不良影响更为突出且持续时间较长。

由于室内 $PM_{2.5}$ 不仅受室外大气的影响，还受室内污染源的影响，其成分比室外 $PM_{2.5}$ 更为复杂，其粒径大小分布与室外 $PM_{2.5}$ 也存在差异。室内 $PM_{2.5}$ 主要成分是与烹饪、吸烟等燃烧过程相关的各种颗粒物与化合物，如烹饪油烟里含有的苯并芘、杂环胺等大量致癌物质会吸附到 $PM_{2.5}$ 上，被人体吸入后容易引发肺癌、胃癌等；吸烟所产生的 $PM_{2.5}$ 颗粒的粒径为 0.11～0.40μm，比室外 $PM_{2.5}$ 粒径更小，对居民健康危害更严重。室内颗粒物主要健康危害是影响人体的呼吸系统和心血管系统。此外，室内颗粒物也被证实与过敏症状、不良出生结局、神经和认知等疾病相关，按产生健康效应的时间，室内颗粒物对健康的影响可分为短期和长期效应。

1. 室内颗粒物的短期健康效应　短期暴露于污染物所引发的急性健康效应称为短期健康效应。室内颗粒物短期暴露与肺功能受损显著相关。随着室内 $PM_{2.5}$ 日均浓度的增加，成年人及健康老年妇女预测呼气流量峰值（peak expiratory flow，PEF）显著下降。研究发现，PM_1 和 $PM_{2.5}$ 的短期暴露与儿童 FEV_1 和 PEF 的减少有关，相较健康人群，呼吸系统疾病患者对 $PM_{2.5}$ 的反应更为敏感。随着室内 $PM_{2.5}$ 浓度的增加，COPD 患者的 FEV_1 显著降低，喘息症状和急性加重风险显著增加。研究表明，室内颗粒物的短期暴露与儿童下呼吸道疾病相关，随着住宅室内 $PM_{2.5}$ 及粗颗粒物（coarse particles，$PM_{2.5-10}$）浓度的增加，儿童哮喘症状和救援药物使用均显著增加。

短期室内颗粒物暴露还可影响心血管系统。研究发现，室内颗粒物及其成分黑碳（black carbon，BC）短期暴露量的增加与自主心脏功能及心率变异性指标间期标准差（standard deviation of NN intervals，SDNN）的下降显著相关，与心脏高频功率的升高显著相关，且颗粒物粒径越小，其浓度及 BC 含量对人体总功率的影响越大。颗粒物中的硝酸盐与急性心血管住院率和老年人死亡率呈显著正相关。室内 $PM_{2.5}$ 及其中多种成分（如铜、钾、锰、锌、矾、铝、铅等）的短期暴露可增加 CVD 住院率，也可对 COPD 患者心血管功能造成不良影响，使其血压升高。

2. 室内颗粒物的长期健康效应　长期健康效应是长期暴露于污染物所引发的慢性健康效应。长期暴露于室内颗粒物与慢性病如心血管、呼吸系统疾病以及脑血管并发症相关。部分有毒污染物可附着在室内颗粒物表面，如金属、PAHs、硫酸盐等。其中，一些金属离子（如铝、砷、镉、铅、锰等）可在大脑中积累，造成神经系统的损伤。PAHs 的长期暴露也已被证明具有致癌和致突变作用。同时，重金属和 PAHs 可单独或协同破坏 DNA 的双螺旋结构，导致遗传突变。颗粒物中的硫酸盐会增加有毒化合物在肺部的沉积，长期暴露于硫酸盐还可能导致氧化应激，增加血管疾病的风险。

研究发现易感人群（如老年人、儿童和孕妇等）比其他人更容易受到室内颗粒物的影响。孕妇若长期接触高浓度PM，可引发胎儿不良出生结局、早产、足月低出生体重、先天性残疾、死产和呼吸系统疾病。暴露于室内环境中的污染物与儿童呼吸道疾病有关，如喘息、哮喘和鼻炎等。暴露于室内颗粒物会对肺部造成影响，尤其是儿童的肺部发育，包括导致可逆性肺功能缺陷、慢性肺生长率降低和长期肺功能缺陷。长期暴露于$PM_{2.5}$和$PM_{2.5-10}$也与65岁以上老年人肺功能下降相关。除了易感人群，不可避免地长期暴露于高PM浓度的人群的健康危害也不容忽视。例如，在我国，烹饪是女性肺癌的重要原因之一。

此外，室内颗粒物除了化学性成分还可包括细菌、病毒等生物性成分。其引发的疾病主要包括过敏性疾病和感染性疾病，具体内容在本节第三部分进行叙述。

（二）室内CO_2与健康

在大气环境中，CO_2的正常浓度范围为0.03%～0.04%，某些大城市可高达0.05%。室内由于人群聚居、燃料燃烧等因素，CO_2浓度高于室外。通风不良的办公室及卧室中，CO_2浓度可高于1.0%；北方冬季一些室内由于采用燃煤取暖，且门窗紧闭，其CO_2可超过2.0%；在没有足够通风的房间中使用干冰时，CO_2浓度可达3.0%。室内CO_2浓度从0.07%开始，即与SBS相关。室内CO_2浓度达到0.05%时，循环、心血管和自主神经系统随着其浓度呈现明显的线性生理变化。室内CO_2浓度高于0.10%时，短期暴露会影响认知能力，包括决策和问题解决能力，并且儿童将会出现呼吸道症状。在一项针对24名员工的研究表明，与工作日0.06%的CO_2浓度相比，当参与者暴露于0.14%的CO_2时，认知得分降低了50%；当CO_2浓度达到0.15%时，不舒适感明显；浓度达到1%以上，会使人头晕目眩；在浓度超过2.0%的室内环境暴露数小时，则会产生头痛、轻度疲劳及呼吸困难；浓度达到3.0%时，可增加人体心率和血液压力，人体的耐受时间仅为20分钟，之后会出现头痛、弥漫性出汗和呼吸困难等症状。室内CO_2还会影响睡眠质量，研究表明，睡眠起始潜伏期与室内CO_2浓度呈线性正相关，慢波睡眠指标则与其呈线性负相关。

（三）室内CO与健康

CO在血液中形成碳氧血红蛋白，从而抑制氧气摄入，进而造成对呼吸系统、大脑和心脏等器官的健康危害。室内CO对健康的影响大多表现为急性，室内低浓度CO，可使健康人群出现疲劳，心脏病患者出现胸痛的症状；在较高浓度下，可出现心绞痛、视力受损、大脑功能降低；在高浓度下，可导致视力和协调能力受损，并出现头痛、头晕、恶心等流感样症状，离开室内暴露后症状就会消失；过高的室内CO暴露可以致死。阴燃木火、故障炉、热水器和厨房灶具通常会导致室内CO浓度超过1600ppm，若人体暴露于该浓度下20分钟，即会出现头痛、头晕和恶心等症状，1小时内可导致死亡。

（四）室内SO_2与健康

室内SO_2的主要来源包括室外源和室内源。我国农村由于煤饼、煤球及蜂窝煤等燃料的使用，加之炉灶结构的不合理，使得煤不能完全燃烧，排放出大量污染物，其中以SO_2为主，吸烟过程中也会产生SO_2。调查结果表明，室内SO_2浓度通常低于室外，但室内燃煤会导致空气中SO_2的浓度迅速升高，冬季厨房可达$0.86mg/m^3$，卧室可达$0.50mg/m^3$。室内SO_2的暴露与哮喘、COPD和CVD相关。健康者短期吸入$0.57mg/m^3$浓度的SO_2，不会立即导致心脏功能改变，但4小时后可以引起心脏迷走神经的功能降低，增加室性心律失常的发生率。然而，SO_2在室内低浓度条件下，对心血管的影响具有多面性和复杂性。例如，SO_2在生理浓度下可对心血管功能可起到生理调节作用。

（五）室内NO_x与健康

室内主要的NO_x为NO和NO_2，其来源包括室外的天然源、交通排放、工厂排放等，以及室内烹饪、取暖、吸烟等过程。NO在空气中很容易转化为毒性高于其4～5倍的NO_2。对于没有燃烧设备的家庭，室内NO_2平均浓度约为室外的一半。在有燃气灶、煤油加热器或不通风的燃气空间加热器的家庭中，室内 NO_2 浓度通常超过室外水平。NO_2 为一种刺激性气体，主要影响眼睛、鼻子、喉咙和呼吸道的黏膜，低水平 NO_2 暴露可导致一些哮喘患者的支气管反应性增加，COPD 患者肺功能下降，以及呼吸道感染尤其是儿童感染的风险增加；持续接触高浓度 NO_2 会导致急性或慢性支气管炎的发生；极高剂量（如在建筑物火灾中）暴露于 NO_2 可能导致肺水肿和弥漫性肺损伤。NO_x 还可诱发心血管系统疾病。NO_2 长时间暴露会损伤心肌细胞线粒体，使线粒体膜电位和活性下降，氧化磷酸化能力减弱，自身合成能力下降，破坏心肌线粒体的正常功能，进而导致严重 CVD 的发生。研究表明，NO_2 浓度每升高 10μg/m^3，会使当天居民 CVD 应急呼叫事件增加 0.99%，NO_2 与心脏病、心房颤动、高血压、冠心病以及 IHD 等心血管单病种疾病风险存在相关性。

（六）室内 O_3 与健康

室内 O_3 污染可导致肺损伤、哮喘、呼吸功能下降。当 O_3 浓度高于 0.11mg/m^3 时，人可闻到不畅快的气味；当高于 0.43mg/m^3 时，呼吸道阻力增加、咳嗽、头痛、思维能力下降，严重时可导致肺气肿和肺水肿等病变。人体暴露于 1.1mg/m^3 的 O_3 中 3h，用力肺活量（forced vital capacity，FVC）、FEV_1 等指标显著下降。O_3 与 SO_2、NO_2 等污染物联合作用时，能增加对肺的损伤作用。同时，O_3 作为强氧化物可通过血液进入全身循环系统进一步导致 CVD。敏感人群如老年人和 CVD 患者可能更易受 O_3 暴露的危害。我国学者近年来的研究发现，即使低于标准限值的室内低浓度 O_3 短期暴露（17μg/m^3），也可引起学龄儿童气道炎症和心脏自主神经功能的不良改变，可能与机体内 GSH、胆汁酸和精氨酸代谢等的氧化应激和炎症反应上调相关。在健康成人中也观察到与之相关的血小板活化和血压升高现象。

（七）室内 VOC 与健康

室内甲醛及其他 VOC 的健康影响主要包括三个方面：对皮肤、黏膜的刺激，对呼吸系统的影响，以及致癌和促癌作用。室内 VOC 可导致眼部刺激症状（如畏光、流泪、眼刺痛、灼痛等不适等），皮肤刺激症状（如皮肤干燥、瘙痒、红肿等），神经毒性症状（如头痛、头晕、嗜睡等），以及食欲不振、恶心、胃胀、胃痛、腹部不适、疲劳等。研究发现，住房装修或新置家具是持续咳嗽、喘息、咳痰以及儿童哮喘、湿疹的危险因素。室内装修与入住时间间隔越短，出现呼吸道、眼部、皮肤刺激、神经毒性症状、恶心及腹部不适等症状的比例越高。室内多种 VOC 被证实具有致癌性。2004 年 IARC 将甲醛列为人类确定致癌物，并且认为甲醛与白血病发生之间存在因果关系。此外，苯、1, 3-丁二烯也被 IARC 列为确定的人类致癌物。近年来，苯的表观遗传机制，如相关基因的甲基化和乙酰化也引起了人们的关注。

由于人造建材的大量使用及室内通风不足等原因，我国室内 VOC 污染尤为严重，由此带来的健康问题不可忽视。以甲醛为例，2002～2012 年，我国城市新装修住宅、办公室和公共场所中平均浓度分别为 0.23mg/m^3、0.19mg/m^3 和 0.15mg/m^3，均高于国标限定值（0.10mg/m^3）。在上海 30 名老年人住宅室内开展的研究监测结果表明，卧室夜间甲醛浓度在冬季最高，超标率超过 20%。目前，开窗通风仍是降低室内甲醛浓度的一种有效措施。但有动物实验指出，甲醛的波动浓度暴露对呼吸系统的危害比恒定浓度暴露更强，因此，需对高浓度甲醛的室内环境进行长期通风，避免在高浓度暴露期间频繁开关窗，引起甲醛浓度波动带来更大的健康危害。

（八）室内 SVOCs 与健康

SVOCs 对健康的影响主要表现为对生殖系统、甲状腺、免疫系统及神经系统等方面的影响。其中，DEHP 作为常见塑化剂，是室内典型 SVOCs。室内的 DEHP 主要来自塑料制品［包括聚乙烯（polyethylene）、聚丙烯（polypropylene）及 PVC 等］。DEHP 与塑料分子以氢键或范德瓦耳斯力连接，并非以共价键形式牢固结合，因此很容易通过淋洗、迁移或蒸发等方式进入室内空气、水、食品中。虽然人体内 DEHP 主要来自食品摄入，但呼吸道暴露与皮肤接触暴露也是重要暴露途径。研究发现，DEHP 在室内空气中的浓度远高于室外，且主要吸附在悬浮颗粒物和灰尘沉积物上。

普通人通过呼吸暴露于颗粒物摄入 DEHP 的量是气相摄入的 1～3 倍。研究发现，人体通过室内尘埃对 DEHP 的摄入量占总量的比例随地域不同而有所差异，中国人通过室内尘埃摄入 DEHP 的量占总摄入量的 2.0%～5.0%，而美国人占 10%～58%。DEHP 可危害人体消化系统，也会造成免疫力及生殖力下降。DEHP 可穿透羊水毒害胎儿，可能影响胎儿和婴幼儿体内荷尔蒙分泌，引发激素失调，也可能导致儿童性早熟；饮用含 DEHP 的水可使性别错乱，男性生殖器变短，幼儿性征不明显。目前虽无法证实 DEHP 对人类是否致癌，但已证实对动物会产生致癌反应。

二、室内物理性因素与健康

（一）室内噪声与健康

室内噪声强度相对室外较低，但暴露时间较长，可明显干扰人们的生活甚至危害健康。噪声强度越大、频率越高、接触时间越长，则健康危害越大。噪声的影响早期多为可逆性、生理性改变，但长期接触强噪声，可导致不可逆性、病理性损伤。此外，当其他有害因素如振动、高温、寒冷等因素存在时，或机体有基础疾病（特别是耳病）时，噪声的不良作用会加重。

按对人体不同部位的健康损害，噪声的健康影响可分为对听觉系统的影响（特异性损伤）和对非听觉系统的影响（非特异性损伤）。

1. 特异性损伤　人们最早关注噪声对人体的健康影响是噪声对听觉系统的影响。目前，对噪声危害的评价以及噪声的标准制定也以听觉系统的损伤为主要依据。短期暴露于强噪声环境，可引起听觉适应，若继续接触较强声源，可引发听觉疲劳。离开飞机环境后，耳朵总是嗡嗡作响，甚至听不清对方说话的声音，就是听觉疲劳的一种表现。听觉适应和听觉疲劳均为暂时性听阈位移。长期接触高强度的噪声还可导致永久性听阈位移，造成长久性听力损伤，甚至耳聋。研究证明，家庭室内噪声是造成儿童耳聋的主要原因，若在 85dB 以上噪声中生活，耳聋发病率可达 5%。

2. 非特异性损伤　除影响听觉系统，噪声对机体的其他系统也会造成影响，称为非特异性损伤，主要表现为对神经系统和心血管系统的损害。噪声可引起神经系统功能的紊乱，导致精神障碍。较高水平噪声暴露可使人体出现头晕、头痛、失眠、多梦、全身乏力、记忆力减退、情绪低落等症状，影响正常生活和工作。有研究表明，室内引起烦恼的噪声阈值为 48dB，室内噪声超过 50dB 就会影响睡眠和休息，超过 85dB 即可使人感到烦躁、萎靡不振、易怒等。室内噪声污染还可引起 CVD，导致个体血压升高、自主神经功能异常等，严重情况下甚至会引起心律失常、心肌梗死和冠心病等。基于城市地铁的随机交叉研究发现，降低交通来源颗粒物或噪声水平均可使年轻健康个体的心血管指标得到一定改善，且降低噪声的改善效果更为明显。此外，噪声还可影响消化系统，使胃功能紊乱、胃液分泌减少、蠕动减慢，以致食欲不振、消瘦；影响内分泌系统，使得甲状腺功能亢进；造成肾上腺皮质功能亢进（70～80dB）；导致性功能紊乱，月经失调等；长时间室内高噪声暴露还可能与不良出生结局有关。

（二）室内辐射与健康

1. 非电离辐射的健康效应　室内非电离辐射来源包括室外源如调频、电视广播等，以及室内源如家用电器、各种电子设备等。频率、强度不同的非电离辐射对健康的影响也有所不同。

（1）工频电磁场：我国电力工业（包括民用和工业用电）的标准频率定为 50Hz，故 50Hz 又被称为工频。工频的频率很低，不足以产生对外传播的电磁波。室内工频电磁场主要来源于电吹风、电视机、电脑、电冰箱等家用电器，以及室外的变电站、高压电线等。流行病学证据表明极低频电磁场暴露可能同儿童白血病发病相关，IARC 将极低频电磁场归为“人类可疑致癌源”。

（2）射频电磁场（radiofrequency electromagnetic fields）：是指工作频率在 100kHz～300GHz 的高频、超高频、微波等电磁场，又称为电磁辐射。射频电磁场可以在空气中传播，并经大气层外缘的电离层反射，形成远距传输能力。室内的射频电磁场主要由室内手机、路由器、微波炉、电磁炉，室外广播电视发射塔、雷达等产生。射频电磁场的健康效应主要包括导致机体局部或全身温度升高的热效应和未引起温度上升但产生的生物学效应（非热效应）。

高频电磁场（100kHz～300MHz）在一定强度下，可以引起神经衰弱综合征以及反映在心血管系统的自主神经功能失调，主要症状包括全身无力、易疲劳、头晕头痛、胸闷心悸、睡眠不佳、记忆减退、脱发、口干舌燥等；女性可出现月经周期紊乱；部分人员可出现窦性心动过缓或窦性心律不齐、血压改变等。女性和儿童对高频电磁场更为敏感。高频电磁场对人体作用是可逆的，一般不会产生永久性损伤。

频率更高的微波（＞300MHz）能量更大，除可导致严重的神经衰弱症，还可造成心血管系统为主的自主神经功能紊乱，包括窦性心律不齐、窦性心动过缓、T 波下降等，使人感到心悸、心前区疼痛和胸闷等。微波还可引起局部器官的不可逆损伤，如大强度长时间微波作用会造成晶状体混浊，严重的可能发展为白内障，乃至视力完全丧失。睾丸对微波热效应较为敏感，微波可能抑制精子生长，严重时可能导致不育。

2. 电离辐射的健康效应 相比非电离辐射，电离辐射对人体健康的危害要大得多。电离辐射可直接作用于 DNA、RNA、核蛋白和酶类，使其发生电离，化学键断裂，造成分子变性和结构破坏，导致染色体畸变、基因位移或脱失等后果，影响复制、转录和蛋白质合成等过程，进而影响到细胞遗传、发育、生长和代谢等生命活动，甚至可引起细胞癌变。接触电离辐射可导致外周血细胞不同程度的减少，一般来说，血细胞减少的顺序依次为白细胞、血小板、红细胞。妊娠期受到电离辐射，还可导致胎儿畸形和发育障碍；男性受电离辐射后，可导致精子数量减少、活动度降低和畸形精子增加，而女性则可引起月经不调甚至绝经。

室内电离辐射的最主要来源是氡及其衰减产物。WHO 将氡列为 19 种主要的环境致癌物质之一，是引发肺癌的重要因素，中国每年因氡导致肺癌的病例在 5 万例以上。同时，室内氡暴露也与白血病、肾癌、黑色素瘤在内的多种肿瘤的发病显著相关。此外，室外自然界如土壤中的放射性物质镭、钍及其衰变产物可吸附到颗粒物上进入室内，这些放射性颗粒物一旦被人体吸收会在体内造成内照射。最新研究表明，室内的颗粒物相关辐射与 COPD 患者肺功能指标的下降、尿液氧化应激标志物及血液炎性标志物的升高显著相关。

（三）室内光照与健康

室内光照的合理与否可直接影响视觉功能、情绪及工作效率。可见光通过视觉感受器产生神经冲动，并可经间脑达脑下垂体及其他内分泌腺，这些内分泌腺产生的激素进入血流，从而影响组织器官和整个机体的功能。实验表明光谱、光强和照射时长等光物理特性通过影响人体的激素分泌、体温、心率等生物指标，影响人们的警觉度、工作效率、情绪、睡眠等与健康密切相关的日常作息。

适宜的采光和照明，对机体具有良好的刺激作用，能使视功能和神经系统处于舒适状态，并提高工作效率。例如，红橙光照射能增强神经系统兴奋性，红光照射可提高细胞的新陈代谢，促进细胞合成，促进伤口和溃疡的愈合，促进毛发的生长，促进骨折愈合和受损神经的再生以及白细胞的吞噬作用；蓝紫光能使神经系统兴奋性降低，可辅助治疗新生儿的高胆固醇血症和溶血性黄疸，并可控制褪黑素的分泌，改变生理节律以调节人体生物钟，可用于冬季抑郁症和生理节律的治疗；然而，蓝光也可被视网膜吸收，导致视网膜视觉细胞的死亡和视网膜黄斑部的自由基产生，进而导致视力受到影响，儿童和视网膜黄斑变性等眼病患者受到蓝光辐射的影响更大。

室内环境中，若光照的数量、方向或者光谱分布不当，会导致人感到不舒适、懊恼、精神涣散，人识别环境中重要信息的能力减低，这种现象称为室内光污染。一般情况下，屋顶和墙面的光反射系数宜低于 60%，地面宜为 15%～35%。某些室内在装修时选用了颜色过亮的瓷砖，甚至安装多个镜面，使反射系数高达 90%，超过人体的承受范围，造成白亮污染。白亮污染可能使眼角膜和虹膜受到伤害，导致视疲劳或视力下降，增加白内障发病率；同时，还会扰乱正常的生理节律，诱发神经衰弱和失眠。另一类重要的室内光污染是夜间杂散光污染，光照可能通过直接照射或反射进入住户内，使得室内的光照强度超过人休息时的可接受度，影响人体正常的生物节律，可导致激素分泌紊乱，使人出现头晕目眩、困倦乏力、精神不集中等症状。

此外，个别家庭或者娱乐场所在装修时，为了营造奢华浪漫的氛围，把灯光设计得五彩斑斓，超出了合理的采光需求。彩色光源使人眼花缭乱，不仅对眼睛不利，而且干扰大脑中枢神经，出现头晕目眩、恶心呕吐等症状。值得注意的是，光污染对婴幼儿和儿童的影响更大，不仅削弱视力，还影响视力等发育情况。

此外，室内空气中的一系列碳氢化合物和 NO_x 等可在光照作用下发生光化学反应，生成二次污染物，对人体健康产生负面影响。

（四）室内色彩与健康

室内色彩设计是保障室内环境健康、舒适的重要环节之一。合理的室内色彩搭配可缓解疲劳、疗愈情绪；单调缺乏变化的色彩易引起视觉疲劳；而过于混乱且对比强烈的色彩易造成刺激感引发不适。不同的色彩被感知后，通过神经系统的调节，对血液循环、内分泌等产生不同程度的影响，引起不同的生理和心理感受。例如，红色导致兴奋，提高肾上腺素的分泌，血压升高、脉搏加快，但接触红色过多时，会产生焦虑及压抑的情绪。因此，在卧室或书房应避免过度使用红色；蓝色降低脉搏和血压，可在卧室使用蓝色，有助于消除紧张情绪，缓解头痛、发热、失眠等。此外，研究表明不同色彩搭配能够通过感官影响人们对室内温度及室内空间的感受。

色彩偏好还受光源、背景色、文化及心理等因素的影响。儿童对高饱和度、高明度的颜色偏好与认知水平有较大关联，但考虑到视觉健康及任务需求，应在儿童房尽量克制应用高饱和度色彩。老年人由于色彩感知能力（特别是对饱和度的辨识能力）下降，需要在台阶等边缘选用明度对比度高的色彩组合以提供警示，确保无障碍出行、活动。

（五）室内小气候与健康

室内小气候由气温、气湿、气流和热辐射 4 个气象因素组成，这些因素同时存在并综合作用，对人体的舒适健康产生影响。适宜的室内小气候可使人体的体温调节功能处于正常状态，使人们有良好的温热感，有利于工作、休息和睡眠。我国《室内空气质量标准》（GB/T 18883—2022）给出了满足人体舒适的室内气温、气湿和气流的标准值范围。对于夏季使用空调的室内环境，舒适的气温范围是 22～28℃，气湿为 40%～80%，气流流速不超过 0.30m/s；对于冬季采暖的室内环境，舒适的气温范围为 16～24℃，气湿为 30%～60%，气流流速不超过 0.20m/s。而不良的室内小气候可使人感到不舒适，甚至影响人体健康，包括影响体温调节，降低免疫功能等。

1. 气温对健康的影响　夏季，当室内温度超过 32℃时，人体的体温调节功能就会受到影响。高温可引起神经反射潜伏期延长、运动神经兴奋性明显降低，肌肉工作能力降低。处于过热小气候可使人产生困倦感、厌烦情绪、无力与嗜睡等症状，导致注意力不集中、动作的准确性与协调性差、反应迟钝。免疫系统对高温作用的反应具有明显的时相性，在热应激状态下机体免疫功能先出现一过性反应性增强，随后出现免疫抑制。长时间暴露于高温环境中可引起血清中免疫球蛋白 G（immunoglobulin G）、免疫球蛋白 M（immunoglobulin M）、免疫球蛋白 A（immunoglobulin A）等免疫蛋白含量下降。此外，室内环境过热时，机体会大量出汗而失水，会引起水盐代谢障碍，甚至导致内脏血液供应不足，严重时可造成心脑血管、泌尿、消化、免疫、神经、内分泌等系统的功能紊乱和病变。

冬天，当室内温度低于 12℃时，室内可居住性较差并有损健康，80% 坐着的人感到寒冷，不能坚持久坐，活动着的人也有 20% 以上感到寒冷。寒冷暴露初期，交感神经紧张度和代谢活性增强，但长期处于寒冷的室内环境可抑制机体运动和感觉神经功能，使得人体神经传导速度减慢，血脑屏障渗透性增加，导致工作效率降低，以及出现冷漠、注意力不够集中等神经衰弱综合征症状。室内温度若低于 10℃，则会使人体代谢功能下降，脉搏、呼吸减慢，皮下血管收缩，呼吸道黏膜的抵抗力减弱，容易诱发呼吸道疾病。过低的室内温度可使鼻黏膜温湿度降低，支气管分泌物增加、分泌物排出困难、气道阻力增加，是冬季运动性哮喘发病的主要因素。

寒冷还可影响呼吸道及肺实质的血流，使肺静脉收缩，诱发进行性肺动脉高压。同时，在寒冷环境下，机体肌肉收缩能力、协调性和灵活性明显降低，更易产生疲劳；关节温度降低、关节囊滑液的黏度和活动阻力增加，更易导致运动损伤。寒冷环境刺激还会导致心肌对缺血耐受性下降，会加重原发性 CVD。此外，老年人、儿童或感冒、肺炎等疾病的患者在较低室温环境中容易发生低温症，即体温低于 35℃；轻度低温症患者大多表现为动作缓慢、精神迟钝，但神志尚清醒；体温如果再低则可能会陷于昏迷状态，并可导致死亡。

2. 气湿对健康的影响 人体的温热感除了受室内气温的影响，还受到气湿的综合作用。室内气湿过高时（＞80%），夏季人体散热受到抑制，感到闷热；冬季会加速热传导，使人感觉阴冷。一定范围的气湿还可以使皮肤、上呼吸道黏膜、口腔黏膜这些部位的表面保持湿润，局部生理功能发挥良好，从而对机体正常的防御和分泌功能起到良好的促进作用。如果室内空气过于干燥（气湿＜30%），人体皮肤和黏膜表层细胞就会丢失水分，咽喉发干，鼻腔出血，致使呼吸道的防御能力减低，易引起上呼吸道黏膜感染，幼儿和儿童更易患病。

3. 气流对健康的影响 室内气流的变化在主、客观上都影响着人体热舒适。研究表明，在夏季夜间通风可以明显改善室内热环境。在室内温度适中或者偏高时，气流流速（风速）的增加可显著加速人体散热，也能显著改善室内感知空气质量。然而，过度提高气流流速会使室内人员产生吹风感，从而引发不适。当气流流速大时，空气中的水分更容易丢失，促使皮肤黏膜表层的水分丢失，变得愈加干燥。

4. 室内小气候对健康的间接影响 室内小气候除了对人体健康产生直接的影响以外，还会由于影响到污染物在室内的浓度变化，从而间接影响人体健康。例如，气温可影响室内建筑装修材料和家具板材中的挥发性化合物向室内空气中释放的速度，气温越高，越易释放。在其他因素相同的条件下，气湿越大，水溶性污染物在室内滞留的时间就越长。气流在促进污染物排出室外方面起着关键的作用，良好的通风将有助于室内污染物迅速排出。室内小气候也会影响室内生物性因素，室内温湿度在利于人体舒适的条件下，往往也利于大多数微生物的滋生和繁殖。室内不通风时，空气中的流感病毒、结核分枝杆菌等病原微生物和尘螨、真菌等室内变应原就极易在舒适条件下生长繁殖，且不易排出室外。

综上所述，室内小气候的各个因素必须在时间、空间上保持相对舒适和稳定。由于各地区的气候条件、居住条件、生活习惯等各有不同，居民对气候的适应能力也有差别。气温是影响体温调节的重要因素，又较易受到外界气象因素的影响，因此室内小气候的标准以气温为主。由于冬夏两季室内外温差较大，因此室内小气候的标准以冬夏两季为主。

三、室内生物性因素与健康

室内生物污染物包括细菌、霉菌、病毒、尘螨、蟑螂、动物皮屑、花粉等。由于室内环境相对封闭、空调的大量使用和饲养宠物等原因，室内微生物污染已成为危害我们身体健康的重要因素之一，其引发的健康问题也成为全球关注的热点问题。室内生物性污染物引起健康问题的症状包括传染性疾病、哮喘、SBS 等，军团菌、霉菌性肺炎甚至可伤害人的性命。有呼吸问题、过敏和肺部疾病的老年人及儿童特别容易受到室内空气中致病生物制剂的影响。

（一）室内病原体微生物与健康

室内环境病原体微生物包括细菌、真菌、病毒等，其浓度远高于室外环境，这些病原体微生物可通过空气、食物、水进行传播，造成传染性疾病、过敏性疾病、SBS 等的发生。下文以最典型的室内病原体微生物军团菌和霉菌为例，介绍其对人体的健康危害。

1. 军团菌的健康危害 军团菌是室内常见的细菌之一，主要寄生于家用供水管道和空调系统的冷却水、冷凝水。1976 年，美国费城召开了退伍军人会议，参会者中 182 人突然生病，29 人死亡，症状包括发热、咳嗽、胸痛、肺炎。调查发现，该病症由空调系统内滋生的一种革兰氏阴性杆菌在空气中传播引起，故这些致病菌被命名为“军团菌”，“军团病”也由此得名。军团菌的主要传播方式为呼吸道吸入受军团菌污染的空气、水雾、气溶胶等，但目前尚未证实人与人之间的传播。军团菌可侵染肺泡组织和巨噬细胞引发炎症，导致军团菌病，甚至导致呼吸衰竭和肾衰竭，病死率高达15%～20%。军团病全年均可发生，但以夏秋季为高峰期，老年人、吸烟酗酒者及免疫功能低下者更容易被感染。根据《公共场所集中空调通风系统卫生规范》（WS 394—2012）相关要求，公共场所集中空调系统冷凝水、冷却水中不得检出嗜肺军团菌。

2. 霉菌的健康危害　霉菌会产生多种有毒化学物质，称为霉菌毒素。常见的霉菌毒素，如黄曲霉毒素是非常强的致癌物和肝毒素，曲霉毒素具有肾毒性和致癌性。室内霉菌暴露途径主要是摄入被霉菌毒素污染的食品。室内小于10μm的可吸入灰尘或霉菌颗粒中存在大量的霉菌毒素。研究表明，血液中赭曲霉毒素水平随着空气中赭曲霉毒素的升高而显著升高，尿液中的霉菌毒素含量也随着空气中单端孢菌素水平的升高而升高，证明了霉菌的呼吸道暴露也不可忽略。

（1）感染性疾病：人体感染霉菌后，霉菌会直接在人的体内繁殖，造成多种疾病，如霉菌性肺炎会导致肺纤维变性；又如女性霉菌性阴道炎，如果怀孕妇女患霉菌性阴道炎，会引起新生儿出现鹅口疮和臀红等疾病。

（2）过敏反应：室内霉菌暴露会改变免疫因素并产生过敏反应。吸入或接触霉菌或霉菌孢子可能会导致敏感个体出现过敏反应，包括花粉热型症状，如打喷嚏、流鼻涕、红眼和皮疹等，这些反应可以是即时或延迟的。反复接触霉菌会增加人的敏感性，导致更严重的过敏反应。

（3）SBS：国内外多项研究表明，室内霉菌以及特定微生物挥发性有机物（microbial volatile organic compounds）暴露是SBS如头晕、头痛、胸闷、工作效率低下等症状的危险因素。

（4）呼吸道等疾病：室内的霉菌还可导致一些疾病，如上呼吸道症状、咳嗽和喘鸣，引发哮喘患者发生哮喘，以及导致易患免疫介导性疾病的人患过敏性肺炎。暴露于高浓度的室内霉菌会导致免疫功能正常的人的多个器官和系统，包括呼吸系统、血液系统、免疫系统和神经系统受损和功能障碍。

3. 其他病原体微生物　一些嗜冷菌如耶尔森菌、李斯特菌等在温度越低的冰箱冷冻室繁殖越快。感染嗜冷菌的症状通常表现为急性胃肠炎、小肠结肠炎等炎症性疾病，称为“冰箱肠炎”，甚至可能出现严重并发症，如脑膜炎、败血症等。此外，冰箱中的志贺菌、沙门氏菌等，可使感染者出现发热、腹痛、腹泻、恶心、呕吐等症状，导致细菌性痢疾等疾病。

此外，许多病原微生物均可在室内传播，引起疾病的发生。例如，非典病毒（severe acute respiratory syndrome coronavirus，SARS-CoV）可引起SARS；副黏病毒可引起流行性腮腺炎；鼻病毒、冠状病毒、腺病毒可引起普通感冒；结核分枝杆菌可引起肺结核；念珠菌可引发手癣、足癣等。

除了上述的细菌、真菌、病毒外，室内的其他病原体微生物还包括寄生虫（原虫、蠕虫）和螺旋体等也可导致传染病。例如，隐孢子虫可通过粪—口途径传播，引发自限性腹泻，目前由隐孢子虫引起的腹泻已被列为全球常见的6种腹泻病之一；福氏耐格里原虫的感染途径几乎均为鼻腔接触污染水源吸入，感染后可引起原发性阿米巴脑膜炎；血吸虫可通过皮肤接触生活用水感染，引起肠道、肝脏、尿道、脑等部位的病变，早期感染也可有尾蚴性皮炎、出血性肺炎等临床表现。

（二）室内尘螨与健康

尘螨是一种对人体具有强烈致敏反应的微生物，除了活动的尘螨，它的尸体、分泌物和排泄物等均为过敏原，粪粒的致敏性最强。尘螨可随着人们铺床叠被、打扫卫生等活动中扬起的尘土飞入空中，被吸入肺内。当吸入尘螨粪便等颗粒时，它们会与气道上皮接触并水合，并将其致敏成分排出到黏膜屏障上。这些致敏成分可在敏感个体中引发轻度至重度过敏症状：轻度病例可能会导致偶尔流鼻涕、流泪和打喷嚏；在严重的情况下，病情持续或呈慢性，导致持续打喷嚏、咳嗽、充血、面部压力甚至严重的哮喘发作。

除哮喘外，室内尘螨还可导致过敏性鼻炎、过敏性皮炎等过敏性疾病的发生和加重。尘螨引发的过敏属于外源性过敏反应，患者往往有家族过敏史或个人过敏史，且儿童发病率高于成人。统计数据表明，5.0%～30% 的普通人群表现出尘螨对皮肤试验反应的敏感性；在哮喘和过敏症的患者中，有 40%～85% 的人对尘螨过敏。尘螨可导致哮喘患者哮喘发作的风险增加，尘螨抗原暴露量高的哮喘患者服用的吸入型糖皮质激素的量高于尘螨抗原暴露量低的哮喘患者。

尘螨易在温暖、潮湿、无风、阴暗的环境中滋生和生存，其生长发育最适宜的温湿度为（25±2）℃、80%，因此，其引发的过敏性疾病多发于春秋两季。调查表明，约 80% 的住宅内尘螨抗原的浓度超过 WHO 规定的临界浓度（2.0μg/g）。为避免尘螨带来的健康危害，应加强室内通风换气，保持室内干爽，保证良好的采光，勤打扫，勤换洗衣物、被褥、沙发套、窗帘等。此外，必要情况下也可以使用杀螨剂，但同时要注意药剂的浓度、用量和使用方法，防止杀虫剂中的化学性污染物对人体健康带来危害。

（三）室内动植物与健康

1. 室内宠物的健康危害 城市居民的宠物多在室内喂养，宠物的毛发、皮屑及其产生的其他生物活性物质如唾液、尿液等，均会对室内环境造成污染。当室内有宠物时，空气中变态反应原的含量增加，室内有宠物变态反应原的浓度可高达室内无宠物的 10 倍。动物皮屑等生物活性物质最主要的健康危害是使人产生变态反应，常见症状为湿疹、荨麻疹及过敏性哮喘，特别是具有过敏性疾病史的人，其产生变态反应的概率更高。

2. 室内蟑螂的健康危害 蟑螂在污染人类食物的同时能传播如痢疾、伤寒等 40 多种肠道传染病以及寄生虫病。蟑螂也是室内常见的过敏原，蟑螂的唾液、排泄物、皮屑、蜕皮、虫尸等，以及被蟑螂唾液、粪便污染过的地方，都有致敏作用。研究证实，如果婴儿在初生 3 个月内暴露在蟑螂过敏原下，在后续一年的发育成长中发生哮喘的概率会增加。

3. 室内花粉的健康危害 来自室内或室外植物的花粉，可引发鼻炎、哮喘、结膜炎等花粉性过敏疾病。

（黄少丹）

第四节 室内环境与健康研究方法

室内环境暴露评价就是对人体可能接触到的室内污染物暴露的强度、频率、持续时间等进行测量，包括评估化学物质穿过机体界面进入体内并被机体吸收的剂量，是评价室内环境暴露所致健康风险的基础。

一、室内环境因素的暴露评价方法

（一）室内化学性污染物暴露评价

一般而言，室内化学性污染暴露评价包含三个层次：环境浓度、人群暴露水平和体内剂量。

1. 环境浓度 指污染物在某种环境介质（如空气、水）中的存在形态和数量，常使用的测量方法包括：

（1）问卷调查法：是一种通过询问来获取主观资料的研究方法。在大规模的流行病学研究中，针对每一个室内微环境中某种化学污染物浓度的准确测量往往难以实施。由于问卷调查具有简单、经济和容易操作等优势，在既往的流行病学研究中，尤其是大规模的队列研究，往往采用结构化问卷调查室内（尤其是住宅内）某种主要污染源（如固体燃料燃烧、吸烟等）的暴露情况。不过，问卷调查对室内环境因素暴露水平的测量十分粗糙，存在较大的选择偏倚和回忆偏倚，通常仅用于对室内某些污染物排放源的类型、频率和持续时间的测量。例如，中国嘉道理生物库采用结构化问卷调查了 50 多万中国成年人烹饪所使用的主要燃料类型（如天然气、电力、木材和煤等）及持续时间。

（2）直接监测法：是利用相应的仪器设备在特定的时间段内对某一室内微环境中某些化学性污染物的浓度进行测量或采样，进而评价研究对象的暴露水平。目前，采用便携式仪器可实现对室内不同粒径颗粒物和多种气态污染物浓度的实时监测，这些设备有基于光散射原理的，也有基于光吸收原理或化学传感器的监测仪。对于尼古丁、气态 PAHs 等污染物，常常选用采样器将目标污染物进行富集，然后采用气相色谱-质谱法（gas chromatography-mass spectrometry，GC-MS）等进行定量分析。

通过对室内化学性污染物的实时监测、主动或被动采样，研究者可获得研究时间段 t_1—t_2 的累积暴露量 [式（8-1）]，在实际研究中，往往采用该污染物的平均浓度 $\bar{E}$ 作为暴露估计 [式（8-2）]。

$$E=\int_{t_1}^{t_2}C(t)\mathrm{d}t \tag{8-1}$$

$$\bar{E}=\frac{E}{T}=\frac{\int_{t_1}^{t_2}C(t)\mathrm{d}t}{t_2-t_1} \tag{8-2}$$

与问卷调查相比，直接监测法能够较为准确地评估室内化学性污染物的暴露水平。然而，与室外大气污染监测不同，每一个室内微环境都是一个相对独立的空间，在实际研究中，需要对每个研究对象所处的室内微环境进行监测。因此，受采样监测设备成本、人力成本等诸多限制，该方法往往仅适用于定组研究等对暴露评价准确度要求较高而样本量较小的研究类型。

（3）模型评价法：室内化学性污染物的浓度是室外渗透和室内排放源共同作用的结果。因此，通过考虑室外大气污染水平和室内源排放特征，可构建合适的模型对室内微环境中主要化学物质的浓度进行估计，从而实现对人群暴露水平的评价。常见的评价方法如下：

1）室内外污染物浓度比值（indoor-outdoor concentration ratio，I/O 比值）：是一种简单、有效且常用的通过室外污染物浓度估计室内污染物水平的参数，尤其是当室外源是室内污染物的主要来源或者室内排放源较为稳定时，该参数能够较好地估计室内化学物质的平均水平 [式（8-3）]。该参数一般可以从文献中获取，但需要注意的是，由于不同地区污染特征、季节因素、建筑风格及人群开关窗等行为方式等的差异，I/O 比值可能存在较大的差异。以 O_3 为例，有综述指出，在学校环境中，国内外研究报道的 I/O 比值从 0 到 0.77 不等，而在办公室环境中，该比值范围也较宽（0.02～0.90）。因此，在实际研究中，应综合考虑研究地点、时期、住宅特征、人群行为习惯等因素，选择合适的 I/O 比值，以降低暴露偏差。

$$C_{\text{in}}=C_{\text{out}}\cdot R_{\text{I/O}} \tag{8-3}$$

式中，C_{in} 为室内污染物的浓度，C_{out} 为室外大气污染物的浓度，$R_{\text{I/O}}$ 为对应化学物质的 I/O 比值。

2）穿透系数和渗透系数：穿透系数（penetration factor）常用来量化室外颗粒物等污染物透过建筑围护结构的比例，用于表征室外污染物穿透建筑围护结构的能力。渗透系数（infiltration factor，F_{inf}）则表示室外污染物穿透建筑围护结构进入室内并且最终在室内保持悬浮状态的比例，该参数综合考虑了室外污染物穿透进入室内环境后的消除、转化、沉降、重悬浮等过程的影响，常用于表征室外污染物对室内污染物浓度的贡献。F_{inf} 主要由三个参数决定：空气交换率、穿透系数和室内表面的消除率，室内表面的消除率反映了气态污染物与墙壁、人体等表面的非均相反应以及颗粒物的沉降，这些参数均与建筑特点和室内外环境条件有关，空气交换率还受到人群行为活动的影响。

$$C_{\text{in}}=C_{\text{out}}\cdot F_{\text{inf}} \tag{8-4}$$

如式（8-4）所示，根据各污染物的 F_{inf}，可估计室外污染物进入室内后的浓度，如果某种化学物质基本不存在室内排放源，则据此即可估计该化学物质的室内浓度。

（4）基于网络的室内空气污染暴露监测系统：室内环境监测受到人力、物力成本等各方面的限制，一般仅适用于小样本量短期研究，而模型评价也存在一定的局限性，如参数估计的不确定性及可获得性。近年来，智能手机、材料科学、信息技术等的迅速发展以及低成本污染物监测传感器的开发为大规模长期且准确的人群暴露监测提供了机遇。该类型设备可以长期实时地量化个体的室内和室外暴露水平，为开展室内及个体空气污染长期暴露研究提供了基础。主要可包括四个部分：①智能手机应用程序，能够对用户的位置和活动状态进行采集；②云服务器和数据库可以采集室内污染物传感器的状态；③部署于用户工作或居住地的室内监测传感器，能够对室内污染物浓度进行监测，并上传至云服务器；④可穿戴设备，实时监测用户的心率等信息。还有一类基于网络的实时个体暴露监测系统可将移动互联网技术、便携式室内污染物监测设备、可穿戴设备、室内无线网等结合起来，实现了较大规模的、较长期的室内监测。因此，相关材料技术的快速发展，使得开展准确的、大规模的人群室内空气污染暴露评价和进一步构建污染物对人群健康影响的暴露-反应关系成为可能。

2. 人群暴露水平 人群暴露水平评价是室内环境暴露评价的第二个层次，指的是室内环境中的污染物与消化道、呼吸道、皮肤等人体表面的接触方式、时长以及影响因素的评价。由于室内微环境的多样性，不同年龄段及职业的人群在各类室内微环境中的活动规律差异很大，导致个体之间的暴露水平也存在较大差异。为了较为准确地评价人群的暴露水平，目前最常见且有效的评价方法是“时间-活动模式”。通过将微环境监测与人群时间-活动模式相结合，能够有效地评价研究对象在不同微环境中的暴露水平，也适用于较大范围的人群暴露评价。以在校大学生为例，通过对校园内各个典型的微环境（如宿舍、教室、办公室、食堂、体育馆等）中的污染物浓度进行测量，并采用问卷调查研究人群在不同微环境中从事的活动和持续时间，即可采用时间加权的方法对污染物的个体暴露水平进行估计。该方法较简单，且已被国内外学者所熟知并使用，此处不再详细阐述。

需要指出的是，上述暴露水平的计算仅仅是人体表面与外界面的接触浓度。以空气污染物为例，人体在不同的活动状态（如静坐、快跑等），呼吸速率明显不同，对于相同的环境暴露浓度，相同时间内吸入的污染物的量也会存在较大差异。因此，仅仅采用暴露浓度存在局限性，需要引入剂量的概念，常用的是潜在暴露剂量，即人体经呼吸道、消化道、皮肤等途径的吸入、摄入或沉积的污染物量。此时，计算公式需要考虑污染物的暴露途径（呼吸道、消化道、皮肤等）及相应的暴露参数（包括呼吸速率、摄入量、SA 等），相关暴露参数可查阅所研究人群暴露参数手册如《中国人群暴露参数手册》。由于人群暴露与剂量估算随机模型综合考虑了空气吸入、皮肤接触以及饮食和非饮食摄入等四种化学物暴露途径，能够根据一组人群的统计特征，对一段时间内某种化学物质的累积暴露量进行估计，已被 EPA 推荐用于人群日常生活中化学品的暴露评估。

3. 体内剂量 体内剂量水平是室内环境暴露评价的第三个层次。外界化学物质需要穿过机体呼吸道、消化道或皮肤进入体内并被机体所吸收，这部分物质真正参与体内的代谢、转运、储存或消除过程，最终通过体内循环到达毒性作用部位的剂量又被称为生物学有效剂量，这才是真正意义上导致人体出现不良健康效应的暴露剂量。因此在这个层次上评价的才是真正准确的人体暴露水平，但对体内剂量的准确评价十分困难，目前主要通过对人体生物样品（血液、尿液、毛发等）中的生物标志物进行测量或通过体内代谢动力学模型进行外推计算。

（1）内暴露生物标志物：内暴露指的是化学性污染物穿过呼吸道、消化道、皮肤等人体界面进入到循环系统的量，能够准确反映个体的实际暴露水平。评估内暴露剂量需要综合考虑污染物的暴露途径、进入机体内的代谢过程、毒性作用位点以及清除方式等。目前，对于某些化学性污染物，已经有比较准确、特异且敏感的内暴露生物标志物，如血铅和血汞的含量能够分别代表铅和汞的内暴露剂量；发砷能够反映砷的长期暴露；血液、尿液和唾液中尼古丁的代谢物可替宁能够反映环境中烟草烟雾的暴露。需要注意的是，内暴露标志物水平反映的是多种暴露途径吸收量的总和，无法区分单一途径的吸收量。

（2）代谢动力学模型：经典的污染物代谢动力学模型又称为房室模型，该模型将在动力学上相似的组织、器官和体液视为同一个室，从而将整个机体视为一个彼此相连的室系统，针对污染物的吸收、分布、代谢和排泄等过程特性构建数学模型，揭示其在机体内的动态变化规律。按照模型中房室数量，可分为一室模型、二室模型和多室模型。

经典的房室模型相对简单，且应用广泛，但其基本单位“室”仅依据动力学特征进行划分，缺乏实际的解剖学和生理学意义，无法描述污染物在各组织器官内的浓度分布以及时间变化特征。生理毒物动力学模型（physiologically based toxicokinetics，PBTK）能够较好地解决这些问题。该模型的基本单位是彼此相连的室，即体内一个化学物浓度相同的专一单位，可以是某器官的一个特殊的功能单位或解剖位点，也可以是肝脏或肾脏等彼此分离的完整器官，或者是脂肪和皮肤等广泛分布的组织。室由三个单独但连接良好的亚室构成，它们对应着器官或组织的特定生理部位，包括：①血液灌注入室所流经的血管腔；②构成细胞基质的间质间隙；③由细胞内液构成的细胞内环境。在 PBTK 模型中，化学物质以一定的速率（如 mg/h）进入血管亚室，在室内化学物质以一定的净速率 v_1 从血管内进入间质间隙，然后以不同的净速率 v_2 从间质间隙进入细胞内液。某些化学物质能够与细胞成分相结合，从而以游离态和结合态两种形式存在于室内，最后以一定的静脉血浓度离开血管腔。PBTK 能够提供化学物质在各器官或组织中的时间-分布过程，能够估计生理参数的变化对组织中化学物质浓度的影响，从而能更为精确地描述化学物质在体内的生物学过程，被广泛用于人类健康危险度剂量分级。尽管 PBTK 在模型选择和参数估计方面存在一定的不确定性，但计算机技术的快速发展为 PBTK 的建模和运算提供了重要的工具，使得将体外实验和动物实验数据通过复杂计算预测化学物质在人体内的生物学过程成为可能。

（二）室内物理性污染物暴露评价

室内环境的物理性污染物主要包括噪声、电磁辐射、光照和气象因素。

1. 噪声 噪声评价需要考虑声强、声压、频谱和响度级等重要的物理特性。目前通常采用便携式声级计对室内微环境噪声水平进行测量。根据我国《声环境质量标准》（GB 3096—2008），在医院、学校、住宅等需要保持安静的建筑物室内测量噪声，应距离墙面和其他反射面至少 1.0m，距窗约 1.5m 处，距地面 1.2～1.5m 高。

2. 电磁辐射 室内环境的电磁场是由家用电器（微波炉、电磁炉、电视等）或电子设备（电脑、移动电话等）产生的电磁场、室外的电磁辐射源辐射到室内的电磁辐射能和地球的低强度、低频电磁场三部分构成。对于室内环境或者辐射源附近电磁辐射暴露水平可以采用电磁辐射检测仪进行测量，检测方法可参考《环境监测管理办法》和国家环境检测规范。为了控制电磁辐射暴露，保障公众健康，我国《电磁环境控制限值》（GB 8702—2014）对公众暴露的电场、磁场、电磁场的场量进行了限值规定，如表 8-1 所示。

表 8-1 电磁环境中公众暴露控制限值

频率范围	电场强度 E（V/m）	磁场强度 H（A/m）	磁感应强度 B（μT）
1～8Hz	8000	$32\,000/f^2$	$40\,000/f^2$
8～25Hz	8000	$4000/f$	$5000/f$
0.025～1.2kHz	$200/f$	$4/f$	$5/f$
1.2～2.9kHz	$200/f$	3.3	4.1
2.9～57kHz	70	$10/f$	$12/f$
57～100kHz	$4000/f$	$10/f$	$12/f$
0.1～3MHz	40	0.1	0.12
3～30MHz	$67/f^{1/2}$	$0.17/f^{1/2}$	$0.21/f^{1/2}$

续表

频率范围	电场强度 E（V/m）	磁场强度 H（A/m）	磁感应强度 B（μT）
30～3000MHz	12	0.032	0.04
3000～15 000MHz	$0.22f^{1/2}$	$0.000\ 59f^{1/2}$	$0.000\ 74f^{1/2}$
15～300gHz	27	0.073	0.092

注：频率f的单位为所在行中第一栏的单位；0.1MHz～300GHz 频率，场量参数是任意连续 6 分钟内的方均根值

3. 光照 我国于 2013 年发布的《建筑照明设计标准》（GB 50034—2013）对各类室内微环境的光照要求进行了规定。对于室内照明，主要采用以下几个指标进行评价：

（1）照度 E：定义为单位面积被照面上光通量的数量，单位为勒克斯（lx）。照度可以采用照度计进行直接测量。

（2）照度均匀度 U_0：定义为规定表面上的最小照度与平均照度之比。

（3）眩光值（glare rating，GR）：由于视野中的亮度分布或亮度范围的不适宜，或存在极端的对比，以致引起不舒适感觉或降低观察细部、目标能力的视觉现象称为眩光，不舒适眩光通常是由于室内明亮光源或室外光线直射引起的。GR 是国际照明委员会（International Commission on Illumination）用于度量体育场馆和其他室外场地照明装置对人眼引起不舒适感主观反应的心理参量，计算方法如下：

$$\mathrm{GR}=27+24\log\left(\frac{L_{\mathrm{v1}}}{L_{\mathrm{ve}}^{0.9}}\right) \tag{8-5}$$

式中，L_{v1}，由灯具发出的光直接射向眼睛所产生的光幕亮度，cd/m²；L_{ve}，由环境引起直接入射到眼睛的光所产生的光幕亮度，cd/m²。

（4）统一眩光值（unified glare rating，UGR）：用于度量处于室内视觉环境中的照明装置发出的光对人眼引起不舒适感主观反应的心理参量，计算方法如下：

当灯具发光部分面积为 0.005～1.5m² 时，按照式（8-6）进行计算：

$$\mathrm{UGR}=8\log\frac{0.25}{L_{\mathrm{b}}}\sum\frac{L_{\alpha}^{2}\cdot\omega}{P^{2}} \tag{8-6}$$

式中，L_{b}，背景亮度，cd/m²；ω，每个灯具发光部分对观察者眼睛所形成的立体角；L_{α}，灯具在观察者眼睛方向的亮度，cd/m²；P，每个单独灯具的位置指数。

对于筒灯等发光部分面积小于 0.005m² 时，按照式（8-7）进行计算：

$$\mathrm{UGR}=8\log\frac{0.25}{L_{\mathrm{b}}}\sum\frac{200I_{\alpha}^{2}}{r^{2}\cdot P^{2}} \tag{8-7}$$

式中，L_{b}，背景亮度，cd/m²；I_{α}，灯具发光中心与观察者眼睛连线方向的灯具发光强度，cd；r，灯具发光部分中心到观察者眼睛之间的距离，m；P，每个单独灯具的位置指数。

（5）显色指数：与参考标准光源相比较，光源呈现物体颜色的特性称为显色性，显色指数是对光源显色性的度量，以被测光源下物体颜色和参考标准光源下物体颜色的相符合程度来表示。

4. 气象因素 室内小气候主要由气温、气湿、气流和热辐射等四个气象因素构成。这四种室内气象因素综合作用决定了人体的舒适度。可采用以下综合指标进行总体暴露评估：

（1）有效温度（effective temperature）：定义为在不同温度、湿度和气流的综合作用下，人体产生的冷热感觉。以风速为 0m/s、相对湿度为 100%、气温为 17.7℃时产生的温热感为评价标准，将其他不同气温、气湿和风速组成的室内小气候与之比较而得出的有效温度值。

（2）校正有效温度（corrected effective temperature）：在有效温度的基础上，综合考虑热辐射对机体的影响，将干球温度（气温）替换为黑球温度，即得到校正有效温度。

（3）湿球-黑球温度（wet-bulb globe temperature，WBGT）：该指数综合反映了气温、气湿、气流和热辐射对机体的作用，可根据自然湿球温度（T_{nwb}）、黑球温度（T_g）和干球温度（T_{db}）的综合作用得出，室内环境的WBGT计算公式如下：

$$WBGT=0.7T_{nwb}+0.3T_g \tag{8-8}$$

（4）热平衡指数（thermal equilibrium index，TEI）：该指数根据热平衡基本式（8-9）推算而来，计算公式为

$$S=M\pm C\pm R-E \tag{8-9}$$

$$TEI=\frac{M\pm(R+C)}{600}\times 100\% \tag{8-10}$$

式中，S为人体蓄热状况，M为代谢产热量，C为传导、对流吸收或发散的热量，R为辐射散热或吸收的热量，600指的是人体最大排汗能力为1L/h时产生的散热值相当于600kcal/h，即最大蒸发散热量，E为蒸发散热量。

（5）风冷指数（wind chill index）：该指数综合反映了寒冷气候下空气温度和风速对人体温热感的影响，即在低温环境中由于风速增加所产生的冷效应相当于增大环境气温下降的度数。

（三）室内生物性污染物暴露评价

由于室内生物性因素暴露的复杂性和多样性，目前对于室内环境生物性因素的采样和分析流程尚无统一的“金标准”，采样方法主要包括表面采样和空气采样，分析鉴定方法主要包括依赖培养的分析方法、显微镜检、生化反应分析、实时荧光定量聚合酶链反应技术及高通量测序技术。

1. 采样方法

（1）表面采样：由于操作简单易行，在需要对研究对象自行采样的大型研究以及一些特定室内环境调查中，常使用湿润的无菌拭子进行物体表面的生物采样。此外，大多数调查室内环境微生物暴露与人体健康的研究常通过真空吸尘的方式采集室内物体表面的降尘。然而，由于大粒径颗粒物具有较快的再悬浮-沉降速率，当其占比较大时，表面样本可能并非空气样本的良好替代。

（2）空气采样：包括被动采样和主动采样。被动采样包括平皿自然沉降法、静电集尘器采集、中央空调温控系统滤膜采集等。主动采样包括撞击式采样、冲击式采样、湿壁气旋采样、滤膜采样、电离采样等。在优缺点方面，主动采样可以通过大流量采样的方式在较短时间内采集到较多的生物量，然而高噪声、粒径捕获效率以及大流量抽气泵的体积较大等同时存在的问题也使其在室内研究中的应用受到限制。有研究者建议，在进行室内空气微生物的暴露评价时，应采用多种采样方式，以期更为全面和真实地解析其暴露特征。

2. 实验室分析方法

（1）依赖培养的分析方法：早期研究常基于培养计数的方法实现对空气样本中细菌或真菌的定量分析。此方法的主要缺点是只能对适合该特定培养条件的活细菌或真菌进行识别鉴定，并且也无法得到特定类群丰度和群落多样性等信息。

（2）显微镜检：不依赖于培养的染色后显微镜检法常用于评估室内灰尘中的尘螨和空气中的真菌孢子的暴露情况。通过形态学鉴定区分尘螨和孢子种类，并计数密度。该方法的优点是步骤简单，但是形态学鉴定范围有限且粗略，无法准确反映这些潜在过敏原的暴露水平。

（3）生化反应分析：室内环境介质中的真菌成分葡聚糖和胞外聚糖以及尘螨、蟑螂、猫、狗抗原等可以通过酶联免疫吸附测定法进行分析；细菌成分胞壁酸和真菌成分麦角甾醇可以采用气相色谱-串联质谱（gas chromatography tandem mass spectrometry，GC-MS/MS）进行测定；内毒素的经典定量测定方法为光度测定法，其检测原理为鲎试剂与内毒素反应导致试剂的浊度或色度发生变化，可分为终点浊度法、动态浊度法、终点显色法和动态显色法。此外，可以采用GC-MS/MS对不同脂肪酸碳链长度的内毒素进行测定。

（4）实时荧光定量聚合酶链反应（real-time fluorescent quantitative polymerase chain reaction， qPCR）技术：可以实现对特定细菌或真菌类群丰度的定量分析，也可以通过引物估计细菌基因组和真菌孢子当量的整体水平。结合 qPCR 技术和高通量测序技术可以实现对群落内单种类群的定量估计。

（5）高通量测序技术：主要包括细菌 16S rDNA 测序技术、真菌 ITS 测序技术和宏基因组测序技术。前两者主要通过检测样品中细菌或真菌特征序列上的变异和数量从而实现物种的分类和丰度估计，解析群落结构特征。宏基因组测序在 16S rDNA 测序分析的基础上还可以进行基因和功能层面的深入研究。相较于培养依赖技术，高通量测序技术对微生物的检测效率更高，并且可以在种属水平上实现更为精确的分类鉴定，目前已在较多室内环境微生物相关研究中得到了应用。

3. 监测注意事项和困境 室内生物性因素监测注意事项：室内微生物组成可能会受到温湿度、通风情况、居住者密度等环境因素的影响，因此在进行室内生物性因素的暴露监测时，最好同时监测其他物理化学因素的暴露水平。

室内生物性因素监测主要困境：室内环境微生物通常具有较大的时间变异性，短时间的采样可能无法反映人体真正的暴露水平，而长时间连续采样在实际操作中通常又难以实现；此外，生物性因素的识别需要依赖于多种实验技术，因此目前无法做到像室内 $PM_{2.5}$、CO_2 等其他空气污染物的实时监测，不利于致病微生物的预警和防控。

二、室内环境与健康研究中常用效应生物标志

（一）呼吸系统健康效应生物标志

1. 肺通气功能生物标志 肺通气是通气动力克服通气阻力，以吸入外界氧气排出肺内 CO_2 的过程，是肺的主要功能之一。既往研究表明，空气污染短期和长期暴露均会对人群的肺通气功能产生显著的不良影响。常用的肺通气功能指标包括：

（1）FVC：深吸气至肺总量后，做最大力、最快速度呼气所呼出的最大气体容积。

（2）FEV_1：指最大吸气至肺总量后，第 1 秒用力呼气所能呼出的气体容积，是判断通气功能障碍类型和损害程度最常用的参数。

（3）一秒率（FEV_1/FVC）：FEV_1 与 FVC 的比值，是最常用来判断有无气流阻塞的参数，使用支气管扩张剂后 $FEV_1/FVC < 0.7$ 是 COPD 的诊断标准。

（4）PEF：指吸气至肺总量后，用最大力、最快速度呼气所产生的最大瞬间呼气流量，是综合反映通气功能和通气阻力的参数，主要反映呼吸肌的力量及气道有无阻塞，PEF 日变异率对于支气管哮喘的诊断有参考价值。

（5）用力呼出 25% 的肺活量的呼气流量（forced expiratory flow at 25% of FVC exhaled）：指用力呼出 25% 肺活量的最大瞬间呼气流量，是反映呼气肌力量和肺功能状态的综合指标。

（6）用力呼出 50% 的肺活量的呼气流量（forced expiratory flow at 50% of FVC exhaled）：指用力呼出 50% 肺活量的最大瞬间呼气流量，是反映小气道功能的常用参数。

（7）用力呼出 75% 的肺活量的呼气流量（forced expiratory flow at 75% of FVC exhaled）：指用力呼出 75% 肺活量的最大瞬间呼气流量，是反映小气道功能的常用参数。

（8）MMEF：根据 FVC 曲线而计算得出用力呼出 25%～75% 的平均流量，可作为评价早期小气道阻塞的指标。

2. 肺换气功能生物标志 肺内气体的交换是肺功能的另一个主要功能，指的是外呼吸进入肺泡的氧气通过肺泡毛细血管进入血液循环，而血中的 CO_2 通过弥散排到肺泡的过程。肺内气体交换的完成有赖于肺各部位气体、血流的均匀分布以及通气 / 血流比例和良好的弥散功能。由于 CO 与氧分子具有类似的特性，因此临床上常常采用 CO 弥散量（diffusing capacity of lung for carbon monoxide）反映肺的换气功能，CO 弥散量是单位压力差（mmHg 或 kPa）、单位时间（min）内弥散或传导的 CO 容积。

3. 气道阻力 肺通气的动力需要克服其阻力才能实现肺通气，阻力增高是临床上通气障碍最常见的原因。常用脉冲振荡法（impulse oscillometry）进行气道阻力测量，该方法无须患者用力呼吸配合，只要进行平稳自然呼吸即可取得较好的效果。

4. 呼吸相关症状 肺部结构和功能的异常往往表现为某些临床症状，如咳嗽、咳痰、喘息、气短、呼吸困难等，采用问卷调查可以很容易地获取症状的发生、频率及严重程度等信息。因此，在实际研究中得到了广泛应用，尤其是在哮喘、COPD 等呼吸系统疾病患者中。常用的有圣乔治呼吸问卷、慢性阻塞性肺疾病评估测试量表、mMRC 呼吸困难问卷、哮喘控制问卷等。

5. 氧化应激 是污染物暴露引起呼吸系统损伤的潜在生物学机制之一，可以通过采集鼻腔和呼吸道生物样品（鼻腔分泌物、呼出气冷凝液和诱导痰）测定氧化应激相关生物标志物，包括 MDA、8-OHdG、8-异前列腺素 $F_{2\alpha}$（8-isoprostaglandin $F_{2\alpha}$）等。

6. 气道炎症 也是空气污染诱导呼吸系统功能受损和相关疾病发生发展的生物学机制之一。常用的生物标志物是 FeNO，这是一种无创的反映气道嗜酸性粒细胞炎症的敏感生物标志物，美国胸科协会和欧洲呼吸学会于 2005 年提出了在线和离线 FeNO 测定的标准化程序。此外，气道炎症也可通过采集呼吸道生物样本（呼出气冷凝液、支气管肺泡灌洗液和诱导痰）中的 IL-6、IL-8、TNF-α 等炎症因子以及诱导痰中炎症细胞计数来测量。

7. 呼吸道微生物组 近年来，越来越多的研究发现人体的呼吸道定植着特有的微生物群落，且与呼吸系统健康密切相关，在维护呼吸道正常生理功能和维持肺部免疫稳态中发挥着至关重要的作用，而空气污染等不良环境因素的暴露可能会改变呼吸道微生态环境，进而对呼吸系统功能产生不良影响。肺部微生物组评估常用的生物样本包括诱导痰和基于支气管镜技术采集的支气管肺泡灌洗液，其次还有肺组织，目前常用的微生物组学测定方法有 16S rRNA 高通量检测技术和宏基因组学等。目前关于室内环境因素与人体呼吸道微生物组的关系以及对人群健康的影响研究仍然非常有限。

（二）心血管系统健康效应生物标志

1. 血压（blood pressure） 高血压是心脑血管疾病的主要危险因素之一，血压也是评估环境因素暴露心血管效应最常用且敏感的结局指标之一，包括收缩压（systolic blood pressure）、舒张压（diastolic blood pressure）和脉压（pulse pressure）。此外，由于血压对于不同环境因素的敏感性，动态血压被应用到临床和研究中，关于动态血压计的选择与监测方法可参考《2020 中国动态血压监测指南》。

2. 心率变异性（heart rate variability，HRV） 是一种无创的用于评估心脏自主神经（交感神经和副交感神经）调节功能的有效指标，当前的流行病学证据已证实 HRV 指标是对室内空气污染暴露的敏感生物标志物。HRV 一般通过 24 小时甚至更长的动态心电图监测获得，根据分析方法将其分为两大类：时域和频域参数。

（1）常用的时域参数

1）SDNN（standard deviation of NN intervals）：NN 间期的标准差，单位为 ms，反映了交感神经活性。

2）SDANN（standard deviation of all 5-min mean NN intervals）：全程按 5 分钟分为连续的时间段，以每 5 分钟的 NN 间期平均值，计算所有平均值的标准差，单位为 ms。

3）SDNN 指数（SDNN index）：全程按 5 分钟分为连续的时间段，以每 5 分钟的 NN 间期标准差，计算所有标准差的平均值，单位为 ms。

4）RMSSD（root mean square of successive NN interval differences）：全程相邻 NN 间期之差的均方根值，与副交感神经活性有关，单位为 ms。

5）NN50（number of interval differences of successive NN intervals greater than 50ms）：全部 NN 间期中，相邻 NN 间期之差＞50ms 的数量，与副交感神经活性有关。

6）pNN50（percentage of NN50 in the total number of NN intervals）：NN50 占总 NN 间期数的百分比，与副交感神经活性密切相关。

（2）常用的频域参数

1）总功率（total power）：频率范围为≤0.4Hz，反映了自主神经系统总体活动，单位为 ms^2。

2）高频功率（power in the high frequency band）：频率范围为 0.15～0.4Hz，反映了副交感神经活动，单位为 ms^2。

3）低频功率（power in the low frequency band）：频率范围为 0.04～0.15Hz，与交感神经和副交感神经活动均有关，单位为 ms^2。

4）极低频功率（power in the very-low-frequency band）：频率范围为 0.003～0.04Hz，单位为 ms^2。

5）低频功率 / 高频功率：低频功率与高频功率的比值，反映了交感神经与副交感神经的平衡。

3. 氧化应激与炎症介质　氧化应激是室内空气污染暴露介导心血管系统损伤的重要生物学机制之一。室内环境因素暴露诱导的氧化应激可以通过测定血液或尿液中的生物标志物来反映，包括 MDA、8-OHdG、8-异前列腺素、蛋白质羰基化水平以及抗氧化物质如 SOD、H_2O_2 酶、GSH 等。

4. 系统性炎症因子　炎症标志物通常采用血浆或血清样本进行检测，包括白细胞、高敏 C 反应蛋白（high-sensitivity C-reactive protein）、IL-6、TNF-α 等系统性炎症标志物。此外，血液样品中纤维蛋白原作为参与体内凝血过程中的主要物质之一，近年来也被作为急性期炎症蛋白的重要生物标志，在较多室内环境与健康研究中得到应用。

5. 代谢相关生物标志物　近年来，空气污染暴露引起的代谢相关的生物学改变在 CVD 发生发展中的重要作用受到了广泛关注。随着组学技术的迅速发展，代谢组学、脂质组学等已经广泛地应用于环境流行病学研究，采用非靶向或靶向代谢组学技术，可以对氨基酸、糖类、脂类等多种内源性小分子进行半定量或定量检测，为全面深入地阐明室内环境因素暴露导致心血管损伤的潜在生物学机制提供了线索。

6. 凝血生物标志物　在机体内完善的凝血和抗凝血机制的调控下，血液在血管内流动，既不会溢出血管引起出血，也不会在血管内凝固形成血栓，保持动态平衡。然而，当暴露于不良的环境因素时，这种平衡可能会被打破，导致凝血或抗凝血机制增强，而出现出血倾向或血栓形成。常见的标志物包括血小板及其相关标志物如 P-选择素、可溶性 CD40L、血栓烷（thromboxane B_2）、血小板聚集试验（platelet aggregation test）；凝血因子；抗凝系统标志物如抗凝血酶活性；纤溶系统标志物如血浆 D-二聚体、纤维蛋白（原）降解产物、组织型纤溶酶原激活物（tissue-type plasminogen activator）等。

7. 其他　除上述常用的生物标志外，可用于评价室内环境因素对人群心血管健康影响的心血管系统生物标志物还包括：①内皮功能相关指标，可采用超声多普勒法检测肱动脉血流介导的血管舒张功能，或者对血液中 E 选择素等生物活性介质进行测量以评价内皮功能；②动脉硬化相关指标，如脉搏波传导速度；③表观遗传标志物（如微小 RNA）等。

（三）其他系统健康生物标志

除呼吸系统和心血管系统外，室内环境因素暴露还与其他器官或系统的健康状态密切相关，包括皮肤、眼、肾、认知、精神与心理健康等。

1. 皮肤　室内物理、化学以及生物性污染物，尤其是真菌、尘螨等过敏原与皮炎、湿疹、皮肤瘙痒等皮肤相关症状密切相关。目前研究中常用的结局测量方法是自我报告症状或病史，或由临床医生确诊的皮肤疾病，比较缺乏公认的客观指标。

2. 眼　眼对室内环境因素的暴露较为敏感，如室内化学性污染物暴露可能与眼部刺激症状发生有关，低湿与干眼症发生有关。自我报告的眼部症状也是既往研究常用的结局指标。此外，一些标准化问卷有助于对眼部健康进行更为系统的评估。

3. 肾　室内许多化学性污染物进入人体经过代谢从肾脏排泄，从而可能对肾功能造成损伤。通常采用肾小球滤过率（glomerular filtration rate）、血清肌酐、内生肌酐清除率、血 β_2-微球蛋白、血清胱抑素 C 等来反映肾小球滤过功能的损害程度；通过尿 β_2-微球蛋白、α_1-微球蛋白、视黄醇结合蛋白测定等评估近端肾小管功能，通过昼夜尿比密试验等评估远端肾小管功能。

4. 认知　流行病学研究证据表明，室内环境污染物长期暴露与包括注意力、记忆、感知、空间定向和思维在内的多种认知功能受损有关。结局测量通常可以被分为两大类：大脑功能和工作表现。临床常应用简易智力状态检查表、蒙特利尔认知评估量表等问卷进行认知障碍筛查。此外，还可通过计算机进行认知测试。

5. 精神与心理健康　室内环境因素暴露与焦虑、抑郁、压力等精神卫生问题有关。既往研究多采用标准化问卷评估焦虑抑郁及压力状况，常用的有状态-特质焦虑量表（state-trait anxiety inventory）、医院焦虑抑郁量表（hospital anxiety and depression scale）、贝克焦虑量表（Beck anxiety inventory）、压力知觉量表（perceived stress scale）、抑郁-焦虑-压力量表（depression anxiety stress scale，DASS）等。

（黄少丹）

展　望

近十几年来，室内环境与健康的研究取得了一定进展，但仍存在一些不足，未来有望在以下几方面展开深入系统研究：①迄今为止，关于室内环境对人群健康影响的生物学机制研究十分有限，人群暴露及其生物学机制、人群对室内污染物的暴露 - 反应关系等尚不清晰，仍有待深入的研究。而转录组学、蛋白质组学、代谢组学、微生物组学等多种组学技术的快速发展为全面、系统和深入阐明室内污染暴露影响人群健康的生物学机制提供了良好的机遇。②在室内环境与人群健康研究方面，研究人群多为健康人，而专门针对慢性病患者、儿童、孕妇等易感人群的研究证据相对不足，且健康结局多以心肺健康为主，未来亟须加强室内空气污染对人群其他器官和系统的健康研究。③在室内空气污染物对人群健康的影响方面，既往研究多关注于室内颗粒物的健康效应，对室内气态污染物的研究较为局限。同时，在室内污染更为严重的中国等发展中国家，以短期的定组研究为主，未来有必要开展室内空气污染物长期健康效应的研究，如室内颗粒物对慢性阻塞性肺疾病患者的心肺长期健康效应的研究。④有关室内环境与健康的研究大多关注于单一室内环境因素对健康的影响，缺乏对室内环境因素耦合作用的研究。同时，绝大多数研究致力于室内环境污染对健康的危害，而随着人们生活水平的提高，对健康住宅和健康办公的要求也越来越高，需要关注室内环境中的健康增强因素。此外，室内环境的干预及其人群健康影响也是方兴未艾的话题。

案例 1：美国马萨诸塞州 COPD 队列研究

在美国，COPD 是继心脏病、癌症和意外事故死亡之后的第四大死因。2018 年，美国成年人 COPD 患病率达 6.6%。研究表明，$PM_{2.5}$ 短期暴露与 COPD 患者入院率和死亡率升高相关，$PM_{2.5}$ 中的主要成分之一 BC 的短期暴露，可使 COPD 患者病情恶化。此外，放射性核素可附着在颗粒物上，称为颗粒物相关辐射（particle-associated radioactivity，PR）。PR 可随颗粒物吸入沉积在呼吸道及肺部，对机体产生影响。同时，COPD 患者绝大部分时间处在室内，室内污染物暴露量更接近 COPD 患者的实际暴露水平。因此，2012 年美国老兵医疗中心波士顿分部于 2012～2017 年建立了一支 COPD 患者队列，旨在研究室内环境中 $PM_{2.5}$、BC 及 PR 的短期暴露对 COPD 患者健康指标的影响，从而为改善 COPD 患者居住的室内环境和减轻 COPD 人群疾病负担提供科学依据。

该 COPD 队列研究方法流程图如图 8-1 所示。

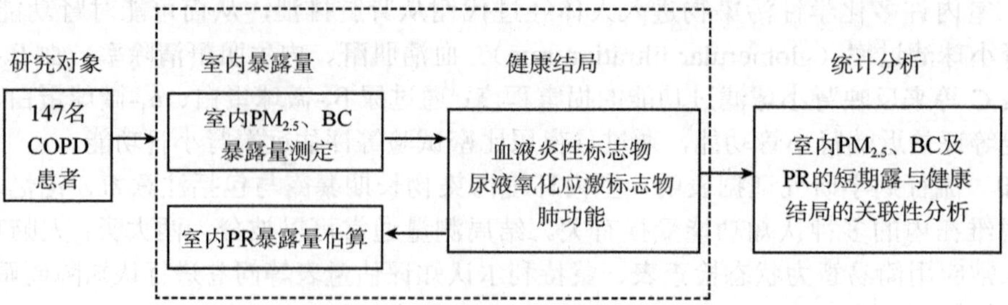

图 8-1　COPD 队列研究方法流程图

研究结果表明，室内 $PM_{2.5}$、BC 及 PR 暴露量的增加均与 COPD 患者全身性炎症反应加重、氧化应激水平升高及肺功能降低显著相关。研究比较了室内外暴露量对 COPD 健康指标的影响，结果表明室内污染物与健康指标的相关性更大更显著。该研究结果一方面提示人们需要更加关注室内暴露量对健康的影响，另一方面，研究表明在先前研究中未被关注的 PR 对 COPD 患者健康的影响不可忽略。

案例 2：基于城市地铁交通环境的随机交叉设计研究

随着城镇化和工业化进程的加速，城市地铁系统得到了飞速发展，已成为城市人群出行的首选交通方式。然而，国内外研究显示，地铁系统内环境污染不容乐观，地铁车厢内较高水平的颗粒物、噪声等环境暴露成为威胁人群健康的重要危险因素。北京大学团队于 2017 年 3～5 月选取北京市某地铁线路为研究地点，以健康年轻人为研究对象，开展实施了一项随机交叉干预研究，旨在阐明地铁车厢内主要的污染（颗粒物、BC 和噪声）与人群心血管健康的关系，并评估个体干预措施的有效性。

研究采用四阶段随机交叉研究设计，以城市某地铁线路为研究地点，将 40 名研究对象按性别分组后随机分配到 4 个小组，每名研究对象均完成了如图 8-2 所示四个阶段。每个阶段研究对象在地铁车厢内静坐约 4 小时，其间进行动态心电图和动态血压测量，同时对地铁车厢内不同粒径的颗粒物、BC、噪声、CO_2、温湿度等环境因素的水平进行实时监测。每两个阶段有 2 周的间隔时间。

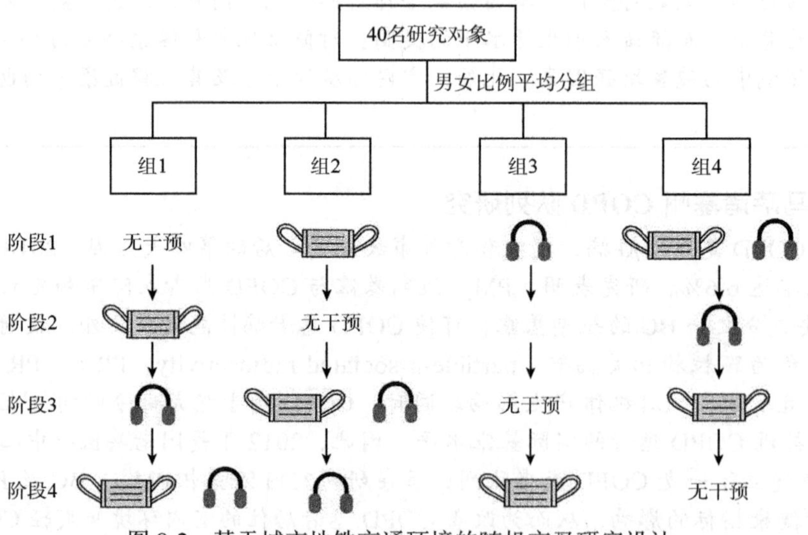

图 8-2　基于城市地铁交通环境的随机交叉研究设计

研究结果表明：①地铁车厢内颗粒物和噪声污染水平较高，且不同粒径的颗粒物、BC 和噪声与机体自主神经功能不良影响有关；②佩戴口罩或耳罩均可显著改善机体心血管健康，同时佩戴口罩和耳罩对心脏自主神经功能的改善最为明显。该随机交叉研究首次评估了针对地铁系统内颗粒物和噪声的个体干预措施对改善心血管健康的有效性，其研究结果可为改善地铁环境质量、有效保障人群心血管健康提供科学依据。

思　考　题

1. 你认为还有哪些措施可以减少室内环境污染及其健康危害？
2. 你认为应如何有效控制家庭燃料燃烧导致的室内空气污染？
3. 创建健康室内环境应主要考虑哪几方面的因素？

（邓芙蓉　黄少丹）

第三篇　环境要素与健康

第九章　生物地球化学性疾病

地壳表面化学元素在地球地质发展过程中的自然分布不均匀，进而使不同地区的土壤、水体和植物中的化学元素种类和含量存在差异，或过多或缺乏。目前已知的人体必需的14种微量元素可通过各种途径摄入，以使机体达到每日所需量。但是，由于不同地区元素（如碘、氟、硒等）分布不均衡，出现机体摄入过量或者不足的情况；或者机体从环境中摄入对人体有害的化学元素（如砷等），从而引起相关疾病的发生，严重者可致死。这类疾病历史久远、涉及范围广泛、危害严重、分布呈明显区域性，被称为生物地球化学性疾病。自新中国成立以来，党和政府一直高度重视生物地球化学性疾病的研究、预防和治疗工作，在医学地质学及发病机制探索等方面处于国际领先地位，相关疾病达到持续控制甚至消除水平，成为其他发展中国家学习的典范。本章主要介绍生物地球化学性疾病的概况及常见疾病。

第一节　概　　述

一、生物地球化学性疾病的概念与种类

生物地球化学性疾病（biogeochemical disease）是指由于地球地壳表面化学元素分布不均匀，某些地区的水和（或）土壤中某些元素过多或过少，人体通过食物和饮水摄入过量或缺少某些元素而引起的特异性疾病，包括碘缺乏病、地方性氟中毒、地方性砷中毒等。

生物地球化学性疾病的判定条件：①疾病的发生有明显的地区性分布；②疾病的发生与环境中元素水平密切相关，并存在剂量-反应关系；③疾病与环境的相关性可以用医学理论加以解释。克山病、大骨节病等病因虽尚未完全肯定，但具有明显的地区性，也被列入生物地球化学性疾病的范畴。

二、生物地球化学性疾病的流行病学特征

（一）具有明显地区性

生物地球化学性疾病是某种化学元素水平地区分布不均衡所导致的，因此其分布具有明显的地区性。可表现为非病区健康人进入病区后可患病，从病区迁出后，病情不会加重，有的可减轻甚至痊愈。我国除了上海市之外，其他省市均有不同程度的生物地球化学性疾病的流行。病区范围广、受威胁人口多、病情重是其最主要的特点。例如，碘缺乏病分布的规律是山区重于丘陵、丘陵重于平原、平原重于沿海，内陆河的上游重于下游，农业地区重于牧区。饮水型氟中毒病区主要分布在东北的松嫩平原、华北平原、河套地区、内蒙古高原、黄土高原以及新疆的干旱和半干旱地区。饮水型砷中毒病区主要分布在黄河流域、淮河流域和长江流域的部分地区，吉林西部平原地区以及新疆、青海、甘肃、云南和四川的山区。燃煤污染型氟中毒和砷中毒是我国特有的生物地球化学性疾病类型。其中，燃煤污染型氟中毒主要分布在云南、贵州、四川和长江两岸及长江以南偏远山区；燃煤污染型砷中毒主要分布于贵州、四川和陕西的山区。与缺硒有关的克山病和大骨节病则主要流行于我国自东北至西南的一条宽阔缺硒地带上。

（二）与环境中元素水平密切相关

生物地球化学性疾病在人群中的流行强度与某种化学元素在环境中的含量有明显的剂量-反应关系，这种关系即使在不同的时间、地点和人群间都存在并能用现代医学理论解释。例如，碘缺乏病的流行强度与水碘含量在40μg/L以下范围内呈负相关。饮水型地方性砷中毒流行与饮用水中砷含量呈正相关，为了保证人体健康，WHO推荐饮用水砷标准为0.01mg/L。饮水型地方性氟中毒流行与饮用水中氟含量密切相关，当水氟浓度超过1mg/L时，恒牙萌发期的儿童中氟斑牙发生率升高；当水氟浓度超过4mg/L时，暴露人群中出现氟骨症病例，并随水氟浓度的升高而流行强度增加。

三、影响生物地球化学性疾病流行的因素

（一）营养状况

生物地球化学性疾病的流行强度与病区人民的生活条件和营养状况密切相关。20世纪80年代以前，由于病区经济落后，人民生活贫困，营养相对匮乏，致使碘缺乏病、地方性氟中毒、地方性砷中毒、克山病和大骨节病的流行较为严重。随着改革开放和社会经济好转，人民生活条件逐步改善，营养水平不断提高，与缺硒有关的大骨节病和克山病的发病率呈明显下降趋势。随着改水降氟工程的实施和生活营养条件的改善，地方性氟中毒病区已经很少出现中、重度氟中毒病例。研究表明，膳食中增加蛋白质摄入可拮抗氟、砷等对机体的毒性作用，摄入维生素C有促进氟排泄、拮抗氟毒性的作用。摄入适量维生素A、D、B_1、B_2、B_3以及钙、磷、铁和锌等营养物质可调节机体代谢，提高机体免疫能力。

（二）生活习惯

饮用水中化学元素含量过高或过低均可引起生物地球化学性疾病，如我国内蒙古、新疆、吉林等地居民长期饮用氟含量超标的水导致饮水型氟中毒。吸入高浓度元素污染的空气或摄入含高浓度元素的食物也可引起生物地球化学性疾病。例如，我国贵州、四川、广西、湖南、湖北和陕西等12个省区150个县的当地居民有敞开炉灶烤火取暖、烘干粮食及辣椒的习惯，燃用含氟、砷超标的煤致使空气、粮食及辣椒中氟、砷含量增加数十倍乃至数百倍，从而形成燃煤污染型氟中毒、砷中毒病区。我国西藏、内蒙古、四川等少数民族地区居民长期食用含氟量高的砖茶制成的奶茶或者酥油茶，使体内氟蓄积而致氟中毒，即饮茶型氟中毒。因此，在研究氟、砷等有害元素的生物学效应时，应全面考虑来自饮水、食物和空气的总摄入量，从而更加客观、准确地评估地方病病区人群的环境暴露水平。

（三）元素间的联合作用

1985年，我国首次报道了氟、砷联合中毒，即居住在高氟高砷环境地区的人们长期饮用高氟、高砷水或燃用高氟、高砷煤而引起的全身性慢性疾病。中毒患者不仅有地方性氟中毒的临床表现和体征，同时还有地方性砷中毒的临床表现和体征。某些山区有地方性氟中毒的流行，同时存在着碘缺乏病；在碘缺乏病流行病区，存在着与硒缺乏有关的大骨节病、克山病。环境中高氟与高砷、高氟与低碘、高氟与低硒、低碘与低硒的存在引起注意，人们开始关注化学元素间的联合作用对人群健康的影响。研究表明有害元素间的联合毒性极其复杂，它并不是简单的相加、协同或拮抗，而与体内有害元素的暴露水平密切相关。低硒与低碘之间有一定的协同作用，可使碘缺乏病的流行强度加重；在碘（或硒）水平过低的地区，若同时存在高氟情况，可使人群较早出现氟中毒效应。多种病因并存，尤其环境低剂量长期暴露，对生物地球化学性疾病流行强度、流行规律及健康效应的影响成为全球关注的公共卫生热点问题。

四、生物地球化学性疾病的控制措施

（一）组织措施

1. 加强专业人才队伍建设和信息化服务 《“健康中国 2030”规划纲要》明确要求保持控制和消除重点地方病，地方病不再成为危害人民健康的重点问题。全民健康保障信息化工程的落实，使国家疾控信息系统中重点地方病监测网络已覆盖到全国所有乡镇。在国家疾病预防控制局和中国疾病预防控制中心地方病防治中心的管理和指导下，应进一步加强基层尤其县、乡、村三级公共卫生人才队伍的建设，明确各级人员的职责，将地方病预防控制工作落到实处。全国地方病管理信息网络平台纳入健康中国云服务计划，将持续推进覆盖全生命周期的预防、治疗、康复和自主健康管理一体化的国民健康信息服务建设进程的加快。

2. 开展经常性疾病调查监测 结合健康中国云服务计划及公共卫生信息网络建设，有计划、有组织地加强生物地球化学性疾病病情和相关危险因素的监测，准确、及时、定量地分析和预测全国生物地球化学性疾病的病情和流行趋势，为调整防治策略、制订防治规划、开展防治工作并考核评估防治效果提供科学依据。

（二）技术措施

1. 健康教育 开展多种形式的健康教育活动，使病区群众普遍掌握生物地球化学性疾病防治知识，增强防病意识，提高自我防护能力，改变不利于健康的传统生产生活方式，自觉采取有效措施，预防和减少地方病的危害。

2. 限制摄入 采取减少、控制机体总摄入量来改善因某种元素水平过高所致的疾病。例如，在地方性氟中毒、地方性砷中毒流行地区认真落实以改水、改炉改灶为主的综合防治措施，并同人畜饮水、安全饮水工程及能源改造建设项目紧密结合，大力实施改水、改炉改灶来达到降氟降砷的目的。对于已控制的地区，持续加强水质监测和防治措施的监督，掌握改水、改炉改灶设施的使用情况，及时发现问题，及时处理。

3. 适量补充 采取适当补充、增加人体摄入量来改善由于缺乏某种元素所致的疾病。例如，对于未达到消除碘缺乏病目标的地区，要加强碘盐普及力度，提高碘盐覆盖率和合格碘盐食用率。对于已达到消除和基本消除碘缺乏病目标的地区，要坚持对碘盐的生产、销售进行监督和监测，及时发现问题，巩固和扩大防治成果，保证消除碘缺乏病工作的可持续发展。

第二节 碘缺乏病

一、概 念

碘缺乏病（iodine deficiency disorder，IDD）指由于自然环境碘缺乏造成机体碘营养不良所表现的一组疾病和损害的总称，包括地方性甲状腺肿（简称地甲病）、地方性克汀病、地方性亚临床克汀病、流产、早产、死产等。其中地甲病和克汀病是 IDD 最主要的疾病表现形式。

二、碘在自然界的分布

碘（iodine，I）在自然中分布广泛，岩石、土壤、水体、动植物和空气中都含有微量碘元素。环境中的碘以化合物的形式存在，碘化合物大多数溶于水。淡水含碘量取决于其流经地区岩石、土壤的含碘量，降水的冲刷淋滤作用可带走土壤中的碘，并流入江河湖海，因此山区水碘低于平原，平原低于沿海。山区的水碘含量多在 10μg/L 以下，蔬菜和粮食的碘含量也较低，一般在 10μg/kg 以下；而海产品中碘含量可达 100μg/kg 以上，特别是海藻类碘含量更高。所以 IDD 多见于远离海岸的内陆山区。

三、碘在人体内的代谢

碘是人体必需微量元素，人体内80%～90%的碘来自食物，10%～20%来自饮水，5%来自空气。食物中的碘化物在肠道中还原为碘离子后被机体吸收。空腹时胃肠道内的碘在1小时内可吸收大部分，2小时可完全吸收，若胃肠道内有食物，3小时可完全吸收。

碘经消化道吸收进入循环系统后，碘离子遍布于细胞外液，并在甲状腺、肾脏、唾液腺、胃黏膜、乳腺和脉络膜丛等组织器官中富集。人体内含碘20～50mg（平均30mg），但只有甲状腺能利用碘在甲状腺滤泡上皮细胞内合成甲状腺激素（TH），甲状腺含碘8～15mg。成年人每天需要摄入碘100～160μg，每天摄入50～1000μg碘是安全的。但如果每天摄入碘少于50μg，可发生甲状腺肿大；若少于20μg，子代可能出现先天性甲状腺功能减退。

一般情况下，人体每天排出的碘与摄入的碘大致相当。人体内的碘主要通过肾脏由尿排出（大于80%），尿碘含量可用于评价碘的摄入水平。其他排出途径有粪便、汗液和乳汁。哺乳妇女易发生甲状腺肿，可能与其每天从乳汁中排出7～14μg的碘有关。

四、碘的生理作用

碘在体内主要通过甲状腺和酪氨酸碘化生成TH，包括三碘甲腺原氨酸（T_3）和四碘甲腺原氨酸（T_4），T_3为主要活性形式。TH以甲状腺球蛋白的形式储存在甲状腺滤泡腔中。因此，碘的生理作用通过TH来实现。

1. 保持正常的新陈代谢和生命活动 TH对蛋白质、脂肪以及糖的合成和分解均有促进作用。TH通过增加耗氧量、产生能量、影响基础代谢率而增强物质代谢和能量代谢，维持新陈代谢和保持体温。

2. 促进生长发育 TH与生长激素一起调节、控制儿童的生长发育。TH可刺激骨化中心的发育成熟，使软骨骨化，促进长骨和牙齿生长。由于TH能促进蛋白质的合成和维生素的吸收利用，活化100多种重要的酶，促进生物氧化和代谢，促进发育期儿童身高及体重的增加，促进骨骼和肌肉的生长和性发育，因此儿童身高、体重、肌肉、骨骼的增长和性发育都依赖TH的参与。

3. 促进神经系统的发育和分化 神经系统的正常发育依赖TH，神经元的增殖、迁移、分化，神经突起的分化和发育，特别是树突、树突棘、突触及神经联系的建立，以及神经纤维的髓鞘形成等，都需要TH的参与。如果从妊娠至婴幼儿2岁这一大脑发育的关键时期碘供应不足，则TH合成不足，从而影响神经元分化与发育，导致不可逆转的智力发育损害，如引发克汀病、智力低下等。

4. 对其他器官系统功能的影响 TH是维持机体基础活动的激素，因此对机体几乎所有系统都有不同程度的影响，如心血管系统、神经系统和消化系统等。

碘对甲状腺功能的影响是复杂的，摄入满足日常生理需求剂量的碘是保证甲状腺功能正常的必需条件。长期碘摄入量不足，可造成甲状腺肿大甚至甲状腺功能减退；长期高碘摄入或一次性摄入大量的碘，可引起甲状腺疾病，如高碘性甲状腺肿、一过性甲状腺功能亢进、自身免疫性甲状腺疾病等。

五、碘缺乏病的流行病学特征与影响因素

（一）流行特征与病区划分

1. 流行特征

（1）地区分布：全世界有110个国家流行IDD，有22亿人口生活在缺碘地区。我国是世界上IDD分布广泛、病情严重的国家之一。IDD病区的分布与地理、地形、地貌关系密切，其规律是山区高于丘陵、丘陵高于平原、平原高于沿海；内陆高于沿海、内陆河的上游高于下游、农业地区高于牧区。亚洲的喜马拉雅山区、欧洲的阿尔卑斯和比利牛斯山区、南美的安第斯山区、非洲

的刚果河流域、大洋洲的巴布亚新几内亚、北美洲的五大湖盆地等地区均是历史上著名的IDD流行区。

（2）人群分布

1）年龄：IDD的高危人群是0～2岁婴幼儿、儿童、孕妇及哺乳期妇女。在IDD病区，任何年龄均可能发生地甲病。地甲病一般在青春期开始发病，随着年龄的增长，患病率增加，中年以后减少，重病区发病年龄提前。

2）性别：地方性甲状腺肿发病从青春期开始呈现女性多于男性的趋势，但病情越严重的地区，男女患病率差别就越小。

3）村寨聚集性和家族多发性：地方性克汀病仅在严重缺碘的地区出现，但不是所有严重缺碘地区都会发生。地方性克汀病患者的分布呈现村寨聚集性，多集中在一个或几个自然村，家族多发性较明显。

近年来，世界各国认识到IDD的危害，逐渐采取了以食盐加碘为主的综合防治措施。全球碘摄入不足人口从2003年的36.3%下降至2011年的29.8%，但全球仍有18.8亿人口碘摄入不足，其中有2.41亿学龄儿童。

（3）时间趋势：1995～2020年我国IDD监测结果显示，儿童地方性甲状腺肿大率呈逐年下降趋势：1995年20.4%、1997年10.9%、1999年8.8%、2002年5.8%、2005年5.0%、2009年2.9%、2014年2.6%、2017年2.1%、2020年1.5%。这说明采取补碘干预后，IDD流行状况明显改善。2005年以来，我国始终处于持续消除IDD状态。

2. 碘缺乏地区的划定 我国现行《碘缺乏地区和适碘地区的划定》（WS/T 669—2020）规定了碘缺乏地区划定的两条标准：第一，居民饮用水碘中位数＜40μg/L；第二，8～10岁儿童尿碘中位数＜100μg/L。在采取碘盐等补碘措施的地区，符合第一条标准则划定为碘缺乏地区；在未采取碘盐等补碘措施的地区，同时符合第一条和第二条标准则划定为碘缺乏地区。

（二）碘缺乏病流行的影响因素

1. 自然地理 IDD的流行与自然地理因素有着极其密切的关系。环境中碘的水平受地形、气候、土壤、水文、植被等因素影响，如土壤中碘含量与当地岩石和土壤的性质有一定的关系，所以IDD病区常见于以白垩土、沙土、灰化土道为主要成分的地带。内陆高原、山高坡陡、降雨集中、水土流失、土地贫瘠、植被稀少等是造成IDD流行的主要自然地理因素。

2. 膳食与饮水 人体碘的60%来自植物性食品，土壤中的碘只有溶于水才能被植物吸收，最后通过食物被人体摄入。土壤中碘缺乏可导致植物性食品中碘含量不足。低蛋白、低能量可使血清中T_3、T_4、血浆蛋白结合碘降低，血清TSH升高；低蛋白、高碳水化合物可影响甲状腺对碘的吸收和利用。蔬菜中葡糖硫苷棉豆苷可抑制碘的有机化过程，食物中钙磷含量高则妨碍碘的吸收，抑制TH的合成，加速碘的排泄。

水碘含量不仅反映了环境中碘的水平，还反映了人体碘的摄入水平，水碘含量与IDD的流行有着密切关系。

3. 协同作用 在环境严重缺碘的同时，若存在致甲状腺肿的物质（如他巴唑、雷锁辛、洋地黄、四环素类药物），以及低蛋白、低能量、高钙磷饮食，其相互之间会产生协同作用，这是形成IDD重病区的主要原因。

4. 经济状况 IDD尤其是地方性甲状腺肿，主要分布在经济较差的发展中国家，病区大多在偏僻的山区和农村，交通不便、经济落后。一旦当地交通条件改善，生活水平提高，即使不采取食盐加碘等防治措施，IDD的流行情况也会得到缓解。

六、地方性甲状腺肿

地方性甲状腺肿，简称“地甲病”，指由于某一地区环境碘缺乏，造成机体碘摄入不足而发生甲状腺肿大的病理现象。在地甲病流行区，学龄儿童的甲状腺肿大率≥5%。

（一）病因与发病机制

1. 病因

（1）碘缺乏：是引起地甲病流行的主要原因。碘含量与地甲病患病率呈负相关。绝大多数地甲病流行区的土壤、水和食物中存在碘缺乏或不足的现象。缺碘影响TH的合成，血浆TH水平降低，甲状腺发生代偿性肥大。

（2）致甲状腺肿物质：碘缺乏并非是引起地甲病的唯一原因。某些地区环境中并不缺碘，却有该病的流行；一些病区居民补碘后，甲状腺肿的患病率并无明显下降。这说明除了缺碘外，还存在其他具有干扰TH合成而引起甲状腺肿大的甲状腺肿物质：①有机硫化物，如硫氰化物、硫代葡萄糖苷和硫脲类等。②某些有机物，如生物类黄酮、酚类、邻苯二甲酸酯和有机氯化物等。③某些无机物，如水中的钙、氟、镁、钾、锂以及硝酸盐等。致甲状腺肿物质与缺碘环境的联合作用使地甲病和克汀病流行。

（3）其他原因：长期饮用含氟化物或硫化物过高的水以及某些化学物质污染的水也可以引起地甲病流行，长期摄入过量碘也可引起甲状腺肿。我国河北及山东沿海发现饮用高碘深井水（100～1000μg/L）及腌海带盐（含碘约200μg/kg）引起甲状腺肿流行。因为摄入过量的碘，阻碍了甲状腺内碘的有机化过程，抑制T_4合成，促使TSH分泌增加而产生高碘性地方性甲状腺肿。某些药物如氯丙嗪、磺胺类和对氨基水杨酸等也可诱发本病的发生。

2. 发病机制 缺碘性甲状腺肿实质是在碘摄入不足的情况下，甲状腺组织发生的由代偿性反应到病理性损伤的一个过程。当机体摄入碘不足时，血浆中碘化物的浓度下降，甲状腺滤泡上皮细胞不能浓集到足够的碘来合成TH，血浆中TH水平因此下降，通过下丘脑-垂体-甲状腺反馈调节机制，垂体TSH分泌增加，刺激甲状腺滤泡上皮细胞增生，这时甲状腺组织中可见许多增生的小滤泡，滤泡腔小，胶质储存少，甲状腺体积增大。当机体对激素的需求趋于缓和时，甲状腺滤泡呈"复原"状态，滤泡胀大，滤泡腔充满胶质，上皮细胞呈立方状。当机体摄入碘不足时，上述增生、复原变化的幅度加大，周期持续延长，反复变化，甲状腺呈现弥漫性肿大。

在严重且长期缺碘的情况下，甲状腺组织的增生和复原更为显著，表现为过度增生和过度复原。肿大的甲状腺中各部分的变化也不一致，有些区域对TSH敏感性较高，过度增生就比较明显，有些区域过度复原比较明显。经过反复变化，一些过度增生或过度复原的区域逐渐扩大，彼此互相融合，因而在弥漫肿大的腺体中可以形成单个或数个早期结节。一些结节由增生的上皮巢或密集的小滤泡逐渐发展而成，称为早期增生性结节。随着结节的增大，压迫周围甲状腺组织，引起纤维组织增生和包围，形成较大的结节，此时由弥漫性甲状腺肿转变为结节性甲状腺肿。随着结节的不断增大，结节间纤维组织增生，血液供应逐渐发生障碍，结节出现变性、出血、坏死等继发性变化，变性组织液化和出血可形成囊性变或囊肿。纤维组织增生可形成瘢痕，钙质沉着可形成钙化甚至骨化，继而在纤维组织或囊性壁中又出现新的增生性细胞巢和小滤泡，形成新的结节。最后整个腺体可被大小不等、新旧不同、形状不一的结节所替代。

弥漫性甲状腺肿的早期阶段是可逆的，适时给予补碘，可完全恢复正常；但如果反复过度增生和过度复原形成结节性甲状腺肿，病变则不可逆。

（二）临床表现与诊断

1. 临床表现 地甲病主要表现为甲状腺肿大。早期表现为甲状腺对称性弥漫性肿大，腺体表面光滑，质地柔软，随吞咽上下活动，无明显不适。随后在肿大腺体的一侧或者两侧可叩及结节，当发生囊肿样变结节并发囊内出血时可致结节迅速增大。若患者仰头伸颈，可见肿大的甲状腺呈蝴蝶状或马鞍状。

随着腺体增大，压迫周围器官而引起典型症状：①压迫气管引起喘鸣、咳嗽、呼吸困难，开始时在活动时出现，逐渐发展到静息时也出现。②压迫食管引起吞咽困难。③压迫单侧喉返神经可引起声带麻痹、声音嘶哑，晚期可失声；双侧喉返神经受压可引起呼吸困难。④压迫血管常见于巨大甲状腺肿，尤其是胸骨后甲状腺肿可以压迫颈静脉、锁骨下静脉甚至上腔静脉，引起面部水肿，颈部和上胸部浅静脉扩张，造成胸壁静脉怒张或皮肤瘀点及肺不张。⑤压迫膈神经常见于胸骨后甲状腺肿，引起呃逆、膈膨升。⑥压迫颈交感神经链常也见于胸骨后甲状腺肿，引起霍纳（Horner）综合征。

2. 诊断

（1）诊断标准：我国现行《地方性甲状腺肿诊断标准》（WS 276—2007）规定可用触诊法与B超法进行诊断，两者结果不一致时以B超法的结果为准。

1）触诊法：生活于缺碘或高碘地区的居民，甲状腺肿大超过本人拇指末节且可以观察到，排除甲状腺功能亢进症、甲状腺炎、甲状腺肿瘤等疾病后即可诊断。

2）B超法：上述地区居民的甲状腺容积超过相应年龄段的正常值，即可诊断。

（2）分型标准：根据甲状腺肿病理改变情况分为3型。①弥漫型：甲状腺均匀增大，B超检查不出结节。②结节型：可查到一个或多个结节。③混合型：在弥漫肿大的甲状腺上可查到一个或多个结节。

（3）分度：我国的甲状腺肿有3个分度，当甲状腺大小介于两度之间难以判断时，列入较低的一度内。

1）0度：头颈部保持正常位置时，甲状腺看不见，不易摸着。即使摸着也不超过受检者拇指末节。特点是“甲状腺看不见，不易摸得着”。

2）Ⅰ度：头颈部保持正常位置时，甲状腺看不见，容易摸得着，并超过受检者拇指末节（腺体轮廓的一侧超过拇指末节）。特点是“甲状腺看不见，容易摸得着”。

3）Ⅱ度：头颈部保持正常位置时，甲状腺清楚可见肿大，大小超过受检者拇指束节。特点是“甲状腺看得见，摸得着”。

（4）鉴别诊断：地甲病需与以下疾病进行鉴别：①单纯性甲状腺肿；②甲状腺功能亢进症；③亚急性甲状腺炎；④慢性淋巴细胞性甲状腺炎；⑤侵袭性纤维性甲状腺炎；⑥甲状腺肿瘤（甲状腺腺瘤和甲状腺癌）。

七、地方性克汀病

地方性克汀病简称“地克病”，又称“呆小病”，指一种由于外环境缺碘严重引起的以脑发育障碍和体格发育落后为主要特征的地方病。地克病是IDD最严重的类型，主要表现为患者出生后即有不同程度的智力障碍、听力和语言障碍、神经运动功能障碍、体格发育落后等，常表现为呆、小、聋、哑、瘫，伴有甲状腺肿。

（一）病因与发病机制

1. 病因 除自然环境缺碘导致机体摄入碘不足外，遗传因素和其他环境因素的不足也是地克病的病因。

2. 发病机制 妊娠3个月至出生后2岁是人脑发育的临界期，这个时期碘缺乏可致脑发育受损。脑细胞T_3受体主要与脑细胞内由T_4脱碘转变成的T_3结合，很少与血浆中的T_3结合。当机体缺碘时，血浆中T_4降低而T_3代偿性增高，但这种T_3的增高对脑组织并没有补偿作用。同时，由于T_4降低，进入脑细胞内的T_4减少，继而使脑细胞内由T_4脱碘转变成的T_3减少，导致TH合成不足，进一步影响脑细胞增殖、分化、迁移以及轴突生长与突触形成等各个环节，引起智力障碍、运动障碍以及耳聋等。如果出生后碘缺乏仍然得不到纠正，由于甲状腺萎缩，持续的甲状腺功能低下就会影响机体多种蛋白质的合成，导致出现体格矮小、骨龄落后、性器官发育落后、软骨、肌肉、毛发、指甲异常及甲低等各种表现。

中枢神经系统中眼球与蛛网膜下腔发育的关键时期是在妊娠前3个月，胎儿甲状腺尚未形成，胎儿可由母体得到少量T_4。小脑及边缘系统发育的关键时期是在妊娠后3个月，胎儿已能利用母体血中提供的少量碘自身合成少量T_4。因此这两个时间段内碘缺乏所致的甲状腺功能减退不是非常严重，损伤也不太严重。内耳与大脑皮质发育的关键时期恰好是妊娠的中间3个月，这期间母体的T_4难以通过胎盘，同时胎儿甲状腺自身的分泌功能尚未完备，因此胎儿甲状腺功能减退最严重，损伤也最严重。

（二）临床表现与诊断

1. 临床表现

1）神经型：表现为精神发育迟缓和神经综合征（听力、语言和运动神经障碍），多数有甲状腺肿，但没有甲状腺功能低下的症状。此型最常见，大多数国家的地克病都以神经型为主。

2）黏液水肿型：以黏液性水肿、体格矮小或侏儒、性发育障碍、克汀病形象、甲状腺功能减退为主要表现，甲状腺肿大者较少。此型地克病见于南亚部分国家和地区，非洲的刚果（金）、刚果（布），我国西北部的新疆、青海、甘肃、宁夏及内蒙古的部分地区。

3）混合型：兼有上述两型的特点。在以黏液水肿型为主的病区可发现较多的混合型；在神经型为主的病区，混合型较少见。

（1）智力低下：是地克病的主要症状，程度轻重不一。轻者能做简单运算，参加简单生产劳动，但劳动效率低下。重者则智力低下，动作迟钝，语言功能不健全，甚至生活不能自理。

（2）听力与语言障碍：是地克病（尤其神经型）的常见症状。其严重程度与病情一致，多为感觉神经性耳聋，同时伴有语言障碍。

（3）生长发育落后

1）身材矮小：下肢相对较短，保持婴幼儿时的不均匀性矮小。黏液水肿型患者比神经型患者明显。

2）生长发育落后：婴幼儿囟门闭合延迟，骨龄明显落后。出牙、坐、站、走等发育延迟。

3）克汀病面容：鼻梁扁平、眼裂小、眼睑水肿、表情愚钝、傻笑、舌厚大伸出口外、流涎，以及头发粗干、发少、耳软、手足方而厚，常伴有腹膨隆、脐疝。

4）性发育落后：黏液水肿型患者较神经型明显。

（4）运动神经障碍：主要见于神经型地克病患者，表现为下肢痉挛性瘫痪，肌张力增强，腱反射亢进，可出现病理反射及踝阵挛，步态和姿态异常、斜视等。

（5）甲状腺功能低下：主要见于黏液水肿型患者，表现为黏液水肿、皮肤干燥、弹性差、皮脂腺分泌减少，精神及行为改变、反应迟钝、表情淡漠、嗜睡、对周围事物不感兴趣。

2. 诊断

（1）诊断标准：目前我国现行的诊断标准为《地方性克汀病和地方性亚临床克汀病诊断》（WS/T 104—2014）。有下述必备条件，再具有辅助条件中神经系统障碍或甲状腺功能障碍中任何一项或一项以上，在排除碘缺乏以外原因引起的疾病后，即可诊断为地克病。

1）必备条件：①出生居住在碘缺乏地区；②具有不同程度的精神发育迟滞，智商≤54。

2）辅助条件：神经系统障碍：①运动神经障碍（锥体和锥体外系），包括不同程度的痉挛性瘫痪，步态和姿态异常，斜视；②不同程度的听力障碍；③不同程度的语言障碍。

甲状腺功能障碍：①不同程度的体格发育障碍；②不同程度的克汀病形象：傻相、傻笑、眼距宽、鼻梁塌，并常伴有耳软、腹膨隆和脐疝等；③不同程度的甲减：黏液性水肿、皮肤干燥、毛发干粗；④实验室和X线检查：血清TSH升高、T_4降低，X线骨龄发育落后和骨骺愈合延迟。

（2）临床分度：根据精神发育迟滞的严重程度分为3度。①轻度：IQ为40～54；②中度：IQ为25～39；③重度：IQ＜25。

（3）鉴别诊断：临床上地克病需要与以下疾病进行鉴别。①散发性克汀病；②家族性甲状腺肿；③唐氏综合征；④承雷病；⑤苯丙酮尿症；⑥半乳糖血症；⑦幼年型黏液性水肿；⑧大脑性瘫痪；⑨维生素 D 缺乏性佝偻病；⑩听力和语言障碍等。

八、碘缺乏病的预防与治疗

（一）预防措施

1. 碘盐和碘油预防 对出现 IDD 病情、人群碘营养不适宜、碘盐覆盖率或合格碘盐食用率过低的局部地区，需采取有效措施进行调整，在高危地区及时开展碘盐补碘或碘油补碘行动。在推行全民补碘时要注意高碘区的特殊性，在高碘地区供应无碘盐。

（1）碘盐：是防治 IDD、保证人群碘营养水平的有效措施。食盐加碘是最生活化、最易坚持的预防 IDD 的首选方法。2017 年修订的《食盐加碘消除碘缺乏危害管理条例》从法律上保证食盐加碘策略的有效实施，《食盐安全信息追溯体系规范》（QB/T 5279—2018）和盐行业信用体系建设进一步有助于碘盐供应的管理。

（2）碘油：在一些地处偏远、碘盐推广不便的病区可选用碘油补碘，但碘油不能代替碘盐，在没有推广碘盐的地区，应尽早实行碘盐预防。

2. 其他补碘预防方法

（1）碘化饮水：水是日常生活的必需品，也是一个理想的补碘途径。但由于水分布广，不易集中加碘，因此碘化水是在某些特殊环境下的一种纠正碘缺乏的有效措施。

（2）碘茶：在有饮茶习惯而不使用商品盐的少数民族地区可用碘茶补碘。由于茶叶本身吸附性强，碘茶储存期间碘损失量很少，因此特别适于流动性较大的人群。

（3）碘化食品和调味品：澳大利亚、荷兰及我国的新疆地区曾用含碘酸钾 20mg/kg 的面包防治 IDD，获得明显防治效果。亦曾有人用含碘食油、含碘酱油防治 IDD。

（4）富碘食品：如海带、海藻类、海鱼、海蚌等。

3. 健康教育与健康促进 对于 IDD 的消除至关重要，是对公众 IDD 的防治尤为关键的干预手段，也是保护和增进人民身体健康的一项有效措施。加大防治 IDD 的宣传和报道力度，通过举办各级健康教育的经验交流会，加强对 IDD 宣传方法与经验的交流。采用人民群众喜闻乐见的语言和方式，不断优化宣传手段，在备孕妇女、孕妇、哺乳妇女以及学生中广泛开展 IDD 防治知识的健康教育和科普宣传。持续引导人民群众树立正确健康观，形成健康的生活行为方式，有效预防 IDD 的发生。

（二）治疗原则

1. 地方性甲状腺肿 在 IDD 区，0 度、Ⅰ度甲状腺肿只要能坚持补碘，可以逐渐好转而无须治疗。

（1）TH 疗法：对于补碘后疗效不佳，怀疑有致甲状腺肿物质或高碘性甲状腺肿者可采用甲状腺制剂、甲碘胺、左甲状腺素钠等激素疗法，以促进肿大腺体恢复。

（2）外科手术疗法：Ⅱ度以上有结节的甲状腺肿大患者，特别是有压迫症状或怀疑有癌变者可行外科手术，切除肿大的甲状腺组织。

2. 地方性克汀病 地克病一旦发现应立即治疗，以控制病情发展，减轻或避免神经和智力损害。只要适时适量地补充 TH，及时采用“替代疗法”，就可收到理想治疗效果。同时可服用维生素 A、D、B_1、B_2、B_6、C、D 多种维生素及钙、镁、锌、铁、磷等多种元素，或采用动物脑组织制剂、灵芝以及中药等进行辅助治疗。同时加强营养，加强智力、生活训练和教育，尽可能使患者在体能、智能及生存能力上得到较大提高。黏液水肿型克汀病治疗越早，效果越好。

知识拓展

我国IDD的防治策略遵循“因地制宜、分类指导与差异化干预、科学与精准补碘”策略。“因地制宜”即针对不同的地区采取不同的防治措施，在碘缺乏地区供应碘盐，在高碘地区供应未加碘食盐，而在适碘地区同时供应碘盐和未加碘食盐。未来将进一步考虑沿海与内陆、城市与农村、农区与牧区等的不同。“分类指导与差异化干预”主要是针对不同人群，成人、儿童、孕妇是不同人群的典型代表。未来推动孕妇碘盐的供应，加强对孕妇的健康教育，以提高其合格碘盐食用率，这将有助于实现差异化干预。“科学与精准补碘”除了是对上述内容的高度总结与概括外，还包含如何让每个人了解其所处的外环境水碘水平，如何在个体层面上衡量碘营养水平以及患甲状腺疾病的个体应如何补碘等。

第三节 地方性氟中毒

一、概 念

地方性氟中毒（endemic fluorosis）简称地氟病，指特定自然环境中氟元素过多，人体长期通过饮水、食物和空气等途径摄入过量氟而导致的全身性慢性中毒疾病，其特征病变是氟斑牙和氟骨症，同时可引起机体多个系统和器官的广泛性病理改变。

二、氟在自然界的分布

氟（fluorine，F）在自然界中分布广泛，其化学性质活泼，常温下能与所有的元素尤其是金属元素化合，所以氟一般以化合物的形式存在。绝大多数的无机氟化物都能溶于水且有较高的熔点和沸点。因此，氟的化学地理迁移能力极强，广泛存在于岩石、土壤、水、空气和动物体内，易被人体获得。土壤中的氟主要来源于各种岩石，土壤含氟量与其成母岩的种类有关，世界各地土壤含氟（全氟）范围为0～184 000mg/kg。我国土壤含氟上限为4000～6000mg/kg，一般为50～500mg/kg。水溶性氟是活性氟的最主要部分，也是饮水型氟中毒的直接来源，地下水的含氟量较地表水高。空气含氟量一般较低，但当大气受到氟污染时，人体可从空气中吸入较多的氟。我国贵州等地居民用含氟高的石煤当作燃料来做饭、取暖、烘烤粮食，氟大量散发于空气中，污染食品和微小气候，局部空气含氟量可达0.32mg/m^3。各种食物都含有不同浓度的氟，植物中的氟含量与品种、产地土壤及灌溉用水中氟含量有关。砖茶的氟含量一般较高，我国主要产茶区的砖茶含氟量为52.5～1175.0mg/kg，均值在261.7～875.8mg/kg之间。除奶类含氟量很低外，动物性食物常高于植物性食物，且与动物生长环境有关。一般海产动物食品高于陆生动物食品。在动物食品中，骨组织及筋腱等部位含氟量较高。每千克食盐可含数毫克至数十毫克的氟。

三、氟在人体内的代谢

人体内的氟大部分来源于饮水和食物，少量来源于空气。氟主要经消化道吸收，其次是经呼吸道，皮肤可吸收少量的氟。进入机体的水溶性氟化物会被迅速吸收，食物中约80%的氟可被吸收。

氟的吸收是一个简单扩散过程，血浆氟浓度在30～60分钟内达到高峰，血液中约75%的氟存在于血浆，25%与血细胞结合。血浆中的氟约75%与血浆白蛋白结合，25%为游离氟离子。氟进入人体后通过血液循环转运到全身组织，主要潴留在骨骼和牙齿中，两者的氟含量之和占人体氟总量的90%以上，体液及各种软组织中的氟含量均较低。血浆中氟离子与血浆白蛋白结合氟之间呈动态平衡，当较多氟进入体内时，血浆氟离子浓度增高，转运到各组织中氟也增多。

肾脏是氟排泄的主要途径，部分氟也可通过粪便、汗腺、泪液、头发、指甲等形式排出。人体各组织中的氟含量在机体中保持相对的比例及含量，体现了累积状态下氟在人体中的动态平衡量，且与外界环境中的氟含量达到共同平衡。

骨骼在氟的代谢平衡过程中起着非常重要的调节作用。当摄入氟过多时，血氟浓度升高，骨骼储存氟的速度加快，释放相对缓慢；当摄入氟较少时，血氟浓度降低，骨骼又可通过释放氟来提高血氟浓度，使机体内的氟含量处于一种相对稳定的水平。但骨骼氟的储存与释放的调节能力是有限的，当摄入的氟含量超出机体调节范围时，或摄入氟的速度过快使机体来不及调节时，机体中氟的正常平衡被打破。过量氟是一种原生质毒物，不仅对硬组织的各种细胞如成骨细胞、破骨细胞、骨细胞、成釉质细胞、成牙本质细胞等产生毒害作用，破坏其生理功能，导致其变性、坏死，而且还破坏硬组织生长发育及代谢过程中所需酶类的活性，引起机体代谢异常，其中钙、磷代谢所需酶类受损引起的钙磷代谢失常的表现较为突出。除此以外，氟化物还可使硬组织矿化成分的理化特性发生改变，破坏硬组织的正常矿化过程。

四、氟的生理作用

氟是体内重要的微量元素之一，对人体健康的影响具有双重作用。适量的氟是人体必需的微量元素，能够预防龋齿并促进骨骼发育；而长期摄入过量的氟化物则可引起以氟斑牙和氟骨症为主的氟中毒。

1. 氟是构成骨骼和牙齿的重要成分 人体内的氟主要分布在富含钙、磷的骨骼和牙齿等硬组织中。氟易与硬组织中的羟基磷灰石结合，取代其羟基形成氟磷灰石，提高骨骼和牙齿的机械强度和抗酸能力，增强钙、磷在骨骼和牙齿中的稳定性。适量的氟还有利于钙和磷的利用及其在骨骼中的沉积，可加速骨骼成长，并维护骨骼健康。氟缺乏则使参与钙磷代谢的酶活性下降而影响钙磷代谢，导致骨质疏松。过量摄入氟化物则引起钙磷代谢紊乱，影响机体骨形成、骨吸收作用和软骨基质的生成。

牙齿中含适量的氟可增强牙齿机械强度。牙釉质含适量的氟可使其抗酸蚀能力增强，氟还可通过抑制口腔内细菌和酶的作用而减少酸性物质的产生。氟与口腔液体中磷酸根、钙离子共同作用，引起釉质表面再矿化等，从而提高抗龋能力，即适量氟化物具有防龋齿作用。

2. 氟促进生长发育和生殖功能 氟可促进机体的生长发育和生殖功能。研究表明，缺氟可使实验动物生长发育减慢，繁殖能力下降，其子代生活能力差，易发生死亡，且子代的繁殖能力降低。人类从环境中容易得到机体所需量的氟，一般不会出现因缺氟而导致的严重健康危害。

3. 氟对神经肌肉的作用 氟能抑制胆碱酯酶活性，减少体内乙酰胆碱分解，从而提高神经的兴奋性和传导作用。还能抑制三磷酸腺苷酶而使体内的三磷酸腺苷（adenosine triphosphate，ATP）含量增多。ATP 能提高肌肉对乙酰胆碱的敏感度，从而提高神经肌肉接头处的兴奋传导。

4. 氟的其他生理作用 氟可促进机体对铁的吸收，特别是机体处于缺铁的状态时更明显。研究表明，适量氟对大鼠造血功能有刺激作用，氟含量不足可使妊娠母鼠及发育中的幼鼠发生贫血；氟碳化合物能携带氧气的研究发现揭开了人造血液新篇章。动物实验研究还发现，适量的氟能提高机体的抗过氧化能力，减少体内衰老色素的生成和积聚。

五、地方性氟中毒的流行病学特征与影响因素

（一）流行特征与病区划分

1. 病区类型和分布 地方性氟中毒流行于全球 50 多个国家和地区，亚洲是最严重的地区。我国曾是地氟病流行较为严重的国家，除上海和海南之外，其他省市区和新疆生产建设兵团均有不同程度的流行。地方性氟中毒是我国重点防控的地方病之一，主要有饮水型、燃煤污染型和饮茶型三种类型，其中饮水型主要分布在北方，燃煤污染型主要分布在南方，饮茶型主要分布在中西部有饮茶习惯的民族聚居区。

（1）饮水型病区：人们长期饮用含氟量过高（>1.2mg/L）的水而引起的氟中毒，其根本原因是病区岩石、土壤中含氟量过高而导致水氟浓度高。饮水型病区是我国分布最广的病区类型，主要分布在淮河-秦岭-昆仑山一线以北广大地区，形成东起山东半岛、西至新疆南天山山脉面积辽阔的氟中毒病区。南方地区主要是受含氟矿藏的影响形成局部高氟区。根据《2020 年我国卫生健康事业发展统计公报》统计，我国饮水型氟中毒病区分布在 28 个省份和兵团的 1041 个县，病区村数 73 696 个，8～12 周岁氟斑牙患者 29.9 万人，氟骨症患者 6.8 万人。经过我国多年的防治工作，大部分病区已达到控制或消除标准。

（2）燃煤污染型病区：由于人们长期使用敞灶燃烧含氟量高的煤及黏土拌煤做饭、取暖、烘烤粮食、辣椒等，导致室内空气、粮食、辣椒等受到氟污染，从而使人体摄入过量氟，引起全身慢性氟中毒。燃煤污染型是我国特有的氟中毒类型，主要分布在云南、贵州、四川和长江两岸及长江以南偏远山区，病区煤中氟的平均浓度为 1590～2158mg/kg，最高达 3263mg/kg，而全球煤中氟的平均浓度为 80mg/kg。空气中氟含量为 0.018～0.039mg/m^3，最高达 0.5mg/m^3。煤火烘烤的玉米及辣椒（干重）中氟含量分别可达 84.2mg/kg 和 565mg/kg。根据《2020 年我国卫生健康事业发展统计公报》统计，我国燃煤污染型氟中毒病区分布在 12 个省的 171 个县，8～12 周岁氟斑牙患者 6.4 万人，氟骨症患者 16.3 万人。自我国启动改炉改灶防治工作后，大部分燃煤型氟中毒病区已消除。

（3）饮茶型病区：由于人们习惯饮用含氟量高的砖茶或用砖茶泡成的奶茶或酥油茶而引起的氟中毒，于 1981 年首次在我国四川阿坝地区发现。这类病区主要分布在少数民族地区，病情最重的是西藏和四川，主要民族是藏族和蒙古族。砖茶是这些少数民族的生活必需品，“宁可三日无粮，不可一日无茶”，形成了世界上独有的饮茶型氟中毒病区。全球茶叶氟含量平均为 97mg/kg，我国的红茶、绿茶及花茶平均氟含量约 125mg/kg，砖茶最高可达 1175mg/kg。我国饮茶型氟中毒病区涉及 7 个省 229 个县市的 13 229 个村，受威胁人口达 1310 万。“十三五”规划以来，高氟砖茶已经有所减少。

2. 人群分布　地方性氟中毒在人群中的分布与暴露人群摄入氟的剂量、暴露时间、个体因素和自然环境因素等有关。最长潜伏期可达 10～30 年，短则 2～3 年可发病，主要与机体摄入氟的剂量有关。氟斑牙和氟骨症的发生率和病情均与摄入氟量呈正相关。以饮水型病区为例，一般水氟在 0.5mg/L 以上开始出现氟斑牙，在 1.0mg/L 时氟斑牙发生率可达 20%～30%，高于 1.5mg/L 时氟斑牙明显增多，超过 10.0mg/L 时则易发生氟骨症。

（1）年龄：由于人的乳牙、恒牙以及各个牙齿的造釉细胞的发育时期不同，所以氟斑牙形成具有明显的年龄特征。氟斑牙主要发生于生长发育中的恒牙，7～8 岁以前在高氟环境出生的儿童，均可受到氟的影响发生恒牙氟斑牙，且终身不能消退；乳牙一般不发生氟斑牙，恒牙形成后再迁入高氟地区一般也不患氟斑牙。氟骨症发病主要在成年时期，特别是 20 岁以后发生率随着年龄增长而升高，且病情逐渐严重，重病区出现氟骨症的年龄则提前。

（2）性别：在条件相同的情况下，地方性氟中毒无明显的性别差异。但由于生育、哺乳等因素的影响，一般女性的氟骨症病情较男性重，且易发生骨质疏松，即软化型氟骨症；男性则以骨质硬化为主，即硬化型氟骨症。

（3）民族：饮水型和燃煤污染型氟中毒一般没有民族差异，饮茶型氟中毒则具有明显的民族特征，主要发生在习惯饮用砖茶或由砖茶泡成的奶茶或酥油茶的藏族、蒙古族等少数民族。

（4）居住时间：氟斑牙与在高氟区出生及生活的年龄有关，与在病区居住的年限无关。氟骨症与在高氟区居住的时间有关，居住时间越长，氟骨症患病率越高，病情越重。非病区迁入病区的人群更易患氟骨症，潜伏期缩短，可在 1～2 年内发病，且病情严重。

3. 病区确定与划分　我国地方性氟中毒病区根据《地方性氟中毒病区划分标准》（GB 17018—2011）进行确定和病区程度的划分。

（1）病区确定

1）饮水型病区：生活饮用水含氟量＞1.2mg/L，且当地出生居住的8～12周岁儿童氟斑牙患病率＞30%。

2）燃煤污染型病区：居民有敞炉敞灶燃煤的习惯，且当地出生居住的8～12周岁儿童氟斑牙患病率＞30%。

3）饮茶型病区：16周岁以上人口日均茶氟摄入量＞3.5mg，且经X线检查证实有氟骨症患者。

（2）病区程度划分

1）饮水型和燃煤污染型地方性氟中毒病区：①轻度病区：当地出生居住的8～12周岁儿童中度及以上氟斑牙患病率≤20%，或经X线检查证实有轻度氟骨症患者但没有中度以上氟骨症患者。②中度病区：当地出生居住的8～12周岁儿童中度及以上氟斑牙患病率＞20%且≤40%，或经X线检查证实有中度及以上氟骨症患者但重度氟骨症患病率≤2%。③重度病区：当地出生居住的8～12周岁儿童中度及以上氟斑牙患病率＞40%，或经X线检查证实重度氟骨症患病率＞2%。

2）饮茶型地方性氟中毒病区：①轻度病区：经X线检查，36～45周岁人群没有中度及以上氟骨症发生。②中度病区：经X线检查，36～45周岁人群中度及以上氟骨症患病率≤10%。③重度病区：经X线检查，36～45周岁人群中度及以上氟骨症患病率＞10%。

（二）影响地方性氟中毒流行的因素

1. 营养因素 营养因素对氟中毒病情起到非常重要的作用。在暴露相同氟浓度条件下，贫困地区氟中毒患病率高、病情重，而较富裕地区的患病率低、病情较轻，尤其骨软化的报告少见。研究表明，蛋白质、维生素类、钙、硒和抗氧化物具有拮抗氟毒性作用。含钙、镁离子较高的饮水型病区发病较轻。饮水中钙离子浓度低、硬度小、pH高等可促进氟的吸收，低钙会加重氟骨症。

2. 生活习惯 燃煤型和饮茶型氟中毒与生活习惯密切相关。如使用无排烟道的"土灶"燃用含氟高的煤块/煤球，以及用其烘烤辣椒、玉米，或烘烤的辣椒、玉米食用前未经淘洗，是导致燃煤型氟中毒发生的主要原因。饮用含氟较高的砖茶则是发生饮茶型氟中毒的主要原因。

3. 个体差异 环境氟暴露对骨骼的作用机制较为复杂，不仅涉及暴露剂量与暴露时间，同时还受遗传因素的影响。在相似剂量氟暴露的条件下，不同人群和个体对氟暴露的反应敏感性存在着较大的差异，不同种族人群氟骨症发生率也存在差异。不同人群、不同种族之间存在骨形成相关基因 *c-fos*、*c-jun* 及骨吸收相关基因基质金属蛋白酶-9的遗传多态性，提示遗传因素在氟骨症的发病机制中起着重要作用。

4. 自然因素 地质、地理、气候、水文条件是形成饮水型地氟病的主要自然因素，其中岩石含氟量是决定水体含氟量的根本因素。我国居民饮用水水源主要有地表水和地下水两大类，水氟来源及其含量与地质构成、风化淋溶程度、径流地表土壤化学构成、降水量与蒸发量等诸多自然环境因素相关。

六、地方性氟中毒的发病机制

（一）氟对硬组织的损伤

1. 氟对牙齿的损伤 氟斑牙是氟中毒最明显的体征之一，可造成牙釉质、牙本质和牙骨质的损害。在恒牙牙胚形成至完成钙化（7～8岁）之前摄入较多氟将影响牙釉质发育。超量的氟进入机体后，以氟化钙形式沉积于正在发育的牙组织中，影响牙釉质正常的矿化过程尤其是影响正常棱晶结构的形成，从而产生不规则的球形结构，牙釉质（尤其是外层1/3）出现弥漫性矿化不全和疏松多孔区，牙釉质局部呈粗糙、白垩状斑点、条纹或斑块，重者出现继发性缺损或脱落。牙齿萌出后，牙釉质异常处逐渐发生色素沉着，形成色泽逐渐加深的棕色或棕黑色。研究发现，氟对成釉细胞损伤的分子机制主要是釉基质蛋白及蛋白酶的作用、ERS反应、细胞内钙超载诱导细胞凋亡等。高氟饮水染毒母鼠可造成其子代成釉细胞氟中毒样改变，且成釉细胞从分泌期到成熟期的损害程度无差异。

2. 氟对骨骼的损伤　骨骼是氟毒性作用的主要靶器官，氟对成骨细胞的作用呈双向性。长期小剂量氟可以促进骨形成，大剂量则诱导骨细胞凋亡，引起骨质疏松。进入骨组织的氟可置换骨骼中羟基磷灰石［$Ca_{10}(PO_4)_6(OH)_2$］的羟基形成氟磷灰石［$Ca_{10}(PO_4)_6F_2$］，进一步取代其磷酸根形成难溶性的氟化钙（CaF_2）。氟化钙主要沉积于骨、软骨、关节面、韧带和肌腱附着点等部位，从而造成骨质硬化、骨密度增加，进一步可使骨膜、韧带及肌腱等发生硬化。随着成骨细胞和破骨细胞的活动而促进新骨形成、骨内膜增生，进而造成骨皮质增厚、表面粗糙、外生骨疣等病变。同时，氟离子可改变骨基质胶原的生化特性，形成异常胶原蛋白，改变骨基质性质，影响骨盐沉积，导致骨质疏松和骨软化。氟影响软骨细胞的成骨作用，严重者身高发育受阻。氟对骨的双向作用使氟骨症患者骨骼的改变表现为骨质硬化、骨质疏松或两者同时并存。

研究表明，骨形成与骨吸收之间的动态平衡受趋钙激素、多种细胞因子与转录因子等组成的复杂网络调控。氟对成骨细胞的毒性作用机制主要与 MAPK、Wnt、转化生长因子 -β、磷脂酰肌醇-3 激酶和 AKT 等信号通路有关，氟对破骨细胞的作用主要通过影响成骨细胞分泌的骨保护蛋白配体促进破骨细胞的分化、融合、活化和生存过程以及破骨细胞的凋亡。

（二）氟对软组织的损伤

1. 氟对神经系统的损伤　氟对神经系统的损伤有直接损伤和骨性压迫两种。研究发现，氟可直接导致大鼠脑组织氧化及抗氧化能力紊乱，使其蛋白质含量、调节代谢和抗氧化能力、乙酰胆碱酯酶活性下降，损伤神经系统，认知能力下降。骨性压迫主要表现为氟骨症患者的脊柱和四肢关节持续的疼痛、四肢麻木、感觉不足、躯干有束缚感，并常有肌肉疼痛、头晕、心慌无力、嗜睡、厌食、恶心、呕吐、腹胀、腹泻或便秘、肌肉萎缩等。

2. 氟对肝、肾的损伤　大鼠肝组织病理变化和染氟剂量呈正相关，氟可造成大鼠肝脏明显损伤。氟中毒可增强大鼠血清谷氨酸转氨酶、天冬氨酸转氨酶活性；增强酪氨酸激酶 / 信号转导和转录激活子通路中酪氨酸蛋白激酶 1、信号转导与转录激活因子 3 及 B 细胞淋巴瘤 / 白细胞基因相关蛋白表达；减弱凋亡因子 B 细胞淋巴瘤 / 白血病基因-2 蛋白表达；减弱肝组织中 SOD、GSH-Px 活性；增加脂质过氧化物含量。慢性氟中毒肝脏损伤可能有酪氨酸激酶 / 信号转导和转录激活子信号通路、氧化应激、细胞凋亡共同参与。

研究发现，氟可破坏肾脏组织结构，改变其酶活性与含量，影响肾功能和离子代谢。慢性氟中毒的大鼠肾组织中微管相关蛋白 1A/1B-轻链 3 蛋白、mRNA 表达、自噬基因 *Beclin1* 与染氟剂量呈正相关，凋亡因子 B 细胞淋巴瘤 / 白细胞-2 蛋白、mRNA 表达、*p62* 与染氟剂量呈负相关。慢性氟中毒后大鼠肾组织的自噬与凋亡被激活，激活程度与氟中毒程度有关，可能共同参与肾损伤机制。

3. 氟对酶活性的抑制　氟可与体内某些酶结构中的金属离子钙、镁形成难溶的氟化钙及氟化镁复合物，或与其中带正电的赖氨酸和精氨酸基团、磷蛋白以及一些亲氟的不稳定成分相结合，从而改变酶的结构，抑制酶的活性。研究发现，氟可抑制细胞色素氧化酶、琥珀酸脱氢酶和烯醇化酶等多种酶的活性，使三羧酸循环障碍、能量代谢异常，导致 ATP 生成减少，骨组织营养不良。氟能抑制骨磷酸化酶，影响骨组织对钙盐的吸收和利用。氟可使抗氧化酶活性下降，自由基含量增多，引起细胞损伤。氟中毒患者氟负荷与血清碱性磷酸酶呈正相关，与谷丙转氨酶呈负相关。外周血中 DNA 甲基化转移酶 1 转录和蛋白表达增强与燃煤污染型氟中毒有关，可能是氟骨症发生的早期分子机制。

4. 氟对 DNA 的损伤　氟可与哺乳动物 DNA 结合造成 DNA 损伤。燃煤污染型氟中毒患者和动物实验均发现，血液中错配修复基因和 O(6)-甲基鸟嘌呤 DNA 甲基转移酶基因 mRNA 的表达水平与氟中毒程度呈负相关，可能导致 DNA 损伤无法修复。

5. 氟对其他组织的影响　氟作用于骨骼肌使肌纤维萎缩，肌原纤维和肌丝变性，肌纤维细胞线粒体损害，神经终板受损变形，肌纤维酶异常如琥珀酸脱氢酶活性下降、磷酸肌酸激酶活性上升等，导致肌原性损害。氟还可使血管发生血管壁钙化、硬化，影响脏器血液供应。氟作用于内分泌腺使甲状旁腺和甲状腺中分泌降钙素的C细胞功能紊乱，抑制垂体前叶生长激素和催乳素的分泌。氟可直接作用于雄性生殖系统，破坏睾丸细胞的结构，影响其内分泌功能，阻碍类固醇生成，影响人睾酮分泌。慢性氟中毒还可促使卵巢细胞凋亡，引起性腺轴系统分泌异常。

七、地方性氟中毒的临床表现与诊断

（一）氟斑牙

我国《氟斑牙诊断》（WST 208—2011）规定了地方性氟中毒病区人群氟斑牙的临床表现、诊断与分度标准。

1. 临床表现 氟斑牙是机体牙釉质发育时期摄氟量过多的一种表现，其流行强度和牙釉质的病损程度与机体摄氟量呈明显的剂量-效应关系。

（1）白垩样变：牙齿表面部分或全部釉面失去光泽，出现不透明的白垩样或粗糙似粉笔样的条纹、斑点、斑块，或整个牙面呈白色大理石样改变。

（2）牙釉质着色：牙齿表面出现点、片状浅黄褐色、黄褐色、深褐色病变，重者呈黄黑色，着色不能被刮除。

（3）牙釉质缺损：牙釉质破坏、脱落、牙面呈点状甚至地图样凹坑，缺损呈浅蜂窝状，深度仅限于釉质层，严重者牙釉质大片缺失。

2. 诊断与分度标准

（1）诊断：有明确的牙发育期间过量摄氟病史。在牙唇颊面保持洁净、干燥及光线充足条件下，检查每个牙唇颊面牙釉质损害状况后选择2颗病损最重的牙，依其釉面损害程度逐个进行氟斑牙分度诊断。若被选的2颗牙受损程度不同，则以受损程度较轻的氟斑牙诊断代表受检者的氟斑牙诊断分度。分开记录乳牙、恒牙氟斑牙，乳牙、恒牙同时存在时只查恒牙氟斑牙。在此基础上具有白垩样变、釉质着色或釉质缺损之一即可诊断为氟斑牙。

（2）分度：即修订后的Dean法。

1）正常：牙釉质呈半透明乳白色，表面光滑，有光泽。

2）可疑：牙釉质的透明度与正常牙釉质比有轻度改变，可从少数白纹到偶有白色斑点，既不能确诊为极轻氟牙症又不能确诊为正常牙。

3）极轻：细小的白色条纹或似纸样的白色不透明区不规则地分布在牙面上，且不超过牙面的1/4。常见于前磨牙和第二磨牙的牙尖顶部，呈1～2mm的白色不透明区。

4）轻度：白垩色不透明区超过患牙牙面的1/4，甚至累及整个牙面，牙无光泽。牙面的某些部位显现磨耗现象，上颌前牙有时可见模糊着色。

5）中度：白垩色不透明区遍及整个牙面，并且在唇颊面有微小独立的窝状缺损。牙可有明显的磨损，但牙形态无明显改变，常见棕色着色。

6）重度：牙釉质表面严重受累，明显发育不全，牙釉质缺损出现融合，呈现星带状或片状，甚至影响牙的正常形态。牙面有广泛着色，其颜色可自棕色至接近黑色不等，牙常呈侵蚀样外观。

3. 鉴别诊断 氟斑牙的判定要注意与牙外源性染色、釉质浑浊、釉质发育不全、四环素牙和龋齿等进行鉴别。

（二）氟骨症

我国《地方性氟骨症诊断标准》（WS/T 192—2021）规定了地方性氟骨症的诊断依据、原则和分度。

1. 临床表现

（1）骨和关节持续性休息痛：四肢大关节、颈和腰等3个及以上部位具有不受季节、气候变化影响的持续性休息痛症状。

（2）关节活动受限：肘关节屈曲畸形，屈肘时中指不能触及同侧肩峰，经枕后中指不能触及对侧耳廓，经后背中指不能触及对侧肩胛下角，臂上举不到180°。下肢伸膝受限，下蹲困难，膝内翻或膝外翻畸形。颈部前屈、后伸、左右旋转受限。腰部前屈、后伸、左右旋转受限，脊柱变形。

（3）继发性神经损伤：因椎管、神经根管以及椎间孔狭窄造成的疼痛、麻木、肢体无力、跛行、大小便障碍、瘫痪等一系列神经功能障碍。

2. 骨和关节典型X线表现　氟骨症患者可出现骨质硬化、骨质疏松、骨质软化、肌腱韧带附着处骨化、关节退行性改变等一般性X线征象，各征象可单独存在也可同时存在。典型X线征象：桡骨嵴增大、边缘硬化、表面粗糙；尺桡骨间膜骨化；胫腓骨间膜骨化；闭孔膜骨化；旋前圆肌附着处骨皮质松化；比目鱼肌肌腱骨化；骶棘韧带骨化；骶结节韧带骨化。

3. 诊断原则　患者应具有明确的氟中毒病区生活史，有明确临床症状、体征和典型X线征象改变。X线征象是诊断氟骨症的必备条件，病情程度的判定以临床症状和体征为依据。

4. 诊断分度

（1）轻度氟骨症：具有骨和关节持续性休息痛症状，无运动障碍。其X线征象表现为：①桡骨嵴增大、边缘硬化、表面粗糙；②尺桡骨间膜、胫腓骨间膜轻微骨化。

（2）中度氟骨症：具有骨和关节持续性休息痛症状，伴轻微运动障碍，进食、大小便、洗漱、翻身和穿衣等基本可以自理。其X线征象表现为：①尺桡骨间膜、胫腓骨间膜或闭孔膜明显骨化；②旋前圆肌附着处骨皮质松化。

（3）重度氟骨症：具有骨和关节持续性休息痛症状，伴严重运动障碍，需在他人帮助下完成进食、大小便、洗漱、翻身和穿衣等，或继发性神经损伤表现。其X线征象表现为：①尺桡骨间膜、胫腓骨间膜、闭孔膜、骶棘韧带、骶结节韧带等多处明显骨化；②比目鱼肌肌腱明显骨化。

5. 鉴别诊断　氟骨症的诊断注意与骨关节炎、风湿性关节炎、强直性脊柱炎和类风湿性关节炎等进行鉴别。

（三）非骨相氟中毒

地方性氟中毒非骨相损害以神经系统损害多见，另外有肝脏、肾脏及骨骼肌等损害。

1. 神经系统损害　神经根损害症状常为氟中毒患者首发症状，特点是沿受损神经根走行方向的放射性疼痛，咳嗽、打喷嚏、用力排便等可使疼痛加剧，神经根痛区皮肤常可查出痛觉过敏或痛觉减退。脊髓损害症状以截瘫多见，也有呈四肢瘫痪者。感觉障碍症状多由下向上发展，先有双下肢远端麻木、烧灼、刺痛、蚁走感等异常感觉，逐渐上升至病变平面。括约肌功能障碍随病情的进展，逐渐出现尿急、尿频、尿失禁、便秘或大便失禁等症状。

2. 肾脏、肝脏损害　氟中毒患者主要表现为肾功能不全，肾脏排氟能力下降，造成机体氟潴留进而加重氟中毒。过量氟对大鼠肝脏产生毒性作用，致肝细胞肿胀和空泡样变性，酶活性改变，肝功能异常。

3. 骨骼肌及其他损害　氟中毒患者常见手部肌肉或下肢肌肉萎缩，可由神经系统损害引起骨骼肌的继发性改变，也可能是氟对骨骼肌直接毒性作用的结果，部分是肢体瘫痪引起的失用性萎缩。地方性氟中毒能引起继发性甲状旁腺功能亢进，对心血管系统也有一定影响。

八、地方性氟中毒的预防与治疗

（一）预防措施

地方性氟中毒病因清楚，根本预防措施是减少氟的摄入。

1. 饮水型氟中毒的预防　降低饮水氟含量，使之符合饮水卫生标准是饮水型氟中毒防治的根本有效措施。

（1）改换低氟水源

1）常用低氟水源：①深层地下水；②低氟地表水；③天然降水。

2）改换低氟水源：①建低氟深水井；②引江、河、湖泊、泉等低氟地表水；③蓄水（窖水）；④混合水源；⑤利用同一自然村（屯）的低氟水源。

（2）饮水除氟：是通过物理、化学作用，在一些没有低氟水源可供饮用的病区，将水中过量的氟降到适于饮用的范围。饮水除氟方法主要有铝盐混凝沉淀法、活性氧化铝吸附过滤法、羟基磷灰石及骨炭过滤法、电渗析法等。

在饮水中氟含量较低的地区，主要通过降低食品中的含氟量来减少氟摄入。在高氟地区选择种植含氟量较低的农作物，不使用含氟量高的化肥和农药。

2. 燃煤污染型氟中毒的预防 坚持以改良炉灶为主，降低空气和食物氟污染；开展健康教育，减少总摄氟量等综合性防治措施。

（1）改良炉灶：炉灶必须有可靠的排烟设施，改良炉灶减少用煤量，以降低氟的总释放量。切断、减少和消除燃煤氟对室内空气和食物的污染。降氟炉灶的基本要求：保证需要、安全卫生、节约煤炭、经济易行。

（2）降低食物氟污染：降低食物的氟污染是燃煤污染型地区降低氟摄入量的关键措施。改良生活习惯和食物干燥方法，避免烟气直接接触食物，从而防止食物被氟污染。

（3）不用或少用高氟煤：采用电能、沼气、秸秆化气等清洁能源，更换低氟煤，减少用煤量，最大限度地降低空气中氟含量。

3. 饮茶型氟中毒 饮茶型氟中毒的根源在于原料茶的质量，饮用低氟砖茶是防治饮茶型氟中毒的根本措施。按照《砖茶含氟量》（GB 19965—2005，氟含量≤300mg/kg）控制茶叶的氟含量，研制低氟砖茶，降低砖茶中氟含量，发展氟含量低的优质砖茶。

（二）治疗原则

地方性氟中毒无特效治疗方法，治疗原则主要是减少氟的摄入和吸收，促进氟的排泄，拮抗氟的毒性，增强机体抵抗力，及时进行适当的对症处理。

1. 合理调整饮食和推广平衡膳食 加强和改善患者的营养状况，可增强机体的抵抗力，减轻原有病情。提倡平衡膳食，特别应重视儿童、妊娠妇女的营养补充，保障蛋白质、钙、镁、维生素的摄入和热量足够。

2. 药物治疗 可用钙剂、维生素 D、氢氧化铝凝胶、蛇纹石等治疗。有神经损伤的人宜给予 B 族维生素（B_1、B_6 和 B_{12}）、腺苷三磷酸、辅酶 A 等以改善神经细胞正常代谢，减少氟的毒性作用。

3. 氟斑牙治疗 可采用涂膜覆盖法、药物（H_2O_2 或稀盐酸等）脱色法、修复法等治疗，防氟牙膏也有一定的疗效。

4. 其他 氟骨症的对症疗法主要是止痛，对手足麻木、抽搐等症状可给予镇静剂。对因有椎管狭窄而出现脊髓或马尾神经受压的氟骨症患者可进行椎板切除减压，对已发生严重畸形者可进行矫形手术。

第四节 地方性砷中毒

一、概　　念

地方性砷中毒（endemic arseniasis）简称地砷病，指居住在特定地理环境条件下的居民，由于长期通过饮用水、空气、食物等环境介质摄入过量的砷而引起的一种生物地球化学性疾病。临床上以末梢神经炎、皮肤色素代谢异常、掌跖部皮肤角化、肢端缺血坏疽、皮肤癌变及多脏器癌变为主要表现，是一种多系统、多脏器受损的全身性慢性疾病。

二、砷在自然界的分布

砷（arsenic，As）是一种非金属元素，主要以硫化物矿的形式（如雄黄 As_4S_4，雌黄 As_2S_3、砷黄铁矿 FeAsS 等）存在于岩石、土壤和水等自然环境中。砷及其化合物主要用于合金冶炼、农药、医药、颜料等生产制作过程。土壤中砷的含量通常要高于母岩，未被污染的土壤砷浓度一般为 5～15mg/kg。不同土壤类型砷含量不一样，由花岗岩风化形成的砂质土中砷含量水平最低，但冲积土和有机土的含量则较高。天然水体中砷的含量较低，未受污染区域的淡水中砷的浓度通常为 1～10μg/L，而在硫化物矿化区则可达到 100～5000μg/L。海水砷浓度范围为 1～8μg/L，其主要化学形态是砷酸离子。在地下水被开发利用的过程中流经含砷岩层时，大量的砷溶解于水中，导致水中含砷量升高，如砷矿区附近的地下水含砷量可达 10mg/L 以上。砷是煤中主要的微量元素，不同地区的煤炭含砷量不同。我国 95% 的煤炭含砷量在 0.12～28mg/kg 之间，西南某地煤炭含砷量为 876.3～8300mg/kg，个别地区达 35 000mg/kg。

三、砷在人体内的代谢

（一）砷的吸收

1. 呼吸道吸收　人们在生产作业（如矿石冶炼、燃煤发电）以及燃用高砷煤时可发生砷吸入暴露。人体吸入砷的沉积程度主要取决于微粒的大小，而吸收程度则主要取决于砷的溶解度。研究表明，砷经呼吸道吸入后，体内无机砷、总砷化合物和甲基化代谢物的排泄明显增加。由于缺乏砷通过呼吸道吸收后进行定量检测的相关确切资料，并存在其他途径砷暴露的影响，目前还无法对砷在呼吸道的沉积进行定量评价。

2. 消化道吸收　人类通过食用含砷食品、水、饮料、药品，或因吸入后由于黏膜纤毛清除作用被带到消化道而吸收砷。摄入砷的生物利用度取决于摄入的基质（如食物、水等）、砷化合物溶解度以及胃肠道内其他食物成分和营养素。研究表明，胃肠道对无机三价和五价砷的吸收快速而充分，五价砷较三价砷更易吸收，无机砷较有机砷易吸收。砷在胃肠道吸收率可达 95%～97% 及以上。

3. 皮肤吸收　皮肤细胞对砷的吸收率很低。研究表明，人皮肤细胞低剂量（$0.024ng/cm^2$）暴露 24 小时，从土壤和水中吸收砷酸的吸收率仅为 0.8% 和 1.9%。无机砷经皮肤细胞吸收的差异与无机砷化物的化学形态或使用载体有关，当用 100μl 水作为载体时，约 60% 的剂量被吸收；用 250μl 水作为载体时，其吸收率约 37%。

4. 胎盘转移　无机砷可通过胎盘屏障被机体吸收。砷中毒孕妇死胎的器官和组织中砷浓度均达到中毒剂量，暴露于 200μg/L 高砷水的胎儿脐血中砷的浓度和产妇血中砷的浓度接近(约 9μg/L)，而“非暴露组”胎儿脐血及产妇血中砷浓度也相似（约 2μg/L），说明砷易通过胎盘吸收。

（二）砷的分布与蓄积

砷吸收入血后首先在血液中聚集，其中 95% 的三氧化二砷、砷酸盐、亚砷酸盐与血红蛋白中的珠蛋白结合，然后被运输至肝、肾、脾、脑、皮肤及骨骼中，组织中砷的浓度没有性别差异，但不同组织中的浓度差异较大。组织中砷的主要形式是无机砷，其次是二甲基砷（dimethyl arsenic，DMA），而单甲基砷（monomethyl arsenic，MMA）水平较低且只在肝脏和肾脏中检测到。有机砷主要分布于肝脏，并参与机体甲基代谢。砷在肝脏的亚细胞组织中分布不均匀，其存在水平依次为微粒体＞胞液＞溶酶体＞线粒体＞细胞核。

砷在体内有较强的蓄积性，特别是三价砷，极易与巯基结合，并于吸收后 24 小时内分布于富含巯基的组织器官如肝、脑等。五价砷以砷酸盐的形式取代骨组织中磷灰石的磷酸盐而蓄积于骨组织中，三价砷易与角蛋白结合而蓄积于角蛋白含量高的皮肤、指（趾）甲、毛发之中。由于毛发中砷易蓄积潴留，毛发砷含量是人群早期敏感的内暴露生物标志。

（三）砷的代谢转化

砷的代谢主要有两个反应类型：①五价砷转化为三价砷；②氧化甲基化反应，即三价砷利用S-腺苷甲硫氨酸（S-adenosyl-methionine，SAM）提供的甲基，在GSH的辅助下发生甲基化反应，依次形成单、双和三甲基化产物。砷代谢的特点是在不同种属间，甲基化程度上存在着极端的定性和定量上的差异，一些物种甚至没有砷的甲基化产物。

由于砷代谢相关酶的基因多态性，砷暴露人群的健康效应表现出较大差异，即使暴露于同等水平的砷，也会出现一些人中毒症状很明显、一些人可能无任何中毒迹象等情况。无机砷进入机体后在红细胞内被砷酸盐还原酶还原，可将五价砷（iAs^{5+}）还原为三价砷（iAs^{3+}），三价砷被肝细胞摄取后，在甲基转移酶的催化下生成单甲基砷酸（MMA^{5+}），MMA^{5+} 在 MMA^{5+} 还原酶的作用下还原为单甲基亚砷酸（MMA^{3+}），MMA^{3+} 再发生甲基化反应，生成二甲基砷酸（DMA^{5+}）。不同价态、不同形式的砷代谢产物的毒性差异很大，其毒性大小依次为 $MMA^{3+} \geqslant DMA^{3+} > iAs^{3+} > iAs^{5+} > MMA^{5+} = DMA^{5+}$。职业暴露和环境暴露人群尿中所含的MMA和DMA比例分别在10%～20%和55%～75%。砷代谢相关酶多态性与人群砷中毒易感性研究表明，在砷酸盐还原过程中嘌呤核苷磷酸化酶发挥重要作用，其基因位于染色体4q11.2.PNP有多个多态位点，其中PNPHis20His、PNPGly51Ser、PNPPro57Pro的多态性可能影响五价砷的还原，与人群砷中毒易感性有关。三价砷甲基化转移酶是砷甲基化代谢途径中的关键酶，亦存在3个SNP位点，即SMPG12390C、C1425T、G35991A，与砷致皮肤癌前病变的易感性有关。甲基转移酶活性和相关协同因素如吸烟、性别、年龄、居住年限等方面的差异可以解释个体间代谢的差异，同时甲基转移酶活性的个体差异也可以用遗传多态性来解释，但砷代谢相关酶多态性与人群砷中毒易感性的关系还有待深入研究。

（四）砷的排泄

无机砷主要通过泌尿系统排泄清除。研究表明，除大鼠消除砷的速度较慢外，其他实验动物经口一次性染毒后，50%以上的砷在48小时内经尿液排出。成年男性志愿者服用一定剂量的同位素示踪标记三价或五价砷，经数天至一周，45%～75%的剂量随尿液排出。砷进入机体后，首先形成“砷-GSH复合物”，进而形成以 MMA^{5+}、DMA^{5+} 或 DMA^{3+} 为代表的代谢产物。因此，测定尿中 MMA^{5+}、DMA^{5+} 或 DMA^{3+} 等水平有助于讨论砷代谢与毒性作用及人群易感性之间的关系。尿砷可反映机体近期砷暴露水平。

经消化道摄入的砷经甲基化或其他代谢反应后，可由胆汁排入肠道经大便排出体外。砷在一定程度上还可经汗液、乳汁排泄。由于砷可以在含角蛋白的组织中集聚，因此，皮肤、毛发、指甲也可被视为砷的潜在排泄途径，但排泄量相对来说极少。

四、地方性砷中毒的流行特征与影响因素

（一）流行特征与病区划分

1. 地理分布 地方性砷中毒病区的形成具有一定的自然地理-环境水文地质条件和社会经济背景，主要有饮水型和燃煤污染型两种病区。全球高砷水源所形成的饮水型砷中毒病区主要分布在亚洲和美洲，南美洲的智利有世界上发现较早的地方性砷中毒病区，亚洲的孟加拉国、印度和我国是世界上病情最重、病区面积最大、受危害人口最多的国家。我国台湾台南县于1956年首次报道居民中以“乌脚病”为主要表现的砷中毒的流行。我国在“十二五”规划期间基本查清了饮水高砷区和地砷病病区的分布范围，浅层地下水高砷区主要分布在黄河流域、淮河流域和长江流域的部分地区以及吉林西部平原；深层地下水高砷区主要分布在新疆和青海；泉水高砷区主要分布在甘肃、云南和四川的山区。燃煤污染型地方性砷中毒是我国特有的一种生物地球化学性疾病，主要分布于贵州、四川、陕西等省份。

2. 人群分布 饮水型地方性砷中毒流行于饮用高砷水的人群中，各年龄人群均可发生，患病

率随着年龄的增加而升高，性别间无明显差异。燃煤污染型地方性砷中毒在各年龄段人群中都有发病，一般高年龄组发病人数较多、病情较重；男性发病略多于女性，这可能与男性劳动强度大、进食量大有关，也可能与性别间砷的代谢差异有关。两种类型砷中毒在不同民族、不同职业人群间的发病均无明显差异，但存在群体内的个体差异。

3. 时间分布 饮水型地方性砷中毒的病情与饮用高砷水的时间长短密切相关，从饮用高砷水（0.4～0.6mg/L）到出现色素沉着，最短 2 年；出现角化过度，最短 4 年，一般在 10 年左右。饮水型砷中毒的发病没有周期性，而是呈持续上升的趋势。燃煤污染型地方性砷中毒全年都有散在发病，没有特定周期性，但多发于冬春季节，可能与该期间敞开炉灶烧煤、取暖及烘烤粮食有关。高砷暴露 25～30 年是砷致肿瘤高发的时期。深入开展砷的健康危害和长期效应研究，对砷中毒患者的救治以及揭示砷的致癌机制都具有重要意义。

4. 病区划分 我国《地方性砷中毒病区判定和划分标准》（WS 277—2007）规定了地方性砷中毒病区的判定和划分标准。

（1）病区判定：同时满足以下三条可判定为病区：①居民生活的自然环境中饮用水含砷量＞0.05mg/L，或在以煤为生活燃料的地区，居民敞灶燃用煤含砷量＞40mg/kg。②暴露人群中出现临床诊断的慢性砷中毒患者。③排除其他砷污染所致的砷中毒。

（2）病区划分

1）病区以自然村（屯）为单位进行划分。

2）饮水或燃煤含砷量与患病率不符时，以患病率划分轻、中、重病区。

3）饮水型地方性砷中毒病区划分标准：①潜在病区：饮水含砷量≥0.05mg/L，只有可疑患者。②轻病区：饮水含砷量＞0.10mg/L，患病率＜10%。③中病区：饮水含砷量＞0.30mg/L，患病率10%～30%。④重病区：饮水含砷量＞0.50mg/L，患病率≥30%，出现重度患者。

4）燃煤污染型地方性砷中毒病区划分标准：①潜在病区：燃煤含砷量≥40mg/kg，只有可疑患者。②轻病区：燃煤含砷量＞100mg/kg，患病率＜10%。③中病区：燃煤含砷量＞200mg/kg，患病率 10%～30%。④重病区：燃煤含砷量＞400mg/kg，患病率≥30%，出现重度患者。

（二）影响地方性砷中毒流行的因素

砷中毒的发病率及患病程度除与暴露时间、暴露剂量有明显的时间、剂量-效应关系外，还受到以下因素的影响。

1. 营养与饮食习惯 砷的毒性与其在体内大量消耗巯基化合物，造成机体清除自由基的能力下降，最终导致脂质过氧化等有关。因此，蛋白质供给不足、营养失衡、微量元素缺乏可使机体免疫力及清除自由基能力降低，病情加重。燃煤污染型砷中毒病区的居民以高砷煤为燃料取暖、做饭、烘烤粮食，导致室内空气、玉米、辣椒中的砷含量升高。20 世纪 90 年代当地居民每人每天平均摄砷量达 4.76mg。居民在食用烘烤食物前进行清洗，则可降低总砷摄入量，病情相对较轻。

2. 个体差异 地方性砷中毒病区常可见到饮用同一含砷量高的井水的人之间病情有很大差异，这显示地方性砷中毒在发病上存在个体差异。

3. 社会经济条件 地方性砷中毒往往发生在经济不发达地区，经济状况差，营养卫生状况不良，在相同砷暴露情况下，贫困地区居民容易发病且病情相对较重。

4. 气候与气温 气候炎热地区居民耗水量增多，总砷摄入量增加，病情相对严重；气候寒冷潮湿地区因为取暖及烘烤食物的时间延长，居民通过空气及被污染的食物摄入的总砷量增加。砷中毒患者往往有末梢循环障碍及雷诺现象，气温寒冷使砷中毒的循环系统症状明显，这提示低温可加重砷中毒的血管损害。

五、地方性砷中毒的发病机制

地方性砷中毒的发病机制至今尚未明确，但已形成多种假说，主要包括砷干扰 DNA 甲基化导致染色体畸变，抑制DNA修复致DNA损伤，诱导细胞增生、改变信号转导模式和诱导氧化应激等。由于癌症发生机制十分复杂，且至今未复制出砷致癌的动物模型，大多数结论来自体外实验研究，因此砷的致癌机制仍需进一步深入探讨。

（一）砷对酶的影响

砷的重要毒性机制之一是对酶活性的影响。砷作为一种原浆毒，对蛋白的巯基具有巨大的亲和力，进入体内的砷可与酶蛋白分子上的巯基结合形成稳定的络合物或环状化合物，从而抑制组织中大量依赖巯基的酶系，使许多酶参与的正常生物化学反应受到抑制，引起复杂的生化、生理障碍，直接损害细胞的正常代谢、呼吸及氧化过程、染色体的结构和功能、细胞分裂过程，最终导致各种病变的发生，这也是砷可致全身毒性作用的重要原因。

砷可通过与皮肤中角蛋白的巯基结合而蓄积，初期蓄积的砷刺激酪氨酸，使黑色素细胞产生大量色素而沉积在皮肤中。随着蓄积量增加，黑色素细胞受到抑制甚至凋亡，逐渐失去正常功能，黑色素产生减少甚至完全消失，从而使皮肤出现褪色性斑点及脱色性斑点。

（二）砷影响能量代谢

砷及其化合物对能量代谢的影响主要继发于代谢酶受抑制，如三羧酸循环中关键的丙酮酸氧化酶、琥珀酸脱氢酶等受抑制；线粒体NADH氧化呼吸链中有关酶被抑制均可影响到ATP生成，从而影响能量代谢。研究表明，砷酸盐抑制线粒体与能量有关的途径有两条：一是在氧化磷酸化过程中与磷酸发生竞争，二是抑制与能量有关的NAD^+还原反应。

（三）砷导致细胞凋亡

1. 影响细胞凋亡调控基因的表达 砷能诱导引起细胞凋亡和退化的相关基因表达，如*p53*、*c-myc*、*bcl-2*、*bcl-x*、*bax*及*bad*等，其中砷对*bcl-2*基因表达的影响在细胞凋亡中尤显重要。As_2O_3治疗白血病的大量研究表明，As_2O_3可使NB_4细胞的*bcl-2*表达下降，对*bax*、*p53*、*c-myc*基因的表达则无影响，导致*bcl-2*/*bax*值下降，而*bcl-2*/*bax*值大小可决定细胞是否发生凋亡，该比值越小则细胞越易发生凋亡，由此诱导NB_4细胞发生大量凋亡，成为As_2O_3治疗白血病的主要机制。

2. 改变端粒酶活性 端粒酶活性调节与*p53*、*bcl-2*和*c-myc*等凋亡相关基因有关。当上述基因表达异常时，端粒酶活性发生变化，细胞稳定性降低，易发生凋亡。研究发现，一定剂量的As_2O_3通过抑制端粒酶活性而诱导生精细胞凋亡。

3. 细胞信号转导异常 砷可干扰细胞信号转导通路，影响多种实验动物肿瘤模型和某些人类肿瘤的促进和进展过程。研究发现砷能激活caspase，诱导细胞停止在G_1期，在神经母细胞系和髓细胞性白血病细胞中，砷通过激活caspase-3促进细胞凋亡。另外，As_2O_3与细胞内抗氧化分子如GSH或相关酶结合，导致细胞清除氧自由基的能力和抗氧化能力下降，使细胞内超氧化物相对增多，从而诱导细胞凋亡。

（四）砷的致癌机制

1. 砷致染色体畸变 低剂量砷暴露可以引起染色体畸变和基因扩增，同时也会在其他诱变剂存在的情况下使突变基因增多。砷还能增加紫外线的诱变性，增加成纤维细胞对紫外线的敏感性，其机制可能是砷通过抑制与DNA修复有关的DNA连接酶或与DNA修复酶的巯基结合，从而抑制其修复。由于DNA修复酶对砷的抑制较敏感，所以砷对DNA修复有关酶的抑制比DNA修复酶本身作用更强。砷化物及其主要代谢物DMA可明显诱发非整倍体产生，但不会抑制纺锤体的形成，而且还可以延长纺锤体两极的距离。砷化物抑制有丝分裂，干扰细胞周期中纺锤体的动力，加速纤维微管的聚合作用。在研究无机砷和有机砷化物对人成纤维细胞的诱导时发现，砷化物主要诱导染色体缺失和断裂。

砷可引起DNA单链断裂，其损伤程度与砷暴露之间具有明显的剂量-反应关系和时间-效应关系。砷暴露还可影响DNA损伤修复，砷可以抑制皮肤组织中O^6-甲基鸟嘌呤-DNA甲基转移酶基因、辐射损伤修复基因及错配修复基因的表达，还可诱发皮肤组织某些基因微卫星位点的不稳定性和杂合性丢失。

2. 基因表达异常 砷的致癌作用无论是引起基因突变还是影响基因的调控系统，最终都会引起基因表达的改变，包括从蛋白质水平和mRNA（cDNA）水平表达。砷可以通过多种机制影响基因表达水平，从而改变生物的遗传性状，增加诱发肿瘤的可能性。研究发现，经亚砷酸钠处理后的人胚胎皮肤细胞共发现125个功能基因的差异表达（涉及原癌基因、抑癌基因、细胞凋亡、DNA合成修复），其中65个基因表达上调，60个基因表达下调。这些异常表达的基因可能对砷毒性作用和砷致癌机制的研究有着重要意义。

研究发现，燃煤型砷中毒患者皮肤病变中相关癌基因蛋白、抑癌基因蛋白、细胞增殖、细胞凋亡以及GST-л的表达随着皮肤病损程度的加重均发生异常改变，从基因蛋白水平证实了相关基因的改变与燃煤型砷污染致人体癌变有关。

3. 基因甲基化

（1）基因高甲基化：无机砷作为酶抑制剂，选择性抑制SAM依赖的甲基转移酶，从而降低SAM的利用率，使其浓度增高，导致整个基因组中CpG岛过度甲基化。砷酸钠或亚砷酸钠在人肺腺癌A549细胞*p53*启动子中引起显著剂量依赖性的高甲基化。未受抑制的甲基转移酶使胞嘧啶发生超甲基化。启动子区的甲基化对基因的表达有明显的抑制作用。

（2）基因低甲基化：无机砷消耗SAM的甲基，引起细胞内缺甲基状态，从而引起甲基化模式的不稳定，导致基因去甲基化，过分表达癌基因。研究表明，癌基因调控区的低甲基化可以引起基因表达增加、细胞周期紊乱，最终导致肿瘤的发生。另外，甲基化还与染色体结构、基因组印记、DNA复制、女性X染色体失活有关，因此异常甲基化也可以影响上述功能的正常进行。

4. 氧化应激与ROS的产生 组织的氧化损伤在砷介导的反应中起重要作用，砷通过不同的机制干扰氧化还原的自然平衡状态。无机砷在体内通过氧化还原生成MMA和DMA。DMA与体内还原型GSH发生反应，生成了二甲基次砷酸-GSH螯合物，在GSH还原酶的催化下，被还原为DMA气体，或脱去GSH生成二甲基次砷酸。DMA气体和二甲基次砷酸均可与O_2分子发生反应，产生DMA过氧化物自由基等ROS。一旦ROS生成，即可引起氧化应激并导致DNA损伤，从而诱发砷的致癌作用。

六、地方性砷中毒的临床表现与诊断

（一）临床表现

砷中毒患者皮肤出现色素沉着、色素缺失和掌跖角化是地方性砷中毒的特征性表现。早期可出现弥漫性褐色、灰黑色斑点条纹，同时部分皮肤出现点状、片状、条纹状色素脱失，呈现白色斑点或片状融合。皮肤“色素沉着”与“色素缺失”多同时出现在躯干部位，亦可出现在乳晕、眼睑、腋窝等皱褶处。皮肤角化、皲裂以手掌、脚跖部为主，四肢及臀部的皮肤角化可形成角化斑、赘状物。皮肤角化、皲裂处易形成溃疡，进而引发感染，恶性循环，最后演变为皮肤癌。

（二）诊断原则

我国《地方性砷中毒诊断》（WS/T 211—2015）规定了地方性砷中毒的临床诊断及分度标准。

1. 基本指标 有高砷暴露史，并符合以下临床特征之一者可诊断为地方性砷中毒：①掌跖部位皮肤有其他原因难以解释的丘疹样、结节状或疣状过度角化。②躯干非暴露部位皮肤有其他原因难以解释的弥散或散在斑点状色素沉着和（或）边缘模糊的小米粒至黄豆粒大小不等的圆形色素脱失斑点。

2. 参考指标 尿砷或发砷含量明显高于当地非病区的正常参考值。

（三）诊断

1. 皮肤病变分级

（1）掌跖部皮肤角化

1）Ⅰ级：掌跖部有肉眼仔细检查可见和（或）可触及的3个及以上散在的米粒大小的皮肤丘疹样或结节状角化物。

2）Ⅱ级：掌跖部有较多或较大的明显丘疹样角化物。

3）Ⅲ级：掌跖部有广泛的斑块状或条索状角化物，或同时在掌跖部和手足背部有多个较大的疣状物，甚至表面有皲裂、溃疡或出血。

（2）皮肤色素沉着

1）Ⅰ级：以躯干非暴露部位为主的皮肤颜色变深或有对称性散在的较浅的棕褐色斑点状色素沉着。

2）Ⅱ级：以躯干非暴露部位为主的皮肤呈灰色或有较多的深浅不同的棕褐色斑点状色素沉着。

3）Ⅲ级：以躯干非暴露部位为主的皮肤呈灰黑色或有广泛密集的棕褐色斑点状色素沉着，或有较多的深棕黑色或直径1cm左右的黑色沉着斑块。

（3）皮肤色素脱失

1）Ⅰ级：以躯干非暴露部位为主的皮肤有对称性散在的针尖大小的色素脱失斑点。

2）Ⅱ级：以躯干非暴露部位为主的皮肤有较多的边缘模糊的点状色素脱失斑点。

3）Ⅲ级：以躯干非暴露部位为主的皮肤有广泛密集的边缘模糊的点状色素脱失斑点。

（4）鲍温病和皮肤癌：掌跖角化物出现糜烂、溃疡、疼痛；躯体角化物或色素斑黑变，表面毛糙、糜烂、溃疡、疼痛及周围皮肤红晕，并经活体组织病理检查可确诊。

2. 临床分度

（1）可疑：出现以下情况之一者：①皮肤仅有Ⅰ级色素沉着或Ⅰ级色素脱失斑点，或仅在掌跖部皮肤有1～2个米粒大小的丘疹样或结节状角化物。②在燃煤污染型病区有明显视物不清、味觉减退和食欲差等表现。

（2）轻度：在可疑基础上出现以下情况之一者：①掌跖部皮肤有Ⅰ级角化或躯干Ⅰ级皮肤色素沉着和Ⅰ级皮肤色素脱失同时存在。②在可疑对象中，尿砷或发砷含量明显高于当地非病区正常值者亦可列为轻度。

（3）中度：在轻度基础上，掌跖部皮肤角化、躯干皮肤色素沉着和色素脱失中有一项为Ⅱ级者为中度。

（4）重度：在中度基础上，掌跖部皮肤角化、躯干皮肤色素沉着和色素脱失中有一项为Ⅲ级者为重度。

（5）鲍温病和皮肤癌：经活体组织病理检查确诊。

（四）鉴别诊断

1. 老年性白斑 常见于50岁以上，躯干、四肢非暴露部位皮肤出现2～5mm大小不等、圆形、边界清楚、稍凹陷的白色斑点。

2. 掌跖角化病 遗传性疾病，多在婴幼儿期发病，轻者掌跖皮肤发干、发硬、角化过度，重者随年龄增长而出现对称性掌跖角化，似胼胝状或疣状隆起。

七、地方性砷中毒的预防与治疗

（一）预防措施

1. 饮水型砷中毒

（1）改换水源：在地下水含砷量较高的地区，可将含砷量低的江水、河水、泉水、湖水引入病区，经沉淀、过滤、消毒后作为生活饮用水。

（2）饮水除砷：降低饮水型砷中毒病区居民饮水中的砷含量。常用的方法有混凝沉淀法和过滤吸附法。常见混凝沉淀剂有明矾、三氯化铝、三氯化铁、硫酸铁等。

2. 燃煤污染型砷中毒

（1）限制高砷煤炭的开采使用：封闭禁采高砷煤矿，减少砷化物向环境中的排放，建立集中供应的低砷安全生活用煤防治区，从而降低人群外暴露水平。

（2）改良炉灶减少室内空气砷污染：改造病区敞开式燃烧炉灶，修建烟囱，加强室内通风换气。

（3）改变生活习惯：改进粮食烘烤方式，把粮食、蔬菜等食物储藏室与厨房分开，切断和防止含砷煤烟污染食品。

3. 综合防治

（1）健康教育：采取综合措施防治地方性砷中毒。实行国家、集体、个人三结合，采取因地制宜、因户而异的防治措施。

（2）减少污染：使用化学助剂降低煤燃烧过程中砷的排放，从而减少环境污染。特别是生产中有含砷粉尘、废水的单位，应改革生产工艺，做好“三废”排放前的无害化处理，防止生产环境和周围环境的砷污染。

（3）强化管理：做好地方性砷中毒地区环境砷含量与病情的监测，加强生产中砷剂管理及劳动保护和环境保护，尽可能减少生产性砷暴露。

（4）移民搬迁：结合封山育林、退耕还林还草生态建设工程，酌情搬迁病区居民。

（5）药物研发：研制、开发具有驱砷、治疗、预防癌变的多功能药物，消除砷中毒对健康的短期和长期危害。

（二）治疗

目前尚无有效治疗地方性砷中毒的药物和方法，主要是对症治疗。

1. 对症治疗

（1）掌跖角化：重度掌跖角化影响劳动和生活时，可采用 5%～10% 水杨酸软膏，20% 尿素软膏或 1% 尿囊素软膏或 0.1% 维 A 酸软膏等溶解角化物。在使用外用药的同时，口服维 A 酸或同类药品可增强治疗效果。还可用 5% 二巯基丙醇油膏涂抹以缓解慢性砷中毒引起的皮肤损害。

（2）周围血管病变：有雷诺现象或循环障碍明显者要注意保暖，戒烟并进行适当活动。早期患者可服用中药毛冬青或丹参，也可采用 α 受体阻滞剂及扩张血管药，如妥拉苏林、酚苄明、烟酸等。适量应用维生素 B_1、维生素 B_{12} 也有助于减轻症状。

（3）末梢神经炎：使用维生素 B_1、肌苷、ATP、辅酶 A 等制剂，可减少砷对神经系统的损害。

（4）对并发症的处理：常见并发症有血栓闭塞性脉管炎、皮肤癌、内脏肿瘤等，应尽早治疗。对于经久不愈的溃疡，或短期内明显增大的赘状物作病理学检查，以便尽早确诊、尽早处理皮肤恶变组织。

（5）营养支持药物：增加优质蛋白、多种维生素等营养素摄入，提高机体抗病能力。

2. 驱砷治疗　目前常用巯基（—SH）类化合物作为排砷药物，如二巯基丁二酸、二巯基丙磺酸钠等，但应注意此类化合物均具有一定的毒副作用。

二巯基丙磺酸钠：每天肌内注射 2.5～5.0ml，每 3～5 天为一个疗程，应视尿砷浓度变化决定用药期限。

二巯基丁二酸：每日一次，每次 0.5g，3 天为一个疗程。根据尿砷排出情况决定是否进行下一疗程。

10% 硫代硫酸钠：如无巯基解毒剂也可选用此药。成人每次静脉注射 10～20ml，每日一次，3～5 天为一个疗程。

3. 拮抗剂治疗　硒可加速砷从机体排泄，减少砷在体内蓄积。硒可竞争性地释放与砷结合的

—SH 和二硫键（—S—S—），恢复有关酶和因子的结构和活性。含硒药物如硒维康、硒保康等可长期服用，每日 200μg，直至机体高砷状态消除。

第五节 其他生物地球化学性疾病

一、克 山 病

（一）病因

克山病又称地方性心肌病，是一种以心肌变性坏死为主要病理改变的原发性心脏病。临床特征为心肌凝固性坏死，伴有明显的心脏扩大、心功能不全和心律失常，重者可发生心源性休克或心力衰竭。目前病因尚不清楚，一方面是地球化学说，认为微量元素硒、氨基酸、维生素缺乏或失衡等引起早期心肌损伤；另一方面是生物病因学说，包括自然疫源性虫媒学说、肠道病毒传染学说和真菌毒素中毒学说。

（二）流行特征

1. 地域特点 克山病具有明显的区域多发性，病区分布与自然地理条件密切相关，病区多沿大山脉两侧半山区、水系上游或丘陵地带及相邻的平原地带分布。我国克山病区主要分布在从东北到西南的一条过渡地带上，涉及 15 个省（区、市）的 32 个县（市、旗）约 1.24 亿人口。日本和朝鲜北部山区也有类似病例报告。

2. 时间特点 发病呈年度多发和季节性特点。我国北方 1959～1990 年急型、亚急型病例出现过三次发病高峰，多集中在每年 11 月至次年 2 月，称为“冬季型”克山病。我国西南部病区，小儿亚急性克山病发病高峰多集中在 6～8 月，称为“夏季型”。介于东北和西南之间的一些省区市多为 3～5 月的“春季型”或 2～4 月的“冬春型”。

3. 人群分布 生育期妇女和儿童为高发人群。生育期妇女患者多见于我国东北、西北急性克山病病区，2～7 岁儿童患者多见于西南地区亚急性克山病病区。患者绝大部分为自产自给的农业人口，生活条件差、多子女、贫困，具有家庭聚集性。

（三）病理学改变

克山病的主要受损部位为心肌，同时骨骼肌也可受累，但病变程度轻。

1. 心脏外观改变 心脏扩大、重量增加，多见于慢型克山病患者。心脏可达正常心脏的 2～3 倍，从而导致心前区隆起和胸廓变形。急型和潜在型克山病心脏扩大不明显。

2. 心肌病理形态学改变 早期心室壁切面可见界限清楚的灰黄、晦暗、质软、不凹陷的多发性坏死病灶；随着病程进展，坏死灶可逐渐演变成为灰白色、凹陷、质坚实的片状或树状瘢痕，上述心肌病理改变可出现于同一病例。

3. 心肌微细结构改变 肌纤维肿胀，横纹模糊不清，并可出现心肌水疱变性和脂肪变性。镜下可见心肌纤维内含有多个小气泡，原纤维稀疏，空泡互相融合；胞核肿大，核仁明显；染色质周边化，呈空泡状。病变轻者可见心肌细胞内细小脂肪滴排列整齐；严重者脂肪滴粗大，肌原纤维及横纹不清。

（四）临床表现

1. 急型克山病 发病急骤，表现为急性心肌坏死所致的急性心功能失代偿症状。心肌变性坏死广泛而严重，心肌收缩力明显减弱，但心脏增大或扩张较轻，瘢痕灶少。重症急型克山病具有心源性休克或急性肺水肿。

2. 亚急型克山病 病程进展较缓慢，出现症状一周左右发生充血性心力衰竭，部分病例同时发生心源性休克。多发生于断奶后、学龄前儿童。有类似急型克山病的临床发作症状，但心肌变性和坏死不如急型严重和广泛，心脏增重和扩张较明显，散在的瘢痕多见。自发病日起3个月后仍然未愈，即转为慢型。

3. 慢型克山病　慢型克山病发病缓慢，临床表现为慢性心功能不全，心腔明显扩张，心壁变薄，心肌陈旧性瘢痕较为广泛。此型克山病可由其他类型转变而来或自然缓慢起病。按患者心功能可分为心功能Ⅱ级慢型克山病、心功能Ⅲ级慢型克山病和心功能Ⅳ级慢型克山病。出现急型表现的慢型克山病为慢型克山病急性发作；既往无各型克山病病史，发病缓慢的慢型克山病为自然慢型克山病。

4. 潜在型克山病　此型病变过程隐匿。患者心脏代偿功能良好，尚未表现出明显心功能不全的临床症状，无心脏增重和扩张，心电图多为室性期前收缩、完全性右束支传导阻滞或ST-T改变。

（五）预防控制

1. 硒预防　食用硒片、硒盐、硒粮和高硒食品（主要是海产类食物）。

2. 膳食预防　食用大豆及其制品，均衡膳食。

3. 采取综合性的预防措施

（1）注意环境卫生和个人卫生，保护水源，改善水质。

（2）开展健康教育，注意防寒、防暑，避免过度疲劳，预防和控制消化道及呼吸道疾病。

（3）使用恰当的粮食储存方法，防发霉、污染。

（4）消除发病诱因，控制感染，避免过度疲劳、精神刺激和暴饮暴食。

二、大骨节病

大骨节病是以发育中四肢关节透明软骨的变性、坏死以及继发性骨关节病为主要病变特征的地方性、多发性、慢性、变形性骨关节病。多发生于儿童和少年。其原发病变主要是骨发育期中骺软骨、骺板软骨和关节软骨的多发对称性变性、坏死以及继发性退行性骨关节病，病理学变化的本质为软骨的营养不良性变化。临床上表现为四肢关节疼痛、增粗、变形、活动受限、肌肉萎缩，严重者身材矮小畸形，终身残疾。

（一）病因

1. 环境低硒　大骨节病病因有很多假说，其中大骨节病生物地球化学学说是主要假说之一。该假说认为大骨节病的发生与特定地理生态环境中的某些化学元素或化合物过多、缺乏或元素离子间比例失调有关，其中环境低硒占主导地位。但某些低硒地区并未发生大骨节病，而一些富硒地区却有该病的发生。因此，缺硒是否为大骨节病“始动因素”仍有待于进一步研究。

2. 饮水有机物中毒　大骨节病饮水有机物中毒学说认为，大骨节病是病区水源被植物残骸分解物或腐殖质污染形成的有机物污染而致人体发生的一种慢性中毒性疾病，有机物是指自然腐败的分解产物阿魏酸、对羟基桂皮酸、黄腐酸等。近年相关研究对该学说提出质疑：①现有人群资料多系回顾性研究或横断面调查，偏倚较大。②缺少规范的病例对照和队列研究资料。③病区与非病区之间、病户与非病户之间饮水有机物含量差别不大。④较大剂量的黄腐酸实验研究未能复制出大骨节病动物模型，且尚无证据表明黄腐酸对软骨细胞有特异亲和力。

3. 真菌毒素中毒　大骨节病粮食真菌毒素中毒学说认为，病区谷物被某种镰刀菌及其代谢毒素和代谢产物污染形成对机体有害的毒性物质如T-2毒素，居民因食用含此种真菌与毒素的食物而发生大骨节病。病区皆属大陆性气候，暑期短，霜期长，昼夜温差大，粮食收获时多在雨量较多的季节，存在粮食真菌生长和产生毒素的适宜条件。但不同病区的粮食中检出优势镰刀菌及其毒素不同。

（二）流行特征

1. 地区分布　大骨节病区主要分布在荒凉偏僻山区，其地理环境和生存条件恶劣，经济发展缓慢，群众居住条件简陋，生活水平低下。随着经济水平提高，生活条件不断改善，大骨节病的发病率大幅度下降。

2. 人群分布 大骨节病发病无明显性别差异，以儿童和青少年发病为主，成人新发少。发病年龄与病区类型有关，重病区发病年龄提前，2～3 岁即可发病；轻病区发病年龄可至 10 岁左右，且症状较轻。发病与迁入病区时的年龄和迁入后居住的时间长短有关，迁入时年龄越小，在病区居住时间越长，其发病风险就越高。不同民族、职业间发病率无差异，但农业人口相对高发，且有家庭聚集倾向。

3. 时间分布 大骨节病病程长、进展缓慢，不同病区大骨节病的长期流行趋势和经历时间不同。除病区致病环境因素外，社会-经济-卫生的发展、生活居住环境、营养膳食及贫困状况的改善等因素也可影响大骨节病的长期趋势。研究表明，四季分明的温带地区多发生于春季（3～4 月份），暖地带多发生于冬春之间（2～3 月份），寒冷地带多发生于春夏之交（4～5 月份）。我国已建立和制订了全国大骨节病病情监测方案，以掌握大骨节病的年度变化趋势。

（三）病理学改变

儿童发育中的骺软骨、骺板软骨和关节软骨是本病原始的发病部位，以成熟期软骨细胞坏死、增殖期细胞过度凋亡、细胞外基质蛋白及其调控基因的异常，以及软骨代谢障碍等分子生物学变化为主，病变实质属于软骨营养不良性变化。早期表现为软骨萎缩、变性，多发性片状或带状、近骨性分布坏死，多见于骺板软骨肥大层或关节软骨深层；严重者侵及全层，导致骺骨提前骨性闭合，造成管状骨纵向生长停止，形成短指（趾）或短肢畸形。软骨坏死后出现继发性细胞增生、坏死灶吸收、移出，以及机化、钙化和骨化形成干骺端部位凹陷不整伴硬化的 X 线征象。在重力和摩擦等机械作用下，关节软骨长层剥蚀脱落，形成关节游离体（关节鼠），造成关节软骨大小不等的缺损、骨赘或骨刺形成、骨端增粗及关节间隙狭窄等继发性变形性骨关节病，但不发生骨性关节强直。晚期患者关节滑膜增生、钙化和骨化，进一步加重关节功能障碍。

大骨节病儿童软骨 DNA 含量减少，血浆蛋白质、氨基酸和尿胶原、氨基多糖代谢异常；脂质过氧化、硒代谢和内源性硫代谢障碍；软骨Ⅱ型胶原表达减少，Ⅰ型、Ⅲ型胶原表达增多，甲状旁腺激素相关肽、转化生长因子-β、碱性成纤维细胞生长因子、血管内皮生长因子的表达异常，软骨细胞过度凋亡及其调控因子 Bcl-2、Bax、Fas、iNOS 表达异常，以及血清 NO、一氧化氮合酶水平增高。采用基因芯片和蛋白质组学技术发现，大骨节病患者软骨细胞的差异基因表达谱和血清差异蛋白表达谱不同于病区与非病区健康人群和骨关节病患者的表达谱，主要涉及软骨代谢、细胞凋亡及其信号转导障碍、细胞外骨架蛋白异常等。

（四）临床表现

1. 症状与体征 大骨节病病程进程缓慢，以四肢关节损害为主，但智力和心、脑、肺等脏器损害不明显。部分患者可出现四肢关节晨起性僵硬，并伴有疼痛。由于关节僵硬、疼痛，可造成患者行走、下蹲、弯腰、抬臂等困难，严重者影响生活和劳动能力。重症晚期患者因短肢、短指（趾）畸形，出现身材矮小、四肢不均匀性短缩。关节损害程度由四肢手足、脚腕、肘膝，向肩、髋、脊椎和颅骨发展，呈多发性、对称性和对应性，无发红、肿胀和发热等炎症体征。

2. X 线表现

（1）钙化带变薄、模糊、中断、消失：“钙化带”既指骺板软骨深层的临时钙化带，也包括骨骺和腕、跗骨骨化核周围肥大软骨细胞的钙化带。当软骨坏死涉及这些部位时，原来沉着的钙盐吸收消失，X 线出现钙化带变薄、模糊、中断、消失等改变。

（2）凹陷、硬化：干骺端、骨化核边缘或骨端的凹陷提示该处软骨坏死不能成骨，但坏死灶外围存活的软骨还可继续成骨。干骺端、骨端、骨化核周缘的硬化提示该局部发生病理性钙盐沉积增多或出现较多瘢痕性骨组织，X 线显示密度高的阴影。

（3）钙化带再现：指干骺端凹陷处的骺侧重新出现一条钙化带，提示骺板坏死灶上部（骺侧）

的软骨组织重新出现钙化的肥大细胞层。

（4）骺变形、骺线早期闭合：骺变形提示骨化核周围的软骨某一局部发生坏死，该部位软骨内成骨受阻，其余部分软骨内成骨正常，从而造成骺核各种异常形态。骺线早期闭合则表明骺板局限性或全长发生全层坏死，进而机化和骨化，X线表现为相比于正常干骺闭合年龄提前发生骺线穿通。

（5）关节增粗：短指（趾）畸形是本病晚期的X线征象。因伴有继发性骨关节病，可发生关节变形。

3. 实验室检查指标　大骨节病是一种进行性、营养不良性软骨组织病，实验室指标多能反映机体低硒、胶原代谢紊乱等病理改变。患者血清、毛发、尿中硒水平明显低于非病区；患者软骨组织中硫酸软骨素硫酸化程度降低；患者尿中羟脯氨酸、羟赖氨酸排出量明显升高；血GSH-Px、血清碱性磷酸酶、谷草转氨酶、LDH、羟丁酸脱氢酶等酶活性明显升高。

（五）预防控制

1. 补硒措施

（1）硒盐或硒碘盐：每吨盐中加入亚硒酸钠15g，或与含碘盐混合，均匀配制后使用。

（2）亚硒酸钠片：3～10岁儿童每周1次，每次1mg；11～13岁儿童每周1次，每次2mg。

（3）农作物喷硒：小麦或玉米扬花期前后，向叶面喷洒亚硒酸钠水溶液，1g/亩。

（4）硒肥：每亩土壤施10～20kg硒肥，相当于施入亚硒酸钠10～20g，无机硒转化为粮食中的有机硒而进入人体。

补硒期间应定期监测儿童体内硒水平，避免硒摄入量不足或过量引起中毒。

2. 换粮措施

（1）改旱田为水田：在以玉米、小麦为主食的病区，扩大水稻种植面积。主食中大米比例增加至30%以上，可明显降低大骨节病发生率；大米比例达到80%以上，基本可以控制大骨节病发病。

（2）改自产粮为供应粮或非病区粮：病区居民主食中供应粮或非病区粮超过50%，或达到90%以上，可有效控制大骨节病的发生。

（3）防止粮食霉变：粮食收获后，谷物应彻底干燥，并储存在通风干燥的地方，以防有毒真菌污染。

（4）膳食结构多样化：改变膳食结构，降低小麦、玉米在主食中的比例，增加大豆小米的摄入量，多吃蔬菜以增加维生素和无机盐的摄入量。

3. 人群筛查　大骨节病区的儿童从断奶时起，每年一次右手（含腕关节）X线拍片，一旦发现指间关节干骺端或骨端异常，即按大骨节病进行干预治疗。少数儿童右手部X线可能无异常，但主诉有关节疼痛，检查时发现关节运动不灵活、手指向掌侧弯曲或手指末节向掌侧下垂，也按大骨节病进行处理。

展　望

回首过去的风雨历程，我国几代地方病防治工作者栉风沐雨70余年，确保了地方病防治工作的效果。但对于一些特殊地质环境地区，相关疾病仍有反复的可能，且对于非典型靶器官的损伤程度及干预措施急需进一步深入研究。在今后很长一段时期内，生物地球化学性疾病防治研究需要重点查清环境碘、氟、砷等元素的地质变迁演化规律，描述环境相关地方病病区转化特征；明确环境相关地方病发生的影响因素及发病机制，寻找有效干预靶点；制定环境相关地方病防治策略，并确定有效的干预措施。尤其在碘与健康的领域，迫切需要解决环境碘丰匮分布范围及地质成因、人群碘营养适宜范围、碘过量与甲状腺疾病以及碘与甲状腺癌关系等一系列科学问题。要实现地方性氟中毒、地方性砷中毒的精准防治，应以村屯为单位实现疾病流行状况及防控效果的动态更新，及时完成以县为单位的病区控制和消除的评价流程。为了保证该领域的持续产出，需要启动现有生物地球化学性疾病病区地质现况调查工作，构建环境暴露因素变迁的演进模型，对我国环境相关地方病病区进行变迁范围推演，绘制全国环境相关地方病病区范围演进地图。同时，依托现已建成的超大型人群队列，建立生物地球化学性疾病防治研究的综合协作平台，利用分子流行病学的方法，分析环境暴露因素与疾病发生发展的关系及可能的分子机制，深入分析发病机制并确定适宜的干预靶点。

推荐阅读

地方病学名词审定分委员会，2016. 地方病学名词 [M]. 北京：科学出版社.
郭雄，2018. 地方病分子生物学基础与应用 [M]. 西安：西安交通大学出版社.
孙殿军，2011. 地方病学 [M]. 北京：人民卫生出版社.
杨克敌，2017. 环境卫生学 [M]. 8 版. 北京：人民卫生出版社.

思　考　题

1. 我国现行的 IDD 监测方案中采用的监测指标有哪些？在实际运用中还存在哪些问题？如何改进？
2. 新时代我国地氟病防治工作面临哪些挑战？应加强哪方面的工作以持续消除地氟病危害？
3. 请阐述我国在预防控制地砷病中取得的成绩与经验。

（洪　峰　杨婷婷）

第十章　环境化学物与健康

随着社会进步和科技发展，全球的化工生产和消费不断加速，大量的化学产品涌入人类的日常生活，如塑料制品、化妆品、洗涤用品、黏合剂、涂料、杀虫 / 驱虫剂、阻燃剂和纳米材料等。虽然这些产品给我们的生活带来了便利，但其中各种化学物可以进入环境，并可通过呼吸道、皮肤、胃肠道等途径进入人体，危害健康。环境化学物，尤其是环境中新污染物的治理，已经引起我国的高度重视，是“十四五”规划的核心任务之一。

本章节围绕目前国内外关注最多、人群暴露最普遍的环境化学物展开，着重关注我国首批重点管控的新污染物，以家用化学品、酚类、抗生素、全氟化合物、农药、阻燃剂、增塑剂、微塑料和纳米材料为代表，系统介绍环境化学物的种类、暴露来源、人群暴露现状、对人体健康的影响、可能的作用机制以及现有的风险管理，并结合近年来的学术思想和科研成果，对该研究领域进行展望。

第一节　概　　述

近几十年来，随着城市化和工业化的迅速推进，全球的化工生产和消费不断加速。从 2009 年起，美国化学文摘社登记的化学物数量年均增长率大于 10%，每天新增大约 4 万种，截至 2022 年 7 月登记的化学物累计已经达到 1.97 亿种。在生产、加工、使用和废弃处置的全过程中，各种化学物、伴随的污染物或降解产物都可能进入环境，并最终影响健康。

20 世纪 70 年代，为了减少化学品尤其是有毒有害化学品引起的危害，EPA 最早开始实施《清洁水法》和《清洁空气法》明确规定了需要优先控制的污染物的种类。随后，其他国家如日本、德国也陆续开始实施类似法规，国际社会也达成了一系列的多边环境协议。其中《关于持久性有机污染物的斯德哥尔摩公约》作为保护人类健康和环境免受 POP 危害的全球行动，于 2004 年生效。包括中国在内的 124 个成员国签署了该公约，最早列入公约名单上的有传统的 12 种 POP。然而，随着工业发展和监测技术的提高，更多新的环境污染物不断出现，以前常规监测的传统污染物只能构成当今众多环境污染物中的一小部分。因此，亟须开展对新的污染物的环境监测和风险研究。

新污染物指新近发现或被关注，对生态环境或人体健康存在风险，尚未纳入管理或者现有管理措施不足以有效防控其环境风险的污染物。目前全球关注的新污染物超过 20 大类，每一类包括数十或上百种化学物质，如 EED、POP、微塑料、环境持久性药物污染物等类型。其中，有 28 种污染物已经被列入我国首批重点管控新污染物的清单。新污染物多具有生物毒性、环境持久性、生物累积性等特征，在环境中即使浓度较低，也可能具有显著的环境与健康风险，其危害具有潜在性和隐蔽性，被发现其具有危害性时，往往已经通过各种途径广泛存在于环境介质中。对于具有持久性和生物累积性的新污染物，即使达标排放，以低剂量被排放进入环境，也将在生物体内不断累积并随食物链逐渐富集，进而危害环境生物和人体健康。因此，常规污染物治理方法无法有效实现对新污染物的管控。由于环境风险管理的法律法规缺位、新污染物治理体系机制不健全、环境风险管理工作基础薄弱以及环境风险评估与科研支撑能力不足等诸多问题，中国面临的问题比发达国家更为复杂和艰巨，不少传统的污染物尚未得到有效控制的同时又面临大量新污染物的出现。2021 年 11 月 2 日，《中共中央　国务院关于深入打好污染防治攻坚战的意见》（以下简称《意见》）就加强新污染物治理工作做出部署，加强新污染物治理。制订实施新污染物治理行动方案。针对 POP、EDC 等新污染物，实施调查监测和环境风险评估，建立健全有毒有害化学物质环境风险管理制度，强化源头准入，动态发布重点管控新污染物清单及其禁止、限制、限排等环境风险管控措施。同时，《意见》在主要目标中要求，到2025年，新污染物治理能力明显增强。

（张蕴辉）

第二节 家用化学品

一、概 述

家用化学品是指用于家庭日常生活和居住环境的化工产品，包括用于办公室和公共场所的化学制品。广义的家用化学品包括除职业环境以外用于人们的日常生活、学习、办公等活动过程的各种化学产品，包括化妆品、洗涤剂、涂料、黏合剂和紫外吸收剂等。家用化学品具有使用分散、需求量大、暴露人群广泛和暴露时间长等特点。各种家用化学品因其使用的目的、方式、范围的不同，可通过不同途径与人体接触而对健康造成危害。本节介绍了常见的几种家用化学品，并以生活中广泛使用的化学品——紫外吸收剂为例，介绍其暴露途径、健康危害及可能的机制。

（一）化妆品

化妆品是指以涂抹、喷洒或其他类似方法，施于人体表面任何部位（皮肤、毛发、指甲、口唇、口腔黏膜等），以达到清洁、消除不良气味、护肤、美容和修饰目的的产品。化妆品成分由基质和辅料组成。基质组成化妆品的主体，是具有主要功能的物质，常用的有油脂、蜡、粉类、胶质类、溶剂类（水、醇、酯、酮等）。辅料是赋予化妆品成型、稳定、色、香或其他特定作用的物质，如表面活性剂、香料和香精、色素、防腐剂、抗氧化剂、生化制品和其他添加剂（保湿剂、收敛剂、特殊功效添加剂）等。

化妆品直接与施用部位接触，在发挥功效的同时可能产生一些不良反应，其影响因素包括：①化妆品组分的化学特性、浓度、所含的溶剂；②化妆品中含有的有毒化学物、杂质和微生物；③外部环境因素如温度、湿度；④个体因素如皮肤的敏感性、过敏体质等；⑤是否正确使用及使用频率等。化妆品对皮肤的不良影响包括：刺激性接触性皮炎、变应性接触性皮炎、化妆品光感性皮炎（光变应反应和光毒反应）、痤疮和皮肤色素异常等。

一般用途化妆品的毒性很低，而特殊用途化妆品对人体健康可能产生更多不良影响。部分特殊用途化妆品中含有毒性化合物组分，如冷烫液中的硫代甘醇酸、染发剂中的对苯二胺和2，4-氨基苯甲醚等，属高毒类化合物。某些特殊用途化妆品还可能含致癌物，如亚硝基二乙醇胺。另外，化妆品在生产或流通过程中也可被有毒化学物质污染，尤其是有毒重金属污染。

化妆品中的微生物可源于原料本身，亦可为生产过程中被污染导致。因此，原材料本身的理化性质、含水量、生产环境和设备卫生状况、生产工人的健康状况等均与化妆品产品的卫生质量有关。近年来，生物制品中的活性物质在化妆品中的应用日趋广泛，不少功能性（如高保湿、抗衰老、美白、祛斑等）化妆品均通过添加生物活性物质或天然动植物提取物而达到功效，而这类物质又都是有利于微生物生长的营养物质。因此，控制化妆品微生物污染是确保化妆品质量和安全的关键之一。

（二）洗涤剂

洗涤剂是指能够去除物体表面污垢的一类专门配方制品的总称，主要通过洗涤过程来达到去污保洁的目的。家庭常用的有肥皂、洗衣粉、洗洁精及各类物体或材料去污用的清洁剂。家用洗涤剂主要包括织物洗涤剂和餐具洗涤剂，按其用途或洗涤对象表面性质的不同，通常又可分为纤维织物洗涤剂、硬表面洗涤剂、个人清洁洗涤剂和特殊用途洗涤剂。

洗涤剂主要由表面活性剂和添加剂组成。表面活性剂具有亲水、亲油的特性，可将污垢润湿、渗透，并借助于搓捏刷洗使污垢乳化、扩散至洗涤剂中，从而达到去污目的。添加剂主要有：①助洗剂，如磷酸盐、焦磷酸盐、三聚磷酸盐等，具有软化水、提高碱度、增强湿润能力和洗涤能力；②络合剂，如乙二胺四乙酸（ethylene diamine tetraacetic acid，EDTA）及其钠盐，具有与金属离子结合形成可溶性复合物的作用，漂洗时可以将其去除；③腐蚀抑制剂，如二氧化硅、氧化钠等，可以防止碱性洗涤剂腐蚀铝、陶瓷和瓷器釉等硬表面；④酶，如枯草杆菌和地衣芽孢杆菌的代谢酶，通过其特异催化作用去除织物上蛋白和碳水化合物污渍。其他添加剂还有泡沫改良剂、抗再沉淀剂、光亮剂、杀菌剂、香料和色素等。

洗涤剂对健康的影响程度主要取决于表面活性剂。阳离子型表面活性剂毒性较大，非离子型毒性较小，而阴离子型毒性介于两者之间。洗涤剂可通过皮肤、呼吸道和消化道三种途径进入人体。尽管洗涤剂属低毒物质，但对人体健康的损害日益受到关注，主要是对皮肤损害，全身中毒也有报道。例如，壬基酚是十分重要的非离子型表面活性剂，具有生物蓄积性，可以进入食物链，并且通过食物链逐级放大；壬基酚还具有拟雌激素活性，进入生物体内后，会影响生物体正常的生殖和发育，如导致精子数量的减少。

近年来，洗涤剂中的添加剂三氯生对人体健康的影响广受关注。三氯生作为一种广谱抗菌剂，被广泛应用于纺织品、医疗器械、儿童玩具和许多个人护理品（如牙膏、肥皂和洗面奶）。三氯生具有雌激素样作用和高亲脂性，可以通过皮肤、口腔黏膜和胃肠道途径进入人体。目前已经确认在人的血液、尿液、母乳、羊水、脂肪组织、肝脏和脑中均可检测到三氯生残留。已有文献报道称，三氯生可能导致不孕不育、肥胖、发育缓慢和癌症，还能通过改变皮肤、口腔和肠道菌群的稳态而影响人的免疫系统，有证据表明，长期接触含有三氯生产品的儿童发生过敏的概率升高。最新研究发现，孕期三氯生暴露会增加后代患自闭症的风险。此外，对小鼠的研究显示，三氯生可引起肠道菌群失调、加剧肝损伤，并影响社会行为。因此，2016 年美国食品药品监督管理局规定禁止在洗手液和沐浴露中添加三氯生。

（三）涂料及黏合剂

家居涂料是造成家庭环境污染的重要原因，其产生的污染物对人体健康危害极大，日益引起人们的重视。涂料指涂布于物体表面能形成坚韧的薄膜，起保护、装潢或其他特殊作用（绝缘、防锈、防霉、抛光、耐热等）的物质。其主要成分包括：①成膜物质：包括油脂及其加工产品、天然树脂与合成树脂、纤维素衍生物，是涂膜的主要成分；②次要成膜物质：包括增塑剂、催干剂、防霉剂、防污剂、颜料分散剂等；③溶剂：包括醇类、醚类、酮类、酯类和烃类溶剂（矿油精、煤油、汽油、苯、甲苯、二甲苯等）；④颜料：包括含铬、铅、镉颜料和有机颜料等。

含有机溶剂的涂料在使用时产生 VOC 如苯、甲苯、二甲苯、汽油和酯类等，不仅对皮肤黏膜（眼和鼻黏膜）有一定的刺激作用，而且经呼吸道吸入后可对神经系统产生有害作用，出现眩晕、头痛和恶心等症状，严重时引起气喘、神志不清、呕吐和支气管炎。苯、甲苯、二甲苯对人体的毒性表现为神经系统先兴奋后抑制，对皮肤黏膜有刺激性，急性中毒后出现头痛、头晕、心动过速，重者可出现意识障碍、抽搐，甚至发生脑水肿、呼吸衰竭直至死亡。苯的危害更大，它不仅具有麻醉和刺激作用，而且长期接触能在骨髓中蓄积，破坏造血功能（红细胞、白细胞和血小板减少），诱发人染色体畸变，严重时能诱发癌症甚至直接引起死亡。长期接触低浓度苯可发生慢性中毒，导致再生障碍性贫血以及白血病。甲苯和二甲苯可损害心、肾功能。

黏合剂又称胶黏剂或黏结剂，指用于黏合两种或两种以上相同或不同材料的物质，即按照规定程序，把纸、布、皮革、木、金属、玻璃、橡皮或塑料之类的材料黏合在一起的物质，具有应用广、使用简便、经济效益高等特点。其中的化学成分主要是：①胶合剂；②溶剂和稀释剂；③浓缩剂；④塑化剂；⑤填充剂；⓪防腐剂和其他添加剂。

家用黏合剂对人体健康的影响主要有两个方面：一方面因用手操作而与皮肤密切接触，其中某些成分可直接引起皮肤反应（刺激作用和过敏反应）；另一方面因居室内家具、建筑装修材料等所含黏合剂中有害成分的持续挥发，导致室内空气污染，主要引起呼吸系统损害。如黏合剂污染浓度高或误入口中，还可引起全身性不良反应。

随着人们对生活质量和环境问题的日益关注，涂料和黏合剂应向减少 VOC、绿色化、环保化发展。使用时，应增强自我防护意识、加强环境通风换气等，降低涂料和黏合剂可能带来的健康危害。

（四）风险管理

国家药品监督管理局全面负责化妆品安全管理方面法律和行政法规的起草并监督实施，承担综合监督、组织协调及化妆品安全的检测和评价等工作。目前，我国已批准使用的化妆品原料接近 9000 种，其中仅 2700 余种的安全性经过国际化妆品相关评价机构评估，另有 300 余种经评价亦可作为食品添加剂。同时，由于化妆品的自身特点，产品时常含有多种添加量非常低的物质组分，且在化妆品生产过程中仍有可能带入少量痕量物质（指试样中含量少于 0.01% 的物质）。在实际情况下，这些物质往往缺乏毒理学数据，也无法分离纯化获得足够开展毒理学试验的用量。因此，在使用经典四步法开展化妆品原料风险评估时，存在缺少毒理安全性数据的问题，使用新的风险评估方法势在必行。

毒理学关注阈值（threshold of toxicological concern，TTC）是一种基于暴露的风险评估工具，其构建基础是大量化合物的系统性毒性数据，通过统计分析建立人体暴露阈值。通过 TTC 法，可直接免除暴露量极低物质的系统毒性测试。当物质的暴露量低于该阈值时，预计不存在危害人类健康的风险。TTC 法在国际上已广泛应用于包括食品、药品、化妆品、工业化学品等多个领域，具有较高的先进性。

2021 年 1 月 1 日《化妆品监督管理条例》（国令第 727 号）正式实施，与之配套的《化妆品安全评估技术导则》（2021 年版）于 2021 年 5 月 1 日起实施。《化妆品监督管理条例》明确要求对化妆品原料和产品进行安全评估，TTC 法也已被纳入《化妆品安全评估技术导则》，但目前国内尚无化妆品领域 TTC 的方法标准，在一定程度上限制了 TTC 法在化妆品安全评估中的实际应用。因此，亟须制定有针对性和可操作性的 TTC 方法标准，从使用条件、评估程序、阈值选择等方面为广大企业和相关组织在实际评估中提供必要的技术指南和操作依据，提升安全评价人员的评估能力，助力我国化妆品安全评估工作的落地实施。

此外，为了预防家用化学品污染环境和危害人体健康，参照国外的经验，并结合本国的实际情况，我国陆续制订和完善了相应的管理法规，以实现对家用化学品从生产到销售过程的卫生监督与管理。例如，各国对洗涤剂（表面活性剂）的生物降解率都要求在 80% 以上，磷酸盐含量要求在 9% 以下，用量大的国家生物降解率甚至要求达到 90% 以上。我国新颁布的《生活饮用水卫生标准》（GB 5749—2022）要求阴离子合成洗涤剂含量不超过 0.3mg/L，以防饮用水中出现泡沫，影响水的感官性状。此外，要求生产者对卫生标准中规定的生产所使用的原料、配方、成品等进行检验，合格后方可生产、出厂销售；采用新原料、新工艺时，应由生产单位或主管部门向当地卫生有关部门提供产品配方及卫生评价所需的资料，如毒理学评价、检验方法和相关标准等。

二、紫外吸收剂的暴露、危害及机制

防晒霜中的有效成分——紫外吸收剂，是一类具有吸收或反射紫外线作用，从而降低紫外暴露对皮肤、毛发危害的化学物质，被大量用于个人护理产品中，在防晒、皮肤老化方面起到了有效的预防效果。同时，紫外吸收剂还作为稳定剂被添加到化妆品、塑料、黏合剂、橡胶等产品中，用于防止产品光解老化。紫外吸收剂能选择性地吸收高能量的紫外线，并以能量转换形式将吸收的能量以热能或无害的低能辐射释放出来，从而避免损害皮肤，防止高分子聚合物因吸收紫外线能量而发生激发，进而发生光物理及光化学分解。紫外吸收剂按化学结构可分为：水杨酸酯类、苯酮类、苯并三唑类、取代丙烯腈类、三嗪类和受阻胺类。

紫外吸收剂类产品的全球年生产量高达 10 000 吨，消费量呈逐年上升趋势。使用后，紫外吸收剂可直接（皮肤冲刷）或间接（污水厂的不完全处理）进入水生生态系统，其持续、大量的使用以及潜在的生态威胁引起了高度关注。

（一）环境来源

近年来，紫外吸收剂的环境监测研究越来越多，我国也已经开展了重点区域的环境暴露监测。研究数据显示，紫外吸收剂普遍存在于不同水体如江河湖泊、游泳池用水、海水以及地下水和饮用水中，浓度高达 0.3mg/L，底泥、石油和生物体内也发现该类物质的广泛存在。研究报道了天津废水回收厂中 4 种常用的紫外吸收剂的存在浓度，以及黑龙江流域污泥中苯并三唑和苯甲酮型紫外隔离化学物质的含量（104～6370ng/g，以干重计）；2014 年，中国香港在全球范围内首次报道了不同海域中紫外隔离化学物质的环境含量，其中，中国香港、日本东京、泰国曼谷、美国纽约和洛杉矶检测到的种类最多，以中国香港含量最高，达 6812μg/L。

甲氧基肉桂酸乙基己酯（2-ethylhexyl-4-methoxycinnamate，EHMC）的环境分布广泛。例如，巴西圣保罗州天然饮用水中 EHMC 和二苯酮-3（benzophenone-3，BP-3）的含量分别高达 101ng/L 和 115ng/L，西班牙巴塞罗那自来水中的最高含量分别达 290ng/L 和 260ng/L。现有的环境监测数据表明，我国香港水域、海产品、污水处理厂进水、底泥以及挪威沉积物中都发现 EHMC 的含量大于 BP-3，最高达 10 倍，与上述生物累积报道呈相似趋势。

与欧美普遍应用的 BP-3 相比，EHMC 在我国的应用更广泛。研究报道，中国防晒类产品中 EHMC 的使用频率最高，达 91.3%，超标率为 0.24%；而美国防晒产品中普遍应用的紫外吸收剂在尿样中检出率高达 96.8%。广泛开展的 BP-3 的人体暴露及流行病学研究推动了欧盟将 BP-3 的最大允许添加含量由 10% 下调至 6%。

EHMC 的生物累积性比 BP-3 更强，潜在危害性可能更大。从化学性质来看，EHMC（$\log K_{ow}$=5.8）的醇 / 水分配系数远高于 BP-3（$\log K_{ow}$=3.5），不溶于水，溶于乙醇等有机溶剂中，EHMC 更具有亲脂性，更易富集于生物体内。前期研究发现，EHMC 在鱼贝类中的检出率及检出浓度均比 BP-3 更高。其他报道也同样表明，其在鱼体内的含量是 BP-3 的 10 倍，在贻贝中的累积含量可高达 1765ng/g 干重，在人体乳汁中含量高达 80ng/g 脂重。因此，EHMC 的人体健康暴露风险评价更具有紧迫性。

（二）健康危害

紫外吸收剂对不同的测试生物均具有显著的内分泌干扰作用，如诱发卵黄生成素、改变生殖器官组织结构并造成生殖缺陷、扰乱基因表达，甚至导致个体畸形、死亡。例如，体外研究显示，二苯甲酮-2、BP-3、3-亚苄基樟脑［3-（4-methylbenzylidene）camphor，3-BC］、胡莫柳酯（homosalate）、4-甲基苯甲基樟脑（4-methyl-benzylidene camphor，4-MBC）、EHMC、奥克立林（octocrylene，OCR）和二甲基 PABA 乙基己酯（octyl-dimethyl-PABA，OD-PABA）可导致拟雌激素 / 抗雌激素、拟雄激素、孕酮和（或）甲状腺激素效应。此外，动物实验表明，4-MBC、EHMC 和 BP-3 促使未成熟大鼠子宫重量增加；4-MBC、EHMC、OD-PABA 可显著上调昆虫摇蚊蜕皮激素受体基因。生态毒理学数据显示，BP-3 和 EHMC 都可对鱼类造成高风险。与 BP-3 相比，EHMC 对藻类、海胆、糠虾、大型溞和石珊瑚都具有较高的毒性。此外，245μg/L 的 EHMC 可显著提高雄性黑头呆鱼卵黄生成素血浆的浓度，394μg/L 的 EHMC 可明显改变其生殖器官的组织结构，并在基因层面表现出对内分泌系统的影响，如雌激素、抗雌 / 雄激素活性。因此，无论通过皮肤吸收还是食物链富集紫外吸收剂，其对生物体健康的风险都不可忽略。

研究证据表明，BP-3 及其衍生物存在于不同人体样本中，如尿、血和脂肪组织，且该类物质的体内累积可影响男性精子质量、造成女性子宫内膜异位和子宫肌瘤、降低夫妻受孕概率，甚至影响下一代的性别比例。还有研究发现，有机紫外防晒剂对人胚肺成纤维细胞抗氧化系统产生了影响，可造成 BP-3、EHMC、OCR 暴露组中 SOD 活性显著上升和 H_2O_2 酶活性抑制。环境水平的 EHMC 和 OCR 可显著影响人胚肺成纤维细胞 MRC-5 抗氧化防御系统，高浓度的 BP-3 也可影响

MRC-5 细胞抗氧化防御系统，导致细胞 ROS 升高和 GSH 含量的减少。因此，欧盟于 2017 年将 BP-3 的添加标准下调了 4%。

此外，有研究开发了液相色谱-四极杆-飞行时间质谱法（LC-QTOF-MS）方法测定人体尿液样本中 EHMC 及其主要代谢物的含量，并以此作为暴露标志物来检测学龄期儿童 EHMC 等 6 类常用紫外吸收剂的实际暴露水平。检测发现，有 4 类共 9 种紫外吸收剂的代谢物可以在尿液中检出，其中检出率大于 50% 的有 6 种，分别为 BP-3、二苯甲酮-2、BP-1、EHMC、4′-MAP、4-MCA 和 OD-PABA。EHMC 类紫外吸收剂易于富集在偏胖的儿童体内，且女童的暴露水平显著高于男童，提示女童接触紫外吸收剂的健康风险较大。

（三）作用机制

以往研究表明，紫外吸收剂具有多种内分泌干扰效应。在个体水平上，紫外吸收剂对生殖系统、青春期发育、子代成活率等方面有一定影响；在细胞水平上，紫外吸收剂能够影响生殖细胞的形成、抑制细胞酶的活性等；在分子水平上，紫外吸收剂能诱导分泌 pS2 蛋白，对多种激素受体如 ER、AR 以及孕激素受体的基因表达均有不同程度的影响，还能诱导雄性动物产生卵黄蛋白原。不同的有机紫外防晒剂产生的内分泌干扰效应也有所不同，表 10-1 列出常见的紫外吸收剂的内分泌干扰效应及作用靶点。

表 10-1　常见紫外吸收剂的内分泌干扰效应

紫外吸收剂	青春期	子代存活率	母代存活率	生殖系统	细胞酶活性	诱导 pS2 蛋白	诱导 VTG	雌激素受体	雄激素受体	孕激素受体
BP-1[a]	√	√	×	—	—	—	√	—	√	—
BP-2[b]	√	√	×	√	√	—	√	—	√	—
BP-3[c]	—	—	—	√	×	√	—	—	√	—
3-BC[d]	√	√	×	√	—	—	√	√	√	√
4-MBC[e]	√	√	—	√	×	√	—	√	√	√
OMC[f]	—	—	—	√	×	√	√	—	√	—
PABA[g]	—	—	—	—	—	√	—	—	√	—

注：a. 2, 4-二羟基二苯甲酮；b. 2, 2′, 4, 4′-四羟基二苯甲酮；c. 2-羟基-4-甲氧基二苯甲酮；d. 3-亚苄基樟脑；e. 4-甲基苯甲基樟脑；f. 对甲氧基肉桂酸异辛酯；g. 对氨基苯甲酸。√代表有效应，× 代表无效应，—代表尚无研究证据

利用分子对接技术，从涉及不同生物化学过程的 152 个蛋白中筛选有机紫外防晒剂作用于人体的靶蛋白，结果发现不仅 4-MBC、BP-3 和 OCR 与 AR、视黄酸受体（retinoic acid receptor，RAR）、甲状腺激素受体（thyroid hormone receptor，TR）、孕激素受体等核受体之间具有较强亲和性，4-MBC 和 BP-3 还表现出与基质金属蛋白酶（matrix metalloproteinase，MMP）-8、MMP-9 等乳腺癌通道蛋白的亲和性。此外，这三种化合物在浓度为 40μmol/L 及以上时可引起 MRC-5 细胞增殖，而在人体内暴露浓度水平（＞10μmol/L）时可引起 MRC-5 细胞内核受体基因表达的显著变化，具体为 4-MBC 和 OCR 能够导致 ERα 和 TRα 基因表达上调，并且使 AR 基因表达下调。全基因表达谱显示，2.2μg/L 的 EHMC 即可影响斑马鱼 1096 个基因的表达，这些基因主要参与类脂物代谢和合成、雌激素代谢途径、维生素 A 代谢过程、DNA 损坏和死亡以及细胞生长调控作用。

紫外吸收剂还会影响大脑不同区域内 ER mRNA 的数量。研究发现，紫外吸收剂 4-MBC 和 3-BC 是 ERα 和 ERβ 的配体，即 4-MBC 和 3-BC 可以产生拟雌激素作用，与 ER 结合，从而影响 ER 的功能。受有机紫外防晒剂 3-BC 的影响，ERβ mRNA 主要存在于视前内侧（medial preoptic，MPO）区域，在下丘脑腹内侧（ventromedial hypothalamus，VMH）区域中也有少量检出。研究人员在研究 3-BC 对大鼠 MPO 和 VMH 内 ERα 的影响时发现，当 3-BC 暴露剂量达到 7mg/kg 时，大鼠大脑中 MPO 和 VMH 区域内，雌性子代的 ERα mRNA 水平高于雄性子代。对 ER 的研究发现，在雄性和雌性

子代中，4-MBC 均可导致大鼠大脑的 VMH 区域 ERα mRNA 减少，而在 MPO 区域，ERα mRNA 受 4-MBC 的影响并不明显。

综上所述，紫外吸收剂引起内分泌干扰效应的内在机制目前尚未明确。在未来的研究工作中，应该采用高通量分析及模式生物对紫外吸收剂引起各种内分泌干扰效应的分子机制进行深入的研究，建立快速、准确、灵敏的内分泌干扰效应评价体系，才能更全面地了解紫外吸收剂对动物及人体健康的潜在危害，为今后紫外防晒剂等个人护理用品的正确使用提供参考，也为相关部门的科学决策提供理论支撑。

（张蕴晖）

第三节　酚类化合物

一、概　　述

酚类化合物是一类芳香族碳氢化合物含氧衍生物的总称，主要包括苯酚、甲酚、硝基酚、氨基酚、萘酚和氯酚等，被广泛应用于工农业生产以及人们的日常生活。酚类化合物的污染十分普遍，且与人类健康密切相关。一些酚类化合物已被很多国家列为环境中优先监测的有机污染物，EPA 颁布的 129 项优先监测物中有 11 项属于酚类。

（一）双酚 A

双酚 A（bisphenol A，BPA）被应用于塑料食品容器和食品罐头涂料中，在环境中广泛存在，并可在普通人群体内（如尿液、母乳和血液等）中被检测到。大量研究表明，BPA 暴露可对人体的生殖系统、神经系统和免疫系统等产生不良影响，特别是对婴幼儿、孕妇和哺乳期妇女等敏感群体，影响尤为明显。

（二）壬基酚

壬基酚（nonylphenol，NP）是壬基酚聚氧乙烯醚制造过程中的降解产物和中间体，被应用于增塑剂、抗氧化剂、纺织印染助剂、农药乳化剂等领域。自 1940 年首次被合成，NP 的使用和生产几乎呈指数级增长，导致 NP 在环境中的广泛残留。NP 对生殖、发育、免疫、内分泌和中枢神经系统的影响及致癌性已被广泛关注。

（三）酚类替代品

随着一些酚类物质在世界范围内的生产和使用不断受到限制，其替代物被开发、生产和广泛应用。以 BPA 为例，其潜在替代物百余种，其中双酚 S、双酚 F 和双酚 AF 是最主要的替代物。已有研究表明，此 3 种替代物也可影响人类健康，表现出类似甚至高于 BPA 的内分泌干扰效应，如干扰人体代谢和影响生殖健康等。因此，对于酚类替代物的管理，也应引起人们的高度重视。

（四）风险管理

EPA 于 1988 年制定了第一个 BPA 相关安全标准，并被美国食品药品监督管理局采用，其 RfD 设定为 50μg/（BW kg·d）。加拿大于 2008 年 10 月宣布禁止在婴儿奶瓶中使用 BPA，是世界上第一个将 BPA 视为有毒化学品的国家；2010 年 10 月，加拿大进一步限制 BPA 在所有食品包装和容器中的使用。2011 年 3 月，欧盟禁止在婴儿奶瓶中使用 BPA。美国食品药品监督管理局于 2012 年禁止在婴儿奶瓶和吸管杯中使用 BPA，于 2013 年禁止在婴儿配方奶粉包装涂料中使用 BPA。随后，欧洲食品安全局于 2015 年将 BPA 的每日耐受限制剂量减少到了 4μg/（BW kg·d）。

2000 年，欧盟将 NP 列入优先危险物质清单中；2003 年，欧盟进一步限制 NP 的使用，相关政策规定不得将其商业化或用作混合物中的物质在纺织品、个人护理产品以及杀虫剂等中使用，并限制销售和使用 NP 含量超过 0.1% 的产品；2006 年，欧盟禁止将 NP 用于农药的研制；2013 年，欧盟将 NP 列为优先污染物，并规定其在水中的最大允许浓度为 2μg/L。除此之外，EPA 于 2005 年颁布指令，建议淡水中 NP 浓度低于 6.6μg/L，盐水中低于 1.7μg/L。而在发展中国家，如中国、印度和一些南美国家，尚缺乏明确的管理政策和控制措施来防止、减少或消除 NP 及其衍生物的生产和使用。

二、双酚 A 的暴露、危害及机制

（一）环境来源

尽管 BPA 的挥发性较低，但可通过附着于颗粒物而存在于空气中。BPA 在室内空气中的主要排放源通常为电子设备和家装材料等。室外空气中 BPA 主要来源于 BPA 材料焚烧、BPA 材料加工厂、垃圾填埋场和废物处理厂附近的空气逸散等。各国、各地区的水环境和沉积物中均可发现 BPA 的存在。以往的研究表明，污水处理厂经过处理工艺后排出的水体中仍有一定量的 BPA 难以降解。

BPA 在沉积物、污泥等固相中的暴露也比较普遍，其污染现状可能比水相更严重。而悬浮物中的 BPA 浓度可能高于沉积物中，是环境中 BPA 的潜在来源。日常生活中的一些消费品也是人体暴露于 BPA 的潜在来源之一，如纸制品、纺织品和婴儿玩具等。瓶装水和罐头食品等是 BPA 饮食暴露的主要来源。

（二）人群暴露现状

进入人体的 BPA 可在 24 小时内通过尿液从人体内排出，因此尿液被广泛用作生物监测。有研究综述了全球 BPA 的暴露特点，发现欧洲国家（2.41μg/g）的 BPA 中位数浓度略高于亚洲（1.88μg/g）和北美人群（1.63μg/g）。同时，女性 BPA 中位数浓度（1.71μg/g）高于男性（1.34μg/g）。另外，对中国、印度、日本、韩国、科威特、越南和马来西亚七个亚洲国家居民的 BPA 暴露情况的调查显示，科威特居民体内 BPA 的中位值浓度相对较高（2.45μg/g），中国处于中等水平（1.38μg/g），日本最低（0.58μg/g）。

人体血液也常被用于监测双酚类物质的体内暴露情况。韩国一项研究发现，母体血清和新生儿脐带血清中都可检测到 BPA，中位值水平分别为 1.56μg/L 和 1.71μg/L；该水平高于在中国南方某电子垃圾回收区附近收集的母婴配对血清样本中 BPA 的中位数浓度（母血 0.6μg/L，脐血 1.5μg/L）。以上研究结果均说明，BPA 可以通过胎盘屏障。在其他人体基质中也有 BPA 被检出。调查显示，美国母乳样本中 BPA 的加权平均浓度为欧洲样本的 0.38 倍，为亚洲样本的 0.22 倍；2010 年之后收集的母乳样品中 BPA 浓度比 2010 年之前的高 1.8 倍。除此之外，在羊水、卵泡液、胎儿粪便以及毛发中也发现了 BPA 的存在。以上生物监测数据表明，人类普遍暴露于 BPA。

（三）健康危害

BPA 是一种典型的 EED。进入人体后，BPA 可作为雌激素激动剂和雄激素拮抗剂等，产生内分泌干扰效应，进而破坏正常细胞功能。长期低剂量的 BPA 暴露可能会引起各种健康危害，特别是对于育龄妇女、孕妇和儿童等易感人群。既往研究显示，BPA 暴露可能会导致生殖毒性、婴幼儿生长发育异常、成人代谢性疾病甚至癌症（表 10-2）。

表 10-2　BPA 对人体的健康危害

健康危害	具体表现
生殖问题	不孕症、自然流产、早产、多囊卵巢综合征、子宫内膜异位症
发育异常	不良出生结局、儿童注意缺陷多动障碍、自闭症谱系障碍症和儿童认知功能障碍

续表

健康危害	具体表现
代谢性疾病	肥胖、糖尿病、心血管功能异常
癌症	乳腺癌、子宫内膜癌、卵巢癌、宫颈癌、前列腺癌
其他方面	肾脏损伤、炎症、免疫性疾病（过敏、哮喘、多发性硬化症）

1. 生殖和发育相关疾病 大量人群流行病学调查结果提示，BPA 与女性不孕症、自然流产、早产、多囊卵巢综合征及子宫内膜异位症等疾病的发生有关。多项国内外前瞻性队列研究通过调查体外受精的人群，提示尿 BPA 浓度与提取的卵母细胞数量和植入成功率之间呈反比关系。BPA 暴露与男性生育能力之间也可能存在一定关联性，如尿 BPA 水平和精子质量之间存在显著的负相关性，同时隐睾患者血浆 BPA 浓度显著升高。BPA 暴露还与不良出生结局、儿童注意缺陷多动障碍、自闭症谱系障碍症和儿童认知功能障碍等密切相关。除此之外，BPA 暴露还可能会影响青春期发育。

2. 代谢性疾病 BPA 与肥胖、糖尿病和心血管功能异常等代谢性疾病密切相关。BPA 暴露可增加脂肪生成、引起脂质失调和脂肪组织炎症，从而增加肥胖的风险。BPA 暴露也可能影响葡萄糖代谢，进而导致 2 型糖尿病或妊娠糖尿病的发生。成人长期接触 BPA 与 CVD 有关，如英国一项为期 10 年的前瞻性研究发现，较高的尿液 BPA 浓度冠心病发病率相关。中国一项横断面研究也指出 BPA 暴露可增加高血压的风险。产前暴露于 BPA 对于儿童血压和血糖的影响也有报道，但需要更多研究来证实。

3. 癌症 许多研究已探索过 BPA 与乳腺癌、子宫内膜癌、卵巢癌、宫颈癌和前列腺癌等不同类型的癌症发病的关联。目前已有研究系统回顾并分析了 BPA 暴露与各种癌症发生之间可能存在的关联性，同时也指出，尽管体外和体内研究表明 BPA 可能具有促癌作用，但尚缺乏足够的流行病学证据将 BPA 视为人类致癌物。

4. 其他 一项针对中国成年人的研究发现，尿中总 BPA 水平与尿蛋白呈正相关。尿蛋白指尿中蛋白量，其升高是肾功能紊乱的一项指标。除此之外，人群研究和动物实验均显示 BPA 暴露还可能会引起炎症反应加剧和免疫系统紊乱。

（四）作用机制

1. 神经内分泌干扰作用 BPA 作为典型的 EDC，可影响激素的合成、分泌、释放和运输。BPA 还可通过干扰下丘脑-垂体-性腺轴、HPA 和下丘脑-垂体-甲状腺轴等产生神经内分泌干扰效应。此外，研究发现，在妊娠期和早期发育期间，BPA 暴露可导致子代胰岛素分泌异常，从而可能使得患 2 型糖尿病等代谢性疾病的风险增加。

2. 影响激素受体 BPA 对 ER 具有一定的亲和力，BPA 还是 G 偶联蛋白受体和雌激素相关受体-γ 的有效激活剂。除了 ER 之外，BPA 还可以作用于 TR、糖皮质激素受体、AhR、类固醇和外源性受体等多种激素受体，从而影响机体激素水平。

3. DNA 损伤和表观遗传改变 BPA 与 DNA 的相互作用可诱导生成 DNA 加合物，引起染色体畸变和非整倍性改变。BPA 还可能通过诱导表观遗传改变（如肿瘤抑制基因或癌基因的启动子甲基化改变、整体低甲基化和组蛋白修饰）及调节非编码基因的表达来增加激素依赖性和激素非依赖性癌症发生的风险。

4. 其他（免疫功能、炎症和氧化应激） BPA 还与免疫功能、炎症和氧化应激密切相关。先天性和适应性免疫系统的免疫细胞群和功能会因发育期 BPA 暴露而改变，表现为 T 调节细胞减少和促炎 / 抗炎细胞因子改变以及趋化因子上调。BPA 的另一种毒性机制是氧化应激，其可通过抑制抗氧化酶活性、下调抗氧化基因表达和促进脂质过氧化来破坏抗氧化系统的平衡。

（高　宇）

第四节 全氟和多氟烷基物质

一、概　　述

全氟和多氟烷基物质（per- and polyfluoroalkyl substances，PFAS），简称全氟化合物，是 20 世纪 40 年代被开发并应用于消防泡沫、纺织、皮革和服装等各种工业和消费应用的一类人造有机氟化物。

（一）传统全氟和多氟烷基物质

传统 PFAS 由氟化疏水烷基链和亲水基团组成，疏水烷基链可完全或部分氟化，完全氟化后为全氟烷基物质。由于氟原子的强电负性和较小的原子半径，疏水烷基链可赋予 PFAS 更强的理化性质，包括高表面活性、稳定性和疏水疏油性。

自 20 世纪 90 年代以来，长链 PFAS，即碳原子数大于 6 的全氟烷基磺酸、碳原子数大于 7 的全氟烷基羧酸及其前体，特别是 PFOS 和 PFOA，受到了科学界和政府管理机构的广泛关注。长链 PFAS 的人体半衰期很长，如 PFOS 和 PFOA 的半衰期分别为 5.4 和 3.8 年，并被发现具有多种不良健康效应。因此，PFOS 和 PFOA 分别在 2009 年和 2019 年被 UNEP《关于持久性有机污染物的斯德哥尔摩公约》加入管控清单。

（二）全氟和多氟烷基物质替代物

随着欧美各国对 PFOS 和 PFOA 的限制增多，出于工业和生产的需求，公司开发出了不同的替代品。目前，市场上的替代品主要有三类：

第一类是短链PFAS，其生物半减期相对较短，代表物质为全氟丁烷磺酸，人体半衰期为27.7天。与长链 PFAS 不同，全氟丁烷磺酸可直接通过根系进入种植作物，最终通过食物链进入生物体内。

第二类是全氟烷基醚磺酸和羧酸，通过在疏水烷基链中插入氧原子，并以氯、氢原子取代氟原子，比 PFOS 和 PFOA 更易分解。全氟烷基醚磺酸被用于电镀行业替代 PFOS 的使用，而全氟烷基醚羧酸则可取代 PFOA 作为高性能材料聚合过程中的乳化剂。氯化全氟烷基醚磺酸，商业名称为 F-53B，近 30 年在中国已被广泛应用于除雾剂。全氟烷基醚羧酸则主要包括六氟氧化丙烯二聚酸和 4, 8-二氧杂-三氢-全氟钠酸铵。其中六氟氧化丙烯二聚酸铵盐的使用最为广泛，其商品名为 GenX。

第三类是新型氟化替代品氟调聚物磺酸和羧酸。在欧洲，6：2 氟调磺酸通常作为 PFOS 的替代品用于氟聚合物乳液聚合中的金属和塑料组分的表面处理，而 6：2 氟调羧酸在中国已被作为 PFOA 的替代品。

（三）风险管理

为应对 PFAS 暴露的潜在的健康风险，各国展开了系列风险管理措施，主要可概括为：

（1）出台法律法规，限制 PFAS 的生产、使用、流通和进出口等。2009 年和 2019 年，UNEP《关于持久性有机污染物的斯德哥尔摩公约》第四次和第九次缔约方大会先后将 PFAS 生产和使用中最常见的 PFOS 和 PFOA 及其盐类和相关化合物加入管控清单；我国自 2019 年起限制 PFOS 的生产、流通、使用和进出口。

（2）对新研发生产的 PFAS 进行严格注册登记管理。

（3）提供 PFAS 人群安全指导值建议，设立环境卫生标准。美国毒物和疾病登记署设定 PFOS、PFOA 的口服最小风险剂量分别为 2ng/（kg · d）和 3ng/（kg · d）；2019 年 EPA 发布饮用水中 PFOA 和 PFOS 的指导值为 70ng/L，我国 2022 年更新的《生活饮用水卫生标准》（GB 5749—2022）设立 PFOS 和 PFOA 的生活饮用水水质参考指标及限值为 0.000 04mg/L 和 0.000 08mg/L，同时向公众公布相应数据。

（4）研发去除 PFAS 污染及修复被污染环境的技术，如降解、离子吸附等方法。

二、全氟化合物的暴露来源、危害及机制

（一）环境来源

氟化工厂污水排放、防火泡沫使用及含 PFAS 日用品的使用导致各种环境介质中均有 PFAS 检出。环境介质中的 PFAS 可通过摄入、接触和吸入等多途径进入人体，目前的研究认为人体 PFAS 暴露的最主要来源是饮食摄入。血液（包括全血、血清或血浆）是评估人体内 PFAS 暴露水平最重要的指标，PFOS 和 PFOA 一直是最常检测到的 PFAS。2015～2017 年一项对我国 13 个地区的研究发现，虽然我国普通人群中 PFOS 水平（4.1ng/ml）略低于韩国（4.15ng/ml）、美国（4.9ng/ml）和欧洲（7.7ng/ml），但 PFOA 水平（5.2ng/ml）显著高于这些地区（韩国 1.3ng/ml；美国 1.9ng/ml；欧洲 1.9ng/ml），而我国某些地区如山东莱州湾、上海的孕妇 PFOA 水平（分别为 42.83ng/ml 和 11.66ng/ml）显著高于国内外其他地区水平。

（二）健康危害

1. 人群流行病学证据　目前研究主要针对传统 PFAS，特别是 PFOS 和 PFOA，而其替代物的研究十分有限。在代谢性疾病的人群流行病学方面，有研究提示 PFAS 暴露与高血脂、糖尿病、肥胖、代谢综合征、肾功能不全及高尿酸血症有关。在免疫结局方面，研究发现孕期或儿童期暴露于 PFAS 与儿童接种疫苗后的血清抗体浓度降低有关；此外，一些证据表明产前 PFAS 暴露可能导致感染风险增加，但目前流行病学研究提供的证据不足以确定暴露于 PFAS 与哮喘和过敏之间的关联。人群流行病学研究为 PFAS 暴露与出生体重之间的关联提供了一些证据，上海的一项队列研究发现孕期 PFAS 暴露可能影响幼儿的生长轨迹以及神经行为发育；但尚未有充足的流行病学证据表明 PFAS 具有遗传毒性和致癌性，PFAS 与生育生殖结局有关的证据也不充足。

2. 动物实验证据　在器官毒性方面，PFAS 均具有肝毒性（肝脏重量增加、肝细胞脂肪变性）和肾毒性（肾脏重量增加）；在内分泌干扰方面，PFAS 可引起脂质代谢紊乱，并可导致 TH 如甲状腺原氨酸和三碘甲腺原氨酸水平降低；在发育毒性方面，最常观察到的影响是 PFOA 和 PFOS 可增加胎儿和新生儿死亡率，降低胎儿体重和产后生长速度。

此外，PFAS 可对啮齿类动物产生发育神经毒性作用，主要表现为暴露于 PFOS 的环境中的动物自发活动减弱，而暴露于 PFOA 的环境中的动物自发活动增强；在免疫毒性方面，暴露于 PFOS 和 PFOA 的动物的体重、胸腺和脾脏重量降低，循环中白细胞和淋巴细胞总数显著减少，骨髓中巨噬细胞数量减少，T 细胞免疫反应的特异性抗体免疫球蛋白 M 下降，也因此导致机体对疫苗接种的反应（T 细胞依赖性抗体反应）降低。在致癌性方面，尽管有研究报道 PFOS 和 PFOA 是啮齿类动物肝脏肿瘤的诱发物，以及 PFOS 可诱导大鼠间质细胞肿瘤，但尚需要进一步证实。

（三）作用机制

PFAS 暴露产生不良健康效应的作用机制主要为激活过氧化物酶体增殖物激活受体 α（peroxisome proliferator-activated receptor α，PPARα）、干扰激素水平、ROS 诱导细胞凋亡等。

PPARα 的激活影响糖脂稳态、细胞增殖分化，并可引起促炎反应，表现为 PFOS 和 PFOA 暴露后血清中促炎细胞因子、TNF-α、白介素-6、MDA（脂质过氧化产物）含量升高、GSH 含量降低，引起肝脏中巨噬细胞的增加，肝细胞凋亡或坏死。同时，PFAS 也可通过 PPARα 受体激活 NF-κB 通路，引起基因反式激活和（或）诱导细胞凋亡，造成免疫毒性。

PFAS 可与甲状腺原氨酸竞争结合甲状腺素运载蛋白、诱导肝脏葡萄糖醛酸基转移酶活性增强，促进甲状腺原氨酸排泄，导致三碘甲腺原氨酸、甲状腺原氨酸水平下降。TH 稳态对胎儿的生长发育及神经行为发育至关重要，因此 PFAS 暴露可能影响儿童生长发育。此外，PFAS 还可能通过 ROS 诱导神经细胞凋亡，影响神经元的生长分化、神经递质水平（如多巴胺、谷氨酸和乙酰胆碱）

和信号转导途径（如一些蛋白激酶和钙离子浓度）。

（高　宇）

第五节　农　　药

一、概　　述

农药是一类能够防治虫害及调节植物生长的化学药剂，主要应用于农林牧业生产、环境和家庭卫生除害、工业品防蛀等。农药的主要品种包括杀虫剂、杀菌剂、除草剂和植物生长调节剂等。由于农药的广泛使用，环境中农药的污染问题一直存在，农药暴露对人群的健康危害仍是环境卫生领域关注的重点。其主要种类见表 10-3。

表 10-3　常见农药种类介绍

农药种类	分类	常见品种
杀虫剂	有机磷类	毒死蜱、氧乐果、马拉硫磷、敌百虫
	有机氯类	硫丹、三氯杀螨醇、林丹
	氨基甲酸酯类	甲萘威、涕灭威、异丙威、灭杀威
	拟除虫菊酯类	溴氰菊酯、氯氰菊酯、联苯菊酯
	烟碱类	吡虫啉、噻虫嗪、啶虫脒、烟碱
	发酵抗生素类	阿维菌素、多杀菌素、苏云金杆菌
杀菌剂		福美锌、醚菌酯、氟吗啉、氰菌胺、甲霜灵
除草剂		麦草畏、乙草胺、草枯醚、恶草酮
植物生长调节剂		赤霉素、吲哚乙酸、乙烯利

（一）有机氯农药

有机氯农药（organochlorine pesticide，OCP）是一类含有有机氯元素的有机化合物，可用于防治植物病、虫害。根据是否以苯为合成原料可分为氯苯类和氯化亚甲基萘制剂。前者包括使用最早、应用最广的 DDT、六六六、林丹、六氯苯等；后者常见的有氯丹、七氯、艾氏剂等。2001 年全球 126 个国家签署了旨在控制和消除 POP 影响的《关于持久性有机污染物的斯德哥摩公约》，首批列入受控名单的 12 种 POP 中有 9 种是 OCP，我国于 2004 年正式加入此公约。尽管我国已经禁止生产和使用 DDT、六六六等，但由于其具有难降解、易蓄积的特点，在土壤环境和人体中仍有检出，因此，OCP 的环境暴露和健康危害仍不可忽视。

（二）有机磷农药

有机磷农药（organophosphorus pesticides，OPs）是我国生产和使用最多的一类农药。按毒性强弱，可将其分为高、中、低毒三类。2007 年起，我国已禁止销售和使用 5 种高毒 OPs（久效磷、甲胺磷、对硫磷、甲基对硫磷和磷胺）。OPs 主要被用作杀虫剂、杀菌剂、杀鼠剂、除草剂等。OPs 长期低剂量暴露可能对人类内分泌、生殖、免疫系统以及神经行为发育等产生危害。因此，OPs 带来的健康风险仍然需要持续关注。

（三）拟除虫菊酯类农药

拟除虫菊酯类农药（synthetic pyrethroid，PYR）是一类结构类似天然除虫菊素的杀虫剂，被主要用于农业、家用、个人防虫用品领域，是仅次于 OPs 的杀虫剂品系。PYR 可通过电压门控钠通道导致昆虫死亡。既往研究认为正常施用后环境中残留的低剂量 PYR 对人体相对无害，但近年来新的研究证据表明，环境中残留的低剂量 PYR 会对人体生殖功能、免疫功能、心血管健康、肝脏代谢以及体内酶活性产生不利影响，尤其是对敏感人群。

（四）除草剂

除草剂被用于杀灭或抑制杂草，又称除莠剂。目前，全世界生产的除草剂品种多达 300 种，磺酰脲类、苯氧羧酸类、三嗪类和酰胺类除草剂是国内市场的主流品种。其主要作用机制包括影响光合色素以及相关组分的合成和代谢、氨的代谢及氨基酸的生物合成、脂类生物合成、光合电子传递系统、细胞壁及其生物合成等。除草剂中，百草枯和草甘膦的健康危害受到的关注度较高。口服百草枯可导致多器官功能损伤或衰竭，其中肺部损伤尤为突出，可出现肺纤维化而致死，我国目前已经禁止其水剂的生产销售。

（五）新烟碱

新烟碱类农药（neonicotinoid insecticides，NEOs）是在烟碱结构基础上研发的新兴杀虫剂。随着高毒 OPs 类农药逐渐退出市场，NEOs 所占市场份额不断增加。2014 年，NEOs 占据了全球农药市场 25% 以上的份额，累计销售额超过 35 亿美元。目前，我国市场登记的 NEOs 高达 10 类，分别为吡虫啉、啶虫脒、噻虫胺、噻虫啉、噻虫嗪、烯啶虫胺、呋虫胺、氯噻啉、哌虫啶和环氧虫啶，其潜在的不良健康影响值得重视。

（六）风险管理

农药的风险管理指基于风险评估结果进行管理决策。自 20 世纪 60 年代起欧美国家开始研究农药的风险评估技术，起初主要是开展毒理学试验，之后逐步扩展到在农药登记管理中运用风险评估。目前发展中国家只有中国建立了一系列农药风险评估方法。2017 年，新的《农药管理条例》及其配套规章发布实施，《农药登记管理办法》首次明确提出“风险评估”的要求，《农药登记资料要求》详细阐述了对风险评估资料的要求，这些举措正式确立了农药风险评估的法律地位。

我国大力推动农药健康风险评估的相关课题研究，积极参与国际交流，在农药膳食风险评估、施用人员健康风险评估、卫生杀虫剂居民健康风险评估等领域取得重要进展，评估的农药种类涵盖了目前市场上常见的农药类型，包括 OPs、PYR、新烟碱农药。随着相关技术研究的不断深入，我国农药风险评估体系将不断健全，农药风险管理也将更加科学、完善，这将为我国居民健康和生态环境可持续发展提供保障。

二、有机磷农药的暴露、危害及机制

（一）环境来源

一方面，OPs 在喷施过程中，大部分直接进入土壤环境中，喷施时附着在农作物上的农药与喷施后大气中的残留农药，经雨水淋洗也将落入土壤中，造成土壤污染。土壤中的残留 OPs 被植物和农作物吸收，进入食物链并最终被人类摄入。另一方面，OPs 生产过程中的工业废水排放、施药工具和器械的清洗、土壤中 OPs 的溶解，可以造成地下水和地表水的污染，人类通过接触或饮用受污染的水而发生 OPs 暴露。鉴于 OPs 对土壤、水、食物等可能造成的污染，我国已在多个国家标准中添加了针对 OPs 的限值，如《污水综合排放标准》（GB 8978—1996）、《地表水环境质量标准》（GB 3838—2002）、《食品安全国家标准　食品中农药最大残留限量》（GB 2763—2021）。

（二）健康危害

由于 OPs 的广泛使用，OPs 及其代谢产物在人群中普遍检出，我国上海、江苏、浙江等地开展的队列研究均显示在人群尿液样本中 OPs 及其代谢产物检出率较高，因此，OPs 的暴露给人群健康带来的危害受到广泛关注。目前，人们较为熟悉的是 OPs 引发的中毒，严重者可能危及生命。

OPs中毒可分为急性和慢性。短时间大剂量接触OPs可引发急性中毒，出现毒蕈碱样、烟碱样和中枢神经系统症状等一系列临床表现，严重者可出现胆碱能危象。在胆碱能危象之后，一些急性中毒者可能出现中间肌无力综合征，而在恢复期还可能出现迟发性神经病变。OPs慢性中毒的症状相对较轻，主要表现为胆碱酯酶活性降低以及轻度的神经系统症状。

长期低剂量的OPs暴露可能会影响内分泌、生殖、免疫系统和神经行为发育等。动物实验和人群研究提示OPs可干扰内分泌系统激素的合成、转运和受体结合。多项流行病学研究表明OPs会造成生殖功能损伤，导致女性性激素水平异常、卵泡细胞发育障碍、月经异常、自然流产以及男性的精子数量与质量降低。如上海的两项研究发现，孕前育龄妇女Ops暴露会增加不孕不育风险，以及影响辅助生殖妇女的胚胎着床率。OPs还能够抑制免疫细胞功能、促进炎症反应，导致机体的抵抗力降低，增加人群传染病的发病和死亡风险。随着近年来出生队列研究的开展，关于OPs的健康相关研究已经延伸到其对子代的健康影响，目前，包括中国在内的多个国家开展的流行病学研究均报道生命早期的OPs暴露可能会对儿童的出生结局和神经行为发育产生不利影响，甚至可能增加儿童发生自闭症谱系障碍的风险。

（三）作用机制

OPs中毒导致的神经系统症状主要与抑制乙酰胆碱酯酶活性有关。OPs抑制乙酰胆碱酯酶活性后，阻断了神经递质-乙酰胆碱的分解，导致突触间隙乙酰胆碱蓄积，持续作用于突触后膜上的乙酰胆碱受体，从而引起胆碱能神经过度兴奋，出现一系列OPs中毒的临床表现。除了抑制胆碱酯酶活性，OPs中毒的机制还涉及直接作用于胆碱能受体、影响电压门控通道和细胞代谢活动等。

此外，OPs可通过氧化应激作用损伤神经系统和生殖系统。OPs暴露后，机体产生ROS自由基，促使脂质过氧化，改变细胞通透性和膜蛋白的活性，干扰线粒体的功能，导致细胞死亡。

OPs及其代谢产物还会干扰机体内正常的激素水平，从而影响正常生理活动。例如，三唑磷可能通过扰乱HPA激素的水平，影响血脂和血糖的稳态。马拉硫磷可通过影响TH的运输，抑制甲状腺球蛋白的转录和翻译水平，减少促TR表达，直接破坏TH的生物合成和甲状腺素水平。

三、新烟碱类农药的暴露、危害及机制

（一）环境来源

NEOs喷洒后可被植物从根部直接吸收并迅速传输至其他组织，进入食物链并在生物体中富集。由于NEOs可在自然环境中可长时间保留且不被分解，NEOs在饮用水、食物、室内灰尘等环境中被广泛检出，其中饮食摄入被认为是最主要的人体暴露途径。

NEOs在人体的半衰期较短，通常仅为1～3天，在CYP酶作用下迅速代谢，主要以尿液的形式排出体外。因此，尿液是评估NEOs暴露水平最普遍使用的生物样本。此外，在其他人体基质中也有NEOs检出，如血液、牙齿、唾液、母乳等。既往研究发现，NEOs在不同国家的人群尿液中均普遍检出，如美国、日本等，其中美国普通人群尿液中吡虫啉的中位浓度约为0.091mol/g肌酐，日本普通人群尿液中吡虫啉的中位浓度约为0.03mol/g肌酐。近年来研究表明，我国特定的NEOs原物（如吡虫啉、啶虫脒等）暴露水平较其他国家相对较高，其中吡虫啉的中位浓度约为0.21mol/g肌酐。

（二）健康危害

1. 神经毒性 已有人群流行病学证据提示NEOs的暴露可能对人体神经系统造成危害。来自日本的一项研究表明，成人尿液中的NEOs代谢物暴露与自闭症谱系障碍（失忆、手指震颤等）罹患率增加有关。一项来自美国的出生队列研究报道了母亲孕期居住环境NEOs使用剂量增加可能与7岁儿童的智商下降有关。另一项美国的病例对照研究中，研究人员使用问卷评估，发现母亲NEOs暴露水平可能与儿童孤独症谱系障碍的罹患率有关。但是，国内关于NEOs的暴露与神经发育的人群流行病学研究相对缺乏。动物研究也表明，NEOs会对大鼠等啮齿类动物产生发育神经毒性作用，主要表现为感觉动作障碍、皮质神经数量减少、神经元分布异常等。

2. 生殖毒性　关于NEOs的生殖毒性，人群流行病学研究已发现成年男性的NEOs精液暴露与精子质量的显著下降有关。来自2015～2016年美国国家健康与营养调查的数据表明，NEOs暴露水平与睾酮水平呈负相关，提示其影响了人体性激素分泌及葡萄糖代谢。除了人群研究证据，大量的动物研究显示，NEOs会对啮齿类动物或禽类等非靶标生物造成生殖危害，主要体现为生殖细胞数量减少、形态异常、活力减弱，生殖器官发育异常，性激素分泌异常等。

3. 发育毒性　目前，国内外研究结果显示，NEOs可能存在发育毒性。已有人群流行病学研究表明，NEOs尿液浓度的增加与儿童肥胖风险增加有关。此外，来自美国国家健康与营养调查数据显示，一般人群中NEOs暴露水平与空腹血浆胰岛素水平呈负相关。来自我国山东的一项出生队列研究表明，孕期NEOs暴露会影响子代出生头围的大小。另一项国内的横断面研究发现，青少年NEOs暴露与其青春期发育指标改变具有显著性的关联。动物研究也提示孕期NEOs暴露可能导致子代体重的增加。然而，鉴于研究较为有限，NEOs潜在的发育毒性仍有待进一步阐明。

（三）作用机制

与传统农药的作用机制不同，NEOs主要通过激动昆虫中枢神经系统的烟碱型乙酰胆碱受体，从而阻碍其神经系统的传导功能。NEOs在非靶标动物体内无法通过血脑屏障，因此其毒性一度被认为远低于传统农药。然而，NEOs影响哺乳动物乙酰胆碱酯酶的方式，与尼古丁的影响相似，可能干扰人体的记忆、认知及行为。NEOs还能与$\alpha_4\beta_2$乙酰胆碱受体亚型结合，该受体亚型水平与中枢神经系统紊乱密切相关，包括AD、精神分裂症、PD以及抑郁症等。NEOs毒性效应的潜在生物学机制尚不明确，动物实验表明NEOs可能通过影响下丘脑-垂体-性腺轴反馈轴、影响类固醇合成、诱导氧化应激等通路危害健康。

NEOs可能作用于下丘脑产生释放激素，影响垂体，干扰生殖器官，从而造成机体内分泌稳态失衡并造成发育、生殖危害等。NEOs还可通过影响类固醇合成过程中关键基因的表达和性激素受体来影响性激素的分泌、糖脂代谢等。此外，NEOs诱导氧化应激是目前国内外学者较为关注的重要机制。现有研究发现NEOs导致的氧化应激水平增加与其神经毒性、生殖毒性有关。NEOs暴露后，氧化自由基等物质在体内代谢异常或外源性氧化物质的摄入蓄积，导致机体ROS为代表的氧化性物质水平和内源性抗氧化能力失衡，最终导致机体的DNA、脂质或蛋白质乃至组织损伤。

（高　宇）

第六节　阻　燃　剂

自20世纪中叶以来，伴随着塑料消费品广泛使用，其导致的防火安全问题不断增加。为了提高易燃或可燃分子材料的难燃性、防止材料燃烧或阻止火灾蔓延和发展，科学家研发了多种阻燃剂，主要种类为溴代阻燃剂、有机磷阻燃剂、氯化石蜡和德克隆。

一、概　　述

（一）溴代阻燃剂

溴代阻燃剂（brominated flame retardants，BFRs）包含多种溴化有机化合物，根据其分子结构，可分为芳香族、脂环族和脂肪族；根据使用类型可分为添加型和反应型阻燃剂；根据生产使用的先后可又分为“传统BFRs”（已使用多年的BFRs）和“新兴BFRs”（正在开发以取代有毒的传统BFRs）。

传统 BFRs 有多溴联苯、多溴二苯醚、六溴环十二烷和四溴双酚 A，前三者已被《关于持久性有机污染物的斯德哥尔摩公约》列为 POP 进行管制或禁止使用。“新兴 BFRs”，又称新型溴化阻燃剂，作为替代品被引入市场，主要有十溴二苯乙烷、1, 2-双（2, 4, 6-三溴苯氧基）乙烷和四溴双酚 A 双（2, 3-二溴丙基）醚等。

（二）有机磷阻燃剂

有机磷阻燃剂（organophosphorus flame retardants，OPFRs）也是传统 BFRs 的一类替代品。根据分子中是否存在卤原子，可分为卤代或非卤代；根据侧链取代基的不同，可以分为氯化、烷基或芳基。OPFRs 的物理化学性质随着侧链取代基的不同而有很大差异，导致其具有复杂的环境行为。OPFRs 的核心成分是有机磷酸酯，是一类磷酸衍生物，由中心磷酸盐分子和异质取代基构成，主要以磷酸三酯（主要使用形式）、磷酸二酯（磷酸三酯的分解产物）和多磷酸酯的形式存在。通常，氯化和溴化有机磷酸酯在聚氨酯泡沫中用作阻燃剂，非卤代有机磷酸酯被用于增塑剂、溶剂和其他工业产品，并应用于电子设备、婴儿用品、食品包装、娱乐设备和指甲油等。

（三）氯化石蜡

自 1930 年以来，氯化石蜡被广泛用作润滑剂和金属加工切削液的添加剂、橡胶工业中的阻燃剂等。根据碳链的长度，氯化石蜡可分为短链（C_{10-13}）、中链（C_{14-17}）和长链氯化石蜡（C_{18-30}）。研究显示，短链氯化石蜡可能具有肝毒性、发育毒性、致癌性、内分泌和代谢破坏作用以及免疫调节作用，已作为新兴 POP 被列入《关于持久性有机污染物的斯德哥尔摩公约》。

（四）德克隆

德克隆是一种高度氯化阻燃剂，主要应用于高分子材料，被包埋和固定在许多聚合物产品中，如电线电缆、计算机连接器和塑料屋面材料等的涂层，以增强产品的阻燃性能。与其他 BFRs 相比，德克隆具有成本更低、密度低、热和光化学稳定性高等特点，因此被优选。德克隆具有较高的正辛醇-水分配系数，难溶于水。德克隆和相关化合物具有与 POP 相当的特性，如在环境中的持久性、高亲脂性，并可通过食物链在生物群中进行远距离大气迁移、产生生物放大和生物积累作用。毒理学研究表明，德克隆可能具有遗传毒性、神经毒性和内分泌干扰作用。基于这些特性，德克隆已被欧洲化学品管理局列入高度关注物质候选清单，目前正在审查成为《关于持久性有机污染物的斯德哥尔摩公约》所列物质的一部分。

（五）风险管理

为妥善管理阻燃剂的潜在危害，多国的监管机构开展了详细的风险评估，并制定管理政策。以四溴双酚 A 为例，欧洲已把四溴双酚 A 列为在注册、评估和授权中受限制的化学品；EPA 公布了四溴双酚 A 的初步风险评估结果，并确定了未来进一步评估的关键领域；四溴双酚 A 也被包含在由欧洲的 BFRs 制造商和消费者发起的为减少环境排放的自愿排放控制行动计划中。迄今为止，中国还没有这样的减排或监测计划，仅有《电子垃圾污染环境防治管理办法》做出了类似规定，禁止未列入电子垃圾拆解企业名录的个人或组织从事电子垃圾拆解、回收、处置。

二、溴代阻燃剂的暴露、危害及机制

（一）环境来源

生产制造工厂和垃圾回收厂是自然环境中 BFRs 的主要来源。许多 BFRs 在生产、使用、拆解和回收的过程中易通过渗溢形式释放到大气环境中。工业区和城市区废水的排放是造成天然水体中 BFRs 污染的主要原因。随着溴取代数量的增加，BFRs 挥发性降低，其水溶性也越来越低，脂溶性不断增加，所以在土壤和沉积物中的 BFRs 大多数都是高溴化合物。传统 BFRs 产品的在用库存、遗留的电子废物产品以及灵活控制或尚无法规明确限制的家具、塑料、电气和电子产品废物的回收是BFRs室内排放的主要来源。在非正规回收过程中，BFRs塑料的切碎、低温熔化和露天燃烧会产生烟雾、渗滤液、灰烬、颗粒物和废水，污染自然空气、土壤和水体。

（二）健康危害

BFRs与多种人类健康不良影响有关，如六溴环十二烷和多溴二苯醚可引起神经毒性；多溴二苯醚和四溴双酚A具有内分泌干扰作用；多溴二苯醚和四溴双酚A具有致癌作用；多溴二苯醚可引起细胞毒性；六溴环十二烷可引起DNA损伤；六溴环十二烷、多溴二苯醚和四溴双酚A可产生生殖和行为影响。

1. 多溴二苯醚（polybrominated diphenyl ethers，PBDEs） 在神经、生殖、内分泌、先天免疫方面具有多系统/器官毒性，如在妊娠期和（或）出生后暴露于PBDEs会对发育和生殖产生影响，包括男性精子受损和女性生殖器官发生变化。流行病学研究结果表明，暴露于PBDEs和TH调节紊乱之间存在关联。多项研究证明了PBDEs暴露与儿童神经心理功能（运动、认知和行为表现以及心理和身体发育）之间的关联。

2. 四溴双酚A 在最近的研究中，四溴双酚A已被确认为潜在的人类致癌物。研究表明四溴双酚A及其衍生物对动物模型具有肝毒性、免疫毒性、神经毒性、生殖毒性等。此外，四溴双酚A还被认为具有内分泌干扰作用，如（抗）雌激素、抗雄激素、抗孕激素和三碘甲腺原氨酸拮抗活性。

3. 新型溴化阻燃剂 动物研究表明，新型溴化阻燃剂具有神经毒性作用，并可能穿过血脑屏障在脑组织中积累，导致认知和运动功能受损，加剧焦虑行为、注意力问题和智力缺陷。

（三）作用机制

关于PBDEs的神经毒性机制，一是PBDEs可穿过血脑屏障，改变胆碱能烟碱受体，并降低突触后蛋白的水平，这些蛋白在谷氨酸受体信号转导中起重要作用。此外，PBDEs混合物可刺激花生四烯酸释放、抑制钙信号转导和摄取，并改变蛋白激酶C易位。二是PBDEs通过改变TH稳态间接影响发育中的大脑。PBDEs及其代谢物与TH具结构相似性，通过与其竞争性结合甲状腺素结合球蛋白和甲状腺素转运蛋白，增加TH排泄和代谢，改变TR活性，并干扰脱碘酶活性。

三、有机磷阻燃剂的暴露、危害及机制

（一）环境来源

污水处理厂、固体废物处理厂和人类活动场所是有机磷酸三酯的主要来源。污水处理厂、工厂废水排放和工业废气的沉积物可以使有机磷酸三酯分布到陆地和水生环境中。由于各种电子产品中含有机磷酸三酯，废弃电气和电子设备（电子垃圾）回收和拆解也被认为是其重要的来源。此外，有机磷酸三酯也在人类活动场所（如电子产品商店、家具和建材市场、咖啡店、餐馆、办公室、家庭、宿舍、学校及私家车等）的室内灰尘中广泛分布。有机磷酸二酯的来源主要有两种：大部分有机磷酸二酯来源于其他阻燃剂如有机磷酸三酯的生物降解；此外，有机磷酸二酯本身作为阻燃剂和增塑剂可以直接添加到各种商业产品中。

（二）健康危害

OPFRs具有内分泌干扰潜力，具有潜在的致癌性、神经毒性、发育毒性和生殖毒性等多方面健康危害。流行病学研究发现，暴露于OPFRs可能与不良生殖（如受精和流产）和出生结局（如出生体重、身长、分娩时间和早产）相关。有限的研究还发现产前OPFRs暴露可能会影响儿童认知和行为发育。此外，有研究发现OPFRs与过敏性疾病有关，如磷酸三（2-氯丙基）酯和磷酸三（1,3-二氯-2-丙基）酯浓度的增加与特应性皮炎风险的增加有关，灰尘中磷酸三丁酯（TnBP）浓度的增加与哮喘和过敏性鼻炎的风险增加有关。

（三）作用机制

OPFRs影响神经发育的潜在机制尚未完全阐明。目前认为生命早期OPFRs暴露可能会通过直

接作用（神经介导）或间接作用（母体内分泌介导）影响胎儿的认知行为发育。OPFRs 也可以直接干扰神经元细胞的生长、分化和凋亡，可以对神经元细胞产生细胞毒性作用，以及影响神经递质水平，从而引起神经毒性。例如，氯化烷基和芳基 OPFRs 可通过下调神经系统中的基因转录，从而表现出浓度依赖性神经毒性。人群研究结果表明，产前 OPFRs 暴露可能会影响母体和新生儿的甲状腺功能。体内、外实验研究表明，OPFRs 可干扰母体雌激素和 TH（包括改变 TH 浓度和甲状腺相关基因和蛋白质表达）。OPFRs 还可通过影响下丘脑-垂体-肾间组织和下丘脑-垂体-甲状腺轴，进而影响胎儿发育。此外，OPFRs 暴露可在胎盘中诱导引起 DNA 损伤的氧化应激和脂质过氧化，损伤抗氧化系统和内皮功能，从而增加围产期和产后疾病的风险。

（高　宇）

第七节　增　塑　剂

增塑剂又称塑化剂，是指添加到聚合物材料中增加其可塑性、柔韧性等性质的一类物质。增塑剂主要通过削弱聚合物分子之间的范德瓦耳斯力，增加聚合物分子链的移动性，降低聚合物分子链的结晶性，从而增加聚合物材料的塑性。增塑剂是塑料加工产业中应用最多的一种助剂，广泛应用于 PVC 塑料制品、化妆品、建筑材料、医疗器械等工业和生活等领域。以 PVC 塑料为例，硬质 PVC 塑料增塑剂含量小于 10%，而软质聚乙烯塑料中增塑剂含量在 30%。

一、概　　述

（一）邻苯二甲酸酯

邻苯二甲酸酯类（phthalate esters，PAEs）增塑剂通过邻苯二甲酸酐和醇的酯化反应制得，是全球用量最大、用途最广的一类增塑剂，20 世纪 30 年代已被用于塑料制造，占塑料助剂市场份额的 70%～80%。目前有将近 60 种 PAEs 类增塑剂被应用于塑料制造、材料包装、化妆品、黏合剂、润滑剂、杀虫剂和油漆添加剂等的生产制造。其中，较高分子量的 PAEs，如 DEHP、邻苯二甲酸二异壬酯和邻苯二甲酸二异癸酯等，主要用于 PVC 产品（如服装、食品包装和儿童玩具等）、建筑材料和医疗设备（如输液袋、一次性无菌医用乙烯手套和透析设备等）。邻苯二甲酸二乙酯和邻苯二甲酸二甲酯等较低分子量的 PAE，主要用于溶剂、黏合剂、蜡、油墨、医药、化妆品和杀虫剂等产品。表 10-4 列出了各个常用 PAEs 及其监管情况。

DEHP 是最为常用的 PAEs 类增塑剂（CAS No.117-81-7，分子式 $C_{24}H_{38}O_4$），是一种无色油状液体，有轻微气味，易溶于大多数有机溶剂和烃类，25℃时在水中溶解度＜0.01，但高温条件下易于从塑料制品中迁移出。自 1982 年美国国家癌症研究所发现 DEHP 具有致癌性以来，PAEs 类增塑剂暴露有关的健康问题日益受到世界各国的关注。

表 10-4　常用 PAEs 及其监管情况

中文名	英文名	英文缩写	CAS 号	中国	美国	欧盟	澳大利亚
邻苯二甲酸二（2-乙基己基）酯	di（2-ethyhexyl）phthalate	DEHP，DOP	117-81-7	√	√	√	√
邻苯二甲酸二异丁酯	diisobutyl phthalate	DIBP	84-69-5	√	√	√	√
邻苯二甲酸二丁酯	dibutyl phthalate	DBP	84-74-2；93952-11-5	√	√	√	
邻苯二甲酸丁苄酯	butyl benzyl phthalate	BBP，BBzP	85-68-7	√	√	√	√
邻苯二甲酸二烯丙酯	diallyl phthalate	DAP	131-17-9	√		√	
邻苯二甲酸二异癸酯	diisodecyl phthalate	DIDP	26761-40-0；68515-49-1	√	√	√	

续表

中文名	英文名	英文缩写	CAS 号	中国	美国	欧盟	澳大利亚
邻苯二甲酸二异壬酯	diisononyl ortho-phthalate	DINP	28553-12-0；68515-48-0	√	√	√	
邻苯二甲酸二辛酯	di-n-octyl phthalate	DNOP	117-84-0	√	√	√	√
邻苯二甲酸二戊酯	di-n-pentyl phthalate	DPP，DnPP，DPENP，DPNP	131-18-0；84777-06-0	√	√	√	
正戊基异戊基邻苯二甲酸酯	isopentyl pentyl phthalate	—	776297-69-9	√			
邻苯二甲酸二异戊酯	diisopentyl phthalate	DIPP	605-50-5	√		√	
邻苯二甲酸二烯丙酯与丙烯酸乙酯和甲基丙烯酸的共聚物	ethyl acrylate，methacrylic acid，1, 2-benzenedicarboxylic acid，di-2-propenyl ester polymer	—	28411-49-6	√			
邻苯二甲酸二环己酯	dicyclohexyl phthalate	DCHP	84-61-7		√	√	√
邻苯二甲酸二苯酯	diphenyl phthalate	DPhP	84-62-8				√
邻苯二甲酸丁基环己酯	butyl cyclohexyl phthalate		84-64-0				√
邻苯二甲酸二乙酯	diethyl phthalate	DEP	84-66-2		√		
邻苯二甲酸二己酯	di-n-hexyl phthalate	DHEXP，DnHP	84-75-3		√	√	√
邻苯二甲酸二（2-甲氧基）乙酯	bis（2-methoxyethyl）phthalate	DMEP	117-82-8		√	√	√
邻苯二甲酸二甲酯	dimethyl phthalate	DMP	113-11-3		√		
邻苯二甲酸二苄酯	dibenzyl phthalate	DBzP	523-31-9				√
邻苯二甲酸二庚酯	di-n-heptyl phthalate	DNHpP	3648-21-3				√
邻苯二甲酸二异辛酯	diisooctyl phthalate	DIOP	27554-26-3		√		√
1, 2-苯二甲酸二（甲基环己基）酯	dimethylcyclohexyl phthalate	DMCHP	27987-25-3				√
邻苯二甲酸二（2-丙基庚基）酯	di（2-propylheptyl）phthalate	DPHP	53306-54-0		√		
邻苯二甲酸[C-7C8-C9]酯	benzyl C7-9-branched and linear alkyl esters	B（z）79P	68515-40-2			√	√
己二酸庚基壬基酯	di-C7-9-branched and linear alkyl esters	79P	68515-41-3				√
（支链、直链）邻苯二甲酸二庚酯	1, 2-benzenedicarboxylic acid，1, 2-diheptyl ester，branched and linear	DHpP	68515-44-6				√
邻苯二甲酸二己酯	dihexyl phthalate	DHP	68515-50-4			√	√
邻苯二甲酸二（C6-C10）烷基酯	di-C6-10-alkyl esters	610P	68515-51-5			√	√
邻苯二甲酸二异庚酯	di-C6-8-branched alkyl esters，C7 rich	DIHpP	71888-89-6			√	√
邻苯二甲酸二丙酯	dipropyl phthalate	DPRP	131-16-8				
邻苯二甲酸二壬酯	dinonyl phthalate	DNP	84-76-4				
邻苯二甲酸二异丙酯	diisopropyl phthalate	DIPRP	605-45-8				
邻苯二甲酸辛癸酯	octyl-decyl phthalate	ODP	119-07-3				
邻苯二甲酸二癸酯	didecyl phthalate	DNDP	84-77-5				

（二）其他增塑剂

随着传统 PAEs 增塑剂所致的环境污染和健康危害日益引起人们的重视，其生产和使用范围也正受到一定限制。因此，新型增塑剂不断被行业开发和应用。按照化学结构可将新型增塑剂分为：

（1）脂肪族二元酸酯类：如己二酸二（2-乙基己）酯、己二酸二异癸酯、壬二酸二（2-乙基己）酯、癸二酸二丁酯等。

（2）偏苯三酸酯类：如偏苯三酸三（2-乙基己）酯、偏苯三酸三辛酯、均苯四酸四辛酯等。

（3）多元醇酯类：如一缩二乙二醇苯甲酸酯、三醋酸甘油酯、三丙酸甘油酯、三丁酸甘油酯等。

（4）磷酸酯类：包括磷酸三丁酯、磷酸三苯酯、磷酸三（2-乙基己）酯等。

（5）柠檬酸酯类：如柠檬酸三丁酯、柠檬酸三辛酯、乙酰柠檬酸三丁酯、柠檬酸三丁己酯等。

（6）聚酯类：如己二酸类、壬二酸类、癸二酸类等。

（7）环氧化合物类：包括环氧化油、环氧脂肪酸甲酯、环氧四氢邻苯二甲酸酯等。

（8）其他：如氯代烃、烷基磺酸苯酯等。此外，按功能分类，增塑剂还可分为通用型、高性能型和特殊增塑剂。

（三）风险管理

为降低 PAEs 导致的危害，世界各国已经出台了一系列标准与法律法规，以限制 PAEs 在各种产品中的使用。例如，在食品添加剂领域，世界各国的食品安全法规均禁止将 PAEs 作为食品添加剂用于食品生产。我国《生活饮用水卫生标准》（GB 5749—2022）中规定 DEHP 的限值为 8μg/L，《食品接触材料及制品用添加剂使用标准》（GB 9685—2016）规定了塑料类食品接触材料及制品中 DEHP、邻苯二甲酸二烯丙酯、邻苯二甲酸二异壬酯、邻苯二甲酸二丁酯等 6 种 PAEs 的最大使用量和特定迁移量，并规定使用其生产的材料和制品不得用于接触脂肪性食品、乙醇含量高于 20% 的食品和婴幼儿食品。

市场监管总局关于食品中“塑化剂”污染风险防控的指导意见（国市监食生〔2019〕214 号）规定，白酒和其他蒸馏酒中 DEHP 和邻苯二甲酸二丁酯的含量，分别不高于 5mg/kg 和 1mg/kg，油脂类、酒类食品中 DEHP、邻苯二甲酸二异壬酯和邻苯二甲酸二丁酯最大残留量，分别为 1.5mg/kg、9.0mg/kg 和 0.3mg/kg。中国《化妆品卫生规范》（2015 年版）规定，禁止在化妆品中使用正戊基异戊基邻苯二甲酸酯、邻苯二甲酸二辛酯、邻苯二甲酸二异戊酯、邻苯二甲酸丁苄酯、DEHP、邻苯二甲酸二（2-甲氧基）乙酯和邻苯二甲酸二丁酯等 7 种 PAEs 类增塑剂。《玩具用涂料中有害物质限量》（GB 24613—2009）规定所有玩具涂料产品中 DEHP、邻苯二甲酸二丁酯、邻苯二甲酸丁苄酯的总含量不得超过 0.1%；所有玩具涂料产品中邻苯二甲酸二异壬酯、邻苯二甲酸二异癸酯、邻苯二甲酸二辛酯的总含量不得超过 0.1%。此外，电子产品、纺织品等用品中也有 PAEs 的限制使用要求。

二、邻苯二甲酸酯的暴露、危害及机制

（一）环境来源

含 PAEs 的生活和工业制品，在其生产加工、储存、流通、使用和废弃过程中，由于聚合物分子之间的氢键或范德瓦耳斯力等非共价键不稳定，可导致 PAEs 迁移进入空气、水、土壤等环境介质。人类可通过膳食摄入、呼吸、皮肤接触、静脉注射等多种途径暴露于 PAEs。经口摄入受 PAEs 污染的水、包装食物和饮料是最重要的暴露途径；室内空气和灰尘是 PAEs 暴露的另一主要来源。

（二）健康危害及作用机制

大部分 PAEs 在体内的代谢至少经历两个阶段，首先，在肠道或其他组织中通过酯酶和脂肪

酶等的作用下，被水解为初级代谢产物邻苯二甲酸单酯；然后，在尿苷5′-二磷酸葡糖醛酸基转移酶的催化作用下与葡萄糖醛酸反应生成亲水性的葡糖醛酸结合物。

研究发现，相对于PAEs原型，代谢产生的邻苯二甲酸单酯具有更高的生物活性。当前的人群和动物研究显示，PAEs及其代谢产物具有生殖毒性、发育毒性、肝毒性、神经毒性和内分泌毒性等。

1. 生殖系统影响 体内、外实验及动物模型中都发现PAEs具有抗雄激素作用。在PAEs染毒动物模型中发现，产前及发育早期暴露于PAEs的雄性动物中，可出现尿道下裂、隐睾症、肛门生殖器距离缩短、精子数量和质量下降、不育等表现，与临床上“睾丸发育不良症”的症状表现一致，因此被称为“邻苯二甲酸盐综合征”。出生队列研究发现，PAEs及其代谢物的暴露水平与男童肛门生殖器距离缩短有关。很多基于横断面或纵向的流行病学研究也发现，DEHP、邻苯二甲酸丁苄酯等PAEs及其代谢物暴露可导致男性青春期发育迟缓，还可引起男性精子质量下降，并导致男性不育。

生物机制方面的研究发现，睾丸的间质细胞和支持细胞是PAEs生殖毒性的主要靶细胞。而下丘脑-垂体-性腺轴可能在其中发挥关键作用。流行病学和实验动物研究表明，“邻苯二甲酸盐综合征”主要机制是PAEs暴露抑制胰岛素样生长因子3的表达，导致睾丸支持细胞功能受损和睾酮合成的抑制。此外，研究还发现PAEs可通过上调瞬时受体电位阳离子通道M-2（transient receptor potential melastatin-2）和Bcl-2，并下调对睾丸发育和功能至关重要的Ⅲ型受体酪氨酸激酶（C-kit）表达，从而引起睾丸间质细胞的增生。

在PAEs对女性生殖系统的影响方面，研究发现可在女性尿液、唾液、血液、脐带血、羊水、卵泡液和乳汁等各种体液中检测到PAEs。PAEs可破坏卵泡发育及生长、影响卵泡功能，并能够增加女性子宫内膜异位症的发生风险。也有研究显示PAEs暴露与女童性早熟、孕妇早产、流产等异常妊娠有关。其中的生物学机制可能包括：① PAEs可以通过与ER相互作用直接调节女性生殖系统的基因组和非基因组活性；② PAEs可以作为过氧化物酶体增殖物激活受体（peroxisome proliferator-activated receptor，PPAR）或AhR等转录因子的调控因子或共激活因子，以及通过调节对ER代谢至关重要的代谢酶活性等途径间接调节女性生殖系统的功能。

2. 神经系统影响 PAEs可通过胎盘和血脑屏障。以小鼠和斑马鱼作为模型动物的实验研究均发现，较高水平的DEHP暴露会导致其神经行为出现异常。多项横断面研究和出生队列调查研究一致显示，儿童尿液中DEHP和邻苯二甲酸丁苄酯暴露可使其注意缺陷多动障碍症状的发生风险增加2.4～9.1倍。也有研究发现，PAEs暴露可降低儿童智力，并增加儿童自闭症发生风险，但尚需更多的研究加以证实。

PAEs的神经毒性，可能与其抑制小鼠神经元的生长和增殖、促进神经细胞的分化，损伤大脑海马体的结构与功能，从而导致神经系统的发育受损有关；也可能与DEHP等PAEs能抑制中脑和纹状体下调多巴胺及其转运体的表达，并引起γ-氨基丁酸受体和*N*-甲基-*D*-天冬氨酸和神经类固醇的合成减少有关。

3. 儿童肥胖影响 大量人群和动物研究表明PAEs是一类“环境致胖因子”。在动物模型中，DEHP或其代谢物与肥胖症存在关联。其中，孕期DEHP暴露会导致胎儿期和新生儿期小鼠体重增加，脂肪细胞的数量增加、体积增大，并存在性别差异。而成年小鼠DEHP暴露8周后，小鼠出现体重增加、血浆中瘦素含量升高、脂肪细胞肥大。在人群流行病学研究方面，发现PAEs对儿童和青少年有显著的致肥胖效应。来自大多数国家的研究均报道妊娠期或儿童早期DEHP暴露与儿童超重或肥胖率增加有关。但PAEs与成人肥胖之间的关联尚不确定。

研究证据表明，PAEs致肥胖的分子机制主要包括PAEs可能诱导PPAR激活其靶基因的表达水平、促进3T3-L1前脂肪细胞向脂肪细胞的分化，最终导致成熟脂肪细胞的过度分化和脂质的堆积。

4. 致癌作用 大量的毒理学证据指出，PAEs及其代谢物可造成染色体和DNA的损伤，引发遗传毒性作用，表现为引起细胞染色体畸变率、DNA 断裂总量和微核率增高，并导致细胞发生恶性转化。动物实验研究发现，DEHP 可导致雌雄大小鼠发生肝癌。此外，还可增加雄性大鼠腺泡细胞腺瘤和 Leydig 细胞肿瘤发生率，具有剂量依赖性；以及增加雌性大鼠患乳腺癌和卵巢癌的发生率。目前，DEHP 已被 WHO 列入 2B 类致癌物清单，但目前 PAEs 与人类癌症之间关系的流行病学证据还不充足，有待进一步的研究。

（张蕴晖　王彭彭）

第八节　抗　生　素

自 1928 年英国细菌学家 Fleming 发现青霉素、Florey 和 Chain 将其用于临床以来，抗生素在人类生产生活和健康领域发挥了极大的作用。抗生素又称抗菌素，是放线菌、细菌、真菌等微生物在特定生长阶段产生的次级代谢物或人工衍生物。在低浓度下，抗生素可以选择性作用于细菌的特定片段，干扰细胞代谢，最终抑制或杀灭微生物。

一、概　述

（一）抗生素暴露状况

抗生素被广泛应用于预防或治疗人畜细菌感染，或作为生长促进剂被添加进动物饲料中。抗生素在人和动物体内不能完全被代谢吸收，大部分（30%～90%）可以通过尿液和粪便排出体外。动物的直接排泄、污水排放及对农作物的污水灌溉和粪便施肥，导致抗生素广泛存在于多种环境介质中（如水体和土壤），并不断累积，进一步导致饮用水及食品的污染。据估计，我国每年有超过 50 000 吨抗生素被排放入环境。

作为世界上最大的医药产品生产国及消费国，我国每年抗生素的消耗超过 15 万吨，大约为美国使用量的 10 倍，且 80% 以上为兽用抗生素。水生环境中的抗生素主要来源于水产养殖，且浓度存在明显的地区差异，表现为亚洲发展中国家高于欧洲和北美国家。例如，印度的污水处理厂废水中环丙沙星浓度高达 14 000μg/L，远高于美国及欧盟的水平。在地表水中，土霉素在中国北部的检出浓度（361.1μg/L）也远高于美国（56.1μg/L）；土壤中的抗生素主要来源于动物排泄、化肥和生活废水。我国土壤中抗生素的检出率也较高，且四环素类及喹诺酮类药物为土壤中主要的抗生素，其浓度与意大利、丹麦等欧洲国家相当。

环境中抗生素的残留除了与人类活动如畜牧、养殖等有关，还受到抗生素性质、环境介质特征和气候等多种因素的影响。例如，四环素类抗生素为中国使用最广泛的兽用抗生素，动物粪便制成的有机肥是土壤中该类抗生素残留的主要来源。此外，在中国，喹诺酮是一类使用广泛的人畜共用抗生素，且易被土壤颗粒吸收、在土壤中较为稳定，因此喹诺酮类药物为我国土壤中主要的残留抗生素。

抗生素在人群多种样本如尿液、粪便中均可检出。研究发现，抗生素在女童中的检出率高于男童，这可能是药物清除率的性别差异所导致的。此外，肥胖者相对于正常人群可能存在更多饮食来源的暴露，因此肥胖者有更高的抗生素暴露风险。最近有研究发现，抗生素可以通过胎盘屏障进入胎儿体内，因此胎儿在宫内也具有较高的暴露风险。例如，新生儿胎粪中有多种抗生素的检出，主要包括金霉素、青霉素和氯霉素等。

（二）抗生素分类

抗生素种类众多，目前已有上万种抗生素和 7000 多种半合成抗生素，其主要分类见表 10-5。

表 10-5　常见抗生素分类

分类依据	类别	举例
按用途分类	人用抗生素	氧氟沙星、氯霉素、四环素、阿莫西林、头孢噻吩、头孢噻肟等
	兽用抗生素	磺胺吡啶、磺胺噻唑、金霉素等
	偏人用抗生素	氨苄西林、苯唑西林等
	偏兽用抗生素	诺氟沙星、环丙沙星、林可霉素、磺胺嘧啶、磺胺二甲嘧啶、土霉素、青霉素等
按结构分类	β-内酰胺类抗生素	氨苄西林、苯唑西林、头孢噻吩、阿莫西林、头孢噻肟、青霉素等
	磺胺类抗生素	磺胺嘧啶、磺胺噻唑、磺胺吡啶、磺胺二甲嘧啶等
	四环素类抗生素	土霉素、四环素、金霉素等
	喹诺酮类抗生素	环丙沙星、诺氟沙星、氧氟沙星、恩诺氟沙星和培氟沙星等
	氨基糖苷类抗生素	庆大霉素、阿米卡星、链霉素等
	大环内酯类抗生素	克拉霉素、阿奇霉素、红霉素、地红霉素等
	多肽类抗生素	万古霉素、去甲万古霉素、替考拉宁等
	林可酰胺类抗生素	林可霉素、克林霉素等
	氯霉素类抗生素	氯霉素、甲砜霉素等

β-内酰胺类是一类含有 β-内酰胺环的抗生素，主要通过抑制革兰氏阴性细菌细胞壁合成的最后一步而对细菌产生抑制作用；磺胺类药物是应用最早的一类人工合成抗菌药物，主要是通过各种化学基团取代磺酰胺基上的氢原子制备的有效衍生物；四环素是一类被广泛使用的广谱抗生素，能通过与核糖体 30S 亚基结合，阻止氨酰-tRNA 与核糖体结合而抑制细菌蛋白质的合成；喹诺酮类药物是一类以 4-氧-1, 4-二氢喹诺酮为原始骨架的人工合成抗生素，常用的主要为第三代喹诺酮类；氨基糖苷类抗生素的活性结构是一类由 1 个或多个氨基糖分子和糖苷通过氧桥接而成的环醇，该类抗生素通过与核糖体 16S rRNA 的氨酰基位点、50S rRNA 亚基以及 tRNA 结合，抑制蛋白质翻译和核糖体的循环利用，从而发挥抗菌作用；大环内酯类抗生素是一类具有大环内酯结构，可抑制大多数革兰氏阳性菌和革兰氏阴性菌的广谱一线抗生素；多肽类抗生素是一类具有多肽结构特征的抗生素，通过作用于细菌的渗透压屏障，损伤细胞质膜而对细菌产生抑制作用，可分为多黏菌素类、糖肽类和杆菌肽类；林可酰胺类抗生素主要由氨基酸和寡糖构成，其主要作用机制为与核糖体 50S 亚基结合，抑制肽链的生成，通常被用于治疗厌氧细菌和原生动物感染；氯霉素类抗生素是一类对多种革兰氏阳性菌和革兰氏阴性菌均有效的广谱抗生素，氯霉素的主要抑菌机制为与原核细胞中 50S 核糖体亚基结合，抑制蛋白质的合成而阻止细菌繁殖。

根据欧洲药品管理局 2019 年发布的最新分类建议，根据抗生素的特点、给药途径、耐药性风险及公众安全等方面，抗生素被分为 A、B、C、D 四类，具体如下：

A 类（avoid）：该类抗生素可在有处方许可的条件下，用于非食品动物；在没有规定最高残留限量时，A 类抗生素禁止使用于食品动物。主要包括假单胞菌酸类、链阳菌素类等。

B 类（restrict）：该类抗生素仅限于临床治疗性使用，且只有在较低类别药物中没有可替代的有效抗生素时才可选用。B 类抗生素需要各国政府采取具体限制措施以减少因兽医使用而对公共卫生造成的风险，主要包括喹诺酮类药物、第 3 代和第 4 代头孢菌素及多黏菌素。

C 类（caution）：该类抗生素为新增的类别，一般有人用药品的替代，但在兽药中几乎没有其他替代品。主要包括第 1 代和第 2 代头孢菌素，头霉素类、大环内酯类（不包括酮内酯类）、林可胺类等。

D 类（prudence）：该类抗生素是风险最低的一类抗生素。尽管这类抗生素对公共卫生造成的风险较低，但一般建议在日常生产中谨慎使用。主要包括青霉素类、四环素类抗生素。

（三）抗生素的作用机制和耐药性

抗生素的作用机制可大致分为如下几类：

（1）抑制细菌细胞壁的合成。这类抗生素主要作用于含有丰富肽聚糖的革兰氏阳性细菌，通过与细胞壁中的肽聚糖进行特异性结合，从而抑制细胞壁的合成，为大多数糖肽类抗生素的作用机制；此外，β-内酰胺类抗生素也可以作用于细菌细胞壁合成酶使细菌细胞壁合成受阻，导致细胞死亡。

（2）改变细胞膜的通透性。该类抗生素主要作用于革兰阴性菌细胞膜中的磷脂，使其溶解，进而抑制细菌生长，以多黏菌素为代表。

（3）抑制细菌蛋白质合成。细菌细胞在合成蛋白质过程中，将70S型核糖核蛋白体分裂为50S和30S两种亚单位，以维持细胞的正常生长。氨基糖苷类抗生素通过抑制50S或30S核糖体亚基，进而抑制细菌膜蛋白质的合成，改变膜结构的完整性，导致细菌内容物外泄和细菌死亡；此外，大环内酯类抗生素可透过细菌细胞膜与细菌核糖体23S rRNA亚基进行可逆性结合，阻断核糖核酸及多肽链的转移，进而抑制蛋白质的合成。

（4）抑制核酸合成。该类抗生素主要抑制DNA和RNA的合成。例如，喹诺酮类抗生素，主要作用于DNA拓扑异构酶Ⅱ和Ⅳ，引起DNA超螺旋结构的松弛；利福霉素可以与细菌RNA聚合酶特异性结合，进而抑制细菌的生长。

细菌对抗生素耐药性主要分为：①固有耐药：细菌细胞壁的低渗透性，可以限制多种抗生素的摄取；②自适应耐药：环境改变所导致的细菌抗生素耐药基因或蛋白质表达水平改变；③获得性耐药：通过外源性遗传物质，如携带抗性基因的质粒的掺入，或现有基因突变导致的耐药。

细菌抗生素耐药产生的机制主要包括：

（1）细菌细胞膜渗透性改变：细菌细胞膜是具有高度选择性的通透屏障，抗生素大多通过细胞膜上的膜孔蛋白进入菌体发挥作用。当细菌膜孔蛋白发生改变后，菌体外膜的通透性降低，从而阻碍抗生素进入菌体内。此外，细菌也可以通过能量依赖性主动转运机制，将抗生素泵至菌体外，或降低抗生素吸收速率及改变转运途径，导致耐药性的产生。

（2）生物酶的产生：细菌产生的灭活酶、钝化酶等生物酶可以通过修饰、水解乙酰化、磷酸化等作用破坏抗生素，使其失去抗菌作用。例如，细菌可以产生β-内酰胺酶，通过水解或者非水解方式，破坏β-内酰胺环，使β-内酰胺类抗生素失活。

（3）抗生素作用靶点改变：抗生素大多以高亲和力特异性结合到作用靶点，从而阻断该靶点的正常活动。编码抗生素靶点的基因发生单点突变后，该靶点及结构发生改变，具有耐药性的突变株失去与抗生素结合的能力。

（4）细菌生物被膜的形成：细菌为适应生存环境，在其生长过程中分泌细胞外多糖蛋白复合物形成膜状物，将其自身包裹于其中，以减少抗生素的渗透，并吸附抗生素钝化酶，促进药物分解。生物被膜可在一定程度上使细菌逃避抗生素的免疫杀伤作用，致使细菌高度耐药。

（5）其他：细菌可以通过产生新的药物代谢旁路，使与抗生素结合的相应靶位生理功能失效。

（四）抗生素风险管理

随着抗生素的大量使用，抗生素污染及其耐药性问题已成为全球卫生的最大威胁之一。因此，有必要对抗生素进行风险管理。2015年11月，欧洲公共卫生协会呼吁欧盟及国际政策制定者通过立法强制抗生素医药产业公开供应链，并遵守最高的环境标准。近年来，国内逐渐开始对抗生素的管控措施。例如，2015年国务院发布的《水污染防止行动计划》中，明确提出“限制使用抗生素等化学药品”；《污水综合排放标准》中，对制药工业医药原料药如青霉素、链霉素、土霉素、四环素、金霉素等抗生素进行明确的要求，如要求青霉素的最高允许排水量为$4.7m^3/kg$；2017年公布了强制性国家标准《肥料分级及要求》，明确规定了商品肥料的抗生素含量限制标准，对标称“生态级”的商品肥料，其中土霉素、四环素、金霉素和多西环素四种抗生素的含量总和不得超过

1.0mg/kg。2022 年 5 月国务院办公厅印发《新污染物治理行动方案》的通知，将抗生素作为重点新污染物，并特别提到要规范抗生素类药品使用管理，严格落实抗生素生产过程中的废物收集利用处置要求，加强抗生素的生态环境危害机制研究。关于地表水及土壤中抗生素的环境质量等相关标准，目前仍需进一步制定及完善。

在抗生素生产时，应使用清洁生产技术，以消除生产环节中有害物质及其他污染物的产生；还需要采用严格的环境管理系统，确保固废、废气和废水的存储、处置、再利用等。政府应加快建立抗生素生产企业的排放标准、地表水及土壤抗生素浓度标准，以应对抗生素生产过程中的污染问题。

在人用抗生素使用过程中，应当建立健全的采购管理机制，提高相关从业人员的意识，加强抗生素滥用的健康危害宣传，并对过期药物进行回收及专业处理；针对兽用抗生素，需要健全兽药监管机制，并完善风险评估办法，制定相关抗生素处理方法，研究土壤和水环境中抗生素的去除和修复等技术，建立并推广生态农业。

二、喹诺酮类的暴露、危害及机制

喹诺酮类，又称为吡酮酸类或吡啶酮酸类，为一类合成的广谱抗菌药物，以诺氟沙星、左氧氟沙星、环丙沙星等为代表，对革兰氏阳性及阴性细菌均有效。喹诺酮类抗生素常被用于治疗泌尿生殖系统感染、呼吸系统疾病、性传播疾病、胃肠炎、皮肤及软组织感染等。

（一）暴露来源

由于喹诺酮类抗生素在临床和畜牧业中的不当使用及有效处理控制措施的缺乏，该类抗生素及其活性代谢产物在土壤、饮用水及食品中均有检出。喹诺酮类抗生素仅有部分在体内代谢，大多未经代谢的药物被排出体外，进一步对水体及土壤造成污染。

（二）健康危害

喹诺酮类抗生素对机体健康存在一定的危害，主要表现为消化系统及神经系统不良反应、变态反应、关节软骨改变等。其中，胃肠道反应为喹诺酮类抗生素最常见的不良反应之一，表现为恶心、呕吐、腹泻、食欲不振等；该类抗生素还可以通过血脑屏障，抑制 γ-氨基丁酸与受体结合，提高机体中枢神经系统的兴奋性，表现为头痛、眩晕、烦躁等。在紫外线照射下，喹诺酮类抗生素可氧化生成 ROS，诱导机体前列腺素、类环氧合酶等炎症因子产生，进而引起机体炎症反应，如皮炎、荨麻疹、血管水肿等。喹诺酮类抗生素也可以与镁离子螯合，减少游离镁离子，进而影响软骨细胞代谢，对幼年动物关节软骨存在毒性，表现为关节疼痛、肿胀等。也有报道显示，喹诺酮类抗生素与心慌、血压升高、心律失常等心血管异常表现也存在相关性，并可以增加肾脏负担，引起血尿、尿素氮升高，产生肾炎、肾衰竭等肾脏毒性作用；此外，喹诺酮类药物对呼吸系统的不良反应（如支气管炎、哮喘发作等）也有报道。

（三）作用机制

拓扑异构酶包括 DNA 促旋酶和拓扑异构酶Ⅳ，由细菌编码，在核酸加工的过程中，协助控制 DNA 的缠绕状态，介导 DNA 断裂-再连接反应，具有片段化基因组的功能。DNA 促旋酶和拓扑异构酶Ⅳ分别是喹诺酮类药物的主要及次要靶点，该类药物通过干扰细菌 DNA 的超螺旋结构，阻断 DNA 的再连接，可引起染色体的永久性断裂。当 DNA 链断裂程度大于修复限度，则导致细菌死亡。

喹诺酮类抗生素的耐药性问题已严重威胁临床使用。其耐药机制可能为：①靶酶介导的耐药性：喹诺酮类抗生素的主要靶酶 DNA 促旋酶或（和）拓扑异构酶Ⅳ发生突变可削弱药物-酶的相互作用，进而降低对 DNA 连接的抑制作用；②质粒介导的耐药性：携带喹诺酮类抗生素耐药基因的质粒，通过横向和（或）纵向传播的方式，减弱两种靶酶与 DNA 的结合；③染色体介导的耐药性：

多药外排泵由一系列转运蛋白组成，可以清除菌体内的抗生素，使细菌呈现固有耐药或获得性耐药。染色体介导的外排泵高表达会导致喹诺酮类抗生素的外排，可进一步引起耐药性的发生。

综上所述，合理认识喹诺酮类等抗生素的健康危害，对于防止药物滥用、减少毒性反应，具有重要公共卫生学意义。需要关注抗生素健康风险及耐药问题，识别出对人群健康有较大威胁的抗生素，并对耐药基因进行健康风险评价；对抗生素及相应耐药基因，计算与个体不良健康反应的剂量-反应关系；建立不同环境介质中抗生素及耐药基因的暴露数据库，计算人群的暴露风险，然后定量评估不同类型抗生素及耐药基因对人体的健康风险。

（张蕴晖）

第九节　微　塑　料

塑料制品由于价格低廉、材质轻便、化学性稳定和易塑形等优点广泛存在于人类日常生活生产中。2019 年，世界塑料产量超过 3.5 亿吨，其中只有不到 10% 被回收再利用，产生了大量的塑料垃圾进入环境。微塑料作为一种新现的环境污染物，自从 2004 年首次在海洋中发现以来，陆续在地球上被广泛发现。

一、概　　述

微塑料是指直径小于 5mm 的塑料颗粒，其中部分会在多种外力的作用下继续分解，形成直径 1～100nm 的小颗粒，即纳米塑料。微塑料可以分为初级微塑料与次级微塑料。初级微塑料是指生产过程中有意生产的用于产品（如化妆品，去角质剂或牙膏）或工业（如空气喷射）中的塑料颗粒。次级微塑料是指在环境中的塑料垃圾，通常来自丢弃的消费塑料制品，经过光、热氧化及生物降解等过程，破碎成小于 5 mm 的塑料颗粒。根据合成单体，塑料材料分为聚乙烯、聚丙烯、聚苯乙烯（polystyrene）、聚酰胺（polyamide）、聚对苯二甲酸乙二醇酯（polyethylene glycol terephthalate）、PVC 等（表 10-6）。

表 10-6　不同聚合物种类的微塑料及密度

种类	密度（g/cm^3）	种类	密度（g/cm^3）
聚乙烯	0.917～0.965	聚酰胺	1.02～1.05
聚丙烯	0.90～0.91	聚对苯二甲酸乙二醇酯	1.24～2.30
聚苯乙烯	1.04～1.10	聚氯乙烯	1.16～1.58

二、微塑料暴露、危害及机制

（一）暴露来源

微塑料的暴露途径包括摄入含有微塑料的食物、吸入空气中的微塑料以及通过皮肤接触含有微塑料的产品。其中，目前研究报道直接摄入是微塑料主要的暴露途径，据估计每人每年可摄入的塑料微粒可多达 39 000～52 000 个。除了直接摄入之外，纺织品、轮胎磨损产生的微塑料也可悬浮在空气中，通过呼吸进入人体。2017 年，室外每立方米的空气中含有 0.3～1.5 个微塑料颗粒，室内每立方米的空气中则能含有 0.45～56.5 个微塑料颗粒，据估计每人每天会吸入 26～130 个微塑料颗粒。此外，直径小于 100nm 的纳米塑料可能能够直接穿过皮肤屏障，进入人体。微塑料的来源广泛并且组成复杂，通过多种途径进入人体，对人类健康的造成危害。

塑料在地球上无处不在，危害着生态系统、野生生物和人类健康。越来越多的研究关注微塑料对不同生态系统的影响。微塑料对生态系统影响的评估包括关于死亡、生长、发育、繁殖和人口增长等传统生态毒理学终点的数据，目前大部分证据来源于水生物种，如无脊椎动物、藻类、植物和鱼类。研究表明微塑料污染会影响物种多样性，破坏生态系统平衡。微塑料在食物链底层浮游生物中积累，随着食物链层级不断富集，造成部分幼鱼的生长速度减缓，改变鱼类的行动模式，引起鱼类的肝脏毒性。在富集作用下，微塑料会大量累积在人体内，这些难以消化的小颗粒可对人产生难以预计的危害。科学家也在人体血液中和肺部深处检测到了微塑料污染。

（二）健康危害及作用机制

微塑料在环境迁移中会吸附化学物质，其中许多是毒理效应尚不明确的新出现污染物，但在微塑料的生态风险评估中仍未对此部分进行分析。微塑料中的化学物质包括添加到塑料中的化学物质、来自塑料聚合物的化学物质以及环境中塑料吸收的化学物质。塑料含有或吸收阻燃剂、增塑剂、润滑剂和染料等，其中，许多物质为已知或被认为是有毒、致癌和内分泌干扰的化学物质。此外，微塑料和这些物质的相互作用形成复杂的污染物，需要更多的亚致死和慢性生态毒理学方法来监测复杂和长期的过程，这些相互作用的毒理研究对生态和人类风险评估尤为重要。

如上所述，微塑料可通过不同的途径进入人体，造成健康危害。微塑料暴露导致的不良健康效应包括免疫反应、基因表达改变、遗传毒性、内分泌干扰、神经毒性、生殖异常、代际影响和行为异常等。微塑料由于颗粒小、表面积大，可吸附化学物质和有害微生物，作为载体间接损伤人类健康。毒理学研究证据表明微塑料暴露会对生物体造成不利影响，微塑料对人类健康的潜在影响一直是环境卫生领域关注的问题。

在营养不良或者肠道微生物组变化的情况下，胃肠黏膜的通透性上升，微塑料更容易进入机体循环系统，引起炎症、血管阻塞、凝血功能障碍以及血细胞毒性等不良健康效应。当个体在微塑料环境暴露后，进入机体内的微塑料颗粒可能会引起局部或全身免疫反应，造成机体炎症病变。

部分微塑料颗粒可以进入细胞内部，破坏细胞间的相互作用，并引起细胞毒性。上皮细胞暴露于高聚苯乙烯的环境时，氧化应激水平增加，导致细胞毒性。巨噬细胞受到聚苯乙烯刺激时会产生自噬性细胞死亡。此外，微塑料还具有神经毒性。微塑料颗粒刺激脑小胶质细胞可导致促炎因子活化，产生具有神经毒性的细胞因子，最终导致神经元受损和神经系统疾病。微塑料暴露会增加老年人的轻度认知障碍和 AD 的患病风险。另外，微塑料引起的氧化应激和慢性刺激可导致促炎物质的释放，最终引起机体的慢性炎症，增加个体患癌症的概率。

由于塑料制品生产过程中会加入邻苯二甲酸盐、双酚和溴化阻燃剂等化学添加剂和染料，这些物质常与微塑料一起进入人体。邻苯二甲酸酯可降低合成聚合物基质中分子链之间的亲和力，常用于软化塑料。在食品和饮料容器，双酚常作为一种单一成分添加到聚碳酸酯中。由于添加剂和微塑料基质之间没有化学键，这些化学物质很容易浸出。据报道，微塑料表面的化学物质可顺浓度梯度不断扩散。当微塑料接触人体皮肤时，这些污染物就会被释放并进入到人体，较低浓度即可干扰内源性激素。

由于微塑料颗粒小而表面积大，部分微生物可在微塑料表面定殖，并通过微塑料这一载体进入人体。若摄入附着有害微生物的微塑料，有害菌增殖，使得人类肠道微生物组发生变化，可导致肠道通透性增加以及内毒素血症。值得注意的是，在微塑料影响肠道菌群的同时，菌群也可以改变微塑料粒径，如蚯蚓暴露于微塑料后，可通过氧化应激，改变肠道中的特定条件，改变肠道菌群。而放线菌门和厚壁菌门的细菌可以降解聚乙烯微塑料，产生了纳米塑料，加剧肠道的损伤。小鼠微塑料暴露后，肠道微生物平衡被打破，糖脂代谢、胆汁酸循环和肠道功能等显著改变。在人群中也发现，炎症性肠病患者的粪便中微塑料颗粒大约是健康人的 1.5 倍，且粪便微塑料水平与症状严重程度正相关。所以，微塑料与微生物相互作用，影响生物体内稳态，影响机体健康。

吸附着化学品和微生物的微塑料造成的不利影响高度依赖于摄入微塑料的类型、尺寸、浓度、释放速率和微塑料在人体组织中的毒性。关于微塑料的剂量-反应关系、吸附机制、次级组织和器官的易位途径、慢性暴露累积效应等还有待挖掘。虽然微塑料对人体的不良健康效应的生物学机制还并不明确，但是动物模型研究显示微塑料暴露会对生物体造成长期的负面影响。微塑料颗粒难以被代谢分解，其积累量随着年龄增加而上升，可能会对机体造成更加严重的健康危害，因此对微塑料的健康风险的防范与控制亟须加强。

随着塑料制品的需求增长，塑料垃圾日趋增加，人类越来越多地暴露于微塑料污染中，但目前却缺乏准确的人体暴露数据及潜在的暴露风险机制研究。微塑料的健康风险评估受到微塑料毒理学的复杂性、微塑料与其他污染物的相互作用等因素的限制。毒理学实验中，用于暴露的微塑料在表面性质、被吸附的化学物质和生物方面等与环境中实际存在的微塑料有差异，影响微塑料暴露相关的健康风险评估的准确性。微塑料在人群中的暴露可以通过估算来确定，如分析粪便样本中的微塑料种类及浓度。考虑到不同的毒理效应终点，可通过动物实验来初步评估微塑料对人类健康的影响，并加强对大样本的人群队列的暴露评估及不良健康结局的研究，尤其是现实生活中微塑料的暴露轮廓（种类及丰度）的研究，同时还需考虑微塑料作为载体携带的化学品及微生物的联合暴露造成的不良健康效应。

目前，我国已出台了“禁塑令”等对塑料制品的管控法案，2020 年公布了《关于进一步加强塑料污染治理的意见》，率先在部分地区、部分领域禁止、限制部分塑料制品的生产、销售和使用。2022 年，第五届联合国环境大会通过了一项历史性决议，涉及塑料的整个生命周期，包括生产、设计、处理等，旨在 2024 年之前消除塑料污染。中国环保联合会希望加强相关法律法规，生产绿色环保的塑料制品，禁止使用不可降解一次性塑料产品，找出有效处理塑料垃圾的方法，并加强环境保护的科普及宣传。环境保护，人人有责，鼓励使用可循环和可持续的材料，减少日常生活中一次性塑料制品的使用。

（李久凤　张蕴晖）

第十节　纳米材料

21 世纪以来，纳米材料由于其独特的性能，被广泛应用于汽车、生物医学、化妆品、国防、能源、电子等产业。随着纳米材料的产量呈指数级增长，它们已在水、空气和土壤中普遍存在，对生态系统造成了危害。纳米材料可通过饮食摄入、皮肤渗透、呼吸吸入等途径进入人体，并在心脏、肝脏、脾脏、肾脏和大脑中积累，对人类产生不良的健康效应。由于纳米材料的潜在毒性，其对人类及其周围环境的风险评估越来越受到关注。

一、概　　述

纳米材料是通过人工合成，以预期的纳米尺度材料的形式生产出来的。纳米材料应用广泛，涵盖电信、信息技术、农药、个人护理产品和能源领域。纳米材料种类繁多，其分类取决于其属性如表面电荷、表面积、表面涂层、颗粒形态和团聚度等（表 10-7）。

表 10-7　不同纳米材料的应用和特点

纳米材料	大小（nm）	形状	用途
碳基多壁碳纳米管	小于 200	柱形	太阳能电池，晶体管，能源存储、复合加工
碳基单壁碳纳米管	小于 10	柱形	传感器制造，药品递送，生物医学应用
碳基富勒烯	小于 1	球形	化妆品，电子产品，药物递送，能源应用
炭黑	10～500	球形	电导体，橡胶副产品，涂料，皮革产品
石墨烯纳米颗粒	1～100	六角环	传感器制造，燃料电池，超级电容器，晶体管，生物医学应用
二氧化钛纳米颗粒	5～200	纳米棒	化妆品，墨水，药物输送，医药，食品，塑料，牙膏

续表

纳米材料	大小（nm）	形状	用途
银纳米颗粒	25～35	花形，六角，八角，三角形	化妆品，植入物和导管水表，净水器，服装，食品
金纳米颗粒	5～15	纳米笼，纳米壳，纳米球	药物输送，生物传感，生物成像
硅纳米颗粒	4～30	纳米立方，纳米棒，纳米球	燃料电池，催化剂，能源储存，药品递送，医疗成像
量子点修饰颗粒	10～20	点状	太阳能电池，量子计算，癌症治疗，药物递送
三氧化二铁纳米颗粒	6～150	纳米立方，纳米棒，纳米球	磁存储，催化剂，传感器制造，药品递送，磁共振成像
氧化锌纳米颗粒	10～400	纳米立方，纳米棒，纳米球	传感器制造，防波堤，紫外线保护器，个人护理用品，涂料，陶瓷制品

二、纳米材料暴露、危害及机制

（一）暴露来源

随着商业需求的增大，纳米技术不断进步，纳米材料广泛应用于食品添加剂、水净化、土壤清洁、防晒霜、生物杀菌剂、补充剂、洗发水、农业、能源生产、饲料、兽药、包装和信息技术等。纳米材料广泛存在于环境中，并通过吸入、摄入、皮肤渗透等途径进入人体。例如，纳米颗粒存在于糖果、口香糖、调味品、非乳制品软膏和营养增强剂中，通过食物和饮料的摄入进入人体；护肤品中含有的二氧化钛纳米、氧化锌纳米、银纳米、碳纳米管及石墨烯可通过皮肤直接暴露。因此，人类在日常生活中普遍暴露于纳米材料中。

（二）健康危害及作用机制

纳米材料对环境的影响尚不明确，且需要解释的变量太多，包括纳米材料的识别、低检出限、环境浓度未知等，故很难对纳米材料的生态效应做出结论。纳米材料具有高度的反应性，在采集和分析样品的过程中，环境样品中纳米材料的性质也可能发生变化。研究显示，纳米材料可上调植物防御系统，导致植物生长减缓。硫化银纳米材料可蓄积在植物的叶片，增加通过食物链转移进入人体的机会。纳米材料会对水生生物（如鱼和水蚤）产生毒性作用。碳纳米管及其副产品会增加淡水蟹类的死亡率，纳米氧化锌影响藻类的生长。纳米材料具有抗菌活性，导致微生物死亡，如纳米二氧化钛和纳米氧化锌均通过破坏细菌细胞膜对水生细菌产生毒性影响。总的来说，纳米材料通过使生态系统复杂化，对环境产生不良影响，危害水生和陆地系统的生命。

纳米材料经不同途径进入人体，可以在细胞水平上影响健康。吸入的纳米材料不仅仅存在于鼻咽区，还能到达肺部，通过空气-血液-组织屏障渗透到血液中，并对身体的其他器官造成危害。纳米材料的暴露还会引起严重的炎症反应，导致血栓形成、心肌缺血和血管功能障碍。摄入的纳米材料会溶解在胃酸中，溶解释放出的银和镉等离子，进一步导致不良健康后果。

纳米材料的大小可改变它们的吸附速率，一旦这些纳米材料通过吸入暴露途径进入血液，可在细胞和亚细胞水平上对器官造成危害。当纳米材料穿透皮肤进入人体，到达血液和各组织器官，产生毒理效应的速度取决于纳米材料尺寸，更小的纳米材料更容易达到各个器官。较小的纳米材料在体内分布广泛，较大的纳米材料易聚集在单核吞噬细胞系统富集的脾脏和肝脏。研究表明，纳米尺度的纳米材料暴露可影响肾脏、肝脏和肺等器官的正常功能。同时，纳米颗粒存在于母乳中，可能对婴幼儿造成暴露，对子代的健康产生危害。微小的纳米尺寸可使纳米颗粒穿过血脑屏障，产生神经毒性。值得注意的是，一旦纳米颗粒与生物体液接触，其表面会迅速吸附蛋白质分子，形成蛋白冠，使纳米颗粒具有新的生物学特性。纳米材料的理化特性（如大小、形状、组成等）、生理环境的性质（如血液、间质液等）、暴露时间可以影响蛋白冠的结构和组成。了解纳米蛋白冠复合体及其动态变化对评估纳米材料在生物体内的分布和毒性至关重要。

纳米材料暴露造成的健康风险由暴露水平、暴露途径以及纳米材料的大小、类型、分布、反应性和形状等决定。在持续吸入暴露条件下，观察到二氧化钛纳米颗粒处于较高的暴露水平，其次是富勒烯。通过呼吸吸入的纳米材料的健康影响取决于它们的大小、形状、特征、呼吸频率等。尺寸在 10～100nm 范围内的纳米材料在肺泡区聚集，而小于 10nm 的纳米材料可以在胸廓区聚集。对于长壁碳纳米管，肺对其的清除能力会下降。一项研究对接触纳米材料的员工和未接触纳米材料的员工进行了为期 6 个月的随访，发现 GSH、过氧化物酶-1、SOD 的活性在二者间存在显著差异。流行病学研究表明，空气中纳米材料污染会导致心肺疾病发病率的增加，并强调在职业环境中对这些纳米颗粒的防护的重要性。纳米材料可引起表观遗传变化，并与癌症、心血管复杂性、生理紊乱、自身免疫病、神经退行性疾病和精神疾病等发生发展密切相关。

纳米材料对呼吸系统的伤害已被证实，包括炎症和组织损伤、纤维化和肿瘤生成等。除了呼吸系统以外，心血管系统也会受到纳米材料的影响。纳米材料进入人体后，还可到达肝脏、肾脏、心脏、大脑、骨骼和软组织等。2017 年，IARC 将数种碳纳米管列为致癌物。目前，美国国家职业安全卫生研究所将碳纳米管和碳纳米纤维的接触限值设定为 $1\mu g/m^3$，细二氧化钛的接触限值为 $2.4mg/m^3$，超细二氧化钛为 $0.3mg/m^3$。尽管科学界对纳米材料暴露的安全性评估存在争议，但政府和监管机构正在努力对纳米材料采取监管措施。目前为止，由于没有确定和表征纳米材料的标准化方法，同时受到纳米材料类型、剂量、大小、混合方式、暴露形式、表面电荷等的影响，纳米材料的健康风险评估非常困难。

随着纳米材料的不断研发，纳米技术在农业、医疗、生物等领域逐渐推广，创造了巨大的经济效益。自 2000 年以来，用于商业用途的工程纳米材料的生产呈指数增长。目前纳米材料广泛存在于人类日常生活生产的环境中，造成了社会中不同群体的暴露，尤其是职业暴露。研究发现纳米颗粒对生态系统及人类健康造成危害，纳米材料暴露的生态及健康风险已经成为全球性的公共卫生问题。纳米材料的特殊性给其暴露造成的健康风险研究带来了挑战，当前正在开发计算机软件模拟的方法对纳米材料的毒性进行有效性评价和筛选，考虑其潜在的毒理效应，仍需加强纳米材料生产应用的监管。

（李久凤　张蕴晖）

展　望

尽管人们在了解环境化学物对健康的危害性上取得了长足的进步，但如何全面评价其对健康的风险尚处于起步阶段。未来我们宜从下述方面开展进一步研究。第一，开展人群暴露风险评估。人群生物监测可以提供环境化学物不同暴露途径整合的体内暴露水平，系统了解人群环境暴露特点和变化规律，但不能提供相关的暴露源信息，环境监测研究可以弥补这一不足，对识别暴露源以及预防至关重要。第二，评估复合暴露的健康效应。由于各种环境化学物的广泛应用，人类接触不同类别的化学混合物的复合暴露，评估多种化学物和其他环境压力因素的累积风险对健康造成的影响是未来研究热点。新的检测方法如非靶标暴露组的筛选法，可以用于识别“冰山之下”未知的众多化学物，可能是将来重要的研究手段。第三，开展生命里程流行病学研究。环境化学物对于处在发育关键期和敏感期的胎儿、婴幼儿，以及孕妇等易感人群的危害作用不容忽视。生命早期环境化学物暴露可导致基因突变以及表观遗传学改变，继而影响子代的健康，甚至延续多代。未来随着生命里程流行病学的进展，在环境污染物的跨代 / 多代效应上将会有更多的发现，具有重要的研究前景。第四，促进多学科融合，大数据共享。全球健康是未来的发展趋势，而国内和国际的合作、多学科融合，建立和共享大数据是关键所在。进一步整合人群数据、各种组学数据（暴露组学，蛋白质组学，代谢组学等）和毒理学数据，并在此基础上建立大数据的共享平台，是未来全球健康计划中不可或缺的环节。

思 考 题

1. 什么是新污染物，主要包括哪些分类，具有哪些方面的特点？列入我国《新污染物治理行动方案》首批重点管控名单的新污染物有哪些？

2. 如何评估环境化合物对人体的健康风险？以某种常见环境污染物为代表进行阐述。

3. 有哪些物质具有环境内分泌干扰效应？日常生活中又如何做到减少这些物质对人类健康的影响？

4. 小明最近出现发热、流涕的症状，他找出家里的“头孢克肟分散片”打算直接服用以缓解症状，请问他的行为正确吗？结合“超级细菌”现象，讨论一下“超级细菌”对人体可能的健康危害，以及如何应对“超级细菌”。

（张蕴辉　高　宇　王彭彭　李久凤）

第十一章　环境物理因素与健康

物理因素是环境的重要组成部分，按来源可以分为自然环境物理因素和人工环境物理因素，广泛存在于人类生存空间中。自然环境物理因素在人类社会形成之前就存在，包括阳光、温度、气压、气湿、地球磁场、天然放射性核素辐射、地壳板块运动等；地球外太空还存在宇宙辐射、太阳黑子等。这些因素相互作用引起地球上各种物理因素变化，如气候和气象条件变化、地震、火山爆发、雷电等自然现象。其中，地震、火山爆发、台风、雷电等会在局部区域形成声环境和振动环境；太阳黑子、雷电等则可产生电磁环境干扰等。众多自然物理因素与人类健康密切相关。

人类在长期生活和生产过程中，引起局部自然环境物理因素的变化，如形成了农村、城市、交通、工厂、学校、水库等适合人类生活和生产的环境。一方面，这些人造环境产生了不同于自然物理因素环境的噪声环境、热环境、光环境、电磁环境、辐射环境、振动环境等人工物理因素环境。另一方面，随着社会经济发展，人工物理因素环境在各地区存在较大差异性，现阶段噪声、光、电磁、辐射、振动等物理因素较为常见。公众日益关注人工物理因素环境暴露对健康的影响。

自然环境物理因素和人工环境物理因素可促进人类健康，也可能造成健康损害。

第一节　微小气候变化与健康

微小气候是指小范围区域内的气候或建筑物内的气候，包括空气温度、湿度、风速和辐射等因素，时刻伴随人类生产生活。一般情况下，微小气候的多个因素相互作用从而影响人群健康。

一、环境温度与健康

在全球变暖的背景下，未来高温热浪天气发生的频率和强度将会不断地增加。环境中气温高低主要取决于空气温度，同时也受周边热源、太阳辐射和人体散热等影响。空气温度对人体热平衡有重要影响，机体也能适应环境温度的变化，机体热调节能力失衡，则会造成健康损害。

（一）高温环境与健康

1. 高温环境与机体适应　一般情况下机体能适应高温环境，高温环境指高气温或有强烈热辐射的环境。目前常通过划定气温阈值来确定高温天气，其中阈值又分为绝对阈值和相对阈值。绝对阈值指数是指选取某个可影响人类或生物活动的气温界限要素值来定义的指数，如中国气象局把日最高气温达到或超过35℃定义为高温日，高温日持续3天以上称为高温热浪。相对阈值是相对于当地气温的百分位临界值定义的，常用的相对阈值有90%、95%。相对于绝对阈值来说，相对阈值能够更多地考虑到地区环境的差异，在全球的适用性更高。

人体处于高温环境时会首先产生热应激，即机体在高温环境下出现的包括内分泌系统、循环系统、消化系统、神经系统、泌尿系统等方面的适应性变化，也称热适应或热习服。机体对热应激的反应主要有两种方式：一是通过重新分配皮肤血流量来改变肌肉、皮肤和环境之间的热量传递，二是通过蒸发皮肤表面分泌的汗液以带走体内热量。大脑能够通过皮肤和全身对温度敏感的神经细胞产生热量来调节这些生理上的热损失反应。同时这种调节也可能受到其他信号的影响，如脱水、代谢感受器（如响应机体代谢产物的化学感受器）和细胞因子。

2. 高温环境与健康损害

（1）高温与心血管系统疾病：近20年来，我国与高温热浪有关的死亡率呈上升趋势

（图 11-1）。脑血管疾病（CVD）是高温热浪期间造成死亡的主要原因。在高温环境下，正常人皮肤血管舒张引起血液再分配和皮肤血流量增加，加重了心脏的负担，降低了心脏的充盈压，使心脏需要更用力、更快地泵出血液，从而使冠状动脉组织的需氧量增加。对于心脏病患者来说，这种反应可能会导致高心脏需氧量和受损的心脏供氧量之间的不平衡，而持续的供需失衡会导致心脏缺血、梗死，甚至导致心力衰竭，热应激导致的动脉压和收缩压升高是高温（特别是极端高温）期间的主要健康问题。然而，也有研究报道特定疾病（如充血性心力衰竭）可能会受益于高温。据估计全球有近 5 亿人患有 CVD，任何受极端高温影响的人口密集地区都将面临心血管相关疾病死亡率增加的风险。长期在高温环境下大量出汗、无法及时补充水分均会导致脱水，进而减少血容量，最终会加剧心血管劳损以及急性肾损伤甚至衰竭。

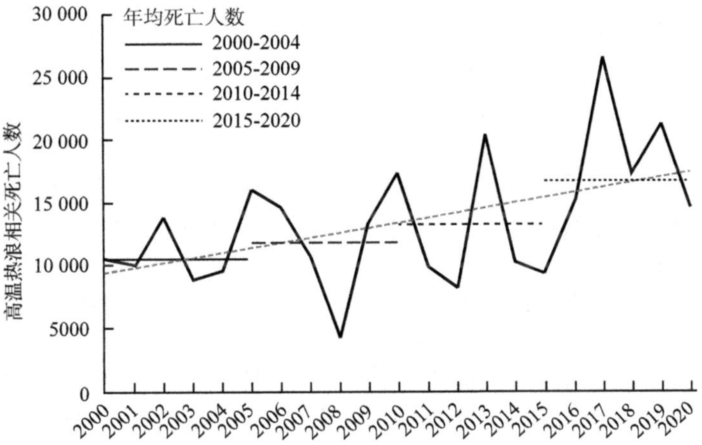

图 11-1　2000～2020 年与热浪有关的死亡率趋势

灰色虚线表示与热浪相关的死亡人数的线性趋势

（2）高温与呼吸系统疾病：人体暴露于高温环境下会导致机体体温调节功能失衡，引起高温相关疾病，如中暑。人体内部核心温度升高（39～40℃）和血液再分配后的缺血和氧化应激增加，可导致细胞、组织或器官损伤，其中大脑、心脏、肾脏、肠道、肝脏和肺的风险较大，热源性肺部疾病是以肺水肿和急性呼吸窘迫综合征的形式出现。目前全球患有呼吸系统疾病的人群比例较高，由于高温相关的过度换气和空气污染加剧而导致的人体肺部压力增加，是高温热浪期间死亡率和发病率升高的第二大来源。由于高温对呼吸损伤是多方面的，即使将身体降温到正常温度后，热源性呼吸系统损伤导致的认知能力和器官功能障碍仍可能持续数年，并使受伤者在受伤后数十年内的死亡风险增加 2～3 倍。

（3）高温对脆弱人群的健康影响：夏季温度长期高于平均水平和极端高温（如热浪）也会导致脆弱群体的死亡率增加。在高收入国家，高温是与天气相关的最大死亡原因之一。除了死亡率增加外，炎热和极端高温天气还与住院和急诊次数增加、心肺疾病和其他疾病死亡人数增加、心理健康问题、不良妊娠结局和分娩结局以及医疗费用增加有关。65 岁以上的老年人、患有基础心脑血管疾病和其他慢性病的患者以及年幼的儿童都容易受到高温天气的影响。极端高温与婴儿（尤其是新生儿）的较高死亡率有关。体温调节系统的发育与年龄有关，婴儿的体温调节系统发育尚不完善，导致在高温天气可能面临更大的风险，如婴儿体表面积质量比与成人相比约高 64%，当气温超过皮肤温度（约 35℃）时，婴儿将从环境中获得更多的干热（对流）。当出汗不受影响时，对流的增加可以被相对较大的蒸发冷却速度所抵消，但脱水（相对于质量）随后会以更快的速度发生。除生理因素外，婴幼儿与高温相关的主要死亡原因是被遗忘或在无人监管的情况下进入或独自留在高温车辆中。

（4）高温对户外工作者的健康影响：随着全球气温升高，高温环境的健康效应已经成为微小气候健康影响的研究热点。炎热环境和相关的热应激会增加心肺疾病与其他疾病的发病率和死亡率，增加不良妊娠结局的发生，并有可能对心理健康产生负面影响。高温热应激还会降低人体体力劳动能力和认知能力，从而对生产力产生影响，并增加职业健康问题的风险。全球有超过10亿的工人暴露在高温环境中，高温暴露对大约1/3的工人的健康产生了负面影响。伴随气候变暖的进展，与热相关的疾病发病率和死亡率发生风险预计将持续增加，这与全球变暖的发生发展息息相关。气候变化背景下，高温环境正在与其他因素相互作用，如人口增长和老龄化、城市化和社会经济发展，这些趋势可能会加剧与高温相关的危害。

3. 高温环境与健康未来趋势　高温环境影响户外工作人员的健康将是全球迫切需要解决的公共卫生问题。对于一般户外工作人员来说，长期户外工作促进身体能量代谢和产热过多，并与环境热量、辐射热、低空气流量甚至是高湿度相结合，增加了人体的热应激；对于高体力劳动者（如农业和建筑业）而言，劳动生产力在20℃左右开始下降，并随着温度升高而持续下降。另一方面随着城市规模和人口密度的增加，公众生活和工作的物理场所主要是在建筑环境，包括建筑物、街道、开放的城市空间和基础设施。城市化通过改变辐射、热、水分和空气动力学过程来改变地表小气候，从而影响人们生活和工作的城市表面。城市发展导致城市热岛效应，使城市平均温度比邻近的乡村更高，白天储存的热量在夜间被释放，使城市热岛效应在夜间更加明显。

除高温因素外影响机体热适应的因素还有很多。酒精、药物和非法麻醉品的使用与极端高温期间死亡率的增加有关；许多常用的处方药，如普通抗胆碱能药、抗抑郁药和阿片类药物，可能会损害人体生理热应激反应。对极端高温适应能力的降低，也会增加高温相关疾病或热损伤的风险。在极端高温期间，死亡率增加与脆弱人群独自生活、无法照顾自己、行动不便以及心理健康有关。此外，运动性热应激也是高温期间死亡率增加的因素。一般情况下，专业运动员发生热应激的风险最低，但在球类、长跑等运动中常发生致命的中暑病例，发生风险远高于其他耐力运动。社区体育运动人员由于较低的适应状态水平和运动防护，可能比专业运动员更容易患上热相关疾病。

未来与高温相关的疾病发病率和死亡率的幅度和模式将取决于气候变化趋势和其他重要因素，如人口增长和老龄化、城市化趋势。自1950年以来，全球和区域的平均气温和极端气温都有所上升，而不同地区气温变化的程度也有所不同。预测表明，未来大多数陆地地区的极端温度将大幅上升，炎热的白天、夜晚以及极端高温的持续时间和强度都会增加。在不考虑人口变化的情况下，与工业化前水平相比，巴黎协定设立了将全球平均气温升高幅度控制在2.0℃之内的目标，预计将避免与高温相关的大量死亡病例的发生。例如，在美国的15个城市，实现2.0℃目标的减缓目标可以避免每个城市在极端高温期间因高温导致每年70～1980人死亡，而实现1.5℃目标可以避免每年110～2720人因高温死亡；在我国的不同地区，热浪对人群健康的影响也存在异质性，有研究显示，我国东北地区由于热浪暴露而导致的死亡占该地区总死亡数的2.35%。大范围的高温死亡人数通常是由高温相关死亡率的预测因素（如人类行为和适应）的高度不确定性所导致的；而未来人口增长速度变缓和人口适应能力增强将会降低不良健康结局的估计值。人口增长和老龄化意味着未来将会有更多人面临与高温有关的健康风险。

4. 小结　随着全球变暖的发展，与高温相关的发病率和死亡率会不断增加，高温相关健康损害风险相应增加。越来越多的证据表明高温炎热天气与发病率和死亡率之间存在关联，包括影响职业工作者、户外工作者、运动员、老年人等。特别是在热带及亚热带地区，全球变暖的加剧意味着在未来几十年内，人体高温耐受生理极限可能会不断地受到挑战。

（二）低温环境与健康

目前对于冷暴露这一概念尚无统一的定义标准。部分研究通过设置温度阈值或温度下降阈值来区分不同程度的冷暴露，还有一些研究根据百分位数将环境温度划分为极冷、适度冷、适中热和极热四个等级，用以评估温度引起的疾病负担，动物研究中用来模拟低温环境的温度则通常设置为（5.0±1）℃。本节中提到的冷暴露主要是指寒冷季节和寒潮期间的冷暴露。同样的，寒潮的定义也不尽相同，常见的方法包括使用精确的阈值、平均温度或最低温度的百分位数等定义方法，但目前尚未得出统一的定义标准。我国《冷空气等级》（GB/T 20484—2017）采用设置阈值的方法对寒潮的定义做出了规范：当冷空气使得某地日最低气温 24 小时内降温幅度≥8℃，或 48 小时内降温幅度≥10℃，或 72 小时内降温幅度≥12℃，并且使该地日最低气温下降到 4℃或以下，以及 48 小时、72 小时内降温的日最低气温连续下降时，该冷空气等级则被划分为寒潮。

1. 低温环境与机体适应 2021 年 5 月 22 日，我国甘肃省白银市举行的一场山地越野马拉松比赛遇到极端天气，共有 172 名运动员参加比赛。其中，有 21 名参赛者因气温骤降并伴有冰雹、冻雨和大风的极端天气而不幸遇难。在日常生活中，人们往往更关注体温过高的情况而忽略了体温过低的问题。当跑者的体温低于 36℃时，就可造成体温过低的情况，严重者可伴有相关的精神状态变化甚至死亡。大多数体温过低的跑者在发病早期会因头晕、晕厥或昏厥而无法站立或行走，继而出现更为严重的体温过低和心肺衰竭，最终导致死亡。包括低温环境在内的非最佳环境温度已在全球范围内造成了不可忽视的疾病负担。据估计，2019 年全球约有 169 万人死亡可归因于非最佳温度，其中，低温造成的疾病负担远远超过高温。有研究显示，体温与心脑血管死亡率呈现负向 J 形的关联性：与导致最低死亡率的温度相比，极端温度环境死亡率 RR 增高，而极端低温对死亡率的 RR 要高于极端高温对死亡率的 RR。与一般人群相比，年龄≥75 岁及受教育程度≤9 年的女性通常更容易受到极端气温的影响。一般来说，高温产生的影响通常是即时性的，只持续 2～3 天，而低温产生的影响则可持续 2 周以上。因此，与热暴露相关的健康风险需要及时和短期的预防措施，而与冷暴露相关的健康风险则需要长期的预防措施。

低温环境可通过影响神经调节及循环系统的功能而对机体产生损害作用。位于下丘脑后部的战栗中枢接收来自体表与核心的寒冷刺激信号，通过神经-体液调节的方式引发血管收缩、寒战等保护性生理反应，从而使代谢性产热增加以维持体温恒定。一方面，交感神经兴奋性增加，皮肤及上呼吸道黏膜血管收缩，血流量减少，皮肤温度下降，体表散热显著减少；另一方面，能量代谢增强引起产热增加，表现为以肌肉紧张度增加为特征的寒战性产热及以肝脏糖脂代谢水平提高为主的代谢性产热。人体对低温环境虽有一定的适应能力，但是物极必反，矛盾的两个对立面不仅相互依存并互为存在前提，而且相互贯通并可在一定条件下相互转化，当冷暴露时间过长时，可能引起体温调节障碍及由血管收缩导致的相关疾病，轻者可见手脚不灵、运动失调、反应减慢、冻伤、血压升高、胸痛等症状或体征，重者可引发卒中、肺部感染、急性心肌梗死、肾脏损伤等疾病，甚至死亡。以下以卒中为例介绍低温环境的健康损害作用及其机制。

2. 低温环境与卒中 流行病学研究和基础实验积累的各项证据表明，低温环境可诱发缺血性卒中。根据 2019 年 GBD 研究的调查报告，2019 年共有 1220 万例新发卒中病例、1.01 亿例现患卒中病例和 655 万例卒中死亡病例，卒中仍然是全球范围内的第二大死因以及导致死亡和伤残的第三大原因。在该报告总结的 19 个与卒中相关的危险因素当中，环境低温全球排名第 12 位，占卒中负担的 5.8%。一般来说，卒中可分为缺血性卒中和出血性卒中，这两类卒中发病机制不同：缺血性卒中主要表现为血管狭窄和闭塞，通常由血栓形成或栓塞事件引起，而出血性卒中则通常由大脑血管破裂或动脉瘤引起。冷暴露对这两类卒中具有不同的影响模式：出血性卒中通常在冷暴露发生的第 1 天具有最高的发生风险，而缺血性卒中则是在冷暴露后几天内（如第 7 天）具有最高的发生风险。这与两者的发病机制不同有关。例如，冷暴露后外周血管收缩和血压突然短暂升高可引发急性脑血管破裂，引起出血性卒中。此外，当患者铲雪时，极端的风暴和雪天会引起体力消耗而使颅内血压升高以及增加血管破裂的风险。因此，冷暴露后对出血性卒中的影响更为直接，往往在发生冷暴露的同一天出现。相反，缺血性卒中的发作不及出血性卒中严重，其发作涉及心房颤动、动脉粥样硬化、凝血活化、血小板活化和其他途径，而血栓和栓塞的形成则需要一定的时间，因此冷暴露后缺血性卒中发生的滞后效应会更加明显。

3. 低温环境致缺血性脑卒中的机制 在全球范围内，缺血性卒中占所有卒中的比例较高，且患病率最高，关于冷暴露诱导缺血性卒中发病机制的研究相对较多，但作用机制认识相对不足。许多脑血管危险因素存在季节性变异：当暴露于温度变化时，相比于一般人群，具有脑血管危险因素的群体更易发生卒中事件。在冬季，人群血压、血糖和血脂因温度的变化而存在较大的变异性，且血压、血糖和血脂等指标在低温期间较难得到控制，因此卒中的发病率在冬季达到高峰。

高血压是缺血性卒中的首要危险因素。冷暴露可能通过升高血压而增加心脑血管疾病的发病和死亡风险。哈尔滨的一项研究指出，当室外温度高于 5℃时，室外温度和血压呈近似线性负相关，室外温度每降低 10℃，收缩压和舒张压分别增加 6.7mmHg 和 2.1mmHg；但当室外温度低于 5℃时，室外温度与血压的关系减弱，其中部分原因可能是集中供暖提高了室内温度。该研究进一步分析发现，低温介导的血压升高与心脑血管事件的发生率增加有关，而当中央供暖系统完全开启时，血压升高及心脑血管事件发病率增加的程度均在几个月内减弱，中央供暖系统在预防冷暴露引起的高血压和相关心脑血管疾病方面显现出一定的优势。类似地，中国嘉道理生物库注册的 23 040 名有 CVD 病史的患者数据也证实了既往 CVD 患者血压和 CVD 死亡率的季节性变异。冬季平均收缩压水平明显高于夏季，且冬季与夏季的血压差异在没有集中供暖的人群中尤为明显。在既往 CVD 患者中，血压是 CVD 死亡率的强独立预测因子，通常认为收缩压每增加 10mmHg，CVD 的死亡风险将增加约 20%。

高 FPG 是缺血性卒中的第二大危险因素。冷暴露可能通过提高 FPG 水平，从而加速促进心脑血管疾病的发生发展。温度和 FPG 之间呈现 U 形相关性，即极低或极高温度的暴露均可导致 FPG 升高。与正常人群相比，糖尿病人群的 FPG 水平更易受温度变化的影响。此外，在极端温度下糖尿病患者相较于非糖尿病患者更容易发生心脑血管事件。例如，相较于非糖尿病患者，糖尿病患者在极端温度下发生急性心肌梗死入院的风险更高，且该效应在极端低温条件下更强。糖尿病患者中年龄较大以及社会经济地位较低的群体可能需要额外的保护，以预防冷暴露相关的 CVD 和死亡。目前，糖尿病患者对冷暴露相关的心脑血管疾病具有易感性的机制尚不清楚，在冬季出现较强的胰岛素抵抗可能是原因之一。此外，2 型糖尿病患者血压和血脂的季节性变化也可能与冬季心脑血管发病率增加有关。

血脂异常也是心脑血管疾病的常见危险因素之一，而高水平的 LDL-C 则是缺血性卒中的第三大危险因素。血脂异常的发生率存在一定的季节性趋势，其中 LDL-C 和胆固醇水平具有冬季升高、夏季降低的规律性，而对于高密度脂蛋白胆固醇（high-density lipoprotein cholesterol，HDL-C）和甘油三酯（triglyceride，TG）这两项指标，现有的不同研究所得到的规律性存在着不一致性，这可能是不同研究中人口、种族、气候、研究的时间跨度等研究条件的差异所造成的。目前冷暴露下血脂水平变化的具体机制尚不清楚，其可能与冷暴露下基础代谢的增加、棕色脂肪组织的活化以及肝脏中脂质代谢的变化有关，冷暴露下肝脏中编码胆固醇合成及负责蛋白质（如低密度脂蛋白受体）摄取相关蛋白质的基因表达水平上调。冷暴露所诱导的脂质谱变化，包括总胆固醇、TG 和 LDL-C 增加和 HDL-C 降低，还与海马体中的氧化应激有关，联合补充维生素 C、E 可有效改善冷暴露所诱导的海马氧化应激和血脂异常。冬季 LDL-C 和胆固醇水平的季节性增加可能是冬季心脑血管疾病发病率增加的潜在原因之一。目前大多数关于血脂季节性变化的研究都是基于几乎不患有合并症的健康人，因此结果不具备应用上的普遍性，因此在未来研究中应当加强对高血压、糖尿病等慢性病患者所在人群的血脂季节性变化的探索。

此外，20%～30% 的缺血性卒中是由心源性栓塞引起的，而心房颤动则是心源性栓塞的主要原因。近年来的研究发现，心房颤动的患病率具有一定的季节性趋势，在冬季出现高峰期，较低的温度可能会引发心房颤动的发作。

4. 小结　冷暴露引起的健康损害作用与神经调节障碍及持续性的血管收缩有关。卒中是较为常见的由冷暴露导致的心脑血管疾病，冷暴露诱导缺血性卒中的潜在机制包括脑卒中危险因素（血压、血糖和血脂）的季节性和温度变异性、冷暴露诱导交感神经系统和肾素-血管紧张素系统（促炎性血管紧张素Ⅱ、活化的血小板及功能失调的免疫细胞）活化等。低温环境诱发缺血性卒中的机制极为复杂，目前所了解的只不过是冰山一角。同时，我们期待全球气象局和卒中中心的有效合作，协助政府建立可靠的天气预警系统，为卒中易感人群提供及时有效的气象预警和相应的防护措施，持续为城乡居民优化和改善供暖，并最终减少低温下卒中负担的增加。

除此之外，相较于高温环境，我国目前尚缺乏详尽统一的针对低温环境的保护和防范标准或规范，而低温环境较之高温环境会带来更大的疾病负担，未来我们应当更加关注低温环境对人群健康和疾病的影响。

二、环境湿度与健康

环境中湿度的高低主要取决于空气湿度。湿度作为气候及微小气候的重要组成因素之一，在气候层面影响多种疾病的流行，在微小气候层面与气温等因素共同作用对机体的热平衡产生影响。室内微小气候中过高的湿度也可导致可见潮湿或霉菌生长，从而对机体健康产生损害。

目前关于环境湿度单因素暴露与机体健康的关系研究很少。环境湿度通常在探讨其他因素如气温、气压以及各类空气污染物对机体健康的影响时作为调整因素被纳入分析。

（一）环境湿度的相关指标

湿度是表征空气中水气含量的物理量，常用指标包括绝对湿度与相对湿度。绝对湿度是单位体积湿空气中所含水蒸气的质量，即湿空气中水蒸气的密度；相对湿度是空气实际的水蒸气分压力与同温度下饱和状态空气的水蒸气分压力的百分比，相对湿度在实际应用中更为常见。另外，相同环境温度下，环境湿度的高低会对机体的冷热感觉产生明显的影响，因此在评价微小气候对机体的影响时，需要综合考虑环境温度与环境湿度的效应。相关指标如有效温度，是以风速为0m/s，相对湿度为100%，气温为17.7℃时产生的温热感作为评价标准，将其他不同气温、气湿和风速组成的小气候与之相比较而得出的有效温度值。在有效温度的基础上综合考虑热辐射对机体的影响，将干球温度改为黑球温度，即得到校正有效温度值，可用于综合评价微小气候对机体热平衡的影响。

（二）气候湿度与健康

在气候变化层面，包括湿度在内的气候因素的改变与部分传染性疾病和非传染性疾病的流行状况相关。过高或过低的湿度均与全死因或特定疾病的死亡率变化存在关联，如有研究结果表明，不适宜的绝对湿度可显著增加呼吸系统疾病死亡负担。在亚太地区，环境湿度的上升与手足口病的发病率增加显著相关。一项针对中国大陆地区的荟萃分析提示，在气候因素中，低气压可能是手足口病发病率上升的主要危险因素，其他气象参数，包括平均温度、降雨量和相对湿度与中国大陆亚热带地区手足口病的发病率显著相关。另一项相似的荟萃分析结果表明，手足口病的发病率与平均气温的正相关最为显著，与气压呈负相关，与平均相对湿度、降雨量、日照和平均风速均呈正相关。温度、湿度等气候因素的改变及季节变化与流行性感冒发病率的波动显著相关。环境温度、季节变化及环境湿度也与非传染性疾病的流行状况有显著关联，如一项针对中国北部老年人群的研究提示，温度升高、湿度过高或干燥、日照时间缩短均与糖尿病发病率呈正相关。也有研究提示高湿度与冠心病入院人次呈正相关，但总体而言湿度与 CVD 的关联研究结果不统一，在气候因素中，温度与 CVD 的关联更为明确。而在妊娠糖尿病中，主要观察到了季节变化及环境温度与妊娠糖尿病发病率的相关性。因此，包含环境湿度在内的气候因素变化与多种疾病的流行状况存在关联。

（三）室内湿度与健康

在室内小气候层面，环境湿度主要影响人体蒸发散热。蒸发散热在人体总散热量中所占的比例随气温升高而增加，环境湿度对人体热平衡的影响也相应增大。高温环境中，环境湿度高可阻碍人体蒸发散热，引发湿热感等不适；低温环境中，环境湿度高可使机体的寒冷感增强。室内湿度过低可引起皮肤黏膜干燥，与居住人员报告眼部、鼻腔等的不适症状相关，甚至可导致鼻黏膜等破裂出血。

在室内环境中，环境湿度可影响室内环境中微生物的种类及分布，特别是与霉菌的生长密切相关。因此，过高的环境湿度可通过影响室内环境微生物的种类和数量，特别是通过促进霉菌生长，影响室内居住人员的健康。环境湿度高可导致室内出现可见潮湿、水渍、可见霉菌或霉菌气味，增加居住者咳嗽、哮喘等呼吸道症状的健康风险。学校室内环境中的可见潮湿、霉菌与校内居住人员的咳嗽、喘息等呼吸道症状显著相关。较高的室内环境湿度可促进霉菌生长，从而增加室内居住人员患哮喘或哮喘症状加重的风险。在高湿度室内环境中，短期室内除湿可能对老年人等敏感人群的循环及呼吸系统健康有潜在益处。

过低的环境湿度也会造成不良健康效应。对室内工作人员的研究表明，室内低相对湿度与报告感知空气干燥和眼部、喉咙和鼻腔刺激症状等相关。动物实验证据表明，微小气候中相对湿度低对眼部生理有不利影响，包括导致泪液产生减少、干斑形成和上皮损伤等。低相对湿度可影响眼部泪膜的稳定性，从而使得眼部角膜上皮更易直接暴露于其他污染物，引发不良炎症反应。

此外，室内环境湿度可显著影响居住人员的居住体验，过高或过低的室内湿度都与病态建筑综合征存在关联，相关研究提示相对湿度与感知发霉气味和潮湿空气的百分比呈正相关，与感知干燥空气的百分比呈负相关。增加室内空气湿度到一个合理的水平可显著缓解病态建筑综合征的黏膜和皮肤症状。室内相对湿度在 40%～70% 较为适宜。

（四）小结

环境湿度是气候指标的重要组成因素之一，对机体热平衡有明显的影响，通常与其他气候因素指标相互作用影响机体健康。气候因素中湿度的变化与疾病流行状况相关，室内微小气候中过高或过低的环境湿度都与不良健康效应有关。除了与环境温度等因素共同作用影响健康外，高环境湿度主要通过促进室内霉菌生长影响居住人员的呼吸系统健康。适宜的环境湿度对维持居住人员机体健康与良好居住体验至关重要。因此在探究气候及微小气候相关的健康效应时，需要将环境湿度纳入考虑。

三、环境气压与健康

人类主要生活在正常大气压，即“常压”的环境中，该环境的压力一般为 1 个大气压即 760mmHg。在自然环境中，气压的大小与海拔高度、大气温度、大气密度等有关。

（一）高气压与健康

高气压常出现在职业环境或医疗场景中，如潜水、潜函、高压氧舱、加压舱、高压科研舱等。

1. 高气压的直接健康损害　高压高氧具有显著毒性，易引起氧中毒或气压伤，可表现为气管支气管炎、急性肺损伤、高血压、癫痫发作等。如果吸入的氧气比例保持不变，此时高压氮可能引起肌肉震颤、共济失调、记忆力减退、精神失常等。同时，气体本身的压力效应也可能会带来气压伤、神经系统并发症、通气不足、心动过缓、利尿等其他不良影响。

2. 高气压的间接健康损害　在高气压环境减压时，环境压力迅速大幅降低，高压下体内溶解的氮气无法继续溶解，在几秒至几分钟内迅速变成气泡，积聚在血液或组织中引起减压病，累及运动、神经、循环等全身各个系统。它最常发生在潜水、潜函等高压作业后，少数出现在航空航天低压环境下。减压病（包括航空病中的高空减压病）已纳入我国《职业病目录》。

（二）低气压与健康

太空、高空、高原和高山都属于低气压环境。全球 5% 的人口长期居住在山区，其中约 1.4 亿人生活在高海拔地区（＞2500m），每年有超过 1 亿人由于专业工作、旅游、体育或宗教等需要从平原地区前往高海拔地区，暴露于低气压环境。

1. 低压低氧的健康损伤 随着海拔的升高气压急剧下降，导致氧气分压降低，从而导致动脉血氧分压和血氧饱和度下降。低氧血症激活颈动脉体的外周化学感受器传入，增加分钟通气量，并通过交感神经激活增加心率，从而增加心输出量。总的来说，这些通气和心脏反应部分抵消了高海拔地区氧气供应的减少。一般来说，在高海拔地区，外周化学感受器的敏感性随着天数的增加而增加，但个体之间的通气适应程度不同，过度通气可改善氧合，但会降低动脉血氧分压而产生碱血症，由此产生的肾小管 H^+ 分泌减少，通过增加尿中碳酸氢盐的排泄来补偿呼吸性碱中毒。利尿和缺氧刺激的红细胞生成也会导致血液浓缩，一方面减少血浆容量和降低每搏输出量，另一方面在给定的心输出量下增加动脉氧含量和向组织的氧输送。随着机体适应，心输出量恢复到基线水平，但由于每搏输出量降低，心率仍然可能升高。

缺氧性肺血管收缩是急性高海拔上升的另一个生理特征，会升高肺动脉压力，据报道，这种反应在老年人中尤其明显。在海拔高度上升初期，全身血压也会升高，这主要是交感神经被激活而引起的。此外，认知功能下降和谵妄也是急性低压缺氧的后果之一，这种损伤可能与氧化应激、乙酰胆碱系统的改变、谷氨酸介导的兴奋性毒性和皮质酮失衡有关。

在高海拔低氧环境下，人体为保持正常活动和进行作业，在细胞、组织和器官层面首先发生功能性的适应，逐渐过渡到稳定状态的适应称为习服。人体对缺氧的适应能力有很大的个体差异，当机体适应能力不足时，就会出现各种功能障碍和健康失调，高原病是最常见的情况。根据症状的发生、特点和发展，高原病可分为 3 种类型，包括急性高原病、亚急性高原病和慢性高原病。

2. 高海拔地区的流行病学发现

（1）全身性高血压：关于海拔对全身性高血压患病率影响的研究结果尚不一致。对西藏居民相关横断面研究的系统综述结果显示，居住海拔高度与血压水平或全身性高血压患病率之间存在正相关性。西藏高海拔地区世居藏族人群高血压的主要危险因素包括性别、高龄、饮酒、腹型肥胖、糖尿病、高胆固醇血症、高尿酸血症、高血红蛋白等。然而，关于安第斯高原居民的研究则发现，随着海拔的升高，血压呈略下降趋势，这种差异可能归因于遗传适应、生活方式和气候因素等。食欲降低和热量摄入减少，以及由于环境温度低导致能量消耗增加，可能有助于降低 BMI，并降低高海拔地区患高血压的风险。

（2）糖尿病：美国一项大规模横断面研究发现，海拔和糖尿病患病率之间存在负相关关系，进一步分层分析发现这种负相关主要表现在男性人群中。针对海拔 2900～4800m 西藏居民的横断面研究发现，在调整生活方式后，与海拔相关的低氧血症、红细胞增多症、葡萄糖耐受不良和糖尿病密切相关。这提示，海拔和糖尿病发病率的相关性可能与高海拔地区人群对低压缺氧表现出的适应性改变有关。同时，由于 2 型糖尿病与肥胖密切相关，随着海拔升高，寒冷及活动量等对热量摄入-消耗平衡产生重要影响，使肥胖率降低，这也可能在很大程度上解释了高原地区人群的糖尿病风险降低。

（3）血脂异常：国内多项研究显示，高海拔地区藏族人群的高血脂患病率高于平原的人群。两项分别针对西藏和云贵高原居民的横断面研究结果表明，男性高脂血症、高胆固醇血症和高甘油三酯血症的患病率较高，而女性的 HDL-C 和 LDL-C 值略低。而针对小样本援藏工作人员的纵向研究发现，中等度高海拔环境可减轻体重，降低 FPG，改善血脂谱，降低代谢综合征患病风险。在厄瓜多尔开展的横断面研究也发现，与海岸居民相比，高海拔地区居民的代谢综合征、高胆固醇血症和高血糖症患病率较低。需要指出的是，在血压、血糖、血脂等代谢疾病风险的研究中，遗传、生活方式和社会经济因素可能比海拔因素更重要。

（4）心脑血管疾病：上述几点表明，高血压、糖尿病、血脂异常等 CVD 危险因素与海拔高度的相关性并不一致。研究发现，快速上升到高海拔地区可能会增加心脏病患者的室上性和室性心律失常风险。处在高海拔地区还可能增加肺动脉高压、肺循环异常、紫绀型先天性心脏病、冠状动脉疾病患者的疾病风险。一项国内的回顾性研究比较了低中高海拔三个中心的首次急性缺血性脑卒中的病例情况发现，高原地区缺血性卒中发病更早、严重程度更高，但高血压、糖尿病、高血脂、冠心病等传统危险因素并未在这种差异中发挥重要作用。目前的研究进展来看，高海拔环境与居民的 CVD 患病风险的研究结论尚未统一。然而，在中等海拔地区的常住居民中，冠心病、脑卒中等 CVD 死亡率被发现有所降低，其原因可能与缺氧诱导因子、海拔相关的生活方式、太阳辐射对维生素 D 的影响等有关。

另外，心血管危险因素是认知能力下降、痴呆以及其他与年龄相关的神经系统疾病发展的主要危险因素之一。脑供氧减少（如高海拔地区的缺氧状况）也会危及大脑功能，并且可能导致严重认知障碍及情绪改变等。因此，有研究认为居住海拔会对认知功能和神经退行性疾病造成影响。

（5）不良妊娠结局：居住地海拔还被发现与孕妇健康和妊娠结局有关。研究报道，西藏高海拔地区孕妇血压高于低海拔地区，且伴有妊娠高血压患病风险增加。此外，不良出生结局（包括围产儿死亡、大于胎龄儿、小于胎龄儿、自发性早产、早产儿支气管肺发育不良）风险在国内中高海拔地区也显著增加，这可能与妊娠高血压、胎盘缺氧和子宫胎盘血管系统变化有关。但与欧洲一般女性相比，安第斯高原的女性流产率更低，推断可能与妊娠早期母体不同的适应性改变有关。

高海拔环境不仅仅包含低压低氧，还存在低温、高紫外线、特殊气候等其他环境因素，同时高海拔居民存在民族基因遗传、经济水平、生活方式、宗教信仰的差异，这些因素共同影响着人体对环境的生理反应及适应水平。因此，全面研究高原疾病谱相较于平原地区的共性与特性，为政府制定有效的卫生政策保障人民健康、减轻国家医疗经济负担具有深远意义。

第二节　环境辐射与健康

辐射是能量以波或粒子向外扩散传播的电磁波，能量越高、波长越短、频率越高，反之亦然。按照能量从低到高可以分为非电离辐射（波长＞100nm，如静磁场、低频电磁场、射频电磁场、微波、红外辐射、可见光等）和电离辐射（波长＜100nm，如 X 射线、α 射线、β 射线、γ 射线等），其中紫外线介于两者之间。除了自然环境中本身存在的自然辐射外，当今人类在利用电磁辐射的过程中也会产生大量人工辐射，如利用射频电磁场进行无线通信、X 射线进行医疗影像诊断等，随着人类对电磁波利用范围不断扩大，环境中的辐射污染程度日趋严峻，与人类健康之间的关系也越来越受到重视。

一、静磁场与健康

（一）静磁场的来源

静磁场（static magnetic field）又称为恒磁场，其磁场强度和方向均保持不变，频率为 0Hz，按强度大小可分为弱磁场（＜1mT）、中磁场（1mT～1T）、强磁场（1～5T）和超强磁场（＞5T）。自然界中最主要的静磁场是地磁场，强度为 25～65μT，生活在地球上的生物无时无处不暴露在地磁场中。

随着科学技术的飞速发展，人类利用静磁场的技术和场景在不断增加，如磁共振成像诊断、核磁共振光谱以及基于磁悬浮的客运系统等。在日常生活中，人们可能会通过磁共振检查、乘坐磁悬浮列车暴露于较高强度静磁场，磁共振成像系统静磁场强度可高达 2.5 T，磁悬浮列车可高达 50mT。在工业生产中，某些环节需要使用静磁场或作业过程中会产生静磁场，如焊接、电磁熔炉等，其中铝生产工业和氯碱厂工人接触的静磁场强度可高达 4～50mT；使用直流电源运行的火车系统上的铁路工人可暴露于高达约 50mT 的静磁场；磁共振成像的操作员可接触高达 5mT 的职业静磁场暴露，在患者附近操作时暴露可达到更高的水平。

（二）静磁场的健康效应

1. 静磁场的生物学效应　根据物理理论，磁场不仅会对金属物体施加物理力，而且对移动的电荷也施加物理力。就生物体而言，体内带电的物质就有可能受到静磁场的影响。例如，当血液在磁场中移动时，暴露于静态磁场会影响血液中的带电粒子和细胞，可以加速或减少敏感粒子的移动。另一种机制是通过可能影响特定化学反应速率的复杂电子相互作用。生物自由基中最常见的是基于氧或氮的不成对电子，可诱导产生ROS，如超氧阴离子（O^{2-}）、羟基自由基（OH•）和单线态氧（$1O_2$），或活性氮（RNS），如NO。

暴露于静磁场可能会产生一系列生物学效应。研究发现，暴露于较高水平的静磁场可能在细胞分裂过程诱导应激反应或直接影响染色体结构与染色体分离。有研究评估了暴露于2T、3T和4.7T静态磁场24、48和72小时的小鼠的微核频率，发现微核频率随着静磁场暴露时间和剂量增加，依赖性增加。此外，高场强（3T及以上）磁共振成像扫描仪的临床和临床前应用显著增加，可能导致更多患者更高剂量地暴露于人造静磁场。这种高水平静磁场暴露可能引发潜在的健康风险，尤其是对于高场强磁共振成像环境中的工作人员。有研究通过分析染色体畸变、微核和单细胞凝胶电泳，研究了3T临床磁共振成像扫描对于体外培养的人淋巴细胞中的遗传毒性作用，发现暴露于3T磁共振成像场强后单链DNA断裂的频率显著增加。

2. 静磁场的健康效应　只有在强磁场下，如磁共振设备或某些专业研究设施中产生的磁场，才可能会对人体产生明显影响。2～3T或更高强度磁场可引起短暂的感觉异常，如眩晕和恶心，这是由于强磁场诱导耳朵内的平衡器官产生小电流造成的，电流向大脑发出的信号与视觉信号发生冲突，从而产生眩晕和恶心的感觉。这些不会直接对健康造成影响，但可能会引发次生伤害。此外，没有证据表明暴露在高达8T的磁场中会对人体产生不利影响。需要注意的是，对于携带植入式医疗器械（如心脏起搏器、助听器等）的人在较高磁场（如磁共振检查）暴露时可能会产生意外情况。

3. 静磁场的医学应用　有研究发现静磁场可以通过影响细胞的生长、增殖和结构，进而抑制肿瘤细胞的生长，因此静磁场具有作为肿瘤辅助治疗方法的潜力。此外，也有研究发现静磁场与传统化疗药物的联合治疗可增强抗癌药物对癌细胞的杀伤作用，提示静磁场可以很好地与传统治疗方法进行结合进而巩固治疗效果，并且由于其副作用低，在医学上有广阔应用的前景。

二、环境极低频电磁场与健康

（一）极低频电磁场的来源

低频电磁场是从1Hz到100kHz频率范围内的电磁场。由电场和磁场两个分量构成，磁场只有在电流流动时才会产生。电场单位为伏特 / 米（V/m），磁场单位为安培 / 米（A/m），以特斯拉（T）或高斯（G）表示为磁通密度。极低频电磁场（extremely low frequency electromagnetic field）是指频率在0～300Hz之间的电磁场，主要由电气设备和电力系统产生，如家用电器、高压输电线等。电力网络产生极低的频率场，范围从欧洲的50Hz到北美的60Hz不等。电力的使用是现代生活中不可缺少的部分，因此电磁场在环境中无处不在。家用电器中极低频电磁场的常见来源是冰箱、吸尘器、电视、计算机显示器等。个体在家庭生活和工作中常暴露于电力线和电子设备发出的弱电场和磁场的组合。

（二）低频电磁场的生物学效应

低频电磁场的电场分量易被导电物体屏蔽，并且几乎没有穿透能力，而相比之下，磁场分量则能够穿透组织且不易屏蔽，因此低强度低频电磁场的生物学效应主要由其磁场分量主导。当人们暴露在低频电磁场中时，体内会被诱导产生电场和电流，它们会干扰与正常生物功能相关的人体自身电场和电流。在电磁场强度较低时，这些相互作用大多不会被注意到，也不会损害健康。

然而，在一定暴露水平（称为阈值）以上，诱导产生的电场会对体内细胞产生一些可逆效应，如视野周围闪烁的微弱光（磷光）、皮肤上的电荷效应（类似于梳头时的感觉，导致头发竖起）或刺激神经和肌肉产生刺痛感。其中阈值会随着电磁场频率的不同而不同。如果电磁场强度过高，则会引起不可逆的心血管效应或组织损伤。

（三）极低频电磁场的健康效应

1. 极低频电磁场与癌症 流行病学研究表明，长期低水平暴露于50～60Hz极低频电磁场可能与儿童白血病风险增加有关。然而，目前还不能排除选择偏差、某种程度的混淆和偶然性因素对这些结果的影响。此外，还缺乏确凿的动物和细胞实验研究证据，相关机制也不明确。因此，极低频电磁场与儿童白血病的关系还没有明确的科学结论。关于成人癌症和极低频电磁场暴露相关性的研究结果绝大多数是阴性的。到目前为止，极低频电磁场的潜在致癌作用证据很薄弱。

2. 极低频电磁场与CVD 心血管系统是最复杂和最重要的生命系统之一，由于其电生理活动和心肌节律性收缩等特性，容易受到外部电场和磁场刺激的影响。众多研究结果表明，极低频电磁场可对生物的心血管系统造成影响。在电磁场暴露的初期，可能对心脏的功能造成一定程度的损害而导致心率下降和心律失常等现象，但是随着时间增加，机体补偿机制启动，可抵消电磁场对心血管系统影响。HRV是指逐次心跳周期差异的变化情况，它含有神经体液因素对心血管系统调节的信息，从而判断其对心血管等疾病的病情及预防，可能是预测心脏性猝死和心律失常性事件的一个有价值的指标。流行病学研究报道，暴露于极低频电磁场会改变HRV，可作为特定心血管病变的预测指标。此外，相关研究数据显示，高压电工作场所作业人员长期接触工频电场，其心电检查异常率增高，主要表现为传导阻滞、心电轴偏及节律异常。此外，长期接触工频电磁场可引起心律失常和急性心肌梗死死亡率上升，但对动脉粥样硬化和急性、慢性冠心病均无影响。极低频电磁场暴露可影响心血管系统的结构和功能，并可能通过心肌细胞的核改变促进心肌梗死。研究者普遍认为，极低频电磁场的心血管效应可能是长期慢性作用的结果，并且其作用可能存在窗口效应，电磁辐射接触对心血管系统的作用可能是双向的，需对电磁辐射的种类、强度及接触时间进行分层分析，并结合实验室研究结果进一步探究。

3. 极低频电磁场与神经退行性疾病 环境极低频电磁场暴露与神经退行性疾病如AD、肌萎缩侧索硬化、PD等存在关联。研究表明，存在电力线的住宅磁场暴露与AD、肌萎缩侧索硬化、多发性硬化症和PD的发病存在关联。也有部分研究报道，极低频电磁场的职业暴露与PD之间未观察到显著关联。流行病学和动物研究主要关注极低频电磁场在神经退行性疾病发生发展中的潜在作用，目前不同研究的结果并不一致，不能确定极低频电磁场暴露与神经退行性疾病间的关联。

4. 极低频电磁场与生殖健康 电场和磁场暴露对人类生殖健康的影响已有不少相关研究。有研究表明，孕期极低频电磁场暴露是流产的危险因素，导致自然流产的风险升高，但还不能排除流行病学研究中的一些混杂因素和偏倚对结果的影响，尚还存在争议。另外，关于极低频电磁场对人类妊娠期间胎儿生长和发育影响的研究还较为有限，无法得出明确结论。除此之外，在一些细胞和动物实验研究中发现，极低频电磁场可影响精子活力以及相关激素水平的改变。因此，虽然目前还没有明确的证据表明极低频电磁场能够影响生殖健康，然而现有研究依旧提示存在潜在的风险，需要进一步的研究和谨慎防护。

三、射频电磁场与健康

（一）射频电磁场的来源

射频电磁场是指频率为100kHz～300GHz的电磁场，在移动电话、Wi-Fi系统、卫星通信系统、收音机、电视台和交互式收音机等设备系统中都有应用。其中，移动电话、基站天线（GSM、CDMA及5G信号）、蓝牙以及Wi-Fi系统等产生的射频电磁场（450～2500MHz最为常见）与普通人群接触密切，其健康危害也最受重视。一些职业或特种环境，如PVC焊接机、等离子蚀刻机以及军用和民用雷达系统，也存在射频电磁场暴露的情况。

射频电磁场携带的能量可被人类或动物的身体吸收，剂量用比吸收率表示，即单位质量（1kg或1g）吸收的能量，单位为W/kg或mW/g。射频波段的电磁场能量可以被分子吸收转化成热能，当射频电磁场能量超过阈值时，即可产生热效应。据研究，射频电磁场比吸收率值超过4W/kg即具有明显的热效应。但在日常生活和工作中，接触的射频电磁场剂量往往低于4W/kg，因此射频电磁场非热效应是目前公众关注以及科学研究的热点。

（二）射频电磁场的健康效应

1. 射频电磁场与癌症　射频电磁场与癌症的联系一直是人们所关心的问题，科学家们也对此进行了大量的流行病学和实验室研究，但由于各研究之间结果不一致以及射频电磁场的生物作用机制仍然不明确，射频电磁场是否与癌症存在关联还需要进一步的研究。基于有限的研究证据，IARC在2011年将射频电磁场列为对人类可能致癌物（Group 2B）。虽然目前还没有确定的结论，但其中部分研究结果值得我们关注，如长期使用手机（累计通话时间超过1000小时）能够显著增加肿瘤发生风险（尤其是脑部肿瘤）。另外，美国中央脑肿瘤登记处的数据显示几种脑肿瘤的发病率近年来（2010～2017年）显著增加，手机过度使用被认为是可能的诱因之一。此外，其他健康损害也可能与射频电磁场暴露有关，如淋巴瘤和儿童白血病等。儿童由于神经系统处于快速生长和发育的阶段，可能对射频电磁场更敏感，因此手机以及其他相关电子设备的使用对儿童的长期风险有可能大于成人。

2. 射频电磁场对中枢神经系统的影响　由于手机使用时靠近头部，大脑中枢神经系统的射频电磁场暴露剂量高于身体其他部位，可能会产生各种神经效应，包括头痛、睡眠习惯改变、脑电图改变、血压变化等，但不同研究的结果并不一致。一项模拟3～14岁儿童暴露于射频电磁场的研究表明，将手机放在儿童头部，深层的大脑结构中每单位体积的辐射剂量大约是成人的2倍，并且儿童的骨髓、薄颅骨吸收的局部剂量比成年男性的头骨高约10倍。有研究表明手机使用会影响儿童和青少年的认知功能，对学习和记忆造成影响。也有报道发现产前接触手机与儿童的行为问题以及多动症有关。因此，儿童是射频电磁场暴露易感人群。如今，越来越多的儿童过早使用手机，可能会导致相关风险增加，如儿童情绪和行为障碍。

3. 射频电磁场与生殖健康　流行病学研究表明，全球范围内都存在男性精子数量及质量下降的问题。除了已知导致男性不育的环境和生活方式因素之外，手机使用时间大幅增加被认为是可能的原因之一。人体睾丸是一个外部器官，相对较容易受到外界因素的影响，与内部器官相比，它可以吸收更多的射频电磁辐射。射频电磁场导致精子质量下降的具体机制还不清楚，目前有两个主流观点：①热效应导致精子损伤，由于睾丸对温度非常敏感，手机辐射可能会对睾丸组织加热，从而造成损伤；②氧化应激损伤，手机辐射导致睾丸组织内ROS自由基水平升高、氧化应激刺激增大，从而造成损伤。

4. 微波对大脑的影响　随着微波技术的普及，微波对人体的影响已成为公众普遍关注的话题，中枢神经系统被认为是对微波辐射敏感的靶器官系统，尤其是海马体，对微波辐射高度敏感，海马体在学习和记忆中起作用，研究表明，暴露于微波照射后观察到的学习和记忆功能缺陷可能是由于海马结构异常。动物实验研究表明，长期暴露于微波辐射的大鼠，神经元表现出水肿并且排列不规则。脑电活动起源于神经元本身的膜电位和膜电位的波动，脑电图数据通过扩大脑电记录仪记录的自体弱生物电来反映大脑的功能状态，脑电图异常与认知能力受损密切相关，脑电图也常被用作诊断AD的工具。大多数研究表明，微波辐射可导致实验动物和参与者的脑电图异常，在使用低功率微波的研究中也报告了一些负面效应。总体而言，微波影响学习和记忆功能的潜在机制主要是通过影响突触结构和功能、氧化应激和凋亡、蛋白质合成、基因和个体易感性以及能量代谢。

四、红外辐射与健康

（一）红外辐射

红外辐射（infrared radiation，IR），即红外线，亦称热射线。按波长可分为长波红外线（远红外线，IRC）、中波红外线（IRB）及短波红外线（近红外线，IRA）。长波红外线波长为3μm～1mm，能被皮肤吸收，产生热的感觉。中波红外线波长为1400nm～3μm，能被角膜及皮肤吸收。短波红外线波长为760～1400nm，被组织吸收后可引起灼伤。凡温度高于绝对零度（-273℃）以上的物品都能发射红外线，物体温度越高，辐射强度越大，其辐射波长越短（即近红外线成分越多）。

（二）环境红外辐射的健康效应

1. 红外辐射与皮肤 太阳辐射是人类皮肤损伤源之一。皮肤接触的太阳光暴露超过1/3是短波红外线，其可到达真皮层，主要以两种方式影响真皮细胞外基质中的胶原蛋白平衡：①增加胶原蛋白降解酶和MMP水平，从而导致真皮细胞外基质的失衡；②降低胶原蛋白合成。另外，短波红外线之所以能产生效应是因为机体中的线粒体能够通过呼吸链吸收短波红外线，并且吸收作用可能会反过来干扰线粒体的电子流动，从而造成线粒体ROS生成，进而干扰细胞核内的基因表达。

流行病学研究发现强烈的红外线辐射或热量对皮肤存在不良健康效应。其中最主要的损害效应是导致皮肤加速衰老。外界环境中热量的增加会导致机体皮肤黑色素细胞的产生，从而加重黄褐斑和其他类型皮肤色素沉着问题。若太阳光高强度短时间照射，皮肤局部温度升高、血管扩张，会出现红斑反应；停止照射后红斑消失；反复照射，局部可出现色素沉着；而过量照射后，特别是近红外线（短波红外线）除发生皮肤急性灼伤外还可透入皮下组织，加热血液及深部组织。

2. 红外辐射与眼 IR对眼的损害主要通过热损伤效应。IR对眼主要以慢性损伤为主，常见为慢性充血性睑缘炎、角膜虹膜损伤、白内障和视网膜损伤。

IR对眼损害通过振动传播，被机体组织吸收后使分子运动增加，温度升高，进而产生热损伤效应。眼球的解剖学特点决定了眼组织对光线吸收的选择性。对于正常的眼球组织，短波红外线可透过眼的屈光间质到达视网膜；波长800～1200nm和1400～1600nm的近红外线易被晶状体和巩膜等组织吸收；波长2000nm以上的红外线穿透力差，易被角膜吸收，吸收的能量转变成热能而传至晶状体。按眼球组织对近红外线选择性吸收的特点，热损伤可分为角膜损伤、晶状体损伤和视网膜损伤。

（1）红外辐射引起的角膜损伤：波长较长的近红外线，由于能量较小无法穿透角膜，而被角膜吸收。角膜的神经末梢对温度十分敏感，当角膜表面吸收100kW/m^{2}的IR时，温度大约为45℃，即可产生疼痛感。

（2）红外辐射引起的晶状体损伤：当近红外线透过角膜进入眼球，房水、虹膜、晶状体和玻璃体因吸收红外线而温度升高时会出现不同程度的浑浊，严重时导致白内障。流行病学调查发现，在钢铁冶炼工、高热炉旁操作工、焊工等工种中发现，职业性红外线作业可增加发生白内障的危险。

有研究表明红外线白内障的发生，可能是由于红外线直接被晶状体吸收，辐射造成组织蛋白变性形成浑浊，也可能是由于虹膜吸收热量使房水温度增高，热传导至晶状体，并影响晶状体酶系统，造成代谢紊乱。

（3）红外辐射引起的视网膜损伤：大剂量的短波近红外线照射可透过屈光间质聚焦于视网膜黄斑部，使其组织温度急剧上升并引起闪光性灼伤，轻度灼伤可造成色素上皮细胞和感光细胞坏死、色素细胞色素残留、脉络膜的内层（微血管层）损坏，重度灼伤可造成视网膜内层损坏，最终导致黄斑部变性甚至穿孔。

（三）小结

红外线在军事、人造卫星以及工业、卫生、科研等方面的应用日益广泛，因此红外线污染问题将持续存在。红外线对健康损伤危害主要集中在眼睛和皮肤，需加强对环境 IR 相关防护措施的关注。

五、环境可见光污染与健康

（一）光污染

过量的光辐射侵入空间环境，并对空间环境造成不良影响或对人体健康造成危害的现象，称为“光污染”。光污染问题最早于 20 世纪 30 年代由国际天文界提出，他们认为光污染是城市室外照明使天空发亮造成对天文观测的负面影响。后来英、美等国称之为“干扰光”，在日本则称为“光害”。光污染的形式有玻璃幕墙反射彩色光、眩光、散射光、杂散光、溢散光、紫外线、红外线和激光等。其中，眩光污染是最普遍、最广泛、最重要的光污染形式。在环境科学研究领域里，眩光污染是指在空间环境内高强度光源的直射、物体的高强度反射产生光辐射、视野中的物体与背景之间巨大的亮度差或者由于光急剧变化所引起的视觉不适或视力损伤的光污染现象。

国际上一般将光污染分成三类，即白亮污染、人工白昼和彩光污染。按波长可以将其分为可见光污染（波长 390～780nm）、红外线污染（波长 760nm～1000μm）和紫外线污染（波长 10～400nm）。以发生和造成影响的时间为分类标准，可将光污染分为昼光光污染和夜光光污染。

光污染是一种物理性的空间环境污染。光波具有一般电磁波的性质和特征，光辐射具有均匀、稳定和各向同性的特征，与位置、时间和方向无关，光辐射的强度只与光源的温度和光波频率有关。光污染对人体和物体的危害程度，除了与光源的辐射强度有关外，还与离开光源的距离有关，离开光源的距离越远，受到的伤害越小。光污染自身没有残留物，如果光污染源消失，则光污染的危害作用立即消失。

（二）环境光污染与健康损害

随着经济发展和生活方式的转变，人工照明的广泛应用和环境亮度的不断提高，随之而来的光污染日益严重。据估计，世界上 23% 的城市都经历过光污染，大约 83% 的世界人口生活在光污染中。近年来的证据表明，光污染是肥胖、代谢综合征、CVD、精神障碍和癌症等多种疾病的风险因素。

1. 光污染与视觉损害　光污染中人体首先受害的是直接接触光源的眼睛和皮肤。在哺乳动物中，光直接作用于视网膜以实现两个重要功能：①视杆细胞和视锥细胞介导的视觉功能；②非视觉功能，包括抑制褪黑素分泌、调节昼夜节律和瞳孔对光反射。光信号首先被介导视觉功能的视杆细胞、视锥细胞以及光敏性视网膜神经节细胞检测到，随后视网膜神经节细胞通过视网膜下丘脑束将信号转导到下丘脑的视交叉上核以调节昼夜节律和瞳孔对光反射。然而，过多的光（高强度或长时间暴露）在聚焦到视网膜上时会导致眼睛受伤，虽然眼睛已经进化出非常精妙的光适应机制，并有几种保护机制来抵抗某些类型的光照射，但长时间或高强度的照射会导致感光细胞和视网膜色素上皮细胞死亡，促进视网膜变性，严重时可导致失明。此外，光污染可能诱发视网膜色素变性和年龄相关性黄斑变性等遗传性疾病，促进症状早期发作或加速疾病进程。

2. 光污染与 CVD　CVD 是中国甚至全球的主要死亡原因，占中国死亡人数的 40%。昼夜节律紊乱作为一种相对较新的风险因素，已被证实对心血管系统具有调节作用。光线是昼夜节律最重要的调节因素，越来越多的证据表明，光污染可以抑制褪黑素的分泌，使机体的生物钟与外界环境不能保持同步，进一步导致昼夜节律紊乱。研究证实，昼夜节律失调与血糖水平升高、胰岛素敏感性下降、动脉粥样硬化、血管中氧化应激和炎症水平增加有关。基于中国年轻人群体的一项前瞻性研究发现，室内光污染与较高的心脏代谢风险显著相关。一项来自中国香港的前瞻性队列研究发现，夜间住宅周围灯光与老年人冠心病风险、死亡率之间存在关联，夜晚住宅周围灯光暴露量每增加 60.0nW/（cm^2·sr），冠心病住院风险增加 11%，死亡风险增加 10%。机制研究表明，光污染可诱导高胰岛素血症、棕色脂肪功能组织障碍和代谢异常，如耗氧量和能量消耗减少，这些表型变化与参与脂质过氧化和糖异生的多种通路的重编程有关。

3. 光污染与癌症 光污染可引起褪黑素分泌抑制和机体生物钟紊乱，导致昼夜节律失调。昼夜节律的破坏会干扰时钟基因表达，改变细胞周期，显著影响细胞分裂。此外，光污染还能改变内分泌节律，引起睡眠障碍和炎症发生，这几种因素综合作用促进肿瘤发生。迄今为止的流行病学证据表明，夜间光污染与癌症之间存在正相关，但结果并不绝对支持。由于夜间光污染对内分泌功能的破坏，因此大部分研究关注夜间光污染与乳腺癌之间的关联，而其他一些研究则探讨了夜间光污染对前列腺癌或其他癌症的影响。基于美国人群的研究发现，夜间光污染水平与乳腺癌发病率之间存在轻微但显著的相关性。一项荟萃分析在综合了 14 个病例对照研究的结果后，发现室内或室外的夜间光污染与乳腺癌风险增加显著相关。考虑到乳腺癌与甲状腺癌可能有共同的激素依赖性病因，并且昼夜节律在甲状腺功能调节中起着重要作用，美国一项大型队列研究对夜间照明与甲状腺癌发病率之间的关系进行了探索。研究结果显示，夜间光照与甲状腺癌风险呈正相关，且女性强于男性，最高可增加 81% 的风险。此外，还有研究通过使用卫星成像技术，确定了夜间光污染与男性前列腺癌风险增加之间的关联。有研究表明，广谱夜间可见光暴露与结直肠癌风险增加无关，但 425～560nm 的夜间可见光与结直肠癌风险增加相关。实验室证据表明，在啮齿类动物中，夜间可见光可调节时钟基因节律、代谢、激素分泌和免疫功能，这些都与细胞生长和分裂密切相关。

4. 光污染与精神障碍 在哺乳动物中，昼夜光夹带由光敏性视网膜神经节细胞介导，这些细胞将信息投射到大脑的不同区域，如调节昼夜节律的视交叉上核；同样，信息也会被投射到与情绪调节有关的其他区域，如前额叶皮层、海马体和杏仁核，这表明可见光污染不仅与生理或行为变化之间存在关联，还可能影响情绪和心理健康。许多研究已经确定某些因素诱导的昼夜节律失调与情绪障碍之间的关系，任何不合适的光暴露时间都可能导致内部生物过程与外部环境之间的不同步，从而导致情绪改变。研究表明，轮班工人群体中重度抑郁症的患病率高于一般人群，从事夜班工作的年轻护士仅在夜班工作 3 个月后出现抑郁症状。环境昼夜节律破坏干扰了调节神经递质系统的时钟基因表达，可能导致抑郁情绪。此外，夜间暴露于非自然光会改变神经营养素和神经递质系统，夜间暴露于昏暗光线的小鼠表现出抑郁症状，其与暴露典型正常光-暗周期小鼠相比，海马体中的脑源性神经营养因子（brain-derived neurotrophic factor）mRNA 表达水平较低。多篇评估夜间人造光暴露与精神障碍的观察性研究中发现，有中等强度的证据表明夜间人造光暴露与抑郁症状之间存在正相关，在较小程度上与其他精神障碍存在正相关。

（三）光污染与健康未来趋势

光污染是一个日益严重的全球问题，既往的研究证据表明光污染与多种有害结局有关，生活方式的转变加剧了这一问题，显著提高了人类在光污染中的暴露水平，包括频繁使用电子设备、轮班工作和夜间娱乐活动等。机体通常暴露于同时存在光污染和其他因素的环境中，因此需要进一步研究可见光与其他因素对机体的联合作用。目前的研究大多采用卫星光学成像技术评估暴露程度，而个体的暴露水平并不一致，采用新技术精准定量地评估个体暴露水平并研究其对机体的健康损害效应刻不容缓。此外，关于光污染对人体影响的相关研究，仍需深入了解光污染在生理生化层面上产生作用的原理，在已有针对光与情绪研究的基础上进一步扩大研究范围，加深人工照明在脑部科学以及精神学领域的研究程度。

（四）小结

光污染是现代社会经济发展、科学技术进步伴随产生的环境问题，光污染已经明显影响人们的正常生活，并在不同程度上对人体造成伤害。目前，对于光污染已经进行了许多研究，但是政府和公众对光污染危害的认识还不充分，光污染防护和治理工作还没有被列入环境保护工作的议事日程中。为了保护人体健康，制定光污染防护的法律法规和开展光污染防护和治理工作势在必行。

第三节 环境噪声与健康

噪声是一种常见的环境污染物，WHO 认为噪声是第二大环境压力源。城市交通、家用电器、媒体、工业化等现代生活方式都会增加个人的噪声压力。人们普遍倾向于习惯噪声，但对噪声的适应和承受程度因人而异，如果人体长期暴露于环境噪声并超过一定水平时，会出现听力损失、CVD 等健康损害。

一、环境噪声暴露途径

环境噪声是在工业生产、建筑施工、交通运输和社会生活中所产生的超过国家规定的环境噪声标准并干扰他人生活、工作和学习的声音。如果噪声水平超过 90dB，它就会成为压力源，并从生理和心理上影响健康。噪声可能通过两种途径影响人类生理，包括直接和间接途径，直接途径是指人体直接暴露于高声压级，高声压级噪声会损害毛细胞、听觉系统的感觉受体，并扰乱睡眠，甚至导致 CVD 的发生；间接途径主要指对刺激的认知和情绪反应（即感到愤怒或烦恼），噪声会刺激大脑的边缘区域产生情绪反应，从而导致影响代谢状态的神经内分泌激活，而代谢状态的改变是心脑血管和神经退行性疾病发生的危险因素。直接和间接两种途径的噪声暴露都会导致生理效应，从而引起自主神经和内分泌系统的应激反应，包括儿茶酚胺、促肾上腺皮质激素和皮质醇分泌增加、昼夜节律紊乱等，从而对人体健康产生威胁。

二、环境噪声与健康损害

噪声在环境中无处不在，研究表明噪声会影响听力系统、免疫系统、神经系统、心血管系统的细胞稳态。WHO 估计，仅在西欧国家，每年因环境噪声而损失至少 160 万年的 DALY，其中 6.1 万年 DALY 因噪声相关的 IHD 而损失、4.5 万年因儿童认知障碍而损失、90.3 万年因睡眠障碍而损失、2.2 万年因耳鸣而损失、58.7 万年因焦虑而损失。因此，长期暴露于环境噪声不仅会导致听力系统的损伤，还会通过诱发氧化应激对中枢神经系统、神经递质、分子功能、认知等造成损害。

（一）环境噪声与听觉系统

噪声导致听力损失是常见的公共卫生问题。据估计，世界上 10% 的人口暴露于可能导致听力损失的噪声声压级，在听力损失患者中，大约一半的听觉损伤可归因于强烈噪声暴露。听觉系统中，内耳的耳蜗毛细胞是声音传递到感觉神经纤维的重要组成，人类耳蜗中只含 15 000 个毛细胞和 40 000 条神经纤维，一旦破坏便无法再生，而过度的噪声暴露会损害耳蜗毛细胞，导致听阈升高。动物研究提示，噪声暴露可触发血小板黏附和聚集，产生血栓并影响耳蜗内的微循环，使耳蜗缺血、缺氧，造成耳蜗毛细胞的损伤而致听力损失。此外，即使耳蜗毛细胞未损伤，噪声暴露也会使耳蜗神经元和毛细胞之间的突触连接发生不可逆的损伤，过度的暴露还会导致神经髓鞘病变，使电信号从毛细胞到听觉皮层的传递速度明显减慢，延缓听觉感知，降低在嘈杂环境下对听觉刺激的理解。

（二）环境噪声与心血管系统

流行病学研究和动物实验证据均表明暴露于环境噪声会影响心血管系统并导致明显疾病，如高血压、IHD 和脑卒中等。急性暴露于不同种类的环境噪声与自主神经系统和内分泌系统的活动有关，可能会增加收缩压和舒张压，改变心率，并影响包括儿茶酚胺和糖皮质激素在内的激素的释放。长期噪声暴露会导致生物体的内稳态失衡（平衡负荷），通过激活交感神经系统、HPA 和内分泌系统产生应激反应，持续的应激状态会导致血压、心输出量、血液黏度、葡萄糖和血脂变化，而这些因素都是 CVD 的危险因素，这些危险因素的改变增加了高血压、动脉硬化心肌梗死、脑卒中等的发生风险，从而损害心血管系统的健康。

（三）环境噪声与睡眠障碍

睡眠障碍是环境噪声暴露导致的最有害的非听觉影响。人体白天的行为表现、生活质量和健康都需要足够长的不受干扰的睡眠，人类即使在睡着的时候也能感知和评估环境噪声，并对其做出反应。研究表明，低至33dB的噪声即可在睡眠期间诱发生理反应，包括自主神经、运动和皮质激活（如心动过速、身体运动和觉醒）。环境噪声引起的睡眠障碍的短期影响包括情绪受损、主观和客观的白天嗜睡以及认知能力受损。流行病学证据显示，睡眠障碍可能通过自由基（氧化应激）的形成以及大脑、心脏和血管中的炎症反应导致CVD等长期健康损害。

（四）环境噪声与认知功能

动物研究表明，噪声会影响神经元的代谢和解剖结构，使树突数量减少，从而损害认知、运动协调、进食行为等。人体长期暴露于环境噪声会改变神经递质的释放，引起长期电位和突触的可塑性变化，破坏海马组织，导致学习和记忆障碍。尤其对于儿童而言，其注意力、记忆和语言处理等基本认知功能的自动化程度低于成人，他们使用认知应对策略的能力尚未完全发展，所以儿童在认知障碍上是一个特别脆弱的群体。在一项关于飞机噪声与阅读、听力理解的相关性研究中发现，飞机噪声暴露对学童的阅读和听力理解能力产生了明显的损害作用。干预性实验研究也表明，减少或避免环境噪声暴露可以改善儿童的认知功能。因此，儿童暴露于环境噪声会对儿童的认知能力产生负面影响，包括长期记忆能力受损、沟通困难、注意力受损、觉醒增加、习得性无助、沮丧、噪声烦恼以及睡眠障碍等。

（五）环境噪声与心理健康

环境噪声不仅会引起生理反应，还会对心理健康产生威胁，导致焦虑、烦躁等心理健康问题。噪声暴露会干扰人类日常活动、感觉、思想、睡眠或休息，从而伴随负面心理反应，如愤怒、不悦、疲惫等症状。研究表明，噪声可以通过调节自主神经和电生理等增加焦虑的行为反应。流行病学研究发现，随着环境噪声的暴露水平增加，焦虑症和抑郁症的发病率也增加。荟萃分析结果提示，高水平的环境噪声会导致焦虑症的发病率增加9%。荷兰、德国等发达国家的研究数据证明，环境噪声暴露与抑郁症、焦虑症等精神疾病呈显著正相关。因此，长期的环境噪声暴露会严重影响人类的心理健康，加剧社会的疾病负担。

（六）环境噪声与神经系统

长期的环境噪声会在分子水平上破坏神经元功能，导致神经系统疾病的发展。AD等神经退行性疾病是由于中枢神经系统中不溶性斑块积聚引起的神经元信号失调和神经元死亡引起的。动物实验提示噪声会诱发神经炎症和氧化应激，因此过度接触噪声可能会加速神经退行性疾病的进展。多项荟萃分析也显示，人体暴露于环境噪声时，儿童多动症和注意力不集中的发病率增加。此外，学校的环境噪声每增加1dB，儿童的多动症评分增加0.017。因此，环境噪声暴露不仅会影响儿童的神经发育，也会加剧老年人口神经退行性障碍的发生。

三、环境噪声与健康未来趋势

环境噪声已经成为全球公共卫生问题，长期环境噪声暴露不仅限于听觉系统的损伤，还会造成心血管系统、神经系统、心理健康等多方面的健康问题。健康中国战略提出要切实解决影响人民群众健康的突出环境问题，2022年6月5日我国正式施行《中华人民共和国噪声污染防治法》，为防治环境噪声污染、保护和改善生活环境、保障人体健康、促进经济和社会发展提供法律保障。因此，急需提高公众对环境噪声与健康影响的认识，并在未来进行大规模的暴露研究，以解决噪声暴露对心血管系统、神经系统和心理健康的副作用。目前，城市化地区环境风险因素（如噪声、光污染、空气污染等）不断累积，与这些环境因素相关的健康问题、疾病负担和死亡人数可能高于过去的估计。因此，对环境风险因素的缓解战略和预防措施可以有效降低其对社会造成的健康后果，降低 GBD 和公共卫生成本。

未来对环境噪声的关注不应局限于听觉系统，更要关注心血管、神经、心理等长期健康效应，同时侧重于氧化应激标志物，以获得噪声造成健康损害的定量图像，从而有助于解决昼夜节律的变化，为噪声介导的应激反应程度和有害激素通路的激活提供重要线索。此外，将噪声暴露、心理健康与心房颤动等 CVD 的临床表现联系起来，了解噪声导致的压力反应对 CVD 的间接影响。研究发现夜间噪声可能对心血管健康更有害，并且可能会导致其他系统失调，因此要提高对夜间环境噪声的关注度，了解夜间的真实噪声暴露，分析白天和夜间噪声对健康的不同影响。人群研究中不应只限于噪声暴露与临床表现的关联，目前尚缺乏关于噪声引起健康损害的可逆性的研究，因此需要更详细地了解噪声暴露对健康损害的持续性，以及不同人群对噪声介导的压力反应的承受能力，有助于有针对性地制订环境噪声的药物或生活方式干预措施。

展　望

随着全球变暖的发展，与高温相关的发病率和死亡率会不断增加。在未来几十年内，人体高温耐受生理极限可能会不断地受到挑战。相较于高温环境，我国目前尚缺乏详尽统一的针对低温环境的保护和防范标准或规范，而低温环境较之高温环境会带来更大的疾病负担，未来我们应当更加关注低温环境对人群健康和疾病的影响。未来建议全球气象、公共卫生和医疗部门紧密携手，建立可靠的天气预警系统，为易感人群提供及时有效的气象预警和相应的防护措施。

在其他物理因素方面，目前对于光污染已经进行了许多研究，但是政府和公众对光污染危害的认识还不充分，光污染防护和治理工作还没有被列入环境保护工作的议事日程中。为了保护人体健康，制定光污染防护的法律法规和开展光污染防护和治理工作势在必行。暴露于较高强度的静磁场可能会对人体产生影响，相关的研究结论尚不一致。未来开展关于环境电磁场健康效应的研究，改善暴露评估至关重要。环境噪声暴露对人体多系统存在广泛的不良影响，迫切需要规范和减少环境噪声暴露，通过暴露限值以减轻长期暴露于环境噪声对健康所产生的负面影响，可以通过对儿童和成年人的健康教育促进避免或减少噪声接触的行为，从而减轻对健康的损害效应。综上，未来应进一步加强高精度的个体暴露评估，以明确环境物理因素对人体健康的危害阈值和有效的防护措施。

思 考 题

1. 若某研究目的为探究微小气候中的湿度因素对室内居住人员健康的影响，分析时应将哪些相关影响因素纳入考虑？

2. 请设计一个研究海拔与 CVD 因果关联的纵向研究。

3. 红外辐射是否对人体有健康效应。如有，是在何种暴露及剂量条件下？

4. 光污染可改变机体的昼夜节律，结合以往学过的知识，阐述光污染还可能与哪些有害结局有关？

5. 结合现有的研究结果和知识，谈谈如何评估昼间和夜间环境噪声对人体健康的不同影响。

（陈光弟）

第十二章　气候变化与健康

气候变化是21世纪人类面临的最大挑战之一。气候变化可导致全球平均气温上升、降水规律改变、极端天气事件的发生频率和强度增加等现象，这些气候因素可通过直接或间接途径影响人群健康，引发多种疾病，甚至导致死亡，极大增加了人群的疾病负担。气候变化对健康的影响已经成为一个全球性的公共卫生问题，任何一个国家都不能置身事外。有效应对气候变化引起的健康影响，已成为全球各个国家的当务之急。为全面了解气候变化对人群健康的影响，提升人群对气候变化的适应能力，保障人民健康，本章介绍了气候变化的概念、气候变化对人群健康的主要影响、气候变化的健康脆弱性以及气候变化健康影响的应对措施。

第一节　气候变化概述

气候因素与人类的生产和生活等活动密切相关，适宜的气候是人类赖以生存的重要条件。人类活动与气候环境保持着一种密不可分的动态平衡关系，了解气候变化的相关概念，是全面认识气候变化对人群健康的前提。因此本节系统介绍了天气、气候、气候变异、气候系统、温室气体、全球气候变化等概念，阐述了人类活动与全球气候变化的关系。

一、气候系统与温室气体

气候系统是由大气圈、水圈、土壤岩石圈、冰雪圈和生物圈五个主要部分组成的高度复杂的系统，内部各圈层之间相互影响。气候系统在随时间演变的过程中会受到外部力量（如火山爆发、太阳活动等）以及人为因素（如温室气体排放、大气污染等）的影响。在气候系统中，到达地球表面的太阳辐射可被大气层减少约50%，其中温室气体所起的作用至关重要。温室气体指的是大气中能吸收地面反射的长波辐射并将其重新发射的气体，包括水蒸气、CO_2、一氧化二氮、甲烷、卤烃及O_3等，此类气体约占大气层的2%。温室气体可使地球表面气温升高，使地球变得更温暖，这种影响称为“温室效应”。当前，由人类活动产生的温室气体所致的温室效应中，CO_2的温室效应最强。

二、天气、气候和气候变异

虽然“天气”和“气候”经常交替使用，但它们代表的却是同一领域的不同方面。天气指大气层复杂而持续的状态变化，通常考虑的时间尺度是几分钟到几周，表示天气特征的大气变量包括气温、降水、湿度、气压、风速和风向。气候则指特定地区大气及其所处的陆地或水系统在较长时间内所处的平均状态，对气候特征的描述一般采用大气和地表参数，如气温、降水、风力、湿度、云量等。气候变异是指围绕平均气候水平所发生的波动，包括季节性波动以及大气和海洋循环中发生的大规模波动，如厄尔尼诺-南方涛动、北大西洋涛动等。

三、全球气候变化

气候变化是重大的全球性问题，事关各国的经济社会发展乃至人类的生存。全球气候变化是指全球气候平均值和离差值两者之一或两者同时随时间出现了显著变化。平均值的升降表明气候平均状态的变化；离差值增大表明气候状态不稳定性增加，气候异常愈加明显。气候变化主要表现为全球气温上升、降雨模式改变、冰川消退、海平面上升、臭氧层破坏、极端天气事件增多等现象。当前，全球气候正在经历以变暖为主要特征的显著变化。中国气候变化蓝皮书（2021）指出，2020 年是有完整气象观测记录以来的最暖年份之一，该年全球平均气温超出工业化前水平（1850～1900 年平均气温值）约 1.2℃。然而，关于全球气候变化的成因，在气象科学界仍存在争议，有科学家认为全球气候变暖是地球气象周期的规律变化，也有科学家认为全球气候变暖主要受太阳辐射变化的影响，受人为因素的影响很小。然而大多数科学家认为，全球气候变暖主要由人为排放的温室气体增多导致。中国是受全球气候变化影响较明显的区域，升温速率高于同期全球平均水平。据观测，1951～2020 年我国地表年平均气温的上升速率为 0.26℃ /10 年。此外，全球气候变化将加速水循环，为多地带来更多强降雨、洪涝灾害的同时，也会导致部分地区干旱加剧。

四、人类活动与全球气候变化

当前人类活动已成为驱动气候变化的重要因素。人类从事工农业活动过程中大量使用化石燃料，使温室气体浓度增加，加剧了温室效应。此外，人类其他活动如破坏植被等，可造成植被覆盖情况改变，引起地表反射系数和地表植被蒸腾作用变化，致使温室气体增加，打破能量平衡，引起气温升高，进而加剧全球气候变化。

IPCC 在第一次评估报告中（1990 年）指出，人类使用化石燃料大幅增加了温室气体的浓度，导致温室效应增强和地球表面变暖；第二次评估报告（1995 年）表明，全球变暖“不太可能完全是由自然因素造成的”，人类活动对全球气候系统的影响是“可识别的”；第三次评估报告（2001 年）指出，“新的证据表明，过去 50 年间大部分全球变暖可能归因于人类活动”；第四次评估报告（2007 年）指出，自 20 世纪中期以来的大多数全球变暖很可能是由人为排放的温室气体增加引起的；第五次评估报告（2014 年）指出，20 世纪中期以来全球变暖极有可能是由人类活动造成的；第六次评估报告（2021 年）进一步得出明确结论，自工业化以来，大气、海洋和陆地变暖是由人类活动导致的，这一点毋庸置疑。

五、气候变化的影响

作为地球生命支持体系的重要组成部分，气候对生态系统、人类健康、经济社会发展等都产生了重大影响，目前气候变化已成为人类必须面对的重大挑战。气候变化已对全球范围内的生态系统造成了一定的影响，如许多物种的分布向地球两极移动、植物开花期提前、冰川消退、海冰融化、永冻土解冻、禽鸟产卵提前等。所有这些变化，都必然会直接或间接影响人类健康。全球气候变化还可使极端天气事件发生的频率和强度增加，继而影响人类健康。其中有些影响是有益的，如在温带国家和地区，气候变化造成的暖冬会降低冬季季节性死亡高峰。然而，有些影响是有害的，如高温使人体的温度失调，可损伤器官和组织功能，进而诱发疾病或加重已有疾病，甚至引起死亡。气候变化还会带来粮食安全、健康不平等等问题。总而言之，气候变化造成的健康影响利弊共存，但弊大于利。

第二节 气候变化对健康的影响

WHO 2021 年的报告指出，气候变化正成为人类面临的最大健康威胁，其影响健康的途径包括直接影响和间接影响，是复杂多样的。本节主要阐述气候变化影响人体健康的主要途径，详细说明气温、高温热浪、低温寒潮及其他极端天气事件对不良健康结局如死亡、非传染性疾病、传染性疾病、伤害、心理健康等方面的影响，并介绍未来气候变化引起的健康风险。

一、气候变化影响人体健康的主要途径

全球气候变化对人体健康的影响是一个复杂的过程，根据影响途径可分为直接影响和间接影响，如图 12-1 所示。

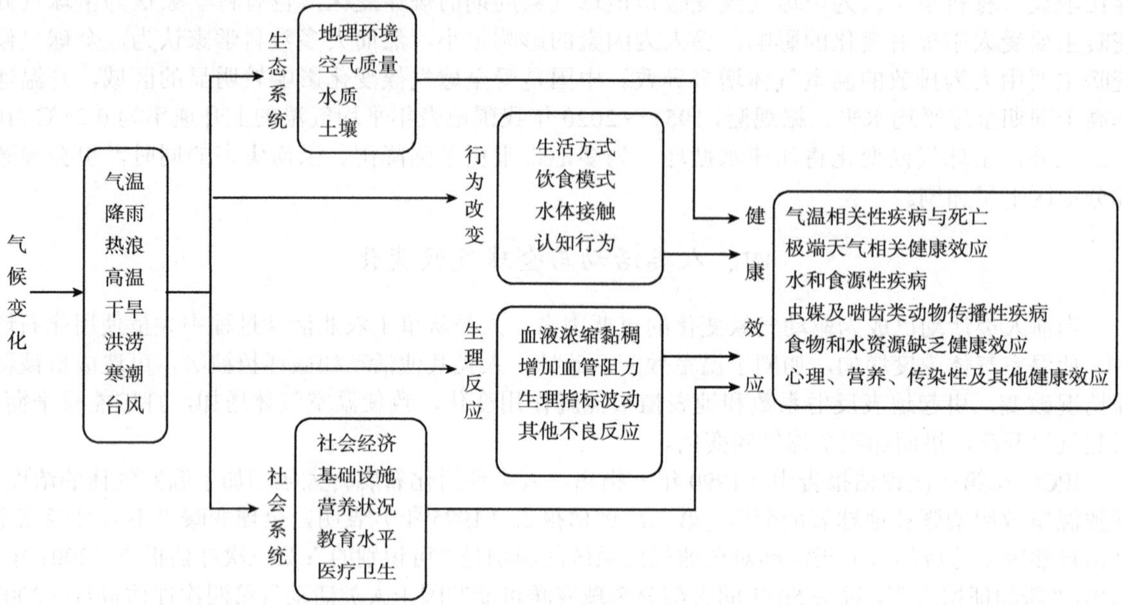

图 12-1 气候变化影响健康的主要途径

（一）直接影响

气候变化对人体健康造成的直接影响主要源自气温、降水、极端天气事件等，极端高温和低温、洪水、干旱的发生会直接影响人体健康。机体暴露于高温环境会丢失大量的水分和盐分，血液浓缩、黏稠度增加，全身小血管扩张，内脏血液灌注量减少，导致心血管系统负担加重，从而诱发心肌梗死、卒中等循环系统疾病，也可直接引起人体中暑，进而发展为重症中暑（如热痉挛、热衰竭和热射病），甚至导致死亡。低温环境通过改变血压、引起血管收缩、增加血液黏稠度、血浆胆固醇和血浆纤维蛋白原水平来增加心血管压力，从而增加心脑血管疾病的死亡风险。低温环境还可增加 ROS 的形成，损伤肺组织，从而增加呼吸系统疾病的发生风险。台风、洪涝等可直接导致人体伤害和死亡。

（二）间接影响

间接健康影响指以自然生态系统和社会环境作为中介因素，气候变化可通过改变这些中介因素来间接影响人体健康。在自然生态系统方面，气候变化可通过改变气温、湿度、气压、日照时长等因素而影响自然环境中传染病病原体、宿主和疾病传播媒介的分布，从而对人体造成间接性健康损害。例如，气候变暖可使昆虫媒介和病原体的地理分布扩大，导致传染病流行的范围扩大。气候变化还可通过改变大气层、海洋、水、土壤等自然环境间接对人类健康造成威胁。例如，气候变化可引起干旱、洪涝、台风等极端天气事件发生的频率和强度增加，造成饮用水源污染，增加消化系统疾病发生风险。另外，全球气候变暖、海水温度升高和海平面上升，可导致生态系统持续恶化，影响海洋生物物候特征、地理分布、物种组成和生命过程关键节点变异，进而影响海洋养殖业、食品供应链等。在社会环境方面，气候变化可通过改变人口特征、社会经济状况等因素影响人类的贫困状况、就业情况以及经济贸易状况等，间接影响人群健康。如极端天气频发威胁人类财产与人身安全，从而引发心理压力甚至诱发精神疾病。极端天气还可影响农业生产和粮食价格，导致社会冲突和营养相关疾病等。

二、气温对健康的影响

气温是最重要的气象因素之一，可以代表气象中大部分信息。气温与人体健康密切相关，是影响健康结局的重要因素，人体适宜的环境气温在15～28℃之间。当气温下降到4～10℃时，各种疾病的发病率会随之增高。气温低于4℃时，可导致人体冻僵和冻伤，也可诱发心绞痛、心肌梗死、支气管哮喘、肺源性心脏病等疾病，甚至造成死亡。气温高于34℃时，也会诱发和加重多种疾病，特别是循环系统和呼吸系统疾病。

（一）对死亡的影响

非适宜气温对人群健康有明显的影响，气温与死亡风险之间的关系一般呈倒“J”形、“U”形或“V”形，当气温高于或低于某个临界温度时，死亡风险会随着气温的升高或降低而增加。但是对于不同地区，受当地气候、地理因素等差异的影响，气温对人群健康的影响也会有所不同。

虽然高温和低温均可增加死亡风险，但二者对死亡的影响有所不同，高温影响一般仅持续1～3天，而低温影响持续时间较长，且引起的死亡风险远高于高温。一项对气温与死亡关系研究的系统综述发现，与最低死亡风险气温（minimum mortality temperature）相比，气温每升高1℃，全因死亡风险平均上升1.20%，而气温每下降1℃，全因死亡风险则平均上升2.60%。非适宜气温暴露造成的疾病负担，是全球当下面临的重大公共卫生威胁。GBD研究发现，2019年全球非适宜气温暴露导致的死亡人数超过500万，占全球总死亡人数的9.43%，并且低温引起的死亡负担远高于高温。在我国，非适宜气温也是居民死亡风险的重要危险因素。据估计，2019年因非适宜气温造成的死亡人数为59.4万，占总死亡人数的5.6%，其中58.0万由低温导致，1.4万由高温导致，主要的死因为CVD和慢性呼吸系统疾病。

气温变异也是影响人群健康的另一个重要气象因素，是指气温在一段时间内的变化程度。衡量气温变异的指标有隔日温差（temperature change between neighboring days）、日夜温差（diurnal temperature range，DTR）、夜日温差（nocturnal temperature range，NTR）、气温变异（temperature variability，TV）、隔日气温总变异（total temperature variability between neighboring days，TTV）等。隔日温差指日平均气温与前一日平均气温之差；DTR指日最高气温与日最低气温之差；NTR指日最低气温与前一日最高气温之差；TV指一段时间内每日最高气温与最低气温的标准差，该指标同时考虑了日内变异和日间变异；TTV是以DTR和NTR对应的健康风险值作为权重，计算DTR和NTR的加权平均综合指标。不同的气温变异指标各有优缺点，如DTR不能很好地揭示隔日气温变异对死亡的影响，而TV和TTV均能反映隔日气温变异对死亡的影响；比起TV，TTV考虑了气温变异的方向和程度，可更准确地揭示隔日气温变异对死亡的影响。

短期和长期的气温变异都可能对健康构成威胁。在我国，YLL率（即每10万人的YLL）与气温变异的关系为“U”形曲线，全国最低YLL率所对应的气温变异为2.5℃，其中华南地区为2.2℃，华北地区为4.6℃。气温变异过高或者过低均可增加人群的死亡风险，所产生影响也具有明显的人群、死因、区域差异，其对老年人的影响大于年轻人，对脑血管疾病的影响大于呼吸系统疾病，对南方地区的影响大于北方地区。

热浪是具有一定持续性的高温天气，即日最高气温超过一定界限的天气过程。目前，全球缺乏统一的热浪定义，各个国家和地区按自身情况依据夜间最低气温或日最高气温的持续时长和（或）强度定义热浪，或根据热浪持续指数等对其进行定义及研究。世界气象组织建议将日最高气温高于32℃且持续3天以上作为热浪的定义；我国气象局把日最高气温达到或超过35℃称为高温天气，连续3天及以上的高温天气则称为热浪。国内相关研究也大多以此标准定义热浪。大量研究表明，热浪能够引起严重的健康事件，甚至死亡。在对人体各系统的影响中，循环系统和呼吸系统受到的影响最为明显。热浪主要通过两种途径引起死亡：一是人体长时间暴露于热浪天气可导致中暑甚至死亡；二是热浪使基础疾病加重而造成死亡。1979～2020 年，我国热浪发生的频率和强度均呈上升趋势，发生热浪事件的陆地面积从 46.3% 上升至 81.6%，热浪高发区逐渐向华东和华中地区蔓延，归因于热浪的死亡人数也呈增加趋势。

寒潮也是一种灾害性天气，也称为寒流，是指来自高纬度地区的寒冷空气，在特定的天气形势下迅速加强并向中低纬度地区侵入，造成沿途地区剧烈降温、大风和雨雪天气。这种冷空气南侵达到一定标准时就称为寒潮。寒潮一般是一种大范围的天气过程，在全国各地都可能发生，可以引发霜冻、冻害等多种自然灾害。根据中国气象局的定义，寒潮划分为三个等级，包括寒潮、强寒潮和特强寒潮。极端低温事件的发生频率比极端高温事件的发生频率低，且我国年平均寒潮频次与强度均呈北高南低的特征。国内外研究均表明，低温寒潮可增加人群的死亡风险。我国 66 个城市的研究发现，寒潮可使人群的总死亡风险明显增加，且死亡风险会随着寒潮持续时间延长和强度增加而增加。2008 年我国南方 15 省发生了罕见的寒潮事件，此次寒潮历时接近 30 天，造成的超额死亡人数近 15 万。

（二）对非传染性疾病发病的影响

除了对人群死亡影响外，气温还可影响疾病的发病风险，主要包括呼吸系统疾病、循环系统疾病、泌尿系统疾病等非传染性疾病。例如，气温变化可增加哮喘、COPD 和呼吸道感染等疾病的发生风险。气温变化可导致呼吸道上皮病理生理改变，如支气管痉挛和炎症反应，进而诱发呼吸系统疾病。对我国老年人研究发现，冬季气温变异每升高 1℃，肺炎、COPD 和总呼吸系统疾病首次发生并紧急住院的风险分别增加 15%、41% 和 20%。

气温还与循环系统疾病的发生风险有关。我国一项 184 个城市的研究分析了气温与同期住院人数的暴露反应关系，发现短期气温的急剧变化可显著增加 IHD、心力衰竭、心律不齐和缺血性脑卒中的住院率。气温降低可通过增加血液黏度、增加红细胞数量和收缩外周血管，导致血压上升，进而增加心脑血管疾病的发病风险。

气温与泌尿系统疾病的发生风险也存在关联。气温升高会导致多种肾脏疾病，包括急性肾损伤、慢性肾脏疾病、肾结石和尿路感染等。近年来，在全球高温地区，特别是农村地区，由热应激引起的慢性肾脏病发病率正在持续上升。高温导致肾脏疾病的机制可能是机体在高温下散热增加，体液加速流失，血液浓缩，导致肾血流量及滤过率下降，从而损害肾功能；同时，在高温环境下，机体新陈代谢加强，导致肌酐、尿素氮等代谢产物增多，从而加重肾脏的代谢负荷，损伤肾功能。

近年来的研究表明，气温对生殖健康结局也有广泛的影响，如早产、流产、低出生体重等不良妊娠结局。其中，高温已被确定为自发性流产、早产、低出生体重、死胎的重要危险因素。一项系统综述表明，气温每升高 1℃，早产概率增加 1.1 倍，而热浪期间早产概率增加 1.2 倍。

（三）对传染病的影响

气温与传染病的发生密切相关。气温在一定范围内升高可使虫媒体内的病原体致病力增加，同时也为虫媒及病原体的寄生、繁殖和传播创造了适宜条件，从而增加传染病的流行程度及范围。然而，当气温超过一定的阈值，出现高温热浪天气时，对某些传染病则具有一定的抑制作用。

1. 气温对蚊媒传染病的影响 蚊媒传染病是由病媒蚊子传播的自然疫源性疾病，常见的有流行性乙型脑炎、疟疾、登革热、丝虫病、黄热病等危害性较强的传染病，其中登革热、疟疾、流行性乙型脑炎等对气温较为敏感。例如，流行性乙型脑炎病毒在 20℃以下时繁殖力较弱，但在 25～32℃时数量迅速增多，毒力也随之增强。此外，实验研究发现气温与蚊虫的发育和活动密切相关，大多数蚊类发育和活动的气温范围为 10～35℃，适宜气温为 18～32℃；气温低于 10℃时，蚊虫将滞育而进入越冬状态。

气温主要通过 4 种方式影响蚊媒传染病的传播：

（1）气温可影响蚊媒的生存能力。当环境温度处在较低水平时，环境温度即使有较小幅度的升高也会导致蚊媒传染病传播迅速增加，随后蚊媒的数量会随着温度的上升而逐渐增加。但是当气温过高时，也不适宜蚊媒的滋生和发育，蚊媒的数量反而下降。例如，气温与登革热发病之间呈现倒“U”形的非线性关系，气温为28℃时最适合于登革热的传播，高于或低于此温度时均会降低登革热的发病率。

（2）气温通过改变蚊媒的活动方式来影响传染病。气温升高可使蚊媒数量在短时间内增加、蚊虫的叮咬率增加、人类被蚊虫叮咬的机会和频率增加。

（3）全球变暖可通过改变蚊媒滋生地的地理分布而影响传染病的流行。气温升高使得一些蚊类的分布范围由热带地区扩散到亚热带地区。随着年平均温度的逐步上升，蚊媒传染病还在亚洲、东非和拉丁美洲的一些高海拔地区扩散和流行。我国的蚊媒传染病流行区有向西向北扩大的趋势。

（4）气温升高使更多月份适宜蚊媒传染病的传播，从而延长蚊媒疾病的流行期。

2. 气温对介水传染病的影响 介水传染病是通过饮用或接触受病原体污染的水而传播的疾病，如痢疾、伤寒、霍乱、甲型肝炎和血吸虫病等。介水传染病多分布在热带、亚热带地区，这些疾病病原体的生存依赖于适宜的气温和水。气温对介水传染病的影响主要表现如下几个方面。

气温上升可能更易于病原微生物繁殖，从而导致介水传染病的暴发或流行。当海水温度上升或呈富营养化时，海洋浮游植物大量繁殖，霍乱病原体长久寄生于此，并通过海洋食物链传播给人类，这将促使霍乱和其他疾病（如贝类海产品中毒）的暴发或流行。

气温上升可延长病原微生物的生存时间、扩大其生存范围，从而导致介水传染病的流行空间和强度扩大。较温暖的水环境可使藻类等浮游植物大量繁殖，大量水生物的繁殖为水中病原微生物提供附着物和养分，从而增加病原微生物的繁殖与生存的机会，导致疾病流行时间延长。由于气候变暖使得某些地区气温升高和降雨增加，这将导致相关微生物生存时间的延长、繁殖力和活力增加，从而使相应的介水传染病在流行空间和强度上均扩大。例如，由于气候变暖，1971～2000年湖北省满足钉螺和血吸虫生长发育有效积温的地理界线发生明显北移，潜在传播区域扩大了4万多平方公里，使得受血吸虫病影响的人数增加了2070万。

3. 气温对其他传染病的影响 既往研究显示日均气温与流感样病例密切相关，气温较低时流感的发生风险明显增加，原因可能是低温会促使人们待在室内的时间增多，导致室内拥挤，增加了人与人之间的接触机会；低温会增加鼻黏膜黏液的黏度，减少纤毛运动的频率，减缓黏液纤毛的清除速度，从而促进呼吸道内的病毒传播；低温可冷却黏膜层，使寄宿在上呼吸道的病毒更稳定，有利于其进一步扩增。气温也会影响感染性腹泻的发病风险，当气温高于25℃时，感染性腹泻的发病风险随气温升高而增加。高温可通过影响病原体活性、加速食物腐败、增加饮用水需求等途径增加感染性腹泻的发生风险。气温还与手足口病、发热伴血小板减少综合征等传染性疾病的发生相关。

（四）对伤害的影响

气温与溺水、跌倒、道路伤害等伤害事件的发生有关。对美国1980～2017年的伤害死亡和气温数据分析发现，异常高温与一系列伤害（交通事故、溺水、自杀等）导致的死亡率相关，美国每年有超过1600人因高温造成的伤害而死亡。我国江苏省的研究也表明，随着气温升高，意外伤害死亡的风险增加。当日最高气温高于25℃时，死亡风险明显上升。高温环境下，人的注意力不易集中，容易出现疲劳，从而导致交通伤害等事件的发生。

在所有的伤害类型中，溺水受气温影响最大。高温促使更多的人游泳，增加了发生溺水和死亡的风险，尤其对男性的影响更大。全球气温升高还会影响冰的稳定性，导致冬季温暖的冰雪覆盖地区出现更多的溺水事件，尤其在北半球冬季温暖的地区，当气温升至0℃时，冬季溺水风险呈指数级增长。气温升高还与人类自杀行为相关，其中男性、老年人、受教育程度低、热带和温带地区居民高温相关的自杀风险较高。

热浪天气通常会导致电力短缺，影响卫生、能源、水资源等基础设施的正常运行，从而触发次级健康风险。例如，2018年在澳大利亚和美国发生的热浪事件造成制冷设备的用电需求大大超过电网载荷，致使数万人断电，无法使用空调等降温设施。此外，热浪还能增加野外火灾的发生风险，如2018年在斯堪的纳维亚和加利福尼亚发生的火灾、2010年在俄罗斯发生的火灾，均造成了大量的人员伤亡。

低温寒潮天气常伴随强烈的降温以及大风、雨雪、沙尘暴和霜冻等恶劣天气现象，并且持续时间较长，容易发生交通事故。冻伤是低温造成的常见伤害，尤其是在高纬度地区（如南极洲），冻伤在日常生活和生产、军事活动中均可发生，一些职业人群比如军人、渔民和冷藏工人等更容易发生冻伤。随着滑雪和冬季登山等运动日益流行，近年来遭受这些伤害的人数有所增加。

（五）对其他健康结局的影响

当前，气候因素对心理健康的影响备受关注，不良的环境温度可直接或间接影响人们的心理健康状况。近年来的研究表明，气温变化与情感、行为障碍或精神疾病等心理健康指标均存在相关关系。暴露于高温环境可诱发抑郁症状，减少人们的积极情绪，同时增加消极情绪和疲惫感，增加心理疾病患病率，导致痴呆、情感障碍、神经症、压力相关疾病、躯体行为障碍等疾病的入院率。在气候变暖的影响下，高温热浪天气将越来越多，医疗卫生部门应当重视对精神病患者的管理和护理，以避免精神疾病的发病率增加。另外，气温升高还会加剧工作场所中有毒化学物质、农药等毒物的蒸发，易引发群体性中毒。

三、其他极端天气事件对健康的影响

近年来，除了高温热浪和低温寒潮，其他极端天气事件如洪涝、干旱、台风等发生频率都有增加趋势，直接或间接对人体健康产生危害。研究表明，气候变化是导致极端天气事件频率增加的重要原因之一。例如，人类引起的全球变暖导致全球范围内强降水事件的频率、强度和数量均有增加趋势，可引发更多的洪涝灾害。IPCC第六次评估报告指出，人类活动引起的气候变化已经影响了全球各个地区的极端天气与气候事件，未来如果气温继续上升将引起愈加频繁和严重的极端天气事件。

（一）洪涝对健康的影响

洪涝是指因大雨、暴雨或持续降雨使低洼地区淹没、渍水的现象。洪涝灾害可导致多种健康危害，包括死亡、伤害、传染病等。洪涝相关死亡中有2/3是由溺水引起的，另外1/3主要是由CO中毒、触电、火灾、心脏病发作和身体创伤引起的。洪涝灾害可导致CVD尤其是IHD的死亡风险，其作用机制主要与心理因素和环境因素有关。灾后灾区民众心理压力较大，可产生创伤后应激，从而改变其血液流变学特性，增加CVD的发病风险。灾后恶劣的生存条件还可导致受灾民众免疫功能下降、内分泌紊乱，容易罹患CVD。北京的数据表明，洪水期间居民的循环系统疾病死亡率明显高于非洪水期。

洪涝灾害可损毁饮用水和消毒设施以及下水道系统，污染饮用水源和食物，加之带来的污水为细菌、霉菌、蚊虫提供了生长繁殖环境，增加了肠道、呼吸道以及病媒传染病的传播风险。2016年我国安徽省发生了特大洪涝灾害，洪涝期间民众发生痢疾的风险明显上升，并且洪涝过后民众发生腹泻、伤寒、痢疾和其他感染性腹泻的风险也明显升高。洪涝还可以通过影响病原体和中间媒介的繁殖速度以及宿主的行为，引起传染病的流行。在洪涝过后，往往可观察到蚊媒传染病发生率的增加，尤其是登革热和疟疾。我国洪水频率最高的区域与血吸虫流行区域相一致，洪涝灾害已经成为影响我国血吸虫疫情变化的重要因素之一。

（二）干旱对健康的影响

干旱是指因水的收支或供求不平衡而形成的持续水短缺现象。干旱可在全世界范围内出现，且频率高，持续时间长，危害程度居全球各种气象灾害之首。干旱可导致食物短缺和诱发多种疾病，其中对儿童的影响更为明显，可引起营养不良等疾病，甚至因病死亡。干旱指数较高的地区食管癌死亡率一般也较高。

干旱通常伴随土壤干燥和森林砍伐，同时增加野火发生的风险，导致空气污染加重，易引发呼吸系统和循环系统疾病。对美国西部、西班牙西北部的研究都表明干旱与呼吸系统和循环系统疾病有关。对新疆干燥地区成年人的健康调查发现，该地区人群肾功能减退的检出率明显高于其他地区。

干旱可导致水资源减少，降低人群的饮水卫生和生活环境卫生水平，从而增加粪—口传播疾病与不良卫生条件相关疾病的发病率。有研究发现，我国干旱地区平均蒸发量与细菌性痢疾、伤寒副伤寒发病率呈正相关。干旱还与生物媒介传染病相关，且其影响具有两面性，干旱可将河流变成池塘，更适合蚊虫繁殖，促进疟疾等疾病传播，然而严重的干旱会破坏蚊媒的滋生环境，使蚊媒数量大幅减少，降低虫媒传染病的发生率。

（三）台风对健康的影响

台风是热带气旋的一个类别。热带气旋是发生在热带或副热带洋面上的低压涡旋，是一种强大而深厚的“热带天气系统”。我国把南海与西北太平洋的热带气旋按其底层中心附近最大平均风力（风速）大小划分为 6 个等级，中心附近风力达 12 级或以上的，统称为台风。7～10 月份是我国台风灾害频发、重发的时间段。我国沿海大部分省份都有台风登陆的历史，广东、台湾、海南的台风登陆数量远远超过其他省份，台湾、浙江的台风平均登陆强度远超其他各省份，内陆省份中江西、安徽、湖南的台风移入数量较多。

台风期间受灾民众发生伤害较为常见，但不同区域的伤害情况有所不同。对 2004～2009 年我国香港与台风有关的 460 例受伤患者数据分析发现，头部和上肢是最常见的损伤部位，挫伤和撕裂伤是最常见的损伤类型，跌倒是最常见的受伤原因，其次是被坠落或飞行物体击中。2001～2017 年，美国 329 例飓风相关伤害的数据表明，最常见的受伤是撕裂伤、扭伤、拉伤和骨折，下肢是最常见的受伤部位，其次是上肢、头部和颈部。

台风期间，风速和湿度的变化可改变尘螨、霉菌等变应原在空气中的含量及传播，大风、降温等物理因素刺激鼻黏膜，从而诱发或加重变应性鼻炎。除了短期的作用，台风对人群健康的影响还具有长期效应。例如，美国卡特里娜飓风对当地居民急性心肌梗死发病的影响一直持续至飓风发生后 6～10 年之久。台风还会增加受灾人群发生创伤后应激障碍的风险。台风还会影响孕妇的健康，桑迪飓风期间，妊娠并发症包括先兆流产、先兆分娩、早产等的急诊就诊次数显著增加。

台风也可损坏各类基础设施、污染水源、破坏居住条件，进而增加消化道、呼吸道等传染性疾病的发生风险。研究发现，台风可增加浙江省细菌性痢疾的发病风险。广东、福建和海南地区的研究发现，台风是促进该地区儿童手足口病发病逐年上升的重要原因。台风伴随的降水会增加蚊媒栖息地的数量，改变栖息地环境，加快蚊媒传染病的传播，对我国东南沿海省份的疾病数据分析发现台风后登革热的流行风险明显升高。

四、未来气候变化的健康风险

IPCC 第六次评估报告提出，在全球气候变化的影响下，极端高温、海洋热浪和强降水等极端天气事件的频率和强度正快速增加，一些地区的农业和生态干旱持续时间变得更长，强热带气旋的比例增加愈加明显，北极海冰、积雪和永久冻土快速减少。随着全球气候的持续变化，对未来气候变化健康风险的研究也变得非常重要。

在世界气候研究计划耦合模式工作组的支持下，耦合模式比较计划开始实施，旨在更好地分析过去、现在和未来的气候变化。为了更好地理解气候系统、生态系统以及人类活动之间复杂的相互作用，科学界开发并使用了“情景”的概念，这些情景综合描述了未来在几个关键领域可能出现的变化趋势：社会经济、科学技术、环境条件、温室气体和气溶胶的排放以及气候特征。在研究气候变化时，不同的情景有助于评估人类对气候变化的贡献、地球系统对人类活动的反应、一系列未来气候的影响以及不同缓解方法（减少净排放的措施）和适应方法（促进应对新气候条件的行动）的影响等方面的不确定性。

第五次国际耦合模式比较计划提出了四个代表性浓度路径（representative concentration pathways，RCPs），用于21世纪人类活动影响下气候变化预测模型的输入参数，以描述未来人口、社会经济、科学技术、能源消耗和土地利用等方面发生变化时，温室气体、反应性气体、气溶胶的排放量，以及大气成分的浓度变化，这四种RCPs分别代表了四种不同的未来气候变化情景，包括一个高排放情景（RCP8.5），两个中等排放情景（RCP6.0和RCP4.5）和一个低排放情景（RCP2.6）。

为了更全面地反映未来气候变化的情景，IPCC考虑了人口、经济增长、教育、城市化和技术发展速度等因素，进一步提出了共享社会经济路径（shared socioeconomic pathways，SSPs）。SSPs的提出主要用于研究在没有气候政策的情况下，全球未来可能的发展路径，以及当RCPs设定的减缓目标与SSPs相结合时，气候变化能够得到多大程度的减缓。

新一轮国际耦合模式比较计划第六阶段将为气候变化预估领域提供更为丰富的全球气候模式数据，该计划重点回答了三个问题：地球系统如何响应外强迫（自然外强迫因素主要包括太阳辐照度变化和火山喷发导致的平流层硫化气溶胶增加；人类活动外强迫则主要是人类活动引起的温室气体、气溶胶和O_3浓度变化以及土地利用变化等）；造成当前气候模式存在系统性偏差的原因及其影响；如何在受内部气候变率、可预报性和情景不确定性影响的情况下对未来气候变化进行预估。

气候变化虽然对人群健康有明显的影响，但是未来的气候健康效应在很大程度上取决于政府和社会采取的应对方法和对气候适应的程度。在2012年召开的“里约+20”峰会上，未来地球国际大科学计划应运而生。我国政府高度重视“未来地球”计划的组织和实施，2014年在科学技术协会领导下专门成立“未来地球”计划中国委员会，致力于践行联合国2030可持续发展目标，推进美丽中国和生态文明建设，推动构建人类命运共同体。此外，我国将以新发展理念为引领，在推动高质量发展中促进经济社会发展全面绿色转型，为全球应对气候变化作出重要贡献。

（一）未来气候变化对死亡风险的影响

随着全球变暖趋势不断发展，与低温相关的死亡风险将下降，而与高温热浪相关的死亡风险将升高，并且这种变化存在明显的地理差异性。一项针对全球变暖的暴露水平研究表明，在全球气温升高2℃的情景下，社会经济发展水平较低的国家对高温热浪的暴露水平可能高于发达国家。中美洲、南美洲、南欧、南亚和东南亚以及非洲等地面临的全球变暖相关的死亡风险增幅最大。这些地区的职业人群健康、工人生产力和工作效率也将深受影响，尤其是暴露在高温下的职业，如农业和建筑业等。另一项全球研究发现，在未来气候变化情景下，全球多数国家和地区均呈现低温相关死亡风险下降而高温相关死亡风险上升的情形，但是在较高排放情景（RCP8.5）下，大多数国家的总死亡风险却呈上升趋势，其中东南亚地区的增幅最大，到21世纪末可增加12.7%。我国的研究也发现，在RCP8.5情景下，我国21世纪末因高温热浪引起的死亡风险将比1986～2005年增加6.7倍，每年因高温热浪死亡的人数将增加约6.2万。

（二）未来气候变化对传染性疾病发病风险的影响

疾病媒介的分布和数量，以及相关媒介传染病的传播，除了受人口增长、人口流动、城市化、土地利用变化、生物多样性和公共卫生措施等因素影响外，气候变化的影响也不容忽视。有研究提示，气候变化极有可能导致撒哈拉以南非洲、亚洲和南美洲部分地区疟疾媒介的分布范围和传播能力增加，无论在较低排放情景（RCP2.6）还是在较高排放情景（RCP8.5）下，按蚊的分布范围和数量都会增加，这是由温度的上升和波动、较长的热带降雨季节和土地利用的快速变化所致。

在全球范围内，在气候变化、城市化与全球化相互作用下，暴露于媒介传染病的人口将大幅增加。据估计气候变化还将增加北半球莱姆病和森林脑炎的发病率。美国的研究表明，升温2℃

可使莱姆病病例数在未来几十年内增加 20% 以上，并导致每年莱姆病流行季节提前和持续时间延长。我国的研究也发现，随着气候变暖，蜱虫的分布范围可能会向北部扩大。气候变暖还可使登革热中、高风险区持续增加。到 2070 年在 RCP4.5/SSP2 的情景下，珠江三角洲地区暴露于登革热的中、高风险人口将达到 4800 多万。

WHO 发布的气候变化对健康影响的评估报告指出，由于社会经济发展，2030～2080 年全球的腹泻总死亡人数将有所下降，但在未来较高排放情景下，气候变化可能导致 15 岁以下儿童在 2030 年腹泻相关超额死亡人数达 4.8 万，非洲和亚洲部分地区增加更为明显。气候变暖将导致中国大部分地区的细菌性痢疾发病呈上升趋势，特别是在华北、东北、内蒙古、西北和华南地区。气候变化还可增加未来介水传染病和寄生虫病流行的风险。例如，由于气温升高和干旱，隐孢子虫和十二指肠贾第虫等寄生虫病预计将在非洲明显增加。

（三）未来气候变化对其他健康结局的影响

全球气候变暖将增加未来儿童发生营养不良等疾病的风险。据预测，在 RCP2.6 情景下，印度等 44 个国家 5 岁以下儿童发生中度和重度发育迟缓的病例数将增加 57 万例，但在 RCP8.5 情景下将增加 100 万例。在 2010～2050 年，全球由于气候变化引起的营养不良和微量营养素缺乏相关的残疾调整生命年预计增加 3000 多万，其中非洲和亚洲国家增幅最大。

气候可通过影响农业生产和粮食供应最终影响饮食结构，进而对人群健康产生重大影响。气候变化导致的干旱、洪水、风暴、野火和极端温度可降低土壤安全、水安全以及生物和遗传多样性，从而降低粮食生产力。预计到 2050 年全球与气候相关的食物供应（特别是水果和蔬菜）减少将导致每年 52.9 万人超额死亡。

气候变化还可以通过影响有毒藻类的分布、毒素的产生以及有害化学物的分布来影响健康。如海水温度升高可能会增加西班牙和欧洲其他地区的雪卡毒素中毒率，还会更容易产生黄曲霉毒素，这将成为东欧、巴尔干半岛和地中海地区玉米的主要食品安全问题。产毒素的真菌植物病原菌有可能增加，并从热带和亚热带扩展到目前未发生此类污染的地区。到 2050 年，野火可能导致全球汞排放量增加 14%，缅因湾的变暖趋势可能会在 2015～2030 年使金枪鱼中的甲基汞含量增加 30%。

未来气候变化导致的极端天气事件还可直接影响心理健康，增加焦虑和抑郁的发病风险。对于患有精神障碍、呼吸系统、心血管系统和生殖系统疾病的人来说，其心理健康直接受到气候变化的影响最为明显。气候变化能间接影响心理健康，主要的途径包括无避难所、移民、饥荒、营养不良、无法获得公共卫生服务，以及与气候相关的经济损失等有关。气候变化还可能影响劳动能力，因为高温会损害从事体力劳动的能力以及认知功能，在无法适应高温的情况下，劳动生产率将明显下降，进而造成经济损失。预计到 2050 年，我国城市地区因温度上升而损失的生产力将达到 GDP 总量的 0.20%。

第三节　气候变化健康脆弱性

脆弱性可用来反映气候变化对人群健康造成的影响程度大小。准确评估气候变化健康脆弱性对识别脆弱人群和脆弱地区、制订针对性的应对措施具有重要意义。本节介绍了健康脆弱性的概念，以及健康脆弱性在不同人群、不同地区和不同时间之间的异质性。

一、健康脆弱性概述

（一）健康脆弱性的概念

脆弱性是指系统容易遭受或无法应对气候变化（包括气候变化和极端气候事件）造成的不利影响的程度，是系统内的气候变化特征、幅度和变化速率及其敏感性和适应能力的函数。脆弱性一方面受外界气候变化的影响，取决于系统对气候变化影响的敏感程度；另一方面也受系统自身调节能力与恢复能力的制约，也就是取决于系统适应气候变化的能力。将气候变化、健康脆弱性与公共卫生领域结合，建立科学评估气候变化健康脆弱性体系，有助于识别脆弱人群和脆弱地区，完善危害人体健康的极端天气和气候事件的预警和防范机制，改善气候变化脆弱地区公共卫生设施建设，同时为决策者制定针对性政策和措施提供相关依据。

全球目前有33亿～36亿人处于气候变化高脆弱状态。全球在气候变化健康脆弱性方面的研究主要集中在寒潮、热浪和洪水等方面。研究发现，不同人群、不同地区和不同时间气候变化健康脆弱性存在差异。在人群方面，老年人、儿童、孕妇、社会经济地位较低者、从事与极端天气直接相关职业者以及罹患基础疾病的人群更容易受到影响，是气候变化的脆弱人群。在地区方面，由于区域气候条件以及社会经济等影响因素，不同地区暴露于不良气象因素的风险和程度不同，适应性和敏感性也存在差异，导致气候变化所致的健康脆弱性存在空间异质性。在时间方面，气候变化及其对人群健康脆弱性的影响在时间维度上呈现动态变化趋势和季节性差异。

（二）评估气候变化健康脆弱性的理论框架

按照IPCC对脆弱性的定义，健康脆弱性评估涉及暴露水平、敏感性和适应能力三个方面。暴露是指系统暴露于气候变化的特征和程度（图12-2）。敏感性是指系统受到与气候相关刺激因素的影响程度，包括不利影响和有利影响。适应能力是指系统的活动、过程或结构本身适应气候变化、减少潜在损失或应对气候变化后果的能力。由于敏感性和适应能力与个体社会地位及社会经济发展、环境等密切相关，所以也有研究者把敏感性和适应能力合在一起统称社会脆弱性。

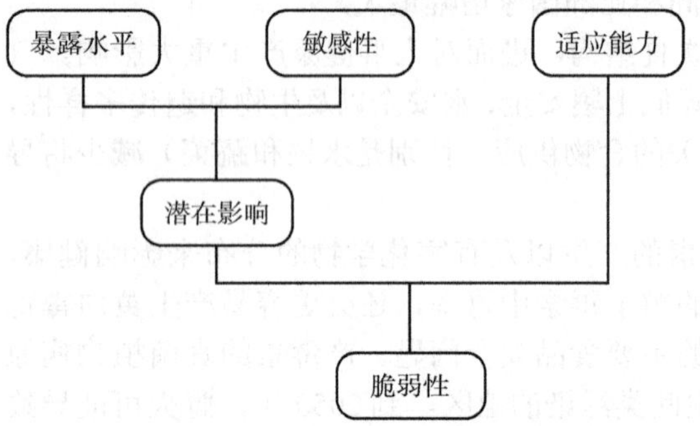

图12-2　IPCC定义的健康脆弱性评估理论框架

在此理论框架下，研究者可以通过查阅文献资料和主观判断，从暴露水平、敏感性和适应能力三个维度建立指标体系，在样本量较少的初始分析阶段，可通过专家打分、层次分析法等确定所有指标的属性权重，随着样本数据量的增加和研究的深入，可通过建立一定的数学模型计算出权重和系数，如熵权法、主成分分析法和人工神经网络法，最后通过指标的权重与具体数值结合得到相应的脆弱性指数。

研究者可在上述概念框架基础上，建立气候变化相关的健康脆弱性评估框架。例如，高温热浪健康脆弱性的评估可从暴露水平、敏感性和适应能力三个方面进行定义并归纳整理相关的概念框架和模型。此外，一些研究也采用了其他框架来进行评估。例如，有学者从敏感性、经济脆弱性、人口脆弱性和社会脆弱性4个方面选取指标，评估了城市洪涝的健康脆弱性，该方法对不同指标原数据进行标准化处理后，使用熵权法得到各评价指标的熵值和权值，用模糊综合评价的方法计算各个地区的脆弱性。

二、气候变化健康脆弱性的人群差异

（一）性别

由于生理结构等方面存在差异，男性和女性对于气候变化的敏感性和适应能力不同，女性对极端天气事件的脆弱性一般高于男性。多项研究表明女性比男性更容易受到高温热浪的影响，与男性相比，女性在热应激状态下通常会表现心率增加幅度更大、皮肤温度更高，血液循环障碍更频繁等状况。

此外，孕妇对各类气象因素的脆弱性均较高，容易产生孕期并发症和不良妊娠结局。例如，孕期暴露于高温热浪可增加早产、低出生体重、死胎等不良妊娠结局的风险。另有研究发现，孕中期和孕晚期暴露于低温天气也可能增加早产的风险。

（二）年龄

老年人适应气候变化的能力较弱，健康脆弱性较高，这与老年人生理易感性、行为因素等有关。随着年龄增加，多数老年人的体温调节功能降低、血液黏稠度增加以及出汗阈值升高，对外界温度变化的敏感性减弱，高温热浪不仅会直接导致中暑，也会加重循环系统、呼吸系统以及消化系统等疾病，严重者会导致死亡。随着老龄化程度的加剧，预计 2035 年我国 65 岁以上的老年人口数将占总人口的 1/5～1/4。由此可见，如何保护老年人免受未来气候变化的影响，是我国未来必须要考虑的重要内容。

婴幼儿和儿童由于其免疫系统和生理调节能力较弱，适应能力较弱，对气候变化的敏感性较高。不良的天气因素会增加儿童腹泻、疟疾、营养不良、慢性精神疾病、呼吸系统疾病等不良健康结局的风险。同时，极端天气会直接导致儿童出现创伤后应激障碍、睡眠障碍、认知缺陷等问题，对心理健康造成不利影响。

（三）社会经济状况

大量流行病学研究表明社会经济状况是影响气候变化健康脆弱性的重要因素。经济发展水平较低的地区在遭受极端天气时，医疗卫生资源和救助的可及性较低，民众受到极端天气的影响更严重。例如，在高温热浪期间，贫困地区人群由于空调等制冷设备覆盖率较低，容易发生中暑、心肺疾病甚至死亡；洪涝灾害期间经济水平低地区的居民由于缺乏安全饮用水设施，更容易罹患感染性腹泻等消化系统疾病。职业暴露人群也是气候变化的脆弱人群，建筑工人和农民等户外工作者在夏季露天高温作业时容易受到高温热浪的侵袭。另外，居住环境也与健康脆弱性密不可分。绿地覆盖水平较低的地区存在较高的热相关疾病发病风险。社会经济状况的改善可以在一定程度上缓解气候变化对人体健康的危害。美国的研究数据表明，随着住宅空调使用率的增加，20 世纪极端高温所致的死亡风险下降了 80%。

（四）其他人群特征

罹患基础疾病的人群对气候变化的脆弱性也较高。研究表明，呼吸系统疾病患者、糖尿病患者、心脑血管疾病患者在极端温度下的死亡风险高于没有疾病的人群。在高温热浪的侵袭下，慢性病患者的急诊、住院和死亡的人数均有增加，这可能与患者在高温下体温调节机制受损有关。我国一项 272 个城市研究表明，极端气温会增加 CVD 和呼吸系统疾病患者的疾病负担，并且呼吸系统疾病患者比 CVD 患者更容易受到影响。此外，精神障碍患者也是气候变化的脆弱人群。高温热浪会增加精神分裂症患者住院治疗的风险；AD 和认知障碍患者同样是易受极端高温影响的脆弱人群，这可能与其服用的精神相关药物具有干扰体温调节的副作用以及其对热相关的防范意识较弱和适应行为受限有关。

三、气候变化健康脆弱性的地区差异

（一）高温热浪

我国不同地区受气候条件、人群特征和社会经济差异的影响，高温热浪健康脆弱性的分布具有明显的空间异质性。从全国来看，东部中纬度沿海地区和西部中纬度地区高温热浪的健康脆弱性较高，东北、华北和华南地区的健康脆弱性较低。从城乡差异来看，城市地区由于具有较好的经济发展和基础设施，人群的适应能力较强，对高温热浪等极端天气事件的脆弱性较农村地区低。另外，现有研究表明同一区域内部健康脆弱性也存在差异。例如，广东省高温热浪的健康脆弱性呈梯度分布，从北部内陆地区到南部沿海地区脆弱性水平呈梯度下降趋势；海南省大部分地区处于高温热浪的中、高脆弱地区，然而北部和中部的脆弱性更高；浙江省农村地区的高温热浪健康脆弱性明显高于城市地区；西藏大部分地区的健康脆弱性差异较低，但海拔高、人口少的西部地区人群的高温脆弱性较高。

在气候变化的影响下，未来高温热浪频率和强度可能会进一步增加，从而影响我国人群健康脆弱性的分布。在 RCP4.5 情景下 2020～2098 年我国华中地区平均气温较基准期（1968～2005 年）将增加约 2.1℃，该地区热相关死亡风险和疾病负担会明显增加。对于我国北方地区，由于制冷空调覆盖率不高、防热意识不足以及防范措施不够完善等原因，在高温热浪频率上升的趋势下，该地区人群高温相关的健康脆弱性增加幅度较大，发生疾病和死亡的风险将明显上升。

（二）低温寒潮

相比于高温热浪所致的急性效应，低温寒潮对健康所造成的损害效应更为持久。从全国范围来看，低温寒潮对人群死亡率的影响会因地理位置不同而存在差异，华南地区受到的影响最大，华东和华中地区次之，东北和华北受到的影响则不显著，这可能与南方地区居民生理和行为适应能力薄弱以及室内供暖设备和社区适应措施不足有关。2021 年《中国气候变化蓝皮书》指出，1961～2020 年，我国极端低温事件总体上呈现下降趋势，但是低温寒潮事件仍然偶有发生并对人体健康造成较大危害。例如，2008 年低温寒潮事件显著增加了居民死亡风险，且对中国南部和中部地区造成的危害最大。

（三）洪涝和干旱

由于气候变化的影响，近年来全球范围内发生洪涝的频率和规模都有所增加，而我国是世界上洪涝灾害多发频发的国家之一。随着我国防洪设施的完善和应急能力不断提高，洪涝造成的总体损失有所减少，然而，极端降水事件仍然时有发生。我国洪涝灾害具有明显的流域性特征，长江、黄河、珠江、淮河、海河、辽河及松花江等七大江河流域受洪涝灾害影响较大，脆弱性较高。就珠江流域而言，广西北部地区较南部地区更为脆弱，广东省沿海地区、北江三角洲、东江三角洲东部和珠江三角洲北部地区健康脆弱性高于其他地区。长江三角洲地区城市群洪涝灾害脆弱性差异也比较明显，安徽及浙江远高于江苏和上海，上海的脆弱性最低。

长期高温和干燥的气候常会导致干旱的发生。我国干旱灾害风险呈现北高南低的分布格局，南方的干旱主要集中于西南地区，北方的干旱主要集中在西北地区，该地区具有降水稀少、蒸发强烈以及干旱频发的特点，是我国干旱的高脆弱性区域。长期干旱会增加野火发生风险，增加人群疾病负担和死亡风险。未来气候变化可增加我国居民暴露于野火的风险，其中以北部和东部增幅最大。长期干旱还会造成农作物减产和质量下降、水资源短缺、沙尘暴频发等诸多不利影响，加剧高温事件的健康威胁，导致脆弱地区食物短缺、营养不良甚至饥荒。

四、气候变化健康脆弱性的时间差异

（一）长期变化

社会经济状况是影响健康脆弱性的关键因素，社会经济发展有助于提高区域医疗卫生和社会保障能力，从而降低社会脆弱性。对于个体而言，社会经济提高在一定程度上会改善居民生活水平，有利于实施应对极端气候变化的措施。例如，在炎热夏季安装空调可以提升对高温的适应能力。通过对美国纽约超过 100 年的死亡数据分析发现，高温引起的居民死亡风险平均每 10 年下降 4.6%，其中社会经济的发展是脆弱性下降的主要原因。上海某区的研究也发现，极端低温引起 CVD 死亡的 RR 从 1981～1985 年的 9.78 大幅衰减至 2006～2012 年的 1.42，平均每 10 年下降了 8.9%。

（二）季节变化

季节也是影响健康脆弱性的重要因素，这是因为不同季节的气候特征、自然环境、媒介生物生长发育、病原体传播等因素差别较大，另外人群在不同季节的活动模式、行为习惯等因素也存在较大差异。例如，与气候因素密切相关的呼吸道传染病主要发生在冬春季节，登革热等蚊媒传染病主要发生在秋季，而消化道传染病则主要发生在夏季。气象因素对慢性病的影响也存在明显的季节性。有研究表明夏秋季节男性卒中的发病风险明显上升，而女性在秋冬季节发生卒中的风险上升更快。孕妇是气候变化健康脆弱性较高的特殊人群，研究表明其罹患妊娠高血压疾病的风险也存在季节性变化，夏季风险最高。患有慢性病的人群也容易受到气候变化和季节变化的影响，2019年中国心血管健康与疾病报告中显示我国居民的高血压发病风险在不同季节具有差异，通常在冬季较高，夏季较低。探索气候变化情境下健康脆弱性的季节性变化规律，有助于完善预警和防范机制，增强对各类极端天气事件的预防、适应和恢复能力。

第四节　应对气候变化健康影响的措施

气候是人类赖以生存的自然环境，也是当今社会永续发展的重要基础资源。受自然和人类活动的共同影响，全球气候变化已严重影响到人类赖以生存的环境，并对经济社会发展产生了显著影响。认识气候变化、控制气候变化、适应气候变化，走人与自然和谐发展与可持续发展的道路，已经成为广泛的共识。本节主要介绍控制气候变化、预防气候变化健康危害的措施。

一、控制气候变化的措施

我国在推动高质量发展和全面实现现代化的战略大局和全局中综合考虑，按照落实好绿色低碳发展、发展完善碳市场、积极参与全球气候治理等路径，加快变革生产生活方式，具体措施如下：

（一）坚定不移走绿色低碳发展道路

我国严格推进减碳步伐，加强源头管控，严控高耗能、高污染“两高”项目。推动能源结构绿色改革，加强风电和光电开发，积极、安全、有序发展核电，大力发展生物质能、地热能和海洋能，促进可再生能源高比例利用。此外，积极推动能源供给侧结构性改革，化解过剩产能，促进能源资源高效配置。同时，加快农业、生态等功能空间绿色发展，推动生态系统休养生息，提高固碳能力。

（二）发展完善碳市场，推动市场化减排

为协调经济发展与碳减排的关系，碳市场应运而生。全国碳排放权交易市场是利用市场机制实现减少温室气体排放，推动绿色低碳发展。建设碳排放气候变化投融资政策体系，建立以企业为主体的碳交易市场，支持开展碳金融活动，大力发展绿色信贷、绿色债券、绿色保险等绿色金融产品。

（三）积极参与推动全球气候治理

我国积极参与气候变化谈判，建立“一带一路”能源合作伙伴关系，积极开展生态环境保护和应对气候变化。坚持把绿色作为底色，携手各国共建绿色丝绸之路，积极应对气候变化挑战。

二、预防气候变化健康危害的措施

全球气候变化正被越来越多的公众接受，应对气候变化、采取行动迫在眉睫。除了全球各国联合起来，共同采取措施减少排放外，采取积极的应对措施也很关键，主要包括：

（一）加强气候监测和预警

在制订预防健康危害的预防措施之前，需要对气候进行长期、连续、准确的监测，并建立和完善早期预警系统。目前我国已经建立了一套完整的气象灾害预警系统，常见的气象灾害有14类，预警信号总体上分为蓝色、黄色、橙色和红色四个等级（Ⅳ、Ⅲ、Ⅱ、Ⅰ级），分别代表一般、较重、严重和特别严重。例如，高温预警信号分为黄色（Ⅲ级 / 较重）、橙色（Ⅱ级 / 严重）、红色（Ⅰ级 / 特别严重）三个等级。

除了气象监测系统之外，还有必要开展基于天气气候的健康气象研究与评价，开展基于人群健康的气象预测预警与服务，能更好地降低气候敏感性疾病的健康风险。2001 年我国在上海建立了首个高温健康预警系统——热浪与健康监测预警系统，随后在哈尔滨、重庆、南京、深圳以社区为基础也建立了高温健康预警系统，以便于开展预警及健康宣教等干预活动。2021 年中国疾病预防控制中心基于气象监测数据和健康监测数据建立了热浪和寒潮的健康风险预警模型及预警分级，该成果已经应用于实际工作，大大推动了预警研究成果的公众服务。

然而，与发达国家相比，我国健康气象预测预警与服务的发展起步较晚、发展不平衡且覆盖范围不够全面。我们应该加强新技术的研究应用，提高健康气象风险预测精度，推动医疗气象学基础理论研究，进一步挖掘社会需求，丰富个性化、定制化的健康气象服务内容并加强应用推广。此外，亟待加强卫生部门、科研院校与气象部门的交流合作，建立多领域、跨区域的健康气象服务体系。未来还需开展更多气象敏感性疾病预测预警与人群干预服务的效果评估，建立评价反馈机制，利用现代化、多样化的发布渠道与手段，充分发挥健康气象服务潜在的社会价值和经济价值。在此过程中，应充分发动社区和民众积极参与，其中社区在气候监测和预警中可发挥重要作用，具体落实气象预警的政策和措施，做好沟通政府与民众的桥梁，在公众层面提升群众的气候意识，更好地发挥灾害预警的作用。

（二）加强风险评估和风险沟通

为了有效预防气候变化的健康危害，在有限的社会医疗条件下，准确评估健康风险对于发现脆弱人群和社区，实现高效预防有着重要意义。近年来，我国非常重视气候变化风险评估和风险管理工作，《国家适应气候变化战略 2035》对我国气候变化影响和风险评估的工作内容提出了明确的要求。例如，提升评估技术水平和基础能力，着重推进气候变化数据中心体系的建设，研发针对气象因素定量分析的系统方法，建立气候变化及其风险评估指标体系和技术体系；加强敏感领域和重点区域变化影响和风险评估，包括温室气体排放、风能、太阳能等气候资源类重要领域以及如青藏高原等重点脆弱地区和重大战略区域；在社区层面，社区可以与居民联手进行脆弱性评估，因地制宜地结合社区自身的文化、环境、资源进行气候变化风险评估，与居民共同在气候适应计划上达成共识并加以实践。

气候变化已经在全球范围内导致了多种极端天气与极端气候事件的增加，而这又引起了许多突发公共卫生事件。21 世纪以来，SARS、甲型流感、新型冠状病毒感染等一系列突发公共卫生事件推动了风险沟通理论和实践的研究，风险沟通成为突发公共卫生事件应急处置中必不可缺的环节。突发公共卫生事件的风险沟通可分为日常沟通和应急沟通两部分。日常沟通侧重于普及相关知识，提升居民健康素养，促进风险决策，达成共识等；应急沟通侧重于在危机发生后及时满足公众对危机事件的信息需求，警示公众，提供有效规避风险的备选方案，引导舆论，避免恐慌蔓延等。针对气候变化及其健康影响，政府可依托权威、客观、中立的风险评估机构，获取可靠风险信息并通过适当的渠道，将权威科学的风险评估信息转换为易于群众理解的科普语言。把日常沟通作为应急沟通的基础，主动收集群众的反馈与建议，建立双向沟通机制，积累群众信任，为应对气候变化可能引发的突发公共卫生事件做准备。社区在风险沟通方面也可以发挥较大的作用，社区可以从上级卫生机构及时获取科学准确的信息，并结合社区自身的人文环境特点以及居民的需求，从多个渠道向社区居民发布与气候变化相关的信息，最终影响居民的行动，有效防范气候变化可能带来的健康危害。

（三）加强基础设施和公共健康服务系统的建设

我国应继续加强基础设施建设，如在江河治理工程建设方面，通过推进重大水资源配置工程和重点水源工程建设，提升流域区域水旱灾害防御能力和增强供水保障能力。在城市规划、交通领域、建筑设计等方面的基础设施建设，同样能够为群众带来健康适应协同效益。在城市规划方面，推进城市绿化建设，增加植被覆盖度，能够有效降低环境温度；优先发展公共交通，重视慢行系统，投放城市共享单车等建设绿色交通系统，发展多元化的城市交通运输系统，可实现经济和社会的可持续发展；通过改进建筑设计来调节室内温度，改善旧建筑和结构不良建筑的隔热性能，既能达到节约能耗的效果，也能提高人群对高温事件的适应能力。除了由上而下的基础建设，社区也可以采取由下而上的行动，如联合政府机构、非营利组织、当地社区成员建立社区花园，提升邻里对气候变化的认识，鼓励居民参与到气候适应行动中来。

公共健康服务系统工作包括公众教育、易感人群筛选与防护、初级卫生保健体系的建立等。公众教育是对公众进行气候变化相关的健康教育，告知健康危害，并提供易实施的防护策略。易感人群的筛选和防护是确定易受到未来气候变化影响的人群并为其提供重点防护措施，主要从两个方面筛选易感人群：一方面是生物易感性，即哪部分人群从生物角度更易感，如老年人更易受到热应激的影响等；另一方面是环境易感性，指人群所处的环境是否易感，如低收入人群生活环境卫生条件较差，享受到的公共健康服务更少，因而更易受到气候变化的影响。为了更好地适应气候变化可能引起的健康影响，卫生部门应当考虑如何将不稳定的气候模式纳入卫生部门规划，提高公众对气候变化的意识，开展气候变化健康危害易感人群评估并针对易感人群开展适应工作。初级卫生保健体系的建立主要是建设社区门诊并提供初级卫生保健服务和心理健康咨询等，可再结合三级预防的应对措施，多层次全方位建设公共健康服务系统。

（四）加强脆弱人群和脆弱地区的保护

气候变化对脆弱人群造成不良后果较一般人群更为严重，因此需要重点加强对脆弱人群的科学评估和专项信息服务，建立特定公众服务信息系统，为其提供准确、及时、权威的极端天气评估和预警信息。建立气候变化对人体健康影响的地级市监测系统，完善气候变化影响的中长期预报和评估制度，推进脆弱性指标体系构建，并基于科学研究制定预防和适应措施。例如，老年人是气候变化的一个重要脆弱群体，为了降低老年群体的气候变化健康脆弱性，首先需要重视气候变化对老年人群健康产生的影响，完善老年医疗卫生服务体系，将气候变化与其相结合，形成卫生部门与气象部门共同合作的格局。其次，加大对交叉学科的支持力度，深入相关领域研究。现有老年群体与气候变化的研究涉及老年医学、大气科学及环境卫生学等多学科，需加强交叉学科研究，结合多学科帮助降低老年群体健康脆弱性。此外，可通过社区环境建设、居室温度调节、营养保健等适应措施减少不良天气对老年健康的危害。

我国是全球气候变化的敏感区，并且不同地区对气候变化的脆弱性差异也比较明显，需要加强中国适应气候变化工作的宏观管理，为制定相应的国家和地方气候健康适应计划提供政策保障，对不同的脆弱地区采取针对性的应对措施。在城市地区，可通过城市绿化、公园等城市环境建设和生态建设，有效缓解城市热岛效应和相关气候风险，同时通过完善交通网络、资源配置以及突发事件预警机制等一系列措施，提升对暴雨洪涝、低温冰雪、台风等极端天气的适应能力；在农村脆弱地区，可通过改善卫生领域基础条件和卫生服务设施等措施，确保卫生公平性和可及性，完善基础设施（如防洪工程、空调、卫生设施），以降低气候变化的脆弱性。在其他重点区域，由于气候、地理条件以及社会经济发展水平等因素，不同区域对极端气候事件的敏感性存在差异，需要在全国范围内强化监测、调查和评估机制，完善自然灾害监测预警预报和防灾减灾体系，建立不同区域多种极端事件时间序列灾情数据库，以识别极端气候事件脆弱地区及其易发生极端气候的类型，从而采取针对性的防御和改善措施。

（五）健康教育和健康促进措施

2018 年国家卫生健康委办公厅印发《贫困地区健康促进三年攻坚行动方案》，提出加强健康教育与健康促进、提高全体人民健康素养，是提高全民健康水平最根本、最经济、最有效的措施之一。面对愈加严峻的气候问题，推进健康教育及健康促进服务建设，积极开展应对气候变化的科普宣传工作，将气候变化科学基础纳入教育课程，增强公众自我防护意识以及促进主动适应行为，提高群众健康认知水平，实现健康教育全覆盖，可有效提高人群应对气候变化能力，降低健康脆弱性水平。在健康促进方面，健全健康服务体系，强化健康脆弱性人群生活方式指导及干预，确保人民群众的物质保障和精神支持。此外，健全基于网络的气候变化信息共享平台，为国家适应气候变化提供切实的科技支撑，开发气候变化与人体健康早期监测预警系统以及制订应急方案，注重对于脆弱人群的心理干预，有利于制定、实施和衡量应对气候变化的创新政策成果，增强气候变化适应能力。

展　望

气候变化已成为不争的事实，关于气候变化与健康的关系全球已开展了大量的研究，主要结论为不良的气象和气候因素可导致人体多个系统疾病的发生，甚至引起死亡，未来气候变化可引起人类更为严重的疾病负担。然而，由于气候变化与人体健康的复杂性以及人类认知的局限性，目前评估气候变化对人体健康的影响，在科学方面还存在许多挑战和不确定性，主要表现为以下几个方面：

（1）研究方法的不确定性。目前大多数研究采用基于监测数据的生态学方法，这些方法无法很好地控制其他因素的影响，研究结果的因果推断受到较大限制。

（2）气候敏感性疾病谱尚不确定。由于现有的不同研究采用的数据、方法等不同，可比性较差，全球和区域范围内的气候敏感性疾病谱尚不明确，这对疾病负担的准确评估、适应政策的制定等有较大影响。

（3）气候相关健康脆弱性研究不够深入。健康脆弱性评估是识别气候敏感人群和敏感地区的重要方法，对适应气候变化非常重要，但是目前相关的研究较少，且不够深入。

（4）未来气候变化预估及健康风险的不确定性。在对未来气候变化进行预估时，需要考虑未来几十年甚至100年社会经济、环境、人口等因素的变化，这给气候变化预估及其健康影响评估带来很大的不确定性。

（5）关于未来气候变化健康影响的适应研究有待加强。气候变化对人类健康的影响是明确的，但是目前人类如何有效应对气候变化带来的健康风险尚没有一个清晰的路线图。总之，在复杂的气候变化背景下，我们应深化对星球健康和人类命运共同体理念的正确理解，并努力通过气候变化与健康领域的研究成果，推动我国社会向着可持续利用地球资源的方向发展。

案例

2022年3月初，地球南北两极同时经历了异常高温，南极洲部分地区的气温相对其平均气温升高约40℃，北极地区相对其平均气温升高约30℃。随着南极短暂的夏季消退，本应迅速降低的气温仍在飙升。人类活动已造成气候系统发生了前所未有的变化。1970年以来的50多年是过去2000年以来最暖的50多年。2019年全球CO_2浓度达410ppm，高于200万年以来的任何时候。2011～2020年全球地表气温比工业革命时期上升了1.09℃，其中约1.07℃的增温是人类活动造成的。预计未来20年内全球升温将达到或超过1.5℃，到21世纪末，全球地表气温将比工业革命前上升1.0～5.7℃，高温、热浪、洪涝、干旱等极端天气事件以及复合型事件出现的频率将明显增加。

在气候变化的健康影响方面，《中国版柳叶刀倒计时人群健康与气候变化报告（2021）》显示，2020年我国热浪引起的死亡人数比1986～2005年的平均值增加了约92%，因高温相关劳动时间减少而引起的经济损失约占我国全年GDP的1.4%；与2001～2005年相比，2016～2020年全国20个省份的野火暴露风险增加了25%；与2004～2007年相比，2016～2019年我国伊蚊传播的登革热病例数增加了25.4%；从全球范围来看，1950年以来，因气候变化而引起的登革热流行风险增加了15%，非洲高原地区适宜疟疾传播的面积增加了39%，西太平洋地区的弧菌感染率增加了150%。

思 考 题

1. 气候变化对人体健康的影响是多方面的，如何量化气候变化对人体健康的影响？气候变化影响人体健康的主要机制有哪些？

2. 气候变化往往也会引起大气污染物的变化，气候变化可以通过何种机制影响空气污染？气候变化与大气污染物间的相互作用将怎样影响人体健康？

3. 气候变化与健康研究中可能存在哪些影响研究结果的不确定性因素？我们如何处理这些不确定性因素？

（刘 涛 何冠豪 杨 盼）

第十三章　城乡规划、建成环境与健康

城市与乡村共同组成城乡。城市是历史上形成的以非农业活动和非务农人口为主的人类聚居地。乡村是主要从事农业、人口分布较城市分散的地方，包括村庄和集镇。与乡村相比，城市占地规模大、人口数量多、人口密度高，并包括了住宅区、工业区和商业区，且具备行政管辖功能，是国家或地区的政治、经济、文化中心。城乡是基于自然环境创建的次生环境。随着经济的飞速发展，我国城乡建设也得到迅速发展。实践证明，良好的规划是城市和乡村飞速发展的基础。科学的城乡规划和设计是重建人类与自然环境和谐关系、构造宜居环境、保护居民健康的重要保障。

城乡规划是指对一定时期内城乡社会和经济发展、土地利用、空间布局及各项建设的综合部署、具体安排和实施管理，是一项全局性、综合性、战略性的工作，涉及政治、经济、文化和社会生活等各个领域。

第一节　概　　述

城市和乡村是人类的聚居地，为人类的存续提供着重要的生存环境，城乡环境的健康安全是人类文明得以延续和发展的基础。

一、人居环境概述

聚居是人类生存的需要和保障。实现聚居需要满足两个条件，一是有“庇风雨，御寒暑”的庇护所，二是有适宜聚居生活的聚居地。前者发展为房屋（如住宅、办公场所、公共场所等），后者发展为人居环境。人居环境（human settlement）是人类工作劳动、生活居住、休息游乐和社会交往的空间场所，是人类在大自然中赖以生存的基地，是人类利用自然与改造自然的主要场所。人居环境包括城市、村庄和集镇，其形成是社会生产力的发展引起人类的生存方式不断变化的结果。人居环境科学（science of human settlement）是以区域、城市、集镇、村庄等所有人类聚居形式作为研究对象，着重研究人与环境之间的相互关系，强调把人类聚居作为一个整体，从政治、社会、文化、技术等各个方面，全面地、系统地、综合地加以研究，其主要目的是了解、掌握人类聚居发生、发展的客观规律，从而更好地建设符合于人类理想的聚居环境。

人居环境由自然环境和人文环境两方面要素构成，可分为5个子系统。①自然系统：指气候、水土、动植物种类、地理资源等，是聚居产生并发挥功能的基础。②人类系统：指人类在人居环境中与自然环境相联系，开展社会活动；人居环境由人类创建，又对人类产生影响。③居住系统：指住宅、社区设施、城市中心等。④社会系统：指公共管理系统和法律、社会关系、人口趋势、文化特征、经济发展、卫生服务和政策、健康和福利等。⑤支撑系统：为人类活动提供支持的、服务于聚落并将聚落连为整体的所有人工和自然的联系系统、技术支持保障系统，如公共服务设施、交通通信设施、物质环境规划等。

人是人居环境的核心，建设人居环境的目的是满足人类聚居的需求，住有所居是社会和谐稳定的物质基础。人居环境建设目标是充分运用规划手段，建设可持续发展的宜居环境，使人类达到作为生物的人在生物圈内生存的多种条件的满足，即生态环境的满足，以及作为社会人在社会文化环境中多种需求的满足，即人文环境的满足。

人居环境建设包括五大原则。①生态原则：以生态发展为基础，加强社会经济与文化整体协调；加强区域城乡发展整体协调，维持区域范围内的生态完整性；促进土地利用综合规划，形成土地利用的空间体系；建立区域空间协调发展的规划机制与管理机制；提倡生态建筑。②经济原则：决策科学化，按客观规律办事；节约资源，减少浪费。③科技原则：保持生活方式多样化，积极运用新兴技术同时融汇多层次技术。④社会原则：在经济与技术发展中重视对人的关怀，发扬以社会和谐为目的的人本主义精神，推动“人人拥有适宜的住房”的贯彻与实施，为不同人群准备各种能满足不同需要的室内外生活游憩空间，根本目的是促进整个社会的和谐幸福。⑤文化原则：在经济技术发展的同时强调文化的发展，科学追求与艺术创造相结合，建设可持续发展的宜居环境。

中国传统文化十分注重聚居环境。中国古代城市规划建设中已有“左祖右社，面朝后市，市朝一夫”的功能分区概念。古代城市选址也经历了发展的过程，在商周时期城市选址往往通过占卜的方式，此后经过不断发展，在《管子》一书中提出“凡立国都，非于大山之下，必于广川之上，高毋近旱而水用足，下毋近水而沟防省”的原则，主张建设城市要选择依山傍水的地形，以免受旱涝之害，节省开渠引水和筑堤防涝的费用。此外，中国传统文化也十分注重人与自然的关系，强调“天人合一”。《宅经》中说：“以形势为身体，以泉水为血脉，以土地为皮肉，以草木为毛发，以舍屋为衣服，以门户为冠带，若得如斯，是事严雅，乃为上吉。”居住环境和人一样，是一个有机体，只有各部分协调运转才是理想的环境。更深层意思是人类的起居活动要与天地自然和谐相处，在自然的秩序下进行生产活动，从而达到“天人合一”的境界。例如，中国古老的风水学说就体现了这种思想，风水学说强调崇尚自然、尊重自然规律、创造天地人三者和谐共处，营造诗情画意境界的生态景观，蕴含着古人对“天地人合一”思想的深刻理解，千百年来缔造了许多人、居住环境与自然环境和谐统一的栖居地，被誉为“通过对空间和时间的最佳选择，使人与大地和谐相处，并可获得最大效益、取得安宁与繁荣的艺术”。

二、城乡规划问题

城乡规划是一门集社会科学和自然科学为一体的学科。其宗旨是规划设计适宜于人类居住的环境，改善人居环境。根据人居环境的建设要求，城乡规划已不仅仅局限于建设规划或者设计，应当从人-建成环境-自然的角度考虑，将人类发展和城乡发展放在生物圈的广阔范畴中加以统筹规划，将环境、生态和文化三者有机结合起来，以保证城市和乡村的可持续发展。城乡规划应遵循生态学原理和人居环境建设原则，坚持节约和集约利用资源，保护生态环境，保护人文资源，尊重历史文化，坚持因地制宜确定城市、村庄和集镇发展目标与战略，促进城乡全面协调可持续发展。同时，也要遵循城乡统筹、合理布局、节约土地、集约发展和先规划后建设的原则，改善生态环境，促进资源、能源节约和综合利用，保护耕地等自然资源和历史文化遗产，保持地方特色、民族特色和传统风貌。同时应当考虑人民群众需要，改善人居环境，方便群众生活，对各项开发和建设做出科学合理的决策，积极调控人与自然的关系，从生态环境和人文环境两方面去构造人与自然和谐共生的人居环境。

随着社会的不断进步，经济水平的不断提高，以及城市化进程的不断推进，我国的城乡建设得到了有效和长足发展。在以往的计划经济时代背景下，城乡规划被认为是国民经济计划的继续和延伸。随着社会主义市场经济的逐步建立，城乡规划建设也由以政府为主导的一元投资行为，逐步转变为以市场为主导的多元投资行为。新时期的城乡规划不仅仅是进行城乡空间及土地的利用和安排，还具有公共利益分配的重要作用。但是，受各种因素的制约，城乡规划建设过程中仍存在各类问题和缺陷，从而影响着城乡统筹协调发展，导致城乡规划建设不均衡，尚不能完全满足人们对美好生活的需求。城乡规划问题主要体现在以下几方面：

（一）商业用地多而文娱设施缺乏

随着经济的快速发展，城乡用地规模不断扩大，土地价值不断提升，在经济利益的驱使下，大量的土地被开发利用于商业建设，造成城乡用地结构不合理，各类用地比例失调，各项设施建设不均衡。随着我国社会体育卫生事业的不断进步及人们生活水平的提高、健康意识的增强，人们对休闲健身场地的需求总量和质量要求也日趋加大，健身与休闲娱乐设施的建设也开始逐渐被重视。然而，由于近年来商业用地的比例逐渐增加，相关类型土地的紧缺成为居民活动健身用地不足的重要制约因素。随着社会经济的发展，人们生活水平逐步提高，在解决了基本的温饱问题后，人们对文化活动的重视程度日渐提高。但是城乡规划中文化用地比例和面积增加的程度目前不能满足人们日益增长的文化生活需求。此外，休闲建设和文化活动用地在不同居民区间分布不均现象也较为严重。

（二）城乡生态绿化规划建设不合理

随着人们对居住环境和自然生态环境的日益重视，城乡生态绿化建设已成为城乡规划建设中不可或缺的一部分而备受关注。在现阶段，城乡绿化建设仍存在一些问题，主要表现在：一方面，由于城乡功能区布局混乱及城乡建筑的扩建，造成城乡生态绿化总面积与人均面积未达到标准，难以形成有规模的生态绿化系统；另一方面，绿化形式单一，植物的种类、垂直分布情况，不同种类的植物分布和占比缺少多样性和规范性。此外，绿化建设不均衡，处于无序、不合理的状态，不同居民区绿地分布情况不均，由此带来的居民可利用绿地面积存在较大差异。绿地碎片化现象严重，没有构成完整的生态体系，难以发挥绿地涵养水源、降低空气污染和噪声危害、调节微小气候、提供体育锻炼场所等作用。这些问题制约了绿化质量的提升及其相应的健康促进作用。

（三）对历史建筑与地方传统保护不足

随着城镇化建设进程的不断加快，旧城改造和乡村改造建设速度加快，拆除了许多老旧建筑设施，但全面、彻底的城乡改造会对传统文化建筑、特色及遗产造成破坏，不利于城乡传统风貌的保护，导致这些体现着城乡人文底蕴的历史遗址被严重破坏甚至彻底消失，也将会导致城乡缺失其原本的文化特色和魅力。

因此，在城乡规划建设中如何合理分布休闲健身、文化活动用地等具有一定游憩功能用地，提升居民休闲建设、文化活动用地面积和比例，提升绿地质量、合理分配居民可利用绿地，提升居民绿地可及性和绿地之间的连接性，对传统风貌、地方特色、文化遗产及各种历史建筑加强保护；老旧建筑设施改造过程中，在不减缓改造进程、实现改造目标的前提下，如何保护具有历史文化价值的街区和建筑，如何制定合理的改造规划，是当前城乡规划建设中面临的巨大问题。

第二节　城市规划与健康

城乡规划卫生是卫生部门从保持城乡自然生态平衡，保护居民身心健康，为居民创造美丽舒适、有益健康的生活居住环境为目的出发，结合当地自然条件、经济水平、居民健康状况、城乡性质和规模，对新建、改造或扩建的城乡总体规划和建设规划进行卫生审查的一种预防性卫生监督工作。城市规划卫生是城市规划和环境科学中的重要组成部分。城市及其组成部分与居民健康息息相关，明确城市问题，合理利用自然环境进行规划，合理改造自然，打造健康城市，是保障居民健康的重要手段。

一、城市问题与健康城市

（一）城市问题

城市是一个大型的人类聚居地。它被定义为一个永久的、人口稠密的地方，具有行政界定的边界，其成员主要从事非农业活动。城市通常拥有广泛的住房、交通、卫生、公用事业、土地使用、商品生产和通信系统。这些系统促进了人们、政府组织和企业之间的互动，并在此过程中使不同方受益，如提高商品和服务分配的效率。从人与环境的角度看，城市是人、环境、资源三者构成的因素众多、结构复杂、功能多样的人工生态系统。总的来说，在城市中建成环境占比大于自然环境占比。

城市生态系统（urban ecosystem）是一个综合系统，由自然系统、经济系统和社会系统构成，是指在城市区域内，由生物群落及其生存环境共同组成的动态系统。城市在更大程度上属于人工系统。城市是一个开放系统，它需要从外界获得空气、水、食品及燃料和其他物质。与自然生态系统相比，城市中自然环境因素如其他生物的数量种类、植被覆盖、水源、自然光照、清洁空气、能源、土地等要素均呈现不同程度的稀缺。城市生态系统是一种典型的按照人类意愿构造的人工生态系统，在城市生态系统中，人起着重要的支配作用，这一点与自然生态系统存在明显差异。自然生态系统的最终能量来源是太阳能，在物质方面可以通过地球生物化学循环达到自给自足。城市生态系统中所需要的大部分能量和物质基本都需要从其他生态系统（如农田生态系统、森林生态系统、草原生态系统、湖泊生态系统、海洋生态系统）中人为地输入，也就是说，城市生态系统中人类是生产者，也是消费者。同时，由于分解者组成的稀缺及部分代替分解者的智能处理设施不足，城市中人类在生产活动和日常生活中产生的大量废物不能完全在本体内分解和再利用，必须输送到其他系统中，因此城市生态系统对其他生态系统有较大的依赖性，因而是脆弱的生态系统。此外，由于城市生态系统需要从其他生态系统中输入大量的物质和能量，同时又将大量废物排放到其他生态系统中去，它就必然会对其他生态系统造成强大的冲击和干扰，这和自然生态系统明显不同。

城市生态系统通过高密度的物质流、能量流、信息流相互联系，物质和能量流通量大、运转快，又高度开放，加上人口、文化、信息、建筑、交通高度密集，使人工控制和人为作用对城市生态系统的存在和发展起着决定性作用。所以城市生态系统的特征是稀缺性与聚集性共存。

城市化是人类社会发展的必然过程和不可逆转的趋势。联合国数据显示，目前世界上有一半以上的人居住在城市，到 2050 年这一数字将会达到 68%。我国第七次人口普查数据显示，2020 年，住在城镇的人口占到了全国总人口的 63.89%，城镇人口比重相较 2010 年上升 14.21 个百分点。城市化进程加快，城市快速扩张、人口迅速密集，使城市环境和资源面临巨大压力。环境污染、就业困难、住房短缺、交通堵塞、空气污染、水资源缺乏、土地紧张等成为全球面临的问题。人口增长使地球生态不堪重负，环境污染降低生活质量，资源短缺增加生活压力。因此，贯彻人居环境科学和环境卫生学的理念，保护和改善城市生态系统，建设健康城市，使城市生态系统与其他生态系统和谐共处，是人类在城市规划和发展中应当高度重视的问题。

总体来看，城市规划问题主要体现在以下几个方面：

（1）土地利用规划存在不合理现象，部分地区不能做到“因地制宜”“地尽其用”。

（2）部分城市规划缺乏人文关怀，功能分区未充分考虑居民居住感受。

（3）城市部分地区规划与整体规划不协调，城市中部分地区存在“不协调感”。

（4）城市环境污染问题严重，给城市周边生态系统带来一定的环境污染压力。

（5）城市规划缺乏公众参与，较少从群众角度考虑问题。

（6）城市近期规划目的与远期建设目标不一致，未给远期发展留下足够土地。

（二）健康城市

健康城市概念的起源由来已久，公众及学界对城市健康的认识经历了三个演化阶段。从英国在 19 世纪开始提出通过改善城市卫生环境来预防疾病，过渡到 20 世纪 80 年代之前强调改善医疗技术水平和个人行为习惯，再于 80 年代之后重新回到强调影响疾病的社会与环境因素。

WHO 于 1994 年提出：“健康城市应该是一个不断开发、发展自然和社会环境，并不断扩大社会资源，使人们在享受生命和充分发挥潜能方面能够互相支持的城市。”中国大致沿袭了 WHO 对健康城市的定义，并赋予其中国特色。在 2015 年《国务院关于进一步加强新时期爱国卫生工作的意见》中提出，健康城市是卫生城市的“升级版”。由于健康这一主题涉及多个领域，我国提出“融健康于万策”这一政策发展思路。近年来有学者给出了更易被人理解的定义：“所谓健康城市是指从城市规划、建设到管理各个方面都以人的健康为中心，保障广大市民健康生活和工作，成为人类社会发展所必需的健康人群、健康环境和健康社会有机结合的发展整体。”

WHO 提出健康城市建设的目的在于，通过提高认识，动员市民与地方政府和社会机构合作，形成有效的观景支持和健康服务，从而改善市民的健康状况和城市的人居环境。不同的城市由于受地理、历史、文化、经济等因素的影响，很难用一个统一的标准来衡量其健康与否。但为便于各城市间的横向比较和参考借鉴，以及便于开展健康城市活动的评估，作为指导性指标，WHO 制定了健康城市的 12 大类、337 项指标。各个城市可在此指标基础上，依据城市自身的基本条件和发展水平，结合健康城市的原则、标准及自身期望达到的成效，制定出符合自身发展的具体指标体系，循序渐进地解决给市民健康带来挑战的各种问题。

WHO 提出的健康城市需具备以下 10 项标准：

（1）为市民提供清洁安全的环境。

（2）为市民提供可靠和持久的食品、饮水、能源供应，具有有效的垃圾清除系统。

（3）通过富有活力和创造性的各种经济手段，保证市民在营养、饮水、住房、收入、安全和工作方面的基本要求。

（4）拥有一个强有力的相互帮助的市民群体，其中各种不同的组织能够为了改善城市健康而协调工作。

（5）能使其市民一道参与制定涉及他们日常生活特别是健康和福利的各种政策。

（6）提供各种娱乐和休闲活动场所，以方便市民之间的沟通和联系。

（7）保护文化遗产并尊重所有居民（不分其种族或宗教信仰）的各种文化和生活特征。

（8）把保护健康视为公众决策的组成部分，赋予市民选择有利于健康行为的权利。

（9）努力提升健康服务质量，并能使更多市民享受生命健康服务。

（10）使人们更健康长久地生活和少患疾病。

我国对健康城市的建设较为重视，最早于 1994 年在北京东城区与上海嘉定区开展健康城市试点建设工作，2001 年苏州成为中国第一个申报成功的健康城市，2007 年中国共计有 10 个城市进行健康城市试点。2015 年，我国提出《“健康中国 2030”规划纲要》，明确了将推进健康城市的建设作为健康中国建设的抓手，并确定了第一批 38 个试点健康城市。全国爱国卫生运动委员会提出了中国健康城市建设的重点：健康“细胞工程”、建立健康管理工作模式、完善环境卫生基础设施、加强饮用水安全管理、改善环境质量、完善公共安全保障体系。全国爱国卫生运动委员会同时提出了，中国健康城市建设的主要内容，即健康环境建设、健康社会建设、健康人群、健康服务、健康文化等五个方面。健康城市是通向健康中国的必经之路，从中国经济社会发展背景来看，中国的新型城镇化政策从以经济发展为中心向以人为中心而转变，更加重视宜居城市的建设，这正是健康城市的建设目的。

人居环境中影响居民健康的因素复杂多样，控制这些因素超过了规划部门和卫生部门的责任和能力。因此，要采取有效措施解决健康城市建设问题，要充分理解健康城市的基本特征。①和谐性：人与自然、人与人之间的和谐；②整体性：兼顾社会、经济和环境三者之间的整体利益，保证发展的同时注重生活质量的提高和环境保护；③持续性：以可持续发展为指导思想，合理配置资源，满足现代与后代在发展和环境方面的需要；④高效性：提高资源利用效率，注重废弃物循环再生，减少废物排放；⑤区域性：注重城乡之间的差异，考虑到城乡之间的相互联系与相互制约；⑥参与性：强调政府承诺、各部门合作与居民的共同参与；⑦独特性：各城市针对自身情况制定目标，每个健康城市都有其各自的特征。

二、城市规划卫生原则

健康城市的建设需要通过城市的规划设计、实施和评价来实现。城市规划的卫生目标就是建设和发展健康城市。城市规划卫生需兼顾环境、社会、人三大要素，同时充分考虑城市发展的环境承载力、历史影响、人文背景、区域地理特征及城市形象定位，进行综合整体的规划。城市规划卫生应遵循以下基本原则：

（一）确定城市性质，控制城市规模

城市性质由其在政治、经济、文化中所承担的功能决定，城市定位决定和影响城市人群活动的方式和特点。根据国民经济和社会发展，考虑城市自身具备的条件，确定城市的产业结构，拟定发展目标作为城市规划布局的依据。城市规模过大时，往往使人口和工业相对集中，消耗大量资源，增加城市运转负担，增加环境负荷。

（二）远期规划与近期规划相结合，总体规划与详细规划相结合

城市规划要有预见性和超前性，为城市发展"留有余地"。总体规划主要任务是确定城市性质、规模、容量和发展形态，统筹规划资源、合理配置服务，制定各项有关民生保障的基础设施规划。详细规划是总体规划的具体化，是各项工程的具体安排。

（三）保护城市生态环境

应以可持续发展作为首要目标，对自然资源进行合理开发和保护，改善城市生态环境，保持生物多样性，防止污染和环境公害事件发生，保护植被、水体等自然景观和人造景观，妥善处理城市废弃物，提高人居环境质量。

（四）维护城市传统文化风俗，改善景观环境

注重城市的历史沿袭，保持人类文明和文化的可持续发展，保护历史遗迹和风景名胜，维护传统风俗，充分体现城市特色。

（五）加强安全防患，促进人际交往

安全是人居环境的重要内容。要考虑城市生活方方面面的安全，保障居民生命和财产安全。交往是人的基本社会属性，城市规划要通过环境建设促进人们面对面的交往，以降低信息技术带来的负面影响，保持人类社会生活的和谐。

三、城市规划卫生的基础资料及主要自然环境因素的卫生学意义

编制城市规划应当具备有关区域和城市的社会、经济、自然环境、资源条件、历史情况和现状等基础资料。城市规划应当分析当地的气候、地形、水文、土壤、绿化等自然环境因素，以便充分利用对健康有益的良好自然因素，并尽量采取措施，改造自然环境，创造人与自然和谐共生的人居环境。城市规划也应当将城市规模纳入考虑范畴，统筹规划，对城市布局进行合理规划。

（一）基础资料

调查研究是城市规划必要的前期工作，应当具备有关区域和城市的社会、经济、自然环境、资源条件、历史情况和现状等基础资料。各部门应当收集提供以下基础资料：

（1）自然因素：地理位置、地形、水文、地质、气象等资料。

（2）技术经济资料：自然资源、人口等资料；现有土地利用及功能分区资料；各主要技术经济单位的发展计划。

（3）城市建设现状：住宅和公共建筑的分布及面积；生活基础设施、公共基础设施、绿地、风景名胜现状及城市发展资料。

（4）城市环境保护资料：大气、土壤、水等环境要素现状；生产生活产生的废弃物种类数量及其收集、运输、处理情况等资料。

（5）公共卫生资料：人口构成及自然增长情况；居民健康状况；各种传染病、生物地球化学性疾病、慢性病、肿瘤、伤害的发生率、死亡率等资料；环境质量与居民健康关系的资料；办公场所

和公共场所卫生条件；医疗卫生服务设施的现状和发展计划等资料。

（二）自然环境因素

城市规划应当充分考虑当地的自然因素，因地制宜，利用对健康有益的因素，同时消除或减弱有害因素，创造人与自然和谐共生的生态系统。

1. 气候 气候条件是重要的城市环境要素，对城市规划和建设有着多方面的影响。城市因其人口密度大，大量能量释放等原因，往往形成与周围地区大自然气候不同的城市小气候，如城市热岛效应。因此，了解城市气候特点，掌握城市气候要素的时空分布规律，对于合理进行城市规划，改善城市生态环境，保障城市居民健康有重要意义。影响较大的气象因素主要有：

（1）太阳辐射：是指太阳以电磁波的形式向外传递能量。太阳辐射的强度与日照率存在地区差异性，对人体健康的作用也不同。高纬度地区冬季太阳辐射是天然热源，夏季则容易引起酷暑。太阳辐射对人体健康有利有弊，适当暴露在太阳辐射下能够预防骨质疏松，但是太阳辐射也可导致恶性黑素瘤等疾病的风险增加。因此，分析城市所在地区的太阳辐射对确定建筑物的间距、朝向、遮阳等设计提供重要依据，同时也为居民合理利用太阳辐射进行科学指导。

（2）风：是空气污染物的载体。空气污染物对人体生理与心理健康都会造成影响。风向对配置工业区和居民区的相对位置有重要影响，如工业区应布置在常年主导风向的下风侧。有台风和沙风的地区应在城市周围建造防风林。冬季有寒风和暴风雪的地区，城市用地应选择受冬季主导风向影响小的地区，并在上风侧建造防护林。

（3）温度：也影响城市规划与建设，同时也影响人体健康。相关研究表明，高温会增加死亡风险，低温也会对人体造成损害。因此，在工业方面根据温度考虑生产工艺的适应性和经济性问题，在生活方面考虑降温或采暖设备的设置等问题及不同温度下城市的通风问题的，并通过适当增大绿地和水体面积改善城市热岛效应。

（4）降水与湿度：主要影响城市小气候的改善、绿化、建筑物防潮、居住环境舒适度和城市排水系统等问题。城市因建筑密度大，相对湿度较郊区低。湿度大小与居住环境舒适度有关，湿度过高可能会导致居住环境墙壁上出现霉斑，以及蚊虫滋生等不利于舒适居住的现象；同时降水、湿度也与人体健康有关。例如，有研究表明，相对湿度较低，老年人患白内障的风险越大；在教育和工作场所加湿空气可以预防干燥症状或减少上呼吸道感染发生的风险。

2. 地形 不同地形条件对城市规划布局、道路设置、建筑设置、景观规划等问题均会产生一定影响。可根据地形进行适当规划，增加城市景观。坡度过陡影响建筑物布置、道路交通和居民生活；完全平坦的地形则不利于排除雨雪水。0.3% 左右的坡度适合地表径流汇聚和排除。不同地形也会对风速产生不同的影响，低凹地区风速小，污染物不易扩散。高岗降低风速，保护下风侧居民免受强风侵袭；山地背风面易产生机械湍流，若上风侧有污染源，山地背后下风侧的居民区大气污染浓度会增加。此外，地形也会影响气温。地形倾斜面朝南或东南，气温较暖；面朝北则较冷。

3. 水体 江河湖泊等地表水体不仅能作为城市水源，还能应用于水路运输、调节气候、稀释污染、美化环境等方面。优质水源可作为居民饮用水水源；水体易受到污染，如工业、农业及生活污水排放。无机污染物、重金属等污染物易通过富集作用对人体产生较大危害。此外，污水臭水也可以通过气味和视觉上的作用对人们的心理产生影响。卫生部门应特别重视饮用水水源的卫生防护，建立水源卫生防护带。规划时应尽量将地表水组织到城市用地中，结合绿地和风景点建设形成系统的景观。另外，近年来的研究证据表明城市水体的比例和可及性与人群健康可能存在关联。

4. 土壤 城市规划应选择地下水位低的地区，若选择地下水位过高或不易渗水的土壤则易积水及滋生蚊虫，并使建筑物受潮。曾被污染且无机化过程尚未终结的土壤，污染背景值高的地区不能用作居住用地。特别是曾用于堆置或存放有害污染物的土地，不能用作种植粮食蔬菜，否则有害物质富集在粮食蔬菜中，人体摄入被污染的粮食蔬菜后，有毒有害物质会对健康产生危害；也不能用作居住。

（三）城市规模

城市规模（city size）是以城市人口和城市用地总量所表示的城市的大小，包括城市人口规模和用地规模。城市人口规模，指生活在一个城市中的实际人口数量。城市用地规模是指依据城市人口规模和国家规定的人均建设用地标准而确定的城市建设用地总量。

1. 城市规模划分标准　是由《关于调整城市规模划分标准的通知》（国发〔2014〕51号）明确提出的城市划分标准，即新的城市规模划分标准以城区常住人口为统计口径，将城市划分为5类7档。①小城市：城区常住人口50万以下的城市，其中20万以上50万以下的城市为Ⅰ型小城市，20万以下的城市为Ⅱ型小城市；②中等城市：城区常住人口50万以上100万以下的城市；③大城市：城区常住人口100万以上500万以下的城市，其中300万以上500万以下的城市为Ⅰ型大城市，100万以上300万以下的城市为Ⅱ型大城市；④特大城市：城区常住人口500万以上1000万以下的城市；⑤超大城市：城区常住人口1000万以上的城市。

2. 城市人口构成、人口密度及变化　城市人口状态不断变化，可以反映一定时期内城市发展情况、预示发展潜力，应根据人口构成变化制定相应规划指标。21世纪老龄化是普遍趋势，国际上通常认为，当一个国家或地区60岁及以上老年人口占人口总数的10%，或65岁以上老年人口占人口总数的7%，就意味着这个国家或地区进入老龄化社会。第七次全国人口普查数据显示，目前我国65岁以上老人所占比重为13.5%，我国人口结构呈现明显的老龄化趋势，而出生率下降是老龄化趋势产生的主要原因，由此带来的最直观的改变就是劳动力减少。老年人在健康状况上与青年人及中年人有很大差别，老年人活动能力降低，对环境有害因素的抵抗力下降，住院率增加，因此城市规划要适应老龄化社会的需求并制定相应的规划标准。例如，未来规划中要考虑到社区附近生活设施及其配套的医院、市场、商场等建筑应适当集中，以减少老年人出行的距离，同时也不宜过于集中形成商业区，以免给老年人出行带来不便及影响老年人夜间休息。为应对出生率降低带来的年轻人比例降低，导致家庭养老压力过大的情况，未来应将集中养老的情况考虑进城市规划中，为老龄化高峰的到来做好准备。

城市人口密度不断增加，由此获得了收益但也带来了一系列的健康问题。一方面，人口密度的增加一定程度上使人们之间的联系增加，也意味着各种设施建筑集中，居住区功能多样化，人们生活更加便捷，社会经济可以更好地发展。另一方面，人口密度的增加也使得住宅密度增加，空气污染、噪声等环境有害因素暴露增加，从而对人体健康造成一定的影响。因此，城市规划中要合理控制人口密度，既要追求经济发展与生活便捷，也要保障居民健康。

四、城市功能分区

城市功能分区（urban functional zoning）是将城市中各种物质要素，如住宅、工厂、公共设施、道路、绿地等按不同功能进行分区布置，各部分相互联系，同时要避免相互之间的不良干扰和影响。

城市用地分为：①居住用地：住宅用地、公共服务设施用地、道路用地、绿地；②公共设施用地：行政办公用地、商业金融业用地、文化娱乐用地、体育用地、医疗卫生用地、教育科研设计用地、文物古迹用地、其他公共设施用地；③工业用地：一类工业用地、二类工业用地、三类工业用地；④仓储用地：普通仓库用地、危险品仓库用地、堆场用地；⑤对外交通用地：铁路用地、公路用地、管道运输用地、港口用地、机场用地；⑥道路广场用地：道路用地、广场用地、社会停车场（库）用地；⑦市政公用设施用地：供应设施用地、交通设施用地、邮电设施用地、环境卫生设施用地、施工与维修设施用地、殡葬设施用地、其他市政公用设施用地；⑧绿地：公共绿地、生产防护绿地；⑨特殊用地：军事用地、外事用地、保安用地；⑩水域和其他用地：水域、耕地、园地、林地、牧草地、村镇建设用地。

（一）城市功能分区原则

城市功能分区一般应遵循以下原则：

（1）城市一般设生活区、工业区、对外交通运输和仓库区、郊区；各功能分区应结合自然条件和各区功能特点合理配置，避免相互交叉干扰和混杂分布。

（2）生活居住区应选择城市中卫生条件最好的地段，要求远离沼泽，地势高，空气干燥，不受洪水淹没威胁，土壤清洁或受污染后已无害化，靠近地面水，地形宜向南或东南，以及日照时间较长等。

（3）应当按当地主导风向配置在生活居住用地的下风侧，按水源卫生防护要求，工业用地应位于河流的水源下游，如果按上述要求发生矛盾，则可把排放废气和废水的不同工厂分设在不同工业区内。工业用地与生活之间应保持适当的防护距离。

（4）保证各功能分区到达规划期时，仍有进一步的发展余地并保证各部分用地协调发展。在卫生上不允许工业区发展到包围生活居住区，或铁路包围城市的用地。

（5）为了保证生活居住用地的卫生条件，各个功能分区的用地选择应同时进行。

（二）城市各功能分区的卫生学要求

1. 生活居住区 应满足日照良好、环境清洁、保持适当人口密度、配置各种生活服务设施等条件。

2. 工业区 工业区的卫生学要求包括：

（1）工业区设置在生活居住区最小风向频率的上风侧及河流水源的下游。

（2）消耗能源多且污染严重的工厂设在远郊区。

（3）污染较轻的工厂设在城市边缘的工业区内。

（4）污染轻微或无污染的工厂可设在居住区的独立地段内。

（5）排放有害气体的工业不宜设在盆地或谷地。

（6）工业区与居住区之间设置卫生防护带。

3. 对外交通运输和仓库区 对外交通运输的主要卫生问题是大气污染和噪声干扰，规划中应注意减少上述问题对居民居住环境和生活环境的影响。城市仓库区应远离生活区。

4. 郊区 可设大片绿地和防护林带。另外，污染严重的工业区可设在远郊。

城市活动概括起来主要有工作、居住、游憩、交通 4 个方面。城市功能分区间相互联系、相互依赖，又相互矛盾、相互干扰，需要在规划中加以组织，营造理想的人居环境。

五、居住区规划卫生

居住区是组成城市的基础，居住区规划直接关系到居民的生活质量和城市的环境质量。居住区用地由住宅用地、公共服务设施用地、道路用地、绿化用地组成。规划居住区时应满足居民对环境的需求，营造交通便捷、居住安全、生活方便、清洁美观、与自然和谐共生的环境。

（一）居住区环境质量评价指标

（1）容积率：指居住区总建筑面积与建筑用地面积的比值，比值越小，居住区容纳的建筑总量越少。

（2）居住建筑密度：指居住用地内，各类建筑的基地总面积与居住区用地面积的比率，建筑密度过高会影响绿化和居民室外活动场地，以及不能保证日照和通风。

（3）居住区人口密度：单位居住用地上居住的人口数量，称为人口毛密度。单位住宅用地上居住的人口数量，称为人口净密度，净密度过高使传染病易于流行。

（二）居住区规划原则与布局

居住区是一个多元多层级结构的物质和精神生活的载体。居住区以居住功能为主，兼顾服务、工作、休憩等多重功能，各功能间既相对独立，又相互联系形成一个有机整体。

1. 居住区规划的原则　①自然环境优良；②方便居民生活，有利组织管理；③组织与居住人口规模相对应的公共活动中心，方便经营、使用和社会化服务；④合理组织人流、车流和车辆的停放，有利安全防卫；⑤构思新颖，体现地方特色；⑥注重景观和空间的完整性，市政公用站点等宜与住宅或公建结合安排；供电、电讯、路灯等管线宜地下埋设。

2. 居住区规划的布局　居住区规划布局应综合考虑周边环境、路网结构、公建与住宅布局、群体组合、地下空间、绿地系统及空间环境等的内在联系，构成一个完善的、相对独立的有机整体。主要有以下形式：

（1）片块式布局：各片块相对独立，施工及管理较为方便；缺点是无主次空间之分，缺乏层次感。

（2）轴线式布局：居住区呈现层次递进、起落有致的均衡性；缺点是轴线过长易出现单调感。

（3）向心式布局：各居住分区围绕中心分布，强化可识别性；缺点是资源分配不均。

（4）围合式布局：形成有效的社区边界，创造良好私密的生活空间；缺点是通风日照较差，楼房之间绿化得不到充足日照通风。

（5）集约式布局：节省用地，缺点是布局紧凑，居住品质下降。

（三）居住区的公共服务设施

居住区、居住小区或居住组团内，必须有良好的公共设施配置，否则会出现诸多不便和其他问题。居住区规划中要遵循方便生活、有利管理、美化环境的原则，满足居民多种生活需求。

1. 居住区内配置公共设施　居住区内需配置如下设施。①教育：包括托儿所、幼儿园、小学、中学等；②医疗卫生：包括医院、诊所、卫生站等；③商业、服务：包括食品、菜场、服装、棉布、鞋帽、家具、五金、交电、眼镜、钟表、书店、药房、饮食店、食堂、理发、浴室、照相、洗染、缝纫、综合修理、服务站、集贸市场、摩托车、小汽车、自行车存放处等；④文化、体育：包括影剧院、俱乐部、图书馆、游泳池、体育场、青少年活动站、老年人活动室、会所等；⑤金融邮电：包括银行、储蓄所、邮电局、邮政所、证券交易所等；⑥行政管理：包括商业管理、街道办事处、居民委员会、派出所、物业管理等；⑦市政公用：包括公共厕所、变电所、消防站、垃圾站、水泵房、煤气调压站等；⑧其他：包括居住区内街道的工业、手工业等。

2. 公共服务设施服务半径　居住区公共服务设施半径不大于 800～1000m；居住小区公共服务设施半径不大于 400～500m；居住组团公共服务设施半径不大于 150～200m；居住区商业中心步行半径不大于 500m；小区、商业点半径不大于 300m。

3. 合理布置公共服务设施　根据服务设施的不同性质和功能，对其进行合理布置。中小学校不宜设置在交通干道附近，且要留出足够的活动空间。商业服务、金融邮电、文体等有关项目宜集中布置，形成各级居民生活活动中心，并宜与相应的公共绿地相邻布置。应结合职工上下班流向、公共交通站点布置，将主要的公共服务设施设在交通较方便、人流较集中的地段。在便于使用、综合经营、互不干扰、节约用地的前提下，宜将有关项目相对集中设置，形成综合楼或组合体。医疗机构宜设置在环境卫生优良、交通方便、安静且接近居民区的地段。传染病医院应设在城市郊区。

第三节　乡村规划与健康

乡村（rural area）是指除城市规划区域以外的其他地区，如村庄、集镇等。乡村作为一个相对于城市的概念，是一个包括了村庄和集镇等各种规模不同居民点的社会区域。村庄是指农村村民居住和从事各种生产活动的聚居点；集镇是指乡政府所在地和由集市发展而成的作为农村一定区域经济、文化、和生活服务中心的聚居环境（非建制镇）。

我国地域辽阔、城乡及区域发展水平不同，很多乡村存在村庄空间布局散乱、基础设施不足、环境治理滞后等问题。同时，随着农村产业化进程加速，带来了许多不利于建设美丽乡村的问题，如耕地荒废、环境污染、生态破坏、乡村传统文化历史特征逐渐没落等。为协调城乡空间布局、改善乡村人居环境、促进乡村社会、经济、生态继续保持发展的良好势头，需要对乡村建设做出科学合理的规划。

一、乡村振兴与美丽乡村

人类文明起源于农业文明，村庄是人类聚落发展的起源。乡村与城市互促互进、共生共存，共同构成人类活动的主要空间。我国是一个历史悠久的农业大国，农村地域广阔、人口众多，是我国重要的社会、经济区域，是各种自然资源集中的地方，也是人与自然生态系统距离最近、交流最频繁的地方。

二、乡村人居环境特征

构成乡村人居环境的要素包括住宅、基础设施和公共服务设施所构成的建筑环境及由人、建筑环境和自然环境叠加在一起而产生的人文环境。乡村人居环境具有如下主要特征：①乡村空间基本保存着原有自然地理形态和多样性的相互联系，土地和空间的非农业化会对生态循环链产生影响；②乡村生活与生产在土地与空间使用上混合，都十分依赖自然环境，且乡村居民点所在区域对乡村居民的资源供应能力和废物吸收能力是确定的；③乡村具有鲜明的自然文化特征和地域文化特征。上述这些特征必须在乡村规划中给予充分考虑。

乡村规划要注意农村发展的多样性、复杂性，除了考虑空间因素，还必须综合考虑经济、土地、产业、地域、生态、自然和人文特色、村庄原有的社会伦理格局、农民生产和生活等诸多的影响因素，并将其逐项落实到空间布局、功能结构、交通组织、绿化景观、公共服务设施等各个方面，规划出与自然和谐的、具有地域特色、传承历史文脉并呈现现代文明的乡村人居环境。

治理乡村环境是重中之重，乡村存在的环境问题由来已久，主要包括以下几点：

（一）乡村生活垃圾处理

乡村垃圾处理问题历来是治理的重中之重。乡村因垃圾处理系统不完善，处理设施落后，加上村民卫生意识淡薄，垃圾处理困难，造成垃圾堆积，这不仅影响村容村貌，同时垃圾气味影响村民居住舒适度，也是病原体繁殖传播的场所。

（二）乡村水体问题

乡村生活污水处理系统不完善，处理率不高，存在随意倾倒现象。且乡村养殖业产生的粪尿污水也会对水体造成较大污染，影响水产养殖，也影响周围的生态环境。乡村水产养殖多采取密集养殖模式，池塘中养殖对象产生的代谢物较多，且池塘为封闭的生态系统，在代谢物超过自身分解能力时，会导致水质变差，既影响水产养殖业本身，同时也会污染周围的环境。此外，乡村饮用水水源通常为就近的水体，水体污染最重要的危害是影响村民饮用水安全。

（三）乡村种植业污染

种植业化肥农药使用量大，利用率低，残留在环境中的污染物浓度较高，灌溉后废水流入水体或其他环境中，对其他生态系统产生影响。此外，燃烧秸秆会带来较为严重的火灾隐患和空气污染问题。

三、乡村规划的原则和要求

（一）乡村规划的原则

乡村规划应当从农村实际出发，尊重村民意愿，体现地方和农村特色，做到全面规划、合理布局、节约用地、统筹安排，有利于可持续发展。

（二）乡村规划的要求

1. 节约土地和资源　根据乡村的地理、生态、资源条件，依据不同自然要素的属性，并结合当地的优势和特点合理利用自然资源，维持自然生态过程的完整性和持续性。通过区域空间调整，提高土地利用的合理性，通过适当的能源和废物管理，保护区域生态环境，保护生物多样性，使人类在谋求自我利益的同时，保护自然过程和格局的完整性，做到与自然和谐发展。

2. 统筹城乡协调发展　村庄经济发展应当建立在区域经济发展的基础上，注重家庭生产与集体经济发展相结合。因地制宜地进行山水田林路综合治理，建立高效、低耗、低污染的生产体系，提高产业发展规模效益，促进村庄社会、经济、文化、环境、生产、生活的可持续发展。要做好城市建设用地与农村建设用地的统筹安排，促进城乡用地结构和布局进一步优化。

3. 满足居民社会需求　乡村规划应从技术、社会、环境上满足农村居民的日常需要，做到环境舒适、生活方便、各项社会服务设施配套；具备基础卫生设施，提供安全的饮用水、建立生活垃圾和生活废水处理设施并保证正常运行，促进资源再生和循环，提高清洁能源的使用率、降低资源和能源的消耗，防止环境污染，具有抵御和防止自然与人为灾害发生的能力。

4. 提升村民共同参与感　村民是乡村规划的主体，在规划中应尊重村民意愿并调动村民积极参与农村社区可持续发展的规划设计，引导村民合理进行建设，改善乡村生产和生活条件。

5. 延续乡村地域和人文特色　农村是地方民族特色和地域文化的发源地和载体。在村庄规划中，应根据不同地域特色、民族差异、生活习惯、民风民俗等进行风格各异的规划设计，保持传统村落原有的自然和地域特色，突出农村特点和地方风格，创造具有特定景观及文化内涵的村落空间。住宅设计考虑当地原有的生活习惯和生活方式，并把保护自然环境作为重要内容。

6. 留有发展余地　乡村规划应具有较高的起点和长远的战略眼光。考虑到今后较长时期发展的需要，在区域布局、生态保护、环境美化、基础设施建设等方面留有充分的余地。

四、乡村规划卫生

乡村规划要根据国民经济发展计划、当地的自然资源条件、区域概况及社会经济资料合理规划村庄发展布局，对住宅、道路、供水、排水、供电、垃圾收集、畜禽养殖场所等农村生产生活服务设施、公益事业等各项建设的用地布局做出统一规划；对耕地等自然资源和历史文化遗产保护、防灾减灾等做出具体安排。

（一）乡村规划的基础资料

乡村规划前需要收集的基础资料，除可参考本节关于城市规划基础资料的部分，应着重调查农业（包括林、牧、副、渔业）、工业、贸易、交通运输等经济发展计划，并收集农民对居民点分布和规划的要求。

乡政府所在镇的人口数可按当地自然增长率并根据各部门发展计划预测拟迁进或迁出的人口数来推算。村庄居民点的人口数可结合居民点分布和并迁规划，按照自然增长率推算。由于城市化的影响，农村人口向城市流动，导致一些村庄人口减少，人口年龄构成改变，乡村规划应注意这一特点。

（二）乡村的规模与用地选择

编制乡村规划，首先要确定乡村的性质和发展规模。乡村的性质是指在一定区域内乡村的功能定位、产业特色、文化内涵、生态特征等方面的综合体现，即乡村的个性、特点、作用和发展方向。乡村规模是指乡村人口规模和用地规模，受乡村性质与经济结构、人口规模、自然地理条件和乡村布局特点等影响。作为全乡政治、经济和文化中心的集镇，其形成和发展往往有历史、交通、资源、商业等方面的原因和条件，规划时一般都利用旧镇进行适当改建和扩建，还应配置公共建筑、道路交通、电信工程、给水排水、生活垃圾处理等卫生设施。

乡村用地的选择受到多种因素的影响，应根据乡村规划布局和各项设施对用地环境的要求，对用地的自然环境条件、建设条件等进行用地适用性的分析与评定，还要对乡村地所涉及的其他方面，如社会政治关系、文化关系及地域生态等方面的条件进行分析，在用地综合评价的基础上对用地进行选择。乡村用地选择应满足如下要求：①应考虑各类用地的相互关系，为合理布局创造条件。②要节约用地，尽量不占用耕地。选择乡村发展用地，应尽可能避免铁路与公路对乡村的穿插分割和干扰。③要符合安全和卫生的要求：村庄用地应避开地方病高发地区和严重的自然疫源地；避开强风、山洪、泥石流、地震断裂带等易受自然灾害影响的地段，远离沼泽、不受洪水淹没和潮汐侵袭；地势较高、地下水位较低（1.5m 以下）；土壤未受污染，禁止将村庄建在过去的墓地、牲畜掩埋场、用有机垃圾及有毒废弃物填平的地段上；地形背风向阳，最好向南或东南倾斜，地势平坦，略有一定坡度；有水质良好的水源，尽可能选择靠近地表水体的地段，以利微小气候调节，美化环境；环境优美，便于组织大片绿地和旅游点等。

（三）乡村功能分区的卫生学要求

1. 乡村功能分区的原则 乡村规划用地的布局要根据其功能进行合理的功能分区；公共建筑应按照各自的功能合理布置；功能接近的建筑要尽量集中，避免功能不同的建筑混杂布置。

2. 乡村各功能分区的卫生学要求

（1）居住区：包括各户住宅基地、院落、公共建筑、绿地和各户间通道，应布置在乡村自然条件和卫生条件最好的地段。居住区与产生有害因素的乡镇企业、农副业、饲养业、交通运输、农贸市场及医院等场所之间应设立一定的卫生防护距离，其标准参照《村镇规划卫生规范》（GB 18055—2012），在严重污染源的卫生防护距离内应设置防护绿化带。

（2）工业副业区：指各种工厂、农副产品加工和副业生产用地。对环境影响较大、易燃易爆和排放三废的工厂应设在专门的工业区内，并位于当地主导风向的下风侧、河流的下游。对排放的污染物应采取必要的治理措施。为农业服务的农机修配等工厂，可设在居民点边缘靠近农田的地点；加工农副产品的工业，如榨油、碾米、面粉等工厂应靠近农产品仓库；为居民生活服务的工业，如食品加工、修配、服装厂等，可分设在居住区内。

（3）饲养区：家禽、家畜和奶牛等饲养场应配置在居民点外围、居住区下风侧和河流下游。禽畜粪便应有综合利用和处理措施，如堆肥或用于发生沼气等。

（4）农业生产区：各种农用仓库、打谷场、役用牲畜棚、拖拉机站和运输车辆车库等的用地。在兼顾方便农业生产与生活的同时，农业生产区与居住区应该有适当的分隔距离，避免各种农业生产用地及其附属设施对居住区及学校、医院等区域造成干扰，避免农业生产过程造成的环境污染。

（四）乡村规划的其他卫生问题

乡村规划应考虑建设能源利用（太阳能、沼气）、给水排水、粪便垃圾的无害化处理等关系到农村生存环境的基础设施。生活饮用水应尽量采用水质符合卫生标准、水量充足、水源易于防护的地下水源，并采用集中式供水并用管道供水到户。以地表水为水源的集中式给水必须对原水进行净化处理和消毒。应建立和完善适宜的排水设施，工厂和农副业生产场所的污水要进行处理，符合国家有关标准后才能排放；乡镇卫生院的污水必须进行处理和消毒。要结合当地条件，建造便于清除粪便、防蝇、防臭、防渗漏的卫生厕所。根据当地的用肥习惯，采用沼气池对粪便进行无害化处理。在接近农田的独立地段合理安排粪便和垃圾处理用地。

居住区内应有一定数量的公共绿地面积和基本卫生设施，绿地布置要均衡分布，把宅旁、路旁的绿地与村旁的果园和田地等连接起来。机动车道应避免穿越住宅区，以保证住宅区交通安全、不受噪声和废气污染。农村住宅的特点是每户有一个院落，以满足农民日常生活和家庭副业的需要，应规划出不同于城市小区的院落特色，并做到人畜分离。

乡村公共建筑设施，要根据居民点的性质和规模，配置行政管理、文化教育、医疗卫生商业服务、公用事业、污水与垃圾处理等设施，并按照各自的功能合理布置。学校应设于居民点边缘比较安静的地段，并有足够的运动场地。托儿所、幼儿园应靠近居住区，并有独立的院落和相应的设施，同时远离河、湖、池塘，应各有分隔的空地并进行绿化，供儿童户外活动之用。卫生院应设在靠近交通道路的独立地段上。

我国乡村防灾基础薄弱，配套设施建设滞后，缺乏可靠的技术支持，一旦发生灾害，会给乡村人民生命和财产带来巨大损失。因此，乡村规划应包含防灾减灾规划。乡村防灾减灾规划应贯彻“预防为主，防、抗、避、救相结合”的方针，根据乡村灾害的特点和防灾减灾需要，以人为本、因地制宜、统筹规划。乡村防灾减灾规划应包括消防、防洪、抗震规划等。

第四节　建成环境与健康

一、概　　述

环境与人类健康息息相关，环境因素中如大气污染、土壤和水等和人体多系统健康密切相关，国家已对其进行了较为系统和完善的监管。值得注意的是，近年来环境健康领域的研究者对绿地、噪声、夜光等建成环境因素进行了较为广泛的探讨，发现其亦可能与人类健康存在关联。本节将简要阐述建成环境与健康之间的关系。

二、绿地与健康

（一）绿地的定义与分类

1. 绿地的定义　绿地（green space）目前尚无统一明确的定义。广义上是指敞开的、向公众开放的有自然植被覆盖的、有一定游憩设施且能够提供一定游憩功能，同时兼有健全生态、美化景观、防灾减灾等综合功能的绿化用地，包括公园、森林、花园、林地、道路绿化带等。

2. 绿地的分类　城市绿地（urban green space）是指以自然和人工植被为地表主要存在形态的城市用地。城市绿地系统是城市中各种类型和规模的绿化用地组成的整体。根据《城市绿地分类标准》（CJJ/T 85—2017），城市绿地按主要功能分为5大类。

（1）公园绿地：向公众开放，以游憩为主要功能，兼具生态、美化、防灾等作用的绿地。包括综合性公园、社区公园、专类公园、带状公园、街旁公园等。

（2）生产绿地：为城市绿化提供苗木、花草、种子的苗圃、花圃、草圃等圃地。

（3）防护绿地：城市中具有卫生、隔离和安全防护功能的绿地，包括卫生隔离带、道路防护绿地、城市高压走廊绿地、防风林、城市组团隔离带等。

（4）附属绿地：城市建设用地中绿地之外各类用地中的附属绿化用地，包括居住用地、公共设施用地、工业用地、仓储用地、对外交通用地、道路广场用地、市政设施用地和特殊用地中的绿地。

（5）其他绿地：对城市生态环境质量、居民休闲生活、城市景观和生物多样性保护有直接影响的绿地，包括风景名胜区、水源保护区、郊野公园、森林公园、自然保护区、风景林地、城市绿化隔离带、野生动植园、湿地、垃圾填埋场恢复绿地等。

相比之下，乡村绿地（rural green space）的主要类型包括天然林地、草地、农业用地及林木生产绿地等。在绿地与健康领域，大多研究主要关注城市用地对健康的影响，乡村绿地的健康效应目前尚缺乏。

（二）绿地的特征及评估方法

1. 绿地的特征　多种不同类型的城市绿地共同组成了城市绿地系统，它们在系统中的地位与职能各不相同，每种绿地都有自己的特征。

（1）公园绿地：城市公园绿地是城市中向市民开放的，以游憩为主要功能，有一定游憩设施和服务设施，同时兼有健全生态、美化景观、防灾减灾等综合作用的绿化用地。在生态环境越发被重视的今天，公园绿地的重要性正在与日俱增。公园绿地具有以下几点特征：

1）布局公共性：作为向公众开放的绿化用地，公园绿地的公共性就显得至关重要。绿地需要与周围交通网及建筑群保持较为紧密的联系，从而让公园绿地有机地融入城市中去。可以通过植物、建筑、水系做适当的边缘界线标识，但不宜用围墙等硬性隔断造成孤立的感觉。

2）设施大众性：公园绿地需要有一定的设施供大众使用，如问询处、餐厅、洗手间、小卖部、电话亭、休闲亭、健身设施、展览馆等，这些设施都为市民开放，并发挥着各自的功效，充分体现了公园绿地设施的大众性。

3）游憩主题性：公园绿地的重要功能之一就是供市民游憩。由于市民的年龄各不相同，喜好也各不相同，规划时需要注意各个区块之间游憩主题的区别。例如，从年龄构成上来看，可将一块公园分为老年人活动区、儿童活动区、一般活动区；从个人喜好上来看，又可将其分为疏林草坪区、水景区、体育健身区等。不同的游憩区块都有各自偏重的方面，但是又都符合公园绿地游憩功能这一主题。

4）公园造景主题性：成功的公园绝对不是各种元素的单一组合。它是各个要素围绕着一个明确的造景主题，并在每个子区块中通过各种方式将其表现出来。整个公园的造景主题可以是一个较大或较宽泛的主题，如和谐、生态、怀旧、科普等，然后通过不同的要素、不同的游人感官体验将主题表达出来。

（2）防护绿地：作为城市绿地建设的重要组成部分是出于卫生、隔离、安全等要求而建设的，具有一定的防护功能。当沙尘暴、禽流感、非典等事件越来越频繁地对我们的生活造成严重影响时，防护绿地的重要性也日益凸显。

防护绿地具有以下特征：

1）主题性：防护绿地可分为防风林、卫生防护林带、道路防护绿地、滨水防护林等多种形式，每种形式的防护绿地有各自不同的侧重点，自然就有各自不同的主题，在规划时必须将这个主题表达出来。

2）位置特点：不同的防护林带由于其功能的差异，在城市中的建造地点也各不相同。例如，防风林带位于城市上风区，用于减轻强风袭击造成的危害和沙尘对空气的污染；道路防护绿地位于城市道路两侧，起到保护路基、防止风沙、隔离噪声的作用。

3）体系性：防护绿地并非仅仅是一道简单的植物种植带，为了起到防护作用，设计师经常需要多道防护绿带形成一个体系，以起到既定效果。

（3）生产绿地：是用于提供城市苗木的一种城市绿地，在履行其生产功能的同时也具有一定的观赏价值。苗圃、花圃等生产绿地具有以下特征：

1）布局特征：生产绿地的布局应综合考虑城市绿地系统规划中近期建设和远期发展的结合，远期要建立的公园和动植物园均可以作为近期的生产绿地。且大城市的园林苗圃应较平均地分布在市区周围，并依照苗木对光照、水分、土壤等的不同要求来按照地形分区种植。此外，不同城市的地方特色也需要在绿地规划中体现出来。

2）科研性：苗圃、花圃等生产绿地不仅仅能起到为城市输送花木苗的功能，同时也可以是一处新品种研发的科研基地。由于不同品种的苗木在不同时期的抗虫害性不一，故而在规划时要使其与其他绿地种类区分开，体现其科研性。例如，花圃内可按照种植技术分为大棚区、无土栽培区、露天区等。

（4）附属绿地：是城市建设用地中绿地之外的各类绿地，主要以道路绿地、工厂与企事业绿地、居住绿地为主。其主要特征如下：

1）附属性：附属绿地最主要的特征便是附属性，道路绿地若脱离了道路，或者居住绿地若脱离了居住小区，都将失去其原有作用。首先，附属绿地对改善城市生态环境及提高城市绿地率并不起主要作用；其次，附属绿地起到的是完善公园绿地等其他城市绿地系统的作用；最后，附属绿地的使用人群具有较强的局限性，如居住绿地仅为小区居民服务、工厂绿地仅为厂内员工服务。

2）主题性受较多因素影响：由于附属绿地的附属性，其主题需要受到被附属场地的影响。例如，道路绿地不可设计得过于艳丽以防分散驾驶员的注意力；居住绿地主题不宜宽泛，以免受场地限制无法准确表达而产生空洞感。

3）游憩的局限性：附属绿地主要建于工厂、企事业单位或居住区的一些道路。它主要为工厂的员工或居住区的居民服务，服务半径有限，主要是整个厂区或整个小区。服务半径多为800～1000m，这就决定了附属绿地的游憩功能具有局限性。

（5）其他绿地：多指一些对城市生态环境质量、居民休闲生活、城市景观和生物多样性保护有直接影响的绿地，包括风景名胜区、郊野公园、森林公园等。这些绿地多围绕城市建设，将城市包围于其中，改善了城市的环境质量，一定程度上符合霍华德提出的“田园城市”理论，为可持续发展打下了坚实的基础。

2. 绿地的评估方法和评价指标　绿地水平评估方法一般可分为主观评估方式（主要为问卷调查）和客观评估方式。主观绿地评估指标主要采用问卷调查等方式获取研究对象自我感知的常住地周围绿地水平、与绿地空间距离、在特定绿地空间内的活动频率和时间长度等指标。这类指标考虑了个体水平上行为等因素的差异，从而可以获取研究对象相对较为准确的绿地暴露水平，但耗时耗力，同时也可能存在调查和回忆偏倚。因此，在流行病学研究中，客观评估方式被广泛使用，其主要包括以下三种：①现场观测调查；②近地表测量；③卫星遥感评估。

现场观测调查是一种相对较为原始的绿地水平评估方式，可以提供单个植物物种水平上的详细植物物候学信息。然而，因为需要耗费较高的人力和物力，这些信息往往只局限于局部区域。但是提供的相关信息可以在基于卫星遥感的绿地评估模型的校准和验证中起到关键作用，为基于卫星遥感的绿地指标的发展奠定了基础。

近地面测量方式主要使用传统数字相机，连续碳通量测量器或多光谱反射传感器等设备，获取地表图像和其他相关数据。近地面测量可以提供客观且更高的时空分辨率的植被覆盖信息，被越来越多地应用于绿地信息网络数据构建和局部绿地空间的研究中。近地面测量提供的数据是介于现场观测调查与卫星遥感评估两种方式之间的过渡和桥梁，其测量数据也可作为卫星遥感绿地评估模型的验证数据。

然而，上述两种测量方式在长时间跨度或大尺度空间下的绿地评估研究中可行性均较低，多数流行病学研究采用的绿地暴露测量方法是基于卫星图像获得的数据。例如，Landsat 卫星可连续每 16 天提供空间分辨率为 30m 的多光谱遥感数据。2001 年后，搭载在 Terra 和 Aqua 卫星上的中分辨率成像光谱仪（middle resolution imaging spectrometer，MODIS）提供了更高水平的空间成像能力，并且有着更高的时空分辨率（每天的 250～500m 遥感栅格数据），已被越来越多地应用于大规模的植被监测和绿地研究。

早期的研究主要采用基于土地利用类型（耕地、林地、城市绿地）衍生的诸如绿地面积占比，单位人口绿地面积等指标作为人群绿地暴露水平。近些年，基于卫星遥感影像反演的绿地指标越来越多地被研究所采用，如基于地表近红外波段和红外波段反射率数据计算的归一化植被指数（normalized difference vegetation index，NDVI）和树木覆盖率（vegetation continuous fields），或基于地理信息系统（geographic information system，GIS），计算的个体至绿地空间的距离等。此外，人工智能和云计算，机器学习等技术也在繁衍绿地水平指标中得到了应用。利用深度学习算法和近地表观测数据（如街景数据）量化人视线范围内绿地水平和识别植被特征也是新兴的绿地评价指标。客观环境绿地指标因其在不同研究间具有良好的可比性，是环境与健康研究中较为常用的指标。以下将简要介绍几种常用的客观环境绿地评价指标。

（1）基于卫星遥感影像的客观环境绿地评价指标：客观环境绿地指标一般为基于卫星遥感或近地表测量数据计算所得。该类指标原理是利用植被光谱特性，通过将不同波段光谱进行组合和计算，从而得到反映绿地水平的各种指标，通常无量纲。植被指数由于其计算简便且可较好地代表研究地区实际绿地水平，因而被广泛地应用到绿地健康效应研究中。以下对在环境流行病学研究中常见的植被指数进行简要介绍。

NDVI 目前是环境流行病学中常用的绿地暴露评估指标之一，已被证明对叶绿素敏感，与植被水平具有良好的相关性。利用绿色植被中的叶绿素在近红外波段具有高反射值，在红光波段具有强吸收的特征，对 2 种波长信息进行加工计算，即可用来估计绿地暴露水平。NDVI 取值范围为 [−1,1]，NDVI 值越接近 1，绿地水平越高；当 NDVI 取值为 0 时，即代表房屋、岩石、裸土等绿度低的地方；NDVI 取值小于 0 时，一般为水域、云层或者雪地等。

在计算 NDVI 的基础上，通过额外纳入土壤调整因子以减少背景光学特性影响的植被指数称为土壤调整植被指数（soil-adjusted vegetation index，SAVI），其数值范围同样在−1 到 +1 之间，数值越高表示植被覆盖水平越高。SAVI 通过额外纳入参数 L 考虑到了不同植被覆盖度时土壤背景光学特征对绿地水平估计的影响，在一定程度上减小了土壤背景的影响，在低植被覆盖地区对绿地水平估计更为准确。然而，参数 L 因不同研究地区的特性及不同的土壤类型而不同，难以统一。

由于光谱波长的不同组合、土壤背景特征的复杂，以及测量仪器、设备和技术的不同，植被指数种类繁多，但这些指数均是在光谱波段组合、转换和计算的基础上额外纳入相关的环境参数，以减少特定区域内的相关环境因素对绿地水平估计的影响。

（2）基于模型或机器学习的客观环境绿地指标：除了基于植被光谱反射特征原理计算的植被指数外，还有利用土地回归模型或机器学习等方法，基于卫星遥感或近地表测量环境数据计算的诸多其他绿地水平评估指标。

树木覆盖率通常定义为特定缓冲区内 5m 或更高的木本植被覆盖的百分比。绿景指数（green view index，GVI）是指在特定位置上观测的绿色植物的可见度。GVI 反映的是特定图像中绿色植物像素数占所有像素数的百分比，取值范围为 0～100，值越大代表绿地暴露水平越高。在实际应用中，可根据研究需要，识别计算出不同植被类型的 GVI。GVI 反映的是视觉水平上的绿地水平，且能够更好地区分特定的绿地类型，可用于探究不同绿地类型与健康的关联，在环境健康研究中是一个非常具有应用价值和前景的绿地水平评估指标。然而，当前的 GVI 同样存在一定的局限性，如仅评估了街道周围的绿地水平，时空分辨率低。

除了上述的几种指标之外，基于卫星遥感影像等公开数据和机器学习等方法，还可以计算或识别特定土地类型（如森林、公园），从而根据研究对象所在的经纬度计算出周围绿地面积占比，距绿地空间距离及绿地景观之间的破碎度、连接度等其他客观指标。

（三）绿地对人群健康的影响

随着社会和经济的发展，绿地作为环境保护因素，其对人体健康效应的研究已经成为公共卫生与环境科学等多学科交叉的一个研究热点。已有大量研究证据表明，总体上较高绿地暴露水平与人群死亡率、心血管疾病、高血压、肥胖、睡眠障碍、低出生体重等风险降低存在着中低强度的相关（图 13-1）。此外，绿地暴露与不同特征人群（妊娠期妇女），不同生命阶段人群（婴儿、儿童青少年、成年及老年人等）的健康水平均存在关联。下面简要阐述绿地与健康相关研究的现状。

1. 绿地暴露对死亡率的影响 绿地暴露对死亡率影响的研究亦较多，尤其在欧洲。一项系统综述总结了来自北美、欧洲和大洋洲的 12 项研究，发现居住在区域绿地水平较高的人群，其全因死亡率和心血管所致死亡率显著降低。另一项荟萃分析研究结果表明，居住在绿地水平较高地区的人群相较于绿地水平较低地区，全因死亡率和 CVD 死亡率均显著降低。

2. 绿地对心血管系统健康的影响 目前已有大量流行病学研究评估了绿地暴露与 CVD 间的关联。一项 2016 年发表的荟萃分析，通过合并 8 项原创性研究发现，高绿地暴露组人群 CVD 死亡率显著低于低绿地暴露组人群。另一项纳入 18 项原创性研究的荟萃分析发现了类似的结果，即绿地暴露升高与 CVD 死亡率下降有关联，但与脑卒中或冠心病发病率无显著关联。

图 13-1　绿地暴露对人群多系统 / 器官的有益作用

此外，已有许多关于绿地与心血管健康结局关联性研究在中国人群中开展。如我国学者在东北成年人群中开展的系列研究发现，随着 NDVI 和 SAVI 水平的升高，成年人群罹患 CVD、高血压、糖尿病、血脂紊乱、肥胖及代谢综合征的可能性均显著降低。此外，研究者在河南农村人群亦发现绿地暴露与空腹血糖水平降低存在关联。类似的绿地对心血管系统健康的保护效应在儿童青少年中亦有报道。

此外，也有一些 RCT 在严格控制了试验环境、受试者饮食和行为因素后，发现在成年人群中，暴露于绿地一定时间后，其心血管系统相关生理指标状况均显著改善。

3. 绿地对呼吸系统的影响　目前关于绿地与呼吸系统关联的研究已被广泛开展，但研究结果不尽一致。类似地，我国人群中开展的几项研究也报道了不同的结果。如一项在中学生中开展的横断面研究发现，NDVI 与哮喘和肺炎之间不存在关联，但另一项横断面研究发现，随绿地暴露水平的增加，儿童肺功能更佳且哮喘患病率降低。关于绿地与呼吸系统疾病（如哮喘、过敏性鼻炎等）的系统综述结果显示，绿地暴露与哮喘之间没有显著关联，绿地暴露对哮喘等呼吸系统疾病的影响尚不能下定论。

4. 绿地暴露对精神心理健康的影响　大量研究已评估了绿地暴露对精神和心理健康的影响，尤其在发达国家。一项在美国成年人群中开展的研究发现，随着绿地暴露水平的增加，成年人抑郁、焦虑和压力症状水平显著降低。此外，一些在儿童人群中开展的研究亦发现绿地暴露水平越高，其精神和心理状况越好。近年来，我国学者也开展了此类研究，发现绿地暴露可增加心理幸福感，以及在绿地空间活动一段时间后，精神心理健康指标明显改善。

一些系统综述也一致地支持绿地暴露可能对心理健康存在有益作用。例如，一项纳入了 25 项原创性研究的系统综述结果显示，暴露在自然环境中的人相较于暴露在建成环境中的人有着更好的情绪状态和注意力。另有两项综述发现，绿地暴露增加对儿童青少年的情绪行为功能有改善作用。

5. 绿地暴露对出生结局的影响　母亲怀孕期间绿地暴露对子代健康的影响是近年来绿地领域的热点之一。一项来自以色列的横断面调查显示，绿地水平与出生体重存在正向关联。另一项来自德国的出生队列研究也观察到绿地暴露水平与低出生体重及早产发生风险降低有关。最近，我国一项大型横断面调查数据显示，绿地暴露可能是早产的保护因素。另外，一项纳入了29项原创性研究的荟萃分析结果显示，随着孕期绿地暴露增加，新生儿出生体重增加，低出生体重风险降低，但未发现绿地暴露对早产和小于胎龄儿的改善作用。既往研究基本支持绿地能够减少低出生体重发生的风险，但对于早产的影响尚无定论。

6. 绿地暴露对睡眠的影响 目前绿地与睡眠相关研究多为横断面研究，其结果大多表明绿地暴露与睡眠改善存在关联。此外，一项干预试验发现，2小时的森林行走显著改善了睡眠质量。新近的一项系统综述总结了13项绿地与睡眠关联的研究，发现其中11项报告了绿地暴露与睡眠质量和时长改善有关。

绿地暴露促进健康的确切机制尚不完全清楚，但已存在一些假设。首先，绿地能够为人们进行体育锻炼提供场所，从而促进体育锻炼，进而带来健康益处。此外，绿地能够减轻空气污染、噪声、气温等环境危害暴露的水平；绿地可能通过减缓心理压力、恢复注意力、放松心情进而改善健康状况；绿地也可能通过增加微生物多样性、改变人类微生物群组成来对人体健康产生有益影响。

三、环境噪声与健康

环境噪声是指在工业生产、建筑施工、交通运输和社会生活中所产生的干扰周围生活环境的声音。环境噪声污染是指所产生的环境噪声超过国家规定的环境噪声排放标准，并干扰他人正常生活、工作和学习的现象。环境噪声污染是一种能量污染，与其他工业污染一样，是危害人类环境的公害。

（一）环境噪声的分类、特征及评估方法

1. 城市环境噪声定义、分类与特征 环境噪声主要分为交通噪声、工业噪声、建筑施工噪声及社会生活噪声。

（1）交通噪声：主要指的是机动车辆、飞机、火车和轮船等交通工具在运行时发出的噪声。这些噪声的噪声源是流动的，干扰范围大。交通噪声随时间变化，是一种非稳态噪声，其强度与交通工具种类、数量、行驶速度和行驶状况的交通参数有关，也与城市规划布局、路面状况、地形地貌及绿化等因素有关。

（2）工业噪声：主要指工业生产劳动中产生的噪声。主要来自机器和高速运转设备。其来源多样且变化频繁，具有突发性、冲击性、不连续性等特点，极易引起人们的烦躁。

（3）建筑施工噪声：主要指建筑施工现场产生的噪声。在施工中要大量使用各种动力机械，要进行挖掘、打洞、搅拌，要频繁地运输材料和构件，从而产生大量噪声。

（4）社会生活噪声：主要指人们在商业交易、体育比赛、游行集会、娱乐场所等各种社会活动中产生的喧闹声，以及收录机、电视机、洗衣机等各种家电的嘈杂声，这类噪声一般在80dB以下。如洗衣机、缝纫机噪声为50～80dB，电风扇的噪声为30～65dB，空调机和电视机为70dB。

2. 环境噪声评价指标

（1）A声级：用A计权网络测得的声压级，用L_A表示，单位为dB（A）。A声级比较接近人听觉器官的感觉，故被用作噪声评价的主要指标。

（2）等效连续A声级：简称为等效声级，指在规定测量时间（T）内A声级的能量平均值，用$L_{Aeq,T}$表示，单位为dB（A）。

我国采用等效声级评价环境噪声，《声环境质量标准》（GB 3096—2008）规定了5类环境功能区在昼间和夜间时段的环境噪声限值（表13-1）。

表 13-1　环境噪声限值表　　单位：dB（A）

分类	昼间	夜间
0 类	50	40
1 类	55	45
2 类	60	50
3 类	65	55
4 类		
4a 类	70	55
4b 类	70	60

注：（1）0 类声环境功能区：指康复疗养区等特别需要安静的区域

（2）1 类声环境功能区：指以居民住宅、医疗卫生、文化教育、科研设计、行政办公为主要功能，需要保持安静的区域

（3）2 类声环境功能区：指以商业金融、集市贸易为主要功能，或者居住、商业、工业混杂，需要维护住宅安静的区域

（4）3 类声环境功能区：指以工业生产、仓储物流为主要功能，需要防止工业噪声对周围环境产生严重影响的区域

（5）4 类声环境功能区：指交通干线两侧一定距离之内，需要防止交通噪声对周围环境产生严重影响的区域，包括 4a 类和 4b 类两种类型。4a 类为高速公路、一级公路、二级公路、城市快速路、城市主干路、城市次干路、城市轨道交通（地面段）、内河航道两侧区域；4b 类为铁路干线两侧区域

3. 环境噪声评估方法　一般分为主观评估和客观评估。主观评估方法主要是通过问卷调查询问受访者居住环境或其他研究区域内是否有噪声、噪声的强度及个人对噪声的感受。此种方法简单易行，且得到的信息可在一定程度上反映人们对噪声的感受，但此种方法主观性较强，容易产生暴露错分偏倚，且不同研究间难以进行比较。

客观方法一般分为现场测量和模型反演。现场测量一般使用专业仪器，如声级计，在选定区域内测量噪声的强度、频率等特征。客观测量方法在一定程度上能够减小暴露错分发生的可能，且方便不同研究间进行比较，同时也存在费时费力，难以应用在研究区域广阔的大样本人群研究的局限性。

模型反演方法则是通过收集一系列与噪声相关的信息，如交通流量、平均车速、车辆类型，以及道路和建筑物的信息，包括道路名称、长度、坐标、建筑物的唯一标识码和面积等信息。然后通过特定模型，考虑到噪声的传播和衰减等过程，计算并制作包含噪声信息的特定研究区域的地图，之后根据经纬度提取噪声作为暴露。基于相关信息通过模型反演计算噪声的方法较适合应用在大样本人群研究中，但模型拟合需要的信息较难获得，目前相关公开数据库较少，仅局限于部分地区。

（二）环境噪声对人群健康的影响

噪声具有局部性、暂时性和多发性的特点。噪声对人体最直接的损害是听觉系统，环境噪声（包括职业噪声）对听力的影响已被充分证明，本节主要关注环境噪声对其他系统的不利影响。

1. 噪声对睡眠的影响　目前已有大量研究探究噪声与睡眠之间的关联。一项纳入了 15 项原创性研究的系统综述发现，无论主观感知噪声，还是客观测量噪声，均可影响睡眠质量。

近年来也有将白噪声（white noise）作为改善睡眠的一种手段。白噪声是指在可听到的频率范围内（20～20 000Hz），频率保持一致（均匀）的声音。白噪声在人们的印象中可改善睡眠，但一项系统综述结果显示，白噪声会减少儿童青少年及大学生的睡眠潜伏时间。此外，白噪声对睡眠碎片化也有明显改善作用。

2. 噪声对心血管系统健康的影响　目前关于噪声和心血管系统健康的研究较多。一篇纳入了 139 项原创性研究的综述发现，噪声水平增加与 CVD 患病风险增加呈正相关。也有研究报道，交通噪声暴露可导致肥胖患病风险增加。另外，系统综述的结果也提示噪声可能是糖尿病的危险因素。

3. 噪声对出生结局的影响　噪声对不良出生结局影响的相关研究一般集中在职业噪声暴露。环境噪声暴露对出生结局影响的研究尚不多见。一项纳入了 14 项原创性研究的综述结果显示，交

通噪声暴露可能会增加早产和低出生体重等不良出生结局的风险，但纳入研究的质量较低，未来需要更高质量的研究进一步证实。

4. 噪声对死亡率的影响 目前已有许多关于噪声对死亡率影响的研究。一项纳入了 20 项原创性研究的系统综述发现，噪声暴露升高与心肌梗死死亡率的升高存在正相关。另外一项交通噪声与死亡率的综述亦发现，长期道路交通噪声暴露升高可增加缺血性心脏病死亡率的风险。

总体来看，噪声对人体多个系统健康可能都存在影响，未来设计良好的研究可进一步探究不同来源、不同强度的噪声对人体多器官系统健康的影响。

四、夜光污染与健康

（一）夜光的定义及评估方法

随着社会和经济的发展，人造光源增多，为人们的生活提供便利的同时，也带来一种污染——光污染。夜光是指人造夜间灯光，主要分为环境夜光（如路灯）和室内夜光（如卧室灯），如果从太空观测夜间无云时的地球，可以发现人类聚居区和经济带发出光亮。伴随着人们日落后的活动和夜光的增加，夜光对人体健康的影响在公共卫生学领域越来越受到重视。夜光的评估一般分为主观报告和客观测量。主观报告通常通过问卷中的问题收集被调查者夜光暴露信息，如"睡觉时开灯还是关灯""室外路灯等其他光源是否会照射到卧室"等问题。此种方法能够收集到个体对夜光的感知，但是可能存在暴露错分等情况。客观测量方法主要是通过现场测量及卫星遥感数据获取相关信息。针对室内夜光暴露的客观测量，需要用到专业仪器，这样得到的信息能够较为准确地反映人体暴露情况，但是耗时费力，不适合应用于大样本人群研究。基于卫星遥感数据反演夜光暴露则适合应用于大范围大样本人群研究。当前常用的夜光遥感数据主要来自两个卫星数据，一个是国防气象卫星计划（defense meteorological satellite program，DMSP），传感器空间分辨率为 3000m，可以提供长时间序列连续的夜光遥感监测。另一个则是 2011 年发射的新一代对地观测卫星（Suomi 国家极地轨道伴随卫星），该卫星搭载的可见光 / 红外辐射成像仪（visible infrared imaging radiometer suit，VIIRS），能够获取新的夜光遥感影像，空间分辨率也提高到了 500m。

（二）夜光对人群健康的影响

1. 夜光对睡眠的影响 夜光主要表现为对人类睡眠状况的影响。哺乳动物的下丘脑视交叉上核是脑内的昼夜节律起搏器，夜光刺激人的眼睛，激活了视交叉上核的光敏感神经元，将光照信号传递到松果体，从而调节睡眠相关激素（如褪黑素）水平的节律变化。此外，光照也可能通过调控睡眠相关基因（如生物的钟基因）及基因相关产物的表达，进而扰乱人体的昼夜节律，从而影响人体的睡眠时长和睡眠质量。一项在儿童青少年中开展的横断面研究结果表明，室外夜光暴露越高，儿童青少年的睡眠状况越差，另一项在老年人群中开展的研究也得到了类似的结果，以及有研究表明室内夜光暴露明显影响睡眠状况。

2. 夜光对精神心理健康的影响 一项纳入了来自美国、日本、韩国等国家 9 项原创性研究的系统综述发现，随着夜光暴露的增加，心理健康疾病（如焦虑抑郁症状、自杀行为）患病风险增加。现有的研究证据基本支持夜光会对心理健康状况产生不利影响这一观点。

3. 夜光对心血管系统健康的影响 一项在日本老年（年龄＞60 岁）人群中开展的队列研究发现，室内夜光暴露水平越高，颈动脉粥样硬化风险越高。该研究还发现室内夜光暴露可导致血压升高。另外，也有多项研究发现，夜光暴露增加与超重和肥胖的患病风险呈正相关。其余类似的研究也发现夜光可导致心血管系统健康受到损害（如冠心病住院率和死亡率增加，血压升高）。

4. 夜光对生殖系统健康的影响 一项在美国女护士中进行的队列研究表明，轮班工作（即夜光暴露增加）与月经周期不规律可能性增加有显著关联。另一项纳入了 62 项研究的荟萃分析发现，轮班和（或）夜班工作与流产、早产、低出生体重风险增加有关。推测可能是夜光暴露影响人体激素分泌，从而影响生殖系统健康。

综上所述，夜光暴露可能会对人体多系统健康产生有害效应。未来需要更多的研究探讨夜光暴露与人体健康结局的关系，如何在不牺牲生活便利和经济发展的情况下尽量减小夜光暴露对人体的影响，是未来研究需重点关注的方向。

五、其他建成环境与健康

（一）蓝色空间与健康

蓝色空间（blue space）即水体，指被水覆盖地段的自然综合体，包括江、河、湖、海、冰川等。蓝色空间与人们的生活和生产活动息息相关。蓝色空间可能通过以下途径影响人体健康：①增加社会交往；②提高人体缓解恢复能力；③增加环境有益因素；④促进人们进行体力活动。目前已有一些研究初步探讨了蓝色空间对人类健康的影响。例如，在一项纳入了21项原创性研究的荟萃分析中，研究者发现区域内蓝色空间数量越大，人的缓解恢复能力越强。另一项纳入了33项原创性研究的综述发现，蓝色空间对心理健康状况（如压力、情绪）有改善作用。一项跟踪长达17年的队列研究发现，蓝色空间暴露和全因死亡率风险降低显著相关。另外，也有研究发现蓝色空间暴露与白血病、炎性肠病、一般健康状况存在关联，蓝色空间暴露越高，白血病和炎性肠病患病风险降低，一般健康状况越好。尽管如此，蓝色空间对人类健康影响的研究才刚刚起步。同时，水体可能是污染物聚集的场所，未来尚需更多的研究明确对水体、对人体健康的影响。

（二）灰空间与健康

灰空间（grey space）指人造建筑，如工厂、楼宇、广场、商场等工业、商业和交通设施及无绿色空间或蓝色空间矿山等。灰空间可能通过哪些途径影响人群健康？目前关于灰空间影响人体健康的机制尚不清楚，但提出了以下几种假说：①灰空间中微生物多样性较低，从而对人体健康产生影响；②灰空间可能会降低人们进行体育锻炼的意愿，或限制人们进行体育锻炼的频率和强度，由此影响人体健康；③灰空间中大气污染物不易逸散，导致其浓度过高，影响人体健康；④灰空间可能会影响人的心理状态，从而影响人的生理健康。目前关于灰空间与人体健康相关研究主要集中在呼吸系统健康方面。一项在儿童青少年中开展的横断面研究发现，随着灰空间的增加，支气管炎患病风险上升。另一项在儿童中进行的横断面研究也发现了类似的结果，即随着居住地灰空间增加，过敏性鼻炎和哮喘患病风险上升。但也有一些研究表明，灰空间和健康不存在关联。考虑到目前该领域研究证据的稀缺性，未来尚需更多研究进行探讨和论证。

展　望

城乡规划是决定人类居住环境是否安全、舒适，以及有益人群健康的重要因素。随着社会经济的发展，人们对居住环境的要求越来越高，同时全球范围内也在改善城乡环境和促进城乡服务功能方面做出了很大努力，如大气污染、水污染及土壤污染等的治理已经比较完善和系统，城乡规划的合理性在不断提高。尽管一些发展中国家因为工业起步较晚，目前仍存在一些污染，但总体来讲城乡规划已得到较为充分的关注，并且进步显著。近年来，建成环境因素如绿地、夜光、噪声、蓝色空间等受到越来越多学者的关注。已有一些研究较为深入地探讨了绿地和噪声对人类健康的影响，并证明其存在密切关联，但这些证据多来自西方发达国家，而来自包括中国在内的发展中国家的研究较少。夜光、蓝色空间和灰空间等建成因素对健康影响的证据还非常少，因此其健康效应难以进行确切结论。更为重要的是，上述建成环境因素影响健康的潜在机制也多不清楚。因此，尚需在未来开展更多相关研究，尤其应考虑多种因素，采用先进的研究和分析方法，进行城乡规划因素健康效应的进一步明确及其机制阐释。

思 考 题

1. 未来应从哪些方面进一步提高城乡规划水平，以及作为研究生应该开展哪些研究为城乡规划决策提供理论支持？

2. 在我国乡村振兴的大背景下，如何开展乡村规划及研究工作，助力美丽乡村的建设？

3. 新的建成环境因素对健康的影响究竟如何，其潜在效应机制是什么？

（杨博逸）

第四篇　环境与健康研究实用方法与技术

第十四章　环境与健康科研基础知识

环境与健康研究是探索环境与健康领域的科学认识活动，是探索环境与健康之间关系规律的实践过程和认识过程。科学研究工作是探索性的艰苦工作，需要付出艰辛的努力和无数的汗水。从事科学研究，不仅要有明确的志向和坚定的信心，也要有正确的方法和策略指导，要具备进行科学研究的基础知识，从而指导自身的科研过程，促进科技成果的产出，并获得高质量的研究成果。本章从科学研究的基本特征出发，同时结合环境与健康科学研究的特点，介绍了和环境与健康相关的科学研究的基础知识、基本概念和基本方法等。

第一节　科学研究的道德与伦理

科学研究在造福人类的前提下，也必须遵守相应的科研伦理与道德。随着科学探索的逐步深入和环境健康研究模式的转变，科研过程中出现的道德和伦理问题引起了广泛的重视。当前文化空前繁荣、思想解放，不可避免地带来道德价值冲突。环境与健康研究者应树立正确的价值观，了解和遵循科研道德，实事求是地进行科研创造，在科学实践过程中把握伦理原则，努力成为一名优秀的科研工作者，为人类健康进行有价值的科研探索。

一、科学研究的道德准则和要求

（一）科学研究的道德准则

科研道德指科技工作者在科研活动中应具备的道德规范、行为准则和道德素质，是科学研究中应予以遵守的道德准则，其建立在社会道德的基础上。科学道德旨在规范科技工作者个人与个人、个人与集体、个人与社会之间的关系。科学不能只是单纯地研究新的东西而摒弃了社会基本道德关系，科学必须是建立在良好的道德结构之上。随着我国科研事业的蓬勃发展及学科建设的要求，科研道德规范逐步引起重视。科技工作者应当坚持科学真理，尊重科学规律，勇于探索创新，开放协作，弘扬科学精神，恪守科学道德准则。科学研究道德准则主要体现在以下几个方面：

1. 追求真理、坚定信念　科学研究的目标是追求真理、揭示客观规律，为国家经济建设和人民生活健康服务。科学是建立在多次试验的基础上而得出的真理，科研工作者应当献身科学事业，坚定信念，戒骄戒躁，为了国家和人民利益克服艰难险阻。当代科研工作者应该认真学习习近平总书记的指示精神：国家实验室、国家科研机构、高水平研究型大学、科技领军企业都是国家战略科技力量的重要组成，各个主体互为补充又各有侧重，以国家战略需求为导向，从成为基础研究的主力军和重大科技突破的生力军，到整合集聚创新资源，共同构成国家创新能力体系，为实现高水平科技自立自强贡献力量。

2. 开拓创新、实事求是　科学研究是指为了增进包括关于人类文化和社会在内的知识，以及利用这些知识去发明新的技术而进行的系统的创造性工作。科研工作者应积极探索事物发展规律，牢固树立原创意识，尊重创新，敢于挑战，做具有开拓意义的科研。科研创新要尊重事物发展的客观规律。科研设计应该从实际情况出发，研究数据的分析和评价要客观。科研贡献评价要实事求是，不虚假夸大，明确前人的研究和自己的创新。

3. 团结协作、相互尊重 科学研究的社会性要求科研人员相互配合，发扬团队精神。适当的学术交流与合作可以相互促进、启发灵感。科研人员应相互尊重，坦诚合作，承认他人的创造性工作，尊重研究人员在合作关系中的贡献。公开接受他人的批评和质疑，及时与其他研究人员分享自己的研究成果。

（二）环境与健康研究各阶段道德要求

科研道德要求科研工作者在科研设计、项目实施、资料分析、总结报告等多个环节必须实事求是，保证数据收集、发表的有效性和准确性。环境与健康研究各环节道德要求的具体表现为：

1. 科研设计 科研设计应立足国家、人民对生产力和文化的需求，探索环境对健康状况影响的客观规律，做推动科技创新、服务人类健康的科研。科研设计要基于现有的科学依据，以创新性为导向。科研过程中涉及的伦理问题要合理评估，保证科研在伦理规范下进行。科研设计应当考虑可行性，必须是能够开展的，必须基于现有条件进行评估。研究设计要确保活体试验对象得到充分的尊重和关怀。

2. 项目实施 项目实施过程中要严守法律法规并尊重当地风俗习惯。项目实施过程中受试者应该是知情且自愿参与研究的。无视知情同意原则有违科研道德，甚至会触犯法律。项目实施过程应尊重受试者自我保护、退出研究的权利，确保受试者身体、心理不受伤害，保护受试者隐私。科研人员在数据收集过程中要尊重客观事实，做到实事求是。选择适当的数据获取方法，数据采集要保证原始性、真实性和完整性。对数据录入、分析等环节严格核实，设立监督机制。现场研究不能按照自己的意图对受试者进行引导性回答。不能将似是而非的结果一律划为“阳性反应”。实验室研究必须严格遵守操作实验规范，反复验证实验结果，正视实验中的失败或错误，不可以主观地取舍、篡改数据。否则，将造成科研浪费，甚至危害人类健康。

3. 资料分析 资料分析要实事求是，严禁随意编造、改动原始数据或选择性记录数据以获得特定的结果。在数据所有者知情同意的情况下，才能使用他人未正式发表的数据，并明确说明数据来源。涉及受试者隐私数据应征得相关人员或其监护人的知情同意方可进行分析。不能未经同意将数据用于约定用途之外的其他目的。在使用数据、图像时，不可模糊、消除或歪曲原始图像所展示的所有信息，应当使其能够清晰、完整、准确地反映实际结果。正确使用统计学分析方法，并规范描述资料分析结果。对于遗漏、未用或多余的资料须加以说明。统计、处理资料时首先要核实原始资料的正确性，客观估计影响实验结果的因素，不得隐瞒伪造。资料分析和结果推断要做到基于科学、实事求是。

4. 总结报告 在发表论文或以其他形式报告科技成果时必须尊重知识产权，如引用他人论点时需如实标出。科研总结阶段的署名是对研究者贡献的肯定，应按贡献对参与者进行署名排序。科技成果的署名者应贡献于科研设计、资料分析、文稿写作、内容修改、科研经费支撑等。仅贡献于资料收集或一般性的日常科研管理不应列为作者。提供咨询、给予某种帮助、常规劳务人员可在文末致谢。科技成果署名不宜过多、过滥，应本着实事求是、客观公正的原则。科研数据应适当整理、保存、备份、归档，防止数据的损毁、灭失或被篡改。所有研究数据应在不违反保密规定的原则下对合作者和监督机构开放。对于需要保密的数据，应当采取特别的保存措施。影响公众健康、公共卫生或社会秩序的研究结果，要积极报告相关部门。

二、科学研究的伦理学审查原则与程序

（一）伦理学基本原则

环境与健康研究与生命息息相关，伦理要求在环境与健康研究中尤其重要。伦理审查应当遵守国家法律法规规定，在研究中尊重受试者的自主意愿。作为环境与健康研究行为标准的伦理基本原则包括有利原则、无伤原则、尊重原则、公正原则。

（二）以人为研究对象的环境与健康研究的伦理审查

涉及人体的试验应遵循《赫尔辛基宣言》规定的伦理准则。研究项目的伦理申请由伦理委员会审查批准。伦理委员会应当建立伦理审查工作制度或者操作规程，保证伦理审查过程中具有独立性、客观性、公正性。伦理审查委员会必须独立于研究者、主办者及避免来自其他方面的影响，但也须遵守进行试验的国家的法律和法规。伦理审查委员会有权监管研究者正在进行的试验，研究者有责任将有关资金、主办单位、机构成员、其他潜在的利益冲突和对受试者的激励等纳入监管的信息及时提供给伦理审查委员会，以供审查。

1. 审查原则　我国国家卫生健康委员会颁布的《涉及人的生物医学研究伦理审查办法》中明确要求涉及人的生物医学研究的伦理审查应当遵照以下伦理原则。①知情同意原则：尊重和保障受试者是否参加研究的自主决定权，严格履行知情同意程序，防止使用欺骗、利诱、胁迫等手段使受试者同意参加研究，允许受试者在任何阶段无条件退出研究；②控制风险原则：首先将受试者人身安全、健康权益放在优先地位，其次才是科学和社会利益，研究风险与受益比例应当合理，力求使受试者尽可能避免伤害；③免费和补偿原则：应当公平、合理地选择受试者，对受试者参加研究不得收取任何费用，对于受试者在受试过程中支出的合理费用还应当给予适当补偿；④保护隐私原则：切实保护受试者的隐私，如实将受试者个人信息的储存、使用及保密措施情况告知受试者，未经授权不得将受试者个人信息向第三方透露；⑤依法赔偿原则：受试者参加研究受到损害时，应当得到及时、免费治疗，并依据法律法规及双方约定得到赔偿；⑥特殊保护原则：对儿童、孕妇、智力低下者、精神障碍患者等特殊人群的受试者，应当予以特别保护。

2. 审查程序　申请程序主要包括申请材料的提交、伦理委员会的审查、伦理委员会的批准。

（1）申请材料提交：申请材料包括伦理审查申请表、研究项目负责人信息（主要包括姓名、年龄、职称、学习经历、研究经历等）、研究项目经费来源说明及研究项目所涉及的相关机构的合法资质证明、研究项目方案、受试者知情同意书、伦理委员会认为需要提交的其他相关材料。

（2）伦理委员会审查：伦理委员会收到伦理审查相关申请材料后，医学伦理委员会将召开审查会议。在研究过程中如果出现重大问题，危及受试者安全，或发生其他需要伦理委员会召开会议进行紧急审查和决定的情况，伦理委员会将召开紧急会议进行审查。

伦理委员会审查会议将按流程逐条审查以下方面：①研究者的资格、经验、技术能力等是否符合试验要求；②研究方案是否科学，是否符合伦理原则的要求；③受试者可能遭受的风险程度与研究预期的受益相比是否在合理范围之内；④知情同意书提供的有关信息是否完整易懂，获得知情同意的过程是否合规恰当；⑤是否有对受试者个人信息及相关资料的保密措施，受试者的纳入和排除标准是否公平；⑥是否向受试者明确告知其应当享有的权益，包括在研究过程中可以随时无理由退出且不受歧视的权利等；⑦受试者参加研究的合理支出是否得到了合理补偿；⑧受试者参加研究受到损害时，给予的治疗和赔偿是否合理、合法；⑨是否有具备资格或者经培训后的研究者负责获取知情同意，并随时接受有关安全问题的咨询；⑩对受试者在研究中可能承受的风险是否有预防和应对措施；⑪ 研究是否涉及利益冲突；⑫ 研究是否存在社会舆论风险；⑬ 中医药项目研究方案的审查，还应当考虑其传统实践经验；⑭ 采集、保藏、利用、对外提供我国人类遗传资源，应当遵守《中华人民共和国人类遗传资源管理条例》（国务院令第 717 号）；⑮ 其他需要重点审查的方面。

（3）伦理委员会批准：伦理委员会批准研究项目的基本标准包括：坚持生命伦理的社会价值、研究方案科学、公平选择受试者、合理的风险与受益比例、知情同意书规范、尊重受试者权利、遵守科研诚信规范。

伦理审批通过后，所有在人体中（或采用取自人体的标本）进行的临床研究在实施前还需要在公开数据库上进行注册，并跟踪和报告试验结果。这种开放获取正在进行或已完成的试验的信息符合保护受试者的伦理责任。经 WHO 认可的一级注册机构包括中国临床试验注册中心、美国临床试验数据库、英国国际标准随机对照试验号注册库等。为保护和合理利用我国人类遗传资源，维护公众健康、国家安全和社会公共利益，凡涉及人类遗传资源、人类遗传资源信息的资料在采集、保藏、利用、对外提供的过程中需要严格审批、备案和申报登记，遵守《中华人民共和国人类遗传资源管理条例》等文件的规定。

（三）以动物为研究对象的环境与健康研究伦理审查

实验动物无法决定是否参与研究，这是人体实验和动物实验在伦理审查中的最根本区别。随着实验动物在环境医学研究中的使用量逐年增加，动物实验引发的伦理问题也成为环境与健康领域研究者关注的焦点。2018 年 2 月，中国《实验动物福利伦理审查指南》颁布，实验动物福利作为一项国家推荐性标准得以确立，中国《实验动物福利伦理审查指南》对实验动物伦理审查给出了指导性意见。

1. 审查原则 动物实验的伦理审查原则主要包括以下几项：①必要性原则：实验动物的饲养使用和任何伤害性的实验项目应以有充分的科学意义和必须实施的理由为前提，禁止无意义滥养、滥用、滥杀实验动物，禁止无意义的重复性试验。②保护原则：对确有必要进行的项目应遵守“替代”“减少”“优化”的实验动物福利的“3R”原则，对实验动物给予人道主义保护。在不影响实验结果科学性的情况下，尽可能采取替代方法减少不必要的动物数量，降低动物伤害、使用频率和危害程度。③福利原则：尽可能保证善待实验动物。实验动物生存期间包括运输中尽可能多地享有动物的五项福利自由，保障动物处于舒适、健康、快乐等自然生活状态；各类实验动物管理和处置要符合该类实验动物规范的操作技术规程；防止或减少动物不必要的应激痛苦和伤害，采取痛苦最少的方法处置动物。④伦理原则：尊重动物生命和权益，遵守人类社会公德；制止针对动物的野蛮或不人道的行为；实验目的应符合人类公认的道德伦理价值观和国际惯例。⑤利益平衡性原则：兼顾动物和人类利益，在全面、客观地评估动物所受的伤害和人类由此可能获取的利益基础上，负责任地出具审查结论。⑥公正性原则：审查和监管工作应保持独立、公正、公平、科学、民主、透明、不泄密，不受政治、商业和自身利益的影响。⑦合法性原则：项目目标动物来源、设施环境、人员资质操作方法等各个方面不应存在任何违法违规或相关标准的情形。⑧符合国情原则：福利伦理审查应遵循国际公认的准则和我国传统的公序良俗、符合我国国情，反对各类激进的理念和极端的做法。

2. 审查程序 申请程序主要包括申请材料提交、伦理委员会审查、伦理委员会批准。

（1）申请材料提交：负责人应向伦理委员会提交正式的申请材料，包括伦理审查申请表和相关的举证材料；提交动物实验项目书（主要包括项目名称、概述、目的、必要性、意义和实验设计拟使用动物的信息，对动物造成的可预期的伤害及防控措施、实验动物环境设施及许可证号等）；项目负责人及成员的基本信息（主要包括姓名、年龄、学习经历、动物实验操作人员的专业培训经历、动物实验资质培训证书编号等）；遵守实验动物福利伦理原则的声明；伦理委员会要求的其他具体内容及补充的其他文件。

（2）伦理委员会审查：伦理委员会审查侧重于以下几个方面。①实施方案审查：伦理委员会主席指定委员在接到有关项目申报材料后进行初审；常规项目首次审查后可由主席或授权的副主席直接签发。如果有争议应聘请有关专家参加，召开伦理委员会会议再次审查。申请者可以申请现场答疑，并可以提请对项目保密或评审公正性不利的委员回避。②实施过程检查：伦理委员会对批准项目的实际执行情况及偏差进行日常检查，发现问题时应提出整改意见，严重的应立即做出暂停实验动物项目的决议；经审查通过的项目，应按照原批准的方案实施。涉及实验动物的重大改变变更的部分，均应在实施前重新申请审查和批准，项目书应明确相关人员对项目应负的主要责任。③终结审查：项目结束时，项目负责人应向伦理委员会提交该项目伦理回顾性终结报告，接受项目的伦理终结审查。

（3）伦理委员会批准：伦理委员会对未发现违反实验动物福利伦理有关法规、规定和中国《实验动物福利伦理审查指南》的项目，应予以动物实验福利伦理批准，并出具审查报告。

第二节 科研课题选题和申报

科研课题是为探索解决某个相对具体或细分的科学或技术问题，拥有某部门或团体的资金支持，需要在规定时间内完成研究任务的最基本的研究单元。正如爱因斯坦所说，“提出一个问题往往比解决一个问题更重要”。设计科研课题首先就要确定所要解决的科学技术问题，即进行科研选题。科研选题不仅关系到单个课题的成败，更与全社会的科技进步息息相关。为了提高科研工作效益，国家和社会层面均成立了众多科技管理机构，并提供了大量科学研究基金，以激励科技工作者更有效地开展科学研究，促进科学进步。本节将对科研课题的选题、类型和申报进行具体介绍。

一、科研选题的原则

科研选题是从战略上选择科学研究的主攻方向、确定研究课题的过程和方法，前者决定了研究者在一个较长的时间内进行科学攻关的大方向，后者则是研究者在科研过程中的某一阶段从大方向中筛选并确定的具体研究内容。选题是科研的首要环节，是科研工作的起点。选题是否恰当直接关系到科研的成败、科研水平的高低和成果的意义，影响科研人员的个人成才和科研管理活动的效能。恰当的选题可催生新理论、新技术，推动科学进步；不恰当的选题可使研究工作陷入僵局或无法完成或价值不大，造成人力、物力、财力上的浪费和损失。科研选题应遵循以下原则。

（一）科学性原则

科学性原则是指科研选题必须以科学事实、科学理论、技术原理等为依据，实事求是，不能凭空想象、主观臆造。科学性不仅仅要在选题上有所体现，更是整个科研过程的准绳。而科学性的基础是真实性，即取材客观真实，严谨可靠，经得起反复推敲。

（二）创新性原则

创新性原则是指科研选题必须具有先进性、新颖性和突破性。创新性是科学研究的生命线，是科研选题的灵魂，是选题得以成立的根本条件和价值所在。科研选题应站在科学的最前沿，探索新知识，推动科学发展。科研选题是否具有创新性，可以根据以下几个方面来判断：①前人从未涉及的课题：科研工作最忌讳仅仅是在前人的工作基础上，换个研究人群或增减样本数量，这样的研究工作往往创新性不够。研究者应坚持重复的课题不选，而要在广袤的科研园地上，通过敏锐的洞察力，寻找未被开垦的处女地，拓荒补白，提出全新的研究思路和设想。②发展补充前人的不足：科学的进步永无止境，即使前人已对某个问题进行了研究，提出了解决方案，但随着认识的深入，研究者可能发现其不完善甚至错误之处，需要进一步探索、补充或加以纠正。为此，要有不被前人、名人的经验所束缚，敢于质疑，勇于挑战的精神。③结合我国的现实需求：针对某一问题国外虽有相关研究资料，但仍需结合我国实际情况进行研究，以填补国内空白，解决国家需求。

虽然科研选题应遵循创新性原则，但对于一个具体的课题来说，创新点不能太多，一般是一个，最多不能超过三个，否则将降低研究结论的科学性和可靠性。

（三）可行性原则

可行性原则是指科研课题的实施基础、研究条件、方法手段、人员素质、技术指标等各方面按设计实现的可能性。无论是基础研究还是应用研究，都必须在现实可能的条件下才能进行，否则便是空谈，毫无意义。

可行性原则要求选题与自身的主、客观条件相适应。主观条件上要求：①研究者具有相应的技术职称、学术水平、工作经验和科学素养；②研究团队是一支知识、专业、年龄、技术结构合理的队伍；③团队成员的工作时间有保障，不能同时参与多于两项的研究项目（包括已立项但未结题的项目在内）。客观条件上要求：①选题在原理上可行，课题设计方案和技术路线可行，不能违反客观规律。②所选定的课题有一定的前期成果基础，如无基础，建议在选题前进行预实验或向有经验者请教，积累工作基础。③研究对象的来源有保障，且有充分的参考文献。④工作条件如仪器设备、实验场地和所需试剂、检测方法、经费投入等有可靠的保证。

（四）需要性原则

需要性原则是指科研选题必须基于国家和地方经济建设、社会实践和科学发展的需求，选择有重大意义或亟待解决的关键问题。对于基础研究，要根据学科发展的需要，包括开拓学科领域的需要、发展学科理论的需要、改进学科方法的需要等；对于应用研究，要根据解决实际问题的需要，将研究成果推广应用到现实社会，实现其经济价值、社会效益。具体到环境与健康研究，如应考虑到我国的疾病谱和疾病负担已由新中国成立初期的以感染性疾病为主转换成了如今的以非传染性慢性疾病为主，开展关于此类疾病的环境病因探索和防治研究关乎国计民生，因此科研选题时要考虑上述情况。

（五）优势性原则

优势性原则是指科研选题时，要从国内、本省市、单位及个人的长处和基础出发，充分发挥已有优势，扬长避短。宏观上，考虑国内、本省市、本单位的自然资源、研究平台和资源等；微观上，考虑课题组人员结构、素质及前期研究基础，选题时也需继承前期研究的积累性成果，包括理论和方法的传承优势。

二、科研课题的来源

科研课题按经费来源可分为纵向课题和横向课题。纵向课题是从国家、部委和省市纳入财政计划的科研拨款中直接获得经费的项目。横向课题是来源于非财政经费，由企事业单位和社会团体委托支持的项目。

在环境与健康研究领域，常见的纵向科研基金有以下来源：

（一）国家自然科学基金

国家自然科学基金委员会（National Natural Science Foundation of China，NSFC）于 1986 年由国务院批准成立，由中华人民共和国科学技术部（以下简称“科技部”）管理，资助的课题主要是基础研究和应用基础研究。国家自然科学基金面向全国，任何单位和个人均可申请，重点支持具有良好研究条件、研究实力的高等院校和科研机构中的研究人员。目前自然科学基金的资助结构大体上可以分为“研究项目”和“人才培养体系”两个资助板块（简称“项目板块”和“人才板块”）。“项目板块”主要包括面上项目、重点项目、重大项目、重大研究计划项目、专项项目和国际（地区）合作研究项目，以及近年新提出的原创探索计划项目等；“人才板块”主要包括青年科学基金项目、优秀青年科学基金项目、国家杰出青年科学基金项目等。NSFC 每年发布项目指南，供申请者参考。以下是几类常见的国家自然科学基金项目。

1. 面上项目 支持从事基础研究的科研人员在科学基金资助范围内，结合本人的工作基础和平台优势，自主选题，开展创新性的科学研究。申请这类项目不仅要求申请者具有承担基础研究课题或者其他从事基础研究的经历，还要求申请者具有高级专业技术职务（职称）或者具有博士学位，或者由两名与其研究领域相同、具有高级专业技术职务（职称）的科学技术人员推荐。这类项目面广量大，是国家自然科学基金最基本也是最主要的资助项目类别。

2. 重点项目 支持从事基础研究的科学技术人员针对已有较好基础、接近或达到国际先进水平的研究方向或学科生长点开展深入、系统的创新性研究，促进学科发展，推动若干重要领域或科学前沿取得突破。项目申请人应当具有承担基础研究课题的经历，并具有高级专业技术职务（职称）。

3. 重大研究计划项目 是围绕国家重大战略需求和重大科学前沿，加强顶层设计、凝练科学目标、凝聚优势力量，形成的具有相对统一目标或方向的项目集群。重大研究计划有指南发布，申请人须按照指南相关要求撰写申请书，突出有限目标和重点突破，须紧扣重大研究计划总体目标和核心科学问题。重大研究计划项目一般包括培育项目、重点支持项目和集成项目三个类型。申请者要求同重点项目。

4. 青年科学基金项目 支持青年科学技术人员在科学基金资助范围内自主选题，开展基础研究工作，培养青年科学技术人员独立主持科研项目、进行创新研究的能力，激励青年科学技术人员的创新思维，培养基础研究后继人才。申请要求同面上项目，只是对申请者年龄有限制，即男性 35 周岁以下（含 35 周岁），女性 40 周岁以下（含 40 周岁）。

5. 原创探索计划项目 为培育或产出从无到有的引领性原创成果，解决科学难题、引领研究方向或开拓研究领域，深入推动我国基础研究的高质量发展，NSFC 在 2019 年 12 月首次发布了 2020 年原创探索计划项目指南。原创探索计划项目支持科研人员提出原创学术思想、开展探索性与风险性强的原创基础研究工作，如提出新理论、新方法或揭示新规律等，原创项目分为两种类型：专家推荐类和指南引导类。依托单位具有承担基础研究项目（课题）或其他基础研究经历的科技人员均可提出申请，资助期限和资助强度灵活。

6. 优秀青年科学基金项目 支持在基础研究方面已取得较好成绩的青年学者自主选择研究方向开展创新研究，促进青年科学技术人才的快速成长，培养一批有望进入世界科技前沿的优秀学术骨干。项目申请人要求具有承担基础研究课题或者其他从事基础研究的经历，具有高级专业技术职务（职称）或者博士学位，男性年龄在 38 周岁以下（含 38 周岁），女性年龄在 40 周岁以下（含 40 周岁），保证资助期内每年在依托单位从事研究工作的时间在 9 个月以上，与境外单位没有正式聘用关系。

7. 优秀青年科学基金项目（海外） 是为吸引海外优秀人才回国（来华）工作设立的项目。旨在吸引和鼓励在自然科学、工程技术等领域已取得较好成绩的海外青年学者（含非华裔外籍人才）回国（来华）开展创新研究，促进青年科学技术人才的快速成长，为科技强国建设贡献力量。项目申请人要求遵守中华人民共和国法律法规，具有博士学位，年龄在 40 周岁以下（含 40 周岁），在海外高校、科研机构、企业研发机构获得正式教学或科研职位且具有连续 36 个月以上工作经历（在海外取得博士学位且业绩特别突出者可适当放宽工作年限要求），获资助通知后须全职回国（来华）工作不少于 3 年。

8. 国家杰出青年科学基金项目 是我国目前备受关注的人才基金项目，支持在基础研究方面已取得突出成绩的青年学者自主选择研究方向开展创新研究，促进青年科学技术人才的成长，吸引海外人才，培养和造就一批进入世界科技前沿的优秀学术带头人。项目申请人要求基本同优秀青年科学基金项目，只是年龄放宽至 45 周岁以下（含 45 周岁）。

9. 其他项目 除上面介绍的项目外，还包括面向科学前沿和国家经济、社会、科技发展及国家安全等重大需求的重大项目；支持国内外优秀学术带头人自主选题、自主组建和带领研究团队开展创新性研究的创新研究群体项目；支持科研人员潜心研究和探索，致力科学前沿突破的基础科学中心项目；NSFC 与有关部门、地方政府和企业共同投入经费设立的联合基金项目；针对特定科学问题设立的专项基金项目；支持开展可以提高我国科学研究水平和国际竞争力的国际（地区）合作研究与交流项目等。

（二）国家科技部项目

1. 国家科技重大专项 是为实现国家重大战略产品和产业化目标，通过集成国家资源，突破关键核心技术，在一定时间范围内完成的国家重大战略产品、关键共性技术和重大工程，是我国科技发展的重中之重。《国家中长期科学和技术发展规划纲要（2006—2020 年）》共确定了我国 16 项重大专项，每项投资数百亿元，涉及信息、生物等战略产业领域，能源资源环境和人民健康等重大紧迫问题，以及军民两用技术和国防技术。这些项目是可以与“两弹一星”“载人航天”“杂交水稻”相类比的重大工程。

2. 科技创新 2030 项目 是以 2030 年为时间节点，体现国家战略意图的重大科技项目和重大工程。科技部结合国家发展的战略需求，在最初提出的 15 项重大科技项目和重大工程的基础上增加了 1 项，目前为“15+1”。其中，涉及环境与健康研究领域的包括“京津冀环境综合治理”“健康保障”等。

3. 国家重点研发计划 是将原本由科技部管理的国家重点基础研究发展计划、国家高技术研究发展计划、国家科技支撑计划、国际科技合作与交流专项，发展和改革委员会、工业和信息化部共同管理的产业技术研究与开发资金，农业农村部等部门管理的公益性行业科研专项等，整合形成的、针对事关国计民生的重大社会公益性研究计划。重点研发计划按照重点专项、项目分层次管理。科技部围绕国家重大战略制定总体任务布局，形成目标明确的重点专项，并发布重点专项申报指南。环境与健康领域的研究者可密切关注指南发布，选择和自己研究领域相关的指南进行申报。

4. 基地和人才专项 是对原本由科技部管理的国家（重点）实验室、国家工程技术研究中心、科技基础条件平台、创新人才推进计划，发展和改革委员会管理的国家工程实验室、国家工程研究中心、国家认定企业技术中心等合理归并，进一步优化布局，按功能定位分类整合，加强相关人才计划的顶层设计和相互衔接，在此基础上设立的财政专项资金。

（三）省市级科研项目

为促进本地区社会发展和科技进步，各省、市均设立了多种类型的基金项目和科技攻关项目。这些项目强调课题预期成果将产生的经济效益和社会效益，因此重点资助应用基础研究、应用研究和开发研究。主要的省市级科研项目有省自然科学基金项目、省社会科学基金项目、教育厅和科技厅项目及省市级人才计划等。如上海市设有上海市自然科学基金、上海科技创新行动计划、上海市教育科学研究项目等；湖北省设有湖北省自然科学基金、湖北省科技重大项目和重点研发计划、湖北省教育厅科研计划项目等。

除了上述纵向科研项目，横向科研项目也是科研课题的重要来源。横向科研项目是企事业单位和社会团体等社会需求单位委托的各类科技开发、科技服务、科学研究、决策论证等方面的项目。由于横向科研项目不以政府部门下达为主，因此来源广泛，相对容易获得，研究经费也较多，研究内容更贴近社会实际需求。横向科研项目是研究单位或个人对外联系，服务地方经济建设并提高科研水平和知名度的重要途径之一。

三、科研课题申报书的撰写

科研课题的申报是广大科技工作者从事科研工作的重要“前奏曲”，申报书是申请者表达研究设想、学术思路并展现学术水平的主要手段，是课题申报的主体。要想得到同行专家和主管部门的认可，使课题成功立项，申报书的质量便是最关键的因素。申报书的质量反映在科学问题是否凝练到位、研究内容和研究目标是否切中科学问题、研究方案和技术路线是否具体可行、研究基础和研究条件是否具备等方面。此外，申报书的格式也至关重要，申请者必须按照要求认真填写，避免出现不必要的疏漏。

（一）前期准备

在申报科研课题和撰写申报书之前，申请人首先要认真浏览官方网页，仔细阅读项目指南、填报说明及项目管理办法等，了解项目资助范围、相关要求和学科分类。申请人也可查阅本领域近年来已获资助的项目，一方面可以避免重复，另一方面则是据此分析本人准备申请的课题所处的层次，从而做出调整和完善。

（二）撰写要点

项目申报书是说明文与议论文的结合文体，其目的是说服评审专家同意资助申请人的申请计划。因此，一份好的申报书应重点突出、层次分明、行文流畅、论据充分，容易被读懂理解。尽管不同资助来源的科研课题在申报书的格式、内容、规范和要求上存在差异，但总体而言一般都包括以下几方面内容。

1. 项目名称　是申报书的精髓和核心，是课题思想的高度浓缩和集中体现，同时也是学术水平的直接反映，好的选题便成功了一半。项目名称首先要符合申报指南规范；其次要长度适中，一般为 20～30 字，字数太多可能使重点模糊，字数太少可能因缺乏关键词导致研究范围不具体；最后要表达准确、简洁，突出体现选题创新性和重要性。

2. 简表　虽不是申报书的正文，却也是重要的组成部分，填写时要注意以下要点：①"申请代码"是定位申请项目所属研究方向的重要标识，申请人应根据当年最新发布的项目指南中的申请代码，结合申请项目的科学问题和主要研究内容，选择合适的学科代码，尤其是第一个申请代码直接决定了申报书将由哪个学部哪一学科的专家进行评审；②关键词也是评审时项目分组和专家匹配的重要依据，一般不超过五个，要按照逻辑关系排列，以分号隔开；③"每年工作时间"不可填得太满（12 个月），亦不可填得太短（＜4 个月）。

3. 摘要　是申报书主要内容的高度浓缩，是项目核心与精华的体现。不同项目的申报书对字数要求不一样，如国家自然科学基金的摘要字数一般在 400 字以内。摘要内容应包括选题依据、研究内容、预期目标、研究方法、研究意义等。摘要通常由五个句子组成：第一句描述背景和现状，第二句描述科学问题，第三句描述研究内容和方法，第四句描述研究创新性，第五句描述研究意义。摘要，顾名思义就是要求言简意赅，最忌讳大篇幅描述研究背景，从而影响其他内容的描述，导致表达模糊，不够具体。

4. 项目组主要参与者　项目组主要参与者是指对项目的完成起重要作用的人员，或在项目组内引领学术思想，或制定技术路线，或参与理论分析。在符合限项原则的基础上，项目申请人可根据所申请项目的具体研究内容配备有相应研究背景的人员。项目组主要参与者必须形成合理梯队，成员间要做到专业互补、相互支撑，既有设计指导者，又有主要操作者，还有必要的辅助人员。每名成员应有具体的工作分工，且能保证一定的工作时间。

5. 立项依据　是申报书中所占篇幅最大，也是最重要的一部分，是决定课题能否成功立项的根本。立项依据可围绕两方面内容展开：文献综述和价值分析。

高质量的立项依据首先要提出一个确切的科学问题，围绕这一科学问题进行文献综述，一方面论述国内外研究成果，引出当前的研究热点；另一方面阐述国内外研究现状和发展动态，着重阐述未解决的问题，分析未能解决的原因，进而提出自己的解决思路，即由面到点、逐步深入。在撰写立项依据时，为了使内容条理清晰、层次分明，可以采取小标题的形式及合理的、醒目的论述方式，如重要的句子加黑加粗。价值分析是要阐明研究工作的科学价值，即在理论上带来何种创新，在应用中解决什么问题，对国民经济和社会发展起到什么作用。

在立项依据的撰写过程中，还有一个部分需要引起重视，即参考文献的引用。参考文献不仅反映了申请人对研究领域的了解程度，还可反映出申请人的学术水平。建议引用本研究领域顶级期刊或最新发表的文献，也可以引用申请人之前的研究成果，表明自己的研究基础。

6. 研究内容、研究目标和拟解决的关键科学问题　研究内容和研究目标是项目申报书的主体部分。在研究内容部分，申请人要说明将从哪几个方面来论证提出的科学问题，从哪个范围、哪个角度、哪个水平进行研究，每个方面对应有哪些可供考核的指标等。在研究目标部分，申请人要阐述通过研究要达到的具体目的，注意目标不宜太大太多，2～4 个研究目标足矣，且最好分段描述或用序号标明，以便专家审阅。研究目标是为科学问题而设计，通过研究内容加以分解，研究内容是研究目标的结构性呈现，三者是互为关联的有机整体。拟解决的关键科学问题是课题理论价值与创新性的集中体现，是评审专家关注的重点，一定要准确提炼，仔细推敲。

7. 研究方案和可行性分析 研究方案是针对研究目标而设计的，是研究内容实施的各个过程的集合,其撰写一定要紧紧围绕研究内容展开。每一个研究内容的完成需要哪几个方面的实验分析，包括实验模型和理论依据、研究对象和观察指标、所需仪器型号和试剂名称、实验流程和测试分析的样品数量等信息都要尽可能详细，尤其是非通用方法。另外，这部分内容与经费预算也是紧密相关的。

可行性分析一般描述申请团队具有的完成该项目研究的全部条件，如已有的研究基础（包括理论基础和已掌握的实验技术）、具备的实验条件（包括实验室硬件条件和仪器设备水平）等，重点介绍申请团队在该领域的前期积累。

8. 研究基础 是申请人前期进行的与现申报项目直接或间接相关的工作或具备的条件，包括但不限于工作积累、研究条件、研究成果、已承担科研项目情况、研究团队、同行评价和社会影响等，重点介绍与所申报项目有关的研究工作积累，好的工作积累可给评审专家传递一种信息，即申请人有能力保证项目的顺利完成，更容易获得资助。此外，申请人还须说明开展申报项目需要的支持条件，包括仪器设备和实验场所，说明已经具备了哪些条件，尚缺少的条件和拟解决的途径。

9. 项目特色和创新之处 是通过比较分析本研究与其他研究的区别提炼而出，可以从研究视角、方法技术、学术观点等方面入手寻找。项目特色和创新之处要注意凝练，不宜过多。

10. 经费预算 是评审专家评判经费设计是否合理，从而影响评审结果的重要依据。申请人要在申请总额符合指南要求的前提下，根据项目需求合理安排、精打细算并实事求是地编报。预算表中各小类经费所占比例虽无限制，但要合理，并遵循各项目管理主体的财务制度和要求。原则上不支持购置大型仪器设备，鼓励共享、试制、租赁及对现有仪器设备进行升级改造，仪器设备费列支过多会挤占其他费用。若申请项目有合作单位，则要在经费预算表中明确拨付合作单位的经费比例。对于实行包干制的项目，不需要进行经费预算。

（三）内容修订

一份好的项目申报书需要打磨，初稿完成后，项目主要参与者应一起讨论修订，也可以请专家或依托单位的基金管理人员把关，反复修订完善申报书的内容和形式，提高中标概率。

第三节 学术论文撰写和发表

学术论文是对科技成果的一种表达与反映，学术研究成果最终多数以学术论文的形式呈现。撰写学术论文是科研工作者科研水平、科研能力的重要组成部分，对于国际国内的科学技术和文化交流都具有十分重要的意义。作为一名环境与健康领域的研究生，掌握规范的学术论文写作，熟悉学术论文的发表流程是研究生涯中必不可少的重要环节。本节就学术论文的基本知识、撰写步骤与要点、学术期刊选择、论文投稿方法等方面的知识展开介绍，预期为科研工作者、研究生、编辑人员等撰写学术论文提供指导。

一、学术论文概述

（一）学术论文的定义与概念

学术论文，又称科学论文、研究论文。国家标准《科学技术报告、学位论文和学术论文的编写格式》（GB 7713—87）中学术论文的定义为：学术论文是某一学术课题在实验性、理论性或观测性上具有新的科学研究成果或创新见解和知识的科学记录，或是某种已知原理应用于实际中取得新进展的科学总结，用以提供学术会议上宣读、交流或讨论；或在学术刊物上发表；或作其他用途的书面文件。简而言之，学术论文是对某一学科领域中的问题进行探讨、研究，表述科学研究成果的文章。

（二）学术论文的特点

学术论文具有创新性、科学性、实用性、规范性、可读性等特点。

1. 创新性　是指学术论文在理论、观点、方法、材料、视角和选题等方面较前人有新的突破，取得独到见解。就创新的视角而言，有新理论、新观点、新方法、新材料、新视角和新领域等方法的切入点；就创新的层次和水平而言，有原创性、发展性和验证性之别。

2. 科学性　要求论文的作者正确地反映客观事物、揭示它的规律。因此，要求作者在立论上要客观，论据可靠而充分，论文能真实地揭示客观事物的本质和事物发展的规律。

3. 实用性　主要被用来评价学术论文有无发表价值，文章在观点上、技术上是否有所创新，实验、教学、管理方法及生产工艺流程等是否有所改进，文章发表后应用于教学、科研、生产上能否产生较大的社会效益和经济效益。

4. 规范性　是指学术论文在文体结构和写作范式方面表现出的有别于其他文体的个体化特征。

5. 可读性　学术论文是宣传科学真理的文章，它要求容易理解。写作需要注意深入浅出，语言要明白如话，尽量做到不仅专家看了能懂，具有一定文化或一定专业知识的人看了也能懂。

（三）学术论文的类型

论文有很多种分类方法，这里总结了常见的期刊论文类型，以供参考。

1. 研究型论文　是最常见的一类期刊论文，在英文期刊中可包括下列形式或栏目：research、standard paper、original article、full-length article。在期刊中通常占据大量篇幅。研究型论文的特点是针对某一个（些）问题，分析和讨论原创性研究发现，是人们从科学领域获得并且记录新知识的最重要方式。

2. 综述型论文　在英文期刊中可包括下列形式或栏目：literature review、umbrella review、systematic reviews、meta-analytic review。它是对某一个领域的研究现状进行总结、评述和展望的论文，通过引用某个领域多篇文献参考资料，来辨明其中的关系、矛盾、差距及不一致性，并建议解决问题的后续步骤。综述型论文通常可分为文献综述、系统综述及元分析三类。

3. 方法型论文　旨在展示一种新的实验方法、测试方法或者流程，对结果不做过多阐述。

4. 观点述评　一般是学者对某一研究进展，或者现象表达个人观点的论文，在英文期刊中可包括下列形式或栏目：perspective、opinion、commentary。它在一定程度上接近综述，但由于篇幅所限，很难展示某一领域的全貌。一般来说，对某一问题持不同观点的学者，可能在期刊的同一期，或者附近的几期内刊登论文。观点述评一类的论文，也要用数据支撑自己的观点，做到有理有据。

5. 通讯　是针对当前热门领域研究的一个简要报告，具有特别的价值。在英文期刊中可包括下列形式或栏目：research letter、rapid communication、correspondence letter、communication。

（四）学术论文的基本结构

学术论文结构是否完整与合理不仅体现了作者的写作水平，同时也体现了作者在论证过程中的逻辑思考能力。一般而言，研究性论文包括八个必要的组成部分，其中前置部分包括标题、署名、摘要、关键词，主体部分包括引言、正文、结论、参考文献。

1. 标题　标题也叫题目。标题不仅是学术论文研究内容的高度概括，也是读者接触论文的“窗口”，对整篇文章起画龙点睛的作用。题名应当以最恰当、最简洁的词语反映论文中最重要的特定内容。

2. 署名　发表论文时，作者应在论文上署名。署名可以是个人作者、合作作者或团体作者。合作作者按成员所做贡献依次列出。按新的标准化文本署名要求标注作者单位或联系地址。

3. 摘要　是全文的缩影，是论文的重要组成部分。好的摘要可为读者了解并阅读论文提供时间和感观上的便利，同时为今后的学术研究提供文献检索目标。论文摘要应具备独立性，对正文内容进行客观、真实、精简的高度概括。摘要一般应该说明研究的目的、实验方法、技术成果和最终结论，而其重点是成果和结论。摘要的语言应简洁准确，根据学术论文类型的不同，摘要的字数要求不定。通常情况下，期刊类学术论文的摘要不超过300字。摘要需使用标准术语，避免使用公式、图表和非规范化符号。

4. 关键词 是用来表达论文主题的词汇，一般选择出现频率较多、能点出论文关键且在全文中不可缺少的词汇。关键词不宜过多，一般要求3～5个，并按语言逻辑依次排列。

5. 引言 又称绪论或前言。学术论文一般都由引言开始，引言的主要作用是提出论文所要研究的问题及阐明为何研究该问题。引言的写作内容一般包括：论文所研究问题的背景、目的、范围，前人的工作和知识空白，理论基础和实验依据，预期的结果、作用等。引言在文字上要求精练，篇幅一般不应太长，要能够吸引读者。

6. 正文 是一篇论文的主体，占据论文的最大篇幅。这一部分是作者科技成果的具体反映和表述。因此，要求这一部分内容充实，论据充分、可靠，论证有力，主题明确。为了满足这一系列要求，同时也为了做到层次分明，脉络清晰，常常将正文部分分成几个大的段落。由于学术论文的选题和内容性质差别较大，其分段及其写法均不能做硬性的统一规定。实事求是、客观直接、准确完备、合乎逻辑、层次分明、简练可读，是其基本要求。

7. 结论 又称结束语、结语，是从全篇论文的全部材料出发，经过推理、判断、归纳等逻辑分析过程而得出的富有创造性、指导性、经验性的结果描述。结论的写作过程需要注意以下三点：概括准确，措辞严谨；明确具体，简短精练；不做自我评价。结论的字数宜控制在100～300字。

8. 参考文献 在学术论文后一般应列出参考文献，其作用有三：反映论文的科学依据；体现作者尊重他人研究成果的严肃态度；向读者提供有关信息的出处。关于参考文献的著录方法和格式请参见国家标准化管理委员会发布的《信息与文献—参考文献著录规则》(GB/T 7714—2015)。国际期刊的文献格式应参照不同期刊的投稿须知。

二、研究型论文的撰写

研究型论文一般是在完成某项实验或调查研究后，对所获结果的整理、分析与呈现。研究型论文通常有相对固定的论文结构，论文写作方法简述如下：

1. 标题 是以最恰当、最简明的词语反映论文中最重要的特定内容的逻辑组合。对论文标题的要求是：准确表达、力求通俗、简短精练。具体来说，准确表达要求标题能如实地表达出论文内容，恰当反映所研究的范围和深度。力求通俗则要求确定研究型论文标题时，应注意避免使用不常见的符号和特殊术语、外来语、缩写词和代号、商品名等，以免妨碍读者的理解。简短精练，则是要求论文标题一般不超过20个汉字，如果根据论文内容需要，总标题在不能简短的情况下，可加副标题，作补充说明。

2. 署名 可作为版权或者发明权的一个声明，作为作者文责自负的一种精神，有利于读者同作者进行联系及文献检索。作者署名有以下条件：必须参加过本项研究的设计和开创工作，如在后期参加工作，必须赞同研究的设计；必须参加论文中的某项观察和获取数据的工作；必须参与过观察所见和所取得数据的解释，并从中导出论文的结构；必须参加过论文的编写；必须阅读过论文的全文，并同意其发表。

3. 摘要 是以提供文献内容梗概为目的，不加评论和补充解释，简明、确切地记述文献重要内容的短文。摘要的写作需遵守以下要求：①摘要应排除本学科领域已成为常识的内容；②不得简单重复题名中已有的信息；③结构严谨，表达简明，语义确切；④使用第三人称；⑤使用规范性的名词术语，不用非公知、公用的符号和术语；⑥一般不用数学公式和化学结构式；⑦不用引文。

4. 关键词 研究型论文的关键词是从其题名、层次标题和正文中选出来的，能反映论文主题概念的词或词组，数量一般为3～8个。选择关键词时，一般在作者完成论文写作后，纵观全文，从论文标题或者论文内容去挑选能表示论文主要内容的词或词组。

5. 引言　是论文的开始部分，其作用在于补充和强化主题，介绍论文的写作背景，强调论文的观点、方法、理论和成果。引言写作需要注意以下几点，①突出重点：研究主题、目的及理由应一语道破，不必赘述众所周知的知识；②客观评价：对于前人在相关领域已做的工作，要客观介绍，当谈到自己的工作时要注意实事求是；③不用“套话”；④避免雷同：引言和摘要有很大区别，主要不要把引言与摘要雷同或变成摘要的注释；⑤首尾呼应：研究型论文写作需要注意开头与结尾相呼应。

6. 正文　即介于论文的“引言”和“结论”之间的内容，属于论文的主体，主要体现论文的创造性成果或新的研究结果。正文的内容主要包括：调查与研究对象、实验和观测方法、仪器设备、材料原料、实验和观测结果、计算方法和编程原理、数据资料、经过加工整理的图表、形成的论点和导出的结论等。研究型论文的写作手法很多，在此主要简述几种主要的手法和技巧：①定义概念：善用大家都懂的用语或专业下定义。②善用实例：举例进行论证以加强论文的“可信度”。③比较对照：用类推法将未知事物与已知事物进行对比以求找出本质性和规律性的东西。④因果分析：是常用的推理方法，通过推理得出论文的论点和结论，完成论文的撰写。⑤段落过渡：借助文字的承启作用，有逻辑性地说明事物内在的联系和发展规律。⑥使用图表：通过图表给读者更为直观的印象，图表的使用必须辅以必要的文字说明，同时承接上、下文字。

7. 结论　是在理论分析和实验结果的基础上通过严密的逻辑推理得出的富有创造性、指导性、经验性的结果或讨论，与摘要和引言相呼应，反映了论文研究内容的价值。结论的写作要求：措辞严谨，逻辑严密，文字具体，不能模棱两可、含糊其词。

8. 致谢　应放在正文后，体现对以下方面致谢：国家科学基金、专项资金、资助研究工作的基金、合同单位、资助和支持的企业、组织或个人；协助完成研究工作和提供便利条件的组织或个人；在研究工作中提出建议和帮助的人；给予转载和引用权的资料、图片、文献、研究思想和设想的所用者；其他应感谢的组织和个人。

9. 参考文献　研究型论文的正文部分要列出本篇论文在研究和写作中可参考或引证的主要文献资料。目的：反映真实的科学依据；体现严肃的科学态度；对前人的科学成果表示尊重，同时指明引用资料出处，便于检索。列举参考文献的基本要求：所列举的参考文献是正式出版物，以便读者考证；所列举的参考文献应按照文章参考或引证的文献资料的先后顺序依次列出。

10. 附录　是研究型论文的补充项目，附于参考文献之后，并非每篇论文所必备。可写在附录部分的内容有：较正文更为详尽的理论根据、研究方法和技术要点的深入叙述，建议可阅读的参考文献、题录，对了解正文内容有用的补充学术信息；某些重要的原始数据、数学推导、计算程序、框图、结构图、注释、统计表等。

三、文献综述的撰写

文献综述是针对某一确定课题，在搜集和研读近年与该课题密切相关的相当数量的原始文献（一次文献）的基础上，经综合分析后写成的总结性专题报告。综述通过对近年来与某课题密切相关的数十甚至数百篇分散在国内外各文献源的一次文献，经过收集、筛选、分析、归纳、加工浓缩，提炼出最新、最有用的文献内容，较全面地介绍该课题的新理论、新观点、新技术、新方法、新进展、新动态及存在的问题，可浓缩信息利于阅读。通过综述了解同一课题被他人研究的历史与现状、已解决和待解决的问题，从中寻找新的突破口，是科研选题的重要途径。另外，综述的参考文献是从众多文献中经筛选而确定的，具有较强的专指性、实用性，能帮助科研工作者以此为文献线索，提高文献检准率，可加快信息的传播和利用速度。

（一）综述的特点

一篇好的文献综述，通常需具备新颖性、综合性、系统性、评价性和浓缩性这5个特点。

1. 新颖性 综述要求其参考文献应尽量以近 5 年内的文献为主，参考具有较高学术水平的、富有新观点的、数量足够的一次文献以保证其新颖性。

2. 综合性 对搜集的大量文献在归纳整理、分析研究时，要“纵横交错”，既要以某一专题的发展为纵线，反映当前课题的进展；又要从本单位、省内、国内到国外，进行横向的比较。使材料更精练、明确、有层次和有逻辑，进而把握课题发展规律和发展趋势。

3. 系统性 综述围绕某一课题的阐述必须系统、全面、详尽，只有进行有序加工整合后，才能重新编撰成文，系统地反映课题的历史背景、研究现状，帮助科研人员从中发现前人研究中存在的空白及不足之处。

4. 评价性 综述是基于作者的学识对相关内容进行分析和评价，作者的见解和观点透过相关内容的叙述而得以体现。尽管在取材时持客观的态度，但注意要按自己的理解和意图来选择和组织材料，寄寓个人见解的“论”于客观内容的“述”中。

5. 浓缩性 综述是要搜集足够的、最新的、可信的一次文献，获取其中最先进、最实用的内容，用高度概括、简明的语言将其浓缩成文，使读者通过阅读一篇综述，了解数十、数百甚至上千篇一次文献的重要信息。

（二）综述的撰写

文献综述的写作步骤包括选题、搜集与阅读文献、拟定提纲、撰写成文、修改与校阅。在此不再赘述，提出一些撰写文献综述的注意事项，包括选题考虑、文献搜集、资料分析运用及写作用词斟酌这几个方面，具体如下：

1. 选准选好综述标题 文题要能画龙点睛地反映其主题，概括全文的中心思想，反映出说明问题的角度与程度。

2. 选择恰当的数据库以搜集权威文献 中文期刊可通过最新中国科学引文数据库期刊目录或北京大学《中文核心期刊要目总览》目录来查找其专业相关的国内医学核心期刊。英文期刊可在汤姆森科技信息集团 Master Journal List 的科学引文索引扩展版（Science Citation Index Expanded，SCIE）数据库按 view subject category 查找相关专业被 SCIE 收录的期刊。环境与健康领域常用的数据库还包括 PubMed、Embase、Ovid MEDLINE 等。

3. 资料运用恰当合理 由于搜集的文献间存在观点相似或相悖，或可靠性及科学性有差异等。因此，在具体引用文献时要选择代表性强、可靠性高、科学性好，公认具有权威性的文献。对选用文献的内容应精读，认真分析与综合，把提炼出的观点作为有力的论据以支撑相应的论点，并一定要注意把作者的观点与文献的观点区别开。

4. 文字精练用词准确 综述需使用诸多连接性语句把来自数十篇至上百篇不同文献中的内容有机地组合在一起，最终成为语句通顺、表意明确、层次分明的文章。

四、学术论文投稿与发表

（一）学术论文的投稿

论文的投稿涉及期刊选择、投稿信撰写、投稿前准备、投稿等。

1. 期刊选择 论文发表是一项科学研究结果发表的主要形式之一，选择合适的期刊发表自己辛苦耕耘而成的论文非常重要。选择期刊应优先考虑以下几个因素：

（1）专业领域符合度：所投稿件与目标期刊的专业领域相符是发表的必备条件之一。通常，研究者可以从刊名简单方便地判断目标期刊的专业领域。投稿之前，研究者应该确保自己的文章和目标期刊的专业领域相符。另外，内容更为宽泛的期刊因其一般具有更强的影响力而成为投稿热门，在向此类期刊投稿时最好事先确定近年该期刊是否发表了相关领域的论文，以做到有的放矢。

（2）期刊论文类别：一般而言，多数期刊设立多种类型的栏目，如研究型论文、病例报告和综述等，也有主要发表特定类型文献（如综述）的期刊。研究者在投稿时应该特别关注目标期刊发表的论文类别，以免发生论文类别不匹配的错误。

（3）期刊发文量：期刊在一定时间内发表的论文数量，即该刊物的容量，也是选择目标期刊考虑的重要因素。显而易见，发文量太少的期刊发表难度大。因此，多数情况下发文量达到一定水平的期刊较易受到青睐。引文：英文期刊中，科学引文索引（Science Citation Index，SCI）收录期刊的近期年发文量可在期刊引证报告（Journal Citation Report）中查到，各年之间一般变化不会太大。国内中文期刊的发文量则可根据近期目录进行大致估计。作者可在投稿时参考相关数据，选择合适的期刊。

（4）期刊的影响力：是作者选择目标期刊的最重要因素。对于 SCI 收录期刊，影响因子（impact factor）是受到广泛认同的影响力评价指标。此指标通过计算引文量和发文量的比值来反映该期刊的影响力。需要注意的是，相关领域公认的权威刊物其地位和相应的影响因子并不一定完全吻合。研究者应理性评估期刊影响力，选择合适的目标期刊。

（5）环境与健康学科领域国内外主要期刊：环境与健康学科是典型的交叉学科，化学、能源、生态学、毒理学、地球科学、材料科学、微生物学、医学等领域期刊均可投稿。随着国际上对环境导致健康危害的日益重视，许多高水平医学或综合期刊都发表过环境与健康相关的研究论文，如 *The Lancet*、*The Journal of the American Medical Association*、*The New England Journal of Medicine*、*The British Medical Journal*、*Circulation*、*Diabetes Care* 等。具体到专注于环境与健康领域研究的期刊包括 *Environmental Health Perspectives*、*Environmental Science & Technology*、*Environment International*、*Environmental Research* 等。我国国内相关期刊包括《中华预防医学杂志》《中国公共卫生》《中国职业医学》《现代预防医学》《环境与职业医学》《中华劳动卫生职业病杂志》及《环境与健康杂志》等。

2. 投稿信撰写　为了便于编辑与作者之间的交流，也为了给编辑提供一些有助于全文送审及决策的信息，作者应该在投寄文章的同时附上一封叫作“cover letter”或“submission letter”的投稿信。下面就国际期刊投稿信及国内期刊单位介绍信的撰写做简要介绍。

（1）国际期刊投稿信：向国际期刊投稿时投稿信撰写非常重要，应予以重视。投稿信一般以文章通讯作者的名义写给期刊的编辑部或主编，内容主要包括论文介绍（题目、研究内容、主要结果和意义）、作者贡献介绍（每位作者对文章的具体贡献）、是否属于原创性研究（重点介绍创新性）、是否一稿多投（保证论文内容之前未曾发表且未同时投往两个或多个期刊）、作者认可和利益冲突声明（保证每位作者读过并认可稿件，以及说明可能存在的利益冲突等），以及作者（特别是通讯作者）的联系方式和签字等。部分期刊还要求注明每位作者对本文的贡献等。以上内容在不同期刊会略有不同，投稿前需仔细阅读特定期刊的稿约，严格按照稿约要求撰写投稿信。

（2）国内期刊单位介绍信：与国际期刊不同，国内中文期刊往往只要求作者提供由单位出具的介绍信（或称推荐信）。一般要求介绍信除对稿件内容注明评审意见外，还应包括无一稿多投、不涉及保密、署名无争议等项目。

3. 投稿前准备

（1）SCI 论文查重：为严正全球学术风气，防止学术剽窃和欺诈，保护学术研究和文字出版者的原创版权，学术出版社一般会借助 iThenticate/CrossCheck 论文防剽窃系统对投稿文档含有的不恰当的引用或潜在的剽窃行为进行侦测和比对。虽然不同期刊要求不一样，但总重复率在 15% 以下且单一引用源重复率不超过 1% 会比较安全，几乎可以满足大部分期刊的要求；对于总重复率超过 30% 或单一引用源重复率超过 6% 的稿件，大多数期刊会直接拒绝。

（2）SCI 论文插图素材版权：在论文投稿时，插图中使用的素材有非常严格的版权要求，一些期刊甚至拒绝接受任何使用图片素材的论文配图，论文插图若需要下载及使用图片素材，应非常慎重。已发表论文插图的图片版权在使用前需要向出版社申请版权。某些知识产权已经过期，被没收，应明确放弃，或者不适用于知识产权法律保护的图片，如 Public Domain 素材，使用时也应注意图片中不能出现文学、艺术、科学作品、商标及产品等，避免侵犯他人知识产权。

（3）依据期刊作者投稿指南进行论文的修订：首先要认真阅读期刊稿约，即期刊的投稿说明和指南，其内容一般包括期刊介绍（一般情况、数据库收录情况和发表文章类别等）、投稿方式和方法、论文准备（论文各部分格式及要求）和其他重要事项（如版权转让和利益冲突声明等）。需要注意稿约会定期更新，投稿前需访问该期刊网站查询，下载最新版本的稿约供参考。其次要参照目标期刊稿约的要求准备投稿所需的全部材料。其中，投稿信、版权和利益冲突声明等是多数期刊要求的重点内容，建议列出需提供文件的清单以供逐条对照查验。最后是修订论文格式，即通过仔细浏览中、英文目标期刊稿约中关于论文格式的部分，并严格按相关要求完成格式修订。

4. 投稿 经检查确认完成上述准备工作之后，作者即可开始投稿。目前国内外大多数学术期刊采用在线或电子邮件投稿。在线投稿过程大致包括以下步骤：建立账户、输入文章信息、输入作者信息、回答问题、上传文件、文件预览及确定投稿。电子邮件投稿则可将论文、相关图表和所需文件作为电子邮件的附件发送给期刊指定的投稿邮箱，其后一般会收到期刊回复的确认邮件。

5. 投稿注意事项 首先需要正视投稿，把投稿、改稿当作提高自身学术表达水平的过程，认真研究如何投稿；同时建议作者平时多了解出版周期、刊发流程等学刊基本情况；固定阅读刊物以知晓刊物的学术取向和选稿要求；严禁一稿多投。

（二）学术论文的审稿

稿件完成并顺利投出之后，下一步即将进入编辑处理和专家审稿阶段，主要包括通常所说的“同行评议”（peer review）。国内外科学期刊一般均采用这一稿件评价方式，由数量不等的相关领域专家对来稿的创新性、科学性、可靠性、可读性等重要方面乃至是否接受给出评估和建议，最后由期刊编辑做出最终决定。国际科学期刊的稿件处理一般包含下列步骤：期刊收稿、格式审查、编辑内审、外审（同行评议）、主编决定、修稿再评估、主编最终决定等。其中，同行评议的要点在于评估稿件的创新性和科学性。另外，引用文献是否涵盖本领域进展、文字表达是否清楚及论文使用的统计学方法是否正确等也是需要评估的内容。

1. 学术论文的修稿 在某些情况下，所投稿件因研究领域、研究水平或实验方法等与目标期刊的预期有较大差距，在期刊编辑的初审环节就未过关，而没有被外送给审稿人的机会。这种情况下，稿件通常在几天内就被退回，编辑会简要说明稿件不被送外审的原因。当期刊编辑经过初步筛查后决定将稿件送到审稿人审阅，审稿结束后将反馈审稿意见。编辑会综合审稿人的意见，做出基本接受、有条件接受、修改后重审、拒绝接受等决定，并附上详细的审稿人反馈信息。

论文需要修改或修改后重新投稿，针对论文修改稿最直接的建议是：如果审稿人的建议是对的或不影响论文质量的，即使是那些你不太赞同或不太喜欢的建议，也要按照审稿人的意见修改论文。同时，准备一封回复编辑的回信，把每一处修改加以说明。回信要注意以下三点：全面地回答，即针对每个审稿人的每条意见逐一回复，不要遗漏；礼貌地回答，即在不同意审稿人意见的情况下有技巧地表达你的意思；回答时提供证据，即需要补充的实验结果需要详细地指出添加或修改的实验结果在论文及图注中的具体位置，不需要补充实验证据的评述性意见尽量引用参考文献等其他证据来支持你所做的回答。

回复编辑和审稿人的反馈意见后，将修改稿和回复信按要求进行网上投递。修改稿中应按编辑和审稿人的意见把文字、图表、补充实验数据、补充参考文献及讨论等内容认真修改后与原文整合，使之成为一篇新的完整的论文。此外，发送修改稿应附加一封回信。在回信中应感谢编辑和审稿人的“有用的意见”；说明已经修改论文内容；接受编辑对审稿人评议的解释；回复审稿人的评论及建议。

2. 学术论文的发表　随着科技的发展，论文的载体已经不限于传统的印刷版期刊，已有包括光盘版期刊、网络版期刊、网络原始期刊及期刊网络媒体群在内的数字化期刊转化。以网络原始期刊为例，此类期刊没有纸质形式，是在网上直接出版的期刊，其全部内容都在互联网上，读者只能在网上阅读，也称为开放存取期刊（open access periodical）。学术论文的发行方式主要有邮发和自发发行两种。邮发即出版的期刊交由国家邮政部门发行，邮发是国内报刊发行的主渠道，一般由印刷厂直接将刊物送往邮局。自办发行的业务主要有批发、零售和直接接收订户三类，主要形式是编辑部将最新出版的期刊交给批发商发行。发行还包括同行间的交流和免费给作者寄送当期期刊。

第四节　专利撰写与申请

与发表科研论文类似，申请专利并获得授权，也是科研工作者发明创造能力的体现。对研究成果及时进行专利的申请可通过法定程序确定发明创造的权利归属关系，从而有效保护发明创造成果，商业上也可最大化占领市场，获取最大的利益。

一、专利的基本概念

在我国，“专利”一词通常包括三种含义：一是专利权的简称，是指专利申请人将发明创造向国家审批机关提出专利申请，经依法审查合格后向专利申请人授予的在规定的时间内对该项发明创造享有的专有权。二是指获得专利法保护的该项发明创造本身。三是指专利机构依据发明申请所颁发的一种文件，该文件记载了发明创造的具体内容。

依据《中华人民共和国专利法》对发明创造的规定（指发明、实用新型和外观设计），专利也可以大致分为三个类型：①发明专利，是指应用于产品、方法或者其改进的新的技术方案。一般包括两个主要种类，一是产品发明包括所有由人创造出来的物品，二是方法发明包括所有利用自然规律创造的新方法。具备一定的新颖性、创造性和实用性是发明专利的特性。②实用新型专利，是指应用于产品形状、构造的新的技术方案。与发明专利的不同在于：实用新型专利只限于产品，不能是一种方法，也不能是没有固定形状的产品。其次，实用新型的创造性不高，而实用性较强。③外观设计专利，是指对产品的形状、图案或者其结合，以及色彩与形状、图案的结合所做出的富有美感并适于工业应用的新设计。

二、专利的撰写

要申请专利，需要向国家知识产权局提交书面申请文件，这些文件成为专利申请文件。《中华人民共和国专利法》及《中华人民共和国专利法实施细则》对专利申请文件撰写有一系列规定。专利申请文件撰写不合格者不能取得专利权。因此，专利申请文件撰写对专利的申请十分重要。

对环境与健康研究者来说，获得了高水平的研究成果，如果想要进行专利申请，有两点原则需要注意。①专利申请先于论文投稿，这是要求研究者先申请专利并得到批准后，再撰写论文并公开发表，否则在专利申请过程中，会因为与论文相关的内容或关键技术已经公开而导致专利申请被驳回。②专利撰写前进行科技查新，这是指委托专业的科技查新部门进行专利查新，由于某些专业性很强的专利网站或专利文献库普通研究者未经授权无法查询，由专业科技查新机构进行专利查新可以准确判定研究成果是否具有创新性，是否可以申请专利。

专利的申请文件包括请求书、说明书、说明书附图、说明书摘要、权利要求书等。实用新型专利必须包含附图，而发明专利可以没有附图。

（一）请求书

请求书主要记载发明名称、发明人或设计人姓名、申请人姓名或名称、地址及其他有关内容。请求书撰写时应注意如下几点：①发明名称，一般不得超过 25 个字，应当简短准确地说明该专利申请保护的主题和类型。发明名称当中不得使用非技术性用语；②发明人，应当是个人，不得以组织或者集体的形式申请，多个发明人要按照从左向右的顺序填写；③申请人，作为该专利的所有人，必须正确填写。申请人可以是个人、企业法人、集团法人。

（二）说明书

说明书应向社会公布该项发明或者实用新型技术的内容，同时可以支持权利要求书所要求保护范围，并用于解释权利要求书。说明书应当满足以下要求：清楚，即主题明确，表述准确；完整，即包含有关理解该项发明的全部技术细节；能够实现，即相应的技术人员能够按照说明书实现该项发明达到相应预期的效果。

说明书通常应当包括五个方面，并按照以下顺序撰写：①技术领域，写明要求保护的技术方案所属的技术领域；②背景技术，写明对发明的理解、检索、审查有用的背景技术；③发明内容，写明发明所要解决的技术问题及解决其技术问题采用的技术方案，并对照现有技术写明发明的有益效果；④附图说明，说明书有附图的，须作简单的说明；⑤具体实施方式，详细写明申请人认为实现发明的优选方式。

（三）说明书附图

说明书附图是说明书的一部分，用于解释说明书当中的技术细节。附图用图形补充说明书文字部分的描述，使人能够直观地、形象化地理解发明或者实用新型的每个技术特征和整体技术方案。当发明专利申请涉及附图时，应当提交说明书附图，同时选择一幅作为摘要附图。

（四）说明书摘要

说明书摘要不具备法律效力，但是能向社会提供专利公开的技术方案特征。摘要文字部分（包括标点符号）不得超过 300 个字。说明书主要由三部分构成：①所提出方法的名称；②实现该方法的步骤；③该方法要针对解决的问题，解决该问题的技术方案及达到的效果。

（五）权利要求书

权利要求书是专利申请的核心文件，用以确定申请人对发明或实用新型所要求的保护范围。审查时的工作重点是审查权利要求是否满足相关规定。如果专利授权后发生侵权问题，在专利侵权判断过程中，法院审查的重点是被控侵权产品或方法有无落入权利要求的保护范围。

权利要求书应当清楚阐述该发明或实用新型的技术特征，同时应当至少包括一项独立权利要求，还可以包括从属权利要求。独立权利要求应当从整体上反映发明或者实用新型的技术方案，记载解决技术问题的必要技术特征。如果一项权利要求包含了另一项同类型权利要求中的所有技术特征，且对该项权利要求的技术方案做了进一步的限定，即为从属权利要求。由于从属权利要求用附加的技术特征对所引用的权利要求做了进一步的限定，所以其保护范围落在其所引用的权利要求的保护范围之内。

此外，权利要求也可以按性质划分为两种，第一种是物的权利要求，包括人类技术生产的物（物品、物质、材料、工具、装置、设备等）；第二种是活动的权利要求，包括有时间过程要素的活动（制造方法、使用方法、通信方法、处理方法等）。按照类型区分权利要求的目的是确定权利要求的保护范围。

权利要求书撰写时应注意以下三点：①权利要求书顶端不用书写发明或实用新型名称，而是直接将说明书摘要的前两部分作为第一项权利要求的内容。接下来以第一项权利要求的步骤为基准，层层展开，具体说明。②独立权利要求应包括前序部分和特征部分。前序部分，写明要求保护的发明技术方案的主题名称及与其最接近的现有技术共有的必要技术特征。特征部分，使用“其特征是”用语，写明发明区别于最接近的现有技术的技术特征，即发明为解决技术问题所不可缺少的技术特征。③从属权利要求应当包括引用部分和限定部分。引用部分，写明引用的权利要求的编号及其主题名称，如“根据权利要求1所述……”。限定部分，写明发明或者实用新型附加的技术特征，用以作为独立权利要求的补充。

三、专利的申请

（一）国内专利申请

首先，明确预备申请的专利将会是发明、实用新型和外观设计当中的哪一类，不同的专利类型需要准备不同的申请文件。

1. 专利申请文件

（1）发明：需要准备发明专利请求书、说明书摘要、权利要求书、说明书、实质审查请求书。此外，涉及附图的，要增加说明书附图和摘要附图。

（2）实用新型：需要准备实用新型专利请求书、说明书摘要、摘要附图、权利要求书、说明书、说明书附图。附图必须是用黑色线条表示的图，不可使用实物照片或渲染图。

（3）外观设计：需要准备外观设计专利请求书、外观设计图片或照片、简要说明。立体产品需要提供前、后、左、右、上、下六个不同视角的正视图和一张立体图。

2. 专利申请的受理 提交专利申请文件可以纸质版提交，目前也支持电子提交。纸质提交，即将所有文件打印后在必要的地方签章，邮寄或者面交至专利局受理大厅（或各地代办处大厅的受理窗口）。电子提交，可下载专利电子申请客户端，在里面编辑申请文件后提交至专利局的电子接收端口，或者在网页中编辑申请文件提交至专利局的电子接收端口。专利局受理处或各专利局代办处收到专利申请后，对符合受理条件的申请，将确定申请日，给予申请号，发出受理通知书。

3. 缴纳申请费用 申请费的缴纳期限是自申请日起2个月内。与申请费同时缴纳的费用还包括发明专利申请公布印刷费、申请附加费；要求优先权的，应同时缴纳优先权要求费。

4. 专利审批 缴费成功后，国家专利局将会启动审查程序，不同的专利类型审查程序不同。

发明需要经历形式审查、专利申请公布、实质审查、授权或者驳回等流程。审查过程中若某个阶段不合格，会下发补正通知书或者审查意见通知书。通常自受理起18个月会进行公布，然后进入实质审查阶段，受理后3年或更久才能获得授权。

实用新型和外观设计需要经历的流程更少：形式审查、授权或者驳回。在做出驳回决定之前，至少会下发一次审查意见通知书。由于无须实质审查，实用新型和外观设计专利的申请耗时较短。

5. 办理登记，等待专利证书 如果审查过程顺利，专利局会下发授权通知书和办理登记手续通知书，告知申请人专利已获得授权，按照办理登记手续通知书的要求缴纳相关费用（年费、印花税）即可。缴费后1个月左右即可收到专利证书。

图14-1详细说明了我国专利申请、审查的流程。

（二）国际专利申请

1. 国际专利申请概述 在我国，申请人向国外申请专利主要包括两个途径：《保护工业产权巴黎公约》（Paris Convention for the Protection of Industrial Property）途径和《专利合作条约》（Patent Cooperation Treaty，PCT）途径。依据《保护工业产权巴黎公约》的规定，在首次提出本国的专利申请后，再向其他成员国提出申请时可以享有12个月的优先权，对于外观设计申请，可以享有6个月的优先权。《专利合作条约》是《保护工业产权巴黎公约》下一个方便专利申请人获得国际申请的国际性条约，实质是对《保护工业产权巴黎公约》的一个补充。在该体系下，在任何一个PCT成员国提出的一项专利申请，可以视为在指定的其他成员国同时提出了申请，实现了一国申请，多国有效。但是外观设计专利不适用PCT途径。上述两种申请途径的区别见表14-1。

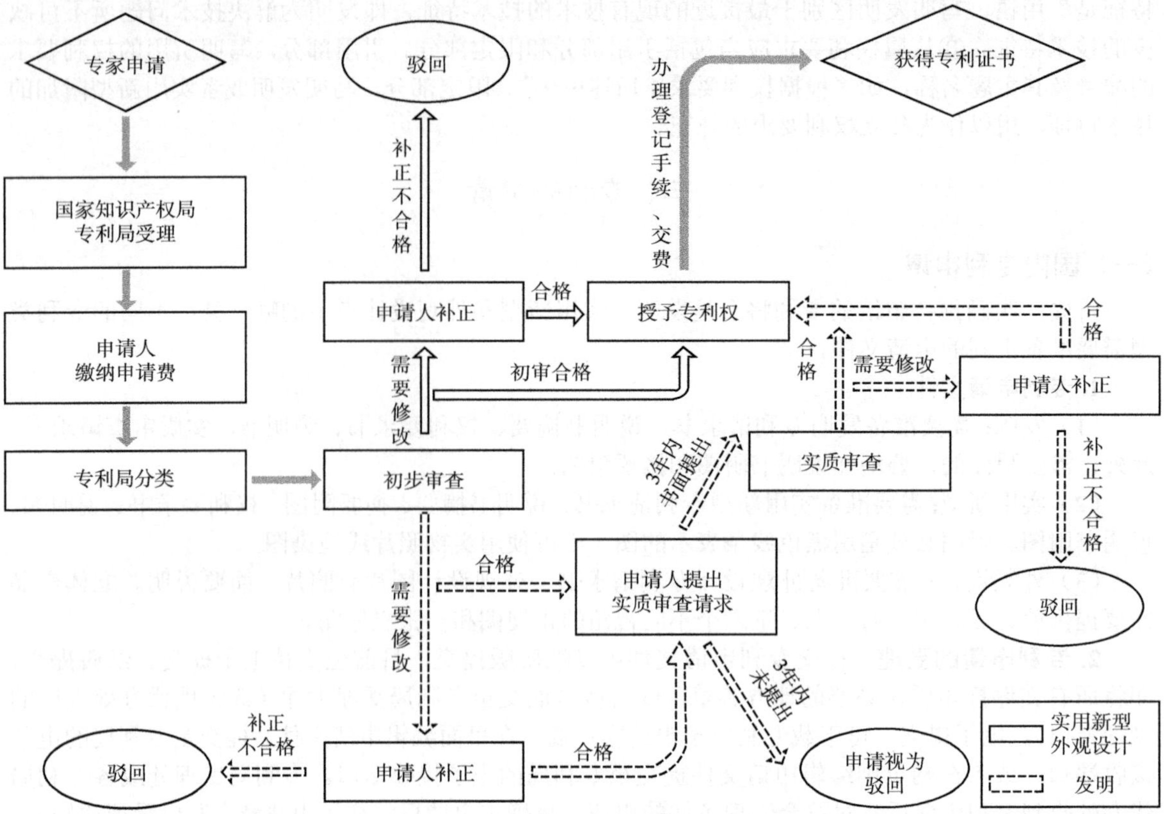

图 14-1　专利申请、审查流程

表 14-1　《保护工业产权巴黎公约》途径和 PCT 途径比较

类别	《保护工业产权巴黎公约》途径	PCT 途径
保护主体	可受理发明、实用新型和外观设计三种类型的发明创造	只受理发明和实用新型外观设计
申请方式	一表一国，分别申请，且申请材料需用指定语言，并只在提出申请的单一或者少数几个国家有效	一表多国，方便省力，且申请材料可用母语
审查方式及申请时间	直接进入国家阶段申请程序，时间相对较短	先进行国际阶段申请，受理局提供国际检索报告和书面意见参考，评估后决定是否进入国家阶段，通过国际阶段申请后进入国家阶段，时间相对较长
申请风险	申请人的申请决策时间短，一旦决策失误无法获得授权，成本损失较大，风险较高	申请人的申请决策时间较长，其间申请人可以充分评估风险，对人力、物力和财力进行合理配置，风险较小

2.《专利合作条约》申请　PCT 途径是我国申请国际专利的主要方式。PCT 申请包括两个阶段，分别是国际阶段和国家阶段。国际阶段的途径包括提交国际申请、国际检索、国际公布和国际初步审查（可选择程序）。

（1）提交国际申请：PCT 规定，一件申请中必须应有一个申请人是 PCT 成员国的国民或居民，不同国家可以指定不同申请人。所需文件包括请求书、说明书及其附图、权利要求书、摘要。这些文件应当按照规定的格式撰写，并且应当一式三份，其中一份留在受理局（受理本），一份送国际局（登记本），一份送国际检索单位（检索本）。申请文件应提交到“中国国家知识产权局专利局受理处 PCT 组”。各地方专利代办处不接收 PCT 国际申请。申请人应自国家知识产权局收到

PCT 国际申请之日起 1 个月内缴纳检索费、国际申请费。

（2）国际检索：每件 PCT 国际申请都会在申请人缴纳检索费后启动检索。自优先权日起 9 个月或国际申请日起 3 个月内，国际检索单位出具国际检索报告及书面意见。检索报告将列出相关的对比文献方便专利申请人了解现有技术基础，书面意见则对申请保护的发明创造是否具有新颖性、创造性、工业实用性提出初步意见。

（3）国际公布：自优先权日起 18 个月满时，国际局将对国际申请进行国际公布。申请人如需提前公布可向国际局提出申请，但须缴纳相应的费用后才能启动国际公布。

（4）国际初步审查（可选择程序）：此程序是应申请人的要求才会启动的程序。国际初步审查单位会出具一份高标准的国际初步审查报告，清楚地评述该项技术是否具备新颖性、创造性和实用性。与国际检索阶段不同的是在国际初步审查阶段，审查员和申请人之间可进行交流。

在国家阶段，申请人必须在自优先权日 30 个月（在某些国家可能是 20 个月）内，向希望获得保护的国家提交申请并缴纳费用，从而启动国家阶段。进入中国国家阶段，申请人应该提交如下文件：①国际申请进入中国国家阶段声明（中国国家知识产权局统一制定的表格）；②原始说明书的中文译文；③原始权利要求书的中文译文；④原始附图副本；若附图中有文字，应当将其替换为对应的中文文字；⑤摘要的中文译文和摘要附图副本。

第五节 科技成果申请

基于前期研究结果申请科技成果，对科研工作者总结自身研究工作，以及推进下一步研究计划均具有重要意义。科技成果登记后，可获得推荐申报国家、省、市科学技术奖的基本资格，也可优先推荐申请省科技成果转化基金等省内各级各类科技计划项目。本节将介绍在我国如何将课题研究结果转化为科技成果。

一、科技成果的概念

1986 年中国科学院在《中国科学院科学技术研究成果管理办法》中把科技成果定义为：某一科学技术研究课题，通过观察试验和辩证思维活动取得的，并经过鉴定具有一定学术意义或实用意义的结果。全国人民代表大会常务委员会通过的《中华人民共和国促进科技成果转化法》（2015 年修订）中指出，科技成果是指通过科学研究与技术开发所产生的具有实用价值的成果。职务科技成果是指执行研究开发机构、高等院校和企业等单位的工作任务，或者主要是利用上述单位的物质技术条件所完成的科技成果。科技成果可通过评价（鉴定）、建档、申报、登记、专利、奖励、保密、宣传、交流和推广应用进行管理。

二、科技成果类型

根据科技成果管理的不同需要，科技成果可分为不同类型。本节介绍其中一种分类方法，即根据科技成果的功能划分，可分为基础理论成果、应用技术成果和软科学研究成果。

1. 基础理论成果 是指发现并阐明自然现象、特征、规律及其内在联系的自然科学基础理论和应用基础理论研究的科技成果，成果形式主要包括科学论文和专著。在环境与健康研究中，这类成果主要指为认识环境与健康相关的现象，探索环境对疾病健康影响的规律等方面获得的成果。

2. 应用技术成果 是指可用于生产或指导生产的科技成果，包括可以独立应用的阶段性研究成果和引进技术、设备的消化、吸收再创新成果，主要表现为新技术、新产品、新工艺、新材料、新品种、新设计、新方法、新装置、新装备、新资源及其他应用技术等。例如，可用于干预环境污染导致健康危害的方法、手段、技术等。

3. 软科学研究成果 是指为决策科学化和管理现代化而进行的有关发展战略、政策、规划、评价、预测、科技立法及管理科学与政策科学的研究成果，主要包括软科学研究报告和著作等。软科学研究成果应具有创造性，对国民经济发展及国家、部门、地区和行业的决策和实际工作具有指导意义。例如，与环境管理、疾病控制相关的评价手段、管理办法等。

三、科技成果评价

依据科技部发布的《科学技术评价办法（试行）》、《科技评估管理暂行办法》及《科技成果评价试点暂行办法》：科技成果评价是指按照委托者的要求，由评价机构聘请同行专家，坚持实事求是、科学民主、客观公正、注重质量、讲求实效的原则，依照规定的程序和标准，对被评价科技成果进行审查与辨别，对其科学性、创造性、先进性、可行性和应用前景等进行评价，并做出相应结论。科技成果评价主要针对技术开发类应用技术成果、社会公益类应用技术成果、软科学研究成果三种类型进行评价，对成果的知识产权不做评价。

（一）科技成果评价的意义

科技成果评价出具的评价报告是国家科技成果登记和推荐国家科技奖励的重要佐证材料；也是科研人员在职称晋升过程中对其科研能力和研发水平评定的重要依据；还可以作为科研项目成果创新和效益评判的重要依据，以及获取投资、融资、认可、转让合作中对成果价值评判的重要依据，有利于技术成果快速在市场推广转化和产业化。

（二）科技成果评价流程

图 14-2 说明了科技成果评价流程。

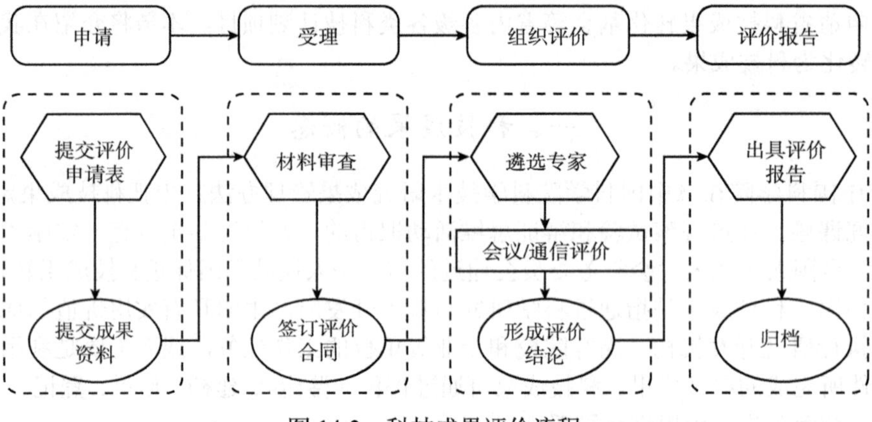

图 14-2　科技成果评价流程

（来源：《农业科技成果评价技术规范》（GB/T 32225—2015））

（三）科技成果评价分类体系

根据科技成果不同特点和评价目的，有针对性地评价科技成果的多元价值。科学价值重点评价在新发现、新原理、新方法方面的独创性贡献。技术价值重点评价重大技术发明，突出在解决产业关键共性技术问题、企业重大技术创新难题，特别是关键核心技术问题方面的成效。经济价值重点评价推广前景、预期效益、潜在风险等对经济和产业发展的影响。社会价值重点评价在解决人民健康、国防与公共安全、生态环境等重大瓶颈问题方面的成效。文化价值重点评价在倡导科学家精神、营造创新文化、弘扬社会主义核心价值观等方面的影响和贡献。

基础研究成果以同行评议为主，鼓励国际“小同行”评议，推行代表作制度，实行定量评价与定性评价相结合。应用研究成果以行业用户和社会评价为主，注重高质量知识产权产出，把新技术、新材料、新工艺、新产品、新设备样机性能等作为主要评价指标。不涉及军工、国防等敏感领域的技术开发和产业化成果，以用户评价、市场检验和第三方评价为主，把技术交易合同金额、市场估值、市场占有率等作为主要评价指标。

（四）科技成果评价主要形式

科技成果评价可以采取会议评价和通信评价两种形式。

1. 会议评价　需要对科技成果进行现场考查、测试，或需要经过答辩和讨论才能做出评价的，可以采用会议评价形式。由评价机构组织评价咨询专家采用会议形式对科技成果做出评价。

2. 通信评价　不需要进行现场考查、答辩和讨论即可做出评价的，可以采用通信评价形式。由评价机构聘请专家，通过书面审查有关技术资料，对科技成果做出评价。通信评价必须出具评价专家签字的书面评价意见。

四、科技成果登记

根据科技部2000年发布的《科技成果登记办法》及近年来各省市发布的科技成果登记实施办法，科技成果完成人可按直属或属地关系向相应的科技成果登记机构办理科技成果登记手续。执行各级、各类科技计划（含专项）产生的科技成果应当登记；非财政投入产生的科技成果自愿登记；涉及国家秘密的科技成果，按照国家科技保密的有关规定进行管理。科技成果登记可保证及时、准确和完整地统计科技成果，为科技成果转化和宏观科技决策服务。

（一）申请科技成果登记的途径、流程

（1）科技成果完成单位按照要求准备相关材料，利用“国家科技成果登记系统”录入成果信息，根据属地化原则或行业管理原则向所在省辖市科技局或省直有关部门提出申请登记。

（2）各省辖市科技局或省直有关部门应对成果的真实性、完整性进行审查，对成果登记的条件进行初审。对初审合格的科技成果，向科技成果登记部门推荐申请登记。

（3）科技成果登记部门对办理登记的科技成果进行在线审核，对审核通过的科技成果办理登记，由登记部门颁发登记证书。

（二）申请科技成果登记所需要的资料

办理科技成果登记应当提交《科技成果登记表》（科技部统一制定）及下列材料：①应用技术成果：相关的评价证明（鉴定证书或者鉴定报告、科技计划项目验收报告、行业准入证明、新产品证书等）和研制报告；或者知识产权证明（专利证书、植物品种权书、软件登记证书等）和用户证明。②基础理论成果：学术论文、学术专著、本单位学术部门的评价意见和论文发表后被引用的证明。③软科学研究成果：相关的评价证明（软科学成果评审证书或验收报告等）和研究报告。

五、我国现行科技奖励制度简介

国务院发布的《关于深化科技奖励制度改革方案的通知》指出：科技奖励制度是我国长期坚持的一项重要制度，是党和国家激励自主创新、激发人才活力、营造良好创新环境的一项重要举措，对于促进科技支撑、引领经济社会发展、加快建设创新型国家和世界科技强国具有重要意义。根据《中华人民共和国科学技术进步法》制定科技奖励制度，我国现行奖励的层次主要包括国家级、省部级。奖励的形式可包括精神奖励（证书）与物质奖励（奖金）。

（一）国家级科技奖

国务院设立了五项国家科学技术奖：国家最高科学技术奖、国家自然科学奖、国家技术发明奖、国家科学技术进步奖和中华人民共和国国际科学技术合作奖，以奖励在科技进步活动中做出突出贡献的个人、组织。

1. 国家最高科学技术奖　授予在当代科学技术前沿取得重大突破或者在科学技术发展中有卓

越建树，在科学技术创新、科学技术成果转化和高技术产业化中创造巨大经济效益或者社会效益的科学技术工作者。国家最高科学技术奖不分等级，每次授予人数不超过2名。

2. 国家自然科学奖 授予在基础研究和应用基础研究中阐明自然现象、特征和规律，做出重大科学发现的个人。所谓重大科学发现，应当具备下列条件：第一，前人尚未发现或者尚未阐明；第二，具有重大科学价值；第三，得到国内外自然科学界公认。国家自然科学奖分为一等奖、二等奖 2 个等级，对做出特别重大的科学发现的，可以授予特等奖。

3. 国家技术发明奖 授予运用科学技术知识做出产品、工艺、材料、器件及其系统等重大技术发明的个人。所谓重大技术发明，应当具备下列条件：第一，前人尚未发明或者尚未公开；第二，具有先进性、创造性、实用性；第三，经实施，可创造显著经济效益、社会效益、生态环境效益或者对维护国家安全做出显著贡献，且具有良好的应用前景。国家技术发明奖分为一等奖、二等奖 2 个等级，对做出特别重大的技术发明的，可以授予特等奖。

4. 国家科学技术进步奖 授予完成和应用推广创新性科学技术成果，为推动科学技术进步和经济社会发展做出突出贡献的个人、组织。所谓创新性科学技术成果，应当具备下列条件：第一，技术创新性突出，技术经济指标先进；第二，经应用推广，创造显著经济效益、社会效益、生态环境效益或者对维护国家安全做出显著贡献；第三，在推动行业科学技术进步等方面有重大贡献。国家科学技术进步奖分为一等奖、二等奖 2 个等级，对做出特别重大的创新性科学技术成果的，可以授予特等奖。

5. 中华人民共和国国际科学技术合作奖 设立于 1994 年，是国务院设立的国家级科技奖励，1995 年正式授奖。《国家科学技术奖励条例》规定，中华人民共和国国际科学技术合作奖授予对中国科学技术事业做出重要贡献的外国人或者外国组织。中华人民共和国国际科学技术合作奖不分等级。1995～2020 年，共有 24 个国家的 136 位外籍专家和 3 个国际组织（国际水稻研究所、国际玉米小麦改良中心、国际热带农业中心）、1 个外国组织（美国德州大学 MD 安德森癌症中心）被授予"中华人民共和国国际科学技术合作奖"。

（二）省部级科技奖

全国 23 个省、5 个自治区、4 个直辖市、5 个计划单列市、新疆生产建设兵团均基本参照国家科学技术奖的奖项设立了省（市）级科技奖，但名称、类别可能不同。例如，上海市科学技术奖包括 6 个类别：①科技功臣奖；②青年科技杰出贡献奖；③自然科学奖；④技术发明奖；⑤科技进步奖；⑥国际科技合作奖。天津市科学技术奖包括 5 个类别：①自然科学奖；②技术发明奖；③科学技术进步奖；④科学技术成果推广奖；⑤科技型中小企业创新奖。各省（市）级科学技术奖详细信息可在省（市）科技部官方网站查询，在此不再具体展开。

此外，教育部、公安部、安全部、国防科工局、国家保密局、中央机要局、中央军委科技委等设立了部级科技奖，也称为专项奖。其中，为鼓励高等学校教师和科技工作者围绕国家战略需求、经济社会发展需要与世界科技前沿开展科技创新和成果转化，推动高等学校创新人才培养，根据《国家科学技术奖励条例》，结合高等学校实际情况，教育部设立高等学校科学研究优秀成果奖（科学技术）。该奖项设立自然科学奖、技术发明奖、科学技术进步奖及青年科学奖。实行提名制，每年提名、评审一次，候选项目第一完成单位应为国内高校。青年科学奖候选人应为长期在国内高校工作的青年教师，设一等奖、二等奖（特等奖在一等奖中产生）。由教育部科学技术司设立的奖励工作办公室负责奖励管理、评审组织等工作。

（三）社会科技奖励

社会科技奖励，也称社会力量设立科学技术奖，是指社会组织或个人利用非国家财政性经费，在中华人民共和国境内设立，奖励为促进科技进步做出突出贡献的个人或组织的科学技术奖，如何梁何利基金科学与技术奖，环境保护科学技术奖等。其中，何梁何利基金设有"科学与技术成就奖"（以下简称"成就奖"）、"科学与技术进步奖"（以下简称"进步奖"）、"科学与技术创新奖"

（以下简称“创新奖”）3 个奖项。基金每年颁奖一次，对获得科学与技术成就奖者，颁发奖金 100 万港元；获得科学与技术进步奖者，颁发奖金 20 万港元。目前有 297 项在国家科学技术奖励工作办公室备案，本书暂不做详细介绍。详细目录可到国家科学技术奖励工作办公室网站进行查询。

展　望

根据 WHO 统计，世界上 70% 的疾病和 40% 的死亡人数与环境因素有关，近年来多种与环境污染相关的疾病显著上升。解析环境与健康的关系，探寻环境对健康的影响规律和机制是目前全球科学研究的热点和难点。环境与健康问题的高度复杂性决定了该领域的研究必然是多学科交叉的前沿领域，这就要求我们在掌握环境与健康研究基本理论、基本方法的同时，也要保持开放的心态，广泛了解相关学科知识。在进行环境与健康研究选题时，要考虑到我国环境污染的自身特点。由于经济快速发展，发达国家百年发展过程产生的环境与健康问题在我国集中显现，我国的环境污染特征和人群健康危害特征都有自身显著的特点，因此在进行环境与健康研究时一方面要关注环境与健康领域的国际前沿趋势，另一方面也要充分结合我国的实际现状，针对我国区域健康危害的环境暴露因素进行探索，做扎根中国大地的有价值的研究。

推荐阅读

国家自然科学基金委员会，2022. 国家自然科学基金 2022 年项目指南 [EB].

韦恩 . C. 布斯，格雷戈里 . G. 卡洛姆，约瑟夫 . M. 威廉姆斯，2009. 研究是一门艺术 [M]. 北京：新华出版社 .

思　考　题

1. 如何选题才能兼顾创新性与优势性？

2. 如何培养科学的思维方式？

3. 结合环境与健康研究的特点和范围，什么样的研究成果可申请发明专利，进一步可为国家政策所用？

（李媛媛）

第十五章 环境流行病学常用研究方法

本章主要介绍环境流行病学研究中描述性研究、分析性研究、实验性研究以及类实验研究等常用的研究设计类型及方法，主要内容包括环境暴露评估、研究人群选择、混杂因素、健康效应指标及常用的统计分析方法等，并举例说明这些研究设计的实际应用，小结各种研究设计的优势及局限性；同时对环境流行病学研究中常用的因果推断方法进行简要介绍，主要内容包括因果推断步骤、因果推断准则、环境流行病研究中常用的因果推断方法。

第一节 描述性研究

描述性研究是流行病学研究中最基本的研究类型，主要目的在于了解某人群中某种疾病的发生频率和时间趋势，描述该疾病及可能的危险因素在不同时间、空间和人群间的分布情况，从而提出病因假设。在环境流行病学领域中，常用的描述性研究设计包括生态学比较研究、时间序列研究、横断面研究等。

一、生态学比较研究

生态学研究（ecological study）是基于群体水平开展的观察性研究，多应用于探索环境因素暴露与健康结局之间的关系。其中，生态学比较研究（ecological comparison study）是生态学研究中应用较多的一种方法，在环境健康研究领域中应用较为广泛，即通过比较环境因素暴露不同水平人群之间健康效应的差异（如发病率、死亡率等），来获取该因素与健康效应之间的流行病学关联。例如，通过分析比较不同地区某时间段内环境污染物水平和儿童某种疾病就诊率之间的关联，以探索该环境因素暴露与儿童相应疾病的可能关联，可为后续研究提供线索。生态学比较研究的具体步骤包括：根据拟解决的科学问题，确定研究目的；围绕研究目的确定暴露因素、健康结局及测量方法；确定研究人群及时空范围；数据采集；数据分析及结果解释。

（一）暴露评估

生态学比较研究中所涉及的环境因素包括空气污染物、气象因素（温湿度等）及其他环境因素如土壤、水体的污染物等。研究中使用的暴露数据多来自常规监测，如常规大气质量监测站的监测数据。此类数据通常具有质控较优，区域覆盖面广且数据时间跨度长的优点，但亦有以下缺点：①固定环境监测站点分布通常不均匀，难以准确代表人口平均暴露水平；②环境因素暴露测量的频率、时间往往由仪器特性决定而非出于生物学考虑。

（二）人群选择

生态学比较研究具有生态学研究的基本特征，即是基于人群开展观察性研究，其关注的往往是总人群，也可聚焦于某一部分亚组人群。亚组人群可能对某一特定环境因素暴露不敏感或更敏感，如既往研究发现老年、儿童、低文化水平和患有基础疾病的群体对某些环境因素的暴露更敏感。不同的数据来源可包含不同的亚组分类信息。例如，合并症及疾病史信息常记录于医院就诊或住院数据；各年龄组或不同社会经济地位的人群死亡数据常记录于死亡登记系统。

（三）混杂因素

与研究因素和健康结局均有关且不是研究因素和健康结局之间的中介因子的某种其他因素在比较的各组中分布不均时可引入偏倚，影响研究因素与健康结局之间真正关联的评估，这种因素称为混杂因素。个体行为以及人口学特征（包括性别、年龄等）在许多流行病学研究中被认为是潜在的能够影响研究结果的混杂因素。但在生态学比较研究中，他们并不是最主要的混杂因素，这是由于人群特征主要与研究的健康结局相关但通常与环境因素暴露之间不存在关系。例如，年龄结构或人群吸烟比例与人群死亡率和发病率等指标相关，但与空气污染水平、气象因素或水质之间不存在相关性。

在生态学比较研究中，通常需要纳入考虑的混杂变量是一些时间相关变量，他们同时与暴露和结局均存在关联，且不是暴露引起结局的中介因素。例如，环境因素暴露和结局变量的季节性、长期趋势或其他周期性变化可能产生很强的混杂效应。其他按时间排序的变量，如周几指示变量、假日指示变量，由于既与健康结局存在关联，又与研究的暴露存在关联，也可能是重要的混杂因素。

（四）健康效应指标

研究人员通常基于常规收集的资料以获取健康结局指标，从而开展生态学比较研究，多数研究关注：

（1）死亡率：总死亡率和特定疾病别死亡率，可从死亡登记系统收集。此时需注意病程和生存的因素（如疾病检出和治疗）以及发病率可对其产生影响。

（2）发病率：指疾病或不良健康状况发生的频率，可从医疗记录（包括由医院、急诊室、诊所和医生保存的记录）和疾病登记系统（如癌症和先天性异常登记系统）等处收集。

此类数据的优势在于覆盖人群广且有效数据的时间跨度大，但其常出现数据编码错误（如死亡或住院病因诊断错误或国际疾病编码错误等），以及可能存在错报、漏报的问题，因此使用此类数据时需仔细遴选处理与研究目的契合的数据以作为研究的健康结局。

（五）统计模型

生态学比较研究的数据分析往往数据量大，分析处理方式多元，主要的分析方法包括传统的统计分析方法和空间统计分析方法。传统的统计分析方法主要包括单因素分析、多因素分析，常用的单因素分析有 t 检验、F 检验、Mann-Whitney 检验和相关分析等，多因素分析中包括回归分析、主成分分析、聚类分析等；空间统计分析方法可对某因素的空间分布特征进行最优量化评估及可视化处理，主要包括空间自相关分析、空间分类分析（空间聚类分析、空间聚合分析和判别分析）、多变量统计分析（主成分分析、主因子分析、变量聚类分析和采样点聚类分析）、空间插值分析、空间结构分析及空间模拟等。各项空间统计分析方法的应用为特定疾病（或对象）的空间聚集性、影响因素的探索及预防控制提供了更有力的研究方法和工具。

（六）优势与局限性

1. 优势

（1）数据收集简便易行，通常基于常规监测记录的数据源进行采集。

（2）能够在环境因素暴露或疾病病因不明确时，为后续研究提供病因线索。

（3）无法量化个体水平暴露时仍可开展生态学比较研究。

（4）可评价环境因素与健康测量指标的长期趋势。

（5）适用于环保政策的人群干预措施评价。

2. 局限性

（1）生态学谬误：又称生态学偏倚，指在群体水平开展的生态学研究得出的结果推论到个体水平时存在的系统误差。个体异质性以及存在混杂因素等原因使得生态学谬误难以避免。因此，在解释生态学比较研究观察到的健康效应与某环境因素之间的关联时应谨慎。

（2）不同环境因素之间可能存在较强的相关关系，即存在多重共线性，影响环境因素暴露与健康效应间关系的正确评估。

（3）群体水平的环境因素暴露与健康效应之间的时间关系不易确定，直接影响因果关系的判定。

（4）常规监测资料的准确性相对较低，从而使得研究的不确定性相对增大。

二、时间序列研究

时间序列研究（time series study）是生态学研究的一种，旨在研究一段时间内环境因素暴露和健康效应指标之间的关联，可用于评估随暴露而改变的健康结局序列的短期变化。该研究设计是环境流行病学研究领域的常见研究类型之一，在聚焦于环境污染物、气象因素、花粉等环境因素暴露与健康结局（死亡率、入院率等）关联研究中的应用尤为广泛。时间序列研究中的环境因素暴露水平与健康效应指标往往基于群体水平汇总而成，环境因素和健康结局变量均为同一时间单位（一般为一天）的累积测量数值。

（一）暴露评估

多数时间序列研究通过固定环境监测站点或卫星反演数据来获取环境因素暴露数据，并计算相应单个或数个暴露数值的均值作为研究人群的平均暴露水平，将其纳入模型中进行分析。然而，通过固定环境监测站点获取的数据往往具有如下劣势：①无法反映城市内部环境的特殊性和复杂性，包括交通、施工、工业排污等；②无法代表个体微环境，包括个体水平的暴露时长、浓度、个体时间行为活动模式、个体防护情况等。

然而，既往聚焦暴露评估的研究发现，基于固定环境监测站点收集暴露数据而产生的误差是随机分布的，且倾向于低估该环境因素暴露所引起的健康风险。在长时间尺度进行的时间序列研究，一定程度上可以削弱这种随机分布测量误差带来的影响，因此在时间序列研究中利用固定环境监测站点数据进行分析仍是相对合理的，且简便易行。

（二）人群选择

在环境健康领域中，识别老年人、儿童、特定疾病患者等在内的敏感人群，并探索环境因素暴露产生的健康效应是非常重要的课题。然而，时间序列研究是基于汇总后的群体水平数据开展的研究，常关注研究人群总体而缺少亚组人群信息，因此该研究在人群选择上往往掣肘于健康效应指标数据的来源及分布。除此以外，研究的样本量也应予以重视。大样本、多中心、长时间尺度的时间序列研究更能够准确稳健地评估环境因素暴露与健康效应之间的关联。

（三）混杂因素

与生态学比较研究类似的是，时间序列研究中个体特征和行为因素也不是主要混杂因素。一般而言，可以假设研究人群吸烟者比例、年龄结构及其他健康指标在短期内不变。其他需要进行控制的混杂因素列举如下：①季节趋势，指环境因素或健康指标随季节更替有规律的趋势波动；②星期几效应，指环境因素或健康指标在一周内各天呈现出的变化趋势；③节假日效应，指环境因素或健康指标在节假日与工作日有不同的变化；④气象因素，环境因素或健康指标在不同的气象条件下（如温度、湿度等），表现出不同的变化。

（四）健康效应指标

在时间序列研究中，研究人员基于群体水平收集健康效应指标数据。这些数据多来自医院就诊系统、区域疾病监测网络等。可采集总的或疾病别的门急诊和住院人次、每日发病数和死亡数等。虽然此类数据获取简便，但他们往往存在如下测量偏倚：①可能存在诊断误差；②受到个体社会经济状况的影响；③受到社会经济政策的影响；④单纯配药的患者和预约的患者无法排除；⑤如采集住院人次数据，则不可避免地受医院床位数限制等因素的影响。

（五）统计模型

广义相加模型（generalized additive model，GAM）在时间序列研究中应用广泛。该模型使用非线性的平滑项来进行拟合，在无法确定环境因素暴露与健康结局之间关系的情况下，可较为准确地模拟暴露与健康结局之间的非线性关系。为同时考虑暴露因素产生的滞后效应和非线性效应，还可使用分布滞后非线性模型（distributed lag non-linear model，DLNM）构建交叉基（cross-basis），结合 GAM 等模型估计环境因素暴露与健康结局之间的复杂关系。效应强度通常表达为每指定单位环境因素暴露水平改变引起的健康指标相对改变量的点估计值以及其 95% 可信区间。例如，每日研究人群某健康结局事件发生数基本服从泊松（Poisson）分布，同时可能存在“过分散”（over-dispersion）的问题（数据序列的方差大于均数）。采用模型进行分析时，将准泊松（quasi-Poisson）分布与 GAM 相连接，同时应用平滑函数控制非线性趋势，包括自然立方样条（natural cubic spline）函数、B 样条（B-spline）函数等，建立如下关系式：

$$\log E(Y_{it}) = \alpha + cb(Expo_{it}, lag) + ns(time_i, df) \tag{15-1}$$

式中，Y_{it} 为关注的研究人群某健康结局指标；α 为截距；$Expo_{it}$ 为当日暴露；cb 为应用 DLNM 构建的反映暴露-效应关系和滞后-效应关系的交叉基项；lag 为最长滞后时间；ns 为自然立方样条函数；df 为自由度；time 为时间序列。

（六）优势与局限性

1. 优势

（1）所需数据多为常规收集，易于获取，费用低廉，研究周期短，效率高。

（2）研究不涉及个体信息，易于通过伦理委员会审核。

（3）易于获取长时间跨度的大样本数据，提升统计学效率。

（4）对同一人群的重复测量使得无时间趋势的变量无混杂效应，而具有时间趋势的混杂因素可通过构建适合的模型来控制。

2. 局限性

（1）无法避免基于固定环境监测站点收集环境数据而产生的暴露误差。

（2）基于医院就诊系统或疾病监测系统的数据可能会受到诊断误差、社会经济特征等因素的影响。

（3）仍为基于群体水平开展的研究，所以存在生态学谬误，因果推断受限。

（4）研究结果往往受到用于分析所构建的模型参数的影响。

（5）时间序列研究主要反映的是环境因素暴露水平短期内相对波动相关的健康效应，而不能反映绝对暴露水平所致的健康风险。

三、横断面研究

横断面研究（cross-sectional study）即在较短的一段时期内收集环境因素暴露与健康结局数据以评估暴露与健康之间的关联。若先验知识不足，且需同时探索多个环境因素与某种健康结局或指标（尤其是慢性病）的潜在关联时，横断面研究可作为首选研究设计，并可为后续研究提供提示性线索。横断面研究的因果关联效力虽不及队列研究，但其经济、高效，因此在环境流行病学中应用非常广泛，可为花费人力物力较高、耗时长的队列研究的开展提供线索和研究方向。

（一）暴露评估

如前所述，横断面研究常用于评估暴露对慢性病的影响，且暴露和健康信息是同时收集的。实际上，我们无法判定该种疾病的确切发生时间，尤其是慢性病，但对于个体而言，患病是由过去某段时间或持续暴露引起的。所以，对于时间依赖的外暴露，常常需要适当将暴露时间窗往前移。此外，对于环境因素暴露而言，往往通过客观的方法评估既往暴露，一定程度上避免了研究对象的回忆偏倚；而对于需要通过问卷调查方式获得暴露信息的情况，则常常无法避免回忆偏倚。环境因素的暴露水平多数时候不受疾病状态或进程的影响，即不影响因果关系的推断。另外，当不能经由历史记录或监测资料而必须现场采集外暴露数据的时候，需要明确该种环境因素暴露与既往暴露相差不大，或者可由当下暴露推断既往暴露，以避免过大的测量误差。如空气污染相关研究，现在已经可以用高时空分辨率的暴露评价模型大规模地拟合研究对象的外环境暴露水平。

除外暴露评估外，针对部分暴露生物标志物亦可展开内暴露的评估。通过测量进入人体的环境因素实际暴露量，如尿液中的苯代谢物、母乳中的PCBs、头发中的甲基汞等来进行内暴露剂量的评估。在实际的生物监测中，需注意收集的生物样本种类及采样的确切时间，在机体蓄积的物质可反映长期持续暴露水平，如牙齿中的金属化合物、头发中的甲基汞等。

横断面研究样本量通常较大，所以暴露信息的收集通常较为粗糙，但近来技术发展迅速，无论是外暴露评估还是内暴露评估的领域，都在向高精度和低成本方向迈进。

（二）人群选择

横断面研究人群的确定往往需要先确定源人群，在此基础上再根据实际需求采用合适的抽样策略进行人群选择，使得该人群具有较好的代表性。当在一定的范围区域内，暴露因素和健康结局都常见时，可采用完全随机抽样的方法，或进行普查。国家普查数据库是许多环境相关研究常用的数据源。但当环境因素的EF较低时，或是小范围内变异度较小时，可基于暴露水平差异进行分层抽样。此外，这也提示我们在进行研究设计时，需要了解环境因素暴露水平在人群中的分布，避免削弱统计效能。

（三）混杂因素

在横断面研究中存在的混杂因素需满足如下3个条件：①该因素与暴露因素有关；②该因素与健康结局有关；③该因素不是暴露和健康结局的中介因素。

长期健康效应常见的潜在混杂因素包括个体特征相关因素（年龄、性别等）、社会经济因素和个体行为变量（饮酒、抽烟等）。可在横断面研究的设计阶段采用限制、分层或匹配的方法来对混杂因素进行控制。例如，年龄可能是影响某一污染物暴露与某一疾病关联的混杂因素，可以将研究对象限制为儿童或者成人。此外，在分析阶段也可采用多变量的回归模型、倾向性评分加权等方法控制混杂因素。

（四）健康效应指标

横断面研究中常用的健康结局变量分为两类，包括分类变量，如是否患有某种疾病，以及连续型变量，如可通过体检测量获取的血压、肺功能等健康指标。常用的健康结局指标包括患病率、感染率等。

（五）统计分析模型

统计分析模型主要采用多变量回归模型，根据健康效应指标对应变量类型的不同，可分为多变量Logistic回归（二分类/有序多分类/无序多分类），多变量线性回归模型（普通最小二乘/广义线性/加权线性模型等）以及基于非线性关系构建的回归模型，效应强度指标包括β值、患病率比（prevalence ratio）、OR值等。

（六）优势与局限性

1. 优势

（1）与队列研究相比，横断面研究可以在不耗费过多人力、物力、财力的情况下，一次性获得暴露和结局的信息，初步快速估计其关联。

（2）可同时进行暴露因素和健康结局之间多对多的关联探索。

（3）部分环境因素暴露可客观测量获取，避免回忆偏倚且不受疾病影响。

（4）定期重复开展横断面研究，可在一定程度上替代难以开展的队列研究。

2. 局限性

（1）难以确定环境因素暴露和健康结局发生的时序关系，因果推断受限。

（2）当环境因素的暴露水平只能通过问卷方法获取时，会引入回忆偏倚。

（3）当环境因素暴露随疾病状态改变时（如因患病而戒烟；因肺功能不好而移居至空气质量

好的住地），可出现因果倒置现象。

（4）横断面研究不适用于罕见病，为保证结局事件数频次适当，样本量会随之增大，从而增加研究开展的难度。

（5）横断面研究不适用于疾病史的研究。

四、空间流行病学研究

健康与疾病的时间和空间分布是流行病学研究的重要内容。近年来，随着遥感、GIS 以及全球定位系统（global positioning system，GPS）等现代空间信息技术的不断发展与成熟，空间数据的获取、处理以及分析方法越来越成熟，将这些方法与传统流行病学研究结合起来可以探究健康与疾病的时空分布，促进空间流行病学的发展。

空间流行病学可被定义为：以经典流行病学的研究设计与学科思想为核心，结合地理学的现代空间信息技术与思维方式，基于空间统计学的方法消除或利用数据的空间自相关性，从地理学的空间角度研究人群中公共卫生事件发生风险的空间分布变异与变化规律，分析主导公共卫生事件空间异质性分布的影响因素，预测公共卫生事件的发生风险，最终从空间角度提出防治疾病、促进健康、优化卫生服务的策略和措施的一门流行病学分支学科。环境流行病学研究中，空间流行病学常被用于分析环境因素的空间分布和动态变化、描述与环境因素暴露相关的疾病时空分布及识别疾病的环境危险因素等方面。

（一）暴露评估

空间流行病学可以通过问卷调查、个体环境因素暴露监测、时间-活动日志等方法，构建研究对象的时间-活动模式，然后建立个体对环境因素的空间暴露参数，从而准确地估计个体环境因素暴露在不同时间、空间的动态变化。如可以通过固定环境监测站点对大气污染物浓度进行测量，并结合个人时间-活动日志及其行为模式来评估个体对大气污染物的暴露水平。

经典的环境因素暴露评估方法，如基于 GIS 的土地利用回归模型可以较好地评估研究对象大气污染物暴露水平。其他一些模型，如分散模型、化学传输模型、混合模型（大气扩散化学传输模型）以及基于遥感卫星的气溶胶光学厚度（aerosol optical depth，AOD）数据的时空反演模型近年来已在环境流行病学领域得到广泛应用，可以获得更准确的环境因素暴露估计结果（以上方法细节详见第十七章内容）。例如，荷兰的一项研究使用了分散模型、土地利用回归模型以及混合模型（土地利用回归、化学传输模型、普通克里金法等）三种模型分别估计了研究对象对 $PM_{2.5}$、NO_2 及 BC 等大气污染物的暴露浓度，比较了三种模型所估算污染物浓度的准确性，并分析了这些污染物与 CVD、呼吸系统疾病等多种疾病死亡风险之间的关联。近年来，随着环境因素暴露个体监测设备和 GPS 技术的发展，可以使用相应的仪器设备直接评估个体在不同时间和空间的环境因素暴露水平，但是目前该类评估方法在灵敏度和准确性方面仍有一定的欠缺。

（二）人群选择

空间流行病学研究通常以包含因环境因素暴露而发生疾病人群的特定区域为研究现场，研究时需要收集该区域内人群的性别、年龄等一般人口学资料以及发病时间、地点等信息。在选择研究人群、地点、时段以及确定健康结局时，应该有明确的纳入、排除标准，以降低选择偏倚对结果的影响。

（三）混杂因素

空间流行病学研究中的混杂因素包括个体水平和群体水平的混杂因素。个体水平的混杂因素主要包括性别、年龄等人口学特征，吸烟、饮酒、膳食、运动等生活行为方式，以及精神心理压力等，在研究设计、分析时，需采用合适方法尽可能地降低混杂因素对结果造成的偏倚。群体水平的混杂因素主要是地区间环境因素的差异，如气温、相对湿度等气象因素，地表温度、植被指数、海拔、地形等地理因素以及人口密度、住房条件、人均收入等社会经济因素。在分析时应尽可能地收集并控制以上混杂因素，以降低其对研究结果的影响。

（四）健康效应指标

空间流行病学研究中的健康结局主要是从疾病监测与登记系统中获取的疾病发生或死亡资料；也可包括血液、尿液生物标志物等亚临床健康效应指标。收集健康效应指标时，需要收集健康结局发生的时间、地点等信息，便于后续描述疾病的时空分布，并进行聚集性分析。

（五）统计模型

针对不同类型的空间流行病学数据，其统计分析方法有一定差异，如针对点数据的基于泊松过程（Poisson process）的对数高斯 Cox 过程（log Gaussian Cox process）模型等；针对面数据的空间自回归（spatial autoregression）、地理加权回归（geographical weighted regression）、时空地理加权回归（geographically and temporally weighted regression）；以及针对地理统计数据的广义线性模型、广义线性混合效应模型等。目前环境流行病学中应用最为广泛的地理加权回归是一种处理空间异质性的局部空间自回归模型，该模型在考虑空间自相关性的前提下，分析自变量与因变量之间空间依赖性的变化关系，展示自变量与因变量之间的空间依赖性在空间范围内的变化趋势及分布模式，能够揭示环境因素对健康结局贡献大小的空间变异性。以上空间流行病统计分析方法在探索疾病的空间聚集性、影响因素及预防控制措施等方面应用较为广泛。

（六）优势与局限性

1. 优势

（1）可直观地呈现环境流行病学数据的时空变化，为开展进一步病因学研究提供线索。

（2）可以充分利用气象、气候、自然地理、社会经济和人口数据等多种与疾病相关的环境因素信息，评估这些环境因素与疾病发生、死亡之间的关联，较全面深入地探索疾病的环境危险因素。

（3）空间流行病学是一门新兴交叉学科，可以整合不同学科的技术方法解决环境流行病学方面的科学问题。

（4）随着 GIS、遥感及 GPS 等地理信息技术的不断发展，可以更加有效地利用环境与健康数据建立疾病监测、预警系统，提高公共卫生系统的应急监测能力。

2. 局限性

（1）空间流行病学通常以地区为研究单位，从群体水平上探索环境因素暴露与疾病的关系，与生态学研究类似，易出现生态学谬误。

（2）在选择研究人群、时间尺度、空间尺度及疾病分类时，容易出现选择偏倚。

（3）环境流行病学研究中，常采用群体水平的环境因素暴露代替个体水平的暴露测量，此外对个体以及群体水平的混杂因素的测量也存在测量误差，因此容易出现暴露错分偏倚。

（4）邻近地区的因变量（如疾病的发生、死亡等）不是互相独立的，存在空间自相关性，即一个地区的变量依赖于其邻近地区的变量值。选择合适的统计分析模型可在一定程度上降低空间自相关性造成的偏倚。

（陈仁杰　吴少伟）

第二节　分析性研究

分析性研究，也称分析性流行病学研究，是在目标研究人群中收集个体的环境因素暴露、疾病和健康结局等相关资料，探索环境因素暴露与疾病、健康结局之间有无关联的一种研究方法，可用于检验或验证科学假设。环境流行病学领域常用的分析性研究设计包括病例对照研究、病例交叉研究、队列研究、定组研究等。

一、病例对照研究

病例对照研究（case-control study）是一种由果及因的观察性研究，以患某特定疾病的个体作为病例组，以不患该病但与病例组具有可比性的其他个体作为对照组，调查既往各类可能的环境危险因素暴露情况，统计分析比较两组人群中危险因素的暴露比例，从而探索某个或某些环境危险因素与疾病之间可能的关联。病例对照研究的主要用途包括：①在疾病病因尚不明确时，通过广泛筛选，探索疾病的可能环境危险因素；②验证病因假设，即在产生初步的病因假说后，进一步利用设计精巧的病例对照研究进行检验；③为后续研究提供病因线索，以供进一步开展队列研究或试验性研究，进行病因推断。

（一）暴露评估

病例对照研究通常关注危险因素长期暴露的慢性效应。在环境流行病学领域，受到关注的环境因素主要包括：大气污染物（颗粒物、NO_2、SO_2、O_3、CO等）、水体污染物（放射性污染、重金属污染、环境持久性有机物等）、土壤污染物等。获得人群暴露情况的方法通常包括：环境采样、环境监测、个体监测、问卷调查等。例如，为了获得研究人群的大气污染物或气象因素暴露资料，研究人员常常收集目标人群家庭住址附近的固定环境监测站监测数据，或利用卫星观测数据建立时空反演模型，评估个体暴露水平。前者虽然可以在一定程度上反映个体暴露水平，但会不可避免地导致测量误差。随着卫星观测数据的广泛应用，当前开发的大气污染暴露模型分辨率可以达到1km，甚至更高，这可在一定程度上弥补固定环境监测站数据的缺陷。此外，还可以通过为目标人群佩戴个体环境采样器或者监测仪器，获得个体水平的暴露数据。

（二）人群选择

病例对照研究的对象包括患有某种特定疾病的病例组与未患有该种疾病且与病例组可比的对照组。一般而言，研究人员首先需明确研究目的，据此确定病例组的纳入、排除标准和选择病例的抽样框架。此后，再根据病例确定对照组的纳入、排除标准及抽样框架。具体如下：

1. 病例的选择　在病例对照研究中，最理想的情况是可以选择某一时间段内某一特定人群中的全部新发病例，但是这种理想的情况往往很难达到。因此，研究人员在选择病例的过程中，应当尽量确保所选择病例的代表性。换言之，病例的选择不能受暴露史的影响（该要求也适用于对照组），有无暴露史的病例有相同的概率进入一项特定的研究。否则，研究结果将会存在偏倚。

具体而言，病例来源基本上可以分为两大类：一类来自医院，可以是某个医院的门诊诊断或住院病例，也可以是几个或某一地区所有医院的门诊诊断或住院病例。另一类来自一般自然人群，可以从疾病的发病登记系统或死亡记录中获得。以医院为基础来选择病例的优点在于，研究人群的相关信息容易获得，配合度较高。但是，只有当研究结局会导致患者去医院就诊时，才适合使用来源于医院的病例。此外，还需注意的是，患者通常会根据距离远近、医院专科的强弱和个人经济能力等多种因素选择就诊医院，医院有时也会选择是否接收患者。因此，某一医院的病例通常不能代表一般自然人群中的所有病例，可能存在选择偏倚（入院率偏倚，亦称Berkson偏倚，伯克森偏倚）。当从人群中选择病例时，在特定区域内，所有出现研究结局的人都应作为病例，因此病例包括特定区域内所有医院报告的病例及其他医疗相关机构（如健康护理机构、诊所等）报告的病例。病例对照研究中的病例可以是新发病例、现患病例或死亡病例，最理想的选择是新发病例，因为这部分患者提供的信息往往更为可靠。

2. 对照的选择　对照人群的选择主要有以下几项原则：第一，对照组是从产生病例的源人群或队列中选择的一个有代表性的样本。第二，对照组和病例组除所研究的环境因素和疾病外应当尽可能地相似，尤其是在不能直接测量的混杂因素方面。第三，对照组和病例组在暴露因素的测量准确程度上应该尽可能地相似。实际研究中，经常采用的几种对照选择方法包括：①人群对照：

即从病例所在的源人群中随机选择的样本，这种方法常常被认为是最佳的选择；②医院对照：即选择与病例在同一医院或在同一医疗单位就诊的其他患者作为对照，但是这种方式可能由于不同疾病诊疗模式的差异，导致病例和对照代表不同的目标人群，此外，对照所患疾病可能与所研究的疾病有共同的病因，从而导致错误的研究结论；③朋友或亲属作为对照：即从病例的亲友中选择对照，该方法虽然可以减少社会经济因素的差别，且人群往往参与研究的意愿更强，但是病例的亲友并不一定能够很好地代表产生病例的人群。

在选择对照时，研究人员有时会要求对照在某些因素或特征上与病例保持一致，这种方法又称为匹配（matching）。匹配可以消除匹配因素的混杂效应，从而清楚地表明研究因素与疾病的关系，还可以提高分析时的统计学检验能力。病例与对照匹配的配比可以是1∶1、1∶2…1∶*n*。但配比不宜太高，一般最高为1∶4，否则不但不能增加检验效能，还会增加工作量。此外，应当慎重选择匹配因素，避免把不必要的因素列入匹配。如果匹配的因素与环境因素暴露有关，就可能人为造成更多的病例与对照人群的暴露史一致的情况，降低了研究效率，这种情况被称为“过度匹配”（over-matching）。

（三）混杂因素

病例对照研究实质上是个体层面的配对研究，研究人员在研究设计阶段就需要尽量保证病例组与对照在除暴露因素以外的各因素上是基本可比的，从而一定程度上控制个体混杂因素（如年龄、性别、体重指数等）的影响。因此，其他混杂因素主要是季节趋势（长期趋势）、气温、相对湿度等环境因素，可以在统计模型中对上述因素进行控制，以更准确地评估暴露与健康结局之间的真实关联。另外，近年来越来越多的研究采用自身对照的研究设计，即病例交叉研究，自动控制短期内不变的个体因素，进而更好地探索各类环境因素暴露对健康的影响，具体可见下一节有关病例交叉研究的介绍。

（四）健康效应指标

病例对照研究的健康效应指标主要为是否患病、是否发病、是否死亡等二分类变量。涉及的疾病可以是全身各系统疾病，包括但不限于心血管系统疾病、呼吸系统疾病、消化系统疾病、生殖系统疾病等。

（五）统计模型

病例对照研究不能计算患病率或发病率，因此不能直接得到RR，但是可以得到另一个关联强度指标——OR值。最简单基本的病例对照研究可以通过建立四格表进行统计分析，通常使用的统计方法是卡方检验。如果暴露因素是连续变量，且需要控制多种混杂因素时，研究人员常常用多因素回归模型进行统计学分析，即多因素Logistic回归（包括二分类、有序多分类、无序多分类等）。若暴露与结局之间存在非线性关系，也可拟合非线性模型。

（六）优势与局限性

1. 优势

（1）尤其适合研究罕见疾病。

（2）花费比前瞻性队列研究要少，容易组织实施，经济省力。

（3）可以同时研究多个因素与某种疾病的联系，适合探索病因。

2. 局限性

（1）不适于研究人群中暴露比例很低的环境危险因素。

（2）在选择研究对象时，难以避免选择偏倚，选择合适的对照人群也比较困难。

（3）由于是回顾性研究，所以在获取既往信息时，信息的真实性较难保证，难以避免回忆偏倚。

（4）不能直接得到所评估健康结局的发病率、率差或归因危险度。

二、病例交叉研究

病例交叉研究（case-crossover study）是一种自身对照研究，研究者通过对比研究对象即将发生某急性事件（或疾病）时的暴露情况与未发生该事件（或疾病）的某段时间内的暴露，以评估暴露因素与急性事件发生之间的关联。研究对象包括病例和对照两个部分，两部分的信息均来自同一个体。其中，“病例部分”被定义为危险期，该期是疾病或事件发生前的一段时间；“对照部分”为对照期，该期是指危险期外特定的一段时间。理论上，如果某种环境因素的暴露与该急性事件有关，那么刚好在该事件发生前较短的一段时期（危险期）内，暴露的发生应比事件发生前后较远的一段时间（对照期）内更频繁或强度更大。例如，如果极端天气事件可以引起某种急性健康结局事件的发作风险增加，则应该可以观察到极端天气事件后的一段时间内该疾病发病增多，或者在该疾病发病前一段时间内，应当有极端天气事件出现更为频繁的情况。

（一）暴露评估

理想情况下，暴露评估应当基于研究对象个体水平开展，如利用便携式个体采样器测量研究对象在研究期间的环境因素暴露情况。但是由于技术条件的限制，个体采样有时难以实现，此时可适当采取一些替代方式。例如，以户外固定环境监测站数值或数个站点的平均值，或利用高时空分辨率的卫星观测数据建立时空反演模型反演暴露数据，结合研究对象住址信息明确其平均暴露水平。若采用固定环境监测站测量数值，可能存在一定的测量误差，但是这种误差往往是无差别的，所以可能导致暴露因素与健康结局的关联被低估。实际上，在具体的研究中往往需要考虑多方面的因素，综合确定最合适的暴露评估方法。

（二）人群选择

病例交叉研究中的病例多为发生某种急性事件或疾病的患者，对照仍是患者自身。单向病例交叉设计一般选择该患者急性事件发生（发病）前的某一段时间，或事件发生（发病痊愈）后的某一段时间，双向病例交叉设计则同时选择急性事件发生（发病）前后一段时间。通常情况下，时间分层的病例交叉设计较为常用，即对照期选择的是与病例期处于同年、同月和同星期几的其他日期。例如，假设病例期发生在 2022 年 4 月 13 日（星期三），则 2022 年 4 月其他的星期三（4 月 6 日、4 月 20 日与 4 月 27 日）均被选为对照期。

（三）混杂因素

病例交叉研究利用自身对照，从研究设计上自行控制了短期内不发生变化的个体混杂因素，如性别、年龄、种族、社会经济地位、疾病史、生活史及营养状况等。由于病例期与对照期相隔很近（往往在同 1 个月内），可以控制时间趋势和季节的混杂。对于星期几效应，在选取对照期时，研究者可以使其与病例期相隔 7 天或 7 天的整数倍，从而自动控制星期几效应对结果的影响。对于其他在短时间内变化的因素，如气象条件和其他污染物等因素，则可以将其直接纳入模型进行控制。此外，公共假期、流感流行情况等其他混杂因素，也可以直接纳入模型进行控制。

（四）健康效应指标

病例交叉研究通常用于研究环境危险因素对某些急性健康结局事件发作的影响，如心肌梗死、哮喘发作等。对于慢性事件，相关环境因素暴露的致病效应往往缓慢出现，且可能存在累积作用，如高盐饮食与高血压，则不适用该研究设计。根据数据类型，病例交叉研究可分为群体水平和个体水平。群体水平的研究往往基于常规收集的资料，关注的结局包括死亡（如某急性疾病导致每日死亡数）、住院（如某急性疾病导致的每日住院人次）或门诊（如某急性疾病导致的每日门诊就诊人次）等。这些常规收集的数据，覆盖的人群较大且持续时间较长，但是经常受数据编码错误的影响，可能导致最终纳入研究的结局不能代表研究者原本希望研究的健康结局。个体水平的研究一般基于具有个体信息的发病或死亡登记系统，健康结局也可以是死亡、住院、门诊就诊或发病等。基于个体水平的数据往往更为准确，从而能更大程度上避免偏倚的发生。

（五）统计模型

病例交叉研究的数据分析可采用配对检验方法。对于单因素分析，可以采用配对卡方检验或者配对 t 检验、非参数检验等方法进行比较。对于多因素分析，最常用到的分析方法是条件 Logistic 回归，近年来也有学者采用一些新的分析方法如 Poisson 回归、条件 Poisson 回归等。在实际的研究中，多因素分析往往更为常见。具体而言，对于群体水平的病例交叉研究。例如，研究气温日均值与某种疾病每日发病数的关系，可以采用条件 Logistic 回归，以每日发病数作为权重。也可以利用 Poisson 回归和条件 Poisson 回归等方法。对于个体水平的病例交叉研究如研究气温日均值对个体某种疾病死亡的影响，往往采用条件 Logistic 回归，以是否病例期为因变量，个体气温暴露水平为自变量，同时控制其他随时间变化的混杂因素，进而拟合模型。此外，越来越多的学者开始利用 DLNM 构建暴露因素的交叉基，并将其纳入前述回归模型，以探索某些环境因素与健康结局之间的非线性关系及相应的滞后效应。与病例对照研究类似，病例交叉研究得到的效应值也是 OR，但也有学者认为效应值其实是 RR。

（六）优势与局限性

1. 优势

（1）以自身作为对照，不需要另外寻找对照组，避免挑选对照时面临的种种困难。

（2）减少了病例与对照特征上的不一致，可以自动控制诸多难以匹配的个体混杂因素（如年龄、性别、遗传因素等）。

（3）适于研究短期暴露对急性健康结局事件的影响，如心血管事件、脑血管事件、短期治疗结局等。

（4）避免了许多伦理学问题，可行性强，且设计简便易行，花费较少。

（5）由于是匹配数据，在统计分析上具有较高的效率，从而节约样本量。

2. 局限性

（1）一般要求所研究的暴露因素对疾病结局事件的影响是急性的，且疾病结局事件本身没有潜伏期或潜伏期较短。

（2）通过自身对照设计，虽然可以消除那些短期保持不变的混杂因素，但是不能消除随时间变化的特征造成的偏倚。

（3）由于是回顾性设计，可能存在暴露数据采集时的信息偏倚。例如，研究对象的回忆偏倚，以及由于病例期暴露调查比对照期暴露调查更加严格所导致的偏倚。

（4）对于某些单向病例交叉研究，只涉及疾病结局事件发生前的暴露，可能由于暴露的时间趋势对结果造成影响。

三、队列研究

队列研究（cohort study）通过对某一人群暴露和健康结局的长期随访观察，比较研究对象是否暴露或在不同暴露程度下健康结局发生率的差异，从而判定暴露因素与健康结局之间有无因果关联及其关联强度。可用于评价不同时间尺度的环境因素暴露对人群健康的影响。通常依据研究对象进入队列及终止观察时间的不同分为前瞻性队列研究、回顾性队列研究和双向性队列研究。

前瞻性队列研究中研究对象的分组是依据研究对象现在的暴露状况而定，此时研究对象的研究结局事件还没有出现，需要对研究对象前瞻性观察一段时间才能得到结局事件；而回顾性队列研究中研究对象的分组是依据研究开始时收集到其在过去某个时点的暴露状况而定的，研究开始时研究结局事件已经出现，不需要前瞻性观察；双向性队列研究是在回顾性队列研究的基础上，对研究对象前瞻性观察一段时间，获得健康结局资料，结合了前两种队列研究各自的优点。

（一）暴露评估

队列研究通常需要在基线时进行环境因素暴露评估，确定研究个体或群体是否暴露于某种环境因素并估计具体暴露水平，进而用于评估与之相关的健康风险。环境因素暴露的测量主要包括直接测量和间接估计两种方法。

直接测量是对研究对象接触的环境因素外暴露及人体环境因素暴露生物标志物的测量，如可以通过大气污染物个体采样设备、膳食调查（24 小时回顾法、膳食称重法等）等方法测量研究对象暴露于环境因素的暴露强度和时间，获得较为准确的个体环境外暴露数据；也可以通过测量研究对象基线时生物材料（血液、尿液、毛发、胎盘等）中环境来源物质及其体内代谢产物的含量，以及外源性物质与体内生物大分子反应后生成的结合物的水平，估计得到准确的人群环境因素暴露水平。

间接估计是通过常规环境监测数据、问卷调查以及活动-时间日志结合时空统计模型，建立环境因素暴露评估模型，从而估计个体的环境因素暴露浓度及暴露持续时间。如利用研究对象居住地附近的固定环境监测站点日常监测数据来代替个体暴露水平；采用土地利用回归模型与大气化学传输模型相结合的方法对区域大气污染物暴露水平进行模拟估计，或基于遥感卫星获取的 AOD 数据建立时空反演模型评估个体大气颗粒物暴露水平；通过住宅数据、道路铁路交通资料、噪声遮挡装置等地理信息结合道路交通噪声预测模型估计个体噪声暴露水平等。

（二）人群选择

队列研究需根据研究目的和研究条件选择适宜的研究人群。研究人群要有一定的代表性，并具备足够的可能发生的目标健康结局事件或可以收集到相关的亚临床健康指标数据。选择研究人群的方法有两种：

1. 先大量募集研究对象建立研究队列，然后根据环境因素暴露情况进行分组，适用于同时研究多种环境因素暴露与多种健康结局之间关系的情况；也可不针对环境因素暴露水平进行分组，直接将环境因素暴露水平作为连续性变量进行后续研究。

2. 在已知研究对象暴露状态的基础上选择队列人群。如可根据研究对象环境因素暴露水平的高低分为高暴露组和低暴露组。该种方法可以对各组的研究人数进行选择，因此这种方法的效率较高。

选择对照组人群的基本要求是除暴露水平不同之外，人群的其他特征或各种混杂因素在人群中的分布都应尽可能地与暴露组相同，以保证组间的可比性。常见的对照组人群包括内对照、外对照、总人口对照及多重对照，不同对照类型的简介如下：

内对照（internal control）：即先确定一组研究人群，将其中暴露于所研究环境因素的对象作为暴露组，其余非暴露者即为对照组，即在选定的一群研究对象内部同时包含了暴露组和对照组。

外对照（external control）：当选择某些职业人群或特殊暴露人群作为暴露人群时，通常无法从这些人群中选出对照，而需在该人群之外去选取对照组，即外对照。

总人口对照（total population control）：该对照方法可认为是外对照的一种，是利用整个地区的现有发病或死亡统计资料，即以全人群为对照，而不是与暴露组平行地设立一个对照组进行调查。

多重对照（multiple control）：即同时用上述两种或两种以上的形式选择多组人群作为对照组，以减少只采用一种对照所带来的偏倚，增强结果的可靠性。但多重对照会增加研究的工作量。

队列研究在开始后，必须采用统一的方法定期或不定期地随访以收集研究人群中目标健康结局事件的发生情况，同时需要收集相关的环境因素和混杂因素的资料。随访方式包括面对面访问、电话访问、问卷调查及定期体检等主动随访方式，也可以使用住院、社保报销及死因登记系统的记录数据被动随访研究对象的健康结局。

（三）混杂因素

在队列研究中，年龄、性别等基本人口学特征是最常见的混杂因素，这些因素会歪曲环境因素暴露与健康结局之间的真实联系。因此，在研究设计、数据分析等过程中要充分考虑到混杂因素对于评估环境因素暴露与健康结局之间关联的影响，并在研究设计时通过匹配等方法进行有效控制，也可以在数据分析阶段使用分层分析、标准化及多因素校正等方法来控制混杂因素的影响，以降低对结果造成的偏倚。

由于大气污染物浓度等环境因素会随时间而变化，当这些因素为混杂因素时即为时间依赖的混杂因素（time-dependent confounder），可引起时间依赖的混杂偏倚。可以使用时间依赖性 Cox 回归模型（time-dependent Cox regression model）、边际结构 Cox 模型（marginal structural Cox model）或加速失效时间模型（accelerated failure time model）来控制时间依赖性混杂偏倚，从而准确估计环境因素暴露与健康结局之间的联系。

（四）健康效应指标

在队列研究中，需要通过随访收集所研究疾病的主要健康结局或亚临床健康效应指标。主要健康结局包括队列随访期间新发生所研究疾病病例或因该疾病而导致的死亡。所有疾病病例均需要通过国际统一的诊断标准确认，如《国际疾病和相关健康问题的统计分类》（the International Statistical Classification of Diseases and Related Health Problems）中的疾病编码。

所研究疾病的发病率和死亡率数据可以从常规登记数据中获得，如发病率数据可以通过医院记录或社保报销数据收集；而死亡率数据可以通过死因登记报告系统获得。除以上被动随访方式外还需要结合问卷调查、电话访问等主动随访方式，以确保获得全面的研究期间人群的健康结局资料。同时还包括在随访期间通过体检获得的肺功能、血压、HRV 等亚临床健康指标数据，以及可以通过实验室检测获得的疾病相关生物标志物。

（五）统计模型

一般根据环境因素和健康结局资料的数据类型（分类或连续性）选择分析方法。当健康结局为连续性变量时，分析可采用 t 检验、方差分析、秩和检验或线性回归分析等方法；针对健康结局资料为分类变量的情况，一般使用 Cox 比例风险回归模型或修正 Poisson 回归模型（modified Poisson regression model）来分析队列研究中环境因素与健康结局之间的联系，前者可以得到 HR，后者则可以得到 RR。其中，Cox 比例风险回归模型既考虑终点事件的出现与否(即疾病是否发生)，也考虑出现该终点事件的时间长短，可以分析有删失（censor）的数据资料。传统的 Cox 比例风险回归模型需要满足比例风险假设，即某因素对生存结局的影响不随时间而改变，而在环境流行病学中，很多环境因素会随着时间的推移而改变，此时通常需要使用时间依赖性 Cox 回归模型或边际结构 Cox 模型进行分析。

实际研究中，也有少数学者利用 Logistic 回归模型进行统计分析，如在多中心空气污染效应欧洲队列研究（European study of cohorts for air pollution effects）、美国姐妹队列研究（the sister study）以及多种族动脉粥样硬化子队列研究（multi-ethnic study of atherosclerosis air-lung study）等人群中开展的研究使用 Logistic 回归模型评估了空气污染暴露与哮喘、肺间质疾病等健康结局之间的关联。需要注意的是，该模型得到的效应值为 OR 值，趋向于高估效应的强度，只有在终点事件发生概率很低（一般小于 5%）的情况下，OR 值与 RR 值才在数值上比较接近，因此，Logistic 回归模型不是队列研究首选的分析方法。Poisson 回归模型适用于队列研究中结局为罕见病等发病率较低、符合 Poisson 分布的疾病结局的统计分析。当结局为二分类变量时，可以使用修正 Poisson 回归模型进行分析，以解决 Logistic 回归模型在疾病终点事件发生率较低时高估或低估效应值的问题，得到更准确的 RR 估计值。

（六）优势与局限性

1. 优势

（1）前瞻性队列研究中研究对象环境因素及混杂因素资料的收集在健康结局发生之前，并且一般都会采取相对严格的质量控制措施，因此资料可靠，回忆偏倚相对较小。

（2）由于环境因素暴露收集在前，疾病发生在后，因果时间顺序明确，加之偏倚较少，并且可直接计算各项反映疾病危险强度的指标（如发病率、RR 值等），故其检验病因假说的能力较强，病因推断的可靠性较高，在相关环境因素标准制定以及健康风险评估中具有重要的作用。

（3）有助于了解人群疾病的自然史。

（4）有时还可能获得多种预期以外的疾病结局的资料，分析一种环境因素与多种疾病的关系，也可以分析多种环境因素与一种或多种疾病之间的关系，因此总体研究效率较高。

2. 局限性

（1）队列研究不适用于发病率很低疾病的病因研究，因上述情况下需要的人群样本量较大，一般难以达到。

（2）研究随访时间通常较长，有时甚至长达数十年，研究对象不易保持依从性，容易产生失访偏倚。

（3）研究耗费的人力、物力、财力和时间较多，其组织与后勤工作相当艰巨。

（4）由于开展队列研究消耗太大，对研究设计的要求更严密，部分资料收集的难度较大，可能不易实施。

（5）在随访过程中，如果出现未知变量引入人群，或人群中已知变量发生变化等情况，都可能使健康结局受到影响，使分析复杂化。

四、定组研究

定组研究（panel study）属于前瞻性研究，在环境流行病学中，常应用于探索环境因素短期暴露的亚临床健康效应，也被称为定群研究、固定群组研究等。该类型研究通常选择一定数量的研究对象（一般为数十人或数百人），在纵向的多个不同时间点重复测量其环境因素暴露水平和某些健康效应指标水平，对环境因素短期暴露的健康效应进行探索，从而明确环境因素短期暴露对人群的亚临床不良健康效应，为以较大规模人群为基础的环境因素暴露与人群特定疾病关系的流行病学研究提供证据支持。近年来此类研究在国内已得到广泛应用，多关注空气污染或气象因素短期暴露对心肺系统的健康影响。

（一）暴露评估

定组研究关注的环境因素多为空气污染或气象因素，通常利用个体暴露监测仪器对研究对象进行不间断的个体环境因素暴露监测。这些仪器易于携带，能够准确地评价个体的环境因素暴露水平，但是由于仪器昂贵且工作组织费时费力，只适用于小样本人群。此外，也有大量研究利用固定环境监测站点的数据或时空模型建模获得环境因素暴露估计数据。例如，在研究过程中，根据研究对象的时间活动模式或使用 GPS 设备确定研究对象的活动和位置，并结合距离研究对象室外活动地点最近的固定环境监测站的环境因素监测数据及时间-活动日志，构建模型评估研究对象的个体暴露水平。

（二）人群选择

在定组研究中，因为需要对每个研究对象进行连续的随访调查，重复测量其环境因素暴露和健康效应指标，难以开展相对大规模、大样本的研究，同时在选择研究人群时需要考虑研究对象的依从性，以保证能收集到完整的环境因素暴露和健康效应指标资料。此外，经常选择老年人、儿童或慢性心肺疾病的患者等敏感人群开展研究，所以将基于敏感人群研究获得的结果外推至一般人群时需要谨慎。

（三）混杂因素

定组研究和时间序列研究类似，开展研究时需考虑一些随时间变化的混杂因素，如研究空气污染短期暴露的健康影响时，气象因素是混杂因素。同时，由于定组研究是基于研究对象个体水平的研究，在研究过程中，个体的年龄、性别、体重指数、是否用药等基线特征均可能成为研究的混杂因素，因此在研究设计中要充分考虑到随时间变化的环境因素及个体特征等混杂因素对于评估目标环境因素暴露与健康效应指标之间关联的影响。

（四）健康效应指标

定组研究需要在短期内连续评价健康效应指标，主要关注的是对环境因素暴露敏感的临床、亚临床健康效应指标等。亚临床健康效应改变发生于疾病或症状出现之前，可以预测疾病未来的发生发展，同时可以为环境有害物质暴露导致疾病的机制研究提供一定的线索，对于阐明疾病的环境病因并进行预防具有重要的意义。

（五）统计模型

定组研究通常需要对某一特定人群的环境因素暴露和健康指标水平进行重复测量，但由于同一个体的不同次测量值之间存在高度相关性，难以满足一般线性回归分析对测量值之间相互独立的要求，因此常采用适用于重复测量资料的混合效应模型（mixed effects model）来评估环境因素暴露的健康效应。定组研究分析中，因变量是多次测量的健康效应指标，既可以是二分类变量，也可以是连续型变量。

当因变量为连续型变量，根据模型中随机效应、固定效应参数形式的不同，可以考虑使用线性混合效应模型（linear mixed-effects model）或非线性混合效应模型（nonlinear mixed-effects model）。不同于一般线性模型，线性混合效应模型在考虑固定效应（如性别、年龄等）和随机误差的基础上，可进一步控制研究对象个体间差异带来的随机效应（random effect）。使用该模型时，同样需要满足线性、正态、方差齐性等要求。分析时需要控制某些混杂因素的影响。线性混合效应模型的一般形式为：

$$Y_{ij}=a_0+a_1\times X_{ij}+b_i+e_{ij} \tag{15-2}$$

式中：Y_{ij} 代表第 i 个研究对象第 j 次随访的健康指标水平；a_0 代表固定截距；a_1 代表固定斜率；b_i 代表第 i 个研究对象特异性的随机效应；X_{ij} 代表第 i 个研究对象第 j 次随访时的自变量，如气温、相对湿度等环境因素；e 代表随机误差。

当因变量为分类变量时，可考虑使用广义线性混合效应模型（generalized linear mixed-effects model）、广义非线性混合效应模型（generalized nonlinear mixed-effects model）或广义估计方程（generalized estimating equation）。广义线性混合模型是线性混合效应模型和广义线性模型的结合，适用条件更广，在线性混合效应模型的基础上，因变量不需要满足正态分布；在广义线性模型的基础上，又可以同时包含固定效应和随机效应。

（六）优势与局限性

1. 优势

（1）因需要对研究对象在多个不同时间点进行重复随访，每个研究对象都可作为自身前后对照，无须再另外设立对照组。

（2）通过在纵向多个不同时间点对研究对象的环境因素暴露与健康效应指标进行重复测量，可以较为准确地估计研究对象环境因素暴露与健康效应指标之间的时间效应关系，可在一定程度上揭示环境因素暴露对于人群健康影响的潜在作用机制。

2. 局限性

（1）精细化的定组研究对研究人员和仪器设备等的要求较高，增加了研究所需人力、物力的要求和研究对象的负担，限制了研究的规模。

（2）由于需要对研究对象进行重复测量，研究对象不易保持依从性，可能造成一定程度的失访偏倚；同时随着随访时间的延长，有可能因为研究对象行为模式改变而影响结果。

（陈仁杰　吴少伟）

第三节　实验性研究

实验性研究是环境流行病学研究的主要方法之一。这类研究通常以人群为研究对象，以医院、社区、工厂、学校等为研究场所。研究人员将受试者随机分为试验组和对照组，将所研究的处理措施（某种环境因素或干预措施）给予试验组人群后，随访观察一段时间并比较两组人群的结局，如发病率、死亡率、治愈率等，据此评价处理措施对健康的影响。根据施加的处理因素，可以分为控制暴露人体研究和干预研究。

一、控制暴露人体研究

控制暴露人体研究（controlled human exposure study）是实验流行病学研究方法中的一种，研究的受试者在人为控制的环境中接触特定暴露因素，并配合进行活动，以探索接触暴露因素所导致的健康效应。在环境流行病学领域中，控制暴露人体研究常被用来研究特定空气污染物暴露的人体健康效应。多数控制暴露人体研究在暴露舱内开展，也有部分研究在真实的生活场景中进行。此类研究适用于调查环境因素短期暴露的急性健康影响，且由于暴露因素与健康效应之间有明确的时间关系，所以具有较强的证据性，可为观察性流行病学研究结果提供较强的支持性证据，为机制研究提供因果关联性线索。

以随机交叉设计（randomized crossover design）的控制暴露人体研究为例，将研究对象随机分为试验组和对照组。在第一阶段，试验组研究对象给予特定条件的环境因素暴露，对照组无处理。前述两组接受当次暴露措施后，经过一段时间的效应洗脱期，对换试验组（即交叉），进行第二阶段研究，即原对照组给予特定条件环境因素暴露，原试验组无处理；最终，每个研究对象均作为试验组和对照组成员各接受一次暴露，形成前后自身对照。通过比较两组健康指标的差异及其与环境因素暴露的关系来研究环境因素暴露的健康效应。除随机交叉对照设计外，也有研究采用同组自身前后对照（所有研究对象在前后不同时段分别作为试验组和对照组接受对应的暴露或对照措施，但不交叉）或不交叉的两个或更多的平行研究组（研究对象分为各个平行组在同时段接受对应的暴露或对照措施）来开展环境因素的控制暴露人体研究。

（一）暴露评估

控制暴露人体研究通常在一个环境因素暴露人为可控的暴露舱内进行，单个或多个受试者同时接受研究因素短时间的暴露。同时，为尽可能保证其他影响因素均衡，可通过尽可能地去除或控制暴露舱中其他环境因素的变化，并利用相应的监测仪器来记录暴露舱中环境因素变化水平。而以真实世界为背景的控制暴露人体研究中，可利用真实生活中可形成暴露的环境，使受试者能暴露于特定污染物，并使用污染物个体暴露监测仪器监测污染物个体暴露水平。此外，可通过使受试者进行一定的活动，以达到增加实际暴露剂量的效果，如使受试者在暴露环境内步行或跑步，通过增大通气量来增加暴露量。

（二）人群选择

首先需根据研究目的选择研究人群，并且应按照拟定的纳入排除标准严格筛选研究对象以保证纳入研究对象的同质性。此外，控制暴露人体研究的参与者必须是有知情同意行为能力且对研究过程可能的潜在风险有认知能力的个体；同时，由于控制暴露人体研究中特定的暴露因素往往是观察性研究所发现的有潜在健康风险的因素，出于安全性考虑，选择健康成年人作为研究对象更为多见。控制暴露人体研究开展的全过程中，研究对象往往需要配合参与全程的暴露活动、健康体检、问卷填写等过程，因此对研究对象的依从性要求相对比观察性研究高。基于以上考虑，多数的控制暴露人体研究的研究人群为健康成年人，但这也使得控制暴露人体研究的人群代表性受到一定程度的限制。少数聚焦特定疾病的研究（如慢性阻塞性肺疾病患者肺纤维化标志物等）

以及关注弱势人群（如儿童、老年人、孕妇等）的研究可选择敏感人群为研究对象。

（三）混杂因素

除前述在暴露评估中所提及的非研究环境因素外，试验性研究中的混杂因素还常常来源于受试者的基本特征，如年龄、性别等一般人口学特征、遗传因素、机体的免疫状况、心理状态、饮食习惯等，可能在试验组和对照组研究对象之间并不均衡而成为混杂因素，影响研究的结果（尤其在样本量较小的研究中，完全随机化难以完美实现）。在研究设计时，需严格按照纳入、排除标准选择合适的研究对象，以避免选择偏倚，使用随机、对照、交叉的方法控制除暴露因素以外的其他因素对结果的影响。数据分析阶段，可以采取分层分析、多因素分析的方法控制混杂因素的影响。对于自身前后对照试验，需要注意时间效应偏倚（time effect bias）。

（四）健康效应指标

在多数的控制暴露人体研究中所选择的健康效应指标往往有以下共性：暴露短期接触、早期可变化的、变化可能是短暂的、该变化是可测量易获取的。一般根据不同的研究目的来选定健康效应指标，以客观地反映机体在接受环境因素暴露后所产生的健康效应。对于暴露处理时间较长的实验性研究可以观察到疾病的发生、死亡等临床结局事件指标；对于暴露处理时间较短的试验研究通常采用血压、HRV、肺功能等亚临床健康效应指标或血液中的早期效应生物标志物来反映环境因素暴露的健康效应。在微观层面，健康效应指标类型又可进一步划分，以系统划分可分为心血管系统指标、呼吸系统指标、内分泌系统指标等；以机制为依据可划分为炎症相关指标、氧化应激相关指标、内皮应激相关指标、凝血相关指标等。

（五）统计模型

一般而言，需要根据研究设计的差异及数据特点选择相应的统计分析方法，基于连续型变量可以使用 t 检验、秩和检验或方差分析进行简单的组间差异以及暴露前后差异比较；基于分类结局事件发生风险可使用卡方检验进行组间差异比较；如涉及重复测量资料（如随机交叉对照设计），常使用混合效应模型。

（六）优势与局限性

1. 优势

（1）作为前瞻性设计，环境因素暴露与健康效应出现的时序关系较为明确，可评估暴露-反应关系或暴露-效应关系，论证因果关系的能力强。

（2）整个研究设计人为可控，可较准确地控制环境因素暴露水平，有助于探究特定浓度或水平的环境因素暴露对于特定健康指标的影响。

（3）通过严格的受试者筛选、随机化来控制混杂因素、提高组间可比性以及控制混杂和偏倚。

（4）可避免在观察性研究中存在的多污染物共暴露的问题，以明确获得一种环境因素和多种健康效应之间的关系。

2. 局限性

（1）研究设计难度较大，要求严格、花费大，且其应用的范围较为局限。

（2）研究的样本量往往较小，且为考虑可比性、潜在风险及依从性而严格选择的研究人群有可能代表性不足，结果推论到一般人群需谨慎。

（3）作为前瞻性研究，控制暴露人体研究同样存在发生失访的可能，从而影响暴露因素和健康效应关联的评估。

（4）涉及伦理学问题，应考虑到产生与环境因素暴露相关的永久性健康损害的风险，开展研究前应向伦理委员会提交申请并获得审批。

（5）一些研究可能因为在研究过程中无法实现盲法而引入偏倚，如当研究有特殊气味的化学物质时，暴露组的受试者会闻到其特有气味，因而可能由于心理因素更倾向于表现出不良健康效应。

（6）无法对环境因素的长期效应进行评估。

二、干预研究

干预研究（intervention study）是指施加了人为干预措施的实验性研究。在环境流行病学领域，干预研究通常被用来研究某种措施、药物或膳食补充剂对环境危险因素相关健康危害的保护作用。通常情况下，干预研究将研究对象随机分为干预组和对照组，干预组接受干预措施的处理，对照组则不接受上述处理或接受“安慰剂”处理。随后，研究人员对研究对象进行随访，比较两组研究人群健康结局或效应指标的差异，从而评价干预措施的作用。由于暴露因素、干预措施与健康效应之间的时间关系明确，因此该类研究论证因果关系的能力较强。

在实际研究中，随机双盲的交叉干预试验应用更为广泛。例如，在研究空气净化器是否可以减轻空气污染对人体心血管系统的危害时，先将研究对象随机分为甲乙两组。在第一阶段，研究人员在甲组研究对象的房间安装正常工作的空气净化器（真空气净化器），在乙组研究对象的房间安装去掉滤芯的空气净化器（假空气净化器）；第一阶段干预结束后，两组人员均进入洗脱期；洗脱期结束后，两组研究对象交换干预方式，即乙组使用真空气净化器，甲组使用假空气净化器。研究过程的现场工作人员和研究对象并不知道真实的处理顺序，以达到双盲的效果。每个研究对象均能以自身为对照，从而控制研究对象个体混杂因素对结果的影响，且可以节约样本量。最终，分析人员通过比较有无使用净化器情况下健康指标的差异及其与空气污染的关联，评估使用空气净化器是否可以缓解空气污染的健康危害。

（一）暴露评估

环境流行病学干预研究中的暴露因素既包括研究人员关注的目标环境因素，也包括其他各种可能产生混杂效应的环境因素。例如，在上述评价室内空气净化器对人体心血管健康保护作用的干预研究中，既需要使用专业监测仪器监测室内各类主要空气污染物的浓度，也需要测量温度、湿度、噪声等其他环境因素的暴露水平。

（二）人群选择

干预研究需要根据研究目的选择合适的研究人群。通常情况下，研究人员按照事先制定好的纳入和排除标准来确定研究对象。应注意研究人群应具有良好的代表性，避免选择偏倚对结果的影响，以保证结果的可外推性。同时最好选择依从性较好的人群，避免因不依从或失访带来的偏倚。为避免干预因素和环境因素对研究对象造成不良的健康后果，多选择健康成年人作为研究对象。

（三）混杂因素

干预研究中的混杂因素常来源于那些造成干预组和对照组研究对象不可比的自身特征，如年龄、性别等一般人口学特征、遗传因素、机体的免疫状况及精神心理压力等。因此，在研究设计时，需要严格按照事先确定的纳入、排除标准选择研究对象，避免选择偏倚；使用随机、交叉的方法控制除干预措施以外的其他因素对结果的影响，其中，随机化分组可使得每个研究对象都有同等的机会被分配到干预组和对照组，以平衡两组间已知或未知的混杂因素，提高组间可比性，保证研究结果的可靠性，交叉的方式则可以达到自身对照的效果，但是需要使用盲法排除主观因素对研究结果产生的偏倚。数据分析阶段，可以采取分层分析、多因素分析的方法进一步控制混杂因素的影响。

（四）健康效应指标

干预研究的健康效应指标需要根据研究目的来选择，这些指标应该能够客观地反映干预措施的效果或相关的健康效应，包括临床结局指标和亚临床结局指标。对于时间较长的干预研究，可以将疾病的发生、死亡等临床结局事件作为健康指标；对于时间较短的干预研究，则通常采用血压、HRV、肺功能等亚临床健康效应指标或血液中的早期效应生物标志物等来反映干预措施的效果。

（五）统计模型

干预研究需要根据具体的研究设计以及数据特点来选择合适的统计分析方法。具体而言，如果分析涉及连续型变量简单的组间差异比较，可以使用 t 检验、配对 t 检验、秩和检验或方差分析等；如果分析涉及分类结局事件发生风险的组间差异比较，则常使用 Cox 比例风险回归模型或卡方检验；如果分析涉及重复测量资料，常使用混合效应模型。

（六）优势与局限性

1. 优势

（1）干预研究为前瞻性设计，环境因素、干预措施与健康状态变化的时间先后关系明确，论证因果关系的能力强。

（2）采用随机化的方法将研究对象分为干预组和对照组，提高了组间可比性，能较好地控制研究中的混杂和偏倚。

（3）由于可以测量多种健康结局指标，所以往往能获得一种干预措施与多种健康效应之间的关系。

2. 局限性

（1）干预研究的设计和实施难度相对较大、要求多、花费高，应用的范围较为局限。

（2）受干预措施适用范围的限制，选择的研究对象有可能代表性不足，因此相关结果外推到一般人群需谨慎。

（3）研究对象的依从性可能影响对干预措施效果的评价。

（4）干预研究一般涉及伦理学问题，因此，在研究开始前需要通过伦理委员会的审批，并在相关的平台完成临床试验注册。

（陈仁杰）

第四节　类实验研究

类实验研究是指相对于实验性研究，缺少随机化分组或对照组的一种研究类型。可用于研究人群数量大、范围广，且在实际情况中无法做到随机化分组的情况，常用于评价真实世界环境因素暴露的健康效应及针对环境因素采取的干预措施的效果。主要包括以下几种情况：

（1）无对照组：在研究设计中，未设置平行对照组，常以干预前后研究对象自身作为对照；如通过比较使用空气净化器前后研究对象肺功能、呼吸道症状以及炎症指标的变化情况来评价空气净化器的健康保护作用；探究实施环境因素干预措施实施前后人群环境因素暴露水平变化和人群健康结局或效应指标改变之间的关系。

（2）非随机化分组：在研究中设置了对照组，但是研究对象的分组是非随机的。如对群体研究对象采取干预措施时，无法做到随机化分组，通常以另一具有可比性的研究人群作为对照组。如在评价中国清洁空气政策的效果时，以从 2014 年起政府部门制定了每年大气颗粒物污染浓度下降 5% 目标的城市或社区作为试验组，另一具有可比性的、未制定降低大气颗粒物污染控制目标的城市或社区作为对照组，属于上述情况。

（3）自然实验（natural experiment）。在评价空气污染事件、自然灾害事件或某种群体行为的健康效应时，将研究对象随机化分组不实际也不符合伦理学要求。这种情况下常采用自然实验的方法，其本质上是一种观察性研究。如在雾霾等空气污染事件来临前、中、后三个阶段通过对同一人群某些健康指标的重复测量，评价空气污染事件对研究对象健康状态的影响；或追踪研究人群搬家前、后某些特定环境因素暴露情况的变化来评估其对相应人群的健康影响。

一、暴露评估

类实验研究中暴露评估根据研究对象的不同可分为基于个体和人群整体的两种暴露评估方式。基于个体的暴露评估一般通过环境因素个体监测设备、暴露生物标志物测量、问卷调查等方法进行，适用于样本量较小的研究；也可以通过土地利用模型、大气化学传输模型以及基于 AOD 数据建立时空反演模型等方法估计得到高时空分辨率的环境污染物浓度；而人群整体环境因素暴露水平评估通常是基于固定环境监测站点的测量数据。

二、人群选择

基于个体的类实验研究人群选择与定组研究基本一致。基于群体评价环境因素暴露干预措施的效果时，选择的人群应具有良好的代表性和可比性。同时需要考虑以下因素：研究人群有足够的数量且相对稳定、流动性小；当地医疗条件良好、疾病发病或死亡登记报告制度完善、各级医疗保健机构健全，便于收集健康结局或效应指标资料；实验地区相关部门重视、群众积极性高，有利于实施干预措施、开展现场调查及数据收集工作。

三、混杂因素

基于个体的类实验研究的混杂因素主要来源于研究对象的人口学特征、遗传因素、机体的免疫状况以及精神心理压力等，需要采取必要的控制措施来降低可能的混杂偏倚。基于群体的类实验研究常见的混杂因素来自试验组和对照组研究人群年龄结构、社会经济学特征、医疗卫生条件等群体特征差异。此外，需要控制其他存在时间变化趋势的变量，如气温、相对湿度及时间趋势等因素。由于研究实施现场情况的复杂性及研究对象行为的多样性，基于群体的类实验研究容易出现沾染的情况，即对照组人群也可能受到干预措施的影响。

四、健康效应指标

应根据研究目的确定健康效应指标，相应指标必须能够全面反映环境因素暴露的健康效应或干预措施的效果，包括临床结局指标，如疾病的门诊、急诊、入院情况以及疾病的发生、死亡等结局；也包括亚临床健康效应指标，如血压、肺功能以及疾病相关血、尿样品中的生物标志物等。临床疾病结局需要根据严格、统一的诊断标准确定，亚临床健康效应指标通常是简便易行、无创、可接受度高的指标。这些健康指标可以通过问卷调查、体格检查、生理测量、实验室检测等方式收集，也可从常规的疾病发病或死亡监测系统中获取相关数据。

五、统计模型

由于类实验研究有不同研究设计类型，在分析数据时需要根据研究设计类型来选择合适的分析方法，如非随机化分组的类实验研究设计常使用 DID 来分析数据。该方法通过比较试验组和对照组人群在采取干预措施前后或环境因素暴露前后的健康效应的差异来推断干预措施的有效性或环境因素暴露的健康效应。在使用 DID 模型之前，除需满足正态、线性、独立以及方差齐性外，还需满足平行趋势检验，即试验组采取干预措施前其健康指标的变化趋势应与对照组一致。该模型的一般形式为：

$$Y_{it}=\alpha+\delta \mathrm{treat}_i \times \mathrm{post}_i+\mu_i+\lambda_t+\eta X_{it}+\varepsilon_{it} \tag{15-3}$$

式中，Y_{it} 代表在采取干预措施 i 的 t 时刻的健康指标水平，α 代表截距，δ 代表所研究的环境因素或干预措施的效应，treat_i 代表干预期的初始效应，post_i 代表干预期的时间效应，μ_i 代表个体固定效应，λ_t 代表时间固定效应，η 为其他需要控制的变量的效应，X_{it} 代表在采取干预措施 i 的 t 时刻其他需要控制的混杂因素，ε_{it} 代表误差项。以上为经典 DID 模型，适用于有处理组和对照组的类实验研究。对于无严格对照组的类实验研究可以使用广义双重差分法（generalized difference-in-differences）分析。其他常用于类实验研究的统计分析方法有普通的多变量回归方法、倾向性评分（propensity score，PS）、中断时间序列分析（interrupted time series）、合成控制法（synthetic controls）等。在实际分析中应基于样本量、干预措施、对照组的类型及结局资料类型等选择合适的统计分析模型。

六、优势与局限性

1. 优势

（1）类实验研究的设计、实施较为简单，比实验性研究更易于开展。

（2）类实验研究结果的外部效度及可外推性高于实验性研究。

（3）可以较为便捷地评价真实世界环境因素暴露的健康效应或干预措施的作用及效果，其因果推断能力高于其他分析性研究设计。

2. 局限性

（1）虽然都是前瞻性研究，但是由于类实验研究缺少随机化或严格的对照组，其因果论证强度弱于实验性研究。

（2）由于无法实现随机化分组，难以控制某些混杂因素对研究结果的影响。

（3）环境因素暴露或干预措施的实施通常是基于群体水平进行，无法确定对群体水平的影响能否准确反映对个体水平的影响。

（4）某些环境因素暴露或干预措施的实施需要考虑伦理问题。

（吴少伟）

第五节　因果推断

因果推断（causal inference）是指通过各种方法确定观察到的变量间的关联（association）是否为因果关联（causal association）的过程，主要包括排除虚假关联（spurious association）和间接关联等过程，通常可按照 Hill 准则进行判断。近年来，因果推断方法已经广泛应用于环境流行病学领域，以更准确地探索环境因素暴露与健康效应之间的因果关联。

一、因果推断的步骤

通过前期的基础、临床和流行病学的病因研究，可以得到一些疾病的危险因素，从而建立可能的病因假设。但是这些关联是否为真实的因果关联，需要进一步的科学分析和推断。

（一）排除虚假关联和间接关联

在因果推断时需先排除虚假关联和间接关联。虚假关联是指由于在研究过程中的偶然、人为误差或系统误差，使得本没有关联的某种因素和疾病之间表现出有统计学意义的关联。间接关联是指本来两事件之间不存在因果关联，但是由于两事件的发生都与另外一种因素有关，结果两事件之间出现了统计学上的关联，即混杂因素造成了间接关联。

（二）判断因果关联

疾病的因果关联是指某种因素的发生频率或性质改变造成了某种疾病的发生频率或性质改变，那么该因素则为该疾病的病因，两者之间的关联即为因果关联。因与果在时间上前后相继，空间上总是相伴存在，所以探索环境因素暴露与疾病结局的因果关联时需要基于综合证据（triangulation）进行推断。在因果推断时需要特别注意得到的因果关联是否存在偏倚（如选择偏倚、信息偏倚、混杂偏倚），是否由偶然性造成，然后参考病因推断标准进行确定。

二、病因推断的非定量方法——Hill 准则

流行病学研究中常采用 Hill 准则来辅助因果推断，该准则主要包括以下 9 条：

（1）关联的时序性（temporality）：指因与果在时间上是前后相继的，即环境因素的暴露是在疾病发生之前，该条件在病因的因果推断中必须具备。

（2）关联的强度（strength）：指环境因素暴露与疾病结局之间关联强度的大小，研究中常用相对危险指标，如 OR 或 RR 值来描述。在排除偏倚和随机误差的情况下，关联的强度可作为因果推断和建立病因假设的依据，关联的强度越强，存在因果关联的可能性也就越大。即某种环境因素暴露与某种疾病结局的关联强度越强，可说明出现虚假关联和间接关联的可能性越小，其为因果关联的可能性越大。

（3）暴露-反应关系：指环境因素暴露的浓度、时间与某种疾病的发生之间存在的关系，即暴露浓度越高、时间越长则发生疾病的风险越高。

（4）关联的可重复性（consistency）：指某种环境因素与某种疾病结局的关联在不同的研究类型、不同研究方法中均可获得一致性的结果。综合多项研究的重复结果，可以增强建立的因果关联的说服力。

（5）关联的特异性（specificity）：指某种环境因素只能引起某种特定的疾病，该准则不适用于环境流行病研究，因为一种环境因素暴露往往可以引起多种疾病的发生，如大气 PM2.5 暴露可能导致循环系统、呼吸系统、神经系统等方面的多种疾病。因此当关联不存在特异性时，并不能排除存在因果关联的可能性。

（6）生物学合理性（biologic plausibility）：指能从生物学发病机制上建立因果关联的合理性，即所观察到的因果关联可用已知的生物学知识加以合理解释，或者在毒理学试验、机制研究中得以证实。

（7）生物学一致性（coherence）：即某病因假设不应与一般已知的事实冲突，与一般生物医学事实、知识、理论相符或一致的程度越高，因果关联存在的可能性就越大。有人认为生物学一致性和生物学合理性内容相似，可以合并。

（8）实验证据（experimental evidence）：指用实验性研究方法去除可能病因后可导致某种疾病发生的频率下降或消失，则表明该因果关联存在终止效应，该准则论证因果关联的强度较高。实验性研究可包括人群现场试验，也包括临床试验或毒理学试验等。

（9）相似性（analogy）：指存在已知的类似的病因和疾病的因果关系，由于可以类比原有的因果关联，将加强新的因果关联存在的可能性。如某已知化学物质存在致癌作用，则与其结构性质相似的化学物质致癌的可能性将加大。

在环境流行病学研究中进行因果推断时，可以参考以上准则，其中关联的时序性是因果推断时必须满足的，其他的条目可以作为参考。

三、环境流行病学研究中的因果推断

在进行因果推断时，潜在的混杂因素会歪曲环境因素暴露与健康结局之间的真实因果关联，因此需要对可能的混杂因素进行充分的识别与控制。特别是非随机对照研究应采用适当的设计和分析方法，尽可能地降低和控制混杂因素和其他偏倚对结果的影响。不同流行病学研究方法因果推断的能力有所不同，具体比较见图 15-1。目前，环境流行病学领域主要依赖于观察性研究探索环境因素暴露与健康结局之间的联系或因果关联，但是由于观察性研究普遍会受到混杂、选择偏

倚和测量偏倚等因素的影响，其因果推断能力会受到影响，而一些设计良好的研究和统计学方法可以有效地控制或消除观察性研究中的各种偏倚，从而提升基于观察性研究数据进行因果推断的准确性。

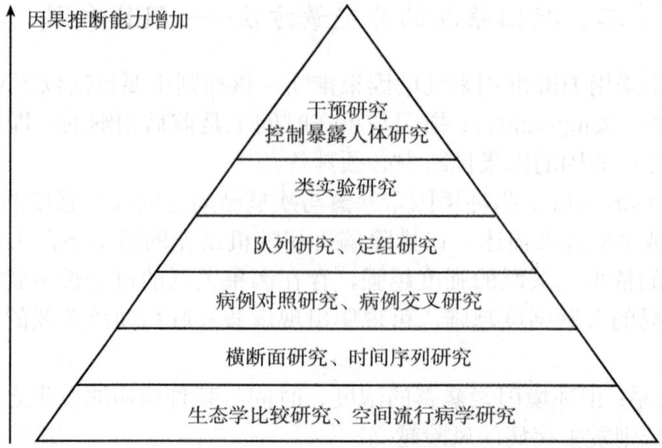

图 15-1　不同流行病学研究方法因果推断能力比较

（一）混杂因素的识别

为解决多变量研究中混杂因素识别与选择问题，可使用 DAG。DAG 基于数据的产生过程，将变量间复杂的因果关系直观可视化，是识别混杂因素的重要方法。同时，DAG 将需调整的变量减少至最小充分调整集，可在一定程度上降低或避免未测量或不可观测变量对因果推断的影响，有助于充分揭示真实因果关联。

DAG 是用合乎逻辑的图形（节点、符号）构成的有方向但不封闭循环的图形，节点表示随机变量，符号主要为单箭头“→”，表示变量间因果关系的方向（原因→结果）。在 DAG 中，目标因果路径是所研究暴露因素与目标结局相关性的直接路径；后门路径是指节点 *X* 和节点 *Y* 之间，以指向 *X* 的箭头为开始的路径；前门路径是指节点 *X* 和节点 *Y* 之间，以由 *X* 指出的箭头为开始的路径。

（1）后门准则（backdoor criterion）：在 DAG 中，如果变量集合 *Z* 中没有 *X* 的子代节点，且 *Z* 阻断了 *X* 与 *Y* 之间所有指向 *X* 的路径，则称节点的集合 *Z* 相对于有序对（*X*，*Y*）满足后门准则，如图 15-2A 所示。

（2）前门准则（frontdoor criterion）：在 DAG 中，如果 *Z* 阻断了所有 *X* 到 *Y* 的直接路径，*X* 到 *Z* 没有后门路径，所有 *Z* 到 *Y* 的后门路径都被 *X* 阻断，则称节点的集合 *Z* 相对于有序对（*X*，*Y*）满足前门准则，如图 15-2B 所示。

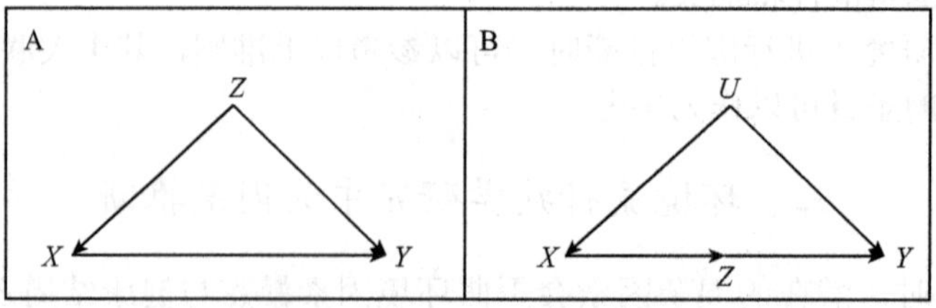

图 15-2　后门路径和前门路径

X. 环境因素；*Y*. 健康结局；*Z*. 混杂变量或中介变量；*U*. unmeasured，指未测量的混杂因素

DAG 显示的所有路径称自然路径，包括三种基本模式（图 15-3）：①病因路径（图 15-3A），即有向路径，是因果关系研究的目标所在；②混杂路径（图 15-3B），若暴露与结局之间存在开放

的后门路径（暴露节点与结局节点之间，所有以指向暴露的箭头为开始的路径），即可判断为混杂因素，需通过控制混杂变量阻断后门路径以估计真实的因果关联；③碰撞路径（图 15-3C），碰撞变量（collider）满足传统混杂因素判断标准但并非真正的混杂因素，若对碰撞变量进行调整，会引起环境因素暴露与结局之间的虚假关联，即碰撞分层偏移（collider stratification bias）。通过 DAG 的结构化图形，研究者能直观区分混杂变量与碰撞变量，并结合后门准则高效识别最小充分混杂调整集，可有效指导后续混杂偏倚控制方法的选择。DAG 主要的局限性在于实际中很难得到一个已知的因果网络，必须根据先验知识（征询专家意见、查找文献等）绘制出正确的因果图才能准确识别混杂因素，但鉴于病因研究的复杂性，通常难以构建出完全正确的 DAG。

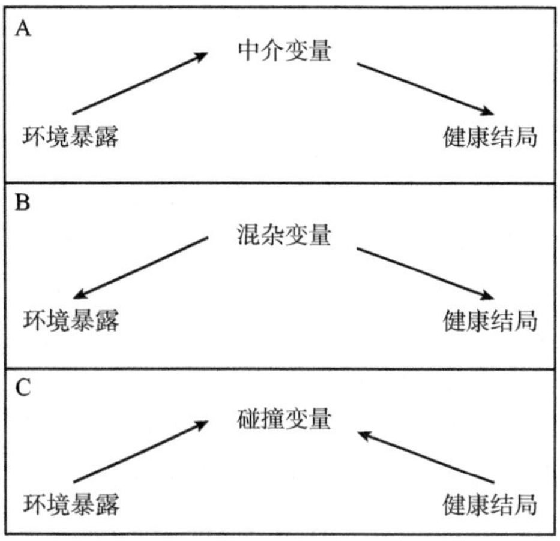

图 15-3 DAG 自然路径示意图

（二）基于不同研究设计和统计模型的因果推断方法

1. 实验及类实验研究 由于传统的 RCT 严格遵循随机化和对照的原则，通常被认为是因果推断的“金标准”，是流行病学研究中进行因果推断的最可靠方法。然而在环境流行病学研究中，由于环境因素暴露的复杂性以及该研究实施条件要求高、控制严，必须考虑医学伦理学问题，因而较少使用传统的 RCT 研究设计。相比之下，控制暴露人体研究、干预研究及类实验研究等研究设计方法在环境流行病学领域应用较多，具备较强的因果推断能力。

2. 倾向性评分 从平衡混杂因素角度出发，PS 能对多个协变量进行类似随机化的均衡处理。有学者建议采用该方法来解决环境流行病学中的因果推断问题，因为该方法不需要对混杂因素与结果之间的关系进行任何建模，也不要求模型的外推性。PS 是根据已知协变量的取值而计算的每一个研究对象分入暴露组的条件概率，是取值范围为 0～1 的连续分布概率值。研究中，通常结合 Logistic 回归模型，将干预或暴露分组作为因变量，其余需要调整的混杂因素及其交互项作为自变量来估算每一个研究对象的 PS。PS 自身不能调整混杂，而是通过匹配、分层、作为协变量进入回归模型、逆概率加权等方法处理组间协变量分布不均衡的问题，达到“类随机化”的效果，从而进行因果推断。

（1）匹配：PS 常用于均衡暴露组与非暴露组的协变量分布以控制混杂因素的影响，如果将 PS 相同或相近的研究对象在两组间进行匹配，则可以保证组间各协变量的分布趋于均衡，因而能降低或消除组间混杂因素的不均衡性对因果推断的影响。评价 PS 匹配后组间变量是否平衡的标准有两条，首先，暴露组和非暴露组的 PS 均值相等或近似；其次，在暴露组和非暴露组间，构成 PS 的所有协变量的平均值应相等或近似。常用的匹配方法包括最邻近匹配（nearest neighbor matching）和卡尺匹配（caliper matching），前者将暴露组中的每个研究对象和非暴露组中与其最接近的研究对象进行匹配，直到暴露组中每个研究对象都找到匹配；后者只有在两个研究对象的 PS 差值处于预先设定的范围内时（如 PS±0.05）才能进行匹配，此预先设定的范围值即为卡尺值。卡尺值的选取涉及方差-偏差权衡，直接影响到最终匹配集的样本量，卡尺值过大，虽然匹配成功的研究对象越多，但是组间的均衡性可能较差；反之，卡尺值设置过小，虽然可提高对比组间的均衡性，但匹配成功率可能降低，匹配集的样本量减少，最终估计的因果关联的精度会降低。近年来，环境流行病学领域使用 PS 匹配控制混杂因素来研究大气污染暴露与疾病关联的研究正逐渐增多。美国一项基于医保数据评估大气 $PM_{2.5}$ 短期暴露对老年人群（65 岁以上人群）神经退行性疾病影响的研究中，将 PS 定义为基于 Logistic 回归模型，纳入每日平均气温、社会经济状况等协变量的条件下计算的每日 $PM_{2.5}$ 暴露水平≥17.4μg/m^3 的条件概率，用最邻近匹配法为暴露日（每日 $PM_{2.5}$ 暴露水平≥17.4μg/m^3）匹配相应的对照日（每日 $PM_{2.5}$ 暴露水平＜17.4μg/m^3），通过比较暴露日与对照日神经退行性疾病的住院人数研究 $PM_{2.5}$ 与神经退行性疾病的因果关联。

（2）分层（stratification）：由于个体的 PS 是连续性变量，无法保证多个研究对象的 PS 值相同，只能将 PS 值相似的研究对象分为一层，所以常见的处理方法是根据 PS 的分布将研究对象分为若干等份以实现对研究对象的分层，然后结合回归模型估计每一层的因果关联。也有研究显示，根据 PS 值将研究对象均分为 5 层，可以减少 90% 以上的偏倚。传统 PS 适用于暴露为二分类变量的情形，目前也有学者通过定义广义倾向性评分（generalized propensity score），将 PS 扩展到暴露为多分类及连续型变量的场景。

PS 的优点在于均衡了组间协变量分布，同时降低了协变量维度，有效克服多变量回归分析中要求自变量个数不能太多的缺点，提高了统计效率，适用于处理协变量较多的高维数据。研究显示如果每一个协变量对应的结局事件数量小于 7，使用 PS 控制混杂因素是更好的选择。但是 PS 计算须建立在已考虑所有潜在混杂因素的强假设下，没有考虑未测量混杂因素的影响，并且对模型假设较为敏感，需要进行敏感性分析研究未测量混杂因素的影响。此外，因部分观察对象找不到匹配对象，应用 PS 匹配会减少样本量，降低人群的代表性。

当 PS 模型假设错误时，同样会导致最终分析结果存在偏倚。双重稳健估计（doubly robust estimation）是针对这一问题更为稳健的解决方法，该模型是由 Rubin 等在 PS 方法的基础上发展而来，结合了针对结局的回归模型和针对处理措施（环境因素暴露）的 PS 模型，可得到一个具有双重稳健性的效应估计量，即只要回归模型和 PS 模型中有一个正确，就能保证估计量的一致性和无偏性。一项基于美国医保数据的研究使用双重稳健相加模型评估了大气 $PM_{2.5}$、NO_2 以及 O_3 长期暴露对 65 岁以上老年人群心肺疾病住院风险的影响，该模型显示出较好的因果推断能力。

3. 工具变量分析（instrumental variable analysis，IVA） 因果推断方法依赖于一个不可检验的关键假设，即所有的混杂因素和选择偏倚均得到充分识别和控制，如果不满足该假设，因果推断估计的因果关联会存在残余偏倚（residual bias）。IVA 方法通过找到一个不需要完全调整所有混杂因素也可以有效估计因果关联的工具变量来进行因果推断，该工具变量独立于其他解释、混杂变量，可以控制其他未测量混杂因素对结果的影响，在观察性研究中起到类似 RCT 中随机化分组的作用。一个变量如果满足以下三个条件则可以作为工具变量进行因果推断：①工具变量与自变量（环境因素暴露、政策干预措施等）之间存在相关关系；②工具变量与其他解释变量、未知或未测量混杂因素无相关性；③工具变量只通过自变量（环境因素暴露、政策干预措施等）对因变量（健康结局）产生间接影响，不对因变量（健康结局）产生直接影响。

作为一种良好的因果推断方法，IVA 目前在环境流行病学中应用较多，主要是将气压、风速等与大气污染物存在关联但是对人群健康结局不产生直接影响的气象因素作为工具变量，研究大气污染与健康结局之间的因果关联。如有研究者使用大气边界层高度与风速作为 $PM_{2.5}$、BC、NO_2 等大气污染物的工具变量，将其作为反映大气污染物浓度的综合工具变量以进行因果推断，结果表明大气 $PM_{2.5}$、BC 与每日死亡人数存在较强的因果关联。

观察性研究中候选工具变量主要有三种类型，第一类是遗传因素，如果一种遗传因素与环境因素暴露有关，且只通过该环境因素暴露对健康结局产生影响，则该遗传因素可以作为工具变量使用。观察性研究中常用的孟德尔随机化（Mendelian randomization）设计是工具变量的一个特例，孟德尔随机化的假设是，如果一种遗传变异对环境因素暴露有影响，且该环境因素暴露本身对疾病的发生有影响，那么该遗传变异与疾病结局之间也存在因果关联。例如，在估计酒精摄入量对冠心病发病风险的影响时，可以将与乙醇代谢有关的基因多态性作为工具变量（如亚洲人群中的 *ALDH2* 基因）。其他两类候选变量分别是偏好性和可获得性，这两类候选变量在临床研究中使用较多，但在环境流行病学研究中涉及较少。

工具变量的强度可用来评价工具变量与暴露的关联程度，强工具变量对暴露与结局之间的因果关系有良好的模拟预测效果，但满足条件的强工具变量难以获得，选用弱工具变量面临系数估计值方差大、对未测量混杂因素高度敏感等诸多问题。目前，工具变量的强弱通常依据二阶段最小二乘法（method of two-stage least square estimation）中第一阶段中的 F 检验判断，如果二阶段最小二乘法估计量的偏差仅为普通最小二乘法（ordinary least squares）估计量偏差的 10% 或更小，则为强工具变量；反之，则为弱工具变量。

4. 断点回归（regression discontinuity，RD） 作为一种近似 RCT 的拟随机试验方法，可以有效避免未知混杂因素的影响。在环境流行病学中，当环境因素为存在特定阈值（即“断点”）的连续性变量或环境政策措施时，可用 RD 进行因果推断，探索环境因素暴露与健康结局之间的因果关联。该方法的潜在假设为，基于特定阈值将阈值两侧的研究对象分别作为暴露组和非暴露组，且靠近阈值两侧的研究对象的其他特征分布相似，可以看作研究对象接受了近似随机化的处理，通过比较阈值两侧研究对象健康效应的差异可以有效地对环境因素暴露与健康结局的关系进行因果推断。该方法在环境流行病学中的应用较多，智利的一项研究使用 RD 评估了室内禁烟政策立法后对心肌梗死发病率的影响。研究人员收集实施室内禁烟措施（2013 年 3 月）前后的 20 岁以上人群因心肌梗死住院和死亡的月度数据，计算研究期间心肌梗死的发病率。通过拟合 RD 并控制研究期间大气污染物浓度，估计了禁烟政策对心肌梗死发病率的影响，研究结果显示室内禁烟政策的实施使当地人群心肌梗死的发病率有所下降。RD 内在的拟随机试验设计考虑了社会经济状况等未测量的混杂因素的影响，具有较强的因果推断能力。如一项研究分别通过 RD 和普通线性回归探究我国淮河政策（秦岭-淮河线分界的南、北方不同的供暖措施导致北方空气污染状况较南方更严重）对 PM_{10} 浓度和预期寿命的影响。两种模型分析结果均显示淮河政策增加了北方 PM_{10} 的浓度，降低了北方人群的预期寿命，并表明 RD 的因果推断能力要优于普通线性回归，因为 RD 内在的拟随机试验设计考虑了社会经济状况、吸烟等未测量的混杂因素的影响。该方法在 RCT 无法开展时，可以基于类实验设计均衡未观测的变量，降低或排除混杂因素的影响，从而有效地进行因果推断，但是 RD 需要较大的样本量以确保因果效应估计的准确性。

5. 双重差分法 DID 常用于自然实验和公共卫生政策评价等研究中，可用于分析存在未测量混杂因素的纵向数据或重复测量数据，目前在环境流行病学研究中应用较为广泛。

DID 允许暴露组（或干预组）与对照组的协变量分布存在差异，可以通过构建双重差分估计量尽可能地控制和消除其他协变量对环境因素暴露（或干预措施）与健康结局因果关联的影响。双重差分估计量是横向和纵向比较的结合，即暴露组环境因素暴露前后差异与对照组前后差异之差。在使用 DID 分析时，除需满足一般线性回归模型的线性、独立、正态分布、方差齐性外，还需要满足以下假设：①暴露组和对照组的结局变量在环境因素暴露发生之前具有相同的发展趋势，组间健康结局的基线差异是由混杂因素导致的；②若无环境因素暴露存在，暴露组健康结局的发展趋势与暴露前相同；③双重差分估计量是环境因素暴露引起的，且发生环境因素暴露时未引入其他混杂因素；④暴露组和对照组研究对象的某些特征分布稳定，不随时间而变化。通过构建双重差分估计量，可在一定程度上控制混杂因素的影响，从而准确地评估环境因素暴露与健康结局的因果关联。在使用该方法分析时，应尽可能纳入其他可能影响结局的协变量，进一步排除环境因素暴露以外其他组间因素的影响，以保证因果关联估计的准确性。当因变量不服从正态分布时，还应进行数据转换以满足正态分布的要求，或采用广义线性模型来拟合模型。基于“中国健康与养老追踪调查”的三次随访数据（2011、2013、2015 年），中国学者基于类实验设计，使用 DID 模型评价了中国 2013 年实施的一系列“清洁空气政策”对于研究对象抑郁症状的影响，结果显示，大气 $PM_{2.5}$ 浓度每下降 $10\mu g/m^3$ 研究对象的抑郁症状评分降低 4.14%，该试验设计较好地估计了“清洁空气政策”与抑郁症状改善的因果关联。

6. G 方法（G-methods） 在队列研究等纵向数据分析中，环境污染程度、社会经济状况等研究关注的变量会随着时间而变化，同时也会存在一些其他的随时间变化、受过去暴露水平影响并影响着后续暴露水平的混杂因素，即时间依赖性的混杂因素，传统的回归分析方法无法有效控制该类混杂因素的影响。G 方法是一类用来控制纵向数据中时间依赖性混杂的因果推断方法，包括逆概率加权（inverse probability weight，IPW）、g 公式（g-formula）和 G 估计（G-estimation）三种类型。

IPW 是指在没有未测量混杂因素的假设下，给每个研究对象分配权重以获得一个混杂因素在组间均衡分布的伪人群（pseudo-population），在该人群中拟合暴露因素（处理措施）与结局的边际结构模型（marginal structure model），即可得到准确的因果效应估计值。边际结构模型中的“边际”指该模型估计的是人群的平均效应，“结构”指该模型估计的是因果关联而非相关性。该模型参数假设较少，易于理解，容易实现，在纵向数据的因果推断中应用较多。

其他两类 G 方法目前在环境流行病学研究中应用较少，在此仅做简要介绍。G 估计是将暴露效应定义为比较同一个体或同一组研究对象接受暴露或对照处理措施的潜在结局差异，该方法利用暴露和潜在结局之间的条件独立性来估计结构性嵌套模型（structural nested model）的参数；参数 g-formula 可以看作标准化方法在多个随访时间点的拓展，通过预测缺失的反事实结局（counterfactual outcome），比较在不同的假设干预条件下人群的健康结局是否存在差异；其中，反事实结局与潜在结局概念类似，指现实中不可能发生的结局，如某研究对象随机接受处理 A 或 B，最终只能观察到对应的结局 Y_A 或 Y_B，无法同时观察到两个结局（即反事实结局）。三种方法的适用范围有所差异，参数 g-formula 和 IPW 均可被用于连续性、分类的结局变量以及生存分析中；G 估计在生存分析中采用的模型为基于结构性嵌套模型的累计失效时间模型，在分析中，应根据实际情况选择合适的 G 方法进行因果推断。

7. 机器学习方法 近年来，一些机器学习算法如因果决策树（causal decision tree）、贝叶斯回归树模型（Bayesian regression tree model）、支持向量机（support vector machine）以及随机森林等被用于结合常见的因果推断方法构建因果推断学习框架，提升环境流行病学领域因果推断的效力，特别是观察性研究中的因果推断。

（三）综合证据

针对同一科学问题采用不同方法进行研究，其研究结论通常会存在差异甚至出现完全相反的情况，因此无法通过单一来源的研究证据建立环境因素暴露与健康结局之间的真实、可靠的因果关联。在流行病学领域，一直比较重视综合证据在因果推断方面的重要性，但是目前该方法在环境流行病学领域中的应用相对较少。综合证据在医学研究领域主要包括以下两种形式。

综合证据是指综合来自不同研究设计的多种证据，包括将流行病学研究结论与毒理学试验等其他形式的证据结合起来。如 IARC 通过综合流行病学、动物实验及病理生理学机制研究的证据，以推断包括环境致癌物在内的各种潜在致癌物与癌症之间的因果关系。在流行病学领域，综合证据是指综合具有不同偏倚来源或偏倚方向的多种分析方法、不同人群的研究证据。综合证据目前主要还是集中于定性分析，尚无相关量化方法。综合证据的一个假设是不同研究设计类型和统计学方法都存在某些潜在偏倚，其偏倚的来源、方向都有所不同，通过综合不同设计类型或者不同统计学方法的研究结果，最终可以达到增强因果推断准确性的目的。当基于多种研究设计类型或统计学方法的因果推断都呈现一致性结果时，则该因果关联的结论越可靠；当研究结论出现不同甚至相反的因果关联时，则需进一步探讨可能的偏倚来源和方向，加以控制和消除，最终得到可信的因果推论。流行病学综合证据与流行病学研究系统综述的区别在于，系统综述通过文献检索搜集相似的研究证据，这些证据通常呈现相似的结果，因此可以通过 Meta 分析进一步合并研究结果，以获得更精确的估计。与此相反，流行病学综合证据旨在寻找不同类型的研究证据，这些研究证据由于存在不同来源或不同方向的潜在偏倚，获得的研究结果往往会有较大差异，因此可以评价某一特定研究类型中研究人员关注的那些可能存在或不存在的偏倚。

（吴少伟）

展　望

近年来，环境因素与健康的关系受到越来越多的重视，环境流行病学作为探索二者关系的重要方法学，呈现蓬勃发展、欣欣向荣的趋势，出现了一些新的、具有更强因果推断能力的研究设计类型。在开展环境流行病学研究时，需基于已有的科学问题，明确研究目的，选择合适的研究设计类型和分析方法，充分考虑可能的混杂因素，采用适当方法予以校正，以最大限度地准确阐释环境因素对人群健康的影响。然而已有的环境流行病学研究设计均存在一定的局限性，未来如何在准确进行暴露评估的基础上推出更具因果推断能力的研究设计，是今后环境流行病学研究中面临的重要挑战之一。环境流行病学是一门多学科交叉、多层次的科学。除传统人群研究外，近年来，与分子流行病学、遗传学、毒理学等学科相关的交叉研究也在蓬勃发展。多学科多领域的合作研究，将有助于我们从多角度更透彻地阐明环境与健康的复杂关系。鼓励未来研究发展环境流行病学与其他多学科交叉融合的研究设计新方法，借鉴其他学科的研究设计思路，开发新的具有更强因果推断能力的研究方法，为阐明环境因素暴露对人群健康的影响提供综合证据，从而为有害环境因素控制措施的制定和疾病预防提供理论依据，助力实现可持续发展及“健康中国”战略目标。

思　考　题

1. 试举例说明空间流行病学在环境与健康研究中的应用。

2. 结合你的研究方向，查阅并选择一篇描述性研究的文献，分析该研究的设计、方法以及优缺点，思考如何能使该研究更为完善。

3. 查阅国内外文献，试举两例环境流行病学领域的分析性研究，并简述其研究设计要点（研究人群、对照设置、主要混杂因素、健康效应指标等）及优缺点。

4. 根据自己的研究方向，设计一项实验性研究。

5. 查阅国内外文献，举例说明因果推断方法在环境流行病学研究中的应用。

（吴少伟、陈仁杰）

第十六章 环境毒理学常用研究方法

环境毒理学是环境医学的重要组成部分，也是毒理学的一个重要分支。其主要任务是研究环境污染物暴露对机体健康的影响及其作用机制，发现早期、敏感的生物标志物，定量评估环境污染物的机体损伤作用，为制定环境卫生标准和做好环境保护工作提供科学依据。本章主要介绍环境毒理学常用的研究方法和该领域的新技术，并阐述这些方法和技术在环境污染物的一般毒性作用和致突变、致癌、致畸毒性作用中的应用。

第一节 概 述

一、环境毒理学常用研究方法

环境毒理学是将毒理学的研究方法应用到环境健康领域，从宏观和微观角度探索环境污染物对机体健康的危害，主要包括实验室研究和人群研究。环境毒理学常用的研究方法可归纳为以下几类。

（一）体外实验

大气、水、土壤等环境中大量污染物进入人体，给毒理学评价带来了巨大的挑战。体外实验可以对一系列毒理学终点进行快速而有效的筛选和分级，因而得到广泛应用。毒理学研究中经典的体外模型包括细胞系、原代细胞、细胞器、游离器官、培养的细胞器和器官灌注系统等。近年来，干细胞、不同转化或分化阶段的细胞和类器官被广泛应用于环境毒理学领域，多类型的细胞共培养、三维培养、微团块培养及器官芯片等新技术正引起越来越多环境毒理学专家们的关注。

体外实验存在以下优势：①可深入探究毒性机制和因果关系；②可较为精准地确定毒性作用中的关键分子事件，从而确定有效的毒性效应生物学标志物；③可评估细胞的特异性效应；④可确定来自不同种属与不同组织细胞的剂量-效应关系的性质及存在的效应阈值；⑤可用于环境污染物毒性效应的高通量筛查。

需要注意的是，体外实验也存在诸多局限性：①体外毒性实验通常是单类型细胞事件，环境污染物的暴露时间、浓度、浓度的变化速率、组织渗透性、清除和排泄等情况与整体水平存在明显差异；②环境污染物在体内经过代谢转化后会发生毒性改变（如苯在肝脏代谢转化成具有更高毒性的代谢物氢醌和苯醌），体外试验与机体组织存在差异，不能完全模拟环境污染物暴露后的机体毒性作用过程；③体外实验通过直接测定细胞活性或代谢的变化来反映环境污染物的毒性作用，而体内实验主要观察组织应答或系统应答，体外实验无法真实反映化学物的体内毒性作用。

（二）体内实验

体内实验是在整体动物中进行的实验，也称为整体动物实验，通过模拟人体暴露的剂量和途径，研究实验动物接触环境污染物后出现的形态和功能的变化，探究环境污染物的潜在毒性及毒理学机制。一般来讲，人与其他动物对环境污染物的毒性反应相似，因而，基于毒理学实验资料进行的安全性评价对于防止和减少环境污染物对人类的危害起到了很大的作用。

体内实验的重要性还体现在：①除了急性毒性检测外，还可进行长时间染毒，如亚急性、亚慢性和慢性毒性试验等；②实验在整体水平下进行，机体的调节和代谢等功能均不受影响，能更为客观和真实地反映机体接触环境污染物后的反应。

然而，体内实验也存在不足：①由于所观察到的毒理学终点是在整体情况下环境污染物作用的结果，单纯体内实验无法准确地确定毒性作用和直接作用靶器官；②难以深入阐释毒性作用机制，需与体外实验相结合；③剂量-反应关系是确定毒性作用的重要依据，需要多组设计，实验耗时耗材；④由于不同物种之间存在差异，将实验室的毒理学研究结果外推到人群进行安全性评价，具有一定的不确定性。

体内与体外实验各有优势和局限性，应根据实验目的和要求，选择合适的实验，互相弥补其不足。动物和人类存在种属差异，体内实验和体外实验的结果，不能直接外推于人。因此，一种环境污染物的毒性作用经过系统的体内、外实验验证后，还必须结合环境流行病学对人群的调查研究结果进行综合分析，才能做出比较全面和科学的评价。

（三）人体观察

直接观察环境污染物对人体产生毒性作用的表现及特征，可获得比动物实验和体外研究更直接、更可靠的毒理学资料。如职业中毒、毒物误服等偶然发生的事故，可通过流行病学调查、采样诊断、处理和治疗，直接观察到中毒的症状并分析潜在的毒效应靶器官。此外，在确保不损害人体健康的前提下，可设计一些控制暴露的人体实验，直接得到暴露的人体安全性数据。但出于伦理限制，人体观察实验仅限于低浓度、短时间的暴露研究，要求预期不应有明显的毒性效应、不得在敏感人群中实施。目前，国际也在倡导健康志愿者的毒性实验，尤其像一些神经毒物的毒性效应，如头晕、目眩、复视等中毒症状，只有在人体中才能真实地反映出来。

（四）计算预测

计算预测是计算毒理学的重要手段。计算毒理学是一种对化学物风险进行高效、高通量预测与管理的一门学科。21 世纪初，计算毒理学已受到美国和欧盟的高度重视，将之应用于新药毒性预测及环境化学物的安全性评价。美国于 2003 年实施计算毒理学计划，2005 年成立国家计算毒理学中心，2007 年提出战略性文件《21 世纪毒性测试：愿景与策略》，倡导以活体动物实验为主的传统毒性测试体系向高通量体外测试及计算毒理学等毒性测试体系转型。基于此，EPA 于 2007 年启动“毒性预测”（ToxCast）项目，即通过使用自动化“高通量筛选分析”技术，将活细胞、分离的蛋白质或其他生物分子暴露于化学物质中，筛选引起细胞或蛋白质生物活性改变、具有潜在毒性作用的物质。

计算预测借助数学模型和人工智能等先进的计算机辅助手段，基于统计学、生物学、化学、物理学等基础学科知识，分析相关毒理学测试数据，估算并输入毒性物质暴露浓度，最终实现对毒性物质的风险评估。其在通量、成本和对化学物的可扩展性方面具有无可比拟的优势。化学物毒性预测方法中，一类是以化学物本身为基础的计算方法，主要研究结构与毒性的构效关系；另一类是以毒性靶分子结构为基础进行预测的分子机制法。目前的研究主要包含 3 个方面：①通过对高通量体外测试体系的数据挖掘，构建污染物影响复杂生命体和环境的相关数据库；②通过蛋白质组学、转录组学、基因组学和代谢组学等相互作用网络的构建，结合计算机模拟等手段阐明污染物的致毒机制；③建立具有预测功能的综合毒理学模型，全面评估化学物的安全性。

事实上，在环境与健康研究过程中，除了动物实验和体外研究，还需要借助流行病学的方法，从宏观上探索人类发生的有害效应与环境中污染物之间的关联。详见本书第十五章环境流行病学常用研究方法。

二、常用实验动物及选择

实验动物是指经人工饲养、对其携带的微生物实行控制、遗传背景明确或来源清楚的动物，主要用于科学研究、教学、检验等目的。

（一）常用实验动物

人类大约有 25 000 个基因在其他哺乳动物中也存在，因此，哺乳动物是环境毒理学研究中常用的实验动物，如小鼠、大鼠、豚鼠、家兔、猫、狗、猕猴、小型猪等。此外，非哺乳动物也广泛应用于生命科学和环境毒理学研究，包括斑马鱼、果蝇、爪蟾、线虫、蜜蜂等。

（二）转基因动物

随着HGP的完成和基因编辑技术的快速发展，研究者对与疾病相关的某些特定基因或等位基因的功能分析开展了大量的研究，建立了包括转基因动物在内的多种动物模型。转基因动物是指借助基因工程技术将外源目的基因导入动物生殖细胞、胚胎干细胞（embryonic stem cell，ESC）和早期胚胎，稳定整合到染色体，并能遗传给子代的动物个体。转基因动物还包括同源重组或RNA干扰等方法获得的基因敲除动物。

在环境毒理学研究领域，转基因动物常用于研究环境污染物的毒性作用机制，包括致癌性和致突变性的毒性机制研究。与传统动物模型相比，转基因动物模型具有以下特点：①可根据研究需要导入目的基因并且可以对其进行回收。②对环境污染物的低剂量暴露更为敏感、实验结果真实可靠、花费时间短、成本相对较小等。通过建立转基因动物人类疾病动物模型，不仅能从分子水平上揭示某种基因型在疾病发展中的作用，还能为疾病干预靶点的筛选提供重要理论依据。

目前已经建立的转基因动物模型包括各类转基因小鼠、转基因大鼠、转基因果蝇、转基因线虫、转基因家兔、转基因斑马鱼和转基因小型猪等转基因动物，其主要特点及应用见表16-1。

表16-1 常见转基因动物及应用

转基因动物	常见品系	转基因动物构建	环境毒理学中的应用
转基因小鼠	AD转基因小鼠（如APP/PS1、5XFAD转基因小鼠） PD转基因小鼠（如Prnp-SNCA*A53T转基因小鼠） 代谢综合征转基因小鼠（如ob/ob，db/db，Ldlr$^{-/-}$转基因小鼠） 肿瘤转基因小鼠（如LeWis肺癌，腺癌755转基因小鼠）	1. 显微注射法 2. 逆病毒转染法 3. 畸胎瘤细胞植入法 4. 基因打靶 5. CRISPR/Cas9基因敲除	常用于神经系统疾病［AD、肌肉萎缩性（脊髓）侧索硬化、亨廷顿病等］、CVD、内分泌代谢、关节炎、肌营养不良、肿瘤等的研究
转基因大鼠	AD转基因大鼠（如PSAPP、TgF344-AD转基因大鼠） PD转基因大鼠（如α-SYNA30P突变型转基因大鼠） 高血压转基因大鼠（如TGR（mRen-2）27转基因大鼠） 脊椎关节病转基因大鼠（如HLA-B27转基因大鼠）	1. 锌指核酸酶（zinc finger nucleases）技术 2. CRISPR/Cas9基因敲除	常用于神经系统疾病（AD、PD）、高血压、心脏病、肾衰竭和癌症等疾病的研究
转基因果蝇	AD转基因果蝇（如Aβ40、Aβ42、Aβ42Arc基因果蝇）	1.PhiC31定点插入转基因 2. CRISPR/Cas9基因敲除 3. 新一代转基因RNAi技术	常用于PD、AD、癌症等疾病的研究
转基因线虫	AD转基因线虫（如Aβ转基因线虫）	1. 新一代转基因RNAi技术 2. 热休克启动子 3. UAS-Gal4体系	常用于神经系统疾病和衰老等相关疾病研究
转基因斑马鱼	造血系统发育转基因斑马鱼（如fli1：EGFP，mpeg1：EGFP转基因斑马鱼）	1.CRISPR/Cas9基因敲除 2. DNA显微注射法 3. 利用转座子操作 4. pTol2- CMLC2-IRES-EGF转基因表达载体	常用于血管生成机制、肿瘤形成、抗肿瘤药物筛选与评价等研究领域
转基因家兔	动脉粥样硬化转基因家兔（载脂蛋白ApoE2转基因家兔）	1. 显微注射法	常用于脂质代谢相关的研究领域
转基因小型猪	糖尿病小型猪（如MOYD3、CTPR转基因猪） 高脂血症小型猪（如APOCIII转基因克隆猪） 动脉粥样硬化小型猪（如PCSF-9转基因猪）	1. 逆病毒转染法 2. CRISPR/Cas9基因敲除	常用于CVD研究

（三）实验动物选择原则

选择实验动物时应遵循以下原则：①选用遗传背景明确、具有已知菌丛和（或）模型性状显著且稳定的动物；②选用符合实验目的要求，易于实验操作的动物；③选择对受试物的吸收、代谢、生物化学和毒理学特征与人接近的物种；④同时应考虑动物的年龄、性别、生理及健康状况等要素。

三、常用染毒途径

常用的染毒途径有经口、经呼吸道、经皮和注射等途径。选择原则一般以模拟人群接触的方式为佳。环境污染物经不同途径染毒，其在体内的吸收、代谢、分布均可不同，因此需根据受试物的理化性质、实际用途以及可能的毒性作用等因素来合理选择染毒途径。

（一）经口染毒

经口染毒又称为经消化道染毒。许多环境污染物如重金属、有机物可通过污染的水和食物经口进入人体，故经口染毒是毒性试验最常用的染毒方式，其方法主要包括灌胃法、喂饲法和胶囊法。

1. 灌胃法 将环境污染物用灌胃器灌到实验动物胃内，适用于小鼠、大鼠、家兔等动物。灌胃法剂量准确，但容易造成消化道损伤，可能影响受试物的吸收，也可影响动物的正常消化功能。灌胃前应禁食空腹，大鼠隔夜禁食，小鼠可禁食 4 小时，但不禁水，灌胃后 2～4 小时提供饲料。若多次染毒可不禁食，但应每日固定染毒。灌胃法优点是剂量准确，缺点是工作量大，并有伤及食管、误入气管的可能。

2. 喂饲法 将受试物拌入饲料或饮水中，实验动物自由摄食饮水，是食品污染或水污染最常用的染毒方式。如果受试物是完全无毒的，则在饲料中的最高含量为 5%，有营养价值的食物成分物质可更高，但应注意不要造成饲料营养成分失衡而影响实验动物的生长发育。喂饲法符合人类接触受试物的实际情况，但有挥发性或有异味的受试物不适宜采用喂饲法。此外，实验动物应该单笼喂饲，以食物消耗量计算其实际染毒剂量。

3. 胶囊法 将一定剂量的受试物装入胶囊中，放至犬、兔等动物的舌后部，迫使动物咽下。该方法剂量准确，对于具有挥发性、易分解或有异味的化学物尤其适用。

（二）经呼吸道染毒

经呼吸道染毒是评价可吸入毒物或空气污染物毒性优先考虑的染毒途径。常用方法包括气管注入和吸入染毒。气管注入可定量，但不易折算为吸入浓度，因此多用于吸入染毒无法实现的情况下进行定性研究。

全身吸入染毒模拟人体暴露方式，是目前最为科学的经呼吸道染毒的方式，包括静式吸入和动式吸入。静式吸入是将实验动物置于一定容积并加有一定量气态或挥发性受试物的密闭容器内，在规定时间内进行染毒。动式吸入是连续不断地送入含有一定浓度受试物的新鲜空气，同时排出等量空气，造成一个浓度相对稳定的动态平衡的空气环境。动式吸入适用于单次染毒持续时间较长的情况，也适用于以烟、雾、尘等形式接触的受试物。目前，该染毒方式已经应用于 $PM_{2.5}$ 暴露模型建立。但动式染毒需要专门的吸入暴露设备，成本较高。

（三）经皮肤 / 黏膜染毒

常用于可能接触皮肤的环境污染物染毒，主要观察其经皮肤吸收的可能性、局部刺激作用及是否有致敏作用。经皮染毒毒性实验通常包括两种方法：

1. 浸尾法 如将大鼠和小鼠的尾巴浸于毒物中，确定该毒物有无经皮吸收的可能性。

2. 敷贴法 将毒物敷贴于家兔或豚鼠剪毛区或脱毛区，其面积一般为实验动物体表面积的 10% 左右。如 Buehler 豚鼠封闭斑贴实验：在豚鼠的背部去毛区斑贴不同剂量的毒物，预测毒物潜在的致敏性。

（四）经注射染毒

环境污染物毒性评价较少经注射染毒，但该途径可用于毒性机制研究、比较毒性研究或毒物动力学研究。可采用腹腔注射、肌内注射、皮下注射或静脉注射。对于经注射染毒的受试物，一般要求其对注射局部无刺激性。

需要注意的是，受试物染毒体积过大会引起实验动物不适、应激甚至死亡。表 16-2 为欧洲制药工业协会联合会（European Federation of Pharmaceutical Industries Associations）和欧洲替代方法验证中心（European Centre for the Validation of Alternative Methods）对于不同实验动物的受试物染毒体积建议。

表 16-2 不同动物各染毒途径的推荐染毒体积 [a]

动物种类	暴露途径和受试物体积（ml/kg）					
	经口	皮下注射	腹腔注射	肌内注射	静脉注射（大剂量单次给药）	静脉注射（缓慢注射）
小鼠	10（50）	10（40）	20（80）	0.05（0.1）[b]	5	（25）
大鼠	10（40）	5（10）	10（20）	0.1（0.2）[b]	5	（20）
兔子	10（15）	1（2）	5（20）	0.25（0.5）	2	（10）
狗	5（15）	1（2）	1（20）	0.25（0.5）	2.5	（5）
猕猴	5（15）	2（5）	c（10）	0.25（0.5）	2	c
狨猴	10（15）	2（5）	c（20）	0.25（0.5）	2.5	（10）
小型猪	10（15）	1（2）	1（20）	0.25（0.5）	2.5	（5）

注：a. 对于非水注射剂，在重新给药前必须考虑吸收时间。肌内注射部位每天不应超过 2 个；皮下注射部位应限制在每天 2～3 个，皮下部位不包括弗氏佐剂用药。括号外数字为推荐最佳染毒体积，括号内数字为最大染毒体积

b. 每个位点的数值单位为毫升

c. 暂无数据

四、替代毒理学

（一）3R 原则

1959 年英国动物学家 Russell 和微生物学家 Burch 在其著作《人道主义实验技术原理》中首次系统提出“3R”原则，受到全球多个国家和地区高度重视。“3R”原则指减少（reduction）、替代（replacement）和优化（refinement）。“减少”指在科学研究中减少动物的使用数量，但依然可以获得同样多的实验数据甚至更多信息的方法，如改进实验设计和统计学方法、应用现代影像学技术、共享已有数据和资源、避免重复实验等。“替代”是指在保证实验科学性前提下，采用新的技术方法替代传统动物实验，以达到减少或优化动物使用的目的。“优化”是指通过改进和完善实验程序以及实验动物饲养管理等措施，减轻或减少给动物造成的疼痛或不安，提高动物福利的方法。我国关于实验动物福利方面的工作始于 1988 年，国家科学技术委员会发布了《实验动物管理条例》。2013 年，成立了中国实验动物学会福利伦理专业委员会；2018 年，中国国家质量监督检验检疫总局和国家标准化管理委员会发布了《实验动物福利伦理审查指南》（GB/T 35892—2018），推动了中国实验动物福利和实验动物替代的发展。

近年来，随着“3R”原则的发展和应用推广，出现了“4R”原则。国际伦理学研究基金会认为非常有必要考证动物实验或替代方法获得的实验结果是否能外延到人类，对“3R”原则补充了“responsibility”，即可靠或可依赖。替代法研究与教育国际研究中心则提出，在动物实验结束后，实验动物应享受到更好的待遇，受到生理和心理的关怀，即满足第四个“R”康复（rehabilitation）的要求。而有的研究者认为，第四个“R”应该理解为“责任”，是指在实验过程中自始至终照顾动物、加强动物福利、妥善处理动物尸体等。因此，“3R”原则在贯彻实施过程中不断补充和完善，并发展延伸。

（二）实验动物替代法

实验动物替代法是指能替代动物实验、减少所需动物数量或使动物实验得以优化而减少动物痛苦、提高动物福利的方法或程序，或是使用非生物材料或无知觉的低等生物材料来代替活体脊

椎动物使用的科学方法等。随着交叉学科的发展，该方法已经广泛应用于环境毒理学领域研究。其在保证实验科学性和有效性前提下，对动物实验进行替代或改进，是实施“3R”原则的具体体现。实验动物替代方法体现在三个方面，一是应用体外实验替代整体动物实验，如体外培养的动物或人源细胞、组织器官、人组织标本等；二是应用低等生物和有限知觉的生物体替代脊椎动物实验，如植物、细菌、果蝇和斑马鱼等；三是应用数学、物理和化学技术方法和计算机模型等非生物手段，如利用结构-效应关系模型预测化学物的潜在生物学效应。

1. 体外技术 体外实验被认为是最普遍、最主要的实验动物替代方法。细胞、组织和器官培养是最经典的替代技术。共培养技术可再现组织或器官的细胞群，包括重现肠道屏障、皮肤细胞及正常成熟的角质形成细胞等培养；微团培养技术则可重现组织三维结构，获得与体内更相近的细胞性状；细胞工程技术将永生细胞系扩大到特殊功能细胞系，为环境毒理学机制研究提供了新工具。上述方法可以更大程度重现细胞在体内的生理和结构关系，是“3R”研究的一个关键要素。

利用人体组织进行体外研究成为重要发展趋势。由于人体材料来源有限，因此需要建立人类组织库保存人体组织，进行器官三维培养，如多层化人类皮肤模型，改进细胞培养技术，推动替代研究发展。人源细胞应用日渐广泛，不仅为动物实验替代提供了更多良好选择，而且彻底解决了物种外推的问题。非移植捐献器官、尸体剖检材料，以及外科手术中切除组织，都可作为很好的研究材料。利用人体组织进行实验可以避免物种间外推的问题，但仍要注意个体之间差异并须获得医学伦理委员会批准。

2. 低等物种利用 在某些情况下，利用有限刺激感受性的低等生命体作为动物实验替代方法。植物、细菌、真菌、昆虫或软体动物以及早期发育阶段的脊椎动物等低等生物只有简单的神经系统，不会感觉到疼痛，因而成为替代对象。遗传毒性实验中使用细菌对具有诱变潜能的新污染物进行筛选，神经毒性研究中使用低等生物材料或啮齿类动物代替灵长类动物，基因突变、胚胎发育及功能研究中使用长线蠕虫或斑马鱼替代啮齿类动物。上述实验均用低等物种替代常规实验动物，很大程度上解决了动物模型来源问题。

3. 物理-化学方法的结合及计算机使用 化学物质的生物学活性与其理化性质之间存在一定的关系。因而，可以利用环境污染物的理化性质或化学结构对其生物学活性进行预测分析。丹麦环保局利用定量构效关系（quantitative structure-activity relationship，QSAR）模型对约 47 000 种化学物质进行评估，并对其中 20 624 种物质的一种或多种危险性进行分类。动物实验结果表明，QSAR 模型能够预测化学物质的一种或多种性质，其准确度为 70%～85%。QSAR 方法自动化程度高，能快速地对物质进行分类标记、毒性分级以及危险性评估，有效减少实验动物使用，具有广阔的发展前景。因此，可以利用计算机设计出具有某些结构和特性的新化学物，减少实验动物使用；建立有关生理、生化、病理和毒理学研究的数学模型，模拟有机体内的复杂生物过程，可以补充及加强其他体外实验所获资料的不足，有效了解环境污染物结构相关的特殊机制。

（三）替代毒理学研究新进展

近年来，环境毒理学动物替代方法研究发展迅速，已经涵盖了一般毒性、靶器官毒性、遗传毒性、致癌性和局部毒性等多种毒性终点。研究手段与技术方法从一般的组织细胞培养发展形成了含基因组学、蛋白质组学、代谢组学、系统生物学、计算机模拟和生物信息学等多学科、多层次的综合评价体系。达到了减少实验动物使用量，优化动物实验程序，甚至能替代动物实验的目的。

生物材料、基因编辑和微型生理系统等新兴技术的发展，推动了人类 ESC、器官芯片和微器官培养等技术在实验动物替代中的应用。与传统方法相比，这些新兴方法具有很大优势和发展潜力。我国正处于实验动物替代的起步阶段，发展的潜力和空间巨大。随着实验动物福利的发展，实验动物替代渐渐被学术界所认可，并逐步应用到环境毒理学领域。其中有些替代方法还通过了欧洲替代方法验证中心等权威机构的验证，并被欧盟和美国等国家和地区纳入法规管理范围。

1. 胚胎干细胞模型 ESC 是从哺乳动物早期胚胎或原始性腺中分离出来的一类细胞，具有自我复制、更新，在体外连续传代并保持未分化状态的性能，还可定向诱导分化成为各种功能细胞，因而在毒性筛选、毒性靶器官确定以及毒性机制研究等方面具有独特的巨大优势。

ESC 在毒性评价中的应用主要体现在两个方面：①直接检测环境污染物对胚胎和 ESC 的毒性作用，评价其胚胎毒性和发育毒性。②评价环境污染物对 ESC 分化及分化后细胞的影响。作为一种新的毒性测试体外模型，其相关研究已成为 21 世纪生命科学领域的热点和重点课题。ESC 试验是一种有效的体外检测 ESC 毒性的研究手段。与体内毒性实验相比，具有更高的灵敏性和准确性，并间接减少了所用实验动物数量。ESC 试验检测不同环境污染物对细胞增殖和分化的影响，不需要受孕动物便可实现对环境污染物胚胎毒性进行高通量检测。ESC 可以在一定条件下定向分化成特定组织器官细胞，如神经细胞、心肌细胞和肝细胞等，且分化过程包括整个细胞发育全过程。因此，可利用 ESC 观察外源性物质对靶器官组织细胞发育的影响，从而更加准确地评估环境污染物的靶器官毒性。

2. 模式生物斑马鱼 斑马鱼是一种与人类基因同源性较高的新型模式动物，其发育及细胞生物学机制与哺乳动物高度相似。斑马鱼具有个体小、繁殖周期短、发育前期细胞分裂快、胚体透明、特定细胞类型易于识别等优点，被广泛应用于环境毒性检测。环境污染物的慢性生物学效应鉴定可通过对斑马鱼的整个生命周期进行实验以检测死亡率、生长抑制情况、生殖毒性、发育毒性和神经行为毒性等。

3. 微流控芯片技术 又称芯片实验室，该技术可以把样品制备、反应、分离、检测等基本操作单元集成到一块芯片上，因而引起了学者的广泛关注，成为目前公认的生物学研究主要技术平台之一。最初，微流控芯片被用于以微型色谱和毛细管电泳构建“微全分析系统 μ-TAS”或“芯片实验室”模型来代替实验室分析的传统分析方法。随着微流控芯片技术的广泛应用，研究人员开始利用微加工技术实现在芯片上进行细胞培养，并借助微流控手段在芯片上模拟人类器官主要功能的仿生系统，也称为“器官芯片”。

器官芯片利用微流控技术可以实现流体剪应力精确可控、机械力发生周期性变化和对类器官进行溶质浓度梯度灌注等功能。通过多种细胞的灵活组合，还可以在微流控芯片平台上研究组织-组织、器官-器官之间的交互作用，从而模拟人体器官的复杂结构、微环境和生理功能。该技术应用过程中，模拟生理微环境、构建组织-器官的相互作用模型以及类器官模型的可变性是有待攻克的难关，也是器官芯片面临的技术挑战和未来的研究方向。器官芯片的优势在于，可以通过三维细胞培养弥补传统二维细胞培养的不足，在离体水平便可实现人体组织器官的复杂生理功能，解决了动物实验周期长、成本高、难以预测人体对于各种环境受试物响应的问题，实现了体内研究的体外代替，在微纳尺度上实现多维度的生命分析。

已有学者将器官芯片系统应用于有机化学污染物、颗粒物和金属离子等毒性评价，该技术在环境毒理学中污染物的毒理学预测和机制研究方面前景广阔。但是，目前的器官芯片重点关注的是实验期间独立器官的反应，有可能忽略机体的整体系统性反应；且不同研究者在设计、开发和具体应用方面尚无统一标准。因此，验证和优化这些系统可能会是一个漫长的过程。

（刘翠清　曾晓雯）

第二节　一般毒性研究

一般毒性作用是指全身各系统对外源化学物的毒性作用反应，又称基础毒性。在环境毒理学领域，一般毒性评价是研究环境污染物对机体损伤效应的重要基础资料，是进行外源性污染物安全性评价和危险度评估的重要组成部分，对预防环境污染物急性毒性危害、制定安全卫生标准以及环境污染物的管理对策具有重要意义。

一、毒性参数

毒性（toxicity）是指在特定条件下，毒物对机体产生损害作用的固有能力。毒性的大小取决于其化学结构与组成。研究化学物的结构和组成及其理化特性与毒性之间的关系，即构效关系和构效定量关系是毒理学研究的重要内容之一。通常情况下，毒性大小的描述参数包括毒性上限参数和毒性下限参数。

（一）毒性上限参数

毒性上限参数是在急性实验中以死亡为效应观察终点的各项毒性参数，如绝对致死剂量 / 浓度（absolute lethal dose/concentration，LD_{100}/LC_{100}）、半数致死量 / 浓度（median lethal dose/concentration，LD_{50}/LC_{50}）、最小致死量 / 浓度（minimum lethal dose/concentration，MLD，LD_{01}/MLC，LC_{01}）和最大耐受剂量（maximal tolerance dose，MTD）或最大非致死剂量 / 浓度（maximum non-lethal dose/concentration，LD_0/LC_0）等。

诸多参数中，LD_{50} 是评价急性毒性最重要的一个指标，与受试物的毒性成反比。与 LD_{50} 相似的毒性参数还有半数耐受限量，在环境毒理学研究中，该参数常用于表示一种环境污染物对某种水生生物的急性毒性，即一群水生生物（如鱼类）中 50% 个体在一定时间（48 小时）内可以耐受（不死亡）的某种环境污染物在水中的浓度（mg/L），一般用 TLm_{48} 表示。

关于 LD_{50} 的计算，国外多采用 Litch-field 和 Wilcoxon 的坐标纸图法。而我国普遍采用的方法可以归纳为两类：一是要求死亡率-剂量反应为正态分布，单位概率图解法和寇氏法较为常用；另一类不要求为正态分布（非正态分布），查对有关表格即可得到 LD_{50}，如霍恩法等。其中以 Bliss 创建、并被 Fisher 和 Finney 所发展的加权概率法（又称为 Bliss 法），在数理上最为严谨精密，成为标准的 LD_{50} 计算方法。目前利用各种统计软件，如 SAS、SPSS 和 R 等软件计算 LD_{50} 最为快捷简便。

（二）毒性下限参数

毒性下限参数是在毒性试验中以“最轻微的毒性作用”为效应观察终点的各项毒性参数，包括阈剂量（threshold dose）、LOAEL、NOAEL 和基准剂量（benchmark dose，BMD）。

理论上，受试物引起的机体有害作用与同一实验动物的正常（对照）机体相比是可以辨别的。但在实际工作中，由于实验方法的局限性，得到阈剂量几乎不可能，实际得到的可能是 LOAEL。NOAEL 是受试物不引起机体（人或实验动物）可检测到的有害作用的最高剂量或浓度。在具体的实验研究中，比 NOAEL 高一个剂量组的实验剂量就是 LOAEL。实际上，无论是阈剂量，还是 LOAEL 或 NOAEL，都受试验分组、剂量选择、组距大小等影响。此外，应用不同物种品系的动物、暴露时间、染毒方法和指标观察有害效应时，可得出不同的 LOAEL 和 NOAEL。因此，在利用 NOAEL 或 LOAEL 时应说明相关的实验条件与方法，以及反映有害作用的检测指标和有害程度。

BMD 是指依据剂量-反应关系研究的结果，利用统计学模型求得的受试物引起某些特定损害反应水平或较低健康风险发生率（通常计数资料为 5%，计量资料为 10%）的剂量。其 95% 置信区间的下限值称为基准剂量下限（benchmark dose lower）。常用的 BMD 分析软件有 EPA 开发的 BMDS 软件、荷兰公共卫生与环境国家研究院开发的 PROAST 软件，可利用软件拟合一系列剂量-反应关系模型，通过最大似然比检验等统计学方法，确定最佳拟合模型。BMD 法能对数据的不确定性进行量化，具有较好的稳定性、准确性和科学性。该方法尤其适用于以下情况：①实验未获得 LOAEL 和（或）NOAEL；②确定具有遗传毒性和致癌性的受试物的损害效应起始点；③能对人群流行病学资料进行剂量-反应评估。目前，BMD 法已经广泛应用于环境污染物健康风险评估的危害表征。

毒性特征描述参数是对毒性大小描述进行补充，两者共同构成了评价物质毒性的体系。

（三）特征描述参数

1. 毒性作用带（toxic effect zone） 表示受试物毒性作用特点的参数，主要有急性毒性作用带（acute toxic effect zone，Zac）与慢性毒性作用带（chronic toxic effect zone，Zch）。

Zac 为半数致死量与急性阈剂量的比值，表示为 $Zac=LD_{50}/Limac$。Zac 值越小，说明受试物从产生轻微损害到导致急性死亡的剂量范围越窄，引起急性中毒死亡的危险性越大。

Zch 为急性阈剂量与慢性阈剂量的比值，表示为 Zch=Limac/Limch。Zch 值越大，说明 Limac 与 Limch 之间的剂量范围越大，由轻微的慢性毒效应到较为明显的急性中毒之间剂量范围越宽，易被忽视，故发生慢性中毒的危险性越大。

致死作用带（LD_{100}/LD_{50} 或 LD_{95}/LD_{05}）为受试物导致多数动物死亡所需剂量与少数动物死亡所需剂量之比值。该值越大，说明达到致死剂量后，发生群体死亡的危险性越小，同时也说明该物质对机体的致死作用的个体易感性差异越大。

2. 毒效应强度和效能 强度是指相等效应时的剂量大小，所需剂量越小则该物质强度相对越大，反之亦然；效能是指可达到的最大效应。所能达到的效应越大则该物质的效能越大，反之亦然。

3. 剂量-反应关系曲线斜率 在毒理学研究中，剂量-反应（效应）曲线通常经直线化处理，直线的斜率（K）大小可以用直线与横坐标夹角来表示。斜率越大，即直线越陡峭，则说明较小的剂量增减则可能引起较大幅度的效应或反应增减变化，反映了在一定剂量范围内该毒物危险性大小和毒性作用特点。

4. 急性吸入中毒指数 吸入气体类毒物后急性中毒的风险可用该毒物的急性吸入中毒指数（I 吸入）来描述。I 吸入 $=C_{20}/LD_{50}$。C_{20} 指的是该毒物在 20℃、1 个标准大气压条件下的饱和蒸汽压浓度，I 吸入值越大，表示该毒物发生急性吸入中毒的可能性越大，反之亦然。

二、急性毒性作用

（一）概念

急性毒性（acute toxicity）指人或实验动物一次接触或 24 小时内多次接触受试物之后，在短期内引起的致死效应和机体损害作用，包括死亡效应、一般行为和外观改变、大体形态改变等。一次是指瞬间给予实验动物染毒；24 小时内多次是指当受试物毒性很低时，一次最大染毒尚不足以充分了解其急性作用的特性，从而在 24 小时内多次染毒。

（二）目的

在环境毒理学领域，急性毒性试验的目的包括：了解环境污染物急性毒性强度，为急性毒物分级、物质分类和制定安全防护措施提供依据。初步估计和判断环境污染物毒性作用的靶器官和可能的毒性作用机制。探求该污染物的剂量-效应关系，为后续的蓄积毒性、亚急性毒性、亚慢性毒性、慢性毒性及特殊毒性等试验设计提供参考。此外，急性毒性试验能够初步了解环境污染物的致死原因，为该物质急性中毒治疗提供参考。

（三）实验设计

（1）应符合一般动物实验的基本原则，即随机、对照和重复。

（2）实验动物的选择：急性毒性试验首选哺乳动物，最好选择 2 种及以上的动物，包括啮齿类和非啮齿类动物。啮齿类动物以大鼠、小鼠（昆明种、NIH、ICR）、豚鼠和家兔最常见，非啮齿类动物以猴或狗最常见。急性皮肤毒性试验可选用成年大鼠、豚鼠或家兔，优先考虑白色家兔，而急性吸入毒性试验和经口急性试验优先考虑大鼠。

开展动物实验前，需对动物进行检疫，一般大鼠、小鼠、豚鼠、兔的检疫期为 1 周，犬、猴为 3～4 周。无特殊要求的情况下，选用未经交配和受孕的实验动物雌雄各半。如果毒性效应存在明显性别差异，则分别实验求各自的 LD_{50}，为后续实验剂量选择提供依据。

大鼠（180～240g）、小鼠（18～25g）通常每组不少于 10 只，家兔（2～2.5kg）不少于 8 只，狗（10～15kg）等不少于 6 只，一般小动物的数目相对多于大动物，同一批试验动物体重变异范围不应超过该批动物平均体重的 20%。

（3）实验动物的饲养环境和设施应符合国家相关规定。

（4）染毒途径：一次给予实验动物一定剂量的受试物时多用经消化道和注射染毒。若环境污染物毒性很低或溶解度很低，可 24 小时内给予多次但一般要求不超过 3 次。经消化道最常用灌胃法，灌胃应间隔 4 小时。小鼠灌胃体积每次 0.2～1.0ml/ 只或 0.1～0.5ml/10g，大鼠不超过 5ml/ 只，家兔不超过 10ml/2kg，狗不超过 50ml/10kg。持续染毒时多根据毒物接触性质选用经呼吸道和经皮肤染毒。

（5）分组和毒物剂量：一般设置 5～7 个剂量组，至少 3 组。主要关注剂量-反应关系，下限一般为 LD_0 或 LD_{10}，上限为出现明显的毒性反应的剂量，但不需要致死。一般口服 5g/kg 或静脉注射 2g/kg 时未见急性毒性或死亡，可不必再提高剂量进行试验。

（6）观察周期：一般要求观察 14 天，当天可多次观察，后续根据情况可减少至每天观察一次。

（四）观察指标及评价

1. 观察指标　主要包括中毒特征、体重、病理检查及其他指标死亡情况和死亡时间。

（1）中毒特征：试验过程中需要观察动物急性中毒特征，如耸毛、呼吸困难、昏迷、惊厥、大小便失禁等不良反应。

（2）体重：可以反映动物中毒后的整体变化。应在观察期 14 天内持续称量体重，以便了解受试物中毒效应持续的时间。

（3）病理检查及其他指标：对死亡的动物应及时进行解剖和病理组织学检查，肉眼观察主要脏器的大体病理变化，如脏器大小、外观、色泽变化，有无充血、出血、水肿。可进一步取材做组织病理学检查。同时，也可测量体温、心电图、脑电图及生理生化指标。

（4）死亡情况和死亡时间：重点观察和记录每只动物的死亡时间，特别是最早出现死亡的时间及各个剂量组动物的死亡数，对分析中毒死亡时间的规律性具有重要意义。

2. 评价　国际通用 LD_{50} 进行急性毒性评价，毒性大小与 LD_{50} 值成反比。LD_{50} 越小，毒性越大，反之，则毒性越小。同时，还应报告 LD_{50} 的 95% 可信区间范围、Zac 等指标，尽可能详尽地描述中毒特征、症状表现、出现时间、死亡前兆，毒性作用发生、发展、恢复过程，以及体重、解剖和病理变化，全面对急性毒性做出评价，对物质进行急性毒性分级。

急性毒性分级是指利用急性毒性指标，将受试物的毒性分为不同等级，以粗略地表示物质急性毒性强弱。目前国内外急性毒性分级标准并不一致，各国之间存在较大差异。诸多标准中，现行的《中国急性毒性危害分类标准》（GB 30000.18—2013）和《全球化学品统一分类和标签制度》（Globally Harmonized System of Classification and Labelling of Chemicals，GHS）及 WHO 标准较为一致。表 16-3 列出了中国、GHS 和 WHO 的急性毒性分级标准。

表 16-3　急性毒性分级标准

毒性指标 LD_{50}	毒性分级	GHS 2019	WHO 2019	中国标准 2014
经口（mg/kg）	剧毒	≤5	≤5	5
	高毒	5～50	5～50	50
	中等毒	50～300	50～2000	300
	低毒	300～2000	＞2000	2000
	微毒	≥5000	≥5000	5000

续表

毒性指标 LD_{50}	毒性分级	GHS 2019	WHO 2019	中国标准 2014
经皮（mg/kg）	剧毒	≤50	<50	50
	高毒	50～200	50～200	200
	中等毒	200～1000	200～2000	1000
	低毒	1000～2000	>2000	2000
	微毒	≥5000	≥5000	5000
吸入气体（ppm V[a] 或 ml/L[b]）	剧毒	≤100[a]		0.1[b]
	高毒	100～500[a]		0.5[b]
	中等毒	500～2500[a]		2.5[b]
	低毒	2500～20 000[a]		20[b]
	微毒	见具体标准		见具体标准
吸入蒸气（mg/L[a] 或 ml/L[b]）	剧毒	≤0.5[a]		0.5[b]
	高毒	0.5～2.0[a]		2.0[b]
	中等毒	2.0～10.0[a]		10[b]
	低毒	10.0～20.0[a]		20[b]
	微毒	见具体标准		见具体标准
吸入粉尘（及气雾）（mg/L[a] 或 ml/L[b]）	剧毒	≤0.05[a]		0.05[b]
	高毒	0.05～0.5[a]		0.5[b]
	中等毒	0.5～1.0[a]		1.0[b]
	低毒	1.0～5.0[a]		5[b]
	微毒	见具体标准		见具体标准

注：a. GSH 标准使用的单位：吸入气体单位为 ppm（V），吸入蒸气和吸入粉尘单位为 mg/L

b. 中国标准使用的单位：吸入气体、吸入蒸气和吸入粉尘单位为 ml/L

微毒标准设置旨在识别急性毒性危害相对较低，但在某些环境下可能对易感人群造成危害的物质。这类物质的经口或经皮肤 LD_{50} 的范围为 2000～5000mg/kg 体重，吸入途径为上述的当量剂量。具体标准为：

（1）如果现有的可靠证据表明 LD_{50} 或 LC_{50} 在微毒的数值范围内，或其他动物研究或人类毒性效应研究表明对人类健康的急性影响值得关注，则该物质归至此类。

（2）通过外推、评估或测量数据，在没有充分的理由将污染物划入更危险类别的前提下，满足以下条件，可将该物质归为此类。①现有的可靠信息表明对人类有显著的毒效应；②当以经口、吸入或经皮肤途径进行试验，剂量达到低毒时，可观察到死亡；③当进行的试验剂量达到低毒时，腹泻、背毛松弛或外表污秽除外，专家判定证实有明显的临床毒性迹象；④专家判断证实，在其他动物研究中，有可靠的信息表明可能存在潜在的明显的急性效应。

为保护动物，一般情况下不在微毒范围内对动物进行实验，只有在微毒暴露范围可能与人类健康的相关性很大时，才应考虑进行该实验。

（五）急性毒性试验体内替代方法

虽然以死亡为终点的 LD_{50} 是经典的急性毒性试验检测评价指标，但是由于试验所需动物数量大、动物伦理问题以及可提供的毒性作用信息有限等而一直受到各国学者的质疑。随着“3R 原则”

的运用和科学技术的发展，经典的 LD_{50} 方法已于 2002 年被 OECD 废止，取而代之的是急性毒性测试的替代方法。急性毒性测试体内替代方法采用整体动物，但不以出现死亡为终点，而是以“表现严重中毒，如再升高剂量则会死亡”的效应作为评价依据进行体内试验评价急性毒性。表 16-4 列出了替代方法的特点及其适用范围，环境污染物毒性评价工作中可根据实际情况选择相应的实验方法。

1. 固定剂量法（fixed dose procedure，FDP） 该方法设固定剂量以观察动物的反应，不以死亡为依据，而是按毒性症状来判定分类等。传统以 LD_{50} 为终点的经典急性毒性试验通常需要使用大鼠 24 只，而 FDP 法平均仅使用大鼠 15 只。FDP 法采用流程图和结果判别表格来进行毒性分级，首先采用 1 只动物（多为雌性）顺次间隔一定时间按照 5mg/kg、50mg/kg、500mg/kg、2000mg/kg 固定剂量开展毒性测试，大大简化了操作过程。这个方法的结果与我国采用的毒性分级基本相似。OECD 建议，如果在 500mg/kg 浓度组处理无毒性反应时，则可做 1 次 2000mg/kg 浓度的试验，若仍无毒性反应且动物全部存活即可终止试验。

FDP 法可替代传统的急性毒性试验方法用于评价急性毒性和毒性分级，并且可为危险度评价提供足够的急性毒性试验资料，包括中毒性作用性质、中毒发生时间、持续时间和实验结果等。数学模型已经证明了 FDP 法可以重复，并且与传统方法相比减少了动物使用量以及减轻了动物的痛苦，但是只能粗略估计 LD_{50} 的范围，不能精确计算 LD_{50} 及其置信区间。同样，由于 FDP 法是根据毒性反应的症状观察进行分类，因此无法绘制 LD_{50} 的剂量-反应曲线及计算曲线斜率和置信区间。

2. 急性毒性分级法（acute toxic class procedure，ATC） 以死亡作为毒性终点来开展受试物的毒性分级和危害评估，是根据在某一次染毒剂量下动物死亡的数量来判定大致的 LD_{50} 的范围。1996 年 ATC 法被引入 OECD 化学物试验指南 TG423 中，作为经典急性毒性试验的第二种替代方法。ATC 法是一种分阶段试验法，一般需要 2～4 个步骤来判断试验化学物的急性毒性。每一步需要单性别的动物（一般为雌性）3 只，最多使用 6 只动物。设计 4 个固定剂量（5mg/kg、50mg/kg、300mg/kg、2000mg/kg），选定一个初始剂量进行试验，根据实验结果（死亡的或濒死的动物数量）来决定是否进行下一步试验或终止试验。结果可分为 3 种：①无须进一步试验即可分级；②同一剂量水平再使用 3 只动物；③在高一级或低一级剂量水平另使用 3 只动物。如果已有的信息表明在最高的剂量水平不引起动物死亡，则进行限度试验。如果没有受试化学物的信息，出于动物福利的原因，推荐使用 300mg/kg 作为初始剂量。ATC 法也不能精确估计 LD_{50} 值，可根据获取数据利用最大相似法计算 LD_{50} 及其置信区间，以及死亡剂量-反应曲线。

3. 上下法（up and down method，UDM） 1985 年，Bruce 对 UDM 进行了改进，用少数动物来推测大概 LD_{50}，而不要求得到精确致死剂量。该方法于 1987 年被美国测试与材料协会采用。OECD 也将 UDM 作为传统急性毒性试验的替代方法引入指南 TG425 中，建议染毒剂量范围为 1.75～2000mg/kg（或最大至 5000mg/kg）。2008 年，我国国家食品药品监督管理局颁布的化学药物急性毒性试验技术指导原则也推荐使用该方法（GB/T 21826—2008）。其主要原理是通过阴性和阳性反应的剂量来估计 LD_{50}。一般设计 4 个固定剂量（5mg/kg、50mg/kg、300mg/kg、2000mg/kg），选定一个初始剂量进行试验，根据试验结果（死亡或者濒临死亡的动物数量）来判定是否进行下一步试验或者终止试验。

UDM 法仍以死亡作为观察终点，根据结果上下增减剂量，采用最大似然数法计算 LD_{50} 值，适合于能引起动物快速死亡的受试物，不适用于引起迟发性死亡的受试物。EPA 开发了 UDM 法的统计学软件（AOT425StatPgm），只需将每次的染毒剂量及动物情况输入程序，程序会自动给出试验的终点剂量，并计算 LD_{50} 及其 95% 置信区间。

表 16-4　急性毒性试验体内替代方法比较

比较内容	FDP	ATC	UDM
发展史	1984 年英国毒理协会提出，2001 年 OECD 将之作为指南，2008 年我国采用此方法为国家标准	1990 年 Sumiey 提出，1996 年 OECD 采用，2001 年更新为指南 TG423。目前欧洲普遍使用	1948 年 Dixon 和 Mood 首次提出，1998 年 OECD 采用，2006 年更新列为指南 TG425
观察指标	以毒性发展的临床特征作为终点	以死亡为终点的分阶段试验法	以死亡为终点进行毒性表现的观察
剂量水平（mg/kg）	5、50、300、2000（5000）	5、50、300、2000（5000）	1.75、5.5、17.5、55、175、550、2000（或有特殊要求时 1.75、5.5、17.5、55、175、550、1750、5000
每剂量水平使用小鼠数量（只）	5	3	1
每次试验动物死亡数量（只）	1	2～3	2～3
全部试验动物死亡数量（只）	14.8	12	6～10
是否为观察研究	是	否	否
是否以死亡为终点	否	是	是
目标	确认导致明确毒性的最低剂量水平	确认导致死亡的最低剂量	估计 LD_{50} 的值
LD_{50} 的值及置信区间	仅粗略估计 LD_{50} 的范围，不能精确估计 LD_{50} 及其置信区间	不能精确估计 LD_{50} 的值及置信区间，但可以根据提供的数据使用最大相似法进行计算	可以估算 LD_{50} 的值及置信区间
死亡剂量-反应曲线的斜率及其置信区间	无法估计死亡剂量-反应曲线的斜率及其置信区间	不能精确估计死亡剂量-反应曲线的斜率及其置信区间，但可以根据提供的数据使用最大相似法进行计算	—
其他	动物死亡数量最少。以毒性发展的临床体征观察作为终结点，需要详细的体征标准来判断是否进入下一步试验	两者剂量水平较为固定，而 UDM 的剂量水平是由前一剂量水平动物的反应和剂量级数因子对下一剂量水平进行估计	

（六）急性毒性试验体外替代方法

由于毒性物质引起的损伤和死亡可表现为细胞水平上的改变，因此体外细胞试验也可用于预测体内急性毒性。体外技术替代试验的应用已于本章概述中详细介绍。

体外细胞毒性和急性毒性之间的定量研究主要是通过对美国国立职业安全与卫生研究所化学物质毒性作用数据库中的多种化学物质体外细胞毒性半抑制浓度（half maximal inhibitory concentration）和体内急性毒性 LD_{50} 值进行相关性分析比较，进而获得 RC 预测模型。在环境毒理学研究中，通常通过 RC 预测模型预测物质急性暴露引发的全身和局部的毒性作用，并进一步评估环境污染物的体内毒性浓度，最终预测其 LD_{50} 值。但是，由于 RC 预测模型以大小鼠半抑制浓度及物质的分子量为基础，因此 RC 模型不能用于混合物和未知物质的预测。

（七）利用定量结构活性关系模型预测急性毒性

QSAR 是根据化学物质的理化性质或化学结构对其生物活性进行定量分析以评价预测化学物急性毒性的方法。QSAR 法进行分析时多以化学物的脂水分配系数、生成热、分子大小和亲电性等理化性质及化学结构相关的资料为研究始点，具有多样性和复杂性，通常用来评估具有相似结构和作用机制的系列化学物。随着以专家规则为基础的模型系统和神经网络结构的普及，QSAR 方法已经成功地对 LD_{50} 和 MTD 进行了预测，并已有商业化产品。专家规则模型以离散逻辑为基础，采用推理规则实验高层符号运算，具有解释功能。常用的专家规则模型软件包括 DEREK、Leadscope Genetox Expert Alerts 和 ToxTree 等。例如，Derek 数据库是被广泛使用的商用付费毒性预测软件，包含数十万个毒性化合物结构，以及八百多条警示结构规则，也是美国食品药品监督管理局（FDA）和欧洲药品管理局（EMA）推荐使用的化合物毒性风险评估工具。但是，在实际问题的解决中，由于生物学资料有限、对复杂毒理学终点的简单模拟、应用范围小等不足限制了 QSAR 模型的发展。环境污染物的毒性评估还需根据实际情况多种方法综合评估，以保证研究的科学性和合理性。

按照急性毒性评价的试验策略，可以按照以下 5 个步骤对环境污染物开展评价：QSAR →细胞毒性试验→代谢的计算机模型→生物转化检测→细胞特异性毒性试验，如果每一步测试结果都表明该物质为“高毒”，则可确定该物质的毒性分类；如果所有试验评价结果都表明该物质“不是非常毒”，则需要进行有限的体内试验来进行毒性分级。

三、短期毒性、亚慢性毒性和慢性毒性作用

（一）概念

短期毒性作用：又称为重复剂量毒性作用和亚急性毒性作用，指的是人或实验动物连续接触外源化学物 4 周（28 天）内所产生的毒效应。亚急性毒性试验可为亚慢性和慢性试验的剂量设计提供依据。

亚慢性毒性作用：指人或实验动物在连续长时间（相当于生命周期 1/10，啮齿类动物为 1～6 个月）内，连续或反复多次接触较大剂量（小于急性 LD_{50} 的剂量，动物无死亡或极少死亡）外源化学物所产生的毒性效应。亚慢性毒性试验可为慢性毒性试验的剂量设计及观察指标选择提供依据。

慢性毒性作用：指人或实验动物长期（实验动物生命的大部分时间或终生时间，啮齿类动物一般至少为 12 个月）反复接触低剂量（一般小于急性阈剂量）的外源化学物所引起的毒性效应。

（二）蓄积作用

1. 基本概念及意义　蓄积作用（accumulation）：当给动物进行反复多次的受试物染毒，其进入机体的速度（或总量）超过代谢转化和排泄的速度（或总量）时，该物质或其代谢物在体内逐渐增加并潴留的现象为蓄积作用。大多数受试物尤其是化学毒物的蓄积作用会产生蓄积毒性，并且通常以原形、代谢产物或与机体某些物质结合的形式进行蓄积。

蓄积作用可表现为物质蓄积和功能蓄积。当机体少量反复多次接触化学物后，能检测出该物质或其代谢产物含量随累积时间延长而增加，称为物质蓄积。当机体少量反复多次接触污染物，每次引起轻微的功能损害并逐渐累积，当累积到一定程度时出现慢性毒性效应，但不能在机体内测出其原形或代谢产物，称为功能蓄积。物质蓄积和功能蓄积是两个相对的概念，它们同时存在，互为基础。通常，物质蓄积会引起机体一定结构和功能的改变，功能蓄积则以物质蓄积为前提。功能蓄积是损害效应累积的结果，有可能存留的化学物或代谢物数量极少，目前技术方法尚不能检出其物质蓄积，或者物质蓄积与功能蓄积兼而有之。随着现代分析技术灵敏度的不断提高，不少原以为是功能蓄积的化学物已被证实也存在物质蓄积。

外源化学物容易蓄积的组织和器官称为储存库。机体常见的储存库有血浆蛋白、脂肪、肝脏、肾脏和骨骼等，如骨骼为铅的储存库。有些污染物对其储存库或蓄积器官并无明显的毒性作用，但会引起储存库以外的器官发生损伤（如 PCBs 主要蓄积在脂肪组织，但能引起多器官毒性）。环境污染物进入机体产生蓄积毒性的大小主要与接触剂量的大小以及进入机体时间的间隔长短有关，污染物剂量大、间隔短，容易产生蓄积毒性；另外与机体接触的受试物本身性质以及动物种属代谢特点也有一定的关系。

蓄积作用是发生亚慢性、慢性毒性作用的物质基础。在环境毒理学研究领域，一种污染物有无蓄积作用是评定该污染物是否可能引起潜在慢性中毒的依据，同时也是制定卫生限量标准时安全系数的依据。通过蓄积毒性试验可以求出环境污染物的蓄积系数（cumulative coefficient），了解该污染物是否具有蓄积作用和蓄积毒性大小，评定其是否可引起潜在的慢性毒性危害，为慢性毒性试验及其他有关毒性试验的剂量选择提供参考。

2. 蓄积毒性试验 在环境毒理学研究中，蓄积毒性试验是在较短时期内多次重复染毒，观察环境污染物在机体内的蓄积或使动物产生耐受性的特征。蓄积毒性试验的研究方法有多种，常用的方法有蓄积系数法和生物半减期法。

（1）蓄积系数法：蓄积系数又称为蓄积因子或积累系数，蓄积系数是以生物学效应为指标，用经验系数（K）评价蓄积作用的方法。ED_{50} 指某一物质使 50% 的试验动物产生效应的剂量。蓄积系数式（16-1）是指动物在多次染毒后，半数动物出现毒效应的总有效剂量 [ED_{50}（n）] 与一次染毒的半数有效量 [ED_{50}（1）] 之比值。

$$K=\frac{ED_{50}(n)}{ED_{50}(1)} \tag{16-1}$$

式中，$ED_{50}(n)$为多次染毒后半数动物出现毒效应的总有效剂量；$ED_{50}(1)$为一次染毒的半数有效量。

在毒理学实际工作中，蓄积性试验多用小鼠或大鼠为实验动物，以动物死亡一半为效应指标，那么上式可改写为：

$$K=\frac{LD_{50}(n)}{LD_{50}(1)} \tag{16-2}$$

式中，LD_{50}（n）为多次染毒后半数动物死亡的总有效剂量；LD_{50}（1）为一次染毒的半数致死量。

（2）生物半减期法：该方法基于毒物动力学原理，阐明环境污染物在机体内的蓄积作用特征。由于生物的代谢作用，环境污染物在机体或器官内的量减少到原有量的一半所需的时间，又称为代谢半减期或生物半衰期。

（3）蓄积率测定法：常用的动物为小鼠或大鼠，首先将受试动物分成蓄积组（试验组）和对照组两大组，每组动物 60～70 只。蓄积组动物每次以一定剂量（低于最小致死量）按同一染毒途径预先给受试物，经过一定时间之后，按常规方法测定蓄积组和对照组的 LD_{50}，并按下列公式计算蓄积率：

$$蓄积率=\frac{对照组LD_{50}-蓄积组LD_{50}}{蓄积组给予受试动物的总剂量}\times 100\% \tag{16-3}$$

（三）目的

本部分毒性试验可进一步观察长期接触环境污染物产生的毒性效应谱、毒性作用特点和明确靶器官；了解受试物在机体有无蓄积作用，机体是否产生耐受性，产生的毒性作用是否具有可逆性；进一步确定短期 / 亚慢性 / 慢性毒性的 NOAEL 和（或）阈剂量 /LOAEL，为制定环境污染物人类接触的安全限量提供依据。

（四）实验设计

1. 毒性试验设计原则、实验动物种属或品系选择、动物饲养和染毒途径均同急性毒性试验。实验动物一般雌雄各半。实验动物周龄选择应注意：

（1）短期毒性：首选大鼠，6～8 周龄，200g 左右。

（2）亚慢性毒性：实验动物年龄应较小。大鼠和小鼠 4～12 周，小鼠 10～15g、大鼠 80～100g，狗 8～12 个月。小动物每组不少于 20 只，大动物每组不少于 6～8 只。

（3）慢性毒性：美国 FDA 要求啮齿类动物小于 6 周龄。大鼠和小鼠应为初断奶者，出生后 3 周左右，如大鼠 50～70g，小鼠 10～12g；狗为 4～6 周龄。动物数量多于亚慢性试验，每组大鼠一般要求 40 只以上，狗 8～12 只。

2. 分组和剂量选择　一般应至少设计 3 个剂量组和 1 个阴性（溶剂）对照组。

（1）短期毒性：以急性毒性结果为依据，可以将 LD_{50} 的 10%～25% 作为高剂量组，其他参考 LD_{50} 剂量-效应曲线的斜率，设置若干剂量组。最低剂量一般是人体（预期）摄入量的 3 倍以上。

（2）亚慢性毒性：以急性毒性结果为依据，在 LD_{50} 的 1/20～1/5 之间按等比级数设计剂量。对于人群主动接触的环境污染物，可采用人体可能拟用的最高剂量为依据，大鼠为临床拟采用剂量的 10、30 和 100 倍，非啮齿类动物可采用 5、15、50 倍。

（3）慢性毒性：以亚慢性阈剂量为依据，高剂量（亚慢性阈剂量的 1/5～1/2），中剂量（亚慢性阈剂量的 1/50～1/10），低剂量（亚慢性阈剂量的 1/100）；以 LD_{50} 为依据，高剂量（LD_{50} 的 1/10），中剂量（LD_{50} 的 1/100），低剂量（LD_{50} 的 1/1000）。组间剂量差一般为 5～10 倍，最低不小于 2 倍。

3. 暴露时长

（1）短期毒性：一般为 4 周（28 天）连续染毒。若设置恢复期，则应停止给予受试物后继续观察 14 天。

（2）亚慢性毒性：一般为 90 天。若设置恢复期，则应停止给予受试物后继续观察 28 天。经消化道染毒情况下，掺入不超过饲料质量 8% 的受试物，正常喂养；如灌胃染毒，可以每天 1 次或 24 小时内多次染毒。经呼吸道染毒，受试物浓度稳定后，通常吸入时长为 2～6 小时 / 天，每周 5 天，可根据试验要求缩短或延长染毒时间。如经皮肤染毒，每天染毒时间需一致，建议上午染毒，连续染毒，4～6 小时 / 天，每周 5～7 天，防舔食。如注射染毒，腹腔注射比静脉注射更适合长期实验染毒，常用每周注射 3 次，隔一天一次。

（3）慢性毒性：一般至少为 12 个月染毒。若设置恢复期观察，则应停止给予受试物后继续观察 28 天及以上，但不应超过主体试验期限的 1/3。如经呼吸道染毒，每天接触时间根据实验要求而定，工业毒物一般为 4～6 小时 / 天，环境污染物为 8 小时 / 天。

（五）观察指标及评价

（1）观察指标包括以下几个方面：①一般性指标：体重、食物利用率、中毒症状等；②生理生化指标：血液学指标、血生化学指标等；③病理学检查：尸检、脏器系数、组织学检查等；④临床症状：眼科学检查、心脏血管检查、神经系统检查等；⑤分子生物学和免疫学指标的检测：如 ROS、细胞凋亡、细胞自噬、免疫功能异常等。

（2）评价：短期毒性试验、亚慢性毒性试验、慢性毒性试验的主要目的是确认剂量-反应关系和毒性作用的靶器官，并求得相应的 NOAEL 和（或）LOAEL。评价时需借助统计学方法和毒理学相关学科理论知识，对所得数据进行全面分析。同时需注意以下几点：①剂量依赖性：剂量-效应（反应）关系是反映所观察到的毒性效应和受试物处理因素相关的最重要指标之一；②反应重现性：若试验观察到的某种毒性效应可重复，则基本可确定该效应与受试物相关；③相关指标变化：与对照组比较，受试物处理组某项指标变化同时伴随其他相关的指标变化，则此效应可能与处理相关；④性别差异：在分析结果时，应将两种性别分开评价；⑤效应的时间变化趋势：一般认为效应随时间延长而差异有所加大，则该效应很可能是受试物引起的；⑥效应差异大小：受试物处理组与对照组之间的差异越大，提示其关联性越好；⑦历史对照作用：可用本实验室对照（正常组）参考范围评价受试物处理与对照组的差异是否有生物学意义。

（曾晓雯）

第三节　致突变毒性研究

随着社会经济的快速发展，每年有数以万计的新化学品投入市场并以各种方式进入人类生活环境。IARC 指出，80%～90% 的人类疾病与环境因素有关，其中主要是化学因素。许多证据表明化学因素导致的突变与肿瘤发生密切关联。因此，致突变毒性研究在新环境污染物风险评估体系中具有非常重要的意义，是环境毒理学研究的一个重要内容。

一、概　念

突变（mutation）：细胞内遗传物质结构发生的可以遗传的变异。

致突变性（mutagenicity）：外源化学物或其他环境因素引起遗传物质发生突变的性质和能力。

致突变作用（mutagenesis）：是指突变发生的过程或突变发生的状态，是致突变物和生物体的遗传物质相互作用的结果。

二、致突变检测的原则

目前，致突变的测试方式已经达到200多种，指示生物包括病毒、细菌、真菌、植物、昆虫、体外培养的哺乳动物细胞和哺乳动物等。根据指示生物进化过程中的顺序，可以简单分为原核生物测试和真核生物测试两种。其中，真核生物又分为体外测试和体内测试。不同的致突变试验对应不同的现象和遗传学终点。表16-5为常见致突变试验的遗传学终点分类。

表 16-5　常见致突变试验的遗传学终点分类

遗传学终点	观察现象	致突变试验
DNA 完整性的改变	形成加合物 / 断裂 / 交联	细菌 DNA 修复试验彗星试验
DNA 重排或交换	DNA 修复合成、重组	SCE 试验[a]
DNA 碱基序列改变	基因突变	细菌回复突变试验[b]
染色体完整性改变	染色体受损断裂等	微核试验染色体畸变分析
染色体分离改变	整倍体或非整倍体	微核试验染色体畸变分析

注：a. SCE，是指染色体同源座位上 DNA 复制产物的相互交换，其频率与 DNA 断裂和修复有关

b. Ames 试验，利用组氨酸营养缺陷型鼠伤寒沙门菌菌株或色氨酸营养缺陷型的大肠杆菌菌株进行基因突变检测

不同的致突变试验特点不同，如真核生物特别是哺乳动物在进化上和人类更接近，采用真核生物进行的测试在证据的可信性和重要性方面要高于原核生物。体内试验经过了一系列接近人体的过程，如吸收、代谢和排泄等，在证据可信度方面高于体外试验。但原核生物周期短，对于人力和物力的投入要求较低，具备一定优势。因此，在实际工作中，通常设计成套试验对致突变性进行检测。

致突变试验设计遵循的成套原则：①涵盖齐全的遗传学终点（致突变试验的观察终点），主要有DNA原始损伤、基因突变、染色体畸变和基因组畸变；②包括原核生物和真核生物；③体内试验和体外试验结合；④包括生殖细胞和体细胞。实际工作中，组合测试检测的策略得到了广泛的应用。表16-6为日本、欧盟、加拿大和中国采用的致突变性试验组合。

表 16-6　一些国家和地区的致突变性试验组合

试验项目	日本	欧盟	加拿大	中国
微生物回复突变试验	+	+	+	+
哺乳动物细胞培养染色体畸变试验	+	+	+	+
啮齿类动物微核试验	+	+	+	+
体外真核细胞基因突变试验	+	−	±	±

注：（+）必须做；（−）未要求；（±）视情况而定

三、常用致突变检测试验

和外源化合物一致，环境污染物也可诱导机体产生基因突变、染色体畸变和基因组突变。三者本质相同，区别在于受损情况。基因突变是组成一个染色体的一个或几个基因发生改变，突变限制在特定部位，不能用光学显微镜直接观察，可以通过生长发育、生化、形态等表型改变来判断。染色体畸变和基因组突变是某一个或几个染色体的结构或染色体数目发生改变，用光学显微镜可以直接进行观察。

（一）DNA 原始损伤试验

检测 DNA 损伤的试验方法根据原理主要分为三类：基于损伤 DNA 理化性质的改变检测 DNA 损伤（如彗星试验等）；基于分子杂交检测 DNA 损伤（如荧光原位杂交法等）；基于 DNA 损伤后形成的产物检测 DNA 损伤（H2AX 磷酸化检测、8- 羟基脱氧鸟苷水平、原位末端标记法等）。前两种方法是基于荧光标记直接观测 DNA 的损伤情况，而基于 DNA 损伤后形成的产物检测 DNA 损伤是通过标志物的检测间接反映 DNA 的损伤程度。

彗星试验（comet assay），又称为单细胞凝胶电泳试验，是一种常用的检测 DNA 单、双链断裂和碱性不稳定位点的方法。DNA 受损越严重，产生的断链和断片越多，通过测定相同的电泳条件下 DNA 迁移部分的光密度或迁移长度就可以测定单个细胞 DNA 损伤程度，从而确定受试物的作用剂量与 DNA 损伤效应的关系。该法对检测低浓度遗传毒物具有高灵敏性，研究的细胞不需处于有丝分裂期，而且只需要少量细胞。

双链断裂标志物磷酸化 H2AX 检测法：DNA 双链断裂可以激活细胞的 DNA 损伤应答机制，从而使组蛋白 H2AX 迅速磷酸化（磷酸化的 H2AX 组蛋白被称为 γ-H2AX）。由于 γ-H2AX 在细胞 DNA 损伤应激反应中的重要作用及其反应特性，使其成为评价环境污染物的致突变性较理想的标志物之一。复旦大学研究团队发现上海市主城区各水厂的出厂水中均检出饮用水新型消毒副产物碘乙酸，研究者进一步对小鼠胚胎成纤维细胞进行不同剂量的碘乙酸染毒，研究结果表明碘乙酸引起细胞的 γ-H2AX 水平增加，并呈剂量-反应关系。此后，大量的研究提示碘乙酸为可疑遗传毒物。我国最新的《生活饮用水卫生标准》（GB 5749—2022）将碘化物纳入了新增水质参考指标。

（二）基因突变试验

基因突变是指基因中 DNA 碱基序列的变化。由于基因突变通常发生在基因的某一特定位点，因此又称为点突变。基因突变可分为碱基置换、移码突变、密码子插入或缺失三种类型。

Ames 试验是经典的基因突变检测试验。该方法由加州大学伯克利分校的 Bruce Ames 教授在 20 世纪 70 年代初建立，利用组氨酸营养缺陷型鼠伤寒沙门菌菌株或色氨酸营养缺陷型的大肠杆菌菌株进行基因突变检测。其检测原理是这些营养缺陷型的菌株不能自行合成对应氨基酸，当被具有致突变作用的受试物处理后菌株出现回复突变，能自行合成组氨酸 / 色氨酸，从而能够在对应氨基酸缺乏的培养基中形成克隆。

这种以细菌为指示生物的检测是基因突变中最为常用的方法，Ames 试验常用于检测环境污染物的致突变性。有研究者采用 Ames 试验对珠江流域的 8 个主要水源水和自来水中的有机物进行了致突变力的检测。研究结果发现氯化消毒后自来水中有机物的致突变性大于水源水，投加活性炭粉可有效降低有机致突变物的浓度。研究提示，新型消毒剂如 O_3、二氧化氯可取代氯化消毒的饮用水消毒方式，该方式可有效防止氯化消毒过程中氯与源水中各种有机物反应产生有机致突变物，从而为饮用水消毒方式的改革提供了科学依据。

（三）染色体畸变试验

染色体畸变试验（chromosome aberration test）又称为细胞遗传学试验，是一项以形态学观察为主的检测受试物对细胞染色体结构和数量存在潜在影响的经典遗传毒性评价方法，主要观察内容包括结构畸变（即染色体断裂、易位、交换等）和数目畸变（非整倍体或多倍体的形成）。根据观察细胞来源的不同，染色体畸变试验可分为体内和体外两种。其中，体外的观察对象主要是经受试物处理过的离体培养细胞，而体内试验观察的是从受试物处理过的实验动物体内分离出来的细胞。

用于体外试验的细胞要求传代时间短，有相对稳定的核型，染色体数目较少但是染色体本身较大。常用的细胞有中国仓鼠肺细胞、中国仓鼠卵巢细胞和外周血淋巴细胞等。染色体结构的异常主要包括缺失、重复、断裂、易位、倒位和等臂染色体等。由于体外细胞容易受到实验操作的影响，进行染色体畸变检测时需要严格控制实验条件，如受试物的最高剂量需要控制在一定范围内，以及设置适当的阴性和阳性对照等。

在环境毒理学研究中，体内染色体畸变试验是用环境污染物处理动物，然后制备细胞进行细胞遗传学分析的方法。体内试验的优点主要是机体存在细胞代谢、DNA 损伤修复和毒代动力学等生物学过程，能更接近于人体的实际暴露场景。对环境污染物进行染色体畸变检测，试验设计需要考虑几个因素：①选择合适的受试物剂量范围和给药途径，从而保证计划观察的细胞能够充分暴露于受试物；②从用环境污染物处理动物到收集细胞进行分析需要适当的时间间隔；③需要观察到足够数量染色体畸变的细胞取材。OECD 指导原则建议啮齿类动物体内染色体畸变试验如为单次给药，应分别在给药后 12～18 小时和给药后 24 小时以后取材（股骨为最常用的取材组织）；如为多次重复给药，则可在末次给药后 12～18 小时取材。OECD 指导原则和我国食品安全国家标准均建议在小鼠取材前 3～5 小时给予秋水仙素。实验通常取小鼠股骨的骨髓细胞，选择 100 个分散良好的中期分裂象，在显微镜油镜下进行读片。在读片时应记录细胞的染色体数目，细胞发生畸变的类型等。计算各组的细胞染色体畸变率并进行统计学分析，以评价试验组与对照组之间是否存在统计学差异。

（四）基因组突变试验

基因组突变是基因组中染色体数目的改变，也称为染色体数目畸变。在细胞内，如果细胞分裂或染色体分离出现障碍，就会出现染色体数目异常。以二倍体细胞染色体数目为标准，染色体数目异常可表现为整倍型畸变和非整倍型畸变。微核试验是检测染色体或有丝分裂器损伤的一种经典遗传毒性试验方法。无着丝粒的染色体片段或因纺锤体受损而丢失的整个染色体，在细胞分裂后期仍留在子细胞的胞质内成为微核。最常用的是啮齿类动物骨髓嗜多染红细胞（PCE）微核试验。以环境污染物处理啮齿类动物，然后处死，取骨髓，制片、固定、染色，于显微镜下计数 PCE 中的微核。如果与对照组比较，处理组 PCE 微核率有统计学意义的增加，并有剂量-反应关系，则可认为该受试物是哺乳动物体细胞的致突变物。

细胞松弛素 B 阻断胞质分裂的胞质分裂阻断微核（cytokinesis-block micronucleus）测定法，是在传统微核试验的基础上发展起来的，其特点是在一个试验中能观察多个试验终点，可用于检测染色体断裂剂和异倍体形成剂引起的染色体损伤。胞质分裂阻断微核测定法是在人淋巴细胞体外培养后期加入细胞松弛素 B，抑制肌动蛋白从而阻止细胞质的分裂，此时细胞核已分裂，而胞质未分裂就形成了双核细胞。胞质分裂阻断微核分析法可将细胞分为未分裂单核细胞、经一次分裂（双核细胞）或多次分裂（多核细胞）的细胞，大大提高了传统微核试验的效率。目前，该方法在外源化学物和辐射的致癌及致突变评价等研究领域已得到广泛应用。我国研究者开展山西省某在岗医疗放射工作人员的健康调查，研究表明，与未从事放射工作的对照人员相比，放射暴露组人员外周血淋巴细胞的双核微核率显著高于对照组；且工龄越高，微核异常检出率越高，女性放射工作者微核异常检出率高于男性。该研究提示放射工作者微核率与工龄、性别有关，应加强长期从事医疗放射工作人员的辐射防护，尤其是高工龄女性放射工作者的职业安全防护。

（五）转基因动物实验

将啮齿类动物基因突变模型应用于体内遗传毒性评价至今已有二十多年。该方法可对肝、肾等不同组织的基因突变进行检测，对受试物的体内基因突变靶组织进行有效预测。目前国际上应用于致突变研究积累数据最多的转基因小鼠，包括MutaTM Mouse和BigBlue，通过λ载体分别向它们的基因组中导入大肠杆菌的*lacZ*和*lacI*基因，给予小鼠受试物后，通过分离不同脏器来检测突变率，并可以进一步分析突变体的DNA序列变化特性，对于开展环境污染物诱变致癌的脏器预测、基因突变及癌变的机制研究很有帮助。OECD在2011年颁布了TG488转基因动物突变试验的指导原则，但是转基因动物成本较高，在一定程度上限制了其在环境污染物致突变研究领域中的广泛应用。

四、致突变评价

在评价环境污染物致突变的实验结果前，应首先检查实验室的质量控制情况。目前，致突变试验的质量控制通过以下措施来实现：①盲法观察，指观察人员不了解观察标本的染毒剂量或组别，以避免观察人员对实验数据产生主观影响；②设立阴性对照（空白对照或溶剂对照）和阳性对照；③资料的统计学分析，检验各处理组与对照组之间的差异，建立剂量-反应关系和定量强度；④试验结果的重现性，即重复试验所得到的相同结果。重复试验指在不同时间完成的试验，而非试验中的平行样本。

阳性结果应有剂量-反应关系，即致突变作用随染毒剂量增加而加强，一组或多组观察值与阴性对照比较差异有统计学意义。阳性结果表明受试物有致突变性，但是不同致突变试验的遗传学终点不一致，其表示的含义也不一样。如基因突变是具有遗传性疾病的突变，DNA修复的实际后果尚不明确。

阴性结果的判定条件：在试验染毒最高剂量或者最大耐受量范围内没有观察到致突变阳性结果；并且染毒各组间剂量差异不应过大，保证不会漏检仅在狭窄范围内才有致突变能力的某些环境污染物。

（曾晓雯）

第四节　致癌毒性研究

一、概　　念

癌症作为全球重大公共卫生问题之一，已成为全球人类疾病致死的主要原因。目前普遍认为癌症的发生是一种宿主与环境之间复杂的、动态的相互作用过程。一般估计，80%～90%的人类肿瘤是由与外界环境因素接触引起的，主要包括环境污染物、烟草、食物、感染以及有关化学物和射线等。环境致癌物按其理化性质可分为物理性、化学性和生物性3大类，其中以化学性致癌物的种类最多，占80%～85%。致癌的物理因素主要是电离辐射，如γ射线照射可引起白血病，放射性碘污染可引起甲状腺肿瘤，非电离辐射如紫外线可致皮肤癌等。化学因素中类金属元素和金属元素（砷、镉、铬、镍、铁等）、有机污染物（BaP、亚硝胺化学物、PCBs）和生物化学物（如黄曲霉素B_1、黄樟素等）均具有致癌作用。环境有害因素特别是化学致癌问题已成为当今社会备受关注的热点之一。化学致癌作用（chemical carcinogenesis）是指化学物质引起或诱导正常细胞发生恶性转化并发展为肿瘤的过程，具有这类作用的化学物称为化学致癌物（chemical carcinogen）。

二、常用致癌实验

（一）定量构效关系分析

如前所述，QSAR是预测环境中化学物毒性及其作用机制的重要手段。致癌物的化学结构种类繁多，一般可以从一种同系物着手分析，找出同系物质中与致癌性关系最密切的化学结构成分，以及其结构成分改变时所产生的影响。因此，可以首先通过分析其化学结构与已知致癌物的相似性来评估污染物潜在的致癌危险性，进而预测其致癌性。对数百种 PAHs 类化学物诱发小鼠皮肤癌的毒性进行构效关系分析，结果表明，不仅化学结构的微小变化与致癌性大小密切相关，立体构型的变化也会直接影响致癌性强弱。近年来，随着计算毒理学、生物信息学和毒物数据库的发展，QSAR 相关软件和数据库也在不断完善更新，已成为本领域的前沿与热点。

（二）遗传毒性试验

环境化学物导致生物遗传物质发生改变即为遗传毒性。由于突变是癌症发生的重要机制，因而利用遗传毒性试验可检出具有遗传毒性的环境致癌物，具有重要的毒理学意义。在进行遗传毒性致癌物检测时需注意以下几点：①遗传毒性致癌物可能通过多种致癌机制发挥致癌效应，因此要进行组合试验设计涵盖不同的遗传学终点；②组合试验中有一项是阳性结果，即可认为该受试物为致突变物，因而就可能是遗传毒性致癌物。组合试验中出现的阳性结果越多，受试物致癌的可能性就越大；③本方法既可检出具有遗传毒性的非致癌物，存在着一定的假阳性，也可能检出非遗传毒性的致癌物，存在着一定的假阴性。

近年来，随着科学技术的迅猛发展，尤其是分子生物学技术和计算机技术的突飞猛进，一些新的遗传毒性试验方法得到了较快的发展和应用，如高通量的微核自动化检测、多终点的人淋巴细胞胞质分裂阻滞微核细胞组学试验等。此外，用于快速初筛的细菌基因突变试验的改进、转基因动物体内突变试验的应用、毒理基因组学及相关芯片的研发和应用等，可检测到更多的遗传学终点，为更快速、有效地筛选和评价遗传毒性物质提供了可能。

（三）细胞恶性转化试验

细胞恶性转化试验指在诱发因素作用下，体外培养的哺乳动物细胞出现细胞形态、细胞增殖速度、生长特性、染色体畸变等恶性表型改变。若进一步将发生恶性转化的细胞接种于裸鼠皮下可引起肉眼可见的肿瘤。细胞恶性转化试验的目的是揭示细胞在体外接触环境中有害物质之后，细胞生长自控能力是否丧失，接触抑制是否消失，细胞排列是否紊乱或者呈灶状生长，以及是否在体外构成癌模型。该方法可直接观察癌变的发展过程，广泛用于环境中致癌物的检测和机制研究。

体外细胞转化的检测终点是细胞恶变。该试验既可以检测遗传毒性物质，也可以筛查非遗传毒性物质，这是遗传毒性组合试验所不具备的特点，可以弥补致突变实验的不足。此外，该试验周期短、经济、方便，一个细胞克隆或细胞巢就相当于一只受试动物；环境受试物如重金属砷直接与靶细胞作用，不仅可以精准控制暴露剂量，又不受吸收、代谢、分布的影响，免受体内免疫系统的干扰，具有无可比拟的优势。

细胞恶性转化试验可分为诱导 DNA 损伤和形成转化灶的基本阶段和转化细胞的检测与鉴定阶段。后者包括一般性状、遗传学特征和恶变测试。恶变与否可通过软琼脂集落形成试验、细胞凝集试验、浸润试验和体内致瘤试验判定。目前开展得最多、最广泛的是原代（或早期传代）的叙利亚仓鼠胚胎细胞和小鼠 C3H/10T1/2 和 BALB/C-3T3 细胞系的转化试验。另外，近年来发展起来的 DNA 转导，即把目的基因 DNA 片段导入培养的细胞内进行研究，使得细胞恶性转化成为研究致癌机制的重要方法。

（四）哺乳动物致癌试验

目前，哺乳动物致癌试验被认为是鉴定致癌物的标准体内试验。在环境毒理学研究中，该试验一般用来确定环境污染物对实验动物的致癌性、致癌作用的剂量-反应关系及诱发肿瘤发生的靶器官。在下列情况下，一般应考虑进行致癌试验以评价致癌性：①人体可能长期与某环境污染物接触；②已有已知致癌物与该物质或其代谢物的化学结构相似；③已经发现反复染毒该污染物可能会产生癌前病变。

哺乳动物致癌试验有两种，短期致癌试验和长期致癌试验。前者又称为有限体内致癌试验，该实验只需在有限的时间内（数月）即可完成，仅观察一个靶器官。主要有小鼠肺肿瘤、大鼠肝转化灶、雌性SD大鼠乳腺癌和小鼠皮肤肿瘤4种诱发模型。这些哺乳动物短期致癌试验模型，也应遵循长期动物致癌试验的一般要求，观察到任一阳性结果，其毒理学意义与哺乳动物长期致癌试验的阳性结果意义相当。但即使是阴性结果，也不能判定该受试物无致癌性。长期致癌试验也叫终身试验，是检测环境中有害物质致癌性的经典方法。该试验通过一定途径对受试动物进行不同剂量染毒，观察受试动物中肿瘤的发生率、肿瘤类型、发生时间、发生部位及剂量-反应关系，通过与对照组比较进一步阐明此受试物对动物是否有致癌性，并推论对人类致癌的潜在危险性。

（五）转基因动物致癌试验

长期以来，毒理学家主要依赖长期致癌实验的结果来预测人类暴露于环境中化学和物理因素的危险程度。然而，这些实验耗时长、消耗资源大、危险性评估不完善、结果外推到人时存在不确定性，最后依然不能避免广泛和昂贵的后续机制研究。随着癌基因激活或抑癌基因失活在肿瘤发生发展中的作用研究深入，以及小鼠生殖系统可诱导或可调控的基因突变技术的快速发展，小鼠肿瘤模型的建立工作取得了突破性的进展。转基因动物模型开始应用于环境污染物的致癌性评价，弥补了长期致癌试验的不足，不仅可以增加实验结果的准确性，降低假阳性率和假阴性率，还能够减少实验动物的使用数量，降低时间和经济成本。

用于致癌试验的转基因小鼠包括转癌基因小鼠、抑癌基因敲除小鼠以及DNA修复相关基因敲除小鼠。目前，可替代长期致癌试验的转基因小鼠模型有六种，包括杂合 $p53^{+/-}$ 鼠、Tgras H2转基因鼠、Tg.AC转基因鼠、纯合 $Xpa^{-/-}$ 小鼠、Xpa/p53敲除鼠以及体外转染的新生小鼠或叙利亚仓鼠。2003年，Pritchard等用99种被WHO下属机构IARC及美国国家毒理学项目组列为具有潜在致癌作用的化学物质，对转基因小鼠模型和2年致癌试验的相关数据进行了比较分析，结果显示转基因小鼠模型优越性显著。

三、哺乳动物致癌实验设计

在实验动物的大部分生命期间将环境污染物以接近人体接触的方式染毒，进行病理组织学检查，观察动物染毒期间甚至整个生命期间及死后肿瘤出现的数量、类型、发生部位及发生时间，与对照动物相比来阐明此物质有无致癌性。试验设计需从以下几方面入手：

（一）受试样品信息收集

受试样品的结构式、分子式和相对分子质量，物理、化学性质（包括外观、沸点、熔点、密度、折光率、光谱资料、溶解度、挥发性、化学活性、粒度等），稳定性（包括在介质或饲料中的稳定性），成分、主要杂质，生产方法、合成路线，储存方法（要有长期储存受试样品的合适方法，否则需要定期制备新鲜样品），人类可能接触受试样品的途径和水平。

（二）实验动物选择

所选择的动物品系应对环境污染物较敏感、肿瘤自发率低、生命力强且寿命较长。需要注意的是该物种对某些肿瘤的易感性，如大鼠的肝肿瘤易感性小于小鼠，而小鼠对皮下肿瘤的易感性又小于大鼠。

经常用于致癌试验的动物是大鼠和小鼠，也可用仓鼠。啮齿类动物存在对多数致癌物易感性高、寿命相对短、饲养成本低、生理和病理学资料较完备等诸多优势，因此使用最为广泛。性别选择时，为接近人类情况，应使用雌雄两种性别的动物。年龄方面，由于幼年动物解毒酶及免疫系统尚未发育完全，对致癌作用比较敏感，且要保证足够长的染毒时间和发生癌症的时间，因而，刚离乳的动物是致癌试验的最佳选择。

（三）实验分组和样本量

致癌试验一般至少设三个剂量组及一个对照组。国际人用药品注册技术协调会（the International Council for Harmonisation of Technical Requirements for Pharmaceuticals for Human Use）（2008）提出高剂量的确定依据：①根据毒性终点，可参考 MTD；②根据药代动力学终点，啮齿类动物血浆 AUC（时量曲线下面积）应为人的 25 倍；③参考吸收饱和剂量；④在药效学方面，不应产生生理学和内稳态紊乱；⑤选择最大可行剂量，即受试物在饲料中的最高含量——5%；⑥选择限定剂量，一般为 1500mg/（kg · d）。

其中，MTD 也被美国国家癌症研究所（National Cancer Institute）推荐为高剂量。MTD 依据 90 天毒性试验确定，该剂量染毒，如有动物体重减轻不应超过对照组的 10%，不应引起死亡，不出现导致寿命缩短的病理损伤或中毒症状。低剂量应不影响动物的正常生长、发育和寿命，不能引起任何毒性反应。中剂量应处于高剂量和低剂量之间，动物可能产生轻微的毒性反应。以上剂量的选择应根据现有资料制定，需要参考亚慢性毒性试验资料，最好能结合代谢动力学资料。

致癌试验设计分组需注意对照组的科学设置。对照组动物除不接触受试样品及其他介质外，其他处理均与染毒组相同。若有特殊的溶剂或添加剂，应设立相应对照组，即加入溶剂或添加剂。这些溶剂或添加剂不应影响受试样品的吸收，也不能引起毒性作用。必要时应设相应的助剂对照组及阴性对照组。

由于实验周期长，实验动物在实验过程中可能会死亡。因而，每组至少保证雌雄各 50 只动物；如实验需要提前剖杀部分动物，应适当增加数量。当出现第一个肿瘤时，每组实验动物数应不少于 25 只，以保证试验结束时有足够的样本量进行详细的生物学和统计学分析。如设附加组，高剂量组还应增加雌雄动物各 20 只，对照组增加雌雄动物各 10 只。此外，对于实验中设置的阴性对照组的动物数量要求遵循以下标准：①因同类自食、自溶或因管理问题所造成的动物死亡数在任何一组都不得高于 10%；②小鼠和仓鼠在 18 个月，大鼠在 24 个月时各组存活的动物不少于 50%。

（四）染毒途径和染毒时间

一般根据受试物的理化性质和接触方式确定，确保尽可能模拟人体可能的暴露途径，主要途径有经口、经皮和吸入三种，注射等其他染毒方式根据需要采用。

根据染毒途径不同，染毒时间也有所差异。通常应每天染毒，且在固定时间单次或多次染毒。吸入染毒通常为 2～6 小时 / 天，但需待受试物在染毒柜浓度达到平衡后开始计时。若受试样品加入饲料或饮水中进行经口试验时可连续染毒。

一般情况下，小鼠和仓鼠实验期限为 18 个月，大鼠通常为 24 个月；对于某些生命期较长或肿瘤自发率低的动物品系，小鼠和仓鼠可延续到 24 个月，大鼠可延续到 30 个月。但是，若最低剂量组或对照组存活的动物仅为 25% 时，可结束实验。若致癌实验结果有明显的性别差异，染毒时间可因性别而异。若因明显的毒性作用引起过早死亡的动物仅出现在高剂量组，则不应结束实验。

（五）动物的管理和饮食水

实验动物和动物实验的环境设施应符合国家相关规定。除常规管理和饲养外，需要注意笼具处理，垫料、饲料均不应包含可能影响实验结果的杂质或超过相关标准的杂质。例如，已经明确某些具有抑癌作用的物质（如抗氧化剂、不饱和脂肪酸、硒等），或有致癌作用的物质（如农药、氧烃、PAHs、雌激素、重金属等）均可影响致癌试验结果，需引起足够重视。

（六）观察和检测指标

一般观察，主要观察受试动物的外表、活动、摄食情况、体重等。肿瘤观察，主要观察有无肿瘤发生、肿瘤出现的时间、部位、大小、外观和进展情况。老年动物在生长过程中会出现自然死亡或因病死亡，应加强观察，及时发现死亡动物并进行剖检，防止发生尸体组织自溶。

一般染毒开始后第3个月和第6个月应各检查一次血常规和其他血液指标，此后每6个月检查一次，直至实验结束。如果没有该动物品系的历史资料，可将染毒开始前的检测指标作基础值。大鼠每组可检查10只，且每次检查的动物最好相同；但非啮齿类动物应全部检查。在实验过程中如有动物健康状况恶化，应对该动物作白细胞分类计数。通常先对高剂量组和对照组进行白细胞分类计数，出现差异，再依次检查其他剂量组动物。本实验一般不要求进行尿常规和临床生化等检验。

除了血液检查，无论是自然死亡还是处死的动物，均应及时进行病理检查，包括肉眼和组织切片检查。不仅要保存所有肉眼可见的肿瘤或可疑肿瘤，也要保留所有的器官或组织并进行组织切片检查，包括已出现肿瘤或可疑肿瘤的器官，以及肉眼观察到有明显病变的器官，而且应注意观察癌前病变。通过病理检查确定肿瘤的性质和产生肿瘤的靶器官。

四、致癌物评价

（一）结果分析

实验结束后及时对结果进行统计分析，包括各种肿瘤的数量（包括良性肿瘤、恶性肿瘤、任何少见的肿瘤）、发生肿瘤的脏器器官、患肿瘤的动物数、每只动物的肿瘤数及肿瘤潜伏期。根据下列计算肿瘤发生率：

$$\text{肿瘤发生率（\%）}=\frac{\text{实验结束时患肿瘤动物总数}}{\text{有效动物总数}}\times 100\% \qquad (16\text{-}4)$$

式中，有效动物总数指发现第一例肿瘤时存活的动物总数。

肿瘤潜伏期指从接触环境污染物起到发现肿瘤的时间。由于内脏肿瘤不易觉察，通常将肿瘤引起动物死亡的时间定为发生肿瘤的时间。应该指出的是，对于内脏肿瘤发生时间的确定并不准确，有待于更为科学的指标对其进行描述。此外，应使用正确的统计学方法对实验结果进行分析，并研究剂量-反应关系。

（二）结果判定

根据WHO规定，判定致癌试验阳性须满足以下4条标准之一：①只在染毒组动物发生肿瘤，对照组无该类型肿瘤；②对照组动物也发生肿瘤，但染毒组发生率明显高于对照组；③对照组无多发性肿瘤或只有少数动物有多发性肿瘤，但是染毒组动物中多发性肿瘤明显；④虽然肿瘤发生率无显著性差异，但染毒组肿瘤发现的时间显著早于对照组。

以上任何一条有显著性差异即可认为该受试物的致癌试验为阳性。此外，即使染毒组和对照组肿瘤发生率差别不明显，若癌前病变差别显著，也不能轻易判定该环境污染物无致癌性。当环境污染物在一种动物显示有致癌性或可疑致癌性时，应怀疑该污染物对人也有潜在的致癌性。

致癌试验阴性结果判定要同时满足以下条件：①两种种属；②两种性别；③至少3个剂量水平，其中一个接近MTD；④每组动物数至少50只；⑤实验组肿瘤发生率与对照组无差异。只有上述条件全部满足时，方可认为该化学物质不具致癌性。

（三）致癌物分类

环境致癌物种类繁多，致癌试验结果是对受试物进行分类的重要依据。

1. IARC分类 IARC根据人类和动物致癌性资料分级（充分、有限、不足和缺乏）（表16-7），将致癌物分为4组（表16-8）。

表 16-7 IARC 对人类和动物致癌性资料分级

证据分类	人类证据	动物资料
充分	致癌物与人类癌症发生之间有因果关系	在多物种、多品系的动物实验中，用不同的染毒途径均观察到肿瘤发生率升高，并有剂量-反应关系
有限	因果关系的解释是可信的，但偶然性、偏倚、混杂因素不能完全排除	部分动物诱癌试验得到阳性结果，但是资料有限
不足	资料的性质、一致性或统计学把握度不足以判断因果关系或没有人致癌性的资料	现有的实验结果由于试验设计因素或某些重要因素的限制，无法明确化学物与致癌作用的关系
缺乏	在已知的人类充分暴露水平范围内，暴露与所研究的癌症无关联	在多物种或多品系的动物诱癌试验中，没有结果显示该化学物具有致癌性

表 16-8 IARC 基于证据权重的致癌物分类

分类	名称	人类证据	动物资料
Ⅰ	人类致癌物	充分	—
ⅡA	人类很可能致癌物	有限	充分
ⅡB	人类可能致癌物	有限或不足	不充分或充分
Ⅲ	不能进行分类	缺乏或不足	不足或缺乏
Ⅳ	人类可能非致癌物	缺乏或阴性证据	至少 2 个物种的阴性证据

2. 根据致癌作用模式 / 机制分类 可分为遗传毒性和非遗传毒性致癌物两大类。在评价化学物致癌性时，经常发现并非所有的具有遗传毒性的化学物（Ames 试验呈阳性反应）均为致癌物；同时发现，某些具有非遗传毒性的化学物（Ames 试验呈阴性反应）却能诱发动物某些组织和器官发生肿瘤，表明化学物存在遗传毒性与其致癌性不平行的问题。

遗传毒性致癌物进入细胞后作用于遗传物质（主要是 DNA），通过引起细胞基因的改变而发挥致癌作用。主要包括直接致癌物、间接致癌物。

非遗传毒性致癌物不直接作用于遗传物质，可能间接地影响 DNA 并改变基因组导致细胞癌变，通过促进有丝分裂和抑制凋亡导致癌症的发展。主要有促长剂、激素调控剂、细胞毒物、过氧化物酶体增殖剂、免疫抑制剂、固态物质、助癌物等几类。

多数环境污染物的致癌性可通过确定的遗传毒性检测方法预测。然而，缺乏遗传毒性却显示出致癌性的非遗传毒性致癌物不能由标准的遗传毒性分析试验所预测。非遗传毒性致癌物不能直接作用于 DNA，不会使 DNA 的初级序列发生改变，但却能促进或抑制某些与增殖和分化有关基因的表达等一系列分子事件，从而影响细胞增殖及信号转导功能，促进肿瘤发生发展。近年，非遗传毒性致癌物对人类健康的影响逐渐受到关注，一些机构如国际协调委员会也在讨论制定新的方法用于检测非遗传毒性化学物。然而目前尚无高敏感性和特异性的评价体系用于非遗传毒性化学物致癌性研究。

（刘翠清）

第五节 致畸毒性研究

一、概　　念

在胚胎发育过程中，由于某种环境污染物的影响，胚胎正常的细胞分化和器官形成过程受到干扰，从而导致器官组织缺陷，并出现形态结构异常者称为畸形。能够影响胚胎发育过程而导致胎儿发生结构性畸形、身体功能障碍和行为改变的物质称为致畸物或致畸原。致畸物作用于妊娠母体引起胎儿畸形的现象称为致畸作用。致畸性是致畸物在胚胎发育期引起胎仔永久性结构和功能异常的化学物的特性。

生殖毒性是指外源化学物对生殖过程的不良影响，主要指对精子细胞的发生、卵细胞受精、胚胎形成、妊娠、分娩和哺乳过程的损害作用。发育毒性指出生前后接触有害因素，在子代个体发育为成体之前，对发育过程产生的不良影响，包括对胚胎发育、胎儿发育及出生幼儿发育的损害作用。主要表现有发育生物体死亡、生长改变、结构异常和功能缺陷。虽然二者是毒理学中的两个概念，但由于生殖是发育的前提，发育是生殖的结局，所以在毒理学评价过程中二者并不能截然分开。

二、三段生殖毒性试验

为方便实验设计，毒理学中将连续、完整的生殖发育过程细分为6个阶段，并根据6个阶段设计三段生殖毒性试验，每一段试验大致相当于2个阶段（表16-9）。

表16-9　哺乳动物生殖发育6个阶段和三段生殖毒性试验

生殖发育6个阶段	主要事件	三段生殖毒性试验
1. 从交配前到受孕	成年雄性和雌性生殖功能、配子的发育与成熟、交配行为、受精	Ⅰ段：生育力和早期胚胎发育毒性试验（一般生殖毒性试验）
2. 从受孕到着床	成年雌性生殖功能、胚胎着床前发育、着床	
3. 从着床到硬腭闭合	成年雌性生殖功能、胎体发育、主要器官形成	Ⅱ段：胚体-胎体毒性试验（致畸试验）
4. 从硬腭闭合到妊娠结束	成年雌性生殖功能、胎体的发育与生长、器官的发育与生长	
5. 从出生到断乳	成年雌性生殖功能、新生仔对宫外生活的适应性、断乳前的发育与生长	Ⅲ段：出生前后发育毒性试验（围产期毒性试验）
6. 从断乳到性成熟	断乳后的发育与生长、对独立生活的适应、达到完全的性功能	

三段生殖毒性试验的名称主要是根据给药的时间，而不是观察的时间。设计的关键是各个生殖阶段之间不留空隙，三段生殖毒性试验的受试物暴露时间至少有一天重叠，并能直接或间接地评价生殖发育过程的所有阶段，如图16-1所示。

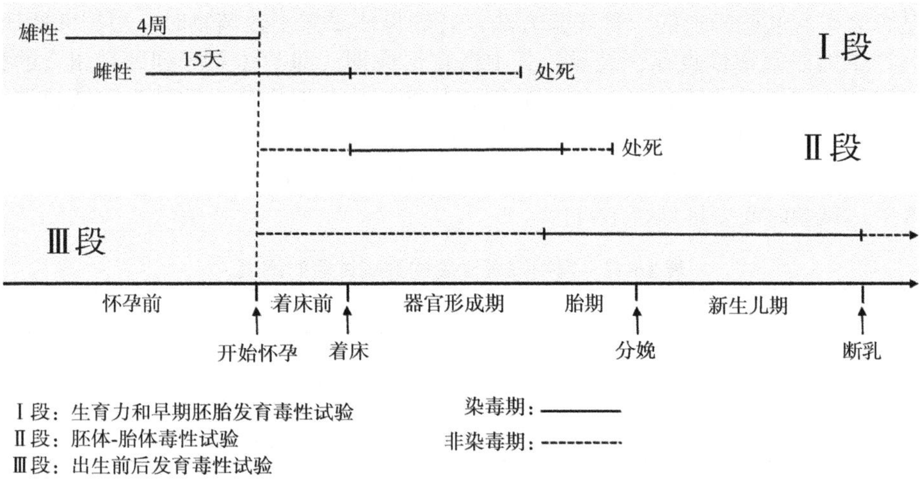

图16-1　三段生殖毒性试验示意图

三段生殖毒性试验的要点总结见表 16-10。由于篇幅所限，本章仅重点介绍致畸毒性试验。

表 16-10 三段生殖毒性试验的要点

要点	Ⅰ段	Ⅱ段	Ⅲ段
试验名称	生育力和早期胚胎发育毒性试验（一般生殖毒性试验）	胚体-胎体毒性试验（致畸试验）	出生前和出生后发育毒性试验（围产期毒性试验）
研究目的	评价化学物质对配子发生和成熟、交配行为、生育力、胚胎着床前和着床的影响	评价母体自胚泡着床到硬腭闭合期间暴露受试物对妊娠母体和胚体-胎体发育的有害影响	评价母体自器官形成期至子代断乳期间接触化学物质对妊娠/哺乳母体、孕体及子代发育直至性成熟的影响
实验动物	通常选两种，至少一种，首选大鼠。建议大鼠每组 16～20 只（窝），家兔每组 8～12 只（窝）		
剂量和分组	一般设 3 个实验组。高剂量：可选亚急性毒性试验的最大耐受量，或 LD_{50} 的 1/3～1/2。低剂量：可选亚急性毒性试验的最大耐受量的 1/30，或 LD_{50} 的 1/50～1/30 另设两个对照，空白或溶剂对照、阳性对照		
给药时间	雄性从交配前 4 周、雌性从交配前 2 周至孕体着床	从着床到硬腭闭合，即器官形成期	雌性从着床到哺乳期结束。大鼠孕第 15 天至产后 28 天
处死时间与标本采集	雄性在证实交配并受孕成功后	分娩前 1 天处死孕鼠。半数胎仔茜素红染色观察骨骼，半数胎仔 Bouin 液固定检查内脏	断乳后处死母体和部分 F1 代，每窝选 8 只 F1 代（雌雄各半），养到性成熟并交配，在 F2 代出生后处死 F1 代
观察指标	亲代体重改变、摄食量、交配行为、受孕率。雄性睾丸、附睾、精子计数、活力测定。雌性卵巢、子宫组织病理学检查、黄体数、着床数、吸收胎、死胎、活胎数	母体体重改变、摄食量、中毒症状、黄体数、着床腺、吸收胎、早死胎、晚死胎、活胎数、胎盘重量。胎仔性别、体重、身长；外观、内脏、骨骼畸形和发育情况	母体体重改变、摄食量、中毒症状、妊娠长度、产仔率、着床数、授乳、哺育情况。F1 代性别、体重、外观畸形、出生及哺育存活率、发育情况、神经行为，断乳后检查生殖器官发育情况、内脏畸形、神经行为、受孕率
结果评定	F0 代毒性及 NOAEL、LOAEL，F1 代毒性及 NOAEL、LOAEL，应考虑各组受影响的窝数和每窝受影响的胎体数	母体毒性及 NOAEL，胚胎毒性、致畸性及 NOAEL	母体毒性及 NOAEL，胚胎毒性、致畸性、子代神经行为影响及 NOAEL

三、哺乳动物致畸毒性试验

胚体-胎体毒性试验又称致畸试验，是用来评价胚泡着床到妊娠结束期间母体接触某些环境外源化学物是否会引起胚胎畸形的一种实验方法。妊娠母体暴露于致畸物时，根据胚胎所处的发育阶段不同，产生的发育毒性也存在差异。其中器官形成期（即孕体着床到硬腭闭合的整个时期）是胚胎发育过程中最易发生形态结构畸形的敏感时期，故此期也称为致畸作用敏感期或关键期。通常在胚胎的器官形成期将妊娠母体暴露于受试物，根据观察到的致畸效应来判断受试物的致畸作用。不同哺乳动物的胚胎器官形成期不同，大鼠为孕第 7～16 天，小鼠为孕第 6～15 天，兔为孕第 6～18 天，试验时间安排见表 16-11。

表 16-11 常用哺乳动物的致畸试验时间表

动物	交配	着床期	染毒时间	处死时间
大鼠	90～120 天	孕 4～5 天	孕 7～16 天	孕 20 天
小鼠	60～90 天	孕 5～6 天	孕 6～15 天	孕 18 天
兔	成年期	孕 7～8 天	孕 6～18 天	孕 29 天

（一）致畸试验设计

1. 实验动物的选择　见表 16-10。

2. 剂量和分组　试验至少设置三个剂量组：最高剂量组应能引起母体某些毒性反应，如体重比对照组低或增重较慢等，但不应引起 10% 以上母体死亡。最低剂量不会出现可观察到的毒性反应。在低剂量和高剂量之间可按几何级数设置中间剂量，有助于评价剂量-反应关系。一般可参考以下数据进行剂量设计：①亚急性毒性试验的最大耐受量作为生殖发育毒性试验的最高剂量，以其 1/30 为最低剂量；②以 LD_{50} 的 1/3～1/2 为最高剂量，LD_{50} 的 1/50～1/30 为最低剂量；③人体实际接触量。如果受试样品的毒性较低，1000mg/kg 体重的剂量对胚胎无明显毒性或致畸作用，则可以采用限量试验，即试验不需要设其他剂量组。若高剂量的实验对母体确有一定的毒性作用，但对胚胎无不良影响，也可采用限量试验。另外还需要设置阴性对照组，用以提供自发流产和死胎等资料。当初次进行致畸试验或使用新的动物种属和品系时，必须同时设阳性对照组，用于检测试验系统的可靠性。阳性对照物可选用敌枯双、维生素 A 等。

3. 染毒途径和时间　给药途径原则上依据受试物的性质及人类可能接触的方式等情况而定。常用经口和经注射途径染毒。确保“器官形成期”给药是影响致畸试验成败的重要因素。给药时间过早，会影响受精卵着床，过迟则组织细胞已完成分化，器官已形成，因而不能呈现致畸作用。

4. 试验流程　每天晚上（20：00～22：00 的某一固定时间）将雄鼠和雌鼠按照 1 ∶ 1 或 1 ∶ 2 的比例进行合笼，次日晨将雄鼠取出，用雌鼠阴道分泌物涂片查精子和检查阴栓的方法检查雌鼠是否受孕。查出阴栓（或精子）的当天定为孕期 0 天。一般以 4 天或 5 天作为一个交配周期（大鼠性周期为 4～5 天，小鼠性周期为 4 天），经过一个周期未怀孕的，应调换雌鼠。确定雌鼠受孕后，随机分配到实验组和对照组进行后续试验；处死时间见表 16-11。

（二）致畸毒性评价

1. 一般指标的观察　为防止自然分娩后胎仔被咬伤或吃掉，一般在自然分娩的前 1～2 天处死妊娠动物。妊娠动物处死后，立即将腹腔打开，暴露子宫和卵巢，进行下列检查和记录：①从左侧子宫角上方开始至右侧子宫角，依次检查活胎、吸收胎、早期死胎和晚期死胎情况，并记录怀孕情况。②在放大镜或体视显微镜下计数卵巢内黄体数目。③剪开子宫，对活胎仔的性别、体重、身长和尾长逐一检查并记录，同时称量全窝胎盘总重量。④母鼠增重：妊娠期实验动物增重 = 解剖前体重 – 着床期体重 – 含胎子宫重。⑤将子宫解剖后用 10% 硫化铵染色，检查呈黑色或深褐色的着床腺。

2. 胎儿的外观检查　按照头部、躯干、四肢、尾部和肛门的顺序对胎儿的外观进行检查，确认有无畸形。需要观察的主要畸形表现如表 16-12 所示。

表 16-12　主要畸形表现

部位	主要畸形表现
头部	小头、无头、脑积水、露脑（无颅盖骨）、脑膜膨出、无眼、小眼、突眼、白内障、短鼻、单鼻腔、无耳、小耳、下颌过短、无下颌、小口、大舌、无舌、舌突出、腭裂、唇裂等
躯干	脐疝、腹壁裂（内脏膨出）、脊髓膨出（呈水疱突出）、脊柱裂、脊柱侧弯等
四肢	多趾、并趾、少趾、无趾、足内翻、肢短、畸形足等
尾部	短尾、卷尾、角形尾、无尾、尾分叉等
肛门	肛门闭锁
双胎	连体胎、寄生双胎等
全身	水肿、血肿、出血、肿块等

3. 胎儿骨骼检查 一般将每窝 2/3 或者 1/2 的活胎进行骨骼染色检查，经染色后的胎儿骨骼标本，可用放大镜或解剖显微镜观察。重点检查各种骨骼的形态、大小、数量有无异常及骨化程度。常见的骨骼畸形表现如表 16-13 所示。

表 16-13 常见的骨骼畸形表现

骨骼名称	主要畸形表现
头部	头颅是否完整 胎鼠上枕骨骨化程度分为 4 级： 0 级：上枕骨呈片状或哑铃状，两侧骨化点完全融合。融合处宽度大于两侧的 1/3 H 级：上枕骨两侧骨化点不相连，但可清楚地见到两个较大的骨化点 M 级：上枕骨两侧骨化点不相连，仅见小骨化点或一侧骨化点 N 级：无上枕骨骨化点
颈椎骨	椎弓缺损、椎弓分叉、椎弓不连续、骨化中心过多、椎弓或骨化中心有融合、发育不良、大小异常或形状改变等
胸腰椎	椎骨融合或结构紊乱、发育不良等
肋骨	多肋、少肋、短肋、波状肋、分叉肋、融合肋或浮动肋等现象，骨化迟缓（为一侧或双侧变一点状）
四肢骨	缺失、长骨缺损或弯曲、趾骨发育不良

4. 胎儿器官检查 一般将每窝 1/2 的胎鼠放入 Bouin 液中固定 2 周，然后用手术刀片进行切片，观察器官畸形。各脏器常见的畸形如表 16-14 所示。

表 16-14 常见器官畸形表现

器官名称	主要畸形表现
脑	脑积水引起的脑室扩大
腭	腭裂（上腭部分裂开，甚至腭与鼻道相通）
舌	短舌、分叉舌
眼	少眼、小眼（不对等大小）、无眼
心	右位、心室中隔缺损、右位主动脉弓、主动脉导管、单房室心、大动脉横位等
肺	气管食管瘘、肺倒位、少叶
肝	异位、少叶、多叶
膈	横膈缺损造成腹内脏疝（腹内脏倒位）
胃	右位
肠	肠疝
肾	马蹄肾、肾积水、缺失、不对称异位及输尿管积水等
生殖器	子宫缺失、隐睾或缺失、一侧或双侧发育不全、各种程度的两性畸形等
膀胱	缺失

5. 胎儿致畸毒性评价的终点指标 除了常规观察母体的终点指标（体重、孕鼠平均增重、食物消耗量、母体畸胎率）外，需重点观察胎儿的终点指标，主要包括畸胎总数、胎鼠平均体重、畸胎率、单项畸胎率、每个活胎平均畸形出现数、死胎率等指标。

$$畸胎率=畸胎总数/活胎仔总数\times 100\%$$

$$单项畸胎率=出现某种畸形的活胎仔总数/活胎仔总数\times 100\%$$

$$平均畸形出现数=畸形总数/活胎仔总数\times 100\%$$

$$死胎率=死胎总数/胎仔总数\times 100\%$$

需要注意的是，人类长期反复暴露于外源化学物。要查明化学物质长期暴露对生殖发育的影响，仅三段生殖毒性试验是不够的，应进行多代生殖毒性试验。根据直接暴露于受试物的成年动物代数可命名为一代生殖毒性试验、两代（多代）生殖毒性试验。前者指仅亲代（F0）动物直接暴露于受试物，子代（F1 代）在母体子宫内及经哺乳暴露于受试物。后者则是对两代动物成体进行染毒，即 F0 代直接暴露于受试物，F1 代既有直接暴露，也有通过母体的间接暴露，F2 代通过宫内及经乳汁暴露。

四、致畸毒性替代试验

常规的整体动物生殖与发育毒性试验耗费大量的时间、动物、资金和人力，难以满足大量投放市场的化学物评价需要。虽然替代方法开发还处于较为初级的阶段，近年来已有一些体内外初筛和替代试验方法相对成熟，且经过了国际权威机构组织的验证，有较好的预测价值，有的已被相关机构列入化学品安全性评价规范。

哺乳动物的体内生殖 / 发育毒性预筛试验不需要进行常规实验中内脏和骨骼的检查，就可以达到初筛的目的。但由于提供的信息有限，筛选的结果可靠性差，也不能替代一代和多代生殖毒性试验。大鼠全胚胎培养实验、胚胎细胞微团培养实验、小鼠 ESC 实验已经被欧洲替代方法验证中心批准用于发育毒物初筛，预测受试物对整体动物的致畸性，发现致畸作用的靶器官。但体外试验系统缺乏整体动物发育过程的复杂性，对风险 / 暴露评估的意义有限，不能完全替代整体动物发育毒性实验。近年来，非哺乳动物整体实验模型得到了快速发展，斑马鱼胚胎毒性模型是目前最受关注的致畸筛选模型，但尚未被国际权威机构认可成为化学物发育毒性的规范化评价体系。

五、致畸毒性评价

根据观察到的效应和产生效应的剂量水平进行评价。目前致畸毒性的评价指标主要有致畸指数和致畸危害指数。

（一）致畸指数

为比较不同有害物质的致畸强度，可用公式“致畸指数 = 雌鼠 LD_{50}/ 最小致畸剂量”计算出致畸指数。致畸指数在 10 以下为不致畸，10～100 为致畸，100 以上为强致畸。

（二）致畸危害指数

为表示有害物对人体危害的大小，可根据公式“致畸危害指数 = 动物最大不致畸剂量 / 人最大可能摄入量”计算出致畸危害指数，指数大于 300 说明受试物对人危害小，100～300 为中等，小于 100 为危害大。

除了畸形以外，该致畸试验应同时注意判定生长迟缓情况，观察活胎体重、身长及骨骼发育；判定致死效应，观察胎块和死胎的发生率；观察母体在孕期中的增重及母体死亡，以确定染毒剂量是否达到产生母体毒性的水平。

实验过程中需注意以下几个问题：

（1）整个器官形成期染毒，可能引起过多的个体死亡，出现活胎减少，掩盖畸形作用。此外，由于死胎增加导致活胎所受营养增多而不易表现出受试物的生长迟缓作用。因此，若未观察到致畸作用，建议补做单天染毒试验。

（2）相较于大鼠，小鼠血浆皮质酮浓度高，易受激惹诱发畸形，故不适于灌胃或注射等染毒方法。兔子因对沙利度胺有类似人类的反应而备受注意，但妊娠期时长有波动，会影响试验结果，因而作为次选。

（3）实验开始确定的受孕动物，在剖杀时会有个别“未受孕”现象。应结合着床后早期死亡、胎块、晚死胎等情况综合判断，不能轻易将其作为“未受孕”而删除该孕鼠的资料。

（4）致畸试验是三段生殖试验的Ⅱ段试验，应与Ⅰ段的一般生殖毒性试验和Ⅲ段的围产期毒性试验结合，共同判断化学物的生殖和发育毒性。

（刘翠清）

展 望

虽然先进技术的应用极大地推动了环境毒理学的研究发展，但还有诸多关键科学问题悬而未决，如体外研究无法模拟环境物质在体内的代谢和作用过程，实验研究无法完全模拟真实世界中人群低剂量、多环境因素暴露模式并确定剂量-效应关系。此外，转基因动物在毒物筛查和毒性评价应用方面还未大范围铺开，机制方面研究的深度与生命科学等学科相比还有较大差距，制约了毒性作用干预策略和手段的研究进展。因此，充分利用多学科的研究方法和先进实验技术综合评价环境污染物的毒性作用和健康危害是未来主要发展趋势。

（1）充分借助数学模型和人工智能等先进的计算机辅助手段对环境中的毒性物质进行毒性预测，进而结合毒理组学实验数据，构建多水平、多尺度的预测模型，定量评估化学物的安全性，对了解毒理学机制、发现新的生物标志物及化学物安全性评估等方面具有重要价值。

（2）微流控芯片平台在三维细胞培养方面具有的独特优势，弥补了传统二维细胞培养模式难以实现人体组织器官复杂生理功能的局限，解决了动物实验周期长、成本高、难以预测人体对于各种环境毒物响应的问题，符合“21世纪毒理学”的愿景与策略。如何模拟人体复杂微环境，建立组织-器官的相互作用模型以及类器官模型是器官芯片面临的技术挑战和未来的研究方向，从而有望实现对环境毒物检测的有效动物替代及毒性精准评价。

（3）阐明环境毒物毒性机制是探寻毒性作用防治靶点和提出毒性干预策略的基本条件。因而，通过转基因技术构建的动物模型为研究环境污染物的毒性作用机制提供了新的手段，也为慢性致癌试验的快速检测提供了新的可能。

TOX21（toxicology in the 21st century）作为21世纪毒性测试新的方向与发展战略，将充分应用于环境毒理学领域，为环境污染物毒性评价提供理论和技术支撑，对促进环境与健康发展起到重要作用。

推荐阅读

程树军，王慧，2021. 预测毒理学与替代方法 [M]. 北京：科学出版社.

弗兰克·巴里莱，2019. 毒理学试验原理 [M]. 北京：科学出版社.

郝卫东，2020. 毒理学教程 [M]. 北京：北京大学医学出版社.

姜岳明，2012. 毒理学基础 [M]. 北京：人民卫生出版社.

孟紫强，2018. 环境毒理学 [M]. 3版. 北京：高等教育出版社.

尚丽新，朴丰源，2017. 环境有害因素的生殖和发育毒性 [M]. 郑州：河南科学技术出版社.

杨克敌，2017. 环境卫生学 [M]. 8版. 北京：人民卫生出版社.

庄志雄，曹佳，张文昌，2018. 现代毒理学 [M]. 北京：人民卫生出版社.

庄志雄，何云，2021. 机制毒理学 [M]. 北京：科学出版社.

JIANG G B, LI X D, 2019. A New Paradigm for Environmental Chemistry and Toxicology: From Concepts to Insights [M]. Germany: Springer.

思 考 题

1. 空气污染和空气中颗粒物已经被 IARC 列为 I 类致癌物，但颗粒物组分复杂、粒径不一，如何设计实验进一步对其组分的致癌性进行评价？

2. 不少环境污染物作为 EDC 引起毒性作用，且往往是低剂量长期暴露。如何根据暴露特点设计毒性试验来评价 EED 的发育毒性？

3. 环境毒理学不仅对环境污染物进行毒性评价，还要对其毒理学机制进行探讨，为毒性防治策略提供依据。如何充分利用现代实验技术开展环境毒理学研究？

（刘翠清　曾晓雯）

第十七章　环境暴露评价新方法

暴露评价（exposure assessment）是健康风险评价（health risk assessment）的重要步骤之一。广义来说，暴露评价指评估目标器官、系统或者（亚）人群暴露于特定物质或者其衍生物的量。其中暴露（exposure）可以理解为人群在特定时间通过特定方式与特定物质的接触。例如，人体通过呼吸系统接触大气中的污染物。暴露评价的过程指评估或者测量暴露于特定物质的程度、频率和持续时间，以及暴露于该物质的人群数量和特征。本章节主要讨论对人群健康产生影响的环境因子的外暴露评价新方法，如大气污染、气象要素、绿地环境、噪声和夜间灯光等环境因子相关的暴露评价新方法。

暴露评价的手段主要有测量和模型预测两种方式。在环境健康相关的研究中，经典的暴露评价方式往往是基于测量的。例如，通过空气质量监测网络评价人群暴露于颗粒物或者 O_3 等大气污染物的浓度水平和暴露人群特征。近 20 年来，地理信息技术、卫星遥感反演技术、计算机技术和监测技术的发展，大大促进了环境因子暴露评价方法的进步，使评估的准确性、时空分辨率和时空覆盖率得到了显著提升。

基于测量的方法是暴露评价的经典手段，具有一定的优势和不足。来自监测网络的监测数据往往由国家或者区域的政府管理机构采用统一的方法测量，数据的可信度和可比性较高；同时，监测网络一般可以同时监测多种环境因子，便于多污染物研究的开展；很多国家环境因子监测网络持续公开监测数据，使得数据获取较为便利。但是，由于监测网络的建立和维护需要较高的财力、人力和时间成本，监测站设立的密度往往较低，且分布存在空间不均衡性，因此监测站的数据可能不能完全代表远离监测站区域的环境因子水平，在暴露评价过程中容易引入暴露错分。以经典的大气污染物与人群健康的流行病学研究为例，研究者采用城市中心监测点位测量的大气污染物浓度作为该城市所有研究对象的暴露水平，而类似的暴露评价方法无法考虑大气污染物在城市内部的空间变异水平，从而造成暴露错分，因为颗粒物、O_3 和 NO_2 等对人群健康有显著健康危害的大气污染物浓度分布均具有显著的空间异质性。例如，$PM_{2.5}$ 度在城区倾向于高于郊区，交通主干道沿线的 NO_2 浓度显著高于远离道路的区域。而我国的空气质量监测站点主要分布在城市的人口密集地区，较难捕获郊区、农村、近污染源地区和西部地区的大气污染情况。因此基于新技术和新方法的暴露评价方法已经成为传统暴露评价方法的有效补充，可以提供更灵活的暴露数据支撑。在本文中，我们着重介绍 GIS 的发展、遥感数据的应用和新数据新算法的进步所推动的环境暴露评价新方法。

第一节　基于 GIS 的暴露评价方法及应用

我们赖以生存的环境本身具有空间属性，因此当我们研究环境与健康的关系时应该考虑环境和人群暴露的空间信息。GIS 的发展大大促进了环境流行病学研究中暴露评价方法的进步，为环境监测数据的数学属性增加了空间属性，推动了空间分析（spatial analysis）方法在环境因子暴露评价中的应用。

GIS 的发展将地理空间科学、环境科学和流行病学结合在了一起，并且可以应用于环境因子暴露评价过程中的多个步骤。GIS 和空间分析软件使得环境和流行病学数据的空间属性可以被存储、分析和可视化；因而 GIS 在辅助定义研究人群、确定暴露源和潜在途径、估算目标污染物的环境水平以及评估个体暴露于目标污染物的水平等多个步骤中的应用越来越多。例如，将文字地址信息通过地理编码转为具有空间属性的点或者线或者面，进行进一步的空间分析；利用靠近污染源的距离作为暴露的指示变量；赋予地面监测数据地理信息进而进行空间插值和外推分析，实现环境监测数据由点到面的评价；基于具有地理信息属性的土地利用信息（林地、农业用地、道路、不透水层等），通过模型的方法建立基于空间分析的环境因子的暴露模拟；利用具有地理信息属性的暴露评价数据和研究对象地址信息进行更精细的暴露匹配等。

地理空间学科中的专业名词也逐渐被环境科学和流行病学学科的研究者所熟悉和接受，比较重要和常用的包括但不限于GIS常用的数据格式、地理范围的判定、地理信息编码和空间分辨率等。GIS中最常用的空间数据格式是栅格（raster）和矢量数据（vector data）类型。网格单元是栅格数据分析的基本单位，如卫星图像中的像素或者像元；矢量数据使用点、线或者面等基于连续几何空间的多边形来表示数据，如监测站点分布的点图层、路网分布的线数据和行政区域的面数据。在地理空间分析中，地理范围也就是研究区域的选择更容易影响结果；如基于区、县和市水平得到的大气污染物浓度水平可能会有显著差异。空间分辨率是地理空间分析中非常重要的概念，指研究中涉及的最小空间单位或者像元。高空间分辨率数据更有利于识别环境因子的空间变异性，如识别城市中心面积较小的绿地或者邻近道路空气污染浓度的高值。但是高空间分辨率的数据往往数据量较大，对存储和计算资源要求均较高，研究者可以根据研究的地理范围综合考虑选择合适的空间分辨率。

本节将进一步介绍GIS和空间分析的几种常用暴露评价方法及其研究应用，主要包括距离近似法、空间插值法和土地利用回归模型。以上方法均可以通过支持空间分析的软件实现，如R、ArcGIS、QGIS和Python等。

一、距离近似法

地理信息技术赋予了环境变量或者研究对象空间属性，如地址对应的经纬度信息，在此基础上，研究者可以进行距离相关的分析。距离相关的分析可以在空间上识别污染源周围一定距离内的居住人群，可以计算研究人群与附近环境污染源的距离，进而帮助研究者定义研究人群或者估算人群暴露于环境污染物的强度等级。执行相关计算往往需要已经转换为矢量点的研究对象地址，以及污染源的矢量（点、线或者面）数据。例如，在英国开展的一项关于居住在垃圾填埋场周围居民不良出生结局发生风险的研究中，研究者通过距离来确定暴露人群和对照人群。在该研究中，研究者获得了19 196个垃圾填埋场的矢量点数据，但是根据矢量点数据无法确定垃圾填埋场的面积和相应的污染面积。研究者考虑到研究对象可能会受到多个垃圾填埋场的影响，因而单纯计算到最近垃圾填埋场的距离不能很好地代表其暴露情况。于是研究者根据既往研究经验和垃圾填埋场可能的污染扩散极限，对每个垃圾填埋场的矢量点构建了2km缓冲区（以垃圾场为圆心，半径2km的圆形范围）的面数据。缓冲区（buffer）一般指以某个地点为中心，一定距离为半径形成的圆形区域范围。上述研究中，研究者设定居住于任何一个垃圾填埋场2km范围内的居民为暴露组，而居住于距离所有垃圾填埋场2km范围以外的居民为对照组。在研究过程中对上万个垃圾填埋场进行实地调查是不可行的，如果通过研究对象自报是否受到垃圾填埋场的影响会产生显著的误差；通过地理信息的分析，使得研究人员对于暴露人群的识别更加客观和有据可循，提升了分析的可信度。

除了生成分类变量识别暴露和非暴露人群外，研究对象到污染源的距离可以作为连续变量指示暴露的水平。例如，研究者发现交通污染对人体健康有潜在的危害，但是交通源相关的环境因子较多，包括颗粒物、NO_x、重金属和VOC等多种大气污染物，以及噪声等环境因子；因此仅测量单一环境因子不能全面代表交通污染的不良健康效应。同时研究者还发现与交通源相关的环境因子水平往往随着到道路的距离增加而逐渐衰减，进而研究者利用研究对象地址与道路的距离关系来近似评价其暴露于交通污染的强度水平。一项基于加拿大健康与环境调查队列的研究计算了研究对象居住地邮编转换的矢量点与主要高速路的距离和矢量点周围 200m 范围的道路总距离来指示研究对象暴露于交通污染的水平，分析发现这两类基于距离的暴露参数的增加均与人群非意外总死亡和分疾病类别的死亡风险上升显著相关。在这一类研究者中，研究者利用空间距离作为指示变量，可以综合考虑交通污染相关的多种环境因子共同暴露下的综合健康效应。

综上所述，当需要研究某一污染源排放的污染物对人群健康的影响时，可以通过研究对象暴露（居住）地点到污染源的距离来区分暴露组和对照组，也可以将该距离作为暴露强度的指示变量。例如，图 17-1 简要概括了类似研究的方法。首先研究者需要获取污染源（星形）和研究对象（三角形）的地址信息。第二步，通过支持 GIS 和空间分析的软件对获得的数据进行空间可视化和空间分析。研究者可以首先根据已知的污染源可能的影响范围设定缓冲区，将缓冲区内的研究对象（空心三角形）认为是暴露组，而缓冲区外的研究对象（实心三角形）认为是对照组；研究者亦可以直接计算研究对象到污染源的距离 d_{ij}，并将 d_{ij} 作为污染强度的指示变量，来定量分析该污染源与周围居住研究对象的健康结局之间的关联。从上述方法论述和举例中不难看出，基于距离的暴露评价操作步骤相对简单，适用于污染源明确的多环境污染物共同暴露的研究场景；缺点是其不能针对特定污染物的浓度进行准确定量评价。

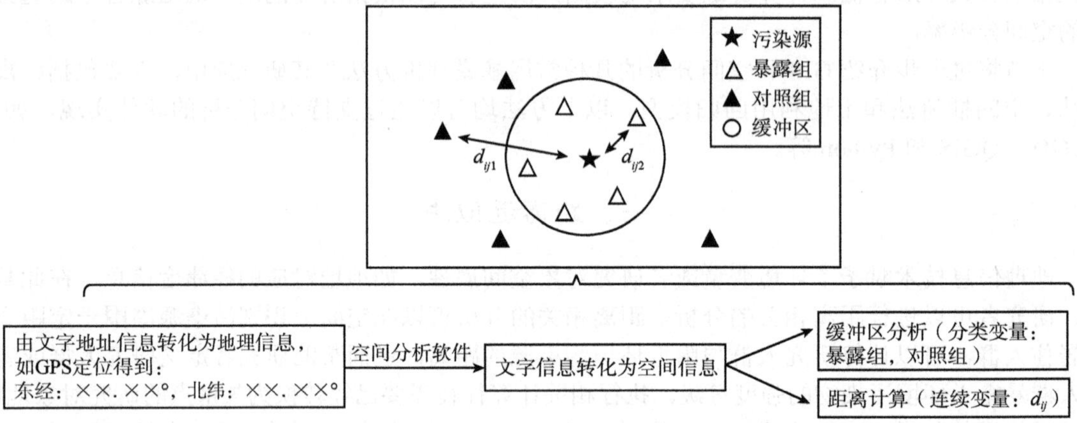

图 17-1　距离近似法举例

二、空间插值法

随着 GIS 和空间分析方法的发展，多种空间插值法被广泛应用于环境因子的暴露评价，如大气污染、大气温度、土壤湿度和水体污染水平等。空间插值法可以基于监测点位的监测数据推算其周围区域的环境因子水平，实现由点及面的外推。

环境健康研究中常用的插值法有反距离权重（inverse distance weighted，IDW）和克里金（Kriging）插值法等。IDW 插值利用待预测点周围已知的浓度值来估算该待预测点的污染物浓度，对于距离较近的已知值赋予更大的权重并且权重会随着距离的增大而减小。式（17-1）为 IDW 插值的基本公式：

$$Z_j = \frac{\sum_{i=1}^{n}\left(\frac{Z_i}{{d_{ij}}^p}\right)}{\sum_{i=1}^{n}\left(\frac{1}{{d_{ij}}^p}\right)} \tag{17-1}$$

式中，Z_j 为欲求得的某一位置 j 的未知环境因子水平，如图 17-2 中的空白圆圈点位的未知值；Z_i 为已知的一系列位置的环境因子水平，如图 17-2 中的圆圈对应的一系列数值，它们的环境因子水平和到未知点位 j 的距离依次为（10m、200m）、（12m、350m）、（10m、750m）和（10m、800m）；d_{ij} 为位置 i 与位置 j 之间的距离；p 为效力，大部分情况下取 1。

在使用空间分析软件进行 IDW 插值时，往往还需要考虑缓冲区大小和可包含的最大点位数。缓冲区，指研究者认为未知位置的环境因子水平受到周围数值影响的最远空间距离。如图 17-2 所示，如果缓冲区设为 400m，则仅有 2 条数据被纳入计算，如果缓冲区设为 1000m，则有 4 条数据被纳入计算。最大点位数指运算过程中纳入计算的最大点位个数。如图 17-2 所示，若将最大点位数设为 3，则只有距离红色圆点最近的（200m、350m 和 750m）3 条数据被纳入计算。

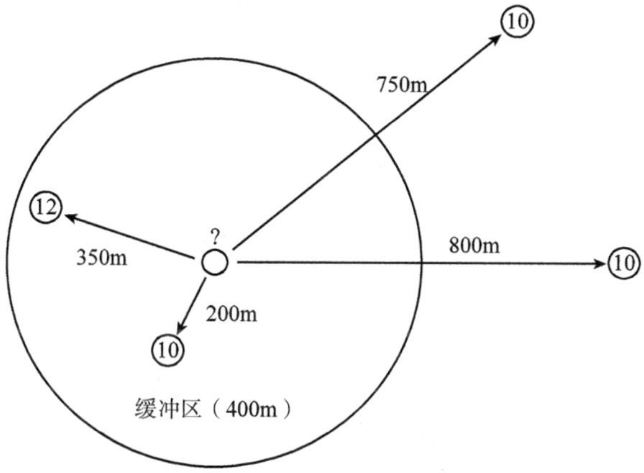

图 17-2　反距离权重插值法举例

IDW 插值法操作简单，可以反映环境因子水平随距离的变化趋势。在加利福尼亚教师队列研究利用 IDW 插值法来估算研究对象暴露于大气 $PM_{2.5}$ 和 PM_{10} 以及多种气态污染物的月均水平，并且基于该暴露评价数据估算了长期大气污染暴露与心肺系统疾病死亡风险之间的关系。

克里金插值法则是以考虑了空间自相关的统计模型为基础，因此，该方法不仅具有产生空间连续预测值的功能，而且能够对预测值的确定性或准确性提供某种度量，即给出某个地点预测值的同时还可以得到该预测值的标准误。常用的有普通克里金法（ordinary Kriging）和广义克里金法(universal Kriging)。克里金插值法也是在周围点位已知值的基础上估算未知点的环境因子水平，但是在这个过程中克里金插值法不仅要考虑已知值点位和未知值点位的距离关系，还需要考虑已知值局部或者全局的空间自相关关系。空间自相关性是指在空间尺度上观测彼此相近的变量之间的关联性的度量，通俗地说是指一个物体与附近其他物体的相似程度。普通克里金插值法假设空间均值是一致的，即在研究范围内任意一点处的值 $Z(x, y)$，都由该区域内的平均值和该点的随机偏差组成。在实现克里金插值法的过程中最重要的步骤之一是拟合半变异函数(semivariogram)，如式（17-2）：

$$\gamma(x, h) = \frac{1}{2} E[Z(x) - Z(x+h)]^2 \tag{17-2}$$

式中，$\gamma(x, h)$ 为半变异函数；$Z(x)$ 为某一点 x 处的观测变量值；$Z(x+h)$ 为到点位 x 距离为 h 处的观测变量值。

在一组空间数据集中，计算任意两点的距离和相应观测值的差异，基于合适的理论模型（三角函数、球面函数、指数、高斯函数和线性函数等），可以拟合如图 17-3 的半变异曲线。从图 17-3 中可以看出两点距离越远，半变异函数值越大，说明两点观测值间的空间相关性就越小。图 17-3 中，块金值（nugget）指由于存在测量上的误差和空间变异，使得两采样点非常接近但它们的 $\gamma(x, h)$ 不为 0，即存在块金值；基台值（sill）指当采样点距离增大时，$\gamma(x, h)$ 从初始值达到一个相对稳定的常数，该常数被称为基台值；偏基台值（partial sill）即基台值与块金值的差值；变程（range）指当 γ（x，h）的取值由初始的块金值达到基台值时，采样点间隔的距离。

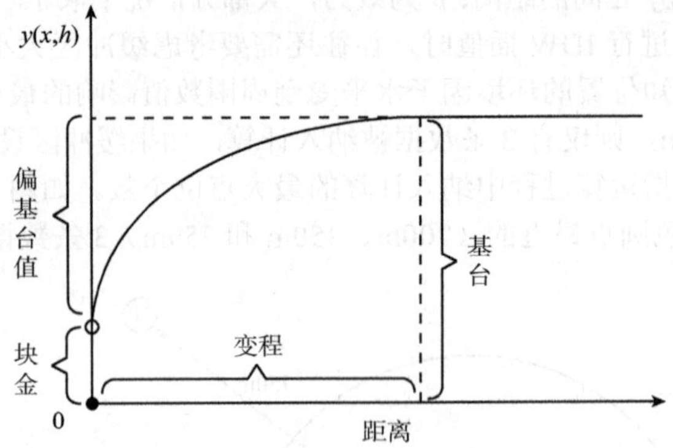

图 17-3 半变异函数曲线示意图

利用普通克里金法基于已知值推导未知值的公式与 IDW 插值类似，如式（17-3）：

$$z_0 = \sum_{i=0}^{n} \lambda_i z_i \tag{17-3}$$

式中，z_0 为欲求得的环境因子水平；z_i 为第 i 个位置处的测量值；λ_i 为第 i 个位置处的测量值的未知权重。在 IDW 插值法中，权重 λ_i 仅取决于未知值点和已知值点的距离。但是，克里金插值法中权重不仅取决于测量点之间的距离、预测点位置，还取决于基于测量点的整体空间排列。基于半变异函数曲线、空间属性均一假设以及对 λ_i 的一系列约束条件，即可求得 λ_i，进而通过加权的方法求得预测值。

广义克里金法则可以依靠其他变量来决定数据的空间趋势。例如，有研究者在普通克里金方法中同步考虑了风向对于污染物扩散的影响，建立的风向驱动的普通克里金方法可以更好地预测局地高污染过程；基于该方法研究者预测了我国某地新年和国庆期间小时水平的 $PM_{2.5}$ 污染过程。有研究者同时应用普通克里金和广义克里金两种方法来估算欧洲地区包括颗粒物在内的多种污染物浓度，利用地势和土地利用信息变量来估计应变量的空间趋势；该研究发现对于 PM_{10}、NO_2 和 O_3 三种污染物，广义克里金模型的表现优于普通克里金模型。随着分析方法和计算能力的提升，插值法与其他模型结合可以进一步提升模型估算大气污染物浓度的准确性。例如，普通克里金模型可以在考虑环境因子时空变异性的基础上扩展为时空克里金模型，而时空克里金模型又可以与机器学习模型结合，对机器学习模型预测环境因子的残差进行进一步的模拟来提高最终模拟的准确性。另有研究者尝试将基于克里金插值法得到的污染物预测值作为预测变量之一纳入到土地利用回归模型中。

空间插值法可以较为便捷和准确地将已有的监测站数据进行外推，从而评估缺少监测数据区域的环境因子水平，并提供基于家庭住址的暴露评价数据。但是，空间插值法的准确性高度依赖于研究区域内监测点位的数量和分布均匀程度，较多的点位数量和均匀的点位分布可以帮助提升插值的准确性。虽然空间插值法也可以考虑其他因素（如风场和海拔等）的影响，但是模型可容纳的预测变量数量有限，不便于建立纳入大量预测变量的复杂模型。下述的土地利用回归模型则弥补了这一缺陷，它可以综合考虑多种预测变量的影响，更好地识别小区域尺度内目标环境因子的变异水平。

三、土地利用回归模型

土地利用回归（land use regression，LUR）模型最初的核心思想是利用目标地点周围与目标污染物排放、转化和转归相关的土地利用信息来估算该地点的污染物水平。1997 年，Briggs 等研究者在欧洲的“Small Area Variation in Air pollution Health”项目中第一次采用 LUR 模型在欧洲四个城市来评价交通相关的污染物浓度分布特征。该方法自被提出后，就被作为预测大气污染物和城市噪声等环境因子水平的常用方法之一。LUR 模型最基本的方法是将监测点位测量的环境因子水平作为应变量，提取这些点位一定缓冲区内的多种环境特征变量（大多为土地利用相关的变量）水平作为自变量，建立应变量和自变量之间的关系，再利用环境因子水平未知地点的环境特征变量水平和前一步建立的关系估算该未知地点的环境因子水平。随着 GIS 技术的发展和普及，以及不断可及的高质量土地利用数据，LUR 模型在过去的 20 年越来越多地被应用于全球多个国家和地区的环境因子暴露评价研究，进而支撑了一系列基于研究对象住址的流行病学研究。

在 LUR 模型提出后，其在研究区域、建模方法和可预测的环境因子种类方面都得到了快速发展。LUR 模型首先在欧洲地区得到了较好的发展和应用，后逐渐发展到加拿大、美国和澳大利亚等国家和地区，在这一阶段大部分 LUR 模型的建立方法较为类似和基础。随着方法的发展，来自欧美地区的 LUR 模型空间覆盖度逐渐扩大，发展中国家和地区也涌现出了一系列 LUR 模型研究，并且 LUR 模型在流行病学研究中的应用也逐渐增多。近年来，LUR 模型的表现形式逐渐多元化和卫星遥感、时空模型以及机器学习等方法的融合越来越多。LUR 模型在大气污染物（尤其是颗粒物和 NO_x）的暴露评价方面的应用最为广泛，近年来在预测 O_3、颗粒物组分、超细粒径颗粒物和城市噪声等来源或者传输与土地利用变量高度相关的环境因子方面也逐渐崭露头角。

LUR 模型的建立需要收集应变量（一般为目标环境因子的实际测量数据）和预测变量（一般是和应变量的排放、传输、转归或者分布相关的变量）。以 LUR 应用最为广泛的大气污染物暴露评价领域为例，应变量主要使用已有的空气质量监测数据，或者研究者根据研究目的自行进行污染物浓度监测。采用监测数据的优势是数据获取方便，不需消耗额外的人力、物力、财力进行样本收集；缺陷是在监测网络缺乏或者监测点稀疏的城市和区域无法开展研究，利用现有的监测网络也可能存在监测站代表性不足的问题。例如，在我国，绝大多数监测点为背景水平或者区域污染水平的监测点，虽然这些站点大部分位于人口密度较高的地区，但是缺乏能够反映特异性的交通污染或工业点源污染的监测站点；欧美发达地区虽然交通源监测点比例相对较高，但是很多监测站位于人口稀少的地区，因而可能存在对人口暴露水平代表性差的问题。研究者自行布点采样的优势是可以充分考虑污染物的空间分布情况，更加全面地捕捉污染物浓度自污染源排放后的衰减趋势；缺点是对人力、物力、财力的要求高，采样时间往往较短等。采样方式的不同决定了采样时间的长短：基于监测网络的研究采样频率高且采样时间连续；而自行设计采样的研究，采样时间多采用单次或者多次的连续 7 或 14 天采样方式，由于采样点之间的采样时间不统一和采样时间不连续，需要利用连续采样的数据进行时间趋势校正。近些年来，LUR 模型中的采样方式也更加多样，机动车搭载的移动采样方式降低了采样成本，增加了采样的频率和覆盖范围。例如，有研究者采用移动采样的方式建立 LUR 模型来估算晚高峰时期的颗粒物浓度水平。

图 17-4 总结了 LUR 建模采用的主要预测变量和建模流程。在 LUR 模型建模过程中最常用的预测变量包括反映污染源排放（交通排放和工业排放等）的变量、反映土地利用类型的变量以及反映人口或住房密度的变量和海拔等变量。交通变量用来指示交通源排放对于污染物浓度的影响，包括车流量数据、一定缓冲区内的道路长度和距离道路的最近距离等，这些变量对于预测 $PM_{2.5}$、NO_2 和颗粒物中的 BC 成分以及城市噪声等环境因子水平非常重要。土地利用类型一般反映了污染源信息或影响污染物扩散的因素，如工业用地面积大往往预示着污染物的排放量大，而绿地面积大则提示周围污染源可能较少并且有利于污染物的吸收和扩散。餐饮和城市建筑相关的变量被发现可以较好地预测超细粒径颗粒物浓度和城市噪声水平。工业排放点源的信息在 LUR 模型中应用较少，主要受到数据可及性的影响。另外，工业排放数据在模型研究中的重要性也受到城市主导污染源的影响。例如，虽然欧洲“European Study of Cohorts for Air Pollution Effects”研究中纳入了工业排放变量，但是该变量仅在很少城市的 LUR 模型中保留了下来，这可能与发达国家城市内部的污染物来源以交通源排放为主有关；在我国城市，有研究发现工业点源排放对于 NO_2 和 PM_{10}

的 LUR 模型贡献性都较高，可能因为我国城市的大气污染是混合污染模式，即交通源和工业源是并存的大气污染物主要来源。LUR 模型建模前一般需要计算预测变量在不同缓冲区内的数值。对于同一类预测变量（如道路长度）往往会计算其在多个连续缓冲区内的不同水平，再通过模型筛选最优缓冲区对应的预测变量水平。缓冲区直径范围的设定通常在考虑污染物扩散规律的基础上进行，如主干道代表的交通污染源变量的缓冲区一般设定在几十米到几百米范围（从 50m 到 1000m，每隔 50m 设定一个缓冲区），而工厂代表的工业点源变量的缓冲区一般设定在千米水平（从 1km 到 10km，每隔 1km 设定一个缓冲区）。

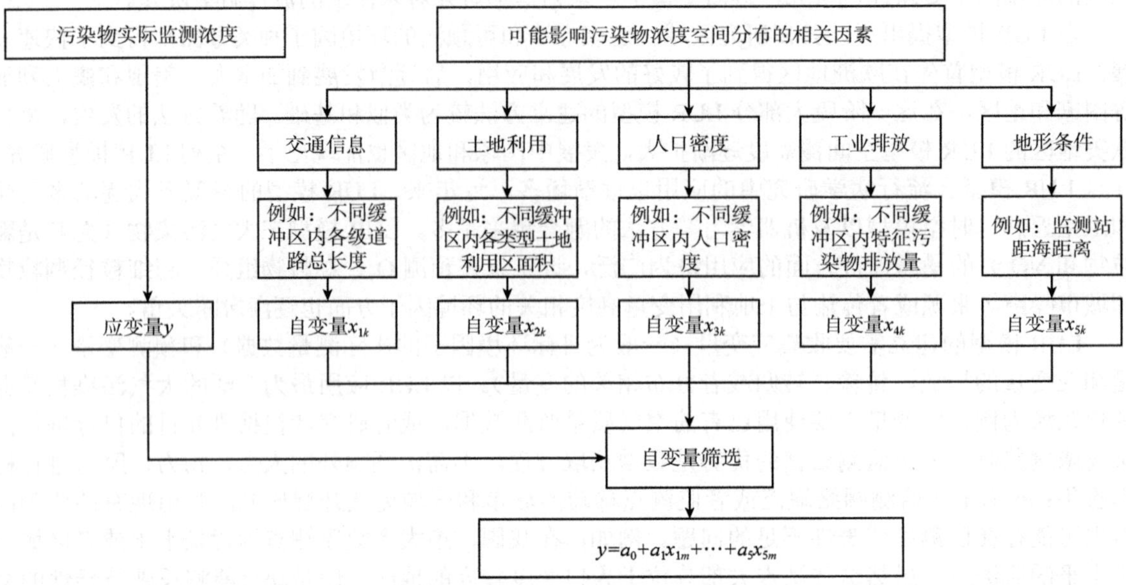

图 17-4　LUR 模型建立的一般步骤

虽然最初 LUR 模型被用于估算大气污染物浓度，但是随着城市化发展，LUR 模型被应用于估算城市噪声水平的研究也逐渐增多。城市噪声的主要来源有交通、建筑工地和社会活动等，这些来源与土地利用数据高度相关；并且噪声水平在城市内部的空间变异性较大；因而理论上，LUR 模型适用于估算城市噪声水平。例如，研究者在上海基于间断采样数据建立了城市噪声的 LUR 模型，空间分辨率达到 50m×50m；通过模型筛选出的有效预测变量与传统预测大气污染物的有效变量有所不同，包括城镇面积、道路长度、建筑物面积、餐馆数量和耕地面积等。

经典的 LUR 模型一般采用线性回归模型来建立应变量（环境因子水平）与自变量（多种土地利用相关的预测变量）之间的关系。由于同一类预测变量往往对应多个缓冲区的水平，因此 LUR 模型建模往往需要进行变量筛选（如向前回归或者向后回归）来识别最优的缓冲区和变量组合。此外，部分研究者在回归模型建立前会先验性地赋予每一类预测变量方向，使得模型结果更容易解释。比如研究者通常先验地规定交通和工业相关变量方向为“+”，即这两类变量水平的增加与某些污染物浓度水平的增加呈正相关；而认为绿地相关的变量方向为“－”，即绿地的增加与某些污染物浓度水平的降低相关。在模型建立过程中，如果变量的方向与先验方向一致才会被继续保留在模型中。但是需要注意的是，对于不同的污染物，同一类土地利用参数的先验方向可能是不同的。例如，对于 $PM_{2.5}$ 和 NO_2，道路长度和交通流量的先验方向一般为“+”；但是对于 O_3，这两类变量的先验方向一般为“－”。建模方法方面，随着建模策略的不断发展，LUR 模型作为重要的一部分参与到了更复杂模型框架中。一方面，非线性的建模方法被引入用于建立污染物和预测变量的关系，如线性混合效应模型和地理加权模型。另一方面，LUR 模型还可以用于为更复杂的模型筛选变量，尤其是可以有效地帮助识别预测变量的最优缓冲区。例如，有研究者将 LUR 与机器学习算法相结合，通过 LUR 过程筛选重要预测变量，再将这些变量进一步应用于多个机器学习模型中预测大气 $PM_{2.5}$ 的浓度。

LUR 模型独立使用或者作为重要的组成部分，都为获取高空间分辨率的环境因子估算值、支持个体水平（地址水平）的暴露评估提供了重要的技术和数据支撑。LUR 模型所包含的预测变量的空间分辨率一般较高，因此模型最终生产的环境因子预测值的空间分辨率也较高，最高可以达到数十米水平。与监测站的实测数据相比，基于 LUR 模型的环境因子预测值可以更好地识别城市内部污染物的空间变异特征，为健康相关的研究提供更准确的暴露评估数据。例如，研究者在欧洲基于 LUR 模型的预测平面反映了主干道沿线的大气 NO_2 浓度显著高于其他区域，体现了交通排放对大气 NO_2 的贡献；同时主干道沿线的大气 O_3 浓度较低，体现了交通排放的 NO 对 O_3 的中和作用。另外，一些 LUR 模型研究包含非常丰富的土地利用信息以及采样信息，不仅可以探索平面的污染物浓度分布，还可以探索污染物垂直分布和道路峡谷效应对污染物浓度的影响。

但是，LUR 模型也有一定的局限性。首先，LUR 模型对于随污染源距离变化而浓度变化显著的环境因子水平的预测准确性较高，反之则较难捕获环境因子水平的空间变异。其次，LUR 模型高度依赖于高精度的土地利用数据，而这些数据在很多国家和地区较难获取或者更新频率较低。这种数据依赖性以及污染物特征的地区差异性决定了 LUR 模型外推到非建模区域和时期的可移植性较差；并且这种高度依赖性使得经典 LUR 模型的时间分辨率较低。后续章节即将介绍的建模方法应用更多时间变异性更高的预测变量，进一步提升了模型捕获环境因子时间变异性的能力。

第二节　基于卫星遥感数据的暴露评价方法及应用

在继地理信息科学推动了环境因子暴露评价的发展之后，卫星遥感数据的应用进一步促进了该领域的快速发展。基于气体、水体、植物或者地表覆盖等环境因子的光谱特征，卫星遥感技术可以获得与上述与环境因子密切相关的遥感参数。例如，用于指示大气颗粒物载量的参数——AOD，用于指示地表植被水平的参数——NDVI 等。

地面环境因子的监测涉及布点、建站、采样和分析等多个环节和步骤，往往需要大量的人力、物力、财力支撑，限制了监测点位的密度，导致地面监测点位的数量较少且往往空间分布不均衡，较难反映远离监测点位的环境因子水平。相比之下，常用的环境遥感数据具有一定的优势：①空间覆盖度较高，可以达到国家甚至全球覆盖；②时间覆盖度相对较长，如 MODIS 的 AOD 数据可以追溯到 2000 年；③空间分辨率较高，空间尺度可以满足百米到千米水平的研究需求；④时间分辨率较高，时间尺度可以满足小时、天、月和年层面的暴露评价需求；⑤数据的可及性较高，大量卫星遥感数据可以公开免费获取，并且更新频率较高。

环境遥感数据在环境监测领域的应用较早，近年来数据分析技术和模型方法的发展以及计算机能力的提升亦促进了其在环境暴露评价和环境流行病学研究中的应用。多种遥感数据被应用于评估近地面大气污染物（颗粒物及其主要化学组分、O_3、NO_2、SO_2 和 CO）浓度、近地面大气温度等气象要素、绿地环境、夜间灯光水平和水质等环境因子的水平。并且越来越多的研究将相应的暴露评价产品进一步地应用于环境流行病学研究中，去探索多种环境因子与人群健康的关系。本节将对卫星遥感数据在大气污染物、气候变化和居住环境相关环境因子的暴露评价领域的应用进行举例阐述。

一、卫星遥感数据与大气污染物暴露评价

过去 20 年，基于卫星遥感数据评估近地面大气污染物浓度的研究数量快速增长。大量研究表明，一系列的卫星遥感参数可以有效地预测近地面的颗粒物及其主要化学组分、NO_2、O_3 和 SO_2 等主要大气污染物的浓度。凭借其高时空覆盖度和高时空分辨率的优势，卫星遥感数据的应用大

大促进了大气污染物暴露评价方法学的发展，基于卫星遥感数据的暴露评价数据库已经成为空气质量监测网络的重要补充。前述的空间插值法和LUR模型更侧重于模拟和捕获污染物的空间变异性，而同时具有高时间分辨率和高空间分辨率的卫星遥感数据更加扩展了模型探索污染物时间变异性的可能性，使研究者可以同时兼顾污染物浓度的时空变异性，进而促使模型模拟研究进入了时空模型的时代。在模型发展的过程中，研究者发掘并应用了越来越多的预测变量来共同提升预测的准确性，包括气象因素、土地利用因素、再分析数据集、化学传输模型模拟值以及一系列时空相关的参数等。随着更多变量的应用，卫星反演参数在时空模型中的贡献有所下降；但是研究者发现作为为数不多的污染物“监测值”，卫星反演参数在校正复杂模型得到的污染物模拟值的时空趋势和辅助捕获高分辨率空间变异性方面起到了不可替代的作用。同时，包括卫星数据在内的大量预测变量的应用也促进了高级模型在环境暴露评价领域的应用，除了上述基于GIS的以空间分析为主的模型方法外，高级统计模型以及机器学习和深度学习的算法都陆续被应用到该领域，使得环境因子暴露评价模型模拟的复杂度、时空分辨率和准确性大大提升。随着大量模型研究的涌现和研究者对建模过程认识的不断加深，模型评价的要求也逐渐提升，即由早期的简单多折交叉验证发展到更严格的时间交叉验证、空间交叉验证和聚集交叉验证等方法。通过一系列的交叉验证方法不仅可以了解模型整体的预测准确性，还可以更全面地了解模型在没有监测数据的地点和时间点估算环境因子水平的能力。

（一）基于卫星遥感数据的大气颗粒物浓度预测

在大气污染暴露评价领域，卫星数据应用研究最多的是基于卫星遥感AOD数据预测近地面的颗粒物（$PM_{2.5}$和PM_{10}）浓度。大气中悬浮的颗粒物通过吸收或者反射可见光和近红外光起到了消光作用，因此卫星AOD可以代表垂直方向上消光系数的积分。AOD值越大则提示该区域垂直方向的颗粒物数量和浓度可能越高。例如，AOD为0.1时能见度一般很高，可以看到清澈的蓝天；AOD为1时则一般对应较为严重的雾霾天气。目前应用最为广泛的AOD数据产品是由搭载于Aqua和Terra两个卫星的MODIS采集的数据反演的。MODIS的AOD数据从2000年开始覆盖至今，空间分辨率由最初的10km提升到3km。近年来多角度大气校正算法（multi-angle implementation of atmospheric correction，MAIAC）的应用将MODIS的AOD数据产品的空间分辨率提升到1km，使得MAIAC的AOD成为当前高空间分辨率$PM_{2.5}$预测模型的重要预测变量。除此之外，基于我国高分卫星反演的AOD数据的空间分辨率最高可以达到160m，基于日本对地静止卫星葵花的Himawari-8 AOD的时间分辨率可以达到分钟水平，促进了更高时空分辨率预测模型的发展。

AOD可作为近地面颗粒物载量的近似，但不能完全等同于近地面颗粒物浓度，因为AOD还与颗粒物的垂直分布和成分有关。假设颗粒物在垂直方向上呈指数递减的规律分布，绝大部分大气颗粒物聚集在近地面的边界层，并在边界层内近似充分混合，那么AOD应该与地面颗粒物浓度呈现线性关系。而气溶胶垂直分布和边界层高度具有较大的时间变异性。例如，还与气象因素密切相关。因此，在建立AOD和地面颗粒关系时应该考虑两者之间关系的时间变异性和气象条件对其的影响。

AOD数据的应用大大促进了近地面颗粒物预测模型和方法的发展。在早期阶段，研究者主要采用垂直校正和湿度校正的经验公式建立AOD与颗粒物之间的关系。逐渐地，气象因素（温度、湿度、风速、风向、气压等）、海拔、能见度和土地利用信息（路网、绿地、不透水层）等也作为预测变量纳入模型，用于提高模型性能，提升颗粒物预测值的准确性。AOD数据和更多具有高时空分辨率的预测变量的应用扩展了模型的时空分辨率，但同时也增加了数据整合的复杂性。图17-5简要概括了建立包含AOD等预测变量的模型来预测地面颗粒物浓度的基本流程。具体来说，在建模开始前需要将包含AOD在内的一系列预测变量进行网格化时空匹配，使得所有预测变量x在时间点i和空间位置j都能一一对应。网格的大小往往与模型的空间分辨率一致，如1km×1km或者10km×10km，这也是模型预测值的空间分辨率。

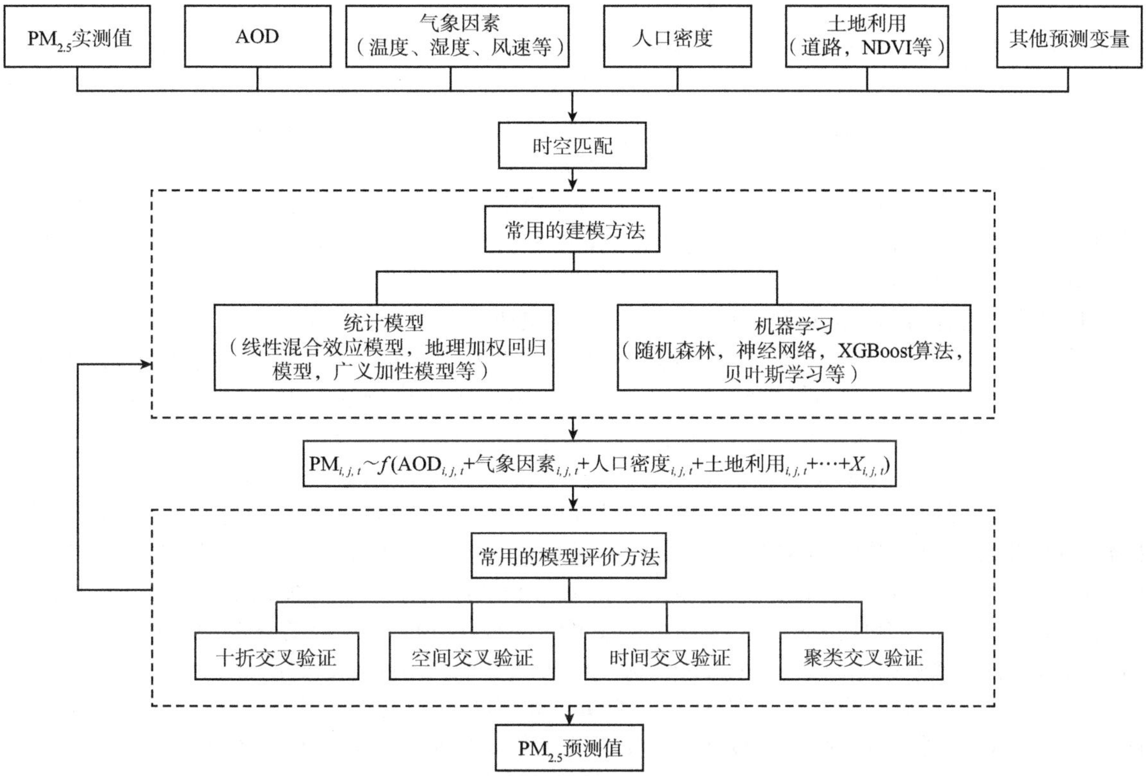

图 17-5　建立包含 AOD 等预测变量的模型估算地面颗粒物浓度的基本流程

数据时空匹配之后，研究者利用多种模型算法建立地面监测数据（即应变量）与各预测变量间的关系，再利用这一关系和预测变量去预测没有地面监测数据的时空点位的污染物浓度。在模型方法方面，早期学者尝试基于高级统计模型分析颗粒物与 AOD 等预测变量之间的关系。目前国际上最常用的几种高级统计模型包括地理加权回归模型、线性混合效应模型和 GAM 等。地理加权回归模型可以处理颗粒物与 AOD 之间空间异质的相关关系。线性混合效应模型可以同时考虑固定效应和随机效应，以反映颗粒物浓度与 AOD 关系的逐日变化和平均水平。考虑到颗粒物的来源复杂、影响其浓度的因素众多，可用 GAM 估计颗粒物与 AOD 之间的非线性关系。近年来，随着算法及计算能力的发展，机器学习算法借由其强大的非线性拟合能力和容纳较多预测变量的能力，被广泛应用于近地面颗粒物暴露评价模型的建立。通过研究者的不懈努力，我国预测近地面大气污染物浓度的模型研究在技术和准确性层面都达到了国际领先水平。

交叉验证（cross validation，CV）是模型评价的重要环节，可以反映模型预测的准确性、时空外推能力和模型过拟合情况。在模型复杂度和时空分辨率提升的同时，对模型评价的要求也更高了。研究者通常采用 CV 的方法评价模型预测未知时空点大气污染物浓度的能力。在 LUR 模型研究中，由于建模数据量较少，研究者可以采用留一交叉验证或者十折交叉验证。对于留一交叉验证法，假设用于建模的数据集共有 n 条数据，留一交叉验证指研究者每次采用（n-1）条数据用于建模，用建立的模型预测剩余一条数据对应的污染物浓度，这样循环 n 次后，每条数据都会有一个实测值和一个预测值，将预测值与实测值进行比较并计算误差和偏倚参数，可以评价模型外推预测的准确性。同理，十折交叉验证则指研究者将建模数据集先随机分成 10 份，每次采用其中九份数据用于建模，用建立的模型预测剩余一份数据对应的污染物浓度，这样循环 10 次后，每条实测值数据都会获得对应的预测值，通过实测值和预测值的比较来评价模型预测的准确性。随着模型的时空分辨率和覆盖度逐渐提升，研究者越来越关注模型在时间和空间尺度的外推能力，因而更复杂的时间交叉验证（temporal cross validation）和空间交叉验证（spatial cross validation）也应运而生。时间十折交叉验证指将建模数据集包含的日期随机分成 10 份，每一份数据则包含 10% 日期对应的所有数据；而空间十折交叉验证指将建模数据集包含的监测站点随机分成 10 份，相应的每一份数据包含 10% 站点对应的所有数据。近年来，在空间交叉验证的基础上又发展出了更严格的聚类交叉验证（cluster cross validation），即根据监测数据浓度水平的空间自相关性对研究范围内的监测站点先进行聚类分析，将站点划分为 n 个聚类，每次采用（n-1）个聚类覆盖的站点对应的数据进行建模，用来预测剩下一个聚类包含站点对应的污染物浓度，依次循环 n 次。研究过程中，研究者可以根据实际的数据情况选择 CV 的分组数量，如研究数据集较小的情况下，也可以采用五折交叉验证的方法。

利用卫星遥感数据预测染物浓度的模型方法在快速发展的同时，也面临着一系列挑战，包括卫星反演参数的非随机缺失和重度污染场景下的反演“失灵”等。云层覆盖或者地面高反射率等会造成卫星反演参数的非随机性缺失，这将大大影响相关污染物的模拟准确性。例如，我国东北地区冬季雨雪天气较多，地面积雪覆盖，造成该地区 AOD 缺失率在冬季非常高，在仅使用有 AOD 覆盖的预测值进行 $PM_{2.5}$ 年均浓度估计时，将会显著低估东北地区的 $PM_{2.5}$ 年均浓度；而在我国长江中下游地区，春末到夏季雨水较多导致这个季节的 AOD 缺失率较高，而同时这个时期 $PM_{2.5}$ 浓度相对较低，因此 AOD 的缺失会导致年均 $PM_{2.5}$ 模拟浓度显著高于该地区 $PM_{2.5}$ 的实际浓度。因此，已有研究者尝试了多种方法对 AOD 缺失值进行填补，如可以使用插值法、多重填补、决策树和广义相加混合模型等方法对缺失的 AOD 数据进行填补，这些方法也可以用于其他大气污染物相关的遥感数据的缺失填补。AOD 应用的另外一个突出问题是重霾场景下 AOD 算法“失灵”。颗粒物浓度极高的情况下，常规的 AOD 算法很难将霾天气与云层覆盖和可疑高表面发射率区分开，导致无法得到正确的 AOD 数值，影响我国华北平原和沙尘污染区等 $PM_{2.5}$ 污染较为严重地区的 AOD 计算和颗粒物浓度模拟。对此，有学者开发了雾霾 AOD 的算法作为现有 AOD 反演算法的补充，提升了我国华北平原雾霾天 AOD 反演成功率。

卫星数据还可以辅助颗粒物主要成分的浓度预测。大气颗粒物包括多种化学组分，如硫酸盐、硝酸盐、元素碳、有机物及金属离子等。已有研究发现，这些颗粒物组分对人体有不良健康影响并且存在潜在的毒性差异。通过这些毒性差异可以辅助解释颗粒物健康效应的地区异质性和识别毒性风险较大的颗粒物组分及其相应的排放源，进而为制定更有针对性和能更有效地保护人群健康的空气污染防治措施提供科学依据。不同颗粒物成分的形状、粒径分布和消光能力不同，借助这一原理，搭载在 Terra 卫星上的多角度成像光谱仪（the multi-angle imaging spectroradiometer，MISR）提供的 AOD 组分数据可以辅助颗粒物主要成分浓度的预测。AOD 组分参数包括基于 74 种气溶胶混合物参数生成的 8 个 AOD 组分，分别代表了不同颗粒的大小、形状和复合折射率的特性。例如，其中的 AOD14 可以提供高吸光性的组分信息，在预测 BC 浓度时发挥重要作用。一项研究利用 MISR 的 AOD 组分数据在加利福尼亚州南部建立了高空间分辨率模型用于预测 $PM_{2.5}$ 中硫酸盐、硝酸盐、无机碳和有机碳组分的浓度，成功捕获了四种 $PM_{2.5}$ 组分空间分布的异质性。

基于卫星数据的高时空覆盖度和分辨率的大气颗粒物浓度模拟数据，即我们常说的暴露评价产品，其作为监测数据的有效补充，在环境健康研究中的应用也逐渐增多，其中最为广泛的应用是为流行病学研究提供更高精度的暴露评价数据。在传统空气污染流行病学研究中，研究者利用来自固定监测点位的大气污染物监测数据来评估研究对象暴露于大气污染的水平。该种暴露评价方法假设特定地点（市水平或者监测站一定范围内）的所有研究对象的暴露水平是一致的，因而可能会造成较大的暴露错分。高精度的空气污染物数据库使得基于个体地址的暴露评价和高精度的风险评估成为可能。研究者首先将研究对象的地址转化为经纬度数据或者直接利用数据采集时记录的经纬度信息，然后根据研究对象的地理位置与暴露数据进行空间匹配，进而可以获取地址水平的大气污染物浓度数据。另外，高精度的空气污染数据库可以支持更准确的疾病负担评价。高精度的暴露评价数据可以支持综合考虑人口分布计算的人口加权污染物浓度，更真实地反映人群暴露的情况；亦可以支持高精度网格水平的 PAF 的计算。

卫星数据还可以提升模型对特异来源的颗粒物污染水平的识别能力，如近年来应用逐渐增多的预测野火来源的颗粒物浓度。在气候变化的大环境下，野火发生的频率和持续时间有增长趋势，对下风向的人群健康造成威胁。已有研究提示野火颗粒物主要来自树木和灌木丛的燃烧，导致颗粒物中有机气溶胶含量较高，因此对健康产生的影响可能与普通大气颗粒物不同。研究野火颗粒物对健康影响的一个挑战是缺乏准确的高分辨率暴露数据。因为森林地区的监测点位稀少且火灾期间可能无法正常工作，所以较难获取野火事件期间当地颗粒物浓度的剧烈变化，可能会在研究中引起暴露错误分类，影响健康影响估计的准确性。不同的是，卫星的天地观测不受地面野火期间恶劣环境的影响，为野火与健康研究提供支撑。一方面卫星数据提供的动态火点数据可以作为模拟野火期间颗粒物浓度的有效预测变量；另一方面，已有研究发现纳入卫星 AOD 数据可以提升对野火季颗粒物浓度的预测能力；更重要的是，卫星火点和 AOD 数据可以反映大型火灾的烟柱事件，识别颗粒物污染来源是否是野火。通过上述步骤，卫星数据可以协助研究者识别受野火影响的时间和区域，更好地预测期间颗粒物的高浓度，在化学传输模型的基础上辅助识别来源于野火的颗粒物比例，最终实现野火来源颗粒物浓度的模拟，支撑对野火来源的颗粒物健康效应的探索。

（二）基于卫星遥感数据的大气气态污染物浓度预测

除了大气颗粒物，卫星数据越来越多地被应用于近地面大气气态污染物的浓度预测中，在高精度大气 NO_2 和 O_3 暴露评价方面的应用逐渐增多。随着研究的不断丰富，研究者对于 NO_2 和 O_3 健康危害的认识也逐渐加深。在深入挖掘 NO_2 和 O_3 健康危害的过程中，基于卫星的高精度暴露评价模型为认识污染物污染的时空特征和支持流行病学研究提供了丰富的数据支持。

包括 NO_2 在内的 NO_x 的模型评价早期多采用 LUR 模型，而 O_3 的模型评价研究起步相对较晚。基于卫星遥感数据的大气气态污染物暴露评价相对大气颗粒物发展较晚。用于近地面大气 NO_2 和 O_3 预测所需要的卫星遥感参数主要有 NO_2 和 O_3 柱浓度数据。最常用的柱浓度数据由搭载于 Aura 卫星的臭氧临测仪（ozone monitoring instrument，OMI）传感器数据反演得到，该系列数据覆盖时间长，自 2004 年开始至今；空间上可以达到全球覆盖，二级数据的空间分辨率为 13km×24km。但是由于后期硬件故障，OMI 数据缺失较为严重。2017 年 10 月，搭载了对流层观测仪（TROPOspheric monitoring instrument，TROPOMI）传感器的 Copernicus Sentinel-5 Precursor 卫星发射升空，由该传感器采集的大气污染物柱浓度信息越来越多地被应用于估算相关污染物的浓度。与 OMI 数据类似，TROPOMI 可以提供包括 NO_2 和 O_3 在内的多种大气气态污染物的柱浓度信息，空间可以实现每日全球覆盖。TROPOMI 柱浓度数据的空间分辨率相对于 OMI 数据更高，可达到 3.5km×7km，理论上可以捕获更小尺度的污染物空间变异性。卫星遥感反演的气态污染物柱浓度数据反映的是垂直高度污染物负载的总量，与地面污染物浓度水平有较大差异。因此 OMI 和 TROPOMI 均根据污染物垂直廓线的信息对数据进一步加工，分别反演了总的、对流层和平流层气态污染物柱浓度信息；其中对流层柱浓度数据被更多地应用于预测地面大气污染物浓度。

气态污染物对流层柱浓度信息不能直接等同于近地面污染物浓度，但可以为预测污染物的时空分布特征提供全球覆盖的数据支持。和颗粒物研究类似，大量预测变量（混合层高度、温湿度、风场、地面交通和人口密度等）被引入建模过程中，用于改善卫星反演数据和地面监测数据的关系，提升模型预测的准确性。在建模方法方面，与颗粒物类似，多种高级统计模型和机器学习的算法被应用到该领域。已有研究发现，将传统 LUR 模型与卫星数据相结合后，卫星数据不仅可以提升 NO_2 模型的时间分辨率，还可以协助改善传统 LUR 模型的空间分辨率，使其可以更有效地识别城市内部 NO_2 污染的空间异质性。

基于卫星反演的气态污染物柱浓度数据在大气污染物暴露评价、高精度排放清单校验和空气质量评估过程中的应用逐渐增多。暴露评价方面，基于卫星数据的高精度污染物模拟数据库可以支撑缺少地面监测数据地区的暴露评价和健康风险评价。例如，研究者借助卫星数据全球覆盖的优势建立了全球高空间分辨率的近地面 NO_2 预测库，并在此基础上估算 2019 年全球大约有 185

万新发儿童哮喘可归因于大气 NO_2 暴露。在排放清单编制过程中，卫星遥感数据以其高空间分辨率和广泛的时空覆盖率成为检验排放清单的重要手段。在空气质量评估方面，卫星遥感数据响应快，覆盖广，可以作为地面监测网络的有效补充快速捕获污染物的时空变异性。例如，多项研究利用 TROPOMI 的 NO_2 柱浓度数据评估了 2020 年初新型冠状病毒防控措施采取前后的空气质量变化情况，发现世界多地由于采取不同程度封城措施导致封城期间交通排放降低，大气 NO_2 污染水平显著下降。

二、卫星遥感数据与气象要素暴露评估

在气候变化的大背景下，不适宜温度和极端气象事件对健康的影响受到越来越多的关注。在传统的流行病学中，与大气污染研究类似，对人群暴露于温湿度等气象要素水平的评估主要依赖来自固定站点的监测数据。虽然气象监测站运行的年份往往较长，但是仍然存在分布不均匀的问题，监测密度对于捕获城市内部小尺度的气象要素的空间变异还存在一定难度，可能造成暴露错分。

卫星数据为获取更高空间分辨率和覆盖度的气象数据产品提供了可能，尤其可以弥补海洋、沙漠、高原等人烟稀少环境下的常规气象观测的不足。卫星遥感数据可以提供高分辨率的地表温度数据，如 MODIS 的 MOD11A1 和 MYD11A1 数据产品可以提供日水平 1km 分辨率的陆地地表温度数据。考虑到地表温度和近地面大气温度虽然高度相关但并不能完全等同，有研究利用来自气象站的温度数据、卫星的地表温度数据、再分析数据产品的温度数据、土地利用数据等一系列其他预测变量一起生成高时空覆盖度和高时空分辨率的近地面大气温度估算数据。类似的研究思路不仅可以估算每日平均温度变化，还可以建立高分辨率的每日最高和最低气温的预测模型，用于评估人群暴露于极端高温和低温的风险。同时卫星数据还是全球再分析气象产品的重要输入变量之一，为提升该类型产品的准确性提供了重要信息，后者也被越来越多地应用于环境健康研究中。

卫星数据也是评估人群暴露于极端气象事件风险的重要工具。例如，卫星数据可以协助对洪水受灾人口的评估，高分辨率的卫星图像使得对暴露于洪水灾害的风险人群的识别更加精准。有研究结合洪水记录，对 2000～2018 年 250m 分辨率的 MODIS 卫星图像进行陆地水域面积分析，估算得到在研究期间洪水淹没面积为 223 万平方千米。进而，研究者结合人口密度分布数据，发现有 2.55 亿～2.90 亿人曾受到过洪水影响。最后研究者结合高分辨率的卫星图像和基于未来场景预测的洪水模型，预测到 2030 年将会有 7.58 亿人暴露于等级为“百年一遇”的洪灾区。卫星数据还可以支持对降水量的评估。降水量是极端气候事件的重要参数，但经济欠发达地区和山区用传统手段很难得到准确的降水数据，而卫星降水数据可以协助改善这一情况。有研究利用 7 种不同的高分辨率卫星降水数据产品与长江流域 2003～2017 年降水量进行了比较，发现不同卫星降水产品可以在日、月和年不同时间尺度上较好地估算该地区的总降水量。

应用卫星数据进行区域尺度的气象参数预报的技术已经比较成熟，随着模型方法的进步，更多研究应用基于卫星数据建立的高空间分辨率的温度数据产品来评价城市内部的温度变异性和进行基于个体的暴露评价。在未来，应用卫星数据产品辅助评价极端气象事件的健康危害并进行相关的风险评估也具有一定的前景。

三、卫星遥感数据与居住环境因子暴露评价

除了大气污染物和气象要素，卫星遥感数据还被逐渐应用于评价研究对象暴露于其他与人体健康相关的环境因子的水平，成为相应监测数据的重要补充部分。本部分将主要以卫星遥感数据在绿地环境和夜间灯光暴露评价方面的应用为例进行阐述。

（一）基于卫星遥感的绿地环境暴露评价

已有研究发现绿地环境对人群健康存在广泛的影响。早期开展的绿地空间健康效应评估主要

基于测绘得到的土地利用类型数据，如瑞士国家队列研究中，利用耕地、林地、公园等土地利用类型在缓冲区内的面积占比作为暴露评价指标。但是土地利用数据更新周期长，不同地区和国家之间数据质量的可比性差，这些因素限制了该类数据的应用推广。随着卫星遥感数据的发展，不断有研究将基于卫星遥感数据的植被覆盖指数作为绿地空间的暴露评价指标。卫星遥感数据易得、数据源统一、可比性强，因此基于此暴露方法的研究逐渐增多。

目前主要的免费公开的卫星遥感植被指数数据来源有多个，如① Terra 和 Aura 卫星搭载的 MODIS 传感器，空间分辨率包括了 250m 和 1000m 的产品；② Landsat 系列卫星搭载的专题制图仪（Thematic Mapper），可获得 1982 年至今的数据，空间分辨率为 30m，可根据波段计算所需要的植被指数。卫星遥感数据可以实现空间的全球覆盖，因而能够用于反映城市、区域、国家等不同尺度的绿地环境的空间变异性。

根据卫星图像和不同地表覆盖的光谱特征可以解译地表植被覆盖类型；但是目前绿地环境和人群健康流行病学研究中应用更多的是基于卫星数据反演的植被指数。植被指数中最常用的是归一化差异植被指数 NDVI。MODIS 反演的 NDVI 指数可实现全球覆盖，被广泛应用于世界各地的绿地环境相关的流行病学研究中。简单来说，NDVI 可通过传感器红外段和近红外波段的信息，经式（17-4）计算得到：

$$\mathrm{NDVI}=\frac{\rho_{\mathrm{NIR}}-\rho_{\mathrm{RED}}}{\rho_{\mathrm{NIR}}+\rho_{\mathrm{RED}}} \tag{17-4}$$

式中，ρ_{NIR} 代表近红外波段的反射率；ρ_{RED} 代表红光波段的反射率。与气态污染物相关的卫星遥感参数时间分辨率可达到日水平，植被指数数据产品的时间分辨率一般为 16 天或者月水平。NDVI 范围为−1.0 至 1.0，负值表示水或雪，接近零值表示裸地，越接近 1 表示植被覆盖度越高。除了 NDVI，卫星遥感数据反演的植被指数还有增强植被指数（enhanced vegetation index，EVI）。EVI 在 NDVI 的基础上进行了改善，公式可以简单地表达为

$$\mathrm{EVI}=\frac{2.5\times\rho_{\mathrm{NIR}}-\rho_{\mathrm{RED}}}{\rho_{\mathrm{NIR}}+6\times\rho_{\mathrm{RED}}-7.5\times\rho_{\mathrm{BLUE}}+1} \tag{17-5}$$

式中，ρ_{NIR} 代表近红外波段的反射率；ρ_{RED} 代表红光波段的反射率；ρ_{BLUE} 代表蓝光波段的反射率。EVI 可以减少来自大气和土壤噪声的影响；对于高植被覆盖地区，EVI 数据产品不会像 NDVI 那样容易饱和，因此，EVI 可以更好地反映高植被覆盖区的植被生长状况。目前应用 EVI 指数作为绿地暴露评价的研究较少，但也逐渐引起了研究人员的重视。例如，英国公务员队列研究中将 EVI 作为绿地环境暴露的指标之一，来探索绿地环境暴露对老年人身体功能的影响。

在流行病学研究的暴露评价阶段，多种形式的植被指数被应用于评价研究对象暴露于绿地环境的水平。部分研究采用研究期间 NDVI 平均值，即特定时间范围内多个 NDVI 的平均值，用以代表研究对象在研究期间绿度环境的平均暴露水平。另外，有研究采用研究期间某一特定时点（段）的 NDVI 值来代表研究对象绿地环境的暴露强度，如研究期间夏季 NDVI 平均值，或者研究期间夏季某一幅云覆盖少的卫星图像对应的 NDVI 值，或者研究期间 NDVI 最大值。采用研究期间 NDVI 最大值这一方法主要考虑两点原因：NDVI 的季节差异和云覆盖对卫星数据反演的影响。一方面，NDVI 不仅与植被覆盖的面积有关，还与植被种类和季节有关。与植被类型数据不同，植被指数反映的是地表植被的绿度（greenness），即对于面积和植被种类相同的植被覆盖来说，植被指数存在季节差异，夏季植被繁茂则植被指数较高，冬季枝叶凋零则植被指数较低。植被指数的季节差异还存在地域异质性，如我国 NDVI 的季节差异在北方较南方更显著。我国幅员辽阔，横跨不同地理气候带，各地植被物种也大相径庭，采用不同形式的植被指数得到的绿地空间暴露评价水平可能会显著不同。另一方面，云覆盖会影响卫星数据算法对下垫面（地表覆盖）的识别，基于卫星遥感的植被指数在生成过程中一定程度上对云覆盖做了处理，但是某些像元仍然可能受到云天气的影响。因此，研究者应该就研究目的、设计、区域和人群特征，慎重选择暴露评价参数。

除了支撑流行病学的暴露评价过程，基于卫星遥感的植被指数还被应用于风险评估，评估城市人口绿地环境暴露水平，进而估算增加绿地环境可能带来的健康收益。在流行病学研究中，绿地面积和植被指数均有所应用，借助在数据可及性、空间覆盖度和地域可比性等方面的优势，植被指数更加广泛地被应用于评估绿地环境和健康结局的暴露-反应关系。但是绿地面积或者绿地覆盖度对城市环境规划和城市绿地环境评价来说更具有实践意义，如欧洲研究者在WHO相关研究中推荐居民在300m的直线距离内至少可接触5000m^{2}绿地。在一项包含欧洲978个城市的绿地环境改善相关的潜在健康收益研究中，研究者首先建立了由土地利用数据得到的特定区域内的绿地面积占比和相应区域内的NDVI水平两者之间的换算关系；进而通过设定绿地面积占比的目标值，计算不同城市该目标值对应的NDVI值作为反事实暴露场景；然后计算每个点位真实的NDVI水平与反事实NDVI水平的差异，结合NDVI与非意外死亡之间的关系，在真实NDVI未达到反事实NDVI水平的地区评估绿地环境增加可获得的潜在健康收益。该研究发现在欧洲人口密集的城市地区，62%的人口生活在绿地面积占比低于25%的区域，而绿地环境提升到25%植被覆盖这一标准可以预防大约2.3%的非意外总死亡的发生，提示了增加城市绿地环境的公共卫生学意义。

（二）基于卫星遥感的夜间灯光暴露评价

卫星遥感技术是在全球尺度上评价夜间灯光亮度的最重要手段。据估计，世界上超过80%的人口居住于室外夜间光污染的环境中。夜间灯光数据在环境与健康研究中的应用逐渐增多。一方面，室外的夜间灯光强度常被作为一个社会经济指标，在研究设计中，可以用来确定城市区域的范围、协助估计城市化的进程和体现人口增长与经济增长的过程。另一方面，研究提示夜间灯光的暴露影响可能具有独立的生物学效应。

通过卫星反演的夜光产品主要有但不限于：①由美国DMSP发射的夜光卫星搭载的线性扫描业务系统（operational linescan system，OLS）获取的卫星数据，该数据包含1992～2013年的全球年度夜间灯光数据，空间分辨率达到1km×1km，强度表示为DN值，即遥感影像像元亮度值（digital number，DN），用来反映地物的灰度值，原始DN数据范围在0～63之间，DN值越大表示夜间灯光强度越大。②对地观测卫星（Suomi NPP）搭载的VIIRS提供的夜间灯光遥感影像，得到的夜光产品空间分辨率可达到0.5km×0.5km，包含2012年4月至今全球的日/月/年均数据，强度表示为nW/（cm^2·sr）。③“珞珈一号”获得的夜光数据。“珞珈一号”是我国首颗专业夜光遥感卫星，于2018年发射，数据的分辨率最高可达130m。目前环境健康研究中应用的夜光数据以前两者为主。

通过卫星反演的夜间灯光数据反映了人类夜间灯光照明的情况，能够揭示地表人类活动的规律，且该类数据拥有较长的时间序列，一定程度上可以反映地区城市化程度和经济情况变化的时间趋势，被越来越多的研究作为城市化水平和社会经济指标的一个指代参数。同时，卫星遥感数据在全球各个国家和地区都以同样的方法对夜间灯光强度进行测量，可以以相同的标准对不同国家和地区的城市化程度进行评估和比较。相对传统的经济学指标，通过卫星产品估算得到的夜光数据作为经济学指代参数有着许多优势。传统的城乡分类往往是二分类变量（城市或者农村），而高时空分辨率的夜间灯光强度作为连续变量可以较为综合地展现城市的发展程度和动态过程、人口密度分布和交通便利程度等。相比于经典的社会经济指标，如GDP，夜间灯光数据有着更高的时空分辨率，可以体现社会经济情况在时间和空间尺度的连续变化趋势，提供个体水平的暴露评价。在许多研究中，基于卫星遥感的夜间灯光数据被证实与GDP水平高度相关，可以用以填补一些地区没有经济数据的空白。由于CO_2排放与能源消耗和经济增长有关，有研究提出可以利用夜光数据在更精细的尺度上估计CO_2的排放量。

在流行病学研究中，研究者根据研究人群的经纬度地址匹配对应的户外夜间灯光数据，进而探索夜光对人群健康的影响。在经济学意义方面，有研究者将夜光作为经济学指标，探讨其与尼日利亚妇女的体重以及儿童营养状况之间的关联，研究发现夜光水平的提升与妇女儿童健康状况的改善显著相关。在生物学意义方面，已有研究发现夜间灯光会影响睡眠，改变人体的昼夜节律，与许多疾病发病的高风险有关，包括肥胖、冠心病、精神疾病、乳腺癌、甲状腺癌等疾病。例如，香港的一项队列研究提示，基于卫星数据反演的户外夜间灯光强度上升可能与冠心病的高风险有关。韩国的一个社区调查发现，住在户外夜间灯光较强区域的居民患抑郁症和自杀的风险更高。

应用基于卫星遥感的夜间灯光数据开展流行病学研究也存在一定挑战。一方面，前述的DMSP-OLS和NPP-VIIRS两种夜光强度产品的覆盖时间、夜光强度单位和时空分辨率不同，开展长时间尺度的健康研究时需要对两种夜光产品进行校正处理和合并，会引入一定的误差。另一方面，基于卫星遥感的夜间灯光数据仅能反映室外环境的光污染水平，窗帘、墙体等的遮挡以及研究人群的睡眠习惯（戴眼罩与否）会使室内光污染水平与室外显著不同，影响对其生物学机制的解释。

第三节 其他暴露评价方法及应用

GIS和卫星遥感数据的广泛应用大大推动了环境因子暴露评价方法的发展，个体监测技术和其他模型技术的发展也大大促进了环境流行病学研究中外暴露评价方法的进步。

一、个体监测

前述基于模型的暴露评价方法大多是面向环境因子的，而便携式测量仪器的发展使得在个体层面评估人体暴露于环境因子时的外暴露水平成为可能。个体监测可以综合考虑个体暴露于室内外环境的时间和水平，因此个体测量可以更好地反映个体真实的环境外暴露水平。

目前针对大气污染、温度、夜光等环境因子的便携式测量仪器发展较快。例如，用于个体颗粒物暴露评估的便携式设备的检测原理主要可以分为两种：重量法和基于光散射原理的体积散射装置或光学颗粒计数器。称重法通过对采样器滤膜进行称重来计算整个采样期间的平均颗粒物暴露水平，一般认为是个体颗粒物暴露评估的金标准，但是其无法实时反映颗粒物浓度的时间变异性。基于光学方法的检测装置可以实时记录颗粒物浓度，有的还可以配合定位装置记录佩戴者位置，因此在研究中得到广泛应用。

利用个体监测仪器，研究者可以开展个体水平的环境因子暴露评价及相关的健康研究。例如，德国匹兹堡的一项研究利用便携个体检测装置进行入户监测，分析了室外大气颗粒物浓度和吸烟对于室内$PM_{2.5}$浓度的影响。有研究者利用个体监测数据和固定点环境监测数据构建了$PM_{2.5}$关键组分BC的个体暴露预测模型。利用个体可佩戴设备还可以研究供暖和烹饪等因素对个体暴露于颗粒物污染水平的影响。小规模的定群研究采用便携式或者可佩戴颗粒物采样仪器评估受试者室内或者个体水平的颗粒物暴露浓度，针对颗粒物不良健康影响的潜在机制展开研究。例如，上海的一项研究基于个体监测和随机双盲交叉试验设计发现，$PM_{2.5}$或可通过激活人体下丘脑-垂体-肾上腺轴，使神经内分泌活动和基础代谢发生改变，进而引发血压升高、炎症反应等一系列变化。研究者还可以利用便携式的光照计实际测量研究对象夜间灯光的暴露强度，进而更准确地评估夜间光污染的健康效应。

基于个体监测的暴露评价方法可以综合反映不同暴露场景下个体暴露于特定环境因子的平均水平，更接近个体的真实暴露水平。但是受到仪器成本、维护成本的限制，个体便携式仪器目前较多地应用于小样本的群组研究。另外，在非实验室环境或者动态移动过程中，仪器的测量精度可能下降；收到传感器工作原理的限制，部分仪器在湿度较大的环境下测量误差较大；由此引入的暴露错分也需要引起关注。

二、化学传输模型

化学传输模型（chemical transport model，CTM）通常基于输入的气象场和污染物排放等基础数据，通过计算机模型模拟大气成分的时空变化特征。与前述的暴露评价模型不同，CTM 不依赖地面监测数据的输入，因此其可以估算较少空气质量监测数据的地区的大气污染物浓度，如非洲地区。CTM 还可以通过调节气象场和排放清单的数据输入，模拟不同气象条件或者排放水平下大气成分的变化，通过与真实条件下大气污染水平比较，更好地探索气象条件或者排放因素对污染物生成的影响，估算不同污染源减排场景下大气污染物浓度的下降等。CTM 不仅可以模拟大气成分的时空变异性，还能呈现其垂直分布特征。部分 CTM 还可以与气候模型耦合，模拟不同未来气候变化场景下的大气成分变化趋势。不同 CTM 的机制、空间分辨率、垂直分辨率和适用的最佳空间尺度不同。例如，GEOS-Chem 模型更适合于全球尺度的大气成分模拟，空间分辨率可达到 0.25°×0.3125°；社区多尺度空气质量模型（the community multiscale air quality modeling system，CMAQ）更适合于区域尺度的研究，空间分辨率为 36km×36km，多层嵌套模型分辨率最高可达到 4km×4km。

常用的 CTM 在空气质量评价中的应用较为成熟，近些年来在环境健康研究中的应用也逐渐增多。一方面，其广泛的时空覆盖度使其成为大气污染物复杂模型中重要的预测变量，用于更高精度的大气污染物模拟。另一方面，随着 CTM 模拟精度和分辨率的提升，有研究直接利用其模拟结果开展流行病学研究。除此之外，CTM 可以提供更复杂的大气成分信息，如模拟颗粒物的主要化学组分、不同粒径颗粒物的浓度、多种金属和有机物成分以及大气污染物的垂直分布等信息，为上述大气成分的暴露评价提供基础数据。

三、再分析数据

在大气污染和气象因素与健康效应的研究中，再分析大气成分数据的应用有增加的趋势。这种“再分析”是一种利用数据同化系统把各种类型与来源的观测资料与数值天气预报产品进行重新融合和最优集成的过程，被融合的数据包括地面观测站数据、雷达数据和卫星数据等多源数据。再分析产品可以达到全国甚至全球覆盖，包括的参数除了常见的大气污染物、温湿度、风场和降水，还包括辐射、云等大气参数；同时再分析产品往往是三维数据库，可以同时体现大气要素的水平和垂直分布。

全球进行气象再分析产品的研究和开发的机构很多。例如，中国气象局、美国航空航天局（National Aeronautics and Space Administration）、日本气象厅、欧洲中期天气预报中心、全球模拟和同化办公室等，这些机构多年来也相继更新开发了许多大气再分析产品，如：①中国气象局陆面数据同化系统（China meteorological administration land data assimilation system，version 2.0）近实时产品数据集：中国气象局陆面数据同化系统，覆盖亚洲区域，可输出包括气温、气压、风速、降水、土壤湿度等产品数据，空间分辨率为 0.0625°×0.0625°，时间分辨率为 1 小时；②第二版的研究与应用的现代回顾性分析数据集（modern-era retrospective analysis for research and applications，version 2，MERRA-2）：是由全球模拟和同化办公室生产的现代卫星时代最新的大气再分析产品，可提供持续的近实时气象要素分析，覆盖全球，空间分辨率为 0.5°×0.625°，时间分辨率最高为 1 小时；③第五代欧洲中程天气预报中心再分析（the fifth generation European center for medium-range weather forecasts reanalysis，ERA-5）数据集：是欧洲中期天气预报中心继 ERA-15、ERA-40 等产品之后，推出的第五代再分析产品，覆盖全球，数据集中包含 200 多个参数，空间分辨率为 0.1°×0.1°、时间分辨率最高为 1 小时，提供大量的大气、陆地和海洋气候变量；④戈达德地球观测系统前向处理（Goddard Earth Observing System-forward processing，GEOS-FP）数据集：该数据同化系统是全球模拟和同化办公室当前运行的气象数据产品，空间分辨率为 0.25°×0.3125°，时间分辨率最高达到 1 小时，产品数据包括大气化学成分和气象因子等。

在环境因子暴露评价过程中，再分析数据既可以作为复杂模型的输入变量，也可以直接提供暴露评价的数据模拟。在大气污染方向，再分析数据可以提供全时空覆盖度的近地面大气污染物模拟值或者重要气象参数模拟值作为复杂模型的重要预测变量。在温度健康效应研究中，逐渐有研究直接利用再分析数据集模拟的温度数据进行暴露评价，探索温度的健康效应。需要注意的是目前多种再分析产品在不同地区、不同时间段、针对不同参数的模拟准确度尚缺乏全面的评估和比对；大部分产品不直接提供相对湿度数据，在数据转换过程中可能会引入较大的误差。

四、大数据和机器学习

随着模型方法的发展和计算能力的大幅度提升，环境因子暴露评价模型中纳入的预测变量和采用的建模策略都更加丰富，暴露评价领域也迈入了大数据和人工智能时代。

大量的预测变量被应用于环境因子的暴露评价研究。例如，大气污染方面，除了前述的气象变量之外，与大气颗粒物生成过程相关的辐射参数等也被发现可以帮助提升预测的准确性。时间滞后效应参数可以反映前后几天的污染物浓度对当天浓度的影响，而空间滞后效应参数可以反映一定区域内污染物浓度空间自相关的影响。夜间光照亮度可以被作为人为源排放的指示变量纳入模型。如前所述，越来越多的暴露评价模型将 CTM 生产的大气污染物浓度模拟值以及再分析数据产品的气象因素和污染物模拟值作为重要的预测变量纳入，借此进一步提升模型预测大气污染物浓度时空特征的能力。同时亦有研究借用 CTM 模拟值来填补卫星数据缺失造成的最终大气污染物预测值缺失，进一步得到更高时空覆盖率的大气污染物暴露评价数据库。

近年来，随着算法和计算能力的快速发展，基于机器学习（machine learning）算法甚至深度学习（deep learning）算法的模型借助其强大的非线性拟合能力和包容大量预测变量的能力逐渐超越了经典统计模型，成为环境因子暴露评价的新兴建模方法。在大气污染暴露评价方面，常见的机器学习模型包括神经网络（neural network）模型、RF 模型和极限梯度提升（extreme gradient boosting）模型等。基于机器学习的模型可以更灵活地拟合大气污染物浓度与预测变量之间的非线性关系，并且可以更好地处理多种预测变量之间的共线性问题，因而可以更加充分地利用预测变量提供的信息来捕获大气污染物浓度的时空变异性。不足之处是机器学习模型无法给出预测变量相应的系数和权重，“黑箱”拟合过程增加了变量筛选和结果解释的难度，且大量预测变量的纳入可能引入过拟合的问题。RF 模型可以给出预测变量的重要性排序，一定程度上可以帮助研究者进行变量筛选。在单一模型的基础上，有研究发现将多种机器学习方法的结果进行融合可以更好地发挥多种模型各自的优势，最终进一步提升预测的准确性。

展　望

进入 21 世纪，随着数据更加丰富、模型和计算能力不断提升以及监测技术不断发展，环境因子暴露评价进入了大数据时代，其方法和产品向着更广和更细的两个维度同步发展。一方面，覆盖范围更广。现有的暴露评价数据可以实现由点及面的演变，在空间上可以在没有监测点位的区域估算环境因子水平，甚至有暴露评价产品可以达到全球覆盖。在时间上，借助多元（源）数据提供的长时间尺度的数据信息，可以对缺乏监测数据的环境因子历史水平进行估算，扩展了对其长时间尺度变异规律的认识。另一方面，暴露评价更精细。多元数据融合和模型方法的快速发展使得现有暴露评价数据的估算精度更高，空间和时间外推的准确性都得到了较大提升。预测变量时空分辨率的提升也相应提升了最终暴露评价产品的时空分辨率。现有环境因子暴露评价模型的时间分辨率可以达到小时水平，空间分辨率可以达到千米甚至百米、十米水平，从而更好地捕获环境因子在小尺度的浓度变异。更精细还体现在暴露评价开始从环境水平向个体水平发展，个体监测技术、便携式设备和更高时空分辨率数据的发展使得考虑不同暴露场景和时间的个体暴露评价成为可能，并且预期在将来会有长足发展。未来，人工智能可能会大大提升暴露评价的准确性和模型计算速度；新兴的暴露评价方法对于健康效应估计的误差研究也亟须开展；多种环境因子的共同暴露应该如何进行联合暴露评价同样值得关注；如何将外暴露向内暴露转化也是该领域目前的难点问题。

推荐阅读

BEELEN R, HOEK G, VIENNEAU D, et al. 2013. Development of NO_2 and NO_x land use regression models for estimating air pollution exposure in 36 study areas in Europe-The ESCAPE project[J]. Atmospheric Environment, 72: 10-23.

BURROUGH P, MCDONNELL R, 1998. Principles of Geographical Information Systems[M]. New York: Oxford University Press.

Health Effects Institute, 2019. State of Global Air, 2019[M]. Boston, MA: Health Effects Institute.

HU J L, LI X, HUANG L, et al. 2017. Ensemble prediction of air quality using the WRF/CMAQ model system for health effect studies in China[J]. Atmospheric Chemistry and Physics, 17(21): 13103-13118.

International Programme on Chemical Safety & Organisation for Economic Co-operation and Development, 2004. IPCS Risk Assessment Terminology[M]. World Health Organization.

LI L F, WU J J, 2021. Spatiotemporal estimation of satellite-borne and ground-level NO2 using full residual deep networks[J]. Remote Sensing of Environment, 254.

LIU Y, KOUTRAKIS P, KAHN R, 2007. Estimating fine particulate matter component concentrations and size distributions using satellite-retrieved fractional aerosol optical depth: part 1-method development[J]. J Air Waste Manag Assoc, 57(11): 1351-1359.

MENG X, LIU C, ZHANG L, et al. 2021. Estimating PM2. 5concentrations in Northeastern China with full spatiotemporal coverage, 2005-2016[J]. Remote Sens Environ, 253.

SOREK-HAMER M, CHATFIELD R, LIU Y, 2020. Review: Strategies for using satellite-based products in modeling PM2. 5 and short-term pollution episodes[J]. Environment International, 144.

WHO global air quality guidelines, 2021. Particulate Matter($PM_{2.5}$ and PM_{10}), Ozone, Nitrogen Dioxide, Sulfur Dioxide And Carbon Monoxide[M]. Geneva: World Health Organization. Licence: CC BY-NC-SA 3. 0 IGO.

WU C D, ZENG Y T, LUNG S. 2018. A hybrid kriging/land-use regression model to assess PM2. 5 spatial-temporal variability[J]. Science of the Total Environment, 645: 1456-1464.

XIAO Q Y, CHANG H H, GENG G N, et al. 2018. An ensemble machine-learning model to predict historical PM2. 5 concentrations in China from satellite data[J]. Environmental Science & Technology, 52(22): 13260-13269.

思 考 题

1. 进入 21 世纪，有哪些新数据和新方法被应用于促进环境暴露评价的发展？

2. 在暴露评价新方法的发展过程中，数据不断丰富和方法不断发展之间是怎样的关系？

3. GIS 技术在环境暴露评价中的应用场景有哪些？

4. 在环境暴露评价中应用卫星遥感数据有哪些优势？

5. 在本文介绍的暴露评价方法中，哪些善于捕获环境因子的时间变异性，哪些善于捕获环境因子的空间变异性？

6. 本文介绍的暴露评价方法是如何促进环境因子的个体水平暴露评价发展的？

（孟　夏）

第十八章　人体环境暴露参数

第一节　暴露参数概述

一、引　　言

环境健康风险的发生一方面取决于客观存在的“环境污染”，另一方面也取决于主观行为的“人体暴露”。也就是说只有人群或个体通过行为活动与进入环境的污染物产生接触，有毒化学物质才可能会对人体健康造成危害。环境健康风险的大小主要受三方面因素的影响：①污染物毒性系数，即由动物实验或人体实验得出的引起不良健康反应的污染物暴露量（剂量）的估算值；②所暴露污染物的浓度；③人与污染物的暴露行为和特征，即暴露参数。通过这些信息，才可以估算因暴露环境污染物所引起的不良健康反应的风险。可见，暴露参数是影响环境健康风险评估准确性的关键参数。在环境介质中化合物浓度准确定量的情况下，暴露参数值的选取越接近于评价目标人群的实际暴露状况，环境健康风险评价的结果也就越准确。本章节先概述暴露参数的定义、分类和国内外暴露参数手册现状，然后按参数类型分别介绍每类参数的定义、研究方法以及国内外代表性暴露参数手册中的相关推荐值。

二、暴露参数定义和分类

暴露参数（exposure factor）是用来描述人体暴露环境污染物的特征和行为的参数，包括人体特征参数（如体重、期望寿命等）、时间-活动模式参数（如室内活动时间、室外活动时间等）和摄入量参数（如呼吸量、饮水摄入量、土壤摄入量等）。

（一）根据暴露途径来分

人体暴露于环境介质（空气、水、土壤 / 尘）以及食品中的污染物主要通过三种途径，即呼吸道、消化道和皮肤。根据不同的暴露途径，暴露参数可以分为：

1. 经呼吸道的暴露参数　长期呼吸量（m^3/d）、短期呼吸量（L/min）、室内活动时间（min/d）、室外活动时间（min/d）、体重（kg）、期望寿命（y）等。

2. 经消化道的暴露参数　饮食摄入量（g/d）、饮水摄入量（L/d）、土壤 / 尘摄入量（mg/d）、体重（kg）、期望寿命（y）等。

3. 经皮肤的暴露参数　皮肤表面积（m^2）、皮肤与水接触时间（min/d）、皮肤与水接触频次（次 /d）、皮肤与土壤接触时间（min/d）、皮肤与土壤接触频次（次 /d）、体重（kg）、期望寿命（y）等。

（二）根据参数类别来分

暴露参数根据类别可分为摄入量参数、时间活动模式参数和其他暴露参数三类。

1. 摄入量参数　指对每种环境介质的摄入量，如呼吸量（m^3/d）、饮水摄入量（L/d）、饮食摄入量（g/d）、土壤 / 尘摄入量（mg/d）等。

2. 时间活动模式参数　指与每种环境介质接触的行为方式，如室内活动时间（min/d）、洗澡时间（min/d）、游泳时间（min/d）、皮肤土壤接触频率（次 /d）和时间（min/d）等。

3. 其他暴露参数　指皮肤表面积（m^2）、体重（kg）和期望寿命（y）等。

（三）根据参数性质来分

根据参数性质可分为：生理参数和行为习惯参数两类。

1. 生理参数 与人体生理特性相关的参数。如体重（kg）、皮肤表面积（m^2）、呼吸量（m^3/d）等。

2. 行为习惯参数 与人的行为习惯相关的参数。如室内活动时间（min/d）、室外活动时间（min/d）、洗澡和游泳的频率（次 /d）和时间（min/d）、饮水摄入量（L/d）、饮食摄入量（g/d）等。

三、国内外暴露参数手册

（一）中国

我国人群暴露参数手册是在生态环境部科技标准司委托中国环境科学研究院分别于2011～2012年和2013～2014年开展的全国范围内的成人和儿童环境暴露行为模式研究基础上，综合国内其他相关调查、研究及统计信息形成的。手册分为成人卷、0～5岁儿童卷和6～17岁儿童卷三卷。其中中国人群环境暴露行为模式调查是采用多阶段分层整群随机抽样的方法，以地区、城乡、性别和年龄为分层因素，抽取了我国31个省（自治区、直辖市，不包括香港、澳门特别行政区和台湾地区）167 046名常住居民，采用问卷调查、现场测量（半定量和定量）相结合的方式对其基本情况和与环境介质相关的暴露特征开展调查。最终获得有效样本166 611人，其中18岁及以上成人91 121人，儿童95 490人。

成人卷手册中，暴露参数有摄入量参数（呼吸量、饮水摄入量、饮食摄入量、土壤 / 尘摄入量）；时间活动模式参数，包括与空气暴露相关的时间活动模式参数（室内外活动时间、交通出行方式和时间）、与水暴露相关的时间活动模式参数（洗澡时间、游泳时间等）、与土壤暴露相关的时间活动模式参数（土壤接触时间），与电磁暴露相关的时间活动模式参数（与手机、电脑的接触时间等）；其他参数，包括体重、皮肤暴露参数、期望寿命和住宅相关参数。儿童卷手册在此基础上还增加了手 / 物口接触频次和接触时间参数。在手册中，对于每类参数，均先介绍该参数的定义、影响因素和获取方法，然后是数据和资料的来源和参数的推荐值，最后是与国外相关参数的比较。此外，每章都以附表的形式列出了分地区（东部、中部和西部、片区和省）、分城乡、分性别、分年龄的数据，有个别参数还列出了分季节的数据。手册的附表中列出了样本量、算数均值，以及百分位数值，读者可以根据需要选择。

（二）美国

美国是世界上最早开展暴露参数研究并发布暴露参数数据库和手册的国家。EPA在一些全国性大规模调查和零星科学研究数据的基础上，于1989年出版了第一版《暴露参数手册》，后又于1997年和2011年进行修订。该手册详细规定了不同人群呼吸、饮食、饮水和皮肤接触的各种参数，给出了各参数在不同情况下的均值、中位值、最大值、最小值和范围值等，并提出了对在各种情况和需求下暴露参数选用原则的建议。自2017年10月以来，EPA已开始单独发布章节更新，如表18-1所示。

表 18-1 美国暴露参数手册更新情况

章节	修订日期	章节	修订日期
前言	2011年10月3日	第八章：体重	2011年10月3日
第一章：介绍	2011年10月3日	第九章：水果和蔬菜摄入量	2018年8月15日
第二章：不确定性分析	2011年10月3日	第十章：鱼类和贝类摄入量	2011年10月3日
第三章：水和其他特定液体的摄入量	2019年2月6日	第十一章：肉类、乳制品和脂肪摄入量	2018年6月28日
第四章：非饮食摄入参数	2011年3月10日	第十二章：谷物摄入量	2018年7月30日
第五章：土壤和尘摄入量	2017年10月15日	第十三章：自产食物摄入量	2011年10月3日
第六章：呼吸量	2011年10月3日	第十四章：食物总摄入量	2011年10月3日
第七章：皮肤参数	2011年10月3日	第十五章：母乳摄入量	2011年10月3日

续表

章节	修订日期	章节	修订日期
第十六章：活动参数	2011年10月3日	第十九章：建筑特征	2018年7月17日
第十七章：消费品	2011年10月3日	术语表	2011年10月3日
第十八章：终生寿命	2011年10月3日		

针对儿童这一特殊人群，EPA在2002年编写了专门的《儿童暴露参数手册》，并于2008年进行修订后重新发布。2011版《暴露参数手册》取代了2008版《儿童暴露参数手册》，该手册中包含以下暴露参数：水和其他特定液体的摄入量、非饮食摄入参数、土壤和尘摄入量、呼吸量、皮肤参数、体重、水果和蔬菜摄入量、鱼类和贝类摄入量、肉类、乳制品和脂肪摄入量、谷物摄入量、自产食物摄入量、食物总摄入量、母乳摄入量、活动参数、消费品、终生寿命、建筑特征。

为了更好地完成暴露参数工作，提高环境健康风险评价的准确性和效率，EPA还启动了专门的“暴露参数项目”将暴露参数工作作为一项常规性事务工作来推动。该项目除包括暴露参数手册的编写和修订工作外，还包括若干科研项目，如“年龄分组方法”“暴露参数的统计学分布”“暴露场景分析”“食品摄入量分析”“儿童研究中的年龄分组方法指南”“空气交换率”“成人和儿童的土壤摄入量”“基于尿中砷的土壤摄入量研究”等。此外，该项目还将“人口统计学”“食品摄入量统计学分布”“室内空气污染暴露”等数据库和相关信息也纳入其中，如在人口统计学资料中提供了如何根据化合物毒性来识别潜在的高风险人群的方法等。

美国暴露参数手册为美国的环境健康科研和管理工作者提供了很好的参考，在化学品管理、环境空气质量标准修订等环境管理过程中都发挥了重要的作用。与此同时，这些暴露参数手册自发布后也成为被世界各国进行健康风险评价的科研和管理人员广泛引用的依据，暴露参数手册的框架也成为世界各国制定适合各自国家特色的暴露参数手册的参考。

（三）韩国

《韩国暴露参数手册》是韩国环保部于2009年发布的。该手册是在参考美国《暴露参数手册》框架的基础上，根据韩国居民的特点编制的，包括人体特征参数（体重、平均寿命、皮肤表面积等）、呼吸量、土壤摄入量、食物消费、淋浴和盆浴、时间活动参数、人口流动、居住容积和住宅变更等。

儿童对于环境污染物的暴露量大于成人，使用成人参数进行儿童的健康风险评价将产生一定误差。在此背景下，韩国针对儿童群体发布了专门手册。韩国《儿童暴露参数手册》提供了以下儿童暴露参数数据：生理暴露参数（包括身高、体重和皮肤表面积），以及呼吸量、摄入暴露参数（包括谷物摄入量、蔬菜摄入量、水果摄入量、肉类摄入量、鸡蛋摄入量、鱼和贝类摄入量、坚果和籽类摄入量、海藻摄入量、乳制品摄入量、脂肪和油类摄入量、饮料和酒精饮品摄入量、调味品摄入量、糖和甜味剂摄入量、加工食品的摄入量、饮水摄入量）、活动模式参数（包括特定地点花费时间、特定行为花费时间、交通出行时间以及手口接触频次和物口接触频次）。

（四）日本

《日本暴露参数手册》是日本国立产业技术综合研究所化学物质风险管理研究中心于2007年参考EPA的框架编制的，手册中包括人体特征参数、经口暴露参数、皮肤暴露参数、时间活动模式等。该手册与美国《暴露参数手册》的不同之处在于，其中还包括苯、甲苯、氯苯、甲醛等常见污染物的暴露浓度和二噁英、镉、汞等污染物在母乳、血、尿液、头发等中的体内负荷。此外，《日本暴露参数手册》只提供了简表和对表中参数的解释，篇幅比较短，采用日文及英文两种语言在网上发布。

（五）加拿大

《加拿大暴露参数手册》是由加拿大斯坦泰克咨询有限公司和博士联合发布，该手册在1997

年加拿大风险评估暴露因子纲要的基础上进行了更新，并取代了1997年的纲要。加拿大与美国不同的是，EPA定期编辑和公布风险评估的暴露因子，加拿大没有任何一个监管机构会对这类信息进行编写或更新。2013年手册中的分析和统计数据是基于公共数据文件和其他数据的，来自加拿大各种调查统计的数据，包括2000～2010年加拿大社区健康调查，2005年和2010年的社会调查和2007年加拿大卫生措施调查。2013年版暴露参数手册包含：成人和儿童的体重、呼吸量、皮肤表面积、土壤摄入量、时间-活动行为模式参数等暴露参数。

（六）澳大利亚

澳大利亚2012年发布了《澳大利亚暴露参数指南》。该指南按照暴露途径设定章节，包括解剖和生理特征参数（身高、体重、生长、期望寿命等）、估算皮肤途径暴露的相关参数（皮肤表面积、土壤黏附系数、皮肤的生物有效利用性、游泳与洗澡的频率和持续时间）、估算摄入途径暴露的相关参数（饮水摄入量、饮食摄入量、母乳摄入量、土壤摄入量、游泳吞水量）、估算呼吸途径暴露的相关参数（呼吸量、住宅空气交换率、室内积尘率）、活动参数、住宅和人口流动性。每一参数均提供了澳大利亚数据和国外相关数据，然后给出了澳大利亚推荐值。

（七）欧盟

欧盟Expofacts数据库提供了食物摄入量、时间活动模式等暴露参数，同时提供住房和人口统计数据，主要用于公共卫生和环境问题的欧洲暴露评估和风险管理，特别是在室内空气质量、饮食暴露及消费品和物品安全方面。Expofacts数据库涵盖奥地利、比利时、丹麦、芬兰、法国、德国等30个欧洲国家的数据。数据库涵盖的国家种类多，但暴露参数数据并不全面，如数据库未提供呼吸量数据、仅部分国家有行为模式数据等。此外，部分欧洲国家以其他方式提供暴露参数，如德国建立了本国暴露参数数据库，包含食物和饮用水消费、时间位置活动模式、土壤和尘摄入、人体测量数据暴露参数；法国发布本国暴露参数手册，包含体重、活动模式、自来水用量以及儿童对土壤和灰尘的摄取数据。

第二节　摄入量参数

一、呼　吸　量

（一）简介

近年来，越来越多的流行病学、毒理学资料及研究表明，PM_{10}与人类疾病的发病率、死亡率关系密切。2017年GBD研究表明，颗粒物污染是造成死亡和DALY百分比的第四大风险因素，由颗粒物导致的死亡人数超过120万。因此，研究空气颗粒物对人体的健康影响已经成为当前环境与健康领域的重点。

暴露剂量作为连接人体和环境的关键因子，对评价健康风险、进行空气污染的健康研究具有重要的价值和意义。使用暴露剂量而非暴露浓度进行评估，考虑了个体摄入和吸收污染物的异质性，更准确地解释人们吸入空气污染量的差异，并能够更加准确地反映暴露-剂量反应关系。

在人体对环境空气污染物暴露研究中，呼吸量是必不可少的暴露剂量计算参数之一。呼吸量（inhalation rate）指单位时间内吸入空气的体积，分为长期呼吸量和短期呼吸量。短期呼吸量按每分钟或每小时吸入空气的体积（L/min或m^3/h）计算，按照活动强度，儿童短期呼吸量可分为休息、坐、轻度运动、中度运动和剧烈运动下的呼吸量；长期呼吸量按照每天吸入空气的体积（m^3/d）计算。

（二）研究方法

1. 直接测量法　是在各种活动强度水平下，采用肺活量计和一个收集系统或其他装置直接测量得到。这种方法的优点是准确性高，但较为烦琐，不适合大规模的调查研究。直接测量法包括双重标记水测量法及仪器直接测量法。

双重标记水测量法通过受试者口服一定剂量的 ^2H_2O 和 $H_2{}^{18}O$，经过 7～21 天后，检测受试者尿液、唾液或血液中稳定同位素氘（^2H）和重氧（^{18}O）的分解速率。其中 ^2H 的分解速率可以反映水的产率，^{18}O 的分解速率可以表明水和 CO_2 的产率，通过两者分解速率的差值可以计算出 CO_2 的产率。每日总能量消耗中，呼吸商值取决于各研究期间的膳食组成。

双重标记水测量法同样用于测量生长发育消耗的能量。每日总能量消耗和每日生长发育能量消耗量可转化为每日生理呼吸量，利用下列 Layton 方程式计算：

$$\text{PDIR}=（\text{TDEE}+\text{ECG}）\times H\times \text{VQ}\times 10^{-3} \tag{18-1}$$

式中，PDIR 为每日生理呼吸量，m^3/d；TDEE 为每日总能量消耗，kcal/d；ECG 为每日生长发育能量消耗量，kcal/d；H 为消耗单位能量的耗氧量，一般取 0.21L/kcal；VQ 为通气当量，一般取 27；10^{-3} 为转化因子，L/m^3。

仪器直接测量法目前使用尚不普及，但是现在有一些仪器可以直接使用来测量心率和呼吸量。加利福尼亚大学生物医学工程系的 Michelle Khine 团队研发了一款可以测呼吸量的胸部贴片和系统，这些低功耗压阻传感器与无线蓝牙单元集成，可以测量呼吸频率和呼吸量。研究人员还开发了基于声学的传感器，用于监听通过气道的空气，并且还可以使用放置在鼻子下的呼吸传感器来监测实际的呼吸本身。

2. 心率-呼吸量回归法　是选择具有代表性的人群，同时测量其呼吸量和心率，通过回归分析建立二者的一元或多元线性关系模型，然后根据各类人群的心率推测其呼吸量的方法。心率主要受到耗氧量的影响，而耗氧量与呼吸量高度相关，且由于心率在现场试验中容易测量、仪器价格适中等特点，基于心率和呼吸量回归法来预测呼吸量的方法也得到了关注。现有研究表明，心率和呼吸量之间具有很强的相关性。

这种方法应用广泛，只要样本选择得当，适合大规模的调查。比如韩国的暴露参数手册选择的就是这种方法。韩国呼吸量的测量方法如下：以 10～40 岁的 193 人为调查对象，根据实验室协议在多种运动负荷的情况下对其进行呼吸频率和心脏搏动次数的测量，测量以 15 秒为间隔。运动负荷分为休息、步行和跑步。休息包括躺着、坐着、站着；步行分为慢走和快走两种。使用心脏搏动次数推测呼吸量的回归式。根据心脏搏动次数的变化，可得出呼吸频率的一个曲线关系，再通过 2 次方程式、3 次方程式或线性方程式等回归方程式的校正，得出最佳推测方程式。最佳模式的选定是通过跟多元回归模式的赤池信息量准则（Akaike information criterion，AIC）值进行比较，选择其最低值的模型。对呼吸量和心脏搏动次数之间的关系进行统计分析，得出计算各年龄、性别、活动水平的呼吸率的最佳方法。

3. 人体能量代谢估算法　是根据各类人群每天或每种类型活动单位时间内消耗的能量和耗氧量来确定呼吸量的方法。这种方法的特点是计算较为简单、容易获取，缺点是准确性需要进一步提高。这种方法的原理是：根据生物化学原理，人们在消耗能量的同时需要吸入氧气参与体内的生化反应，因此可以根据消耗能量数据计算消耗的氧气量，再根据空气中氧气的含量，核算出吸入的空气量。依据我国《暴露参数调查技术规范》（HJ 877—2017），长期呼吸量和短期呼吸量的计算方法如下：

（1）长期呼吸量：计算方法为

$$\text{IR}_\text{L}=\frac{\text{BMR}\times E\times \text{VQ}\times A}{1000} \tag{18-2}$$

式中，IR_L 为长期呼吸量，m^3/d；BMR 为基础代谢率，kJ/d。基础代谢是维持机体生命活动最基本的能量消耗，相当于平躺休息时的活动强度水平，不同性别、年龄段人群基础代谢率的计算公式见表 18-2；E 为单位能量代谢耗氧量，0.05L/kJ；VQ 为通气当量，量纲 1，取 27；A 为长期呼吸量计算系数，不同性别、年龄段人群长期呼吸量计算系数取值见表 18-3。

表 18-2 不同性别、年龄段人群基础代谢率计算公式

性别	年龄段（岁）	BMR 计算公式	性别	年龄段（岁）	BMR 计算公式
	0～	0.249W−0.127		0～	0.244W−0.130
	3～	0.095W+2.110		3～	0.085W+2.033
	6～	0.095W+2.110		6～	0.085W+2.033
男	10～	0.074W+2.754	女	10～	0.056W+2.898
	18～	0.063W+2.896		18～	0.062W+2.036
	31～	0.048W+3.653		31～60	0.034W+3.538
	＞60	0.370+0.020Hg+0.052W−0.025B		＞60	1.873+0.013Hg+0.039W−0.018B

注：Hg. 身高，cm；W. 体重，kg；B. 年龄，y

（2）短期呼吸量：计算方法为

$$IR_S=\frac{BMR\times H\times VQ\times N}{1440} \tag{18-3}$$

式中，IR_S 为短期呼吸量，L/min；N 为各类活动强度水平下的能量消耗量，是基础代谢率的倍数，无量纲，N 随着活动强度的变化而变化。成人在休息、坐、轻微活动、中体力活动、重体力活动和极重体力活动下的取值分别为 1、1.2、1.5、4、6 和 10，儿童在休息、坐、轻度运动、中度运动和剧烈运动的取值分别为 1、1.2、2、4 和 10。

表 18-3 不同性别、年龄段人群长期呼吸量计算系数

年龄段（岁）	性别	长期呼吸量计算系数（A）	年龄段（岁）	性别	长期呼吸量计算系数（A）
0～	男，女	1.9	12～	男	1.8
1～	男，女	1.6		女	1.6
3～	男，女	1.7	15～	男	1.7
6～	男，女	1.7		女	1.5
9～	男，女	1.9	≥18	男、女	1.9

4. 方法之间的比较 呼吸量是影响健康风险评估的关键要素，也是当前现场实验中较难监测的一个关键因子。呼吸量指人在单位时间内吸入的空气体积，主要受年龄、活动强度、体重和性别等因素的影响。当前呼吸量主要研究方法有三种：

（1）直接测量法：采用肺活量计和一个收集系统或其他装置直接测量得到呼吸量，这种方法准确性高，但操作过程较为烦琐，不适合大规模的调查研究。

（2）心率-呼吸量回归法：建立呼吸量和心率测量的一元或多元线性回归模型，并根据心率参数计算个体呼吸速率，整体模型不能准确预测个体呼吸量，个体模型对呼吸量预测准确，因此需分别建立受试者个体模型，同样不适合大规模的调查研究。

（3）人体能量代谢估算法：根据人群活动单位时间内消耗的能量和耗氧量确定呼吸量，这种方法的特点是计算简单、容易获取，但准确性需要进一步提高。因此，选择合适研究方法来准确定量呼吸量，对提高健康风险评估的准确性、推动呼吸量在现场试验研究中的运用具有重要的科学价值和现实意义。

（三）我国暴露参数手册推荐值

中国人群暴露参数手册中呼吸量推荐值是在中国人群环境暴露行为模式研究实测获得的人群身高、体重的基础上，通过人体能量代谢估算法计算获得，推荐值见表 18-4。

表 18-4　中国人群呼吸量推荐值

年龄	长期呼吸量（m^3/d）	短期呼吸量（L/min）				
		休息	坐	轻度运动	中度运动	剧烈运动
0～	3.7	1.4	1.6	2.7	5.4	13.6
3 个月～	4.7	1.7	2.1	3.4	6.9	17.2
6 个月～	5.4	2.0	2.4	4.0	7.9	19.8
9 个月～	5.9	2.1	2.6	4.3	8.6	21.5
1 岁～	5.7	2.5	3.0	4.9	9.9	24.7
2 岁～	6.3	2.7	3.3	5.5	10.9	27.3
3 岁～	8.0	3.3	3.9	6.5	13.1	32.6
4 岁～	8.4	3.4	4.1	6.9	13.8	34.4
5 岁～	8.8	3.6	4.3	7.2	14.4	36.1
6 岁～	10.1	4.1	4.9	8.2	16.5	41.1
9 岁～	13.2	4.8	5.8	9.7	19.3	48.3
12 岁～	13.5	5.5	6.6	10.9	21.9	54.7
15 岁～	14.0	6.0	7.2	12.1	24.1	60.3
≥18 岁	15.7	5.5	6.6	8.2	21.9	32.9

二、土壤摄入量

（一）简介

土壤摄入量（soil ingestion）指单位时间内无意识或有意识地摄入土壤的质量。土壤中的污染物可以通过呼吸吸入、经口摄入和经皮肤接触暴露等多种途径到达人体，进而对人体产生健康危害。其中，无意识的经口直接摄入土壤是人群对土壤中污染物暴露的重要途径之一，特别是对于儿童。儿童经常在地上活动，而且儿童有频繁的手口和物口接触行为，他们比成人更容易直接摄入土壤。因此，土壤摄入是儿童暴露污染物的主要途径之一。土壤摄入量是评估土壤经口暴露风险的重要参数之一。

（二）研究方法

1. 活动模式法　手口接触是儿童土壤摄入的主要途径。无论在室内环境和户外环境，儿童的手掌都会接触到一些环境物质，如土壤和灰尘，然后通过手口接触的途径摄入。活动模式法基于手口接触是摄入土壤的最主要途径，一般通过擦拭或冲洗方法测定调查对象的手尘负荷（即手部黏附的尘土质量）和通过观察或询问调查对象的手口接触频次来估算每天的土壤摄入量。土壤摄入量的计算方法如式（18-4）：

$$\mathrm{IR_S}=Q_{\mathrm{hm}}\times \mathrm{TF_{htm}}\times H_{\text{contact-area}}\times t_{\exp}\times f_{\mathrm{htm}}\times F_{\text{uptake-GIT}} \tag{18-4}$$

式中，$\mathrm{IR_S}$ 指土壤摄入量（mg/d）；Q_{hm} 指手部的皮肤土壤黏附系数（mg/cm^2）；$\mathrm{TF_{htm}}$ 指手口接触的物质传输效率（%）；$H_{\text{contact-area}}$ 指手口接触的手的表面积（cm^2）；f_{htm} 指每小时手口接触的频率（h^{-1}）；$t_{\exp}$ 暴露的时间（h）；$F_{\text{uptake-GIT}}$ 指肠道吸收的分数（无单位）。

对于活动模式法，手尘负荷和手口接触频次是估算土壤摄入量的关键参数。

（1）手尘负荷：是指手上黏附的土壤的质量，手尘负荷受土壤特性（如粒径大小、有机质含量和含水量）以及人群活动模式（手与土壤接触方式）等因素的影响。例如，土壤含水量越高，大粒径的土壤就越容易黏附到手上，手尘负荷也就越大。

手尘负荷可以采用直接测量的方法测定。一种方法是采用无尘布擦拭手的方法，无尘布擦拭前后的质量差即为手尘负荷；还可以采用实验室模拟的方法：①把一定重量的土壤放入塑料盒中；②把手的全部伸入塑料盒中的土壤中，确保整只手表面与土壤充分接触；③取出手并抖掉多余的土壤；④称量塑料盒中剩余土壤的重量，两次称量的土壤重量之差即为手尘负荷。两者之间的差异主要在于前者是基于受试者真实的活动情景测定的，后者是基于实验室模拟手和土接触的情景测定的，前者更能反映土壤暴露的真实情况。

（2）手口接触频次：指单位时间内手和嘴接触的频次。其中的手口接触行为具体包括除了吃喝以外的接触到嘴巴的手指或将手指放入嘴巴的行为，还包括舔、吸吮、咀嚼和咬等行为活动。早期的研究主要采用问卷调查法和手口记录法，随着录像技术及其解译技术的发展，20 世纪 90 年代开始采用视频解译方法调查儿童的手口接触行为。

问卷调查法是研究者使用问卷调查的形式获得受访儿童的摄食行为信息，由此获得所需要的暴露参数的一种方法。使用调查反应法进行研究主要依赖的是父母或者照看者对与儿童饮食行为相关问题的反应。该方法的优点是比较简单，易于执行，使用广泛，并具有直观性，能较准确表达所需的暴露参数数据。测量误差可能来自观察者和受访者之间的语言或方言差异、提问问题的措辞、提问中使用缺乏定义的术语、受访者对问题的解释差异、回忆或记忆效应等。另外，在问卷调查中，观察者和受访者受各种主观因素和其他限制的影响，其主观性比较强，因此其数据结果的准确性有待提高。

实时手工记录法，就是由训练有素的观察员（非父母）手工记录儿童的手口行为信息。这样观察员相对于那些与儿童有照顾关系的人（如父母等监护人）而言，会比较缺少主观性。然而，幼儿的行为在有不熟悉人存在的情况下可能会受到或多或少的影响。实时手工记录法是研究人员最早使用的研究人类活动行为的方法，并在很长的一段时间进行了尝试。但是这种方法的可靠性较差，比较烦琐，容易造成观察员疲劳，从而影响记录的结果。另外，在观察期间，非家庭成员的观察员的存在会影响儿童的行为。

视频摄录法，就是由训练有素的摄像师对儿童的活动进行录像，并随即手工或用计算机软件提取相关数据的方法。录像观察儿童间歇性的手口行为，以单位时间内记录的接触量表示。用视频摄录的方法存在一个假设，就是假设摄影师或相机的存在不影响孩子的行为，也就是说在儿童看不见摄影师或相机的时候引入的偏差会是较小的。但是，如果研究中的儿童年龄较大，且具有自主行为特性，在同样能看到相机或摄影师情况下，他们会比新生儿引入较大的偏差。另一种可能引入误差的来源就是儿童的动作或所在地使得相机不能拍摄到他们的手口行为，这样会引入测量误差。如此，数据摄录的结果就可能正向或负向地使结果造成偏差，引起数据的误差。

2. 生物动力学模型比较法　生物动力学模型基于特定污染物进入人体后的代谢过程，模拟人体组织或排泄物中的代谢物浓度。在土壤和灰尘是该污染物的主要摄入介质的情况下，通过比较组织或排泄物中代谢物的实测浓度和预测浓度，验证模型的实用性。模型验证通过后，即可根据实测的代谢物浓度推算土壤和灰尘的摄入量。生物动力学模型比较法用于估测土壤摄入量时，需要满足如下条件：①污染物主要通过土壤 / 灰尘摄入；②代谢动力学模型能足够准确地建立污染物摄入量与所检测的代谢物浓度之间的关系；③模型必须经过实际污染物暴露验证。因此，生物动力学模型比较法是将实际直接测量的生物标志物（血液或尿液）中污染物的浓度水平与生物动力学模型预测出的结果进行比较，来推算出适宜的土壤摄入量。

（1）血铅模型：综合暴露吸收生物动力学模型（integrated exposure uptake biokinetic model，IEUBK）是 EPA 推荐使用的儿童血铅预测模型，包含了暴露、摄入、体内代谢动力学过程和血铅浓度的概率分布四个模块，通过对描述上述过程的一组复杂的方程综合计算，预测儿童暴露于铅污染介质后的血铅水平。IEUBK 模型能够对暴露于铅环境中儿童的血铅浓度进行合理无偏差估计。EPA 的研究表明，IEUBK 模型适用于儿童多途径暴露，并且能够准确地描述个体之间的差异从而为风险评价提供有利的信息。和其他的环境评价模型相比，IEUBK 模型经过了已有数据的检验，随着环境铅暴露以及铅在人体中的迁移转化数据的不断完善，IEUBK 模型能够很好地评价环境铅风险。

（2）尿砷模型：Cohen 发展了简化的砷生物动力学模型（Monter Carlo 模型），以定量模拟无机砷的吸收。Monter Carlo 模型假设摄入人体的无机砷经人体代谢之后部分通过尿液排出，该模型的计算方法为

$$D_A = A_S \times C_S \times I_S + A_D \times C_D \times I_D + A_{Air} \times C_{Air} \times I_{Air} \times Dp_{Air} + A_W \times C_W \times I_W + A_F \times D_F \qquad (18\text{-}5)$$

式中，D_A 为被人体吸收的无机砷，g；A_S 为土壤中砷的生物利用度，%；A_D 为灰尘中砷的生物利用度，%；A_{Air} 为空气中砷的生物利用度，%；A_W 为水中砷的生物利用度，%；A_F 为食物中砷的生物利用度，%；C_S 为土壤中无机砷的浓度，g/g；C_D 为灰尘中无机砷的浓度，g/g；C_{Air} 为空气中无机砷的浓度，g/m^3；C_W 为水中无机砷的浓度，g/L；I_S 为土壤摄入量，mg/d；I_D 为灰尘摄入量，mg/d；I_{Air} 为空气呼吸量，m^3/d；I_W 为饮水摄入量，ml/d；Dp_{Air} 为吸入的尘沉积滞留在肺中的比例，%；D_F 为通过食物摄入的无机砷，mg/d。

Walker 和 Griffin 等采用 EPA 暴露评价模型估算了蒙塔纳州 Anacondaz 超级基金场地儿童尿液中总砷和各形态砷含量，并与测定的含量进行了比较。模型输入了该场地的若干测定参数，如土壤、室内尘、食物中砷浓度及相应的土壤、室内尘、食物的摄入量等。

3. 示踪元素法　利用的是不被人体吸收的示踪元素，基于一定时间内摄入的示踪元素量和排泄示踪元素量平衡的原理。摄入示踪元素的途径主要是水、食物和土壤，排泄的途径主要是粪便和尿液。测定一定时段内人体经过非土壤摄入途径（主要包括饮食、饮水等）摄入的示踪元素的质量和经粪便或尿液排出的该示踪元素的质量，计算出经过土壤摄入途径摄入的该示踪元素的质量，再除以该元素在土壤中的浓度，推算出土壤摄入量。具体为

$$C_{soil}W_{soil} + C_{food}W_{food} + C_{water}W_{water} + \cdots = C_{feces}W_{feces} + C_{urine}W_{urine} \qquad (18\text{-}6)$$

式中，W_{soil} 为土壤摄入量，mg/d；C_{soil} 为土壤中示踪元素的浓度，mg/g；W_{food} 为食物摄入量，mg/d；C_{food} 为食物中示踪元素的浓度，mg/g；W_{water} 为饮水摄入量，L/d；C_{water} 为水中示踪元素浓度，g/L；W_{feces} 为粪便排泄量，mg/d；C_{feces} 为粪便中示踪元素浓度，mg/g；W_{urine} 为尿液排泄量，L/d；C_{urine} 为尿液中示踪元素浓度，g/L。

示踪元素法经过了逐渐改进和完善，从最早期的定量方法发展到物质平衡法，以及现在的最优示踪元素法。

早期的示踪元素法研究一方面忽略了人体通过食物、饮用水等途径摄入的示踪元素量，假定粪便中的示踪元素全部来源于土壤，会造成对土壤摄入量的高估；另一方面土壤摄入量计算中所采用的粪便量并不是受试儿童实际的粪便排泄量，会对结果造成一定的偏差。

物质平衡法在早期示踪元素法的基础上，进一步完整地收集儿童所摄入的非土壤来源的食物和排泄的粪便甚至尿液，使得物质的摄入和排泄更趋于平衡，增加了土壤摄入量的准确性。但是研究结果发现选择不同的示踪元素计算的土壤摄入量之间存在较大的差异，同一个示踪元素计算的儿童个体土壤摄入量之间存在很大的差异。导致这种变化及不确定性的主要原因有：①摄入物（输入物）和排泄物（输出物）不匹配；②儿童摄入了除食物外的其他含有示踪元素的物质，或者没有收集全儿童摄入的食物样品；③没有收集全儿童排泄的粪便和尿液样品；④示踪元素分析测试误差。为了尽量降低上述因素导致的儿童土壤摄入量估算误差，除尽可能收集完全摄入物和排泄物以提高示踪元素测定的准确度外，学者们发展了最优示踪法。最优示踪法依据的基本原理是如果儿童通过食物途径摄入的示踪元素量越少，上述因素导致的土壤摄入量估算的误差一般就会越低。科学家采用人一天通过食物摄入的示踪元素的量（F）除以 1g 土壤中该示踪元素的量（S），F/S 的比值越低，估算的土壤摄入量一般准确度就会越高。

我国学者首次采用最优示踪元素法对我国湖北、甘肃和广东地区的 240 名 3～17 岁青少年开展了土壤摄入量研究。该研究整个采样时间一共持续 52 小时，采用“双份饭”的方法采集从第一天的早上 7 点（包括早餐）到第二天的早上 7 点（不包括第二天的早餐）青少年所摄入的全部食物，包括正餐、小吃、零食、维生素等；同时从第二天的早上 7 点开始到第三天的中午 11 点采集他们所排泄的全部粪便和尿液样品。此外，采集采样期间儿童经常活动室外场所（包括学校和家庭）

的土壤样品，以及采样期间所摄入的饮用水样品和牙膏日用品，分析所有样品中铝、钡、铈、锰、钪、钛、钒和钇这 8 种示踪元素的含量水平。根据最优示踪元素的筛选原则，综合本研究中 8 种示踪元素在环境土壤介质中的空间变化，在土壤、食物、饮用水和牙膏中的含量比较，在粪便和尿液中的含量比较，以及示踪元素测试分析可靠性等因素，发现铝、铈、钪、钒和钇是比较适合的示踪元素。并在此基础上编写并发布了《儿童土壤摄入量调查技术规范》（HJ 876—2017），规定了采用示踪元素法对 3～17 岁人群开展的土壤摄入量调查的工作程序、调查内容、调查方法和技术要求。

4. 方法之间的比较 每种方法都有自己的优缺点，其中活动模式法相对来说比较简单易行，适用于大规模的人群研究，但是该方法只是一种半定量的方法，只能估算手口接触途径下的土壤摄入量，忽略了其他非摄食途径下的土壤摄入量。另外活动模式法中涉及较多参数，参数获取的准确性也直接决定着结果的准确性。例如，手口接触频次，通过问卷调查法、手口记录法和视频解译法获取时均存在一定的弊端。对于问卷调查法，很多孩子家长平时很少关注孩子手口接触频次，只能根据自己的印象给出粗略的估算，因此，问卷调查法获取的儿童手口接触频次可能存在较大的误差。采用手口记录法时，无论是父母观测还是专业人员观测，儿童的活动行为都会受到不同程度的影响，因此，得到的手口接触频次与孩子单独活动时可能存在一定的偏差。视频解译法相对而言能够比较准确地获取儿童手口接触频次的信息，但是录像设备可能吸引孩子的注意力，进而影响到孩子活动时的行为方式，因而导致录像结果与孩子真实的活动行为有一定的偏差。

生物动力学模型法是一种简单的方法，但是该方法一方面涉及人体生物样品的采集，样品采集具有一定的困难性；另一方面该方法存在若干不确定性。第一，模型输入变量或参数存在若干不确定性。如铅或砷生物可利用性，不同土壤类型铅或砷生物可利用性可能不同，采用模拟实验得到的生物可利用性与对人体的生物可利用性可能不同，因此采用模型默认值预测血铅或尿砷的浓度可能会导致不同程度的偏差，进而导致土壤摄入量估算存在偏差。第二，土壤、室内尘之外其他途径摄入的铅或砷有时难以准确定量。例如，模型输入参数一般包括土壤、尘、气、饮用水、食物摄入量及其铅浓度，但部分儿童可能通过接触含铅玩具、墙面而摄入铅，因此可能导致模型估算的土壤摄入量高于客观的土壤摄入量。第三，儿童活动模式的不确定性。例如，室内外活动时间，在研究区域的生活时间等，都可能导致儿童土壤摄入量估算产生正偏差或负偏差。

最优示踪元素法是一种相对准确的方法，但是该方法实施起来难度较大，依据元素示踪物质平衡法的基本原理，必须收集研究时段内儿童排泄的全部粪便和尿液。然而在实际调查中，收集儿童排泄的全部粪便和尿液是十分困难的。对于使用纸尿裤的儿童收集全部粪便和尿液更加困难。而粪尿样品收集不全将导致土壤摄入量估算产生负偏差。因此该方法不适合大规模的人群研究。

（三）我国暴露参数手册推荐值

我国的土壤摄入量推荐值来自一项以我国广东深圳、湖北武汉和甘肃兰州的 240 名代表性儿童为对象的研究，该研究以铝、铈、钪、钒和钇为最优示踪元素，采用物质平衡法开展的。推荐值具体见表 18-5。

表 18-5 我国部分地区儿童土壤摄入量推荐值（mg/d）

年龄（岁）	湖北武汉			甘肃兰州			广东深圳		
	小计	城市	农村	小计	城市	农村	小计	城市	农村
合计	70	81	58	150	123	173	53	57	49
3～	56	65	45	139	103	164	40	41	39
6～	79	87	74	161	140	182	66	77	58
12～17	86	110	63	—	—	—	—	—	—

三、食物摄入量

（一）简介

工矿排放的“三废”及农产品生产中使用的化肥、农药、生长调节剂、添加剂等都是食物污染的重要来源。因此，食物摄入是人体暴露环境污染物的主要途径之一。在评估该暴露途径下的健康风险时，食物摄入量是重要的暴露参数。食物摄入量（food intake rate）是指单位时间内（一般以天为单位）摄入的食物的质量（一般以 g/d 进行计量）。在污染物浓度一定的情况下，食物摄入量的大小直接决定着健康风险的大小。考虑到不同类型食物对污染物富集能力的差异，一般按照食物的类型细分成特定类型食物的摄入量，如主食类摄入量、肉类摄入量、水产类摄入量、蔬菜摄入量、水果摄入量、豆类摄入量、蛋类摄入量、乳类摄入量等。

（二）研究方法

食物摄入量的研究方法包括称重法、询问法和记账法。

1. 称重法　为称量每餐烹调前可食部分生食重、烹饪后的熟重、吃后剩余食重，并统计准确的用餐人数，并称量三餐外摄入的水果、糕点等零食的调查方法。调查时间为一年四次，每季一次，每次 5～7 天，常用于团体、家庭、个人及特殊工作人群的膳食调查。使用称重法评估个体的膳食摄入能够获取食物份额的大小和重量，它不依赖于研究对象的记忆，准确性比较高，研究者一般认为称重法能获得准确、可靠的能量和营养素摄入量，常把称重法作为“标准”以评价其他方法的准确性。但称重过程可能会影响或改变被调查者习惯的饮食模式，并增加受试者的心理负担，从而对应答效果造成影响。这种方法可调查出每人每餐的膳食变动情况，缺点是花费的人力、时间较多，不适合大规模调查。

2. 询问法　是指采用对受试者进行询问的方式获取食物摄入量的一种方法。根据询问方式的不同，询问法分为 24 小时回顾法和食物频率法。

24 小时回顾法指问询调查对象在较近的一段时间内，一般为 24 小时内的用餐次数、食物种类、数量、剩余量、膳食习惯等。该方法可用于个体或特殊人群的调查，如患者、散居儿童、老人等。询问法样本量大，一般不影响被调查者的膳食习惯和就餐方式，常用于许多慢性病的研究。

食物频率法是将食物细分成类，分别询问调查对象 1 年内，每类食物的摄入频率以及平均每次食用量。其中食用油及调味品以家庭为单位询问全家每月食用量。食物频率法最初的使用是为了研究膳食和疾病的关系，一般为定性、定量和半定量问卷。定性的食物频率问卷通常只是调查受试者在特定时期内所摄入的各种食物的次数，而不调查食物摄入量的资料；定量方法则同时要求调查摄入食物的种类和数量，通常要借助测量用辅助物；而半定量方法通常要提供标准的食物份额大小种类，供调查对象在回答时选用。

20 世纪 70 年代以来，食物频率法的使用越来越广泛，并逐步被用来评估食物和营养素的摄入量。在国内外的大型流行病学调查中，常用的膳食调查方法就是食物频率法。该方法既能获得个体在过去一段时间食物及营养素摄入量的数据，又能了解调查对象的膳食模式及饮食习惯，尤其适用于膳食与慢性病关系的流行病学研究。由于该问卷对于调查对象而言简单易行，在流行病学研究中的可操作性很强，费用低，因而已成为流行病学研究中膳食摄入量测量的基本方法。食物频率法的根本原则是测量长期膳食的平均水平，如以往数周、数月或数年内的平均摄入量等，从“暴露”的概念讲，长期的调查要比短期测量更有代表意义。

3. 记账法　通过查阅调查单位或家庭账目在一定期间内的伙食账目，如食物的结存量账目、购买食物的账目、就餐人数统计记录等，计算出每人每日平均摄入各种食物的量的方法。记账法的技术要点：对于有伙食账目的调查单位，要求伙食账目完善、数据可靠；对于无伙食账目的家庭，调查期间消费食物的总量等于储存的食物和购进的食物之和再减去剩余的食物。

由于家庭成员的性别、年龄、劳动强度等存在较大差别，可以使用混合系数计算其营养摄入量。

一般统计一个月，也可以全年分季调查。该方法多用于有详细账目，就餐人数变化不大的集体单位和家庭。

4. 方法比较 称重法的优点是准确、信息完备，缺点是操作烦琐，需要调查对象较高的配合度，不适用大规模的人群调查。

食物频率法简单、花费相对少、被调查者的习惯饮食模式不会受到影响，但是频率法需要建立在受试者对过去饮食情况的回忆基础上，可能会造成食物摄入量估计的不准确性。

记账法操作简便，费用低，人体少，适用于大样本，在账目准确和每餐用餐人数统计确实的情况下，结果较准确。可以调查长时间和全年不同季节的膳食。缺点是调查结果不能用来分析个体的膳食摄入状况。

（三）我国暴露参数手册推荐值

中国儿童环境暴露行为模式研究通过问卷调查的方式调查了我国儿童的主食、蔬菜、水果、豆类、乳类、肉类、水产类和蛋类等食物的摄入量，推荐值见表 18-6。

表 18-6 中国儿童食物摄入量推荐值

种类	年龄（岁）	城乡（g/d）			城市（g/d）			农村（g/d）		
		合计	男	女	合计	男	女	合计	男	女
主食	2～	139.4	138.9	140	139.3	140	138.5	139.4	137.9	141.3
	3～	148.8	154.3	142.3	151.6	156.3	146.2	146.3	152.6	138.9
	4～	153.4	157.8	148.3	152.7	159.7	144.4	154	156.1	151.5
	5～	162.1	166.2	157.2	166.2	167.0	165.3	158.5	165.5	150.1
	6～	243.8	252.7	233.2	241.6	249.0	233.0	244.7	254.1	233.3
	9～	284.2	296.4	269.6	282.3	290.9	270.8	285.0	299.0	269.2
	12～	352.3	376.8	324.2	359.9	401.0	316.3	347.7	363.0	329.3
	15～17	389.2	432.9	341.0	383.4	451.2	313.0	392.5	423.1	357.4
蔬菜	2～	124.6	124.1	125.2	136.6	135.1	138.5	114.4	114.9	113.7
	3～	133.4	130.4	136.9	140.7	136.6	145.4	126.9	125.0	129.2
	4～	135.5	133.7	137.5	147.3	144.4	150.9	125.5	124.7	126.3
	5～	133.1	136.2	129.4	151.2	155.1	146.7	117	119.6	113.8
	6～	151.5	158	143.8	141.3	146.6	135.3	155.9	162.7	147.5
	9～	175.8	171.9	180.3	189.9	186.7	194.0	169.1	164.4	174.2
	12～	204.9	202.7	207.3	224.8	226.7	222.7	192.4	188.4	197.0
	15～17	197.8	206.2	188.6	223.3	246.7	199.6	183.5	184.7	182.1
水果	2～	110.0	110.1	110.0	129.8	125.5	134.9	92.8	96.8	88.1
	3～	121.2	123.7	118.4	130.9	132.9	128.6	112.5	115.4	109.1
	4～	117.5	117.3	117.6	128.5	128.2	128.7	108.2	108.2	108.2
	5～	117.4	119.9	114.6	128.7	130.3	126.8	107.2	110.5	103.5
	6～	95.8	94.8	97.1	116.9	113	121.4	86.6	86.8	86.2
	9～	124.8	123	126.8	155.6	153.3	158.5	109.4	107.0	112.1
	12～	137.8	132.6	143.7	163.1	162.5	163.8	119.8	112.0	128.8
	15～17	148.3	146.3	150.3	157.8	152.6	162.8	142.5	142.6	142.3

续表

种类	年龄（岁）	城乡（g/d）			城市（g/d）			农村（g/d）		
		合计	男	女	合计	男	女	合计	男	女
乳类	2～	229.4	236.0	221.7	261.4	258.6	264.9	173.1	193.1	152.5
	3～	187.9	200.3	174.1	205.5	219.1	190.9	151.3	163.4	136.7
	4～	178.4	191.0	163.6	194.5	207.5	178.1	141.8	149.6	133.8
	5～	161.4	167.4	154.0	179.5	184.0	173.9	119.9	129.1	108.6
	6～	128.1	127.5	128.9	144.8	144.5	145.2	117.9	117.6	118.3
	9～	136	142.4	128.4	163.7	168.7	157.3	115.6	121.9	108.7
	12～	150.3	148.5	152.1	176.5	182.4	170.3	128.2	121.1	136.2
	15～17	150.5	156.8	144.4	160.1	169.9	151.5	144.5	149.2	139.5
肉类	2～	53.7	53.7	53.7	61.4	62.8	59.7	47.1	45.9	48.5
	3～	59.8	59.3	60.4	60.1	60.3	59.8	59.6	58.5	60.9
	4～	58.5	59.7	57.0	64.4	67.4	60.8	53.5	53.2	53.9
	5～	59.1	61.6	56.0	68.4	71.3	65.1	50.8	53.1	47.9
	6～	68.1	68.3	67.9	89.9	91.7	87.8	58.4	58.2	58.7
	9～	88.9	95.2	81.3	123.2	132.2	111.0	72.3	75.8	68.2
	12～	116.4	125.3	105.8	147.9	168	126.3	95.0	98.3	90.8
	15～17	102.4	117.2	85.3	137.8	166.8	106.6	81.6	89.5	72.3
水产类	2～	28.7	30.1	27.3	31.5	32.3	30.5	24.8	26.8	22.5
	3～	30.9	29.5	32.6	29.3	28.1	30.7	33.2	31.5	35.1
	4～	30.0	29.4	30.7	30.3	32.4	28.0	29.5	24.5	35.0
	5～	29.0	29.9	28.0	31.8	32.4	31.2	24.6	26.1	22.5
	6～	30.8	30.8	30.8	35.7	36.3	35.0	27.8	27.5	28.1
	9～	39.2	41.0	37.1	47.3	47.6	46.8	33.7	36.2	30.8
	12～	58.5	58.6	58.4	70.4	72.2	68.6	45.9	45.4	46.6
	15～17	55.8	61.9	49.5	66.9	76.2	57.7	44.0	47.3	40.6
蛋类	2～	37.6	37.8	37.3	38.0	38.8	37.0	37.2	37.0	37.6
	3～	38.5	39.2	37.5	37.9	39.0	36.6	39.0	39.5	38.4
	4～	37.8	38.3	37.3	37.4	37.9	36.8	38.2	38.6	37.8
	5～	37.9	38.4	37.3	38.0	39.5	36.1	37.9	37.5	38.5
	6～	38.4	38.2	38.7	39.7	40.4	38.9	37.9	37.2	38.7
	9～	41.4	41.7	40.9	43.8	43.9	43.5	40.1	40.5	39.8
	12～	45.8	44.7	47.0	45.9	46.8	45.0	45.8	43.3	48.5
	15～17	48.2	51.5	44.6	49.7	53.2	46.1	47.4	50.5	43.6
豆类	2～	6.5	6.4	6.6	8.0	8.0	8.1	4.9	4.7	5.1
	3～	6.9	7.2	6.5	7.2	7.1	7.3	6.5	7.3	5.7
	4～	7.6	7.5	7.6	8.1	7.8	8.4	7.1	7.2	6.9
	5～	7.2	7.8	6.6	8.0	8.5	7.5	6.4	7.0	5.6
	6～	22.4	22.4	22.3	24.9	25.3	24.4	21.1	21.0	21.2
	9～	29.9	30.2	29.5	33.7	34.1	33.1	28.0	28.2	27.7
	12～	36.4	39.7	32.5	39.3	42.5	35.8	34.3	37.8	30.0
	15～17	37.4	38.7	36.0	42.7	45.5	39.9	33.9	34.3	33.5

四、饮水摄入量

（一）简介

饮水摄入量（water ingestion rate）指单位时间内经口摄入水的体积，可分为直接饮水摄入量（以白水形式饮用的水，如开水、生水、桶/瓶装水等，以及以咖啡、茶、奶粉等形式冲饮的水）、间接饮水摄入量（指通过粥、汤摄入水的量）和总饮水摄入量（直接饮水摄入量和间接饮水摄入量之和）。饮水摄入量与性别、年龄、人种以及运动量等因素有关，并受季节、气候、地域等地理气象学条件，饮食习惯和饮食文化等因素的影响。

根据水的来源不同，可将饮水摄入量分为当地水源水摄入量和总饮水摄入量。当地水源水是指饮用水、饮料、食品制作过程中从水龙头流出的水，还包括地下水、泉水等通过水龙头流出作为日常供给的水。这里所指的水可以反映当地地理环境状态，与商业上贩卖的饮料需要区分开来。总饮水摄入量摄入包括当地水源水、牛奶、汽水饮料、酒以及食品材料中包含的水分等，是指所有液体的摄入量。根据总液体摄入量所得的饮用水毒性物质暴露存在过高评价的可能性，因此，通常使用当地水源水的摄入量作为饮用水摄入量数据。

（二）研究方法

饮水摄入量的获得方法主要有问卷访谈法、日志记录法及直接测量法这三种方法。

1. 问卷访谈法 是目前国内外社会调查中较为广泛使用的一种方法。问卷访谈法是指由经过严格培训的调查员采用一对一、面对面的方式进行询问。通过问卷调查的形式对目标人群的饮水习惯进行调查和访问，然后对问卷数据进行分析，最终得到各类人群饮水率信息的方法。问卷访谈法主要包含三个技术环节：问卷设计、预调查及现场调查。问卷设计主要是从问卷结构及问卷内容两方面开展的。调查问卷应包括问卷封面、问卷前言和问卷内容三部分，问卷内容应包括调查对象基本信息，如姓名、性别、年龄、民族、职业、文化程度、家庭经济状况等；饮水摄入量：包括日常使用饮水器具的容积，分季节的直接饮水（以白水形式摄入的水，如开水、生水、桶/瓶装水，以奶粉、咖啡、茶叶等形式冲饮的水）和间接饮水（以粥或汤等形式摄入的水）的饮用频次，根据饮水频次和饮水器具容积可计算饮水摄入量。

问卷访谈法的优点：①富有弹性。所谓弹性是指访问员对受访问者的回答有疑问或没有理解受访者的意见时，可以当即追问下去，及时解决这些问题。②问卷回收率高。假如采用邮寄或其他方式进行问卷发放，回收率比较低。进行访问调查，受访者不好当面推辞，可以提高回卷率。③可以比较精确地了解受访者的真实态度，可以观察非语言上的行为。④可以控制空间环境，可以不让别人干涉访问。⑤能使受试者遵守问题的按序问答。在访问时，一定要按照问题的次序提问，从第1页的第一题开始按照次序逐页往下，不能跳着回答。⑥资料完整性高。问题很完整，而且访问时间清楚，在什么时间、地点、与受访者直接谈话，使用多少时间相当明确，而且可以调查一些比较复杂的问题。但访问调查也有缺点：①代价昂贵；②访问时间长；③有时访问者和被访问者会产生偏见，会影响到访问效果；④保密性低；⑤对分布范围广的样本不易进行访问。

2. 日志记录法 对受试者的饮水量或自来水消耗量进行一段时间的监测，并记录在详细的消耗日志中，然后对日志数据进行分析，最终得到各类人群饮水率的信息。日志记录法主要包含三个技术环节：日志记录表设计、预调查及现场调查。日志记录表设计也包括内容和结构的设计，结构包括封面、前言和内容三部分，内容应包括调查对象基本信息及饮水摄入量。采用标准饮水记录表，由学生估计并完整记录一段时间内从起床后的早餐前、早餐、早餐后、午餐、午餐后、晚餐、晚餐后及夜间各时间段每次饮水的种类、饮水盛具（如杯、瓶、碗等）及数量、饮用地点及饮用量。

3. 直接测量法 是使用具有刻度的标准量具进行饮水量调查的方法。测量容器一般为300ml，以此为饮水容器来测量调查对象的日常饮水量。这种方法的优点是不依赖于调查对象的记忆力，减少或避免回忆偏倚，相对准确。缺点是调查时间分散在全天，调查者需持续记录。饮水次数、饮水种类和量、饮水地点等在工作日和非工作日可能存在一定的差别。

4. 方法比较　问卷调查法相对比较简单易行，适合大规模的人群调查，但是在调查过程中受试者容易存在回忆偏移而导致结果的不准确性。另外，该方法既可以调查受试者长期的饮水情况，也可以调查短期的饮水情况。

日志记录法的优点是获取数据质量较高，比较准确，不容易造成较大的回忆偏倚。缺点是受试对象依从性不好掌握，且回收率可能不高，可能会给受试对象带来一定的记录负担。

直接测量法相对来说是一种比较准确的方法，但是该方法需要耗费较大的人力和物力，适合小规模人群的短期饮水量调查。

（三）各国暴露参数手册推荐值

我国人群的总饮水摄入量、直接饮水摄入量和间接饮水摄入量推荐值分别见表 18-7。

表 18-7　中国人群饮水摄入量推荐值

年龄	饮水摄入量（ml/d）		
	总饮水摄入量	直接饮水摄入量	间接饮水摄入量
0～3 个月	182	182	209
3～6 个月	345	302	136
6～9 个月	592	407	195
9 个月～1 岁	813	506	264
1～2 岁	911	600	292
2～3 岁	809	556	290
3～4 岁	863	567	322
4～5 岁	851	574	305
5～6 岁	861	575	293
6～9 岁	1186	867	319
9～12 岁	1280	938	344
12～15 岁	1383	1062	321
15～18 岁	1414	1153	262
≥18 岁	1850	1125	480

第三节　时间活动模式参数

一、与空气暴露相关的时间活动模式参数

（一）简介

与空气暴露相关的时间活动模式参数（time-activity factors related to air exposure）是指人们在不同地点进行各种活动的时间和行为，它包括三个基本要素，即地点、持续时间和行为。根据人群在各种不同环境（微环境）的时间活动模式情况以及微环境的空气污染物浓度，通过时间加权评估空气污染物暴露水平，是空气污染物暴露评估的一种非常重要的方法。当人们处于不同环境或进行各种行为活动时，人们对污染的暴露水平通常并不相同。可见，时间活动模式是决定不同个体或群体空气污染物暴露水平的重要因素。

地理信息科学因其强大的空间数据分析、处理和可视化等功能成为空气污染健康风险评价颇

有潜力的研究工具，基于 GIS 平台的时空建模为人群空气污染物暴露浓度的精确定量提供了关键技术和数据基础。同时，准确获得调查对象的时间活动模式信息并应用于污染暴露评价中将有助于进一步提高评价结果的准确性。

（二）研究方法

时间活动模式的研究方法主要包括问卷调查法、全球导航卫星系统法、视频调查法、传感器法及智能手机方法，各方法的优缺点见表 18-8。

1. 问卷调查法 通过填写时间活动日记或问卷来收集受访者的时间-活动模式信息。这种方法目前使用最为广泛，相对简单，成本低，可以直接获取详细的活动信息。然而，它具有响应错误（回忆偏差），低时间和空间分辨率以及参与者有大量报告负担的缺点。问卷调查方法可以根据获取时间-活动信息的方式分为两类，实时日记记录方法和回顾性问卷调查法。前者要求被访者实时记录各种微环境的时间、地点、行为活动和周围环境条件等，而后者是通过受访者回顾过去一段时间（通常是 24 小时）或特殊时间点来获得上述信息。虽然实时测量的方法相对更准确，但受访者负担更重，通常只适用于小样本个体监测研究，而回顾性调查方法常用于大规模人口调查。

调查问卷调查的第一步也是最重要的一步，要明确调查目标（研究目标）和调查对象，不能采取一揽子的办法尽可能多地提出问题，这样反而会降低最终的应答率。在确定研究目标并开始设计调查问卷后，主要考虑因素是数据收集方法、调查工具以及您要问的问题类型。问卷应该设计为回答想要获得信息的具体问题，每个问题都应该清晰、简洁、没有偏见，语言通俗、规范，满足人群最低文化程度的需求。问卷调查法的重要评价指标包括应答率、问卷回收率、有效问卷率、平行性重复率等。确保问卷调查结果符合研究设计的预期要求，获得足够的有用信息，整个调查工作通常要严格执行一系列具有严格质量控制标准的调查程序。此外，在调查过程中增加个性化问答办法或一些鼓励机制有助于获得更好的应答率和更多符合需求的信息。

实际调查当中被广泛采用的方法主要有：电话调查，面对面调查和网络调查。例如，EPA 1992～1994 年进行了国家人类活动模式调查以收集全国人口暴露相关的时间活动模式信息。该调查中，马里兰大学调查中心对美国 48 个州的 9386 人进行了计算机辅助的电话访谈调查。我国先后分别针对成年人和儿童开展的两次中国环境暴露相关人类活动模式调查，则采用多阶段分层整群随机抽样，并通过面对面对受访者进行了问卷调查。

2. 全球导航卫星系统法 全球导航卫星系统泛指所有的卫星导航系统，如美国的 GPS、俄罗斯的 Glonass、欧洲的 Galileo、中国的北斗卫星导航系统等，可以实现对地面点的精确定位。该方法通过佩戴定位设备，有时还结合加速度计或其他设备，实时连续记录受访者的时间、位置、速度、活动状态等其他信息，然后使用工具解析受访者的时间-活动模式状态，如 GIS 和专门的统计软件包。其中全球导航卫星系统技术越来越多地用于时间-活动模式调查，与传统的时间-活动调查方法（如自我报告的纸质日记和电话访谈）相比，全球导航卫星系统跟踪具有记录连续性好、高时间分辨率和受试者负担减少等优点。

全球导航卫星系统方法也存在如何准确提取原始定位数据中受试者的时间-活动模式信息的问题，常见的问题有 GPS 卫星或接收器问题、大气和电离层信号扰动、多径信号反射或信号丢失或阻塞引起的误差等，因此存在信息可靠性的问题。例如，在城市地区，信号到达 GPS 设备之前多次被高层建筑物反射卫星信号，导致 GPS 坐标误差。在时间活动调查中，如何实现基于 GPS 数据的时间位置分类是该方法的重点。

3. 视频调查法 视频调查通过摄影师（经专门训练）录制受试者在一定时期内的活动情况，然后手动或者利用计算机软件提取与受试者暴露相关的时间-活动信息的办法。视频调查不仅允许调查员从视频中提取出与暴露相关的时间-活动信息，还能从中获得与暴露相关的接触（手口和物口接触）或环境信息等。

进行视频调查时，除了首先要获得受试者的许可之外，还要确保受试者全程的参与配合。对于一些视频影像不能提供的信息，还要通过音频信息来收集。拍摄过程中要保证拍摄区域的照明和摄像机的稳定。通常情况下，摄像系统运行的时间在几个小时左右。一些研究中设定了标准的操作流程以保证视频采集和影像翻译的准确性。

美国的一项农药暴露评估试点研究首先使用了视频调查的方法，并开发用于录像人群微观活动的一般方法。另一种新型视频调查法是让受访者佩戴可穿戴摄像机，每天记录多达数千个甚至更多“佩戴者的视角”图像，这些图像可以聚合成活动持续时间和序列的计数，记录受试者的活动类型、用途和位置信息等。

4. 传感器法　随着无线传感器技术的发展，惯性传感器、加速度传感器和磁传感器等传感器越来越多地应用于人类活动识别、行为分类和人类活动监测领域。通常人类活动的识别方法，是通过使用可穿戴传感器（商业可穿戴设备或专门研发的可穿戴设备）来获取数据。近年来，在医疗健康领域之外，诸如计步器和健身追踪器之类的腕戴式设备越来越受欢迎，这些集成了传感器的可穿戴设备收集的受试者的信息，可以提供与暴露相关的时间-活动 / 身体活动信息。从传感器收集的数据形成时间序列，其中每个数据样本与相关联的时间相配对。在监测人类行为以检测和分析变化时，这种基于传感器的时间序列数据非常有用。此外，这类可穿戴传感器设备更主要的应用是识别人体的身体状态和活动状态，在与 GPS 等定位设备联合使用时可以识别精细的时间活动模式。

使用传感器调查时间活动模式的关键问题是如何利用传感器的数据准确识别佩戴者的行为活动分类。人类活动识别作为一种重要的人工智能研究领域，已成为近年来的热门话题。有研究者提出，以连续自动编码器作为一种新的随机神经网络模型，提高模型连续数据的能力，用于可穿戴传感器识别人类活动。

当前，传感器数据的挖掘方法仍是研究的热点之一，由于其不仅能够提供准确、连续的时间活动信息，还能提供受试者的身体活动信息，在暴露相关活动信息的调查中具有很好的应用前景。一项研究先后基于 3D 加速器获得的数据，利用 RF 模型预测了五个身体活动类别（骑自行车、骑车、坐、站立和行走 / 跑步）和利用髋关节加速度计预测四种体育活动类别（家庭、楼梯、步行和跑步），平均准确率达到 92.3%。而当加速度计与 GPS 数据结合使用，即可通过分析该数据获得佩戴者与环境暴露更为相关的主动活动行为。但是，传感器方法通常需要调查分析处理来自受试者传感器的测量信息，而非直接获得，因此，传感器数据的挖掘和分析工作需要一定的算法支持。

5. 智能手机方法　智能手机近些年来的普遍发展为行为模式的监测提供了便利的条件，智能手机主要是基于 GPS 和运动传感器而对行为模式进行监测，GPS 和传感器的相关工作机制和原理已经在上述描述中加以阐述。基于智能手机传感器的活动识别正成为一个广泛研究的领域。智能手机能够从传感器收集重要数据。这些传感器包括加速度传感器、位置传感器、视觉传感器、音频传感器、温度传感器和方向传感器。除此以外，智能手机上面还会利用 GPS 和传感器开发很多的应用程序，GPS 和运动传感器嵌入式智能手机为活动推理提供了一个新平台。这些传感器最初用于手机功能增强，现在可用于各种应用。以可理解的格式向手机用户提供关于他们自己的身体活动的信息，可以使用户能够做出更明智和更健康的生活方式选择。

巴基斯坦国立科技大学开发了一项关于运动监测的应用程序“Activity Diary”。在这项工作中，他们构建了一个智能手机应用程序，它可以跟踪用户的身体活动并提供反馈。此应用程序工作时具有以下特征：①它不需要用户交互设置；②它不需要额外的传感硬件，仅依赖于低端智能手机标准的物理传感器；③它不需要校准；④它支持 7 种不同的身体活动的检测，包括步行、跑步、上楼梯、下楼梯、骑自行车、驾驶和保持不活动；⑤活动日记应用程序使用的决策树分类器是准确的。研究者们目前正在对这一应用进行现场测试，并正在努力通过 Google Android 市场向公众开放。

6. 方法比较　各方法之间的比较见表 18-8。

表 18-8 时间活动模式方法的比较

方法类型	适用要求	优点	缺点
问卷调查法	问卷调查法是通过填写时间活动日记或问卷来收集受访者的时间活动模式信息的一种调查方法。可应用于大样本量调查	相对简单，成本低，可以直接获取详细的活动信息	存在响应错误（回忆偏差）、低时间和空间分辨率以及参与者有大量报告负担的缺点
全球导航卫星系统法	通过佩戴定位设备，有时还结合加速度计或其他设备，实时连续记录受访者的时间、位置、速度、活动状态等其他信息，然后使用工具解析受访者的时间-活动模式状态	具有记录连续性好、高时间分辨率和受试者负担减少等优点	如何准确提取原始 GPS 数据中受试者的时间活动模式信息的问题；由于 GPS 卫星或接收器问题、大气和电离层信号扰动、多径信号反射或信号丢失或阻塞引起的误差等导致 GPS 信息可靠性的问题
视频调查法	由经专门训练的摄影师录制受试者在一定时期内的活动情况，然后手动或者利用计算机软件提取受试者暴露相关的时间-活动信息的方法	真实记录的个体时间活动信息	录像可能会影响受试者的活动，特别是对儿童；工作量大，视频解析技术难
传感器法	采用无线传感器技术，如惯性传感器、加速度传感器和磁传感器等对人体活动进行监测	能够记录个体的运动状态信息	数据的挖掘和分析工作难
智能手机方法	智能手机主要是基于 GPS 和运动传感器对行为模式进行监测	与 GPS 和传感器连用，可以连续记录，时空分辨率高，并且能够记录个体的运动状态信息	数据的挖掘和分析工作难

（三）我国暴露参数手册推荐值

与空气暴露相关的时间活动模式参数包括室内外活动时间、交通出行时间等，该参数受职业、经济水平、性别、年龄、季节、兴趣爱好及个人习惯的影响。时间活动模式参数通常采用 24 小时回顾日志法的方式获得。我国居民与空气暴露相关的时间活动模式参数推荐值来源于中国人群环境暴露行为模式研究，详见表 18-9。

表 18-9 中国人群与空气暴露相关的时间活动模式参数推荐值

年龄	室外活动时间（min/d）	室内活动时间（min/d）	总交通出行时间（min/d）
0～3 个月	50	1390	—
3～6 个月	90	1350	—
6～9 个月	119	1321	—
9 个月～1 岁	137	1303	—
1～2 岁	155	1285	—
2～3 岁	157	1279	—
3～4 岁	150	1275	23
4～5 岁	138	1284	23
5～6 岁	134	1286	23
6～9 岁	104	1297	41
9～12 岁	106	1298	37
12～15 岁	102	1300	41
15～18 岁	96	1302	45
≥18 岁	221	1200	45

二、与水暴露相关的时间活动模式参数

（一）简介

皮肤接触是暴露水中污染物的重要途径之一。与水暴露相关的时间活动模式参数（time-activity factors related to water exposure）主要指暴露人群身体各部位与水直接接触的活动时间，主要包括洗澡和游泳等。游泳时间和洗澡时间是水暴露中的重要参数，直接影响着水环境暴露评估和健康风险评估的科学性和准确性。

游泳时间指单位时间内游泳过程中身体与水直接接触的累计时间。而洗澡时间是指单位时间内洗澡过程中身体与水直接接触的累计时间，不包括各种准备活动耗费的时间。与水暴露相关的时间活动模式参数会影响水环境污染物的暴露程度。

（二）研究方法

1. 问卷调查法 一般包括问卷设计、预调查、现场调查。

问卷设计主要是对结构和内容的设计。首先调查问卷通常包括问卷封面、问卷前言和问卷内容三部分，其中问卷内容是问卷的主体。对于与水暴露相关的行为模式暴露参数的调查，问卷内容应主要包括调查对象基本信息和与水暴露相关的行为模式暴露参数（如洗澡 / 游泳时间和频次等）。其中，调查对象基本信息应包括姓名、性别、年龄、民族、职业、文化程度、家庭经济状况等，如果调查对象为儿童，应同时填写其抚养人基本信息；对于与水暴露相关的行为模式暴露参数，应根据具体需求，尽量详细化，如除洗澡时间和游泳时间，还应包括洗手、洗脸、洗脚、洗头、洗碗、洗菜等与水直接接触的行为模式时间及频率，以及不同季节的相关暴露参数等。

预调查是在现场调查之前开展的问卷调查。一般预调查中调查地区和调查人群的确定原则为预调查所选择的地区和人群应能够尽可能地覆盖本次调查所关注的主要分层因素，如城乡、性别、年龄等，每层人数不少于 30 人。而预调查内容及要求为培训调查员掌握正式调查流程，由调查员采用一对一、面对面询问调查对象的方法进行问卷调查，并记录可能影响调查质量的关键问题。在预调查结束后应该对调查问卷的科学性、针对性、逻辑性和通俗性以及调查技术路线的可行性进行评价，修改完善调查问卷，确定调查方案。

现场调查是问卷调查的重中之重。首先根据实际需求确定样本选取方法，一般包括普查和抽样调查，普查一般适用于调查区域内全部目标人群或总人群，而抽样调查则是采用简单随机抽样、系统抽样、整群抽样和分层抽样中的一种或几种结合的方法进行人群抽样。而在调查过程中应要求调查员采用一对一、面对面询问调查对象的方式完成问卷的填写，对于调查对象为 0～11 岁的人群，应调查其抚养人；对于调查对象为 12～17 岁的人群，可以由其本人或抚养人辅助完成调查，并且调查员应始终保持客观的询问方式，经调查对象亲自回答认可后再予以准确填写，注意避免使用诱导性询问语言。此外，调查员应向调查对象解释洗澡 / 游泳等过程中身体与水直接接触的时间，不应该包括穿 / 脱衣服等时间。

2. 日志记录法 与问卷调查法的记录表结构和内容相似，而日志记录法中的洗澡 / 游泳时间被要求精确至分钟。日志记录法中预调查的调查对象确定原则为预调查所选择的地区和人群应尽可能覆盖本次调查所关注的主要分层因素，每层 3～5 名。而预调查的内容及要求为，先由调查员采用一对一、面对面的方式对调查对象过去 24 小时相关活动情况进行回顾调查，再由调查对象 24 小时实时记录其本人相关活动情况，也应培训调查员掌握正式调查流程，总结调查对象记录过程中可能出现的问题，在预调查结束后应对日志记录表的科学性、可操作性以及调查技术路线的可行性进行评价，修改完善记录表，确定最终调查方案。

日志记录法现场调查样本的选取方法与问卷调查法相同，其抽取的调查对象或其抚养人（对于调查对象为 0～11 岁的人群，应由其抚养人完成日志记录）要求具有一定的理解能力，能够准确记录调查对象相关活动情况。调查方式主要是由调查员采用一对一、面对面询问的方式调查对

象过去 24 小时相关活动情况，接着由调查对象连续 48 小时实时记录其本人相关活动情况，对于调查对象为 0～11 岁的人群，应由抚养人完成日志记录，对于调查对象为 12～17 岁的人群，可以由本人或抚养人辅助完成，且调查日应反映调查对象的日常状态，调查期间调查对象不应长期离开原活动区域。

日志记录法原则上不设置开放性问题，部分技术要求与问卷调查法相同，而日志记录法要求调查员应在 24 小时回顾调查时间向调查对象详细解释日志记录表每项含义及填写方法，在 48 小时实时记录时，需在调查前统一配发计量工具（如计时器），并且应在调查完成后及时对日志记录表内容进行核查和完善。

3. 方法比较 问卷调查法相对比较简单易行，适合大规模的人群调查，但是在调查过程中受试者容易存在回忆偏移而导致结果的不准确性。

日志记录法的优点是获取数据质量较高，比较准确，并且不容易造成较大的回忆偏倚。缺点是受试对象依从性不好掌握，且回收率可能不高，可能会给受试对象带来一定的记录负担。

（三）我国暴露参数手册推荐值

我国不同年龄人群与水暴露相关的时间活动模式参数推荐值主要来自中国人群环境暴露行为模式研究，推荐值见表 18-10。

表 18-10 与水暴露相关的时间活动模式参数推荐值

年龄段	洗澡时间（min/d）	游泳人数比例（%）	游泳时间（min/ 月）
0～3 个月	5	9.5	43
3～6 个月	7	10.9	55
6～9 个月	8	12.3	60
9 个月～1 岁	8	11.0	45
1～2 岁	8	5.0	61
2～3 岁	9	4.6	63
3～4 岁	9	5.6	94
4～5 岁	9	5.4	80
5～6 岁	9	7.4	108
6～9 岁	9	14.9	148
9～12 岁	10	21.7	217
12～15 岁	12	18.0	218
15～18 岁	10	12.2	230
≥18 岁	8	3.3	155

三、与土壤暴露相关的时间活动模式参数

（一）简介

与土壤暴露相关的时间活动模式参数（time-activity factors related to soil exposure）包括手 / 物口接触参数（手 / 物口接触频次和接触时间）和时间活动模式参数（土壤接触频次和时间）。手 / 物口接触是指儿童将手或者其他物体，如玩具、笔等放入嘴巴的行为，以及舔、吮吸、咀嚼和咬等行为活动，以及成年人嘴里叼着香烟、钢笔、铅笔或手放入一嘴巴等行为。儿童的手 / 物口接触是摄入污染物的重要途径之一，其暴露参数主要包括接触频次和接触时间。

与土壤暴露相关的时间活动模式参数主要指与土壤的接触时间。对于儿童，包括其玩土、坐

在地上、在地上爬等与土壤/尘接触的活动时间。对于成人，与土壤接触方式包括务农性接触、其他生产性接触和健身休闲性接触。务农性接触是指规律性农业生产活动中与土壤的接触行为，如田间劳动等，不包括在家中栽种盆栽的行为。接触时间指务农期间平均每天的工作时间。其他生产性接触指由于工作需要而接触土壤或扬尘，如建筑工人等。接触时间指每天工作的时间。健身休闲性接触指在裸露土壤上进行跑步、健身等运动中有明显可见扬尘的情况，接触时间指每天在这些场所运动休闲的总时间。

儿童与土壤接触的相关暴露参数受年龄、个人兴趣爱好及习惯，以及家庭的经济状况、文化教育水平等因素的影响。成人与土壤接触的相关暴露参数受文化、种族、经济水平、性别、年龄、兴趣爱好及个人习惯的变化而不同。

（二）研究方法

1. 问卷调查法　问卷调查主要通过调查人群的人口学特征、生活习惯和家庭环境来获得人口暴露特征，是采用统一设计问卷通过问卷调查的方式，向被选取的调查对象了解日常活动情况的一种熟练调查方法。儿童可由其父母或照看者或儿童本人通过回顾的方式回答儿童的日常活动情况。问卷调查包括问卷设计、预调查和现场调查三个部分。该方法比较简单，易于执行，使用广泛，但准确性较差。对于儿童，调查研究依赖于孩子的父母或看护人对受试者的口腔行为问题的回答。这些研究中的测量误差可能由多种原因造成，包括访谈者和受访者之间的语言/方言差异、问卷调查中问卷设计措辞和问卷设计内容中使用的术语缺乏定义、受访者对问题的解释差异以及回忆/记忆效应等。

问卷设计部分，手口接触时间应包括人口与手直接接触的频次和次均时间，主要针对0～17岁人群；物口接触时间应包括人口与物品直接接触的频次和次均时间，主要针对0～17岁人群；土壤接触时间应包括分季节的生产生活过程中人体裸露皮肤与土壤直接接触的频次和次均时间。

现场调查过程中，手口接触时间和物口接触时间，对于0～11岁人群，调查员应尽可能询问与其亲密接触的抚养人；土壤接触时间，对于0～17岁人群。调查员应向调查对象或抚养人解释其可能接触土壤的活动场所，包括裸露土壤地面、草地、砂石、矿/煤渣地等。对于18岁及以上人群，调查员应向调查对象解释其可能接触土壤的方式，包括务农性、生产性、健身休闲性等。

2. 视频转录法　是由训练有素的摄影师摄录受试者在一定时期内的活动情况，并采用手动或计算机软件来提取受试者相关数据的方法。一些研究中设定了标准的操作流程以保证视频采集和影像翻译的准确性。如EPA提供了儿童活动视频录制操作标准程序和翻译儿童活动录像标准操作程序。其主要是对在48小时采样期间收集参与者（成人和儿童）家中的多媒体样本和问卷数据进行研究。为了补充儿童活动日记和其他问卷，在研究中增加了10%这些儿童的录像活动，即在48小时的采样期间，最多26名学龄前儿童将在俄亥俄州的家中录像2～3小时。然后编码员将使用虚拟计时设备计算机软件程序翻译研究中的录像带。

通过视频转录法，假设摄像师或摄像机的存在不会影响孩子的行为。这种假设可能在当儿童看不到相机和摄像师时或者在拍摄新生儿时引入的偏差最小。但是，如果被研究的孩子比新生儿年龄大，可以看到相机或摄像师，则可能会引入偏见。一项研究描述了由录像引起及儿童对录像人员的认识导致“戏剧表演”发生情况的忧虑，或者父母表示孩子在录音期间表现不同，尽管儿童在一段时间过后往往忽略了相机的存在。当儿童的动作或姿势导致他们的嘴不被摄像机捕获时，也可能会引入另一种可能的测量误差源。数据转录错误可能会导致负面或正面方向的偏差。最后，测试如果在录像过程中出现护理人员不存在的情况，研究人员必须停止录像并进行干预以防止危险行为。

3. 实时手工记录法　是由训练有素的观察员（非父母）手工记录受试者的手/物口接触行为信息。通过这种方法，经过培训的观察员能够提供更一致且客观的行为观察。然而该方法可靠性较差，过程烦琐，容易导致观察员疲劳，从而影响记录的结果。此外，非家庭成员的观察员在场可能会干扰受试者的行为，幼儿的表现可能受到陌生人的影响。

4. 方法比较 问卷调查法相对比较简单易行，适合大规模的人群调查，但是在调查过程中受试者容易存在回忆偏移而导致结果的不准确性。

视频法的准确性和可靠性较高，但在录像的过程中应该考虑摄影师或者相机的存在会影响受试者的行为。

实时手工记录法的可靠性较差，比较烦琐，容易造成观察员疲劳，从而影响记录的结果。另外，在观察期间，非家庭成员的观察员的存在会影响儿童的行为。

（三）我国暴露参数手册推荐值

中国环境暴露参数手册中关于与土壤暴露相关的行为模式参数包括儿童的手口接触频次和时间、儿童的物口接触频次和时间、儿童和成人的土壤接触时间，相关推荐值见表 18-11。

表 18-11 中国人群与土壤暴露相关的行为模式数据推荐值

年龄	物口接触			手口接触			土壤接触	
	人数比例（%）	接触时间（min/d）	接触频次（次/d）	人数比例（%）	接触时间（min/d）	接触频次（次/d）	人数比例（%）	接触时间（min/d）
0～3 个月	13.1	4	4	29.6	6	6	—	—
3～6 个月	33.2	5	5	56.5	10	7	—	—
6～9 个月	46.9	5	5	56.4	8	5	—	—
9 个月～1 岁	39	5	5	40.5	5	5	—	—
1～2 岁	25	3	3	28.5	5	4	62.6	38
2～3 岁	12.3	3	3	17.1	5	3	66.3	37
3～4 岁	8.3	3	3	16.2	5	3	67	40
4～5 岁	6.2	3	3	11.3	5	3	63.4	39
5～6 岁	4.6	2	2	8.7	4	3	55.1	37
6～9 岁	6.9	6	3	9.4	6	3	63.8	24
9～12 岁	6.9	4	3	12	5	3	54.9	19
12～15 岁	6.3	5	3	10.5	6	3	48.7	19
15～18 岁	7.3	4	2	9.5	6	4	41.3	21
≥18 岁	—	—	—	—	—	—	47.1	204

第四节 其他参数

一、体 重

（一）研究方法

体重是指接受调查的人的人体总重量（裸重）。体重一般通过实测的方法获得。我国暴露参数调查技术规范中规定人群的体重测量采用统一型号、经计量认证的体重秤按照 WS/T 424—2013 标准执行。针对 2 岁及以下婴幼儿，测量应在空腹状态下进行，室温 25℃左右，测量时应尽量脱去全部衣裤，将婴儿平稳置于体重计上，四肢不得与其他物体相接触，待婴幼儿安静时读取体重读数。使用经计量认证的体重秤，分度值≤0.01kg。每次移动婴幼儿体重秤后，须以 1kg 标准砝码为参考物校准体重计，误差不得超过 ±0.01kg。测量时将体重计放置平稳，校准并调零。针对 2 岁以上的人群，测量应在清晨、空腹、排泄完毕的状态下进行，室温在 25℃左右。被测者平静站立于体重秤踏板中央，两腿均匀负重，免冠、赤足、穿贴身内衣裤。经计量认证的体重秤，分度值≤0.1kg。使用前体重秤以20kg标准砝码为参考物校准体重计，误差不得超过±0.1kg，测量时将体重计放置平稳并调零。

（二）我国暴露参数手册推荐值

中国人群暴露参数手册中的体重数据来源于中国人群环境暴露行为模式调查，该调查通过实测获得我国人群的体重推荐值，见表18-12。

表18-12 我国人群体重推荐值

年龄	全国			城市			农村		
	总人群	男	女	总人群	男	女	总人群	男	女
0个月～3个月	6.4	6.7	6.0	6.6	6.9	6.3	6.2	6.6	5.7
3个月～6个月	7.9	8.3	7.5	8.2	8.4	7.8	7.7	8.1	7.3
6个月～9个月	9.1	9.4	8.7	9.4	9.9	8.8	8.9	9.1	8.6
9个月～1岁	9.8	10.1	9.5	10.0	10.3	9.7	9.7	9.9	9.4
1～2岁	11.2	11.5	10.8	11.5	11.8	11.0	11.0	11.2	10.6
2～3岁	13.5	13.7	13.2	13.9	14.1	13.6	13.2	13.4	12.9
3～4岁	15.6	15.8	15.3	16.0	16.3	15.7	15.2	15.4	14.9
4～5岁	17.7	17.9	17.4	18.3	18.6	17.9	17.2	17.4	17.0
5～6岁	19.6	19.9	19.2	20.2	20.5	19.9	19.0	19.4	18.5
6～9岁	26.5	27.3	25.5	26.5	27.1	25.8	26.5	27.4	25.4
9～12岁	36.8	37.8	35.5	37.0	38.1	35.7	36.6	37.7	35.5
12～15岁	47.3	48.7	45.7	48.4	50.2	46.4	46.6	47.7	45.2
15～17岁	54.8	58.0	51.3	55.0	58.6	51.3	54.7	57.6	51.3
≥18岁	60.6	65.0	56.8	62.0	67.3	57.5	59.7	63.1	56.1

二、皮肤表面积

（一）研究方法

皮肤表面积（body surface area）的确定方法基本上分为两类：一是测量法，二是模型估算法。

1. 测量法 主要有覆盖法、三角测量、表面整合等三种方法。

覆盖法是采用一定面积的材料覆盖到全身或身体某些部位；三角测量法是将身体划分为不同的几何图形，根据图形尺寸计算出每个图形的面积；表面整合法是应用求积计逐渐增加面积得到。

2. 模型估算法 是通过输入参数和模型计算来估算暴露参数的方法。根据身高和体重估计法，是大规模的皮肤面积与体重和身高通过蒙特卡罗等统计学方法的一元或二元回归分析得到的。其中，EPA的皮肤表面积计算方法为

$$SA=0.0239\times H^{0.417}\times W^{0.517} \tag{18-7}$$

式中，SA为皮肤表面积，m^2；H为身高，cm；W为体重，kg。

日常生活中，各类人群在不同的时间活动模式下皮肤暴露的身体部位不同，如洗漱通常暴露手、面部，做饭、洗菜通常暴露手部皮肤，而游泳和洗浴则暴露的几乎是全身皮肤。在计算皮肤暴露风险时，应考虑各种活动模式下的身体各部位皮肤的暴露面积，这时身体部位皮肤面积参数显得极其重要，因为无论忽略哪个部位的面积，都可能会带来暴露剂量和健康风险的误差。依据我国《暴露参数调查技术规范》（HJ 877—2017），人皮肤表面积计算模型为

$$SA = a_0 \times H^{a_1} \times W^{a_2} \tag{18-8}$$

式中，SA 为皮肤面积，m^2；H 为身高，cm；W 为体重，kg；a_0、a_1、a_2 为计算系数，取值见表 18-13。

表 18-13 皮肤表面积系数取值

年龄（岁）	a_0	a_1	a_2
0～5	0.026 67	0.382 17	0.539 37
5～17	0.030 50	0.351 29	0.543 75
≥18	0.012 00	0.600 00	0.450 00

依据以上方法，能够较为准确和科学地获得人群皮肤表面积和暴露面积。

（二）我国暴露参数手册推荐值

我国人群的皮肤表面积是在中国人群环境暴露行为模式研究对我国儿童和成人身长 / 身高、体重进行实测的基础上，通过模型估算法计算得出我国人群的总皮肤表面积以及各部位皮肤表面积推荐值，具体见表 18-14。

表 18-14 中国人群的皮肤表面积推荐值

年龄	全身皮肤表面积（m^2）	身体不同部位的皮肤表面积（m^2）					
		头部	躯干	手臂	手部	腿	脚
0～3 个月	0.34	0.06	0.12	0.05	0.02	0.07	0.02
3～6 个月	0.4	0.07	0.14	0.06	0.02	0.08	0.03
6～9 个月	0.45	0.08	0.16	0.06	0.02	0.09	0.03
9 个月～1 岁	0.47	0.09	0.17	0.06	0.03	0.1	0.03
1～2 岁	0.52	0.09	0.19	0.07	0.03	0.12	0.03
2～3 岁	0.61	0.09	0.23	0.07	0.03	0.14	0.04
3～4 岁	0.68	0.09	0.22	0.1	0.04	0.18	0.05
4～5 岁	0.74	0.1	0.23	0.1	0.04	0.21	0.05
5～6 岁	0.8	0.11	0.28	0.11	0.04	0.22	0.06
6～9 岁	0.99	0.13	0.35	0.13	0.05	0.27	0.07
9～12 岁	1.23	0.13	0.42	0.16	0.07	0.36	0.09
12～15 岁	1.46	0.14	0.48	0.18	0.08	0.48	0.11
15～18 岁	1.61	0.13	0.52	0.24	0.09	0.53	0.11
≥18 岁	1.6	0.12	0.6	0.24	0.08	0.47	0.11

三、其 他

（一）期望寿命

期望寿命（life expectancy）又称平均期望寿命，指 0 岁时的预期寿命。一般用“岁”表示。即在某一死亡水平下，已经活到 x 岁年龄的人们平均还有可能继续存活的年岁数。

期望寿命是最基本的暴露参数，无论是呼吸、饮水、饮食，还是经皮肤暴露评价中，都需要用到这类参数。在进行健康风险评价中，对于非致癌性污染物，其暴露时间通常为实际的暴露时间，一般可以以期望寿命减去暴露开始时的年龄；而对于致癌性污染物，通常为终身暴露时间。因此在对人群进行致癌风险评估时，需要知道该类人群的期望寿命。

期望寿命研究方法主要依靠全国性的调查和信息统计。各国推荐值的比较见表18-15。整体来看，我国居民平均期望寿命较美国、日本、韩国低，日本人均期望寿命最高，为83.7岁，各国女性期望寿命均高于男性。

表 18-15 我国与其他各国 2015 年居民期望寿命对比（岁）

国家	总平均	男性	女性	国家	总平均	男性	女性
中国	76.3	73.64	79.4	日本	83.7	80.5	86.8
美国	79.3	76.9	81.6	韩国	82.3	78.8	85.5

（二）与住宅相关的参数

1. 定义 住宅相关参数（residential factor）主要包括住宅面积、取暖时间和开窗通风时间、空气交换率等。住宅面积是指居民日常居住、活动和生活的室内封闭空间的建筑面积，不包括露天阳台、院子等开放场所，也不包括平时很少去的场所，如农村用于储藏粮食的仓库等。取暖时间是指每年累计的取暖时间。开窗通风时间是指卧室、书房、客厅等经常出入场所平均每天的通风情况，按照通风最长时间的居室计算。

与住宅相关的参数能提供有关影响室内环境暴露的建筑特性的数据。例如，建筑特征（体积、表面积、机械系统和基础类型），影响建筑物内化学传输的运输现象（气流、化学特定沉积和过滤、土壤跟踪），室内用水信息，以及各种与空气传播和土壤/房屋尘埃源有关的室内建筑相关来源类型。影响室内空气的住宅因素有家具、选址、天气、通风和渗透、环境控制系统、材料耐久性、操作和维护、居住者及其活动以及建筑结构。

2. 我国暴露参数手册推荐值 中国人群环境暴露行为模式研究通过问卷调查的方式获得了我国人群与住宅相关的暴露参数，包括住宅面积、室内取暖时间和开窗通风时间，具体推荐值见表18-16。

表 18-16 中国人群开窗通风时间推荐值

地区	住宅面积（m^2/户）	取暖时间（天/年）	开窗通风时间（min/d）			
			全年	春秋季	夏季	冬季
全国	100	60	465	420	720	180
城市	92	60	465	420	720	180
农村	106	70	453	420	720	180

展 望

环境健康风险评估是环境管理的重要手段和技术方法，加强环境健康风险管理可推动保障公众健康理念融入环境保护政策。暴露参数可应用于环境健康基准的制定、污染场地风险评估、优控污染物识别等环境管理中，不同的需求涉及不同的暴露参数。从参数的完整性角度，当前的暴露参数还远不能满足所有需求。例如：在保护人体健康的土壤环境基准推导中，需要不同土地利用类型下的室内和室外活动时间，以及职业流动率和居住流动率等参数。此外，暴露参数随着经济和社会的发展可能会发生比较大的变化，因此需要定期更新以反映其随时间变化的实际情况。

从暴露参数的调查方法来看，暴露参数的调查方法从最初的问卷调查法逐渐向传感器等更加精细化、准确化的方法发展。EPA《人体暴露评估指南》指出，“展望未来，爆炸式的数据增长可以描绘出环境中多种污染物不同时空的迁移转化特征及人类和生态系统暴露情况，新的传感工具和模型可以更好地描述当前状况、预测未来的情况”。采用新的工具或模型来获得更准确的暴露参数是未来的发展趋势。以与空气暴露相关的时间活动模式参数为例，传感器的应用极大增加了数据的客观性和准确性，弥补了传统调查问卷带来的回忆偏倚等缺陷，各学科交叉互融更加深入与频繁，海量数据增加了研究的精确度，但在预处理、存储、查询等环节对环境科学研究者团队提出了更高的技术要求。传感器及大数据技术必将成为未来人群活动模式研究的助力及标准科研手段。传统24小时活动日志（或问卷）仍将是人群活动模式研究的主要工具，对技术方法进行创新、探讨24小时活动日志（或问卷）与传感器数据的相互印证方法将是未来必不可少的研究。

推荐阅读

European Commission Joint Research Center(ECJRC), 2006. Exposure factors sourcebook for europe[S].

G. Mark Richardson, Stantec Consulting, 2013. Canadian Exposure Factors Handbook[R]. Toxicology Centre, University of Saskatchewan.

Jang JY, Jo SN, Kim S, Kim SJ, et al, 2007. Korean Exposure Factors Handbook[M]. Ministry of Environment, Seoul, Korea.

NIAIST, 2007. Japanese exposure factors handbook[S].

USEPA, 2011. Exposure Factors Handbook 2011 Edition(Final)[M]. U S Environmental Protection Agency, Washington, DC.

思考题

1. 在环境健康风险评估中，结合实际案例评估暴露参数的选择对于风险评估结果的影响。
2. 请思考暴露参数获取过程中存在着哪些不确定性。
3. 请思考还可以通过哪些更便捷、更简单的方法来更准确地获得某些暴露参数。
4. 除了文中列出的暴露参数，你知道的还有哪些？可以通过哪些方法获取？

（段小丽　王贝贝）

第十九章　暴露组和暴露组学技术

人类复杂疾病主要是由环境因素或者环境与遗传因素相互作用所致。自 HGP 开展以来，有关遗传因素与复杂疾病发病关系的研究进展非常迅速，相比之下，环境暴露与复杂疾病关系的研究却没有得到应有的重视和发展。暴露组（exposome）与暴露组学（exposomics）的提出，为推动环境因素与人类健康之间关系的研究提供了新的思路。本章主要从研究方法、工具、思路以及重要意义等方面，介绍暴露组和暴露组学技术的概念、应用及可能面临的挑战。

第一节　概　　述

一、暴露组学的概念、内涵和演变进程

随着 HGP 及 HapMap 计划的完成，对复杂疾病遗传因素的研究取得了飞速进展。然而相比之下，对环境因素的研究则进展缓慢。为了使复杂疾病遗传和环境因素两方面的研究得到平衡发展，学者提出了暴露组和暴露组学的概念。英国流行病学专家 Wild 于 2005 年阐述了暴露组的理念，即个体从受精卵开始的整个生命周期过程中各种暴露的总和及其与健康和疾病之间的关联。随后，美国学者 Rappaport 和 Smith 在 2010 年对暴露组的概念进一步扩展，他们认为暴露组是指涵盖所有来源、进入体内的环境暴露的总和，这些暴露不仅包括来自空气、水、食物等外环境的物质，也包括机体因炎症、氧化应激、脂质过氧化、感染、肠道菌群等产生的物质。随着暴露组概念的提出，暴露组学的概念应运而生。Rappaport 于 2012 年将暴露组学定义为研究暴露组及其对人类疾病过程影响的学科。

二、暴露组学技术的进展

HGP 及 HapMap 计划的完成，使人类开始从遗传基因的角度重新认识疾病，但是对于非传染性慢性病，由于其发生是环境暴露（化学、物理和生物因素）与遗传因素共同作用的结果，单从遗传基因角度揭示疾病发生的研究模式存在一定局限性，因此，迫切需要开展环境-基因交互作用研究。

暴露组研究中将所有导致疾病的非遗传因素统称为“环境因素”，深入研究暴露组有助于了解非传染性慢性病发生发展的根本原因。暴露组研究中考虑到环境暴露风险的累积负荷，在研究资源有限时，常常将新移民、低收入群体、高水平环境化学物暴露者、特殊群体（如孕妇）等作为首选人群。其次，鉴于暴露谱动态变化的特征，长期持续监测环境因素变化较难实现，有学者提出将终身暴露评价简化为多个具有代表性的关键时点（孕前、孕期、婴儿期、儿童期、青少年期）的暴露评价，然而这种方法虽能保证生命阶段暴露的连续性，但获得的数据偏倚仍会导致环境与健康和疾病之间的联系被低估。

暴露组学研究策略大致分为“自上而下”和“自下而上”两种，分别侧重于机体对环境的复杂反应和多样的环境暴露。目前常用“自上而下”策略，如欧洲“人类生命早期暴露组”（human early life exposome）、“暴露组学”（EXPOsOMICS）项目，利用基因组学、表观基因组学、转录组学、代谢组学、蛋白质组学等多种高通量技术，采集个体的血液、尿液及呼出气等生物样本进行分析，识别人群中重要的暴露生物标志物，获得剂量-反应关系或时间-效应关系数据，阐述基因-环境交互作用。结合前瞻性队列研究多次随访，通过问卷调查、地理信息技术等收集人群生命周期中多

个阶段的各种暴露数据，形成生命阶段暴露组映像并进行累积风险分析，为精确评估环境混合暴露可能导致的不良健康效应及建立不同阶段中环境混合暴露动态变化影响人群健康的时间-效应关系提供了新的切入点。“自上而下”策略虽易于实现，但缺乏对环境因素的深度解析，且受到遗传易感性的影响。而“自下而上”是通过测定空气、水、食物等环境介质中的化学组分，分析与健康 / 疾病的关联性。该策略通过环境监测的方式来明确暴露来源，但缺乏内暴露的信息。目前的研究中提倡两种策略结合，监测环境暴露的同时采集与疾病相关的生物指标，识别和干预有害暴露因素并对其进行风险管理（图 19-1）。

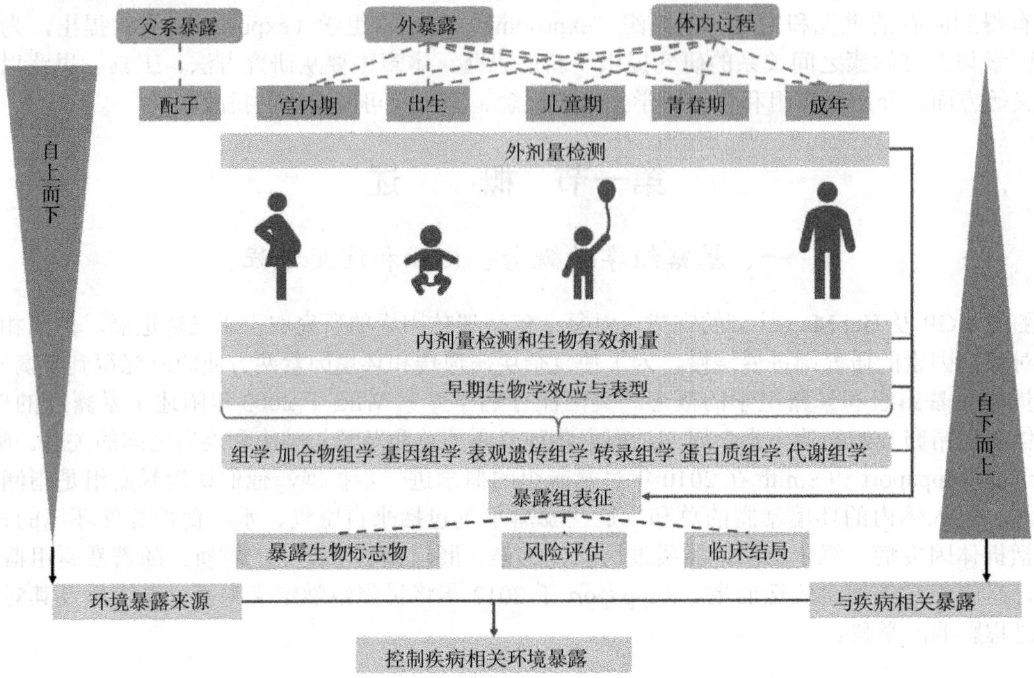

图 19-1　暴露组学研究策略示意图

第二节　内暴露组及其测定技术

一、人群生物样本中暴露源检测技术

人体生物监测（human biomonitoring，HBM）作为一种化学物暴露水平评估方法，可直接提供人体内化学物暴露和早期效应信息，被广泛应用于风险评估工作中。欧盟在 1980 年对 HBM 提出了以下定义：“通过系统、连续或重复收集生物样本，分析化学物和（或）代谢产物的浓度以及特定生物学效应参数并将其与参考标准比较，从而客观评估暴露对象的暴露情况和健康风险，并在必要时修正参考标准。”HBM 侧重于将生物标志物作为评价系统、器官、组织、细胞及亚细胞结构或功能改变的可测量指标，通过测量血液、尿液、毛发、体液等人体生物样本中的化学物及其代谢产物，获得化学物的内暴露信息。其优势在于可以测量由人群复杂接触途径、人体代谢及个体特征（如遗传易感性）等所致的综合暴露结果，不仅可以监测暴露，还可以发现早期健康效应。

目前许多发达国家和国际组织都已开展了全国性的 HBM 项目，同时有越来越多的国家正在筹备或起步开展全国性 HBM，着手建立本国 HBM 数据库。我国全国性 HBM 起步较晚，于 2015 年通过中央财政转移支付地方重大公共卫生服务项目支持开展，通过流行病学调查和采集血、尿样本进行检测分析来获取人体暴露负荷的数据信息，建立人体环境暴露生物样本库和生物样本信息库。中国国家 HBM 项目是对《“健康中国 2030”规划纲要》中环境与健康工作的实施和落实，是对人体暴露和人群健康效应的监测和评价工作的继续强化，其核心工作是掌握重点环境化学物在我国居民体内的暴露种类、负荷水平及变化趋势。目前该项目第一轮化学检测工作正在进行中，第二轮采样工作正在着手筹备，具体的监测报告尚未发布。不同国家全国性 HBM 所涉及的暴露检测技术不同（表 19-1）。

表 19-1 不同国家全国性 HBM 概要

国家	开始年份	样本来源	样本人数	样本年龄	生物样本	化学物暴露测量方法	主要监测物质
美国	1999	全国性	每年约 2500	多年龄段	尿液、血液等	质谱、气相色谱-质谱、液相色谱-质谱、离子色谱-质谱、电感耦合等离子体质谱等	金属及代谢物、VOC 及代谢物、PCBs、OCPs 及代谢物、多溴联苯醚、PAHs 代谢物、邻苯二甲酸酯和邻苯二甲酸酯替代物代谢物、磺酰脲类除草剂、有机磷杀虫剂等
加拿大	2007	全国性	每周期 5600～6400	多年龄段	尿液、血液等	高效液相色谱-质谱、气相色谱-质谱等	金属和微量元素、丙烯酰胺、环境酚类、尼古丁代谢物、OPs 代谢物、对羟基苯甲酸酯类、PAHs 代谢物、VOC 等
德国	1985	全国性	累计约 16 000	多年龄段	尿液、血液等	原子吸收、气相色谱、高效液相色谱、气相色谱-质谱等	金属、多种农药、PCBs、PAHs、邻苯二甲酸酯、双酚 A、尼古丁、可替宁等
中国	2020	全国性	累计约 20 000	多年龄段	尿液、血液等	离子色谱、高分辨气相色谱-质谱、液相色谱-质谱、电感耦合等离子体质谱等	金属 / 类金属、PAHs、邻苯二甲酸酯、BPA 类物质、全氟化合物、苯系物等有机污染物原型及其代谢产物；镉、铅等金属 / 类金属及氟、磷、钙等离子

二、暴露组研究中的代谢组学技术

代谢组指的是生物实体内全部低分子量化学物质种类的集合。该生物实体包括体液、单个细胞、器官、生物系统乃至共生体。简而言之，代谢组学测量的是一系列来自生物样本的表观特征子集，即代谢表型，以及表型所展示的动态变化，它反映了对于各种应激的反应。因此，代谢表型分析方法常被用于了解代谢组学研究。多重代谢组描述复杂的人体系统的多个方面，它包括对机体基本内源性功能和外源性物质所产生的代谢反应，除此之外还包括共生有机物如肠内和表皮微生物的新陈代谢。

（一）代谢物分离应用到的分析技术 / 平台

物理分离样本组分在分析复杂生物流体样本时表现出多个优点。因此色谱系统经常被串接到检测器来增加代谢表型分析的有用信息量。根据亲脂性、离子化、大小和手性特性等特征，合理选择分离类型和特定条件，可更好地分离组分。下面将介绍液相色谱和气相色谱以及其他不同分析平台和互补检测手段，它们常被应用于代谢表型分析，是分离生物流体样本的主流方法。

1. 液相色谱 代谢表型分析最常用液相色谱。当流动相携带待分析物经过固定相时，待分析物会因其理化特征 [偶极矩（极性）、空间维度（大小）和电荷] 的不同而与固定相的吸附剂产生不同程度的吸附力，导致不同组分在固定相中的滞留时间及迁移速率不同。大部分应用研究使用溶剂在高压下等度（流动相组分不变）或梯度（流动相组分按预定方案改变）洗脱含有固定相的色谱柱。向溶剂中添加修饰剂可以微调分离效果，或者改善溶剂特性，从而适应色谱所串接的质谱和核磁共振光谱检测器。色谱柱的物理特性（长度和直径）、固定相颗粒大小、流动相的流速和组分以及柱温都可以影响色谱分离和之后的色谱图性能。固定相中的样本组分可以被流动相依次洗脱出色谱柱，以色谱峰形式被检测，也可以被收集和废弃。

两种液相色谱并行用于代谢组学研究，提供互补的色谱分离。

（1）反相色谱：极性溶剂（典型组合是水和甲醇或乙腈）洗脱非极性固定相（常用 C_8 和 C_{18} 功能性材料）。亲脂性代谢物被较好保留。

（2）亲水作用色谱：以非极性组分为主的溶剂洗脱极性固定相（常用二醇或酰胺基团）。高极性代谢物被较好保留。

液相色谱用于生物流体的代谢组学研究。通常生物流体在被稀释（尿液）和简单蛋白沉淀（血液）之后就直接进行液相色谱分离。

2. 气相色谱 在大样本量的代谢谱分析中，气相色谱也是分离生物流体最常见的分析平台。同液相色谱一样，气相色谱通过固定相和流动相分离样本组分。但是气相色谱的流动相通常是惰性气体（如氦气、氮气、氢气），且以很薄的固定相或具有功能基团的毛细管来填充色谱柱。液相色谱需要控制流速和柱温，气相色谱亦然。为了使样本组分得到更好的挥发和分离，气相色谱经常会衍生化样本组分。人们已经建立良好的气相色谱方法用于代谢谱分离，同时开发了基于保留时间的代谢物数据库用于代谢组学研究。

3. 核磁共振（nuclear magnetic resonance，NMR） 是代谢组研究中表征生物样本的重要分析平台。作为光谱技术，NMR 涉及电磁辐射和物体相互作用。相同化学环境的原子核贡献等同的光谱结果，因此输出量具有定量特性。化学物浓度或者化学等价的原子核数目越大，产生的光谱图中峰强度越高。NMR 平台的分辨率和灵敏度主要取决于所用的场强。场强越高光谱特征展示越好。尽管特别高的场强也有使用案例，但代谢组学研究的实验室常用场强是 14.1T（对应 ^{1}H 拉莫尔频率为 600MHz），可以达到光谱分辨率、灵敏度以及设备成本与维护成本的最好平衡状态。

就一维 ^{1}H 的 NMR 光谱而言，原始数据通常被转化为频率光谱。转化过程包括使用常规光谱处理参数（如切趾函数、谱线增宽）、光谱相位和基线校正、内标 3-三甲基甲硅烷基-2, 2, 3, 3-四氘代丙酸或 3-三甲基甲硅烷基-1-六氘代丙磺酸校准化学位移和光谱特征对齐。所获得的光谱有多种呈现形式，常见的是用表格反映化学位移区和对应的光谱积分。对原始特征不熟悉的人需要记住信号重叠情况，一方面化合物经常在光谱中呈现多个信号，另一方面多个代谢物信号也可能会出现在同一个化学位移区。

暴露组学的最早应用之一是用 ^{1}H 的 NMR 光谱探讨低水平重金属暴露的代谢特征。600MHz 的 ^{1}H NMR 光谱被用于分析慢性镉暴露人群尿液标志物（镉含量、*N*-乙酰-β-*D*-氨基葡萄糖苷酶），与镉的关联包括线粒体新陈代谢和单碳新陈代谢。研究发现，在调整了已知的与镉负荷有关的年龄和性别因素后，柠檬酸浓度与镉暴露以及吸烟有显著相关性。

总之，质谱方法是一种理想的代谢谱研究方案。理由：①靶向和非靶向分析是可行的，谱覆盖广泛。②灵敏度：虽然仪器灵敏度依赖于化学物质离子化，有时可能比较差，但是现代质谱分析的重要优势就是异常高的灵敏度。③成本：仪器购买和运行成本相对较低，且仪器占用空间小。

最近有关空气污染的暴露组研究使用了质谱分析技术。健康志愿者长期暴露于环境空气中，研究者们测量常规健康标志物和多个外暴露标志物，并用超高效液相色谱串联质谱方法测量了血液代谢表型。研究发现了一些与空气污染物和健康标志物有关联的代谢物，如酪氨酸、鸟苷和次黄嘌呤以及生物信息学分析富集获得的几类代谢通路。

（二）其他光谱技术

红外、拉曼和紫外可见光等光谱分析技术也被用于代谢表型分析，但是实用性比较有限。它们的一个缺点是在分析复杂混合物时，对于单个组分提供的分子特征有限，有大量来自相似化学基团的重叠信号，不能充分提供特异性的代谢组组分信息。但是，这些光谱技术成本较低、容易获得且能提供样本化学成分的多元谱图。故它们可作为主流代谢组分析方法的延伸，在扩展暴露组研究范围方面可能有一定作用。

三、暴露组研究中的转录组学技术

组学技术的出现大大增强了我们解释与环境暴露相关的疾病发生机制的能力。转录组学是研究特定的细胞、组织或个体在特定时间和状态下所转录出的所有 RNA 的学科。转录组测序利用高通量测序方法，研究所转录出的所有 RNA，用于揭示不同功能状态下的基因表达、结构的差异，阐明分子机制。这在评估现实生活中的暴露时尤其重要，因为现实生活中的暴露涉及高度变化的时间条件下的多种应激源。

转录组学的相关技术

由于测序价格昂贵、基因序列数目有限，转录组学研究者只能进行极少数特定基因的结构功能分析和表达研究。近十几年，分子生物学技术的快速发展使高通量分析成为可能，这为真正意义上的转录组学研究奠定了基础。这些高通量研究方法主要分为两类。一类是基于杂交的方法，主要是指 DNA 微阵列技术、基因芯片技术；另一类是基于测序的方法，这类方法包括表达序列标签技术、基因表达系列分析技术、大规模平行测序技术、RNA 测序技术。其中，微阵列技术和表达序列标签技术是较早发展起来的先驱技术，基因表达系列分析技术、大规模平行测序技术和 RNA 测序技术是高通量测序条件下的转录组学研究方法，有助于了解特定生命过程中相关基因的整体表达情况，进而从转录水平揭示生命过程的代谢网络及调控机制。

1. 微阵列技术　DNA 微阵列（DNA microarray）技术是分子生物学领域具有里程碑意义的重大突破，它可以测量不同样本中成千上万个基因在不同环境和不同状态下的表达水平。基因表达数据是基于 DNA 微阵列技术而产生的反映基因转录产物 mRNA 丰度值的一种数据。

（1）互补脱氧核糖核酸（complementary DNA，cDNA）微阵列：制备过程包括：①对各种生物随机克隆和随机测序所得的 cDNA 片段进行归类；②把每一类 cDNA 片段的代表克隆（代表一个独立基因）进行体外扩增，并将得到的大小和序列不同的片段分别进行纯化；③利用机械手高速、高密度、有序地将它们点样固定在玻片硅晶片或尼龙膜上制备成 cDNA 微阵列；④以此 cDNA 微阵列对各基因的表达情况进行同步分析。它的特点是造价低、适用面广、研制周期短、灵活性高。

（2）寡核苷酸微阵列：原理与 cDNA 微阵列类似，主要是通过碱基互补配对原则进行杂交，来检测对应片段是否存在和存在量的多少。它与 cDNA 芯片的本质差别在于寡核苷酸的探针片段相对较短，一般为 20～70 个核苷酸。寡核苷酸微阵列的探针经过优化，长度基本一致，而且熔解温度也相差不大，所以相较 cDNA 微阵列具有以下优点：无须扩增，可避免扩增失败而影响实验；减少非特异性杂交，能够有效地区分同源序列的基因；杂交温度均一，可提高杂交效率：减少微阵列片上探针的二级结构。

2. 基因芯片技术　基因芯片（gene chip）是基于核酸杂交的一种转录组研究技术。该技术利用红、绿荧光染料分别标记实验样本和对照样本 cDNA，将样本混合后与基因芯片杂交，可显示实验样本和对照样本基因的表达水平。目前，基因芯片主要应用于基因表达检测、寻找新基因和基因突变以及基因文库作图等方面研究。基因芯片技术比较成熟，能够准确地检测表达较高的基因。但因杂交背景高，受基因拷贝数的限制而无法检测出低丰度基因，且数据库数据有限，可能出现注释错误。

3. 基因表达序列标签　表达序列标签（expressed sequence tag）为长 200～800bp（碱基对）的 cDNA 部分序列。当 HGP 刚刚开始时，一些科学家就主张 cDNA 测序应该先于基因组测序进行，原因是基因组的编码区代表了基因组绝大部分信息，而编码区长度只有总基因组长度的 3%。因此可以用最低的代价、最短的时间获得最多、最有用的信息。通过对生物体基因表达序列标签的分析，可以获得生物体内基因的表达情况和表达丰度。要获得生物体基因表达序列标签信息，通常应先构建其某个代表性组织的 cDNA 文库，从中随机挑取大量克隆，根据载体的通用引物进行测序，一般可以得到 5′ 或 3′ 端的 200～500bp 的碱基序列，然后将测得的基因表达序列标签序列与网上已有的基因表达序列标签数据库进行比较，对生物体基因的表达丰度进行分析。

4. 新一代高通量测序技术

（1）基因表达系列分析（serial analysis of gene expression）技术：是由 Velculescu 等在 1995 年提出的，是一种可以定量并同时分析大量转录本的方法。1998 年，Powell 利用生物素标记的 PCR 引物合成生物素标记的接头，并利用链霉抗生素蛋白磁珠绑定接头，有效地去除了一些多余的接头，从而提高了基因表达系列分析技术的分析效率。基因表达系列分析技术的理论依据主要有两点：第一，来自 cDNA 特定位置的一段 9～13bp 的序列作为基因表达系列分析技术标签，包含有足够的确认唯一一种转录物的信息（9 个碱基能够分辨 49 个不同转录物）；第二，将来自不同 cDNA 的基因表达系列分析标签集于同一克隆中进行测序，就可以获得连续的短序列基因表达系列分析技术标签，而这些基因表达系列分析技术标签可以显示对应的基因表达情况。

（2）大规模平行标签测序（massively parallel signature sequencing）技术：是由 Brenner 等在 2000 年建立的以测序为基础的大规模高通量的基因分析技术。其方法的理论基础是：一个标签序列（一般为 10～20bp）含有足够的识别其对应 cDNA 的信息，将标签序列与某种长的连续分子连接在一起，可以便于克隆和测序分析，而每个标签序列出现的频率又能够代表其相应基因的表达量。

（3）RNA 测序（RNA-sequencing）技术：首先将细胞中的所有转录产物作为 cDNA 文库，然后将 cDNA 文库中的 DNA 随机剪切为小片段（或先将 RNA 片段化后再转录），再在 cDNA 两端加上接头，并利用新一代高通量测序仪测序，直到获得足够的序列。最后将所得序列通过比对或从头组装形成全基因组范围的转录谱。

四、暴露组研究中的加合物组学技术

化合物或体内产生的亲电物质通过烷基化、芳基化、双亲电交联、形成脂质过氧化反应中间体或自由基活化对 DNA 结构进行修饰并与 DNA 形成复合物，即 DNA 加合物。而 DNA 加合物组则是一类具有相同特征的 DNA 加合物的总和，在此基础上产生了 DNA 加合物组学。

（一）DNA 加合物

DNA 加合物的形成依赖于化学物质的结构、亲电性以及化合物与 DNA 结合的能力，因此化学物质通常会与 DNA 碱基的特定位点结合产生特定的 DNA 加合物，其中易形成 DNA 加合物的化学物质有烷化剂、醌类、醛类、*N*-亚硝基化合物、抗肿瘤药物等。研究表明，鸟嘌呤与腺嘌呤的 C_8 原子、碱基内 / 外环的 N 和 O 原子为常见的 DNA 结合位点（图 19-2），即 DNA 加合物形成位点。胞嘧啶的 C_5 甲基的氧化是 DNA 甲基化的重要生物标志物；鸟嘌呤 C_8 原子氧化后产生的 7, 8-二氢-8 氧桥鸟嘌呤和 2, 6-二氨基-4-羟基-5-甲酰胺基嘧啶则是氧化应激以及遗传毒性损伤的生物标志物；自由基可氧化 2-脱氧核糖 C_1 和 C_4 原子、胸腺嘧啶的 C_5-甲基以及嘧啶环的 C_5 和 C_6 原子；烟草中含有的致癌物 4（-*N*-甲基-亚硝氨基）-1（-3-吡啶基）-1-丁酮的 DNA 加合物形成于磷酸基的骨架上。

（二）DNA 加合物组学的研究方法

研究 DNA 加合物主要有两种基本组学分析方法。一是靶向分析，即自下而上的分析方法，即通过扫描逐一检测出预期的加合物后构建样品的 DNA 加合物谱系，其常用的方法是基于质谱法对特定暴露或化学作用产生的有限数量的 DNA 修饰进行识别和定量。二是非靶向分析，即自上而下的分析方法，即基于 DNA 加合物分子结构的共同特征通过扫描筛选出具有推测指纹特征的化合物，然后逐一鉴定得到样品 DNA 加合物谱系。由于样品中 DNA 加合物较为复杂且不可预测，为更全面地测量 DNA 损伤，需要自上而下的分析方法来同时筛选已知和未知暴露以及对暴露的生物反应（如内源性亲电体的形成）产生的多种 DNA 加合物。DNA 加合物组学的概念正是基于上述背景而提出的，其不仅针对一个加合物进行测定，而且要根据整体特征去筛选具有共同点的一类加合物，从而构成一个完整的体系，目的是在检出微量水平的 DNA 加合物的基础上结合生物信息学，实现药物致癌性监管、肿瘤早期监测及抗肿瘤药物治疗预后评估。而实现这一目标的基础是 DNA 加合物检测技术的不断改进，其中最主要的是质谱检测仪器的不断革新。

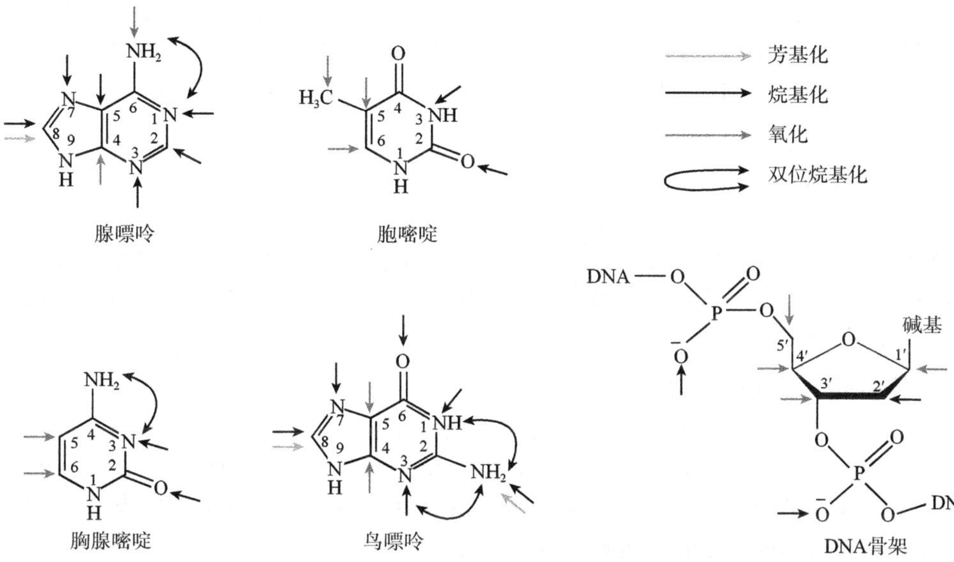

图 19-2 DNA 氧化损伤和加合物形成的反应位点

（三）DNA 加合物组学的检测方法

自 20 世纪起，国际上已建立多种 DNA 加合物分析技术。但由于暴露后生物体内所产生的 DNA 加合物丰度极低，如何实现从大量的正常核苷酸中检测到含量极低的加合物（0.1～1 个加合物 /108 个核苷酸）就成为一个技术挑战。20 世纪 80 年代建立的免疫检测法和 ^{32}P 后标记分析法是最早应用于人类基因组检测并发现 DNA 损伤的技术。此外，液相色谱-吸收 / 荧光光谱法和液相色谱-电化学检测也较为常用。然而，这些技术多为间接或非定量的方法，无法提供有关加合物结构的信息。近年来，液相色谱与电喷雾电离（electrospray ionization）耦合成为一项突破性的技术，该方法能够同时检测多种 DNA 加合物。电子冲击气相色谱法用于测定 DNA 加合物，特别是氧化的 DNA 碱基，而质谱裂解谱可用于证实其加合物的结构，并且这种方法随着仪器灵敏度的提高，检测灵敏度可至 $1/10^{10}$ 个核苷酸。这种选择性高、特异性强且能提供加合物结构信息的特点使得液相色谱-质谱法（liquid chromatography/mass spectrometry，LC/MS）有望取代 ^{32}P 后标记法成为 DNA 加合物筛选的首选方法。

五、暴露组研究中的早期效应生物标志物

效应生物标志物指机体中可测出的生化、生理、行为或其他改变的指标，包括反映早期效应生物标志、结构或功能改变效应生物标志及疾病效应生物标志，提示与不同靶剂量的外源化学物或其代谢物有关联的健康有害效应的信息。其中，为了更早、更有效地检测化学物及其代谢产物引起的机体效应，最为常见且应用广泛的效应生物标志物是效应分子生物标志物，它是指机体内可测定的生理、生化和其他方面分子水平的改变，在准确、敏感地评价早期、低水平的损害方面

具有特别的优势，可用于评价外来化学物的危险度和所采取的预防措施的效果。

常用的效应分子生物标志物有：

（一）大分子氧化损伤及其产物

对生物大分子物质（主要是脂质、蛋白质和核酸）的氧化损伤是很多毒物和致癌物的重要作用机制，与它们引起的衰老、机体退行性变、中毒、肿瘤等疾病的发生、发展关系密切。因此，对反映机体氧化损伤程度的效应分子生物标志物的测定，有助于判断机体或组织氧化损伤的程度、疾病的发生机制以及疾病的转归和预后。常见的这类标志物有：①反映脂质过氧化的指标：如MDA、共轭二烯、氢过氧化物、短链烃等；②反映蛋白质氧化损伤的指标：一般测定蛋白羰基的总量，同时还可以将蛋白氢过氧化物、蛋白结合多巴和各种氨基酸的氧化产物以及体内抗氧化系统酶如SOD、H_2O_2酶、GSH-Px、GSH还原酶等的活性作为指标；③反映DNA氧化损伤的指标：较为常用的是8-羟基-2-脱氧鸟苷以及其他碱基的氧化产物。

（二）分子遗传学改变

主要是早期生物学效应的分子生物标志物，用于测量化学物与细胞相互作用的分子水平的后果，包括DNA的初级损伤如DNA链断裂、交联、碱基改变（脱嘌呤、脱嘧啶等）、癌基因激活或抑癌基因失活，体细胞靶基因或特定反应基因的突变，细胞周期调控的改变，以及细胞信号转导的影响和异常的基因表达等。

（三）特定蛋白或抗体的诱导形成

热休克蛋白（heat shock protein，HSP）可被大量的外源性化合物或刺激诱导产生，在某些病理生理条件下，机体还可产生相应的抗体。如暴露于40mg/m^3以上苯作业工人的血浆HSP70及其抗体的水平明显高于对照组，说明接触高浓度苯可诱导HSP70及其抗体的过度表达；此外，还有其他特异性的蛋白表达如镉诱发的金属硫蛋白的表达。

（四）酶活性的改变

机体接触特定化学物时可引发特定酶活性的改变，如OPs中毒时胆碱酯酶活性的抑制，铅中毒时8-氨基-1-酮戊酸脱水酶和血红素合成酶活性的抑制。有时细胞内酶活性的改变是非特异性的，如苯作业工人的血液中性粒细胞的碱性磷酸酶活力会出现不同程度的抑制；中毒造成的机体损伤较为广泛或者严重时，导致机体组织或者某些器官如肝脏的正常功能受到损害，也可出现非特异性的酶活性改变。在化学物进入体内进行代谢转化的过程中，也会造成毒物代谢酶的诱导和抑制，如CYP酶系统的诱导，环氧化物水解酶、GSH还原酶、对氧磷酶等活性的改变。

（五）细胞结构或功能改变的标志物

反映细胞与化学物相互作用后形态和功能的改变，主要有反映疾病状态的血清酶标志物、反映细胞异常增生和分化的标志物。

（六）体内激素水平的改变

很多化学物如农药、有机锡、邻苯二甲酸酯等较小剂量长期作用于人体时，还可改变机体内分泌功能，并对机体、后代或亚群引起有害效应，这类物质统称为EED。它们作用于人体后，可干扰机体正常的内分泌功能，使体内的正常激素水平发生改变，这些可测量的激素水平的变化是评价其内分泌干扰毒性的重要标志物。

（七）其他

DNA加合物/DNA-蛋白交联产物等既是反映靶细胞分子内接触剂量的生物标志物，也是反映化学物尤其是致癌物的效应水平的标志物。

第三节 外暴露组及其测定技术

一、环境介质中暴露源检测技术

（一）大气

空气是人体每时每刻都在接触的环境介质，空气污染对人体健康的影响一方面取决于空气被污染的程度，包括污染物的毒性及其浓度；另一方面取决于人体暴露时间的长短。使用个体空气污染外暴露来评价空气污染物对人体健康的影响，比单纯使用空气中污染物的浓度更客观。

在环境流行病学中，外暴露是指暴露因素进入机体之前的标志和浓度，就空气而言，暴露因素泛指空气中的各种气态和颗粒态污染物。根据借助的工具和手段，大气污染的外暴露评价主要可分为区域环境和个体两个层面，即根据环境空气中污染物的浓度和人群分布状况进行的区域大范围人群环境暴露评价以及借助个体跟踪测量或模拟手段开展的个体外暴露量评估。人群环境暴露评价适用于大范围地区的研究，但是不适用于对精度和个体追踪性要求较高的研究；个体暴露评价的优点是可以精确到个人的行为活动及环境暴露情况，相对于环境暴露评价精度较高，但个体监测设备成本及技术创新要求较高。

1. 人群外暴露评价方法 人群外环境暴露测量通常是测定人群接触的环境介质中某种环境因素的浓度或含量，根据人体接触的特征（如接触的时间、途径等）估计个体暴露水平。目前常用的环境暴露测量方法主要有环境监测网法、微环境法和环境模拟（模型）法。环境监测网法和微环境法多适用于较大范围的人群暴露水平评估，但在个体暴露评估方面精度较低，环境模型法运用数学的方法预测个体或人群暴露水平，在精度上有很大的提高。

以往基于疾病负担研究的空气暴露评估局限于城市地区或局部空间的污染物浓度估计，而随着当前遥感技术、全球化学扩散模型等暴露测量技术的发展，全球范围的空气污染物暴露浓度估算更易实现。在围绕高时空分辨率的大气污染暴露评价方面，此前模型主要包括空气污染扩散模型和LUR模型两大类。空气污染扩散模型基于城市下垫面特征、气象场特征以及污染源特征，运用边界层湍流扩散理论及空气化学理论建立空气污染预测模型，用于确立污染物迁移、扩散和转化规律。LUR模型基于研究区空气质量监测站点的空气污染观测浓度及监测站点周围地形、土地利用和交通等其他地理变量，借助最小二乘法建立多变量回归模型，用于预测研究区内其他空间位置的空气污染物浓度。利用空间模型技术，可以模拟人群时空活动与空气污染物暴露的关系，进而提高暴露评价结果的精准性和适用性，但基于数据来源和方法本身的局限性，当前单纯利用某种模型实现多种大气污染物的高时空分辨的解析模拟仍具有很大挑战，不同模型在污染物的适用性及准确性方面存在局限，进而影响暴露评价结果。

近年来，卫星遥感技术也在不断发展，MODIS是搭载在卫星上的一种重要传感器，目前这种数据广泛应用于全球许多国家和地区的空气污染研究，尤其是大气气溶胶的反演过程。国内外已有诸多研究证明了利用遥感技术监测AOD间接指示城市空气质量的可行性，如我国较早的一项研究利用卫星遥感技术，评价长期暴露于$PM_{2.5}$对非意外死亡率的影响，空气质量数据来源于美国航空航天局卫星监测数据，将调查对象的家庭住址地理标注为*X*、*Y*坐标来估计个体在1km×1km网格下$PM_{2.5}$的暴露浓度，结果显示，利用卫星遥感数据来评估个别城市中个体$PM_{2.5}$暴露量的方法是可行的。卫星遥感技术的发展与应用为环境容量研究领域的污染物测量提供了技术支撑，也进一步提高了人体空气污染物外暴露评价的时空精确性。

2. 个体外暴露评价方法 不同的个体因其生活环境、时间-活动特征等的不同，个体间的暴露量可能存在明显差异。个体暴露测量是使用个体采样器采集和测量人体直接暴露的区域内的污染物来计算人体暴露浓度，可借助便携式测量仪器进行。在研究空气污染的人体健康效应时，个体暴露水平监测的优点是能直接测量污染物的个体暴露水平，精确度高；不需要收集气象、地形及污染源数据；并且它可以用于评估老人、儿童、孕妇等高风险人群及司机、医生等特定职业群体的真实暴露水平。但这种方法也存在诸多局限性，如利用主动或被动采样仪器随时、随地记录，费时费力，并且仪器成本较高；不适用于大规模区域以及长期的污染物暴露评估。

（二）水体

水是地球上生命的基本元素之一，人类生存、生活的方方面面都离不开水。随着世界经济的快速发展和城市化、工业化进程的加速，地球水源遭到越来越多的污染，工业废水、农业污水、渔业及家禽业排泄物中含有大量重金属、苯胺类、农药残留及抗生素等众多污染物质，这些污染物不仅是影响水体质量的重要因素，也是影响生态环境和人群健康的重要因素。目前水体污染物的常用检测方法主要包括色谱法、质谱及质谱联用技术、光谱法以及环境DNA技术、生物传感技术等。

1. 色谱法 是一种用于分离复杂混合物中单个组分的技术，具体包括液相色谱法、气相色谱法、离子色谱、凝胶渗透色谱等。色谱分离技术主要应用于水中苯系物、农药残留等物质的检测，它具有分析精度高、重复性好等优点，但色谱分离技术存在分析仪器复杂昂贵、维护成本高、样品需前处理、测试周期长、需专业人员操作等问题。

2. 质谱及质谱联用技术 可以同时测定多种污染物质，尤其是有机污染物，实现了对多组分污染物的高通量、高灵敏度定性及定量分析。目前，以质谱作为检测手段的分析方法已经成为水环境中有机污染物分析的主导技术，常用的方法主要有GC-MS、LC/MS、电感耦合等离子体质谱法、串联质谱法等。

气相色谱法对多组分样品有较高的分离能力和选择性，质谱法对单一组分具有较强的鉴定能力，二者在线联用是分析易挥发多组分样品最强有力的手段。GC-MS不仅具有操作简单、灵敏度高、分析速度快等特点，还可以获得丰富的质谱碎片离子，通过化合物的标准质谱图数据库对目标物进行检索或比对，从而提高定性的准确度，适用于多组分混合体系中未知物的定性、定量分析。GC-MS是水环境有机物检测的一种常规技术，目前多用于VOC和SVOC如卤代烃、2-甲基异崁醇、土臭素、OPs和OCPs以及消毒副产物等物质的分析。

LC/MS在水环境监测中主要应用于一些难挥发或者对热不稳定等有机物的分析，如PFOA、全氟己酸等POP、蓝藻中MC以及农药、抗生素等。LC/MS的应用弥补了GC-MS不能检测难挥发性有机污染物和高温易分解的有机污染物的不足。同时，LC/MS在水质检测中还有如下优点：解决了色谱流出物的定向问题，能获得更为准确的质谱图从而作出有效的分析；LC/MS的灵活性高，在水质污染检测方面更具可靠性；在检测过程中，可以更好地利用特征离子优势分组检测，有效提高检测效率及准确度。

电感耦合等离子体质谱法是近30年提出并快速发展的无机微量及痕量元素分析技术，具有干扰少、精密度高、线性范围宽、简便快速以及多元素同时测定等优势，目前常用于水环境中多种痕量元素、重金属元素的检测。

3. 光谱法 水体污染物检测领域常用的光谱法包括原子吸收光谱法、蒸气原子荧光光谱法以及气相分子吸收光谱法。

原子吸收光谱可对水样中的金属元素进行微痕量测定。该法是利用气态原子对特征辐射的吸收，使原子外层的电子从基态变化为激发态的现象而建立的，通过吸收程度能够有效检测出样品中的特定元素的含量。在实际应用中，通常会采用石墨炉法、火焰法以及氢化物发生法来进行检测。

蒸气发生-原子荧光光谱法因化学蒸气分离、非色散光学系统等特性，是测定微量砷、锑、铋、汞、硒、碲、锗等元素最成功的分析方法之一。我国科技工作者发明了高强度空心阴极灯、小火焰原子化、扣除光源漂移和脉动装置、自动低温点火装置、去除水蒸气装置等许多专利技术，为原子荧光光谱分析的发展做出了重要贡献。在水环境监测中，砷、汞、铅、硒4种元素的氢化物发生（汞为冷蒸气发生）-原子荧光光谱测定技术已成为水利行业测定地表水和地下水的标准方法，此外生活饮用水的国标方法中关于 4 种元素的检测也推荐使用原子荧光光谱法。

气相分子吸收光谱法是基于被测成分所分解成的气体对光的吸收强度与被测成分浓度的关系遵守光吸收定律这一原则来进行定量测定的。对于液体样品（如水样）的测定，其测定过程是将被测成分从液相分解成气体，用载气（一般为空气）载入气相分子吸收光谱仪器的测量系统测定吸光度，采用标准曲线法等定量方法得出样品的测定结果。基于该方法的气相分子吸收光谱仪是继蒸气发生-原子荧光光谱仪之后，我国的又一项自主创新成果，在水中氨氮、亚硝酸盐氮、硝酸盐氮、总氮、硫化物等含氮含硫化合物指标测试中得到了广泛应用。随着仪器技术的日趋完善，气相分子吸收光谱法已被纳入多项行业标准，成为环境水质的重要监测手段。

4. 环境 DNA 技术　环境 DNA 是指环境样本中（土壤、水、空气等）发现的，许多不同生物体基因组 DNA 的复杂混合物，包括环境微生物以及从生物体上脱落下来的活细胞 DNA 和因生物死亡后细胞破碎而游离出的胞外 DNA。目前环境 DNA 的主要研究方法有三种：PCR、荧光定量 PCR 和高通量测序。

PCR 方法主要用于物种的定性检测，可检测水体中是否存在某一特定的物种。荧光定量 PCR 法可以在定性检测物种是否存在的基础上，对物种的生物量进行预测。有研究显示，应用荧光定量 PCR 技术和显微计数法对玄武湖蓝藻水华进行长期监测，结果表明，荧光定量 PCR 法可同步监测蓝藻、微囊藻和有毒微囊藻的数量，及时准确反映玄武湖蓝藻水华优势种群微囊藻和有毒微囊藻的动态变化，进而反映水质状况。高通量测序技术又称二代测序技术，能够一次对几十万至几百万条 DNA 分子进行序列测定。我国研究人员利用沉积物 DNA 的高通量测序（16S rRNA）技术，探讨偶氮染料降解菌及其功能基因在河口和海岸环境中的分布，研究结果表明，内河流量影响近岸环境中偶氮染料降解基因的发生和丰度，以及偶氮受体基因与总有机碳、Hg、Cr 呈显著负相关（$P<0.05$）。

5. 生物传感技术　核心是生物传感器，主要包括分子识别部分（敏感元件）和转换部分（换能器）两部分，敏感元件包括酶、抗体、抗原、微生物、细胞、组织、核酸等生物活性物质，换能器包括氧电极、光敏管、场效应管、压电晶体等。生物传感技术充分利用生物物质的敏感性，并将其浓度转换为电信号，具有专一性强、分析速度快、准确度高、操作系统简单、成本低的优点，可以实现感受、反应、观察的三大功能。生物传感器可以帮助人类在生产过程中对环境进行监测，有效达到保护环境而不阻碍生产的目的。但由于其检测主要依赖于生物传感器与待检水样的反应，因此存在传感器的重复性使用问题，即许多待测物与识别部分产生不可逆的化学反应，进而降低传感器的灵敏度，严重时导致其无法重复使用。

目前生物传感器技术在水环境监测中的具体应用主要有生化需氧量（biochemical oxygen demand）生物传感器和酚微生物传感器。生化需氧量生物传感器也就是传统意义上的稀疏法，它依靠溶解氧的多少来判定水质的情况，这种方法主要偏向于实验室的相关研究，不适合现场监测。微生物传感器通过传感器可以快速准确地测定出焦化、炼油、化工企业废水中的酚，根据测定的结果，可以对相应区域的水质情况进行充分了解。除此之外，还可以通过阴离子表面活性剂传感器实现对生活污水中阴离子表面活性剂的测定。

（三）土壤

由于土壤环境的开放性特点，极易受到人类活动的影响。当土壤中有害物质过多，超过土壤的自净能力时，就会引起土壤的组成、结构和功能发生变化，微生物活动受到抑制，有害物质或其分解产物在土壤中逐渐积累。人为因素是造成土壤重金属、农药、石油污染的主要原因，这些污染物致使土壤酸化，营养元素流失，进而破坏土壤生态系统，降低作物产量和品质。有害物质通过“土壤→植物→人体”，或“土壤→水→人体”等途径间接被人体吸收，对人体健康造成危害。目前常见的土壤污染状况检测手段包括色谱法、光谱法及生物检测技术等。

1. 色谱法　是土壤污染物检测的常用方法之一，主要包括气相色谱法、HPLC。气相色谱利用流动相在固定相中的不同分配系数的特性，当土壤中的成分被气化后，进到色谱柱中进行多次分配与重组，可科学、合理地测定和分析土壤中的农药残留。HPLC 具有检测效率高、结果准确和适用性广的特点，可对土壤中的农药残留与杀虫剂残留进行针对性测试，高效准确地分析土壤情况，但检测成本相对较高。

2. 光谱法 光谱检测技术在当前土壤污染物检测作业中十分常见，其中原子吸收光谱法和X线荧光光谱法应用尤为广泛。

原子吸收光谱法在我国已经具备较久的应用时间，在土壤重金属检测方面的应用较为成熟。该种方法可以通过微波消解的方式来检测土壤中是否含有铜、铅、镍、镉等元素，并能精准地检测出上述重金属元素的含量，也能够灵敏测定不同类别的被检测土壤，满足多种土壤检测需求。当然，该种检测技术也可以通过密封高压消解的方式来完成检测，探究土壤中各类重金属元素含量的具体情况。原子吸收光谱法也具备一定的缺点，其并不适合于未知成分样品的检测，且每次检测的时候也只能检测出一种元素，需要多次检测才能够将已知重金属成分的土壤样本含量都检测出来，而在此过程中需要持续更换光源灯以避免检测结果随着检测次数增多而出现灵敏度下降的情况。

X 射线荧光光谱法主要通过 X 射线透射被检测物质中的原子，使其产生 X 射线，而不同元素与 X 射线荧光一一对应，以此为基础分析物质的物理和化学构成。此外，X 射线荧光的强度与元素的含量呈正相关关系，因此 X 射线荧光光谱法可实现对土壤中元素的定性和定量分析。该方法具有检测过程简单、检测数据准确和不破坏样品的特点，在土壤检测分析中尤其是重金属元素检测方面得到了广泛应用。

3. 生物检测技术 主要是检测土壤样本中的生物个体或种群在对污染物的反应情况，从而从生物角度对土壤的受污染程度进行评估。生物检测技术最常见的方法是酶抑制法和生物传感器法。

酶抑制法主要分析重金属离子与酶活性因子之间发生的反应，这种反应会造成酶活性因子的结构与性质发生改变，导致酶活性下降，而工作人员在特定仪器的帮助下，可分析酶活性下降程度，进而判断出重金属含量，在土壤污染检测领域属于一种较为新型的检测技术。

生物传感器检测技术是通过对合金离子与固定电极材料中特异性蛋白的合理运用完成分析工作。该法属于比较快速的检测技术，可避免对土壤样本进行复杂的预处理，直接对土壤样本进行检测。但这种分析手段对土壤中生物活性以及环境要求较为苛刻，场景适应能力较差。

二、个体暴露评估技术

（一）单一暴露模型

传统暴露模型的设计原理是基于直接对经各种媒介接触进入人体的剂量和速率的模拟来估计污染物暴露水平，也称为来源-暴露模型（图 19-3）。该模型在美国 1970 年出台的《空气清洁法》和 1972 年出台的《水源清洁法》的污染物排放标准以及食品化学添加剂限量标准的制定中得到应用。该模型的优点是情景模拟暴露环节，尽量真实地定义和反映暴露过程。但该方法对于蓄积性和累积性暴露而言存在局限性，不能更为真实地反映不同人群对多来源、多途径、多种污染物的暴露情况。

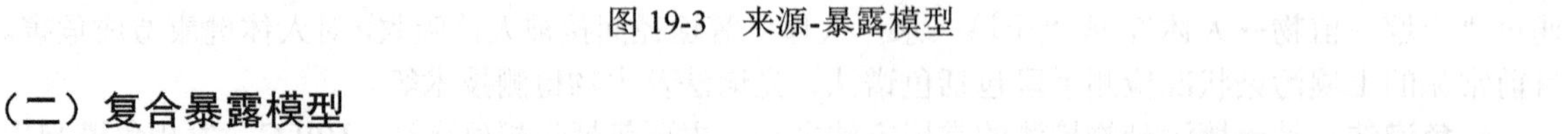

图 19-3 来源-暴露模型

（二）复合暴露模型

对于更为复杂的蓄积性和累积性复合暴露，美国设计了与单一暴露模型不同的评估程序，即以个人作为重点和出发点拓展到不同人群、多来源、多途径和多种污染物的暴露，模型基础由一系列来源-暴露子模型组成，同时考虑不同来源-暴露模型的一致性（图 19-4）。模型通过暴露事件环、个体环、时间环和不确定环几个环节，利用人口统计学、地理统计学、生物统计学等资料和方法模拟暴露事件，估计污染暴露水平。

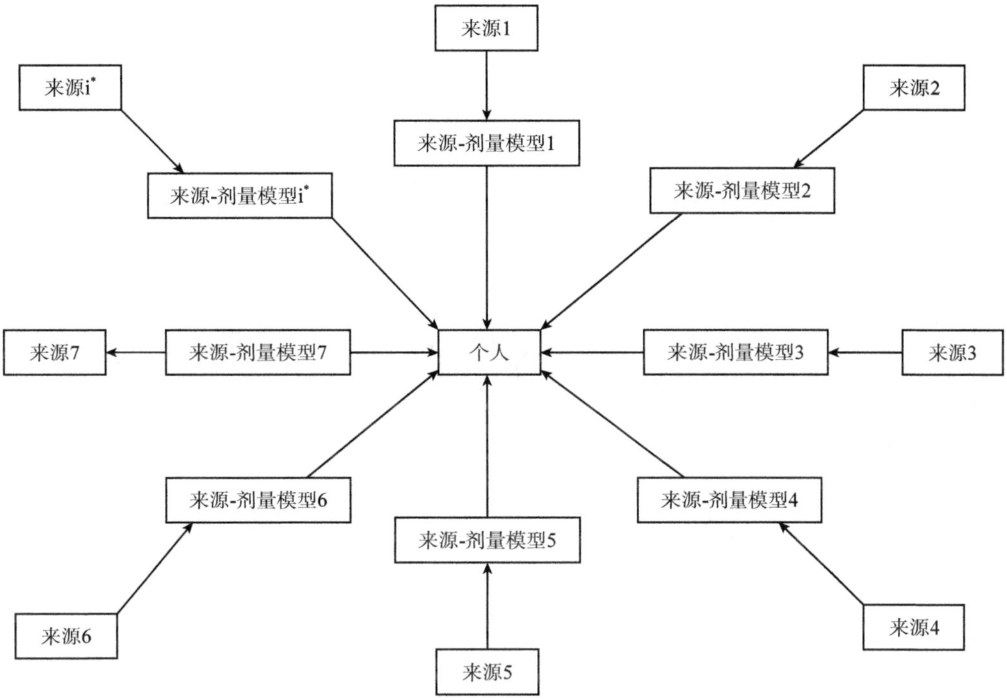

图 19-4　多来源暴露模型

*：i 表示 1，2，3，4，5，…，i

1. 特征值确定　模型第一步为确定暴露个体特征值（图 19-5），这些特征是确定与该个体有关的各种来源的污染物剂量所需的参数，包括人口统计资料、居住环境、日常活动、相关的微环境及个体生理特点等。特征值可从反映人群个体间差异的分布中取样获得，如孕妇中特定年龄段怀孕概率可用于计算该人群中个体年龄，某地区人口统计资料可为当地人群提供特征值分布等。

2. 暴露事件环　确定个体特征值后进入暴露事件环路（图 19-5）。暴露事件环路对多途径以及多来源暴露进行估计。对于多途径暴露，不直接计算暴露量，因为有的途径并无暴露。如有的仅通过膳食摄入产生暴露，有的仅通过空气吸入产生暴露，有的仅通过皮肤接触产生暴露等。所以多途径暴露是根据途径进行依次计算，直到完成对所有来源暴露的累加估计。多来源暴露是计算个体对不同来源暴露的发生概率并进行累加，个体特征参数影响并决定暴露量及其相应概率，如女性由于使用指甲油导致丙酮暴露剂量要高于男性，1 岁婴儿暴露于玩具中苯的概率要远高于 25 岁成人。

在暴露事件环路程序中，可根据需要在不同来源和不同途径处进行分门别类的计算与分析，这些针对性分析可作为特定风险特征描述模型的相关输入值。如经皮、经口或吸入等不同暴露途径的毒性 BMD；估计特定暴露来源、途径风险的相关输入值；具有共同毒性机制污染物累积性暴露评估的输入值；生理药代动力学模型的输入值；分析不同途径和来源暴露的相对贡献率计算的输入值等。

3. 个体环路模拟　当对第一个个体多来源、多途径暴露计算结束后，进入个体环路模拟（图 19-6）。该环节根据待评估人群的个体变异性的分布资料来定义新的个体特征值，然后重新进入暴露事件环路，重复暴露环路步骤，直到对所有具有个体特征的对象都完成计算。该过程的一系列输出结果包括每个个体、每种污染物经过每种途径和每个来源的暴露量，重点描述了污染物暴露量的个体间特异性。

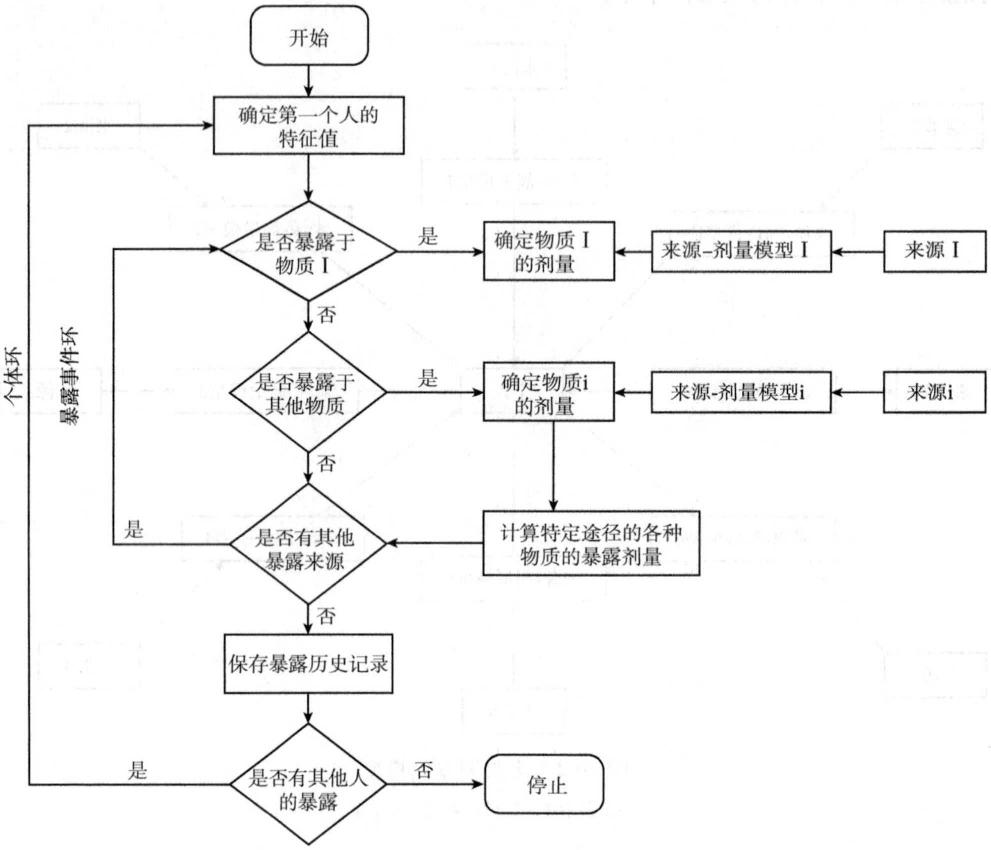

图 19-5　不同人群多来源、多途径暴露模型

4. 时间环路模拟　通过时间环路来模拟随时间变化的暴露情景，时间环路在个体环和暴露事件环之间运行。对于上述暴露情景，首先假设：①各种来源污染物暴露剂量是不变的；②每种污染物在不同环境中含量不变；③同暴露事件相关的个体特征，包括体重、呼吸率、饮水量和居住地点等不变。

但实际上暴露过程具有时空性，即随着时间和空间的变化，输入暴露模型的参数会随之改变。图 19-6 为多来源、多途径、多种污染物暴露随时间变化的模型。程序从定义个体特征值开始运行，进入暴露事件环路，模拟各种来源的暴露。程序假定每个暴露事件环路中的时间段都非常短暂，可认为该时间段内模型的输入值不变；对多来源和多途径暴露计算完成后，程序根据修改的个体特征值所反映的时间变化，回到暴露事件环路，在新时间段内计算个体的暴露水平；如没有需要继续模拟的时间环路，程序将进入个体环路。时间环路输出的结果为每个个体在各时间序列中对各种污染物、多来源、多途径的暴露情景，可完成对不同个体在不同时间段的暴露水平变异性的特征描述。

5. 环路模拟中的不确定性考量　暴露模拟会受到不确定性因素的影响，其中包括采样点选择、分析方法、计算方法及替代数据使用等，所以必须进行不确定性分析。程序设计了不确定性环路，便于对所有输入值以及算法中的不确定性进行描述（图 19-6）。例如，室内空气浓度呈对数正态分布，但不能确定其均值，而在不确定性环中会对均值选择进行描述。该不确定性和变异性模型可为整个人群提供不同分位数的暴露值，通过不确定性环路可计算某置信区间内特定来源的暴露值。

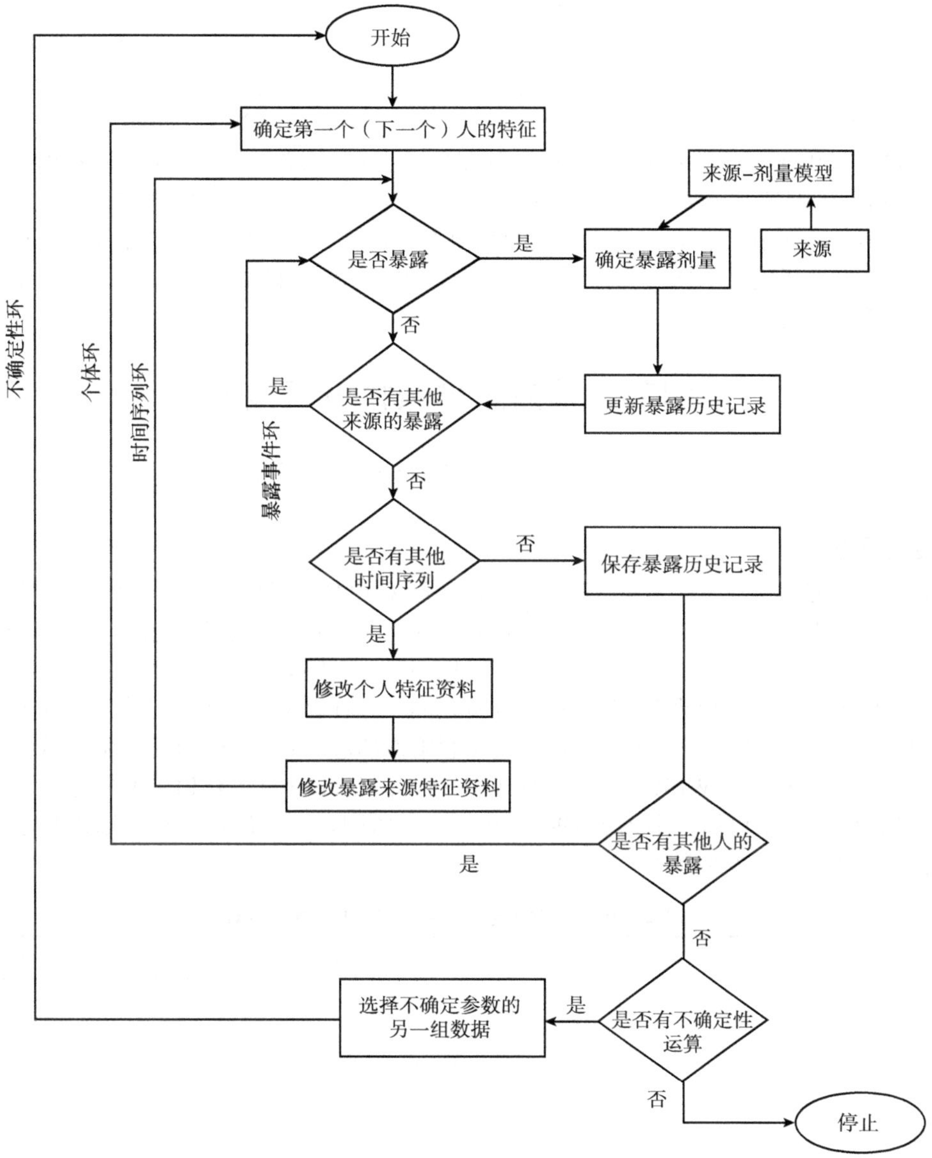

图 19-6 多来源、多途径、多种污染物时间环路暴露模型

综合以上，复合暴露模型适用于各种暴露场景的模拟，可获取多种污染物的暴露剂量；同一种来源、多途径的暴露剂量；多种来源、单一途径的暴露剂量；同一个体不同时间段的暴露剂量差异；不同个体的暴露剂量差异；暴露剂量的不确定性等。该模型较以人为核心的暴露模型相比有很多优点，包括①人为最终受体，便于确定评估模型的目标；②便于区分个体间和个体内变异性和不确定性；③便于长期跟踪个体暴露，获取复合暴露值。

三、暴露组研究中的内外暴露组学关联

化学物的危害程度取决于化学物的理化特性、环境中的浓度及人体暴露方式。暴露组学可同时监测环境中多种化学物质及其暴露水平，其中包含已知的有毒有害化学物和新兴化学物。对于已知的有毒有害化学物，可结合进化生物学的方法构建“污染树”模型，以表征化学物随时间、空间的变化趋势。对于新兴化学物，首先，需要进行定性分析，可利用现有数据库资源对化学物

进行 QSAR 分析以预测化学物的潜在毒性，并对化学物危害程度进行分级，识别出新兴化学物中需要优先评估和管控的化学物。其次，采集生物样本获得内暴露信息，寻找潜在生物标志物，并将可靠生物标志物的剂量-反应关系数据通过拟合基准剂量曲线获取 NOAEL/LOAEL，为制定人群暴露安全限值提供参考。对于环境化学物风险的定量评估，首先，可根据生理药代动力学模型（physiologically based pharmacokinetic）和生物剂量-反应关系模型（biologically based dose-response）分别预测靶器官暴露剂量和早期生物学效应。然后，将生物标志物与环境化学物的实际暴露水平相联系，并在人源化动物 / 体外细胞模型中进行外推证明，获得外推起始点（point of departure）进而指导环境化学物的毒性预测及风险评估，为系统精准评估基因-环境因素交互作用与人群健康效应提供有效的分析工具。

第四节 暴露组学数据分析技术

一、暴露组学数据的统计学模型

（一）单变量模型

在处理“大特征数 k，小样本量 n”的数据时，要对预测因子中的每一个变量分别进行分析，每个变量和目标结果间的关联性都要用同一个统计模型进行分析。如果一组 k 个预测因子都对同一个目标结果做回归分析，则总共进行了 k 次统计分析，每次都设定了同样的显著性水平 α' 以度量假阳性错误的概率（Ⅰ类错误）。假设每次分析之间都存在独立性，那么进行 k 次分析后假阳性发现次数增加到 $\alpha' \times k$。为了控制所有分析中发现假阳性的总次数，提出了用于控制全局一类错误率（family-wise error rate，FWER）和错误发现率（false discovery rate，FDR）的方法。

k 次统计检验的结果可以概括为表 19-2，其中 V 是假阳性发现次数，S 是真阳性发现次数，R 是在 k 次检验中总的阳性发现数目。

表 19-2 $R+W$ 次假设检验可能出现的情况统计

检验结果	H_0 真	H_0 假	总数
H_0 拒绝	V	S	R
H_0 不拒绝	U	T	W

FWER 定义为

$$\text{FWER}=p（V \geqslant 1） \tag{19-1}$$

FWER 代表了所有 k 次检验中至少得到一次假阳性结论的概率。

控制 FWER 的方法涉及计算单次检验的显著性水平 α'，要求在将其应用到 k 次检验后实际的 FWER $\leqslant \alpha$。常用的方法如 Bonferroni 法 $\left(\alpha' = \frac{\alpha}{k}\right)$ 或 Sidak 矫正法 $\left(\alpha' = 1-(1-\alpha)^{\frac{1}{m}}\right)$。这两种方法都严格控制了Ⅰ类错误的发生。然而，由于预测因子（组学数据或暴露物）间存在相关性，在实际进行的 k 次检验之间，同样的信息（至少部分地）被检验了几次。一些不那么保守的校正方法则考虑到此类冗余性，它们计算了有效检验次数，即 k 次检验中所包含的虚拟独立检验次数。一个直接的方法是：通过对方差-协方差矩阵进行特征分析以估算有效检验次数，然后在有效检验次数基础上进行 Bonferroni 或 Sidak 矫正。虽然这个方法在计算上非常高效，但它在数值上是受限的，因为有效检验次数的上界不能超过总的观察数目。因此，我们提出了基于重新采样的估算方法如随机置换，作为适用于更小样品数目的替代方法。

在实际计算中，对于一组给定的预测因子和一个给定的统计模型，响应值被随机打乱，所产生的随机数据集模拟了没有关联的零假设情形。随后，对 k 个预测因子打乱后进行回归分析的输出结果，其最小的 p 值（记为 q）就代表了最大的单次分析显著水平，这种方法可以避免得到任何假阳性结论。重复多次这样的随机置换过程，研究者可以估算 q 值的分布范围，并从中推算出用于控制适当 FWER 水平的单次检验的显著性水平。类似的方法已被应用于遗传学和代谢组学分析，但其对计算资源消耗较大。

FDR 指的是在显著关联中假阳性所占的比例：

$$\mathrm{FDR}=E\left(\frac{V}{R}\right) \tag{19-2}$$

计算 FDR 的方法是一个迭代的过程，其将 k 个 p 值排序后与设定的边界相比较，而该比较取决于被考虑的 p 值的排序。

可以证明，控制 FWER 的同时也控制了 FDR，但是，FDR 控制不如 FWER 严格。假如某人重复 100 次 FWER 水平为 0.05 的实验，平均而言少于 5 次实验会得到 1 个或多个假阳性，而以 FDR 水平进行控制的话，在所有这些实验中，每次实验平均将会包括 5 个假阳性。

基于（广义）线性模型的单变量分析在分析高维数据方面非常成功，主要因为：①它们在计算上非常高效；②它们非常灵活，可用于分析大范围的参数和非参数关系；③它们能容纳所有类型的预测因子和输出结果；④它们包括在大部分的统计分析软件包之中。然而，根据其设计原则，这些模型仅仅评估每个预测因子对目标结果的边际效应，而没有考虑到预测因子间可能存在的联合效应。

（二）多因素模型

由于暴露的复杂效应及其可能引发的多重后果，我们需要对暴露组数据在暴露和健康结局之间进行多因素的建模分析。

1. 主成分分析（principal component analysis，PCA） 降维法是一类把一个多因素问题转化成一个较少因素（降低问题的维数）问题的方法。主要分为线性降维和非线性降维。其中，线性降维的 PCA 是利用预测因子之间的相关性将原始的预测因子组合成为少数几个合成变量，即主成分（principal component），这些主成分包含了数据内的潜在信息。它主要通过搜索原始变量间的最佳线性组合，使其能优化所得观测间的某种多样性度量。第 i 个主成分 PC_i 定义如下：

$$\mathrm{PC}_i=\alpha_{i1}X_1+\alpha_{i2}X_2+\cdots+\alpha_{ik}X_k \tag{19-3}$$

其中 X_1，…，X_k 为预测因子矩阵中的 k 个原始变量；α_{i1}，…，α_{ik} 为一组向量，定义了每个原始变量对于主成分 PC_i 贡献度的线性系数或权重。

因此，降维方法可以简化为搜索合适的 k 权重向量，而这依赖于特征分析。当主成分个数为 k 时，则只进行一个简单的原数据集的旋转（也就是没有信息丢失）。降维分析的原则是鉴定尽量少的主成分的同时令原始数据的失真最小化。在不同的降维方法中，可应用不同的方法来测量数据信息。例如，PCA 使用方差，而对应分析（correspondence analysis）使用卡方距离。经由特征分解，可以根据所能解释的信息多少，对各个成分进行排序。

PCA 发现的潜在变量可用于构造一个（可能是多变量）回归模型，以便分析原始数据中主要方差如何影响目标结果的输出。尽管通过 PCA 可以得到数理上可推导的推论，但关联性分析仍然取决于主成分的可分析性。载荷图能够准确反映每个变量对于主成分的贡献，有助于增进对每个主成分与各变量之间关系的理解。

PCA 方法在遗传学中已得到很好的应用，它也成为 GWAS 的标准，主要用于其中的族群分层。PCA 可处理连续或离散数据，不受预测因子间相关性或者变量远大于观测记录的影响。

2. 偏最小二乘法（partial least squares，PLS） 虽然 PCA 能够将大型数据集概括为少量的维度，但是不能保证这样的变化一定和输出结果相关。PLS 是一个不同于 PCA 的监督学习方法。它是一种数学优化技术，通过最小化误差的平方和找到一组数据的最佳函数匹配，这使其能够最大化预测因子和响应变量之间的协方差。因此，PLS 成分不仅捕获了尽可能多的原始数据方差，而且聚焦于与目标结果相关的方差上。PLS 的方法在多个领域广受欢迎，如化学计量学领域、代谢组学分析，同时也用于其他表观遗传学、转录组学和蛋白质组学方面的组学数据。

潜在变量是一种不作为解释变量或响应变量包含在分析中的变量，但该变量会影响变量间关系的解释。潜在变量可能会错误地确定变量间关系，或者隐藏实际关系。无论哪种分析方法，在回归分析中使用潜在变量需要考虑潜在变量的数目，而这往往由 CV 加以决定，以便得到能同时优化可解释性及预测误差的最佳成分数目。

（三）惩罚模型

正如前面所提到的，提高多变量模型可解释性的途径之一是：尽可能减少与目标结果相关的变量数目，可通过尽可能减少相关变量与输出结果共同的非冗余变量，同时将不相关的变量或变量群作为惩罚变量。

惩罚的目的是限制参数空间的大小以降低模型复杂度，惩罚分析技术已被引入到回归模型中来提高回归系数向量的稀疏性。稀疏指的是参数或数据中零的个数，零的个数越多，参数或数据就越稀疏。惩罚回归分析的原则是给回归系数设立限定范围，该范围由一个包含回归系数的惩罚函数所定义，而函数的取值有固定的上界。

在不同的惩罚回归分析中，岭回归使用 L^2 范数作为惩罚：

$$L^2 = \sum_{i=1}^{k} \beta_i^2 \qquad (19\text{-}4)$$

其中 β_i^2 是连接输出结果与预测因子矩阵中第 i 个变量的回归系数。

结果表明，在岭回归分析中，最不具有影响力的预测因子将会收缩到 0，而最重要的预测因子的估值则保持不变。

套索（Lasso）模型则利用 L^1 范数，定义为 k 个回归系数的绝对值之和：

$$L^1 = \sum_{i=1}^{k} |\beta_i| \qquad (19\text{-}5)$$

直观而言，L^1 惩罚的上限设定比 L^2 范数（其中的回归系数被取平方）更为严格。结果显示，Lasso 惩罚可以进行参数选择，把不相关的预测因子的回归系数完全收缩到 0。相反地，尽管岭回归可以为不适定问题（ill-posed problem）提供稳定的参数估计（如当 $n<k$ 时），但是它无法保证稀疏性。同时，Lasso 方法的一个主要局限是：没有被惩罚掉，从而保留下来的参数的数目的上限由样品数目的上限所决定：Lasso 模型选择变量不能多于 n 个（也就是说在赋予变量非零回归系数时不能超过 n 个）。弹性网络模型作为一个更为通用的方法，结合了岭回归和 Lasso 回归的优点，使用 L^1 和 L^2 范数的加权求和作为惩罚函数，其中 L^1 和 L^2 的比例由一个校对系数 λ 决定。

在实际应用中，惩罚回归需要对惩罚参数进行预先校准，而惩罚参数的选择会直接影响所选变量的数目、回归系数的估计以及统计模型的表现。在校准时通常致力于使 CV 过程中的均方误差最小化。

经过校准的模型将返回一个经过收缩后的回归系数列表。对于 Lasso 和弹性网络而言，那些收缩后仍然具有非零系数的变量被认定为与输出结果联合相关。广义的 Lasso 和弹性网络模型可以处理线性回归、logistic 回归（二元响应）、多元回归（类别响应）、泊松回归（整数响应）及 Cox（生存模型）回归模型。

惩罚方法也可被应用于线性回归之外的模型，并且已被用于计算降维分析中的因子载荷（即相关系数），由此实现稀疏 PCA 和稀疏 PLS 分析。这些模型确保了潜在变量的稀疏性，提高了它们的可解释性。稀疏 PCA 和稀疏 PLS 也已被应用于分析组学数据。

（四）贝叶斯变量选择（Bayesian variable selection，BVS）

BVS 过程也用于应对“大特征数 k，小样本量 n”的情形，该方法依赖于对以下潜在二进制向量后验分布的估计：

$$\gamma=(\gamma_1,\ \gamma_2,\ \cdots,\ \gamma_k)\in\{0,\ 1\}^k \tag{19-6}$$

该式中包含的元素如下：

γ：这是一个长度为 k 的潜在二元向量，其中 k 通常代表模型中可能包含的变量的总数。

γ_k：这是向量 γ 中的第 k 个元素，是一个二元变量，可以取值 0 或 1。

$\{0,1\}^k$：这表示向量 γ 的每个元素都是一个二元变量，整个向量包含 k 个这样的二元变量。

该公式的解读如下：

向量 γ 用于表示模型中每个变量是否被选中（即是否对模型有贡献）。如果 $\gamma_k=1$，则表示第 i 个变量被选中并包含在模型中；如果 $\gamma_k=0$，则表示第 k 个变量没有被选中，不包含在模型中。

零模型（null model）是指一个不包含任何预测变量的模型，即所有变量都不对模型的响应变量有贡献。在这种情况下，γ 向量中的所有元素都是 0，即 $\gamma=(0, 0, \cdots, 0)$。

BVS 的目标是鉴定变量间的最佳组合方式，使得它们与目标结果共同相关。BVS 分析的最大挑战在于用于搜索最佳模型的参数空间的维度，该维度会随着变量数目 k 呈指数增长（2^k）。尽管目前已有大量关于 BVS 模型参数化及数值估算的理论文献发表，但很少软件包能提供应用到高维分析的直接可用接口。这依赖于线性或广义线性模型。Shotgun 随机搜索算法（Shotgun stochastic search algorithm）是几个最先将BVS应用到贝叶斯大规模基因组筛选的软件包之一。在该软件包中，模型空间搜索通过迭代的方式进行：如果在某一个迭代轮次中 q 个特征被选中，那么所有的大小为：① $q-1$；② q（将任意一个现有模型中的变量换为任意一个剩下的 $k-1$ 变量）；③ $q+1$ 的模型将会被测试和比较。

R 语言中的 GUESS 包则是另外一种通过应用多元线性模型处理多元输出结果的模型。它的搜索算法是基于多链遗传算法，其最新版本可利用显卡的线性代数包，处理全基因组范围内的分析（同时处理几十万个预测因子）。在实际应用中，BVS 模型返回一系列拥有较高后验概率的模型。通过整合这些最佳模型的后验概率，可以推算出在这些最佳模型中一个特定变量的边缘后包含概率。这些边缘后包含概率（图 19-7）可看成该预测因子和目标结果之间的相关性强度。

从图 19-7A 中可以明显看出，两个用于模拟的预测因子被模型检测到，并一直被包含在最佳模型当中。当模拟用到 8 个预测子时（图 19-7B），只检测到 7 个预测子（边缘后包含概率＞0.95），剩下 1 个预测子则没有，很大程度上是因为它和其他被找到的预测子间存在相关性。

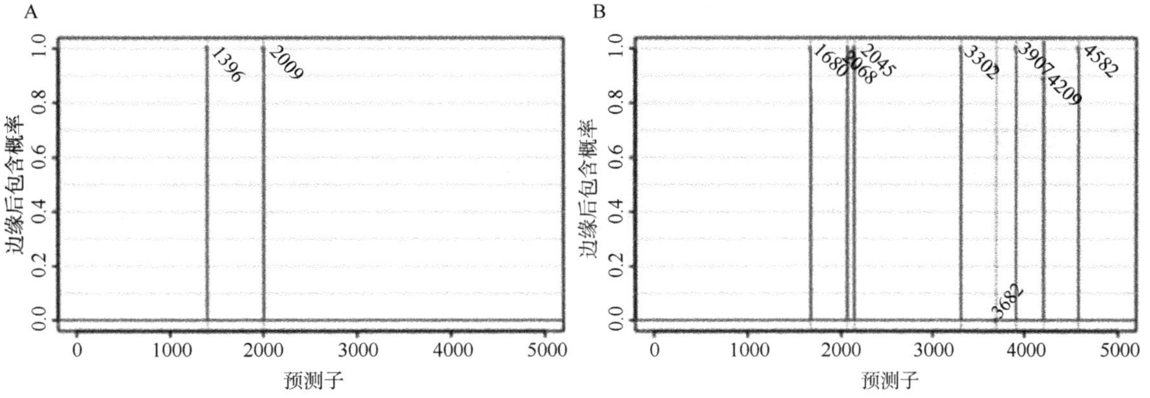

图 19-7 从 R 语言 GUESS 包中得到的最佳模型之一中变量的边缘后包含概率

结果展示了利用 5000 个预测子做的模拟，其中分别有 2 个（A）及 8 个（B）预测子被假定为对模拟结果有显著贡献

二、暴露组-疾病关联分析技术

为了评估暴露组-疾病的相关关系，参照 GWAS，Patel 等引入了全环境关联分析（environment-wide association study）的概念，并将其应用于探索与 2 型糖尿病相关的多种环境因素研究中。与 GWAS 的成熟体系有所不同的是，暴露组与疾病关联的研究体系还未得到统一。在 Patel 等引入全环境关联分析的概念之后，又有研究者引入了 ExWAS、邻域广泛关联研究（neighborhood-wide association study）和邻域环境广泛关联研究（neighborhood environment-wide association study）的概念。这些不同的概念在对于暴露变量的选取上各有侧重。全环境关联分析主要选取内暴露和特定的外暴露变量，包括化学污染物和体内的代谢情况等；邻域广泛关联研究和邻域环境广泛关联研究则主要选取广义的外暴露变量，包括社会经济地位和自然环境特征等。

为了探究暴露组和健康之间的关系，最常用的方法是 ExWAS 方法，即进行多重假设检验，单独探究每一种暴露因素和结局之间的关系。ExWAS 方法中最常用的统计模型是广义线性回归模型，当结果变量为二分类变量时采用 logistic 回归，当结果变量为连续变量时则采用线性回归或加权线性回归，研究通常将协变量纳入模型以对模型进行调整。为了控制多重检验的假阳性率，一般采用 Benjamini & Hochberg 校正或 Bonferroni 校正。除少数研究采用了 Cox 比例风险回归外，大部分研究都采用了 ExWAS 方法，其中应用最多的是 ExWAS 两步法（$ExWAS_2$），即在通过 ExWAS 发现显著相关的变量后，将所有显著变量纳入回归模型中进行多变量线性回归。

另外几种常用的统计模型包括数字签名算法（digital signature algorithm，DSA）、PCA 和 RF 等。DSA 是一种迭代的线性回归模型，在每次迭代中允许进行以下 3 种操作：①删除一个变量；②替代一个变量；③添加一个变量，以通过 CV 得到的均方根误差来选择最终的模型。目前已有多项研究采用了这种算法，其中有研究是在采用了 ExWAS 算法后将显著因子纳入 DSA 模型中，而大部分研究则将 DSA 和 ExWAS 并列使用。在对比了几种常用的线性回归模型后，相关学者认为 DSA 模型假阳性率低、整体性能较好。另外一些研究中所涉及的 Lasso 回归和弹性网络回归则是在最小二乘法回归的损失函数中加入正则化项以约束系数，达到收缩系数和稀疏变量的目的，这种方法可以剔除冗余变量，仅保留和结果相关程度高的变量。此外，有部分研究使用了 PCA 的方法，将变量折射到几个主成分上，再找到影响主成分最多的变量。还有研究采用了 RF 算法，这是一种强大的集成学习方法，其从原始数据集中有放回地进行抽样，得到多个子集，训练多个子决策树后再对结果进行结合，在子决策树的每一次分裂时随机选取一个包含一定特征的子集，在其中找到最优的属性用于划分。模型最终可以得到优先级较高的属性，即对结果有较大影响的变量。

三、组学整合和机制组表征

（一）组学数据整合——“二步法”

组学数据整合策略分两步（图 19-8）。第一步，以输出结果（Y）作为因变量，对第一个矩阵（X_1，如甲基化数据）做线性回归，以便鉴定一个与 Y 相关的变量子集 $X_{1\gamma}$，子集的大小为 $p_{1\gamma}$。这个候选生物标志物的列表可以从 p_1 个单变量模型或者一个多变量模型得到。第二步，以第二个组学图谱（X_2，如转录本）作为因变量，对 $p_{1\gamma}$ 个相关结果的组学数据（如吸烟相关 CpG 位点）做回归。这里采取单变量方法，总共包含 $p_{1\gamma}Xp_2$ 次检验。

这个策略已被应用于多项研究中。在一项探讨吸烟引起的 DNA 甲基化变化的研究中，基于 Illumina Infinium Human Methylation 450 Bead Chip 平台，收集 745 位来自 EPIC 及 NOWAC 队列的参与者的甲基化图谱，得到了 751 个与吸烟史相关的差异甲基化位点。对于其中一部分参与者（N=271），也得到了他们基于 Illumina Human WG-6 芯片的全基因表达图谱（N=8952 基因）。

研究利用单变量线性方法，检验了 6.72×10^6（751 个 CpG 位点 ×8952 个基因）对相关性，发现其中 5636 对 CpG-转录本间存在显著相关，涉及 265 个 CpG 位点和 426 个基因。大部分

CpG-转录本对都是负相关的，表明高甲基化和基因表达下调相关。同时，存在一个 CpG 位点和几个转录本相关的情况，而它们的相关性方向在几个转录本之间大体上是一致的。与差异甲基化位点相关的转录本列表可用于后续的富集分析，以鉴定吸烟经由甲基化改变所影响的生物途径。

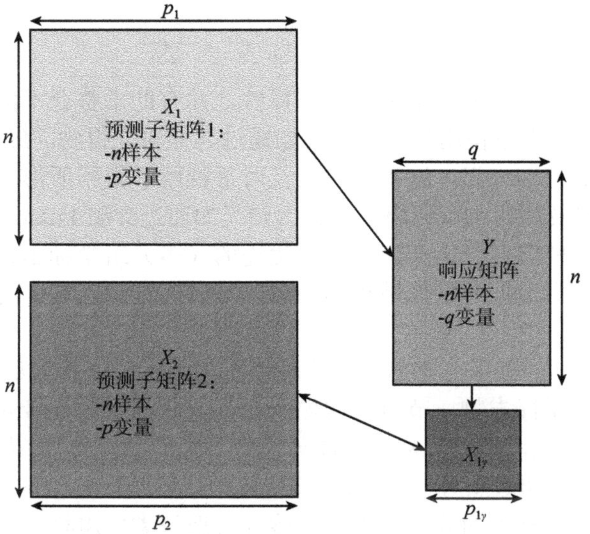

图 19-8　二步法整合组学数据的策略

此外，在 5636 个 CpG-转录本对中，只有 5 对的 CpG 及转录本都位于同一个基因内。这表明，吸烟所引发的甲基化变化的级联信号调控是复杂的，有远程（反式）相关性的参与。这些结果表明在整合多组学数据时不能局限在局部互作或相关性上，需要将筛选扩展到远距离互作。在这种背景下，可以考虑降维方法，即可以处理多变量 X 和 Y 的 BVS 方法。然而，尽管引入稀疏性可以提高可解释度，但还不足以保证全面理解组学数据整合所呈现的复杂图谱，可能还需要引入相关功能结构的先验知识。

（二）组学数据整合——PLS 算法及网络拓扑分析

有研究证明，PLS 算法可以有效地在两大区块高通量数据中挑选出相关性的信号。为了利用数据中存在的先验知识，可以将区块数据中存在的协变量进行分组。最近，基于最新的可以同时控制分组数目及组内稀疏性的惩罚函数，提出了分组 PLS（group PLS）及稀疏分组 PLS（sparse group PLS）方法，该方法可以同时提高参数的稀疏性及模型的可解释性。在实践中，对于稀疏 PLS 模型，它们的组分可定义为

$$C^X = \underbrace{\alpha_1 X_1}_{\neq 0} + \underbrace{\alpha_2 X_2}_{\equiv 0} + \cdots + \underbrace{\alpha_k X_k}_{\neq 0} + \underbrace{\alpha_{k+1} X_{k+1}}_{\neq 0} + \cdots + \underbrace{\alpha_k X_k}_{\equiv 0} \tag{19-7}$$

其中不重要变量的荷载被收缩到 0（如该例当中 X_2 和 X_k）。

对于分组 PLS，给予模型先验的分组结构，选择其中的一些组（以下例子当中的组 i 及 j），

$$\begin{aligned} C^X = & \overbrace{\underbrace{\alpha_1 X_1}_{\equiv 0} + \underbrace{\alpha_2 X_2}_{\equiv 0} + \underbrace{\alpha_3 X_3}_{\equiv 0}}^{组1} + \cdots + \overbrace{\underbrace{\alpha_k X_k}_{\neq 0} + \underbrace{\alpha_{k+1} X_{k+1}}_{\neq 0}}^{组i} \\ & + \cdots + \overbrace{\underbrace{\alpha_{p-2} X_{p-2}}_{\neq 0} + \underbrace{\alpha_{p-1} X_{p-1}}_{\neq 0} + \underbrace{\alpha_p X_p}_{\neq 0}}^{组j} \end{aligned} \tag{19-8}$$

对于稀疏分组 PLS 模型，选择一些组，同时在每一个被选择的组内也只选择最相关的变量（以下例子当中组 i 的 X_k 及组 j 的 X_p），

$$C^X = \overbrace{\underbrace{\alpha_1 X_1}_{\equiv 0} + \underbrace{\alpha_2 X_2}_{\equiv 0} + \underbrace{\alpha_3 X_3}_{\equiv 0}}^{\text{组}1} + \dots + \overbrace{\underbrace{\alpha_k X_k}_{\neq 0} + \underbrace{\alpha_{k+1} X_{k+1}}_{\equiv 0}}^{\text{组}i} + \dots + \overbrace{\underbrace{\alpha_{p-2} X_{p-2}}_{\equiv 0} + \underbrace{\alpha_{p-1} X_{p-1}}_{\equiv 0} + \underbrace{\alpha_p X_p}_{\neq 0}}^{\text{组}j} \qquad (19\text{-}9)$$

这些特点可以提高组学数据分析结果的可解释性，并有助于整合不同平台来源的数据。为了准确地定义这些分组，可以考虑使用外部信息（如通过其他研究得到的经验信息），或者根据每份组学数据的特征自动定义差别分组，这种情况涉及对每种组学数据所形成的网络进行初步的拓扑结构分析。联用变量分组及惩罚也可应用于惩罚回归（如通过分组 Lasso）。

组学数据分析及它们的整合分析会产生一个优先的（多）组学标志物列表，该列表综合反映了暴露的分子效应。对组学数据分析作用机制的理解可以通过探索它们的相互联系以及它们所参与的级联调控机制而获得。

网络拓扑分析是依据实时开关状态将网络物理模型化为用于计算的数学模型，可以鉴定节点，即（组合）暴露相关的分子标志物，节点之间如果相互关联则会被连接起来（通常具有较高的对间相关性）。另一类监督方法，如差异网络则能处理亚群之间的差异性：如果两个节点间的关系在两个群体中不相同（如样本和对照），它们将被连接起来。

拓扑分析可扩展到不同种类的分子标志物。该分析把每类标志物当作一个独特的自网络，然后探索跨越不同种类标志物最有可能（或最短）的途径。所发现的在不同种类间连接核心暴露物与核心疾病标志物的中心节点可以为暴露物诱发疾病发展的分子通路提供可视化信息。

（三）机制组分析

暴露组分析的一个主要方法学挑战是数据的高维度以及目标效应的复杂度，它们往往是多元的及多效的。目前，已经建立了处理这些高维数据的模型并成功应用。用于整合多种暴露组学数据的模型也正在发展当中，同时也已被应用于一些靶向研究中（如应用于一组事先选择的暴露物及生物标志物）。尽管从统计的角度可以将这些方法扩展到整个数据集，但是在没有更多的关于暴露标志分子功能信息的前提下，所得结果的可解释性仍然会是一个限速步骤。机制组是指暴露物诱发的影响个体致病风险的相关调控级联系统机制的总称。虽然全面探索机制组仍然不可行，但是利用本章介绍的分析方法及网络推算方法，也许能产生一个给定条件下优先参与机制组调节的生物标志物列表。

假设组学信号的相关程度可以反映它们在分子途径上的功能远近，相继的方法可用于鉴定一个优先的、稀疏的、非冗余的、可能参与感兴趣的分子机制的组学信号子集（图 19-9）。

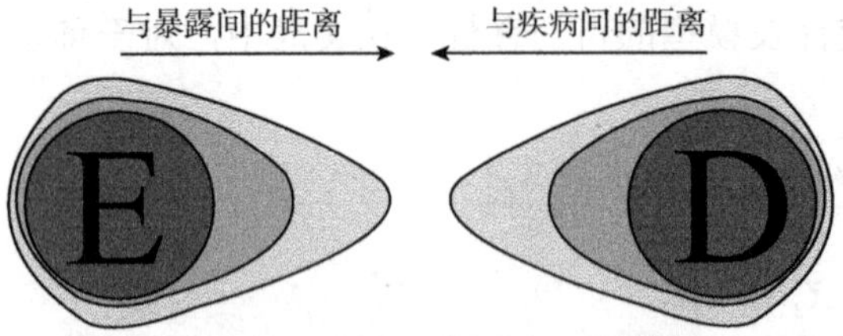

图 19-9　探索机制组的相继方法图示

该方法可以从暴露（E）和（或）疾病终点（D）出发，研究者可应用相同的工具鉴定与暴露或健康结局相关的一组核心组学标志物。重复这样的分析流程将会得到一个有序的生物标志物列表，它们将按照与暴露或疾病的距离远近进行排序，而这些信息可能有助于发现调控级联系统里存在的因果关系。

对此，可以用网络拓扑结构的形式加以研究，如了解每个标志物组别内对于暴露的多变量生理响应及诱发疾病的多变量生理变化。这些研究可以在分子途径的不同阶段及不同的分子水平进行，目的是鉴定出导致暴露效应发生或致病风险升高的核心因子。

拓扑分析所得到的优先级排序的生物标志物子集，可以输入到概率图形网络模型中加以分析，此类分析可以在网络内生成有向连接，进而解决因果性的问题。在此设定之下，数据的机制分析可被看作寻找最为相关的因果网络。为了保证计算的可行性，可以通过数值分析算法高效地探索如此巨大的模型空间（如随机搜寻算法及重要性取样）。

纵向数据为机制研究提供了一个金标准，因为它们可以对引发观测结果的过程进行明确建模，并允许对因果推断进行正式评价。纵向模型包括多状态模型，该模型由一系列反映健康状态演化的有序状态组成，而不同状态间的转移概率可以通过分析得到。该模型的分析主要用于量化不同状态间的转移过程以便重建每个病例的疾病发展轨迹，因此该模型在分类问题（区分健康和疾病对象）的基础上添加了一个动态组分（估计疾病起始时间）。尽管这些模型最初是为了处理纵向研究数据而建立起来的，它们也可以被用于分析跨类别数据及外部压力源的暴露史（history of exposure to external stressors）（如吸烟史）。把生物标志物加入到转移概率的定义之中可能会有助于鉴定它们在致病途径中发挥作用的步骤，进而帮助理解它们所扮演的功能角色。

这个方法学构架也可用于分析重复测量组学图谱中的数据轨迹。因此，该方法可作为轨迹分类程序（如流形和动态时间规整算法）的一种量化补充，用于鉴定组学数据中的外部压力源暴露和（或）将来疾病风险所特有的演化图谱，这个过程利用了组学数据内所嵌入的自相关结构。

总体而言，机制组的分析依赖于厘清在优先暴露相关生物标志物中所包含的因果结构。因为正式的因果推断只能从纵向数据分析中获得，所以对于暴露组相关机制组学的深入理解无疑要依赖于测量及分析同一批个体在不同生命阶段的暴露组数据。在暴露组学数据中引入时间变量将带来一系列新的统计学挑战，而这也正好代表了暴露组学的方法学在未来几年内的优先发展方向。

展　望

暴露组学具有重要的发展和应用前景，建议未来针对我国特征性暴露因素和相关保护性因素开展研究。由于暴露组是动态的，人体对环境的暴露会随时间乃至机体生理生化状态的变化而变化。因此，暴露组学研究的关键在于能够准确测定各种暴露及其健康效应。对内暴露标志物的测定要与疾病发生的“时间窗”相对应，否则，研究结果将可能因为暴露和疾病发生时间的先后关系不清而无法得出可靠结论。由此可见，暴露组学研究宜采用队列研究（或巢式病例对照研究）设计，尤其是在生命过程的多个关键阶段采集生物标本的队列研究设计。

由于暴露组研究依赖于暴露的内暴露标志或生物有效剂量标志，这也就意味着面临许多技术困难：①某些暴露尚未发现内暴露标志物，如噪声、热应激、电磁场暴露；②有些暴露缺乏特异的标志物，如复杂混合暴露（complex mixtures）、环境烟草暴露、大气颗粒物、光化学烟雾等；③有些标志物具有双重身份，既可作为内暴露标志，又是暴露早期生理反应的标志；④个体的暴露变异很大且随时间（年龄）变化而不同；⑤有些化学物质很快被排出体外，在体内停留时间非常短暂，因此对某些暴露标志的测定可能存在困难；⑥某些暴露标志尚无灵敏而精确的测定方法；⑦ ExWAS 不仅如 GWAS 一样具有设备依赖性，还具有技术依赖性。目前，对体内暴露标志分析多使用基于质谱的分析仪器，虽然很多机构拥有这些设备，但并不是每个机构都具备分析众多化学标志物的能力。

暴露组学的出现和发展给环境与健康研究提供了新思路，在我国未来长期发展规划中，希望能够充分借助暴露组学技术大力推动环境与健康工作的进展。最后，暴露组学能否像其他组学那样发展成为一门真正的“组学”，还有待开发出有别于其他组学的特定的实验室检测方法和数据分析方法。

思 考 题

1. 思考暴露组学研究与传统暴露科学的异同。
2. 结合具体的暴露组学技术，总结各自的优缺点及应用场景。
3. 请结合具体的应用场景，阐述暴露组学理念和暴露组学技术的具体应用案例。

（郑唯韡）

第二十章　环境与表观遗传

遗传学（genetics）及表观遗传学（epigenetics）是两个不同的概念，它们分别包含人类基因组所含的两类遗传信息。前者主要研究基因序列改变所致基因表达变化的现象，如基因突变、基因杂合丢失等；后者则是研究不涉及基因序列的直接改变，却发生了基因表达及功能可遗传改变并影响个体表型的现象，如DNA甲基化、组蛋白修饰、非编码RNA修饰等，这些特定修饰可持久存在并遗传给后代。表观遗传修饰受遗传和环境因素的影响，其中环境的影响更为深远。大量研究表明，表观遗传修饰可能介导了环境和基因的交互作用，两者共同作用于表型。传统的表观遗传研究手段只能获得局部表观遗传修饰的变化情况，随着各类高通量技术的诞生与发展，如基因芯片技术、二代测序技术、质谱技术等，研究者得以从全基因组水平对表观遗传修饰进行全面的扫描及分析。通过研究者的不断努力，目前表观遗传已经被广泛认同为是连接环境暴露与人体健康的重要桥梁之一，研究不同环境暴露所致的表观遗传改变及其机制也是目前环境健康领域的热门研究方向之一。环境健康学与表观遗传学的交叉学科研究即被称为环境表观遗传学（environmental epigenetics）。

第一节　概　　述

一、环境表观遗传学的发展历史

环境表观遗传学的出现离不开学界对于表观遗传现象和表观遗传学的理解及探索。表观遗传学的发展存在一定的演变过程，其历史可以追溯到古希腊时期。哲学家亚里士多德认为发育是一个由雄性和雌性生殖细胞结合后通过内在因素驱动个体形成的动态过程，表观遗传学的词头“epi-”在希腊语中就是“在……之上”的意思。而现代表观遗传学的雏形是在1942年由英国生物学家Conrad H.Waddington提出的，其所对应的意思和当今主流定义有一定区别，主要用于描述生物个体发育过程中基因型决定表型的机制（图20-1）。即许多分子虽然不直接改变基因中碱基的顺序，却能够极大地影响基因的活性，调控基因表达水平，或改变基因表达的产物。而后续“表观遗传”的定义则是强调不改变DNA序列，但可影响染色质状态的遗传修饰，这一主流“表观遗传学”概念首先由美国生物学家David L.Nanney于1958年提出，随后由美国的Arthur D.Riggs等推动并通过进一步修正得到。目前，表观遗传学的定义为：研究在基因核苷酸序列不发生改变的情况下，基因表达的可遗传变化的一门遗传学分支学科。

表观遗传变化具有基因组所不具有的可逆性，即生物的表观遗传水平一直处于动态变化中。理论上，同一个体在不同时刻的表观遗传水平受所在时刻的环境变化与遗传因素的共同影响，也就意味着，表观遗传变化可用于反映个体在不同情景下的暴露水平和变化。表观遗传这一特性为环境表观遗传学的提出提供了思路。2010年，Valentina Bollati和Andrea Baccarelli等正式提出了环境表观遗传学的概念，将其作为表观遗传学分支之一。与此同时，随着表观遗传检测技术的发展，表观遗传研究也在环境健康领域不断铺开，世界范围内的表观遗传学相关的研究论文发表数量显著增加，并持续至今（图20-2）。但与表观遗传学研究急剧上升的发表数量相比，环境表观遗传学研究仍然较为有限，因此还有进一步探索的空间。

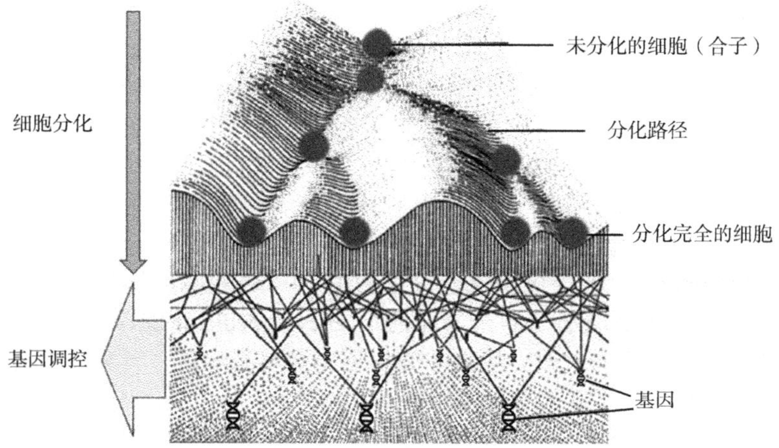

图 20-1　Waddington 表观遗传景观

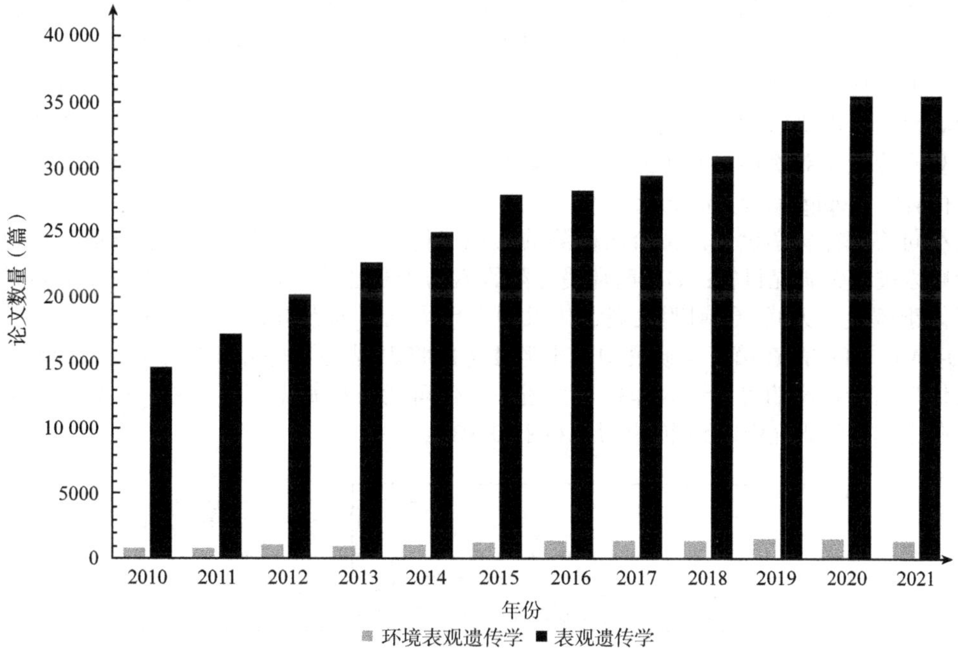

图 20-2　PubMed 2010～2021 年表观遗传学及环境表观遗传学论文统计

二、环境表观遗传学的定义及研究现状

环境表观遗传学是在基因组水平针对性探讨特定环境因素的表观遗传效应，以及所致表观遗传变化对基因表达影响的学科。它的核心思想是探究不同的环境因素如何改变人类基因的表观遗传特征，从而增加或降低人类疾病的易感性。从生物标志物研究的角度来看，通过阐明环境暴露的早期表观遗传标志物，建立相关评价体系和检测技术，是早期精准识别相关环境危险因素并进行疾病预警、疾病防控和促进人群健康的重要科学基础。

表观遗传的继承性和可塑性使其成为环境和基因互作的桥梁。随着人类基因组等大型人类遗传计划的实施，人类目前对各类遗传特征已经有了较为全面的了解，但对环境与疾病关系的研究进展却相对缓慢。这主要是由于人体的环境暴露情况较基因本身更加多元及易变。广义的环境暴露包括自然环境、社会环境、营养以及心理因素等，如何厘清每个个体全生命周期的复杂环境暴露情况依旧是目前学界尚待解决的重要问题。同时由于传统学科的划分，研究暴露时往往只关心空气、水、职业暴露、饮食、行为及应激中的某些方面，而缺乏对疾病发生过程中的环境因素的全面认识。

环境表观遗传学的诞生，为回答这一问题提供了一个令人振奋的思路。它可以从某一特定表观遗传机制变化的角度，将各类环境暴露归一为一个暴露“综合体”，进而可在一定程度上解释某一性状或疾病是如何发生的。基于此，已有临床研究者将其作为一种个体病史采集工具，帮助临床医生早期发现环境危险因素，实施预防性临床干预或针对性监测。虽然目前人类已投入大量经费支持表观遗传研究，如美国国立研究院 NIH 的“表观基因组学路线图计划”（roadmap epigenomics project）和“DNA 元件百科全书计划”（encyclopedia of DNA elements）等，但诸如此类的计划对环境因素的考虑仍有欠缺，因此未来需要结合复杂环境、营养及社会因素，从真实世界的角度完整地表征个体累积暴露的表观遗传特征。

三、表观遗传流行病学

在环境健康研究中，基于动物和细胞的体外研究与体内研究相辅相成，缺一不可。随着分子生物学及毒理学研究工具和技术的飞速发展，环境健康领域学者能够检验相关表观遗传特征的人群分布。相较动物实验而言，人群研究的结果更具有外推性。如在大多数的环境暴露案例中，人类的暴露水平往往要远低于毒理学实验中使用的暴露剂量，但人类的多种污染物混合暴露情况又更为复杂。因此，需要借助流行病学研究方法，确定在真实世界下不同的环境危险因素如何通过不同的表观遗传变化对疾病的发生发展产生影响，由此形成了一门新的流行病学分支学科——表观遗传流行病学（epigenetic epidemiology）。

通过不同的流行病学设计，结合所检测的表观遗传变化，表观遗传流行病学研究可以利用三种研究策略达成相关研究目标：①阐明环境危险因素与表观遗传变化的关联；②阐明表观遗传变化与疾病或健康风险的关联；③阐明表观遗传机制在环境危险因素引起相关疾病或健康风险中的作用（图 20-3A）。其中，在第三类研究中，不但要考虑将表观遗传变化作为疾病的直接机制，还需要考虑其作为间接机制的可能性。即使表观遗传变化可能与机制无直接关联，但仍然能够作为生物标志物在流行病学研究中起到重要作用（图 20-3B）。

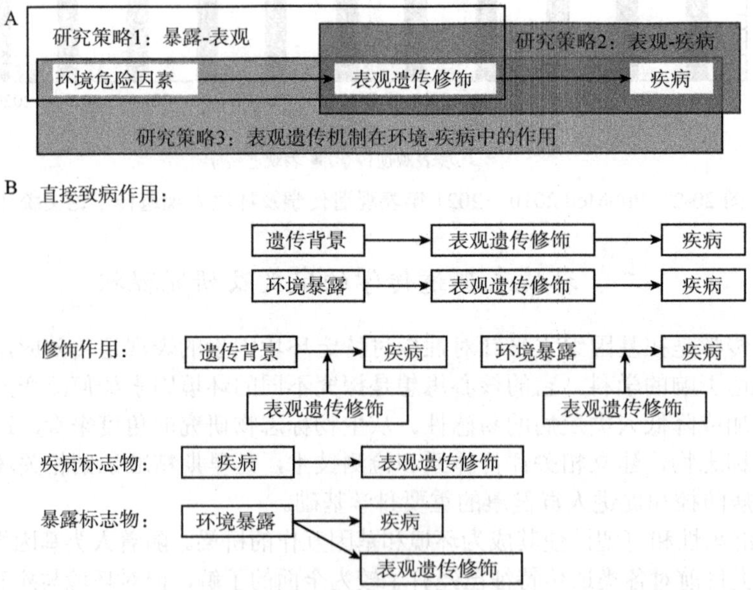

图 20-3　表观遗传流行病的理论模型（以环境暴露为例）

A. 3 种主要研究策略；B. 表观遗传修饰的 4 种可能作用

随着各种高级流行病学设计和高级统计学及机器学习方法的引入，目前表观遗传流行病学已经可以帮助我们更好地理解环境与健康之间的关系及潜在机制，但在实施过程中需要注意以下事项，包括：

（一）选择合适的表观遗传修饰形式

绝大多数的环境表观遗传学研究需要根据研究的实际需求，基于表观遗传修饰随时间及空间的稳定性，或者对内外环境变化的敏感性，针对某特定类型的表观遗传学修饰的指标进行研究。如了解哪些修饰是单独作用，而哪些修饰是共同协调作用，哪些修饰是长期变化，哪些修饰可能更适用于较短的时间尺度。由于表观遗传修饰是动态可逆的，在确定所研究的形式后，对人群样本的采样时间窗也需要慎重考虑。同时，在任何种类的单一细胞中，都有数百万个表观遗传标记，我们需要明确基于基因组的哪个部分进行表观遗传探索，以免大海捞针。此外，流行病学是基于人群的研究，因此需要对个体间表观遗传背景的内在差异进行深入理解，以便找出真正由环境暴露引起的表观遗传修饰改变。可见，我们需要了解不同人种和不同器官、组织的全部表观遗传基本信息，如前文所述的表观遗传学研究计划，但是由于缺少各类环境因素及其他可能的混杂因素信息，还需要进行更为细致的要素收集。最后，更需要避免进入类似 GWAS 中可能出现的盲目筛选或过度依赖检测技术深度的局面。

（二）选择合适的生物样本

表观遗传研究的最主要挑战之一是其组织特异性。虽然来自同一个体的所有二倍体细胞的基因组几乎相同，但每种组织以及每个单独细胞或细胞类型都可能表现出潜在的独特表观遗传图谱。该问题对基于人群大样本的表观遗传流行病学研究来说尤为重要。对于临床的专病队列研究来说，如癌症专病队列研究，通过活检或使用切除后的肿瘤组织作为样本较为便利，但由于该类组织已经发生病理变化，因此分析所得的表观遗传变化与癌症间可能无法具有较强的因果关联。同时，由于癌症研究中往往使用患者与病变部位相邻的健康组织作为对照，其遗传背景和全身应激状态与健康人群不同，所得结果可能也无法直接推广到健康人群。对于一般人群队列，该问题就更加复杂，因为该类人群无法通过手术或其他侵入性方式获得疾病组织或相邻健康组织，更易受医学伦理和道德的掣肘，因此目前大多数人群队列若开展表观遗传分析，往往采用替代组织，如血液、唾液、咽拭子等。虽然目前大多数的研究发现这些替代组织，特别是血液，能够较好地反映个体的表观遗传图谱，但对于直接阐述生物学机制还存在一定问题，需要辅以因果推断或动物实验进行阐明。

对于常用的替代组织，也存在不同细胞亚型的问题。典型的如全血组织，其中淋巴细胞是 DNA 的主要来源，包括嗜酸性粒细胞、嗜碱性粒细胞、中性粒细胞、巨噬细胞等不同亚型。不同亚型的细胞年龄、位置及数量会影响测量所得的 DNA 含量及甲基化比例，也会进一步影响后续标志物分析中的阳性结果（图 20-4）。所以，目前在基于全血的 DNA 甲基化标志物研究中，一般会通过选择单一淋巴细胞，如 $CD4^+$ 细胞；或通过在模型中进行主要淋巴细胞比例的校正，如使用调查时收集的细胞计数或使用基于 DNA 甲基化数据的 Houseman 反卷积估算方法等。

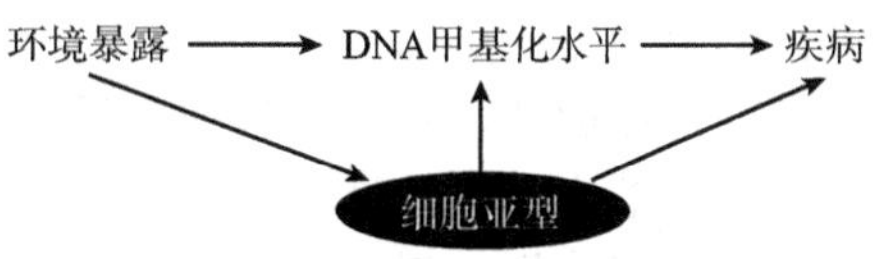

图 20-4　细胞亚型对 DNA 甲基化分析结果的间接影响

此外，在选择合适生物样本的同时，还需要根据研究目的来选择样本的收集时间和储存方式。如病因学检查需要在发病之前采集样本，新鲜样本中的表观遗传变化可能需要及时检测以防被外部环境因素影响等。解决以上问题需要大量的研究经费以确保合适的储存手段，并需要在收集后对样本进行严格的监管与保护。

（三）采用合适的研究设计

表观遗传流行病学的研究设计需要考虑多种影响因素。表观遗传流行病学的研究时间、样本类型和规模与遗传流行病学有很大不同。例如，GWAS 中通常会直接储存来自研究对象的各类样本，由于同一个体不同组织的 DNA 在绝大多数条件下都是相同的，后续研究可以基于不同组织去使用相同的基因数据。然而，有研究表明细胞培养条件会影响表观遗传状态，且由于表观遗传的组织特异性，研究需要足够的初始样本，使用特定的收集方案以保留感兴趣的表观遗传标志物。此外，个体的遗传学背景在整个生命周期内都保持稳定，我们可以假设遗传效应在疾病发作之前就已经发生。相比之下，表观遗传学是一种动态变化，可以在短时间内发生改变。如果在疾病发病或确诊时收集样本，我们不能假设研究所获得的表观遗传变化是疾病的驱动因素或存在致病作用。因此，在表观遗传流行病学研究中，我们必须非常谨慎地对待反向因果关系。

因此，许多表观遗传流行病学研究通过多次随访的纵向设计以及高级统计分析模型来保障因果关联性。前瞻性数据收集和重复的纵向表观遗传标志物测量将有助于解决时间相关的问题，特别是对于那些从受孕或宫内发育早期开始的健康与疾病的发育起源研究。同时，在亚临床或存在疾病风险期间进行表观遗传标志物的检测和相关早期筛查也特别重要。通过以上方式，在不同的年龄窗口进行纵向分析，能够帮助我们更深入地理解环境暴露、表观遗传变化以及相关疾病与健康结局的因果关系。此外，也可以使用一些如孟德尔随机化及多阶段中介效应分析的方法，避免对关联性结果进行过度的因果关联推断，同时需要仔细考虑在人群研究中，表观遗传标志物的可能作用形式。

（四）采用合适的表观遗传检测工具

对于不同的表观遗传变化，需要使用不同的检测工具，每种工具对采集样本的浓度及含量要求不一。由于在流行病学研究中收集的单一个体的生物样本比较有限，且检测成本也因检测的深入程度及范围存在较大差别，因此更需要针对所研究的表观遗传变化进行统筹考虑和安排，在权衡可行性、成本、基因覆盖率及检测精度后，选定合适的检测工具。同时，由于大样本的人群研究结果可能会受到人为检测误差影响，选择重复度、自动化程度和商业化程度较高的检测手段也是考虑的重点。该类检测手段往往也具有较为统一的数据处理流程和方法，这样更易兼容跨人群和队列的检测结果，使得相关的表观遗传研究结果更具有说服力和普适性。

（五）结果的生物学解释

虽然表观遗传修饰可能仅仅是环境暴露或疾病的生物标志物，目前大量的表观遗传流行病学研究却十分热衷于从生物学的角度找到可能的机制解释。这一现象是可以理解的，因为相关研究的最大目的也是希望表观遗传变化能够作为环境暴露对机体影响的直接证据，或者能提供某些疾病发病潜在机制的线索。但必须认识到，从全基因组的角度看来，如果某些表观遗传变化并非发生在生物通路所必需的基因上，对其进行富集性或者机制通路的解释往往会对这样的表观遗传变化进行过度解读，误导后续研究的探索方向。此外，目前一些已发表的表观遗传流行病学研究因缺乏独立的人群验证证据及多重检验校正，往往会获得大量的假阳性位点，从而进一步引起后续生物学通路分析的错误。因此，必须认识到生物学通路分析是通过严谨的流行病和生物统计分析找到表观遗传变化后，进行锦上添花的步骤。在通过生物学分析找到较为合理的生物学通路后，可以进一步与基础及临床医学专家合作，进行更为深入的实验性机制研究，以更好地了解所发现的表观遗传流行病学关联对疾病的影响，指导后续的疾病防控及治疗。

总体而言，虽然表观遗传流行病学研究面临诸多的挑战，但挑战也是机遇，表观遗传的可逆性及对环境暴露的敏感性可以与流行病学分析有机结合。利用流行病学工具，环境表观遗传学研究可以更好地揭示环境危险因素在人群中的分布，识别易感人群。为在人群层面解决与环境健康有关的发育、疾病以及衰老机制的问题开辟了新的思路，也是目前精准医学研究的主要方向和手段之一，在人口老龄化和环境问题日渐严峻的当下，更具有现实意义。

（高　旭）

第二节 DNA 甲基化

一、定 义

（一）DNA 甲基化和 CpG 位点

目前，DNA 甲基化已经被认为是影响基因表达的重要表观遗传因素。DNA 甲基化是指 DNA 序列上特定的碱基在 DNA 甲基化酶（DNA methylase，DNMT，包含 DNMT1、DNMT3a 和 DNMT3b）的介导催化下通过共价键结合的方式获得一个甲基基团的直接化学修饰过程，是一种主要的表观遗传机制（图 20-5）。早在 DNA 被发现为遗传物质时，在哺乳动物细胞中就发现了 DNA 甲基化。1948 年，Rollin D.Hotchkiss 首次在小牛胸腺中发现了修饰的胞嘧啶，并假设该部分为 5-甲基胞嘧啶（5-methyl cytosine，5-mC），因为它与胞嘧啶的分离方式类似于胸腺嘧啶（也称为甲基尿嘧啶）与尿嘧啶的分离方式，他进一步发现具有这种修饰的胞嘧啶天然存在于 DNA 上。尽管之后许多研究人员认为 DNA 甲基化可能与调节基因表达有关，但直到 20 世纪 80 年代，才有进一步的研究证据证明它与基因调控及细胞分化有关。

DNA 甲基化由 DNMT 催化，该酶将甲基从 SAM 转移到胞嘧啶残基的第五个碳上以形成 5-mC。其中，DNMT3a 和 DNMT3b 可对未修饰的 DNA 进行从头甲基化；而 DNMT1 则在 DNA 复制过程中发挥作用，将 DNA 甲基化模式从亲本 DNA 链复制到新合成的子链上，维持甲基化。在哺乳动物中，DNA 甲基化主要发生在 CG 二核苷酸上，称为胞嘧啶-磷酸-鸟嘌呤（CpG）位点。整个基因组中只有大约 1% 的碱基和 5% 的胞嘧啶被甲基化，但在单个人类体细胞中，60%～80% 的 CpG 位点被甲基化。CpG 位点分布稀疏且非随机分布在大部分基因组中，但基因启动子区域通常富含 CpG 位点，被称为“CpG 岛”，由大约 1kb 的碱基组成。非甲基化或稀疏甲基化的启动子 CpG 岛与活性基因表达相关，甲基化 CpG 岛启动子可能与近端基因的表达降低有关，而位于基因体上的 CpG 位点的 DNA 甲基化可能与转录起始、延伸效率和可变剪接有关。

（二）DNA 去甲基化

DNA 甲基化所需的甲基基团是从 SAM 中转移的，SAM 由蛋氨酸腺苷转移酶（methionine adenosyl transferase）家族的成员产生，是单碳循环的一部分。细胞分裂时，由于缺乏可维持甲基化的 DNMT1 酶，在 10-11 易位甲基胞嘧啶双加氧酶（ten-eleven translocation methylcytosine dioxygenase，TET）的作用下会出现 DNA 去甲基化。TET 将 5-mC 转化为 5-羟甲基胞嘧啶（5-hydroxymethyl cytosine，5-hmC），进而转化为 5-甲酰基胞嘧啶（5-formylcytosine），然后转化为 5-羧基胞嘧啶（5-carboxycytosine）。最后，胸腺嘧啶 DNA 糖基化酶（thymine DNA glycosylase，TDG）切除 5-甲酰基胞嘧啶或 5-羧基胞嘧啶，并通过切除修复未甲基化的胞嘧啶。此外，5-mC 也可以脱氨基为尿嘧啶，通过切除修复再次恢复为胞嘧啶（图 20-5）。正因为存在甲基化与去甲基化修复过程，真核生物的 DNA 甲基化才是一个动态的过程。

（三）总体 DNA 甲基化（global DNA methylation）

甲基化和去甲基化都在整个基因组中建立并维持 CpG 甲基化模式。TET 和 DNMT 酶在早期发育过程中是活跃的，并且在整个生命过程中也保持活跃。由于环境暴露、营养状况或疾病的影响，甲基化水平、染色质结构及基因表达的功能将产生差异。甲基化调控过程的大规模改变通常与总体甲基化水平的上升或下降有关。总体 DNA 甲基化的水平主要通过测量 LINE-1 和 Alu 家族重复序列进行评估，常用的评估方法为 LC/MS、HPLC、全基因组 DNA 甲基化化学发光定量检测技术（luminometric methylation assay）及酶联免疫吸附测定（enzyme linked immunosorbent assay，ELISA）等。总体甲基化水平的下降通常与基因组不稳定性有关，是衰老和癌症的常见表型。相反，总体甲基化水平的提高，特别是胎盘中的甲基化水平的提高，与发育缺陷有关，如唐氏综合征等。

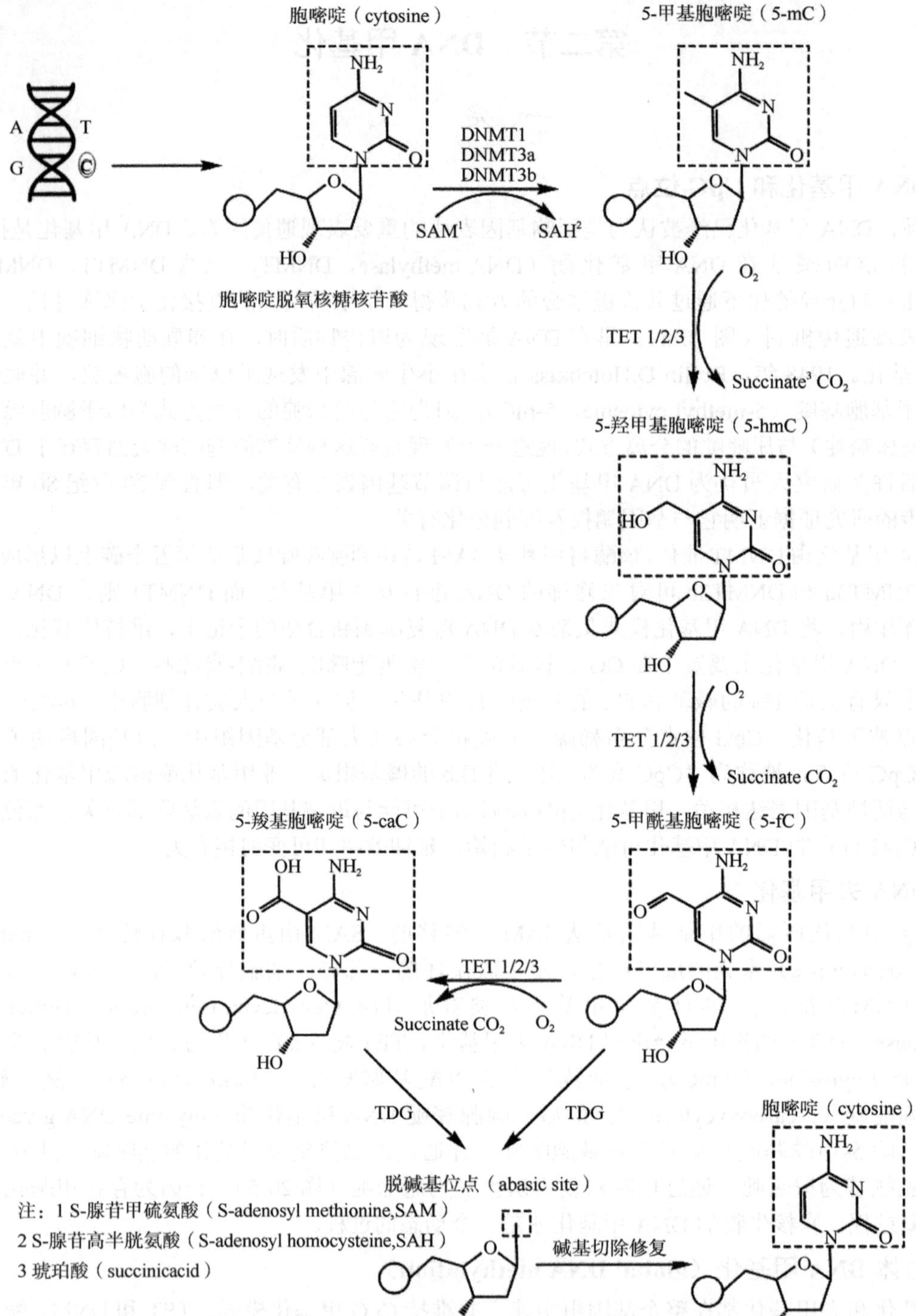

图 20-5　DNA 甲基化和去甲基化流程

（四）基因特异性 DNA 甲基化（gene-specific DNA methylation）

除了总体甲基化之外，还可以针对特定基因评价其甲基化水平。该类研究可以有效针对目标位点进行分析，提供具有较高因果性的证据，为疾病的发生发展及易感性的评估提供重要科学依据。基因特异性甲基化改变与环境暴露有关，尤其是发生在产前的环境暴露。如在 2008 年，研究人员调查了 60 名在妊娠早期暴露在荷兰饥荒（1944 年）下的老人，其体内胰岛素样生长因子 2（insulin-like growth factor 2，IGF2）基因的甲基化水平偏低，并进一步发现该基因的甲基化水平与出生体重降低、肥胖倾向和晚年代谢性疾病有关。在妊娠早期发生的DNA甲基化改变会引起晚年疾病，这一发现支持了健康与疾病的发展起源假说（developmental origins of health and disease）。目前常用的基因特异性甲基化检测方法有甲基化特异性聚合酶链反应（methylation specific PCR）、荧光定量法及焦磷酸测序（pyrosequencing）等，其中焦磷酸测序为检测特定基因甲基化状态的金标准。

（五）全基因组DNA甲基化

目前也可以基于基因芯片的方法，对全基因组的甲基化水平进行评估。其中最著名的是基于限制性内切酶的差异甲基化杂交技术的甲基化芯片，主要是美国Illumina公司的Illumina Infinium Human Methylation 27K、450K及EPIC（即850K）芯片，其中最新的EPIC芯片可以测量约85万个CpG位点。虽然芯片的价格较测序相对便宜，但Illumina公司同时也提供了芯片的定制化服务，可选择任意数量的CpG位点构建甲基化芯片，在聚焦关键位点的同时进一步降低了芯片成本。

DNA甲基化芯片是目前首选的人群甲基化水平检测解决方案。相关的基于R语言的数据处理包包括："minfi""waterRmelon""ChAMP"及"missMethyl"等。甲基化芯片原始数据处理一般包括质量控制、背景校正、探针差异性校正及批次效应校正等。在处理后，可提取各位点甲基化水平β值。β值是甲基化和未甲基化探针荧光信号的比值，取值范围在0～1之间，其越接近于1，代表甲基化程度越高，反之越低。目前也有研究将β值转换为M值进行分析，其本质上是经对数转换后的芯片上的甲基化探针与非甲基化探针荧光信号强度之比，一般多用于转录组学研究。其无上下限，特别在进行组间甲基化水平差异化分析时，统计特性较β值更好。但从生物学的角度，β值更为直观，因为β值可以理解为对应位点的甲基化探针占总体探针数量的百分比。因此，基于M值的分析结果也会在结果说明阶段再转换为β值进行解释。

另外，随着二代测序技术的发展，目前全基因组重亚硫酸盐甲基化测序、限制性重亚硫酸盐甲基化测序以及（羟）甲基化DNA免疫共沉淀测序也在不同的研究领域，特别是在癌症等临床研究中得到了较为广泛的应用，但价格较甲基化芯片更为昂贵。

（六）表观基因组关联研究（epigenome-wide association study，EWAS）

EWAS通过检查不同个体中一组可量化的表观遗传标志物（如DNA甲基化），以得出表观遗传变异与特定可识别表型或性状之间的关联。EWAS一词最早由Rakyan等引入。他们在2011年进行了与疾病结果相关的表观基因组变化的研究。在过去十年，EWAS得到了迅速发展，被用以帮助破译疾病病因和识别疾病特异性生物标志物。通过了解疾病病因和风险因素，可以制定有效的筛查计划及治疗干预策略，具有重要的公共卫生意义。即使部分研究设计由于潜在的反向因果关系而不能建立特定的DNA甲基化和表型之间的因果关联，但仍然可以在一定程度作为生物标志物，提示疾病的发生发展程度。

EWAS能够捕捉先天和后天因素对疾病发展的综合影响。与直接关联遗传变异和疾病结果的GWAS不同，EWAS存在与表观遗传修饰的异质性和可塑性相关的若干局限性。GWAS和EWAS之间的根本区别在于，与静态的基因序列不同，DNA甲基化标记是短暂的、可修改的。虽然种系遗传变异通常随时间变化，但表观遗传DNA甲基化标记不是固定的，并且会随着时间和环境暴露而变化。

由于EWAS本质上是基于人群的相关性研究，因此所使用的模型也类似于经典的流行病学研究，根据实验设计和结局等选用混合线性相关模型、逻辑回归模型或Cox比例风险回归模型等。在获得相关研究结果后，可以利用生物信息学的研究方式，进行功能和富集分析，常用的数据库包括GO（Gene Ontology）数据库和"京都基因和基因组数据库"（Kyoto Encyclopedia of Genes and Genomes，KEGG）等。此外，尽管人体内超过400种细胞类型的表观遗传模式是独一无二的，生物体内的遗传变异大多是相同的（很少有明显的例外）。因此，在设计和分析EWAS时必须额外考虑更多的问题，包括样本来源及其组成的选择、因果推断、偏倚、混杂和多重检验等，这也是在前章中介绍的表观遗传流行病学研究中需要考虑的问题。

二、线粒体DNA甲基化

真核细胞的线粒体中存在少量DNA同样受到表观遗传调控。线粒体是一种主要参与能量代谢的细胞器，通过氧化磷酸化向细胞供应能量。除了在能量产生中的作用外，它还参与多种细胞过程，包括信号转导、衰老和细胞凋亡等。线粒体DNA（mitochondrial DNA，mtDNA）为一个环状基因组，人类和一般动物的mtDNA实际上只有大约16 000bp长，其功能库仅限于37个基因，允许转录22种转移RNA（transfer RNA，tRNA）、翻译13种蛋白质和2种核糖体RNA（ribosomal RNA，包括12S和16S rRNA）。mtDNA没有组蛋白的保护，失去了相对高效的修复机制，因此很容易受到来自体内外大量环境影响因素的攻击。mtDNA甲基化主要存在于线粒体置换环（D-loop）区域，这与mtDNA基因转录和线粒体复制的变化有关。

了解mtDNA甲基化与环境和基因表达之间的关系或可为治疗与线粒体功能障碍相关的疾病开辟治疗途径。目前已发现空气污染物可以增加mtDNA拷贝数，化学物质可以破坏mtDNA并改变线粒体基因表达水平等。最近的几项研究也发现了衰老、衰老相关疾病（如AD和PD）的mtDNA甲基化与环境暴露（如化学污染物、颗粒物、金属、药物、营养因素）显著相关。

三、DNA甲基化在环境健康研究中的进展

DNA甲基化是与环境暴露相关的表观遗传机制中被研究的最为充分的修饰类型。本节我们将详细介绍与DNA甲基化改变相关的环境暴露因素，包括空气污染、烟草烟雾及重金属等。

（一）空气污染

空气污染是有毒PM和气体的混合物，主要来源于自然排放（如地壳侵蚀和野火）和人为排放（如运输、生物质燃烧以及家庭供暖和工业排放）。空气污染物包括各种粒径和成分的颗粒物、NO_x、SO_x、CO、O_3以及PAHs等多种有毒化学物质。空气污染对健康有众多有害影响，可导致CVD、代谢紊乱、诱发肺部疾病如哮喘和COPD的发病和发展。由于其复杂的成分，空气污染对健康影响的机制尚不完全清楚，可能包括PM暴露后ROS的诱导和O_3的直接氧化作用。暴露引起的氧化应激介导下游炎症通路的激活，如MAPK、NF-κB和激活蛋白1（activator protein 1），导致细胞因子表达增加，激活免疫细胞，最终导致炎症和哮喘等疾病的发生发展。空气污染暴露会调节表观遗传DNA甲基化，而这些变化可能反过来增加炎症、疾病发展和恶化风险。已有研究发现血液中*MAPK*基因的DNA甲基化水平改变与空气污染有关。

DNA甲基化与空气污染之间的关系已被广泛研究。一方面，表观遗传学研究报告了总体甲基化与长期暴露与环境空气污染之间的负相关关系，尤其是5-hmC甲基化受空气污染影响较为明显。这类研究对总体甲基化的分析大多是通过HPLC、ELISA、全基因组DNA甲基化化学发光定量检测技术或LC/MS等方法对LINE-1或Alu区域进行研究。另一方面，对于基因组中的功能区域，即基因中特定位点的甲基化水平，如与组织因子、IFN-γ、IL-6、Toll样受体2（Toll-like receptor 2，TLR2）、细胞间黏附分子1（intercellular adhesion molecule 1）相关的基因表达也会受空气污染的影响。使用Illumina芯片技术可以确定甲基化水平受颗粒物暴露影响的CpG位点，研究环境空气污染暴露与成人DNA甲基化（总体和特定位点）之间的关联，确定与暴露相关基因中DNA甲基化的差异。

除了特定的污染物外，特定场景下的空气污染也备受关注，如城市发展和与交通相关的空气污染等。交通相关空气污染（traffic related air pollution，TRAP）是城市环境污染的一个重要来源，包括各种粒径颗粒物的BC、吸附的金属和PAHs，其中颗粒物粒径较小的可以深入肺部。TRAP还包括气态污染物，如NO_x和SO_2等。研究发现，部分TRAP污染物会影响DNA去甲基化关键酶的编码基因*TET1*的甲基化水平，导致基因表达的改变。而不同类型空气污染的成分，如PM

的组成或 O_3 含量，也与特定 CpG 位点的 DNA 甲基化水平改变有关。在成年人中，不同的成分和污染类型通常与整体低甲基化有关。最近的研究试图区分空气污染对 5-hmC 与 5-mC 的影响，发现 PM_{10}、$PM_{2.5}$ 与 5-hmC 相关，但与 5-mC 无关。此外，$PM_{2.5}$ 暴露与血管紧张素转化酶基因和一氧化氮合酶基因甲基化降低有关，并可能引起 mtDNA 的高甲基化。

（二）烟草烟雾

烟草烟雾作为一种已知的致癌物质，已被发现与 CVD 和其他慢性呼吸系统疾病有关。烟草烟雾致癌性的机制之一是引起基因组的不稳定和表观遗传调控的失调。早期关于主动吸烟的表观遗传学研究通常采用位点特异性检测，通过 PCR 或 DNA 测序技术检测胞嘧啶转化，以研究组织和血液样本中基因的改变。应用这些方法在总体甲基化差异以及候选基因 *MAOA*、*MAOB* 和 *COMT* 中发现了几个与吸烟相关的基因座。随着 Infinium 甲基化芯片检测的引入，通过 EWAS 已经发现了大量与主动吸烟有关的 DNA 甲基化位点，可用于进一步探索其与长期或终身主动吸烟暴露和健康的关联。其中位于基因 *F2RL3* 上的位点 cg03636183 和位于基因 *AHRR* 上的位点 cg05575921 已被证明是与主动吸烟状态密切相关的生物标志物。*F2RL3* 的功能之一是负责编码凝血酶蛋白酶激活受体 4（PAR-4）。PAR-4 是一种在全身各部分如血液、白细胞和肺组织中表达的蛋白质，在血小板活化和细胞信号转导中起关键作用。有研究发现，*F2RL3* 的甲基化模式可能与 CVD 和肺癌的风险以及总死亡率有关。此外，烟草烟雾可通过引起 AhR 抑制因子基因 *AHRR* 的甲基化状态改变，影响体内 AhR 通路，阻碍体内异生物质代谢过程。目前该基因上的 cg05575921 位点已被作为可表征主动吸烟水平的最佳甲基化位点之一，并被发现与心肺功能异常和相关疾病密切相关。

在母婴研究中，已发现母亲怀孕期间的烟草烟雾暴露与宫内婴儿和母体的总体甲基化水平降低有关。进一步研究发现产前烟草烟雾暴露与胎儿生长发育、癌症和细胞生长相关基因的改变有关，但与主动吸烟相关的位点不同，如接触蛋白关联蛋白样蛋白 2（*CNTNAP2*）、*CYP1A1* 等，提示母体吸烟或可通过不同的生物学通路影响胎儿健康。总体来看，目前需要进一步研究更多与主动吸烟、母体吸烟和二手烟暴露相关的甲基化位点，以探索精确的剂量-反应关系，全面了解烟草暴露通过不同途径影响人体健康的分子机制。

（三）重金属

1. 铬　特别是六价铬，是一种已知的致癌物。与大多数有毒金属不同，铬具有致突变性。此外，与大多数金属的致癌作用主要来自摄入接触相比，有证据表明铬通过吸入途径致癌。一项针对职业工人的研究表明，暴露于铬酸盐后导致外周红细胞增加，并且与 DNA 低甲基化有关。出现的原因可能是铬酸盐和叶酸之间的相互作用影响 SAM，铬酸盐还可以诱导叶酸缺乏，同时，它作为一种直接诱变剂，增加了其致癌性。有队列研究发现接触铬酸盐的患肺癌工人的肺细胞与异常甲基化模式相关，这种模式不同于未接触铬酸盐的肺癌工人的甲基化谱。目前，尚未完全阐明铬暴露相关的甲基化改变，该领域仍需进一步研究。

2. 铅　是一种已知的神经毒物，影响儿童的生长发育。5-mC 和 5-hmC 都会随着产前铅暴露而改变。铅具有明显的性别特异性反应，特定的基因座在男性和女性中对铅有不同的甲基化反应。此外，在美国的队列中，产前暴露于铅的儿童在印记基因中显示出可变的甲基化模式，并且与儿童成年后肥胖和心脏代谢疾病的风险增加密切相关。美国最近一项利用干血斑技术的研究表明，祖母接触铅可能会在她孙辈的甲基化组上留下印记，这表明人类表观遗传标记的跨代遗传作用。在成年人中，血液中甲基化的普遍丧失与血铅水平升高有关。一般来说，铅与改变的甲基化模式有关，这有可能解释铅相关的健康影响，特别是在产前和生命早期暴露的情况下。

3. 汞　是一种已知的神经毒物。产前接触汞可以影响婴儿的甲基化模式。与汞暴露相关的胎盘 DNA 甲基化改变同不良的神经系统结局相关，这种关系可能通过某些蛋白表达介导。最近的一项研究发现，在整个儿童时期与持续汞暴露相关的甲基化改变也与儿童时期的认知表现有关。有研究确定了甲基化谱改变的性别特异性差异以及持续到儿童早期的甲基化变化。在成人中也发现了与汞相关的甲基化改变的性别特异性。需要进一步研究确定甲基化作为汞相关神经毒性介质的潜在作用。

4. 砷　砷暴露目前正在影响全球数亿人的生活。长期砷暴露、产前砷暴露与成人和婴儿甲基化模式改变有关。有研究发现，大多数与出生和健康结局相关基因座的高甲基化与砷暴露相关，如砷暴露后，钾电压-门控通道亚家族 Q 成员 1（*KCNQ1*）基因的甲基化与较低的出生体重有关；抑癌基因 *p16* 和 *p53* 的甲基化与多种癌症有关；而泛素结合蛋白 P62 基因（*SQSTM1*）的甲基化与糖尿病有关。经历过子宫内砷暴露的成人、儿童和婴儿的血液样本中总体甲基化与砷暴露呈负相关。对成年人的研究表明，女性成年人的砷暴露和 LINE-1 甲基化之间呈负相关，但该关联在男性中不显著。除性别依赖外，新兴研究的重点是区分砷对 5-hmC 和 5-mC 的影响。美国队列的一项研究发现，5-hmC 和 5-mC 的血液谱均与砷暴露呈负相关，提示砷或可通过影响 5-hmC 和 5-mC 水平导致甲基化水平异常。

四、衰老与表观遗传时钟

（一）定义及发展历史

衰老是所有生物体随着时间推移及年龄增长，自然发生老化的过程，具体表现为生物体的结构功能、心理以及社会功能的衰退，是多种慢性病以及部分癌症发生的主要诱因之一。随着对衰老在基础、临床及公共卫生等不同领域上的研究，目前认为，人体的衰老主要由一组可研究的生物学过程组成，但这些生物学过程是什么尚未达成绝对的共识，也就是说，目前衰老的测量和评价还缺乏“金标准”。因此，目前大多数对于衰老的理解和解释都具有一定局限性，也正因如此，新兴的表观遗传研究为此提供了新的角度和思路。

在最新的研究中，表观遗传变化，特别是 DNA 甲基化，不但被认为是环境暴露危害人体健康的典型生物学表现之一，同时也与人体的衰老密不可分，因此也被认为是人体衰老的生物学表现之一，与长寿相关。表观遗传学改变已与基因组改变、线粒体功能障碍及细胞间通信改变一起被认为是联系衰老和环境暴露的四种共同生物学典型变化（表 20-1）。环境暴露、衰老及长寿的关系一直令人着迷，而基于 DNA 甲基化的一系列生物学年龄，通常称为 DNA 甲基化年龄（DNA methylation age）或表观遗传时钟（epigenetic clock），为此类研究提供了具有特色的分析角度与思路。在目前全球气候变化、环境污染态势改变以及人口老龄化加速的大背景下，该类标志物或可为环境风险评价及保护脆弱人群提供有力的科学证据。我国社会已处于加速老龄化阶段，因此，应用生物学年龄或将帮助国家制定与退休、养老等相关的政策，具有较好的发展前景。

表 20-1　衰老与环境暴露的生物学典型表现

衰老特有生物学表现	衰老 & 环境暴露共有表现	环境暴露危害表现
端粒损耗	表观遗传改变	氧化应激和炎症反应
蛋白质稳态丧失	基因组改变	内分泌紊乱
营养素感应失调	线粒体功能障碍	微生物群落改变
干细胞耗竭	细胞间通信改变	神经系统功能受损
细胞衰老		

2013 年，Horvath 首次提出了表观遗传时钟的概念，并使用已有的公开人群 DNA 甲基化芯片（Illumina 公司的 27K 和 450K 芯片）数据，构建了目前最著名也最易理解的 DNA 甲基化年龄——Horvath 年龄，同时期稍晚些 Hannum 等也提出了 Hannum 年龄。由于这两种年龄使用的频率和研究的数量最多，因此也被认为是第一代表观遗传时钟。这两种时钟的共同目的是通过使用组织 DNA 中不同数量与年龄相关的特定甲基化位点，基于机器学习等算法，构建一个与实足年龄高

度相关的预测模型，并将预测出的年龄定义为DNA甲基化年龄，由于研究对象均为相对健康无重大疾病的人群，因此可认为通过该算法获得的甲基化年龄与健康人平均衰老的水平高度相关。此外，两位作者还引入了“年龄加速”的概念，即个体的DNA甲基化年龄与实足年龄间的差异。例如，如果一个人的年龄加速小于0，则其衰老水平要低于一般人群的平均水平，相对更加年轻；反之如果大于0，则其衰老水平要高于一般人群的平均水平，则相对更加衰老（图20-6）。

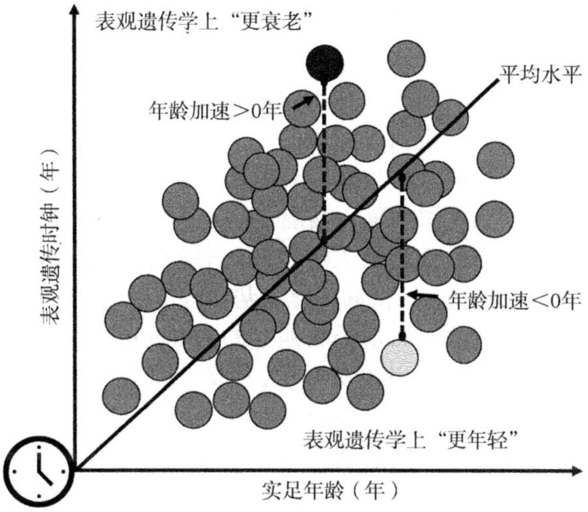

图20-6　“年龄加速”示意图

“年龄加速”的概念提出后，很快被许多衰老相关的人群研究所接受，且由于表观遗传变化本身在之后几年的热度，相关研究如同雨后春笋般发展起来。各类研究开始探索不同的外源与内源性暴露与表观遗传年龄的关系，发现其与各类慢性病的发病、死亡风险、病原微生物感染风险、精神心理问题以及环境暴露存在密切的联系。其中Horvath年龄由于可以适用于多种器官及组织，研究的范围较Hannum年龄更广。此外，由于两类年龄均无法适用于18岁以下儿童及新生儿，也有研究者使用类似Horvath的机器学习算法构建表观遗传胎龄标志物。另外，我国研究者基于汉族人群的DNA甲基化数据也构建了针对中国人的甲基化年龄。尽管如此，研究者们陆续发现了第一代时钟与一些关键环境暴露（如吸烟）、一些临床关键表型（如血压或血糖水平等）以及全因死亡率等有害暴露或健康结局的关联较弱或无关联。在特定患者如癌症患者中，第一代表观遗传年龄的相关发现也较为有限。可见需要调整表观遗传年龄的构建思路，使用更偏临床预测及诊断的思维进行重新构建。

各国研究者因而从病因学的角度开始了各类表观遗传时钟的改进与再开发（表20-2），这个阶段所发布的各类表观遗传时钟或类似指标被大致认为是第二代表观遗传时钟。应用较为广泛的几个时钟分别为Levine等构建的PhenoAge，Lu等构建的GrimAge、Zhang等构建的表观遗传死亡评分（mortality risk score，MRS）、Yang等构建的癌症风险时钟（epigenetic timer of cancer，epiTOC）等。其中PhenoAge及GrimAge是通过两阶段设计开发的，首先针对具有重要临床意义的生理生化指标，如肺功能、血压、C反应蛋白等，构建各个指标的年龄变化模式及趋势，再在第二阶段使用DNA甲基化数据，将其拟合到前一阶段所获得的指标上去。这两类时钟在预测发病率及死亡率上较第一代时钟更为敏感，且与各类发病机制如炎症因子以及DNA损伤水平相关性高。MRS更多的是针对全因死亡、心血管及癌症死亡风险构建，是目前预测死亡风险效能最高的方法，但由于最新使用的Illumina EPIC芯片中没有再测量其中部分位点，因此需要根据EPIC芯片的位点情况进一步适配。epiTOC是针对癌症患者的表观时钟，其被发现与癌症细胞的异常分裂和癌症前期病变存在特异性关联。当然第二代表观遗传时钟还不止于此，各类组织特异性时钟也被逐渐开发出来。有研究已经开发了可预测早衰综合征和离体皮肤细胞衰老水平的表观遗传时钟、可预测儿童口腔上皮细胞年龄的PedBE时钟等。此外，GrimAge所预测的一些生化指标也被发现与一些健康结局有关，如端粒长度DNA甲基化估量（DNA-methylation based telomere length，DNAmTL）等。

虽然目前学界已经有了多种针对人类的表观遗传时钟，但前两代时钟仍然具有一个非常大的局限，即缺乏纵向数据。因为从本质上看，衰老是一个随时间不断变化的过程，理论上纵向衰老和表观遗传数据会为衰老及其他相关研究提供更为全面的信息，如通过了解衰老速度的变化趋势评估发病、残疾及死亡等风险。然而由于表观遗传相关的人群研究近10年才开始兴起，纵向数据十分有限，使用新组建的出生队列往往耗时过长，因此绝大多数研究是将老年人的表观遗传状态与年轻人进行比较，并将所发现的差异全部归因于衰老相关的变化。但由于人群、遗传背景及社会背景的不同，这种类似横断面的做法往往会混淆实际的衰老效应和人群的异质性。此外，由于生存偏倚的原因，年长的研究对象往往比年轻的对象相对其同龄人更为健康，而且越高龄的研究对象其预期寿命也会较长。因此，目前有两种方式来进行研究，一是使用寿命短的模式生物，如为各种动物如小鼠、蝙蝠等构建生物学年龄，试图通过模式生物的方式解答衰老的纵向变化问题；二是使用长期随访人群队列，使用类似 PhenoAge 构建过程的两步法，通过对一些生化指标长期的重复测量，获得其变化态势，再使用 1～2 次随访中检测的表观遗传指标，进行拟合和模型构建。后一种方法，如基于新西兰的 Dunedin 出生队列，美国研究者使用多次随访数据构建人群衰老速率指标，再使用单次 DNA 甲基化数据，构建基于 DNA 甲基化数据的 DunedinPACE 变量，发展出第三代表观遗传时钟。通过在多个独立队列如 Framingham 研究及 Normative Aging Study 研究等中的验证，证明其在死亡率及共病率预测中的良好能力。且由于在构建中已经尽量排除了生存偏倚等影响，上述第三代表观遗传时钟与衰老的相关性更强。

表 20-2　部分表观遗传时钟及文献列表

世代	名称	文献来源（PMID）	提出者	所需甲基化位点数量
第一代	Horvath 甲基化年龄	24138928	Steve Horvath	353
	Hannum 甲基化年龄	23177740	Gregory Hannum 等	71
第二代	甲基化表观年龄（PhenoAge）	29676998	Morgan E.Levine 等	513
	甲基化 GrimAge	30669119	Ake T.Lu 等	1030
	表观死亡风险评分	28303888	Yan Zhang 等	10
	epiTOC	27716309	Zhen Yang 等	385
第三代	DunedinPACE 衰老速率时钟	32367804	Daniel W.Belsky 等	46

尽管表观遗传时钟已经有了大量的高质量研究及文献支持，但事实上其背后的生物学机制依旧难以阐明。必须认识到，由于机器学习等统计学方法在因果推断上的局限性，目前各代时钟所使用的 DNA 甲基化位点大多为与年龄或健康结局相关性最高的位点，但较难从生物学机制的角度解释。很多文献中的解释往往仅限于表示相关时钟与人体的表观遗传背景变化有关，这也阻碍了表观遗传时钟的进一步推广。当然目前也有一些研究做了极有意义的尝试，如有研究发现，部分时钟的变化与 TET 及 DNMT 酶的活性有关，并与昼夜节律以及代谢信号通路存在某种联系，此外各类 DNA 损伤及修复相关的机制也可以通过 DNA 甲基化水平的破坏与重塑，影响机体整体的表观遗传背景。以上发现均与人体衰老的部分现象关系密切，如节食、代谢水平和长寿等，也从侧面证实了表观遗传变化，特别是年龄相关的表观遗传变化在衰老中的重要作用。

（二）环境暴露与表观遗传时钟的关联

国内外环境健康领域对表观遗传时钟的研究也比较深入，该领域目前还处于蓬勃发展阶段，也为我国相关研究的后来居上提供了较多机会。从 2016 年开始，陆续有研究针对不同暴露时长的空气污染与各类表观遗传时钟的关系进行了探索，目前在一般人群及职业暴露人群中均发现各类环境污染物与不同表观遗传时钟的关联。吸烟烟雾作为一种主要室内污染物，其与第一代表观遗传时钟的关联并不紧密，但与第二代 PhenoAge 存在较强关联；与此同时，不同吸烟状态人群的上皮细胞、气道组织细胞、食管组织细胞及肺组织细胞中的表观遗传时钟可以同时因吸烟加速，但效果因部位而异。对于常见的大气污染物，长期 $PM_{2.5}$ 暴露与 Horvath 及 Hannum 表观遗传时钟存在关联；长期 NO_2 暴露与 Hannum 年龄存在关联；$PM_{2.5}$ 金属组分长期暴露与第二代 PhenoAge 存在关联；最近国内研究者基于准 RCT 发现短期雾霾天气可加速健康年轻个体的第二代 MRS、

GrimAge 以及第三代 DunedinPACE 年龄等。对于职业暴露，职业性 PAHs 暴露人群的甲基化年龄变化及衰老速度远高于一般人群；职业性苯、三氯乙烯及甲醛暴露与我国职业暴露人群五种表观遗传时钟也存在关联。对于其他环境暴露，美国研究团队发现 24 小时尿中主要金属浓度与各类表观遗传时钟的关联，并将研究扩展到了火星模拟旅行试验——“火星 500”上，进一步发现了在仿真的宇宙旅行条件下人体的表观遗传时钟，特别是 PhenoAge 存在差异性变化。此外，有研究发现较高的绿地覆盖面积也与 GrimAge 的加速下降有关。

目前，既往研究针对不同的环境暴露和不同种类的表观遗传时钟已经进行了大量探索。在未来的研究中，必须认识到由于缺乏衰老金标准、存在人群的基因背景差异，且不同组织和保存情况的样本所能套用的表观遗传时钟差异较大，既往相关研究间或存在着相反或相悖的结论。因此，不能一味地将表观遗传时钟的相关发现套用到其他相关衰老研究中去，以免产生管中窥豹的错误。同时，由于我国是多民族国家，目前也需要积极探索适合我国国情的生物学年龄评价手段和标准。

（高 旭）

第三节 非编码 RNA

一、定 义

非编码 RNA（non-coding RNA，ncRNA）是基因表达的表观遗传修饰物，在过去的几十年里一直是人们关注的焦点。由于不能翻译成功能蛋白质，这些 RNA 最初被误认为是“垃圾 RNA”。ncRNA 的发现和表征揭示了基因调控的复杂性和深度。根据 ncRNA 的长度和功能，可分为短链 ncRNA（small ncRNA，sncRNA）和长链 ncRNA（long ncRNA，lncRNA）。那些短于 200 个核苷酸（nt）的 ncRNA 被认为是 sncRNA，包括微小 RNA（microRNA，miRNA）、环状 RNA（circRNA）、干扰小 RNA（small interfering RNA，siRNA）和 Piwi 相互作用 RNA（Piwi-interacting RNA，piRNA）等，而那些超过 200nt 的被称为 lncRNA。

miRNA 是真核生物中一类内源性产生的通过序列互补方式识别并具有转录后基因调控功能的小分子 RNA，长度为 21～25nt。通过与靶 mRNA 特异结合，从而抑制转录后基因表达。在调控基因表达、细胞周期、生物体发育时序等方面起重要作用。circRNA 是真核生物中共价封闭的内源性生物分子，具有组织特异性和细胞特异性表达模式，其生物发生受特定顺式作用元件和反式作用因子的调控。一些 circRNA 含量丰富且进化保守，许多 circRNA 可充当 miRNA 或蛋白质抑制剂（“海绵”），通过调节蛋白质功能发挥重要的生物学作用。此外，circRNA 还与糖尿病、神经系统疾病、CVD 和癌症等疾病有关。lncRNA 在剂量补偿效应、表观遗传调控、细胞周期调控和细胞分化调控等众多生命活动中发挥着重要作用。它们包括一类异质的基因间转录物、增强子 RNA（enhancer RNA）以及与其他基因重叠的正反义转录物。

目前主流的 ncRNA 检测方法有微阵列、转录组测序、Northern 印迹、qPCR、RNA 干扰及 RNA 结合蛋白免疫沉淀等。

（一）微小 RNA

miRNA 是目前研究最为广泛的 ncRNA。在动物中，miRNA 作为被称为“pri-miRNA”的更长 RNA 的一部分，由 RNA 聚合酶Ⅱ（Pol Ⅱ）转录（图 20-7）。每个 pri-miRNA 至少有一个区域可以自我折叠形成一个“发夹”，作为底物在特定蛋白质作用下被切割成一个约 60nt 的茎环结构（两茎存在 2nt 的偏移），称为 pre-miRNA，其虽有 5′ 帽（5′-cap，RNA 5′ 端的修饰结构），但无 poly（A）尾（RNA 3′ 端带有的一段几十个到几百个的腺苷酸残基）。

在输出蛋白 5（exportin 5）和 Ran-GTP 的作用下从细胞核转运到细胞质后，pre-miRNA 由

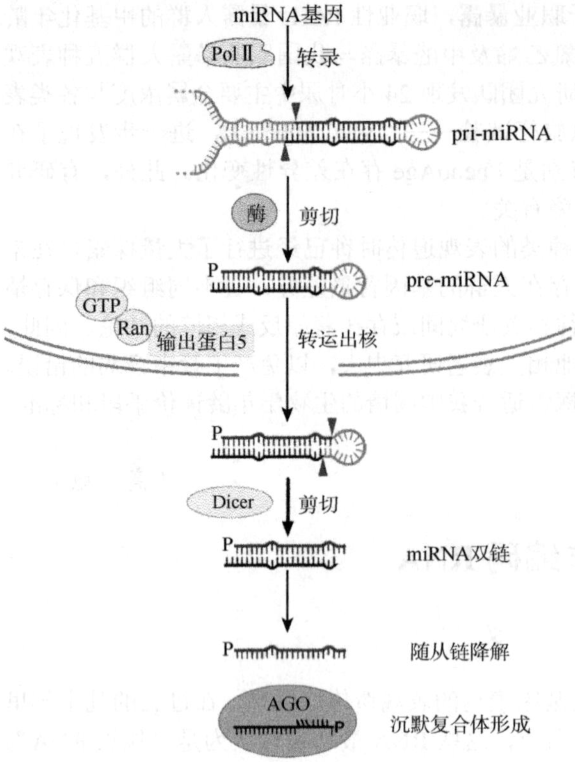

图 20-7 miRNA 的生物合成示意图

Dicer 酶进一步加工。Dicer 在环的附近切割两条链以产生双链 miRNA，其中包含与其随从链配对的 miRNA。一旦形成，miRNA 双链在伴侣蛋白（热休克蛋白 HSC70/HSP90）的帮助下被加载到 Argonaute 蛋白中。在加载双链后，Argonaute 回到其松弛的基态构象，促进随从链的排出，原则上双链 5′端相对更不稳定的那一条链倾向于被保留下来，而随从链排出后被降解，形成成熟的 RNA 诱导的沉默复合体（RNA-induced silencing complex）。最后，miRNA 将 RNA 诱导的沉默复合体引导至靶标 mRNA，导致翻译抑制或 mRNA 衰变。

目前研究者已在人类细胞中发现了数百种不同的 miRNA（典型 miRNA 基因在人类中已发现 519 个），其中许多在其他动物中也具有保守性，这些保守的 miRNA 优先与大多数人类 mRNA 相互作用。目前认为，miRNA 可以影响大部分生长发育过程和相关疾病。研究已发现 miRNA 与包括骨骼、皮肤、肌肉、肺、肾脏、心血管系统、神经系统、消化系统、生殖系统和造血系统的发育缺陷，以及细胞、生理和行为缺陷有密切关联。这些发育和生理缺陷中的许多类型会影响胚胎或出生后的健康情况，如癫痫、耳聋、视网膜变性、不孕症、免疫紊乱或癌症等。miRNA 还可影响细胞功能，包括轴突的发芽、突触的形成和功能、有丝分裂纺锤体定向、多倍体化、纤毛发生以及各种造血谱系中的多种功能；可影响生理过程，包括心脏传导、血压、脂质或胆固醇代谢、胰岛素生成、垂体功能、糖原动员以及胚胎或幼体的整体生长等。

（二）环状 RNA

根据 circRNA 序列来源，可以把 circRNA 分为四类：①全外显子型的 circRNA（exonic circRNA，EciRNA）；②内含子和外显子组合的 circRNA（exon-intron circRNA，EIciRNA）；③内含子组成的套索型 circRNA（circular intronic RNA，ciRNA）；④由病毒 RNA 基因组、tRNA、rRNA、snRNA 等环化产生的 circRNA。绝大多数的 circRNA 属于 EciRNA，其保守性较其他种类的 circRNA 也更高。

到目前为止，仅研究了少数 circRNA 的生物学功能，其主要被认为用作 miRNA 海绵来抑制 miRNA 结合。根据碱基的互补配对法则，miRNA 通过与靶基因中非翻译区域结合从而抑制或促进 mRNA 的翻译。RNA 之间可以通过竞争的方式结合共同的 miRNA 来影响 miRNA 对靶基因的抑制作用，这一类 RNA 称为竞争性内源 RNA。研究表明，circRNA 结构稳定且含有大量的 miRNA 应答元件，可以作为高效的竞争性内源 RNA，与 miRNA 结合，吸附 miRNA，有效地抑制 miRNA 与靶基因非翻译区的结合，从而实现对靶基因的调控作用。另外，有些 circRNA 还可以与多个 miRNA 结合，影响多种基因的调控。例如，circRNA ciRS-7 由 lncRNA LINC00632 产生并转运到细胞质，在那里它可充当肿瘤抑制基因 miRNA miR-7 的海绵。研究发现其在多种人类恶性肿瘤中存在过度表达，导致 miR-7 靶基因（如 *EGFR* 和 *RAF*）的翻译增加，从而激活 MAPK 信号通路并增加肿瘤增殖和转移的可能性。

交联免疫沉淀数据集表明，circRNA 也可与许多不同的 RNA 结合蛋白（RNA binding protein）

相互作用以充当蛋白质海绵、增强蛋白质功能、充当支架以介导特定酶和底物之间的复合物形成，并将蛋白质募集到特定位置。

（三）长链非编码 RNA

lncRNA 根据其基因结构与蛋白质编码基因的接近程度分为 5 类：①在基因编码链上与编码 mRNA 重叠的正义 lncRNA；②在基因非编码链上与编码 mRNA 重叠的反义 lncRNA；③与相反链上的编码基因共享转录起始位点的双向 lncRNA；④从编码基因的内含子区域转录的内含子 lncRNA；⑤位于编码基因之间的基因间 lncRNA。就功能而言，lncRNA 可分为三大类：①没有任何功能的噪声 lncRNA；②转录过程中充分发挥功能而转录本身是无关紧要的 lncRNA；③可通过顺式和（或）反式行使功能的 lncRNA。绝大多数 lncRNA 经由 Pol Ⅱ转录，因而和 mRNA 一样具有 5′端 7-甲基-G 帽和 3′端 poly（A）尾。与 mRNA 相比，lncRNA 含有的外显子较少且较长，表达水平相对较低，一级序列保守性较差。lncRNA 的低表达可能与其基因启动子上存在抑制性组蛋白修饰有关。

基因表达受 lncRNA 在多个水平上的调控。通过与 DNA、RNA 和蛋白质相互作用，lncRNA 可以调节染色质结构和功能以及邻近和远距离基因的转录，并影响 RNA 的剪接、稳定性和翻译。此外，lncRNA 还参与细胞器和核凝聚物的形成和调控。

二、环境暴露与 ncRNA

机体暴露于环境有害因素后，首先会出现一些微小的生理生化反应，若无法代偿或代偿过度，可发生早期健康损伤，最终引发有临床表现的疾病。越来越多的研究表明，在环境相关性早期健康损害或疾病发生过程中可能会出现 ncRNA 的异常表达。ncRNA 功能与机制研究是环境与健康领域的新热点，其中一部分可作为或正在成为环境暴露生物标志物、表观遗传调节因子和潜在干预靶点，对减少环境因素的有害二次反应和二级预防至关重要。

（一）空气污染

研究表明空气颗粒物暴露可引起机体 ncRNA 尤其是 miRNA 的表达谱发生明显改变，使其靶基因的表达水平失衡，最终影响机体的健康状态。“颗粒物健康效应、miRNA 和外泌体的易感性”项目旨在高度易感人群中研究颗粒物暴露对健康结局影响的潜在分子机制，研究发现长期暴露于 $PM_{2.5}$ 与血清 miRNA 水平升高之间存在关联，部分 miRNA 的靶基因与 CVD 有关，是氧化应激、炎症和动脉粥样硬化的重要调节因素。此外，有研究将人支气管上皮细胞（BEAS-2B）暴露于城市大气颗粒物标准品 SRM 1648a（$PM_{2.5}$），发现在 $PM_{2.5}$ 诱导的炎症反应中 ncRNA 的复杂调节作用。存在部分 circRNA 和 lncRNA 可通过共同靶向 miR-3607-5p 来调节白介素 1 受体 1（IL1R1）的表达，从而影响 NF-κB 信号通路，最终导致炎症因子 IL-6 和 IL-8 的释放。除了 miRNA，lncRNA 也可独立参与空气污染相关疾病的发生和发展。在体外，PM 可以诱导 lncRNA 下调 miR-204 促进肺癌的侵袭和进展。此外在 PM 和香烟烟雾诱导的肺癌中还发现了其他的 lncRNA，如肺癌进展关联转录本 1（LCPAT1）等。

长期吸入含有游离二氧化硅粉尘的空气是导致矽肺的主要原因。据报道，接触二氧化硅会直接影响 circRNA 的表达，而 circRNA 的异常表达会影响矽肺的进展。吸入二氧化硅会激活肺泡巨噬细胞，引发炎症反应，进而激活肺泡巨噬细胞中的 circZC3H4，增加其表达。此外，高表达的 circZC3H4 通过作为 miR-212 海绵上调 ZC3H4 蛋白的表达。这种 ZC3H4 蛋白水平的增加导致巨噬细胞进行增殖和迁移，从而促进了矽肺的发展。另一种名为 circHECTD1 的 circRNA 也已被证明在矽肺中发挥多种作用。circHECTD1 在肺部不同细胞类型中表现出差异性表达模式，提示其可作为矽肺早期诊断的生物标志物。

（二）重金属

1. 砷 暴露可引起 miRNA 和 lncRNA 的变化。在一项母婴研究中，研究者发现饮用水和母体尿中的砷水平与脐带血的部分 miRNA 表达水平之间存在联系，相关脐带血 miRNA 之前已被发现与部分癌症和糖尿病发病有关。此外，circRNA 与砷暴露后癌症发展密切相关。砷暴露可增加 circ1002484 水平，其充当 miR-217 的海绵，并上调 miR-217 靶点 EZH2 蛋白，导致人角质形成细胞不受控制地增殖和转化，加速细胞周期并导致恶性转化，且 circ100284 也可调节砷暴露下的细胞转移。另外，circRNA 也能调节砷暴露下人角质形成细胞中肿瘤干细胞样特性的诱导。砷暴露可降低 circ008913 的表达，其作为 miR-889 海绵下调 DAB2IP 蛋白水平，最后这种级联信号导致人角质形成细胞获得肿瘤干细胞样特性和肿瘤转化。

2. 镉 由于锌矿的开采以及镍铬电池的使用，重金属镉被释放至土壤和水源，可通过稻米进入人体，产生肾脏毒性、肝脏毒性和生殖毒性等。一项针对镉暴露对人肝癌细胞株 HepG2 影响的研究发现，较高水平的镉暴露诱导了与癌症和肝功能相关基因的转录水平发生变化，并且部分属于 let-7 家族的 miRNA 在镉暴露后出现了差异表达。慢性镉暴露也可引起肾脏 miRNA 的显著改变，如 miR-125a/b 可通过线粒体途径调控镉诱导的肾上皮细胞凋亡，而 miR-122-5p 和 miR-326-3p 可作为镉肾毒性的新兴生物标志物。慢性镉暴露还会引发部分基因和 lncRNA 表达的变化。研究发现，lncRNA 水平的改变与镉诱导的肝损伤、精子发生障碍和 DNA 损伤异常修复密切相关。此外，lncRNA 还可能与镉诱发的相关肿瘤发展有关，引起 DNA 损伤和修复的失调。

3. 其他 许多其他重金属暴露也与 ncRNA 密切相关。高水平汞暴露与 miR-92a 和 miR-486 表达相关，提示这两个 miRNA 可能是职业性汞暴露人群中潜在的生物标志物；铅诱导的神经毒性增加小鼠海马区和大脑皮层中 lncRpa 和 circRAR1 的表达，通过 miR-671 靶向导致凋亡相关因子 caspase-8、p38 的 mRNA 和蛋白质水平增加，最终导致神经细胞凋亡；慢性锰暴露可通过降低 miR-7 水平而导致 SH-SY5Y 细胞 SNCA 的过度表达，对多巴胺能神经细胞造成毒性，导致 PD 等。

（三）持久性有机污染物

ncRNA 也可受到持久性环境化学物质的影响，包括 PCBs 及全氟羧酸（perfluorocarboxylic acids）等。

1. 多氯联苯 PCBs 通过产生氧化应激、诱导促炎细胞因子和细胞黏附蛋白而与多种血管改变有关，如内皮细胞功能障碍和动脉粥样硬化。在人外周血单核细胞中，miR-191 表达与二噁英样同系物 PCB169 的总血液浓度相关。非二噁英样 PCBs 通过调节 miR-132 与 Rett 综合征和精神分裂症等神经心理功能障碍相关。在原代人内皮细胞中，商业 PCBs 混合物 Aroclor 1260 改变了与血管疾病相关的 21 种 miRNA 的表达。

2. 全氟羧酸 全氟羧酸至少部分通过调节 miR-34a、miR-362-3p 和 miR-338-3p，产生肝脏肿大，增加肝脏 TG 和总胆固醇，并提高血清转氨酶。PFOS 在前脂肪细胞中诱导脂肪生成和葡萄糖摄取，这些变化与 miR-155 激活的氧化应激反应转录因子 Nrf2 相关，Nrf2 对于上调抗氧化基因和代谢重新编程是必不可少的。

（四）双酚 A

BPA 的半衰期较短，虽然它不是一种 POP，但鉴于其在环境中普遍存在，BPA 通常与其他 POP 一起被提及。BPA 是一种 EDC，可通过 ER 信号转导充当激动剂或拮抗剂。BPA 暴露与乳腺癌、前列腺癌和卵巢癌的激素依赖性癌症的发展有关。多个研究表明，接触 BPA 会导致胎盘表观遗传修饰发生改变，从而可能对胎儿产生影响。已提出将 miR-146 表达作为胚胎发育暴露于 BPA 的生物标志物。miR-134 介导 BPA 所致的 ESC 和胚状体的多能性紊乱。此外，接触 BPA 与乳腺癌有关。在 ER 阳性和对激素敏感的人 MCF-7 乳腺癌细胞系中，BPA 促进 ER 转录活性，从而改变某些 miRNA 的表达谱，包括在实体瘤中经常上调的 miR-21。

在影响 lncRNA 的 POP 中，BPA 暴露的影响最大，其可改变胎盘组织中印迹簇 H19/IGF2 甲基化状态。*IGF2* 基因位于 H19 的上游并且是父系表达的。H19 是一种从母体链表达的 lncRNA，这种 ncRNA 的高甲基化与胎儿生长的变化有关。H19 本身控制了印迹基因网络中的几个基因，并招募甲基-CpG 结合域蛋白 1（methyl-CpG binding domain protein 1）作为伙伴。H19/ 甲基-CpG 结合域蛋白 1 的伙伴关系与胚胎发育中基因表达的细微调节密切相关。因此，由 BPA 导致的 H19 水平的变化可能会引发生长发育障碍。

（高　旭）

第四节　组蛋白修饰

一、定　　义

组蛋白（histone）是真核生物染色体的基本结构蛋白，根据其氨基酸成分和相对分子质量不同主要分成五类：H1、H2A、H2B、H3、H4。五类组蛋白均富含带正电荷的碱性氨基酸，能够同 DNA 中带负电荷的磷酸基团相互作用。核小体是组成真核生物染色质的基本单位，而组蛋白是参与组成核小体的重要部件。一个核小体由 4 种核心组蛋白 H2A、H2B、H3 和 H4 组成的核心八聚体及其上盘绕的 147bp 的 DNA 双链组成（图 20-8）。八聚体包括位于中心的 H3 和 H4 与位于侧翼的 H2A、H2B 各 2 个分子，而 H1 则与核小体间的 DNA 结合。组蛋白修饰是指从核小体突出的组蛋白的 N 端（即尾端 tail）在相关酶作用下发生乙酰化、甲基化、泛素化、磷酸化、类泛素化、瓜氨酸化及腺苷二磷酸核糖基化等修饰的过程。组蛋白修饰模式多样，目前环境与健康研究中主要聚焦的组蛋白修饰方式主要为组蛋白乙酰化、甲基化、泛素化和磷酸化等。

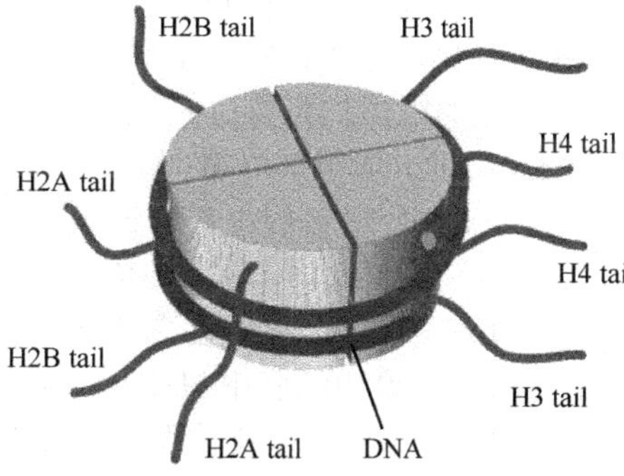

图 20-8　核小体结构

组蛋白磷酸化是最典型的组蛋白修饰，是以 ATP 或三磷酸鸟苷（GTP）等作为磷酸基团供体，磷酸激酶催化组蛋白 N 端丝氨酸（S）或苏氨酸（T）残基位点上发生磷酸化。组蛋白 N 端磷酸化后可干扰组蛋白与 DNA 之间的静电作用，使 DNA 与组蛋白结合变得疏松，进而促进基因的转录。研究表明，组蛋白磷酸化修饰可能通过两种机制影响染色体的结构和功能：①磷酸基团携带的负电荷与组蛋白上的正电荷结合，降低组蛋白与 DNA 之间的亲和力；②修饰能够产生类似糖蛋白的识别物质，与特异的蛋白质复合物结合。

组蛋白甲基化是最复杂的组蛋白修饰，因为它可以发生在赖氨酸或精氨酸上，主要以单甲基化、二甲基化或三甲基化形式存在，与转录激活或抑制相关。组蛋白甲基化和去甲基化主要受组蛋白甲基化转移酶（HMT）和组蛋白去甲基化酶（HDM）的调控。组蛋白甲基化程度增加可使组蛋白疏水性增加，使 DNA 与组蛋白之间的结合更加紧密，进而抑制基因的转录。组蛋白甲基化是环境与健康领域中研究最多的一种组蛋白修饰方式，参与环境因素所致的癌症、神经疾病等多种过程。

组蛋白乙酰化主要发生在 H3 组蛋白 N 端赖氨酸（K）上，由组蛋白乙酰转移酶（HAT）和组蛋白脱乙酰化酶（HDAC）两个酶家族控制。组蛋白乙酰化和去乙酰化是在这两种酶的调控下，组蛋白 N 端某特定位点赖氨酸上的乙酰基团增加或减少的过程。组蛋白乙酰化是调控基因表达的基础。大量研究表明，许多环境有害物质对人群健康的危害与组蛋白乙酰化有关，如砷暴露可诱导恶化细胞中 H3、H4K16 乙酰化的水平发生改变。此外，组蛋白泛素化也是一种重要的组蛋白修饰方式，在基因转录调控、细胞周期及 DNA 损伤修复等重要 DNA 事件过程中也发挥着重要作用。

以上组蛋白修饰方式在环境危险因素所致健康效应中并不是单一作用的，它们之间存在着紧密联系，通过相互之间的协同作用发挥正常的生物学功能。目前主流的实验室检测方法，是使用染色质免疫沉淀后测序手段（chromatin immunoprecipitation followed by sequencing），对生物样本进行测序，以此获得组蛋白修饰图谱，帮助阐明不同修饰机制的变化情况。

二、环境化学物与组蛋白修饰的研究进展

目前已有大量研究阐明了多种可影响组蛋白修饰的环境化学物质，包括空气污染物（颗粒物及 BC）、重金属（镉、砷、镍、铬和甲基汞）、有机污染物（苯并芘）/ 生殖毒物（BPA）等。以下是部分研究进展。

（一）空气污染

组蛋白修饰是空气污染物可引起的常见表观遗传修饰之一，不同的空气污染物和暴露水平会引起人体组蛋白修饰模式的改变，增加相关疾病的易感性。

在经 PM 暴露后的高脂饮食大鼠中发现，PM 可以通过组蛋白修饰和 DNA 损伤诱导肺损伤。目前认为，组蛋白的乙酰化主要通过 HAT 和 HDAC 动态平衡进行调节，而类似地，HMT 和 HDM 也可协同作用，对组蛋白甲基化进行调节。因此，HAT、HDAC 和 HDM 可能参与了空气中 $PM_{2.5}$ 诱导的组蛋白修饰（乙酰化 / 甲基化）。已有研究发现，原发性人支气管上皮细胞反复暴露于 $PM_{2.5}$ 后可出现组蛋白 H3 修饰（即 H3K4 三甲基化、H3K9 乙酰化、H3K27 乙酰化和 H3S10 磷酸化）。$PM_{2.5}$ 处理后的小鼠肺部组蛋白 H3K27 乙酰化、HAT 和 HDAC 的表达量也都发生了明显变化，且终止暴露 1 周后，H3K27 乙酰化的表达量恢复到了对照组水平。在人群研究中，意大利的一项研究发现，在接触富含金属颗粒物的健康钢铁工人中，与颗粒物相关的镍和砷的累积暴露水平与研究对象白细胞中 H3K4 二甲基化和 H3K9 乙酰化水平异常有关。此外，母亲在妊娠期间暴露于 $PM_{2.5}$ 可能会导致后代发生一系列心血管事件，组蛋白乙酰化修饰可能在心肌肥厚的程序化过程中发挥重要作用，因此，母亲暴露于 $PM_{2.5}$ 可能通过组蛋白修饰调控转录因子 GATA4 导致儿童心脏损伤。然而，一项针对北京卡车司机空气污染研究发现，个人 $PM_{2.5}$ 或 PM 中的其他成分与血白细胞组蛋白修饰（包括 H3K9 乙酰化、H3K9 三甲基化、H3K27 三甲基化、H3K36 三甲基化水平）没有关联。

暴露于 $PM_{2.5}$ 后，组蛋白修饰的变化，如 H3K27 乙酰化水平的改变，可能会激活与炎症或免疫细胞激活相关的各种生物过程以及 CXC 趋化因子受体等炎症通路。已有研究从受不同 $PM_{2.5}$ 水平影响的个体中获得了 H3K27 乙酰化的全基因组图谱，发现 $PM_{2.5}$ 引起的 H3K27 乙酰化差异与免疫细胞激活和炎症反应有关。此外，$PM_{2.5}$ 暴露可能导致与血小板活化、凝血和止血相关的特定基因 H3K27 乙酰化水平升高。某些 H3K27 乙酰化修饰位点的改变可能会影响局部基因表达，进而导致多种疾病。研究还发现长期暴露于 $PM_{2.5}$ 可下调肺巨噬细胞中组蛋白去甲基化酶 Kdm6a 的表达，导致 IL-6 和 IFN-β 启动子区 H3K4 和 H3K9 甲基化水平升高。

既往研究也报道了 PM_{10}、UFP、BC 等污染物暴露与组蛋白修饰的关系。研究发现暴露于 PM_{10} 可能导致 HAT 和 HDAC 表达水平失衡，并增加特定基因启动子区组蛋白 H4 乙酰化，从而导致人支气管上皮细胞产生炎症反应。PM_{10} 暴露也被发现与较低的 H3K27/H3K36 三甲基化水平有关。此外，UFP 可以通过激活 NF-κβ 介导的炎症通路，诱导淋巴细胞的 H3K4 三甲基化、H3K9 三甲基化、H3K27 三甲基化、H3K36 三甲基化 6 和 H3K79 三甲基化水平的增加等。

（二）重金属

重金属在环境中分布广泛，形态稳定，人体主要通过饮食、皮肤和呼吸系统摄取或吸收重金属。大量研究证实了组蛋白修饰与重金属暴露之间的关联。重金属诱导的氧化应激可能是重金属影响组蛋白修饰的共同机制，研究表明重金属可以催化 ROS 改变组蛋白甲基化标记，其整体修饰包括 H3K9 二甲基化、H3K4 三甲基化、H3K27 三甲基化、H3K79 三甲基化和 H3K4 二甲基化。此外，

体外试验表明，环境中金属粒子镍、铬等会影响组蛋白乙酰化或甲基化，从而引起染色体重塑。

1. 镉 多项研究发现镉暴露可诱导异常的组蛋白甲基化、乙酰化，进一步导致机体生殖功能异常以及癌症的发生发展。在动物模型中，镉暴露可限制 H4K5 和 H4K12 乙酰化，导致小鼠无法产生精子。镉暴露后的雌鼠，卵母细胞 H3K9 甲基化水平和 H4K12 的乙酰化水平显著增强，进而降低卵母细胞的质量，这表明镉暴露可通过介导雌鼠卵母细胞组蛋白甲基化和乙酰化水平来影响雌鼠的生殖功能。给予 4 周龄的雄性 C57BL/6J 小鼠镉染毒后发现镉暴露可以使 H3K9 单甲基化和 H3K9 二甲基化水平升高，导致雄性小鼠生育能力受损。对人支气管上皮细胞（BEAS-2B）进行氯化镉处理诱导细胞发生恶性转化，发现转化后的 BEAS-2B 细胞的 H3K4 二甲基化和 H3K36 三甲基化水平显著下调以及 H3K9 乙酰化、H3K5 乙酰化、H3K8 乙酰化、H3K12 乙酰化翻译后修饰（post-translational modifications）标记上调。可见，组蛋白修饰在镉诱导的生殖毒性和癌症中扮演重要角色，尤其是组蛋白甲基化和乙酰化。但目前的研究主要集中在体外细胞模型和动物模型，缺乏人群的研究。

2. 砷 组蛋白修饰可能通过调控关键分子的表达参与砷中毒的发生发展，并在砷诱导的遗传损伤、氧化应激、免疫功能紊乱、凋亡、DNA 甲基化中发挥作用。研究发现，无机砷可明显增加人肝癌细胞 HepG2 组蛋白 H3 乙酰化，而对其甲基化没有作用，但砷可以导致腺癌人类肺泡基底上皮细胞 A549 中组蛋白甲基化改变。报道发现，砷暴露导致组蛋白 H3 赖氨酸 K4、K9、K14、K18、K23 和 K27 的乙酰化程度增加，但组蛋白 H4 赖氨酸 K5、K8、K12 和 K16 的乙酰化程度降低。在体内实验中，雌性小鼠（8～9 周龄）产前接触相关剂量的砷后，会导致后代的全基因组在组蛋白 H3K9 的变化。砷可以增加组蛋白甲基转移酶 G9a 的水平，并影响其活性，从而控制组蛋白甲基化水平，这也可能是砷致癌的机制之一。近年来，人群中砷暴露与组蛋白修饰的关系得到了许多研究的证实。砷能使组蛋白乙酰化失衡，在长期职业接触钢铁（富含砷、镍）的工人中发现，组蛋白 H3K4 二甲基化和 H3K9 乙酰化水平普遍偏高。中国贵州省室内燃煤砷暴露居民的尿液和头发中砷的水平与组蛋白修饰 H3K18 乙酰化、H3K9 二甲基化和 H3K36 三甲基化改变有关。在砷介导的疾病相关基因表达的背景下，砷暴露诱导了广泛的组蛋白修饰。因此，探讨砷诱导的组蛋白修饰与慢性砷暴露相关疾病之间的关系对风险评估具有重要价值。

3. 铬 也是常见的环境污染物和致癌物。研究发现六价铬增加了小鼠精原干细胞组蛋白甲基转移酶的丰度、H3K9 三甲基化和 H3K27 三甲基化水平，并通过激活凋亡信号通路诱导睾丸组织学改变。体外研究证实，短期和长期接触六价铬降低了人支气管上皮细胞（16HBE）H3K18 和 H3K27 乙酰化的水平。此外，铬可能通过改变组蛋白修饰酶的表达而引起组蛋白修饰的改变，许多研究证实了这一点，在支气管上皮细胞中发现，铬暴露后，H3K9 特异性甲基转移酶 G9a 的表达增加，这与二甲基化和三甲基化的 H3K9 和 H3K4 增加相关。体外研究表明，铬与组蛋白精氨酸和赖氨酸残基相互作用，且与铬诱导组蛋白 H2AX 磷酸化和 DNA 损伤有关。另外，六价铬可降低生物素酶的表达，这是一种参与组蛋白生物素化途径的酶，而这一转录事件在 HDAC 抑制剂的存在下被逆转，表明组蛋白乙酰化的作用。可见，铬引起的组蛋白修饰目前主要集中在组蛋白甲基化，乙酰化和磷酸化中，且主要集中在细胞水平和动物水平上，仍然需要更多的人群研究证实铬引起的环境相关疾病与组蛋白修饰之间的关系。

4. 镍 是工业金属污染物，长期接触镍可导致肺癌和鼻癌，表观遗传机制在镍的致癌过程中可能起着重要作用。几项研究表明，镍影响组蛋白的修饰，与 H4 的 N 端组氨酸-18 残基结合，限制 H4 的乙酰化。在人类细胞系中，镍可降低 H3 和 H4 的整体乙酰化程度。镍诱导的组蛋白乙酰化降低可能是由于抑制组蛋白 HAT 活性，而对组蛋白 HDAC 没有影响。镍暴露与组蛋白甲基化也有关，研究表明，镍离子暴露可增加整体 H3K9 单甲基化和二甲基化，这两种反应均与 DNA 甲基化和长期基因沉默有关。在暴露于可溶性镍化合物的人肺细胞中，组蛋白修饰的三个主要变化已被观察到：H2A、H2B、H3 和 H4 乙酰化的丧失；H3K9 的甲基化增加；H2A 和 H2B 泛素化增加。综上可见，镍也能诱导组蛋白发生泛素化，用可溶性 $NiCl_2$ 或不溶性 Ni_3S_2 处理 A549 细胞后，

H2A 和 H2B 泛素化水平均以剂量和时间依赖性增加，表明可溶性和不可溶性镍化合物在诱导细胞组蛋白泛素化方面具有相似的表观遗传效应。此外，镍不影响细胞中非组蛋白泛素化蛋白的水平，这表明 H2A 和 H2B 泛素化是细胞在镍暴露后的一种特异性表观遗传反应。研究还发现，镍也与组蛋白磷酸化有关，表现为可诱导 A549 细胞组蛋白 H3S10 磷酸化。

5. 其他 铅被称为表观遗传修饰剂，其神经毒性与组蛋白修饰有关，组蛋白修饰控制着参与突触功能、神经发生和记忆相关基因表达的转录通路。研究发现，铅暴露后，大鼠体内 H3K27 三甲基化水平降低，导致学习记忆功能受损。此外，在暴露于铅的灵长类动物的发育过程中，观察到 H3K9 乙酰化、H4K8 乙酰化、H4K12 乙酰化和 H3K4 二甲基化的水平显著降低。铅的神经毒性也被发现与组蛋白甲基化和磷酸化有关。

环境汞或汞化合物暴露也可引起组蛋白修饰改变。目前大多数相关研究都为动物研究。在小鼠模型中，暴露于甲基汞与 H3K27 三甲基化的增加以及脑源性神经营养因子启动子区组蛋白 H3 乙酰化的降低相关。体外研究发现，暴露于氯化汞的小鼠 ESC 的 H3K27 单甲基化水平会降低。

（高　旭）

第五节　其他表观遗传特征

在环境化学物质引起机体损害的表观遗传机制中，除了前述的 DNA 甲基化、ncRNA、组蛋白修饰之外，还有一些表观遗传特征也参与了环境有害化学物的毒性调节，如存在于细胞上清和各种体液中的外泌体及其包含的 ncRNA、RNA 甲基化等。

一、外　泌　体

外泌体（exosome）是一类真核细胞分泌的平均直径为 30～150nm 的脂质双分子层囊泡，含有大量的蛋白质和脂质，以及以 DNA、mRNA、miRNA 和其他 ncRNA 形式存在的核酸物质，见图 20-9。外泌体广泛存在于细胞上清液、血液、尿液、乳汁等各种体液中，可以参与细胞间通信和物质运输等生理过程，是其中所含有的 ncRNA 等分子进行表观遗传修饰的重要载体。

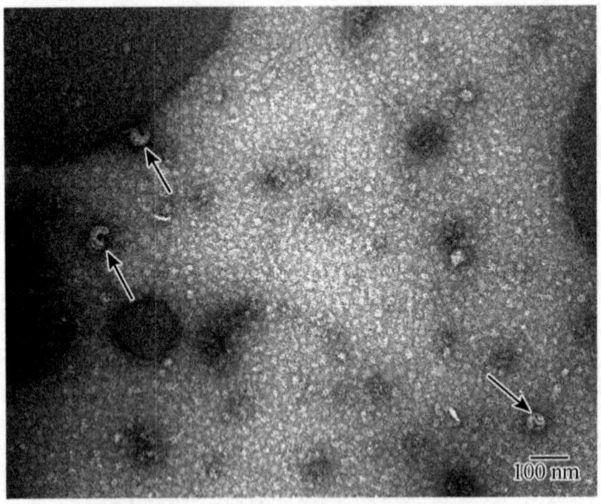

图 20-9　外泌体电镜图片（80 000×）

（一）外泌体的发现

20 世纪 80 年代初，外泌体被描述为网织红细胞成熟过程中形成的小泡，它介导了红细胞中转铁蛋白受体的选择性外化和移除。到了 90 年代，人们认识到许多种类的细胞，包括 B 细胞和 T 细胞、树突状细胞、肥大细胞、肠上皮细胞、神经元、肿瘤细胞和间充质干细胞（MSC）都能释放外泌体。同时也发现外泌体存在于生理液体中，如尿液、血浆、脑脊液、母乳和渗出物。外泌体最初被认为是细胞排出不需要蛋白的一种机制，是细胞的“垃圾桶”，直到 2007 年，才发现外泌体可以调节细胞之间的通信，促进抗原呈递等过程。2013 年，来自美国的科学家詹姆斯 · E. 罗斯曼（James E.Rothman）、兰迪 · W. 谢克曼（Randy W.Schekman）和德国科学家托马斯 · C. 聚德霍夫（Thomas C.Sudhof）因揭秘外泌体等细胞内囊泡的运输调控机制而获得诺贝尔生理学或医学奖。此后，外泌体的研究逐渐兴起，成为细胞学和生物医学领域的热点（表 20-3）。

表 20-3　外泌体的发现过程

年份	发现
1981	从各种正常和肿瘤细胞系中释放出来的含有 5′-核苷酸酶活性的微囊
1983	绵羊成熟网织红细胞可释放一种膜性小囊泡，用以清除红细胞中的转铁蛋白受体
1987	在绵羊红细胞上清液中发现直径为 30～100nm、密度在 1.10～1.20g/ml 的膜性小囊，命名为外泌体
1996	B 淋巴细胞分泌的外泌体能诱导抗原特异性 MHC Ⅱ类限制性 T 细胞反应，表明外泌体在体内的抗原提呈中起作用
1998	树突状细胞可以分泌外泌体，这种外泌体可以在小鼠体内诱导抗原依赖性 T 细胞介导的免疫反应
2007	细胞外小泡被证明能够向受体细胞递送功能性的 mRNA 和 miRNA
2013	细胞的囊泡（外泌体等）运输调控机制获“诺贝尔生理学或医学奖”

（二）外泌体的形成

活细胞可以分泌不同种类的胞外囊泡（extracellular vesicle）到细胞外环境中，参与细胞间信息交流与沟通。胞外囊泡根据大小及形成机制的不同，主要分为三种类型：微囊泡、凋亡小体和外泌体。微囊泡大小为 100～1000nm，是通过细胞直接出芽形成的；凋亡小体是在细胞凋亡过程中形成的细胞碎片，直径 1～5nm；外泌体则是通过细胞一系列复杂的内吞、加工、外排过程而形成 30～150nm 的小囊泡。

外泌体是由于细胞膜内吞形成早期内体，部分蛋白质进入早期内体后使其成熟为晚期内体，此后内体表面质膜结构发生多处凹陷，向内出芽形成许多腔内囊泡（intraluminal vesicles，ILVs），接着蛋白质、核酸等被分选进入 ILVs，此时的内体称为多囊体（multi-vesicle bodies，MVBs）。MVBs 是真核细胞重要的蛋白运输与分拣中心，并与信号转导、细胞质分裂、基因沉默、自噬、病毒出芽等过程密切相关。当 MVBs 与溶酶体融合后，其内的 ILVs 发生降解；而与质膜融合后，其内的 ILVs 再次凹陷以内出芽方式形成颗粒状小囊泡，并释放入细胞外环境，即外泌体。

（三）外泌体的分子组成

外泌体的组成取决于它们起源的细胞类型，因此很难获得组成外泌体蛋白质的完整清单。例如，来自抗原呈递细胞（antigen presenting cell）的外泌体含有主要组织相容性复合体（MHC）Ⅰ类和Ⅱ类蛋白；树突状细胞来源的外泌体中含有 CD86，这是一种关键的 T 细胞共刺激蛋白；T 细胞分泌的外泌体富含 T 细胞受体。外泌体还含有特定的胞质和膜蛋白，可作为外泌体的标志物。这些蛋白质包括整合素、脂筏标记蛋白、HSP、四次跨膜蛋白等。除了蛋白质外，外泌体中还含有大量的 miRNA、mRNA 和其他 ncRNA。这些分子不仅通过外泌体释放，还可以在细胞间转移，并调节受体细胞的基因表达。此外，外泌体还富含脂类，如含有饱和脂肪酰基和长链的磷酸甘油酯、鞘磷脂、神经酰胺和胆固醇（表 20-4）。

表 20-4　外泌体的分子组成

组成	代表分子	功能
蛋白质	主要组织相容性复合体Ⅰ、Ⅱ	抗原呈递
	整合素：$A_4\beta_1$、$\alpha_M\beta_2$、$\alpha_L\beta_2$、β_2	细胞增殖和迁移
	膜转运与融合蛋白：Annexins[a]、Flotillin[b]	膜运输和融合
	四次跨膜蛋白：CD9、CD63、CD81、CD82	细胞靶向
	Alix、TSG101	促进内体膜的凹陷，与 MVB 的生物发生有关
	热休克蛋白：HSC70、HSC90	促进抗原肽与主要组织相容性复合体Ⅰ、Ⅱ的结合
	骨架蛋白：Actin[c]、Tubulin[d]	参与外泌体的合成
	信号转导蛋白：G 蛋白、蛋白激酶	细胞信号转导
	免疫球蛋白：细胞间黏附分子 1/CD54、A33 抗原、p- 选择素	将外泌体“定位”到靶细胞
	蛋白水解酶	促进细胞转移

续表

组成	代表分子	功能
脂类	胆固醇、鞘磷脂、磷脂酰丝氨酸、磷脂酰肌醇	维持外泌体脂质双分子层的结构，促进膜的流动，保护外泌体内容物的完整性，作为信号分子，介导细胞间通信
核酸	DNA：mtDNA、dsDNA、ssDNA、Viral DNA RNA：mRNA、miRNA、Pre-miRNA、Y-RNA、circRNA、mtRNA、tRNA、tsRNA、snRNA、snoRNA、piRNA	传递遗传信息

注：a. 膜联蛋白；b. 脂筏标记蛋白；c. 肌动蛋白；d. 微管蛋白

（四）外泌体的分离与鉴定

1. 外泌体的分离方法

（1）超速离心法

1）差速超速离心法：是目前制备外泌体的经典方法，是根据外泌体的沉降系数差速离心将其分离出来。该方法主要包括 3 步：①在 4 ℃条件下依次以 300×*g*、2000×*g*、10 000×*g* 离心以去除细胞与细胞碎片；②增大离心力（10 000×*g*～20 000×*g*）去除大囊泡；③以 100 000×*g* 超高速离心 70 分钟获得样本中的外泌体。超速离心法具有操作简单、不被分离试剂污染、获得的外泌体数量较多的优点，因此最常用，也被认为是外泌体提取纯化的金标准。但差速离心法也存在一些缺点，如设备昂贵、运行时间长等。

2）密度梯度超速离心法：是在差速离心法的基础上，根据囊泡与其他生物分子密度和大小的差异，加入分离介质如蔗糖和碘克沙醇等，使其在溶液中停留在不同梯度层，从蛋白质聚集体和非膜性颗粒中分离外泌体。该方法获得的外泌体纯度较高，减少了离心力对外泌体的破坏，但该方法操作更加复杂，限制了其分离效率及在临床和诊断研究中的应用。

（2）聚乙二醇（PEG）沉淀法：聚乙二醇（PEG）是一种水溶性非离子化合物，通过竞争结合水分子，增加疏水性蛋白和脂质分子的相互结合力而沉淀外泌体。该法是去除细胞及碎片后，在样本中加入终浓度为 8% 的聚乙二醇 6000（PEG6000）混匀，4℃过夜，次日以 10 000×*g* 离心 1 小时即可获得外泌体。该方法操作简单，但会有难以去除的 PEG、脂蛋白、RNA 复合物的污染，且聚合沉淀物内的外泌体无法完全释放，导致分离的外泌体产量低、纯度差，并对后续外泌体生物活性研究产生影响。

（3）超滤法：是目前最常用的粒径分离法之一，采用不同大小和截留分子量（molecular weight cut-off，MWCO）的膜过滤器，使大于 MWCO 的颗粒留下，而小于 MWCO 的颗粒被丢弃，超滤法作为一种有效的浓缩方法经常与其他外泌体分离方法联合应用。目前超滤法分压力超滤和离心超滤两种，一般认为离心法较优。超滤法操作简单、快速，不需要昂贵的设备，只需低速离心，能大大减少超高速引起的外泌体破裂。但过滤膜的堵塞会使得外泌体的回收率大大降低，而离心力则会破坏外泌体膜结构的完整性。

（4）免疫磁珠法：通过包被有单克隆抗体的免疫磁珠识别外泌体表面特异性抗原而将其分离出来。其主要步骤包括：首先将待测样本与抗体包被的免疫磁珠混匀，室温孵育后将待分离样本缓缓加入到分离柱中；然后将分离柱移出磁性分离器，并用缓冲液冲洗外泌体。该法提取的外泌体纯度较高，但分离得到的外泌体活性受到一定影响，不利于后续功能学研究，而且免疫磁珠价格昂贵，不利于普及。

（5）色谱法：在色谱柱中，大分子物质不能进入凝胶孔，很快沿多孔凝胶间的缝隙被流动相洗脱出来；而小分子物质能进入凝胶孔被滞留，更慢地被洗脱出来。此法分离到的外泌体纯度较高，在电镜下大小均一，但是获取量少，所需特殊设备也限制了其广泛应用。

（6）试剂盒提取法：近年出现了各种用于分离纯化外泌体的商品化试剂盒，有的通过过滤器过滤掉杂质成分，有的采用空间排阻色谱法进行分离，也有的用沉淀法沉淀外泌体。这些商品化试剂盒产量高，易于适应不同的研究，又避免了昂贵的超速离心法，减少了对囊泡的损伤。但是，聚合物沉淀的同时也可能沉淀蛋白质、核酸和脂类，影响外泌体纯度。

基于近年的研究进展，2018 年的胞外囊泡研究指导要求（minimal information for studies of extracellular vesicle），建议将外泌体分离方法进行组合使用，以期比传统方法更加高效地获得外泌体。

2. 外泌体的鉴定方法　国际胞外囊泡学会于 2014 年发布了研究和定义胞外囊泡及其功能所需要的最少实验要求的指导性声明文件。文中指出：外泌体的鉴定必须从形态、蛋白分子标记、粒径大小等三个方面进行鉴定。

（1）电子显微镜和成像技术：高分辨率的电子显微镜成像是观察外泌体形貌最常用的选择。其中，透射电镜比扫描电镜使用频率高。外泌体在电镜下呈现为杯状的形态。条件培养基经过高速离心得到的外泌体直径在 30～150nm。

（2）纳米粒子追踪分析（nanoparticle tracking analysis）：在检测囊泡粒径分布的同时也能检测外泌体颗粒浓度，通过记录在布朗运动下激光照射的单个粒子运动，然后用统计学的方法计算颗粒直径。其优点是不破坏外泌体的结构、检测速度快且样本制备简单，缺点是无法区分蛋白颗粒和囊泡，检测到的浓度偏高。

（3）流式细胞术和蛋白质免疫印迹：流式细胞术用于表征外泌体表面标志蛋白、囊泡大小和数量分布等，也可通过荧光标记示踪外泌体。特异性蛋白染料荧光标记后，不需要离心除去未结合的染料，直接通过流式检测结合荧光标记的囊泡。外泌体携带有许多不同的蛋白标记，如 HSP70 和 CD81、CD9、CD63、TSG101、ALIX 等，因此可以使用 Western blot 检测外泌体含有的蛋白标记。

（五）外泌体的生物学功能

外泌体可由多种细胞释放，如巨噬细胞、内皮细胞、成纤维细胞、血小板和平滑肌细胞，并广泛存在于血液、乳汁、尿液、脑脊液等体液中。因此，外泌体的生物学功能和异质性取决于外泌体的细胞、组织来源及状态。近年来的研究表明，外泌体在血管生成、抗原呈递、细胞内稳态、炎症和细胞间信号转导等多种生物学过程中发挥重要作用。这些作用是由于它们将包含的内容物如 RNA、蛋白质、脂质等传递至受体细胞，从而影响机体的生理和病理过程。

1. 外泌体的免疫调节功能　不同细胞来源的外泌体，包括免疫细胞（B 细胞和树突状细胞）、癌细胞、上皮细胞和间充质细胞，与内容物一起释放，可以影响固有免疫系统和获得性免疫系统中受体细胞的增殖和活性。外泌体在免疫调节中是通过抗原肽的转移和递送、DNA 诱导的 cGAS-STING 通路在受体细胞中的传递、外泌体 miRNA 对基因表达的调控以及外泌体表面配体诱导不同的信号通路来发挥作用的。如来自抗原呈递细胞外泌体携带 p-MHC-Ⅱ和共刺激信号，并直接将多肽抗原呈递给特定的 T 细胞以诱导其激活。外泌体还可以通过介导促炎症反应促进免疫反应。肿瘤细胞分泌的外泌体也可以抑制免疫反应。

2. 外泌体调控血管新生功能　血管新生是指从现有血管形成新血管的过程。外泌体可以通过 miRNA 调控内皮细胞功能和血管生成，如外泌体富集的 miRNA-125a 可以靶向基因 3′ 非翻译区域阻碍抑制剂 delta-like 4（DLL4）表达，促进血管生成；在肿瘤细胞外泌体中，其表皮生长因子受体和 miRNA-150 等生物分子可以诱导血管内皮生长因子（vascular endothelial growth factor）和其受体表达，促进血管生成和肿瘤生长。血管生成与多种生理过程有关，包括内皮细胞和血管平滑肌细胞的增殖、迁移和成管。它们参与了干细胞生成血管内皮分化、新生血管、增强血流恢复和毛细血管网的形成。外泌体的促血管生成作用提示外泌体可能是治疗缺血性疾病的一种新的治疗方法。

3. 外泌体参与细胞间通信　外泌体可作为细胞之间物质交换和信号通信的途径，不同的细胞通过分泌携带不同组分的外泌体实现细胞间通信，这些外泌体被受体细胞吸收，通过物质交换或释放内含物实现物质和信号的交流。例如，*KRAS* 基因突变表达诱导的致癌信号通过大胞饮作用促进人胰腺癌细胞外泌体摄取。小鼠体内研究表明一些外泌体还可以直接输送 mRNA 给受体细胞，尤其是受到急性或慢性感染刺激时。

（六）外泌体的应用

外泌体具有与靶细胞高效结合的特性，作为新型疫苗与靶向药物载体的潜力极大；它携带的丰富生物信息物质可以使其发挥改善细胞微环境，参与到机体免疫、组织修复、器官发生与维系等功能中；检测外泌体蛋白以及核酸成分可用于诊断肿瘤，同时将其研究应用到实际生产中获得更多经济效益。如使用 B 细胞外泌体进行免疫治疗、利用外泌体的抗病毒性作用防控疾病、利用输卵管外泌体提高胚胎移植成功率等。

1. 外泌体作为疾病诊断的分子标志物 外泌体存在于所有生物体液中，并由所有细胞分泌，这使得它们可作为微创液体活组织检查的目标物，并有可能纵向采样以跟踪疾病进展。外泌体生物在发生过程中能够捕获复杂的细胞外和细胞内分子，可用于全面的多参数诊断测试。外泌体上的表面蛋白也有助于它们的免疫捕获和浓缩。作为外泌体诊断应用的重点疾病主要有 CVD、中枢神经系统疾病和癌症。目前正在迅速扩展到涉及肝脏、肾脏和肺脏的其他疾病。一些研究表明，在外泌体中可以发现少量的 DNA，这种 DNA 在检测血清外泌体与癌症相关的突变方面有价值。外泌体中特定的 miRNA 可在检测癌症方面提供诊断或预后价值。

2. 外泌体的治疗潜力 外泌体本身可作为输送药物的纳米载体，在疾病治疗方面有很大的潜力。外泌体是胞外囊泡的一个子集，与其他药物纳米载体相比，它具有许多优点，包括能够装载不同的物质并跨越不可渗透的生物屏障，通过内吞或膜融合促进这些物质的细胞内化；半衰期和循环时间长；低免疫原性和小尺寸。这些作为纳米载体的外泌体可以运送许多物质，如蛋白质、小分子核酸，如 DNA、siRNA、miRNA 和 mRNA。

3. 外泌体在环境毒理学中的应用 在环境污染物的毒性和机制研究中，外泌体及其内含物被作为生物标志物或用于阐释致病机制的分子。环境污染物如重金属、$PM_{2.5}$ 和有机溶剂等可导致神经系统、心肺功能失调等相关疾病，外泌体及其内含物可能参与这些疾病进程，对其进行深入研究可为进一步揭示环境毒理机制提供依据。有研究表明，$PM_{2.5}$ 暴露引起外泌体来源的 miR-29b-2-5p、miR-193b-5p 和 miR-320c 明显下调，而 miR-100-5p、miR-125b-5p 表达上调；Mn 可以通过多巴胺能神经元细胞的外泌体释放调节细胞外 miRNA 的含量，从而导致进行性神经退行性变。细胞外 miRNA 及其靶标的进一步表征将对包括 PD 在内的环境相关神经退行性疾病的生物标志物发现和转化策略产生重大影响。因此，外泌体及其内含 miRNA 或蛋白质可作为外来化学物或药物导致相关疾病的毒理标志物。

二、RNA m6A 甲基化

（一）简介

N6 甲基腺苷修饰是指 RNA 中腺苷的第 6 位单原子处发生的甲基化修饰，在已发现的 RNA 修饰中，m6A 修饰被认为是真核生物 mRNA 和 ncRNA（rRNA、tRNA、miRNA、circRNA、lncRNA）中最常见的修饰类型。这种转录后修饰广泛存在于真核生物中，如植物、昆虫、真菌及哺乳动物。研究显示，哺乳动物每条 mRNA 上含有 3～5 个 m6A 修饰，但其分布不是随机的，高通量测序发现 m6A 修饰位点主要集中在终止密码子附近和长外显子上，这些位点存在于共有序列 RRACH（R=G，A；H=A，C，U）内。m6A 修饰参与调控 mRNA 的翻译、剪切、转运、降解。m6A 修饰通过甲基转移酶（写入器）和去甲基转移酶（擦除器）共同可逆调节甲基化过程，且可被 m6A 结合蛋白（阅读器）选择性识别结合，从而参与多种细胞过程。m6A 甲基转移酶（写入器）包括 METTL3（methyltransferase-like 3）、METTL14（methyltransferase-like14）和 WTAP（Wilms tumor 1associated protein，肾母细胞瘤 / 相关蛋白）等，它们和其他蛋白形成多组分甲基转移酶复合（MTC），催化 RNA 上的甲基化。RNA 结合蛋白（阅读器）的 YTH 结构域家族（YTHDF1-3、YTHDC1、YTHDC2）、胰岛素样生长因子 2mRNA 结合蛋白 1～3（IGF2BP1～3）、异质核糖核蛋白（hnRNPC、hnRNPA2B1）等蛋白均可识别 RNA 上的甲基化。m6A 去甲基转移酶（擦除器）FTO（fat mass and obesity-associated protein/ALKB homolog 9，ALKBH9）、ALKBH5 等可以去除甲基化修饰。研究显示当暴露于环境毒物时，m6A 甲基化水平和 m6A 相关调节蛋白的表达会以时间和剂量依赖性的方式发生改变，在各种环境毒物诱导的急性病变及慢性病变中发挥关键作用。在此，将基于现有的研究报道，探讨 m6A 调节器在环境毒物暴露后的作用和分子机制，进一步揭示机体内 m6A 甲基化水平与环境毒物之间的关系，为环境因素致病机制研究提供基础。

（二）m6A 的“写入”调节器在毒理学中的潜在作用

甲基化酶（又称“写入器”）主要包括 METTL3、METTL14、WTAP，形成复合物与 mRNA 结合，当复合物识别特异保守序列时，转录的同时发生 m6A 甲基化。METTL3 和 METTL14 异源二聚体形成一个“口袋”，可供 RNA 和甲硫氨（SAM）聚集。SAM 经 11 个残基通过氢键定位稳定后，METTL3 催化甲基形成，METTL14 作为主要的 RNA 支架，与主要由精氨酸残基组成的 METTL3 形成正电荷槽。METTL14 的 Arg245、Arg255、Arg298 或 Lys297 残基突变导致甲基转移酶活性显著受损，METTL3 残基 Asp377 或 Lys297 突变也可导致甲基转移酶活性显著受损。Asp395 导致 SAM 的结合活性无法检测到。此外，敲除 METTL14 可显著降低细胞内 RNA 甲基化水平，而重新导入 METTL14 能充分恢复细胞内的 RNA 甲基化水平，因此 METTL14 与 RNA 结合相互作用是 METTL3 发挥催化作用所必需的。WTAP 可招募底物，并将 METTL3 和 METTL14 定位到核内，若敲除 WTAP 后，该过程伴随着 m6A 甲基化可被终止。多项研究显示 METTL3、METTL14、WTAP 蛋白的单独变化足以改变甲基转移酶活性。

m6A 的转录组水平和分布可以根据细胞的环境和需要而改变。有研究发现，暴露于如亚砷酸盐、$PM_{2.5}$、BPA 和农利灵等，会以剂量依赖性的方式降低 A549 腺癌细胞系中 m6A 的整体甲基化水平，进一步发现人肺腺癌和鳞状细胞癌组织 METTL3 蛋白水平下降，而其他 m6A 相关蛋白没有显著变化。但也有例外，如 m6A 去甲基化酶 ALKBH5 和 FTO 在 $PM_{2.5}$ 高暴露人群中显著上调，提示 m6A 甲基化水平下降与去甲基酶升高有关；斑马鱼暴露于三氯生后，整体 m6A 甲基化水平下降，可能由于 FTO 的改变导致，而不是 METTL3 的改变。尽管有这些例外，在特定的模型系统（包括人类细胞系）中，m6A 甲基化酶水平仍然可以作为整体 m6A 甲基化的初步指标。

有学者指出 m6A 甲基化酶在机体应对环境应激源产生的炎症或氧化应激时具有保护作用。LPS 作为炎症和氧化应激的有效诱导因子，研究显示 LPS 处理 MC3T3-E1 前成骨细胞可降低 METTL3 水平，提示在特定的细胞环境中，METTL3 具有炎症保护作用。另外研究显示，METTL3 过表达通过干扰巨噬细胞中 NF-κB 的磷酸化和核转位，从而抑制 LPS 诱导的巨噬细胞炎症反应，进而阻止促炎细胞因子 IL-6 和 TNF-α 的上调。另有研究显示，环境污染物铬可诱导精原干细胞的线粒体动态失衡和线粒体自噬，损害小鼠睾丸雄性生殖系统，褪黑激素作为体内最强的内源性 ROS 自由基清除剂和抗氧化系统的诱导剂，其预处理可通过恢复 METTL3 介导的 RNA m6A 修饰，激活线粒体融合蛋白 MFN2 和 OPA1，抑制线粒体自噬，对生殖系统起到保护作用，以上研究均提示 METTL3 可能在细胞应对氧化应激或炎症反应中起保护作用。也有研究显示，毒物暴露可呈“兴奋效应”，氧化应激在兴奋效应中发挥重要作用，低水平亚砷酸盐处理的人类 HaCaT 细胞上调 m6A 修饰及其甲基转移和 FTO 的活性，对氧化应激产生“保护性反应”，促进 HaCaT 细胞的生存。相反，高剂量亚砷酸盐可下调 m6A 水平，增强氧化应激，对 HaCaT 细胞的活力表现出“抑制作用”，提示毒物对机体的影响机制复杂，需更深入研究。

另外，m6A 参与环境毒物致癌过程，研究显示人支气管上皮细胞暴露于香烟提取物后，METTL3 介导的 ZBTB4m6A 甲基化改变参与香烟提取物诱导的上皮细胞间质化，导致细胞恶性转化。

（三）m6A 的"擦除器"在毒理学中的潜在作用

放射性标记实验初步观察到 m6A mRNA 是一类可快速降解的 RNA，而不是去甲基化酶的靶点。去甲基转移酶主要包括 FTO 和 ALKBH5，属于 ALKB 家族 Fe^{2+} 和酮戊二酸盐依赖的双加氧酶。在 FTO 中，稳定 α-酮戊二酸结合所需的 Arg316 突变会导致 80% 的 m6A 去甲基化缺失，α-酮戊二酸结合位点 Arg316 和 Arg322 或 Fe^{2+} 结合位点 His231 和 Asp233 的双重突变会导致 100% 的去甲基化损失。对于 ALKBH5 而言，突变其中一个 Fe^{2+} 结合位点 His204 或 His266，m6A 去甲基化活性分别损失 100% 或 80%。FTO 和 ALKBH5 的酶活性依赖于 Fe^{2+} 和 α-酮戊二酸的水平，并参与能量稳态、DNA 修复、多巴胺能信号转导等细胞过程，这使得它们成为可能的毒理学靶点。

FTO 在大脑中高表达，尤其是下丘脑部位。体内研究发现，砷可引起机体内 m6A 甲基化修饰改变，下调 FTO 表达，影响多巴胺能神经传递，导致小鼠出现焦虑、学习和记忆能力损伤。体外研究进一步发现过表达 FTO 可防止砷暴露诱导的酪氨酸羟化酶减少，调节该损伤。在人神经胶质瘤细胞 H4 暴露于氯化钴后，诱导细胞内氧化应激升高，FTO 表达水平降低进而引起自噬相关基因 m6A 修饰改变，导致凋亡激活，造成细胞损伤。另外，FTO 作为去甲基化酶，参与环境毒物致肿瘤的发生过程。研究显示在角质形成细胞中，慢性低剂量砷暴露可通过破坏选择性自噬促进 FTO 的稳定性，FTO 降低 m6A 修饰，并降低其下游功能靶点 NEDD4L（抑制肿瘤发生）mRNA 稳定性，导致肿瘤的发生。

大多数组织中，ALKBH5 的表达量较 FTO 多，在睾丸组织中其表达量最高，而 ALKBH5-缺陷小鼠的睾丸较小，伴有精子生成缺陷和细胞凋亡，提示 ALKBH5 所介导的 m6A 修饰在小鼠精子发育过程中具有重要作用。如前所述，ALKBH5 和 FTO 都需要 Fe^{2+} 作为催化作用的辅助因子，同样需要分子氧，砷、重金属、杀虫剂暴露均可产生氧化应激，提示 ALKBH5 和 FTO 可参与其毒性反应过程。研究发现将人支气管上皮细胞 BEAS-2B 暴露于 2μmol/L 镉 20 周，细胞内去甲基化酶 ALKBH5 水平显著上调，PTEN（肿瘤抑制因子）mRNA 中的 m6A 甲基化水平显著降低，导致镉诱导的细胞增殖、迁移、侵袭等属性增强；抑制 ALKBH5 后，可减弱镉诱导细胞的这些属性，提示 m6A 甲基化在环境毒物致癌过程中发挥重要作用。

（四）m6A 的"阅读"调节器在毒理学中的潜在作用

阅读蛋白包括 YTH（YT521-B homology）结构域蛋白家族、核内不均一核糖核蛋白超家族（hnRNP）、胰岛素样生长因子 2mRNA 结合蛋白（insulin-like growth factor 2 Mrna-binding protein）、真核生物翻译起始因子 3（eukaryotic translation initiation factor 3）等。这些蛋白功能丰富多样，通过识别不同的 m6A 修饰位点调控 RNA 的剪切、翻译、转运、降解等过程。YTHDF1-3 主要在胞质中。通过对 YTHDF2 的功能研究发现，其主要是促进 m6A mRNA 降解，具体机制为 YTHDF2 通过识别多甲基化 m6A mRNA，并募集 CCR4-NOT 脱腺苷酶诱导其脱腺苷化，或者募集 HRSP12，进而介导 RNA 内切核酸酶 RNase P/MRP 复合物切割 mRNA。相反地，YTHDF1 可通过与翻译起始因子 eiF3A/B 和核糖体作用，增强 m6A mRNA 的翻译。YTHDF3 通过与 YTHDF1 结合，增强 m6A mRNA 的翻译。YTHDC1 定位于细胞核，通过募集剪接因子 SRSF3 和抑制 SRSF10 与 mRNA 结合来调节核 mRNA 的选择性剪接。YTHDC2 可以选择性地与 m6A 残基结合，降低 mRNA 的 m6A 丰度，提高其翻译效率。阅读蛋白对 mRNA 的翻译有双重作用，这表明其可特异性地识别 m6A 修饰的 RNA 位点，但其在翻译中的作用需进一步研究。DEHP，作为一种常见的 EDC，可导致男性生殖功能紊乱。可能机制为 DEHP 暴露导致整体 RNA 甲基化水平增强，去甲基化酶 FTO 下降和 RNA 阅读蛋白 YTHDC2 升高，抑制抗氧化应激相关基因 *Nrf2* 等的表达，导致睾丸组织内氧化应激增强，造成组织损伤。

另外，妊娠期暴露于环境污染物，不仅对母体造成毒性损害，而且对其子代会造成一定程度的发育毒性，甚至可持续到成年，其可能机制与表观遗传学改变 m6A 修饰有关。研究显示母体暴露于工程纳米材料对子代长期心血管健康有不良影响，该影响可持续到成年。Amina 等将野生型

（WT）母代和 mPHGPx 过表达（TG）母代自受孕起连续暴露于纳米材料 TiO_2 气溶胶，并对母代、成年和胎儿子代分别进行超声心电图监测，发现 WT 组子代心室整体纵向收缩期峰值应变（GLS）下降 32%，而 TG 组的子代正常，造成这种慢性损伤的主要机制是线粒体磷脂氢过氧化物谷胱甘肽过氧化物酶（mPHGPx）的 m6A 高甲基化，导致其抗氧化能力消失，进一步引起线粒体和心脏缺陷。暴露于炭黑纳米颗粒（CBNPs）会对神经系统造成不良影响，母体接触 CBNPs 后，母体行为发生了显著变化，并影响其后代的发育，导致门牙萌出、睾丸下降、阴道开口延迟及体重下降。而这种影响与大脑中 m6A 修饰水平下降有关，其甲基化酶和去甲基化酶也有同样趋势。BaP，作为广泛存在的 PAHs 污染物，对海洋动物及其子代都具有毒害效应，Yin 等研究发现 BaP 诱导的亲本毒性可遗传至 F1 代，其机制可能是特征性的昼夜节律基因 *per1* 甲基化和 m6A 水平异常所致，提示亲代接触 BaP 对后代的毒性作用可能是通过引起表观遗传修饰所致。

总之，m6A 修饰是迅速发展的新兴研究领域，尽管其在调控机制和肿瘤方面已有进展，但其在针对环境污染物暴露的毒理学领域研究较少，且不同污染物的毒性机制也不尽相同，需要研究者进一步研究其在暴露时确切的变化和作用机制，以期能成为污染物毒性效应的生物标志物或干预靶点。

展　望

表观遗传修饰具有动态变化潜力，既可以随时间或年龄增长发生变化，又可以被不同的内外环境所改变，还可以反映不同的健康和疾病状态。作为连接环境暴露与健康效应的重要生物学机制，目前研究已经发现，在机体的各个生长发育和生理阶段，表观遗传修饰在环境危险因素引起的相关疾病发生发展中扮演了重要角色。提示其有助于阐明环境相关性疾病形成的复杂生物学机制，也可作为特异性生物标志物用于相关疾病的二级预防，包括疾病筛查和早期诊断等，并可在如癌症治疗等部分领域作为干预和药物靶点，用于三级预防，具有良好的应用前景。

作为交叉学科，环境表观遗传学的发展与表观遗传学和环境健康学的发展密不可分，随着分子和环境污染物检测方法的升级进步，新型表观遗传修饰和新型环境污染物的发现将扩大本门学科的研究和适用范围。同时，虽然目前已有大量与环境健康相关的多组学研究尝试，但如何结合表观遗传组学和其他多组学数据进行有效的健康效应分析和环境健康风险评价，仍然是目前研究中的热点和难点。此外，环境危险因素变化也与气候变化等全球环境的改变密切相关。考虑到表观遗传学改变或可反映人体在极端气候变化下的适应能力，环境表观遗传学将在气候变化与健康领域可能拥有更广阔的作用空间，或许可以用于表征环境暴露与气候变化对人体健康的协同影响。

思　考　题

1. 什么是环境表观遗传学？其核心特点是什么？
2. 表观遗传学与遗传学的异同是什么？如何根据两者的特点开展研究工作？
3. RNA m6A 甲基化在调控基因表达过程中起什么作用？
4. 你认为气候变化与环境表观遗传学应如何有机结合，以便于开展相关健康研究工作？

（高　旭　张志红）

第二十一章　环境与代谢

环境健康研究的目的之一是综合利用暴露科学、环境流行病学、环境毒理学等学科的方法和技术揭示环境因素与健康结局的因果关联，包括环境危险因素（如化学污染物）从人体暴露到所致健康表型的发生和发展所涉及的一系列复杂过程和机制，从而服务于健康风险评估和疾病干预。代谢是指生物体中发生的以维持生命为目的的一系列化学反应过程。代谢机制虽然是细胞生物信息传递的中心法则之外的下游过程，却是多层分子双向调控的重要组成。因此，代谢不仅是健康结局的表型，也在一定程度上反映了机体对环境危险因素的响应和调节机制。环境与代谢组研究已成为环境流行病学和环境毒理学研究的重要内容。

本章首先介绍了人体对暴露环境危险因素（尤其是化学污染物）的一般性响应机制，包括对外源性化合物的识别、代谢和清除，污染物被机体代谢的一般过程和关键酶，污染暴露诱导的潜在分子启动事件和基于这些事件可能启动的毒性作用，污染物暴露的相关代谢干扰和重要网络调节等。随后介绍了代谢组学研究环境与代谢的方法，包括常用的分析测量平台和技术，代谢组学研究的关键流程、主要步骤和重要方法。最终，基于暴露到不良健康结局的分子通路理念，介绍了环境与代谢研究的“相遇在代谢物的分析”（meet-in-metabolite analysis，MIMA）模型和典型案例。

第一节　人体通过代谢响应环境污染暴露的一般性机制

一、环境化学污染物在人体内的代谢过程

生物体代谢的主要目的包括：①能量转化，即将食物中的能量转化为可用于驱动细胞生理和生化过程的能量；②物质转化，即将食物转化为构筑细胞和生命体的小分子构件，参与合成蛋白质、脂质、核酸和部分碳水化合物等生物分子；③生理生化过程所产生的代谢废弃物的清除。因此，代谢是维持生物体生长和繁殖、组织结构稳态、响应环境刺激的基础过程。生物体内的绝大多数代谢过程是酶催化的化学反应，也存在少量的自发性过程。相应地，代谢过程可分为分解代谢和合成代谢。前者是指机体将来自环境的或细胞自己储存的有机分子通过反应降解为较小的简单分子的过程。例如，糖类、脂肪酸和氨基酸等分解为 CO_2、乳酸或乙醇等；后者是指机体细胞利用代谢中间体或构件分子合成核苷酸、脂质和氨基酸的过程。分解代谢提供了所有其他代谢反应所需的能量，包括内源性废物和外源性物质的清除代谢过程。

环境对代谢的影响是相互的，既包括环境危险因素对机体代谢的干扰，也包括机体通过代谢调节对外环境的适应。人体内的小分子化合物估计有 40 153～114 100 种，大致包括内源性代谢物、食物分解产物、共生微生物代谢产物、药物及其代谢残留和环境污染物及其代谢残留等；这些小分子化合物可通过与生物大分子相互作用影响健康。本节将讨论人体通过代谢响应环境刺激因素的一般性机制，重点包括人体通过代谢清除环境污染物的过程和该过程扰动人体内源性代谢稳态的分子机制。

知识拓展

环境因素产生正常表型的演化发育生物学（evolutionary developmental biology）理念对理解环境污染产生非正常表型的健康观念至关重要。演化发育生物学是研究发育随时间推移而发生的变化（演化事件）与细胞的基因表达和位置随时间推移而发生的变化（发育事件）的关联的新学科，也是发育生物学的重要分支。胚胎发育所需要的一切不都存在于受精卵内；最新研究进一步证实，外源性化合物可以通过改变体细胞的微环境逆转其分化命运。

（一）机体响应化学污染物的主要策略

与天然化合物相比，人工合成的环境化学污染物对生物体而言属于外源性化合物，这些物质的吸收（absorption）、分布（distribution）、代谢（metabolism）和排泄（excretion）等过程，即ADME过程与毒效应相关联（图21-1）。人体自身的代谢和肠道微生物代谢均参与了外源性化合物的动力学转化过程。这些化合物的分子结构（化学键和取代基的类型、数量和位置等）也会影响其在体内的代谢过程。合成化学品中的一些分子结构特征，如某些抗生素中的卤素取代基或硝基、全氟化合物中的超稳定碳-氟键等，均可能抑制或阻断细胞中酶催化的代谢过程。

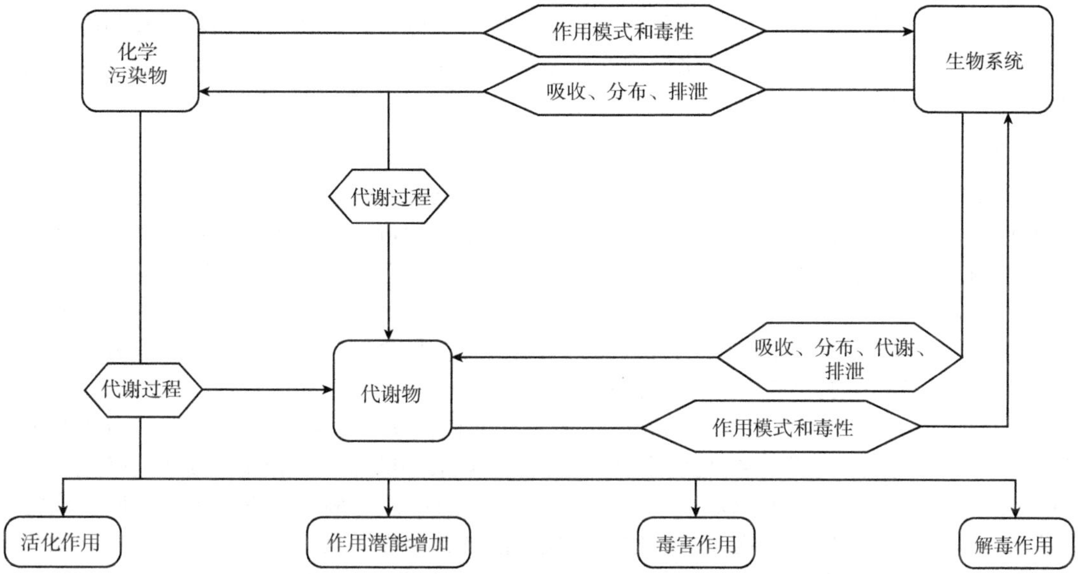

图21-1　代谢过程对化学污染物的毒代动力学和毒效动力学的影响

外源性化合物的代谢过程是一种古老的、进化同源性的和非物种特异性的生物转化形式。这些转化反应通常具有解毒作用，但是在某些情况下，外源性化合物的代谢中间体可能具有毒性作用。

机体所暴露的确切化合物在很大程度上是不可预测的，并且暴露可能随时间而动态变化，因此机体的毒性应激和解毒系统面临的主要挑战是：必须能够从纷繁复杂的参与正常代谢的化学混合物中识别并去除所有可疑的毒性物质。生物体主要利用了自身的物理屏障和低特异性蛋白质酶系统应对这一挑战。物理屏障是指生物体的细胞膜作为疏水的渗透性屏障，可控制外部物质对其内部环境的渗透。亲水的极性化合物难以穿透细胞膜，需要借助对底物有特异选择性的运输蛋白来完成。细胞膜的选择性摄取意味着只有被特定转运蛋白识别的分子才能进入细胞内部。疏水性化合物能通过扩散穿过细胞膜屏障，但该扩散过程无法得到精准控制，因此生物体进化出了低特异性的酶系统来代谢疏水性小分子。该酶系统通过广泛的底物选择性来应对各种各样的外源性化合物，从而代谢几乎任何类型的疏水性小分子。该系统一般通过修饰（Ⅰ相反应）、结合（Ⅱ相反应）和排泄三个阶段反应的协同作用，将疏水性化合物转化为结合特定极性基团的物质，被识别并作为“废物”排出到细胞外环境。

（二）机体的主要代谢通路和外源污染物的代谢

脑、肝脏、脂肪组织、肌肉和肾脏是人体的五个主要代谢器官。活跃在这些器官中的最重要的内源性代谢通路包括：①代谢和转化营养物质并产生能量的糖酵解、三羧酸循环、氧化磷酸化、脂肪酸氧化通路；②在体内糖来源不足时，为维持正常血糖浓度而将氨基酸、乳酸、甘油等转化成糖的糖异生通路；③为核酸合成提供磷酸核糖和为多种合成代谢反应提供还原型辅酶Ⅱ或NADPH的戊糖磷酸通路；④把进入肝脏的氨分子（NH_3）转变为尿素并随尿液排出体外的尿循环。

其他的重要代谢通路还包括谷氨酸代谢、脂肪酸合成和一碳途径等。细胞线粒体中的柠檬酸循环处于全局性代谢网络的核心，其他代谢通路基于对柠檬酸循环代谢中间体的回补和消耗（利用），使得所有代谢途径共同构成具有复杂关系的网络相互调节。

代谢和转化外源小分子的器官主要包括肝脏、肺、肾脏、肠道、皮肤和性腺。催化代谢反应的酶，主要存在于肝脏的肝实质细胞、肾脏的近端小管细胞、肺的无纤毛分泌细胞和二型肺泡细胞、肠黏膜的内衬细胞、皮肤的上皮细胞、睾丸的精小管和支持细胞。肝脏是这些器官中最主要的代谢器官，承担了机体中绝大部分的代谢功能。其他器官则在不同程度上转导或屏障了机体与周围环境（包括体内微环境）的物质交换，因此，需要借助代谢功能将外源性化合物清除。肠道中发挥代谢作用的主要是上皮细胞和肠道菌群，其中菌群对小分子化合物的代谢转化和胆汁排出是肝肠循环过程的重要组成部分。外源化合物的代谢产物主要通过肾脏以尿液形式或经由肠道随粪便排出体外，小部分则经由汗腺和其他腺体被代谢清除。

（三）外源性污染物的代谢过程和关键酶

毒代动力学（toxicokinetics）和毒效动力学（toxicodynamics）是毒理学的分支研究。前者定量研究化学物在生物体内吸收、分布、代谢、排泄的过程和特点，后者研究毒物进入机体后与靶部位的定量作用，包括机体在系统、器官、组织、细胞、分子水平所发生的生理功能、生化反应、病理变化等反应过程的“剂量-效应”与“结构-效应”关系等重要内容。了解污染物在机体内的ADME过程，将为进一步的靶器官的毒效动力学研究提供依据。环境污染物代谢过程主要涉及Ⅰ相反应、Ⅱ相反应和所加合的内源分子基团。

第一反应阶段（Ⅰ相反应）：单加氧酶（又名肝微粒体酶）主要存在于肝细胞内质网中，可催化数百种药物的氧化过程。细胞色素P450或血红素依赖的单加氧酶和黄素单氧化酶（flavin-containing monooxygenases，FMOs）系统是主要的Ⅰ相反应催化酶，负责在第一反应阶段将反应性或极性基团引入疏水性污染物，并创建Ⅱ相反应的结合位点。具体而言，这些酶复合物将氧原子插入到非活性的碳氢化合物中，在底物分子上引入羟基或催化N-、O-和S-位点的脱烷基化。例如，在P450酶系统中，底物首先与氧化型细胞色素P450 Fe^{3+} 结合，其结合位点紧邻血红素-铁复合物；然后电子通过NADPH还原酶从NADPH转移到P450 Fe^{3+} 底物，将血红素-铁从三价态还原为亚铁态（形成P450 Fe^{2+} 底物），同时一个氧原子被插入底物中，另一个氧原子形成 H_2O。基本反应方程如下：

$$NADPH+O_2+H^++RH \rightarrow NADP^++H_2O+ROH$$

细胞色素P450介导的外源性化合物代谢大致包括以下类型。①碳羟基化：在甲基、亚甲基或次甲基的位置插入氧原子形成含醇羟基的碳羟基化合物。②杂原子释放：由于与杂原子相邻的碳原子羟基化，产生一个偕羟基杂原子（geminal hydroxy heteroatom）取代的中间体，如伯醇胺、卤代醇、半缩醛、半酮缩醇或半酮缩硫醇等；然后，不稳定的中间体释放杂原子并最终形成羰基化合物。③杂原子加氧：将含杂原子的底物转化为其相应的杂原子氧化物，如*N*-氧化物、亚砜或膦氧化物。虽然分子机制还存在争议，烯烃和芳香环化合物碳-碳双键的代谢涉及多个反应过渡态和产物。④环氧化：碳-碳双键打开形成环氧乙烷（氧杂环丙烷）衍生物。⑤氧化基团转移：一种在双键的C1位置插入氧原子形成羰基，同时发生官能团在1, 2-碳位移的反应。⑥血红素失活：烯烃氧化过程中可能存在碳阳离子中间体并伴随了血红素结构破坏。FMOs（FMO1～FMO5）是胺氧化酶，也是硫和磷氧化酶。与细胞色素P450一样，FMOs催化的代谢过程需要NADPH和氧气；与细胞色素P450不同，FMOs仅催化氧化反应，电子直接从NADPH转移，而不是通过NADPH还原酶转移，且比细胞色素P450具有更高的底物选择性。除细胞色素P450和FMOs外，Ⅰ相反应酶还包括环氧化物水解酶、乙醇脱氢酶、乙醛脱氢酶、前列腺素合成酶、胺氧化酶和一些不太常见的酶。

第二反应阶段（Ⅱ相反应）：在转移酶作用下，包括被羟基化的化合物在内的许多Ⅰ相反应产物与内源的极性分子发生加合反应。内源性分子主要包括GSH、硫酸盐、甘氨酸、葡萄糖醛酸等。转移酶有广泛的非特异性，可以代谢几乎任何含有亲核或亲电基团的疏水小分子。最重要的转移酶是GST。GST是一类含量丰富的二聚体蛋白酶家族，能够将GSH偶联到含有亲电中心的化合物。葡糖苷酸基转移酶（glucuronyl transferase）和磺基转移酶（sulfotransferase）也是主要的污染物Ⅱ相代谢酶，其他次要的还有涉及甲基、乙酰基、半胱氨酸、牛磺酸等基团转移的酶。通过将较大体积的阴离子基团结合到活化的外源分子，可降低这些分子的反应性，同时生成亲水性代谢物。这些亲水分子不能通过扩散穿过细胞膜，因此需要通过主动运输过程排出细胞。

第三反应阶段：结合了内源性结构的外源化合物可通过进一步反应，然后被外排转运蛋白识别并泵出细胞。典型的例子是GSH结合物进一步反应生成乙酰半胱氨酸（巯基酸）结合物的过程。在这个过程中，GSH分子中的γ-谷氨酸和甘氨酸残基分别被γ-谷氨酰转肽酶和二肽酶切除，GSH结合物中的胱氨酸残基被乙酰化。结合物及其代谢物分子结构中的阴离子基团可作为多药抗性蛋白家族（膜转运蛋白）的识别与亲和标签。多药抗性蛋白是ATP结合盒转运蛋白家族的成员，可以催化含不同疏水结构的阴离子并被ATP依赖性转运，因此第三阶段的作用是将第二阶段代谢产物排出到细胞外基质中，或进一步代谢后排出细胞外。

上述系统无法实现机体内所有有毒化合物的去除，如对正常代谢过程中产生的反应副产物的解毒。这些代谢副产物来自正常的细胞代谢活动，并且通常具有极性特征。通常这类化合物的数量很少，特定的酶可以识别并清除它们。例如，为清除具有反应性的醛基，乙二醛酶可将甲基乙二醛转化成乳酸。

（四）环境化学污染物暴露诱导的分子启动事件

认知污染物暴露诱导的分子事件，尤其是产生毒害效应的起始事件，是污染物健康风险评估的关键，这些事件包括污染物对受体的激活或抑制。化学污染物与细胞膜表面的蛋白结合，作为受体激动剂激活受体、抑制膜蛋白酶活性或对蛋白质进行修饰都可能成为其暴露的分子启动事件。正常状态时，结合在细胞外部的配体是水溶性配体，具有较高极性或带电荷，不能轻易穿过质膜，因此只能结合到细胞表面受体的细胞外区域并停留在细胞外表面。肽（蛋白质）配体是水溶性配体中数量和种类最多的一类，分子大小从几个氨基酸（如镇痛脑啡肽）到上百个或更多的氨基酸，如细胞因子、生长因子、胰岛素等多肽类激素和某些神经递质。疏水性配体可以自由通过质膜并与细胞核或细胞质中的细胞内受体结合；包括细胞内表面受体和核受体，其中典型代表是类固醇激素。脂溶性污染物（中性分子）能经由扩散作用直接进入细胞，作为细胞内受体的激动剂或拮抗剂。这类受体可接收信号（化学或激素）后触发构象变化。每个受体具有2个功能域：结合配体的识别域和参与信号转导的耦合域。受体在结合相应的信号分子时发生构象变化，继而在细胞内诱导连锁反应；受体与配体结合可能启动一系列的下游生物学过程。因此，污染物的干扰效应可能包括以上信号分子所介导的系列生理和生化过程，也包括了相关的上游转录调控和下游代谢表型。另外，这些物质在细胞内的代谢转化过程也可能产生有毒的活性物质，通过修饰酶或其他生物分子产生毒害作用，即污染物本身与酶或酶联受体结合可能产生抑制效应。

1. 细胞表面受体对化学污染物的感知 水溶性污染物会被细胞膜选择性阻隔在胞外，它们一般会干扰细胞表面受体的正常功能。细胞表面受体是嵌入质膜中的跨膜蛋白，在维持细胞内部过程与各种类型的胞外信号之间的通信方面起着至关重要的作用。细胞表面受体通常分为离子通道型受体、酶联受体和G蛋白偶联受体。通过长期进化，受体与配体的结合有高度特异性；细胞表面受体也有细胞类型特异性。因此，这些特异性蛋白能精准地调控所属细胞生长、存活、分化、增殖和其他过程的生物学通路。但是，受体与一些新型污染物的结合则可能是非特异的；因此对不同细胞类型，污染物暴露所诱导的效应可能是不同的，但是其毒害作用可能是广谱的。通过激活或抑制相应的受体并触发其构象变化，从而干扰细胞内信号通路。

离子通道型受体负责调节化学信号在细胞膜上的转导，以响应化学信使结合，如神经递质。

这类受体控制离子通道的开关，允许 Na^+、K^+、Ca^{2+} 或 Cl^- 等离子穿过质膜。离子通道主要存在于突触结构上，突触结构主要（但不完全）参与神经元活动。因此，离子通道在神经递质激活时介导神经突触的传导，是神经系统的重要组成部分。离子通道在发挥细胞对毒素的反应方面起着至关重要的作用，介导诸多涉及细胞快速变化的生物过程，如心脏、骨骼和平滑肌的收缩，T 细胞的激活以及激素的释放。非化学刺激（如电荷的变化或膜的机械干扰等）也会导致离子通道受体以相同的方式起作用。

酶联受体通常是跨膜蛋白，既有细胞内结构域，又具有用于化学信号转导的细胞外结合位点。按照受体的细胞内结构域是否具有酶活性将此类受体分为两大类：缺少细胞内催化活性的酶联受体和具有细胞内催化活性的酶联受体。当酶联受体被激活时，许多细胞内途径被有效调节；然后通过跨膜区传递信号，激活的酶执行响应进而激发细胞内的级联事件。

G 蛋白偶联受体（G protein-coupled receptor，GPCR）是一大类膜蛋白受体的统称，也被称为 7 次跨膜受体。GPCR 参与的信号转导途径是动植物体中一种非常保守的跨膜信号转导机制。这类受体的共同点是其立体结构中含有七个跨膜 α 螺旋，且其肽链的 C 端和连接第 5 和第 6 个跨膜螺旋的胞内环上都有 G 蛋白（鸟苷酸结合蛋白）的结合位点。当细胞转导胞外信号时，首先由不同类型的 GPCR 接受细胞外各种配基（胞外第一信使）。然后，受体被活化，进一步激活质膜内侧的异三聚体 G 蛋白，后者再激活其下游的各种效应子，产生细胞内的第二信使。例如，被激活的 G 蛋白随后又激活细胞膜中的离子通道或酶。从而，将信号逐级传递下去，调节生物体的生长发育过程。GPCR 有许多类型，如乙酰胆碱受体、β-肾上腺素受体、代谢性谷氨酸受体、某些嗅觉受体、肽激素受体和视紫红质受体等。神经递质、神经肽、肽激素和其他许多分子可以激活 GPCR。GPCR 可以介导各种信号通路，包括视觉、味觉、嗅觉和疼痛感等感官知觉。环境污染物暴露可能扰乱 GPCR 的正常调控过程。例如，乙酰胆碱酯酶主要存在于胆碱能神经末梢突触间隙，有机磷酸酯农药与胆碱酯酶形成磷酰化胆碱酯酶并抑制其活性，使之不能分解乙酰胆碱。组织中过量蓄积的乙酰胆碱作用于乙酰胆碱受体，引起胆碱能神经过度兴奋症状。

2. 细胞内部受体对化学污染物的感知　脂溶性或分子态污染物能通过扩散作用进入细胞，直接干扰细胞内受体的正常功能。核受体是一类重要的转录因子，某些核受体是特异性的外源性化合物感受器。迄今为止，已经识别了 48 个人类核受体，其中一半具有可识别的配体，如激素、类视黄醇和脂肪酸。目前为止还没有发现配体的核受体成员称为孤儿核受体。

核受体是多细胞动物中含量最丰富的转录调节因子之一，在新陈代谢、性别决定与分化、生殖发育和稳态维持等方面发挥着重要的功能。核受体有两类：第一类是位于细胞质中的细胞内受体，这些受体在激动剂刺激后易位到细胞核，如雄激素、糖皮质激素、盐皮质激素和黄体酮受体等。第二类核受体位于细胞核中，即使没有激动剂存在也可直接调控基因转录，如过氧化物酶体增殖物、视黄酸、甲状腺受体。污染物暴露会干扰信号小分子的表达，信号小分子与核受体的结合触发一系列事件，包括配体诱导的核受体构象变化，与特定 DNA 序列的结合以及调控核调节蛋白和转录机制。与调节细胞表面受体活性的配体不同，核受体配体具有较高的亲脂性，可以渗透到细胞中与相应核受体相互作用并改变其转录活性。因此，亲脂性的外源性化合物最有可能通过扩散作用进入细胞核，从而干扰核受体的转录调节功能。

核受体作用的中心框架有三个主要的基因转录调节分子机制（即 DNA 结合特性）模型，据此核受体可分为三个类型：类固醇激素受体、非类固醇激素受体和孤儿核受体。类固醇激素核受体的天然配体是糖皮质激素、雌激素、雄激素和孕激素。经典的类固醇受体和 HSP90 被一起固定在细胞质膜上。当与其配体结合后，核受体释放 HSP90 伴侣，形成同源核受体的二聚化并易位到细胞核中。环境雌激素己烯雌酚（diethylstilbestrol）是公认的致畸剂和致癌物质，需要雌激素受体（ER）的结合和激活才能发挥毒性作用。己烯雌酚与 ER 间有非常高的亲和力，其诱发的病变主要出现在富含 ER 的组织中。另外，一旦易位到细胞核，己烯雌酚也可能直接与细胞 DNA 结合并引起基因突变。

大部分能迁移进入细胞内的EED，竞争结合类固醇受体的能力是很弱的，其毒性机制常常与非类固醇激素受体有关，包括甲状腺受体、维生素D受体、RAR和维甲酸（类视黄醇）X受体、过氧化物酶体增殖激活受体、肝脏X受体等。维A酸X受体是核受体蛋白家族的核心成员。维A酸X受体与其他代谢性核受体形成异源二聚体，与基因组DNA响应元件结合并以细胞和基因特异性调节基因转录。另外，维A酸受体还以同源四聚体形式调控DNA的三维结构或以同源二聚体形式在配体缺位时调控靶基因。

组成型雄烷受体（constitutive androstane receptor，CAR）和孕烷X受体（pregnant X receptor，PXR）是核受体超家族的重要成员，主要分布在肝脏和小肠等组织。它们被称为异源物代谢性核受体，能够感受有毒的内源性代谢物和外源性化学物质，调节毒性物质的清除、解毒及代谢过程，保护机体免受有毒物质的损伤。CAR可以通过直接配体结合或（间接的）配体非依赖性机制激活，两者都是由CAR从细胞质中转运的核易位引发的。组成型活性指蛋白的固有活性，这种活性相对比较稳定，不会被外界因素过多干扰。CAR几乎在所有永生化细胞中具有组成型活性，并且在化学刺激激活之前自发地积聚在这些细胞的细胞核中。目前，CAR基于配体的激活机制比较明确，但是间接性激活机制尚未完全阐明。PXR是CYP3A同工酶的主要转录调节因子，在肝脏、小肠、胃和肾脏等重要代谢器官中均有表达，可被多种内生分子、膳食化合物和药物激活，同时也调节大量的酶和转运体，参与内源性和外源性化合物的代谢动力学过程。PXR可以通过调节其下游靶基因的表达，直接参与机体内源性脂质、胆固醇和糖的代谢，维持机体内环境的代谢稳态。CYP3A4是肝脏中内源性类固醇和外来化学物质代谢的关键酶之一，也是PXR的调控靶基因。研究表明，邻苯二甲酸二乙基己酯和NP诱导小鼠PXR介导的转录调控过程。BPA是典型的环境雌激素，能介导PXR活性，可能是*CYP3A4*基因的人源特异性诱导剂。因此，BPA可能影响内源性类固醇、药物和其他异种生物的代谢，但BPA不影响小鼠PXR活性。

3. 芳香类污染物的受体依赖性感知 相比核受体CAR和PXR，螺旋-环-螺旋-Per-ARNT-SIM（basic helix-loop-helix-Per-ARNT-SIM）蛋白超家族是一类更广泛的生物传感器蛋白家族。AhR是其中的重要成员，AhR是一种配体活化的转录因子，可感知环境中存在的污染物并协调其解毒的适应性反应。AhR也称为二噁英受体，是脂溶性化学污染物的作用靶点，是暴露于PAHs、二噁英和PCBs后大多数毒性反应的起始事件。最新研究表明，AhR参与了数十种关键生命过程的信号通路，也因此几乎影响了动物的所有器官和细胞类型。AhR可通过与各种调控和信号蛋白相互作用来影响细胞信号转导，包括AhR核转运蛋白、伴侣和免疫样蛋白、AhR-相互作用蛋白、p23、蛋白激酶及磷酸激酶和共激活因子。另外，AhR还与ER以及其他激素受体、核因子蛋白介导的信号通路存在相互作用。

另外，螺旋-环-螺旋-Per-ARNT-SIM能感知细胞内和细胞外的许多类信号，包括内源性化合物、外来化学物质、气体分子、氧化还原电位、光子（光）、重力、热和渗透压等，因此包括了对化学和物理环境的响应。生物性污染的典型例子是新型冠状病毒感染大流行，其经空气传播的特性使得众多的环境媒介成为人群的暴露源头，学术界甚至建议新型冠状病毒感染作为一种环境污染物。基于组学的方法也被用于研究代谢改变，揭示环境暴露胁迫下生物体在代谢和脂质调控网络层面的变化。

4. 代谢活性中间体的毒害事件 外源性物质暴露诱导机体感知机制，并启动下游的代谢和清除反应，但是这些防御对机体的保护也是相对的，只在一定的暴露剂量范围内发挥作用。例如，对乙酰氨基酚是一种广泛使用的温和镇痛药，虽然在推荐剂量下是安全的，但过量的急性暴露可导致致命性肝衰竭风险。当与酒精滥用相结合时，这种风险会显著增加。乙酰氨基酚在体内会产生多种代谢物，其中*N*-乙酰基对苯醌亚胺虽然比例较少，但是毒性较大，是健康损害的主要来源。代谢主要在肝脏中进行，所以大多数毒性发生在肝脏。GSH是细胞中氧化物质的清除剂，与*N*-乙酰基对苯醌亚胺共价结合，形成无害的代谢物在尿液中排泄。PAHs在代谢过程中也会生成具有毒性的生物活性中间产物。例如，苯并芘激活AhR，被CYP1A1氧化生成酚类、醌类或环氧类活性物质，其中间产物 BP-7, 8-diol-9, 10-epoxide 会诱导基因突变，产生致癌毒性。大部分环氧类化合物会进一步生成 BP-7, 8-dihydrodiol，结合葡糖糖醛酸或磺酸基后排出体外。在这两个例子中，虽然人体暴露母体化合物后启动了生物学清除事件，但是其部分中间产物会成为毒性物质。当暴露超过安全剂量时，身体的天然防御（如 GSH）或 DNA 修复系统不及时，暴露就会造成实质性损伤。

图 21-2 显示了典型 EDC 与 AhR、核受体超家族的不同成员相互作用下介导的代谢干扰效应。PPAR 起着突出的作用：由邻苯二甲酸酯或脂肪酸类激活的 PPARγ 诱导脂肪生成；二噁英通过激活 AhR 从而抑制这种效应。PPARα 在脂肪酸氧化中起主要作用，限制脂肪生成活性，能被邻苯二甲酸酯和多氟烷基化合物激活。雌激素 EDC（如 BPA）也通过与激素受体（如 ER、TR 和糖皮质激素受体）的复杂相互作用参与代谢干扰效应；这些受体对于调控脂肪发生、体重增加和胰岛素水平很重要。尽管其潜在机制尚不完全清楚，外源性化合物感受器（即 PXR、CAR 和 AhR）通过与代谢途径的直接或间接相互作用在调节代谢稳态中起着至关重要的作用。

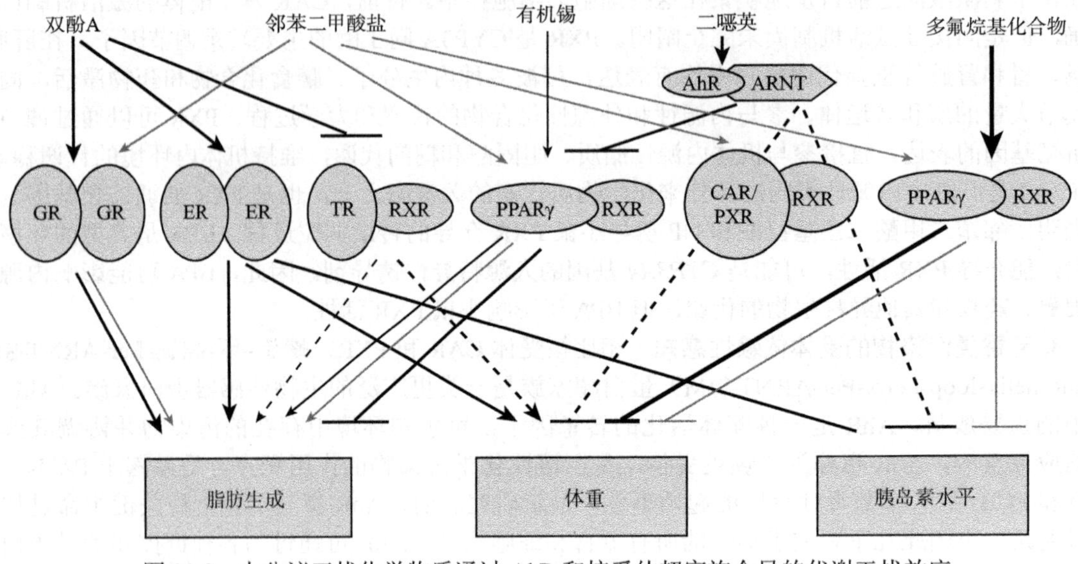

图 21-2 内分泌干扰化学物质通过 AhR 和核受体超家族介导的代谢干扰效应

二、机体的代谢响应和重要网络节点

化学污染物暴露的主要转录调节和代谢通路共同构成了机体的响应网络。对于扩散进入细胞内的污染物，三个受体依赖的转录因子（即 PXR、CAR 和 AhR）是最重要的“感受器”。在转录因子靶向的一系列外源污染物代谢基因中，许多也参与了内源性的合成代谢，其中 NADPH 是这些合成代谢的最重要供氢体，因此，污染物代谢通过 NADPH 耦合了内源性合成代谢。

（一）污染物暴露在代谢调控层面的重要节点

三羧酸循环是机体代谢的核心通路，其他分解代谢和合成代谢通过该循环形成整体网络调控。葡萄糖利用是进出三羧酸循环的主要通路，作为糖代谢旁路，戊糖磷酸途径（pentose phosphate pathway，PPP）在外源性污染物代谢清除网络中处于核心地位。PPP 本身主要生理意义在于提供核酸生物合成所需的磷酸核糖和提供多种代谢反应所需的 NADPH。核糖是核苷酸的基本组分，体内的核糖并不依赖于食物摄入，而是通过 PPP 生成。体内 NADPH 主要来源于 PPP，少部分来源是柠檬酸-丙酮酸循环（为合成脂肪酸）。从乙酰辅酶 A 合成脂肪酸、胆固醇的脂质合成和非必需氨基酸的合成等均依赖于 NADPH 的供氢。NADPH 在参与包括从鲨烯合成胆固醇、从胆固醇合成胆汁酸类固醇激素、从血红素合成胆红素等内源性生物活性物质合成的羟化反应的同时，也参与了外源性化合物代谢过程的Ⅰ相和Ⅱ相反应。此外，NADPH 对于维持 GSH 的还原状态有重要意义。还原型 GSH 是体内最重要的抗氧化剂，可以保护含巯基的蛋白质或酶免受氧化剂（尤其是过氧化物）的损害。从全局性代谢网络（通路）层面观察机体的代谢，NADPH 介导了外源性化合物本身、代谢中间体、代谢产物和（或）代谢清除过程与机体内在代谢稳态的关联。

污染物在被代谢和清除过程中，如果产生的扰动超出系统本身的调控范围，则会产生相应的溢出效应。这种溢出效应的发生、发展和累积是暴露因素关联不良健康结局的重要事件。例如，转录因子 AhR 所启动的氧化酶基因，包括 *CYP1A1*、*CYP1A2* 和 *CYP1B1*，能导致内源性脂肪酸的合成代谢干扰。*CYP1B1* 能利用 NADPH 将花生四烯酸的第 15 和第 12 位的碳-碳双键转化为羟基代谢中间体，而这些中间体是调控脂肪合成的 PPARγ 的配体。另外，虽然来自花生四烯酸氧化的代谢物不会启动炎症，但它们会促进炎症的发生。

（二）污染物暴露在基因调控层面的重要节点

从系统生物学和基因调控的层面理解污染物暴露对机体代谢的干扰，CAR 和 PXR 核受体的转录调控是关键节点。机体对环境污染物，尤其是对侵入细胞内部的脂溶性物质的感知和代谢清除（有时会生成毒性更大的产物）始于 CAR 和 PXR 核受体对它们的识别。原型类固醇激素受体（如 ER 和糖皮质激素受体）与 CAR、PXR 在结构上存在差异，这也部分解释了它们在功能和激活机制上的差异。CAR 和 PXR 是机体感受外源性化合物暴露的主要感受器；除感受复杂和多样的外源性化合物外，它们也有特有的生理作用，能与内分泌信号通路发生相互作用。原型类固醇激素受体的主要功能是监测和响应类固醇激素在血液循环中的变化，并维持了身体激素代谢稳态。类固醇受体调节外源性化合物代谢的功能，这种调节与 CAR 和 PXR 特有的生理调节功能共同起作用。因此，当污染物的代谢被转录调控时，也干扰了内部代谢稳态的转录调控。

环境-代谢的相互作用也可能与非类固醇激素受体的关联性激活有关。维 A 酸类物质是维生素 A 的天然及人工合成衍生物的总称，是 RAR 和类视黄醇 X 受体（retinoid X receptor，RXR）的配体。一些维 A 酸异源二聚体，如 LXR/RXR、PPAR/RXR 或 RAR/RXR 可以被 RXR 配体关联性激活，导致许多维 A 酸类 RXR 拮抗剂能够调节炎症、脂质代谢和细胞分化等多种细胞功能（蓓萨罗丁就是目前唯一应用于临床的维 A 酸类物质）。假设某种环境污染物能激活或拮抗 RXR，从而扰乱 LXR/RXR、PPAR/RXR 或 RAR/RXR 转录调控的众多代谢通路。

（三）污染物暴露在蛋白响应层面的重要节点

真核细胞在进化过程中发展了完整的内在机制，以提供抵御侵袭性物质刺激的能力。大多数感知污染物暴露的转录因子和代谢污染物的酶都是蛋白，这些蛋白参与了机体对污染物暴露诱导的复杂的响应过程，以保证细胞、组织和机体的稳态和存活。从这个意义上说，一些蛋白质在控制其他几种蛋白质的产生中起至关重要的作用；而基因转录调控、蛋白表达和修饰、代谢调节共同构成了机体对环境污染响应网络。例如，HSP 是在整个真核生物进化过程中高度保守的蛋白质，保护生物体免受有害刺激。虽然不是配体（污染物分子）依赖的作用，但 HSP 是多种细胞功能相关的蛋白质家族，能在细胞应激条件下被激活。HSP 不仅受到热变化的影响，还受到毒素、辐射、感染因子、NO、缺氧等的影响。正常水平的 HSP 调控蛋白质折叠的自然机制是转导信号维持和发育所必需的。在病理条件下，HSP 对上述应激源引起的损伤会高度表达，在其抗炎作用中抑制核因子、降低促炎细胞因子和（或）刺激（加剧）损伤相关分子；加剧损伤的分子模式与不同的细胞功能有关。

综上所述，环境污染对机体代谢的干扰不仅是中心法则下的终末表型，更是通过基因转录、蛋白表达和修饰等多层次调控的复杂网络。为此，理解污染暴露对代谢的影响，需要从系统生物学的视角研究环境与代谢调节的关系。

第二节　代谢组学：环境与代谢关系的研究方法

近些年来，科学家提出利用系统生物学方法研究组织细胞结构、基因、蛋白质及其分子间的相互作用，从而整体反映生物体组织器官功能和代谢的状态。如图 21-3 所示，根据中心法则，DNA（基因组学）转录为 mRNA（转录组学），接着翻译为蛋白质（蛋白质组学），蛋白质可催化产生或作用于代谢物（代谢组学）。

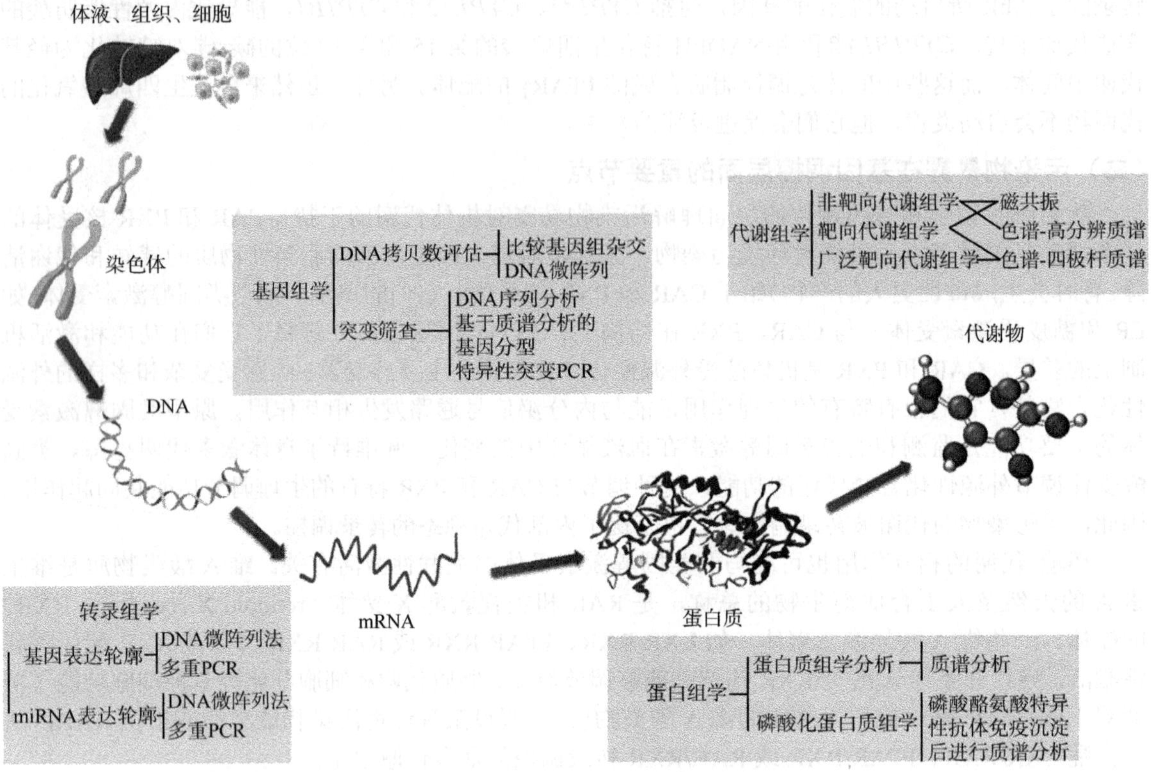

图 21-3　多组学的分析框架和系统生物学关联

1999 年，英国帝国理工大学的 Jeremy Nicholson 教授提出了代谢组学概念。代谢组学（metabolomics/metabonomics）是研究生物体被扰动后（如基因的改变或环境胁迫），其内源性代谢物种类、数量及其变化规律的科学。核酸、蛋白质等生物大分子的功能性变化最终会体现于代谢层面，如三羧酸循环、脂质和糖代谢、神经递质和激素调控、细胞信号释放、能量传递和细胞间通讯等。代谢组是基因调控、蛋白质作用网络以及宿主和微生物相互作用的终端产物，因此代谢组包含着反映生理表型的直接且全面的生物分子信息。而且，代谢物可以修饰蛋白质和 DNA，从而改变蛋白质组和表观基因组。例如，代谢物作为信号分子控制转录因子，进而调控基因表达；作为染色质修饰酶的辅助因子和辅助底物参与调控表观遗传；通过核糖开关传感小分子配体和转录后修饰影响 RNA 代谢；作为生化反应催化中的辅酶因子和共底物以及通过翻译后修饰调控蛋白活性。因此，代谢组学已经成为系统性研究生命现象的强大技术，广泛应用于疾病诊断与防治、疾病机制研究、新药筛选与开发、药物作用机制与毒性评价、植物与微生物代谢、环境健康等诸多领域。

与转录组学和蛋白质组学相比，代谢组学的主要特点包括：①代谢分子是基因表达的下游产物，因此生物样本的代谢组分析能够更直接、更准确地反映生物体的病理生理状态；②基因和蛋白质表达的微小变化会在代谢物层面得到放大，有利于直接检测；③代谢组学研究不需建立全基因组测序及大量表达序列标签的数据库，分析流程相对简单；④代谢物的种类远小于基因和蛋白质，而且分子结构相对简单，分析也相对容易；⑤代谢物在各个生物体系中都是一样的，所以代谢组学分析技术可在各个领域中通用。

基因和遗传、药物、环境、疾病、年龄等因素均可导致生物体的代谢变化。许多疾病的发生和发展是遗传因素与环境因素（化学、物理和生物因素）共同作用的结果。常见的环境危险因素包括颗粒物、PAHs、重金属、农药、兽药、塑化剂等，通过饮食、呼吸或者皮肤接触等途径进入人体从而损害健康。环境暴露的健康效应和毒性机制非常复杂，需要整合流行病学、分子生物学以及分析化学等多门学科的技术与方法开展研究。环境暴露与代谢紊乱存在紧密联系，当环境污染物进入生物体后，直接与生物小分子结合并竞争代谢底物，或影响基因表达和蛋白质翻译，最终导致代谢通路的变化。如图 21-4 所示，代谢组学可以全面检测药物、环境暴露等因素引起的体内代谢变化，在健康研究中得到了越来越多的应用。

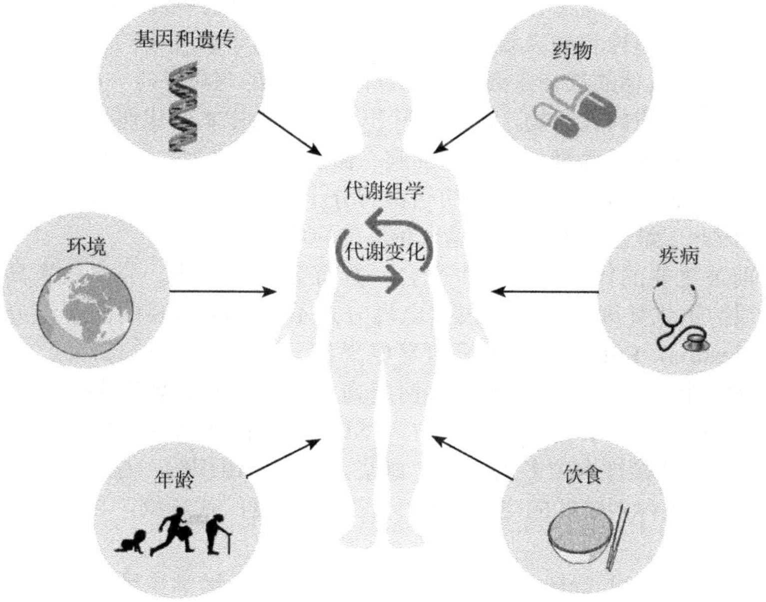

图 21-4 人类代谢组学的主要影响因素

（一）代谢组学研究中常用的分析平台

代谢组学最核心的内容是对生物样本中的代谢物进行全面的定性定量分析。理想的分析方法应具备高灵敏度、高分辨率、高稳定性以及检测的无偏向性，样品制备的难易程度、分析通量以及检测成本也是需要着重考虑的因素。生物体中小分子代谢物的种类繁多，理化性质差异巨大，动态范围很宽（7～9 个数量级），时空分布差异明显，而且存在复杂的相互作用，目前尚无单一的代谢组学分析技术能够满足上述所有要求。现有的分析技术都有各自的优势和适用范围。代谢组研究的主流技术是磁共振和色谱-质谱联用，毛细管电泳、红外光谱和电化学技术也有一定的应用。

1. 核磁共振（NMR） 是基于具有自旋性质的原子核在外界磁场作用下吸收射频辐射而产生能级跃迁的谱学技术，对含氢代谢产物的检测具有普适性，是最早应用于代谢组学的分析技术。利用 NMR 对生物系统内代谢物组分进行无偏性非靶向检测，可以获得代谢物轮廓信息，从分子层面了解生物系统的代谢变化与规律。

NMR 代谢组学技术具有如下优点：①检测没有偏性，谱峰与样品中各化合物的氢原子一一对应，图谱中信号强度反映了样品中各组分的相对含量。相比之下，质谱只能检测离子化的化合物，无法检测到所有的代谢物，而且存在离子抑制和基质干扰等问题。②对样品无损伤，检测过程能够保持样品的结构和性质。③样品无需烦琐处理，测试条件温和，可在接近生理条件下进行实验。高分辨魔角旋转、活体磁共振波谱和磁共振成像等技术能够无创、整体、快速地获得活体指定部位的 NMR 谱，解析其化学组成信息。④可以对代谢物的动力学过程进行研究。

NMR 代谢组学技术也具有明显的缺点：①分辨率和灵敏度较低，很难同时测定生物体系中共存的浓度差异较大的代谢物，低丰度的代谢物会被高丰度代谢物所掩盖。②代谢组学数据库不够完善，谱图解析较为困难。③仪器的购置和维护费用较高。近年来，随着磁场强度的不断提高，NMR 的分辨率也逐渐提高，超低温探头的发展大大提高了 NMR 的检测灵敏度。NMR 与液相色谱、质谱等仪器联用可以弥补其单独使用的缺点。

2. 色谱-质谱联用 质谱具有检测灵敏度高、覆盖范围广等优势。目前，代谢组学研究中常用的质谱主要包括低分辨的单四极杆质谱、三重四极杆质谱和高分辨的飞行时间质谱、傅里叶变换静电场轨道阱质谱和傅里叶变换离子回旋共振质谱等。低分辨质谱一般用于靶向或者广泛靶向代谢组研究，而高分辨质谱广泛应用于非靶向代谢组学研究。色谱-质谱联用方法兼具色谱的高分离度和高通量以及质谱的普适性和高灵敏度，已经成为代谢组学研究中的主流手段。GC-MS 和 LC/MS 联用技术各有优势，具体的选择主要取决于目标化合物的理化性质。GC-MS 适合检测易气化、稳定、不易分解、不易反应的代谢物，可用于呼出气和植物样本的代谢组研究。LC/MS 适合检测中等或强极性代谢物，可用于体液、组织、细胞、微生物等生物样本的代谢组学研究。在代谢组学分析中，由于多种代谢物可能具有相似的结构和分子量，对于某些复杂样品，一维色谱不足以实现较好的分离，因此二维色谱也得到了越来越多的应用。

LC/MS 是目前最主要的代谢组学分析平台，具有分离速度快、分离效率高、灵敏度高、重复性好、样本无须衍生化处理等优势。根据电离方式不同，LC/MS 的离子源分为电喷雾离子源（electron spray ionization，ESI）和大气压化学电离源（atmospheric pressure chemical ionization，APCI）。ESI 可同时分析挥发性和非挥发性代谢产物，适用于离子型以及极性化合物的鉴定分析，而 APCI 主要分析非极性以及小分子的化合物。ESI 应用范围比 APCI 更宽，APCI 可起到辅助作用。环境健康研究中的试验样本大多为尿液、血浆、细胞、组织等，这些样本中的大部分代谢物在 ESI 或 APCI 模式下能得到较好的电离。对于某些低丰度的代谢物，可采用衍生化方法以提高检测的灵敏度。

GC-MS 有电子轰击电离（electron impact，EI）、正离子化学电离（positive chemical ionization）、负离子化学电离（negative chemical ionization）三种电离方法。EI 是硬电离技术，采用高能电子与气相原子 / 分子相互作用产生离子。EI 具有非选择性电离的特点，只要样品气化都能够离子化，离子化效率高且碎片较丰富，能够提供重要官能团的结构信息，结合现有的标准数据库，可方便地进行代谢物定性检索。正离子化学电离能产生准分子离子，产生的碎片较少，有利于分子质量的测定。负离子化学电离主要用于含有负电基团的化合物（如含卤素化合物等）。GC-MS 最早被用于分析植物样品中挥发性代谢物。尿液、血液和组织等生物样本中大多数代谢物难以挥发，GC-MS 无法直接检测这部分代谢物，并且某些热不稳定代谢物在分离过程中可能发生分解，造成漏检和误检，因此需要对样品进行衍生化预处理。借助衍生化，GC-MS 可对多肽、脂类、氨基酸、有机酸、胺类、胆固醇、核苷酸、维生素等小分子代谢物进行分析。衍生化主要有硅烷化衍生化、烷基化衍生化、酰化衍生化三类方法。硅烷化衍生化是气相色谱样品处理中应用最广泛的方法，有机物中羟基或氨基上的氢与硅烷化试剂中的硅烷基发生交换，形成硅烷衍生物。大多数情况下，衍生化后的待测物可产生规律的质量碎片。但是，衍生化处理操作较为烦琐，如果衍生化反应不完全，灵敏度和定量结果会受到影响，而且可能出现多重峰、噪声增加等现象，直接影响分析的稳定性。

目前没有任何一种检测分析技术能够完全覆盖所有不同性质代谢物的检测。如表 21-1 所示，NMR、LC/MS、GC-MS 都有各自的优缺点，因此联用多种分析技术可以为生物代谢网络构建提供更全面的信息。在进行代谢组学实验设计时，应针对不同的样品和分析目的，选择合适的分析平台。

表 21-1　代谢组学研究中常用的分析平台

项目	核磁共振	GC-MS	LC/MS
前处理	操作简单	前处理复杂，有时需衍生化	操作简单
适用范围	主要分析含氢代谢物，适用范围广	主要分析低沸点、易挥发、热稳定性较好的代谢物；衍生化处理后可分析热不稳定、中低极性的代谢物	主要分析可离子化的代谢物，适用范围广
检测物质数	40～50 个	500～600 个	数千个代谢峰
优点	无损检测 无偏性 定性准确 检测时间短	分辨率高 灵敏度较高（10^{-12}mol/L） 动态范围宽 数据库完善 仪器购置成本较低	分辨率高 灵敏度高（10^{-15}mol/L） 动态范围宽 重复性好 对大部分生物样品无须衍生化
缺点	分辨率较低 灵敏度低（10^{-6}mol/L） 动态范围窄 仪器购置成本高	衍生化样本稳定性较差 定性依赖数据库和标准品 检测时间较长	定性依赖数据库和标准品 检测时间较长 仪器购置成本较高

（二）代谢组学的研究方法

正常状态下，机体中代谢组处在动态平衡之中。当受到毒性物质、代谢障碍或者生理因素影响时，细胞、组织甚至机体整体会发生代谢应答，体现在代谢物种类和浓度的变化。如图 21-5 所示，代谢组学分析主要包括五大步骤：生物样本的收集和前处理、代谢组学分析和数据采集、代谢物提取、数据统计分析和代谢物鉴定、生物通路分析。

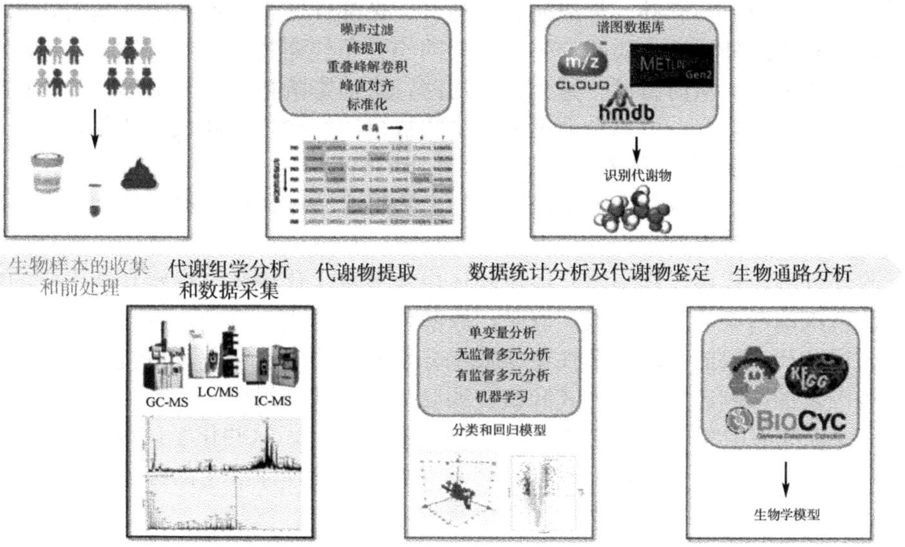

图 21-5　代谢组学分析基本流程

代谢组学研究需要严格合理的实验设计。首先，采集的样本需要有足够的数量且具有代表性，以便减少生物样品个体差异对分析结果的影响。实验设计也应充分考虑样品收集的时间、部位、种类、样本群体等因素。在研究人类样本时，还需考虑性别、年龄、BMI、地域、饮食、吸烟、饮酒、药物、体力活动和并发症等因素。此外，实验室分析过程中的诸多步骤，如存储、冻融、前处理、提取和分析方法等，均会影响最终的结果。因此，对于代谢组学研究，在同一项研究中使用的样本类型和采集方法应保持高度一致性，在分析过程中必须严格遵循规范操作以减少偏差，增加结果的可靠性，并且要进行严格的质量控制，利用质控样品和空白样品考察样品残留、检测重复性、分析精度等指标，从而保证代谢组学研究的质量。

1. 生物样本的选择和收集 是代谢组学研究的第一步，是保障代谢组学研究结果可靠性的最重要的环节之一。绝大多数生物样本都适用于代谢组学研究，主要包括：临床和动物的血液（血清和血浆）、尿液、唾液、脑脊液、汗液、粪便、组织、呼出气等；细胞和微生物、培养液和发酵液；植物的种子、根、茎、叶、花等。废水、土壤等环境样本也可以用于代谢组学分析，以便研究污染对生态环境代谢的影响。

代谢组学是探索细胞生理学和细胞过程的理想技术之一。培养的动物细胞一般源于经过遗传和代谢转化的永生细胞，可能无法完全模拟正常细胞的活动；当研究聚焦于组织和器官的代谢过程时，这类样本的收集具有高度侵入性，除非涉及肌肉或选择性组织活检，通常这类研究仅限于动物模型。

人和动物体内的代谢物主要有三大来源：①在宿主基因组控制下由宿主细胞产生的代谢物；②由生活在宿主体内的微生物产生的代谢物；③由环境因素（如食物、药物、污染物等）产生的代谢物。不同生物样本的代谢物来源、组成（结构类别、分子量范围、极性等）和功能具有较大差异。例如，脑脊液提供了大脑代谢和生理的信息；汗液提供了皮肤和皮肤微生物的代谢信息；唾液包含了唾液腺生理和口腔健康的分子数据；呼出气揭示了肺部健康的重要信息；血浆样本包含大量非挥发性代谢物，如单糖、激素、氨基酸和脂质等；尿液和粪便汇集了来自宿主代谢、饮食、药物、暴露和肠道微生物群的低分子量代谢物信息。因此，样本类型的选择取决于研究目的和相应的目标代谢物。血液、尿液和粪便样本可以通过无创或微创方式采集，广泛用于疾病诊断 / 预后标志物的高通量筛选和验证。但是，这类样本汇集了生物体所有器官和组织的代谢物，组成非常复杂，无法确定代谢物的来源，因此难以反映病变组织的特征代谢变化。组织是研究局部和特异性反应的最理想生物样本，包含丰富的与疾病机制直接相关的生化信息。近年来，肠道微生物组被认为是第二基因组，与肥胖、糖尿病、脂肪肝、炎症性肠炎、癌症等疾病密切相关。宿主和肠道菌群在代谢食物或外源性物质时产生了大量的小分子代谢物，这些代谢物穿透肠上皮屏障或以其他方式进入体循环，从而激活一系列信号通路，进而影响宿主生理健康。联合微生物组和代谢组对肠道内容物进行研究，可以全面揭示微生物群落的结构差异和代谢变化以及宿主自身的代谢变化，从而解析微生物-代谢物-宿主之间的相互作用机制。

在环境健康研究中，尿液和血液是最常见的生物样本。尿液作为终端排泄物，可以反映生理改变或疾病进程中机体应答的全局代谢紊乱。与血液、灌洗液等其他类型的生物样品相比，尿液的优势在于收集便利、代谢产物丰富、能反映体内大多数生化途径。在肾功能正常的情况下，尿液经过过滤，被细胞污染的程度较低。但是，尿液代谢组的成分复杂，包括宿主本身代谢物和微生物代谢物。尿液代谢组的高度复杂性使得数据分析和生物学解释更具有挑战性。而且，尿液代谢组受到多种因素的影响，如生活方式和饮食均会显著改变其组成。另外，由于尿液中细菌生长迅速，有时需要在尿液中添加抑菌剂（如硼酸和叠氮化钠等）。这些化学试剂的加入不可避免地会对尿液中的代谢物产生不利影响，而且抑菌剂并不能完全除掉尿液中的细菌。相比之下，采用高速离心和微孔滤膜过滤的方式更有效。

血液也是代谢组学中常见的样本类型，主要分为血浆和血清。临床检验中，通常采用无添加剂的采血管采集全血，常温凝血 30 分钟以获得血清；或者采用含有促凝剂的采血管采集全血，快速分离血清。然而，目前很多研究不建议在代谢组学研究中使用含促凝剂的采血管采集血液样本，因为促凝剂残留会干扰后续的分析并且影响血清中的代谢表型。因此，采用常温凝血获得血清是较好的选择。血清不含纤维蛋白原，成分较为简单，但是凝血过程中某些酶和代谢物会发生降解，导致代谢物的损失，同时活化的血小板会释放一些化合物（如多肽、次黄嘌呤、黄嘌呤和磷酸鞘氨醇等）到血清中。因此，在同一项研究中，时间、温度等凝血条件必须加以严格控制，以最大限度地减少酶反应和代谢组改变。血浆是通过在全血中加入抗凝剂和离心分离得到的，获取更快速、简单。因为获取血浆不需要常温凝血操作，所以减少了凝血过程对代谢组的改变。临床常用的抗凝剂包括肝素钠/锂、EDTA二钾/钠、柠檬酸钠等。研究表明，血浆样本中添加的抗凝剂可能会干扰质谱信号。例如，锂离子的引入会增加某些代谢物的电离效率和严重的基质效应，因此肝素锂不推荐用于基于质谱的代谢组学分析；EDTA引入了较强的噪声信号，因此不推荐用于NMR的代谢组学分析；柠檬酸的引入会干扰柠檬酸及其衍生物的分析。另外，在样本采集时要避免溶血反应，因为溶血会显著改变血清或血浆代谢表型。血浆和血清的代谢物种类总体差别不大，但部分代谢物的浓度存在一定差异。在血清和血浆的采集过程中，需要对采集条件进行严格控制。例如，采用相同品牌同一货号的采血管，采取统一的样本制备方法，以控制采血过程中的代谢组差异。

代谢每时每刻都在发生变化，代谢组学要研究的是某个或多个瞬时状态，因此样本采集需遵循快速、一致、简单的原则，采集后通过低温淬灭（如液氮淬灭、超低温冻存）终止离体后的代谢活动。血液处理的时间、血液凝固后到离心之前的时间、冻融样本后到分析检测之前的时间越短越好。样品长期存储于液氮中是最理想的存储方式，但是需要不断补充液氮，操作成本较高。实验室中最常见的冷冻存储设备是−20℃和−80℃冰箱。代谢组样本优先推荐−80℃冻存，如果临床条件有限，也可暂放−20℃再转移至−80℃长期冻存。研究表明，尿液在−40℃条件下保存9个月，其代谢组没有显著变化；但在18个月后，三羧酸循环的中间产物有轻微变化。血浆在−80℃条件下保存6个月，在NMR谱图中没有发现其代谢组的明显变化；而在−20℃条件下冻存超过1个月后，血浆中葡萄糖和脯氨酸等代谢产物发生了显著变化。如果待测代谢物属于易挥发或易氧化降解的化合物，采集后必须马上处理和测定。

2. 样品提取和前处理 是代谢组分析的关键环节。生物样品中基质干扰多，目标成分含量低。为了满足检测限的要求或消除基质干扰，一般需要对生物样品进行前处理。根据研究对象、目的和采用的分析技术，样品提取和预处理方法有所区别：①如采用NMR技术平台，只需对样品做较少的处理即可进行后续分析。对于体液样本，大多数情况下只需用缓冲液或水调节pH和降低黏度即可。②如采用质谱进行非靶向代谢组分析，样品处理方法相对简单，但不存在普适性的标准方法。对尿液样本只需稀释、离心即可进样；针对体液样本，需加入有机溶剂（甲醇、乙腈、乙醇、丙酮或其组合）沉淀去除蛋白质；针对组织和细胞样本，通常利用纯水或磷酸盐缓冲生理盐水洗净血液或培养基，然后在低温下采用研磨、匀浆或超声破碎法释放代谢物，根据相似相溶原则，用水或有机溶剂（如甲醇、己烷、三氯甲烷等）分步提取极性代谢物和非极性代谢物。③对于靶向代谢组分析，需要采用液液萃取、固相萃取、固相微萃取、超滤、湍流色谱法、亲和色谱等预处理方法将待测代谢物选择性提取和净化。④如采用GC-MS进行代谢组学分析，常常需要对样本进行衍生化，以增加样品的挥发性。总体而言，特定的提取条件往往仅适合某些化合物，目前尚无一种能够适合所有代谢产物的提取方法。在进行代谢组学分析时，应该综合考虑研究目的和实验室条件，选择合适的代谢物提取方法，并对提取条件进行针对性的优化。

3. 代谢组学数据的采集模式 代谢组学研究可分为非靶向代谢组学和靶向代谢组学（图21-6），后者又分为靶向绝对定量分析和广泛靶向（拟靶向）分析。非靶向代谢组学通常用于生物标志物的早期发现阶段，其目标是用于定性或半定量实验；随后，需要靶向代谢组学来准确定性和验证生物标志代谢物。靶向平台和非靶向平台在实验设计上有较大差异。

非靶向代谢组学可无偏向性，尽可能多地检测细胞、组织、器官或体液等生物样本内所有的小分子代谢物。在非靶向代谢组分析中，飞行时间质谱和傅里叶变换静电场轨道阱质谱等高分辨质谱由于具有高覆盖度、高分辨率、扫描速度快、成本相对较低等特点，得到了广泛应用。高分辨质谱主要包括全扫描（full scan）、数据依赖采集（data-dependent acquisition，DDA）和数据非依赖采集（data-independent acquisition，DIA）三种数据采集模式。采用全扫描模式可高通量地采集样本中高于检出限的所有代谢物的精确分子量信息。DDA模式中，质谱首先进行全扫描，然后依次选择一级质谱图中丰度排名前几位的母离子进行自动二级扫描以获得它们的碎片结构信息。与全扫描模式相比，虽然 DDA 模式可以获得较高丰度代谢物的结构信息，但是由于质谱扫描速度的限制，在整个分析过程中一级质谱图的数量会大大减少，会损失部分低丰度代谢物的信息。DIA 模式中，质谱首先进行全扫描，然后根据全扫描的质核比范围和隔离窗口的设置，进行以隔离窗口为二级扫描范围的全碎裂扫描。理论上，DIA 能够连续和无偏性地采集所有代谢物的二级质谱信息。但是，DIA 模式采集的质谱信息非常复杂，母离子和子离子关联不紧密，数据处理困难较大，而且依然存在由于质谱扫描速度限制导致的代谢物信息丢失问题。总体而言，与靶向代谢组学策略相比，非靶向分析存在数据复杂、灵敏度低、线性范围窄等缺点。另外，非靶向分析往往只能提供代谢物的相对含量信息，不能进行绝对定量，因此与其他方法的定量结果无法进行横向比较，在临床转化以及可推广性方面存在较大的限制。

靶向代谢组学主要依赖于先验代谢物及其生化途径，以标准品为参照，对特定的代谢物进行靶向检测，并通过标准曲线进行绝对定量。在靶向分析中，三重四极杆质谱应用最为广泛。三重四极杆质谱包括全扫描、选择性离子扫描、中性丢失扫描和多反应监测（multiple reaction monitoring，MRM）等多种数据采集模式。其中，MRM 模式针对性地选择目标代谢物及其特征子离子进行质谱信号采集，具有特异性强、灵敏度高、准确度高、重现性好和线性范围宽等优点。MRM 模式下，每个工作循环能处理多达几十甚至数百对母离子-子离子对，通过一次进样即可实现对重要代谢物的全覆盖检测。但是，与非靶向方法相比，靶向代谢组只能检测特定代谢物，无法检测出预设列表以外的代谢物，因此损失了大量的代谢组信息。

最新出现的广泛靶向分析技术兼具非靶向的高覆盖、全扫描精确分子量定性和靶向的 MRM 精确定量的优点。主要原理：首先用高分辨质谱采集代谢物的离子对信息，建立质谱数据库；在实际样品分析时，采用三重四极杆质谱的 MRM 模式靶向检测代谢物的丰度。与普通靶向分析相比，广泛靶向分析方法以实际样品为天然混合标准品，提供了更全面的离子对信息，而且消除了对标准品的依赖，简化了随后的 MRM 分析参数的优化，并且可以同时检测已知的和未知的代谢物，显著扩大了检测覆盖范围。但是，广泛靶向代谢组学技术仍然存在一些局限性：由于 MRM 离子对来自生物样品本身而非标准化合物，因此部分代谢物无法得到准确鉴定；尿液、血清等生物样本中含有数千种代谢物，由于分辨率、扫描速率的限制，现有的三重四极杆质谱仍然无法覆盖所有的代谢物。

每种检测策略都具有其自身的独特性和局限性（表 21-2），将非靶向和靶向方法结合对生物样本进行代谢组学分析，可以实现优势互补，获得更全面、更准确的代谢谱信息。

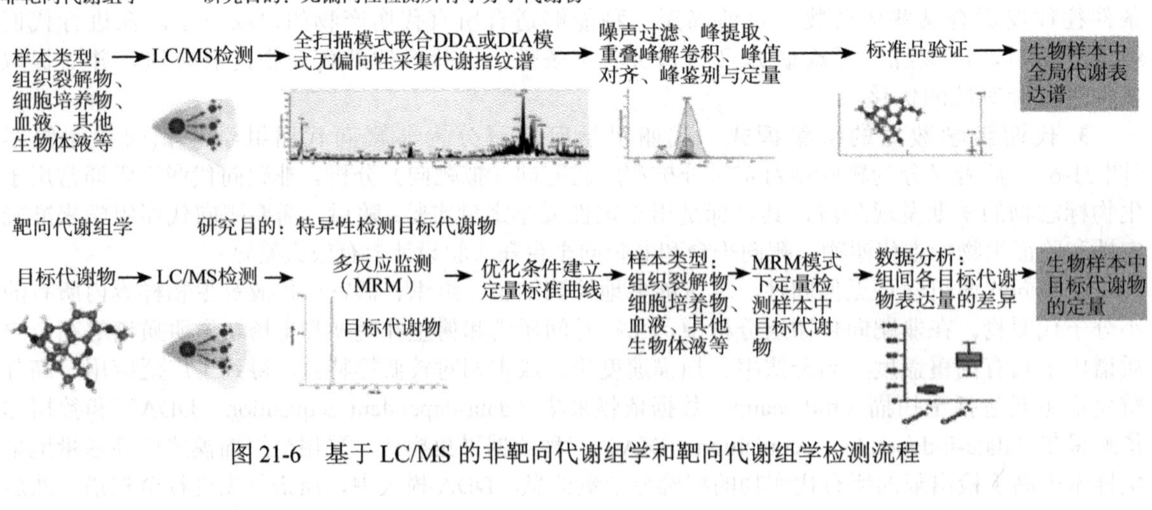

图 21-6 基于 LC/MS 的非靶向代谢组学和靶向代谢组学检测流程

表 21-2　代谢组学研究方法的优缺点

鉴别点	非靶向代谢组学	靶向代谢组学	广泛靶向代谢组学
研究目的	无偏向性检测所有小分子代谢物	基于标准品特异性检测一组目标代谢物	在组学水平特异性检测大量目标代谢物（部分基于标准品）
优点	1. 无偏向性 2. 覆盖度高 3. 高通量	1. 定性准确 2. 高灵敏度 3. 绝对定量	1. 定性较准确 2. 覆盖度较高 3. 高灵敏度 4. 高通量
缺点	1. 高度依赖公共数据库，鉴定较为困难 2. 灵敏度较低，难以检测到低丰度代谢物 3. 只能获得相对定量结果	1. 通量低 2. 需要购买标准品进行方法的开发、验证 3. 研究成本高	1. 需要自建数据库 2. 分析流程烦琐

4. 代谢组学的数据处理方法　代谢组学研究需要将各种分析平台得到的原始数据转换成可用于代谢组分析的格式，然后依据具体的科学问题，利用代谢物信息建立待研究的兴趣变量的分类模型或代谢组的聚类模型，发现数据间的定性、定量关系，揭示疾病状态或环境暴露等因素与机体代谢的关系。

靶向代谢组学只检测目标列表内的代谢物，数据提取比较简单。采用分析仪器自带的软件可将代谢物的定量信息导出为二维表，随后进行统计比较分析。二维表通常表现为 $N \times K$ 的矩阵（X 矩阵），N 表示 N 个样本数，每一行代表一个样品，K 表示 K 个变量，每一列代表一个代谢物的定量数据。

非靶向代谢组学的数据处理方法较为复杂。NMR、LC/MS、GC-MS 等分析平台得到的原始数据需要利用代谢组学软件进行噪声过滤、峰提取、重叠峰解卷积、峰值对齐、峰鉴别与定量、标准化处理，从而获得代谢物数据二维表。仪器厂商和科研机构已经开发了多种收费和开源代谢组学软件，如 Compound Discoverer、Mass Profiler Professional、Progenesis QI、XCMS、MZmine、MetAlign、ChromaTOF、Metaboanalyst 等。

在生物样品中可以检测到几百甚至数千种代谢物，数据表的信息量大、维度多，传统统计学方法无法完成这样的分析，因此往往使用多元统计学方法进行代谢组学分析。在进行多元统计之前，我们往往还需要对数据表进行一系列的预处理，主要包括缺失值处理、离群样本处理以及数据标准化、标度化处理等，从而减小数据中与研究目的不相关的变异对数据分析的影响。

色谱-质谱分析过程中质谱信号漂移、色谱柱污染等因素会导致采集的代谢组学数据存在系统误差，严重影响数据质量，因此需要采用标准化校正方法进行消除。常用的标准化校正方法可以分为三种。①内标标准化：在样品中加入一个或者几个内标，然后对所有的峰都使用内标进行校正。但是这种使用少量内标对所有的峰进行标准化的方法并不可靠，因此应用较少。②基于样品本身的标准化：使用样品中所有峰的平均值、中位值或者总和对所有峰进行校正。③基于质量控制（quality control，QC）样本的标准化：等量混合所有样本制得 QC 样本，在数据采集序列中每隔一定数量的样品，插入一针 QC 样本。理论上数据采集序列中所有 QC 样本的谱图应该完全一致，因此重复进样的 QC 样本谱图可以反映数据采集过程中信号的偏移规律。对每一个代谢物都将 QC 作为训练集，建立预测模型预测信号变化，从而对待测样本中的代谢物信号进行校正。

在代谢组学分析中，样本的数据表往往存在大量的缺失值，可能的原因包括样品本身没有该物质、样品中该物质的信号强度低于仪器检出限、离子抑制或者仪器性能不稳定导致的检测错误、峰提取算法限制导致不能从背景中将强度低的信号提取出来、解卷积时不能将重叠的峰全部解析出来。某一代谢物的缺失比例定义为其在所有样品中或者比对组样品中的未检出比例。如果缺失比例较高（如＞50%），可直接删除该代谢物。如果缺失比例较低，可通过特定方法对缺失值进行填充，常用的填充方法有固定值、平均值、中位数、最小值或 1/2 最小值、临近算法、RF 等。研究表明，临近算法是目前代谢组学研究中较为稳健的缺失值填充方法。但是，目前并没有完全统一的标准，具体方法还要根据数据类型和生物学意义进行优化选择。

代谢数据具有典型的高维度、高噪声特性，不同代谢物或者样本间通常存在着数量级的差异。多元分析方法对数据的分布较为敏感，高丰度或者变化倍数较大的代谢物会掩盖低丰度代谢物对判别模型的作用。因此，针对不同的统计分析方法，必须对代谢组数据进行合理的缩放（转换），从而实现：①数据无量纲化，使不同性质的变量具有可比性；②将不同数量级的变量数据转换至合适范围，避免高丰度变量掩盖低丰度变量的波动；③使数据总体符合正态分布以便进行参数检验；④使数据分布均匀以便作图展示。常用的缩放方法包括数据中心化（center scaling）、单位方差标度化（unit variance scaling）和柏拉图标度化（pareto scaling）。数据中心化是指原数据减去每列变量的均值进行中心化处理，单位方差标度化是指数据中心化后除以列变量标准差，柏拉图标度化是指数据中心化后除以列变量标准差的算术平方根。数据中心化将原数据转化成离原点更近的新数据，可调节代谢物的高低浓度差异；单位方差标度化的优势是让所有变量拥有同等的重要性，但缺点是可能放大检测误差；柏拉图标度化相比于单位方差标度化更接近于原始测量数据，但缺点是对变化倍数大的变量更敏感。单位方差标度化和柏拉图标度化是常用的标度化方式。针对不同标度化方法处理后的数据，选择不同的差异代谢物筛选方法进行后续分析。

5. 代谢标志物筛选、鉴定和生物通路分析

（1）代谢标志物的筛选：往往是代谢组学数据分析中最重要的内容。主流的方法主要包括差异倍数分析、*t* 检验 / 秩和检验、PCA、（正交）偏最小二乘法判别分析、支持向量机、决策树以及 RF 算法等。

如果待研究的兴趣变量（即自变量）是分类变量（如是否患病、是否暴露、对照组和实验组、实验的不同批次等），单变量分析是最简单且常用的方法，包括差异倍数分析和 *t* 检验 / 秩和检验。差异倍数分析揭示了各个代谢物在不同组别之间的含量差异大小，*t* 检验 / 秩和检验则可检验这种差异是否具有统计学显著性。对于正态分布的代谢物，一般联合平均值变化倍数和 *t* 检验；对于非正态分布的代谢物，一般联合中位数变化倍数和秩和检验。但是，单变量分析方法只能分别分析单个变量，而忽视了多个变量的相互作用与内在联系。

多元统计学方法可以同时处理数百或数千个变量，从而发现样本和变量之间的相互关系。利用变量之间的协方差或相关性，使原始数据在较低维空间上的投影能尽可能地捕获数据中的信息。代谢组学采用的多元统计学方法主要分为无监督学习方法和有监督学习方法两大类。

无监督学习方法中应用最多的是 PCA，在无先验信息的情况下，对多维数据进行降维，得到若干个主成分来描述原始数据的特征。PCA 模型能够反映出数据的原始状态，从整体上显示数据集中观测数据的自然聚类趋势，可用于评价代谢组数据质量和甄别异常样品。如果 QC 样品在投影图中非常分散，则说明检测过程可能存在问题，样本需要重新检测。对明显不同于大部分样品的离群样品，需要仔细分析其原因，是由采样、前处理、检测等环节引入的误差引起的，还是由客观的生物学差异引起的。基于分析结果，直接剔除或者重新进样分析。

在代谢组学研究中，不同组别样本不一定都存在明显的差异，而且临床样本的诸多因素（如性别、年龄、体重指数、饮食、生活环境等）都会影响代谢组，引入大量与分组信息无关的噪声信号。对于组间差异较小的样品，采用 PCA 模型往往无法区分组间差异，采用有监督学习方法一般更为有效。偏最小二乘法判别分析（partial least squares discriminant analysis，PLS-DA）是代谢组学研究中应用最广泛的有监督学习方法，其在降维的同时结合回归模型，利用一定的判别阈值对回归结果进行判别分析。PLS-DA 将多维数据在降维前先按待研究变量分组（如是否患病、是否暴露、对照组和实验组、实验的不同批次等），筛选与分组变量最相关的变量，减少干扰变量的影响，从而清楚展示组间样品差别。正交偏最小二乘法判别分析（orthogonal PLS-DA，OPLS-DA）结合了正交信号矫正和 PLS-DA 方法，能够最大程度地把分组因素无关的信息从原始矩阵中分离出去，将最相关的变量集中于第一个主成分，从而使得组间样本分离效果更佳。多元分析

OPLS-DA 模型中变量投影重要性（variable important in projection，VIP）可用于衡量各代谢物对各组样本分类判别的影响强度和解释能力，也是筛选代谢标志物的重要指标。PLS-DA 可用于两组及以上组别的分类比较，而 OPLS-DA 通常用于两组的分类对比。在多元统计分析过程中，由于变量数常大于样本数量，所以模型可能出现过度拟合，即模型可以很好地将样本进行区分，但用来预测新的样本集时却表现很差，因此需要对模型有效性和可靠性进行验证。

由于代谢组学数据具有高维、海量的特点，因此推荐联合单变量和多元统计分析，根据数据特性从不同角度进行分析，从而避免只使用一类统计分析方法带来的假阳性错误或模型过拟合。在以往的代谢组学研究中，通常综合采用差异变化倍数＞2、多重比较矫正 $P<0.05$ 与 VIP 值＞1 作为代谢标志物的筛选标准。

如果待研究的兴趣变量（即自变量）是连续变量（如疾病的量化指标、污染物内暴露水平），由于代谢物的定量数据也是连续变量，我们可以采用相关性分析或者偏相关分析（矫正混杂因素）筛选与待研究的兴趣变量存在显著关联的代谢物。

近年来，新型的机器学习方法也开始应用于代谢组学数据的分析，在筛选代谢标志物方面发挥着越来越重要的作用。这些机器学习方法可分为分类（预测的目标是分类变量）和回归（预测的目标是连续变量）两大类。根据不同的科学问题选择采用合适的机器学习算法，有些算法既可以研究分类也可以研究回归（如支持向量机、决策树等），有些算法只能研究分类（贝叶斯分类器），有些算法只能研究回归（线性回归、岭回归等）。

（2）代谢标志物的鉴定：代谢组学产生了大量的生物信息数据，代谢物的鉴定需要代谢数据库的支持。在 GC-MS 数据的处理中，定性分析主要采用基于质谱图相似度匹配的数据库查询，并结合标准品验证。GC-MS 软件一般具有自动计算保留指数（利用正构烷烃混标的保留时间为基准）和进行质谱相似度匹配的功能，常用的代谢组数据库包括 NIST、FiehnLib、GMD 等。

NIST 系列数据库是由美国国家标准与技术研究院发布，是目前使用范围最广、最全面的质谱数据库，包含了 26 万个化合物的 EI 质谱图。将实验中采集的谱图与 NIST 数据库中的谱图进行比对，即可实现对化合物的鉴定。FiehnLib 数据库是由 Oliver Fiehn 教授团队开发的 GC-MS 数据库，包括 2200 多种内源性代谢物的甲基化 / 硅烷化的 EI 质谱图和保留指数，基本覆盖了脂类、氨基酸、脂肪酸、胺类、醇类和糖类等重要代谢物。FiehnLib 包含了两个分别使用单四极杆和飞行时间质量分析器检测的数据库。其中，FiehnLib Agilent 数据库使用单四极杆作为质量分析器，在全扫描模式下获取了质荷比范围在 50～650 之间的化合物的质谱图；FiehnLib LECO 则使用飞行时间质谱获取了分子量在 85～500 之间的化合物的质谱图。与 NIST 库相比，FiehnLib 库具有小而精的特点，定性更快速准确。但是，FiehnLib 数据库主要聚焦于动物样本，植物、微生物样本的代谢物图谱较少。

在基于 LC/MS 的非靶向代谢组学研究中，除了实验室自建数据库之外，还常用 mzCloud、METLIN、MassBank 等数据库。mzCloud 是赛默飞公司旗下的质谱数据库，收集了源于赛默飞公司的高分辨轨道阱质谱仪的近 2 万个化合物的超过 860 万张的高分辨多级质谱图，而且每张图谱都是以一系列不同碰撞能量及碎裂方式等条件打碎后采集而来，重现性和匹配度较高。METLIN 数据库由美国斯克里普斯研究院开发，收录了较为全面的一级质谱和二级质谱信息，质谱数据由多个主流质谱仪器公司的飞行时间质谱平台采集，每个化合物都有若干张不同碰撞能量、正负离子模式下得到的二级谱图。

（3）生物通路分析：当筛选得到代谢标志物后，还需要挖掘这些代谢物相关的代谢通路信息。常见的代谢组数据库包括 KEGG、“人类代谢组学数据库”（Human Metabolome Database，HMDB）、MetaboAnalyst、BioCyc、MetaCyc 等，利用这些数据库可对代谢物进行注释、代谢通路和互作网络分析。

KEGG 是由日本京都大学于 1995 年创立，是世界上最大、最全的生物信息学数据库之一。目前，KEGG 已收纳了 18 923 种代谢物和 551 条通路，整合了基因组、化学、系统功能和健康信息，其特色是将基因组中得到的基因目录与更高级别的细胞、物种和生态系统水平的系统功能进行关联。KEGG 具有强大的图形功能，利用图形展示众多的代谢途径以及各途径之间的关系。但是，KEGG 中的代谢物在生物体内的浓度、功能和疾病相关信息比较欠缺。

HMDB 数据库是由加拿大代谢组学创新中心于 2007 年创立的全面的、免费的代谢组学数据库，包含了目前已知的所有人类代谢物的化学结构、名称或标识、详细描述、参考文献、生物学作用、生理浓度、组织位置、疾病和遗传关联、化学和酶促反应、代谢途径以及参考的图谱（包括串联质谱、GC-MS 和 NMR）的详细信息。

MetaboAnalyst 是一款完全免费的 Web 平台代谢组学数据分析软件，可以进行探索性数据分析（包括统计分析、时间序列分析）、功能分析（包括富集分析、通路分析和整合通路分析）、高级分析方法（包括生物标志物分析、样本量估算、效能分析）。

第三节　代谢在环境健康研究中的应用

一、环境化学污染物的代谢效应和风险评估

风险评估和临床干预始终是环境健康研究的最终目的。高通量数据采集分析技术和预测模型研究的进展极大地促进了暴露科学、毒理学和流行病学的发展。环境健康领域的风险评估研究的重要新方向之一是从单纯考察暴露与有害结局之间的关系到全面理解化学或非化学风险因素如何与人体相互作用，在有害结局路径（adverse outcome pathway，AOP）的风险评估框架下识别常见疾病的风险因素和生物学机制。AOP 的概念框架呈现为环境危险因素暴露引起的生物体中一系列关键事件或过程的逻辑序列，可应用于生态和人体毒理学。

AOP 中的两个基本组成是关键事件（key event，KE）和关键事件联系（key event relationship，KER）。前者代表生物状态的可测量变化，后者代表上游和下游 KE 之间的因果关系。KE 和关键事件联系均需要得到基于权重的循证方法的支持，以提高 AOP 在潜在应用中的一致性和信度。AOP 有两个特殊的 KE：分子启动事件（molecular initiating event，MIE）和有害结局（adverse outcome，AO）。AOP 研究框架已经应用于毒理学领域，促进了实验设计、识别数据空白等方面的进步。类似地，暴露科学领域也正在利用类似 AOP 的框架结构来更有效地获取、组织和解释暴露知识、暴露数据和暴露预测。

环境污染物暴露诱导的直接或间接效应均可引起代谢表型的变化。环境对人体产生的八类基本生物学损害包括氧化应激和炎症、基因组改变和突变、表观遗传改变、线粒体功能障碍、内分泌紊乱、细胞间通信改变、微生物群落改变和神经系统功能受损。在这些效应中，内分泌系统与代谢稳态直接相关，肠道菌群的代谢物经由“肠-脑轴”参与机体代谢调控。线粒体是能量代谢的最重要细胞器，氧化应激是环境暴露或细胞干扰在线粒体中产生的主要效应。在线粒体中，通过电子传递生成 ATP 的副产物（包括 ROS），这些高反应性分子会损伤细胞器和其他细胞结构。超氧物歧化酶、GSH 和催化酶等胞内抗氧化系统在生理水平会保护细胞免于损伤发生，并在细胞生理正常途径中起关键作用。但是，病理条件下，ROS 升高会影响蛋白、脂质和 DNA 的表达，进而导致线粒体代谢缺陷、功能障碍，甚至发生自噬。线粒体自噬的一般信号包括氧化应激和饥饿，特定信号包括信号蛋白或线粒体蛋白的氧化损伤和化学修饰。另外，异常表达的生物分子被机体代谢和清除或回收再利用的过程，也是代谢干扰的过程，如细胞膜损伤引起的脂质过氧化及其代谢紊乱（如生产花生四烯酸氧化物）。

MIE 的确切定义尚未得到普遍接受。目前的定义可以是：暴露物与生物分子或生物系统间的初始相互作用；经由下游事件，这种初始相互作用可进一步与 AO 形成因果关联。因此，MIE 代表了环境危险因素和 AO 分子之间的因果作用，其本质是外源性风险因素对生物体或生物分子的早期效应，包括受体激活、酶抑制和蛋白质修饰等事件。以对乙酰氨基酚暴露为例，如果暴露超

过一定剂量，超过 GSH 的防御能力时，其中间代谢物 *N*-乙酰基对苯醌亚胺可促进 ROS 产生，进一步改变线粒体的通透性，将导致严重肝损伤。因此，对乙酰氨基酚被代谢成 *N*-乙酰基对苯醌亚胺是其肝毒性背后的 MIE。对乙酰氨基酚被 CYP2E1 氧化的能力是其毒性的原因，该酶的初始代谢作用可与一系列下游的 KE 和最终的肝衰竭联系起来；此外，*N*-乙酰基对苯醌亚胺与 GSH、蛋白质、核酸或其他生物分子的相互作用也可以被认为是其毒性的 MIE。

人体暴露于外源性化合物的 3 类典型途径是呼吸、摄食和皮肤接触。环境污染物跨过机体与环境的边界后，被机体识别、代谢、清除，这些初始作用与其暴露部位的结构和生理功能有关。例如，刺激皮肤的化学污染物首先引起皮肤系统的响应，也会激活皮肤部位相关酶（包括代谢酶）的活性。如果代谢解毒过程诱导的下游 KE 与健康结局间具有因果关联，代谢就是这些物质暴露的 MIE，是一系列下游效应的开端。除对乙酰氨基酚外，胺碘酮、氯丙嗪、曲酸、甲氨蝶呤和丙戊酸等许多典型有害物质的基于结构和活性的 MIE 也已被广泛研究。事件的起始特征也可通过暴露路径分析获得。例如，纳米钛颗粒能经呼吸系统暴露导致癌症，这种伤害作用始于其靶向的肺细胞和组织，但是不会引起经胃肠道暴露的相关效应。

二、基于代谢过程的 MIMA 研究框架

传统的风险评估研究一般聚焦于实验室条件下模式生物的毒性通路和 AO，我们亟须在流行病学背景下基于个体水平暴露来定义人体毒理学；为此，基于系统流行病学的 MIMA 模型获得了初步发展（图 21-7）。MIMA 模型的本质是在组学大数据和生物网络基础上整合污染物人群暴露的分子毒理和 AO 的分子病理的研究框架，从而揭示污染物暴露的人体有害结局路径（human AOP）。换而言之，在 MIMA 模型的研究范式中，分别辨识污染物的人体代谢毒理特征和不良健康结局的代谢病理特征，最终基于生物学网络特征来整合从毒理到病理的通路。这些均得益于组学分析平台在人群流行病学研究中的应用，尤其是代谢组学和生物监测策略在人群层面的研究实践。在多组学（尤其代谢组学）大数据获取成为可能和分子流行病学研究框架下，通过创新生物标志物的暴露-疾病连续带研究范式，MIMA 模型利用人群污染物暴露的生物监测数据和临床诊断数据，基于大数据（尤其是代谢组）和网络动态关联分析，可重构环境污染的“暴露效应→毒性机制→致病机制→病理表型或 AO”证据链。MIMA 模型也能够筛选和确定一系列关键分子事件，有助于理解人体响应污染物暴露的起始事件。

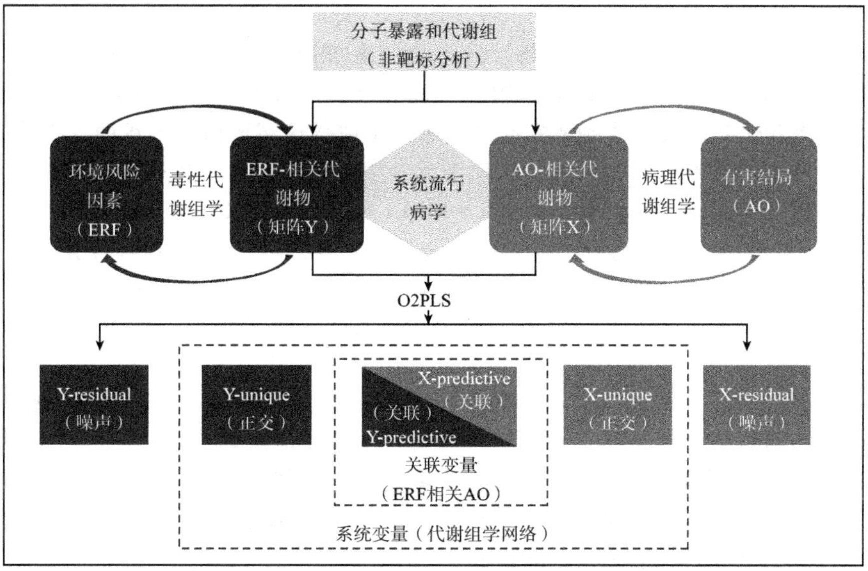

图 21-7　双向正交偏最小二乘（O2PLS）模型和暴露-有害结局路径重构

展　望

环境因素干扰个体代谢的过程是正常机体生殖、发育、成熟和衰老过程中的伴生事件，是机体与外部环境交流的一部分。从进化发育生物学的漫长时间轴观察，环境因素作用于细胞和细胞对环境因素的适应是机体形成正常表型的外部条件；环境危险因素诱导个体产生代谢异常等非正常表型并进一步产生不良健康结局，则是机体对"急剧或剧烈"环境变化的不适应。一方面表现为环境变化导致的风险因素"涌现性"，如快速工业化和城市化导致大量的机体异生性化学物质进入环境并造成潜在的健康危害，极端气候频发导致机体的不适应和健康伤害。另外，发育关键期暴露和老龄窗口的延长也会使得更多风险因素介入到影响健康的过程。基于暴露测量和效应测量数据揭示环境危险因素干扰机体代谢的通路和关键节点，除直接用于评估暴露的健康风险外，也可以基于代谢的调控作用提出有效的干预靶点和措施。

案例 1

$PM_{2.5}$ 导致的空气污染是我国目前面临的主要环境问题之一，其人群暴露的健康效应已引起了公众的广泛关注。$PM_{2.5}$ 粒径小，比表面积大，可吸附更多的有害物质，且更易进入肺泡并留存在肺部深处而不易被人体排出。因此，肺部是 $PM_{2.5}$ 毒性作用的首要靶器官，其暴露可能诱发各种呼吸系统疾病。流行病学研究表明，$PM_{2.5}$ 暴露与 COPD 存在显著关联，但由于传统流行病学研究的"黑箱"（black-box）特性，该关联的内在分子机制并不完全清楚。研究案例首先利用 LC/MS 的代谢组学技术分析了老年 COPD 患者尿液代谢组变化，同时分析测定了个体的 $PM_{2.5}$ 外暴露水平；采用 MIMA 策略进一步分析了 COPD 相关代谢物与 PM2.5 相关代谢物的关联网络。结果显示：与 $PM_{2.5}$ 暴露显著相关的差异代谢物主要参与嘌呤、氨基酸代谢及糖酵解等代谢过程；与 COPD 显著相关的差异代谢物则主要涉及氨基酸、脂质、脂肪酸和葡萄糖代谢。此外，部分 $PM_{2.5}$ 相关代谢物与 COPD 相关代谢物在统计学和生物学功能上均存在关联。COPD 相关代谢物肉碱、环溶血磷脂酸、亚赤甘氨酸、乙酰肌肽、*N*-甲酰-*L*-甲硫氨酸、组氨酸均与氧化 / 抗氧化平衡有关；$PM_{2.5}$ 相关代谢物尿酸和甲基尿酸是两种抗氧化物，磷酸甘油酸和 4-吡哆醇酸则与能量代谢有关，说明 $PM_{2.5}$ 干扰了 COPD 患者的氧化还原平衡和能量代谢。基于此，研究认为 $PM_{2.5}$ 可能通过降低患者的机体抗氧化能力和导致肺部能量供应不足而加剧 COPD 发病风险。

案例 2

砷是一种全球性的环境类金属污染物。砷污染的地下饮用水源是人类暴露的主要途径（即地理因素造成的人群暴露）；此外，采矿、燃煤、玻璃加工以及农业（兽药）的生产和使用等人类活动所造成的土壤和食品污染也是砷暴露的主要来源（即普通环境因素造成的人群暴露）。砷（以砷酸为例）在生物体的代谢涉及一系列的氧化还原和甲基化反应，具体代谢途径可归结为：

$$\text{Asi}^{\text{V}}[\text{AsO(OH)}_3]+2\text{e} \rightarrow \text{Asi}^{\text{III}}+\text{CH}_3^+ \rightarrow \text{MMA}^{\text{V}}[(\text{CH}_3)\text{AsO(OH)}_2]+2\text{e} \rightarrow \text{MMA}^{\text{III}}+$$
$$\text{CH}_3^+ \rightarrow \text{DMA}^{\text{V}}[(\text{CH}_3)_2\text{AsO(OH)}]+2\text{e} \rightarrow \text{DMA}^{\text{III}}+\text{CH}_3^+ \rightarrow \text{TMAO}[(\text{CH}_3)_3\text{AsO}]$$

砷在生物体内的代谢也会诱导产生 ROS，进而产生氧化胁迫。砷可以产生多脏器毒性效应，除致癌作用外，也影响男性生殖健康。为了揭示男性暴露普通环境砷引起不育结局的通路，研究案例同时分析了病例对照人群的尿砷浓度和尿液代谢组，利用 PLS-DA、O2PLS 和基于权重的基因共表达网络分析模型分别鉴定了砷相关代谢物及其网络模块、男性不育相关代谢物及其网络模块、两类代谢物的网络关联和关键节点。结果表明：人体清除砷的代谢过程（即砷的氧化还原和甲基化）干扰了一碳代谢通路，并诱导了氧化应激，进一步扰乱了机体的脂肪酸 β 氧化和甾醇类激素的合成过程；基于这些干扰通路及其关联的网络，砷暴露诱导的毒性作用可能直接关联男性不育的临床结局，其中睾酮位于关联网络的中心节点。

思 考 题

1. 机体应对环境中的外源性化学物质的一般策略是什么？清除体内外源性的分子态或脂溶性小分子的主要代谢反应类型有哪些？

2. 机体主要的内源性代谢通路分几类？主要有哪些代谢通路，各有哪些主要生理功能？

3. 人体感受外源性污染物的分子感受器有哪些？简述其功能。

4. 测量代谢组的主要仪器平台有哪些？各有什么优缺点？

5. 简述代谢组学研究的一般流程和各个步骤的要点。

6. 通过文献阅读，简述对“有害结局路径”（AOP）和“MIMA 模型”的理解。

（申河清　张　洁）

参考文献

曹学章，高吉喜，徐海根，等，2016. 生态环境标准体系框架研究简 [J]. 生态与农村环境学报，32(6): 863-869.

陈怀满，2022. 环境土壤学 [M]. 北京：科学出版社.

陈卫平，谢天，李笑诺，等，2018. 欧美发达国家场地土壤污染防治技术体系概述 [J]. 土壤学报，55(3): 527-542.

陈新，张华东，潘仲刚，等，2007. 开县特大天然气井喷事件应急处理及评价 [J]. 现代预防医学，(11): 2125-2127.

陈学敏，2004. 环境卫生学 [M]. 北京：人民卫生出版社.

陈雅兰，孙可，韩兰芳，等，2022. 土壤中微塑料的分离及检测方法研究进展 [J]. 土壤学报，59(2): 364-380.

邓芙蓉，2019. 空气颗粒物与健康 [M]. 湖北：湖北科学技术出版社.

邓卫文，2022. 国内应急管理研究热点与发展趋势——基于 Cite Space 的知识图谱分析 [J]. 行政与法，(2): 1-13.

董璟琦，2019. 污染场地绿色可持续修复评估方法及案例研究 [D]. 北京：中国地质大学.

杜艳君，班婕，孙庆华，等，2016. 环境健康风险的研究前沿及展望 [J]. 现代预防医学，43(24): 4437-4439.

杜宗豪，2018. 全国热脆弱性评估研究 [D]. 北京：中国疾病预防控制中心.

段小丽，2012. 暴露参数的研究方法及其在环境健康风险评价中的应用 [M]. 北京：科学出版社.

高彦辉，2019. 我国地方性氟中毒防治 70 年成就与经验 [J]. 中华地方病学杂志，38(9): 689-691.

耿增超，贾宏涛，2021. 土壤学 [M]. 北京：科学出版社.

顾爱华，冯汝莹，崔晓芳，2022. 中国应急管理研究的可视化与热点趋势分析 [J]. 江南大学学报（人文社会科学版），21(1): 7-18.

郭新彪，2021. 环境健康学教程 [M]. 北京：北京大学医学出版社.

郭新彪，杨旭，2015. 空气污染与健康 [M]. 武汉：湖北科学技术出版社.

侯杰，2020. 我国克山病实现了基本消除目标——克山病不再是我国农村的严重公共卫生问题 [J]. 中华地方病学杂志，39(12): 859-861.

环境保护部，2016. 中国人群暴露参数手册（成人卷：6～17 岁）[M]. 北京：中国环境出版社.

环境保护部，2016. 中国人群暴露参数手册（儿童卷：0～5 岁）[M]. 北京：中国环境出版社.

姜爽，陈庆先，张海涛，2021. 地方性氟中毒近 10 年发病机制研究概况 [J]. 我国地方病防治，36(2): 130-131, 200.

姜允申，2020. 计算毒理学和量子毒理学在我国毒理学研究中应用及前景 [J]. 中国公共卫生，36(3): 450-452.

蒋义国，2019. 环境化学物暴露与非编码 RNA 异常表达 [J]. 中华预防医学杂志，(5): 450-454.

金小伟，雷炳莉，许宜平，等，2009. 水生态基准方法学概述及建立我国水生态基准的探讨 [J]. 生态毒理学报，4(5): 609-616.

经正，李晓，孙玥，等，2020. 我国环境卫生应急工作现状与问题应对 [J]. 环境与健康杂志，37(5): 442-444.

阚海东，邬堂春，2013. 我国大气污染对居民健康影响的回顾和展望 [J]. 第二军医大学学报，34: 697-699.

来小鹏，2015. 知识产权法学 [M]. 3 版. 北京：中国政法大学出版社.

李圭白，张杰，2020. 水质工程学（上册）[M]. 第 3 版. 北京：中国建筑工业出版社.

李云祯，董荐，刘姝媛，等，2017. 基于风险管控思路的土壤污染防治研究与展望 [J]. 生态环境学报，26(6): 1075-1084.

李志涛，刘伟江，陈盛，等，2020. 关于"十四五"土壤、地下水与农业农村生态环境保护的思考 [J]. 中国环境管理，12(4): 45-50.

刘昌明，曹英杰，2009. 我国水污染状况及其对人类健康的影响与主要对策 [J]. 科学与社会，(2): 16-22.

刘科高，2014. 专利申请与案例分析 [M]. 北京：化学工业出版社.

刘鹏，2019. 当前我国碘缺乏病防治工作中的重点问题 [J]. 中华地方病学杂志，38(3): 175-178.

刘鑫蓓，董旭晟，解志红，等，2022. 土壤中微塑料的生态效应与生物降解 [J]. 土壤学报，59(2): 349-363.

刘岩，2010. 医学科研与论文写作：思路与方法 [M]. 山东：山东大学出版社.

鲁文清，2015. 环境污染与健康研究丛书（第 1 辑） 水污染与健康 [M]. 武汉：湖北科学技术出版社.

马瑾等，2021. 世界主要发达国家土壤环境基准与标准理论方法研究 [M]. 北京：科学出版社.

任国强，王于丹，周云波，2022. 科学研究中因果推断的方法、应用与展望——以个体健康研究为例 [J]. 人口与经济. (2): 25.

申红梅，刘辉，2019. 新中国成立 70 周年地方病防治历程 [J]. 我国地方病防治杂志，34(4): 361-363.

施小明，2020. 环境卫生和消毒在新型冠状病毒肺炎疫情防控中的关键性作用 [J]. 中华预防医学杂志，54(9): 918-922.

孙殿军，高彦辉，刘辉，2019. 我国 70 年地方病防治成效及展望 [J]. 我国公共卫生，35(7): 793-796.

孙新，李琪，姚海凤，等，2021. 土壤动物与土壤健康 [J]. 土壤学报，58(5): 1073-1083.

吴丰昌等，2020. 中国环境基准体系中长期路线图 [M]. 2 版 . 北京：科学出版社 .

吴良镛，2011. 人居环境科学研究进展 [M]. 北京：中国建筑工业出版社 .

许国旺，2008. 代谢组学——方法与应用 [M]. 北京：科学出版社 .

杨博逸，2022. 绿地暴露与中国人群健康关联的研究进展 [J]. 环境与职业医学，39(1): 30-35.

杨杰，李连祯，周倩，等，2021. 土壤环境中微塑料污染：来源、过程及风险 [J]. 土壤学报，58(2): 281-298.

杨克敌，2017. 环境卫生学 [M]. 8 版 . 北京：人民卫生出版社 .

杨克敌，2019. 现代环境卫生学 [M]. 3 版 . 北京：人民卫生出版社 .

杨克敌，鲁文清，2019. 现代环境卫生学 [M]. 3 版 . 北京：人民卫生出版社 .

杨焜烟，刘杏梅，徐建明，2022. 土壤重金属污染健康风险评估新视角—概率风险评估的源起及展望 [J]. 土壤学报，59(1): 28-37.

姚仁斌，2019. 医学论文写作 [M]. 2 版 . 合肥：安徽大学出版社 .

叶冬青，2003. 医学科研方法与临床流行病学 [M]. 合肥：安徽大学出版社 .

于光前，2019. 我国控制地方性砷中毒历程与成就-写在新中国成立 70 年之际 [J]. 中华地方病学杂志，38(10): 779-781.

张旭丰，刘运起，于钧，2019. 我国大骨节病防治历程与经验总结 [J]. 中华地方病学杂志，38(8): 603-606.

张学军，2014. 医学科研论文撰写与发表 [M]. 2 版 . 北京：人民卫生出版社 .

赵方杰，谢婉滢，汪鹏，2020. 土壤与人体健康 [J]. 土壤学报，57(1): 1-8.

中国气象局气候变化中心，2021.《中国气候变化蓝皮书 (2021)》发布 [J]. 科技导报，39(19): 2.

中华人民共和国国家卫生健康委员会 ,2016. 涉及人的生物医学研究伦理审查办法 [S].

中华人民共和国国家卫生健康委员会，2021. 化学物质环境健康风险评估技术指南 [S]. WS/T 777—2021.

中华人民共和国国家质量监督检验检疫总局，中华人民共和国国家标准化管理委员会，2018. 实验动物福利伦理审查指南 [S].

中华人民共和国国务院 ,2019. 中华人民共和国人类遗传资源管理条例 [S].

钟爽，黄存瑞，2019. 气候变化的健康风险与卫生应对 [J]. 科学通报，64(19): 2002-2010.

周宜开，叶临湘，2013. 环境流行病学基础与实践 [M]. 北京：人民卫生出版社 .

周羽化，武雪芳，2016. 中国水污染物排放标准 40 余年发展与思考 [J]. 环境污染与防治，38(9): 99-104.

ALDRED K J,KERNS R J,OSHEROFF N, 2014. Mechanism of quinolone action and resistance[J]. Biochemistry, 53: 1565.

ALLEN T E H, GOODMAN J M, GUTSELL S, et al, 2014. Defining molecular initiating events in the adverse outcome pathway framework for risk assessment[J]. Chem Res Toxicol, 27: 2100-2112.

AMARE M, ARNDT C, ABAY K A, et al, 2020. Urbanization and Child Nutritional Outcomes[J]. World Bank Economic Review, 34(1): 63-74.

ANENBERG S C, MOHEGH A, GOLDBERG D L, et al, 2022. Long-term trends in urban NO_2 concentrations and associated paediatric asthma incidence: estimates from global datasets[J]. Lancet Planet Health, 6(1): e49-e58.

ANZECC A, 2000. Australian and New Zealand Guidelines for Fresh and Marine Water Quality[R]. Canberra, Australia: Australian and New Zealand Environment and Conservation Council and Agriculture and Resource Management Council of Australia and New Zealand.

APTE J S, BRAUER M, COHEN A J, et al, 2018. Ambient PM2. 5 Reduces Global and Regional Life Expectancy[J]. Environ Sci Tech Let, 5(9): 546-551.

BAE S, KIM H C, YE B, et al, 2017. Causal inference in environmental epidemiology[J]. Environ Health Toxicol, 32: e2017015.

BAKULSKI K M, FALLIN M D, 2014. Epigenetic epidemiology: promises for public health research[J]. Environ Mol Mutagen, 55(3): 171-183.

BARBOZA E P, CIRACH M, KHOMENKO S, et al, 2021. Green space and mortality in European cities: a health impact assessment study[J]. Lancet Planet Health, 5(10): e718-e730.

BASNER M, BABISCH W, DAVIS A, et al, 2014. Auditory and non-auditory effects of noise on health[J]. Lancet, 383(9925): 1325-1332.

BIND M A, 2019. Causal Modeling in Environmental Health[J]. Annu Rev Public Health, 40: 23-43.

BURNETT R, CHEN H, SZYSZKOWICZ M, et al, 2018. Global estimates of mortality associated with long-term exposure to outdoor fine particulate matter[J]. Proceedings of the National Academy of Sciences of the United States of America, 115(38): 9592-9597.

BURNETT R T, POPE C A, EZZATI M, et al, 2014. An Integrated Risk Function for Estimating the Global Burden of Disease Attributable to Ambient Fine Particulate Matter Exposure[J]. Environmental health perspectives, 122(4): 397-403.

CAI W, ZHANG C, SUEN H P, et al, 2021. The 2020 China Report of the Lancet Countdown on Health and Climate Change[J]. The Lancet Public Health, 6(1): e64-e81.

CARRION D, ARFER K B, RUSH J, et al, 2021. A 1-km hourly air-temperature model for 13 northeastern US states using remotely sensed and ground-based measurements[J]. Environ Res, 200: 111477.

CASALS-CASAS C, DESVERGNE B, 2011. Endocrine disruptors: from endocrine to metabolic disruption[J]. Annu Rev Physiol, 73: 135-162.

CHADEAU-HYAM M, EBBELS T M, BROWN I J, et al, 2010. Metabolic profiling and the metabolome-wide association study: significance level for biomarker identification[J]. J Proteome Res, 9(9): 4620-4627.

CHEN R, JIANG Y, HU J, et al, 2022. Hourly Air Pollutants and Acute Coronary Syndrome Onset in 1. 29 Million Patients[J]. Circulation, 145(24): 1749-1760.

CHEN R, YIN P, WANG L, et al, 2018. Association between Ambient Temperature and Mortality Risk and Burden: Time Series Study in 272 Main Chinese Cities[J]. BMJ(Clinical research ed.), 363.

CHEN X, WANG X, HUANG J J, et al, 2017. Nonmalignant respiratory mortality and long-term exposure to PM_{10} and SO_2: A 12-year cohort study in northern China[J]. Environmental Pollution, 231(Pt 1): 761-767.

CROOM E, 2012. Metabolism of xenobiotics of human environments[J]. Progress in Molecular Biology and Translational Science, 112: 31-88.

DOMINICI F, ZIGLER C, 2017. Best Practices for Gauging Evidence of Causality in Air Pollution Epidemiology[J]. Am J Epidemiol, 186(12): 1303-1309.

DOMINISSINI D, MOSHITCH-MOSHKOVITZ S, SCHWARTZ S, et al, 2012. Topology of the human and mouse m6A RNA methylomes revealed by m6A-seq[J]. Nature, 485(7397): 201-206.

DONG G H, 2017. Ambient Air Pollution and Health Impact in China[J]. Springer Nature, 12.

DU Y, ZHAO L, BAN J, et al, 2021. Cumulative health risk assessment of disinfection by-products in drinking water by different disinfection methods in typical regions of China[J]. Science of the Total Environment, 770: 144662.

DU Y J, WANG Q, SUN Q H, et al, 2019. Assessment of PM2. 5monitoring using MicroPEM: A validation study in a city with elevated PM2. 5 levels[J]. Ecotoxicology and Environmental Safety, 171: 518-522.

EBI K L, CAPON A, BERRY P, et al, 2021. Hot weather and heat extremes: health risks[J]. Lancet, 398(10301): 698-708.

EICHLER C M A,COHEN HUBAL E A,LITTLE J C, 2019. Assessing Human exposure to chemicals in materials, products and articles: the international risk management landscape for phthalates[J]. Environ Sci Technol, 53: 13583.

FASOLI M, DAL SANTO S, ZENONI S, et al, 2012. The grapevine expression atlas reveals a deep transcriptome shift driving the entire plant into a maturation program[J]. Plant Cell, 24(9): 3489-3505.

FEIGIN V L, STARK B A, JOHNSON C O, et al, 2021. Global, regional, and national burden of stroke and its risk factors, 1990–2019: a systematic analysis for the Global Burden of Disease Study 2019[J]. The Lancet Neurology, 20(10): 795-820.

FISK W J, CHAN W R, JOHNSON A L, 2019. Does dampness and mold in schools affect health? Results of a meta-analysis[J]. Indoor Air, 29(6): 895-902.

FONVILLE J M, MAHER A D, COEN M, et al, 2010. Evaluation of full-resolution J-resolved 1H NMR projections of biofluids for metabonomics information retrieval and biomarker identification[J]. Anal Chem, 82(5): 1811-1821.

FRUMKIN H, 2006. Environmental health[M]. San Francisco, USA: Jossey-Bass.

FRUMKIN H, 2016. Environmental Health from Global to Local(third edition)[M]. San Francisco, California: Jossey-Bass.

GAO D, ZHU B, SUN H, et al, 2017. Mitochondrial DNA Methylation and Related Disease[J]. Adv Exp Med Biol, 1038: 117-132.

GAO X, JIA M, ZHANG Y, et al, 2015. DNA methylation changes of whole blood cells in response to active smoking exposure in adults: a systematic review of DNA methylation studies[J]. Clin Epigenetics, 7(1): 113.

GBD 2017 Risk Factor Collaborators,2018. Global, regional, and national comparative risk assessment of 84 behavioural, environmental and occupational, and metabolic risks or clusters of risks for 195countries and territories, 1990-2017: a systematic analysis for the Global Burden of Disease Study 2017[J]. Lancet, 392: 1923-1994.

GBD 2019 Risk Factors Collaborators, 2020. Global burden of 87 risk factors in 204countries and territories, 1990-2019: a systematic analysis for the Global Burden of Disease Study 2019[J]. Lancet, 396(10258): 1223-1249.

GEORGIOU M, MORISON G, SMITH N, et al, 2021. Mechanism of impact of blue spaces on human health: A systematic literature review and meta-analysis[J]. Environmental Research and Public Health, 18(5): 2486.

GHAZI T, NAIDOO P, NAIDOO R N, et al, 2021. Prenatal air pollution exposure and placental DNA methylation changes: implications on fetal development and future disease susceptibility[J]. Cells, 10(11): 3025.

HAHAD O, BAYO JIEMENEZ MT, KUNTIC M, et al, 2022. Cerebral consequences of environmental noise exposure[J]. Environment International, 165: 107306.

HAMMER M S, van DONKELAAR A, LI C, et al, 2020. Global estimates and long-term trends of fine particulate matter concentrations(1998-2018)[J]. Environ Sci Technol, 54(13): 7879-7890.

HARRISON R M, 2021. Environmental Pollutant Exposures and Public Health [M]. London: Royal Society of Chemistry.

HART J E, GRADY S, LADEN F, et al, 2018. Effects of indoor black carbon and $PM_{2.5}$ on pulmonary function among individuals with COPD[J]. Environmental Health Perspective, 126: 12.

HERNANDO-AMADO S,COQUE T M,BAQUERO F,et al, 2019. Defining and combating antibiotic resistance from One Health and Global Health perspectives[J]. Nat Microbiol, 4: 1432.

HINES D E, CONOLLY R B, JARABEK A M, 2019. Quantitative source-to-outcome case study to demonstrate the integration of human health and ecological end points using the aggregate exposure pathway and adverse outcome pathway frameworks[J]. Environ Sci Technol, 53: 11002-11012.

HOEK G, BEELEN R, de HOOGH K, et al, 2008. A review of land-use regression models to assess spatial variation of outdoor air pollution[J]. ATMOSPHERIC ENVIRONMENT, 42(33): 7561-7578.

HOGGART C J, WHITTAKER J C, DE IORIO M, et al, 2008. Simultaneous analysis of all SNPs in genome-wide and re-sequencing association studies[J]. PLoS Genet, 4(7): e1000130.

HOU J, SUN Y, DAI X, et al, 2021. Associations of indoor carbon dioxide concentrations, air temperature, and humidity with perceived air quality and sick building syndrome symptoms in Chinese homes[J]. Indoor Air, 31(4): 1018-1028.

HQ, Y K, SCHRAMM K W, 2022. Analytical aspects of meet-in-metabolite analysis for molecular pathway reconstitution from exposure to adverse outcome[J]. Molecular Aspects of Medicine, 87: 101006.

HUANG Q Y, HU D Y, WANG X F, et al, 2018. The modification of indoor $PM_{2.5}$ exposure to chronic obstructive pulmonary disease in Chinese elderly people: A meet-in-metabolite analysis[J]. Environ Int, 121: 1243-1252.

HUANG S D, KOUTRAKIS P, GRADY S T, et al, 2021. Effects of particulate matter gamma radiation on oxidative stress biomarkers in COPD patients[J]. Journal of Exposure Science & Environmental Epidemiology, 31: 727-735.

JAMIE B, 2015. Routledge Handbook of Water and Health[M]. Abingdon, Oxon: Routledge.

JIANG Y, XU J, LAI H, et al, 2021. Association between meteorological parameters and hand, foot and mouth disease in mainland China: a systematic review and meta-analysis[J]. Iranian Journal of Public Health, 50(9): 1757-1765.

KNUTSEN H K,ALEXANDER J,BARREGÅRD L,et al, 2018. Risk to human health related to the presence of perfluorooctane sulfonic acid and perfluorooctanoic acid in food[J]. Efsa j, 16(12): e05194.

KONUR O, 2020. Handbook of Algal Science, Technology and Medicine[M]. London, United Kingdom: Academic Press.

KOVALAKOVA P,CIZMAS L,MCDONALD T J,et al, 2020. Occurrence and toxicity of antibiotics in the aquatic environment: A review[J]. Chemosphere, 251: 126351.

LI T T, ZHANG Y, WANG J N, et al, 2018. All-cause mortality risk associated with long-term exposure to ambient PM2. 5 in China: a cohort study[J]. Lancet Public Health, 3(10): e470-e477.

LI X, CUNDY A B, CHEN W, et al, 2021. Systematic and bibliographic review of sustainability indicators for contaminated site remediation: Comparison between China and western nations[J]. Environmental research, 200: 111490.

LIU C, CAI J, CHEN R, et al, 2022. Coarse particulate air pollution and daily mortality: a global study in 205 cities[J]. Am J Respir Crit Care

Med, 206(8): 999-1007.

LIU C, CHEN R, SERA F, et al, 2019. Ambient particulate air pollution and daily mortality in 652 cities[J]. N Engl J Med, 381(8): 705-715.

LIU T, ZHOU C, ZHANG H, et al, 2020. Ambient temperature and years of life lost: a national study in China[J]. Innovation(Camb), 2(1): 100072.

LÖTVALL J, HILL A F, HOCHBERG F, et al, 2014. Minimal experimental requirements for definition of extracellular vesicles and their functions: a position statement from the International Society for Extracellular Vesicles[J]. J Extracell Vesicles, 3(0): 1-6.

LYDAHL E, GLANSHOLM A, LEVIN M, 1984. Ocular exposure to infra-red radiation in the Swedish Iron and steel industry[J]. Health Physics, 46(3): 529-536.

MALLET R T, BURTSCHER J, RICHALET J P, et al, 2021. Impact of high altitude on cardiovascular health: current perspectives[J]. Vascular Health and Risk Management, 17: 317-335.

MCCARTHY J J, CANZIANI O F, LEARY N A, et al, 2001. Climate Change 2001: Impacts, Adaptation, and Vulnerability: Contribution of Working Group ⅱ to the Third Assessment Report of the Intergovernmental Panel on Climate Change(IPCC)[M]. United Kingdom: Cambridge University Press.

MENG X, LIU C, CHEN R, et al, 2021. Short term associations of ambient nitrogen dioxide with daily total, cardiovascular, and respiratory mortality: multilocation analysis in 398 cities[J]. BMJ, 372: n534.

MICHELS K B, 2011. Epigenetic Epidemiology[M]. Dordrecht: Springer.

MISTRY M N, SCHNEIDER R, MASSELOT P, et al, 2022. Comparison of weather station and climate reanalysis data for modelling temperature-related mortality[J]. Sci Rep, 12(1): 5178.

MUCCI N, TRAVERSINI V, LORINI C, et al, 2020. Urban noise and psychological distress: a systematic review[J]. International journal of environmental research and public health, 18(17): 6621.

MUSTIELES V,CYNTHIA D'CRUZ S,COUDERQ S,et al, 2020. Bisphenol A and its analogues: A comprehensive review to identify and prioritize effect biomarkers for human biomonitoring[J]. Environ Int, 144: 105811.

NIU Y, YANG T, GU X, et al, 2022. China Pulmonary Health Study Group. Long-term ozone exposure and small airway dysfunction: The China Pulmonary Health(CPH)Study[J]. Am J Respir Crit Care Med, 205(4): 450-458.

NIU Y, ZHOU Y, CHEN R, et al, 2022. Long-term exposure to ozone and cardiovascular mortality in China: a nationwide cohort study[J]. Lancet Planet Health, 6: e496-e503.

NUCKOLS J R, WARD M H, JARUP L, 2004. Using geographic information systems for exposure assessment in environmental epidemiology studies[J]. Environ Health Perspect, 112(9): 1007-1015.

NWANAJI-ENWEREM J C, COLICINO E, 2020. DNA methylation-based biomarkers of environmental exposures for human population studies[J]. Curr Environ Health Rep, 7(2): 121–128.

PEARCE N, VANDENBROUCKE J P, LAWLOR D A, 2019. Causal inference in environmental epidemiology: old and new approaches[J]. Epidemiology, 30(3): 311-316.

PEARL J, 2009. Causality[M]. Cambridge: Cambridge university press.

POPE C A, BURNETT R T, THUN M J, et al, 2002. Lung cancer, cardiopulmonary mortality, and long-term exposure to fine particulate air pollution[J]. JAMA, 287(9): 1132-1141.

PRATA J C,DA COSTA J P,LOPES I,et al, 2020. Environmental exposure to microplastics: an overview on possible human health effects[J]. Sci Total Environ, 702: 134455.

RAASCHOU-NIELSEN O, ANDERSEN Z J, BEELEN R, et al, 2013. Air pollution and lung cancer incidence in 17 European cohorts: prospective analyses from the European Study of Cohorts for Air Pollution Effects(ESCAPE)[J]. Lancet Oncol, 14(9): 813-822.

RAHMAN A,SARKAR A,YADAV O P,et al, 2021. Potential human health risks due to environmental exposure to nano- and microplastics and knowledge gaps: a scoping review[J]. Sci Total Environ, 757: 143872.

REN F, JI C, HUANG Y, et al, 2020. AHR-mediated ROS production contributes to the cardiac developmental toxicity of PM2.5 in zebrafish embryos[J]. Sci Total Environ, 719: 135097.

RIDER C F, CARLSTEN C, 2019. Air pollution and DNA methylation: effects of exposure in humans[J]. Clin Epigenet, 11(1): 131.

SCHÄFER J,STRIMMER K, 2005. A shrinkage approach to large-scale covariance matrix estimation and implications for functional genomics[J]. Stat Appl Genet Mol Biol, 4: Article32.

SHEN P, WONG S P, LI J, et al, 2009. Simple and sensitive liquid chromatography-tandem mass spectrometry assay for simultaneous measurement of five Epimedium prenylflavonoids in rat sera[J]. J Chromatogr B Analyt Technol Biomed Life Sci, 877(1-2): 71-78.

SHOGREN J, 2013. Encyclopedia of Energy, Natural Resource, and Environmental Economics[M]. England: Newnes, 26(2): 48-56.

SIMON N, FRIEDMAN J, HASTIE T, et al, 2011. Regularization paths for cox's proportional hazards model via coordinate descent[J]. J Stat Softw, 39(5): 1-13.

SINHARAY R, GONG J, BARRATT B, et al, 2018. Respiratory and cardiovascular responses to walking down a traffic-polluted road compared with walking in a traffic-free area in participants aged 60 years and older with chronic lung or heart disease and age-matched healthy controls: a randomised, crossover study[J]. Lancet, 391(10118): 339-349.

SONG J W, LAM S M, FAN X, et al, 2020. Omics-driven systems interrogation of metabolic dysregulation in COVID-19 pathogenesis[J]. Cell Metab, 32(2): 188-202. e5.

SRIVASTAV AL, PATEL N, CHAUDHARY V K, 2020. Disinfection by-products in drinking water: Occurrence, toxicity and abatement[J]. Environmental Pollution, 267: 115474.

STEVE H, KENNETH R, 2018. DNA methylation-based biomarkers and the epigenetic clock theory of ageing[J]. Nat Rev Genet, 19(6): 371-384.

TANCREDI S, URBANO T, VINCETI M, et al, 2022. Artificial light at night and risk of mental disorders: A systematic review[J]. Science of The Total Environment, 833: 155185.

TELLMAN B, SULLIVAN J A, KUHN C, et al, 2021. Satellite imaging reveals increased proportion of population exposed to floods[J]. Nature, 596(7870): 80-86.

TIBSHIRANI R, 1997. The lasso method for variable selection in the Cox model[J]. Stat Med, 16(4): 385-395.

TIMSIT Y E, NEGISHI M, 2007. CAR and PXR: The xenobiotic-sensing receptors[J]. Steroids, 72: 231-246.

TISCHER C, GASCON M, FERNÁNDEZ-SOMOANO A, et al, 2017. Urban green and grey space in relation to respiratory health in children[J]. European Respiratory Journal, 49(6): 1502112.

TURNER M C, KREWSKI D, POPE C A, et al,2011. Long-term ambient fine particulate matter air pollution and lung cancer in a large cohort of never-smokers[J]. Am J Respir Crit Care Med, 184(12): 1374-1381.

US EPA, 2000. Methodology for deriving ambient water quality criteria for the protection of human health[R]. Washington DC: Office of Water, Office of Science and Technology.

WANG Q, WANG J, ZHOU J, et al, 2019. Future estimation of PM2. 5-related disease burden in China in 2020 and 2030 based on population and air quality scenarios[J]. Lancet Planet Health, (3): 71-80.

WANG Q, ZHANG Y, BAN J, et al, 2021. The relationship between population heat vulnerability and urbanization levels: a county-level modeling study across China[J]. Environment International, 156: 106742.

WANG Q, ZHU H, XU H, et al, 2022. The spatiotemporal trends of PM2. 5- and O3-related disease burden coincident with the reduction in air pollution in China between 2005 and 2017[J]. Resources, Conservation and Recycling, 176: 105918.

WATTS N, AMANN M, ARNELL N, et al, 2019. The 2019 report of The Lancet Countdown on health and climate change: ensuring that the health of a child born today is not defined by a changing climate[J]. Lancet, 394(10211): 1836-1878.

WHO, 1980. Glossary on air pollution[R]. Copenhagen: World Health Organization. Regional Office for Europe.

WHO, 2014. WHO handbook for guideline development[R]. 2nd ed. Geneva: World Health Organization.

WITTEN D M, TIBSHIRANI R, HASTIE T, 2009. A penalized matrix decomposition, with applications to sparse principal components and canonical correlation analysis[J]. Biostatistics, 10(3): 515-534.

XIE Y, LI Z, ZHONG H, et al, 2021. Short-term ambient particulate air pollution and hospitalization expenditures of cause-specific cardiorespiratory diseases in china: a multicity analysis[J]. Lancet Reg Health West Pac, 15: 100232.

YANG B Y, QIAN Z M, LI S, et al, 2018. Ambient air pollution in relation to diabetes and glucose-homoeostasis markers in China: a cross-sectional study with finding from the 33 Communities Chinese Health Study[J]. Lancet Planetary Health, 2: e64-e73.

YANG B, 2021. Greenspace and human health: An umbrella review[J]. The Innovation, 2(4): 100164.

YANG B Y, QU Y, GUO Y, et al, 2021. Maternal exposure to ambient air pollution and congenital heart defects in China[J]. Environ Int, 153: 106548.

YANG X, JIA X, DONG W, et al, 2018. Cardiovascular benefits of reducing personal exposure to traffic-related noise and particulate air pollution: a randomized crossover study in the Beijing subway system[J]. Indoor Air, 28: 777-786.

YANG X, LIANG F, LI J, et al, 2020. Associations of long-term exposure to ambient PM2.5 with mortality in Chinese adults: A pooled analysis of cohorts in the China-PAR project[J]. Environment international, 138: 105589.

YIN P, BRAUER M, COHEN A, et al, 2017. Long-term fine particulate matter exposure and nonaccidental and cause-specific mortality in a large national cohort of Chinese Men[J]. Environmental health perspectives, 125(11): 117002.

ZABLON H A, KO C I, PUGA A, 2021. Converging roles of the aryl hydrocarbon receptor in early embryonic development, maintenance of stemness, and tissue repair[J]. Toxicological Sciences, 182(1): 1-9.

ZHANG C, GUO Y, XIAO X, et al, 2019. Association of breastfeeding and air pollution exposure with lung function in Chinese children[J]. JAMA Network Open, 2(5): e194186.

ZHANG Y, 2021. All-cause mortality risk and attributable deaths associated with long-term exposure to ambient PM2.5 in Chinese adults[J]. Environ Sci Technol, 55(9): 6116-6127.

ZHANG YP, HOPKE P K, MANDIN C,2022. Handbook of Indoor Air Quality[M]. Singapore: Springer Nature Singapore Pte Ltd.

ZHU Q, LIU T, LIN H, et al, 2014. The spatial distribution of health vulnerability to heat waves in guangdong province, China[J]. Global Health Action, 7: 25051.

ZOU H, HARRINGTON J, REGO R L, et al, 2007. A novel method to capture methylated human DNA from stool: implications for colorectal cancer screening[J]. Clin Chem, 53(9): 1646-1651.

附　　录

附录1　世界卫生组织全球空气质量指导值 2021（摘录）

附表 1　建议的指导值水平和阶段目标值

污染物项目	平均时间	阶段目标值				指导值
		1	2	3	4	
$PM_{2.5}$（μg/m³）	年	35	25	15	10	5
	24 小时[a]	75	50	37.5	25	15
PM_{10}（μg/m³）	年	70	50	30	20	15
	24 小时[a]	150	100	75	50	45
O_3（μg/m³）	高峰季节[b]	100	70	—	—	60
	日最大 8 小时[a]	160	120	—	—	100
NO_2（μg/m³）	年	40	30	20	—	10
	24 小时[a]	120	50	—	—	25
SO_2（μg/m³）	24 小时[a]	125	50	—	—	40
CO（μg/m³）	24 小时[a]	7	—	—	—	4

注：a. 第 99 百分位（即每年超过 3～4 天）；b. 移动平均 O_3 浓度最高的连续 6 个月中日最大 8 小时平均 O_3 浓度的平均值

附录 2　环境空气质量标准（GB 3095—2012）（摘录）

附表 2-1　环境空气污染物基本项目浓度限值

序号	污染物项目	平均时间	浓度限值		单位
			一级	二级	
1	二氧化硫（SO_2）	年平均	20	60	μg/m³
		24 小时平均	50	150	
		1 小时平均	150	500	
2	二氧化氮（NO_2）	年平均	40	40	
		24 小时平均	80	80	
		1 小时平均	200	200	
3	一氧化碳（CO）	24 小时平均	4	4	mg/m³
		1 小时平均	10	10	
4	臭氧（O_3）	日最大 8 小时平均	100	160	
		1 小时平均	160	200	
5	细颗粒物（$PM_{2.5}$）	年平均	40	70	μg/m³
		24 小时平均	50	150	
6	可吸入颗粒物（PM_{10}）	年平均	15	35	
		24 小时平均	35	75	

附表 2-2　环境空气污染物其他项目浓度限值

序号	污染物	平均时间	浓度限值		单位
			一级	二级	
1	总悬浮颗粒物（TSP）	年平均	80	200	μg/m³
		24 小时平均	120	300	
2	氮氧化物（NO_x）	年平均	50	50	
		24 小时平均	100	100	
		1 小时平均	250	250	
3	铅（Pb）	年平均	0.5	0.5	
		季平均	1	1	
4	苯并［a］芘（BaP）	年平均	0.001	0.001	μg/m³
		24 小时平均	0.0025	0.0025	

附录 3 室内空气质量标准（GB/T 18883—2022）（摘录）

附表 3 室内空气质量指标及要求

序号	指标分类	指标	计量单位	要求	备注
01	物理性	温度	℃	22～28	夏季
				16～24	冬季
02		相对湿度	%	40～80	夏季
				30～60	冬季
03		风速	m/s	≤0.3	夏季
				≤30	冬季
04		新风量	m^3/（h·人）	≥30	—
05	化学性	臭氧（O^3）	mg/m^3	≤0.16	1 小时平均
06		二氧化氮（NO_2）	mg/m^3	≤0.20	1 小时平均
07		二氧化硫（SO_2）	mg/m^3	≤0.50	1 小时平均
08		二氧化碳（CO_2）	%[a]	≤0.10	1 小时平均
09		一氧化碳（CO）	mg/m^3	≤10	1 小时平均
10		氨（NH_3）	mg/m^3	≤0.20	1 小时平均
11		甲醛（HCHO）	mg/m^3	≤0.08	1 小时平均
12		苯（C_6H_6）	mg/m^3	≤0.03	1 小时平均
13		甲苯（C_7H_8）	mg/m^3	≤0.20	1 小时平均
14		二甲苯（C_8H_{10}）	mg/m^3	≤0.20	1 小时平均
15		总挥发性有机化合物（TVOC）	mg/m^3	≤0.60	8 小时平均
16		三氯乙烯（C_2HCl_3）	mg/m^3	≤0.006	8 小时平均
17		四氯乙烯（C_2Cl_4）	mg/m^3	≤0.12	8 小时平均
18		苯并 [a] 芘（BaP）[b]	ng/m^3	＜1.0	24 小时平均
19		可吸入颗粒物（PM_{10}）	mg/m^3	≤0.10	24 小时平均
20		细颗粒物（$PM_{2.5}$）	mg/m^3	≤0.05	24 小时平均
21	生物性	细菌总数	CFU/m^3	≤1500	—
22	放射性	氡（^{222}Rn）	Bq/m^3	≤300	年平均[c]（参考水平[d]）

注：a. 体积分数。b. 指可吸入颗粒物中的苯并 [a] 芘。c. 至少采样 3 个月（包括冬季）。d. 表示室内可接受的最大年平均氡浓度，并非安全与危险的严格界限。当室内氡浓度超过该参考水平时，需采取行动降低室内氡浓度。当室内氡浓度低于该参考水平时，也可以采取防护措施降低室内氢浓度，体现辐射防护最优化原则

附录4　地表水环境质量标准（GB 3838—2002）（摘录）

附表 4-1　地表水环境质量标准基本项目标准限值　　单位：mg/L

序号	分类 标准值 项目	Ⅰ类	Ⅱ类	Ⅲ类	Ⅳ类	Ⅴ类
1	水温（℃）	人为造成的环境水温变化应限制在： 周平均最大温升≤1 周平均最大温降≤2				
2	pH （无量纲）	6～9				
3	溶解氧　≥	饱和率 90%（或 7.5）	6	5	3	2
4	高锰酸盐指数　≤	2	4	6	10	15
5	化学需氧量（COD）　≤	15	15	20	30	40
6	五日生化需氧量（BOD5）≤	3	3	4	6	10
7	氨氮 （NH_3-N）　≤	0.15	0.5	1.0	1.5	2.0
8	总磷 （以P计）　≤	0.02 （湖、库 0.01）	0.1 （湖、库 0.025）	0.2 （湖、库 0.05）	0.3 （湖、库 0.1）	0.4 （湖、库 0.2）
9	总氮 （湖、库，以N计）　≤	0.2	0.5	1.0	1.5	2.0
10	铜　≤	0.01	1.0	1.0	1.0	1.0
11	锌　≤	0.05	1.0	1.0	2.0	2.0
12	氟化物 （以F计）　≤	1.0	1.0	1.0	1.5	1.5
13	硒　≤	0.01	0.01	0.01	0.02	0.02
14	砷　≤	0.05	0.05	0.05	0.1	0.1
15	汞　≤	0.000 05	0.000 05	0.0001	0.001	0.001
16	镉　≤	0.001	0.005	0.005	0.005	0.01
17	铬（六价）　≤	0.01	0.05	0.05	0.05	0.1
18	铅　≤	0.01	0.01	0.05	0.05	0.1
19	氰化物　≤	0.005	0.05	0.02	0.2	0.2
20	挥发酚　≤	0.002	0.002	0.005	0.01	0.1
21	石油类　≤	0.05	0.05	0.05	0.5	1.0
22	阴离子表面活性剂　≤	0.2	0.2	0.2	0.3	0.3
23	硫化物　≤	0.05	0.1	0.2	0.5	1.0
24	粪大肠菌群 （个/L）　≤	200	2000	10 000	20 000	40 000

附表 4-2　集中式生活饮用水地表水源地补充项目标准限值　单位：mg/L

序号	项目	标准值
1	硫酸盐（以 SO_4^{-} 计）	250
2	氯化物（以 Cl^{-} 计）	250
3	硝酸盐（以 N 计）	10
4	铁	0.3
5	锰	0.1

附表 4-3　集中式生活饮用水地表水源地特定项目标准限值　单位：mg/L

序号	项目	标准值	序号	项目	标准值
1	三氯甲烷	0.06	31	二硝基苯④	0.5
2	四氯化碳	0.002	32	2, 4-二硝基甲苯	0.0003
3	三溴甲烷	0.1	33	2, 4, 6-三硝基甲苯	0.5
4	二氯甲烷	0.02	34	硝基氯苯⑤	0.05
5	1, 2-二氯乙烷	0.03	35	2, 4-二硝基氯苯	0.5
6	环氧氯丙烷	0.02	36	2, 4-氯苯酚	0.093
7	氯乙烯	0.005	37	2, 4, 6-三氯苯酚	0.2
8	1, 1-二氯乙烯	0.03	38	五氯酚	0.009
9	1, 2-二氯乙烯	0.05	39	苯胺	0.1
10	三氯乙烯	0.07	40	联苯胺	0.0002
11	四氯乙烯	0.04	41	丙烯酰胺	0.0005
12	氯丁二烯	0.002	42	丙烯腈	0.1
13	六氯丁二烯	0.0006	43	邻苯二甲酸二丁酯	0.003
14	苯乙烯	0.02	44	邻苯二甲酸二（2-乙基己基）酯	0.008
15	甲醛	0.9	45	水合肼	0.01
16	乙醛	0.05	46	四乙基铅	0.0001
17	丙烯醛	0.1	47	吡啶	0.2
18	三氯乙醛	0.01	48	松节油	0.2
19	苯	0.01	49	苦味酸	0.5
20	甲苯	0.7	50	丁基黄原酸	0.005
21	乙苯	0.3	51	活性氯	0.01
22	二甲苯①	0.5	52	滴滴涕	0.001
23	异丙苯	0.25	53	林丹	0.002
24	氯苯	0.3	54	环氧七氯	0.0002
25	1, 2-二氯苯	1.0	55	对硫磷	0.003
26	1, 4-二氯苯	0.3	56	甲基对硫磷	0.002
27	三氯苯②	0.02	57	马拉硫磷	0.05
28	四氯苯③	0.02	58	乐果	0.08
29	六氯苯	0.05	59	敌敌畏	0.05
30	硝基苯	0.017	60	敌百虫	0.05

续表

序号	项目	标准值	序号	项目	标准值
61	内吸磷	0.03	71	钼	0.07
62	百菌清	0.01	72	钴	1.0
63	甲萘威	0.05	73	铍	0.002
64	溴氰菊酯	0.02	74	硼	0.5
65	阿特拉津	0.003	75	锑	0.005
66	苯并［a］芘	2.8×10^{-6}	76	镍	0.02
67	甲基汞	1.0×10^{-6}	77	钡	0.7
68	多氯联苯⑥	2.0×10^{-5}	78	钒	0.05
69	微囊藻毒素-LR	0.001	79	钛	0.1
70	黄磷	0.003	80	铊	0.0001

注:①二甲苯,指对-二甲苯、间-二甲苯、邻-二甲苯;②三氯苯,指 1, 2, 3-三氯苯、1, 2, 4-三氯苯、1, 3, 5-三氯苯;③四氯苯,指 1, 2, 3, 4-四氯苯、1, 2, 3, 5-四氯苯、1, 2, 4, 5-四氯苯;④二硝基苯,指对-二硝基苯、间-二硝基苯、邻-二硝基苯;⑤硝基氯苯,指对-硝基氯苯、间-硝基氯苯、邻-硝基氯苯;⑥多氮联苯,指 PCB-1016、PCB-1221、PCB-1232、PCB-1242、PCB-1248、PCB-1254、PCB-1260

附录 5　污水综合排放标准（GB 8978—1996）（摘录）

附表 5-1　第一类污染物最高允许排放浓度　　单位：mg/L

序号	污染物	最高允许排放浓度	序号	污染物	最高允许排放浓度
1	总汞	0.05	8	总镍	1.0
2	烷基汞	不得检出	9	苯并［a］芘	0.000 03
3	总镉	0.1	10	总铍	0.005
4	总铬	1.5	11	总银	0.5
5	六价铬	0.5	12	总 α 放射性	1Bq/L
6	总砷	0.5	13	总 β 放射性	10Bq/L
7	总铅	1.0			

附表 5-2　第二类污染物最高允许排放浓度　　单位：mg/L

序号	污染物	适用范围	一级标准	二级标准	三级标准
1	pH	一切排污单位	6～9	6～9	6～9
2	色度（稀释倍数）	染料工业	50	180	—
		其他排污单位	50	80	—
3	悬浮物（SS）	采矿、选矿、选煤工业	100	300	—
		脉金选矿	100	500	—
		边远地区砂金选矿	100	800	—
		城镇二级污水处理厂	20	30	—
		其他排污单位	70	200	400
4	五日生化需氧量（BOD5）	甘蔗制糖、苎麻脱胶、湿法纤维板工业	30	100	600
		甜菜制糖、酒精、味精、皮革、化纤浆粕工业	30	150	600
		城镇二级污水处理厂	20	30	—
		其他排污单位	30	60	300
5	化学需氧量（COD）	甜菜制糖、焦化、合成脂肪酸、湿法纤维板、染料、洗毛、有机磷农药工业	100	200	1000
		味精、酒精、医药原料药、生物制药、苎麻脱胶、皮革、化纤浆粕工业	100	300	1000
		石油化工工业（包括石油炼制）	100	150	500
		城镇二级污水处理厂	60	120	—
		其他排污单位	100	150	500
6	石油类	一切排污单位	10	10	30
7	动植物油	一切排污单位	20	20	100
8	挥发酚	一切排污单位	0.5	0.5	2.0

续表

序号	污染物	适用范围	一级标准	二级标准	三级标准
9	总氰化合物	电影洗片（铁氰化合物）	0.5	5.0	5.0
		其他排污单位	0.5	0.5	1.0
10	硫化物	一切排污单位	1.0	1.0	2.0
11	氨氮	医药原料药、染料、石油化工工业	15	50	—
		其他排污单位	15	25	—
12	氟化物	黄磷工业	10	20	20
		低氟地区（水体含氟量＜0.5mg/L）	10	20	30
		其他排污单位	10	10	20
13	磷酸盐（以 P 计）	一切排污单位	0.5	1.0	—
14	甲醛	一切排污单位	1.0	2.0	5.0
15	苯胺类	一切排污单位	1.0	2.0	5.0
16	硝基苯类	一切排污单位	2.0	3.0	5.0
17	阴离子表面活性剂（LAS）	合成洗涤剂工业	5.0	15	20
		其他排污单位	5.0	10	20
18	总铜	一切排污单位	0.5	1.0	2.0
19	总锌	一切排污单位	2.0	5.0	5.0
20	总锰	合成脂肪酸工业	2.0	5.0	5.0
		其他排污单位	2.0	2.0	5.0
21	彩色显影剂	电影洗片	2.0	3.0	5.0
22	显彩剂及氧化物总量	电影洗片	3.0	6.0	6.0
23	元素磷	一切排污单位	0.1	0.3	0.3
24	有机磷农药（以 P 计）	一切排污单位	不得检出	0.5	0.5
25	粪大肠菌群数	医院*、兽医院及医疗机构含病原体污水	500 个 /L	1000 个 /L	5000 个 /L
		传染病、结核病医院污水	100 个 /L	500 个 /L	1000 个 /L
26	总余氯（采用氯化消毒的医院污水）	医院*、兽医院及医疗机构含病原体污水	＜0.5**	＞3（接触时间≥1 小时）	＞2（接触时间≥1 小时）
		传染病、结核病医院污水	＜0.5**	＞6.5（接触时间≥1.5 小时）	＞5（接触时间≥1.5 小时）

注：* 指 50 个床位以上的医院。** 加氯消毒后须进行脱氯处理，达到本标准

附录 6　医疗机构水污染物排放标准（GB 18466—2005）（摘录）

附表 6-1　传染病、结核病医疗机构水污染物排放限值（日均值）

序号	控制项目	标准值
1	粪大肠菌群数（MPN/L）	100
2	肠道致病菌	不得检出
3	肠道病毒	不得检出
4	结核分枝杆菌	不得检出
5	pH	6～9
6	化学需氧量（COD）浓度（mg/L）	60
	最高允许排放负荷 [g/（床位・d）]	60
7	生化需氧量（BOD）浓度（mg/L）	20
	最高允许排放负荷 [g/（床位・d）]	20
8	悬浮物（SS）浓度（mg/L）	20
	最高允许排放负荷 [g/（床位・d）]	20
9	氨氮（mg/L）	15
10	动植物油（mg/L）	5
11	石油类（mg/L）	5
12	阴离子表面活性剂（mg/L）	5
13	色度（稀释倍数）	30
14	挥发酚（mg/L）	0.5
15	总氰化物（mg/L）	0.5
16	总汞（mg/L）	0.05
17	总镉（mg/L）	0.1
18	总铬（mg/L）	1.5
19	六价铬（mg/L）	0.5
20	总砷（mg/L）	0.5
21	总铅（mg/L）	1.0
22	总银（mg/L）	0.5
23	总 α（Bq/L）	1
24	总 β（Bq/L）	10
25	总余氯 [1), 2)]（mg/L）（直接排入水体的要求）	0.5

注：1）采用含氯消毒剂消毒的工艺控制要求为：消毒接触池的接触时间＞1.5 小时，接触池出口总余氯 6.5～10mg/L。

2）采用其他消毒剂对总余氯不作要求

附表 6-2　综合医疗机构和其他医疗机构水污染物排放限值（日均值）

序号	控制项目	排放标准	预处理标准
1	粪大肠菌群数（MPN/L）	500	5000
2	肠道致病菌	不得检出	—
3	肠道病毒	不得检出	—
4	pH	6～9	6～9
5	化学需氧量（COD）浓度（mg/L）	60	250
	最高允许排放负荷 [g/（床位・d）]	60	250
6	生化需氧量（BOD）浓度（mg/L）	20	100
	最高允许排放负荷 [g/（床位・d）]	20	100
7	悬浮物（SS）浓度（mg/L）	20	60
	最高允许排放负荷 [g/（床位・d）]	20	60
8	氨氮（mg/L）	15	—
9	动植物油（mg/L）	5	20
10	石油类（mg/L）	5	20
11	阴离子表面活性剂（mg/L）	5	10
12	色度（稀释倍数）	30	—
13	挥发酚（mg/L）	0.5	1.0
14	总氰化物（mg/L）	0.5	0.5
15	总汞（mg/L）	0.05	0.05
16	总镉（mg/L）	0.1	0.1
17	总铬（mg/L）	1.5	1.5
18	六价铬（mg/L）	0.5	0.5
19	总砷（mg/L）	0.5	0.5
20	总铅（mg/L）	1.0	1.0
21	总银（mg/L）	0.5	0.5
22	总 α（Bq/L）	1	1
23	总 β（Bq/L）	10	10
24	总余氯 1),2)（mg/L）	0.5	—

注：1）采用含氯消毒剂消毒的工艺控制要求为，排放标准：消毒接触池接触时间≥1 小时，接触池出口总余氯 3～10mg/L。预处理标准：消毒接触池接触时间≥1 小时，接触池出口总余氯 2～8mg/L。

2）采用其他消毒剂对总余氯不作要求

附录7　生活饮用水卫生标准（GB 5749—2022）（摘录）

附表 7-1　生活饮用水水质常规指标及限值

指标	限值
1. 微生物指标	
总大肠菌群（MPN/100ml 或 CFU/100ml）[a]	不应检出
大肠埃希菌（MPN/100ml 或 CFU/100ml）[a]	不应检出
菌落总数（MPN/ml 或 CFU/ml）[b]	100
2. 毒理指标	
砷（mg/L）	0.01
镉（mg/L）	0.005
铬（六价，mg/L）	0.05
铅（mg/L）	0.01
汞（mg/L）	0.001
氰化物（mg/L）	0.05
氟化物（mg/L）[b]	1
硝酸盐（以 N 计，mg/L）[b]	10
三氯甲烷（mg/L）[c]	0.06
一氯二溴甲烷 /（mg/L）[c]	0.1
二氯一溴甲烷（mg/L）[c]	0.06
三溴甲烷 /（mg/L）[c]	0.1
三卤甲烷（三氯甲烷、一氯二溴甲烷、二氯一溴甲烷、三溴甲烷的总和）[c]	该类化合物中各种化合物的实测浓度与其各自限值的比值之和不超过 1
二氯乙酸 /（mg/L）[c]	0.05
三氯乙酸 /（mg/L）[c]	0.1
溴酸盐（mg/L）	0.01
亚氯酸盐（mg/L）[c]	0.7
氯酸盐（mg/L）[c]	0.7
3. 感官性状和一般化学指标[d]	
色度（铂钴色度单位，度）	15
浑浊度（散射浊度单位，NTU）[b]	1
臭和味	无异臭、异味
肉眼可见物	无
pH	不小于 6.5 且不大于 8.5
铝（mg/L）	0.2
铁（mg/L）	0.3
锰（mg/L）	0.1

续表

指标	限值
铜（mg/L）	1
锌（mg/L）	1
氯化物（mg/L）	250
硫酸盐（mg/L）	250
溶解性总固体（mg/L）	1000
总硬度（以 $CaCO_3$ 计，mg/L）	450
高锰酸盐指数（以 O_2 计，mg/L）	3
氨（以 N 计，mg/L）	0.5
4. 放射性指标 [e]	
总 α 放射性（Bq/L）	0.5（指导值）
总 β 放射性（Bq/L）	1（指导值）

a MPN 表示最可能数；CFU 表示菌落形成单位。当水样检出总大肠菌群时，应进一步检验大肠埃希氏菌；当水样未检出总大肠菌群时，不必检验大肠埃希氏菌。

b 小型集中式供水和分散式供水因水源与净水技术受限时，菌落总数指标限值按 500MPN/ml 或 500CFU/ml 执行，氟化物指标限值按 1.2mg/L 执行，硝酸盐（以 N 计）指标限值按 20mg/L 执行，浑浊度指标限值按 3NTU 执行。

c 水处理工艺流程中预氧化或消毒方式：

——采用液氯、次氯酸钙及氯胺时，应测定三氯甲烷、一氯二溴甲烷、二氯一溴甲烷、三溴甲烷、三卤甲烷、二氯乙酸、三氯乙酸；

——采用次氯酸钠时，应测定三氯甲烷、一氯二溴甲烷、二氯一溴甲烷、三溴甲烷、三卤甲烷、二氯乙酸、三氯乙酸、氯酸盐；

——采用臭氧时，应测定溴酸盐；

——采用二氧化氯时，应测定亚氯酸盐；

——采用二氧化氯与氯混合消毒剂发生器时，应测定亚氯酸盐、氯酸盐、三氯甲烷、一氯二溴甲烷、二氯一溴甲烷、三溴甲烷、三卤甲烷、二氯乙酸、三氯乙酸；

——当原水中含有上述污染物，可能导致出厂水和末梢水的超标风险时，无论采用何种预氧化或消毒方式，都应对其进行测定。

d 当发生影响水质的突发公共事件时，经风险评估，感官性状和一般化学指标可暂时适当放宽。

e 放射性指标超过指导值（总 β 放射性扣除 40K 后仍然大于 1Bq/L），应进行核素分析和评价，判定能否饮用

附表 7-2 生活饮用水中消毒剂常规指标及要求

指标	与水接触时间（min）	出厂水和末梢水限值（mg/L）	出厂水余量（mg/L）	末梢水余量（mg/L）
游离氯 [a,d]	≥30	4 ≤2	≥0.3	≥0.05
总氯 [b]	≥120	≤3	≥0.5	≥0.05
臭氧 [c]	≥12	≤0.3	—	≥ 0.02，如采用其他协同消毒方式，消毒剂限值及余量应满足相应要求
二氧化氯 [d]	≥30	≤0.8	≥0.1	≥0.02

注：a 采用液氯、次氯酸钠、次氯酸钙消毒方式时，应测定游离氯。

b 采用氯胺消毒方式时，应测定总氯。

c 采用臭氧消毒方式时，应测定臭氧。

d 采用二氧化氯消毒方式时，应测定二氧化氯；采用二氧化氯与氯混合消毒剂发生器消毒方式时，应测定二氧化氯和游离氯。两项指标均应满足限值要求，至少一项指标应满足余量要求

附表 7-3 生活饮用水水质扩展指标及限值

指标	限值
1. 微生物指标	
贾第鞭毛虫（个 /10L）	<1

续表

指标	限值
隐孢子虫（个/10L）	<1
2. 毒理指标	
锑（mg/L）	0.005
钡（mg/L）	0.7
铍（mg/L）	0.002
硼（mg/L）	1.0
钼（mg/L）	0.07
镍（mg/L）	0.02
银（mg/L）	0.05
铊（mg/L）	0.000 1
硒（mg/L）	0.01
高氯酸盐（mg/L）	0.07
二氯甲烷（mg/L）	0.02
四氯化碳（mg/L）	0.002
氯乙烯（mg/L）	0.001
1, 1-二氯乙烯（mg/L）	0.03
1, 2-二氯乙烯（总量，mg/L）	0.05
三氯乙烯（mg/L）	0.02
四氯乙烯（mg/L）	0.04
六氯丁二烯（mg/L）	0.0006
苯（mg/L）	0.01
甲苯（mg/L）	0.7
二甲苯（总量，mg/L）	0.5
苯乙烯（mg/L）	0.02
氯苯（mg/L）	0.3
1, 4-二氯苯（mg/L）	0.3
三氯苯（总量，mg/L）	0.02
六氯苯（mg/L）	0.001
1, 2-二氯乙烷（mg/L）	0.03
七氯（mg/L）	0.000 4
马拉硫磷（mg/L）	0.25
乐果（mg/L）	0.006
灭草松（mg/L）	0.3
百菌清（mg/L）	0.01
呋喃丹（mg/L）	0.007
毒死蜱（mg/L）	0.03
草甘膦（mg/L）	0.7
敌敌畏（mg/L）	0.001

续表

指标	限值
莠去津（mg/L）	0.002
溴氰菊酯（mg/L）	0.02
2, 4-滴（mg/L）	0.03
乙草胺（mg/L）	0.02
五氯酚（mg/L）	0.009
2, 4, 6-三氯酚（mg/L）	0.2
苯并［a］芘（mg/L）	0.000 01
邻苯二甲酸二（2-乙基己基）酯（mg/L）	0.008
丙烯酰胺（mg/L）	0.0005
环氧氯丙烷（mg/L）	0.0004
微囊藻毒素-LR（mg/L）	0.001
3. 感官性状和一般化学指标[a]	
钠（mg/L）	200
挥发酚类（以苯酚计，mg/L）	0.002
阴离子合成洗涤剂（mg/L）	0.3
2-甲基异莰醇（mg/L）	0.00001
土臭素（mg/L）	0.00001

a 当发生影响水质的突发公共事件时，经风险评估，感官性状和一般化学指标可暂时适当放宽

附录 8　土壤环境质量　农用地土壤污染风险管控标准（试行）（GB 15618—2018）（摘录）

附表 8　农用地土壤污染风险筛选值（基本项目）　单位：mg/kg

序号	污染物项目[a,b]		风险筛选值			
			pH≤5.5	5.5＜pH≤6.5	6.5＜pH≤7.5	pH＞7.5
1	镉	水田	0.3	0.4	0.6	0.8
		其他	0.3	0.3	0.3	0.6
2	汞	水田	0.5	0.5	0.6	1.0
		其他	1.3	1.8	2.4	3.4
3	砷	水田	30	30	25	20
		其他	40	40	30	25
4	铅	水田	80	100	140	240
		其他	70	90	120	170
5	铬	水田	250	250	300	350
		其他	150	150	200	250
6	铜	果园	150	150	200	200
		其他	50	50	100	100
7	镍		60	70	100	190
8	锌		200	200	250	300

a. 重金属和类金属砷均按元素总量计

b. 对于水旱轮作地，采用其中较严格的风险筛选值

中英文名词对照

A

阿尔茨海默病　Alzheimer disease，AD
癌症风险时钟　epigenetic timer of cancer，epiTOC
奥克立林　octocrylene，OCR

B

白细胞介素　interleukin，IL
白噪声　white noise
柏拉图标度化　pareto scaling
半变异函数　semivariogram
半挥发性有机物　semi-volatile organic compounds，SVOCs
半数有效量　median effective dose，ED_{50}
半数致死量　median lethal dose，LD_{50}
半抑制浓度　half maximal inhibitory concentration
胞外囊泡　extracellular vesicle
胞外囊泡研究指导要求　minimal information for studies of extracellular vesicle
胞质分裂阻断微核　cytokinesis-block micronucleus
保护工业产权巴黎公约　Paris Convention for the Protection of Industrial Property
暴露　exposure
暴露参数　exposure factor
暴露-反应关系　exposure-response relationship
暴露频率　exposure frequency，EF
暴露评价　exposure assessment
暴露生物标志物　biomarker of exposure
暴露时间　exposure time，ET
暴露周期　exposure duration，ED
暴露组　exposome
暴露组学　exposomics
贝克焦虑量表　Beck anxiety inventory
贝叶斯变量选择　Bayesian variable selection，BVS
贝叶斯回归树模型　Bayesian regression tree model
贝叶斯正则化修剪元回归　meta-regression-Bayesian，regularised，trimmed
苯并 [a] 芘　benzo[a]pyrene，BaP
苯并芘　benzopyrene
比较风险评估　comparative risk analysis
比值比　odds ratio，OR
边际结构模型　marginal structure model
变程　range
变量投影重要性　variable important in projection，VIP
表达序列标签　expressed sequence tag
表观基因组关联研究　epigenome-wide association study，EWAS
表观基因组学路线图计划　roadmap epigenomics project
表观遗传流行病学　epigenetic epidemiology
表观遗传时钟　epigenetic clock
表观遗传学　epigenetics
丙二醛　malondialdehyde，MDA
病例对照研究　case-control study
病例交叉研究　case-crossover study
不良建筑物综合征　sick building syndrome，SBS
不适定问题　ill-posed problem

C

参考剂量　reference dose，RfD
参考浓度　reference concentration，RfC
残余偏倚　residual bias
柴油车颗粒物　diesel exhaust particles，DEP
长链 ncRNA　long ncRNA，lncRNA
长散在重复序列 1　long interspersed repeated sequences-1，LINE-1
超细颗粒物　ultrafine particles，UFP
超氧化物歧化酶　superoxide dismutase，SOD
城市功能分区　city functional district
城市规模　city size
城市绿地　urban green space
城市热岛效应　urban heat island effect
城市生态系统　urban ecosystem
持久性有机污染物　persistent organic pollutant，POP
赤池信息量准则　Akaike information criterion，AIC
臭氧　Ozone，O_3
臭氧观测仪　Ozone Monitoring Instrument，OMI
穿透系数　penetration factor

雌激素受体　estrogen receptor
粗颗粒物　coarse particles，$PM_{2.5-10}$
促甲状腺激素　thyroid stimulating hormone，TSH
脆弱人群　vulnerable group
错误发现率　false discovery rate，FDR

D

大规模平行标签测序　massively parallel signature sequencing
大气圈　atmospheric sphere
大气污染长期效应研究队列　long-tern effect of air pollution in china consortium
大气压化学电离源　atmospheric pressure chemical ionization，APCI
代表性浓度路径　representative concentration pathways，RCPs
代谢组学　metabolomics/metabonomics
单核苷酸多态性　single nucleotide polymorphism，SNP
单甲基砷　monomethyl arsenic，MMA
单位方差标度化　unit variance scaling
单细胞凝胶电泳　single cell gel electrophoresis
蛋氨酸腺苷转移酶　methionine adenosyl transferase
蛋白激酶B　protein kinase B，AKT
氮氧化物　nitrogen oxides，NOX
低密度脂蛋白胆固醇　low-density lipoprotein cholesterol，LDL-C
低频功率　power in the low frequency band
滴滴涕　dichlorodiphenyltrichloroethane，DDT
地方性氟中毒　endemic fluorosis
地方性砷中毒　endemic arseniasis
地理加权回归　geographical weighted regression
地理信息系统　geographic information system，GIS
第二版的研究与应用的现代回顾性分析数据集　Modern-Era Retrospective analysis for Research and Applications，version 2，MERRA-2
第五代欧洲中程天气预报中心再分析　the Fifth Generation European Center for Medium-range Weather Forecasts Reanalysis，，ERA-5
第1秒用力呼气量　forced expiratory volume in first second，FEV_1
点突变　point mutation
碘　iodine，I
碘缺乏病　iodine deficiency disorder，IDD
电感耦合等离子体质谱法　inductively coupled plasmamass spectrometry
电喷雾电离　electrospray ionization
电喷雾离子源　electron spray ionization，ESI
电子轰击电离　electron impact，EI
淀粉酶　Amylase，AM
定量构效关系　quantitative structure-activity relationship，QSAR
定组研究　panel study
氡　radon，Rn
毒代动力学　toxicokinetics
毒理学关注阈值法　threshold of toxicological concern，TTC
毒效动力学　toxicodynamics
毒性　toxicity
毒性当量因子　toxicity equivalency factor，TEF
毒性作用带　toxic effect zone
独立作用　independent effect
端粒长度DNA甲基化估量　DNA-methylation based telomere length，DNAmTL
短链ncRNA　small ncRNA，sncRNA
断点回归　regression discontinuity，RD
队列研究　cohort study
对流层观测仪　TROPOspheric monitoring instrument，TROPOMI
对人的致癌性尚无法分类　unclassifiable as to carcinogenicity to humans
对人很可能不致癌　probably not carcinogenic to humans
对人很可能致癌　probably carcinogenic to humans
对人可能致癌　possibly carcinogenic to humans
对人致癌　carcinogenic to humans
对数高斯Cox过程　log Gaussian Cox process
对应分析　correspondence analysis
多重对照　multiple control
多反应监测　multiple reaction monitoring，MRM
多环芳烃　polycyclic aromatic hydrocarbons，PAHs
多角度成像光谱仪　the multi-angle imaging spectroradiometer，MISR
多角度大气校正算法　multi-angle implementation of atmospheric correction，MAIAC
多氯联苯　polychlorinated biphenyls，PCBs
多囊体　multi-vesicle bodies，MVBs
多溴二苯醚　polybrominated diphenyl ethers，PBDEs
多种族动脉粥样硬化子队列　multi-ethnic study of

atherosclerosis air-lung study
多组学　mulitomics

E

二苯酮-3　benzophenone-3，BP-3
二次污染物　secondary pollutant
二甲基 PABA 乙基己酯　octyl-dimethyl-PABA，OD-PABA
二甲基砷　dimethyl arsenic，DMA
二阶段最小二乘法　method of two-stage least square estimation
二氧化氮　nitrogen dioxide，NO_2
二氧化硫　sulfur dioxide，SO_2
二氧化碳　carbon dioxide，CO_2

F

翻译后修饰　post-translational modifications
反距离权重　inverse distance weighted，IDW
反事实暴露分布　counterfactual exposure distribution
反事实暴露浓度　counterfactual exposure
反事实结局　counterfactual outcomes
反应停　thalidomide
芳烃受体　aryl hydrocarbon receptor，AhR
非编码 RNA　Non-coding RNA，ncRNA
非典病毒　severe acute respiratory syndrome coronavirus，SARS-CoV
非甲烷挥发性有机化合物　on-methane volatile organic compound
非适宜温度　non-optimum temperature
非线性混合效应模型　nonlinear mixed-effects model
肺癌　lung cancer
分布滞后非线性模型　distributed lag non-linear model，DLNM
分层　stratification
分子启动事件　molecular initiating event，MIE
分组 PLS　group PLS
风冷指数　wind chill index
风险比　hazard ratio，HR
风险评价　risk assessment
氟　fluorine，F
辅助性 T 细胞　helper T cell，Th 细胞
负离子化学电离　negative chemical ionization
复杂混合暴露　complex mixtures

G

概率风险评估　probabilistic risk assessment，PRA
甘油三酯　triglyceride，TG
干扰素　interferon，IFN
干扰小 RNA　small interfering RNA，siRNA
干预研究　intervention study
高密度脂蛋白胆固醇　high-density lipoprotein cholesterol，HDL-C
高敏 C 反应蛋白　high-sensitivity C-reactive protein
高频功率　power in the high frequency band
高效颗粒物滤网　high efficiency particulate air filter，HEPA 滤网
高效液相色谱法　high performance liquid chromatography，HPLC
戈达德地球观测系统前向处理　Goddard earth observing system-forward processing，GEOS-FP
隔日气温总变异　total temperature variability between neighboring days，TTV
隔日温差　temperature change between neighboring days
工具变量分析　instrumental variable analysis，IVA
共享社会经济路径　shared socioeconomic pathways，SSPs
谷胱甘肽　glutathione，GSH
谷胱甘肽-S-转移酶　glutathione-S-transferase，GST
谷胱甘肽过氧化物酶　glutathione peroxidase，GSH-Px
固定剂量法　fixed dose procedure，FDP
关键事件　key event，KE
关键事件联系　key event relationship
关联　association
广义非线性混合效应模型　generalized nonlinear mixed-effects model
广义估计方程　generalized estimating equation
广义克里金法　universal Kriging
广义倾向性评分　generalized propensity score
广义双重差分法　generalized difference-in-differences
广义线性混合模型　generalized linear mixed-effects model
广义相加模型　generalized additive model，GAM
归一化植被指数　normalized difference vegetation index，NDVI
国防气象卫星计划　Defense Meteorological Satellite Program，DMSP
国际癌症研究机构　International Agency for Research on Cancer，IARC
国际标准化组织　International Organization of Stan-

dard
国际疾病和相关健康问题统计分类　the International Statistical Classification of Diseases and Related Health Problems
国际人类基因组单体型图计划　International HapMap Project
国际人用药品注册技术协调会　The International Council for Harmonisation of Technical Requirements for Pharmaceuticals for Human Use
国际照明委员会　International Commission on Illumination
国家自然科学基金委员会　National Natural Science Foundation of China，NSFC
国内生产总值　gross domestic product，GDP
过度匹配　over-matching
过分散　over-dispersion
过氧化氢　hydrogen peroxide，H_2O_2
过氧化物酶体增殖物激活受体　peroxisome proliferator- activated receptor，PPAR
过氧化物酶体增殖物激活受体α　peroxisome proliferator- activated receptor-α，PPARα
过氧化物酶体增殖物激活受体γ　peroxisome proliferator- activated receptor-γ，PPARγ
过早死亡　premature mortality

H

合成控制法　synthetic controls
合理有效的控制技术　reasonable available control technology
核磁共振　nuclear magnetic resonance，NMR
核糖体RNA　ribosomal RNA
核因子E2相关因子2　nuclear factor erythroid2-related factor 2，Nrf2
核因子κB　nuclear factor kappa-B，NF-κB
黑碳　black carbon，BC
黑箱　black-box
黑烟　black smoke
横断面研究　cross-sectional study
红外辐射　infrared radiation，IR
后门准则　backdoor criterion
呼出气一氧化氮　fractional exhaled nitric oxide，FeNO
呼气流量峰值　peak expiratory flow，PEF
呼吸道合胞病毒　respiratory syncytial virus，RSV
呼吸量　inhalation rate
胡莫柳酯　homosalate
互补脱氧核糖核酸　complementary DNA，cDNA
化学传输模型　chemical transport model，CTM
化学致癌物　chemical carcinogen
化学致癌作用　chemical carcinogenesis
还原型烟酰胺腺嘌呤二核苷酸磷酸　nicotinamide adenine dinucleotide phosphate，NADPH
环境表观遗传学　environmental epigenetics
环境毒理学　environmental toxicology
环境基因组计划　environmental genome project
环境健康风险　environmental health risk
环境健康风险评估　environmental health risk assessment
环境介质　environmental medium
环境扣扳机　environment pulls the trigger
环境流行病学　environmental epidemiology
环境内分泌干扰物　environmental endocrine disruptor，EED
环境污染　environmental pollution
环境相关疾病　environmentally associated disease
环境应答基因　environmental response gene
环氧合酶-2　cyclooxygenase 2
环状RNA　circRNA
缓冲区　buffer
患病率比　prevalence ratio
黄素单氧化酶　flavin-containing monooxygenases，FMOs
磺基转移酶　sulfotransferase
灰空间　grey space
挥发性有机物　volatile organic compound，VOC
彗星试验　comet assay
混合效应模型　mixed effects model
混杂因素　confounder
活性氧　reactive oxygen species，ROS

J

机器学习　machine learning
基台值　sill
基因表达系列分析　serial analysis of gene expression
基因多态性　gene polymorphism
基因特异性DNA甲基化　gene-specific DNA methylation
基因芯片　gene chip
基质金属蛋白酶　matrix metalloproteinase，MMP
基准剂量　benchmark dose，BMD

基准剂量下限　benchmark dose lower
激活蛋白 1　activator protein 1
极低频电磁场　extremely low frequency electromagnetic field
极低频功率　power in the very-low-frequency band
极限梯度提升　extreme Gradient Boosting
急性毒性　acute toxicity
急性毒性分级法　acute toxic class procedure，ATC
急性毒性作用带　acute toxic effect zone，Zac
急性效应　acute effect
疾病成本法　cost of ill，COI
己糖激酶　hexokinase
己烯雌酚　diethylstilbestrol
剂量- 反应关系　dose-response relationship
加速失效时间模型　accelerated failure time models
甲基-CpG 结合域蛋白 1　methyl-CpG binding domain protein 1
甲基化特异性聚合酶链反应　methylation specific PCR
甲氧基肉桂酸乙基己酯　2-ethylhexyl4-methoxycinnamate，EHMC
甲状腺激素　thyroid hormone，TH
甲状腺激素受体　thyroid hormone receptor，TR
减少、替代、优化　reduction、replacement、refinement，3R 原则
健康标准值　health criteria values，HCV
健康脆弱性指数　heat vulnerability index，HVI
健康期望寿命　health life expectancy
健康效应谱　spectrum of health effect
健康与疾病的发展起源假说　developmental origins of health and disease
交叉基　cross-basis
交叉验证　cross validation，CV
交通相关空气污染　traffic related air pollution，TRAP
焦磷酸测序　pyrosequencing
拮抗作用　antagonism
结构性嵌套模型　structural nested models
截留分子量　molecular weight cut-off，MWCO
姐妹队列研究　the sister study
姐妹染色单体交换　sister-chromatid exchange
京都基因和基因组数据库　Kyoto Encyclopedia of Genes and Genomes，KEGG
经济合作与发展组织　Organization for Economic Co-operation and Development，OECD
静磁场　static magnetic field
聚苯乙烯　polystyrene
聚丙烯　polypropylene
聚对苯二甲酸乙二醇酯　polyethylene glycol terephthalate
聚合酶链反应　polymerase chain reaction，PCR
聚类交叉验证　cluster cross validation
聚氯乙烯　polyvinyl chloride，PVC
聚酰胺　polyamide
聚乙烯　polyethylene
绝对致死剂量　absolute lethal dose，LD_{100}

K

卡尺匹配　caliper matching
开放存取期刊　open Access Journal
康复　rehabilitation
抗原呈递细胞　antigen-presenting cell
科学引文索引　Science Citation Index，SCI
科学引文索引扩展版　Science Citation Index Expanded，SCIE
颗粒物相关辐射　particle-associated radioactivity，PR
可重复性　consistency
可见光 / 红外辐射成像仪　visible infrared imaging radiometer suit，VIIRS
可接受土壤摄入量　tolerable daily soil intake
可靠　responsibility
可入肺颗粒物　particulate matter with aerodynamic diameter ≤1μm，PM_1
可吸入颗粒物　inhalable particles of 10μm or less，PM_{10}
克里金　Kriging
空腹血糖　fasting blood glucose，FBG
空间分析　spatial analysis
空间交叉验证　spatial cross validation
空间自回归　spatial autoregression
空气污染效应欧洲队列研究　European Study of Cohorts for Air Pollution Effects
空气污染指数　air pollution index
空气质量指南　Air Quality Guideline，AQG
控制暴露人体研究　controlled human exposure study
块金值　nugget

L

蓝色空间　blue space
类实验研究　quasi-experiment study

类视黄醇 X 受体 retinoid X receptor，RXR
累积致癌风险 cumulative carcinogenic risk，CCR
理论最小风险暴露分布 theoretical minimum risk exposure distribution
联合毒性作用 joint toxic effect
联合国环境规划署 United Nations Environment Programme，UNEP
联合国粮食及农业组织 Food and Agriculture Organization of the United Nations
良好实践声明 Good Practice Statements
邻苯二甲酸二（2-乙基己基）酯 di-（2-ethylhexyl）phthalate，DEHP
邻苯二甲酸酯类 phthalate esters，PAEs
邻域广泛关联研究 neighborhood-wide association study
邻域环境广泛关联研究 neighborhood environment-wide association study
磷酸果糖激酶 phosphofructokinase
磷酸烯醇丙酮酸羧化激酶 phosphoenolpyruvate carboxykinase
磷脂酰肌醇-3-激酶 phosphatidylinositol 3 kinase，PI3K
硫氧化物 sulfur oxides，SOX
螺旋-环-螺旋-Per-ARNT-SIM basic helix-loop-helix-PER-ARNT-SIM
绿地 green space
绿度 greenness
绿景指数 green view index，GVI
氯氟烃 chlorofluorocarbons

M

脉冲振荡法 impulse oscillometry
脉压 pulse pressure
慢性毒性作用带 chronic toxic effect zone，Zch
慢性效应 chronic effect
慢性阻塞性肺疾病 chronic obstructive pulmonary disease，COPD
酶联免疫吸附测定 enzyme linked immunosorbent assay，ELISA
美国毒物和疾病登记署 Agency for Toxic Substances and Disease Registry
美国国家癌症研究所 National Cancer Institute
美国航空航天局 National Aeronautics and Space Administration
美国环境保护局 Environmental Protection Agency，EPA
孟德尔随机化 Mendelian randomization
免疫球蛋白 A immunoglobulin A
免疫球蛋白 G immunoglobulin G
免疫球蛋白 M immunoglobulin M
敏感人群 sensitive group

N

纳米粒子追踪分析 nanoparticle tracking analysis
脑源性神经营养因子 brain-derived neurotrophic factor
脑卒中 stroke
内暴露剂量 internal dose
内对照 internal control
内分泌干扰物 endocrine disrupting chemicals，EDC
内含子和外显子组合的 circRNA exon-intron circRNA，EIciRNA
内含子组成的套索型 circRNA circular intronic RNA，ciRNA
内质网应激 endoplasmic reticulum stress，ERS
拟除虫菊酯类农药 synthetic pyrethroid，PYR
逆概率加权 inverse probability weight，IPW
浓度 concentration，C

O

欧洲替代方法验证中心 European Centre for the Validation of Alternative Methods
欧洲制药工业协会联合会 European Federation of Pharmaceutical Industries Associations

P

帕金森病 Parkinson disease，PD
胚胎干细胞 embryonic stem cell，ESC
碰撞变量 collider
碰撞分层偏移 collider stratification bias
皮肤表面积 body surface area
匹配 matching
偏基台值 partial sill
偏最小二乘法 partial least squares，PLS
偏最小二乘法判别分析 partial least squares discriminant analysis，PLS-DA
平均时间 average time，AT
泊松 Poisson
泊松过程 Poisson process

葡糖苷酸基转移酶　glucuronyl transferase
普通克里金法　ordinary Kriging
普通最小二乘法　ordinary least squares

Q

期刊引证报告　Journal Citation Reports
期望寿命　life expectancy
起始点　point of departure
气溶胶光学厚度　aerosol optical depth，AOD
气温变异　temperature variability，TV
气相色谱-串联质谱　gas chromatography tandem mass spectrometry，GC-MSMS
气相色谱-质谱法　gas chromatography-mass spectrometry，GC-MS
铅　Plumbum，Pb
前列腺素 2　prostaglandin-2
前门准则　frontdoor criterion
前致突变物　pre-mutagen
腔内囊泡　intraluminal vesicles，ILVs
强度　strength
倾向性评分　propensity score，PS
全暴露组关联研究　exposome-wide association study，ExWAS
全氟和多氟烷基物质　Per- and polyfluoroalkyl substances，PFAS
全氟化合物　perfluorinated compounds
全氟羧酸　perfluorocarboxylic acids
全氟辛酸　perfluorooctanoic acid，PFOA
全氟辛烷磺酸　perfluorooctane sulphonate，PFOS
全环境关联分析　environment-wide association study
全基因组 DNA 甲基化化学发光定量检测技术　luminometric methylation assay
全基因组关联分析　genome wide association study，GWAS
全局一类错误率　family-wise error rate，FWER
全球暴露死亡模型　global exposure mortality model
全球定位系统　global positioning system，GPS
全球化学品统一分类和标签制度　Globally Harmonized System of Classification and Labelling of Chemicals，GHS
全球疾病负担　global burden of disease，GBD
全球系统气候模型　global climate model
全扫描　full scan
缺血性心脏病　ischemic heart disease，IHD
确定性风险评估　deterministic risk assessment

R

染色体畸变试验　chromosome aberration test
染色质免疫沉淀后测序手段　chromatin immunoprecipitation followed by sequencing　894
热平衡指数　thermal equilibrium index，TEI
热休克蛋白　heat shock protein，HSP
人工神经网络　artificial neural network
人居环境　human settlement
人居环境科学　science of human settlement
人类代谢组学数据库　human metabolome database，HMDB
人类基因组计划　human genome project，HGP
人类生命早期暴露组　human early life exposome
人力资本　human capital
人群、暴露、对照、结局、研究设计　population，exposure，control，outcome，study design，PECOS
人群归因分值　population attributable fraction，PAF
人体生物监测　human biomonitoring，HBM
人体有害结局路径　human AOP
壬基酚　nonylphenol，NP
日均暴露量　average daily doses，ADD
日夜温差　diurnal temperature range，DTR
乳酸脱氢酶　lactate dehydrogenase，LDH

S

三磷酸腺苷　adenosine triphosphate，ATP
删失　censor
删格　raster
伤残调整生命年　disability-adjusted life years，DALY
伤残调整预期寿命　disability-adjusted life expectancy
上下法　up and down method，UDM
社区多尺度空气质量模型　the community multiscale air quality modeling system，CMAQ
射频电磁场　radiofrequency electromagnetic fields
摄入率　intake rate，IR
砷　arsenic，As
深度学习　deep learning
神经毒物　neurotoxicant
神经网络　neural network
肾小球滤过率　glomerular filtration rate
渗透系数　infiltration factor，F_{inf}

生化需氧量　biochemical oxygen demand
生理毒物动力学模型　physiologically based toxicokinetics，PBTK
生理药代动力学模型　physiologically based pharmacokinetic
生态安全土壤筛选值　ecological soil screening level，Eco-SSL
生态学比较研究　ecological comparison study
生态学研究　ecological study
生物半减期　biological half-life，$t_{1/2}$
生物标志物　biomarker
生物地球化学性疾病　biogeochemical disease
生物多样性锐减　reduction of biodiversity
生物放大作用　biomagnification
生物剂量-反应关系模型　biologically based dose-response
生物圈　biosphere
生物学合理性　biologic plausibility
生物有效剂量　biologically effective dose
湿球-黑球温度　wet-bulb globe temperature，WBGT
时间交叉验证　temporal cross validation
时间效应偏倚　time effect bias
时间序列研究　time-series study
时间依赖的混杂因素　time-dependent confounders
时间依赖性 Cox 回归模型　time-dependent Cox regression model
时空地理加权回归　geographically and temporally weighted regression
时序性　temporality
实时荧光定量聚合酶链反应　real-time fluorescent quantitative polymerase chain reaction，qPCR
实验证据　experimental evidence
食物摄入量　food intake rate
矢量数据　vector data
世界卫生组织　World Health Organization，WHO
视黄酸受体　retinoic acid receptor，RAR
视前内侧　medial preoptic，MPO
室内外污染物浓度比值　indoor-outdoor concentration ratio，I/O 比值
收缩压　systolic blood pressure
舒张压　diastolic blood pressure
输出蛋白 5　exportin 5
树木覆盖率　vegetation continuous fields
数据非依赖采集　data-independent acquisition，DIA
数据依赖采集　data-dependent acquisition，DDA
数据中心化　center scaling
数字签名算法　digital signature algorithm，DSA
双酚 A　bisphenol A，BPA
双重差分法　differences-in-differences，DID
双重稳健估计　doubly robust estimation
水圈　hydrosphere
水俣病　minamata disease
瞬时受体电位阳离子通道 M-2　transient receptor potential melastatin-2
丝裂原激活蛋白激酶　mitogen-activated protein kinase，MAPK
死亡评分　mortality risk score，MRS
随机对照试验　randomized controlled trial，RCT
随机交叉设计　randomized crossover design
随机森林　random forest，RF
随机效应　random effect

T

糖原磷酸化酶　glycogen phosphorylase，GP
特异性　specificity
提升决策树　gradient boosting machine
体重　body weight，BW
同行评议　peer review
同一健康　one health
统计生命价值　value of a statistical life，VSL
统一眩光值　unified glare rating，UGR
突变　mutation
土地利用回归　land use regression，LUR
土壤调整植被指数　soil-adjusted vegetation index，SAVI
土壤摄入量　soil ingestion
推荐的分级、评估、制定与评价　grading of recommendations，assessment，development and evaluation，GRADE
调节性 T 细胞　regulatory T cell，Treg 细胞

W

外暴露剂量　external dose
外部压力源的暴露史　history of exposure to external stressors
外对照　external control
外泌体　exosome
外显子型的 circRNA　exonic circRNA，EciRNA

危害商 hazard quotient，HQ
危害指数 hazard index，HI
微囊藻毒素 microcystin，MC
微生物挥发性有机物 microbial volatile organic compound
微小 RNA microRNA，miRNA
伪人群 pseudo-population
未折叠蛋白反应 unfolded protein response，UPR
问责性研究 accountability study
无可见有害作用水平 no observed adverse effect level，NOAEL
戊糖磷酸途径 pentose phosphate pathway，PPP

X

吸入单位风险 inhalation unit risk，IUR
吸收、分布、代谢、排泄 absorption、distribution、metabolism、excretion，ADME
稀疏分组 PLS sparse group PLS
细胞间黏附分子 1 intercellular adhesion molecule 1
细胞色素 P450 cytochrome P450，CYP450
细菌回复突变 Ames
细颗粒物 fine particulate matter，$PM_{2.5}$
下呼吸道感染 lower respiratory infection，LRI
下丘脑-垂体-肾上腺轴 hypothalamic-pituitary-adrenal axis，HPA
下丘脑腹内侧 ventromedial hypothalamus，VMH
先天畸形 congenital malformation
线粒体 DNA mitochondrial DNA，mtDNA
线性混合效应模型 linear mixed-effects model
线性扫描业务系统 operational linescan system，OLS
乡村 rural area
乡村绿地 rural green space
相对危险度 relative risk，RR
相对效能因子 relative potency factor，RPF
相加作用 additive effect
相似性 analogy
相遇在代谢物的分析 meet-in-metabolite analysis，MIMA
消毒副产物 disinfection byproducts，DBPs
校正有效温度 corrected effective temperature
效能当量因子 potency equivalency factor
效应生物标志物 biomarker of effect
协同作用 synergistic effect
偕羟基杂原子 geminal hydroxy heteroatom
斜率因子 slope factor，SF
心率变异性 heart rate variability，HRV
心血管疾病 cardiovascular disease，CVD
锌指核酸酶 zinc finger nucleases
新烟碱类农药 neonicotinoid insecticides，NEOs
胸腺嘧啶 DNA 糖基化酶 thymine DNA glycosylase
雄激素受体 androgen receptor
修正 Poisson 回归模型 modified Poisson regression model
修正人力资本 amended human capital，AHC
溴代阻燃剂 brominated flame retardants，BFRs
虚假联系 spurious association
蓄积系数 cumulative coefficient
蓄积作用 accumulation
眩光值 glare rating，GR
血管内皮生长因子 vascular endothelial growth factor
血栓烷 thromboxane B2
血小板聚集试验 platelet aggregation test
血压 blood pressure

Y

压力知觉量表 perceived stress scale
亚太经济合作组织 Asia-Pacific Economic Cooperation，APEC
严重急性呼吸综合征 severe acute respiratory syndrome，SARS
演化发育生物学 evolutionary developmental biology
遥感影像像元亮度值 digital number，DN
夜光 artificial light at night
夜日温差 nocturnal temperature range，NTR
液相色谱-质谱法 liquid chromatography/mass spectrometry，LC/MS
一次污染物 primary pollutant
一氧化氮 nitric oxide，NO
一氧化碳 carbon monoxide，CO
一致性 coherence
医院焦虑抑郁量表 hospital anxiety and depression scale
胰岛素样生长因子 2 insulin-like growth factor 2，IGF2
胰岛素样生长因子 2mRNA 结合蛋白 insulin-like growth factor 2 Mrna-binding protein
遗传学 genetics
乙二胺四乙酸 ethylene diamine tetraacetic acid，

EDTA
抑郁-焦虑-压力量表 depression anxiety stress scale，DASS
易感人群 susceptible group
易感性生物标志物 biomarker of susceptibility
因果关联 causal association
因果决策树 causal decision trees
因果推断 causal inference
因伤残所致的健康寿命损失年 years lived with disability，YLD
因早死所致的寿命损失年 years of life lost due to premature mortality，YLL
饮水摄入量 water ingestion rate
荧光原位杂交 fluorescence in situ hybridization
影响因子 impact factor
用力肺活量 forced vital capacity，FVC
用力呼出 25% 的肺活量的呼气流量 forced expiratory flow at 25% of FVC exhaled
用力呼出 50% 的肺活量的呼气流量 forced expiratory flow at 50% of FVC exhaled
用力呼出 75% 的肺活量的呼气流量 forced expiratory flow at 75% of FVC exhaled
有害结局 adverse outcome，AO
有害结局路径 adverse outcome pathway，AOP
有机磷农药 organophosphorus pesticides，Ops
有机磷阻燃剂 organophosphorus flame retardants，OPFRs
有机氯农药 organochlorine pesticides，OCPs
有向无环图 directed acyclic graph，DAG
有效温度 effective temperature
与空气暴露相关的时间活动模式参数 time-activity factors related to air exposure
与水暴露相关的时间活动模式参数 time-activity factors related to water exposure
与土壤暴露相关的时间活动模式参数 time-activity factors related to soil exposure
阈剂量 threshold dose
元素碳 element carbon
孕烷 X 受体 pregnant X receptor，PXR

Z

增强植被指数 enhanced vegetation index，EVI
增强子 RNA enhancer RNA
增强作用 potentiation
真核生物翻译起始因子 3 eukaryotic translation initiation factor 3
正交偏最小二乘法判别分析 orthogonal PLS-DA，OPLS-DA
正离子化学电离 positive chemical ionization
政府间气候变化专门委员会 Intergovernmental Panel on Climate Change，IPCC
支持向量机 support vector machine
支付意愿法 willing to pay，WTP
脂多糖 lipopolysaccharide，LPS
指示化学物质 index chemical
指示剂量 Index Dose
指纹 fingerprinting
质量调整生命年 quality-adjusted life years
质量控制 quality control，QC
致癌风险 carcinogenic risk，CR
致畸物 teratogen
致突变物 mutagen
致突变性 mutagenicity
致突变作用 mutagenesis
中断时间序列分析 interrupted time series
中分辨率成像光谱仪 middle resolution imaging spectroradiometer，MODIS
中国东北儿童健康研究 Northeast Chinese Children Health Study
中国动脉粥样硬化性心血管疾病风险预测 prediction for ASCVD risk in China
中国肺健康研究计划 China pulmonary health study
中国嘉道理生物库 China Kadoorie Biobank
中国慢病风险调查计划 China chronic disease and risk factors surveillance project
中国气象局陆面数据同化系统 China meteorological administration land data assimilation system，version 2.0
肿瘤坏死因子 α tumor necrosis factor-α，TNF-α
主成分 principal component
主成分分析 principal component analysis，PCA
住宅相关参数 residential factor
专利合作条约 Patent Cooperation Treaty，PCT
专题制图仪 thematic mapper
转化生长因子-β/ 果蝇抗同源序列蛋白 transforming growth factor-β /drosophila mothers against decapentaplegic protein
转换因子 conversion factor，CF

转基因小鼠 transgenic mouse
转移 RNA transfer RNA，tRNA
状态-特质焦虑量表 state-trait anxiety inventory
准泊松 quasi-Poisson
自然立方样条 natural cubic spline
自然实验 natural experiment
综合暴露-反应 integrated exposure-response，IER
综合暴露吸收生物动力学模型 integrated exposure uptake biokinetic model，IEUBK
综合科学评估 integrated science assessment，ISA
综合污染指数 comprehensive pollution index，CPI
综合证据 triangulation
总功率 total power
总挥发性有机物 total volatile organic compound
总人口对照 total population control
总体 DNA 甲基化 global DNA methylation
总悬浮颗粒物 total suspended particulate，TSP
组成型雄烷受体 constitutive androstane receptor，CAR
组蛋白 histone
组织型纤溶酶原激活物 tissue-type plasminogen activator
组织因子 tissue factor
最大非致死剂量 maximum non-lethal dose，LD_0，LC_0
最大呼气中段流量 maximal mid-expiratory flow，MMEF
最大耐受剂量 maximum tolerated dose，MTD
最大无作用剂量 maximal no-effect level
最低死亡风险气温 minimum mortality temperature
最佳经济可行技术 best available technology economically achievable，BAT
最邻近匹配 nearest neighbor matching
最小可见损害作用水平 lowest observed adverse effect level，LOAEL
最小致死量 minimum lethal dose，MLD，LD_{01}
最小作用剂量 minimal effect level

其他

10-11 易位甲基胞嘧啶双加氧酶 ten-eleven translocation methylcytosine dioxygenase，TET
2 型糖尿病 diabetes mellitus type 2
3-亚苄基樟脑 3-（4-methylbenzylidene）camphor，3-BC
4-甲基苯甲基樟脑 4-methyl-benzylidene camphor，4-MBC
5-甲基胞嘧啶 5-methyl cytosine，5-mC
5-甲酰基胞嘧啶 5-formylcytosine
5-羟甲基胞嘧啶 5-hydroxymethvl cytosine，5-hmC
5-羧基胞嘧啶 5-carboxycytosine
8-羟基脱氧鸟苷 8-hydroxy-2′-deoxyguanosine，8-OHdG
8-异前列腺素 $F_{2\alpha}$ 8-isoprostaglandin $F_{2\alpha}$
B 淋巴细胞瘤-2 B-cell lymphoma-2，Bcl-2
B-样条 B-spline
CO 弥散量 diffusing capacity of lung for carbon monoxide
DNA 甲基化酶 DNA methylase，DNMT
DNA 甲基化年龄 DNA methylation age
DNA 微阵列 DNA microarray
DNA 元件百科全书计划 encyclopedia of DNA elements
G 蛋白偶联受体 G protein-coupled receptor，GPCR
G-方法 G-methods
G-估计 G-estimation
Hill 准则 Hill's criteria
Janus 家族酪氨酸激酶/信号转导及转录激活因子 Janus kinase/signal transducer and activator of transcription，JAK/STAT
N-二甲基亚硝胺 N-Nitrosodimethylamine，NDMA
Piwi 相互作用 RNA Piwi-interacting RNA，piRNA
RNA 测序 RNA-sequencing
RNA 结合蛋白 RNA binding protein
RNA 诱导的沉默复合体 RNA-induced silencing complex
Shotgun 随机搜索算法 shotgun stochastic search algorithm
S-腺苷甲硫氨酸 S-adenosyl methionine，SAM
Toll 样受体 Toll-like receptor，TLR